我国近海海洋综合调查与评价专项成果
“十二五”国家重点图书出版规划项目

中国区域海洋学
——物理海洋学

乔方利　主编

海洋出版社
2012年·北京

内 容 简 介

《中国区域海洋学》是一部全面、系统反映我国海洋综合调查与评价成果，并以海洋基本自然环境要素描述为主的科学巨著。内容包括海洋地貌、海洋地质、物理海洋、化学海洋、生物海洋、渔业海洋、海洋环境生态和海洋经济等。《中国区域海洋学》按专业分八个分册。本书为“物理海洋学”分册，系统叙述了中国近海及邻近海域的气候、海流、潮汐与风暴潮、海浪、海水温度、盐度、密度、海冰、水团、水交换等水文现象的基本特征和运动状态。

本书可供从事海洋科学以及相关学科的科技人员参考，也可供海洋管理、海洋开发、海洋交通运输和海洋环境保护等部门的工作人员及大专院校师生参阅。

图书在版编目（CIP）数据

中国区域海洋学．物理海洋学/乔方利主编．—北京：海洋出版社，2012.6
ISBN 978-7-5027-8254-2

Ⅰ.①中…　Ⅱ.①乔…　Ⅲ.①区域地理学-海洋学-中国②海洋物理学-中国
Ⅳ.①P72②P733

中国版本图书馆 CIP 数据核字（2012）第 084444 号

责任编辑：鹿　源
责任印制：赵麟苏
海洋出版社　出版发行
http://www.oceanpress.com.cn
北京市海淀区大慧寺路 8 号　邮编：100081
北京旺都印务有限公司印刷　新华书店北京发行所经销
2012 年 6 月第 1 版　2012 年 6 月第 1 次印刷
开本：889mm×1194mm　1/16　印张：31.5
字数：783 千字　定价：160.00 元
发行部：62132549　邮购部：68038093　总编室：62114335

《中国区域海洋学》编写委员会

《中国区域海洋学——物理海洋学》
分册编写人员名单

主　编　乔方利

副主编　甘子钧　王东晓　孙湘平

撰稿人　（以姓氏笔画为序）

于　群　左军成　王东晓　王　欣　江崇波　厉　萍　乔方利

孙湘平　许建平　许富祥　刘长建　齐义泉　庄　伟　汤毓祥

陈胜利　李培顺　李淑江　邹惠明　杜　岩　连　展　侍茂崇

周发琇　周　惠　经志友　张志旭　杨　磊　袁耀初　胡建宇

郭炳火　贺志刚　俎婷婷　赵　辉　高　松　黄祖珂　谢晓辉

程旭华　韩　笑　鲍献文　管秉贤　魏泽勋

序

我国近海海洋综合调查与评价专项（简称“908专项”）是新中国成立以来国家投入最大、参与人数最多、调查范围最大、调查研究学科最广、采用技术手段最先进的一项重大海洋基础性工程，在我国海洋调查和研究史上具有里程碑的意义。《中国区域海洋学》的编撰是“908专项”的一项重要工作内容，它首次系统总结我国区域海洋学研究成果和最新进展，全面阐述了中国各海区的区域海洋学特征，充分体现了区域特色和学科完整性，是“908专项”的重大成果之一。

本书是全国各系统涉海科研院所和高等院校历时4年共同合作完成的成果，是我国海洋工作者集体智慧的结晶。为完成本书的编写，专门成立了以苏纪兰院士为主任委员的编写委员会，并按专业分工开展编写工作，先后有200余名专家学者参与了本书的编写，对中国各海区区域海洋学进行了多学科的综合研究和科学总结。

本书的特色之一是资料的翔实性和系统性，充分反映了中国区域海洋学的最新调查和研究成果。书中除尽可能反映“908专项”的调查和研究成果外，还总结了近40~50年来国内外学者在我国海区研究的成就，尤其是近10~20年来的最新成果，而且还应用了由最新海洋技术获得的资料所取得的研究成果，是迄今为止数据资料最为系统、翔实的一部有关中国区域海洋学研究的著作。

本书的另一个特色是学科内容齐全、区域覆盖面广，充分反映中国区域海洋学的特色和学科完整性。本书论述的内容不仅涉及传统专业，如海洋地貌学、海洋地质学、物理海洋学、化学海洋学、生物海洋学和渔业海洋学等专业，而且还涉及与国民经济息息相关的海洋环境生态学和海洋经济学等。研究的区域则包括了中国近海的各个海区，包括渤海、黄海、东海、南海及台湾以东海域。因此，本书也是反映我国目前各海区、各专业学科研究成果和学术水平的系统集成之作。

本书除研究中国各海区的区域海洋学特征和相关科学问题外，还结合各海区的区位、气候、资源、环境以及沿海地区经济、社会发展情况等，重点关注其海洋经济和社会可持续发展可能引发的资源和环境等问题，突出区域特色，可更好地发挥科技的支撑作用，服务于区域海洋经济和社会的发展，并为海洋资源的可持续利用和海洋环境保护、治理提供科学依据。因此，本书不仅在学术研究方面有一定的参考价值，在我国海洋经济发展、海洋管理和海洋权益维护等方面也具有重要应用价值。

作为一名海洋工作者，我愿意向大家推荐本书，同时也对负责本书编委会的主任苏纪兰院士、副主任乔方利、各位编委以及参与本项工作的全体科研工作者表示衷心的感谢。

国家海洋局局长

2012 年 1 月 9 日于北京

编者的话

“我国近海海洋综合调查与评价专项”（简称“908专项”）于2003年9月获国务院批准立项，由国家海洋局组织实施。《中国区域海洋学》专著是2007年8月由“908专项”办公室下达的研究任务，属专项中近海环境与资源综合评价内容。目的是在以往调查和研究工作基础上，结合“908专项”获取的最新资料和研究成果，较为系统地总结中国海海洋地貌学、海洋地质学、物理海洋学、化学海洋学、生物海洋学、渔业海洋学、海洋环境生态学及海洋经济学的基本特征和变化规律，逐步提升对中国海区域海洋特征的科学认识。

《中国区域海洋学》专著编写工作由国家海洋局第二海洋研究所苏纪兰院士和国家海洋局第一海洋研究所乔方利研究员负责组织实施，并成立了以苏纪兰院士为主任委员的编写委员会对学术进行把关。《中国区域海洋学》包含八个分册，各分册任务分工如下：《海洋地貌学》分册由南京大学王颖院士和国家海洋局第二海洋研究所谢钦春研究员负责；《海洋地质学》分册由国家海洋局第二海洋研究所李家彪研究员和国家海洋局第一海洋研究所刘保华研究员（后调入国家深海保障基地）、郑彦鹏研究员负责；《物理海洋学》分册由国家海洋局第一海洋研究所乔方利研究员和中国科学院南海海洋研究所甘子钧研究员、王东晓研究员负责；《化学海洋学》分册由厦门大学洪华生教授和国家海洋局第一海洋研究所王保栋研究员负责；《生物海洋学》分册由中国科学院海洋研究所孙松研究员和国家海洋局第二海洋研究所宁修仁研究员负责；《渔业海洋学》分册由中国水产科学研究院黄海水产研究所唐启升院士和中国水产科学研究院南海水产研究所贾晓平研究员负责；《海洋环境生态学》分册由中国海洋大学李永祺教授和中国科学院海洋研究所邹景忠研究员负责；《海洋经济学》分册由国家海洋局海洋发展战略研究所刘容子研究员和山东海洋经济研究所孙吉亭研究员负责。本专著在编写过程中，组织了全国200余位活跃在海洋科研领域的专家学者集体编写。

八个分册核心内容包括：海洋地貌学主要介绍中国四海一洋海疆与毗邻区的海岸、岛屿与海底地貌特征、沉积结构以及发育演变趋势；海洋地质学主要介绍泥沙输运、表层沉积、浅层结构、沉积盆地、地质构造、地壳结构、地球动力过程以及海底矿产资源的分布特征和演化规律；物理海洋学主要介绍海区气候和天气、水团、海洋环流、潮汐以及海浪要素的分布特征及变化规律；化学海洋学主要介绍基本化学要素、主要生源要素和污染物的基本特征、分布变化规律及其生物地球化学循环；生物海洋学主要介绍微生物、浮游植物、浮游动物、底栖生物的种类组成、丰度与生物量分布特征，能流和物质循环、初级和次级生产力；渔业海洋学主要介绍渔业资源分布特征、季节变化与移动规律、栖息环境及其变化、渔场分布及其形成规律、种群数量变动、大海洋生态系与资源管理；海洋环境生态学主要介绍人类活动和海洋环境污染对海洋生物及生态系统的影响、海洋生物多样性及其保护、海洋生态监测及生态修复；海洋经济学主要介绍产业经济、区域经济、专属经济区与大陆资源开发、海洋生态经济以及海洋发展规划和战略。

本专著在编写过程中，力图吸纳近50年来国内外学者在本海区研究的成果，尤其是近20年来的最新进展。所应用的主要资料和研究成果包括公开出版或发行的论文、专著和图集等；一些重大勘测研究专项（含国际合作项目）成果；国家、地方政府和主管行政机构发布的统计公报、年鉴等；特别是结合了“908专项”的最新调查资料和研究成果。在编写过程中，强调以实际调查资料为主，采用资料分析方法，给出区域海洋学现象的客观描述，同时结合数值模式和理论模型，尽可能地给出机制分析；另外，本专著尽可能客观描述不同的学术观点，指出其异同；作为区域海洋学内容，尽量避免高深的数学推导，侧重阐明数学表达的物理本质和在海洋学上的应用及其意义。

本专著在编写过程中尽量结合最新调查资料和研究成果，但由于本专著与“908专项”其他项目几乎同步进行，专项的研究成果还未能充分地吸纳进来。同时，这是我国区域海洋学的第一套系列专著，编写过程又涉及到众多海洋专家，分属不同专业，前后可能出现不尽一致的表述，甚至谬误在所难免，恳请读者批评指正。

《中国区域海洋学》编委会

2011年10月25日

前言

物理海洋学是海洋科学的基础，海洋化学、生物和地质等诸过程都是在运动的海水环境下不断产生和演化。传统的物理海洋过程包括海浪、潮汐与风暴潮、海流以及温度、盐度、密度、海冰和水团等水文要素的分布特征，广义上海区的气候特征与大尺度海气相互作用也是物理海洋学的重要组成部分。

中国近海上层有季风的强迫、底层有复杂的海底地形、毗邻陆地一侧有江河淡水注入，与西太平洋连接处受西边界强流——黑潮影响。渤海是准封闭内海，黄、东海具有宽阔的陆架，而南海是半封闭的深海盆。这些外力强迫特征和地形特点孕育了中国近海丰富的物理海洋学现象，是进行区域海洋学研究的天然实验室。

过去的六十余年间，世界物理海洋学者特别是我国物理海洋学者对中国近海的物理海洋学现象进行了长期不懈地探索，取得了丰富的研究成果。其中，三项工作具有里程碑意义：第一，1958—1962 年开展的“全国海洋普查”，首次对我国近海进行了综合调查研究，并编撰了多卷“全国海洋普查报告”，是一项划时代的开创性工作，为后续众多的专项调查和专题研究奠定了坚实的科学基础；第二，在科学研究方面，科技部支持的首批海洋“973”项目，诸如“中国近海环流形成变异机理、数值预测方法及对环境影响的研究”（1999—2004 年）等多项重大基础研究，深化了对中国近海环流和区域海洋学的科学认识；第三，2003 年 9 月经国务院批准的“我国近海海洋综合调查与评价（简称‘908’）”专项，至 2011 年底结束，实现了高技术支持下的综合调查与科学研究相结合，获得了丰富的调查资料，取得了一大批物理海洋学新的科学认识。

本专著是在“908”专项支持下，受区域海洋学编委会指导，在充分利用历史资料并结合“908”专项调查资料的基础上编写而成的，是“我国近海海洋综合调查与评价”专项的研究成果之一。

本书的写作原则是承前启后，在总结 20 世纪以来已有的中国近海物理海洋研究成果基础上，结合“908”专项最新研究成果，梳理历史资料分析研究结果，增加“908”专项调查资料的新认识；以资料为主，适当结合其他研究方法如数值模拟等；以介绍中国近海海洋调查和研究中获得认可的成果为主，并客观地阐述存在争议的现象和理论；以描述海洋现象、变化规律和物理概念为主，对现象和规律进行一定的解释，允许著者提出自己的观点和见解。

本书由乔方利研究员、甘子钧研究员、王东晓研究员和孙湘平研究员负责编撰。按照海区分为渤海篇、黄海篇、东海篇和南海篇。其中：渤海篇和黄海篇由乔方利研究员和孙湘平研究员统稿；东海篇由孙湘平研究员和乔方利研究员统稿；南海篇由王东晓研究员和杜岩研究员统稿。各章节撰稿人均在各章首页列出，在此不再一一赘述。国家海洋局第一海洋研究所方国洪院士、中国科学院海洋研究所翁学传研究员和中国海洋大学李凤岐教授对本书渤黄东海部分进行了认真的审阅；中国科学院南海海洋研究所黄企洲研究员、王文质研究员和陈特固研究员对本书南海部分进行了认真的审阅，在此一并表示衷心地感谢。

作者愿将本书奉献给关注中国物理海洋学科发展与研究的人们。本书适合科研院所的科研人员、大专院校高年级学生与研究生等参考。诚如编委会所言“由于本专著与‘908’专项其他项目几乎同步进行，专项的研究成果还未能充分地吸纳进来”。另外，鉴于作者水平有限，纰漏和错误在所难免，敬请读者批评指正。

乔方利　甘子钧　王东晓　孙湘平

2011年9月

CONTENTS 目 次

第1篇 渤 海

第2篇　黄　海

第3篇 东 海

第4篇　南　海

第1篇　渤　海

第1章 渤海海区的气候*

本章使用的主要的资料：①美国国家环境预测中心 NCEP 2.5°×2.5°（经、纬度）分辨率，1968—1996 年 29 年月平均再分析格点资料，包括风分量（u，v）、全风速、气压、气温等要素。使用时做了内插处理。②“中国地面资料 1971—2000 年气候标准值数据集”资料，包括气温、风、降水等要素，选用沿海 15 个站，为渤、黄、东海区提供更具体的分析依据，其中：营口、秦皇岛、塘沽、羊角沟、长岛五站，作为渤海海区的观测站。大连不属渤海区，但作为分析渤海海峡时参考站。羊角沟观测站 1994 年 1 月迁至东营观测站。以下分析所用的图、表和涉及的主要数据，在无特别说明时，均来自上述资料。

渤海是东亚季风区的一个相对较小的半封闭海区，三面受陆地包围，通过渤海海峡与黄海相通，属典型的季风气候，但在大的气候背景下，又具有其自身的气候特点。

为了叙述方便，在讨论季节变化时，取 1 月、4 月、7 月和 10 月分别作为冬、春、夏、秋四季的代表月。

1.1 风

1.1.1 季节变化

渤海的风四季明显，风场具有典型的季风特征，冬、夏季的主风向几乎有 180°的变化。

冬季（1 月），受大陆冷高压的控制，不断有冷空气或寒潮入侵。空气干燥，全海区以 NW 风为主（图 1.1 a），平均风速 5～6 m/s（图 1.2 a）。渤海海峡以长岛站为代表，1 月平均风速为 6.6 m/s。整个冬季（12 月至翌年 2 月），长岛站风速为 6～7 m/s，也是全年平均风速最大的（表 1.1）。渤海 3 个海湾 1 月的风速比海峡的小许多，其中辽东湾（营口）为 3.4 m/s，渤海湾（塘沽）为 3.8 m/s，莱州湾（羊角沟）为 3.3 m/s。

夏季（7 月），受大陆低压和西太平洋副热带高压的影响，以 S—SE 向风为主（图 1.1c），风速比冬季明显要小，平均为 3～4 m/s（图 1.2c）。海峡风速较大，为 4.3 m/s，8 月为 4.2 m/s，是全年风速最小的月份。7 月风速各海湾略小于海峡，但差异不大，其中辽东湾为 3.6 m/s，渤海湾为 4.1 m/s，莱州湾为 3.6 m/s。

春季（4 月）属过渡季节，大气环流从冬季风环流向夏季风环流转换，风向多变。受黄海高压和陆地影响，渤海风向以 SW 为主（图 1.1 b），风速 4～5 m/s（图 1.2 b），比冬季小，比夏季大。4 月海峡风速为 5.9 m/s，是春季各月风速最大的月份。3 个海湾的风速分别为 5.1 m/s、5.3 m/s、4.5 m/s，春季是四季各海湾风速最大的季节。

秋季（10 月）是由夏季向冬季转换的季节，风向多变，以 W—NW 为主，风速 4～5 m/s，与春季相当（图 1.1 d）。海峡处风速为 5.8 m/s（图 1.2 d）。3 个海湾的平均风速分别为 3.8 m/s、4.0 m/s、3.3 m/s。总之，渤海尤其各海湾，以冬、春季风速最大，夏季风速最小，与其他区域相比，海峡风速更大。

---

* 本章编写人：周发琇、于群。

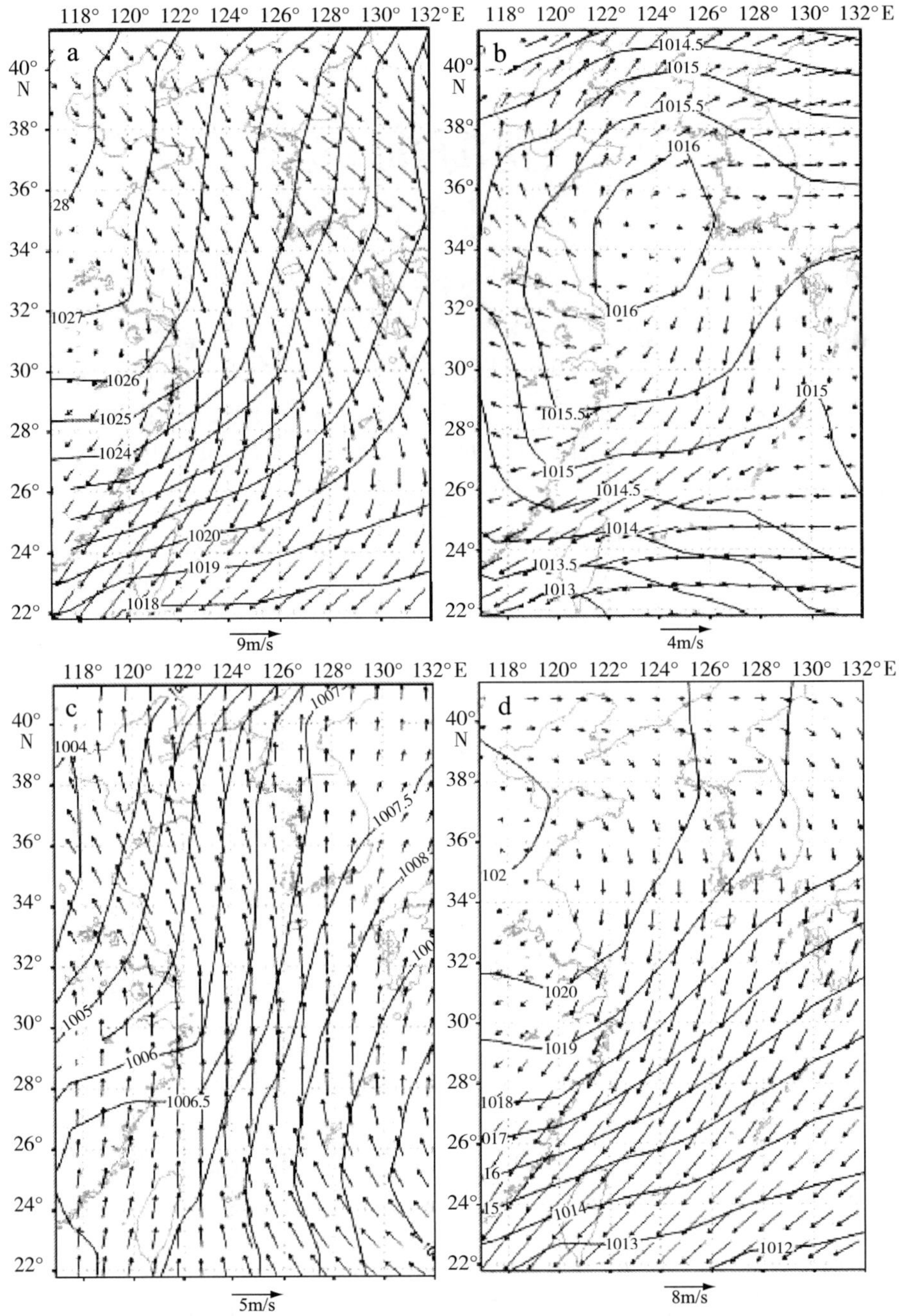

图 1.1　渤海、黄海、东海 1 月、4 月、7 月、10 月海平面气压场（hPa）和场（1968—1996 年）

a. 1 月；b. 4 月；c. 7 月；d. 10 月

在季风背景下，冬、夏季渤海的气压场配置大体相反。等压线的走向基本呈南北向，气压梯度相反：冬季从大陆指向海洋，夏季从海洋指向陆地。风矢穿越等压线偏向低压一侧，冬季从陆地进入海面后风向偏右，风速增加，但整个风向大势是一致的。冬季为 NW 风，夏季为 S—SE 风。各海湾及海峡受地形等的影响，风向是有差别的。辽东湾（营口）受大兴安岭和东北平原等大地形的影响，冬季以 NNE 风为主风向，春、夏季是 SSW 风，秋季是 SSW、NNE（图 1.3）。莱州湾（羊角沟）冬季为 NW—WNW 风，其他季节均为 SSE 风（图 1.4）。渤海海峡（长岛）冬季为 NNW 向风，春季为 S 向，夏季为 ESE 向，秋季为 NNE 风（图 1.5），比其他海区的多变。

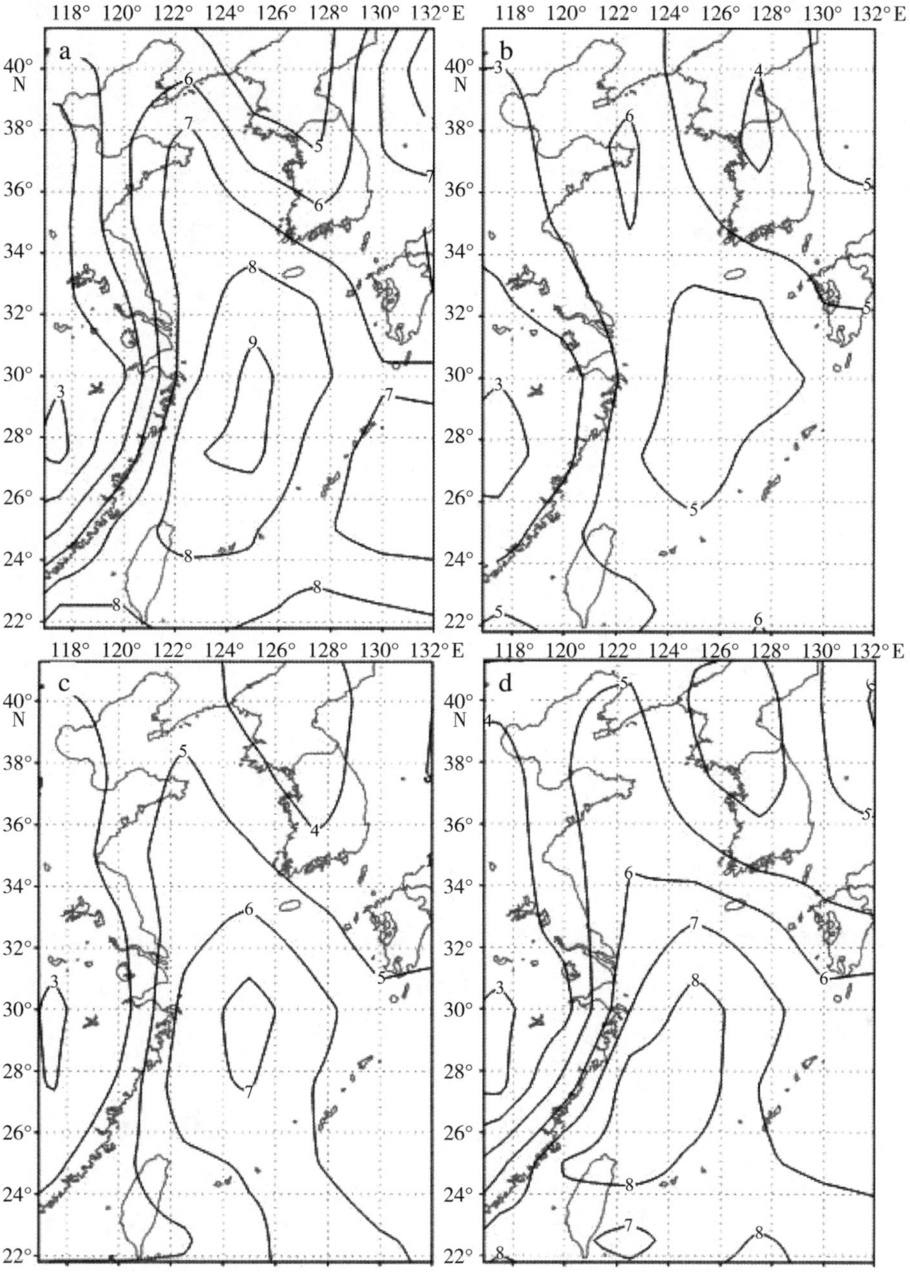

图1.2 渤海、黄海、东海1月、4月、7月、10月风速（m/s）分布（1968—1996年）

a.1月；b.4月；c.7月；d.10月

表1.1 渤海沿岸、岛屿代表站累年月平均风速统计（1971—2000年） 单位：m/s

站 点	1月	2月	3月	4月	5月	6月	7月	8月	9月	10月	11月	12月
营 口	3.4	3.8	4.5	5.1	4.9	4.2	3.6	3.4	3.4	3.8	3.9	3.6
秦皇岛	2.4	2.6	2.9	3.1	3.0	2.4	2.3	2.1	2.2	2.4	2.5	2.5
塘 沽	3.8	4.2	4.7	5.3	5.2	4.7	4.1	3.7	3.8	4.0	4.0	3.9
大 连	5.2	5.2	5.2	5.5	5.1	4.4	4.2	3.9	4.1	4.8	5.2	5.1
羊角沟	3.3	3.6	4.1	4.5	4.4	4.1	3.6	3.3	3.1	3.3	3.5	3.3
长 岛	6.6	6.0	5.7	5.9	5.4	4.7	4.3	4.2	4.7	5.8	6.8	6.9

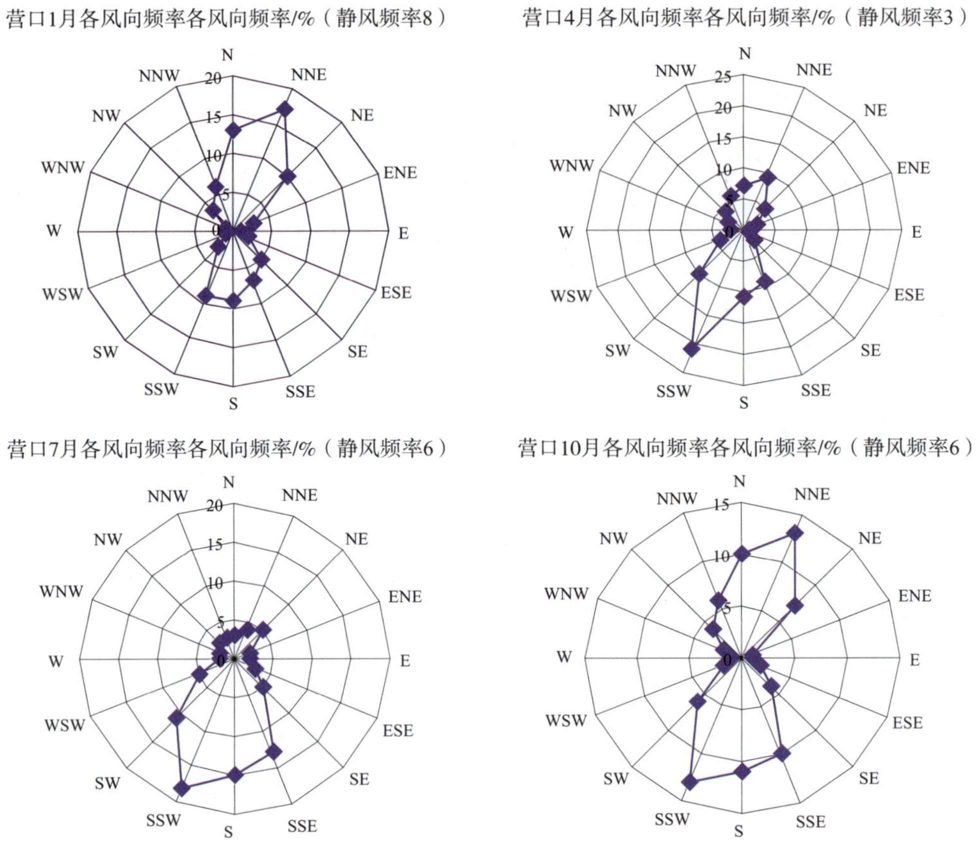

图 1.3　营口 1 月、4 月、7 月、10 月风玫瑰图（1971—2000 年）

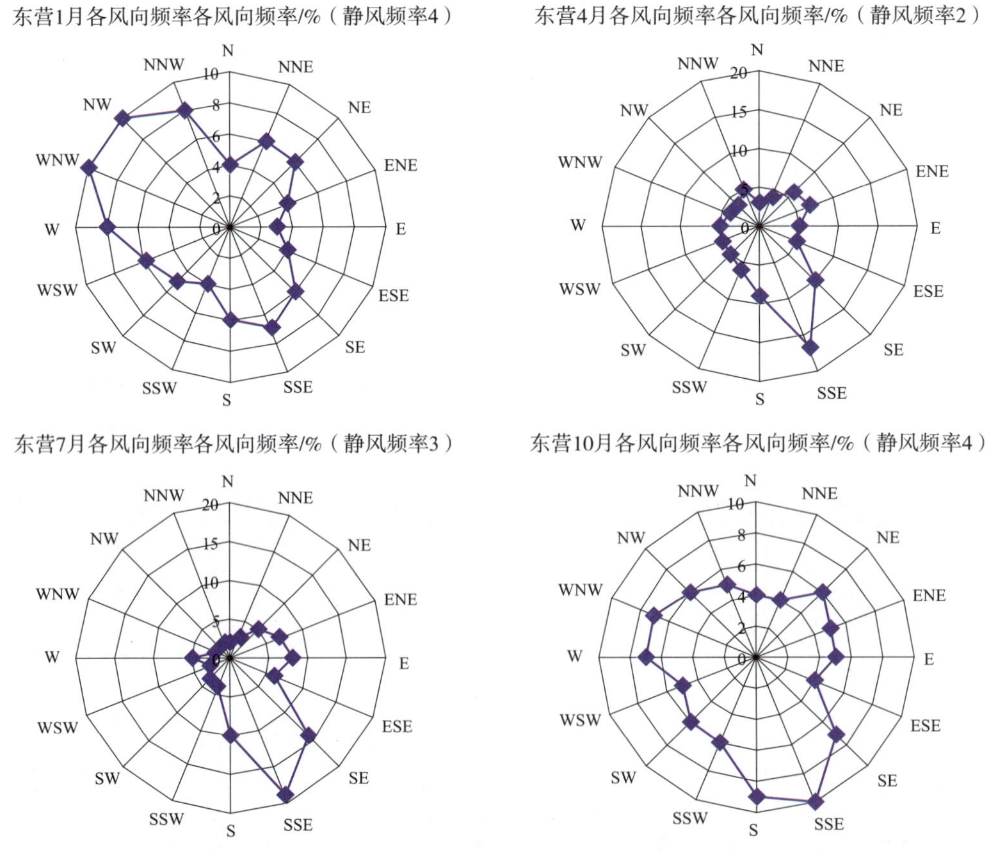

图 1.4　羊角沟（东营）1 月、4 月、7 月、10 月风玫瑰图（1971—2000 年）

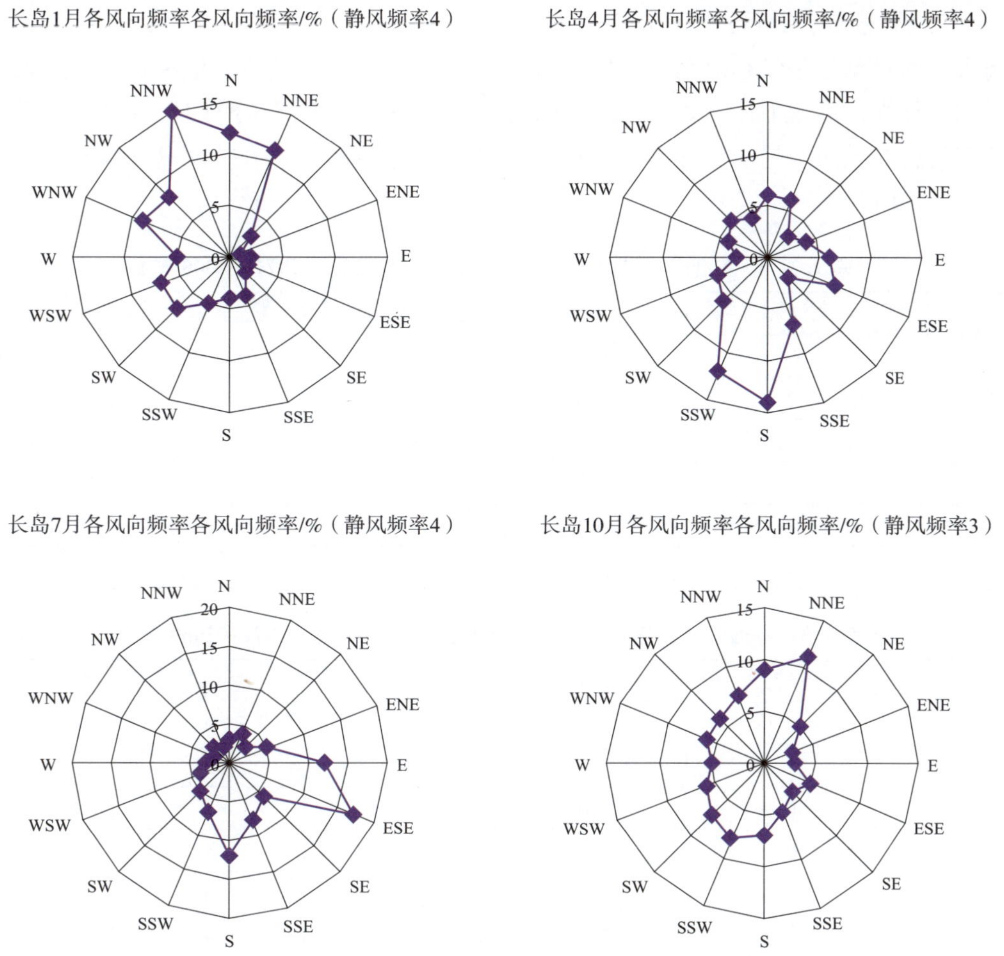

图 1.5　长岛 1 月、4 月、7 月、10 月风玫瑰图（1971—2000 年）

1.1.2　8 级以上大风

8 级（≥17.2 m/s）以上大风也称强风，是海上灾害性天气之一，往往造成重大灾害，值得特别关注。渤海大风最多发生在渤海海峡一带，年大风日数在 60 d 以上，如长岛为 60.5 d，大连为 66.0 d。冬季最易发生大风，春、秋季次之，夏季最少。长岛冬季大风近 20 d，占全年的 1/3；夏季最少，只有 7.3 d；春、秋两季分别为 16 d、17 d。渤海 3 个海湾的大风日数比渤海海峡（简称渤峡）的少得多，辽东湾的（营口）年大风日数为 28 d，不足海峡的一半，多发生在春季；渤海湾（塘沽）为 48.8 d，比海峡略少，比其他海湾要多，以春季（18 d）居多；莱州湾（羊角沟）为 31.6 d，是海峡的一半，也以春季居多（表 1.2）。海峡的最大风速为 30 m/s（NNE），出现在 1985 年 8 月 19 日，是由台风引起的。渤海内的最大风速多在 25 ~ 27 m/s 之间，风向 NNE，发生在冬、春季（表 1.3）。渤海出现的极大风速是羊角沟观测到的为 41.4 m/s，发生在 1971 年 6 月 27 日（表 1.4）。最大风速和极大风速出现的风向多为 N—NNE，并以后者居多。产生大风的气压系统主要是低压系统，包括温带气旋和热带气旋，单纯的冷锋引起的最大风速很少。当强温带气旋或热带气旋中心进入渤海前，尤其位于其南或东南方时，配合其他系统并受大地形影响，产生 NNE 向或 N 向大风。

秋、冬季，当强冷空气从陆上进入较高温度的海洋，水气温差可高达 7 ~ 8 ℃之多。其中

12 月蒸发率的气候均值可达 2.09×10^{-5} mm/s，感热通量为 57.1 W/m^2（于群等，2009）。因海面向大气大量输送感热和潜热，造成低层大气上冷、下暖的层结不稳定状态，这便导致低层大气湍流加强，动量下传，风速加大。因为渤海在一年的大部分时间里等温线与等深线一致。这就使得等风速线趋于和海岸线平行，近岸观测的结果也显示出风速基本与等温线一致（辛宝恒，1991）。

表 1.2　渤海沿岸、岛屿代表站各季大风日数统计（1971—2000 年）　　单位：d

站　名	春季	夏季	秋季	冬季	年
营　口	14.4	4.0	4.7	4.9	28.0
秦皇岛	2.3	1.0	0.7	0.5	4.5
塘　沽	18.0	9.5	10.1	10.8	48.4
大　连	24.3	7.9	14.7	19.1	66.0
羊角沟	14.5	6.1	5.4	5.6	31.6
长　岛	17.0	7.3	16.8	19.4	60.5

表 1.3　渤海沿岸、岛屿代表站最大风速及出现时间（1971—2000 年）　　单位：m/s

站　名	最大风速	风向	年	月	日
营　口	21.0	N	1988	4	27
秦皇岛	19.0	N	1972	7	26
塘　沽	27.0	NNE	1986	1	3
塘　沽	27.0	NNE	1983	4	26
大　连	27.0	NNE	1972	3	31
羊角沟	24.7	NNE	1983	4	26
长　岛	30.0	NNE	1985	8	19

表 1.4　渤海沿岸、岛屿代表站极大风速及出现时间（1971—2000 年）　　单位：m/s

站　名	极大风速	风向	年	月	日
塘　沽	36.7	NNE	1981	8	13
大　连	33.8	N	1994	8	16
羊角沟	41.4	NNE	1971	6	27
长　岛	31.3	NNE	1996	11	27

一年中 6 级以上大风日数，在渤海中部为 50 ~ 60 d，辽东湾和莱州湾为 60 ~ 80 d，渤海海峡为 80 ~ 100 d（辛宝恒，1991），比 8 级以上大风日数多二三成。

不同风向下，大风的分布也不同。东北风为渤海西部大于东部；西北风为渤海中部风速比周边大；南风在莱州湾最大。这与不同季节海陆温差有一定关系。春季与陆面温度相比，海面属冷源，而秋季属热源，受海面热力状态的影响，风力产生相应变化。春季海上的风速是陆上的 1.2 倍，秋季是 1.6 倍。秋季风速大于春季，且秋季西北风大于东北风，尤其渤海海峡（辛宝恒，1991）更是这样。渤海偏南大风春季比秋季大，特别是北部沿岸的营口一带，风速最大。

1.1.3　海陆风

因海陆的热力差异，在海岸附近会产生海陆风。以塘沽与渤海湾的 7 号平台（38°34′N,

117°49′E）为例，塘沽风速日出后逐渐增大，至13—14时达到最大，午后逐时减小，夜间维持最小；7号平台的风向（速）变化则与塘沽的相反，风速变幅小于塘沽（图1.6），显示出海陆风的特征（辛宝恒，1991）。渤海沿岸春、秋季海陆风明显，秋季更甚。渤海西部风速的日变化趋向与陆地一致，日较差较小；渤海中部的风速日变化呈日大夜小的特点，风速比其他地区大，尤其秋季最为明显。在天气静稳，没有显著的天气系统侵入时，海陆风环流才可以发展完备，风速可达5～6 m/s。

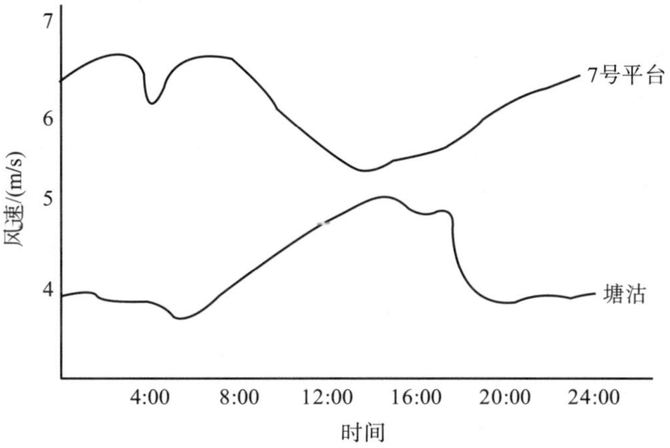

图1.6 渤海湾海陆风的日变化（辛宝恒，1991）

1.2 气温

1.2.1 季节变化

渤海气温具有显著的四季差异。气温时空变化的大形势，反映了典型的季风特征。

冬季（1月），全区低于0 ℃（图1.7a），等温线并非纬向分布，而大致呈NE—SW向分布。温度梯度很大，海上高于陆上，显示出海洋对气温的影响。渤海中部气温为－4～－5 ℃，沿海更低。其中辽东湾（营口）为－8～－9 ℃，为全区最低；渤海湾（塘沽）为－4～－5 ℃；莱州湾（羊角沟）气温较高，为－3～－4 ℃（表1.5，图1.8）。冬季极端最低气温，海上（长岛）推迟到2月。

夏季（7月），是全区温度最高的季节，平均为23～25 ℃，等温线呈NW—SE向，温度梯度是一年中最小的。沿岸各站气温略高于海上气温，约高出约1 ℃。受海洋影响，海上的月最高平均温度比陆上迟后，出现在8月。如大连、长岛，8月略高于7月。

春季（4月），是升温的季节，全区气温在9～13 ℃之间，等温线也呈NW—SE向，梯度比冬季小，比夏季大（图1.7）。沿岸各站都高于附近海上，在10～15 ℃之间，其中羊角沟最高。

秋季（10月），平均气温为10～14 ℃，等温线走向与冬季相似，呈NE—SW向，梯度与春季相同。秋季是降温的季节，其降温速率比春季升温的速率大。渤海气温受季风影响，冬季寒冷干燥，夏季温暖潮湿；同时又受陆地影响，具有大陆性气候特征。在沿岸附近，气温分布与海岸线一致，尤其在秋、冬季更是如此。渤海是被陆地包围的海域，受陆地影响较其他海区更大。

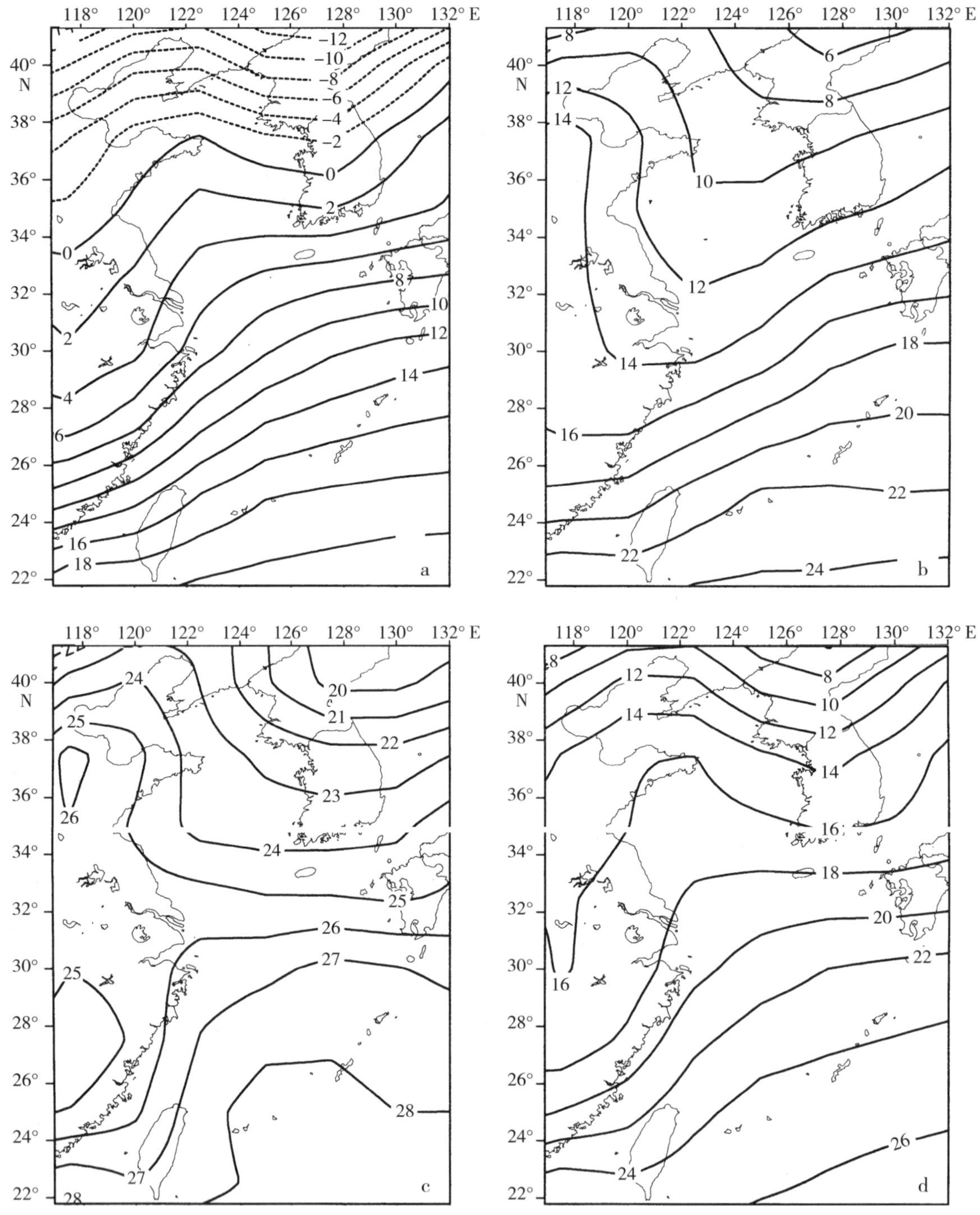

图 1.7　渤海、黄海、东海 1 月、4 月、7 月、10 月气温（℃）分布（1968—1996 年）
a. 1 月；b. 4 月；c. 7 月；d. 10 月

表 1.5　渤海沿岸、岛屿代表站月、年平均气温统计（1971—2000 年）　　单位：℃

站　名	1 月	2 月	3 月	4 月	5 月	6 月	7 月	8 月	9 月	10 月	11 月	12 月	年
营　口	-8.5	-5.1	1.9	10.5	16.9	21.9	25.0	24.2	18.8	11.2	2.1	-5.1	9.5
秦皇岛	-4.8	-2.4	3.5	11.2	17.3	21.6	24.8	24.7	20.2	13.1	4.6	-1.8	11.0
塘　沽	-3.3	-0.8	5.2	13.2	19.2	23.9	26.5	26.1	21.7	14.7	5.9	-0.8	12.6
大　连	-3.9	-2.1	3.2	10.2	16.0	20.3	23.4	24.1	20.3	13.8	6.0	-0.5	10.9
羊角沟	-2.6	-0.3	5.8	13.7	19.7	24.3	26.8	26.2	21.5	14.9	6.8	0.1	13.1
长　岛	-1.1	-0.3	4.1	10.7	16.1	20.8	24.0	24.4	21.4	15.7	8.5	2.1	12.2

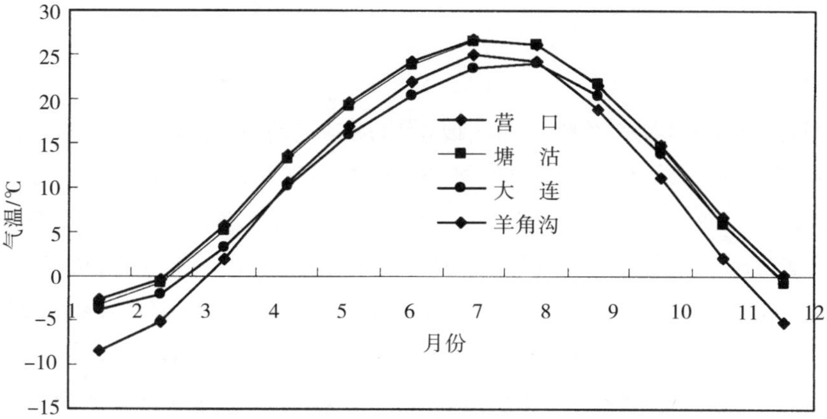

图 1.8 渤海沿岸、岛屿代表站平均气温年变化（1971—2000 年）

1.2.2 沿岸代表站的极端温度

渤海沿岸代表站的极端最高气温基本都出现在 7 月（表 1.6）；极端最高气温在 35 ~ 41 ℃之间。其中：辽东湾的营口为 34.7 ℃，出现在 1999 年 7 月 29 日；渤海湾的塘沽最高气温达 40.9 ℃，出现在 1999 年 7 月 24 日；渤海海峡（长岛）为 36.1 ℃，出现在 1997 年 7 月 29 日；海峡北部的大连为 35.3 ℃，出现在 1972 年 6 月 10 日。极端最低温度都出现在 1 月（表 1.7），其中营口为 −28.4 ℃，出现在 1985 年 1 月 28 日；塘沽为 −15.4 ℃，出现在 1986 年 1 月 4 日；羊角沟为 −20.2 ℃，出现在 1972 年 2 月 6 日；长岛为 −13.0 ℃，出现在 1977 年 2 月 15 日。其中，长岛的极端最低温度是最高的，较好地反映了海面上气温的分布。沿岸观测站的极端气温受陆地影响，高温高于海上，低温低于海上。

表 1.6 渤海沿岸、岛屿代表站极端最高气温（1971—2000 年） 单位:℃

站 名	1月	2月	3月	4月	5月	6月	7月	8月	9月	10月	11月	12月
营 口	6.9	15.4	18.5	27.4	31.2	34.0	34.7	33.5	31.2	26.6	19.5	12.0
秦皇岛	11.5	18.3	21.8	31.6	37.1	38.4	39.2	35.1	33.6	29.4	21.6	14.0
塘 沽	10.5	17.1	23.5	32.5	36.9	38.5	40.9	37.4	34.0	31.0	20.9	14.0
羊角沟	15.2	22.8	26.0	34.0	40.7	39.3	40.3	38.5	36.1	32.6	26.3	21.0
大 连	9.3	14.2	19.0	26.8	33.8	35.3	34.4	32.9	31.6	26.8	21.1	14.4
长 岛	11.7	20.4	19.4	29.9	33.4	34.1	36.1	35.4	31.3	28.9	24.2	15.6

表 1.7 渤海沿岸、岛屿代表站极端最低气温（1971—2000 年） 单位:℃

站 名	1月	2月	3月	4月	5月	6月	7月	8月	9月	10月	11月	12月
营 口	−28.4	−22.9	−21.9	−4.3	2.2	9.4	14.8	12.1	2.4	−7.6	−16.1	−24.0
秦皇岛	−20.8	−17.0	−12.5	−5.0	3.0	9.9	14.3	13.1	4.4	−2.8	−11.8	−16.4
塘 沽	−15.4	−13.3	−12.8	−0.1	6.4	10.4	17.4	15.3	8.0	−0.2	−8.4	−14.3
大 连	−18.8	−17.0	−15.3	−2.9	4.6	10.5	14.2	15.5	7.5	−1.2	−12.8	−16.4
羊角沟	−17.6	−20.2	−8.9	−2.0	3.8	10.6	14.8	14.6	7.9	−1.5	−10.3	−16.4
长 岛	−12.2	−13.0	−8.7	−0.6	4.1	10.2	13.8	15.4	9.0	0.7	−5.0	−10.8

1.3 降水

海上缺少直接观测的降水资料，因而以沿岸测站的降水观测估计渤海的降水（下同）。整个中国海域的降水属季风雨，渤海也不例外。夏季为汛期，主汛期为7—8月。年降水量为600 mm左右，其中辽东湾（营口）最多，为643.3 mm。渤海海峡（长岛）较少，只有541.3 mm。汛期（6—8月）占全年的六七成，其中辽东湾（营口）为393.7 mm，渤海湾为（塘沽）405.2 mm，莱州湾为（羊角沟）368.9 mm，渤海海峡为（长岛）322.7 mm。冬季因受大陆干冷空气影响，降水稀少，12月至翌年1月，降水量不足全年的一成（表1.8，图1.9）。春、秋两季虽都属过渡季节，但春雨明显少于秋雨。年降水日数为70 d左右，四五成发生在夏季（表1.9，表1.10）。月最大降水量可达300～500 mm（表1.11），最多可接近常年九成。7月最少降水量只有十几毫米，不足常年一成（表1.12），冬季甚至可滴雨不下，可见渤海的降水变化很大。月最大降水量发生在7—8月（表1.13），多为热带气旋（台风）所为，可超过200 mm。其中营口1985年8月19日的降水量为240.5 mm，塘沽1975年7月30日的降水量为191.5 mm，东营1997年8月20日的降水量为137.6 mm。东营的年暴雨日数（≥50.0 mm/d）平均为2 d左右（表1.14），集中在7—8月。渤海的降水集中在夏季，又有明显的年际变化。

表1.8　渤海沿岸、岛屿代表站累年逐月、年平均降水量（1971—2000年）　单位：mm

站名	1月	2月	3月	4月	5月	6月	7月	8月	9月	10月	11月	12月	年
营口	6.8	6.3	12.1	31.5	53.9	69.0	175.3	149.4	67.9	41.1	21.5	8.5	643.3
秦皇岛	3.0	3.0	9.4	24.1	55.2	102.2	189.7	152.3	51.0	28.6	10.7	5.0	634.2
塘沽	3.4	4.1	7.6	20.5	38.9	72.9	179.9	152.4	47.0	24.6	10.7	4.5	566.5
大连	8.9	5.8	12.1	24.7	47.0	83.2	140.1	155.4	65.1	29.0	20.0	10.6	601.9
羊角沟	5.5	8.8	12.5	24.4	39.9	75.1	160.3	133.5	45.9	31.5	14.9	7.0	559.3
长岛	8.9	8.3	12.5	26.7	42.9	70.8	119.5	132.4	54.7	32.2	18.9	13.5	541.3

表1.9　渤海沿岸、岛屿代表站累年逐月降水日数（≥0.1 mm/d）（1971—2000年）　单位：d

站名	1月	2月	3月	4月	5月	6月	7月	8月	9月	10月	11月	12月
营口	3.1	3.0	4.2	6.2	8.0	9.6	12.0	9.4	6.8	5.8	4.7	2.8
秦皇岛	2.1	2.2	3.3	5.1	7.3	10.6	12.8	9.9	7.1	4.6	3.3	1.7
塘沽	2.0	2.5	3.3	4.7	6.2	8.0	11.9	9.1	6.0	4.5	3.2	2.2
大连	3.3	2.9	3.7	5.4	7.0	9.3	11.8	9.2	6.0	5.2	5.3	3.4
羊角沟	2.7	3.5	4.0	4.9	5.7	8.0	11.8	9.8	5.9	5.5	4.4	3.3
长岛	5.5	4.2	3.7	5.4	6.4	7.6	10.5	9.0	6.0	5.9	5.9	5.9

表1.10　渤海沿岸、岛屿代表站累年各季、年降水日数（≥0.1 mm/d）（1971—2000年）　单位：d

站名	春季	夏季	秋季	冬季	年
营口	18.4	31.0	17.3	8.9	75.6
秦皇岛	15.7	33.3	15.0	6.0	70.0
塘沽	14.2	29.0	13.7	6.7	63.6
大连	16.1	30.3	16.5	9.6	72.5
羊角沟	14.6	29.6	15.8	9.5	69.5
长岛	15.5	27.1	17.8	15.6	76.0

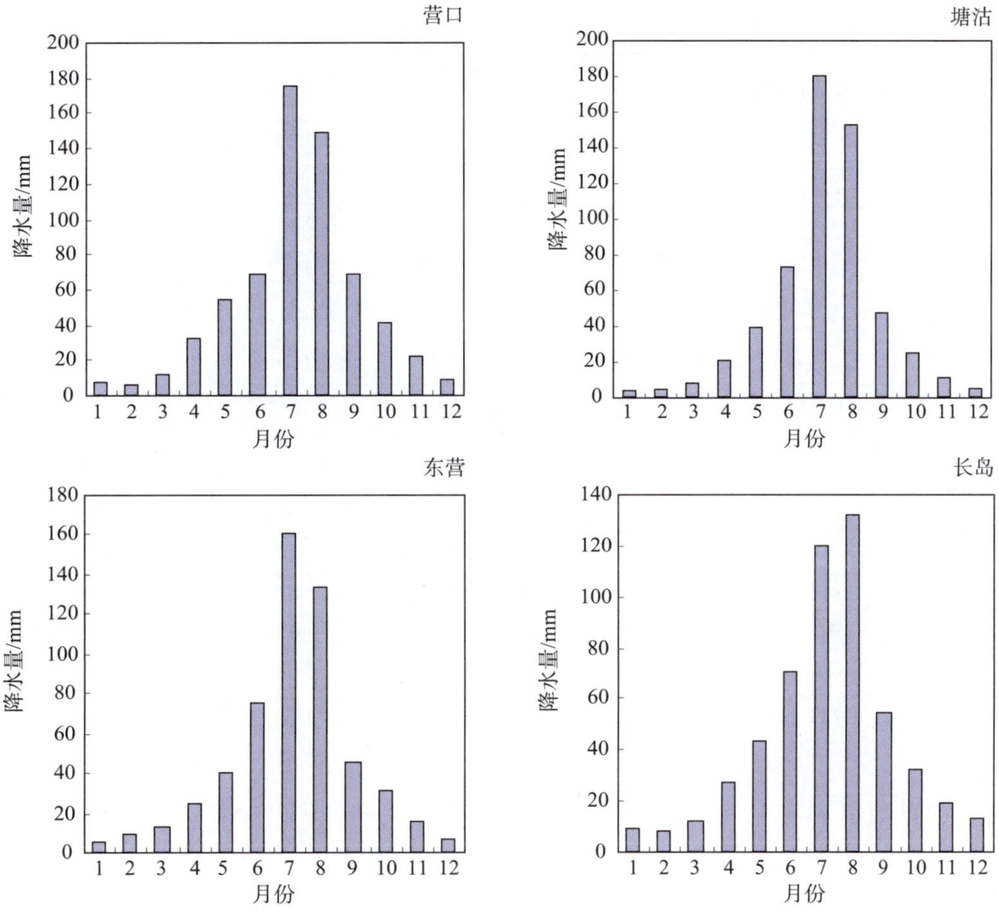

图1.9 营口、塘沽、羊角沟（东营）、长岛逐月降水量分布（1971—2000年）

表1.11 渤海沿岸、岛屿代表站累年逐月最多降水量（1971—2000年） 单位：mm

站 名	1月	2月	3月	4月	5月	6月	7月	8月	9月	10月	11月	12月
营 口	34.0	24.7	30.4	104.2	161.7	192.8	552.9	428.1	164.6	135.2	64.8	29.1
秦皇岛	17.1	10.9	28.2	140.7	163.5	308.6	428.8	368.9	148.0	117.3	44.4	44.3
塘 沽	21.0	25.0	27.7	78.0	125.1	154.5	436.2	423.4	133.5	85.2	46.5	20.2
大 连	37.6	29.0	64.8	83.7	133.3	243.8	388.0	375.9	276.6	60.0	112.7	60.4
羊角沟	38.8	40.3	68.0	98.2	145.8	212.5	295.3	365.7	100.5	83.9	103.8	35.7
长 岛	36.6	37.1	56.4	61.8	149.0	210.1	318.4	274.3	170.5	75.1	71.2	34.6

表1.12 渤海沿海、岛屿代表站累年逐月最少降水量（1971—2000年） 单位：mm

站 名	1月	2月	3月	4月	5月	6月	7月	8月	9月	10月	11月	12月
营 口	0.0	0.0	0.9	3.8	16.5	14.7	35.3	15.5	17.4	3.5	0.0	0.0
秦皇岛	0.0	0.0	0.5	2.0	6.9	18.5	73.6	45.0	5.0	0.0	0.0	0.0
塘 沽	0.0	0.0	0.0	0.7	3.9	9.7	13.7	37.4	3.2	2.0	0.0	0.0
大 连	0.0	0.0	1.1	2.9	6.6	18.9	14.0	21.4	5.2	1.5	1.8	0.0
羊角沟	0.0	0.0	0.1	2.1	1.8	2.5	19.6	25.3	1.8	4.6	0.0	0.0
长 岛	0.4	0.0	0.0	0.6	7.1	0.5	15.0	20.1	5.3	4.4	0.4	0.8

表 1.13　渤海沿岸、岛屿代表站月最大日降水量及出现日期（1971—2000 年）

站　名	降水量/mm	年	月	日
营　口	240.5	1985	8	19
秦皇岛	215.4	1975	7	30
塘　沽	191.5	1975	7	30
大　连	232.1	1992	9	1
东　营	137.6	1997	8	20
长　岛	168.1	1977	8	6

表 1.14　渤海沿岸、岛屿代表站累年逐月、年暴雨日数（≥50.0 mm/d）（1971—2000 年）　单位：d

站　名	1 月	2 月	3 月	4 月	5 月	6 月	7 月	8 月	9 月	10 月	11 月	12 月	年
营　口	0.0	0.0	0.0	0.0	0.0	0.2	0.8	0.8	0.1	0.1	0.0	0.0	2.0
秦皇岛	0.0	0.0	0.0	0.0	0.1	0.3	0.9	0.6	0.0	0.0	0.0	0.0	1.9
塘　沽	0.0	0.0	0.0	0.0	0.0	0.3	1.0	0.8	0.1	0.0	0.0	0.0	2.2
大　连	0.0	0.0	0.0	0.0	0.1	0.3	0.7	0.8	0.2	0.0	0.0	0.0	2.1
羊角沟	0.0	0.0	0.0	0.0	0.1	0.3	0.8	0.7	0.1	0.0	0.0	0.0	2.0
长　岛	0.0	0.0	0.0	0.0	0.0	0.3	0.5	0.6	0.2	0.0	0.0	0.0	1.6

有一个值得注意的现象是，冬季渤海的中南部、渤海海峡及山东半岛北部的降水量、降水日数，比同期其他海域的要多。渤海海峡（长岛）冬季的降水日数为 15.6 d，是渤海湾的（塘沽）6.7 d 两倍还多（表 1.10）；12 月长岛降水量为 13.5 mm，塘沽只有 4.5 mm，相差悬殊（表 1.8）。冬季除渤海海峡外，渤海内其他各站都出现过零降水（表 1.12），表明渤海冬季降水具有地域性特征。这是因为强冷空气进入渤海时，水温高于气温，海气相互作用使得低层大气很快变性，层结不稳定。不稳定层可高达 900 hPa，其上通常存在逆温层，层结稳定（王丕诰等，2004）。水汽自海面向上输送，冷空气越进入海洋纵深，大气获得水汽越多，水汽通量越大。由于近海面风的扰动和切变，湍流加强，与不稳定层结相互作用，在边界层上部形成以层积云为主的冷流低云（图 1.10）。当低云随强劲的 N—NW 风移向山东半岛北部时，除地形强迫使降雪加强之外，由于北部沿岸海陆之间存在很大的温度梯度，造成沿岸附近的低层大气具有很强的斜压性，垂直上升运动加强，使得渤海中部和山东半岛北部易形成降雪，称为冷流降雪（曹钢锋等，1988）。这是在冬季风气候背景下，海 - 陆 - 气相互作用的结果，是位于中纬度的渤海中南部特殊地理位置上发生的局地气候现象，这一现象在北黄海的影响下，山东北部沿海显得更为明显（于群等，2009）。

图 1.10 是 2008 年 12 月 5 日 06 时（北京）红外云图，可以清楚地看到冷流低云的分布。这时冷锋已进入日本海，冷锋过境后，强冷平流冲击渤海、黄海海面产生的细胞云系，一直延伸到东海，习惯上称为冷流低云（王丕诰等，2004；曹钢锋等，1988）。这种低云的云高为 600 ~ 1 000 m，云厚数百米，可以形成积云，但多以层积云（Sc）的形式存在，是冬季海气相互作用的产物（王丕诰等，2004）。上述降雪过程（12 月 4—5 日），鲁北沿海出现暴雪。其中烟台降雪 23.3 mm，市区积雪 40 cm，创 50 年纪录。而半岛南部几乎没有降雪。

1.4　主要灾害性天气系统

1.4.1　寒潮与强冷空气

入秋之后，大气环流由夏季环流向冬季环流调整。当北半球西风带环流调整成三槽三脊，

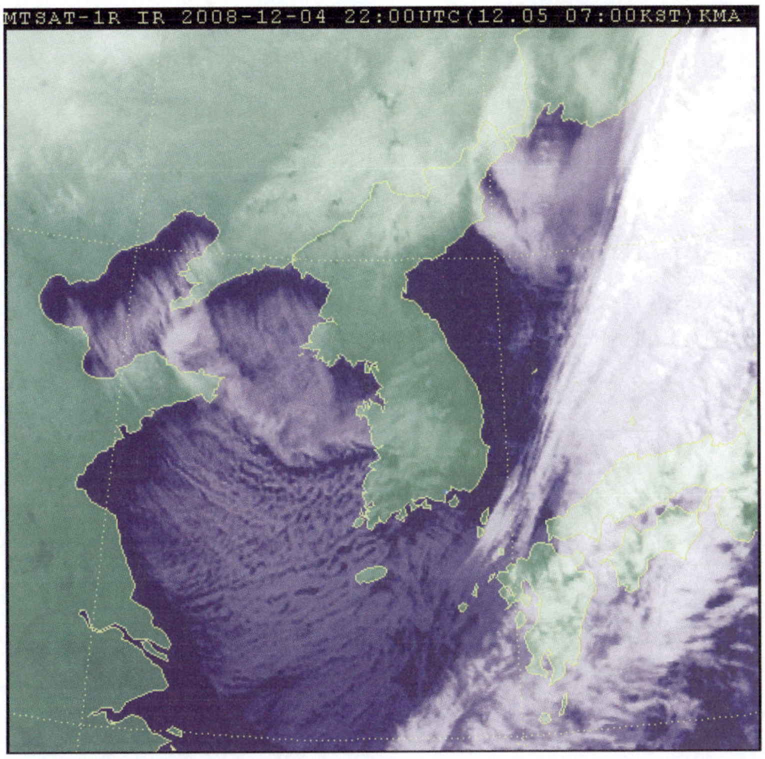

图 1.10 渤海和北黄海的冷流低云（2008 年 12 月 5 日 6 时）

即中高纬建立起三波结构，东亚大槽和西伯利亚高脊相应建立，则冬季环流建立。阿留申低压和西伯利亚高压成为稳定的大气活动中心，冷空气活动频繁，不断侵袭东亚地区，进入中国海域。当冷空气达到一定强度时，通常规定 24 h 局地降温 10 ℃，最低温度在 5 ℃以下称为寒潮。寒潮或冷空气一般都伴有冷锋。影响渤海的冷锋（冷空气）大体可分为三条路径：一是北路冷锋，从贝加尔湖以东南下，经蒙古、我国东北平原进入渤海；二是西北路径冷锋，经中蒙边境进入华北平原，然后转向东南入海；三是西路冷锋，经新疆、河西走廊东移入海（图 1.11）。大风降温是冷锋天气的重要特征，入海后风力加大。上述第一、第二条路径在渤海多引起 NE 大风；第三类以 NW 向风为主（辛宝恒，1991）。风力通常可达 6 ~ 7 级，8 ~ 9 级也不少见。大风可维持十几小时到 24 h 不等。

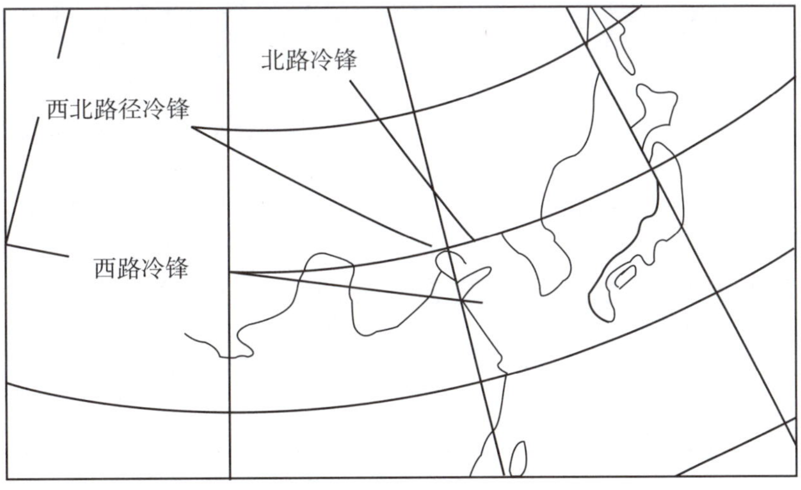

图 1.11 影响渤海的冷锋路径（辛宝恒，1991）

冷高压是承载冷空气活动的系统主体，高压系统前锋就是冷锋。若冷高压前伴有气旋，温带气旋和冷高压的前沿形成很强的气压梯度。在气旋波的引导下，冷空气一旦暴发，其势力更强，风速更大，图 1.12 给出西北路径冷空气（冷锋）的系统配置示意图。西北路径冬半年所占比例较大，在渤海以 NE 向风为主，占渤海大风的六成以上；持续时间也比较长，常超过 24 h。不同路径的冷锋，是按冷高压中心从源地到达渤海、黄海的轨迹划分的。路径的不同，表明冷空气的主体行程差异。但就系统的配置而言，基本相似，即冷高压与冷锋相辅相成，冷锋或伴有气旋，或单独存在，只是高压中心位置有别而已。冷高压的中心气压往往可标志冷空气的强度，强冷高压的中心气压常超过 1 050 hPa。冷高压的路径不同，在渤海引起的主风向也不同：或 NE 风，或 NW 风。

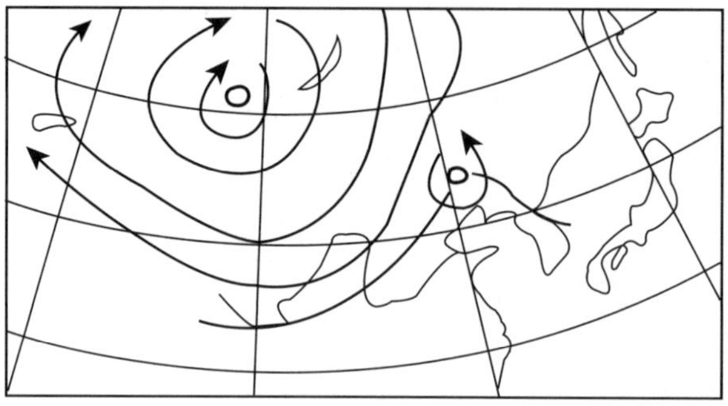

图 1. 12　西北路径冷锋示意图（辛宝恒，1991）

1. 4. 2　热带气旋

热带气旋是夏、秋季影响华北沿海重要的灾害性天气系统之一，常引起大风、暴雨、风暴潮等灾害。影响渤海、黄海的热带气旋，多数发生在西北太平洋、菲律宾以东洋面上。热带气旋生成后进一步发展，中心风力加大，达到一定标准则称为台风。台风按低压中心附近最大风速分类，如表 1. 15 所示。台风北上若加强为强台风；若减弱便成热带气旋，情况多变。当它继续北上进入东海、南黄海，然后穿越山东半岛可进入渤海；当然也有并不进入渤海的，即便是后者，但仍对渤海产生严重的影响。

表 1. 15　热带气旋的分类

名　称	近中心最大风力（风速）
热带低压 (Tropical depression, TD)	6 ~ 7 级 ($10.8\ m/s \leq V_{max} \leq 17.1\ m/s$)
热带风暴 (Tropical storm, TS)	8 ~ 9 级 ($17.2\ m/s \leq V_{max} \leq 24.4\ m/s$)
强热带风暴 (Severe tropical storm, STS)	10 ~ 11 级 ($24.5\ m/s \leq V_{max} \leq 32.6\ m/s$)
台风 (Typhoon, TY)	风力 12 ~ 13 级 ($32.7\ m/s \leq V_{max} \leq 41.4\ m/s$)
强台风 (Severe Typhoon, STY)	风力 14 ~ 15 级 ($41.5\ m/s \leq V_{max} \leq 50.9\ m/s$)
超强台风 (Super Typhoon, Super TY)	风力 16 级或以上 ($51.0\ m/s \leq V_{max}$)

根据 1884—1994 年间进入 30°N，115° ~ 130°E 范围内的热带气旋路径统计，便可获得如

图1.13（张秀芝等，1997）所示的路径分布。进入渤海的热带气旋，主要是从南黄海穿越山东半岛，或先登陆浙江、江苏，然后继续北上经山东内陆转向西北进入渤海。显然，未直接进入渤海，但经南黄海或北黄海的热带气旋也多会影响渤海海面。影响山东半岛进入渤海的典型台风路径（图1.14）（梁军等，2007）印证了百年路径的统计结果。在1949—2007年间，进入黄海、包括热带气旋中心离半岛300～400 km的，影响山东半岛的热带气旋共85个。发生在7—9月的占九成以上，其中8月占47%。就热带气旋的强度而言，共有81个达到热带气旋的标准，每年平均1.4个，8月最多，这期间达到台风标准的只有6个。可见台风在北上到达黄渤海时，多数已减弱成热带气旋。表1.16列出进入渤海的热带气旋的中心气压为970～985 hPa，中心最大风速为30～35 m/s，这是进入渤海的强热带风暴的典型强度。

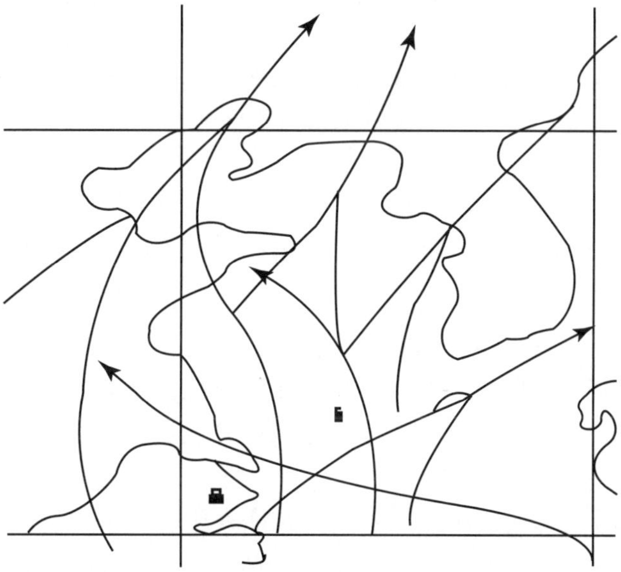

图1.13　百多年来进入渤海、黄海的热带气旋路径（1884—1994年）（张秀芝等，1997）

表1.16　进入渤海的典型热带气旋的强度

起止日期	台风号	中心最低气压/hPa	近中心最大风速/（m/s）
1955年7月5日至18日	5507	985	30
1960年7月17日至8月1日	6005	980	35
1973年7月11日至20日	7303	970	30
1974年8月27日至9月1日	7416	980	30

热带气旋进入中纬度后，其移动路径受副热带、西风带和热带环流系统的制约。路径多变，难以把握，这也是当前台风预报中的难点所在。热带气旋继续北上，其风场已经不再像在初期阶段那样基本呈对称风场，而是变得不对称。在西风带系统的阻挡下往往呈椭圆形风场，尤其进入黄海、渤海时更甚。热带气旋进入黄海后，局地SST对其移动路径有一定的影响，其移动趋向于SST的正距平（陈艳秋等，2008）。

每年产生于热带西太平洋并进入中国海域、然后登陆我国的热带气旋，年与年之间有着显著的差异，即所谓年际变化。比如说20世纪50年代、60年代和80年代偏多，90年代偏少，特别90年代中后期明显偏少（叶英等，2002）。当然这也会波及进入或影响黄海、渤海的热带气旋个数，但历史上直接进入渤海的热带气旋个例不多，因而在这个海区很难印证同样的结论。

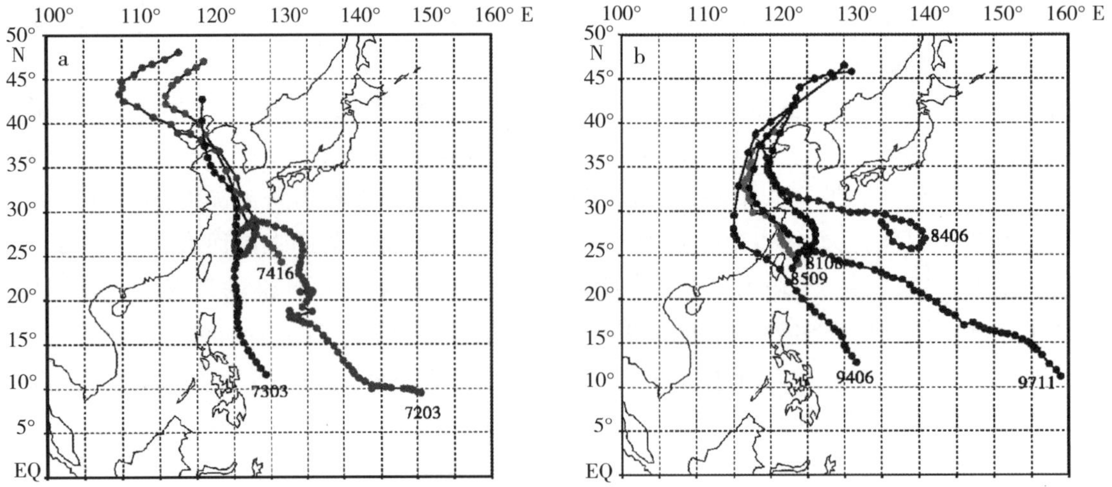

图 1.14　进入和影响渤海的典型热带气旋路径（梁军等，2007）

a. 大连以西登陆类；b. 登陆转向渤海类

1.4.3　温带气旋

温带气旋是发生在中纬地区、具有斜压结构、带有冷暖锋的低压系统。温带气旋是影响渤海的重要天气系统，大风和暴雨是其主要的天气特征。影响渤海的温带气旋，大致可分为蒙古气旋、东北气旋、黄河气旋、渤海气旋和江淮气旋五类。其中：发生于蒙古或由蒙古移入东北平原的，一般通称为蒙古气旋；发生在东北平原的称东北气旋（也称东北低压）；发生在黄河流域的称为黄河气旋；在渤海产生的就是渤海气旋；在江淮流域产生的称为江淮气旋。

蒙古气旋因多发生在蒙古一带而得名。一年四季皆有发生，但以春、秋两季多见。蒙古气旋发生后向东或东北方向移动，大致可分北、中、南三条路径（图 1.15），最终都移入阿留申低压，结束一个生命周期。蒙古气旋在向东（北）移动期间，往往得以发展，尤其进入东北平原，发展较快。东北低压多与高空冷涡有关，蒙古气旋和东北气旋的冷锋接近或进入渤海，会在渤海产生偏南向大风，冷锋过后则产生偏北大风。

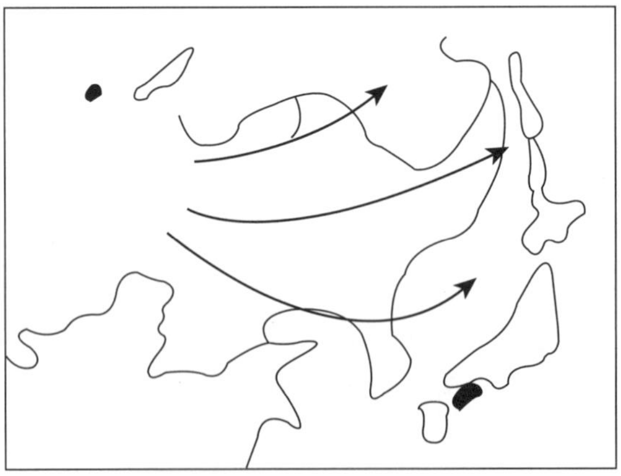

图 1.15　蒙古气旋移动路径（辛宝恒，1991）

渤海气旋在渤海附近发生，属于次天气尺度系统。春、秋季居多，生命期较短，与冷空气配合在渤海产生大风天气。图 1.16 是渤海气旋与冷锋组合的示意图。

黄河气旋四季都有发生，但以夏季居多。气旋发生后，向东北方向移动，进入渤海后往

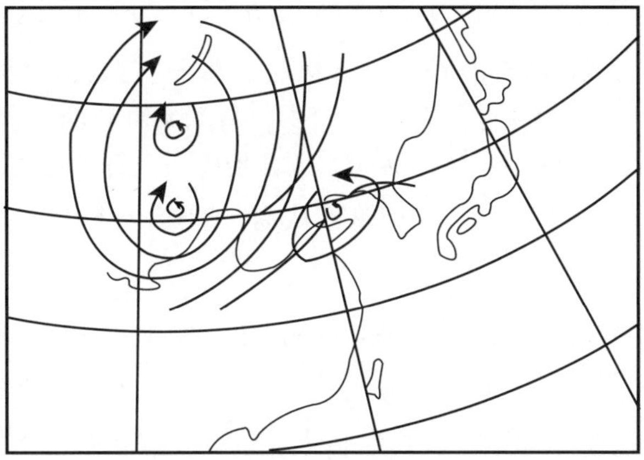

图 1.16 渤海气旋与冷空气配置示意图（辛宝恒，1991）

往得以发展。强烈发展的气旋移速一般为 30～50 km/h，春季移动较快，夏季较慢。气旋进入渤海，引起大风并伴有大雨或暴雨。

黄河气旋主要发生在河套以东、渤海以西，进入渤海、黄海后得以发展。其中秋季有四成得到发展，其他季节仅有两成得到发展，这与秋季渤海、黄海的海面热力状态有关。秋季海温高于气温，有利于海洋向大气输送大量感热和潜热，为气旋发展提供较其他季节更为充分的条件。

江淮气旋一年四季都有发生，但以春、夏季较多，尤其在6—7 月江淮流域梅雨期间，在梅雨锋系上发生的气旋发展迅速，移动也快。当江淮气旋生成后向东北方向移动时，会影响黄海、渤海。

江淮气旋多发生在长江中、下游及淮河流域，生成后东移出海，在黄、东海得以发展（图 6.9），影响渤海。其中春、夏季有 36% 左右的几率发展，秋、冬季只有两成可以发展（表 6.12）。这与各季海洋 - 大气间的相互作用的过程有关。

温带气旋是渤海周边地区产生风暴潮的重要天气系统，以强劲的风和中心低压造成增水，同时也使海面流场、温度场发生改变，直接影响海洋的热力和动力状态。

1.4.4 海雾

广义而言，凡在海洋上观测到的雾均可称为海雾。海雾有在海上发生的，也有从陆上移到海上或伴随天气系统进入海上的。海洋特殊条件下产生的雾，主要是平流雾，它可分为平流冷却雾和平流蒸发雾两种：当暖湿空气流经冷海面因空气冷却达到凝结形成的雾，称为平流冷却雾；当干冷空气流入暖海面，因水汽急剧蒸发空气达到饱和而形成的雾称为平流蒸发雾。此外，还有在岛屿周围产生的岛屿雾等。这几种雾在海洋特有条件下产生，也可狭义地叫做海雾。随天气系统进入海上的雾，最典型的应属锋面雾。它随系统移动而移动，但当其到达海面因海洋影响或加强或减弱，便显示出海洋的影响。沿海附近形成的辐射雾在适当条件下，尤其离岸风且层结条件合适，会进入海上，这种雾只出现在沿海一带。有时在沿海一带，陆上和海上的空气都不饱和，但当二者发生混合时也可达到饱和，这种雾称为混合雾。混合雾多在沿岸一带形成，但其范围要比辐射雾进入海上的范围大得多。

1.4.4.1 海雾的季节变化

与其相邻的黄海相比，渤海是一个相对少雾的海域。渤海海雾主要发生在4—8 月。以渤海海峡的长岛站为例，春季雾日为6.8 d，夏季为9.5 d，占全年总雾日数（19.2 d）的85%（表1.17，表1.18），可以推测渤海海雾主要发生在暖季，这与黄海相同。比如处于辽东半岛黄海沿岸的大连湾，春、夏季雾日占全年的82%，与渤海海峡的相近。渤海内的其他测站表明，雾多发生在秋、冬季。例如营口、塘沽、羊角沟皆然，且年雾日数大约在10余天，其中渤海湾的塘沽较多，也只有16.8 d。因而可以认为，渤海内沿岸所产生的雾的性质，不完全与渤海中部、渤海海峡的相同。

表1.17　渤海沿岸、岛屿代表站累年平均逐月、年平均雾日数（1971—2000年）　单位：d

站名	1月	2月	3月	4月	5月	6月	7月	8月	9月	10月	11月	12月
营口	1.7	1.3	0.7	0.8	0.3	0.2	0.2	0.5	0.6	1.0	1.4	1.6
秦皇岛	0.4	0.6	0.7	0.8	0.5	0.8	1.2	0.6	0.2	0.3	0.5	0.3
塘沽	3.9	2.2	0.8	0.6	0.3	0.1	0.2	0.3	0.5	1.0	2.4	4.5
大连	1.1	2.0	2.6	4.3	5.7	7.2	9.5	2.8	0.5	0.7	1.4	1.3
羊角沟	2.5	1.8	0.9	0.6	0.4	0.2	0.6	0.5	0.5	1.0	1.8	2.2
长岛	0.6	1.3	1.5	2.3	3.0	3.6	4.3	1.6	0.1	0.1	0.2	0.6

表1.18　渤海沿岸、岛屿代表站累年各季、年平均雾日数（1971—2000年）　单位：d

站名	春季	夏季	秋季	冬季	年
营口	1.8	0.9	3.0	4.6	10.3
秦皇岛	2.0	2.6	1.0	1.3	6.9
塘沽	1.7	0.6	3.9	10.6	16.8
大连	12.6	19.5	2.6	4.4	39.1
羊角沟	1.9	1.3	3.3	6.5	13.0
长岛	6.8	9.5	0.4	2.5	19.2

1.4.4.2　渤海雾的分布与年际变化

海上雾的生成、维持及消散，既受天气系统的影响，也受局地影响，是边界层内很复杂的一种天气现象。系统性的雾，在空间的分布往往是成片的，其范围也比较大，其维持与天气系统有着密切关系。而局地的雾，往往是零散的、范围较小，维持时间较短。图1.17是采用卫星云图统计出来的4—7月渤海、黄海海雾的相对分布，主要反映了系统性的、范围较大的雾；分散的、零星的雾难以包括在内。其次，雾层上有云的过程也被摈弃了（王丕诰等，2004），所以这幅海雾的相对分布图，很好地反映了渤海、黄海海雾的分布。渤海海雾，几乎呈穿越渤海海峡东西为轴线对称分布的，渤海海峡出现的频率在15%～20%，渤海中部的只有5%。总体而言，渤海中部雾的出现率只有黄海的一成左右。海雾最盛的7月，渤海、黄海海雾的分布与图1.17基本一致，渤海中部海雾出现率也只有黄海中部的一成（图略）。

渤海雾日的年际变化十分显著，长岛最多年雾日可达35 d，最少为9 d（表1.19，表1.20）；大连最多为65 d，最少为18 d。这种显著的年际变化，主要是大气环流的变化引起来的。大气环流在很大程度上决定了天气系统，天气系统是产生海雾的基本依据。当然海雾是大气边界层的一种多相态的凝结现象，具有海气相互作用的典型特征，海洋的影响是不可忽视的，但是在这个过程中，大气条件是主要的，是决定性的。

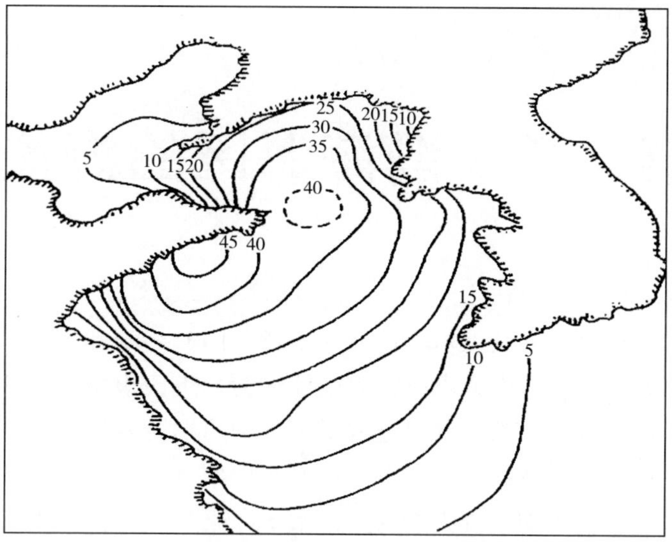

图 1.17 4—7 月渤、黄海区海雾相对频率（%）分布（王丕浩等，2004）

表 1.19 渤海沿岸、岛屿代表站累年逐月、年雾最多日数（1971—2000 年） 单位：d

站 名	1 月	2 月	3 月	4 月	5 月	6 月	7 月	8 月	9 月	10 月	11 月	12 月	年
营 口	5	6	4	3	2	1	1	3	2	3	5	6	21
秦皇岛	4	4	3	6	5	4	6	4	3	2	3	3	21
塘 沽	12	9	4	3	2	1	1	2	2	8	10	11	29
大 连	5	10	6	13	14	15	16	8	4	5	5	4	65
羊角沟	9	12	3	2	1	2	3	3	3	3	5	7	32
长 岛	2	7	5	8	7	8	12	6	1	3	2	3	35

表 1.20 渤海沿岸、岛屿代表站累年逐月、年雾最少日数（1971—2000 年） 单位：d

站 名	1 月	2 月	3 月	4 月	5 月	6 月	7 月	8 月	9 月	10 月	11 月	12 月	年
营 口	0	0	0	0	0	0	0	0	0	0	0	0	3
秦皇岛	0	0	0	0	0	0	0	0	0	0	0	0	0
塘 沽	0	0	0	0	0	0	0	0	0	0	0	0	5
大 连	0	0	0	0	0	1	2	0	0	0	0	0	18
东 营	0	0	0	0	0	0	0	0	0	0	0	0	6
长 岛	0	0	0	0	0	0	0	0	0	0	0	0	9

第 2 章　渤海海区的海流*

渤海的余流很弱，表层一般在 3～15 cm/s 之间，仅为渤海潮流的 1/10 左右。渤海的环流弱而不稳定。有关渤海环流的基本认识，主要来自全国海洋综合调查报告。管秉贤等根据温、盐和海流观测结果指出：冬季，渤海海峡的流动为北进南出型。具有高温、高盐的外海水，主要通过渤海海峡北部的老铁山水道进入渤海，到达渤海西岸时分成两支：北支沿渤海西岸北上，进入辽东湾，而辽东湾内低盐水沿该湾东岸南下，从而在辽东湾内形成一个大的顺时针环流；另外一支高盐水南下进入渤海湾，作反时针方向运动，到达 1977 年之前的老黄河口附近，汇集黄河冲淡水，经莱州湾从渤海海峡南部流出渤海。这就是通常所说的“北进南出”的渤海环流。

《渤、黄、东海海洋图集》水文分册（陈达熙，1992）中，表明渤海海流分布具有以下特征：①除 7—9 月外，其他月份辽东湾的海流，基本上是顺时针环流：海水从湾的西部进入，从湾的东部流出，靠近长兴岛西缘，余流总是指向南或西南向。②渤海湾由于资料太少，该湾环流不清楚。7—9 月似乎南进北出，10—12 月，似乎又变成北进南出。③莱州湾的资料更少。余流似乎都是逆风向流动：7—9 月，余流为东南向；1—3 月，余流指向东北；10—12 月，西北风强盛时，余流反而向西。④渤海中央水域，除 7—9 月外，似乎存在反时针运动涡旋：水从北部进入，从南部流出，也表现出北进南出型。

出现上述结果并不奇怪，因为从 1958 年“海洋普查”开始，基本是单船非同步从事测流工作。本来就很微弱的余流，自然表现出复杂的结构。

20 世纪 80 年代中后期，多船同步调查增多，测流仪器逐渐先进，对渤海环流有进一步认识。下面，主要根据 1982 年以后的船只调查结果、5 个石油平台长系列观测资料，介绍渤海的海流特征。5 个石油平台的位置如图 2. 1 所示。

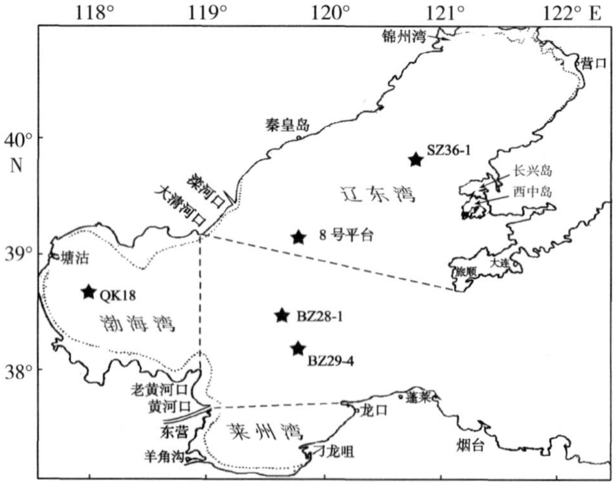

图 2. 1　渤海 3 个海湾及长期测流站位示意

---

* 本章编写人：侍茂宗、鲍献文、周慧、王欣。

2.1 渤海沿岸海域的海流特征

2.1.1 莱州湾及其邻近海域

从图2.2和图2.3看出，夏季，该海域基本上是顺时针运动的环流：南从莱州湾湾底起，余流沿着岸线向偏北向运动，到黄河口南缘“烂泥滩”，开始向SE向旋转，流速小于或接近10 cm/s；莱州湾北边缘及其毗邻域，海流总的趋势是向西北运动，在老黄河口附近，大约38°10′N处，开始向右旋转，流速比南缘的大，最大流速超过30 cm/s 。

底层流的顺时针运动特征更加明显，表现出对表层水流走的补偿效应，只是流速显著减小，一般不超过10 cm/s。总的来看，莱州湾环流受风的作用和黄河口突出地形影响是明显的。

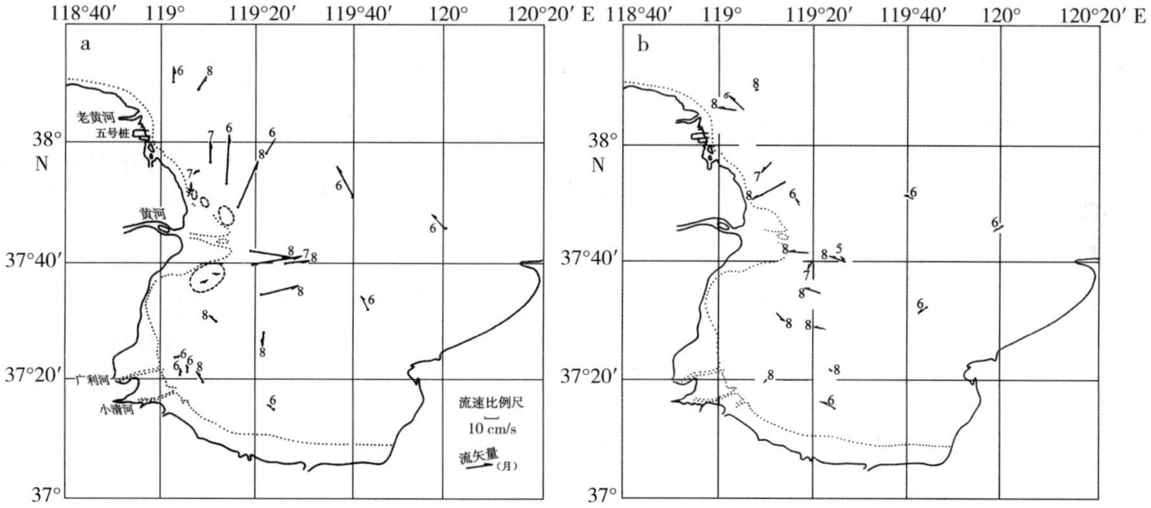

图2.2 莱州湾夏季表层（a）、底层（b）的海流（侯国本等，1993；叶和松等，1989）

冬季，天气恶劣，观测资料少，无法说明运动的总体特征，但仍可看出，黄河口东北方向海流，是向东北运动的。

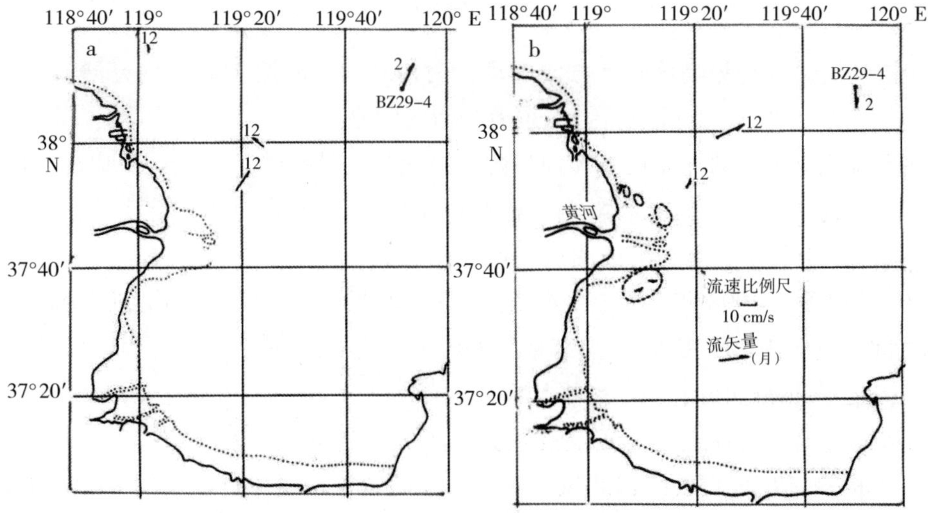

图2.3 莱州湾冬季表层（a）、底层（b）的海流（侯国本等，1993；叶和松等，1989）

莱州湾的最大径流来自黄河。靠近黄河口门处，海流指向 NE 和 N 向，因此，夏季径流扩散应该和流的运动方向一致①。实测结果也证明这一点（图 2.4）。

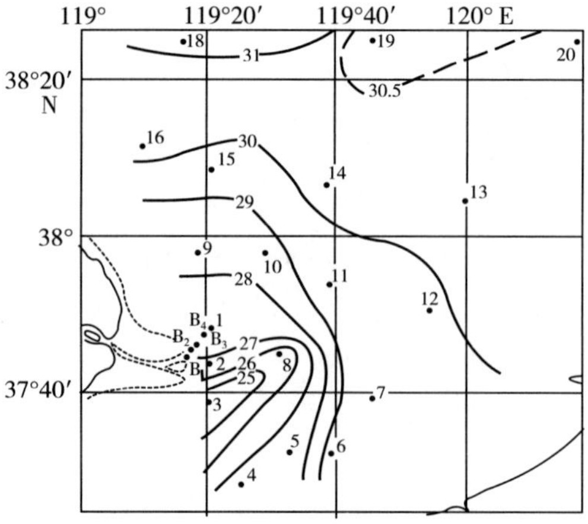

图 2.4　1985 年 8 月黄河口表层盐度分布（侍茂崇等，2001）

2.1.2　渤海湾及其邻近海域

渤海湾夏季的海流分布，可用 1993 年 8 月 1—4 日准同步观测结果来说明（图 2.5 所示）。由图 2.5 可以看出如下特征。

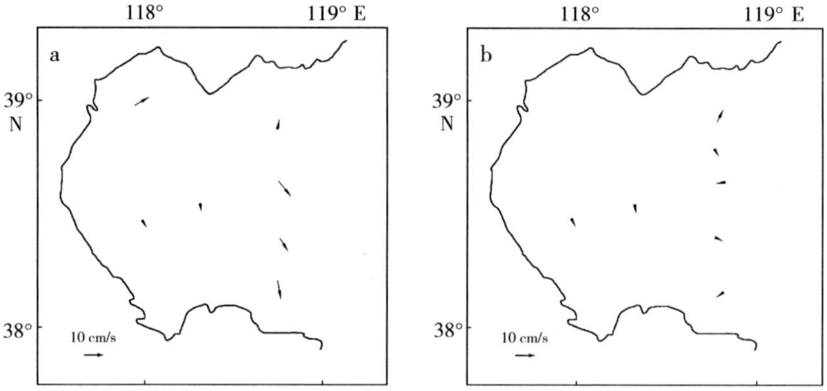

图 2.5　渤海湾海流（江文胜等，1997）

a. 表层；b. 底层

（1）表层环流总的趋势是反时针方向运动：湾口北面，海流指向湾内；湾的南面，海流指向湾外；中间两个站，海流虽小，指向东南和南向明显。

（2）底层海流显著变弱，靠近老黄河口附近有明显的补偿趋势：表层流出，底层流入。

（3）塘沽附近小湾内，受地形影响，存在一个顺时针运动旋涡。这个旋涡是终年存在的。QK18 - 1 平台上长期观测结果证明这一点（图 2.6）。

该平台测流时段为 1998 年 1 月至 1999 年 7 月。由图 2.6 可见，5 m 层流速变化在 4.8 ~ 11.3 cm/s之间，流向为 NE—ENE，全部平均海流矢量为 6.9 cm/s，方向为 62°；底层流速在 5.5 ~ 8.4 cm/s 之间，流向偏北，全部平均海流矢量为 5.1 cm/s，方向为 24°。

与海面风矢量比较，海流变化似乎与风关系不大。例如，1998 年 1—2 月、9 月及 1999 年 1—2 月，当时海面出现较大的偏北风，而 5 m 层海流矢量还保持稳定的 NE 向流动。

① 国家科委海洋组海洋综合调查办公室编。全国海洋综合调查报告（第五册），1964。

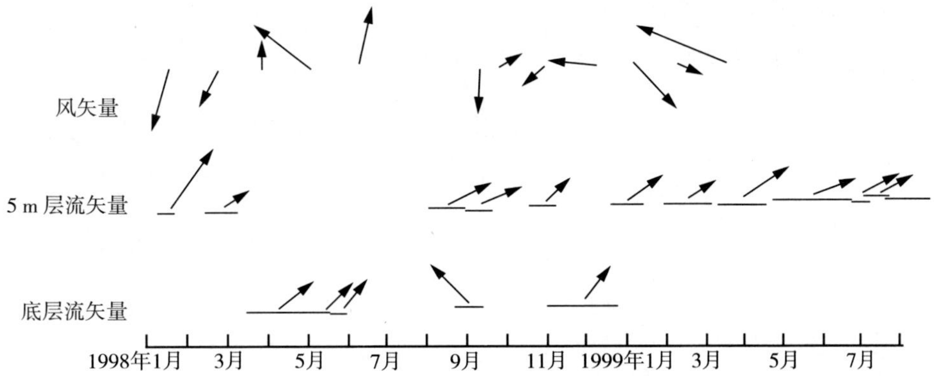

图 2.6 QK18-1 平台风矢量（上）、5 m 层流矢量（中）和底层流矢量（下）分布（徐如彦等，2006）

图 2.7 是渤海湾东南老黄河口附近的海流分布，该图是利用历史资料编绘的。由图 2.7 可以看出，老黄河口（1975 年以前）的西面，渤海湾水体向偏东方向运动，而靠近莱州湾的神仙沟附近，水体则向偏北方向运动，在老黄河口前缘汇合，然后一起向东北方向流动。

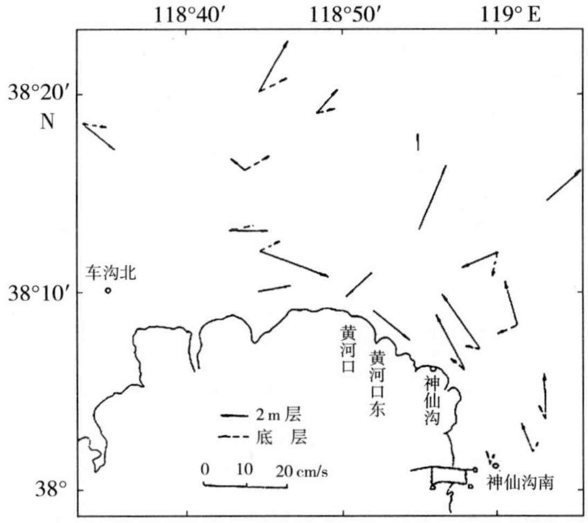

图 2.7 渤海湾东南部老黄河口附近的海流

2.1.3 辽东湾及其邻近海域

辽东湾的余环流基本是顺时针方向：水流从湾的西部流向东北，大体和海岸走向一致。湾中间，则向东南转向，然后沿着东岸向南运动。辽东湾沿岸流，是指辽河、双台子河、大凌河等河川径流入海后，形成低盐的混合水，沿着辽东湾 20 m 以浅的近岸水域运动。现有观测资料表明，辽东湾沿岸流在夏、秋季，也是顺着湾内总环流趋势，做顺时针方向运动。

用 1982 年 10 月和 1986 年 10 月之间多船同步观测的测流结果，表明秦皇岛海域秋季的海流特征，如图 2.8 所示。由图 2.8 可以看出，受地形影响，秦皇岛附近海域的海流，呈顺时针式运动。其中老秦皇岛港附近，流速较大，超过 10 cm/s。湾中间的流向为西南向，流速很弱，不超过 5 cm/s，最大流速出现在东北部老龙头附近，流速在 20 cm/s 以上。

辽东湾湾底海域，于 1989 年 7 月和 9 月间，进行过 4 次准同步观测，结果绘于图 2.9 中。表明该湾底部 10 m 等深线以浅水域，余流的特征如下。①大潮期间海流普遍比小潮期间大，特别是表层和中层无一例外。②地形影响显著。Ⅱ号断面流动较强，尤以Ⅱ-1 站最大，它是受潮沟外面突出地形影响所致。其余断面流动较弱。Ⅲ-2 测站，位于潮沟之中，上层

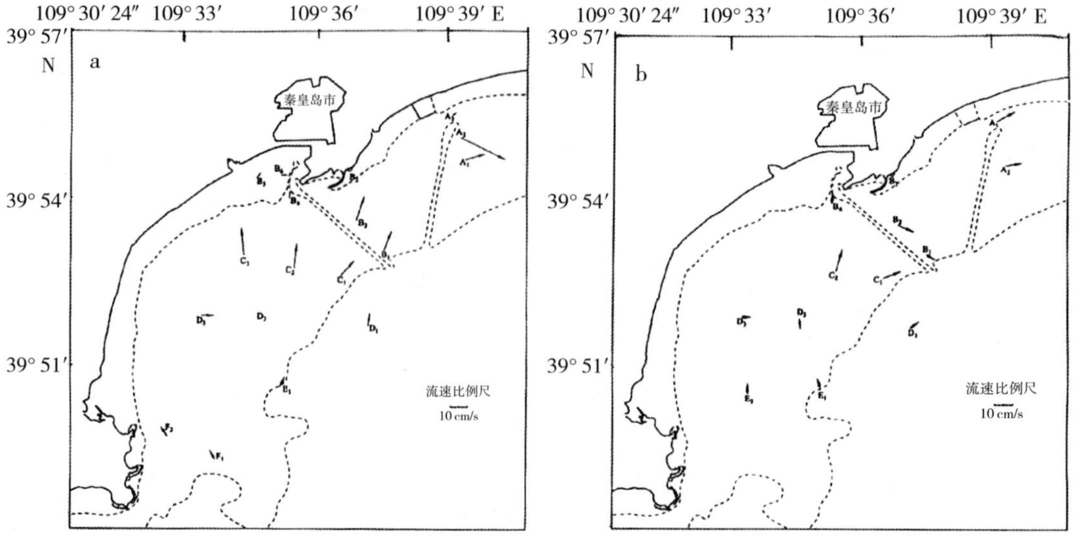

图 2.8　秦皇岛附近海域秋季海流

a. 表层；b. 底层

海流仍然指向偏东南方向，而中、底层则指向东北方向。因此，平均海流方向和总体余流方向相差较大。③大潮期间，海流流向基本在 E—SSE 范围内变化；小潮期间，海流流向和大潮相似，只有Ⅱ－2 站变化较大。总的来看，海流系沿着海岸，从西北指向东南。

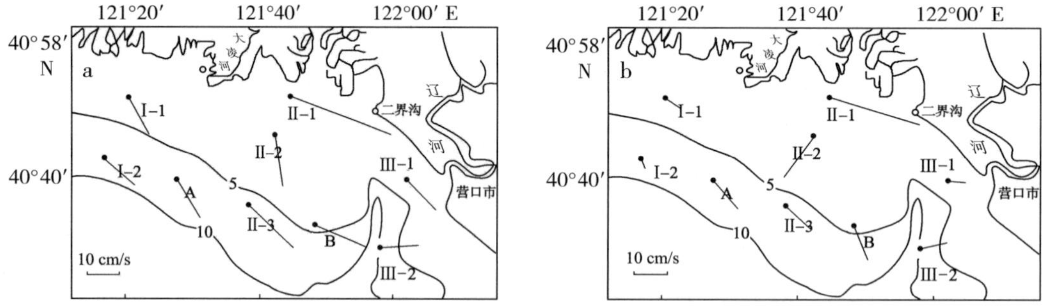

图 2.9　辽东湾近岸水域的海流

a. 大潮；b. 小潮

长兴岛附近海域，于 2008 年夏季（8 月 1—10 日），9 条船同步测流（图 2.10）表明，无论大潮和小潮期间，流型基本一致。靠近长兴岛附近，6 个观测站的海流方向基本指向西南方向，流速在 6 ~ 26 cm/s 之间。最大流速出现在长兴岛正西方，流向指向西略偏北，量值达 40 cm/s。这些海流既反映长兴岛地形的影响，也反映这个海域总环流结构。此外，长兴岛的 NNW 方向，即最强的西向余流北侧，存在一个弱反气旋涡。

2.2　渤海中部海域的海流特征

这里讲的渤海中部海域的海流特征，主要指图 2.1 中 4 个长期测流站的观测结果。

2.2.1　SZ 36－1 平台附近的海流

SZ 36－1 平台位于辽东湾中部，测流时间段为 1997 年 6 月 6 日至 1998 年 6 月 12 日。从图 2.11 看出，该站余流矢量比较稳定，表层流速在 1.8 ~ 7.1 cm/s 之间，流向基本为 SE。与

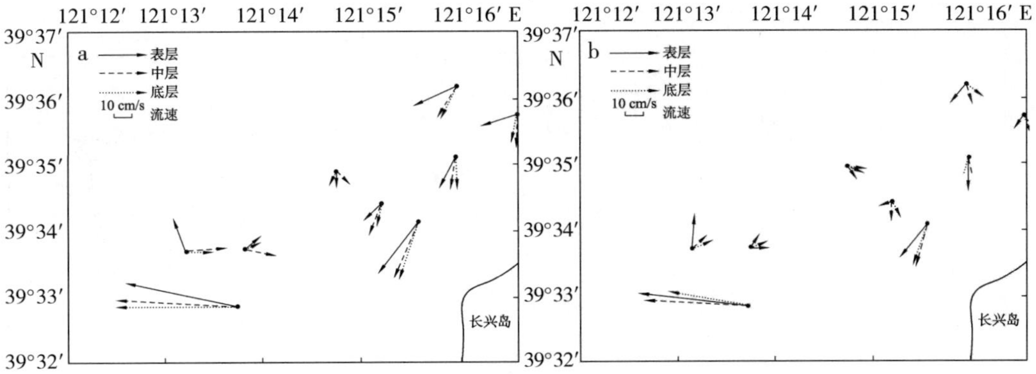

图 2.10 长兴岛附近海域夏季海流

a. 大潮；b. 小潮

风矢量比较可知，12 月及 1 月的余流矢量略有所加强，因海面出现较强的西北风影响所致。其他月份，几乎看不出 5 m 层平均余流有随月平均风矢量变化而变化的特征。

15 m 层流速在 1.6～12.2 cm/s 之间，其中：前期（10 月中旬以前）流速较大，大于5 m 层流速；后期余流较小，明显小于 5 m 层流速。流向均偏向 5 m 层余流的右侧，基本在 180°～260°之间。底层流速较小，在 1.6～5.1 cm/s 之间。流向为 S—SE，和表层接近。该站的长期余流资料表明，辽东湾的余流是反气旋式运动的。

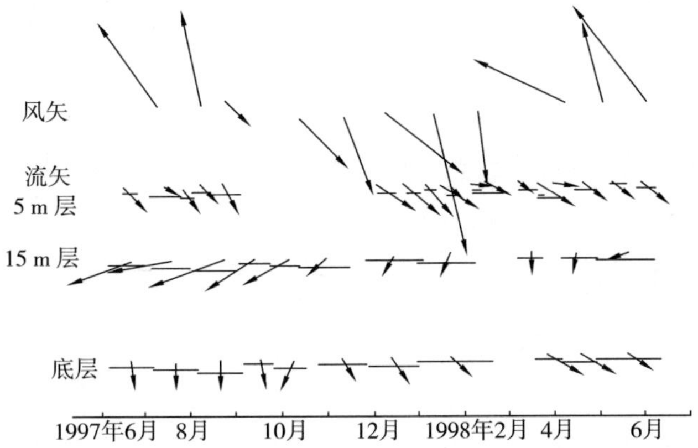

图 2.11 SZ36－1 平台附近不同层次的海流（徐如彦等，2006）

2.2.2 8 号平台附近的海流

8 号平台位于渤海中央约 39°N，119°30′E 附近。从 1986 年 9 月开始进行海流观测，至 1987 年 9 月，有长达 1 年的海流观测记录，其结果绘于图 2.12 中。从中可以看出如下一些基本特征。①全年余流都呈东北偏北方向流动。年平均余流值，上、中、下分别为 4.0 cm/s、3.1 cm/s 和 2.5 cm/s。②冬季西北风并没有削弱东北向余流值，相反 NE 向余流却有增强的趋势。例如，2 月和 12 月，余流流速都达到 5 cm/s，且表、中、底层流速基本一致；同样，4—9 月的东南风也没有增强东北向余流，即使表层流速强，中、底层也迅速减弱，4—7 月就是如此。

2.2.3 BZ28－1 平台附近的海流

BZ28－1 平台位于渤海的中央。也有长达 1 年的海流观测资料（1996 年 12 月至 1997 年

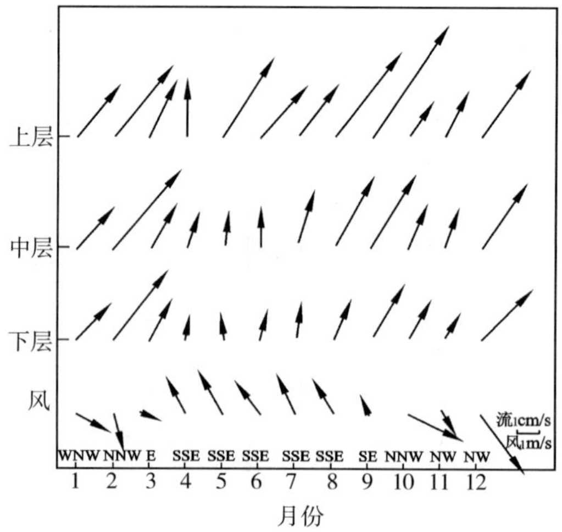

图 2. 12　渤海中部 8 号平台附近不同层次的海流（匡国瑞等，1991）

12 月），各月的余流分布绘于图 2. 13 中。由图 2. 13 看出，5 m 层海流矢量，2—10 月都是指向东南；只有 1 月和 12 月指向西南，11 月指向东北。流速没有超过 5 cm/s。底层海流矢量指向，都在偏西和偏北向。和表层运动呈相反趋势。流速更小，没有超过 3 cm/s 的流速出现。

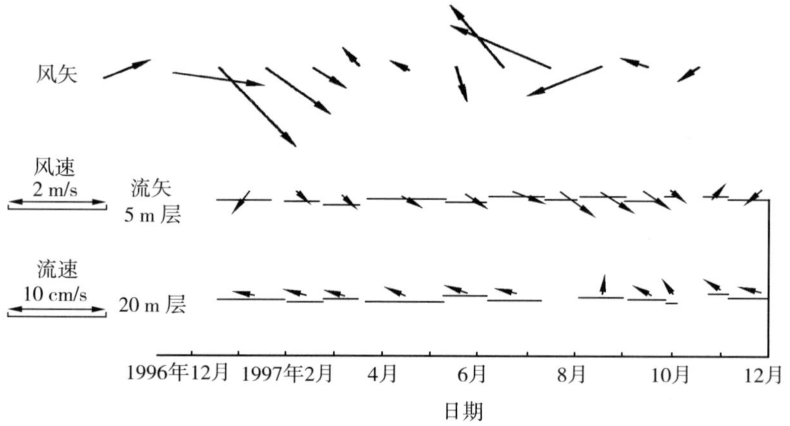

图 2. 13　BZ28 –1 平台附近表、底层的余流（徐如彦等，2006）

2. 2. 4　BZ29 –4 平台附近的海流

BZ29 –4 平台位于莱州湾外的正北。该平台海流观测月平均结果列于表 2. 1 中。由表 2. 1 中看出，2 月、3 月的 5 m 层余流矢量，指向偏东北，流速超过 5 cm/s。BZ28 –1 资料表明，这里存在反时针运动涡旋；底层余流则指向南和西南，和表层基本相反，属于补偿性效应；10 月和 11 月，余流较弱，方向指向东南，和 BZ28 –1 的基本一致。

表 2. 1　BZ29 –4 平台附近的余流

项目 / 月份	5 m 层		底层	
	流速/（cm/s）	流向/°	流速/（cm/s）	流向/°
2 月	9. 3	17	4. 6	176
3 月	7. 5	35	5. 1	237
10 月	3. 1	163		
11 月	2. 3	148		

渤海是小尺度浅海，不存在稳定的风海流。由于渤海拥有较强的周期性潮流场，当它受到风作用时，就产生风海流与潮流耦合的问题。但石油平台长期观测资料表明，风的影响并不明显。这可能因石油平台的观测资料是从5 m开始的，风的影响更多表现在表层的缘故。

魏泽勋等（2003）和赵保仁等（1998）分别计算了渤海夏、冬季的风海流，结论是：夏季辽东湾是顺时针运动涡旋，冬季实测流场主体部分仍然呈顺时针方向旋转，主要是由海面风应力负切变涡度驱动的。由于渤海海底地形比较平坦，与海底坡度有关的项只在近岸起作用。冬季黄河三角洲外N—NE向海流，主要是潮汐余流驱动的；冬季渤海海峡北进南出的流场特征，主要与偏北风和北深、南浅的海峡地形特征有关。

渤海的潮汐余流对渤海的海流起着重要作用。黄祖珂曾做过计算（黄祖珂，1992），结果如图3.11所示。由图3.11看出：

通过老铁山水道有一股较强的、向西南流的余流，并在水道西北侧形成一个范围大的顺时针涡环，北界可到达40°N处；离开这个涡旋向北，则是指向东北的潮汐余流，至辽东湾底部才向东转。

渤海湾具有一个范围大、但不完整的反时针环流：西北部靠近塘沽，有一个顺时针流涡。在老黄河口外，有一股比较强的离岸潮汐余流。在老黄河口东侧，仅有一个范围较小的反气旋涡。

莱州湾的潮汐余流基本是由东北指向西南，黄河口南缘有一个小的顺时针涡旋。总的来看，上述计算结果与观测结果颇为接近。

在潮汐余流中，地形起着重要作用。一般来说，在突出的岬角两边，会形成两个潮汐余流涡旋：岬角左侧为反时针涡旋，岬角右侧是顺时针涡旋。例如，旅顺口西部顺时针涡旋形成和辽东半岛在旅顺口的突出岬角有关；老黄河口（1977年以前）附近，左侧是反时针涡旋，右侧是顺时针涡旋；黄河口南缘、塘沽附近顺时针涡旋，也与那里岬角地形有关。

第3章　渤海潮汐与风暴潮*

在月球和太阳引潮力作用下海洋产生潮汐、潮流现象，其主要周期大约为半天或一天。潮汐、潮流还具有半月、月、年的变化以及年等长周期变化。由引潮力引起的潮汐称为天文潮。另外太阳热辐射的周期性变化也会引起气象的周期性变化，从而间接地引起太阳辐射潮，或称气象潮。太阳辐射潮比天文潮小得多，但是对年周期的Sa分潮起着主要作用。风、气压等气象因素还能引起海面的增减水现象。月、日引潮力能引起地面倾斜、重力及地球应力的潮汐变化，它们分别称为倾斜潮汐、重力潮汐和应变潮汐，总称为固体潮。海洋潮汐与固体潮之间存在着明显的相互作用。海洋潮汐对固体潮能产生额外的负荷作用，对倾斜潮汐的影响达到或超过引潮力的影响，对重力潮达到5%的影响，对应变潮可以达到引潮力影响的50%（许厚泽等，1988）。

随着科技和生产的发展，对潮汐学的研究要求越来越高，在航海活动中不仅要求掌握准确的潮汐预报，还要求掌握潮流场的分布变化规律。在海洋污染物扩散、泥沙运动、水体交换等方面的研究，都要求通过潮流数值计算掌握潮流场的分布变化规律后才能完成。另外诸多海洋问题都需要从潮汐角度加以研究。开展海洋潮汐与固体潮之间的相互作用的研究，对于大地测量、地震预测、卫星发射等是很重要的。

3.1　潮汐

3.1.1　渤海的潮波系统及其演变

潮波从黄海传入渤海后，由于受到辽东湾和渤海湾两湾顶的反射从而形成反射波，入射波与反射波的相互作用形成驻波。在科氏力的作用下驻波波节线消失，最终形成波峰线绕无潮点按逆时针方向旋转的潮波系统。由于受到海底摩擦作用的影响，无潮点偏向入射波方向的左边。M_2、S_2等半日分潮在渤海各形成两个潮波系统：一个无潮点位于秦皇岛附近海域，另一个位于老黄河口处。K_1、O_1等日分潮，在渤海及渤海海峡以东海域，形成一个潮波系统，无潮点位于渤海海峡靠西的海域。图3.1给出了渤、黄、东海M_2、S_2、K_1、O_1的同潮时图（陈达熙，1992）。表3.1给出渤海及渤海海峡主要分潮的振幅比及迟角差。

M_4、MS_4分潮在渤海有4个无潮点（孙文心等，1981；方国洪等，1985）。

表3.1　渤海主要分潮的振幅比和迟角差（Fang，1986）

海　区	$g_{O_1}-g_{K_1}$	H_{O_1}/H_{K_1}	$g_{S_2}-g_{M_2}$	H_{S_2}/H_{M_2}
渤　海	-53°	0.76	70°	0.29
渤海海峡	-50°	0.72	62°	0.30

1936年，小仓伸吉首次利用潮汐、潮流资料，以等高线法计算了渤海和黄海北部的同潮时图（小仓伸吉，1958）。当时渤海南部M_2分潮的无潮点远离岸边。数十年来，由于黄河携

* 本章编写人：黄祖珂（潮汐、潮流），李培顺、韩笑、高松、江崇波（风暴潮），左军成（海平面）。

带大量泥沙入海，黄河三角洲的岸线向外延伸，使渤海南部M_2、S_2等半日分潮的同潮时图变化很大，南部M_2分潮的无潮点已经移至岸边（方国洪等，1985；黄祖珂，1991），而渤海北部的半日分潮及渤海日分潮的同潮时图变化较小。图3.2是依据20世纪30年代的海图及当时的开边界潮汐资料，通过数值计算得到的M_2分潮同潮时线图（黄祖珂，1991）。图3.2与小仓伸吉（1933）计算的M_2分潮同潮时图相一致（用东8时），而与现在的同潮时图有明显的差异。

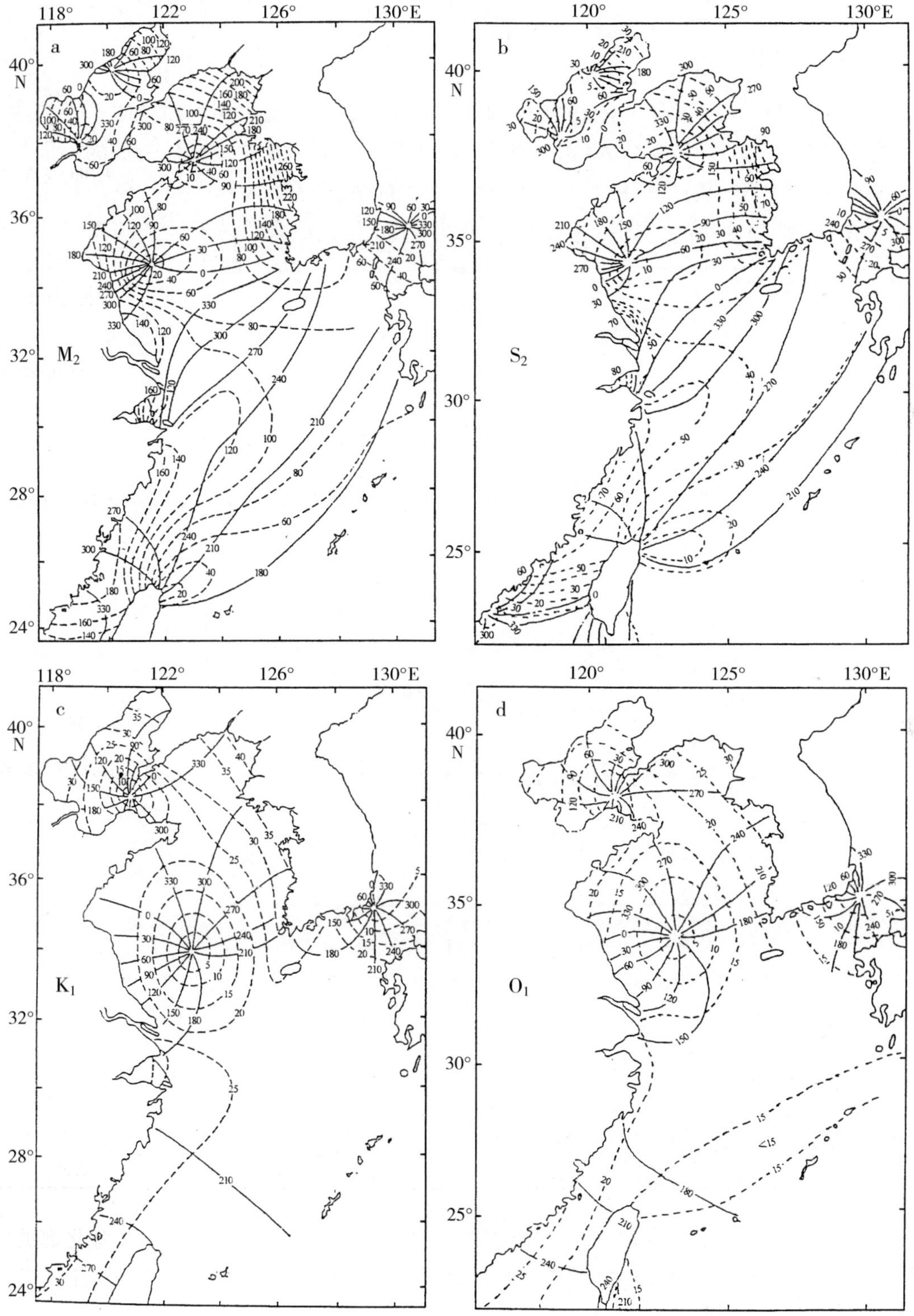

实线：同潮时线；虚线：等振幅线

图3.1 渤海、黄海、东海半日潮（a，b）、全日潮（c，d）分潮波的潮汐同潮时分布（陈达熙，1992）

3.1.2 潮汐调和常数的稳定性

潮汐各分潮的平均振幅（H）及区时专用迟角（g）是随地点而异的，但对于固定地点它应该是常数。在实际计算中，由于采用分析方法和资料的时间序列不同，所得的调和常数不稳定，特别是一天资料的分析结果相差更大。在一年资料的分析中，各年的 K_1、O_1、S_2 等分潮的调和常数相当稳定，而 M_2、N_2、L_2、$2N_2$、Q_1、S_1、$2Q_1$ 等分潮不稳定。图 3.3 给出了秦皇岛、龙口、葫芦岛、塘沽等站 1960—1978 年 M_2 分潮迟角（g）的逐年变化（黄祖珂等，1997）。造成调和常数不稳定的原因，有天文因素、非线性效应以及海底地形变迁的影响。龙口的 M_2 分潮的迟角（g），除了有 19 年的周期性变化外，还具有每年大约增加 0.7°的趋势项变化，这是由于黄河三角洲逐年外延，使得渤海南部半日分潮波发生变化造成的。但是从笔者对 1996—1999 年潮汐资料分析的结果来看，龙口的 M_2 分潮的迟角（g）已趋稳定，而平均振幅（H）有明显变小的趋势。这可能与 20 世纪 80 年代以来，黄河改道往东从莱州湾入海有关。渤海北部的潮波系统与 20 世纪 30 年代相比变化不明显。图 3.3 显示，从 1964 年开始，秦皇岛 M_2 分潮的迟角呈现逐年增加的趋势。

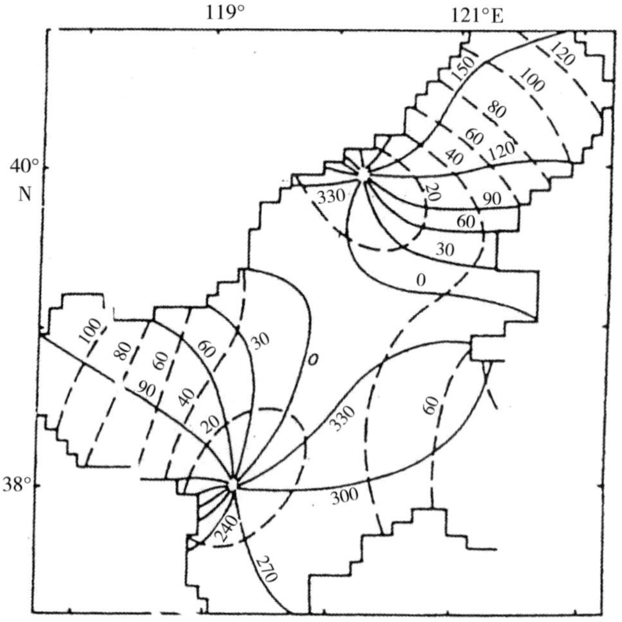

实线：同潮时线（度，东 8 时），虚线：等振幅线（cm）

图 3.2 渤海 M_2 分潮同潮时图（20 世纪 30 年代）（黄祖珂，1991）

3.1.3 潮汐类型

通常以潮汐类型系数 $A=(H_{k_1}+H_{o_1})/H_{M_2}$ 的量值确定潮汐类型。当 $A\leq0.5$、$0.5<A\leq2.0$、$2.0<A\leq4.0$、$A>4.0$ 时，分别确定为规则半日潮、不规则半日潮、不规则全日潮和规则全日潮。图 3.4 绘制了渤海、黄海、东海潮汐类型分布。图 3.1 表明，渤海海峡为规则半日潮，秦皇岛及老黄河口海域为规则全日潮和不规则全日潮，辽东湾、渤海湾、莱州湾及渤海中央部分为不规则半日潮。

图 3.5 绘制了 1998 年 3 月和 6 月秦皇岛、塘沽、龙口、蓬莱的潮汐变化过程。它显示出

塘沽、龙口和蓬莱，在一月之中有2次朔望大潮和二次朔望小潮。于朔和望两三天后，半日潮各站发生朔（望）大潮。秦皇岛属于规则全日潮，在一回归月（27.32 d）内，发生2次回归大潮和二次回归小潮。于月北、南赤纬最大之后两三天发生回归大潮。3月和9月太阳赤纬小，6月和12月太阳的北、南赤纬最大。在6月和12月，潮汐日不等现象受到月球和太阳变化的共同影响，因此6月和12月的日不等现象更为明显。秦皇岛为规则全日潮，3月1天之中二高二低的天数比6月的要多。

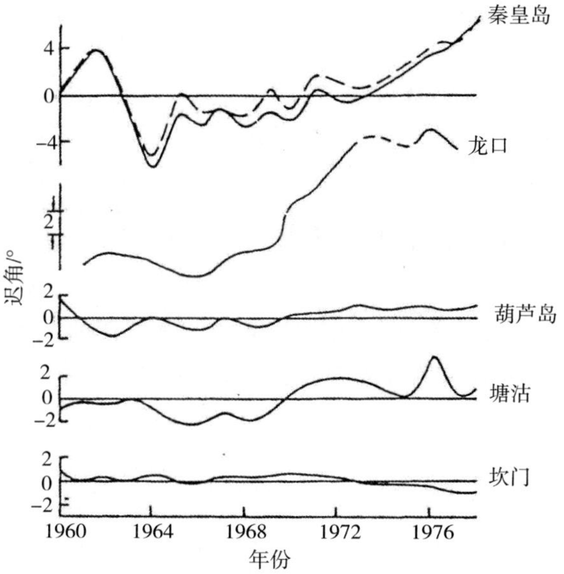

图3.3 葫芦岛、秦皇岛、塘沽、龙口等站（g）的逐年变化（黄祖珂等，1997）

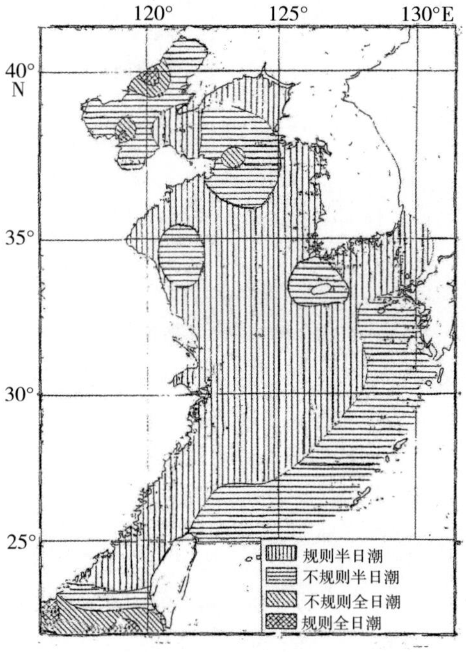

图3.4 渤海、黄海、东海潮汐 M_2 分潮迟角类型分布（陈达熙，1992）

表 3.2 渤海沿岸各站的潮汐特征值（陈则实，1998；陈则实等，2007）

地 名	潮汐类型系数（A）	平均潮差/m	最大潮差/m	平均高潮间隙/h	平均涨潮历时/h	平均落潮历时/h
鲅鱼圈	0.71	2.56	4.23	4.2	5.7	6.7
辽河口	0.53	2.71	4.43	5.2	5.8	6.6
葫芦岛	0.70	2.06	4.06	5.2	6.1	6.4
秦皇岛	4.73	0.71	2.45	(9.1)		
塘 沽	0.56	2.48	4.35	2.9	6.8	5.5
5号桩	5.25	0.16	0.24	(10.1)	12.3	12.2
龙 口	0.92	0.92	2.87	11.7	6.4	6.0
蓬 莱	0.41	1.06	1.69	10.0	6.3	6.2

5号桩位于老黄河口外 M_2 分潮的无潮点处，该站 M_2、S_2 分潮的振幅只有 1 ~ 2 cm，K_1、O_1 分潮的振幅有 20 cm 以上，MS_4、M_4 分潮的振幅有数厘米。5号桩的潮汐属于规则全日潮类型。大部分天数内，1天之中只有1个高潮和1个低潮。在回归小潮期间，它的潮差应该很小，但是由于5号桩的1/4日周期分潮 M_4、MS_4 有较大的振幅值，使得该站在回归小潮期间，1天之内出现4个高潮和4个低潮的现象，如图3.6所示。

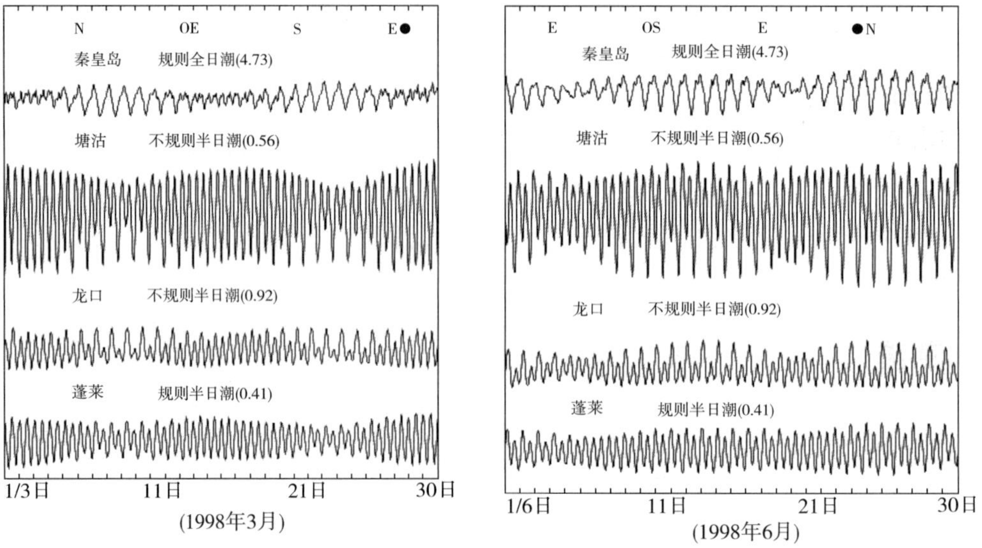

E：月赤纬等于零；　O：望；　●：朔；　N：月北赤纬最大；　S：月南赤纬最大

图 3.5　秦皇岛、塘沽、龙口、蓬莱潮汐变化过程曲线

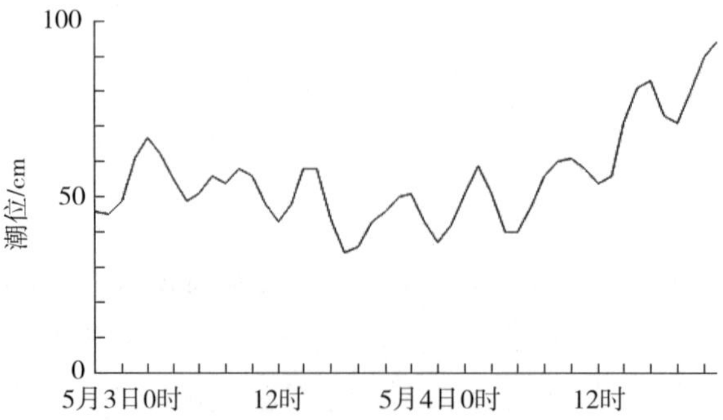

图 3.6　渤海南部5号桩潮汐变化曲线（1985年5月3—4日）

3.1.4 平均高潮间隙

渤海的潮汐以半日潮为主。半日分潮在渤海有两个潮波系统，同潮时线（发生高潮的波峰线）在1个潮周期内，绕无潮点作逆时针方向旋转1周。这样就决定了在渤海，从渤海海峡开始沿辽宁、河北、山东沿岸发生高潮的时间逐渐延迟，在1个太阴日内变化2个周期。表3.2所列各站的平均高潮间隙说明了这一规律。辽宁的鲅鱼圈高潮间隙为4.2 h，1 h后葫芦岛发生高潮，至大清河口附近，高潮间隙为12 h，完成第一个潮周期。之后，波峰线继续往西传播，过了3个多小时后到达塘沽，波峰线沿河北、山东沿岸到达龙口时，高潮间隙为11.7 h，完成了第二个潮周期的变化。秦皇岛及5号桩为规则全日潮，表3.2所列这两个站的数值为回归潮高潮间隙。

3.1.5 潮差

潮差指相邻的高潮和低潮的高度差。受天文因素和地理因素的影响，潮差随时间和地点而变化。图3.5显示出潮差具有明显的半月周期变化。对于半日潮海区，朔或望之后两三天发生朔望大潮（如塘沽）；而对于全日潮海区，月球北（南）赤纬最大后两三天发生回归大潮（如秦皇岛）。实际工作中需要计算各站的月、年及多年的平均潮差、平均大潮差、平均小潮差、最大潮差、最小潮差和最大可能潮差。海洋工程中特别需要掌握从实测资料中得到的多年平均潮差和历史上曾经发生的最大潮差。

表3.2所列各站平均潮差在0.16~2.71 m之间。潮差以辽东湾顶端最大，辽河口平均潮差为2.71 m，塘沽的潮差为2.48 m，秦皇岛和5号桩靠近半日分潮无潮点，平均潮差很小，5号桩只有0.16 m。

最大潮差不仅与天文、地理因素有关，还与气象因素有关，如果在大潮期间高潮时遇到风增水，而数小时后低潮时又恰遇减水，那么该日的潮差会很大，而这正是海洋工程设计中需要的数据。辽河口的最大潮差为4.43 m，塘沽的为4.35 m。

3.2 潮流

海水在月球和太阳引潮力作用下，除了能产生潮汐现象外，还能产生周期性的水平运动，这种现象叫潮流。

海水的流动不仅有周期性的潮流，还有非周期性的风海流、密度流等海流。实际的潮流观测中所测的流向、流速是潮流和海流的总体。

潮流流向一般呈现旋转式变化，一个潮周期内左旋或右旋360°。潮流流速也随时间变化，一个周期内具有最大涨潮流和最大落潮流，两者中间为最小流速。在海峡或受地形的制约海域，流向不能旋转的地方，潮流为往复的变化形式。

3.2.1 潮流椭圆要素

1）*潮流椭圆长、短轴分布及旋转方向*

图3.7为二维潮流数值计算得到的M_2、K_1分潮流椭圆长、短轴分布。长轴方向为最大流速方向，短轴方向为最小流速方向。在辽东湾、渤海湾、莱州湾，主流向大约与湾轴一致。椭园长半轴的长度表示平均最大流速的量值，短半轴表示平均最小流速。渤海M_2分潮流在老铁山水道、长兴岛及老黄河口处流速最大。从图3.7可以看出，M_2分潮流在辽东湾、渤海

湾呈逆时针方向旋转，其余的大部分为顺时针方向旋转。在三维潮流椭圆长、短轴图中，显示出辽东湾、渤海湾左旋的海域，比图3.7二维潮流数值计算结果所示的海域面积小，越往深层左旋的面积越大，因此在左、右旋交接区域，上层潮流为右旋，下层变为左旋。

K_1 分潮流椭圆长、短轴分布图显示出在渤海海峡 K_1 分潮无潮点处潮流最大。渤海大部分海域 K_1 的潮流呈逆时针方向旋转。

2）潮流圆流系统

图3.8是渤海、黄海、东海 M_2、K_1 分潮流最大潮流同潮时线图。在渤海，M_2 分潮流有两个圆流点。圆流点是指潮流椭圆为圆的点，没有最大流速和最小流速的区别。圆流点上的潮流一般不为零。渤海 M_2 分潮流最大潮流同潮时线，绕圆流点作逆时针方向旋转。但 K_1 分潮流只有一个圆流点，最大潮流同潮时线均作顺时针方向旋转。有的文献指出，K_1 分潮流在渤海有两个圆流点，这需要进一步观测验证。

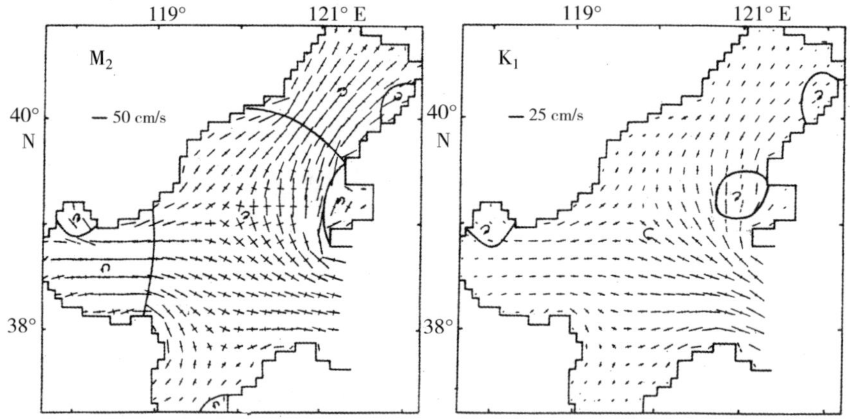

图3.7 渤海 M_2、K_1 分潮流椭圆长、短轴分布（黄祖珂，1991）

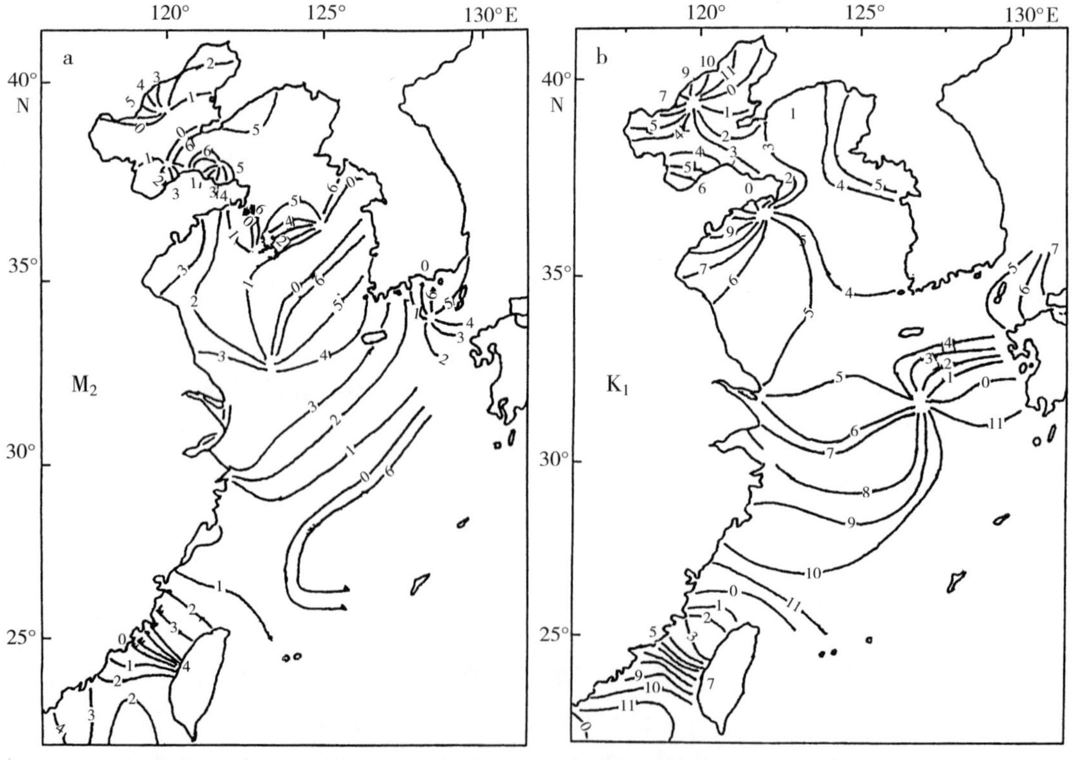

图3.8 渤海、黄海、东海 M_2、K_1 分潮流最大潮流同潮时线（陈达熙，1992）

3.2.2 潮流类型

与潮汐类型相似，潮流类型可取潮流类型系数 $B=(W_{k1}+W_{O1})/W_{M_2}$ 表确定。式中 W 为分潮流平均最大流速。以 $B\leqslant0.5$、$0.5<B\leqslant2.0$、$2.0<B\leqslant4.0$、$B>4.0$ 分别确定为规则半日潮流、不规则半日潮流、不规则全日潮流和规则全日潮流。

图3.9为渤海、黄海、东海潮流类型分布。其中：辽东湾、渤海湾、莱州湾西部为规则半日潮流，渤海中部至渤海海峡为不规则半日潮流，龙口附近及渤海海峡东南部为不规则全日潮流。

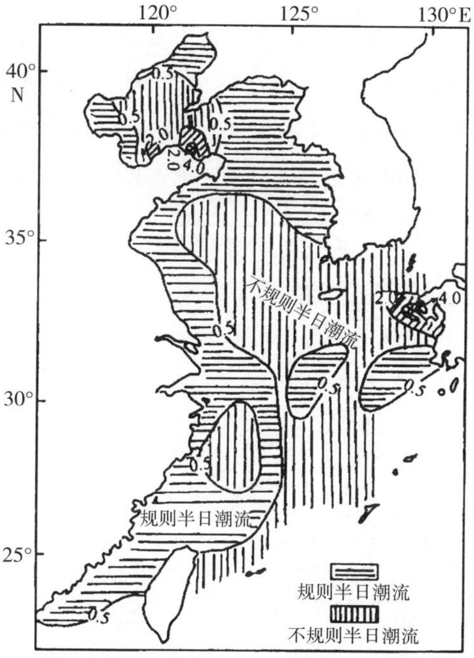

图3.9 渤海、黄海、东海潮流类型分布（陈达熙，1992）

秦皇岛外 M_2 分潮的无潮点附近海域，潮汐为规则全日潮和不规则全日潮，而潮流为规则半日潮流和不规则半日潮流。这是由于在该海区，虽然 M_2 分潮的振幅很小，但无潮点位于驻波的波节处，波节处振幅为零，但流速最大，而当地日分潮流较小，从而造成该海区的潮流仍为半日潮流类型，使得潮流类型与潮汐类型相异。

3.2.3 潮流基本特征值

表3.3给出渤海部分海湾，依据有限的实测潮流资料统计的潮流基本特征值。

表3.3 渤海若干海湾潮流基本特征值（陈则实，1998；陈则实等，2007）

站 名	潮流类型系数（B）	平均涨潮流历时	平均落潮流历时	最大涨潮流/（cm/s）	最大落潮流/（cm/s）
金州湾	0.50~1.08	6 h 12 min	6 h 15 min		
普兰店湾	0.22~1.50	6 h12 min	6 h 15 min	77	77
辽河口	0.15~0.51	5 h 58 min	6 h 29 min	87.2	85.0
锦州湾	0.15~1.38	6 h 04 min	6 h 23 min	151.5	>100
滦河口	<2.0	5 h 50 min	6 h 56 min		
渤海湾	<0.50	5 h 24 min	6 h 23 min	80.0	79.0
莱州湾	<0.50~2.0	6 h 14 min	6 h 09 min	134	114
龙口湾	<0.50~2.0	6 h 27 min	5 h 57 min	84.0	91.0

3.2.4 潮流场

通过潮流数值计算预报海区逐时的潮流场。图3.10为1985年10月30日0时、3时、6时、9时的渤海表层潮流场（黄磊，2004；黄祖珂等，2005）。它能够显示出一个潮周期内渤海潮流的分布变化情况。

从1985年10月30日的预报结果来看，渤海表层有5个强流区，分别是：老铁山水道流速最大，最大流速可达2 m/s；长兴岛外将近1.5 m/s；曹妃甸和老黄河口外的流速可超过1 m/s；团山角南部海域也有较强的潮流，最大流速为1 m/s左右。实测结果表明，黄河口大潮时最大流速在1.4 m/s以上（陈则实等，2007），老铁山水道有2 m/s的测流记录。

潮流数值预报的精度，在渤海大部分海区已经达到实用的要求，特别对辽东湾、渤海湾的预报精度很高。莱州湾的预报精度差一些，这是由于黄河口外延对莱州湾潮波产生的变化造成的。就黄海、渤海9个站预报精度的验证结果表明，流向的均方误差为13.3°～20.0°，流速的为4.5～14.9 cm/s（黄磊，2004）

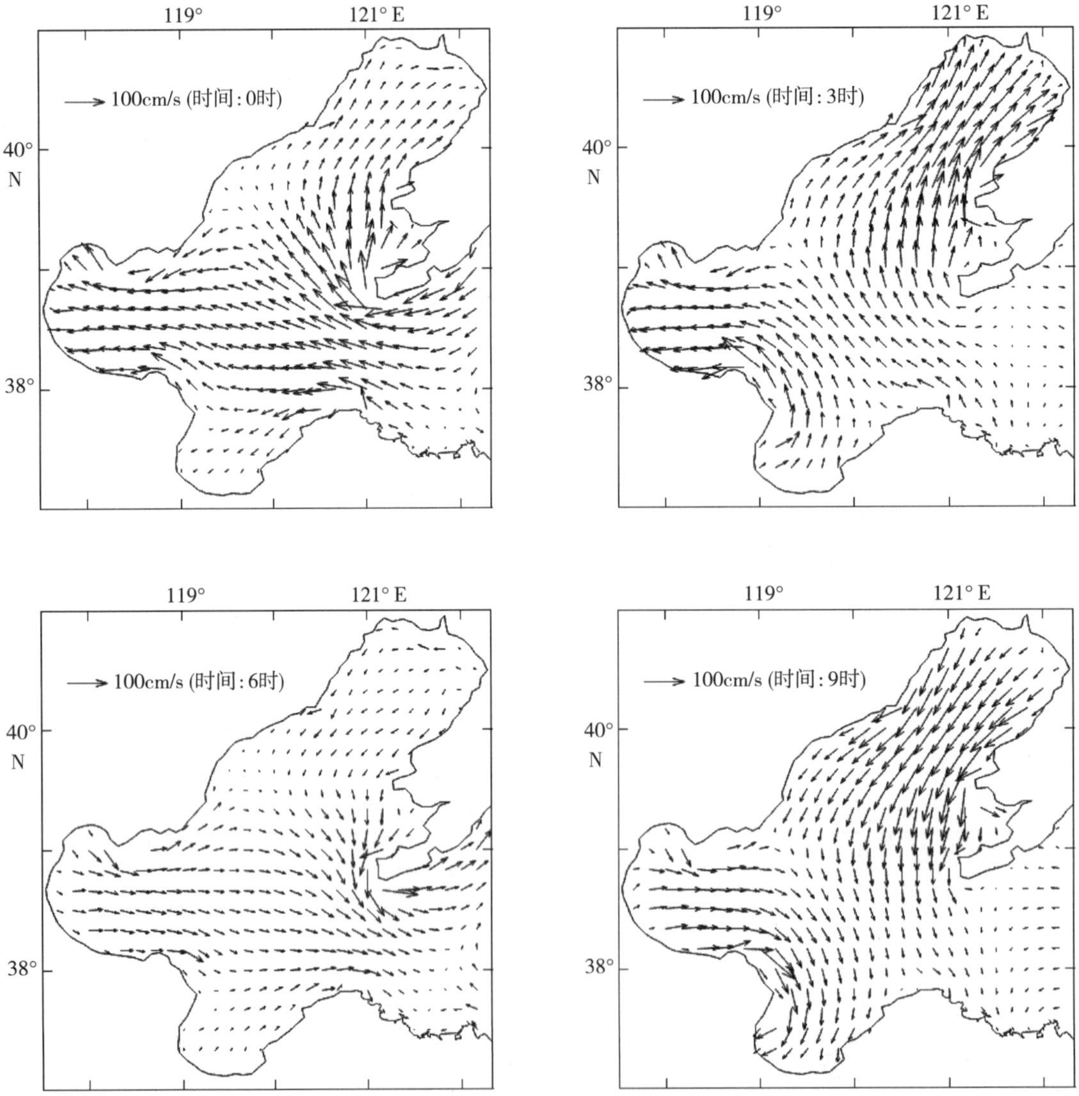

图3.10 渤海潮流场举例（1985年10月30日）（黄磊，2004）

3.2.5　潮汐余流

潮波在传播过程中，受到浅水效应及岸形的影响能够产生潮汐余流和潮汐余水位。海洋测流资料分析出的余流，包含有潮汐余流和其他类型的海流。

潮汐余流一般较小。渤海大部分海域潮汐余流在 1 cm/s 以下（方国洪等，1985；黄祖珂，1992）。但是在岸线剧烈弯曲的海角、岬角处，有相当强的潮汐余流，形成潮汐岬角峰。当潮流沿着海角流动时，由于岸线有很大曲率而出现较强的离心作用，使海水向外流出，产生离岸流，而且海角附近的海面降低，两侧海水向海角处补充，形成旋转方向相反的两个涡环。离岸流的右侧为顺时针方向旋转的涡环，左侧为逆时针方向旋转的涡环。图 3.11 是渤海欧拉潮汐余流图。它显示出在渤海海峡老铁山水道的西侧，产生的离岸流达数厘米/每秒的量级，两边有旋转方向相反的两个余环流。老黄河口也有一股较强的离岸流。在海角、海岬处产生离岸流和余环流是普遍存在的现象。

渤海的潮汐余流主要由 M_2 分潮波产生的，S_2、K_1、O_1 分潮的潮汐余流比 M_2 分潮的潮汐余流小一个数量级（黄祖珂，1992）。

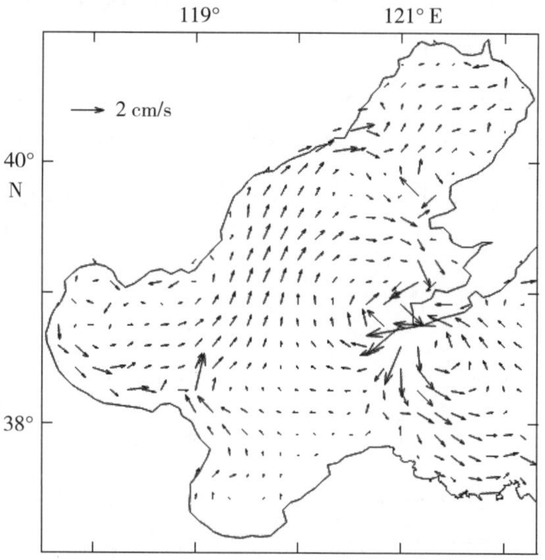

图 3.11　渤海的潮汐余流（黄祖珂，1992）

3.3　风暴潮[①]

渤海的风暴潮曲线，多随风速、风向的变化呈猛升骤降状态，当渤海风场为持续 NE 向大风形势下，呈现为南增、北减态势，如图 3.12 所示。

3.3.1　风暴潮（风暴增水）的时空分布

从表 3.4 及表 3.5 看出：渤海沿岸增水大于等于 80 cm 风暴潮年均出现次数，莱州湾（羊角沟）、渤海湾（塘沽）辽东湾（鲅鱼圈）分别为约 20 次[②]、15 次和 5 次左右；增水大

① 本文中的风暴增、减水值均已进行了海平面季节订正，与其他文献给出的相应数据将有差异。

② 羊角沟增水资料主要参考（杨华庭等，1993），该文献未给出其增水小于 160 cm 的风暴潮过程，故表 3.4 中未给出羊角沟增水大于等于 80 cm 和大于等于 120 cm 的年均出现次数。但与塘沽增水资料的对比，其增水大于等于 80 cm 的风暴潮过程年均可达 20 次左右。

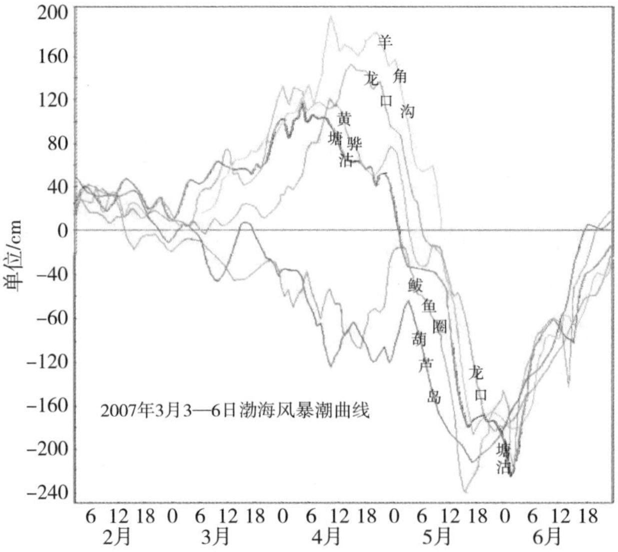

图 3.12　渤海风暴潮曲线实例

于等于 160 cm 的强风暴潮，莱州湾、渤海湾和辽东湾分别占 68%、31% 和 1%；增水大于等于 250 cm 的特强风暴潮均发生在莱州湾和渤海湾。

渤海沿岸最大风暴增水，莱州湾羊角沟附近可达 360 cm 左右，渤海湾塘沽至滨州可达 250～300 cm，辽东湾葫芦岛至鲅鱼圈可达 200 cm 左右。

表 3.4　渤海沿岸不同强度风暴潮年均频次和最大增水统计

天气类型	增水幅度/cm	年均次数/次				
		龙口	羊角沟（杨华庭等，1993）	塘沽	葫芦岛	鲅鱼圈
温带系统	≥80	3.4	—	14.3	2.6	4.6
	≥120	0.33	—	3.9	0.07	0.3
	≥160	0.02	1.7	0.7		0.03
	≥200		1.5	0.2		
	≥250		0.4			
	≥300		0.13			
	最大增水	169 cm	359 cm	234 cm	141 cm	166 cm
热带气旋	≥80	0.3	—	0.4	0.13	0.2
	≥120	0.13	—	0.13	0.06	0.06
	≥160	0.04	—	0.08	0.02	
	≥200	0.02	0.04			
	≥250		0.02			
	最大增水	244 cm	286 cm	188 cm	197 cm	135 cm
资料年限		1960—2007	1951—2007	1960—2007	1954—2007	1975—2007

渤海沿岸增水大于等于 80 cm 的风暴潮，约 97% 是由温带天气系统造成的，热带气旋风暴潮仅占 3% 左右。但强热带气旋风暴潮所占比例增大。如增水大于等于 160 cm 的风暴潮，龙口和葫芦岛主要由热带气旋造成，羊角沟和塘沽 40% 左右是由热带气旋引发。

各海湾最大风暴增水：莱州湾西南部温带温带风暴潮达 360 cm 左右，热带气旋可达 300 cm左右；渤海湾西部沿岸，温带系统可达 250～300 cm，热带气旋可达 250 cm 左右；辽东湾北部温带系统可达 170 cm 左右，热带气旋可达 200 cm 左右。

渤海沿岸增水大于等于 80 cm 的温带系统风暴潮，莱州湾和渤海湾一年四季均可发生，但主要发生在秋末至春初。其中，鲅鱼圈岸段主要发生在春、秋季节，其他各站则主要发生在春、冬季节。夏季各站虽有风暴潮发生，但年均次数和增水幅度均明显小于其他三季。渤海沿岸增水大于等于 80 cm 的热带气旋风暴潮，均发生在每年的 7—9 月。

表 3.5 渤海沿岸温带系统不同强度风暴潮季均频次和最大增水统计

季 节	增水幅度/cm	年均次数/次				
		龙 口	羊角沟	塘 沽	葫芦岛	鲅鱼圈
春季（3—5 月）	≥80	1.1	—	3.5	0.6	1.6
	≥160	0	0.6	0.1	0	0
	最大增水	150 cm	359 cm	216 cm	129 cm	145 cm
夏季（6—8 月）	≥80	0.13	—	0.8	0.4	0.3
	≥160	0	0.1	0	0	0
	最大增水	111 cm	283 cm	148 cm	88 cm	104 cm
秋季（9—11 月）	≥80	0.9	—	2.5	0.7	1.7
	≥160	0	0.6	5.1	0	0
	最大增水	139 cm	304 cm	229 cm	121 cm	127 cm
冬季（12 月至翌年 2 月）	≥80	1.3	—	7.5	0.9	1.0
	≥160	0.02	0.4	0.3	0.02	0.03
	最大增水	169 cm	303 cm	234 cm	141 cm	166 cm
资料年限		1960—2007	1951—1990	1960—2007	1954—2007	1975—2007

3.3.2 负风暴潮（风暴减水）的时空分布

表 3.6 和表 3.7 表明，渤海沿岸减水值大于等于 80 cm 的负风暴潮，各海湾年均发生 5 次以上。其中：渤海湾最多，辽东湾次之，莱州湾最少。减水值大于等于 200 cm 者均发生在渤海湾和辽东湾沿岸。渤海沿岸减水值不小于 80 cm 的负风暴潮，约 96% 是由温带天气系统所导致，热带气旋造成的仅占 4% 左右，且各海湾最大风暴减水均由温带系统所导致。各海湾最大风暴减水值：莱州湾温带系统可达 200 cm 左右，热带气旋可达 150 cm 左右；渤海湾温带系统可达 300 cm 左右，热带气旋可达 200 cm 左右；辽东湾温带系统可达 250 cm 左右，热带气旋可达 200 cm 左右。

负风暴潮的季节分布是：渤海沿岸减水大于等于 80 cm 的温带系统负风暴潮，各海湾一年四季均可发生，但主要发生在秋、冬、春三季，尤以冬季频数最大；夏季的负风暴潮偶有发生，其最大减水值均小于 140 cm。渤海沿岸减水大于等于 80 cm 的热带气旋负风暴潮，均发生在 7—9 月份，最大减水可达 180 cm 左右。

表 3.6 渤海沿岸不同强度负风暴潮年均频次和最大减水统计

天气类型	减水幅度/cm	年均次数/次			
		龙口	塘沽	葫芦岛	鲅鱼圈
温带系统	≥80	5.0	11.4	8.2	7.8
	≥120	0.8	3.3	2.0	2.0
	≥160	0.06	0.8	1.1	0.6
	≥200		0.15	0.1	0.2
	最大减水	191 cm	283 cm	232 cm	228 cm

续表 3.6

天气类型	减水幅度/cm	年均次数/次			
		龙口	塘沽	葫芦岛	鲅鱼圈
热带气旋	≥80	0.04	0.2	0.09	0.3
	≥120	0.04	0.04	0.06	0.1
	≥160			0.02	0.03
	最大减水	135 cm	152 cm	181 cm	178 cm
资料年限		1960—2007	1960—2007	1954—2007	1975—2007

表 3.7 渤海沿岸不同强度温带系统负风暴潮季均频次和最大减水统计

季节	减水幅度	年均次数/次			
		龙口	塘沽	葫芦岛	鲅鱼圈
春季（3—5 月）	≥80 cm/次	1.1	3.0	1.5	1.7
	≥160 cm/次	0.02	0.06	0.6	0.09
	最大减水	191 cm	250 cm	232 cm	211 cm
夏季（6—8 月）	≥80 cm/次	0.04	0.2	0.09	0.2
	≥160 cm/次	0	0	0	0
	最大减水	105 cm	133 cm	130 cm	103 cm
秋季（9—11 月）	≥80 cm/次	1.1	3.5	2.5	2.3
	≥160 cm/次	0.02	0.25	0.07	0.03
	最大减水	163 cm	238 cm	212 cm	168 cm
冬季（12 月至翌年 2 月）	≥80 cm/次	2.8	4.7	4.1	3.6
	≥160 cm/次	0.02	0.5	0.4	0.5
	最大减水	171 cm	283 cm	218 cm	228 cm
资料年限		1960—2007	1960—2007	1954—2007	1975—2007

3.3.3 假潮（李培顺等，2003；李坤平等，2003；曹丛华等，2001）

假潮是水体在外力激发下产生的非潮汐起因的小周期振动，大多是风暴潮的特殊表现形式。渤海沿岸一些港湾，几乎每年都有 50～100 cm 振幅的假潮出现，龙口港常有大于 100 cm 甚至大于 300 cm 的大振幅假潮发生。

龙口港的假潮，振幅大于 100 cm 者年均发生 0.7 次，最大振幅达 317 cm。该港的假潮周期，为数十分钟到 2h 左右，可在数十分钟内骤升或骤降 200～300 cm，使最高潮位骤然变为最低潮位，或使最低潮骤然变为高潮位。如 1980 年 9 月 1 日，受东移过境的渤海强气旋锋面影响，龙口港潮位在天文高潮位时骤涨 130 cm，瞬即在 40 min 时间内骤降 317 cm，之后又在 40 min 时间内骤涨 217 cm，造成罕见的海面短时特大幅度骤涨骤落现象，如图 3.13 所示。

3.3.4 风暴潮灾害

渤海沿岸的风暴潮灾害，主要发生在莱州湾和渤海湾沿岸，严重或特别严重风暴潮灾害平均 5 年左右发生 1 次。辽东湾沿岸风暴潮灾害发生次数较少，严重风暴潮灾害平均 10 年左右发生 1 次。

渤海湾和莱州湾沿岸的风暴潮灾害，温带系统占 90% 以上，但严重灾害尤其特别严重灾害主要为热带气旋所导致。辽东湾沿岸的风暴潮灾害主要由热带气旋所引发。

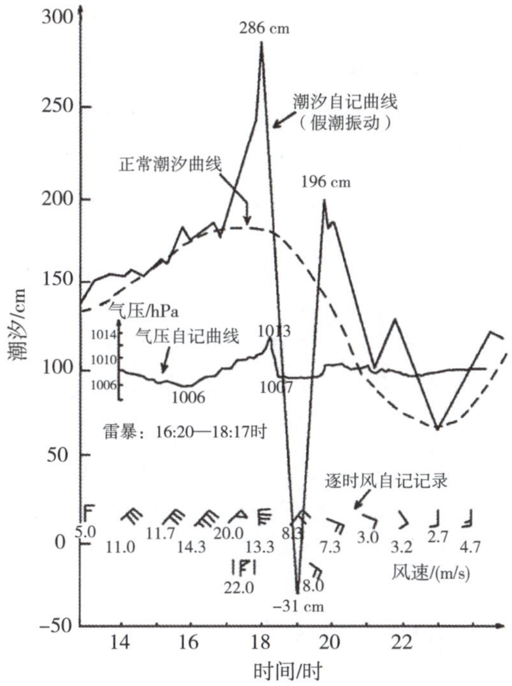

图 3.13　龙口港特大假潮过程实例

例如，2003 年 10 月 11 日的特强温带系统风暴潮，莱州湾羊角沟最大增水为 3.06 m，最高潮位超当地警戒潮位 0.7 m 以上；渤海湾黄骅港最大增水 2.33 m，最高潮位超当地警戒潮位 0.9 m；塘沽最大增水 1.88 m，最高潮位超当地警戒潮位 0.4 m 以上。该风暴潮使龙口至秦皇岛一线普遍受灾严重，黄河口至河北沧州一线海水侵入内陆纵深为 5 km 左右，最远达 10 km 以上；天津港及塘沽市区受淹严重。该风暴潮造成的直接经济损失超过 10 亿元。

又如，1969 年 4 月 23 日特强温带系统风暴潮，羊角沟最大增水达 3.5 m 以上，3m 以上增水持续 8h；最高潮位超当地警戒潮位 1.2m 以上，达到或超过警戒潮位的高潮位持续近 20 h。山东潍坊至河北沧州一线，海水侵入内陆纵深普遍在 10 km 左右，最远达 30 km 以上，龙口至塘沽一线受灾严重。

1949 年以来，渤海沿岸共发生热带气旋风暴潮灾害近 20 次，年均发生 0.21 次，其中严重、特别严重风暴潮灾害年均分别发生 0.16 次和 0.12 次。图 3.14 为 0509 号热带气旋风暴潮灾害照片。

（数千米水泥构件护坡防潮大堤被严重毁坏，海水越堤倒灌严重，堤内多处油井被淹，损失巨大）

图 3.14　山东省东营市境内胜利油田桩西采油区 0509 台风风暴潮灾情照片

1997 年 8 月 19—20 日，9711 台风由浙江登陆经山东羊角沟北上至辽东湾东北角，横扫东部沿海 5 省 2 市，东海、黄海和渤海沿岸普遍受灾。莱州湾、渤海湾和辽东湾沿岸灾害特别严重，直接经济损失在 15 亿元以上。以山东省东营市河口区和利津县为例，海水侵入陆地 10 km 以上，61 个村庄被淹，1.31 万农户进水，损坏房屋 32 450 间，6 000 人被潮水围困，死亡 6 人；冲坏防潮堤 60 km，冲坏公路 145 km，冲毁桥、涵闸 1 259 座，农作物受灾面积 163.55 万亩①，冲毁虾池 8 038 万亩，冲毁盐田 16.4 万亩，损坏渔船 158 艘，网具 1 230 件；胜利油部分油井被潮水淹没、井架被冲毁。

负风暴潮灾害对海洋工程、海上交通和港内船舶危害较大，主要表现为船舶搁浅和阻碍运输船舶进出港口。莱州湾、渤海湾和辽东湾近岸，每年都有若干次船舶搁浅和因水深不够延迟船舶进出港事件发生。

渤海沿岸强负风暴潮持续时间一般为 1 ~ 2d（图 3.12），有时可达 2 ~ 3d。渤海水浅、潮差小，负风暴潮频繁，灾害也多。该灾害主要发生在冬半年，尤其深冬天文大潮低潮期，只要强风暴减水恰与天文低潮位相叠加，便会发生船舶搁浅事故。

3.3.5 导致风暴潮及其灾害的天气系统②

3.3.5.1 温带天气系统

导致渤海沿岸风暴潮灾害的温带天气系统，有“冷空气”、“温带气旋”和“北方气旋或低压槽”3 类。

1）冷空气

冷空气天气形势又可分为“气旋配合偏北路径冷空气（Ⅰ型）”、“单纯偏北路径冷空气（Ⅱ型）”和“偏西路径冷空气（Ⅲ型）”3 种。这里介绍前两种。

（1）气旋配合偏北路径冷空气（Ⅰ型）。

此型天气形势特点：①地面气压场为贝加尔湖以南、蒙古至我国华北、东北地区由冷高压所控制并不断南压。江淮至河套地区有明显的气旋或低压倒槽向北或向东发展，北方冷空气和南方气旋或低压倒槽在辽东湾南部或渤海中部相遇，冷锋呈 E ~ W 或 ENE ~ WSW 走向，如图 3.15 所示。②南北两系统在渤海相遇时，渤海和黄海北部为强劲的偏 E 向大风，黄海中、南部为强劲的 SE 向大风。随着冷锋南压过境，渤海和黄海依次迅速转为强劲的 NE 向大风，冷锋过境时 SE 转 NE 的大风转风过程明显。此类天气形势出现频次较多，是引发渤海湾、莱州湾强和特强风暴潮及其灾害的主要天气形势。该形势最大增水在莱州湾（羊角沟）曾达 359 cm。历年来，渤海湾、莱州湾和辽东湾西南部沿岸的特别严重温带系统风暴潮灾害多由该形势诱发。

（2）单纯偏北路径冷空气（Ⅱ型）。

此型天气形势的特点：当贝加尔湖以南、蒙古至我国华北、东北地区由冷高压所控制并不断南压至渤海时，江淮或黄淮地区无明显的低压或低压倒槽向北发展，冷锋呈 E—W 或 ENE—WSW 走向（图 3.16）。冷锋过境前，渤海和黄海已为弱 NE 或偏 E 向风场；冷锋过境时无明显 SE 转 NE 的大风转风过程。

---

① 亩：非国际单位，1 亩 =1/15 hm^2。

② 各天气形势图中等值线数字的单位：hPa。

此型天气形势年均发生次数与Ⅰ型相当，但风暴潮强度明显弱于Ⅰ型天气形势，在渤海湾和莱州湾诱发的最大增水分别达 200 cm 和 250 cm 左右。

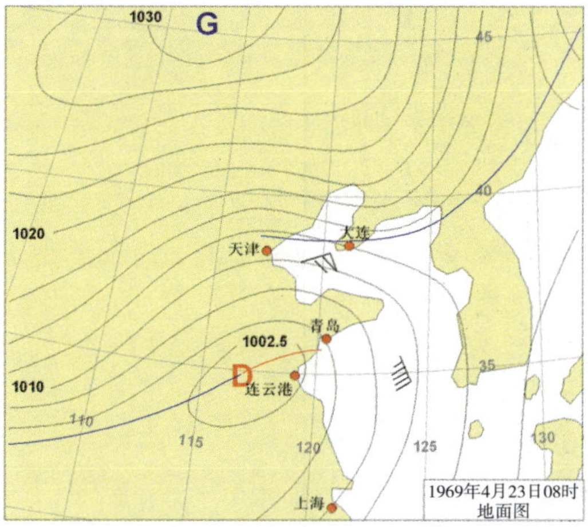

图 3.15　气旋配合偏北路径冷空气

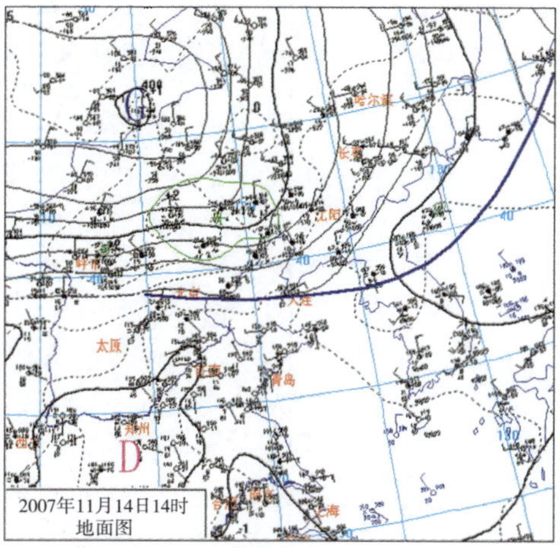

图 3.16　单纯偏北路径冷空气

2）温带气旋

该类天气形势仅为北方无冷空气配合的纯气旋，分“北上的江淮或黄淮气旋影响型（Ⅰ型）”和“东行的黄河、渤海气旋影响型（Ⅱ型）”2 种（图 3.17 和图 3.18）。它们都是导致渤海湾、莱州湾较大增水的天气形势，一年四季都可出现。Ⅰ型主要影响渤海湾和莱州湾，可诱发 100 cm 左右增水，强者可达 200 cm 左右。路径偏西且北上的江淮或黄淮气旋（图 3.17），最强者可诱发辽东湾北部和西部沿岸 100 cm 左右的增水。

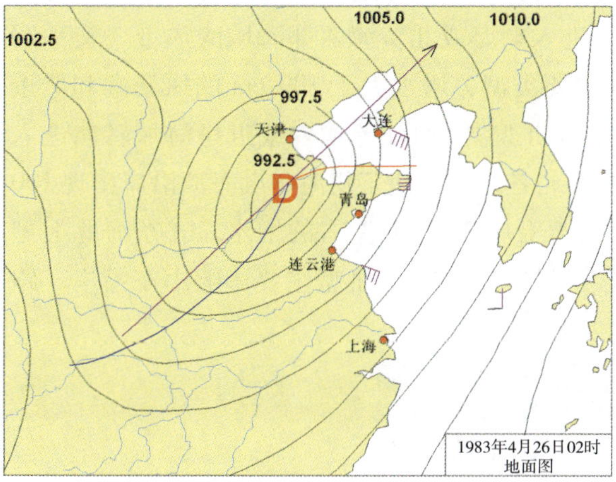

图 3.17　北上的江淮气旋

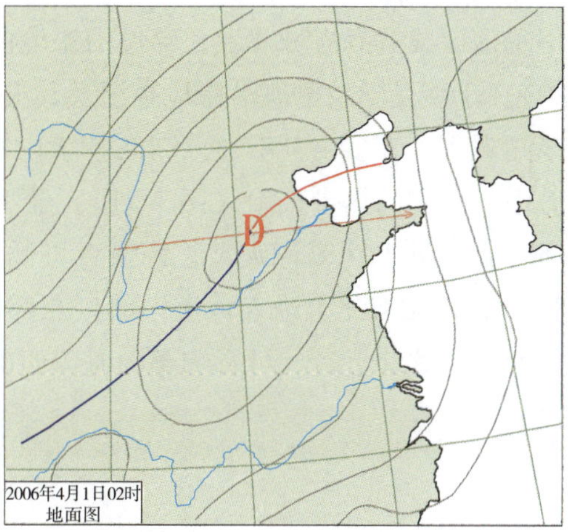

图 3.18　东行黄河气旋

Ⅱ型出现次数多于Ⅰ型，路径偏北者主要影响辽东湾沿岸，路径偏南者（图 3.18）对辽东湾和渤海湾沿岸影响较重。其增水幅度，莱州湾和渤海湾沿岸可达 150 cm 左右，辽东湾沿岸可达 100cm 左右。

3）北方气旋或低压槽

此天气形势指渤海被蒙古或华北低压槽底前部所控制，渤海维持较长时间的 S—SW 向强劲风场（图 3.19）。影响区域主要为辽东湾北部沿岸，其次为渤海湾北部沿岸和莱州湾东北部沿岸。增水幅度一般为50 cm左右，强者达80～100 cm。

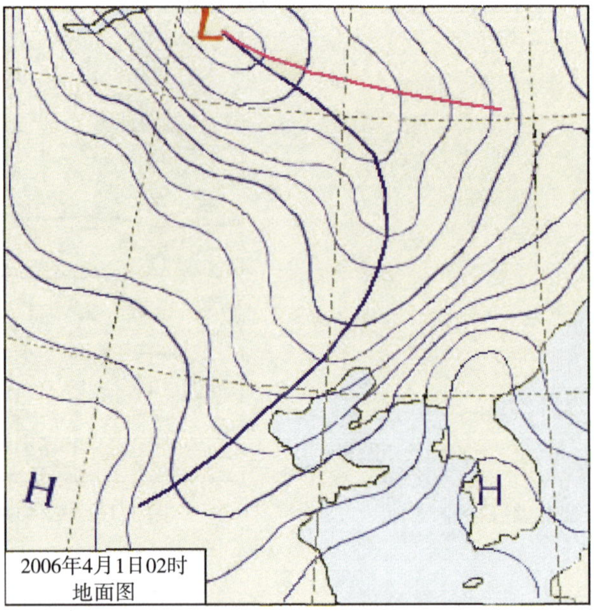

图3.19　北方气旋或低压槽

3.3.5.2　热带气旋

当热带气旋进入32°N以北、125°E以西海域，就会诱发渤海沿岸的风暴潮；当热带气旋进入35°N以北、124°E以西海域，就会造成渤海沿岸的风暴潮灾害。

导致渤海沿岸风暴潮及其灾害的热带气旋有3种类型：①穿过山东境内北上型（Ⅰ型），由华东地区或黄海海域北上，穿过山东境内北上进入渤海或北黄海西部海域的热带气旋（图3.20）。Ⅰ型是导致渤海沿岸风暴潮及其灾害的主要类型，增水大于100 cm的风暴潮和严重风暴潮灾害，大多由其引发。②江苏境内转向型（Ⅱ型）。由江苏境内或近岸海域转向进入黄海中、北部的热带气旋（图3.21）。Ⅱ型偏西偏北者，均可使莱州湾和渤海湾沿岸出现100～150 cm增水和风暴潮灾害，特强者可诱发莱州湾沿岸300 cm左右的增水。③东海北上型（Ⅲ型），由东海北上进入黄海中部、北部的热带气旋（图略）。Ⅲ型主要影响山东沿岸，路径偏西且直线北上者，可影响至渤海湾西南部和辽东湾沿岸。

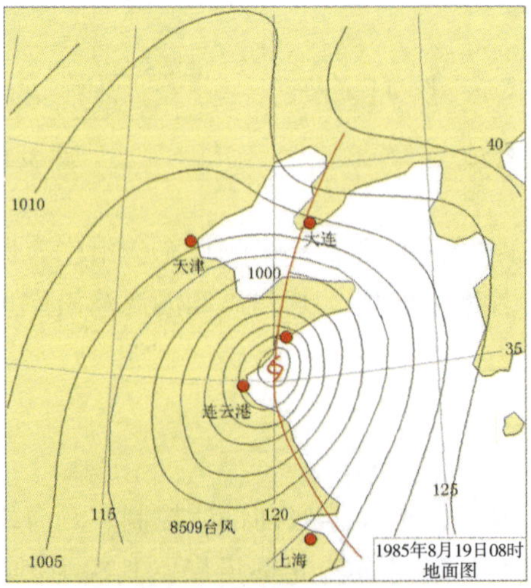

图3.20　Ⅰ型热带气旋路径图

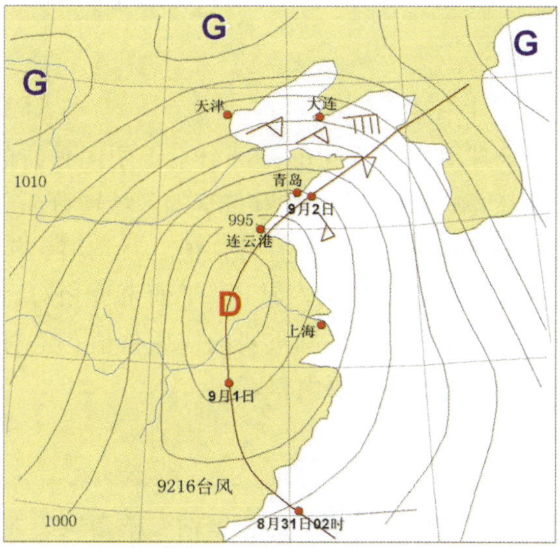

图 3.21 Ⅱ型热带气旋路径图

3.3.6 引发负风暴潮及其灾害的天气系统

造成渤海沿岸减水大于等于80 cm负风暴潮的天气系统，主要是强冷空气，其次是热带气旋和温带气旋。温带气旋或热带气旋，均需有冷空气配合方能导致较大或大幅度减水。

渤海沿岸强和特强负风暴潮，无论天气系统如何，均发生在黄、渤海大范围的偏N尤其NW向风场控制下（图3.22）。该天气形势和风场，可诱发渤海沿岸出现减水150 cm以上、持续时间2 d左右的强负风暴潮，并造成沿岸发生船舶搁浅等事故。

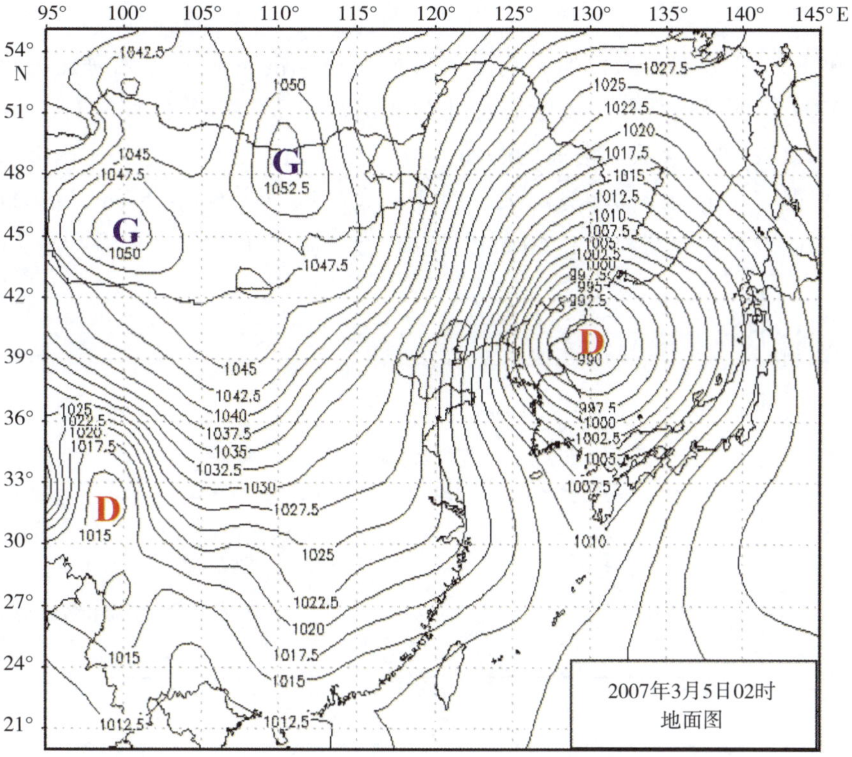

图 3.22 渤海沿岸强负风暴潮天气形势

3.4 海平面

中国的海平面变化属于全球海平面变化的一部分，因中国独特的地理环境（地面沉降、季风环流等因素影响），中国的海平面变化又具有自身的区域性特征。

海平面，系指某一时间段海面的平均值，有日均值、月均值、年均值或其他时间尺度内的海面平均值。这里所指的海平面是月均海平面。海平面可分相对海平面和绝对海平面。相对海平面变化在区域性开发建设规划中，具有重要的应用价值；绝对海平面变化与气候变化密切相关，是当今海洋与气候研究中的重要内容。

3.4.1 季节变化

从表 3.8 可以看出，渤海沿岸营口、秦皇岛、塘沽、羊角沟、龙口 5 站的月平均海面具有明显的季节变化，年内海平面最低值皆出现在 1 月；除营口外，最高值都发生在 8 月，营口最高海平面出现在 7 月。渤海多年月平均海面的年较差（年变幅）在 48 ~ 63 cm 之间，是中国沿岸海平面季节变化最显著的海区。渤海月均海面呈现为年周期的特点。

表 3.8　渤海月平均海面距平值统计（赵希涛，1996）　　单位：cm

月　份	1	2	3	4	5	6	7	8	9	10	11	12
营　口	-26	-22	-18	-4	9	20	29	27	19	3	-14	-21
秦皇岛	-29	-25	-16	-2	9	20	28	29	19	4	-12	-25
塘　沽	-32	-24	-15	-3	8	21	29	31	20	4	-11	-28
羊角沟	-25	-18	-18	-7	-1	10	27	33	25	11	-14	-22
龙　口	-22	-24	-16	-6	3	14	23	26	19	7	-6	-17

图 3.23 和图 3.24 分别表示我国大陆沿海各海区海面的月际差异和海面的年较差分布。图 3.24 和图 3.24 表明两点特征：①渤海和北黄海的海平面年变化同属一种类型，海面以 7 月、8 月最高，1 月最低。②我国沿海的海面，呈现为南高、北低的趋势，南海最高，渤海、北黄海最低。根据多年平均海面计算结果，南北最大高度差为 60 ~ 65 cm。各海区的平均值之间，南海北部比渤海和北黄海约高 60 cm，比南黄海约高 50 cm，比东海约高 25 cm。

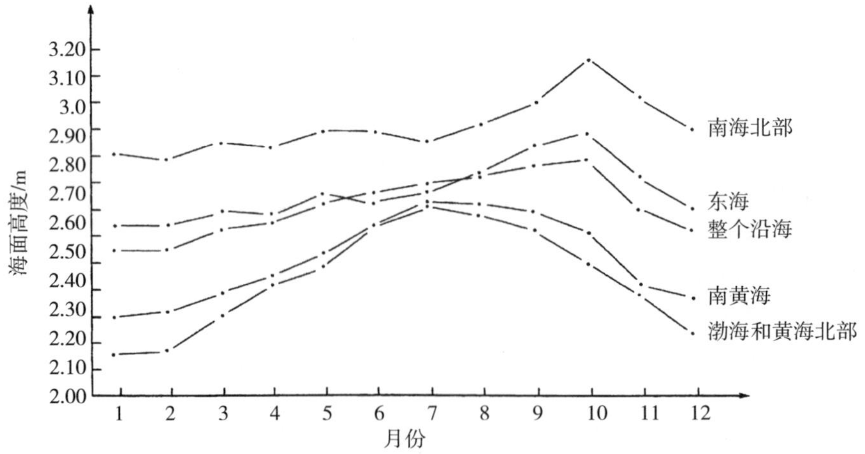

图 3.23　中国大陆沿海各海区海面的季节变化（不含大江河口处的验潮站）（陈宗镛等，1988）

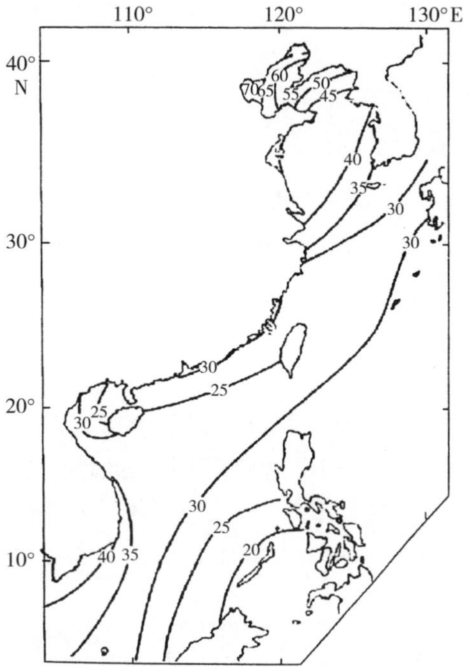

图 3.24 渤、黄、东、南海海面的年较差分布（李坤平等，1982）

中国近海水位变化的年较差是北大、南小，渤海的年较差为 50 ~ 65 cm，从渤海海峡向西逐渐递增。鸭绿江口的丹东，年较差可达 80 cm，这是径流量的年变化所决定的。在渤海，冬季月平均海面，比多年平均海面低 25 cm 左右，夏季则高出 25 ~ 35 cm。

厄尔尼诺对渤海、黄海、东海、南海海平面的季节变化过程影响各不相同。渤海在厄尔尼诺年的海平面异常不太明显，1998 年夏季海平面略有下降（图 3.25）。另外，在厄尔尼诺年的海平面变化振幅都要普遍偏小（乔新等，2008）。

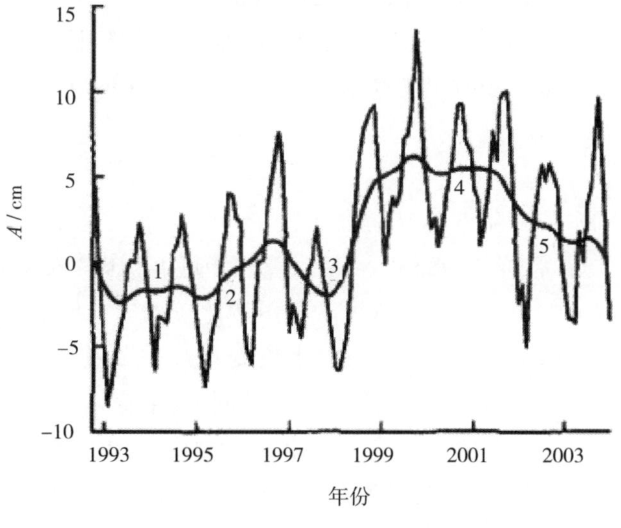

图 3.25 渤海 1992 年 10 月至 2004 年 1 月的海平面距平随时间的变化（乔新等，2008）

3.4.2 年际变化

渤海海平面除存在着明显季节变化外，还有显著的年际变化。图 3.25 表明，渤海海平面在 1999—2000 年之间最高，而 1993 年最低。ENSO 事件期间，中国沿岸水位比常年偏低，并且水位的负距平是由南向北不断扩展的（刘赞沛等，1989）。

3.4.3 趋势变化

20世纪50—90年代，从辽宁到广西，中国沿海海平面区域变化差异较大，变化范围在-2.1~10 mm/a之间，整个中国沿海海平面平均上升速率为2.5 mm/a。渤海沿岸海平面平均上升趋势为4.8 mm/a（王艳红等，2004），由Topex/Poseidon资料得知，近十几年渤海海平面平均上升速率，为3.5 mm/a。

3.4.4 地面的沉降

中国相对海平面快速上升区，几乎都位于城市密集、人口众多的沿海三角洲地区。由于城市建设和用水等人为因素的共同作用，使三角洲地区地面沉降异常显著，加大了相对海平面的上升幅度。

渤海与黄海交界的山东半岛地区，由于地面抬升，造成相对海平面以-0.13 mm/a的速度下降（郑文振等，1999）。

津塘地区，仅地面沉降就使相对海平面上升了4.7~5.6 mm/a。与海平面绝对上升值累加后，相对海平面上升速率达到了4.1~8.5 mm/a，比全国平均值（近50年来中国平均海平面上升速率为2.5 mm/a）高出2~3倍（郑文振等，1999）。21世纪，中国沿海地区大多数城市地面仍将以10~30 mm/a速率继续下沉（武强等，2002）。地面沉降已经成为中国东部沿海相对海平面上升速率高的主导和决定因素，尤其在河口三角洲地区更为明显。

3.4.5 季节变化机制讨论

1）季风影响

风作用于海面的切应力，引起沿岸海水的堆积和流失，产生水位的升降——增减水效应。冬季以偏北风为主，正是这种偏北季风，使渤海海平面大约降低10 cm。夏季为东南季风，受季风的影响出现增水现象，渤海出现高水位（李坤平等，1982）。

2）气压影响

大气压力所引起的水位变化占总变化的30%~40%，静压是影响渤海水位季节变化的主要因子，约占32.5%（奚智祥，1983）。冬季，整个海区气压分布呈现出北高南低的形势，渤海静压水位减低10 cm左右。夏季，气压分布虽然比较均匀，但仍然呈现北低南高的趋势，静压水位渤海大约升高10 cm。由气压导致的水位变化与季节性的平均风增-减水效应，同样是北大南小（李坤平等，1982）。经气压订正后的水位年变幅，已不再是原先的自北而南递减的趋势，而是呈现高、低间错的分布，即渤海、闽广沿岸的大，黄海、台湾海峡西岸减小，北部湾也变小。由此可见，水位年变幅由北往南的递减主要受气压年变化的影响（于克俊，1985；浦泳修，1988）。

厄尔尼诺期间，月平均海面出现程度不等的下降，其下降程度为南大、北小，这可能是对气压南方涛动响应的一种动力调整（于克俊，1985）。

3）海水比容效应

水温引起的比容海平面对水位季节变化的影响，在渤海约占13.7%（奚智祥，1983）。

由于比容效应引起的海平面变化，冬季2月，渤海平均下降3 cm；夏季8月，可使海面升高4～7 cm。由密度变化而导致水位变化的量值，相对重要性南部海区比北部海区为大，因为比容效应是整个水层的积分，深度起主要作用（李坤平等，1982）。

4）厄尔尼诺的影响

在厄尔尼诺年，太平洋东赤道和西赤道海域均有明显的水位变化。在中、南美洲沿岸海平面有升高趋势，而西赤道太平洋则明显下降，距平值可达10～30 cm。渤海也受到一定影响（浦泳修，1988）。

5）热带气旋影响海平面季节变化

中国沿海海平面季节变化与全球海平面变化规律基本一致，但中国海平面空间分布差要比全球平均分布差高80 mm（钟鹤翔，2005）。每年7—9月，为中国东南沿海台风登陆频繁时期，此时为高海平面季节，将会使风暴潮高潮位出现的频次和强度增大，同时风暴增水也是该季节海平面出现高值的一个重要原因（杨桂山，2000）。

第 4 章　渤海海浪*

冬季强冷空气，春、秋季温带气旋，夏季台风，都能在渤海造成波高大于 4 ~ 6 m 的巨浪和狂浪。渤海因风区小，灾害性海浪的频率也小，波高大于等于 4 m 的海浪年平均出现 26 d（许富祥，1991），波高大于等于 6 m 的海浪平均每年仅 0.9 次（1966—1990 年的 25 年中，下同，寒潮浪 9 次，气旋浪 12 次，台风浪 2 次）。渤海海峡，因水较深，当吹偏东风或偏西风时，有较长的风区；加上狭管效应，风浪易于成长，曾出现过 13.6 m 的极大波高（许富祥，1996）。冬季，渤海沿岸大都有冰冻，尤其是辽东湾，海面有海冰覆盖，故灾害性海浪主要发生在渤海湾、莱州湾。冬季由强冷空气与渤海南部的气旋共同影响，产生的偏东向和东北向波高为 4 ~ 6 m 的巨浪和狂浪，常常引起渤海湾、莱州湾严重的海浪灾害。1979 年 11 月，"渤海 2" 号石油钻井平台在移动作业中，遇到气旋大风海浪，沉没在渤海中部海域。平台上 74 名工作人员全部落水，除 2 人获救外，其余全部遇难（杨华庭等，1993）。1983 年 4 月 25 日，一次强冷空气影响，导致海上出现 10 到 11 级大风和最大波高 6.7 m 的狂浪，仅山东省、辽宁省的统计，受损渔船 1046 艘，死亡渔民 23 人，还造成了大量水产养殖业的损失。渤海石油公司 "渤海 107" 号浮吊船，受风浪袭击而沉没（杨华庭等，1993），虽经抢救无一人伤亡，但经济损失严重。夏季，登陆北上的台风，形成波高 4 ~ 6 m 的巨浪和狂浪，也造成渤海的严重海浪灾害。

4.1　海浪的波候特征

本书的波浪章节仅描述渤海、黄海、东海和南海海浪的波向、波高和周期等要素的分布与变化，即海浪的多年平均状况——波候特征（孙湘平，2006）。波向指波浪的来向，与风向的含义相同。为了说明海浪的波候特征，以 2 月、5 月、8 月和 11 月，分别表示冬季、春季、夏季和秋季的代表月，来分析四季的海浪分布、变化状况。

4.1.1　风浪向和涌浪向

根据文献（孙湘平，2006；苏纪兰，2005）的统计资料，编制了渤海盛行风浪向（表 4.1）和盛行涌浪向（表 4.2）频率分布（下同）。

表 4.1　渤海四季代表月的盛行风浪向频率分布（苏纪兰，2005）

海　区	项目＼月份		2 月	5 月	8 月	11 月
渤海北部（39° ~41°N，120° ~122°E）	最多	浪向	N	S	S	W
		频率/%	21	26	16	21
	次多	浪向	NE	SW	N	N
		频率/%	16	20	16	19

* 本章编写人：许富祥。

续表 4.1

海 区	项目 \ 月份		2月	5月	8月	11月
渤海南部（37°~39°N，119°~121°E）	最多	浪向	N	S	SE	W
		频率	15/%	20	18	21
	次多	浪向	SW	W	NE	SW
		频率	15/%	14	17	17

资料年限：1968—1982 年

从表 4.1 可以看出，渤海盛行风浪向的分布特征如下。

冬季，渤海北部的最多风浪向为 N，频率为 21%；次多风浪向为 NE，频率为 16%。渤海南部的最多风浪向为 N，频率为 15%；次多风浪向为 SW，频率为 15%。渤海偏北向风浪（NE—NW，下同）的总频率为 45%。

春季，温带气旋活动频繁，风向不稳定，渤海的风浪向分布散乱。渤海北部的偏南向风浪增加很快，偏南向风浪的总频率逐渐大于偏北向风浪的总频率。渤海北部的最多风浪向为 S，频率为 26%；次多风浪向为 SW，频率为 20%。渤海南部的最多风浪向为 S，频率为 20%；次多风浪向为 W，频率为 14%。

夏季，渤海由于地形影响，东南季风不太明显。渤海北部的最多风浪向为 S，频率为 16%；渤海南部的最多风浪向为 SE，频率为 18%。渤海北部的次多风浪向为 N，频率为 16%；渤海南部海域的次多风浪向为 NE，频率为 17%。

秋季，风浪向比较分散。渤海北部和南部的最多风浪向均为 W，北部和南部的频率都为 21%；渤海北部的次多风浪向为 N，南部的次多风浪向为 SW，频率分别为 19% 和 17%。

表 4.2 渤海四季代表月的盛行涌浪向频率分布（苏纪兰，2005）

海 区	项目 \ 月份		2月	5月	8月	11月
渤海北部（39°~41°N，120°~122°E）	最多	浪向	N	S	S	W
		频率/%	28	23	15	22
	次多	浪向	S	SW	NE	N
		频率/%	20	16	15	20
渤海南部（37°~39°N，119°~121°E）	最多	浪向	N	SW	NE	N
		频率/%	35	23	20	18
	次多	浪向	SE	W	S	NE
		频率/%	17	20	17	17

资料年限：1968—1982 年

从表 4.2 可以看出，渤海盛行涌浪向具有以下特征。

冬季，渤海最多涌浪向为 N 向，频率为 28% ~35%；次多涌浪向为 S（北部）和 SE 向（南部），频率分别为 20% 和 17%。

春季，渤海最多涌浪向已转为 S（北部）和 SW（南部），频率都为 23%；次多涌浪向为 SW（北部）和 W（南部），频率分别为 16% 和 20%。

夏季，渤海最多涌浪向为 N（北部）和 NE（南部），频率分别为 15% 和 20%；次多涌浪向为 NE（北部）和 N（南部），频率分别为 15% 和 17%。

秋季，渤海最多涌浪向为 W（北部）和 N（南部），频率分别为 22% 和 18%；次多涌浪向为 N（北部）和 NE（南部），频率分别为 20% 和 17%。

4.1.2 风浪波高和周期的季节变化（孙湘平，2006）

冬季（2 月），渤海沿岸结冰，沿岸浅水区无法进行海浪观测，因而渤海沿岸冬季无海浪资料。渤海风浪波高分布是由岸边向海区中央，由西向东逐渐递增。渤海三大湾口（辽东湾口、渤海湾口、莱州湾口）一带，风浪波高为 1.0 m（指月平均值，下同）。渤海中央海区及渤海海峡附近，风浪较大，波高为 1.5 m。渤海最大波高为 6.0 ~ 7.0 m。渤海风浪周期在 2.5 ~ 3.5 s 之间，最大周期为 9.0 ~ 11.0 s。其中：辽东湾风浪周期为 3.4 s，最大周期为 11.0 s；渤海湾风浪周期为 2.6 s，最大周期为 9.0 s；渤海中央和渤海海峡风浪周期分别为 3.5 s 和 3.0 s，最大周期为 11.0 s。

春季（5 月），渤海的风浪波高为 1.0 m，最大波高为 5.0 m（辽东湾）和 7.3 m（渤海海峡）。渤海的风浪周期在 2.7 ~ 3.0 s 之间，最大周期为 8.0 ~ 11.0 s。其中：辽东湾、渤海中央风浪周期皆为 2.7 s，最大周期分别为 9.0 s 和 8.0 s；渤海湾和渤海海峡风浪周期分别为 2.8 s和 3.0 s，最大周期为 11.0 s（渤海海峡）。

夏季（8 月），渤海风浪波高与春季的相近，仍为 1.0 m，最大波高为 5.0 m。渤海的风浪周期在 2.5 ~ 2.7 s 之间。

秋季（11 月），渤海的风浪波高在 1.0 ~ 1.5 m 之间，最大波高为 5.0 ~ 7.5 m。其中：辽东湾、渤海中央风浪波高均为 1.5 m，最大波高皆为 5.0 m；渤海湾风浪波高为 1.0 m，渤海海峡的为 1.3 m，最大波高为 7.5 m。渤海风浪周期在 2.5 ~ 3.1 s 之间。其中：辽东湾为 3.1 s，渤海湾为 2.5 s，渤海中央和渤海海峡为 3.0 s。

4.1.3 涌浪波高和周期的季节变化（孙湘平，2006）

冬季（2 月），渤海涌浪波高为 0.7 ~ 1.0 m（指月平均值，下同），最大涌高为 5.0 m。其中，辽东湾涌浪波高为 1.0 m，渤海湾为 0.7 m，渤海中央及渤海海峡涌浪波高均为1.0 m。渤海涌浪周期在 2.6 ~ 3.8 s 之间（指月平均值，下同），最大周期为 8.0 ~ 11.0 s。其中：辽东湾涌浪周期为 3.8 s，最大周期为 11.0 s；渤海湾涌浪周期为 2.6 s，最大周期为8.0 s；渤海中央涌浪周期为 3.5 s，最大周期为 10.0 s。

春季（5 月），渤海的涌浪波高在 0.4 ~ 1.0 m 之间，其中，辽东湾涌浪波高为 1.0 m，渤海湾为 0.4 m，渤海中央为 1.0 m。渤海的涌浪周期在 2.0 ~ 2.7 s 之间，最大周期为 8.0 ~ 10.0 s。其中：辽东湾为 2.1 s，最大周期为 10.0 s；渤海湾为 2.0 s，最大周期为 8.0 s；渤海中央周期为 2.7 s，最大周期为 8.0 s

夏季（8 月），渤海涌浪在 0.6 ~ 1.0 m 之间，最大波高达 5.0 m。其中，辽东湾涌浪波高为 1.0 m，渤海湾为 0.6 m。渤海的涌浪周期在 2.4 ~ 3.3 s 之间，最大周期为 13.0 s。其中：辽东湾为 2.4 s，渤海湾为 2.6 s，渤海中央周期为 3.3 s。

秋季（11 月），渤海的涌浪波高在 1.0 ~ 1.5 m 之间，最大波高为 5.0 ~ 5.5 m。其中：辽东湾、渤海湾均为 1.0 m，渤海中央海区涌浪波高为 1.5 m。渤海涌浪周期在 1.9 ~ 3.3 s 之间，最大周期为 10.0 s。其中：辽东湾为 2.7 s，渤海湾为 1.9 s，渤海中央为 3.3 s。

4.1.4 平均波高和最大波高的季节变化

表4.3 渤海代表方区逐月波高分布（孙湘平，2006） 单位：m

海区名	项　目	1月	2月	3月	4月	5月	6月	7月	8月	9月	10月	11月	12月
渤海北部（39°~41°N，120°~122°E）	平均波高	1.0	1.0	1.0	1.0	1.0	1.0	1.0	1.0	1.0	1.5	1.5	1.5
	最大波高	5.0	—	6.0	6.0	5.0	—	—	5.0	5.0	6.5	5.0	5.0
渤海南部（37°~39°N，119°~121°E）	平均波高	1.5	1.0	1.0	1.0	1.0	1.0	1.0	1.0	1.0	1.0	1.5	1.0
	最大波高	7.3	6.0	6.0	6.0	—	5.0	—	5.0	7.5	5.5	5.5	5.0

资料年限：1968—1982

从表4.3的统计结果可看出波高、周期的特征如下。

渤海月平均波高变化在1.0~1.5 m之间，季节变化不大。基本特点是：冬季11月至翌年1月，波高最大，月平均波高为1.5 m；秋季次之；春、夏季最小，为1.0 m。

渤海（历年）最大波高在5.0~7.5 m之间。渤海北部最大波高在5.0~6.5 m之间，渤海南部最大波高在5.0~7.5 m之间。基本特点是：最大波高都出现在6—10月台风活动期和11月至翌年3月强冷空气活动期。

4.1.5 平均周期和最大周期的季节变化

表4.4 渤海代表方区逐月周期分布（孙湘平，2006） 单位：s

海区名	项　目	1月	2月	3月	4月	5月	6月	7月	8月	9月	10月	11月	12月
渤海北部（39°~41°N，120°~122°E）	平均周期	3.7	3.8	3.2	2.8	2.7	3.8	3.2	2.5	2.9	3.3	3.1	3.3
	最大周期	10.0	11.0	12.0	9.0	10.0	11.0	—	—	10.0	—	—	—
渤海南部（37°~39°N，119°~121°E）	平均周期	3.5	3.5	2.9	2.8	2.7	2.8	3.1	3.3	2.6	3.0	3.3	2.7
	最大周期	11.5	10.0	12.0	13.0	8.0	13.0	—	—	—	—	10.0	—

资料年限：1968—1982

表4.4表明，渤海月平均周期变化在2.5~3.8 s之间。其逐月周期变化特点是，冬季月平均周期最大，为3.8 s；夏季月平均周期最小，为2.5 s。渤海（历年）最大周期在8.0~13.0 s之间。其中：北部海域最大周期为9.0~12.0 s，南部海域最大周期为8.0~13.0 s。

4.2 几种天气系统影响下的海浪分布

造成渤海灾害性海浪场的主要天气系统有4类：冷高压型、气旋型、冷高压与气旋配合型、台风型（许富祥，1991）。

1）冷高压型海浪场

冬季，当西伯利亚或蒙古冷高压形成东移时，地面天气图上只有1条SW—NE走向的冷锋经过渤海，致使渤海形成N—NE大风，这时渤海会形成4 m以上的海浪场。

渤海冷高压型海浪场分布特点：波高4 m以上的巨浪中心，一般出现在冷锋附近，巨浪中心区最大波高一般达4~6 m。根据1976—1985年资料统计（许富祥，1991），渤海由冷高压引起的波高大于等于4 m海浪过程的频率为4.4%，相当于年平均有17 d。

2）气旋型海浪场

渤海一年四季都受气旋影响。气旋的强度与季节有关，初春、秋末和隆冬季节气旋入海后，气旋后部有从大陆南下入海的冷高压配合；前部和东南部有海上副热带高压配合；北部有高纬度高压配合；形成3个风区。所以气旋型海浪场分布特点：冷锋后的西北风区以风浪为主，冷锋前的西南风区和暖锋前的偏东风区，以涌浪和风浪并存的混合浪为主。

影响渤海的气旋主要有如下几种。

（1）东北低压。东北低压虽然大部分都在陆地上移动，但在其移动发展过程中，无论暖区中的偏南大风，还是冷锋后的N—NE大风，都会在渤海、黄海形成波高3～5 m的海浪。这是因为东北平原和渤海辽东湾至渤海湾的地形，都是NE—SW的带状结构，加上东北低压东南部和西北部常有高压与它配合的缘故。

（2）渤海气旋和黄海气旋。气旋一般从渤海或黄海移到日本海。此类气旋在海上时间短，形成的海浪不大，但浪区具有形成快，移动快的特点，尤其是具有突然暴发和突然增强的隐患，给及时正确预报带来困难。

（3）江淮气旋。气旋从黄海南部移到日本海。此类气旋入海前常常与海上副热带高压配合，暖锋前的偏东风，就能形成波高3～5 m的偏东向海浪。

（4）东海气旋。气旋从东海移到日本以南和以东洋面。气旋冬季冷锋后的NW向海浪，大于暖锋前的SW向海浪；夏季则以冷锋前的SW向海浪和暖锋前的偏东向海浪为主。

受东北低压、渤海气旋、黄海气旋、江淮气旋和东海气旋的影响，渤海都会形成波高4 m以上的灾害性海浪。渤海气旋型海浪场分布特点：气压场中心区最大波高为4～6 m。根据1976—1985年资料统计（许富祥，1991），渤海由气旋引起波高大于等于4 m海浪过程的频率为0.6%，相当于年平均2.3 d。

3）冷高压与气旋配合型海浪场

这类天气系统主要出现在春初、秋末和隆冬季节，发展强烈的气旋与冷高压配合，在30°N以北海域，常常形成波高4 m以上海浪场，浪区中心最大波高可达10 m，仅次于台风形成的海浪场。根据1976—1985年资料统计（许富祥，1991），渤海由冷高压与气旋配合引起的波高大于等于4 m海浪过程的频率为1.3%，相当于年平均有5 d。

4）台风型海浪场

台风风力很强，大风范围大，能形成很大的海浪。虽然渤海受台风影响几率极小，但危害很大。根据1976—1985年资料统计（许富祥，1991），渤海由台风引起波高大于等于4 m海浪过程的频率只有0.1%（相当于年平均0.4 d）。但台风型海浪场造成渤海重大或特大海洋灾害的事件经常发生。

4.3 渤海异常严重海浪灾害的个例分析

异常严重海浪灾害，指造成重大和特大的海浪灾害而言。渤海的异常严重海浪灾害，主要由台风、温带气旋与冷高压配合型等天气系统所引起的。

4.3.1 异常严重台风型海浪灾害分析

这里以9711号台风海浪灾害为例。

1）9711号台风简况

9711号台风在西北太平洋生成后（1997年8月10日），在海上历经8.5 d，于8月18日在浙江温岭登陆，中心附近最大风速40 m/s。沿岸近海波高达10 m。台风登陆后，经浙江、安徽、江苏、山东，于8月20日穿过山东半岛进入渤海，近中心最大风速23 m/s。20日夜间在辽宁锦州再次登陆，该台风在陆地上经历3.5 d时间，最后在东北减弱为温带气旋。

9711号台风袭击我国东部沿海期间，东海南部出现波高10～12 m的狂涛，东海北部、黄海出现波高6～8 m的狂浪，渤海出现4～5 m的巨浪。大陈海洋站观测到9.8 m的最大波高，连云港海洋站观测到6.9 m的最大波高，石臼所海洋站观测到5.4 m的平均波高和7.1 m的最大波高，天津港锚地实测平均波高为3～3.5 m。从福建北部沿岸到渤海湾沿岸，几乎所有验潮站潮位都超过当地警戒潮位。

2）9711号台风浪灾害简况

受9711号台风引起的巨浪与风暴潮的侵袭，渤海沿岸损失惨重。山东省死亡、失踪28人，损坏堤防85 km，水产养殖受损面积54 667 hm^2，损坏港口、码头、水利等工程设施500处，损坏、沉船451艘，直接经济损失45亿元。河北省损坏堤防141 km，水产养殖受损面积8 667 hm^2，损坏港口、码头、水利等工程设施200处，损坏、沉没船舶417艘，直接经济损失6亿以上。天津港超过5 000 t氧化铝被海水浸泡；停在码头的高级轿车也被海浪卷入海中；汉沽区多处海堤决口，虾池被冲，天津沿海直接经济损失数亿元。辽宁省损坏堤防58 km，水产养殖受损面积6 667 hm^2，冲毁渔港18个，损坏、沉没船舶1 000艘，直接经济损失3亿元以上。

3）9711号台风海浪灾害天气形势及海浪特征

9711号台风在西北太平洋副热带高压脊线位置偏北，西伸脊点位置偏西的天气形势下形成的。其主要特点：①该台风属登陆北上型台风，它穿过山东半岛进入渤海。②台风登陆北上时，台风尺度大。③台风强度强，在太平洋生成后，在海上持续时间长，中心气压低，风速强。④台风在浙江登陆北上的初期，黄海受台风右前侧SE风的作用，形成波高4～8 m的巨浪和狂浪，并伴有自南向北移动的水体在黄海北部堆积。后期台风前部的偏东风，导致黄海北部、渤海海峡形成波高4～6 m的巨浪和狂浪，前期黄海北部堆积水体沿渤海海峡急剧涌进渤海，是加剧渤海沿岸特大海浪与风暴潮灾的重要原因之一；⑤9711号台风侵入渤海的时间为8月10—20日，正值当年天文大潮之际。⑥狂风、巨浪、风暴潮和天文大潮四者相遇，是加剧渤海沿岸特大海浪与风暴潮灾的另一重要原因。

总之，9711号台风具有强度强、范围大，登陆位置偏南，登陆后深入内陆向北移动等特点。该台风影响渤海的时间较长，影响程度严重，影响范围也最广（图4.1）。

4.3.2 异常严重温带气旋与冷高压配合型海浪灾害分析

温带气旋与冷高压配合型海浪灾害，主要出现在初春、秋末和隆冬季节。发展强烈的温

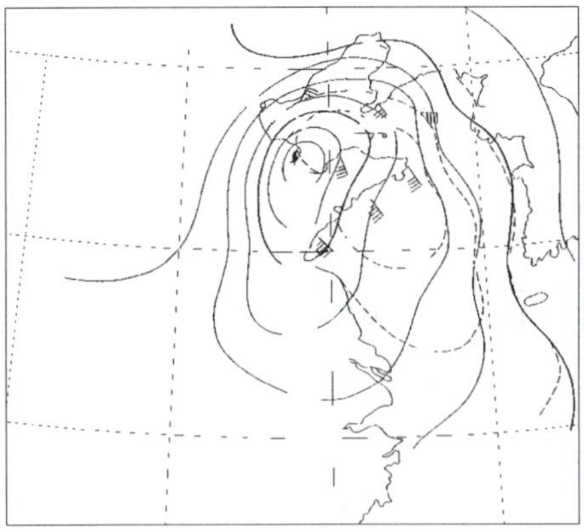

图 4.1　1997 年 8 月 20 日 14 时（9711 号台风期间）渤海和黄海北部海浪与天气实况（许富祥，2002）

带气旋与冷高压配合，在 30°N 以北海域常常形成波高 4 m 以上的海浪场，浪区中心最大波高可达 10 m，仅次于台风形成的海浪场。

渤海，温带气旋与冷高压配合型海浪场出现频率，比台风型海浪场出现频率要高。其异常严重的海浪灾害事件次数，也比台风型海浪场的次数多。造成渤海温带气旋与冷高压配合型海浪灾害的天气形势主要有三。

1）气旋型低压配合北方南下冷高压形势（亦称北高南低型）

该型主要发生在春、秋季节。高空图一般存在华北冷涡或很深的东亚大槽。地面图上贝加尔湖以南、蒙古至我国华北、东北地区，由冷高压所控制；江淮或黄淮地区，有明显的气旋型低压向北发展至鲁西北或渤海西南部，冷锋和等压线呈 E—W 或 ENE—WSW 走向（图 4.2）。

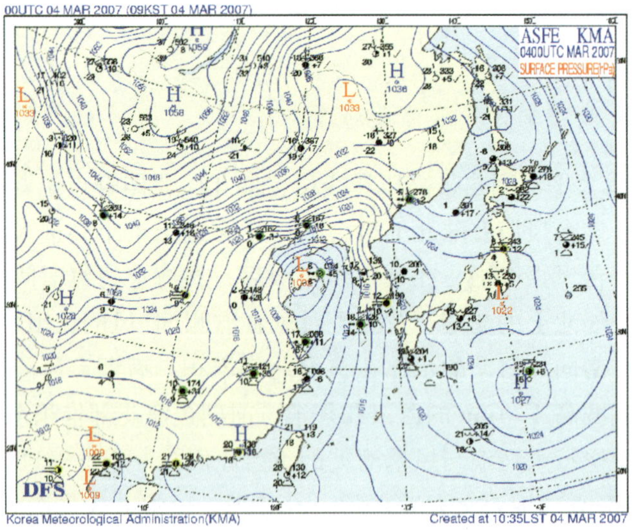

图 4.2　渤海温带气旋与冷高压配合型特大海浪灾害天气形势（气旋配合型）示意图

该型的冷高压在东移南下过程中，气旋低压也加深东移。因气旋型低压向北发展，受北方冷高压南下的阻挡，造成渤海气压梯度急剧增大，致使渤海出现 8 ~ 10 级、阵风 12 级的东北偏东大风，形成波高 4 ~ 8 m 的偏东向巨浪和狂浪。在狂风、巨浪和风暴潮的共同侵袭下，渤海沿海可能发生特大海浪、风暴潮灾害。例如，2003 年 10 月 11—14 日渤海湾和莱州湾沿海地区，出现最严重的海浪风暴潮灾害（孙湘平，2006），就是这种天气形势下发生的，海水倒灌内陆30~40 km，遭到波高4~6 m的偏东向巨浪和狂浪的袭击；曹妃甸防波堤上堆石和钢筋水泥护坡，几乎全部冲毁并掩埋到泥潭中；黄骅市神骅运煤港（万吨级），也遭巨浪和风暴潮袭击，且将大量泥沙冲入港内，港内淤积泥沙平均厚约5 m。据不完全统计，河北省损坏堤防4 km，水产养殖受损面积2 400 hm^2，损坏港口、码头、水利等工程设施900多处，损坏、沉没船只3 000多艘，损失原盐15×10^4 t。天津市失踪1人，损坏堤防7.3 km，水产养殖受损淹没面积230 hm^2，损坏、沉没船只156艘，损失原盐15.3×10^4 t，天津港被海水浸泡物质37万件，含740个集装箱等；大港石油公司油田停产1 094井次。山东省损坏堤防26.9 km，水产养殖受损面积8.55×10^4 hm^2，损坏、沉没船只329艘。另外，浙江“顺达2”号货船和上海“华源胜18”号货船，遭此次大风巨浪袭击，分别在渤海中部和西部海域沉没，两船39名船员，全部遇难①。

这次海浪、风暴潮过程，河北秦皇岛、唐山沿岸出现波高3~4 m的大浪和巨浪；曹妃甸浅滩防波堤附近海域，曾出现波高6 m的狂浪。沧州市和东营市沿海出现波高4~5 m的巨浪。天津塘沽最大风暴增水160 cm，超过当地警戒水位43 cm。黄骅港最大风暴增水200 cm，超过当地警戒水位39 cm。山东羊角沟潮位站最大风暴增水300 cm，超过当地警戒水位74 cm①。

2）横向冷高压型（南方无气旋型低压配合）

此型海浪灾害的天气形势，多出现在秋末至早春。其特点是：蒙古至我国华北、东北地区的冷高压东移南下时，江淮或黄淮地区，无向鲁西北发展的气旋型低压配合，只有内陆伸向山东半岛的低压倒槽与南下冷高压配合。

当冷高压移至渤海后，前部的冷锋及等压线，基本呈E—W或ENE—WSW走向。此前南方无气旋型低压，当冷锋压至渤海南部时，渤海无SE大风转为NE大风转风过程，而是直接吹刮持续时间较长的NE风（图4.3）。

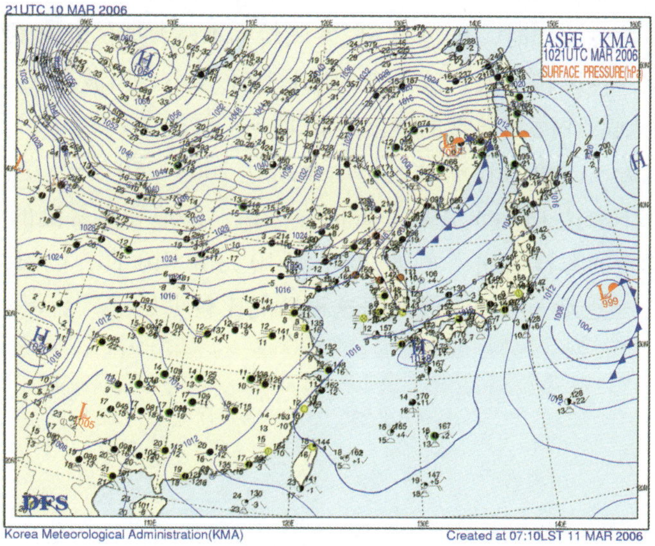

图4.3 横向冷高压型导致重大海浪灾害的天气形势（倒槽配合型）

① 国家海洋环境预报中心，海浪历史灾害调查技术报告，2009。

该型天气形势，同样能造成渤海 8 ~ 9 级、阵风 11 级的 NE 向大风，形成波高 4 ~ 6 m 巨浪和狂浪，但因先前无黄海海水向渤海输入，从莱州湾和渤海湾增水较弱。由于秋末至早春正逢北方枯水和天文潮较低时期，只要不与天文大潮的高潮相遇，造成特大海洋灾害的机会是不多的。

3）纯气旋型

这种天气形势主要发生在春末至秋初的夏半年。该型天气形势为无强冷高压配合的孤立气旋，主要在渤海南部和山东西北地区活动（图 4.4）。

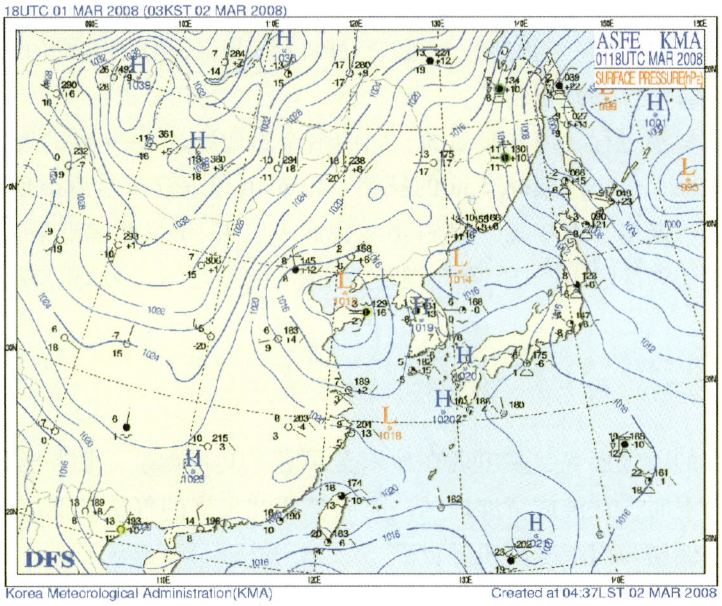

图 4.4　纯气旋型导致渤海较严重海浪灾害的天气形势图

该型天气形势，也能造成渤海 7 ~ 8 级、阵风 9 级的大风，并形成波高 3 ~ 5 m 大浪和巨浪。气旋影响渤海、黄海北部时，虽也有 SE 大风转为 NE 大风的转风过程，但由于 SE 大风持续时间短、范围小，转风转换快，故出现的风暴增水较小。当波高 3 ~ 5 m 大浪和巨浪没有大的风暴增水配合，则造成海洋灾害的程度也较弱。

如遇强烈发展气旋，羊角沟验潮站风暴增水可达 200 ~ 250 cm，渤海湾西部塘沽验潮站和黄骅验潮站的风暴增水达 150 cm 左右，此时在大风、巨浪和风暴潮的共同影响下，渤海沿海地区同样能造成较重的海洋灾害。例如 2001 年 10 月 8—10 日，渤海沿海地区发生的较重的海洋灾害，就是由该型天气形势造成。但这种情况比较少见。

第5章 渤海主要的海洋水文要素及其特征*

5.1 海水温度

渤海是深入中国大陆的浅海，孤立程度和封闭性较强；冬季渤海沿岸及海上皆有程度不同的结冰现象。因此，渤海温度的分布、变化及其特征，有其自身的特点。

5.1.1 海水温度的分布

图5.1～图5.3分别表示渤海水温的平面、断面和垂直分布，并以2月、5月、8月和11月分别表示冬、春、夏、秋四季的代表月（下同）。

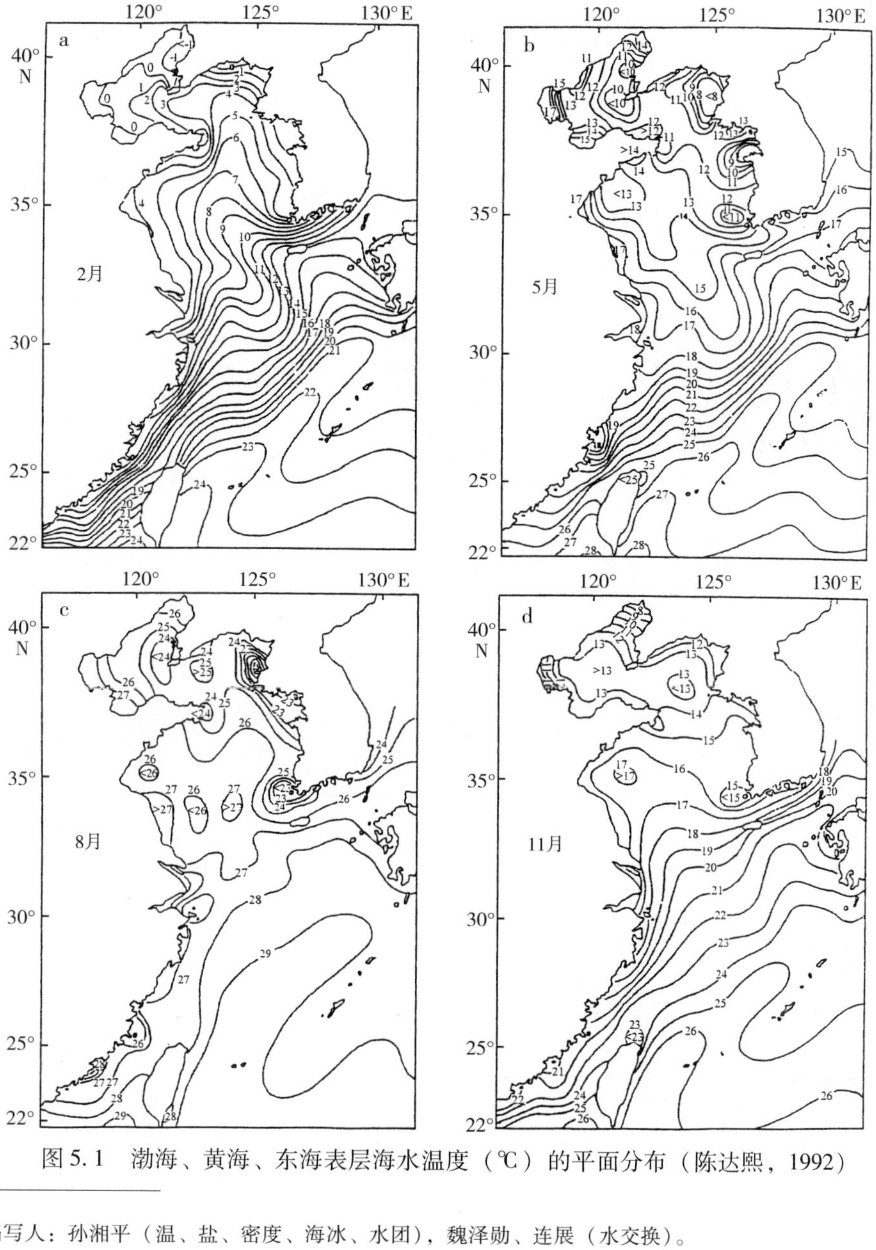

图5.1 渤海、黄海、东海表层海水温度（℃）的平面分布（陈达熙，1992）

* 本章编写人：孙湘平（温、盐、密度、海冰、水团），魏泽勋、连展（水交换）。

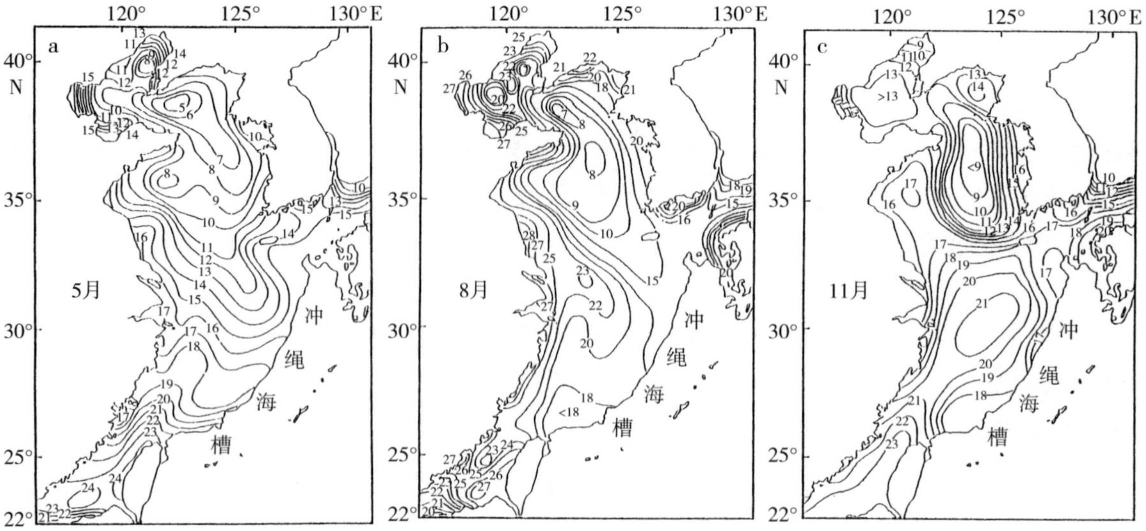

图 5.2　渤海、黄海、东海底层海水温度（℃）的平面分布图（陈达熙，1992）

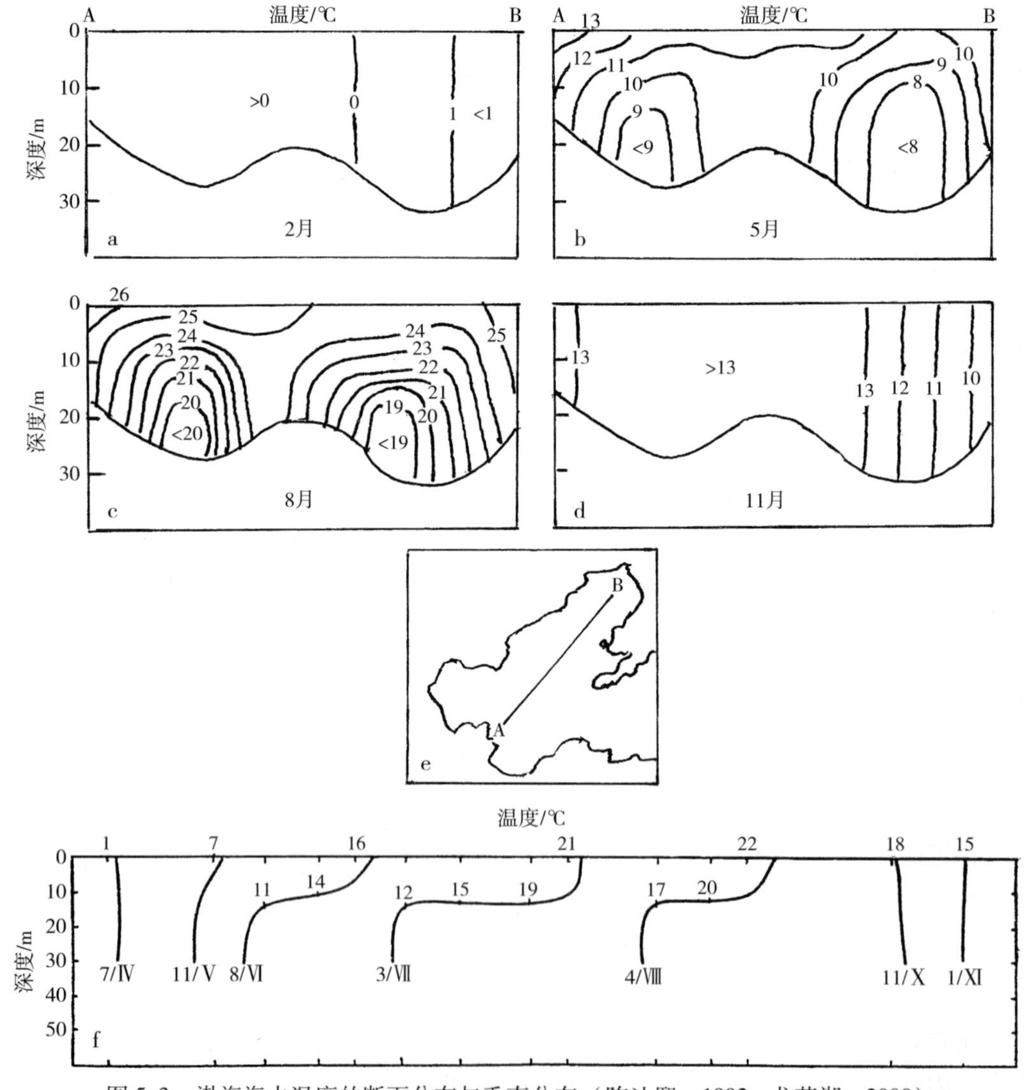

图 5.3　渤海海水温度的断面分布与垂直分布（陈达熙，1992；尤芳湖，2000）

a，b，c，d 为断面 2 的四季代表月的水温分布；e 为断面的位置；f 为渤海单站水温垂直结构的逐月变化①

① 沈鸿书，毛汉礼。渤海及北黄海西部的水文基本特征。海洋科学集刊，1965，01 号。

从上述3组图看出，渤海水温的垂直结构和平面分布，大致可归纳为3种类型：冬季型、夏季型和过渡型。

冬季（2月），盛行干燥而寒冷的偏北风，垂直对流混合强，混合深度可达海底，使表、底层的水温平面分布形势基本相同。水温达全年最低。2月，渤海水温在 -1.5~3.6 ℃之间。等温线分布与等深线走向大体相似。近岸水温低、远岸水温高，有一高温水舌由北黄海向西经渤海海峡伸入渤海，水舌前锋达渤海中部。水温值由西向东、自北向南逐渐递增。其中：辽东湾水温出现负值，最低为 -1.5 ℃；渤海湾为0 ℃左右，最低为 -0.5 ℃；莱州湾为0~1 ℃；渤海中央为1~2 ℃；渤海海峡附近为2~3 ℃之间。渤海3个海湾的湾顶沿岸，均有海冰出现，使湾顶水温低于湾口，近岸水温低于远岸水温（图5.1a、f）。在垂直方向上（图5.3a、f），水温呈上下均匀一致状态。冬季型水温大致从11月开始至翌年3—4月，持续时间5个多月，从而有“冬半年”之称。

春季（5月），气温回升，天气变暖。水温平面分布特点有二：①沿岸水温升温比远岸的、中央的要快，使冬季表层的高温水舌和沿岸的低温现象消失，而成为沿岸水温高（14~17 ℃），海区中央水温低（10~12 ℃）的形势；但底层水温平面分布仍有舌状出现，不过此时不是暖水舌，而是冷水舌（图5.2a）。②表、底层均存在两个冷水块，分别出现在辽东湾湾口、老铁山角以西和渤海西南部，中心值低于10 ℃和8 ℃。5月渤海表、底层水温分别为10~17 ℃和7~17 ℃之间。其中：辽东湾表层水温为8~14 ℃，渤海湾为11~17 ℃，莱州湾为12~15 ℃，渤海中央为7~13 ℃。春季渤海增温也具有地区差异，以渤海湾增温最快，其次莱州湾，辽东湾居第三，渤海中央及海峡附近增温最慢，这可能与水深有关。春季，由于表层水温增温较快，深、底层增温较慢，使冬季的水温垂直均匀分布遭到破坏，出现分层现象（图5.3b、f）。分层现象在断面图上尤为明显：表层水温高（12~13 ℃），深底层水温低（8~9 ℃）。在海底低洼之处，显示出两个低温水块，低温中心低于8 ℃和9 ℃，它们分别像锅形倒扣在海底上。两个孤立的冷水块，具有温差大、盐差小、以低温为主要特色，分别被命名为“辽东湾冷水”和“渤中冷水”[①]。春季为增温季节，由冬季向夏季过渡的季节交替时期，发生在4月、5月。温度状况复杂多变，不稳定，规律性差。

夏季（8月），太阳辐射最强，水温达全年最高。表、底层水温分别达24~27 ℃和16~27 ℃（图5.1c，图5.2b）。水温分布的主要特征是：在垂直方向上，海水层化现象最强，大致以10 m层左右为界，明显地分为上、下两层（图5.3c、f）。上层水温分布较均匀，等温线分布自西向东递减，与冬季的分布形势正好相反，出现近岸高于远岸，湾顶高于湾口，渤海3个海湾水温高于渤海中央及渤海海峡的形势。辽东湾表层水温为24~26 ℃，渤海湾及莱州湾表层水温为26~27 ℃，渤海海峡附近水温为24 ℃，水平温差仅3 ℃左右。10 m以下的水层，尤其是近底层，与表层的截然不同。有两个闭合的冷中心和一个暖中心出现，等温线密集，水平梯度大，温差显著。冷中心温度分别为19 ℃和20 ℃，比周围的温度低5~6 ℃。渤海东部、海峡附近，仍受北黄海冷水团的影响，但西伸势力比春季的要弱，仅限于海峡西口附近。可以看出，夏季水温分布格局与春季的基本相似，但它是春季型的进一步发展。在断面图和单站垂直分布图上，水温垂直结构呈三层形式：上层因湍流混合成高温上均匀层；下层为冷水，因跃层的屏障作用，太阳辐射无法向下传递，使下层海水较大程度保留着冬季的特性；中间为梯度较强的温跃层。这种温度为三层的垂直结构，只出现在6—8月，尤以7月

① 国家科委海洋组海洋综合调查办公室编。全国海洋综合调查报告，第二册，第四册。1964。

温度梯度最强①。数值结果显示（Lin，et al，2006），上混合层受非破碎波浪混合（Qiao，et al，2004）控制，下混合层受潮混合控制，不考虑波浪混合和潮混合，均不能模拟出实际观测的三层结构，波致混合甚至能使底层温度升高6.5 ℃。渤海3个海湾的浅滩水域，因水浅，终年无温跃层出现；渤海海峡深度虽然较大，但因流急也破坏了温跃层的存在。渤海的强温跃层区有两处：辽东湾湾口和渤中海域（毛汉礼等，1996）。两处正好是上面所说的“辽东湾冷水”和“渤中冷水”的所在之处。

秋季（11月），是夏季向冬季过渡的季节。气温、水温明显下降。由于沿岸降温比海区中央的要快，使渤海水温平面分布又出现沿岸水温低、海区中央水温高的形势。而且表、底层水温分布趋势基本相同（图5.1d，图5.2c），表、底层水温分别为8～13 ℃和9～13 ℃。其中：辽东湾表层水温为8～12 ℃，渤海湾为10～13 ℃，莱州湾为12～13 ℃，渤海中央在13 ℃以上。秋季渤海降温也具有地区性差异，以辽东湾降温最快，其次是渤海湾和莱州湾，渤海中央及海峡附近降温最慢。秋季水温平面分布的特点：①春、夏季出现的“辽东湾冷水”和“渤中冷水”已不存在。“辽东湾冷水”于4月出现，9月消失，持续时间为5个月；“渤中冷水”出现在5月，9月消失，持续时间为4个月。渤海的两个冷水块，形成时间较早，持续时间较短，消失也快。②11月的水温分布趋势，基本上接近冬季型，如断面分布与单站水温垂直结构，基本上呈现为上下一致的均匀状态。秋季是降温季节，发生在9—11月。此时温度垂直梯度减弱，上均匀层厚度增大，温跃层下沉并逐步消失。

5.1.2 海水温度的变化

海水温度除有地区差异外，还存在着显著的日变化、季节变化和多年变化。从图5.4可以看出，渤海水温的日变化有三种情况：①表层水温的日变化起伏，随气温而变（图5.4a，实线）。水温、气温的变化趋势基本相同，表层水温最高值出现在午后14时，最低值发生在夜间22时。日变化起伏以表层最大，表层以下10 m层和20 m层的日变化就很小了。表层水温日最高值出现在14时25分至15时20分，日最低水温发生在04时35分至05时39分（汤明义，1987）。②水温受内波振动的影响。表层、近表层和深、底层水温的日变化很小，而水温日变化最大发生在中层（图5.4b）。在该例中，10 m层的水温日变幅可达11 ℃之多。这种情况多出现在温度垂直梯度较大的海域，即夏季温跃层强盛的时期。③水温的日变化与当地潮流的日变化相近，具有潮周期特点（图5.4c）。这种例子多发生在潮流较强的海域。邱道立（1992）曾对渤海水温日变化做过统计，结果表明：渤海水温的日变幅，不仅随层次而异，而且还随月份的不同而不同。水温日变化以表层、近表层变化较大，日变化幅度在0.88～2.49 ℃之间；深、底层变化小，日变化幅度在0.26～1.11 ℃之间。在季节上，春、夏季的日变化较大，秋、冬季的日变化较小。

渤海水温的年变化曲线相当规则，大体与余弦曲线相当，具有年周期的变化特点（图5.5）。各层的最低水温出现在2月，最高水温出现时间，却随深度的增加而向后推迟，如表层最高水温发生在8月，底层最高水温出现在8—9月和9月。水温的年变幅也随深度的增加而减小。表层的年变幅，以辽东湾和渤海湾最大，为24～27 ℃；莱州湾次之，为23～26 ℃；渤海中央为21～25 ℃；渤海海峡附近年变幅最小，为20～22 ℃（中国科学院等，1990）。深、底层最高水温出现的时间各地不一：辽东湾、渤海湾为9月；渤海中央和莱州湾为8月。深、底层水温年变幅以渤海海峡附近为最小，8～20 ℃；渤海中央为14～24 ℃；辽东湾为17～25 ℃；渤海湾为18～26 ℃；莱州湾为21～27 ℃（中国科学院等，1990）。冬季，因垂向

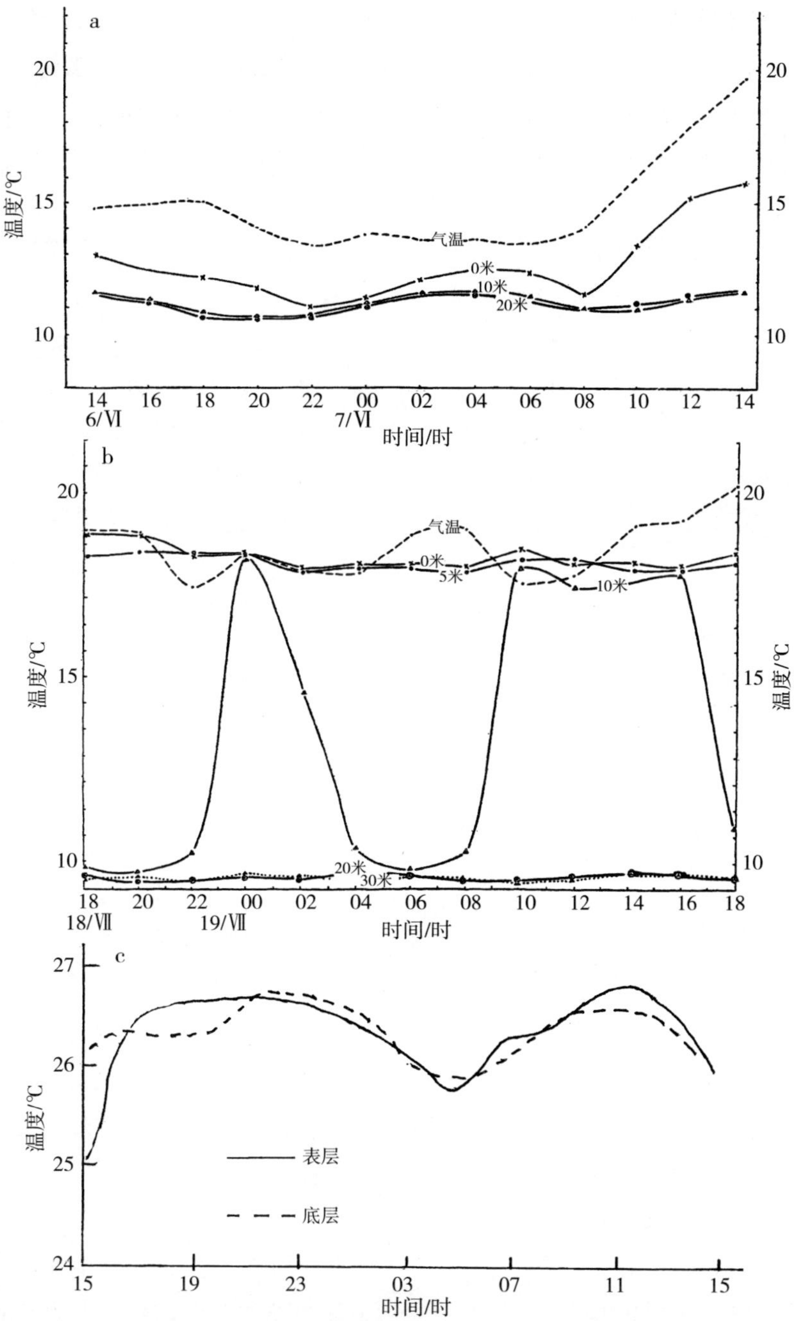

图5.4 渤海水温日变化举例①（李繁华等，1989）

混合可达海底，使渤海最低水温出现的时间，几乎同时发生。夏季，水层稳定，垂向混合也弱，各层水温的最高值不能同时出现，而是随深度增加而发生滞后现象。

由于各年的气候条件不同，导致水温也具有明显的年际差异。林传兰等（2000）、方国洪等（2002）分别对渤海沿岸各海洋站的气温、海面水温长期变化趋势作了分析。结果表明，渤海沿岸，近30多年来大气的增暖现象比较明显，海面水温也明显地升温。方国洪等认为，渤海在1965—1995年的31年期间，气温年变率为0.034 ℃/a，31年来气温升高1.09 ℃；海面水温年变率为0.015 ℃/a，31年海面水温升高0.48 ℃。林传兰等认为，渤海气温以年平

① 沈鸿书，毛汉礼。渤海及北黄海西部的水文基本特征。海洋科学集刊，1965，01号：1－22。

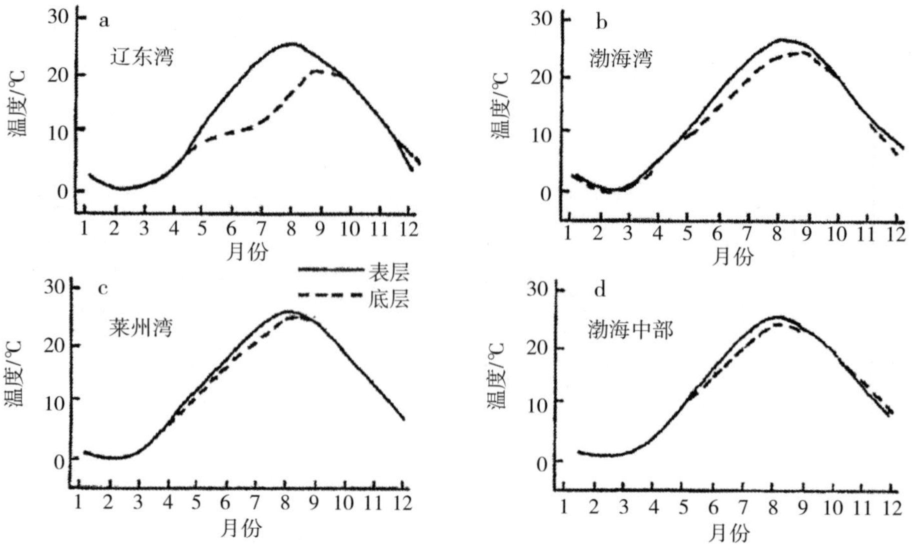

图 5.5 渤海水温的季节变化（中国科学院等，1990）

均 0.024 ℃/a 的速率在增暖，海面水温平均以 0.01 ℃/a 的速率在升高。

5.2 海水盐度

相对黄、东、南海而言，渤海面积最小，深度最浅；但流入渤海的河流众多。淡水的入海量相对比较大，因此，渤海的盐度是上述海域中盐度最低的海域。年平均盐度值为 30.0 左右。

5.2.1 海水盐度的分布

渤海沿岸受沿岸水控制，渤海中央和东部渤海海峡一带，受黄海暖流余脉——高盐水支配，渤海盐度的平面分布特点为：海区中央和东部高，向北（东北）、西、南三面沿岸递减的形势。由于表、中、底各层的盐度平面分布，在多数情况下趋势是相同的，只是盐度值有差异，故这里只附表层的盐度分布图。

冬季（2 月） 天气干燥，风强、蒸发大，降水、河川径流量小。沿岸水势力弱，此时盐度达全年最高。由于强劲的偏北风作用，沿岸流南下势力有所增强。与此同时，作为补偿流来讲，黄海暖流的高盐水体，北上势力也相应增强，高盐水舌进入渤海（图 5.6a）。渤海盐度平面分布的总趋势，大体与渤海冬季水温分布相对应，31.0 等盐线高盐水舌分布范围很广，西伸势力很强。北从老铁山角经辽东湾南部至秦皇岛附近，南自海峡南部经渤海中央达曹妃甸附近，均为一片相对高盐区，盐度在 31.0 ~ 31.5 之间。渤海 3 大海湾的盐度，以辽东湾最高，表、底层约为 30.5，地区差异不明显。其次是渤海湾，表、底层盐度分别为 29.0 ~ 31.0 和 29.5 ~ 31.0，等盐线分布与该湾岸线平行。莱州湾盐度最低，表层为 26.0 ~ 29.0，底层为 27.0 ~ 29.0，有明显的水平梯度，等盐线分布自黄河口附近向外呈弧状冲溢。在垂直方向上，冬季盐度垂直分布几乎呈一条直线（图 5.7 和图 5.8a），这是因冬季对流混合强而达海底的缘故。这种分布形式，大致从 10 月下旬至翌年 4 月，持续时间为 6 个月左右。

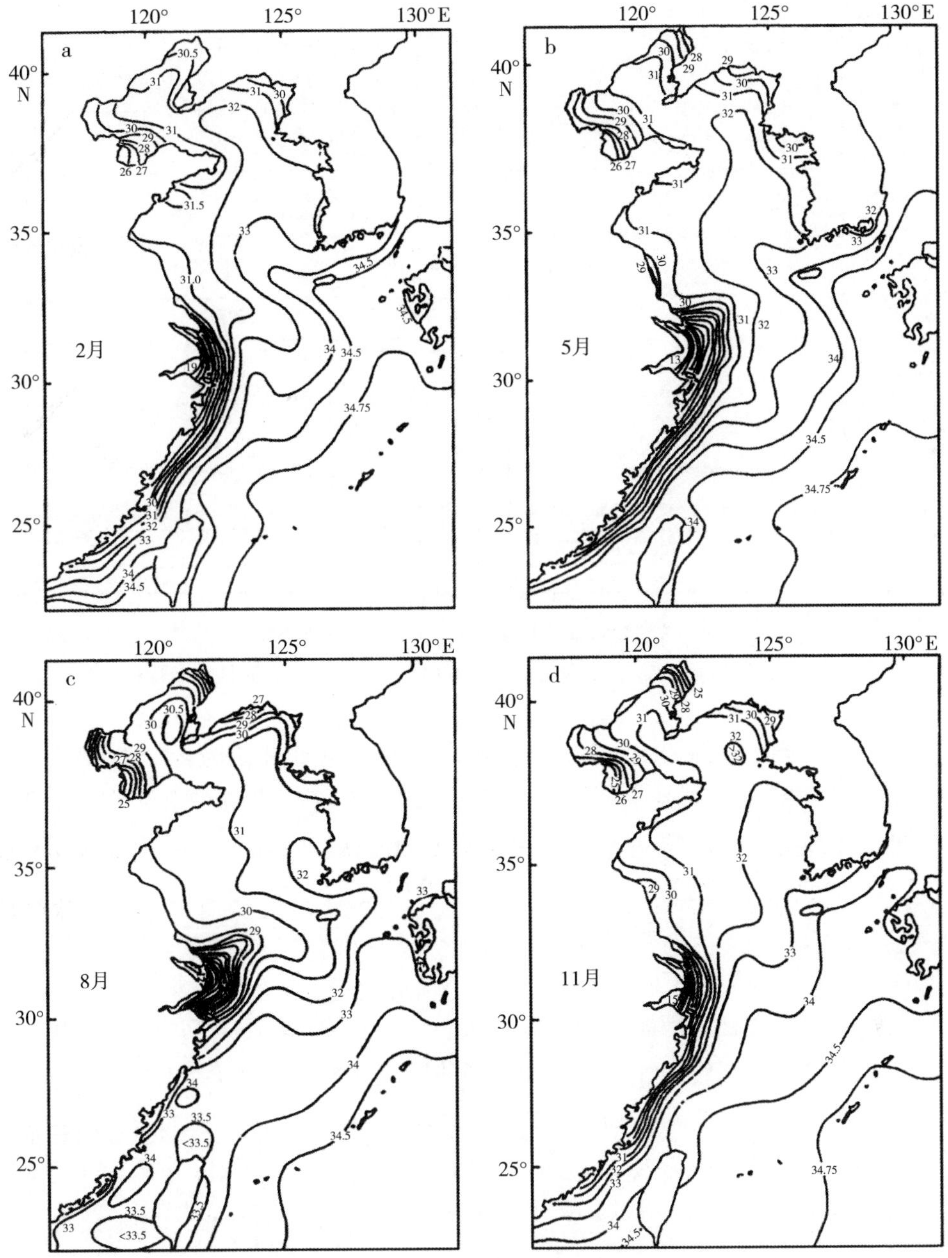

图 5.6 渤海、黄海、东海表层盐度的平面分布（陈达熙，1992）

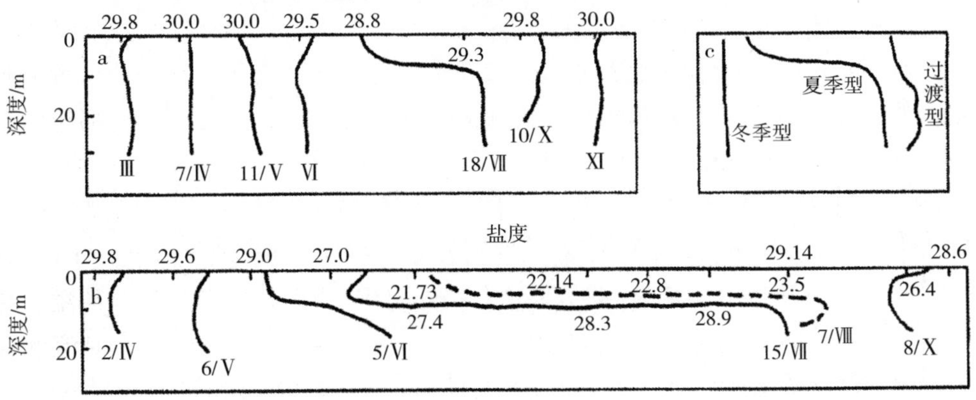

图 5.7 渤海盐度垂直分布的逐月变化（尤芳湖，2000）

a. 非河口地区；b. 河口地区；c. 盐度垂直分布的三种类型示意图

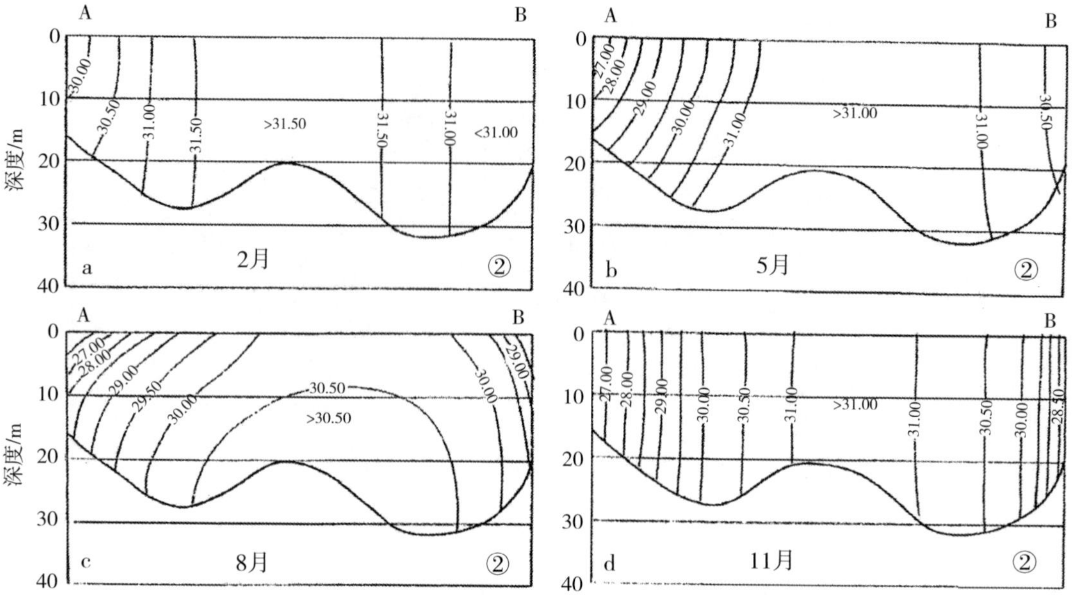

图 5.8 渤海盐度的断面分布（陈达熙，1992）

a，b，c，d 为断面 2 的四季代表月的盐度分布（断面 2 的位置见图 5.3e）

春季（5 月） 降水和河川入海的淡水量开始增加，海面开始降盐。渤海的盐度值比冬季下降了，相同的等盐线位置比冬季有所外移。如 31.5 等盐线向东退缩到渤海海峡附近，31.0 等盐线包络的范围也比冬季的小，黄河口附近的低盐区开始向外扩展（图 5.6b）。渤海中央及渤海海峡附近表层盐度为 31.5 左右，与冬季相比下降了 0.5。辽东湾表、底层盐度均为 28.0～31.0，下降了 2.5。渤海湾表、底层盐度分别为 27.0～30.0 和 28.0～30.0，降低了 2.0。莱州湾表、底层的盐度为 26.0～29.0，比冬季下降了 1.0 左右，是渤海 3 大海湾降盐最少的海湾。在垂直分布方面，因海水稳定度增大，垂直混合减弱，冬季时上下均匀一致的状态逐渐消失，出现盐度随深度增加并有强度较弱的层化现象（图 5.7）。这种层化以渤海中央比较显著，但在黄河口附近，5～10 m 水层也会出现较强的盐跃层。在断面图（图 5.8b）上出现 3 种不同的盐区：断面中央为高盐区，盐度在 31.0 以上；断面北端为次高盐区，盐度在 30.5 左右；断面南端为低盐区，盐度为 27.0～30.0，南面的低盐显然是受黄河淡水入海的影响。

夏季（8 月） 空气湿度大，蒸发弱；正值降水季节，江河入海径流量大，是沿岸水势力最强的季节。因此，表层盐度降至全年最低值（图 5.6c）。尤其是河口附近，盐度层化现象更为剧烈，使表层和底层的盐度分布趋势不一致。渤海表层盐度在 30.5 以下。表层 31.0 等盐线在渤海已不存在，相对高盐区由 30.0 等盐线所包络的范围代替。同时，外海高盐水舌入侵渤海的方向也有所改变，由原先的西伸转变成北伸进入辽东湾，并在辽东半岛西岸附近出现一个闭合的相对高盐区，盐度为 30.5。渤海中央及海峡附近表层盐度为 30.0～30.5，比冬季下降了 1.0～2.0。辽东湾等盐线十分密集，水平梯度大，表层盐度为 20.0～30.0，盐差达 10.0。渤海湾和莱州湾表层盐度分别为 23.0～28.0 和 24.0～28.0，水平梯度都比较强，等盐线分布几乎呈经向分布。底层盐度分布基本保持冬、春季的形势，只是盐度值有些下降。渤海中央及海峡附近底层盐度为 31.0～31.5；辽东湾为 25.0～30.0；渤海湾和莱州湾分别为 25.0～29.0 和 26.0～29.0。在垂直方向上（图 5.7），盐度出现跃层，尤其在河口附近也呈现为三层形式：表层盐度低，深层盐度高，中间为突变层——盐跃层。夏季渤海的冷水之处，出现高盐区，盐度为30.5。

秋季（11月） 偏北风兴起，海面蒸发增大，降水和河川入海径流量减弱，沿岸冲淡水势力也大减。海水处于增盐时期。渤海盐度普遍上升，又现出表、底层盐度水平分布趋势相似的格局。整个渤海盐度分布形势又恢复到春季的状态，但盐度值比春季要低（图5.6d）。与夏季相比，渤海表层盐度上升了0.5～5.0。其中：辽东湾北岸升盐最多，约5.0；渤海湾和莱州湾分别升盐3.0和1.0；渤海中央升盐0.5，渤海海峡附近升盐1.0。此时，渤海中央及海峡附近表层盐度为31.0～31.5，辽东湾为25.0～30.0，渤海湾为27.0～29.0，莱州湾为24.0～28.0。在垂直方向上（图5.7和图5.8d），盐度又出现均匀一致的状态，基本上恢复到冬季的情形。也就是说，渤海秋季的盐度垂直分布已接近于冬季的类型。由此可见，渤海的盐度分布，也存在3种类型：冬季型、夏季型和过渡型。

黄河自1855年回复到山东境内流入渤海以来，大约有10次大的入海改道。最后3次是人工改道：1953年7月至1964年1月，黄河走神仙沟入海；1964年1月至1976年5月，黄河走钩口河入海；1976年5月至现在，黄河走清水沟入海。由于黄河入海口的变迁，对其附近的水文状况，尤其是河口附近的盐度分布有重大的改观。图5.9分别是1958年9月、1964年7月31日至8月2日以及1983年9月的表层盐度分布（乐肯堂，1995），它们分别代表了3个流路时期的情形。由图5.9可以看出，3个流路时期的黄河口附近的表层盐度分布是不同的。在图5.9a中，黄河冲淡水向渤海中央冲溢，方向为东北，低盐水舌最低盐度低于25.0。在图5.9b中，黄河冲淡水向渤海冲溢的低盐水舌的梯度，比1958年9月的要强，低盐水舌的最低盐度为16.83（乐肯堂，1995），低盐水舌的舌轴方向指向正北。在图5.9c中，低盐水冲溢方向先向东，然后又转向东北，低盐水舌最低盐度低于22.0。3幅图的共同点是，黄河冲淡水的走向，总是偏于河口口门的左侧，然后转向北或东北。这种形态似乎与长江冲淡水的走向有些类似。

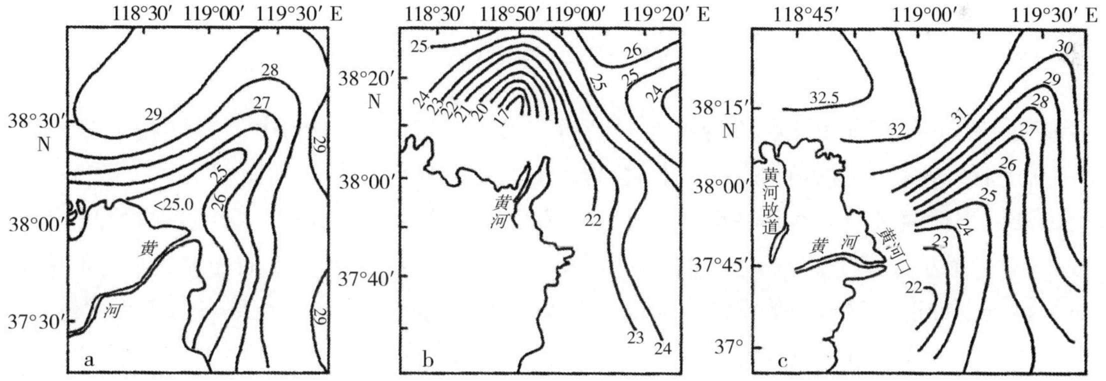

图5.9 20世纪50年代以来，黄河三次改道入海在河口附近的盐度分布（乐肯堂，1995）

a. 神仙沟流路时期；b. 钓口河流路时期；c. 清水沟流路时期

5.2.2 海水盐度的变化

海水盐度同样存在着显著的日变化、季节变化和多年变化。一般来讲，盐度的日变化在夏季较大，春季次之，秋、冬季最小。从层次上来看，表层日变化大，下层和底层日变化小，但也有例外。从离岸远近来看，沿岸日变化大，尤其是河口、海湾盐度日变化显著，而外海盐度日变化小。

渤海的盐度日变化，大体可分为潮效应类型，内波效应类型和不规则类型 3 种[①]。

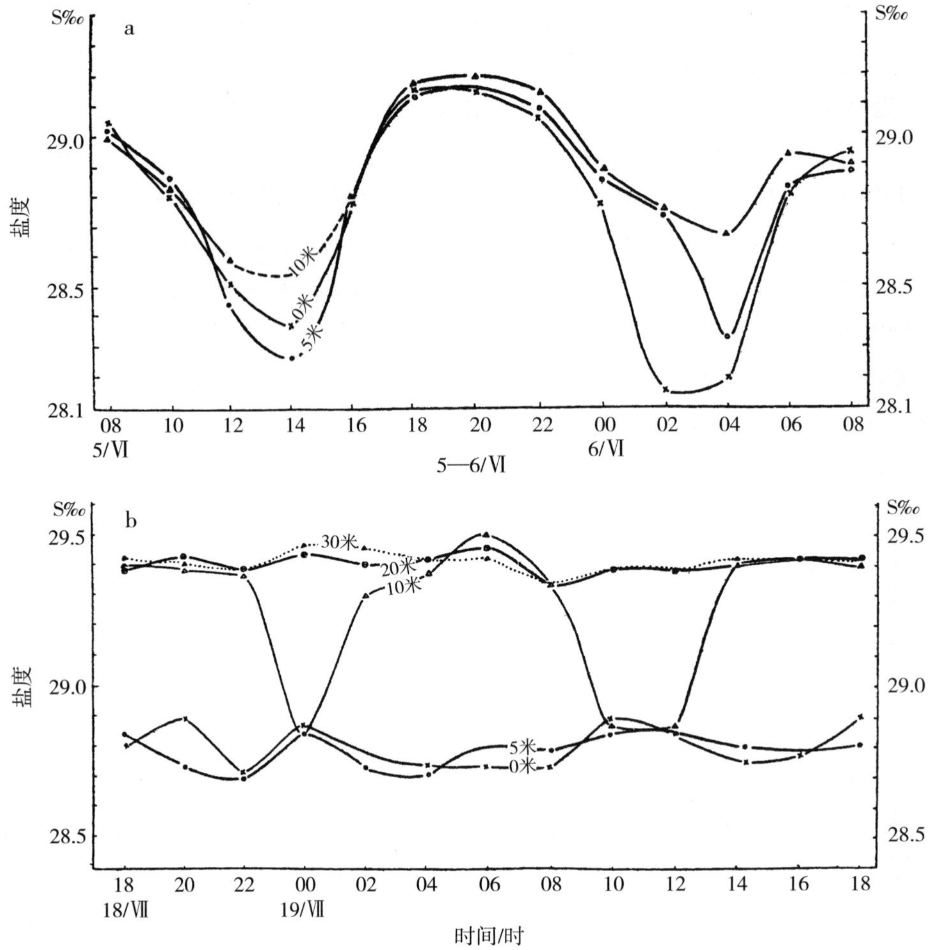

图 5.10　渤海盐度日变化举例[①]

a. 潮效应类型；b. 内波效应类型

潮效应类型（图 5.10a）的特点是：盐度日变化剧烈，在该例中，表层盐度日较差达 1.0；盐度日变化具有明显的潮汐周期，盐度的日较差值随深度的增加而减小。在举例中，一昼夜内盐度出现两次最大值和最小值。尤其是表层，日变化很有规则，最大值分别出现在 08 时和 20 时，最小值发生在 14 时和 02 时，周期为 12 h 左右。随着深度的增加，高、低值出现的时间也逐渐推迟。但从趋势看，各层的变化基本上是同步的。这种类型在辽东湾比较普遍，因为那里的等盐线和潮流流向几乎垂直[②]。涨潮流把湾外的高盐水带入湾内，落潮流把湾内的低盐水带出该湾。涨潮流增盐，落潮流降盐。

内波效应类型（图 5.10b）的特点是：表、中、底各层盐度的日变化不同步；往往表层和深层的盐度日变化小，日变化较大的发生次表层或中层。在该例中，10 m 层的盐度日变化最为显著，日较差大，而且还带有周期性的波动。该例发生在渤海的中部，在 5 ~ 20 m 之间，出现较强的盐跃层。由于海水层化强，昼夜垂直振动明显，因此，这种类型的盐度日变化，主要是由于内波的作用[③]。这种类型主要发生在远岸或海区的中央，尤以夏季出现比较多。

不规则类型的特点：各层的盐度日变化都很小，变化不规则，杂乱无章。一般都出现在

① 沈鸿书，毛汉礼。渤海及北黄海西部的基本水文特征。海洋科学集刊，1965，01 号：1 - 22。

②③ 国家科委海洋组海洋综合调查办公室编。全国海洋综合调查报告，第二册。1964。

盐度垂直分布几乎呈均匀一致的季节，如冬季、初春和秋季。

渤海盐度的季节变化不如水温的规则，总的趋势是与水温的季节变化相反。表层，从4月开始至9月为降盐期，莱州湾的降盐期推迟至11月。10月至翌年3月为增盐期（图5.11）。在渤海中部，表、底层的盐度年变化曲线接近重合，只是在4—9月间，底层盐度略高于表层。年内盐度最高值出现在2月，最低值发生在8月。表层盐度的年变幅为2.6，底层为1.8（邱道立等，1986）。辽东湾的盐度季节变化与渤海中部的大体相同，表、底层的最高盐度出现在1—2月，盐度为31.0。最低盐度出现的时间，表层为8月，底层为7月。表、底层的年变幅为2.1（邱道立等，1986）。渤海湾的情况与上述不同，表层最高值出现在2月，最低值出现在8月；底层出现两峰两谷，最高值出现在2月和7月，最低值出现在1月和10月。其盐度的年变幅为4.5，是渤海盐度年变幅最大的海域。莱州湾的盐度年变曲线具有3个最高值和1个最低值，前者出现在3月、6月和9月，后者发生在12月至翌年1月，表、底层的年变幅分别为3.8和2.7（中国科学院等，1990）。

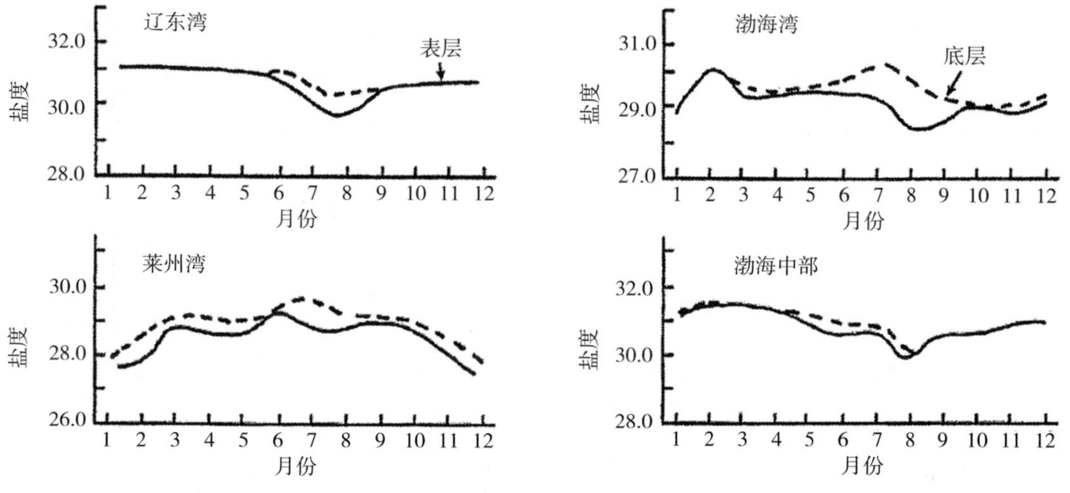

图5.11 渤海盐度的季节变化（中国科学院等，1990）

近几十年来，渤海沿岸大河入海的径流量都趋于减少的势头。如黄河，从20世纪70年代开始，经常出现断流现象（苏纪兰，2005）。1997年，黄河入海的年径流量约为$18.61\times10^8\ m^3$（李培英等，2007），只有20世纪50—70年代入海年径流量的1/20。同样，近期海河和辽河的入海年径流量也大幅度下降。这样一来，对渤海的盐度会有重要影响。林传兰等（2000）、方国洪等（2002）分别对渤海沿岸海洋站表面盐度、降水量等的多年变化做过分析。结果表明：盐度有逐年升高的趋势，年平均升盐率为0.067/a和0.042/a；降水量有逐年下降趋势，平均年降水量减少2.73 mm和1.73 mm。林传兰等还认为蒸发以$6.6\times10^8 m^3/a$的速率在增加，入海径流量以$15\times10^8\ m^3/a$的速率在减少。

1982年4月至1983年5月，黄海海洋水产研究所在渤海湾、莱州湾、辽东湾南部及渤海中部进行每月一次的海洋调查（邱道立等，1986），将水文资料与全国海洋普查资料（1958—1959年）进行对比得知，1982—1983年调查的盐度值，比1958—1959年调查的盐度值普遍偏高。一般月份，偏高1.0~2.0；个别月份、个别海域，偏高2.86（邱道立等，1986）。

中国海洋大学于2000年夏季和2001年冬季，对渤海进行了两次海洋调查。结果表明（鲍献文等，2004）：冬季，渤海5 m层盐度在32.1~32.7之间；夏季，渤海表层盐度在31.5~32.3之间。这些数字与陈达熙（1992）多年平均结果比较，2000年夏季和2001年冬季的盐度，比多年平均值上升了1.0~2.0。同时，2000年夏季和2001年冬季渤海的盐度分布图，与以往也不相同，前者出现渤海盐度高于渤海海峡和北黄海的盐度。

最近，刘有刚①分析了2000年以来渤海2号断面（断面位置见图5.3）的温盐度变化，得到该断面海上盐度变化趋势也是上升的结论。鞠霞②在分析“908”专项调查资料时，也将渤海盐度资料与“全国海洋综合调查”资料及《渤、黄、东海海洋图集——水文分册》（陈达熙，1992）作比较，也得出近期渤海表层盐度是上升趋势的结论。

上述结果与现象表明，现今的渤海盐度，比过去有所升高。

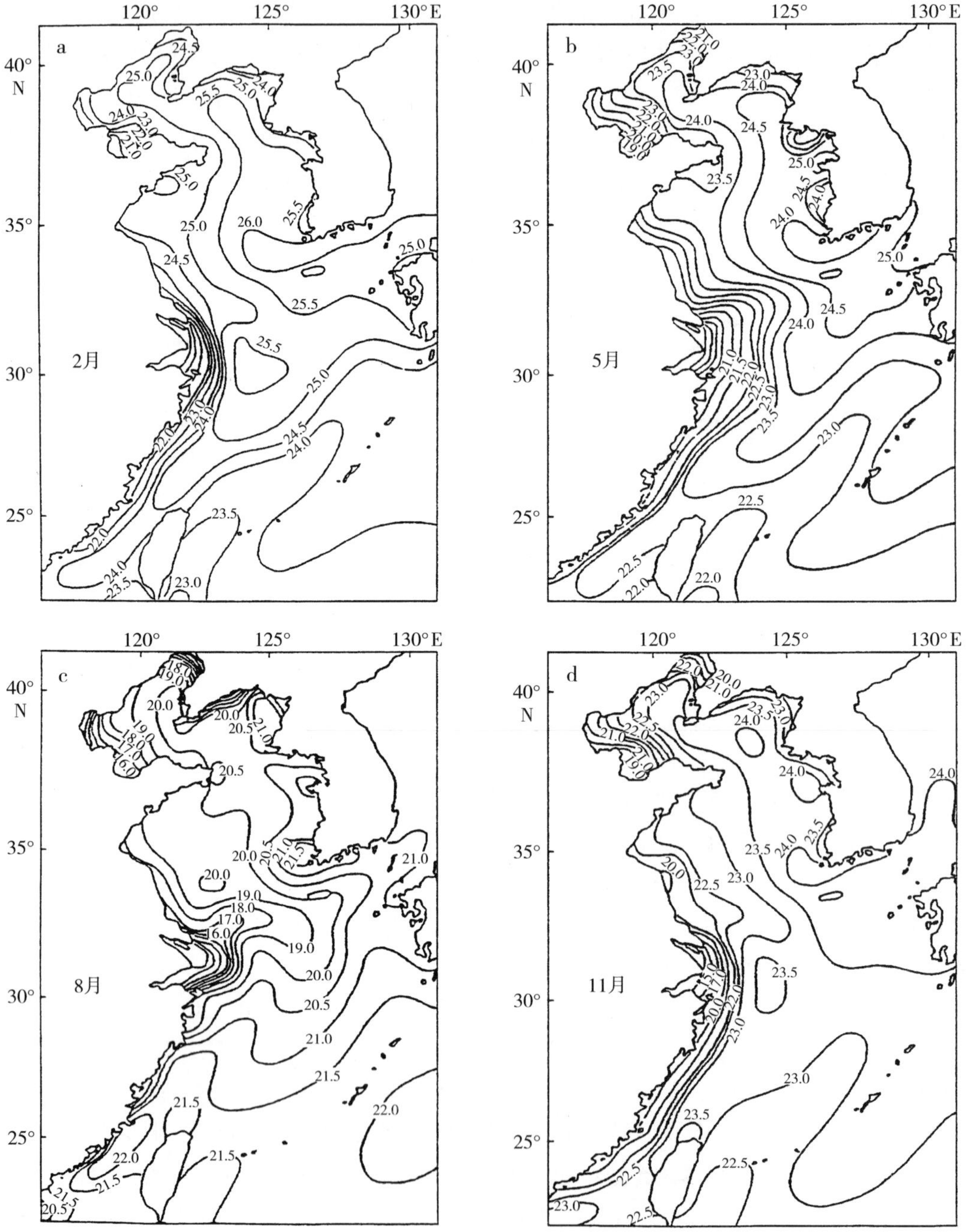

图5.12　渤海、黄海、东海海水密度的平面分布（陈达熙，1992）

① 刘有刚。2010年10月21日在“908”专项水体环境调查与研究学术交流会上报告。题目：2000年以后渤海夏季温盐度的变化及成因分析。

② 鞠霞。冬、夏季渤、黄、东海温、盐分布特征的对比分析。2011年国家海洋局一所物理海洋与海洋气候学术研讨会（2011年1月20—21日）。

5.3 海水密度

5.3.1 海水密度的分布①

渤海密度分布也是随地区和季节而异：在河口地区，密度的分布主要取决于海水的盐度；在海区中央，密度分布主要取决于海水的温度。

冬季（2 月） 是海水密度最高的季节，这是因为冬季水温最低、盐度最高的缘故。渤海表层密度的平面分布形势，与渤海同季表层温度和盐度的分布趋势都有些相似，但更接近于盐度的分布。25.0 等密度线的高密水舌，由北黄海向西伸展进入渤海的中央，然后再向辽东湾和渤海湾伸展，形成渤海中央及东部密度高，3 个海湾密度低的格局。莱州湾密度分布呈放射状，与冬季该湾的盐度分布相似。渤海表层密度在 21.0 ~ 25.0 之间（图 5.12a）。其中：辽东湾表层密度为 24.0 ~ 25.0，渤海湾的为 23.0 ~ 24.0，莱州湾的为 21.0 ~ 23.0，渤海中央及渤海海峡附近的为 25.0 左右。底层密度分布趋势与表层相似，只是密度值比表层高一些而已。

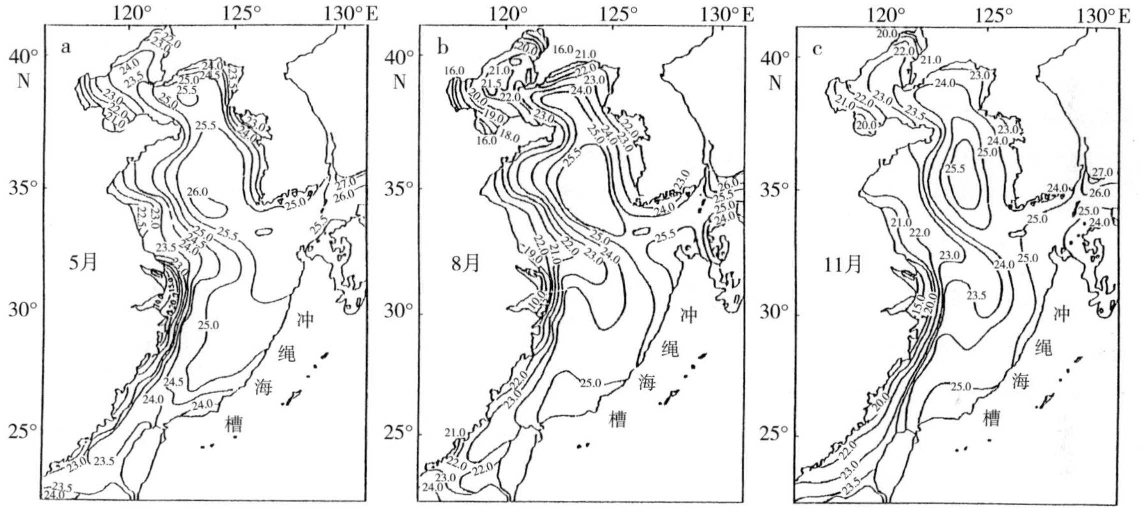

图 5.13 渤海、黄海、东海底层海水密度的平面分布（陈达熙，1992）

在垂直分布方面（图 5.14），密度出现海面到海底为上下均匀一致的状态。在贯穿渤海 NE—SW 向断面（即图 5.3e，2 号断面图略）上，出现 3 种不同密度的海水：中部为高密度水（大于 25.0），即高密度水舌伸展的地方；南段为低密度水（22.0 ~ 23.0）；北段为次高密度水（24.5 左右）。

春季（5 月） 是降密季节。与冬季的相比，渤海表层密度以辽东湾降密最多，下降了 1.5 ~ 3.5；渤海湾和莱州湾的表层密度分别下降了 2.0 ~ 3.0 和 2.0 左右；渤海中央和渤海海峡附近，表层密度下降了 1.5 左右。此时，渤海表层密度在 19.0 ~ 24.0 之间。其中：辽东湾的密度为 21.0 ~ 23.5；渤海湾为 20.0 ~ 21.0；莱州湾为 19.0 ~ 20.0；渤海中央为 23.5 ~ 24.0；渤海海峡附近密度最高，约 24.0。春季渤海表层密度的分布形势，与同期表层盐度的分布形势接近。24.0 高密水舌伸入渤海中央，使莱州湾与渤海中央海域之间，出现弱的密度水平梯度（图 5.12b）。在垂直方向上（图 5.14），因表层降密快，深层降密慢，出现弱的分

① 海水密度指单位体积中海水的质量，用符号“ρ”表示，单位为 kg/m^3。由于密度单位为 kg/m^3，所以提出另一个参量，称海水密度超量（冯士筰等，1999）$\gamma = \rho - 1\,000$ kg/m^3，这里和以下各文中均简称密度，并略写其单位。

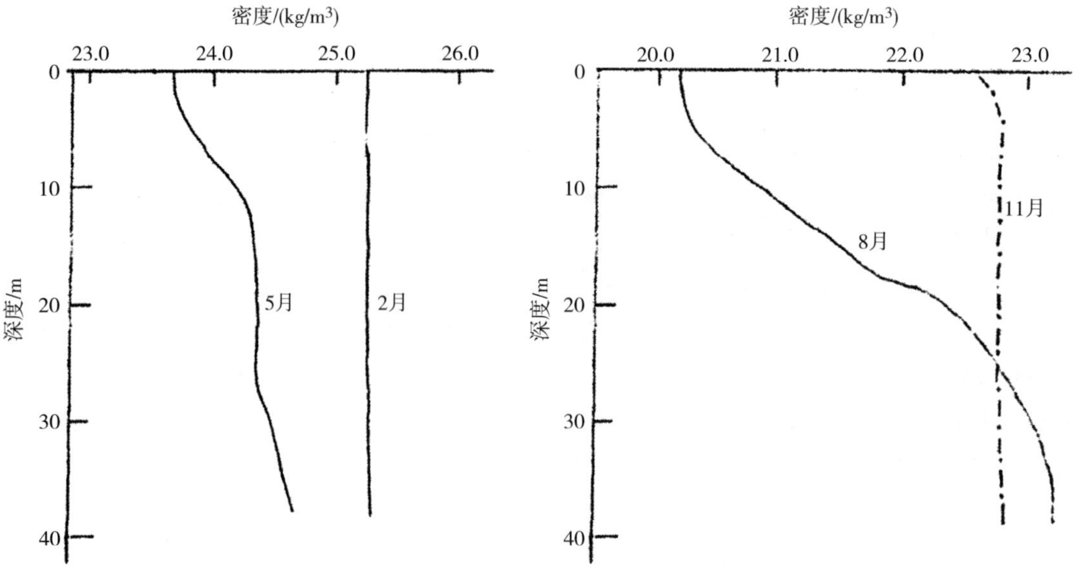

图 5.14　渤海海水密度的垂直分布①

层现象。在 5 ~ 15 m 之间，存在弱的密度跃层，从而在断面图上表现为中部向上凸起（密度高），两侧向下倾斜（密度低）的单峰现象。

夏季（8 月）　是全年表层密度最低的季节。渤海表层密度已降至 11.0 ~ 20.0。其中，辽东湾湾顶密度最低，表层密度为 11.0，比春季的下降了 8.0 ~ 10.0。辽东湾湾口表层密度为 19.0，湾内出现较强的密度水平梯度，等密度线密集。渤海湾表层密度在 13.0 ~ 17.0 之间，下降了 4.0 ~ 7.0。莱州湾表层密度为 16.0 左右，下降了 4.0。渤海中央及渤海海峡附近，表层密度为 20.0，下降了 3.5 ~ 4.0。尽管表层密度普遍下降了许多，但其分布形势仍与春季的大体相同。底层密度的分布形势，在格局上仍与春季底层相似（图 5.13b），只是在渤海中央和辽东湾湾口，分别出现两个闭合的、弱小的高密度区和一个低密度区，其位置大体与“辽东湾冷水”和“渤中冷水”的所在地相当，表明那里的高密度区和低密度区是由温度造成的。

夏季，渤海的密跃层也比较明显，8 月的密跃层强度在 0.2 ~ 0.3 kg/m^4 之间（陈达熙，1992）。此时密度的垂直分布也呈现为三层结构：上层为低密均匀层，下层为高密渐变层，中间为密跃层。断面 2 的密度分布与同期的水温分布非常相似。在渤海两个低洼之处（渤中洼地和辽东湾洼地），也相应地出现两个闭合的高密中心，中心值大于 22.0。

秋季（11 月）　是增密季节。与夏季相比，辽东湾、渤海湾、莱州湾的表层密度分别上升了 3.0 ~ 9.0、4.0 ~ 7.0 和 2.0 ~ 3.0；渤海中央表层密度上升了 2.5 ~ 3.0；渤海海峡附近，升密 3.0 左右。此时，渤海表层密度在 19.0 ~ 23.0 之间。其中：辽东湾在 20.0 ~ 23.0 之间，渤海湾、莱州湾分别为 20.0 ~ 22.0 和 19.0 ~ 21.5 之间，渤海中央和渤海海峡分别为 23.0 和 23.5。11 月的表层密度分布趋势，与 5 月的十分相似（图 5.12d、图 5.12b），只是密度值还略低于 5 月份。从图 5.14 单站的密度垂直分布看出，5 月的密度值为 23.6 左右，11 月为 22.55 左右。11 月密度的垂直分布又出现近于均匀一致的状态，基本上又恢复到冬季的类型。

由此可见，渤海的密度分布，也存在 3 种类型：冬季型、夏季型和过渡型（春、秋季）。

① 国家科委海洋组海洋综合调查办公室编。全国海洋综合调查资料。1964。

5.3.2 海水密度的变化

与海水温、盐度一样，海水密度也存在着显著的日变化、年变化和多年变化。凡是引起水温、盐度日变化和年变化的因子，也都会影响海水密度的日变化和年变化。通常，密度的日变化，在近岸海域较大，远岸和海区中央的较小；在季节上，夏季日变化较大，冬、秋季较小；在层次上，表层的日变化较大，深层和底层较小。渤海海水密度的日变化也应具有不规则类型、内波效应类型和潮效应类型3种。但在渤海，由内波效应引起的密度日变化以及由潮效应引起的密度日变化例子，还未见有报道。因此，这里只介绍渤海海水密度的不规则类型的日变化。由图5.15可以看出，在该例中有两点需记述：①表、中、底三层的密度日变化都比较明显，其中，表层密度的变化幅度为0.5，中层为0.8，底层为0.7。也就是说，该例不像一般常规的那样，而是最大日变化发生在中层，其次是底层，表层日变化反而最小。②一日中密度最大、最小值出现的时间并无规律，而表、中、底三层之间也无任何联系，可见渤海密度的日变化非常复杂。

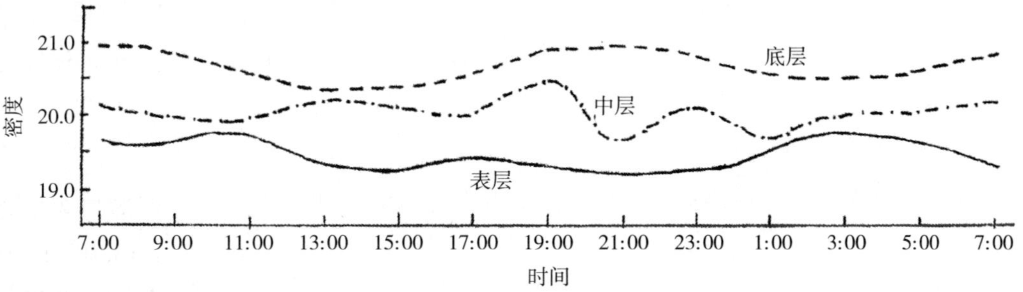

图5.15 渤海海水密度的日变化举例①

图5.16为渤海海水密度年变化的例子。如把它与渤海的温度年变化和盐度年变化做比较，不难看出，除河口地区外，密度年变化的趋势与盐度年变化的趋势十分接近，而与温度年变化的趋势相反，并具有年周期的特征。年内最大值发生在1—2月，其值为25.1；最小值出现在8—9月，其值为19.8。年变幅为5.3。3—7月为降密期，10—12月为升密期，显然，降密期比升密期要长。此外，图5.16还表明：11月至翌年2月的4个月内，表、底层的密度值相同，因而在图中出现线条重合现象，这是由于冬季渤海对流混合强，可达海底的缘故。在渤海，表、底层密度有差异，只出现在3—9月的暖半年内。

5.4 海冰

海冰是由海水温度降至冰点以下，海水发生相变，由液态变成固态的晶体而成为海冰。海冰是由纯冰晶、卤水、固体盐和气泡组成的混合物，有些海域（如辽东湾、渤海湾、莱州湾）的海冰，还包含有泥沙等杂质（苏纪兰，2005）。

海冰对人类的危害是极大的。1969年2—3月间，我国渤海发生特大冰封。在进出天津港的123艘客货轮中②，有7艘被海冰推移搁浅；19艘被海冰夹住不能航行，随冰漂移；25

① 国家科委海洋组海洋综合调查办公室编。全国海洋综合调查资料。1964。

② 国家海洋局冰封调查组。1969年渤海冰封调查报告。1969。

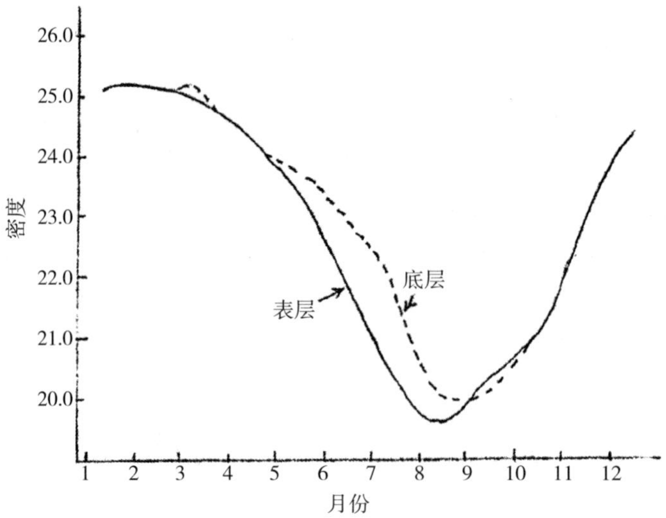

图 5.16　渤海海水密度的年变化举例

艘在破冰船解救下才能出港；5 艘万吨级货轮及 1 艘引水船被海冰挤压，使船舱进水，螺旋桨被碰坏，船体变形。“海二井”石油平台被海冰毁掉。“海二井”石油平台重 550 t，由 2.2 cm厚锰钢卷成直径85 cm 的圆柱 15 根，长 41 m，打入海底20 多米所构成的骨架。“海一井”石油平台的钢管拉筋，全被海冰割断。塘沽、秦皇岛、葫芦岛、营口、龙口等港口被海冰堵塞，海上所有船只受阻被困，渤海海上交通运输处于瘫痪状态。根据“海二井”石油平台 1969 年 3 月 5—11 日的测冰记录，当时海面的冰块尺度，一般为 30 ~ 40 km^2，最大达 60 ~ 70 km^2，冰块漂流速度为 30 ~ 100 cm/s，冰面堆积高度一般为 1.5 m。由此可计算出，35 km^2 的冰块所占的空间为 5.25×10^7 m^3，其冰块的推力为 4 025 t（包澄澜，1991）。由此可见，一般的海洋工程建筑物，是无法承受如此巨大的冲击力。

我国近海的海冰，主要出现在渤海及黄海北部沿岸及海上部分海域，山东半岛某些浅水海湾，严冬季节在浅滩、河口也有结冰现象，但冰情很轻，对航行、生产及生活无大影响。我国的海冰都是“一冬（年）冰”，即当年冬季形成，翌年春季消失，冰龄不超过一个冬季。我国的海冰，按其运动状态大致分为两类：流（浮）冰和固定冰。流冰指漂流在海面上的一切冰块，随风、浪、流、潮作用而漂移流动；固定冰指与海岸、岛屿或与岸边、海底冻结在一起的冰，不能做水平运动，但可随潮汐涨、落做垂直运动。

1973 年，国家海洋局根据各年冬季的冰情差异，制订了渤海及黄海北部海冰冰情等级表，其中渤海部分如表 5.1 所示。这里介绍常冰情年冰情和重冰年冰情。

表 5.1　渤海海冰冰情等级标准一览表

海区 / 标准 项目 / 等级	辽东湾			渤海湾			莱州湾		
	冰厚/cm		结冰范围/n mile	冰厚/cm		结冰范围/n mile	冰厚/cm		结冰范围/n mile
	一般	最厚		一般	最厚		一般	最厚	
Ⅰ. 轻冰年	<15	30	<35	<10	20	<5	<10	20	<5
Ⅱ. 偏轻冰年	15 ~ 25	45	35 ~ 65	10 ~ 20	35	5 ~ 15	10 ~ 15	30	5 ~ 15
Ⅲ. 常冰情年	25 ~ 40	60	65 ~ 90	20 ~ 30	50	15 ~ 35	15 ~ 25	45	15 ~ 25
Ⅳ. 偏重冰年	45 ~ 50	70	80 ~ 125	30 ~ 40	60	35 ~ 65	25 ~ 35	50	25 ~ 35
Ⅴ. 重冰年	>50	100	>125	>40	80	>65	>35	70	>35

5.4.1 常冰情年的冰情

通常，11 月中至 12 月中，渤海由北往南开始结冰，翌年 2—3 月，海冰开始融化消失，冰期 2 ~ 4 个月（图 5.17b）。冰情以 1 月至 2 月上、中旬最为严重。渤海以辽东湾初冰日最早，其次渤海湾，莱州湾的最晚。初冰日由北往南推迟 1 个月左右。终冰日相反，莱州湾的最早，其次渤海湾，辽东湾的最晚。终冰日由南向北也相差 1 个月左右。辽东湾冰期最长，约 4 个月；渤海湾约 3 个月；莱州湾约 2 个月。冰情以辽东湾最重，其次渤海湾，莱州湾最轻。

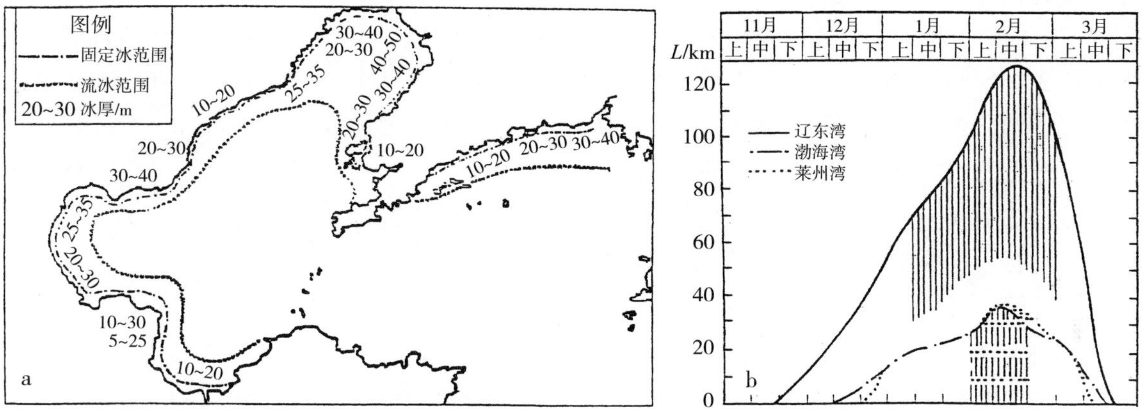

图 5.17 渤海常冰情年的冰厚、冰界（a）及冰期（b）分布（孙湘平等，1981；陈达熙，1992；冯士筰等，1999）

1）辽东湾的冰情

除长兴岛外，辽东湾的冰期平均为 95 ~ 130 d，最长 149 d，最短 85 d。长兴岛的冰期平均为 79 d，最长 112 d，最短不到 50 d。辽东湾北部东岸的初冰日比西岸的要早，而终冰日反而晚，因此，该湾北部东岸的冰期比北部西岸的要长；但辽东湾南部却相反，西岸的冰期要比东岸的冰期长 20 ~ 30 d。

辽东湾的海冰，首先是由湾顶北部浅滩开始形成的，然后该湾的西部、东部相继结冰，并向海区中央扩展。1 月末至 2 月上旬，流冰范围为最大，距北部湾顶约 70 n mile。东、西两岸流冰边缘线距岸 10 ~ 20 n mile。

东岸长兴岛以南，固定冰很少，冰厚为 10 ~ 20 cm。长兴岛以北至盖平一带，固定冰宽约几百米至 2 km，冰厚 10 ~ 40 cm，最厚 80 cm。固定冰出现在 1 月初至 2 月下旬。盖平角以北经辽河口、大凌河口、小凌河口一带，冰情严重，为辽东湾沿岸冰情最重地带。固定冰宽 3 ~ 10 km，冰厚 30 ~ 50 cm，最厚 100 cm。固定冰冰期为 2 ~ 2.5 个月，冰的堆积严重，堆积高度为 2 ~ 4 m。小凌河口至秦皇岛沿岸，固定冰宽 200 ~ 2 000 m。其中，锦州湾、菊花岛附近，固定冰宽可达 2 km 以上，冰厚 20 ~ 40 cm，堆积高度在 1.5 ~ 3.5 m。固定冰冰期为 40 ~ 60 d。秦皇岛以南至滦河口附近，固定冰宽仅 100 ~ 500 m，冰厚 10 ~ 30 cm。辽东湾的融冰最先是从西岸开始的，随后东岸也进入融冰期，北岸浅滩附近融冰期最晚。3 月中、下旬或 4 月初，辽东湾海冰全部消失，冰期结束。

辽东湾的流冰漂流速度，一般在 20 ~ 40 cm/s（0.4 ~ 0.8 kn）之间。其中，营口和葫芦岛附近的流冰速度较大，平均为 40 cm/s（0.8kn），最大达 150 ~ 180 cm/s（3 ~ 3.5 kn）。流冰漂流方向：营口附近以 SW、NW 居多；锦州湾附近以 WSW、ENE 居多；复州湾以 NW、

SW 居多；绥中、秦皇岛一带以 SW、NE 居多（杨国金，2000；张方俭，1986）。辽东湾流冰冰块的水平尺度一般在 100～10 000 m 之间，最大达 20 000 m（杨国金，2000）。

2）渤海湾的冰情

渤海湾于 12 月上、中旬见初冰，翌年 2 月中、下旬或 3 月初终冰。冰期平均为 90～110 d。20 世纪末，冬季气候偏暖，该湾冰期平均只有 65 d。其中：浅滩、河口海域，冰期稍长，最长 124 d；有的海域，冰期仅 25 d。

渤海湾的流冰多集中在浅滩、河口海域。因初冬天气变化频繁，这里的海冰不稳定，有时清晨见到海冰，中午便消失。随着严冬的到来和冷空气的不断侵袭，进入盛冰期后，流冰范围不断向海上扩展。在盛冰期期间，沿岸固定冰宽 200～2 000 m。浅滩地区，如曹妃甸一带可达 3～4 km，南堡为 2 km 左右，岐口为 1.5 km 左右。冰厚：北部 30～40 cm，最厚 50 cm；南部 15～30 cm。固定冰期一般为 30～40 d。堆积高度一般为 2～4 m。

渤海湾的流冰范围：西岸和南岸距流冰边缘线较远，为 20～25 n mile；北岸距流冰边缘线较近，约 10 n mile。渤海湾中部的流冰边缘线，基本上沿 15 m 等深线分布。在旧黄河口附近，经常有大量的粗糙冰出现，堆积现象严重。

渤海湾的流冰漂流速度：一般在 30～40 cm/s 之间，最大达 110～130 cm/s。流冰的漂流方向各地不一：南堡附近以 SSW、NNE 最多；岐口、塘沽一带，方向比较散乱，以 E、WSW、W、WNW 和 SSE 居多；岔尖一带，以 SE 占优势；曹妃甸附近，以 ESE、WSW 居多（杨国金，2000；张方俭，1986）。渤海湾流冰冰块的水平尺度，一般在 10～1 000 m 之间，最大达 15 000 m（杨国金，2000）。

3）莱州湾的冰情

莱州湾沿岸一般在 12 月上、中旬见初冰，终冰在翌年 2 月下旬或 3 月上旬，冰期平均为 75 d，河口附近冰期稍长，可达 100 d 左右。20 世纪末，因冬季气候偏暖，冰期平均只有 45 d。莱州湾沿岸的初冰日有自西向东逐渐推迟的趋势。

该湾的流冰范围大致沿 5 m 等深线分布。在黄河口附近及莱州湾西部，流冰边缘线距岸 10～30 km；莱州湾南岸，流冰边缘线距岸 8～20 km；莱州湾东部，流冰边缘线距岸 5～15 km。进入盛冰期，沿岸海域出现固定冰。其中：黄河口附近的固定冰宽 2～5 km；小清河口以北固定冰宽 1～2 km；小清河口至刁龙嘴一带，固定冰宽几百米至 2 000 m；刁龙嘴以东至龙口一带，一般无固定冰出现，只有流冰。莱州湾沿岸的固定冰厚度为 15～30 cm。固定冰冰期自 1 月中、下旬至 2 月中旬，冰期为 20～35 d。莱州湾流冰厚度为 5～20 cm。流冰的漂流速度一般在 50 cm/s 以内，最大可达 110～120 cm/s。流冰漂流方向：西部以 NNW、SE 居多，东部以 NNE、NE 居多（杨国金，2000；张方俭，1986）。莱州湾流冰冰块水平尺度，一般在 5～500 m 之间，最大达 10 000 m（杨国金，2000）。莱州湾的冰期不稳定，年际差异较大。冰的堆积现象不太严重，一般在 1 m 左右。该湾内有时出现“返冻现象”。如 1966 年 2 月下旬，因天气回暖，海冰大量融化；后又遭强冷空气的袭击，再次使海湾封冻，造成严重的冰情。莱州湾海冰的东界一般到龙口附近。龙口以东的蓬莱、烟台等地，一般无危害的冰情。

5.4.2 重冰情年的冰情

20 世纪，渤海有 3 个重冰年：1936 年、1947 年和 1969 年春。2009—2010 年又出现了较重的冰情。

1）1936 年 1—2 月的冰情

1936 年 1 月下旬至 2 月上旬，渤海发生了严重的冰封现象。整个渤海，除海区中央及渤海海峡外，几乎全被海冰所覆盖（图 5.18a）。

辽东湾全部被海冰封冻，五六千吨的大型海轮不能通行。辽东湾北部的冰厚为 30 ~ 150 cm，最厚 250 cm；辽东湾东岸的冰厚为 20 ~ 60 cm，最厚 120 cm；辽东湾西岸的冰厚为 15 ~ 60 cm，最厚 90 cm；辽东湾中央的海冰较薄，一般在 10 ~ 30 cm 之间，个别海域在 10 cm 以上；南部湾口的冰厚也达 8 ~ 20 cm。

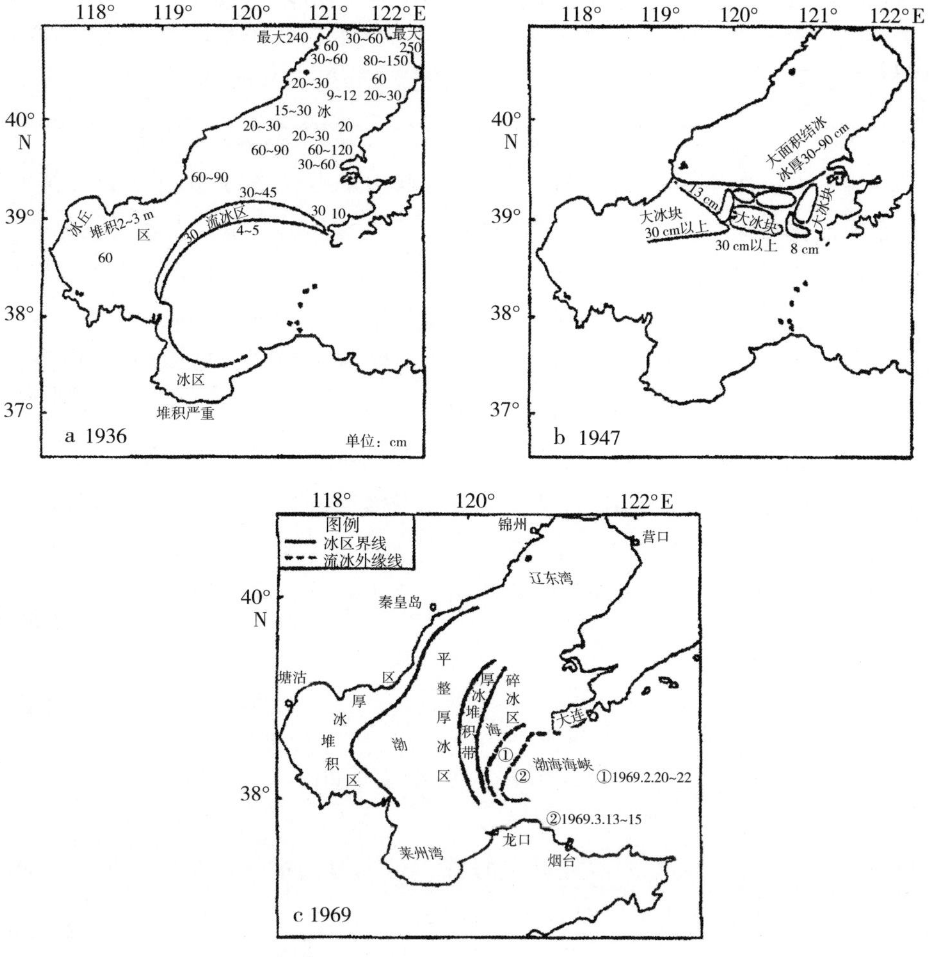

图 5.18　渤海重冰年的冰情分布（孙湘平，1980；孙湘平等，1981；陈达熙，1992）

渤海湾的冰情是：海河口外结冰宽达 70 n mile，破冰船全部停止作业，天津港被冻结。渤海湾沿岸的冰厚为 30 ~ 45 cm，最厚达 150 cm。天津大沽口灯船附近冰厚为 30 cm；往东较薄，为 10 ~ 15 cm；直至 120°E 附近，海面还有 4 ~ 5 cm 的薄冰。在冰封期间，渤海盛行东北风，所以渤海湾沿岸冰的堆积现象严重，堆积高度达 3.5 m 以上，以致使大沽口外形成“冰丘”。

1935 年度的海河年报曾写道①：“今冬之酷寒，不仅为本港多年所未见，恐也为将来所罕

① 海河工程总局。海河年报（1935—1936）。

见，结冰之严重，实打破撞凌船维持冬航以来之记录。”“因冬季严寒，渤海结成广大冰田，有时渤海湾内结冰竟达老铁山角。”“许多船只尤为马力小者，均为大冰田所困，任风、潮方向漂流，无法挽救。”“在此期间，结冰情形极为严重，因潮流与风向使冰聚积坚厚，冰积之处有五尺至八尺之厚。”“益进丸被由北塘流下之厚冰驱至南港之上。”“北岭丸报称沙流淀（曹妃甸）外二尺厚之冰田，迤逦达30海里。”“营口丸乘客九人由清凌载来，彼等在冰上步行二英里始抵撞凌船。”“长山丸乘客一百四十人，在冰上步行一英里方能登船。”

至于莱州湾的冰情，虽无数据记载，但据老渔民的回忆，那年冬天莱州湾沿岸结冰宽达30～40 km，冰的堆积现象严重。渔船被冻结在海上，渔民下船后在冰上步行一整天才登岸，牛车在冰上通行无恙（孙湘平，1980；孙湘平等，1981）。另外，用求积仪作过估算，1936年1—2月的渤海冰封范围，约占渤海海域面积的65%（孙湘平，2006）。

2）1947年1—2月的冰情

1947年1月下旬至2月中旬，渤海辽东湾发生了一次严重的冰封现象。

图5.18b绘出了这次冰封的大致情况。南起老铁山水道以北约38°50′N，北至辽东湾的顶端，几乎整个海面都布满着海冰。冰块的大小不一，小者几平方米，大者可达几十平方千米；在冰块之间，出现有“冰缝”且“冰缝”宽窄不等，数十米至上千米。冰块的厚度大致是：辽东湾北部为30～90 cm，南部为8～30 cm。流冰漂流速度曾到达2 kn。日本商船“辰依势”号（6 902 t）随冰漂流了12天，在两艘破冰船的帮助下才脱险。该船船长在航海日志中写道：“亲眼看见，有200 m长、70 m宽、10 m高的冰丘（山）（冰丘位置：39°33′N、119°23′E，即图5.18b中△符号处），在距‘辰依势’号商船300 m远的地方漂过。”

在冰封期间，气温很低，天气异常寒冷。辽东湾海面的最低气温曾几度出现－27 ℃；但风力不大，一般为1～3级（孙湘平等，1981）。看来这次冰封可能是因长时间的持续低温所造成的。渤海湾和莱州湾是否也出现严重的冰情，因无记载，无法记述。

3）1969年2—3月的冰情①

1969年2—3月间，渤海发生了历史上罕见的特大冰封，除渤海海峡的老铁山水道和猴矶水道外，整个渤海海面几乎全被海冰覆盖，冰区范围如图5.18c所示。渤海海面的冰情从西向东可分为四个区域：厚冰堆积区、平整厚冰区、厚冰堆积带以及碎冰区。

厚冰堆积区：主要分布在渤海西部近岸海域，是渤海冰情最严重的区域。海冰多由两层以上（最多4层）的单层冰叠加冻结而成。冰层层次分明，冰层间含有灰黄色或灰褐色淤泥。冰的厚度一般为50～70 cm，最厚达100 cm。这里的海冰有严重堆积现象。堆积高度一般为1～2 m，最大4 m以上，以致在大沽口外形成“冰丘”或“冰山”。

平整厚冰区：厚冰堆积区的东侧，是一片茫茫无边的白色大“冰原”。冰面比较平整或稍有挤压冻结的痕迹，却没有堆积现象。冰原面积很大，一般为30～40 km^2，最大可达60～70 km^2。冰的厚度比较均匀，一般为20～30 cm，最厚60 cm左右。平整厚冰区几乎占据了整个渤海中央。1969年3月5日飞机观测表明，该区基本上是一片冰面平整的大冰原，仅在中部有一条NE—SW向的冰缝，冰缝宽度为500 m左右，最宽处约2 km，船可沿冰缝缓慢航行。

① 国家海洋局冰封调查组。1969年渤海冰封调查报告。1969。

厚冰堆积带：平整厚冰区的东面，是一些大致呈NS向带状分布的堆积冰。带状堆积冰的厚度为40~60 cm，最厚约80 cm。这些冰多由两层以上单层冰重叠冻结而成，冰面到处有堆积现象，堆积高度为1~2 m。

碎冰区：位于厚冰堆积带的东侧，是由破碎的冰块组成的冰水相间分布的碎冰区，它大致呈NE—SW走向。冰块的厚度多为30 cm左右，最厚为60 cm。碎冰区是整个渤海冰封的外缘。

5.5 水团

5.5.1 概述

水团是借用气象学上的气团这一称谓而得名。毛汉礼、赫崇本①在分析我国近海的各项水文要素状况时，用盐度高低，将我国近海部分的水系，划分为沿岸（低盐）水系和外海（高盐）水系两大类。

外海水系以盐度高，温、盐度的年变幅较小为其主要特征。沿岸水系的特点是，盐度比较低，温、盐度的年较差比较大。在沿岸水系这一总名称之下，又将位于不同地区的沿岸水团给予不同的称谓。为了区别外海水系中的“水团”，又把沿岸水团的“团”字省略，而称沿岸水，把它视为一种特殊水团看待。如辽东湾沿岸水团、苏北沿岸水团，简称辽东湾沿岸水、苏北沿岸水，而辽东湾沿岸水和苏北沿岸水又分别归属于渤海沿岸水系和黄海沿岸水系中。“水系”和“水”是一种隶属关系，“水系”是一级分类，“水”是二级分类。

5.5.2 水团的分布与变化

渤海的3大海湾均有较大的河流入海，因此，盐度在划分渤海水团中起着重要作用。以盐度为主，适当地参考温度，把渤海的水团分为沿岸水系和“外海水系”两类。这里的“外海水系”，应理解为渤海以外的水团或水系，系由南黄海进入北黄海后折西通过渤海海峡的高盐水而言。它实际上应属混合水系，盐度介于外海水系和沿岸水系之间，温度的季节变化明显。渤海混合水系指渤海沿岸以外由黄海来的高盐水和当地海水混合而成的。相对于沿岸水来讲，盐度较高，且年变幅较小。在垂直结构上，冬半年呈现为垂直均匀状态；夏半年有层化现象，上层为高温低盐，下层为低温高盐。在渤海，属混合水系的水团有二：渤海水团和黄海水团（图5.19）。

沿岸水系是由江河入海的淡水与海水混合而成，主要位于河口附近海域，占有一定的空间。渤海沿岸水系的特点是：①盐度终年比较低，一般均在30.0以下。水平梯度较大，盐度梯度自河口向外逐渐递减。②温度变化较大，冬季显示为低温水，夏季显示为高温水。③沿岸水势力随季节而异。雨季、河川径流量大时，沿岸水势力强，水平范围也大，盐度低；干季、河川径流量小时，沿岸水势力弱，水平范围小，盐度升高（中国科学院《中国自然地理编委会》，1979）。④沿岸水的水层厚度，有明显的季节差异：夏季，沿岸水水层薄而浅，主要漂浮在0~10 m之间；冬季，因对流混合强，使其厚度增大（中国科学院《中国自然地理编委会》，1979）。⑤水色混浊，透明度低（陈冠贤，1991）。

渤海沿岸水系有辽东湾沿岸水，渤（海湾）、莱（州湾）沿岸水。它们的地理分布如图

---

① 毛汉礼，赫崇本。十年来海洋水文调查与研究进展。海洋普查通讯，1959，(8)：8—15。

5.19 所示。由图 5.19 看出，渤海的水团有四：辽东湾沿岸水，渤、莱（渤南）沿岸水，渤海水团和黄海水团。

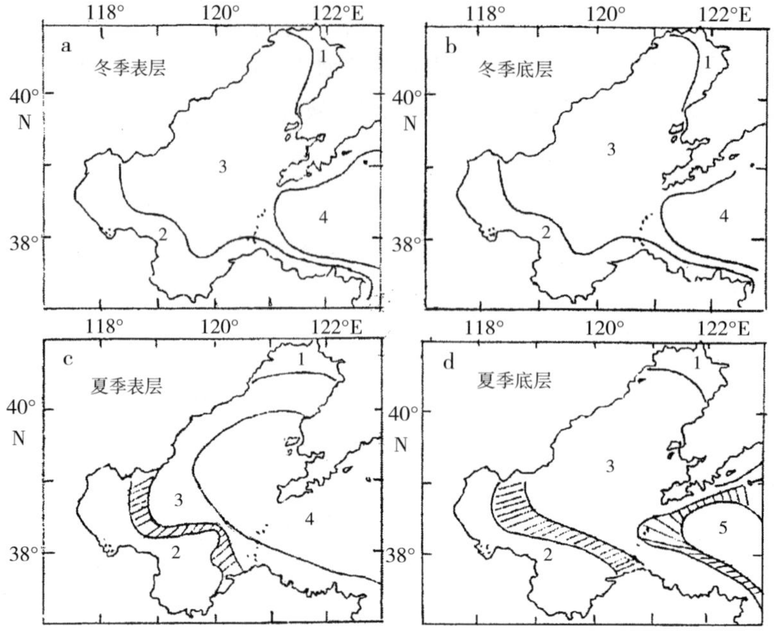

1. 辽东湾沿岸水；2. 渤－莱（渤南）沿岸水；3. 渤海水团；
4. 黄海水团；5. 黄海冷水团；影线区－混合带

图 5.19　冬、夏季渤海水团分布示意图［根据李凤岐等（2000），中国科学院《自然地理》编委会（1979）、张元奎等（1983）、陈冠贤（1991），苏纪兰（2005）等文献整理］

辽东湾沿岸水　主要由辽河、双台子河、大凌河等入海的河流淡水与海水混合而成。分布在辽东湾 20 m 等深线以浅海域（尤芳湖，2000），其湾口则为辽东湾沿岸水和渤海混合水系的混合带。在冬、春季，流入辽东湾的江河径流量小，又在偏北季风吹刮下，辽东湾沿岸水便沿该湾东侧海岸南下，使辽东湾东、西两岸的盐度有所差异，东岸的低于西岸。夏季，江河入海径流量增大，又多吹偏南风。辽东湾沿岸水又主要分布在湾的西岸和北岸，此时，沿岸水改为沿西岸南下，西岸盐度又低于东岸的盐度（尤芳湖，2000）。从沿岸水的范围来看，夏、秋季的大，冬、春季的小。辽东湾沿岸水的盐度年变幅较大，约为 10.0 左右。其温度状况，冬季具有低温性质，夏季则有高温特性。辽东湾沿岸水的温、盐特征（李凤岐等，2000）：冬、夏季水温，分别为小于 －1 ℃和 23～25 ℃；盐度，冬、夏季分别为小于 30.0 和小于 29.0。

渤（海湾）、莱（州湾）沿岸水　主要是由黄河、海河、滦河等入海的河流淡水与海水混合而成。分布在滦河口以南、渤海湾、莱州湾及山东半岛北岸一带，其中渤海湾和莱州湾又为该沿岸水的源地。该沿岸水的北（外）侧与渤海混合水相邻。渤、莱沿岸水的显著特点是有冬季型和夏季型之分（李繁华等，1989）：冬季型出现在 10 月至翌年 4 月，此时受强劲的偏北风影响，沿岸水顺着山东半岛北岸自西向东伸展，尤以 12 月至翌年 3 月东伸最强，可绕过成山角南下至石岛一带。冬季型的渤莱沿岸水，一般顺岸分布在 20 m 等深线以内，且表、底层分布范围大致相同。夏季型发生在 5—9 月，此时因江河入海径流增大，渤莱沿岸水主要向渤海中央冲溢，其分布范围主要在渤海海峡以西海域。渤莱沿岸水的温、盐特征：水温，冬、夏季分别为 0～1 ℃、23～25 ℃；盐度，冬、夏季分别为 30.59～30.70、29.65～30.42（李繁华等，1989）。渤、莱沿岸水的另一个特点是，冬季溶解氧含量特别高，平均为

8.24～8.30 mL/L；夏季，溶解氧含量只有4.4～5.2 mL/L（李繁华等，1989）。

渤海水团 是指渤海沿岸水以外，由黄海水团经渤海海峡进入渤海与当地海水混合而生成的。分布在渤海中央及渤海海峡附近。它是随着黄海水团进入渤海后降温加剧而出现的，其范围也逐渐扩大。冬季，该水团分布范围达最大，在强对流作用下，上下层水体呈均匀状态。温度为－1～2 ℃，盐度为31.0～31.9。春季，渤海水团的表层与沿岸水发生混合，势力减弱；但其下层，渤海水团的范围仍与冬季的相近。整个水团明显升温、降盐，温度在6～11 ℃（陈冠贤，1991），盐度比冬季的略低一些。夏季，由于江河入海径流增大，又多吹偏南风。此时，沿岸水势力和黄海水团势力均增强，迫使渤海水团表层势力大减。但深、底层，基本上保持冬季遗留下来的低温、高盐特征。夏季，渤海水团的温、盐范围分别是：25～27 ℃，30.0～31.0（李凤岐等，2000）。到了秋季，渤海水团基本上消失，被黄海水团所取代（陈冠贤，1991）。

黄海水团 是进入陆架区的外海混合水与沿岸水混合后，在当地的水文气象条件下形成的混合水团，盘踞在黄海、部分渤海和东海北部的一部分，主体位于黄海海域（详情见本书第10章第10.4节）。

5.6 渤海与外海的水交换

渤海面积小、深度浅，其北（东北）、西、南三面被陆地包围，只有东南部通过渤海海峡与黄海沟通进行水交换。渤海与外海水交换能力的强弱，与渤海水质和生态环境等问题有着密切的联系。按照传统的观点，渤海海峡海水体积输运，在全年都呈现“北进、南出”的态势①。传统观点的渤海环流示意模式如图5.20所示：渤海海峡北部为入流，其来源为在北黄海转向西伸的“黄海暖流余脉”。这支海流进入渤海之后，继续西行，到达渤海西岸遇陆受阻而分支：北支往北进入辽东湾；南支转向往南，在渤海南部与沿岸流构成左旋环流，最后从渤海海峡南部流出渤海。图5.21表示1958年6月渤海海峡断面的余流分布。图5.21表明，北部老铁山水道的余流，基本上是西南和西北向，表示入流；南部的登州水道，余流基本上是东南或东向，表示出流。前者流速（0～30 m层）在9～17 cm/s之间；后者流速（0～15 m层）为6～18 cm/s之间。图5.21表明，1958年6月渤海海峡的海水输送，呈现为“北进、南出”的流态②。

在传统观点的基础上，学者们应用多种方法，对渤海海峡水交换问题进行了研究。如赵保仁等（1995）根据渤海石油平台等的测流资料，指出渤海海峡海水输运存在“北进南出”的情况。江文胜等（1997，2002）进行海流观测的结果，也基本上支持这一结论。然而，也有一些研究结果得到的是相反的结论，如，魏浩等（2001）指出，渤海环流为冬强、夏弱；夏季环流在渤海海峡处并不表现为北进、南出的特点，其表层甚至出现南进、北出的现象。

由于实测资料的匮乏，数值模拟方法在渤海海峡水交换研究中担当了重要的角色。不少学者利用数值方法研究了渤海海峡水交换的季节变化、垂向结构和动力机制等问题。

在渤海海峡水交换的季节变化方面，林霄沛等（2002）利用卫星遥感反演的风和海表温度数据、并考虑M_2分潮的作用，获得渤海海峡流量的计算结果是：9—10月流量为最大，2—3月次之，5—6月和12至翌1月为最小；年平均流量约为4×10^4 m^3/s。吴德星等

① 国家科委海洋组海洋综合调查办公室编。全国海洋综合调查报告，第五册。1964。

② 黄海海流状况课题组。黄海海流状况。海洋研究，1979（3）增刊：1－42。

(2004) 基于 1958 年 8 月和 2000 年 8 月的温盐资料和多年平均的风场资料，也考虑了 M_2 分潮的作用，诊断计算通过渤海海峡的平均流入量或流出量，认为 2000 年 8 月的渤海环流结构与 1958 年 8 月的渤海环流结构不同，从而使相应的海峡处的平均流入量或流出量也发生了变化，2000 年 8 月通过海峡的平均流入或流出量，均小于 1958 年 8 月的相应值。魏泽勋等 (2003) 采用覆盖渤、黄、东海的大区域模式，研究渤海环流及其水交换问题，其结果表明，渤海海峡夏季的流量约为 $5\times10^3\ m^3/s$。

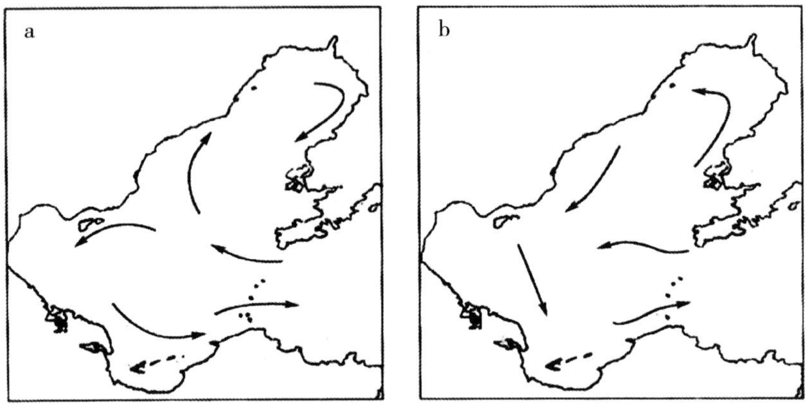

图 5.20　渤海冬、夏季环流流型示意图 (Guan, 1994; 管秉贤, 2002)

a. 冬季；b. 夏季

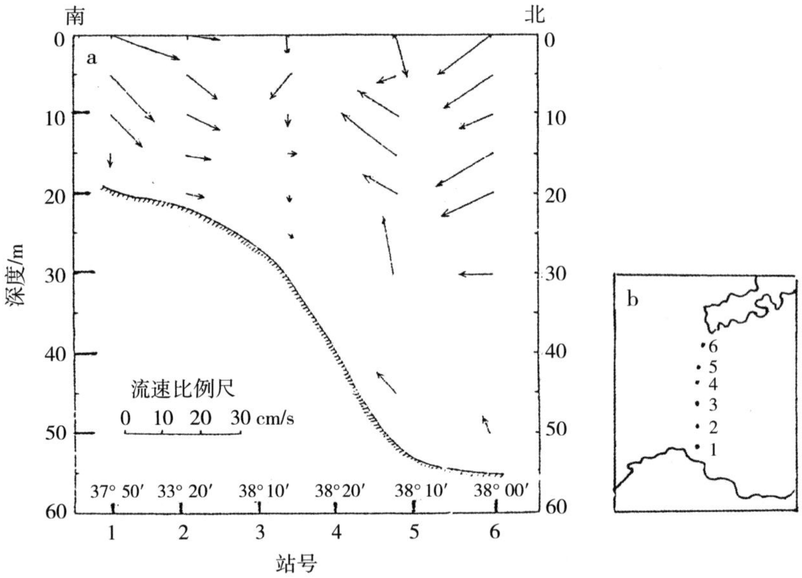

图 5.21　渤海海峡断面余流分布 (1958 年 6 月)①

a. 断面余流分布；b. 断面位置、站位示意 (1、2、3、4、5、6 表明断面站号)

黄大吉等 (1998) 应用三维陆架海区模式 (HAMSOM)，研究渤海海峡水输运的垂向结构和季节变化问题。认为黄海、渤海之间的水体交换，冬、夏季均为北进、南出态势，其水体交换比单纯的潮交换要强。冬季，以风生环流为主：入流发生在海峡的上层和北部，出流出现在海峡南部的下层。夏季，以密度流为主：入流出现在海峡北部，出流发生在海峡南部。林霄沛等 (2002) 根据数值模拟结果指出：冬季，渤海海峡处水交换流型的主体为北进、南

① 黄海海流状况课题组。黄海海流状况。海洋研究，1979 (3) 增刊：1－42。

出型，北部的老铁山水道为入流的主要路径；但老铁山水道10 m层以下都出现弱的出流现象。夏季渤海海峡的水交换流型，可概括为近表层以深，几乎全为入流，并以南、北部较强，特别是北部最强；出流发生在渤海海峡中部。魏泽勋等（2003）也得到了类似的结论。

有关渤海海峡水交换的动力机制问题，不少学者也进行过探讨。赵保仁等（1998）认为，冬季渤海海峡处北进、南出的流场，是由冬季季风与北深、南浅的地形共同作用的结果。黄大吉等（1996）、魏泽勋等（2003）的研究结果表明：渤海海峡夏季北进、南出的流场，是由密度结构（即北黄海冷水团向渤海延伸部分）所造成的。就现有的研究结果来看，大致可归结为海面风场、热盐结构、地形和水深等是制约渤海海峡水交换的基本因素。

关于渤海的海水更新周期，也存在不同的观点，而且分歧很大，从几个月（Hainbucher，D；Kondo，1985）到几十年甚至上百年的不等。魏皓等（2002）指出：因渤海环流结构及季节变化等原因，渤海3个海湾及渤海中部的交换能力相差很大，莱州湾交换能力最强，辽东湾特别是其西部海域，交换能力最弱。

由此可见，因观测资料的不足，特别是长期海流观测资料尤为缺乏，对渤海海峡的水交换研究，大多采用温、盐度资料进行动力计算，或借助数值模拟等手段来完成，导致在渤海海峡水交换及其时空变化的认识上，分歧较大，没有一个共识的结论。最近，国家海洋局正组织科研调查力量，准备开展渤海海峡的定点长期观测，为渤海海峡水交换的估算提供基础数据。利用实测资料，结合数值模拟和理论分析等多种手段，开展渤海海峡水交换的系统研究，一定会取得较好的效果。

第 2 篇　黄　海

第6章 黄海海区的气候*

本章使用的主要资料与第1章所用资料的出处相同，并选用大连、长岛、成山头、青岛、日照、吕四六站，作为黄海海区的代表站。嵊泗站在东海区，但作为分析黄海南部时参考站。

6.1 风

6.1.1 季节变化

黄海是西太平洋的边缘海，是东亚季风区的一个比较开阔的海区，四季明显，属典型的季风气候。冬、夏季的主风向，几乎有180°的变化。在季风背景下，冬、夏季黄海的气压场配置大体相反，等压线的走向基本呈南北向，气压梯度相反。风矢穿越等压线偏向低压一侧，冬季从陆地进入海面后风向右偏，风速增强，显示出非地转风特征，但整个风向大势是一致的，冬季NW风，夏季S—SE风。

冬季（1月），黄海受大陆冷高压控制，不断有冷空气或寒潮入侵，空气干燥，全海区以NW风为主（图1.1）。平均风速为6~7 m/s（图1.2），风速自北向南增加，南部北风分量加强，平均风速为8~9 m/s。

春季（4月）为冬季风向夏季风过渡季节，风向多变。5月，夏季风开始在南海建立，黄海尤其南部偏南风开始占优势。

6—8月，夏季风稳定建立，盛行南到东南风，平均风速为5~6 m/s，比冬季风速要小。夏季常受来自东海北上的台风侵袭，台风大风随之产生。

10月至翌年3月，盛行偏北风，北部多为NW风，平均风速为6~7 m/s（图1.2）。黄海海区6级（10.8~13.8 m/s）以上的大风，四季都有出现，但以冬季强度大，春季次数较多。大风区多位于渤海海峡至山东半岛顶端成山头一带、千里岩和济州岛等附近海域。黄海东南部朝鲜海峡一带，冬季以NW风为主，平均风速为9.0 m/s。1月6级以上大风频率近四成，最大风速可达25~26 m/s。夏季以SW风为主，平均风速为6~7 m/s，最大风速可达50~60 m/s，是由台风造成的（李培，2007）。

不过，相比而言，冬季南黄海的风速大于北黄海的风速，尤其在水温较高的海域，这与冷空气进入暖海面，低层大气受热层结不稳定，上下交换加强，动量下传有关。沿海各站因地形影响，各季风速略有差异。成山头冬季平均风速为7 m/s，是四季中最大的。青岛春季平均风速最大为5.8 m/s，比其他季节都大。夏季各站平均风速是一年中最小的（表6.1）。

春季黄海存在变性冷高压，这是一个浅薄系统，低层具有辐散结构。高压的存在（图1.1），对黄海春季的天气影响很大。高压的西侧，即向岸一侧盛行S—SW风，而东侧即黄海东侧为N—NE风为主。受黄海高压的影响，来自南方的暖湿空气流经黄海西侧、山东半岛沿岸冷海面，为生成海雾提供了有利条件。秋季是夏季风向冬季风过渡的季节，全区以N—NW风为主，风速变大。

* 本章编写人：于群、周发琇。

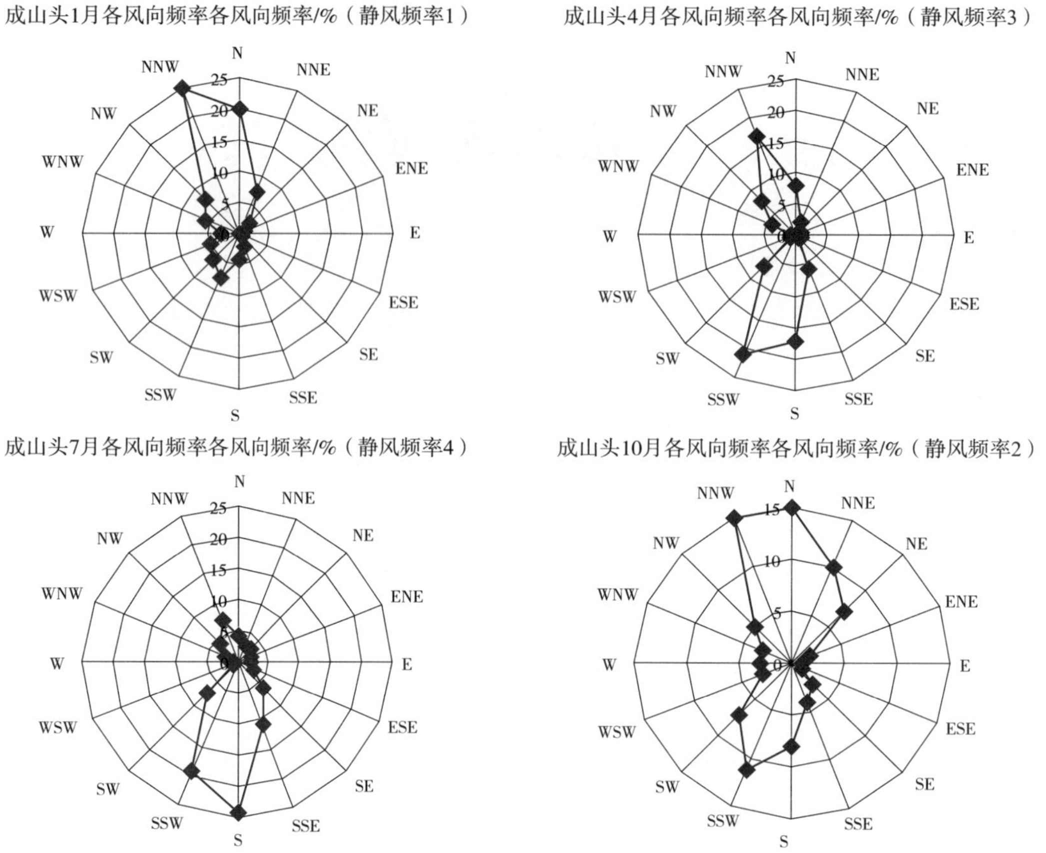

图 6.1　成山头 1 月、4 月、7 月、10 月风玫瑰图（1971—2000 年）

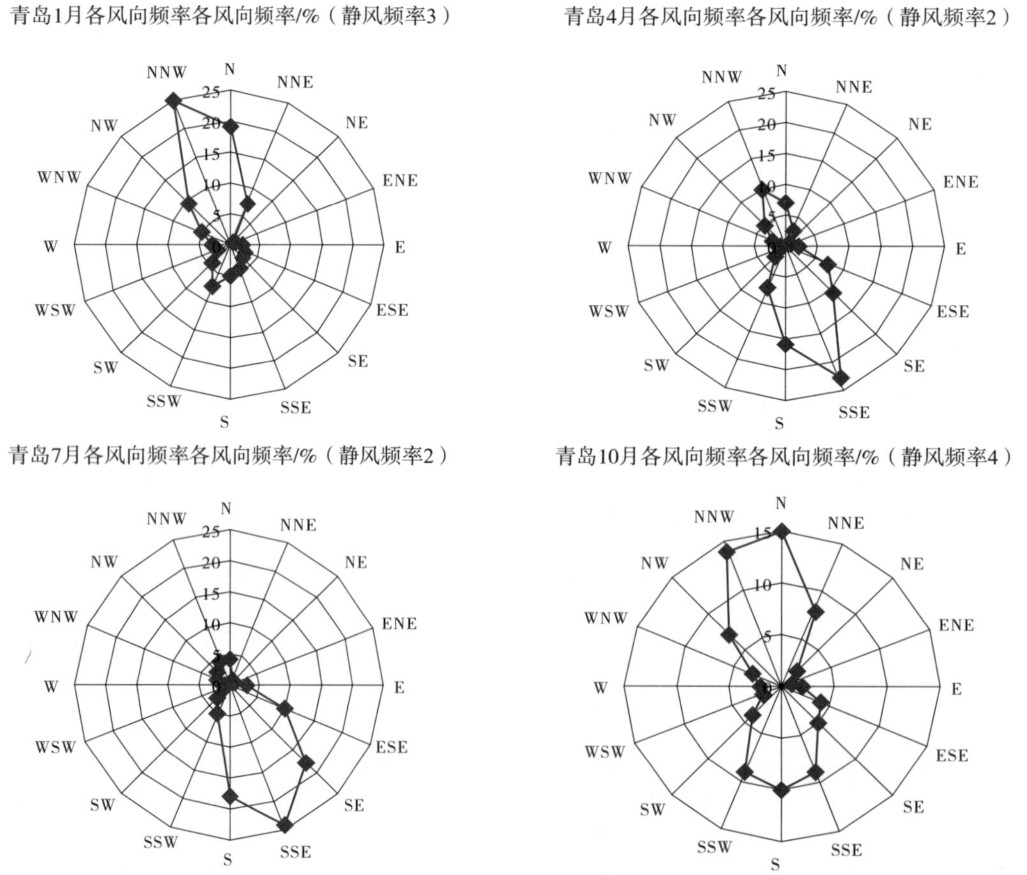

图 6.2　青岛 1 月、4 月、7 月、10 月风玫瑰图（1971—2000 年）

表6.1　黄海沿岸、岛屿代表站累年月平均风速（1971—2000年）　　单位：m/s

站　名	1月	2月	3月	4月	5月	6月	7月	8月	9月	10月	11月	12月
大　连	5.2	5.2	5.2	5.5	5.1	4.4	4.2	3.9	4.1	4.8	5.2	5.1
长　岛	6.6	6.0	5.7	5.9	5.4	4.7	4.3	4.2	4.7	5.8	6.8	6.9
成山头	7.1	6.9	6.3	6.2	5.7	5.0	4.7	4.5	5.3	6.2	6.9	7.0
青　岛	5.4	5.4	5.5	5.8	5.5	5.2	4.8	4.5	4.5	4.9	5.4	5.5
日　照	3.4	3.4	3.5	3.5	3.4	3.2	3.0	3.2	3.3	3.4	3.5	3.3
吕　四	3.9	4.1	4.3	4.1	3.9	3.7	3.6	3.8	3.6	3.5	3.7	3.7

在季风的大背景下，风场大势一致，受气压系统的影响，黄海中部连同东海的广阔海域的风速比周边大，其中1月最大，黄海中部达7～8 m/s；7月最小，只有5～6 m/s（图1.2）。但海区及海峡受地形等的影响，风向、风速仍有差别，尤其沿岸各站差异更明显。成山头冬季多NNW风，平均风速为7.0 m/s，比渤海海峡的风速还大。冬季是黄海平均风速最大的季节，也是成山头风速最大的季节。夏季成山头多S风，平均风速为4.7 m/s，比冬季的小得多，是风速最小的季节。春、秋季均为SSW风，平均风速约6.0～6.1 m/s，差异很小。青岛冬季多NNW风，风速为5.4 m/s；夏季多SSE风，风速为4.7 m/s；春季多SSE风，秋季以N—NNW风居多，风速约5 m/s，秋季已是冬季风开始占优势的季节（表6.1，图6.1，图6.2）。

6.1.2　8级以上大风

黄海8级（≥17.2 m/s）及其以上大风的频率为1%～2%。冬季主要是寒潮大风，夏季以台风大风为主。此外，温带气旋也会引起大风。11月、12月大风频率，是一年中最高的月份，主要是冷空气暴发引起的。大风是在一定的天气系统影响下产生的，此外还与地形、海岸线走向有关。海峡、海岛的风速通常都比较大。渤海海峡的风速比周边的大2～3 m/s。8级以上大风冬季出现较多，其中成山头的年大风日数超过100 d，主要发生在秋、冬季。青岛的8级以上大风日数为57 d，发生在冬、春季；日照的只有10 d，主要发生在春季（表6.2）。

最大风速是指时段内最大10 min平均风速值，是过程大风的标志。最大风速并不出现在隆冬季节，而是出现在春、秋或夏季，这与气旋活动及台风影响有关（表6.3）。极大风速是指时段内出现的最大瞬时风速值，极大风速的出现与最大风速出现季节比较一致，与夏季台风影响关系更为密切（表6.4）。有研究表明，黄海沿岸一带等大风日数线与海岸线基本平行，沿岸风速较大与冷空气经过海岸时，尤其在海温高于气温的季节，有可能出现锋生过程有关（辛宝恒，1991）。黄海秋、冬季NW风大于NE风，春季偏南风大于秋季的偏南风。

表6.2　黄海沿岸、岛屿代表站各季大风日数（1971—2000年）　　单位：d

站名	春季	夏季	秋季	冬季	年
大　连	24.3	7.9	14.7	19.1	66.0
成山头	26.8	8.5	28.5	41.2	105.0
青　岛	17.7	7.6	13.7	18.5	57.5
日　照	6.0	3.4	3.6	3.8	16.8
吕　四	2.8	3.1	2.3	2.1	10.3

表 6.3　黄海沿岸、岛屿代表站最大风速及出现时间（1971—2000 年）

站名	最大风速/（m/s）	风向	年	月	日
大　连	27.0	NNE	1972	3	31
成山头	30.0	NNE	1980	10	25
青　岛	32.0	N	1971	6	25
日　照	19.6	N	2000	4	9
吕　四	21.5	NNE	1977	9	11
嵊　泗	44.7	N	1986	8	27

表 6.4　黄海沿岸、岛屿代表站极大风速及出现时间（1971—2000 年）

站名	极大风速/（m/s）	风向	年	月	日
大　连	33.8	N	1994	8	16
成山头	42.6	NNE	1972	9	28
青　岛	35.6	N	1985	8	19
日　照	27.5	N	2000	4	9
嵊　泗	46.1	NNE	1986	8	28

6.2　气温

6.2.1　季节变化

黄海气温具有明显的四季差异。气温时空变化的大形势，反映了典型的季风特征。

冬季（1 月），气温在 -6 ~ 5 ℃之间，黄海北部从成山头到朝鲜半岛的群山一线以北，气温低于 0 ℃，等温线走向是西北—东南向，温度梯度很大；该线以南，气温高于 0 ℃。海上气温高于陆上气温，尤其在黄海中部更为突出，显示出海洋对气温的影响（图 6.3）。

春季（4 月），黄海气温在 8 ~ 13 ℃之间，等温线的走向呈槽形，海上气温低于陆上气温。

夏季（7 月），全区在 22 ~ 26 ℃之间，海上的低于陆上的，温度梯度夏季小于春季。

秋季（10 月），气温在 11 ~ 18 ℃之间，海上气温高于陆上的，其分布形式已与冬季的相似，显示出从秋季到冬季，海洋加热大气的效应日益显著。黄海四季气温的变化，除太阳辐射作用外，最重要的是海洋的影响。但在海陆交界的沿海一带，陆面影响是显著的（图 6.3）。

从沿岸测站的记录来看，长岛、成山头、青岛、日照的月最高平均气温都出现在 8 月，比陆地气温晚 1 个月（图 6.5），显示出海洋对沿岸站的影响。唯有吕四的出现在 7 月，受陆面影响较大；月最低平均温度出现在 1 月，显示出强劲的冬季风影响，使海洋对沿岸站气温的影响不占优势。其实在远离海岸的海上，最低气温出现在 2 月，海洋给予更大的影响。

表 6.5　黄海沿岸、岛屿代表站逐月、年平均气温（1971—2000 年）　　单位:℃

站名	1 月	2 月	3 月	4 月	5 月	6 月	7 月	8 月	9 月	10 月	11 月	12 月	年
大　连	-3.9	-2.1	3.2	10.2	16.0	20.3	23.4	24.1	20.3	13.8	6.0	-0.5	10.9
长　岛	-1.1	-0.3	4.1	10.7	16.1	20.8	24.0	24.4	21.4	15.7	8.5	2.1	12.2
成山头	-0.4	0.0	3.4	8.4	13.5	18.0	21.5	23.5	21.3	16.0	9.1	2.7	11.4
青　岛	-0.5	0.9	5.2	10.9	16.2	20.3	24.2	25.3	21.8	16.2	8.9	2.4	12.7
日　照	-0.3	1.2	5.5	11.5	16.9	21.2	25.1	25.7	21.8	16.0	8.6	2.2	13.0
吕　四	3.2	4.1	7.5	13.0	18.2	22.5	26.7	26.6	22.9	17.9	11.9	5.7	15.0

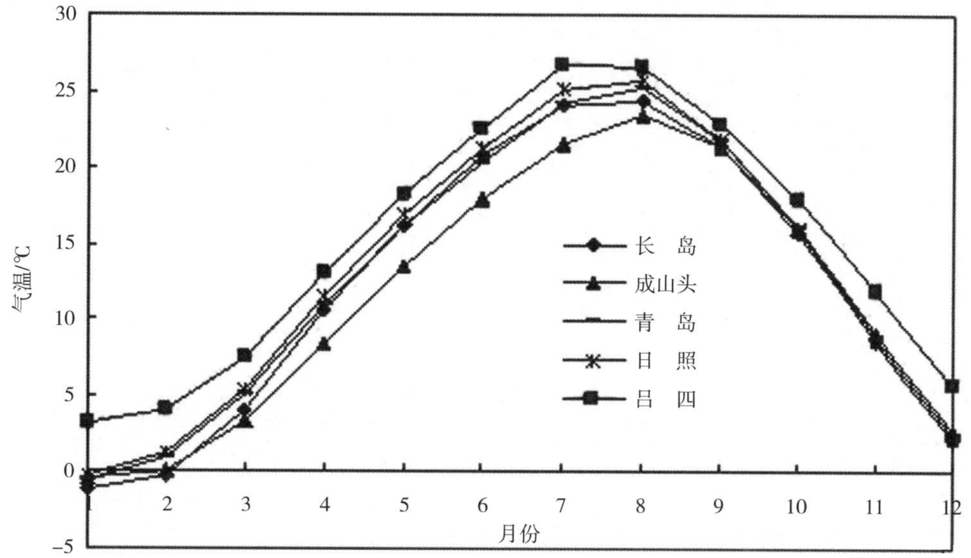

图 6.3 黄海沿岸、岛屿代表站月平均气温的年变化（1971—2000 年）

6.2.2 沿岸代表站的极端气温

极端温度是反映天气过程温度的极端情况，沿岸、岛屿代表站极端气温及出现时间如表 6.6 和表 6.7 所示。一年中极端最高温度一般出现在 7 月。成山头 2000 年 7 月 29 日出现过 32.0 ℃，青岛 1997 年 7 月 27 日出现过 37.4 ℃。极端最低温度出现在 1 月、2 月。成山头 1977 年 2 月 16 日出现 –15.7 ℃，青岛 1980 年 1 月 30 日为 –14.3 ℃。多是由强寒潮引起的。

无论平均气温还是极端温度，其空间分布都显示出随纬度的差异，即随纬度增高，气温降低，这也正说明太阳辐射对气温决定性影响。

表 6.6 黄海沿岸、岛屿代表站极端最高气温及出现时间（1971—2000 年） 单位:℃

站名		1月	2月	3月	4月	5月	6月	7月	8月	9月	10月	11月	12月
长岛	气温	11.7	20.4	19.4	29.9	33.4	34.1	36.1	35.4	31.3	28.9	24.2	15.6
	年	1983	1992	9002	1998	1982	1986	1997	1994	1999	1987	1979	1991
	日	28	27	9002	20	24	2	29	3	8	4	3	5
成山头	气温	11.8	16.2	17.9	24.3	29.5	31.4	32.0	31.7	28.6	26.1	21.3	15.2
	年	1979	1996	1989	1993	1979	1994	2000	1971	1999	1997	1979	1989
	日	8	13	31	19	28	3	12	15	11	19	4	4
青岛	气温	12.9	19.6	21.5	25.2	34.2	34.4	37.4	34.3	33.2	28.4	22.1	16.2
	年	1979	1996	1989	1971	1992	1994	1997	1981	1998	1983	1979	1987
	日	8	13	31	22	29	18	27	8	8	3	4	28
日照	气温	14.6	19.0	22.2	31.1	35.7	38.3	37.9	35.4	35.6	30.2	24.6	17.9
	年	1979	1996	1971	1997	2000	1977	1978	9002	1995	1997	1980	1989
	日	25	13	20	28	21	12	8	9002	2	19	6	3
吕四	气温	19.1	25.1	27.6	30.7	34.3	36.9	38.7	37.1	37.6	32.3	28.8	20.7
	年	1983	1992	1973	1994	1974	1997	1978	1971	1995	1984	1979	9002
	日	29	29	28	30	27	5	7	15	7	2	1	9002

注：9002 表示极端最高气温出现两次。

表 6.7 黄海沿岸、岛屿代表站极端最低气温及出现时间（1971—2000 年） 单位：℃

站名		1月	2月	3月	4月	5月	6月	7月	8月	9月	10月	11月	12月
长岛	气温	-12.2	-13.0	-8.7	-0.6	4.1	10.2	13.8	15.4	9.0	0.7	-5.0	-10.8
	年	1980	1977	1971	1972	1994	9002	1976	1972	1995	1995	1987	1976
	日	30	15	6	1	4	9002	4	29	26	31	28	26
成山头	气温	-11.4	-15.7	-9.6	-2.6	4.3	10.6	13.8	16.0	10.4	-0.5	-5.0	-10.9
	年	1987	1977	1977	1972	1971	1980	1976	1972	1995	1980	1996	1976
	日	13	16	4	1	2	1	4	29	26	25	30	26
青岛	气温	-14.3	-12.1	-6.2	-1.6	6.1	12.0	13.6	16.3	10.1	1.9	-7.2	-11.3
	年	1980	1977	1974	1972	1987	9002	1976	1972	1981	1997	1971	1985
	日	30	16	12	1	3	9002	4	29	28	31	29	9
日照	气温	-13.8	-12.6	-7.1	-2.5	5.9	11.5	14.9	16.4	9.4	0.5	-7.2	-12.2
	年	1980	1977	1988	1972	1987	1992	1976	1976	1977	1986	1979	1985
	日	30	16	7	1	3	7	4	23	20	29	23	9
吕四	气温	-8.6	-6.9	-4.2	0.0	4.0	12.3	17.4	16.5	9.3	2.1	-5.5	-8.1
	年	9002	1977	1978	1975	1972	1981	1974	1986	1972	1986	1971	1991
	日	9002	17	1	1	2	2	1	31	29	30	30	29

注：9002 表示极端最低气温出现两次。

6.3 降水

整个中国海的降水属季风雨。黄海夏季为汛期，降水量可占全年的一半，主汛期为7—8月。年降水量南部约 1 000 mm，北部约 600 mm。其中成山头为 664.7 mm，青岛为 662.1 mm，吕四为 1 056.4 mm；冬季最少，不足一成（表 6.8、图 6.4、图 6.5）。降水的年变率也很大（表 6.9、表 6.10）。7 月、8 月南部最大降水量可超过 400 mm，超过年降水量的四成；北部也可达 300 mm 以上，超过全年五成以上，多属台风雨（表 6.9）；7 月、8 月最少降水量只有十几毫米（表 6.10），可谓旱象环生。

表 6.8 黄海沿岸、岛屿代表站累年逐月、年平均降水量（1971—2000 年） 单位：mm

站名	1月	2月	3月	4月	5月	6月	7月	8月	9月	10月	11月	12月	年
大连	8.9	5.8	12.1	24.7	47.0	83.2	140.1	155.4	65.1	29.0	20.0	10.6	601.9
成山头	11.0	11.3	17.8	38.6	55.2	78.1	145.6	147.3	76.4	40.4	24.8	18.2	664.7
青岛	11.3	12.1	21.4	34.6	54.9	84.0	142.1	151.1	62.7	48.2	27.9	11.8	662.1
日照	13.5	17.8	25.2	41.4	66.4	102.1	188.8	161.7	78.0	48.4	29.9	11.3	784.5
吕四	42.3	45.9	75.1	70.2	90.1	170.4	152.4	154.6	118.8	57.4	49.7	29.5	1056.4

黄海存在冷流降雪。冬季渤海海峡及山东半岛北部沿海的降雨（雪）量、降水日数，比同期其他海域的要多。渤海海峡（长岛）冬季的降水日数为 15.6 d（表 6.11），是渤海湾的（塘沽）6.7 d 的两倍多；12 月的降水量，渤海海峡（长岛）为 13.5 mm，塘沽的只有 4.5 mm（见表 1.8），相差悬殊。山东北部沿岸，成山头 12 月降水量为 18.2 mm，比青岛多 1/2 以上（表 6.8）。11 月至翌年 1 月成山头从未出现过零降水，而山东半岛南部沿岸各站，都出现过零降水记录（表 6.10）。深秋，冬季当强冷空气进入渤海、黄海时，水温高于气温，海气相互作用使得低层大气很快变性，层结不稳定，通常存在低层逆温，层结稳定；水汽自

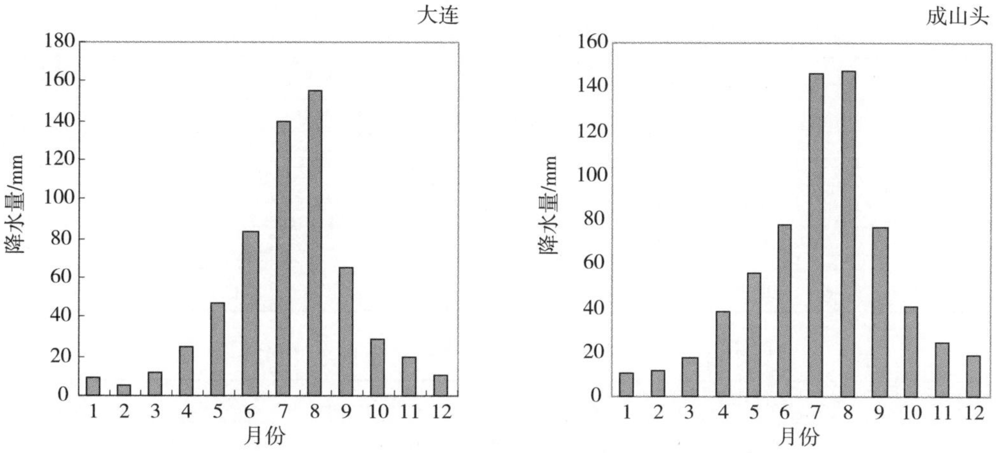

图 6.4 大连、成山头逐月降水量分布（1971—2000 年）

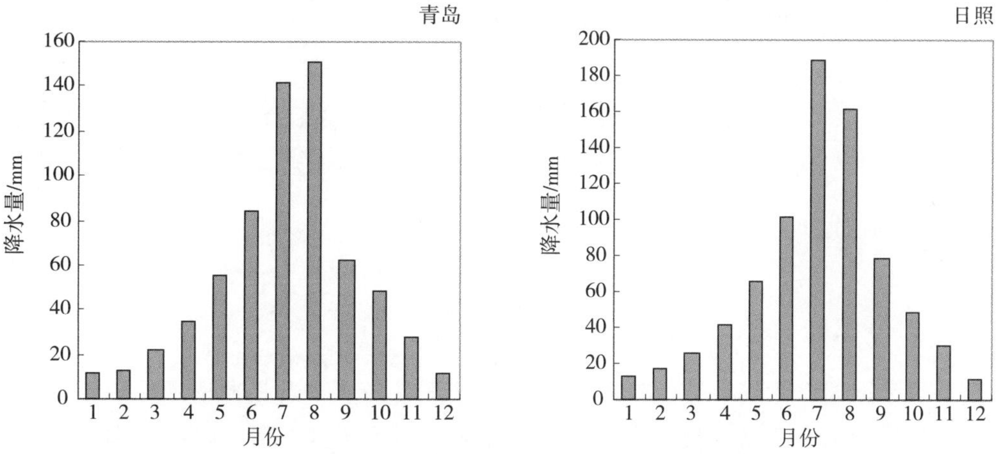

图 6.5 青岛、日照逐月降水量分布（1971—2000 年）

海面向上输送，冷空气越进入海洋纵深，大气获得水汽越多，由于近海面风切变，湍流加强，在边界层上部形成以层积云为主的冷流低云（图 1.10）。冷流低云可以出现在整个黄海、东海以至于南海。当低云随强劲的 N—NW 风进入山东半岛北部时，地形强迫使降雪加强；同时海陆之间存在很大的温度梯度，造成沿岸附近的低层大气具有很强的斜压性。垂直上升运动加强，导致在渤海中部和北黄海，特别是在山东半岛北部形成降雪，称为冷流降雪（曹钢锋等，1988）。这是在冬季风气候背景下的一种局地气候现象，是海－陆－气相互作用的结果。这一现象在山东半岛东北部沿海最为突出。冷流降雪在整个冬季都可发生，特别是 12 月，最具备冷流降雪的条件（于群等，2009）。冷流降雪在黄海海面上时有发生，甚至影响朝鲜半岛西岸。

表 6.9 黄海沿岸、岛屿代表站逐月最多降水量（1971—2000 年） 单位：mm

站 名	1月	2月	3月	4月	5月	6月	7月	8月	9月	10月	11月	12月
大 连	37.6	29.0	64.8	83.7	133.3	243.8	388.0	375.9	276.6	60.0	112.7	60.4
成山头	51.1	59.7	72.7	118.8	182.5	260.9	384.3	383.4	260.6	105.7	69.6	83.0
青 岛	40.8	49.7	93.0	105.3	158.8	224.3	373.6	386.5	139.0	151.4	167.3	36.7
日 照	44.6	67.7	69.4	131.7	177.5	248.0	332.7	460.2	194.2	206.7	224.4	57.8
吕 四	145.3	97.2	177.2	154.1	188.7	371.1	443.6	444.4	393.2	184.1	120.4	98.1

表 6.10 黄海沿岸、岛屿代表站逐月最少降水量（1971—2000 年） 单位：mm

站 名	1月	2月	3月	4月	5月	6月	7月	8月	9月	10月	11月	12月
大 连	0.0	0.0	1.1	2.9	6.6	18.9	14.0	21.4	5.2	1.5	1.8	0.0
成山头	1.5	0.0	0.0	1.6	6.5	9.9	14.7	34.4	3.1	7.3	2.3	1.0
青 岛	0.0	0.0	0.1	1.1	1.9	3.0	20.7	30.4	6.0	0.0	0.0	0.0
日 照	0.0	0.0	1.5	0.0	0.7	2.8	59.2	11.0	5.0	0.3	0.0	0.0
吕 四	3.8	11.6	28.7	22.8	35.8	28.4	22.9	6.7	10.1	0.3	0.0	0.0

表 6.11 黄海沿岸、岛屿代表站季、年平均降水日数（1971—2000 年） 单位：d

站 名	春季	夏季	秋季	冬季	年
大 连	16.1	30.3	16.5	9.6	72.5
长 岛	15.5	27.1	17.8	15.6	76.0
成山头	19.2	31.4	19.8	16.8	87.2
青 岛	18.9	32.0	17.3	10.2	78.4
日 照	20.6	33.7	18.7	10.8	83.8
吕 四	33.3	36.5	26.0	24.0	119.8

6.4 主要灾害性天气系统

6.4.1 寒潮与强冷空气

当夏季风消退后，大气环流由夏季环流向冬季环流调整。当北半球西风带环流呈三波结构，东亚大槽和西伯利亚高脊相应建立，标志着冬季环流建立。阿留申低压和西伯利亚高压成为稳定的大气活动中心，冷空气活动频繁，不断侵袭东亚地区，进入中国海。当冷空气的强度达到一定强度时，通常规定 24 h 局地降温 10 ℃，最低温度在 5 ℃以下称为寒潮。寒潮或冷空气一般都伴有冷锋。影响黄海的冷锋（冷空气）大体可分为 3 条路径：一是北路冷锋，从贝加尔湖以东南下，经蒙古、我国东北平原进入黄海；二是西北路径冷锋，经中蒙边境进入华北平原，后转向东南入海；三是西路冷锋，经新疆、河西走廊移动入海（图 1.11）。大风降温是冷锋天气的重要特征，入海后风力加大。上述第一、第二类路径在黄海多引起东北大风；第三类以西北风为主（辛宝恒，1991），风力通常可达 6 ~ 7 级，8 ~ 9 级也很常见。大风可维持十几小时到 24 h 不等，特别强的寒潮大风可持续 2 ~ 3 d。

冷高压是承载冷空气活动的系统主体，高压系统前锋就是冷锋；若冷高压前伴有气旋，温带气旋和冷高压的前沿形成很强的气压梯度。在气旋波的引导下，冷空气一旦暴发，其势力更强，风速更大，典型的西北路经冷空气（冷锋）与东北低压（气旋）结合的天气系统配置示意图（图 1.12）。类似的冷空气和温带气旋相结合，在海上可以产生 8 级甚至 9 级以上大风，尤其在渤海和北黄海。西北路径冷空气在冬半年占的比例较大，以 NE 风为主，占黄海大风的六成以上，持续时间也比较长，常超过 24 h。冷锋的不同路经是按冷高压中心从源地到达渤海、黄海的轨迹划分的，路径不同，表明冷空气的主体行程的差异。但就系统的配置而言，基本上相似，即冷高压与冷锋相辅相成，冷锋或伴有气旋，或单独存在，高压中心位置有别而已。冷高压的中心气压往往可标志冷空气的强度，强冷高压的中心气压常超过 1 050 hPa。冷高压的不同路径，引起黄海的主风向也不相同，或 NE 风，或 NW 风。秋、冬季节，当冷空气进入黄海，因海面温度高于气温，尤其强冷空气的进入使得海气温差增大，低层冷空气变性迅速，层结不稳定，甚至产生对流，在海面上风速加大，并产生低云，即所谓冷流低云，同时伴有冷流降雪，这是黄海寒潮天气的一个很重要特点，尤其是11月到翌年1月（于群等，2009）。

6.4.2 热带气旋

热带气旋指发生在热带地区急速旋转的低压涡旋。热带气旋是夏、秋季影响黄海及沿海地区的重要天气系统之一，常引起大风、暴雨、风暴潮等灾害。影响黄海的热带气旋，多数发生在西北太平洋、菲律宾以东洋面上。热带气旋生成后进一步发展，中心气压降低，风力加大，达到一定标准称为台风。台风按低压中心附近的最大风速分类，可分为6个等级（表1.15）。台风在西太平洋洋面上形成后，从低纬度向中纬度移动，北上或加强为强台风，或减弱便成热带气旋，情况多变。当其继续北上则进入东海、南黄海，然后进入北黄海，或穿越山东半岛进入渤海。当然也有并非直接进入黄海的热带气旋，但其周围仍可对黄海产生严重影响。

进入30°N以北的热带气旋，主要发生在7—9月，占全年的九成以上。其中8月最多，其次是7月、9月，平均每年约有2个。根据1884—1994百年间进入30°N以北、115°~130°E范围内的热带气旋路径统计，结果如图1.13所示。表明热带气旋在西北太平洋生成后向西北行，进入东海，或继续北行穿越黄海，经山东半岛进入渤海；或从半岛南部转向进入北黄海；或从黄海中部转向东北穿越朝鲜半岛进入日本海；或从黄海南部东北行，从对马海峡进入日本海。热带气旋的移动路径，大体可分为向西直行或转向东北呈抛物线形等，但每一个具体热带气旋的路径往往多变，甚至带有相当的随机性。1949—1994年间，进入黄海的热带气旋，包括中心离山东半岛300~400 km的，影响山东半岛的热带气旋共85个。其中8月最多，占47%。就强度而言，共有81个达到热带气旋的标准，每年平均1.4个；达到台风标准的只有6个。可见台风在北上到达黄渤海时，多数已减弱成热带气旋了。

热带气旋进入中纬度后，其移动路径受副热带、西风带和热带环流系统制约，路径多变，难以把握，这也是当前台风预报中的难点所在。热带气旋继续北上，其风场已经不再像在初期阶段那样，基本呈对称风场，而是变得不对称。在西风带系统的阻挡下，往往呈椭圆形风场，尤其进入黄海、渤海时更是这样。热带气旋进入黄海后，局地SST对其移动路径有一定的影响，其移动趋向于SST的正距平（陈艳秋等，2008）。

产生在热带西太平洋并进入中国海、登陆我国的的热带气旋，年与年之间有显著的差异。比如说20世纪50年代、60年代和80年代偏多，90年代偏少，特别90年代中后期，明显偏少（叶英，2002）。当然这也会影响进入或影响黄海、渤海的热带气旋个数，但历史上直接进入渤海的热带气旋个例不多，因而在这个海区很难印证同样的结论。

进入黄海的热带气旋，除了大风、暴雨以外，通常会引起沿岸风暴增水。图6.6是1960—2006年进入黄海并在山东半岛引起50 cm增水的热带气旋路径。这些热带气旋有的正面袭击苏北或山东半岛，有的离山东半岛300~400 km。

近百年来，青岛观象台的统计显示，进入长江口以北并正面袭击青岛最强的台风，是1939年8月30—31日的台风。8月30日晨，台风中心位于上海以东约100 km海面上，中心气压为920~930 hPa；8月31日台风在青岛以南约30 km附近登陆，青岛观象台记录到的最低气压为959.9 hPa。由此可见，台风在北上和登陆过程中，填塞十分强烈。

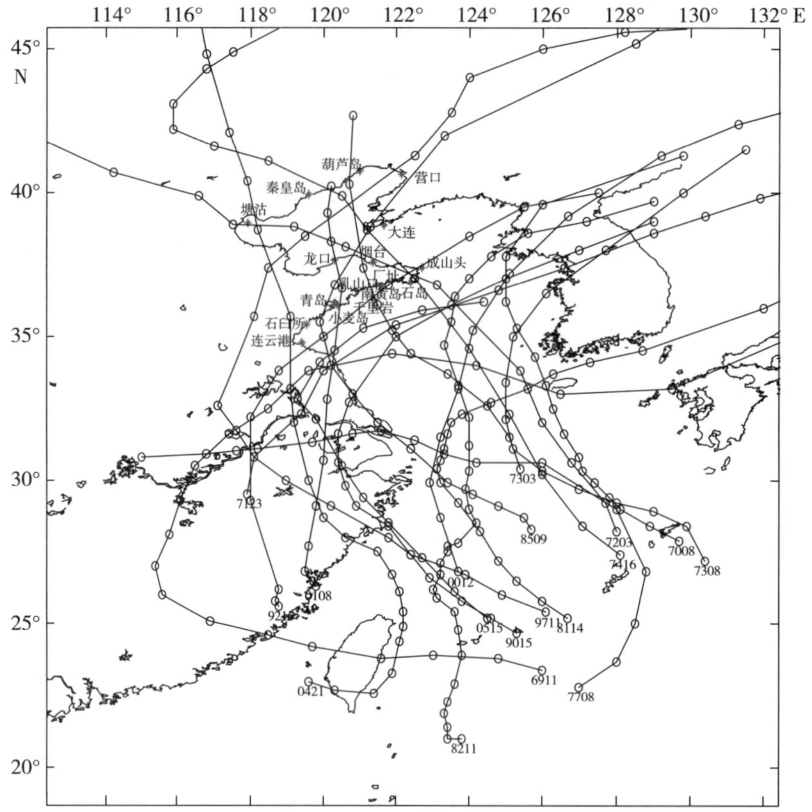

图 6.6　进入黄海并在山东半岛沿岸引起风暴增水的热带气旋路径（1960—2006 年）

6.4.3　温带气旋

我国东部及沿海地区及其相毗邻的西北太平洋，是温带气旋多发区域，一年四季都有发生，但以冬半年较多。125°E 以东的海区，温带气旋以 3—5 月和 10—12 月居多，夏季较少。在发生区域，陆上及沿海的比远海发生的机会多近 1 倍（林玉英，2000）。

温带气旋是影响黄海的重要天气系统，大风和暴雨是其主要的天气特征。影响黄海的温带气旋，主要是黄河气旋、江淮气旋；其次是蒙古气旋（低压）和渤海气旋。一般发生在黄河流域的称为黄河气旋。发生在江淮流域的称为江淮气旋，江淮气旋有时发生在东海北部。蒙古气旋因多发生在蒙古一带而得名，一年四季皆有，但以春、秋两季多见。蒙古气旋生成后向东或东北方向移动，大致分北、中、南三条路径，最终都移入阿留申低压，结束一个生命周期。东北低压绝大多数是从外地移来的，原地形成的不多，在原地形成且得到发展的更少。东北低压是我国气旋中发展最强的一种。发展成熟时，水平范围很广，直径可达 1 000 ~ 2 000 km；强度很大，中心气压一般约为 990 hPa，个别的可低至 965 hPa，其闭合环流能伸展到 500 hPa 以上。东北低压对黄海北部影响较大，蒙古气旋在向东（北）移动期间往往得以发展，尤其进入东北平原，发展较快。蒙古气旋和东北低压，其冷锋接近或进入黄海时会产生偏南大风，冷锋过后则产生偏北大风。

黄河气旋主要发生在河套以东、渤海以西，一年四季都有，但以夏季居多。黄河气旋生成后，向东北方向移动，进入渤海或北黄海后，往往得以发展。特别是它与冷空气结合，大气斜压性加强，气旋波得以迅速发展（图 6.7）。黄河气旋在海上引起大风、并伴有大雨或暴雨。强烈发展的气旋移速一般 30 ~ 50 km/h，春季移动较快，夏季的较慢。黄河气旋进入渤海、黄海后，秋季有四成得到发展，其他季节两三成不等（表6.12）。这与秋季海气间的热力对比有关，尤其取决于海面的热力条件。秋季海温高于气温，有利于海洋向大气输送大量感热和潜热，为气旋发展提供较其他季节更为充分的热力条件和水汽条件。

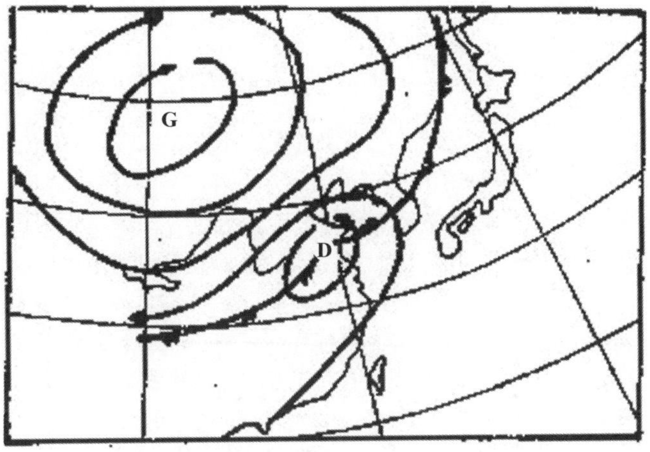

图6.7　黄河气旋与冷高压结合的模式（辛宝恒，1991）

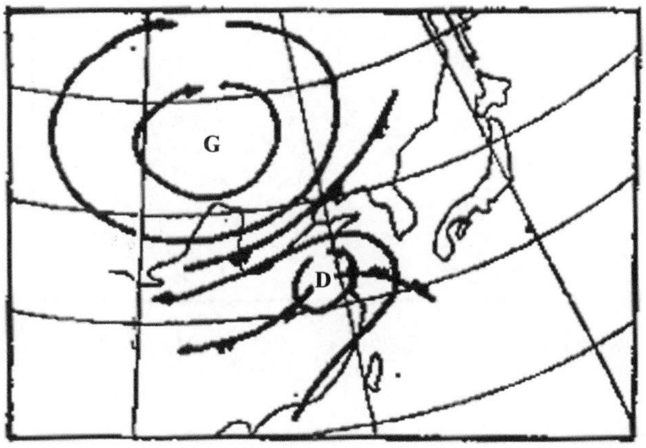

图6.8　江淮气旋与冷高压结合的模式（辛宝恒，1991）

表6.12　黄河气旋、江淮气旋发生、发展频数统计（1949—1978）（辛宝恒，1991）

类别 \ 年月		春季			夏季			秋季			冬季		
		8	4	5	6	7	8	9	10	11	12	1	2
黄河气旋	气旋频数/个	26	25	30	40	64	48	27	17	22	23	32	29
	发展次数/个	6	9	5	14	13	18	13	7	7	5	6	8
	发展几率/%	24.7			29.6			40.9			22.6		
	强气旋数/个	1	2	—	3	—	2	5	2	3	1	3	5
江淮气旋	气旋频数/个	107	124	144	134	93	42	67	52	69	71	55	71
	发展次数/个	37	46	42	49	37	11	15	10	11	11	17	22
	发展几率/%	35.3			36.1			20.3			35.4		
	强气旋数/个	19	19	6	7	5	1	7	2	4	8	9	9

江淮气旋多发生在长江中、下游及淮河流域。一年四季都有出现，但以春、夏季较多，

尤其在6—7月，江淮流域梅雨期更甚。梅雨锋系上产生扰动，气旋波生成后发展迅速，移动也快。江淮气旋如与冷空气结合，将得以迅速地发展（图6.9）。当江淮气旋向东或东北方向移动时会影响黄海。江淮气旋生成后东移入海，其中春、夏季有36%左右的机会得以发展，秋、冬季只有两成得以发展（表1.15）。这与各季海洋－大气间的相互作用的过程有关。

黄河气旋和江淮气旋在陆上生成后移入海上，通常因海洋提供良好的热力条件和水汽条件得以发展。海上最易发展的区域，是北黄海的高温区和南黄海济州岛以西海域（图1.14），这里受对马暖流影响，热力条件是最佳的。

温带气旋是黄海周边地区产生风暴潮的重要天气系统，其大风和中心低压将造成增水现象；同时也使海面流场、温度场发生改变，直接影响海洋的热力和动力状态。

图6.9　黄河气旋和江淮发生发展频数（%）分布（1949—1987年）（辛宝恒，1991）

6.4.4　海雾

凡在海洋上观测到的雾一般均可称为海雾。海雾有在海上发生的，也有从陆上移到海上或伴随天气系统进入海上的。在海面产生的雾以平流雾居多。此外，还有在岛屿周围产生的岛屿雾等。随天气系统进入海上、最典型的属锋面雾。沿海附近形成的雾，在适当的条件下，会进入海上，这种雾只出现在沿海一带。有时沿海一带还可以产生混合雾。

6.4.4.1　海雾的季节变化

黄海是中国近海多雾的海域。一年四季皆可出现，尤其沿海一带更是如此；但持续稳定的雾季为4—7月。该雾季的划分标准是：沿海主要测站月平均雾日数在5 d以上，年变率小于50%（周发琇等，1986）。按照这个标准确定的雾季，基本上反映了海雾自南而北的季节变化特征。成山头年均雾日为83.0 d，最长连续雾日长达27 d，因而有“雾窟”之称。成山头4—7月雾日为60.5 d，占全年的72.9%。大连年雾日为39.1 d，4—7月的雾日为26.7 d，占全年的68.3%。青岛年雾日数为51.5 d，4—7月的为34.6 d，占全年的67.2%。日照雾日较少，但也主要发生在4—7月（表6.13）。显然，黄海海雾主要发生在春末、夏初，盛夏8月已很少，即使有雾，也是零星而不连续，持续时间短暂。整个夏季（6—8月），大连、成山头和青岛的雾日数占全年的比例在四成至六成之间（表6.14），青岛只有四成，成山头的为六成。8月成山头雾日为11.4 d，在全海区显著偏多，但范围不大；具有显著的地方特征，这与成山头海域的冷水有关。

海上的平流雾在一天中任何时候都可以发生或消散，几乎没有明显的日变化。不仅沿岸，即使在岛屿站，如青岛外海的朝连岛，长江口外的佘山，也是如此（周发琇等，1986）。黄海的雾在夏季风建立前，海雾产生的系统性较强，持续时间也长，夏季风建立后，雾出现频率虽然比较大，但其系统性、持续时间反而较差。

表6.13 黄海沿岸、岛屿代表站累年逐月雾日数（1971—2000年） 单位：d

站名	1月	2月	3月	4月	5月	6月	7月	8月	9月	10月	11月	12月
大连	1.1	2.0	2.6	4.3	5.7	7.2	9.5	2.8	0.5	0.7	1.4	1.3
长岛	0.6	1.3	1.5	2.3	3.0	3.6	4.3	1.6	0.1	0.1	0.2	0.6
成山头	0.7	2.3	5.6	8.6	12.4	16.5	23.0	11.4	1.0	0.3	0.3	0.9
青岛	2.7	2.7	3.7	6.0	8.1	10.0	10.5	2.0	0.5	0.7	1.9	2.7
日照	0.8	1.2	2.4	3.8	5.5	5.3	3.8	0.5	0.3	0.4	1.1	1.4
吕四	3.2	2.2	3.6	5.0	4.8	3.9	2.4	1.9	1.4	3.3	3.0	4.4

表6.14 黄海沿岸、岛屿代表站累年各季、年平均雾日数（1971—2000年） 单位：d

站名	春季	夏季	秋季	冬季	年
大连	12.6	19.5	2.6	4.4	39.1
长岛	6.8	9.5	0.4	2.5	19.2
成山头	26.6	50.9	1.6	3.9	83.0
青岛	17.8	22.5	3.1	8.1	51.5
日照	11.7	9.6	1.8	3.4	26.5
吕四	13.4	8.2	7.7	9.8	39.1

6.4.4.2 海雾的分布与年际变化

就沿岸而言，黄海西岸从青岛至成山头，北岸从大鹿岛到大连，东岸从鸭绿江口、江华湾到济州岛附近沿岸一带为多雾区。

海上雾的生成、维持及消散，是边界层内很复杂的一种天气现象，既受天气系统的影响，也有局地影响。系统性的雾，在空间的分布往往成片，范围也比较大，其维持与消散和天气系统的演变有着密切关系。而局地的雾，往往是零散的，范围较小，维持时间也短。图6.10是根据船舶观测报告（ICOAD，1960—2002年）统计得到的4—7月渤海、黄海海雾的相对分布频率，较好地反映出海雾在整个海区分布及其季节变化。黄海雾季，从4—7月，雾的出现率自南向北逐渐增加。最频繁出现海雾的海域是：长江口以北到山东半岛以南海域、成山头及北黄海、江华湾、长江口至济州岛一线。总体而言，黄海中、北部海雾的出现率较高。6月、7月是雾季的盛期，各多雾海域海雾出现频率较高。

黄海海雾存在着显著的年际变化，年际间雾日数差异很大。比如大连，年最多雾日高达65 d，最少只有18 d；成山头的分别为119 d、62 d；青岛的分别为79 d、33 d；长岛的分别为35 d、9 d（表6.15，表6.16）。显然，海雾的年际变化是十分明显的，这种显著的年际变

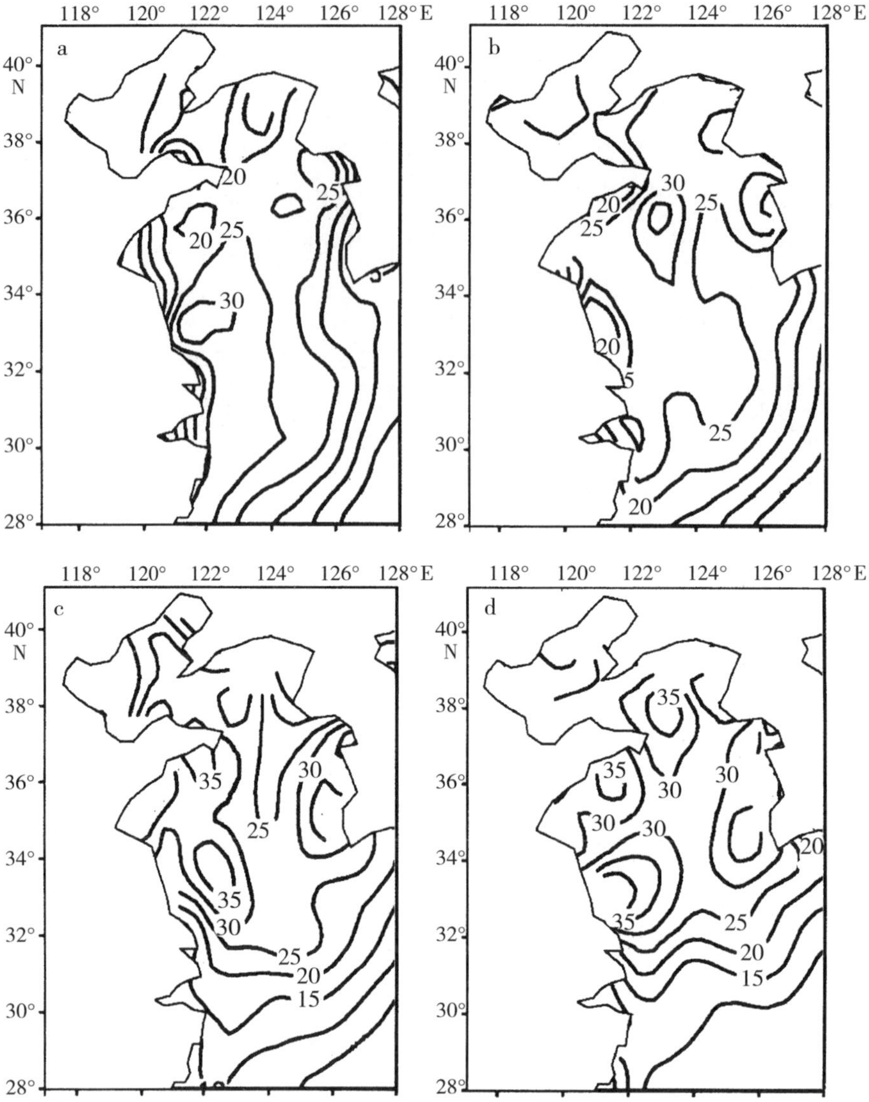

图 6.10　4—7 月黄海海雾出现率（°）分布图

a. 4 月；b. 5 月；c. 6 月；d. 7 月

化，主要是大气环流的变化引起来的。大气环流在很大程度上决定了天气系统，而天气系统是产生海雾的基本条件。海雾的年际变化具有明显的季风性质：在多雾年份，热带季风活跃，充沛的水汽从低纬地区输运到黄海，在黄海特有的海洋条件下产生雾，即多雾年份的水汽并非黄海当地提供的。少雾年份则相反，季风较弱，来自低纬的水汽供应不足。这表明海雾的年际变化与季风的年际变化有关（周发琇等，2004；王鑫等，2006）。研究海雾生成的轨迹表明，在黄海，除来自东南和西南两个象限的气流之外，来自东北和西北象限的气流也可成雾，尤其在 4 月、5 月。任何成雾的天气过程，在黄海的低层都存在辐散结构，这是海雾生成和维持的重要的天气学依据①。当然，海雾是大气边界层的一种多相态的凝结现象，具有海气相互作用的典型特征。海洋的影响是不可忽视的，但是在这个过程中，大气条件是主要的，是决定性的。

① 黄健。海雾的天气气候学与边界层观测研究。博士论文，中国海洋大学，2008。

表6.15 黄海沿岸、岛屿代表站累年逐月、年雾最多日数（1971—2000年）

单位：d

站名	1月	2月	3月	4月	5月	6月	7月	8月	9月	10月	11月	12月	年
大连	5	10	6	13	14	15	16	8	4	5	5	4	65
长岛	2	7	5	8	7	8	12	6	1	3	2	3	35
成山头	3	6	12	23	20	24	29	24	7	3	2	3	119
青岛	10	6	9	17	16	16	19	8	2	4	7	9	79
日照	3	4	7	13	11	13	9	3	2	2	5	4	53
吕四	9	9	9	10	12	10	6	5	4	11	11	10	64

表6.16 黄海沿岸、岛屿代表站累年逐月、年雾最少日数（1971—2000年）

单位：d

站名	1月	2月	3月	4月	5月	6月	7月	8月	9月	10月	11月	12月	年
大连	0	0	0	0	0	1	2	0	0	0	0	0	18
长岛	0	0	0	0	0	0	0	0	0	0	0	0	9
成山头	0	0	0	5	1	8	14	4	0	0	0	0	62
青岛	0	0	0	1	1	3	3	0	0	0	0	0	33
日照	0	0	0	0	2	2	0	0	0	0	0	0	12
吕四	0	0	0	0	0	0	0	0	0	1	0	0	18

第 7 章　黄海海区的环流*

黄海地处温带，又在东亚季风气候区域内，它是一个半封闭陆架浅海。黄海地形的特点是，中央偏东有一水深为 70 ~ 100 m 的狭长深槽——“黄海海槽”。该海槽大致沿 124°30′E 经线向北伸展。这样独特的地理环境，使该海域的环流复杂多变，且有明显的季节特征。

1934 年，宇田道隆（1934）基于水文观测和漂流瓶运移轨迹，首次给出黄海的环流模式图。认为，黄海环流基本上是由向北输运高温高盐水的黄海暖流及沿其两侧向南运移的东、西两支沿岸流组成（图 7.1）。

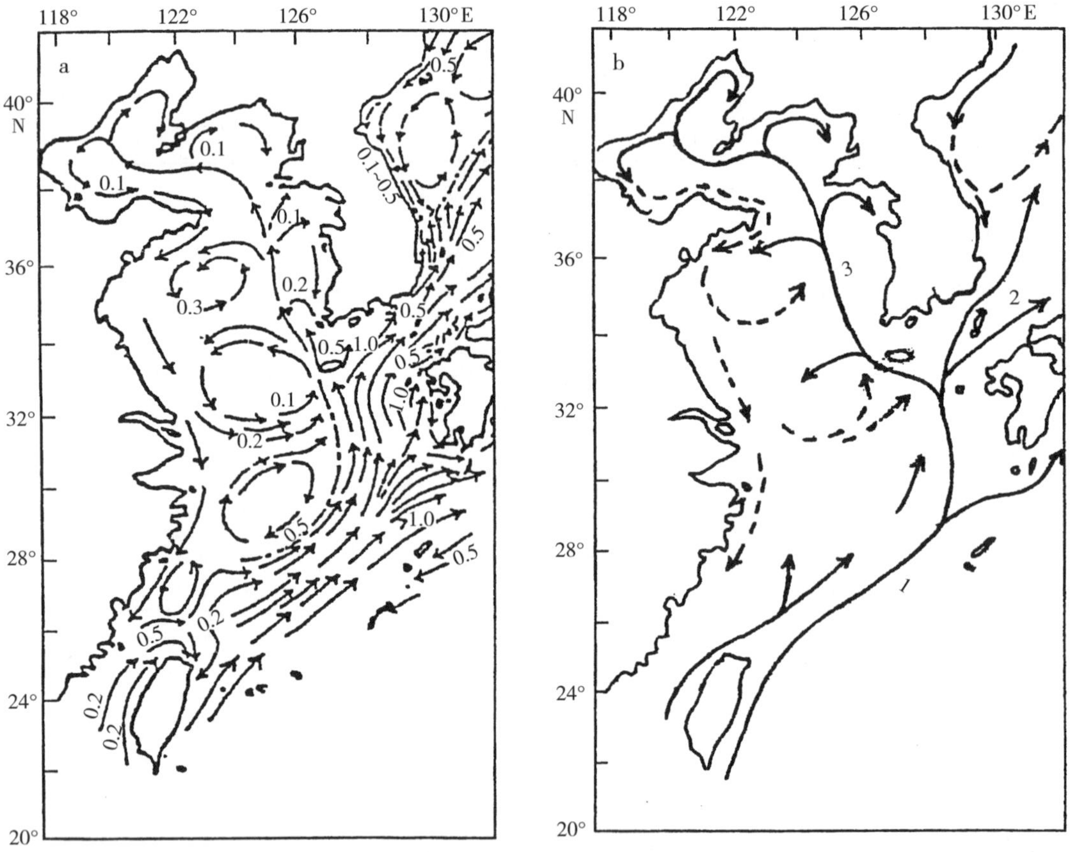

图 7.1　渤海、黄海、东海的海流与环流示意图（宇田道隆，1934）

20 世纪 60 年代初，管秉贤等①根据“全国海洋综合调查”资料，对黄海环流结构，黄海暖流及其西侧的沿岸流作了细致的分析。随后，管秉贤（Guan，1994）又提出了中国近海环流模式图（图 7.2）。由图 7.2 可以看出，冬、夏两季黄海环流的结构存在明显的差异。至

* 本章编写人：汤毓祥。

① 管秉贤，陈上及。中国近海海流系统，全国海洋综合调查报告，第五册，第六章。国家科委海洋组办公室出版。1964。

今，人们对黄海环流基本结构的认识比较一致：在冬半年（12月至翌年4月），黄海环流主要是由来自外海的黄海暖流及其余脉与东、西两侧的沿岸流组成；而夏半年（5—11月），主要存在着因黄海冷水团密度环流出现而形成近乎封闭的循环（图7.2）。

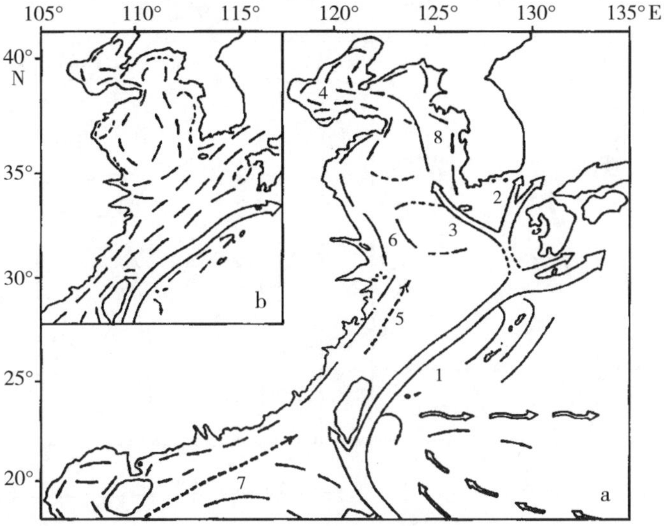

1. 黑潮；2. 对马暖流；3. 黄海暖流；4. 渤海环流；5. 台湾暖流；
6. 中国沿岸流；7. 南海暖流；8. 西朝鲜半岛沿岸流

图7.2 中国近海冬季（a）、夏季（b）海流流系分布模式（Guan，1994）

7.1 沿岸流系

作为黄海环流主要组成部分的沿岸流，有西黄海沿岸流、东黄海沿岸流和辽南沿岸流。所有这些沿岸流都具有低盐（冷半年为低温）的特点。

7.1.1 辽南沿岸流

辽南沿岸流指北黄海辽东半岛南岸自鸭绿江口向西南流动的海流，其流速和流幅均有明显的季节变化。夏季，流速大，流幅窄；冬季，流速小，流幅宽；春、秋季自东北向西南的流动不甚明显。这种变化与鸭绿江的径流量和黄海北岸风的季节变化相一致。鸭绿江径流量是夏大、冬小，冬季的流量尚不足夏季的一半，且径流量主集中在7—9月。因此，夏季鸭绿江的径流量对辽南沿岸流的影响非常明显。当辽南沿岸流强盛时，它可以经渤海海峡流入渤海。此外，辽南沿岸流在流动途中，由于地形的影响，流速逐渐增大，致使里长山列岛东、西两侧流速出现明显的差异，东侧流速小于西侧的流速。在长山列岛东侧，不论是偏北风较强的冬季（12月），还是鸭绿江径流量较大的夏季（7月），表层至10 m层的流速一般小于15 cm/s；而在长山列岛西侧，流速增大，如旅大沿岸，7月的余流流速可达40 cm/s以上。

7.1.2 西黄海沿岸流

西黄海沿岸流（过去称黄海沿岸流），上接渤海沿岸流，沿山东半岛北岸东流，在成山头附近转向南或西南流动；绕过成山角后，大致沿海州湾外40～50 m等深线南下，在33°～32°N之间流向东南，前锋可达30°N附近。这一途径，根据现有资料来看，是终年不变的。东、南海沿岸流的流向，随季风变换方向。这是黄海沿岸流不同于东、南海沿岸流的一个特点。1975—1980年间，中国科学院海洋研究所投放的漂流瓶和漂流卡资料，较清晰地展示了黄海西侧沿岸流的这一流径（Zhang，et al，1987）。同时，漂移物的运移路径图还显示出，在青岛以东近海，春、夏季皆存在一个反气旋的海水运动（图 7.3）。

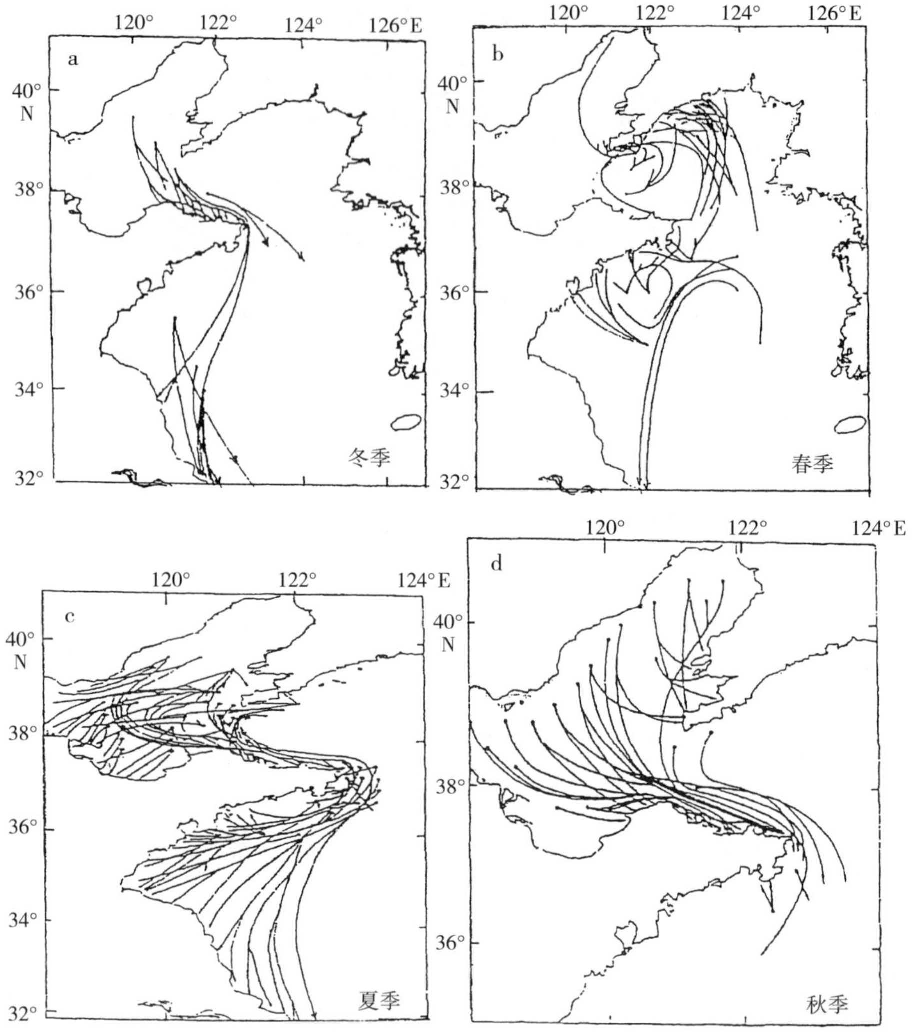

图 7.3　渤海、黄海西侧四季漂移物的运移路径图（Zhang，et al，1987）

西黄海沿岸流不同于东海、南海沿岸流的另一重要特征是，它的形成机理有着明显的季节差异。冬季，西黄海沿岸流主要是由风驱动和盐差产生的，而夏季，该沿岸流主要是作为黄海冷水团密度环流的一个组成部分而出现的。显然，温差在夏季西黄海沿岸流的形成中起了决定性作用。

尽管西黄海沿岸流的路径基本上保持终年不变，但其流幅和流速有着较明显的地区差异。观测表明，在渤海海峡南部、成山头附近和大沙渔场，沿岸流流幅较窄，流速较大，最大流速可达到 30 ~ 40 cm/s；而在山东半岛北岸和成山头以南，流幅较宽，流速较小，最大流速不超过 20 cm/s。

此外，西黄海沿岸流在成山头附近海域，流速较强且多变。冬季，成山头附近耳状区域的底部，有时会出现逆风流。在成山头以北，沿山东半岛北岸，冬季有时还会出现一个与东向沿岸流相反的从表至底的西向流。上述冬季特有的现象，与偏北风影响密切相关：偏北风迫使西黄海沿岸流贴近海岸运行，从而加强了沿岸流和海岸间侧向摩擦，结果形成一种小的反气旋型涡旋，导致沿岸出现西向流。

特别需要指出的是，我们通常所讲的西黄海沿岸流是指中下层流动，而表层通常受季风控制，即冬季南下，夏季北上，春秋为过渡季节。精细的浪潮流耦合数值模式结果显示，黄海夏季流场在垂向呈三层结构：0～4 m受风场和海岸调制，流向主体向东北；5～40 m是一个海盆尺度的逆时针环流，即黄海冷水团环流；黄海北部底层（40 m以深）近中国侧有一支南下的弱流，而温度锋面之下流动呈向外的放射状分布（Xia，et al，2006），表层漂流浮标的观测结果证实了西黄海沿岸夏季表层向北（李尧，2010），此海域表层流的年际变异是黄海浒苔是否在青岛聚集的控制性因素（乔方利等，2011）。

7.1.3 东黄海沿岸流

宇田道隆的黄海环流模式图上，清晰地标明了东黄海沿岸流（有人称西朝鲜沿岸流）的存在。嗣后，一些调查和数值研究都重现了这支沿岸流。但是，长期以来我国的海洋调查工作，多偏重于124°E以西海域，对东黄海沿岸流的实况了解甚少。20世纪80年代以后，通过大型的国际合作项目，在实施温度、盐度观测的同时，注意加强了黄海全域的海流观测，从而对西朝鲜沿岸流有了进一步的认识。图7.4的上半部分，展示1980年冷半年在朝鲜半岛西侧海域实施的部分浮标测流结果（Lie，1999），有关测流浮标位置和观测时间等信息，列于表7.1中。这些浮标连续测流时间皆在1个月以上。其中，测站E_2的余流，不论是在20 m或45 m层，其流向多指向南，但流速很弱，大多小于3 cm/s。H_3站与E_2站相距约85 n mile，其20 m层和45 m层的余流在长达40 d的时间内，流向明显指向南，流速多在5 cm/s左右，比E_2站的有所增强。测站MJ处在济州岛北侧东西向强锋区的边缘，在长达2个多月的时间里，流向或是东北偏东，或是东南偏东，显示出一种东向的运动。该站的余流流速比北面测站的明显增大，一般在10 cm/s左右。上述测流结果表明，冬季至初春期间，黄海东侧朝鲜半岛沿岸，确实存在一支向南的沿岸流。它大致沿朝鲜半岛西侧40～50 m等深线附近南下，运移至34°N附近海域后，通常沿海洋锋的北缘向东或东南进入济州海峡，其流速从北向南递增。夏季，在朝鲜半岛西南侧近海的H_4站，在长达50余天的连续观测期间，其流向几乎全都指向北（图7.4最下方），平均流速达22 cm/s，明显大于冬季至初春期间各测站的流速。显示出夏季西朝鲜沿岸流是指向北。这与终年皆向南运移的黄海西侧沿岸流明显的不同。

表7.1 有关朝鲜半岛西侧海域测流浮标的信息（Lie，1999）

站 名	所在海域	站位	观测时间
H_3站	朝鲜半岛西南侧近海	34°35′N，125°30′E	3月5日至4月11日
E_2站	朝鲜半岛西侧近岸区	36°00′N，125°30′E	3月3日至4月4日
MJ	济州岛北侧	34°09′N，125°30′E	2月24日至4月23日
H_4站	朝鲜半岛西南侧近海	34°35′N，125°15′E	6月22日至8月7日

7.2 “外海”流系

冬半年的黄海，从表层至底层，总存在着一支温、盐度相对较高的海水，从济州岛西南海域呈舌状伸入黄海。这支由南向北输运高盐暖水的流动，即为传统所称的黄海暖流。也是黄海唯一的一支输运外海高盐暖水的流动。因此，它对黄海的环流体系、水团分布、水交换以及整个黄海海洋环境皆起着至关重要的作用。

尽管对黄海暖流的调查研究已有近80年的历史，但对它的认识在较长一段时间内，进展

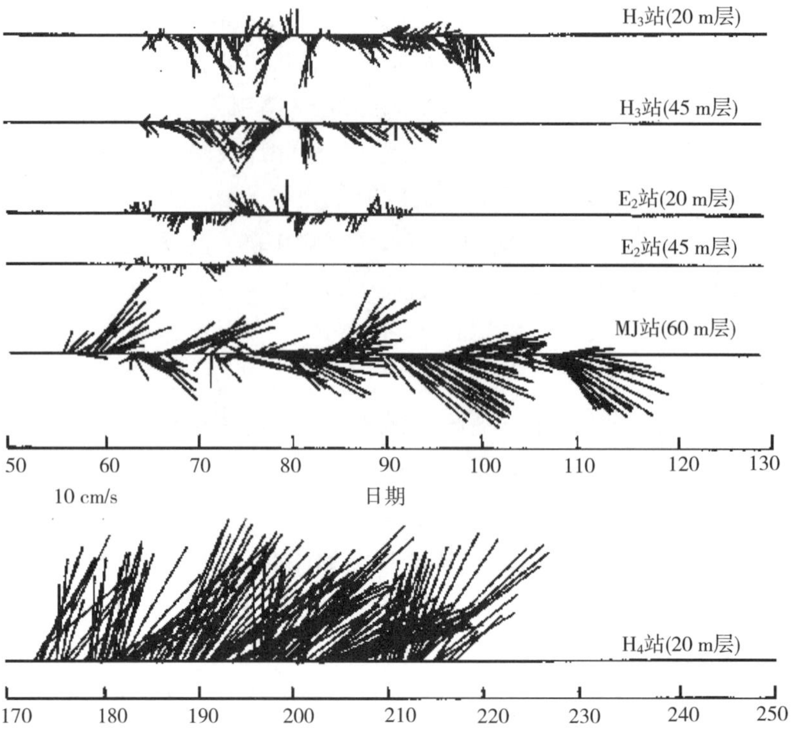

如1月1日为1，50为2月19日，60为2月29日，170为6月18日，180为6月28日，以此类推

图7.4　韩国西海岸浮标站的余流矢量（Lie，1999）

不甚明显。近20多年来，随着调查资料的不断积累，特别是直接测流数据的增加，以及具有高分辨率的数值模拟方法的广泛应用，对黄海暖流的一些传统认识不断受到置疑，对黄海环流的一些传统认识也发生了明显变化。

7.2.1　黄海暖流的起源

至今，关于黄海暖流的起源已提出了几种不同的看法。

早期，宇田道隆（1934）的黄海环流模式图中指出：黄海暖流是从对马暖流中分离出来的（图7.1）。管秉贤等根据“全国海洋综合调查”所获观测数据，结合有关历史资料分析指出：黄海暖流是在济州岛西南从对马暖流中分离出来的。尔后，一些学者依据一些温、盐度和流的观测，亦认同这一观点（乐肯堂等，1990；苏纪兰等，1995）。还有些学者是基于数值模拟的结果，支持这种看法（Choi，1982；Kondo，1985）。直至近期，仍有不少学者持此观点。该观点仍是一种主流认识。

第二种观点认为，黄海暖流水主要来源于台湾暖流。Beardsley 等给出的环流图示中表明（Beardsley，1992），黄海暖流来源于台湾暖流。随后，方越（1997）的数值模拟结果支持了这一观点，并指出：黄海暖流是台湾－对马暖流的分支，它最初起源于台湾暖流的内侧分支。

第三种观点是，采用T－S图解和等密度分析相结合的方法，分析冬季黄海暖流水的来源。认为冬季黄海暖流水，主要是对马暖流水和东海混合水通过侧向混合而形成的，但黄海混合水和朝鲜西岸沿岸水，也不同程度地参与了混合（乐肯堂等，1990；乐肯堂，1992）。近期，根据中韩黄海水循环动力学合作调查所获温盐数据和测流资料，特别是卫星跟踪测流试验结果（汤毓祥等，1999，2000，2001）表明：黄海暖流并不是从对马暖流中直接分离出来的。冬至初春，在济州岛及其临近海域主要存在两种水团：一种是高温、高盐的对马暖流水，其盐度一般大于34.5；另一种是具有较低温、盐度的陆架水，其盐度一般小于33.0。这两种不同性质的海水在济州岛南侧及其邻近水域交汇，形成一种较强的南北向温、盐锋区。黄海暖流水主要是从该锋区中衍生出来的，不是从对马暖流中直接分离出来的。1991—1996年，为配合全球海洋环流试验（即WOCE），韩国海洋研究所在东海东北部投放了58个卫星跟踪表层测流浮标。如此多的漂流浮标，竟无一个从济州岛南侧海域分离进入济州岛西部海区，更不用说进入黄海了（图7.5a、b）。测流结果说明，对马暖流并未在济州岛西南海域派生出一个分支进入黄海。

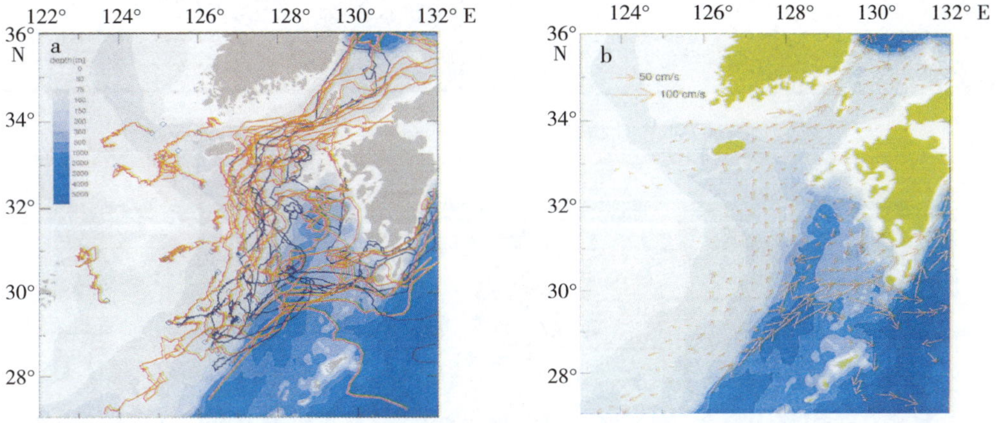

图7.5 1991—1996年卫星跟踪漂流浮标漂移轨迹（a）和由此导出的表层流场矢量图（b）

7.2.2 黄海暖流的性质和路径

20世纪60年代初，管秉贤等基于全国海洋普查资料的分析指出：黄海暖流及其余脉自对马暖流分出后，在黄海大体沿着高盐水舌轴线方向流动，而不是沿着高盐水舌边缘流动。据此判断，把南黄海中部盐度大于32.0这一水舌等盐线定为“黄海暖流”，并把黄海暖流向北延伸到北黄海和伸入渤海海峡的叫“黄海暖流余脉”。因此，他们认为黄海暖流具有射性海流性质。据此观点和温盐的舌形分布，黄海暖流的路径应该是：在济州岛东南沿西北方向进入南黄海，然后逐渐转向北，沿黄海槽流动（图7.2）。

20世纪80年代，冬季锚系测流结果的分析表明：在强劲北风作用下，黄海东部的沿岸流大多顺风向南，而在黄海槽中紧跟北风风暴后则是很强的逆风流动（Hsueh，1988）。一些数模结果亦显示：冬季的北风能驱动出北向逆风流穿越黄海、渤海海峡，而在黄海两侧沿岸区产生向南的顺风流（Le，1993；Ma，et al，2006；Yuan，et al，1983）。显然，这些研究结果揭示了黄海暖流具有“补偿流”性质。对于黄海暖流性质的这一认识，已得到越来越多学者的认可。

尽管人们对黄海暖流性质的认识越来越趋向一致，但由于广阔海域、尤其是浅海陆架区，缺乏有效的大范围的测流资料，使目前对黄海暖流真实路径的认识仍不十分清晰。以往，相当数量的研究仍主要依据伸入南黄海的高温、高盐水舌之走向，判断黄海暖流运行的方向。据此示性指标，大量现场水文观测和卫星红外遥感影像图所显示的温、盐分布皆表明：黄海暖流路径并非沿黄海槽北上，而是明显偏西到沿50～60 m等深线附近、地形较陡的海域北上；然后在山东半岛西南侧转向北，并进入北黄海（汤毓祥等，1999，2000）（图7.6和图7.7）。

国家海洋局第一海洋研究所在实施中韩黄海水循环动力学合作调查期间，曾在高盐、暖舌的中部（34°N，123°30′E）做了3天的定点测流，并在该测流点附近投放了一卫星跟踪测

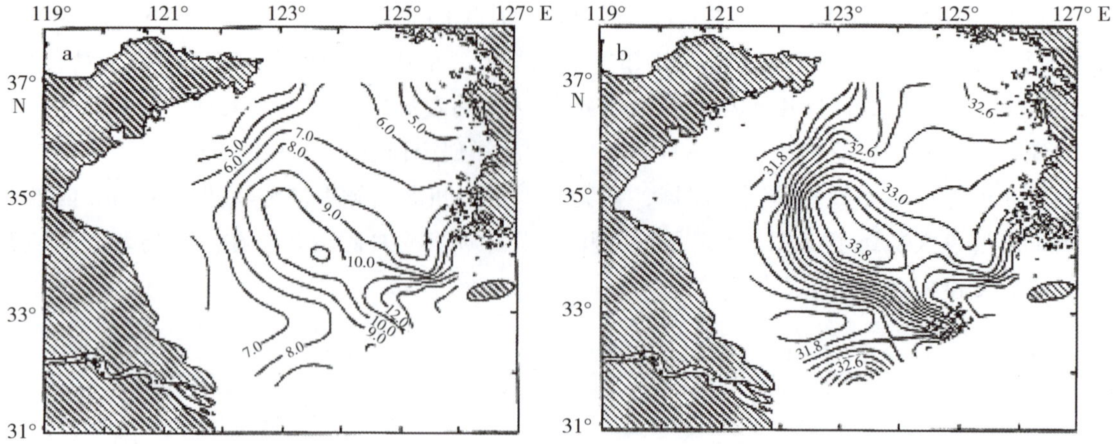

图 7.6　1997 年 2 月南黄海温度（a）和盐度（b）水平分布

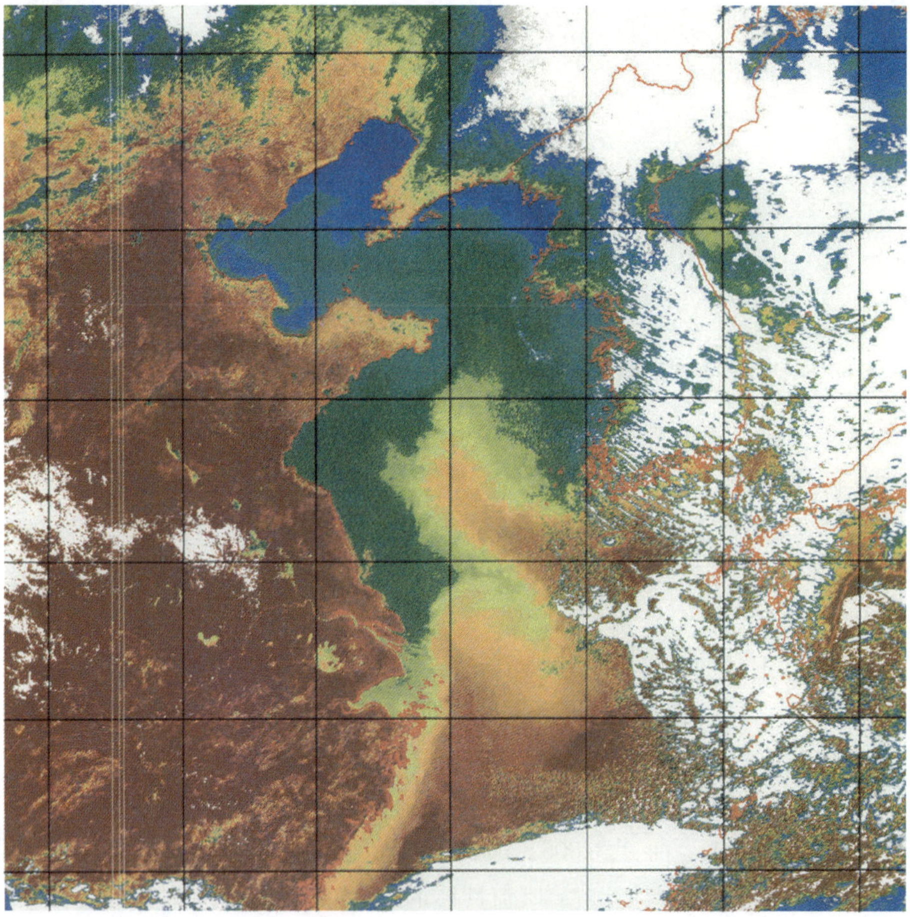

图 7.7　1997 年 2 月 18 日卫星红外照片所显示的温度分布

流浮标。其结果显示出黄海暖流沿黄海槽西侧北上的景象（汤毓祥等，1999）。在“中国近海水体环境调查与研究”项目实施过程中，注意加强流的观测，每航次都投放了多个测流浮标，观测时间皆在 1 个月以上。其中，2006 年 12 月至 2007 年 1 月投放的几个浮标，正好位于高盐暖舌的前端，也正是在黄海暖流主流路径上（图 7.8）。图 7.8 表明：浮标测流不仅捕捉到黄海暖流，而且较好地揭示黄海暖流与高温、高盐水舌的关系。即黄海暖流主流路径与伸入黄海的高盐暖舌舌轴具有较好的一致性，这为利用高温高盐水舌之走向作为黄海暖流运

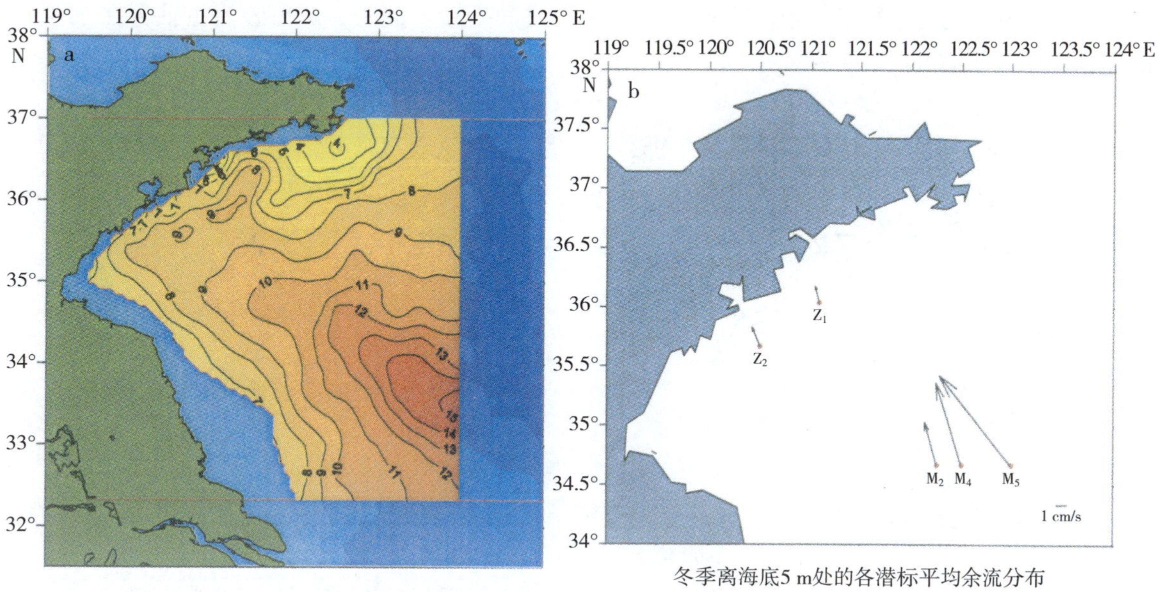

冬季离海底5 m处的各潜标平均余流分布

图 7.8　2006 年冬季南黄海温度（a）及平均余流（b）分布

行方向的一个示性指标，提供了有利的证据。浪潮流耦合数值模拟结果和卫星资料结果显示（Ma, et al, 2006），1—3 月黄海暖流温度和流场结构从双舌向单舌演变，温度的暖舌结构是表面冷却和水平暖流平衡的结果。

在用伸入南黄海高温、高盐水舌之走向，判断黄海暖流运行的方向，有两点值得注意：①多数年份，冬、春季南黄海存在单一的高盐暖舌，可是有的年份亦出现两个舌峰的现象，如 1986 年南黄海出现了两个舌峰（乐肯堂等，1990）：东侧舌峰的轴线大致与 125°E 经线一致；而西侧舌峰的轴线先呈现 SE—NW 走向，至 35°N 以北转为 N—S 走向，且大致与 123°E 经线一致。近期，马健等依据多年的卫星红外遥感影像资料所作统计结果亦表明（Ma, et al, 2006）：1 月在南黄海存在双舌，其中一个位于黄海槽右侧；另一个大致沿 60 m 等深线。至 2 月，双分支流互相联系，并通过黄海槽西侧进入黄海。从图 7.8 亦可看到，在 34°～36°N 海区分成两支暖水舌，一支向西北方向扩展，其 8 ℃等温线可达青岛近海；另一支转向东北，进入北黄海。盐度分布亦显示出类似的趋势。似乎表明，黄海暖流存在指向青岛近海的分支①。黄海这种双舌峰的出现，是否意味着黄海暖流存在着分支，目前还存在不同的看法。②已有的调查研究表明：暖舌位置还存在明显的季节摆动和年际变化（汤毓祥等，1999；2000）：春季舌轴比冬季明显东移，并从冬季的西北向至春季几乎变为南北向（图 7.9）。该图还显示：同是冬季，1999 年 1 月暖舌舌轴比 1997 年 2 月似乎更加偏西，而 1986 年暖舌舌轴则是沿槽指向北。表明黄海暖流的路径可能存在季节摆动和年际变化。最近，宋德海等②根据 1985—2006 年卫星遥感资料，将冬季（2 月）黄海暖流最强盛时伸入黄海的暖舌走向，作为黄海暖流运行路径的定性指标，探讨黄海暖流路径可能存在的年际变异。认为黄海暖流在黄海槽西侧沿 50～60 m 等深线北上，其主轴大致位于 123°E 附近。在南黄海（34°～

---

① 国家海洋局第一海洋研究所，ST03 区块水体环境调查冬季航次综合研究报告。2007。熊学军曾两次提出黄海暖流青岛分支的观点：第一次，2010 年 2 月 1—2 日，国家海洋局一所，海洋环境与数值模拟重点实验室学术年会报告，"黄海暖流向青岛近海的入侵研究"；第二次，同年 10 月 21—22 日，"908" 专项水体环境调查与研究学术交流会报告，"冬季黄海暖流向青岛近海的入侵"。

② 宋德海，鲍献文，徐玲玲，吴德星。黄海暖流主轴年际变化及其影响因素探讨。2010。

36°N)，黄海暖流的主轴位置在122.4°~123.5°E之间变动。同时，黄海暖流主轴存在东西方向周期为7年的摆动。

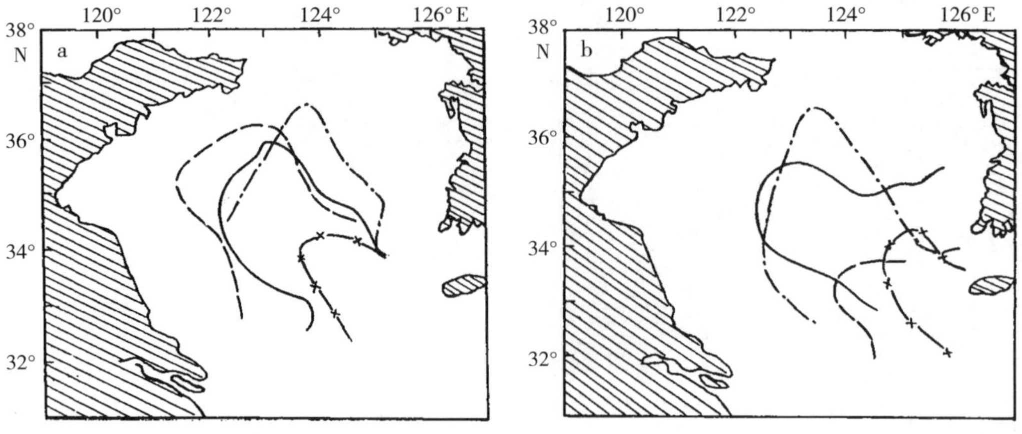

图7.9 不同年份和不同季节表层10 ℃等温线（a）和33.0等盐线（b）的水平分布

7.2.3 黄海暖流的强度及其季节变化

传统观点认为：黄海暖流在深层是终年向北流动的。在冬季风力较弱时期，这支向北流动的暖流，不仅出现在深层，也可显现在表层①。由于黄海暖流区现有的实测资料，不论在时间或空间上都是不连续的。因此，无法从实测流速的比较来研究黄海暖流强度的季节变化。我国学者曾用高盐水舌的尖锐度作为定性地探讨黄海暖流季节变化强弱的一个指标（乐肯堂等，1990）。并认为，黄海暖流的高盐水舌，主要是在平流及侧向混合效应两者取得平衡条件下形成的。所以，冬季在整个垂直均匀层内，夏季在温跃层下面的下垂直均匀层内，水舌的尖锐度与暖流流速紧密相关，即水舌越尖锐，流速越强；反之亦然。根据这一分析，黄海暖流的季节变化，似乎是冬季较强而夏季较弱。同时认为，黄海暖流的这种季节变化是与夏季黄海冷水团的存在密切相关联的。

然而，早在20世纪80年代中期，水文观测并未发现夏季高盐水向北入侵的证据。Lie（1986）指出：即使冬季，在朝鲜西南海域东西向强海洋锋的阻挡下，黄海暖流似乎仅限制在济州岛西部海域，而不能穿透该锋带进入黄海。夏季，亦无证据表明具有高盐特征的黄海暖流沿朝鲜西岸进入黄海。Kondo（1985）根据水文资料勾画的流系图中，已清晰地表明：夏季不存在黄海暖流。这一看法，近期已得到越来越多研究的认同。如Beardsley（1992）使用卫星浮标，也未发现夏季存在黄海暖流。1996—1999年，中韩黄海水循环动力学合作调查期间，使用现代观测手段，获取了南黄海全域、不同季节的调查资料，尤其是得到了较多的直接测流结果。表明：夏季，南黄海底层水文结构的突出特点是存在强的冷水团。人工水母试验初步显示底层环流大致为一逆时针向；水文结构分析显示，除了冷水团中心区保留较高盐度的海水外，高盐暖水主要局限在济州岛邻近海域。因此，仅从温、盐结构看，夏季南黄海底层亦没有高盐暖水从东部进入黄海（汤毓祥等，1999，2000）。

作为一个实例，从南黄海的锚系潜标中选取了一个测站在四季的观测结果（图7.10）。冬季，M_5站的上层为西北偏西流，在近底层则为明显的偏北向流。表层流速大于10 cm/s，近底层流速也在5 cm/s以上。显然，此时黄海暖流正是处于强盛期。春季，黄海暖流仍然存

① 宋德海，鲍献文，徐玲玲，吴德星。黄海暖流主轴年际变化及其影响因素探讨。2010。

在，但各层平均余流的方向比冬季的偏北，流速明显减弱，观测的大部分时间，底层流速仅为2 cm/s左右，表明黄海暖流势力变弱。夏季，黄海底层完全由冷水团控制，浮标站的测流结果亦较一致地显示出南向流占优势，显示出黄海暖流已经消失。秋季是黄海水温由夏季型分布向冬季型分布的过渡期，也是海表温度下降最快的季节。与此相对应的黄海暖流亦处于生成期。从图7.10中看出，虽然在20 m以浅的各水层仍表现为明显的南向流，但近底层的余流皆是相当稳定的偏北向流，显示出秋季黄海暖流已开始形成。

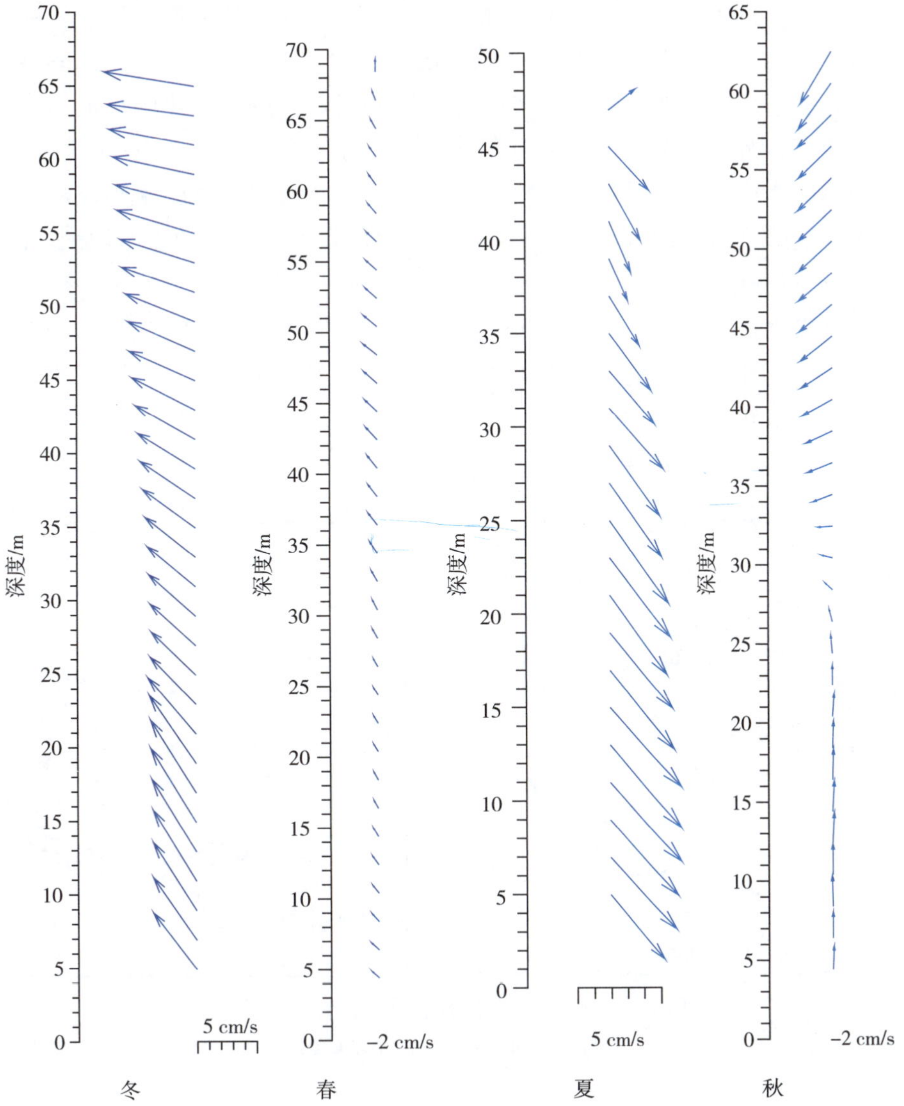

M_5站位置：冬、秋季为（34°40′N，123°0′E）；春、夏季为（34°59′N，121°45′E）。

图7.10 黄海M_5站四季平均余流的垂直分布

还需指出的是：早在20世纪80年代中期，美国学者就提出了一种新的看法，认为冬季的黄海暖流不是连续性的流动，而是一种不时发生的事件（Guan，1994）。尔后韩国学者通过分析不同季节覆盖整个南黄海的CTD资料，以及投放的卫星跟踪测流浮标数据指出：黄海暖流亦不是一支持久性的平均流（Lie，1999）。即使在冬季，高温高盐水仅能间隙性地通过黄海槽西侧输入南黄海，而且此种北向流须强于在此海域流向东南的潮汐余流。然而，马健等采用一种三维波-潮-流耦合诊断模式的研究结果认为（Ma，2006），黄海暖流至少在月平均意义上是一支稳定存在的流。特别是近期的“中国近海水体环境调查与研究”项目，1

个月以上连续观测多个测流浮标结果显示，锚系潜标测站的低层几乎皆是清一色的北向流，流速一般小于5 cm/s；而近40余天的平均余流，流的方向从表至底皆指向西北或北向（图7.10）。由此可见，从月平均状态看，黄海暖流是一支较稳定的流动。

7.3 夏季黄海冷水团的密度环流

黄海冷水团是中国近海最突出的水文现象之一。1959年，赫崇本等（1959）首先提出了黄海冷水团是“局部（或当地）形成论”的看法。认为黄海冷水团主要是前冬表层海水，因冷却下沉而残留在海底洼地的水体。许多研究结果表明，黄海冷水团的形成，确实与前冬黄海邻近地区气温寒冷程度有关，也与潮混合有关，其内在关系需进一步研究。

夏季，黄海冷水团环流几乎控制着整个黄海海域。冷水团环流的水平流动，基本上是一个海盆尺度的气旋式环流。20世纪80年代后，人们加强了对海流的直接观测。图7.11 a、b分别展示1997年夏季中韩黄海水循环动力学合作调查和1986年中美韩夏季航次联合调查的卫星跟踪测流结果（汤毓祥等，1999，2000）。表明两次浮标运移轨迹非常相似，其特点是：在南黄海西侧是一支比较稳定的南向沿岸流；在黄海、东海交界区，以长江冲淡水为主体的沿岸水，则明显向济州岛方向扩展；而在黄海北部，存在一支北向流。总的趋势显示，夏季黄海中、下层大致构成——海盆尺度的逆时针向环流。

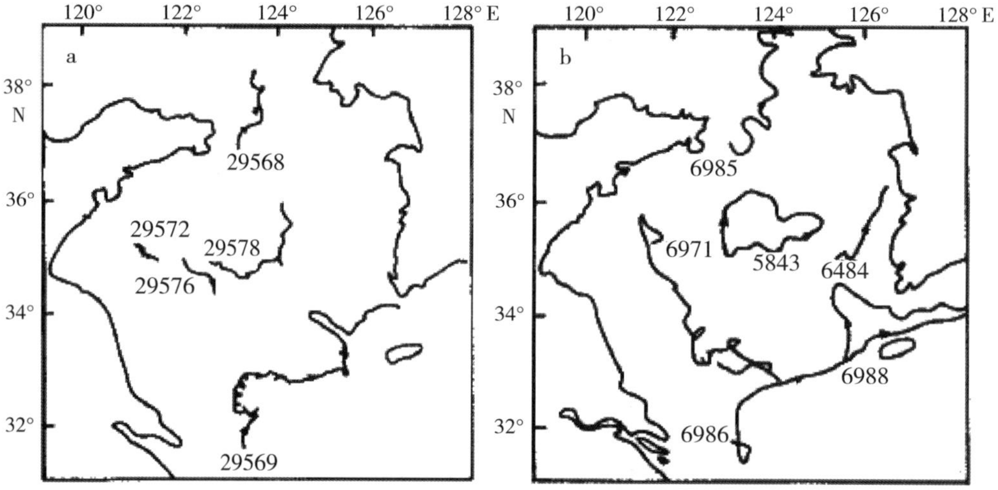

图7.11 投放的卫星跟踪表层测流浮标运移轨迹

a. 1997年夏季；b. 1987年夏季

虽然黄海冷水团垂向环流流速的量值甚小，一般为（10～5）$\times 10^{-5}$ cm/s的量级（Takahashi，et al，1995），但迄今为止，黄海夏季的上升流结构是中国近海环流现象中最受关注的海洋动力学现象之一。早期研究认为，与气旋式水平密度环流紧密相伴的是，冷水团中心为上升流，边缘为下降流，且垂向流速穿越跃层（图7.12a）（管秉贤，1963）。但海洋调查发现，在冷暖水交界面附近的跃层底部，溶解氧含量达到极大值。这意味着，垂向流未能穿越温跃层；否则，跃层底部不可能保持溶解氧的极大值。基于这一观测事实，学者们主要采用理论分析或数值模拟的方法，进一步探讨海冷水团内部环流结构，理论分析和前期数值模拟结果多基于简化的方程式，而近期的数值模拟结果考虑了完整的海洋动力、热力过程。Feng等（1992）认为在垂向上存在两个环，下部环在黄海中心区域为上升流，沿岸为下沉流，黄海中部存在的软泥结构作为中部存在上升流的佐证；袁业立等（1993）认为冷水团垂向环流为薄壳结构，上升流在黄海中部，但仅限于跃层附近，上混合层和底混合层内不存在上升流或上升流极弱；Takahashi 和 Yanagi（1993）所认为的垂向环流结构与管秉贤（1963）相反，为中部下沉、沿岸上升的单环结构；苏纪兰等（1995）认为，黄海冷水团的垂向环流为双环结构，跃层以上区为中心上升，边缘下降的弱环流；跃层以下区为中心下降，边缘上升的强环流；在冷水团的中心区域，流动微弱，且无穿越跃层的垂向环流；基于浪潮流耦合数值模式，Xia 等（2006）模拟与观测的温度、流场结果相符，得到的黄海夏季垂向环流不是海盆尺度而是锋面尺度的，锋面远岸一侧下沉而近岸一侧上升，这种上升流结构为黄海浒苔的爆发提供了充足的营养盐（乔方利等，2011）。

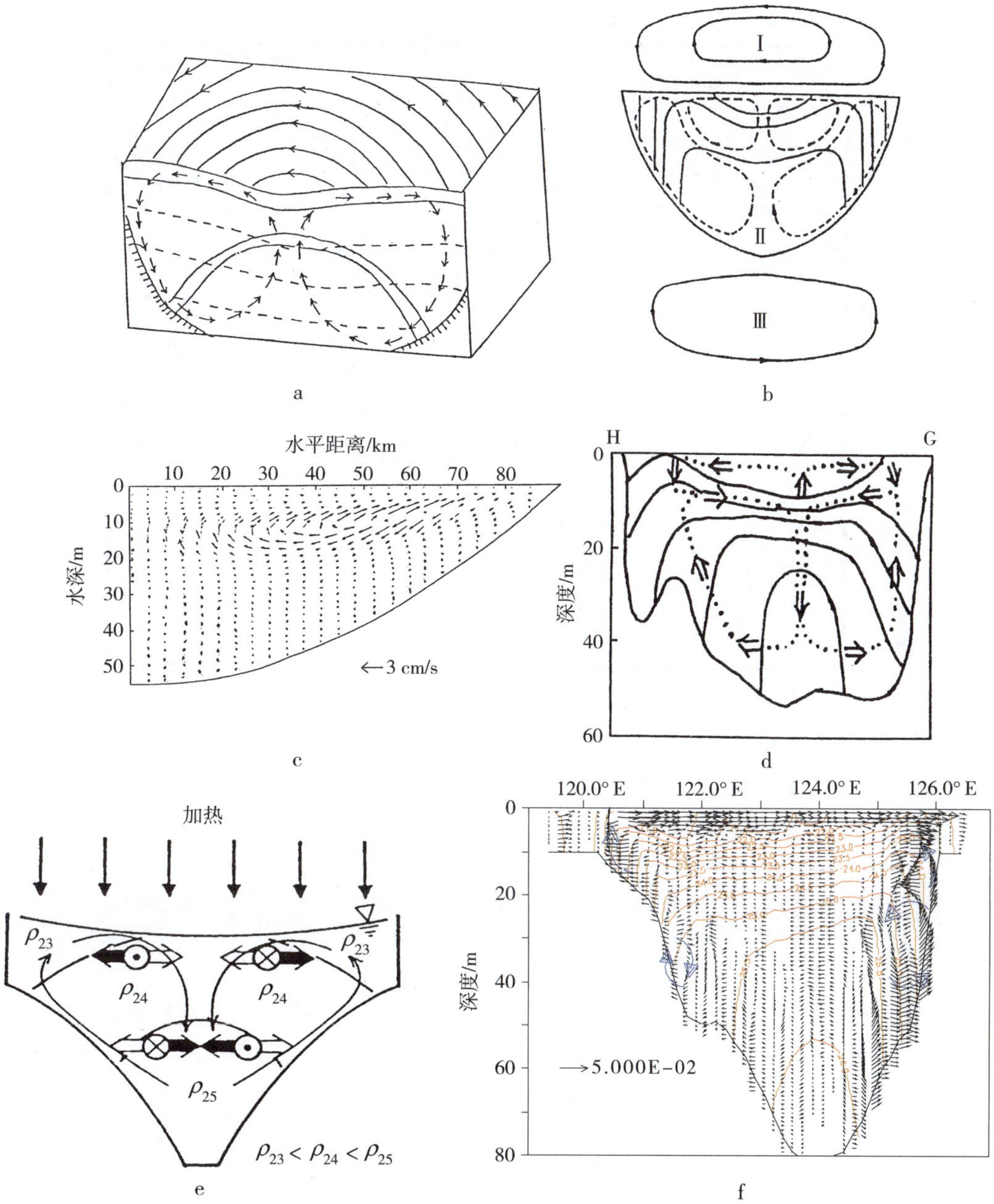

图 7.12　冷水团的垂向环流结构示意图

a. 管秉贤（1963）；b. Feng 等（1992）；c. 袁业立等（1993）；d. 苏纪兰等（1995）；e. Takahashi 和 Yanagi（1995）；f. Xia 等（2006）

为进一步查明黄海深、底层黄海冷水团的内部环流结构，1997 年夏季，中韩联合调查，曾在南黄海中部 18 个测站，投放了 1 800 个人工水母，用以获取底层流资料（汤毓祥等，2000），观测结果大致如图 7.13 所示，表明夏季黄海底层基本上亦存在着一气旋式环流。此外，根据该航次的 CTD 资料绘出的 50 m 层和底层密度分布图，所反映的流势亦是一气旋式环流形态。

近期，有学者采用三维浪潮流耦合模式，对夏季黄海环流的三维结构进行了研究，结果表明（Xia，et al，2006）：夏季，南黄海水平环流由三层组成：表层（0 ~ 4 m），主导流向为东北向；上层（4 ~ 40 m），是一海盆尺度的气旋式环流；底层（40 m 以下），海水由中心向外幅散，沿温锋区辐散速度最强，而且在南黄海中部还存在一弱的南向流。

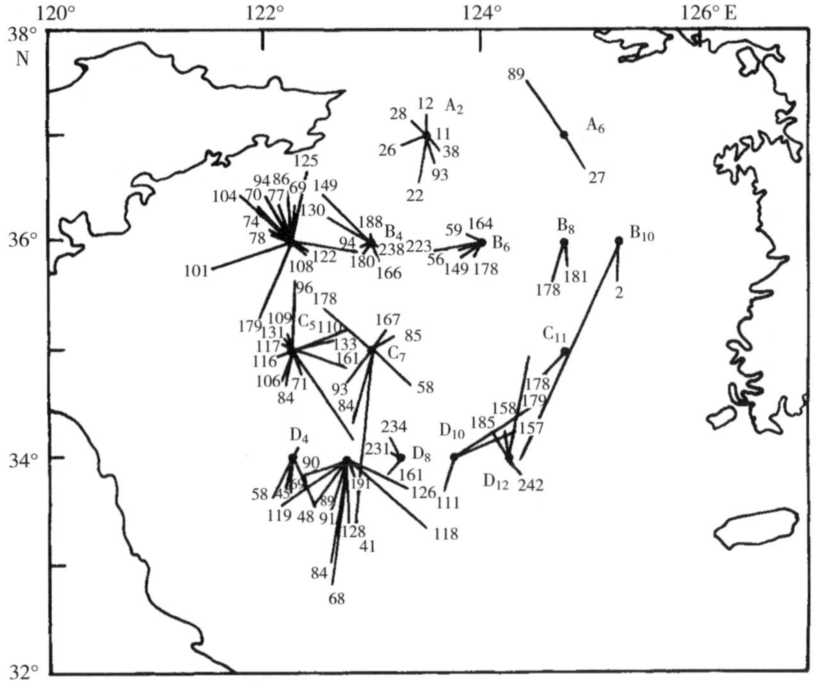

图 7.13　黄海底层漂浮物移动路径（汤毓祥等，2000）

第8章 黄海潮汐与风暴潮*

8.1 潮汐

8.1.1 黄海的潮波系统

潮波从太平洋经琉球群岛诸水道传入东海，经东海进入黄海，受到黄海北岸和山东半岛的影响形成反射波。入射波与反射波的相互作用形成驻波。在科氏力的作用下，驻波波节线消失，形成波峰线围绕无潮点按逆时针方向旋转的潮波系统。由于受到海底摩擦的影响，无潮点偏向入射波方向的左边。驻波波节线位于距湾底1/4 波长和3/4 波长的地方。如果取黄海的平均水深为45 m，那么4 个主要分潮的波长 M_2、S_2、K_1、与 O_1 分别是 λ_{M_2} 为939 km、λ_{s_2} 为907 km、λ_{K_1} 为1 809 km、λ_{o_1} 为1 952 km。而黄海有700 km 左右的长度，因而 M_2、S_2 分潮在黄海各有2 个无潮点，K_1、O_1 分潮各有1 个无潮点（黄祖珂等，2005）。图3.1 给出渤海、黄海、东海 M_2、S_2、K_1、O_1 分潮的同潮时图。图3.1 中显示，M_2、S_2 分潮波在成山头外海及海州湾外海各有1 个无潮点，K_1、O_1 分潮波在黄海南部各有1 个无潮点。同潮时线（等迟角线）在一个潮周期内绕无潮点按逆时针方向旋转一周，而振幅从无潮点向外逐渐增大。由于无潮点靠近中国一侧，故朝鲜沿岸的振幅比中国沿岸的振幅要大。

黄海各分潮的平均振幅比和迟角差为：$H_{O_1}/H_{K_1}=0.72$，$g_{o_1}-g_{K_1}=-46°$，$H_{S_2}/H_{M_2}=0.34$，$g_{S_2}-g_{M_2}=50°$（Fang，1986）

从太平洋传入东海的 M_2 和 S_2 分潮波的能量为169 GW，K_1 和 O_1 分潮为7 GW（周天华等，1987；苏纪兰，2005）。从东海进入黄海的 M_2、S_2 分潮波的能量为94 GW，K_1、O_1 的能量为 M_2、S_2 能量的1/36（林珲等，2000）。M_2、S_2 分潮波从黄海传入渤海的能量为3 GW，K_1、O_1 分潮波只有0.7 GW。M_2 分潮在东海、南黄海、北黄海耗散的能量分别为42.05 GW、48.99 GW、13.41 GW。其中东海、南黄海消耗的能量占总输入能量的32.8%、38.2%。

天体引潮力直接在黄海产生的潮汐，仅占黄海潮汐的3%左右（An，et al，1997）。因此，黄海的潮振动主要是大洋潮波传入后的协振动。

8.1.2 潮汐类型

图3.4 给出了渤海、黄海、东海潮汐类型分布。成山角外 M_2 分潮无潮点附近为不规则全日潮和不规则半日潮，苏北外海 M_2 分潮无潮点及济州岛附近为不规则半日潮类型，其余的黄海海域为规则半日潮区。表8.1 和表8.2 给出了黄海沿岸16 个站的潮汐类型系数 A [$=(H_{K_1}+H_{O_1})/H_{M_2}$]。以 $A\leqslant0.5$、$0.5<A\leqslant2.0$、$2.0<A\leqslant4.0$、$A>4.0$ 分别确定为规则半日潮、不规则半日潮、不规则全日潮和规则全日潮典型。威海、成山角、桑沟湾以及济州岛为不规则半日潮，其余为规则半日潮，这与图3.4 的结果是一致的。

* 本章编写人：黄祖珂（潮汐、潮流），李培顺、高松、韩笑、江崇波（风暴潮），左军成（海平面）。

图8.1是燕尾港、乳山口、成山角、烟台4站1998年3月的潮汐变化过程图。燕尾港、乳山口、烟台为规则半日潮，1太阴日内有2个高潮、2个低潮，潮汐日不等现象不明显，在朔、望后两三天发生朔望大潮。成山角为不规则半日潮，具有明显的潮汐日不等现象。

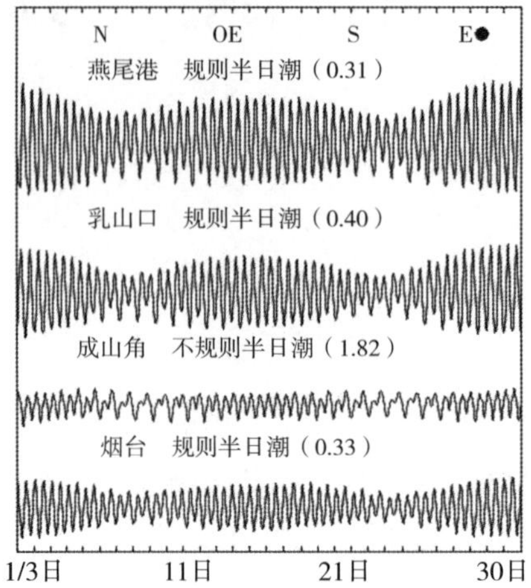

E. 月球赤纬零度；O. 望；●. 朔；N. 月球北赤纬最大；S. 月球南赤纬最大

图8.1　黄海沿岸4个站的潮汐变化过程曲线（1998年3月）

表8.1　黄海东岸潮汐特征值及调和常数（120°E）（Choi，1982）

站　名	站位	M_2		S_2		K_1		O_1		潮汐类型系数/A	平均高潮间隙/h	平均潮差/m	大潮潮差/m
		H/cm	g/(°)	H/cm	g/(°)	H/cm	g/(°)	H/cm	g/(°)				
南浦	38°41′N，125°24′E	182	232	60	285	37	329	25	284	0.34	8.0	3.8	4.9
仁川	37°28N，126°36′E	285	110	109	168	39	290	28	252	0.23	3.8	6.1	8.1
群山	35°59′N，126°43′E	209	71	75	124	33	272	25	232	0.28	2.4	4.5	5.8
（济州岛）西归浦	33°14′N，126°33′E	77	250	34	288	24	195	18	165	0.55	8.6	1.7	2.2

表8.2　黄海北岸和西岸的潮汐特征值（陈则实等，2007）

站　名	站　　位	潮汐类型系数（A）	平均潮差/m	最大潮差/m	平均高潮间隙/h	平均涨潮历时/h	平均落潮历时/h
丹东	40°07′N，124°24′E	0.41	2.41	4.46	10.6	3.6	8.9
小长山	39°14′N，122°40′E	0.49	2.80	4.60	9.9	6.1	6.3
大连	38°55′N，121°40′E	0.45	2.13	4.42	9.9	6.1	6.3
烟台	37°33′N，121°23′E	0.33	1.64	2.88	10.0	6.2	6.2
威海	39°14′N，122°40′E	0.54	1.35	2.57	11.5	6.0	6.5
成山角	37°23′N，122°40′E	1.82	0.75	1.81	12.1	6.5	5.9
桑沟湾	37°03′N，122°29′E	0.74	1.10	1.99	2.9	6.5	5.8
靖海湾	36°51′N，122°11′E	0.39	2.53	3.94	3.2	6.4	6.0
乳山口	36°48′N，121°29′E	0.40	2.44	4.31	3.1	6.1	6.4
青岛大港	36°05′N，120°19′E	0.39	2.80	4.75	5.0	5.9	6.8
连云港	34°45′N，119°28′E	0.36	3.39	5.78	6.0	5.6	6.8
燕尾港	34°29′N，119°47′E	0.31	3.07	5.19	6.6	5.1	7.3

8.1.3 平均高潮间隙

黄海的潮汐以半日潮为主。以 M_2 分潮为例，平均高潮间隙等于$\frac{g_{M_2}}{\sigma_{M_2}}$，其中 σ_{M_2} 为 M_2 分潮角速度。由于发生高潮的波峰线（M_2 的同潮时线），在一个潮周期内绕无潮点按逆时针方向旋转一周，因而造成黄海发生高潮的时间，沿黄海岸边按逆时针方向延迟。从表 8.1 和表 8.2 可以看出，朝鲜半岛群山的平均高潮间隙为 2.4 h，仁川的为 3.8 h，大连的为 9.9 h，烟台的为 10.0 h，成山角的为 12.1 h，完成了一个潮周期的变化。之后在第 2 个潮周期内再沿山东、江苏沿岸依此发生高潮。

8.1.4 潮差

潮差指相邻的高潮和低潮的高度差。有平均潮差、平均大潮差、平均小潮差、最大潮差、最小潮差和最大可能潮差之分。在海洋工程设计中，特别需要依据长期实测资料，统计计算的平均潮差和最大潮差。

受天文因素和地形的影响，潮差随时间和地点而变化。由于半日分潮无潮点靠近中国沿岸一侧，因而黄海东岸的潮差比西岸的潮差要大。表 8.1 和表 8.2 显示，成山角的平均潮差最小，为 0.75 m；自大连至鸭绿江口，平均潮差由 2.13 m 逐渐增大至 2.41 m。在山东半岛北岸自烟台至成山角，平均潮差由 1.64 m 减至 0.75 m。由此向南潮差又逐渐增大，至连云港为 3.39 m；弶港一带，系南、北两股潮波辐合处，使潮能集中，潮差增大。弶港的平均潮差为 4.29 m，小洋口实测大潮差为 9.28 m（陈则实等，2007），弶港至小洋口一带为我国黄海沿岸最大潮差区，也是我国大潮差区之一。黄海东岸的仁川海域，是黄海最大的潮差区，平均潮差为 6.1 m，大潮潮差为 8.1 m，最大可能潮差为 12 m 之多。

8.2 潮流

8.2.1 黄海潮流椭圆要素分布

1）潮流椭圆长、短轴分布及旋转方向

图 8.2 为渤海、黄海、东海 M_2 分潮流椭圆长、短轴分布。椭圆长半轴表示分潮平均最大流速，短半轴表示分潮平均最小流速，长半轴的方向是最大涨、落潮流的方向。从椭圆长半轴的分布情况，可以大致了解各海区 M_2 分潮流平均最大涨、落潮流的量值和方向。

黄海东岸的江华湾为黄海最强的潮流区，M_2 分潮流最大潮流为 100 cm/s 左右。苏北的辐射状沙洲海域，也是一个强潮流区，M_2 分潮流的最大潮流在 60 cm/s 以上。成山角外海 M_2 分潮流也很强。

黄海北部 M_2 分潮流主要呈现逆时针方向旋转，山东半岛东部海域和渤海海峡以及南黄海，M_2 分潮流为顺时针方向旋转（赵保仁等，1994）。

图 8.3 是 m_1（K_1 与 O_1 的平均值）分潮流椭圆长、短轴的分布。由图可见，北黄海 m_1 分潮流较弱，渤海海峡较强，可达 20 ~ 30 cm/s。m_1 分潮流在黄海主要呈现为逆时针方向旋转，只有渤海海峡及南黄海部分海区，m_1 分潮为顺时针方向旋转（赵保仁等，1994）。

2）潮流圆流系统

图 8.3 是渤、黄、东海 M_2、K_1 分潮流最大潮流同潮时线图，M_2 分潮流在黄海有 4 个圆

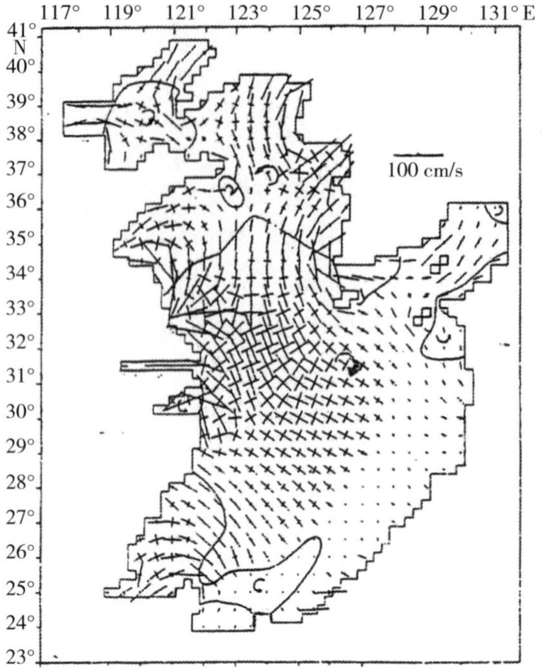

图 8.2　渤海、黄海、东海 M_2 分潮流椭圆长、短轴分布（赵保仁等，1994）

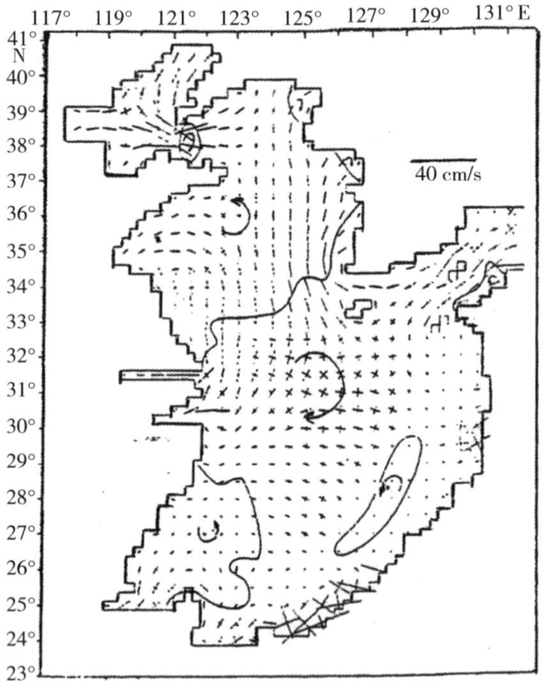

图 8.3　渤海、黄海、东海 m_1 分潮流椭圆长、短轴分布（赵保仁等，1994）

流点，即 4 个圆流系统。圆流点是潮流椭圆为圆的点，其长、短轴相等。山东半岛北部海域，M_2 分潮流有 1 个逆时针方向旋转的圆流系统。黄海中部有 2 个圆流系统，其中东部 1 个为顺时针方向旋转，西部 1 个以及南黄海的圆流系统均为逆时针方向旋转。

K_1 分潮流在黄海只有 1 个顺时针方向旋转的圆流系统，它位于山东半岛南部海域。

8.2.2 潮流类型

与潮汐类型相似，潮流类型用潮流类型系数来确定。潮流类型有4种，即规则半日潮流、不规则半日潮流、不规则全日潮流和规则全日潮流类型。图3.9为渤海、黄海、东海潮流类型分布。就黄海而言，烟台附近海域，为规则全日潮流和不规则全日潮流，再往外为不规则半日潮流。黄海北部以及从山东半岛以南至长江口一带为规则半日潮流，其余南黄海海域，为不规则半日潮流。

8.2.3 关于烟台海域潮汐、潮流类型相异的原因

图3.4和图3.9表明，烟台海域潮汐属于规则半日潮，而潮流为规则全日潮流和不规则全日潮流。这和秦皇岛外、老黄河口外无潮点区潮汐为规则全日潮，潮流为规则半日潮流的情况恰好相反。潮波图（图3.1）显示，烟台海域位于黄海北部半日分潮波系统和渤海南部半日分潮波系统的交界处。M_2 潮波从黄海向渤海传播过程中：一部分潮波传入渤海；另一部分潮波在烟台附近转向，变为沿着山东半岛沿岸自西向东传播。数值计算和实测资料结果（图8.4）均表明，在烟台海域 M_2 分潮落潮过程中，潮流呈辐散现象，而在 M_2 分潮的涨潮过程中，潮流呈现辐聚现象（图8.5）。而且在 M_2 分潮发生高、低潮时，潮流流速为零，位于平均海面时流速最大，这表现为 M_2 分潮在烟台海域呈现驻波振荡现象（黄磊，2006）。由于受到潮流的辐散、辐聚现象的影响，使得烟台海域 M_2 分潮的潮流很小。而 O_1、K_1 分潮的潮波在烟台海域自西往东传播，没有潮流的辐散、辐聚现象。相对而言，O_1、K_1 分潮的潮流比 M_2 的大，因而造成烟台海域的潮流为规则全日潮流和不规则全日潮流类型，而潮汐是规则半日潮类型。因此在烟台的一天两次涨潮过程中，烟台海域的潮流流向相反，而不像一般半日潮海区那样，一天的两次涨潮过程中，对应的两次涨潮流流向一致。

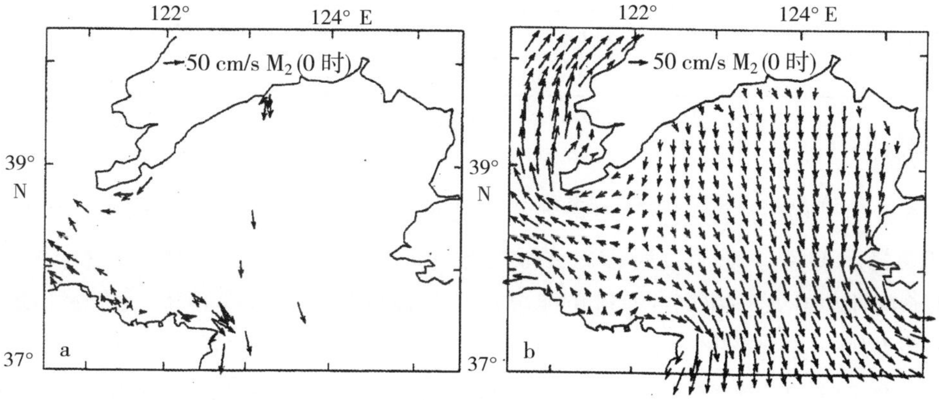

图8.4 山东半岛北部近海 M_2 分潮落潮中间时流场图（黄磊，2006）

a. 实测；b. 数值计算

8.2.4 黄海潮流基本特征

表8.3列出黄海部分海湾的潮流基本特征值，这些特征值包括：潮流类型系数，平均涨、落潮流历时，最大涨、落潮流值等。对于半日潮海区，平均涨、落潮流历时之和为半个太阴日。由表看出，就黄海的中国沿岸而言，最大强流区位于苏北沿海。而且鸭绿江口、大连湾、套子湾、乳山湾、胶州湾、灌河口等的平均涨潮流历时，都比平均落潮流历时的要短；唯有桑沟湾例外，平均涨潮流历时长于平均落潮流历时。

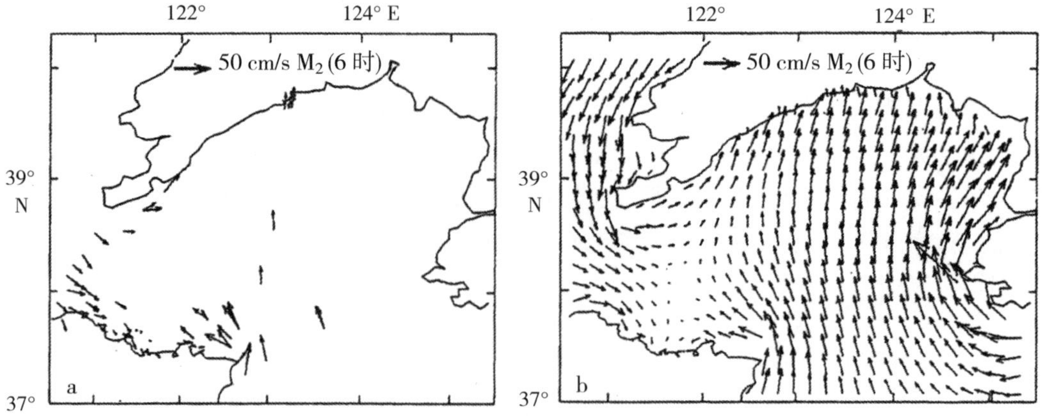

图 8.5 山东半岛北部近海 M_2 分潮涨潮中间时流场图（黄磊，2006）

a. 实测；b. 数值计算

表 8.3 黄海海湾潮流基本特征值（陈则实等，2007）

站 名	潮流类型系数（*B*）	平均涨潮流历时	平均落潮流历时	最大涨潮流	最大落潮流
鸭绿江口	0.11～0.29	5 h 28 min	7 h 56 min	65	70
大连湾	0.54～	5 h 35 min	6 h 51 min		
套子湾	0.50～	6 h 8 min	6 h 17 min	76	56
芝罘湾	0.30～9.8			44	38
威海湾	0.20～1.7			24～50	16～43
桑沟湾	0.10～0.50	7 h 14 min	5 h 07 min	54.7	42.6
乳山湾	0.20～	6 h 04 min	6 h 21 min	136	91
胶州湾	0.10～0.30	5 h 34 min	6 h 46 min	274	200
崔家潞	0.10～	6 h 12 min	6 h 12 min	36.8	30.8
海州湾	0.10～0.50	5 h 45 min	6 h 34 min	77.2	65.6
灌河口	<0.50	5 h 8 min	7 h 17 min	116	137

8.2.5 潮流场

图 8.6 给出了通过潮流数值预报得到的黄海北部及渤海 1985 年 10 月 30 日 0 时及 6 时的潮流场（黄磊，2004）。该日 0 时，北黄海大部分海域的潮流向南流动，渤海海峡处流向渤海。到了 6 时刚好相反。在烟台海域也能显示出潮流的辐散、辐聚现象。渤海海峡老铁山水道、成山角海域、苏北沿岸和朝鲜沿岸为强流区。潮流数值预报的精度能够达到实用的程度。对黄、渤海 9 个站的验证结果表明：流向的均方误差为 13°～20°，流速为 4.5～14.9 cm/s（黄磊，2004）。

8.3 风暴潮[①]

我国黄海沿岸的风暴潮曲线，均呈现与当地潮周期相当的周期性波动状态。如图 8.7～图 8.9 所示。

① 本文中的风暴增、减水值均已进行了海平面季节订正，与其他文献给出的相应数据将有差异。

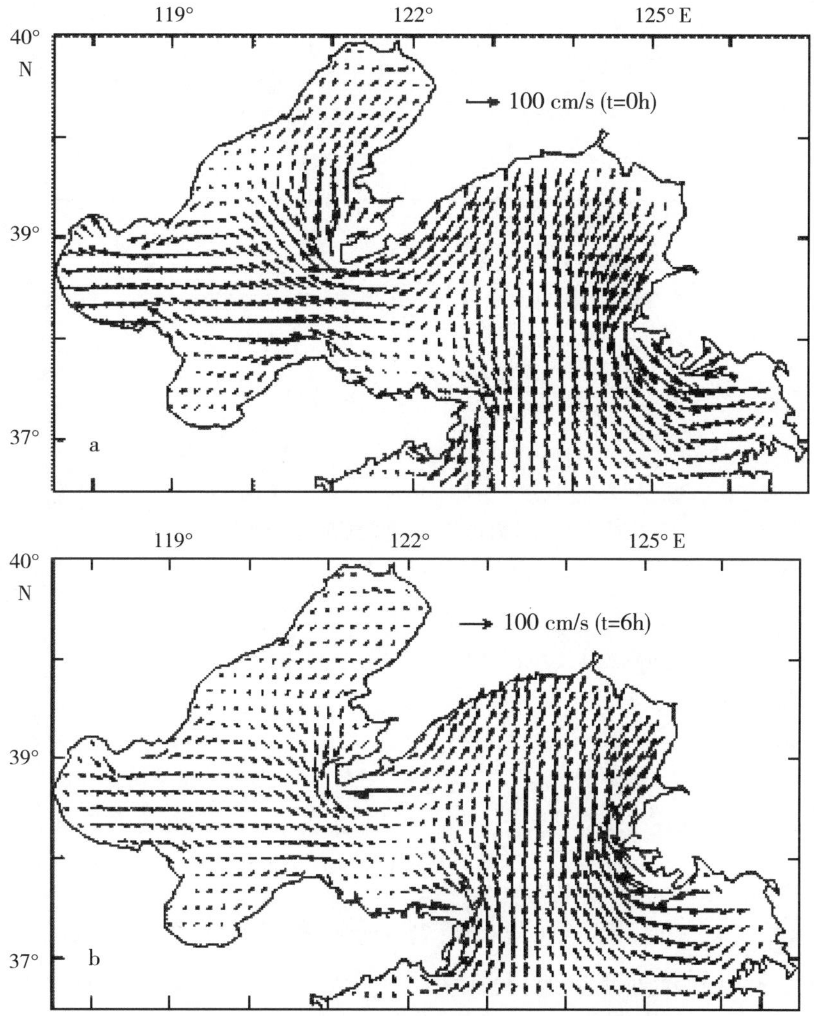

图 8.6 黄海北部及渤海潮流场（黄磊，2004）

a. 1985 年 10 月 30 日 0 时；b. 1985 年 10 月 30 日 6 时

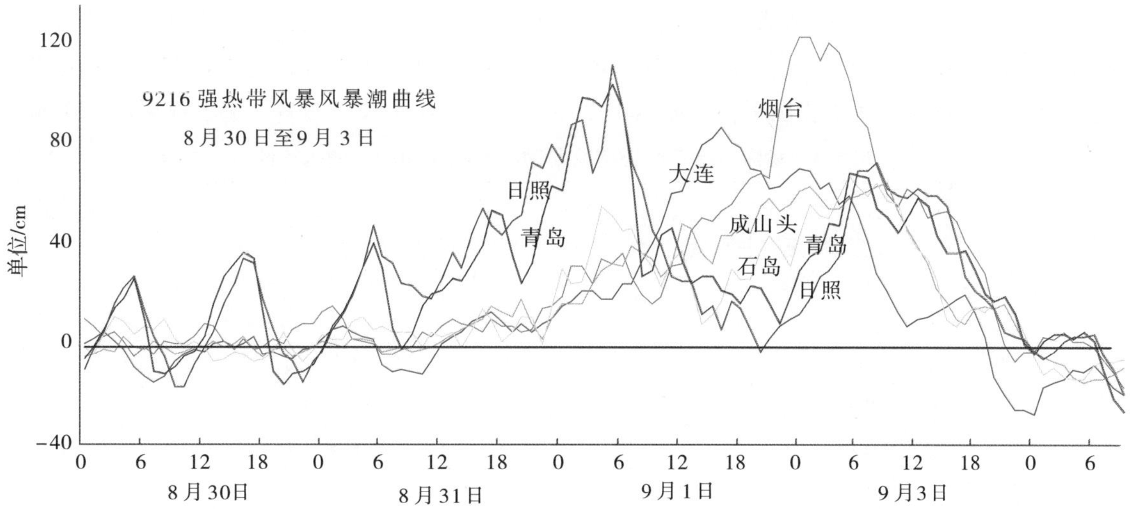

图 8.7 黄海沿岸热带气旋风暴潮曲线

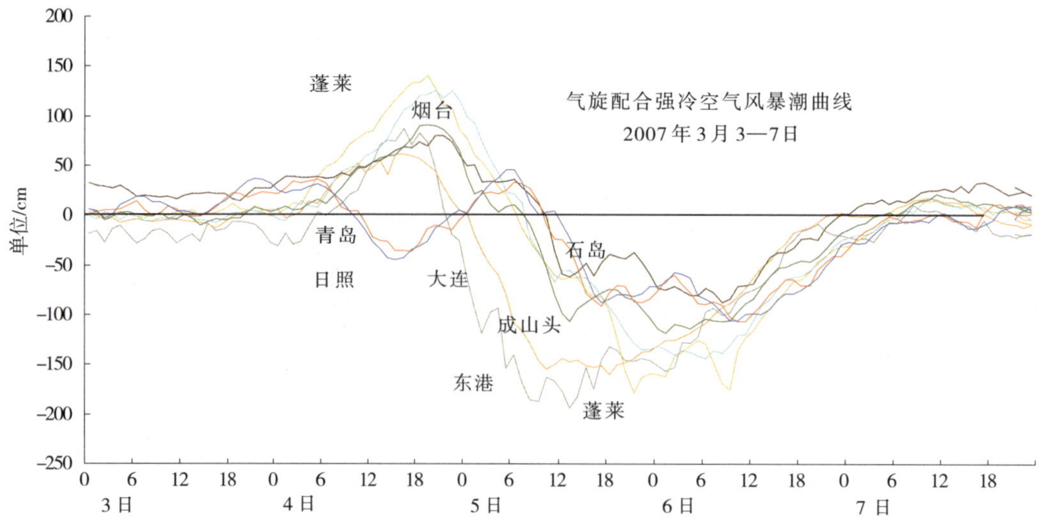

图 8.8 黄海沿岸温带系统风暴潮曲线

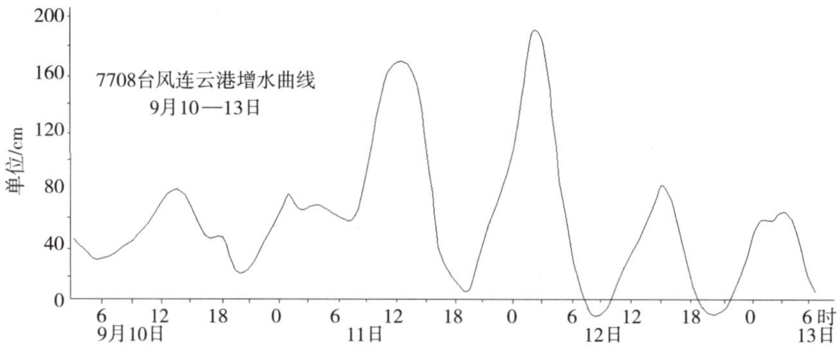

图 8.9 连云港 7708 台风风暴潮曲线

8.3.1 风暴潮（风暴增水）的时空分布

表 8.4 和表 8.5 表明，黄海沿岸增水值大于等于 80 cm 风暴潮的年均发生次数：江苏省沿岸以大于等于 1.0 次[①]居首；鲁东南沿岸（日照）以 0.9 次左右居第二；黄海北部南岸（蓬莱至成山头以西一线）以 0.7 次左右列第三；青岛及其南北两侧为 0.5 次左右；大连至东港沿岸只有 0.2 次左右。增水值大于等于 120 cm 的强风暴潮过程，主要出现在江苏沿岸和蓬莱至成山头以西沿岸。增水值大于等于不小于 160 cm 的特强风暴潮过程，均出现在江苏沿岸。增水值大于等于 200 cm 者主要出现在江苏燕尾至吕四一带，燕尾和吕四最大增水曾超过 220 cm。

表 8.4 黄海沿岸不同强度风暴潮年均频次和最大增水统计

天气类型	站　名	增　水　级　别			最大增水/cm	出现时间	资料年限
		≥80 cm	≥120 cm	≥160 cm			
温带天气系统	大　连/次	0.1			95	1998 年 2 月 20 日	1980—2007
	蓬　莱/次	0.5	0.1		141	2007 年 3 月 4 日	1997—2007
	烟　台/次	0.6	0.04		136	1965 年 1 月 10 日	1960—2007
	成山头/次	0.14			92	2007 年 3 月 4 日	1981—2007
	石　岛/次	0.05			81	2007 年 3 月 4 日	1989—2007
	青　岛/次	0.3			105	2001 年 1 月 7 日	1990—2007
	日　照/次	0.6	0.03		124	2001 年 1 月 7 日	1977—2007

① 江苏省沿岸温带系统风暴潮强度及频次未予统计，该值系参考与其紧邻的日照相应资料给出。

续表 8.4

天气类型	站 名	增 水 级 别			最大增水/cm	出现时间	资料年限
		≥80 cm	≥120 cm	≥160 cm			
热带气旋	大 连/次	0.07			96	1992 年 9 月 1 日（9216）	1980—2007
	烟 台/次	0.1	0.02		122	1992 年 9 月 2 日（9216）	1960—2007
	成山头/次	0			71	1994 年 8 月 15 日（5116）	1981—2007
	石 岛/次	0			67	1992 年 9 月 2 日（9216） 1994 年 8 月 15 日（9415）	1989—2007
	青 岛/次	0.2			118	1956 年 8 月 2 日（5612）	1949—2007
	日 照/次	0.3	0.03		123	1981 年 9 月 2 日（8114）	1977—2007
	连云港/次	0.4	0.1	0.03	169	1977 年 9 月 11 日（7708）	1951—1997
	燕 尾/次	—	—	—	221	1981 年 9 月 2 日（8114）	1951—1997 （苏纪兰，2005）
	吕 四/次	—	—	—	224	1977 年 9 月 11 日（7708）	1967—1997 （苏纪兰，2005）

注：连云港增水幅度栏内数值资料年限为 1960—1991 年。本表值已予季节订正，与原值有差异。

黄海沿沿岸增水大于等于 80 cm 的风暴潮：青岛及以南有 60% 左右系由温带天气系统引发，热带气旋风暴潮占 40% 左右；青岛以北有 80% 由温带天气系统导致，热带气旋风暴潮占 20% 左右。温带系统风暴潮，只有山东的蓬莱至石岛一线由冷空气和温带气旋诱发，冷空气（主要为和江淮气旋相配合）风暴潮强度大于温带气旋风暴潮，其余各岸段均主要由温带气旋导致。黄海沿岸增水大于等于 80 cm 的温带系统风暴潮：山东蓬莱至成山头以西和江苏沿岸发生次数最多，增水幅度最大，年均为 0.6 次左右，最大增水可达 150 cm 左右；日照沿岸发生次数和增水幅度居第二，年均为 0.6 次，最大增水可达 130 cm 左右；青岛沿岸发生次数较少，增水幅度也较小，年均为 0.3 次，最大增水可达 110 cm 左右；大连至东港和成山头至石岛一线，年均发生次数和增水幅度均居末席，年均为 0.1 次左右，最大增水小于等于 100 cm。

黄海沿岸增水大于等于 80 cm 的热带气旋风暴潮：江苏沿岸发生次数最多，增水幅度也最大，年均大于等于 0.4 次，吕四站最大增水曾达 224 cm（燕尾港和吕四数次出现大于等于 200 cm 的增水）。日照和青岛沿岸发生次数和增水幅度居第二，年均 0.2 ~ 0.3 次，最大增水可达 120 cm 左右。蓬莱至成山头以西一线，年均为 0.1 次左右、最大增水 120 cm 左右位居第三。大连至东港一线生次数较少，增水幅度也较小，年均不足 0.1 次左右，最大增水为 100 cm 左右。成山头至石岛一线发生次数最少，增水幅度也最小，20 余年来尚未出现大于等于 80 cm 的增水。

黄海沿岸增水值大于等于 80cm 的热带气旋风暴潮，年均发生次数和风暴潮强度，均呈由北向南逐渐递增趋势（表 8.4）。热带气旋风暴潮主要发生在 7 月下旬至 9 月中旬，并以 9 月上、中旬强度最强。山东和辽宁黄海沿岸增水大于等于 80 cm 的温带系统风暴潮，主要发生在秋末至春初，出现频数以冬季最大，春季次之，该三季的风暴潮强度基本相当（表 8.5）。

表 8.5　黄海中部、北部沿岸温带系统风暴潮季均频次和最大增水统计

季节	增水级别	年均次数/次						
		大连	蓬莱	烟台	成山头	石岛	青岛	日照
春季	≥80cm	0.04	0.1	0.2	0.07	0.05	0.06	0.4
	最大增水	86 cm	141 cm	126 cm	92 cm	81 cm	80 cm	105 cm
夏季	≥80cm	0	0	0	0	0	0.06	0.03
	最大增水	—	—	—	—	—	80 cm	87 cm
秋季	≥80cm	0	0.1	0.2	0	0	0	0.2
	最大增水	—	105 cm	107 cm	—	—	—	115 cm
冬季	≥80cm	0.07	0.3	0.3	0.07	0	0.2	0.6
	最大增水	95 cm	87 cm	136 cm	85 cm	—	105 cm	111 cm
资料年限		1980—2007	1997—2007	1960—2007	1981—2007	1989—2007	1990—2007	1977—2007

8.3.2　负风暴潮（风暴减水）的时空分布

山东和辽宁黄海沿岸减水值大于等于 80 cm 负风暴潮（含温带系统负风暴潮和热带气旋负风暴潮）的发生频数和减水幅度，大连至东港一线最大，蓬莱至成山头以西一线次之，鲁东南沿岸居第三，山东半岛东端最小（表 8.6）。

黄海沿岸减水大于等于 80 cm 负风暴潮，由温带天气系统导致者占 95% 以上，热带气旋负风暴潮所占比例很小，其减水幅度也远小于温带天气系统引起的负风暴潮。

黄海沿岸的温带系统负风暴潮，减水大于等于 100 cm 者几乎全域均有发生，而减水大于等于 150 cm 者仅发生在黄海北部沿岸。

黄海沿岸减水大于等于 80 cm 的热带气旋负风暴潮，主要发生在黄海北部沿岸和鲁东南沿岸，其中大连至东港一线曾多次出现过减水大于等于 120 cm 者，其他岸段减水均小于 100 cm（表 8.6）。

黄海沿岸减水大于等于 80 cm 的温带系统负风暴潮，均发生在 10 月至翌年 4 月间，发生频数和减水幅度以冬季最大，春季次之，如表 8.7 所示。

黄海沿岸减水大于等于 80 cm 热带气旋负风暴潮，发生几率较小，只是偶有出现（表 8.6）。

表 8.6　黄海沿岸不同强度负风暴潮年均频次和最大减水统计

天气类型	站　名	减水幅度/cm			最大减水/cm	出现时间	资料年限
		≥80	≥120	≥160			
温带天气系统	大　连/次	2.9	0.7	0.04	160	2007 年 3 月 5 日	1980—2007
	蓬　莱/次	2.4	0.5	0.09	178	2007 年 3 月 5 日	1997—2007
	烟　台/次	2.6	0.13		153	1970 年 12 月 13 日	1960—2007
	成山头/次	0.6			118	2007 年 3 月 6 日	1981—2007
	石　岛/次	0.2			116	1994 年 2 月 9 日	1989—2007
	青　岛/次	1.0	0.14		143	1956 年 2 月 29 日	1949—2007（于洪华等，1995）
	日　照/次	1.2			115	1981 年 10 月 23 日	1977—2007

续表 8.6

天气类型	站 名	减水幅度/cm			最大减水/cm	出现时间	资料年限
		≥80	≥120	≥160			
热带气旋	大 连/次	0.1	0.07		120	1986年8月29日（8615） 1999年8月7日（9006）	1980—2007
	烟 台/次	0.04			88	1992年9月26日（9219）	1960—2007
	成山头/次	0					1981—2007
	石 岛/次	0					1989—2007
	青 岛/次	0					1990—2007
	日 照/次	0.03			86	1992年9月26日（9219）	1977—2007

表 8.7 黄海中部、北部沿岸温带系统负风暴潮季均频次和最大减水统计

季节	减水级别/cm	年均次数/次					
		大连	烟台	成山头	石岛	青岛	日照
春季	≥80	0.6	0.5	0.14	0.05	0.2	0.4
	最大减水	160 cm	143 cm	118 cm	87 cm	106 cm	105 cm
夏季	≥80	0	0	0	0	0	0
	最大减水	—	—	—	—	—	—
秋季	≥80	0.5	0.6	0.1	0	0.1	0.3
	最大减水	142 cm	134 cm	87 cm	—	92 cm	115 cm
冬季	≥80	1.8	1.5	0.3	0.16	0.4	0.6
	最大减水	146 cm	153 cm	102 cm	116 cm	119 cm	111 cm
资料年限		1980—2007	1960—2007	1981—2007	1989—2007	1990—2007	1977—2007

8.3.3 风暴潮灾害

黄海沿岸的风暴潮灾害，主要发生在江苏和山东沿岸，辽宁省沿岸相对较少。严重和特别严重风暴潮灾害，辽宁平均分别为10年和20年左右发生1次，山东、江苏平均分别为5年和10年左右发生1次。

黄海沿岸的风暴潮灾害，主要由热带气旋引起，其次是冷空气和温带气旋。除山东蓬莱至成山头一线外，沿岸较重的风暴潮灾害均由热带气旋造成。而山东蓬莱至成山头一线，冷空气与气旋相配合的温带系统风暴潮灾害和热带气旋风暴潮灾害各占50%。

1977年9月11日，7708台风由江苏吕四登陆，吕四站最大增水2.24 m，最高潮位超警戒潮位1.28 m，江苏沿岸普遍受灾严重。

1981年8月31至9月2日，8114台风在长江口外海转向对马海峡，在北方冷高压的共同作用下，黄海沿岸风暴潮灾情严重：江苏吕四站最大增水1.92 m，最高潮位超警戒潮位1.76 m；启东县有1 400 m堤坝被冲垮，海门县4 000 m护坡被毁。山东省毁堤超过10 km，淹没农田2万多亩、盐田500多亩，沉船9只，死亡5人，撞碎、漂失养殖船和渔船1 000余艘，丢失和损坏各种网具18 000多件，毁坏虾池1万多亩，损失玻璃浮子14万个，港口、仓库、码头、船台、坞道等一百余处遭到不同程度的损坏。

9216号强热带风暴与冷空气相配合，导致黄、渤海沿岸发生特别严重风暴潮灾害。山东损、毁渔船500余艘，淹没耕地2万多亩，冲毁虾池1万多亩，毁坏房屋、堤坝等若干，直接经济损失超过15亿元。辽宁直接经济损失超过2亿元，仅大连市死亡14人、经济损失

1.84 亿元。

1997 年 8 月 19—20 日，9711 台风由浙江登陆，经山东羊角沟北上至辽东湾东北角，横扫沿海 5 省 2 市，东海、黄海和渤海沿岸普遍发生严重风暴潮灾害，山东直接经济损失超过 20 亿元，辽宁直接经济损失超过 4 亿元。

2007 年 3 月 4—5 日，强冷空气在强气旋配合下引发渤海湾、莱州湾和黄海北部沿海岸强风暴潮灾害，山东蓬莱至成山头一线的直接经济损失高达 10 多亿元。其灾情见图 8.10 和图 8.11）。

图 8.10　2007 年 3 月 4 日，受温带风暴潮袭击，烟台市区部分灾情

图 8.11　2007 年 3 月 4 日，受温带风暴潮袭击，威海市区的部分灾情

8.3.4　引发风暴潮及其灾害的天气系统①

8.3.4.1　热带气旋

进入 28°N 以北、125°E 以西的热带气旋，均可造成黄海沿岸的风暴潮灾害。按其路径大致可分为 3 种类型：①北上型（Ⅰ型），由华东地区或黄海北上，进入连云港以北海域或陆域的热带气旋（见图 8.12）。此路径热带气旋是造成黄海沿岸强风暴潮和严重灾害的主要类型，沿岸增水大于 80 cm 并造成严重灾害的风暴潮，有 80% 由其引发。②东海转向型（Ⅱ型），由浙江境内或东海北上，在 28°N ~ 32°N 之间转向对马海峡方向的热带气旋（图 8.13）。此型路径偏北者可导致山东半岛以南沿岸出现 80 cm ~ 250 cm 增水和严重风暴潮灾害，路径偏南者可导致江苏沿岸出现 80 cm ~ 150 cm 增水和较重风暴潮灾害。③登陆西行型（Ⅲ型），由东海北上，在浙北至苏中沿海登陆西行的热带气旋（见图 8.14）。此型主要影响江苏沿岸。路径偏北者可影响到鲁东南沿岸，特强者可影响到黄海北部和渤海南部沿岸。

① 各天气形势图中等值线数字的单位：hPa。

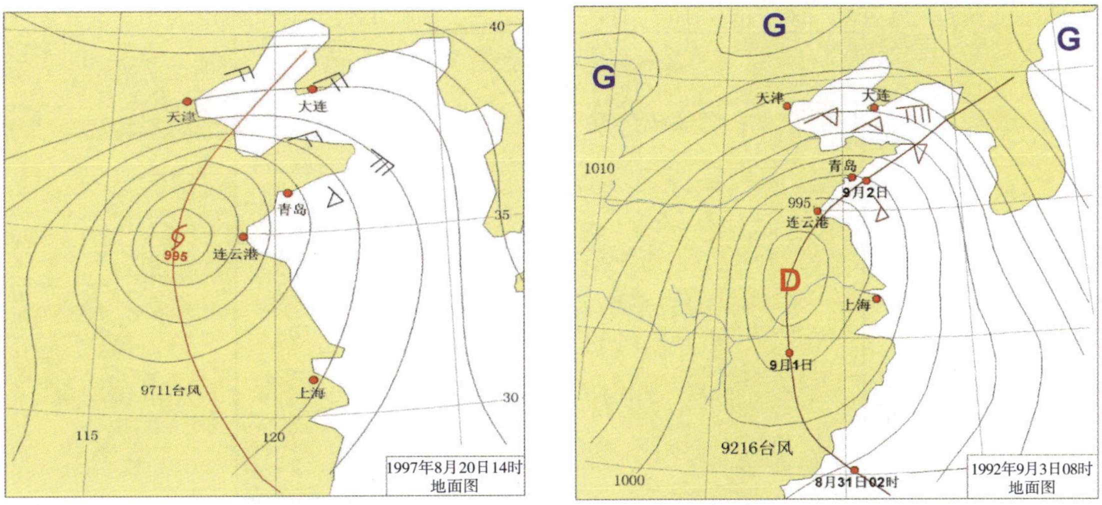

图 8.12 北上型（Ⅰ型）热带气旋路径

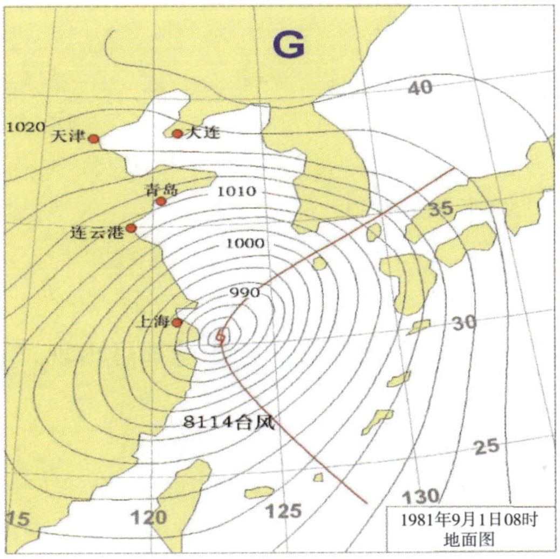

图 8.13 Ⅱ型热带气旋路径

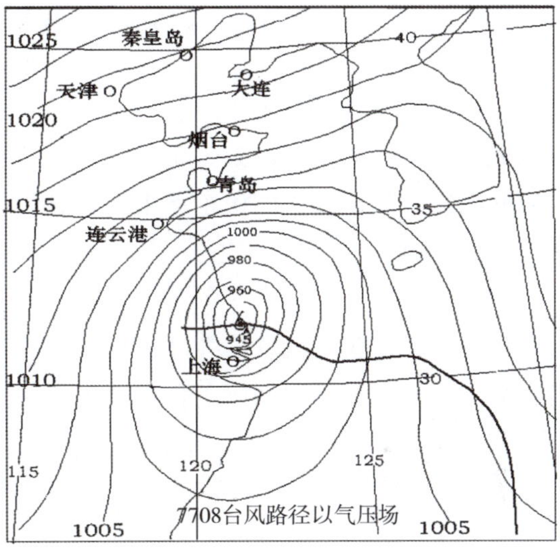

图 8.14 Ⅲ型热带气旋路径

8.3.4.2 温带天气系统

根据天气系统性质，大致可分为“冷空气”和“温带气旋”2 种类型。

1）冷空气

冷空气又可分为“气旋配合型”和“单纯偏北路经冷空气”2 种。

（1）气旋配合型。

此型冷空气是引发山东和辽宁沿海岸尤其蓬莱至石岛一线强风暴潮和严重灾害的主要天气形势。形势特征见 3.3.5.1 节。此型冷空气冷锋以北区域为强劲的 NE 向大风风场，以南气旋影响区为强劲的偏 E 向大风风场（图 8.15）。冷锋过境时，海区 SE 转 NE 的大风转风过程明显。气旋中心过境后，其后部区域立即转为强劲的 N ~ NW 向大风风场。

该型天气形势的影响区域，取决于温带气旋与冷空气相遇的位置：相遇位置在辽东半岛时，主要影响北黄海北岸；相遇位置在渤海海峡及以东海域时，主要影响北黄海南岸；相遇位置在山东半岛及以东海域时主要影响山东半岛沿岸。

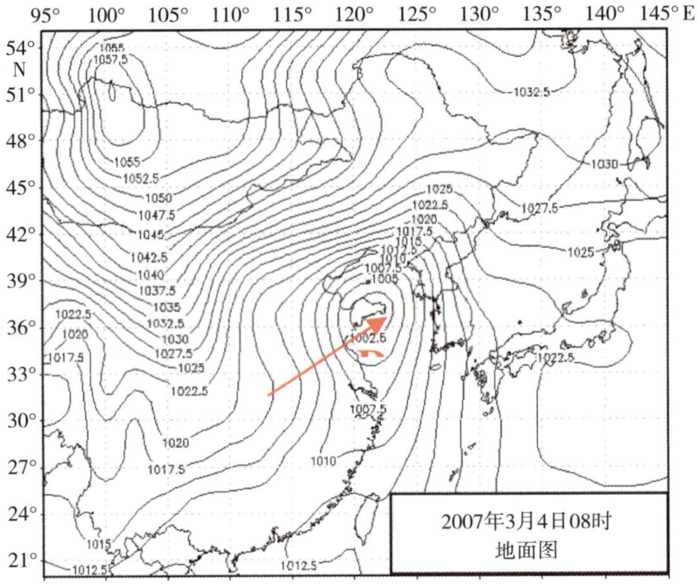

图 8.15　气旋配合偏北路径冷空气图例

（2）单纯偏北路径冷空气。

此型冷空气的特点见 3.3.5.1 节。

此型冷空气主要影响山东蓬莱至石岛一线沿岸，增水幅度较小。

2）温带气旋

指北方无冷空气配合的纯江淮或黄淮气旋（见图 8.16）。该气旋一年四季都可出现，其增水幅度较小且影响时间较短，对沿岸影响较轻。

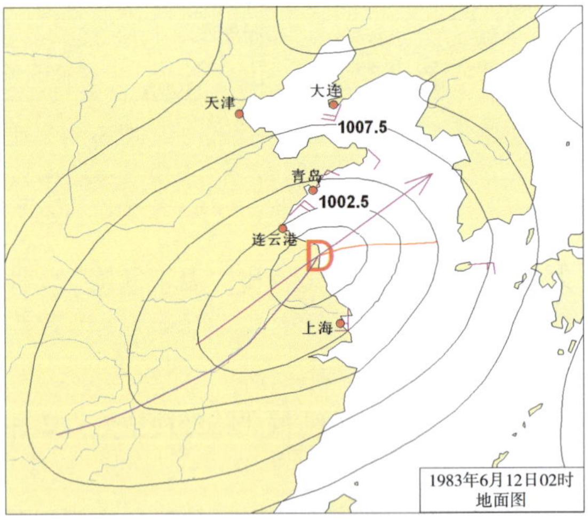

图 8.16　江淮气旋图例

8.3.5　引发负风暴潮及其灾害的天气系统

黄海沿岸减水大于等于 80 cm 的负风暴潮，主要由温带天气系统导致，其次由热带气旋造成。但温带气旋或热带气旋，均需有冷空气配合方能造成较大幅度减水。当黄海在强偏 N（尤其 NW）风场控制下，可导致黄海沿岸出现持续 2 ~ 3d 的强或特强负风暴潮（减水大于等于100 cm)，苏北浅滩和水浅的港口，可发生船舶搁浅或延迟进出港口的负风暴潮灾害。

8.4 海平面

8.4.1 1985 国家高程基准面

高程基准是地面点高程的起算面，即海拔的概念；同时也是海图深度基准面的基准面。它是陆上测绘、海道测量，制图、防洪、防潮、海上航行、海岸带开发、地震监测、地壳升降等科学研究必要的基准。

在“1985 国家高程基准”建立之前，全国共有十几个地方性的高程基准，各高程基准之间互相独立，高程关系不明，这对生产建设、国防建设和科学研究带来诸多不便。一个国家必须要有一个全国统一的高程基准。因此，1976 年全国一等水准布测会议提出，重新确定我国高程基准的研究任务。陈宗镛领导的课题组承担并完成了这一任务。

所谓高程基准面，就是要确定出稳定且具有代表性的海平面，要求既要精确计算出沿海平均海面的空间分布，又要将潮位资料中把 2 小时到 18.61 年的各种振动消除掉。在充分分析各种海平面的计算公式基础上，计算得到的各种时间尺度的平均海面（把各主要分潮的影响消除以后），最终取 10 组 19 年的平均海面的平均值为海平面。与一等水准点布设和测量结合起来，在全面考虑我国沿海各验潮站的海平面空间分布的基准上，确立了“1985 国家高程基准面”。

1985 国家高程基准面，已被国家一等水准网测量平差所采用。该高程基准面，是以 1952—1979 年青岛验潮站每小时潮位资料，经多种低通滤波器获得的青岛海平面值为 2. 428 m和 2. 429 m。考虑到完整的年周期，取 1985 国家高程基准面为（从青岛验潮站水尺零点以上）2. 429 m。用 1980 年观测的中华人民共和国水准原点网，备用水准原点网共同平差，推算得到青岛国家水准原点高程为 72. 260 m。上述两者的关系见图 8. 17。

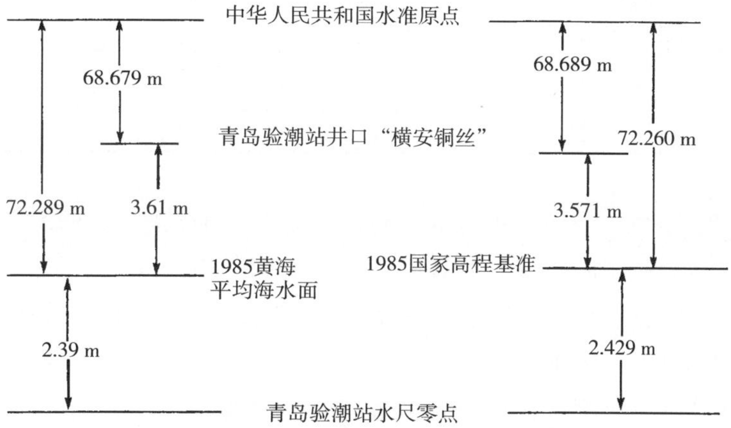

图 8. 17 1985 国家高程基准面与国家水准原点关系示意图（陈宗镛等，1988）

我国沿海海平面呈现为南高、北低的趋势。根据多年平均海面的计算结果，南北最大高度差为（70 ± 10）cm。各海区的平均值之间，南海北部比渤海与北黄海约高 60 cm，比南黄海约高 50 cm，比东海的约高 25 cm。“1985 国家高程基准”比渤海与北黄海的约高 10 cm，而比东海的低 25 cm，比南海北部的约低 50 cm；比我国整个沿海平均海面约低 20 cm（陈宗镛等，1988）。1985 国家高程基准面与我国大陆沿岸海平面之间的关系如图 8. 18 所示。图

8.18 也给出沿海各站相对稳定的多年平均海面高度随纬度的分布。

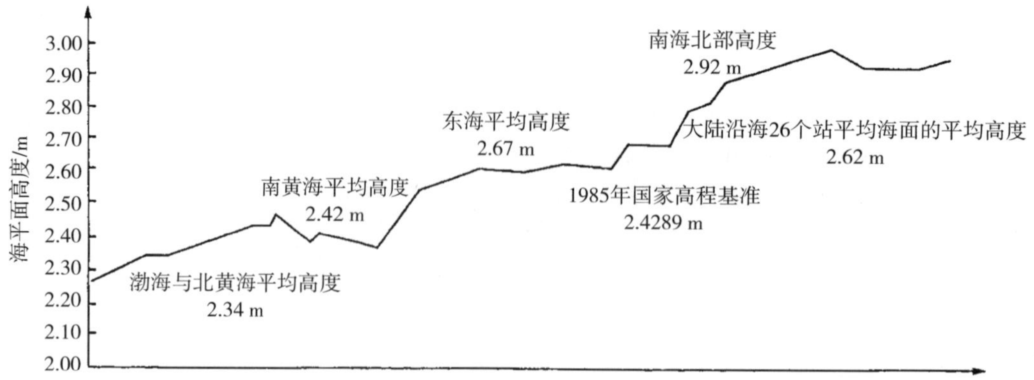

图 8.18　1985 国家高程基准面与我国大陆沿岸海平面的关系（陈宗镛等，1988）
（不包括大江河口处的验潮站）

8.4.2　季节变化

由表 8.8 可知，黄海月平均海面以 8 月最高，1 月最低。最高值和最低值的差值为 40 ~ 50 cm。发生极值的时间，基本上是由北向南逐渐推迟的。其中，渤海塘沽与黄海连云港相比较，后者大约落后 1 个月（赵希涛，1996）。年较差（年变幅）以大连最大，为 56 cm；其次为乳山口，为 50 cm。成山角的最小，为 44 cm。黄海海平面的季节变化呈现为年周期的特点。

表 8.8　黄海月均海面距平值统计（赵希涛，1996）　单位：cm

站　名	1	2	3	4	5	6	7	8	9	10	11	12
大　连	-26	-24	-18	-5	6	18	26	30	19	5	-9	-21
烟　台	-22	-23	-17	-6	3	14	23	25	19	7	-4	-18
成山角	-22	-20	-15	-4	4	16	20	22	17	8	-3	-17
乳山口	-25	-23	-15	-6	3	15	23	25	20	8	-6	-17
青　岛	-22	-20	-15	-6	2	13	20	24	20	8	-5	-17
石白所	-22	-19	-16	-7	2	13	19	23	21	10	-7	-18
连云港	-24	-21	-17	-8	1	11	18	23	21	9	-6	-19

图 3.23 还表明，黄海的海面年变化存在两种情况：一种是北黄海的类型；另一种是南黄海的类型。前者与渤海的相同。黄海的海面年较差为 35 ~ 50 cm，由北往南随纬度而递减。黄海冬季月平均海面比多年平均海面低 15 ~ 25 cm。夏季月平均海面，比多年平均的高出 20 ~ 25 cm，总的形势是北高、南低。

厄尔尼诺对黄海海平面季节变化的影响比渤海的明显（图 8.19a）。黄海在 1997—1998 年和 2001—2002 年夏季都有小幅下降，下降约 20 cm。在时间位相上，1998 年厄尔尼诺期间，1997 年并没有感受到其影响，较南海的晚。另外，在厄尔尼诺年的海平面变化振幅上，都普遍偏小，黄海在 1998 年的振幅只有 20 cm（乔新等，2008）。

黄海海平面除有季节变化外，还有年际代变化和趋势变化。因掌握的资料有限，年际变化、年际代变化等记述省略。

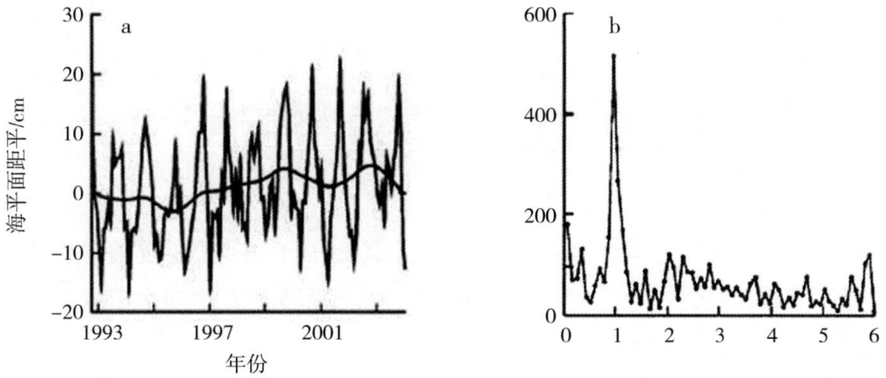

图8.19 黄海1992年10月—2004年1月的海平面距平（a）和谱分析（b）（乔新等，2008）

8.4.3 季节变化机制讨论

8.4.3.1 季风影响

风是影响黄海水位季节变化的主要因子之一。冬季，黄海以偏北风为主。这种偏北季风的减水效应，使黄海海平面降低6~8 cm。夏季，东南季风影响，出现增水现象，使黄海出现高水位。

8.4.3.2 气压影响

静压也是影响黄海海平面季节变化的主要因子之一，约占32.5%（奚智祥，1983）。冬季，静压效应使海平面出现北低南高的分布形势，黄海海平面减低7~8 cm。夏季，静压效应使黄海海平面大约升高10 cm。

8.4.3.3 海水比容效应

水温引起的比容海平面对水位季节变化的影响，在北黄海约占25.4%（奚智祥，1983）。比容效应引起的黄海海平面变化，冬季2月减低5~6 cm；夏季8月，可使海面升高4~7 cm（李坤平等，1982）。另外，黄海盐比容的作用较大，占总比容变化的40%左右。

第 9 章 黄海海浪*

强冷空气、温带气旋、台风，都能引起黄海波高大于 4 ~ 6 m 的巨浪和狂浪。黄海波高 6 m以上的灾害性海浪的次数较多，年平均为 5.9 次。在 25 年中，寒潮浪 81 次，气旋浪 45 次，台风浪 22 次（许富祥，1996）。

冬季，强冷空气与黄海南部的气旋共同影响，可形成偏 N 向至 NE 向 4 ~ 6 m 的巨浪和狂浪，常造成严重的海浪灾害。1989 年 10 月 31 日，黄海气旋大风突发，渤海海峡和黄海北部的风力达 8 ~ 10 级，形成波高 6 ~ 8 m 的狂浪。使超过 4 800 t“金山”轮运煤船沉没，船上 34 名船员全部遇难。1990 年 4 月 30 日，受山东半岛突发性气旋影响，渤海海峡、黄海北部造成波高 4 ~ 6 m 的巨浪和狂浪。石岛海洋站测到风速 21 m/s 的大风，有效波高3.3 m的大浪。山东省荣成市海带养殖受灾 4 000 hm^2 以上，沉没、损毁渔船 135 艘、死亡渔民 22 人，损坏网具 53 800 多件，冲毁码头 363 m。

夏季，登陆北上的台风，形成波高 4 ~ 8 m 的巨浪和狂浪，常造成黄海沿岸严重的海浪灾害。如 8509 号台风在青岛和辽东半岛登陆时，黄海出现 6 ~ 8 m 狂浪。小麦岛海洋站观测到 11 m 的最大波高和 32 m/s（12 级）的最大风速。渤海海峡观测到 7.5 m 的最大波高和 28 m/s（11 级）的最大风速。这次海浪过程，青岛市因灾死亡（失踪）29 人，重伤 368 人，损毁海堤 1 240 m，损坏渔船 1 490 艘①。大连市冲毁海堤 294 处，损坏水利工程 597 处，损坏渔船 457 艘，死亡 63 人，失踪 37 人。

9.1 海浪的波候特征

9.1.1 风浪向和涌浪向

9.1.1.1 盛行风浪向（表 9.1）

表 9.1 黄海四季代表月的盛行风浪向频率分布（苏纪兰，2005）

海区名	项目		月份			
			2 月	5 月	8 月	11 月
黄海北部（37° ~ 39°N，121° ~ 123°E）	最多	浪向	N	S	SE	N
		频率/%	28	23	20	23
	次多	浪向	NW	SE	S	NW
		频率/%	24	18	19	18
黄海北部（37° ~ 39°N，123° ~ 125°E）	最多	浪向	N	SW	S	N
		频率/%	37	24	21	29
	次多	浪向	W	S	E	W
		频率/%	24	23	18	11

* 本章编写人：许富祥。

① 国家海洋局海洋环境预报中心。北部海域海浪灾害调查报告。2009。

续表 9.1

海区名	项　目		月份			
			2月	5月	8月	11月
黄海中部（35°～37°N，121°～123°E）	最多	浪向	N	S	S	N
		频率/%	34	29	29	26
	次多	浪向	NW	SW	SE	NW
		频率/%	20	14	17	16
黄海中部（35°～37°N，123°～125°E）	最多	浪向	NW	S	S	N
		频率/%	22	22	30	46
	次多	浪向	SW	NW	SE	NW
		频率/%	15	15	21	17
黄海南部（33°～35°N，120°～122°E）	最多	浪向	N	S	S	N
		频率/%	32	23	24	27
	次多	浪向	NW	SE	SE	NW
		频率/%	18	17	22	14
黄海南部（33°～35°N，122°～124°E）	最多	浪向	NW	S	SE	NW
		频率/%	36	24	20	31
	次多	浪向	N	SE	N	N
		频率/%	15	23	17	30
黄海南部（33°～35°N，124°～126°E）	最多	浪向	N	S	S	N
		频率/%	35	21	25	30
	次多	浪向	NW	SE	SE	NE
		频率/%	18	19	22	15

资料年限：1968—1982年。

表9.1中的结果显示了黄海风浪向具有如下特征：

冬季，黄海北部西侧、东侧和中部西侧，最多风浪向都为N向，频率为28%～37%；黄海北部西侧和中部海域次多风浪向都为NW向，频率为20%～24%；黄海北部东侧，次多风浪向为W向，频率为24%。黄海中部东侧和黄海南部，最多风浪向为NW向和N向，频率在22%～35%之间；次多风浪向为NW向和N向，频率在15%～18%之间。唯有黄海中部东侧，次多风浪向为SW向，频率为15%。

春季，黄海北部东侧以SW向风浪居多外，黄海其余海域最多风浪向皆为S向，频率在21%～24%之间。次多风浪向比较分散，黄海北部次多风浪向为SE向和S向，频率分别为18%和23%；黄海中部次多风浪向为SW向和NW向，频率分别为14%和15%；黄海南部次多风浪向为SE向，频率为17%～23%。

夏季，黄海受来自太平洋东南季风的影响明显。黄海风浪向以S向和SE向为主，频率在20%～30%之间，偏南向风浪的总频率在50%左右。

秋季，黄海的最多风浪向已转为偏N向，N向风浪频率在23%～46%之间；次多风浪向为NW向、W向和NE向，频率分别为16%～18%、11%和15%。

9.1.1.2 盛行涌浪向（表9.2）

表9.2 黄海四季代表月的盛行涌浪向频率（苏纪兰，2005）

海区名	项目		2月	5月	8月	11月
黄海北部（37°~39°N，121°~123°E）	最多	浪向	N	SE	SE	NW
		频率/%	37	28	23	27
	次多	浪向	NE	S	S	N
		频率/%	13	21	22	19
黄海北部（37°~39°N，123°~125°E）	最多	浪向	N	S	S	N
		频率/%	35	32	44	28
	次多	浪向	SW	N	N	W
		频率/%	20	29	17	14
黄海中部（35°~37°N，121°~123°E）	最多	浪向	N	S	S	N
		频率/%	33	29	34	30
	次多	浪向	NE	N	SE	NW
		频率/%	17	16	24	17
黄海中部（35°~37°N，123°~125°E）	最多	浪向	NE	SW	S	N
		频率/%	19	16	51	33
	次多	浪向	N	SE	N	NW
		频率/%	15	14	17	21
黄海南部（33°~35°N，120°~122°E）	最多	浪向	N	SE	SE	N
		频率/%	33	24	28	32
	次多	浪向	NE	S	S	NE
		频率/%	19	20	21	19
黄海南部（33°~35°N，122°~124°E）	最多	浪向	N	SE	S	NW
		频率/%	25	24	340	35
	次多	浪向	NW	N	N	N
		频率/%	23	20	21	31
黄海南部（33°~35°N，124°~126°E）	最多	浪向	N	S	SE	N
		频率/%	38	25	30	35
	次多	浪向	NE	SE	S	NE
		频率/%	15	20	23	24

资料年限：1968—1982年。

从表9.2中可以看出，黄海涌浪向的分布特征如下：

冬季，黄海最多涌浪向以N向为主；只有黄海中部东侧海域最多涌浪向为NE向，频率为25%~38%。次多涌浪向比较分散，以NE向较多，其次是N向、NW向和SW向，NE向涌浪频率为13%~19%之间，N向、NW向和SW向涌浪频率分别为15%、23%和20%。

春季，黄海最多涌浪向以偏南向为主。其中：黄海北部为EW向和S向，频率分别为28%和32%；黄海中部为S向和SW向，频率分别为29%和16%；黄海南部为EW向和S向，频率分别为24%和25%。黄海的次多涌浪向比较分散：黄海北部的次多涌浪向为N向和

S向，频率分别为21%和29%；黄海中部的次多涌浪向为N向和SE向，频率分别为16%和14%；黄海南部域的次多涌浪向为S向、北向和SE向，频率皆为20%。

夏季，黄海的最多涌浪向为S向和SE向，频率分别为34%～51%和23%～30%。黄海的次多涌浪向为S向、N向和SE向，频率分别为21%～23%、17%～21%和24%。

秋季，黄海北部的最多涌浪向为NW向和N向，频率分别为27%和28%；次多涌浪向为N向和W向，频率分别为19%和14%。黄海中部的最多涌浪向为N向，频率为30%～33%；次多涌浪向为NW向，频率为32%左右。黄海南部的最多涌浪向为N向和NW向，频率分别为32%～35%和35%；次多涌浪向为NE向和N向，频率分别为19%～24%和31%。

9.1.2 风浪波高和周期的季节变化（孙湘平，2006）

冬季（2月） 黄海风浪波高分布大致与海区岸线平行，1.5 m等波高线呈一舌状由黄海南部向北延伸，并西进到渤海海峡附近，称其为“高波水舌”。高波舌状内侧波高大于1.5 m，即海区中央波高为1.5 m以上，济州岛周围海区风浪波高达1.75 m，是冬季黄海海域风浪的高值中心。黄海风浪波高在0.9～1.9 m之间，最大波高为5.0～8.0 m。其中：黄海北部风浪波高为0.9～1.2 m，最大波高为5.0～7.0 m。黄海中部风浪波高为0.7～1.5 m，最大波高为6.0～7.0 m。黄海南部风浪波高为1.0～1.9 m，最大波高为6.0～8.0 m。黄海风浪周期在2.0～7.0 s之间，高值中心在黄海南部西侧海州湾外海。黄海北部风浪周期为3.2～5.1 s，最大周期为8.0～11.0 s；黄海中部风浪周期为2.0～4.8 s，最大周期为9.0～11.0 s；黄海南部风浪周期为3.8～7.0 s，最大周期为11.0 s。

春季（5月） 黄海的风浪波高在0.5～1.5 m之间，基本上由北往南逐渐递增，最大波高为5.0～7.5 m。其中：黄海北部风浪波高为0.5～1.0 m，最大波高为7.3 m；黄海中部风浪波高在0.6～1.5 m，最大波高为5.0～7.3 m；黄海南部风浪波高在1.0～1.5 m，最大波高为5.0～7.5 m。济州岛附近海域风浪波高较大。黄海的风浪周期在2.0～4.1 s之间，最大周期为8.0～11.0 s。其中：黄海北部风浪周期为2.7～3.3 s，最大周期为10.0～11.0 s；黄海中部风浪周期为2.0～3.2 s之间，最大周期为9.0～11.0 s；黄海南部风浪周期为3.0～4.1 s，最大周期为8.0～11.0 s。

夏季（8月） 黄海的风浪波高为0.5～1.0 m，比冬季的略有下降。最大波高为5.0～8.0 m。其中：黄海北部和中部的风浪波高均为0.5～1.0 m，最大波高分别为5.0 m和5.0～6.0 m；黄海南部的风浪波高为1.0 m，最大波高为5.0～8.0 m。黄海的风浪周期在2.0～4.5 s之间。其中：黄海北部和中部的风浪周期分别为2.5～3.5 s和3.0～3.9 s；黄海南部的风浪周期为2.0～4.5 s，最大周期为8.0 s。

秋季（11月） 黄海的风浪波高在0.7～1.5 m之间，最大波高为5.0～7.5 m。其中：黄海北部风浪波高为0.7～1.3 m，最大波高为7.5 m。黄海中部和南部的风浪波高皆为1.0～1.5 m，最大波高分别为7.0～8.0 m和5.0～7.5 m。黄海的风浪周期在2.7～4.8 s之间，最大周期为8.0～9.0 s。其中：黄海北部风浪周期为2.7～4.1 s；黄海中部和南部的风浪周期为2.8～3.7 s和3.0～4.8 s；最大周期皆为8.0～9.0 s。

9.1.3 涌浪波高和周期的季节变化（孙湘平，2006）

冬季（2月） 黄海涌浪波高在0.4～2.0 m之间，最大涌高为5.0～6.0 m。其中：黄海北部涌浪波高为0.4～1.5 m，最大涌高为5.0 m；黄海中部涌浪波高为0.7～2.0 m，最大涌高为6.0 m；黄海南部涌浪波高为1.0～1.5 m，最大涌高为6.0 m。黄海的涌浪周期在2.3～6.0 s之间，最大涌周期为9.0～14.0 s。其中：黄海北部涌浪周期为2.9～5.3 s，最大涌周期为9.0～11.0 s；黄海中部涌浪周期为2.3～5.5 s，最大涌周期为9.0～12.0 s；黄海南部涌浪周期为5.0～6.0 s，最大涌周期为12.0～14.0 s。

春季（5月） 黄海涌浪波高在0.5～1.5 m之间，最大涌高为5.0～6.0 m。其中：黄海北部涌浪波高为0.5～1.0 m，最大涌高为5.0 m；黄海中部涌浪波高为0.5～1.0 m，最大涌高为5.0～6.0 m；黄海南部涌浪波高为1.0～1.5 m，最大涌高也为5.0～6.0 m。黄海的涌浪周期在2.3～5.0 s之间，最大涌周期为8.0～14.0 s。其中：黄海北部涌浪周期为2.3～3.3 s，最大涌周期为8.0～13.0 s；黄海中部涌浪周期为2.6～5.0 s，最大涌周期为9.0～14.0 s；黄海南部涌浪周期为3.6～5.0 s，最大涌周期为8.0～13.0 s。

夏季（8月） 黄海涌浪波高在0.3～2.0 m之间，最大波高达5.0～7.5 m。其中：黄海北部涌浪波高为0.3～1.0 m，最大涌高为5.0 m；黄海中部涌浪波高为0.9～1.1 m，最大涌高为5.0～7.0 m；黄海南部涌浪波高为1.0～2.0 m，最大涌高也为6.0～7.5 m。黄海的涌浪周期在3.2～6.0 s之间，最大涌周期为9.0～14.0 s。其中：黄海北部涌浪周期为3.2～4.0 s，最大涌周期为9.0～13.0 s；黄海中部涌浪周期为3.6～6.0 s，最大涌周期为10.0～12.0 s；黄海南部涌浪周期为3.7～6.0 s，最大涌周期为10.0～14.0 s。

秋季（11月） 黄海涌浪波高在0.4～3.0 m之间，最大涌高5.0～7.0 m。其中：黄海北部涌浪波高为0.4～1.1 m，最大涌高为5.0 m；黄海中部涌浪波高为1.0～3.0 m，最大涌高为5.0～7.0 m；黄海南部涌浪波高为1.0～1.7 m，最大涌高为5.0～7.0 m。黄海的涌浪周期在2.5～6.0 s之间，最大涌周期为9.0～14.0 s。其中：黄海北部涌浪周期为2.5～3.3 s，最大涌周期为10.0～11.0 s；黄海中部涌浪周期为3.1～4.0 s，最大涌周期为9.0～14.0 s；黄海南部涌浪周期为5.0～6.0 s，最大涌周期为11.0～14.0 s。

9.1.4 平均波高和最大波高的季节变化

表9.3 黄海代表方区逐月波高分布（孙湘平，2006） 单位：m

海区	项目	1月	2月	3月	4月	5月	6月	7月	8月	9月	10月	11月	12月
黄海中部（35°～37°N，121°～123°E）	平均波高	1.5	1.5	1.0	1.0	1.0	1.0	1.0	1.0	1.0	1.0	1.5	1.5
	最大波高	7.5	7.0	7.0	6.0	7.3	7.5	7.5	5.0	7.5	9.0	8.0	7.5
黄海南部（33°～35°N，121°～123°E）	平均波高	2.0	2.0	2.0	1.0	1.0	1.0	1.0	1.0	1.0	1.5	1.5	2.0
	最大波高	8.0	8.0	7.5	7.3	7.5	7.5	7.5	8.0	7.5	15.0	7.5	8.0

资料年限：1968—1982年。

从表9.3可以看出，黄海逐月波高具有以下分布特征：

黄海月平均波高在0.5～2.0 m之间，变化幅度比渤海的大些。其中黄海北部月平均波高在0.5～1.5 m之间。12月至翌年2月，波高较大，其值为1.1～1.5 m；5—8月波高较小，其值为0.5～0.6 m，年变幅在0.6～0.9 m之间。黄海北部西侧月平均波高又比黄海北部东侧海域的略大。黄海中部月平均波高在1.0～1.8 m之间，冬季的波高较大，为1.3～1.8 m；其余月份的波高较小，其值为1.0 m左右。黄海南部月平均波高在1.0～2.0 m之间，冬季波高为1.5～2.0 m，其余月份的波高为1.0～1.4 m。

黄海历年最大波高在5.0～9.0 m之间。其中：黄海北部最大波高为5.0～8.0 m；黄海中部最大波高为5.0～9.0 m；黄海南部最大波高为5.0～8.0 m。最大波高都出现在6—10月台风活动期和11月至翌年3月强冷空气活动期。

9.1.5 平均周期和最大周期的季节变化

表9.4 黄海代表方区逐月海浪周期分布（孙湘平，2006） 单位：s

海区	项 目	1月	2月	3月	4月	5月	6月	7月	8月	9月	10月	11月	12月
黄海中部（35°～37°N，121°～123°E）	平均周期	4.3	4.0	3.9	3.3	3.2	3.2	3.3	4.4	3.0	4.7	4.0	4.9
	最大周期	12.0	12.0	13.0	14.0	14.0	14.0	14.0	12.0	14.0	14.0	14.0	14.0
黄海南部（33°～35°N，121°～123°E）	平均周期	6.0	5.0	6.0	4.7	5.0	3.5	5.0	5.1	6.0	5.3	6.0	7.0
	最大周期	13.0	14.0	12.0	13.0	13.0	14.0	13.0	14.0	13.0	13.0	14.0	14.0

资料年限：1968—1982年。

表9.4表明，黄海逐月海浪周期分布特征如下：

黄海月平均周期在2.3～7.0 s之间。变化幅度比渤海的要大。其中：黄海中部月平均周期为3.0～5.0 s；黄海南部月平均周期为3.5～7.0 s。

黄海历年最大周期在8.0～14.0 s之间。其中：黄海中部最大周期为10.0～14.0 s；黄海南部最大周期为11.0～14.0 s。黄海的最大周期有由北往南逐渐增大的趋势。

9.2 几种天气系统影响下的海浪分布

冷空气、温带气旋和台风，都能造成黄海波高大于4 m的海浪场。形成黄海灾害性海浪的主要天气系统有：冷高压型，冷高压与气旋配合型，气旋型，台风型（许富祥，1991）。

9.2.1 冷高压型海浪场

冬季，黄海冷高压型海浪场分布特点是：波高4 m以上的巨浪中心，一般出现在冷锋附近，巨浪中心区最大波高一般达4～8 m，极值可达9.0 m。根据1976—1985年资料统计（许富祥，1991），黄海由冷高压引起的波高大于等于4 m海浪的频率为12.2%，相当于年平均45 d。

9.2.2 气旋型海浪场

黄海一年四季都受气旋影响。影响黄海的气旋主要有：东北低压、渤海气旋、黄海气旋、江淮气旋和东海气旋。

受东北低压、渤海气旋、黄海气旋、江淮气旋和东海气旋的影响，黄海常常形成波高4 m以上的灾害性海浪，浪场中心区最大波高一般在4～8 m之间。根据1976—1985年资料统计（许富祥，1991），黄海由气旋引起波高大于等于4 m海浪过程的频率为4.2%，相当于年平均15 d。

9.2.3 冷高压与气旋配合型海浪场

冷高压与气旋配合的海浪场，浪区中心最大波高可达10 m，仅次于台风形成的海浪场。根据1976—1985年资料统计（许富祥，1991），黄海由冷高压与气旋配合引起的波高大于等于4 m海浪频率为4.7%，相当于年平均17 d。

9.2.4 台风型海浪场

虽然黄海受台风影响几率较小，但危害很大。根据1976—1985年资料统计（许富祥，1991），黄海由台风引起波高大于等于4 m海浪过程的频率为1.8%，相当于年平均6 d。台风型海浪场经常造成黄海重大或特大海洋灾害。

9.3 黄海异常严重海浪灾害的个例分析

9.3.1 异常严重台风型海浪灾害分析

这里选0509号“麦莎”强台风为例。

1）0509号“麦莎”台风简况

0509号“麦莎”台风在菲律宾以东洋面生成（2005年7月31日）。8月3日加强为台风，中心附近最大风力为35 m/s。4日加强为强台风，中心附近最大风力为45 m/s。6日“麦莎”台风在浙江玉环县登陆，登陆时中心气压为950 hPa，中心最大风力达12级以上（45 m/s）；7级大风半径为600 km，10级大风半径为200 km。“麦莎”登陆后，强度有所减弱。7日进入安徽省东南部，减弱为热带风暴。同日14时移入江苏省，8日进入山东，中心气压993 hPa，中心附近最大风力25 m/s。8日17时进入莱州湾后向北偏东方向移动，9日在渤海减弱消失。台风移动路径见图9.1a。

2）0509号“麦莎”台风浪简况

0509号“麦莎”台风影响我国近海期间，先后在台湾省以东洋面、东海、黄海形成8～12 m的狂浪和狂涛，渤海形成4～6 m的巨浪和狂浪（图9.1b、c）。东海和黄海出现6～12 m灾害性海浪天数达5 d之久。小麦岛海洋站实测最大波高5.5 m，成山头海洋站实测最大波高5.4 m，北隍城海洋站实测最大波高3.1 m，老虎滩海洋站实测最大波高4.0 m。①

3）0509号“麦莎”台风浪灾害简况

遭0509号“麦莎”台风浪袭击，造成浙江、上海、江苏、山东、天津、河北、辽宁的特大海洋灾害，直接经济损失35.19亿元，死亡7人。其中：江苏省受灾人口4.2万人，农作物受灾面积330 hm^2，海水养殖受损面积0.82×10^4 hm^2；损毁船舶21艘。山东省海水养殖损失6 000 hm^2以上，损毁防潮堤几十千米，损毁船舶多艘；辽宁省海水养殖损失313.3 hm^2，损毁防潮堤4处、渔港5座。

4）0509号“麦莎”台风浪灾害的天气形势特点及海浪特征

该台风有3个特点：①生命史长。从生成到消失共维持198 h。②强度强。4日至6日，为“麦莎”台风最强盛的阶段，中心附近最大风力为45 m/s，中心气压为950 hPa。7级大风半径为600 km，10级大风半径为200 km。“麦莎”登陆后，强度虽有所减弱，但中心附近最

① 国家海洋局东海预报中心。江苏省和上海市海浪灾害现场调查报告。2009。

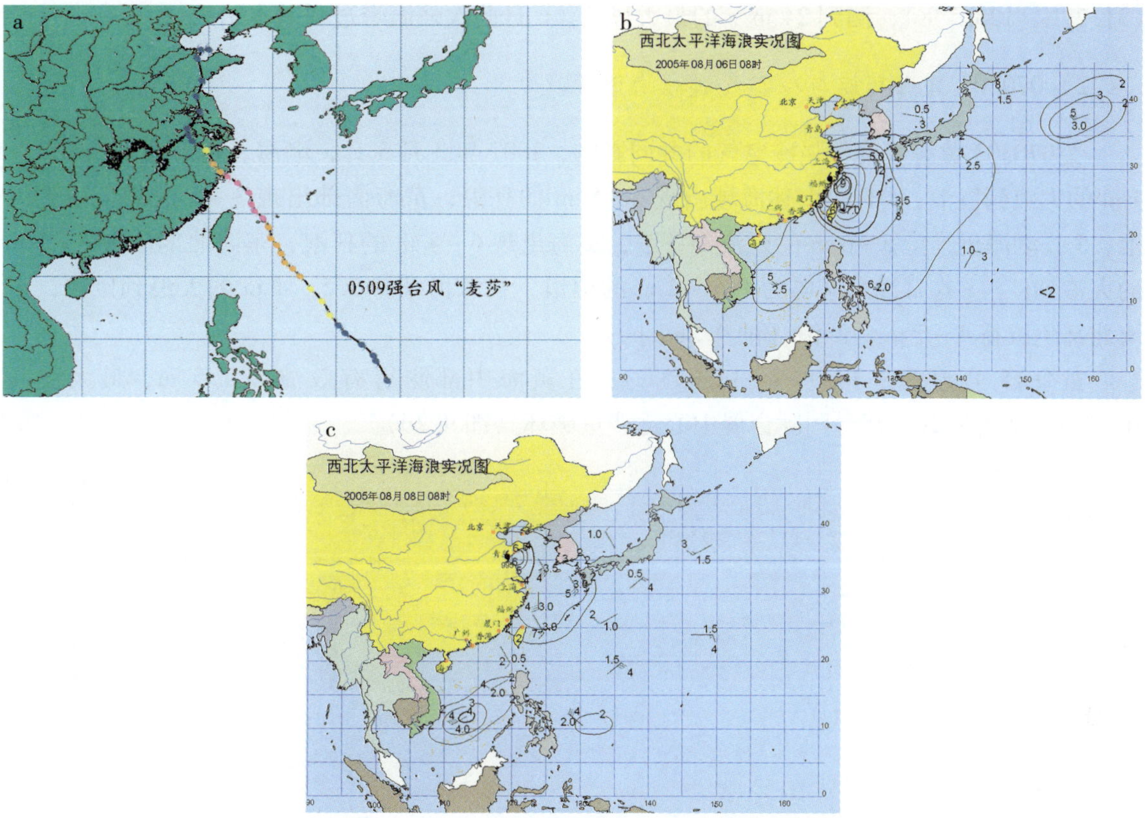

图9.1　0509号“麦莎”台风

a. 台风移动路径；b. 2005年8月6日8时，东海、黄海海浪实况；

c. 2005年8月8日8时，黄海、东海海浪实况

大风力仍达35 m/s。③影响范围广。该台风影响我国近海期间，南北纵跃25个纬度，东西横跨15个经度。我国沿海7个省、市先后造成严重灾害。

0509号“麦莎”台风浪特征：①浪大波高。东海和黄海出现波高8～12 m的狂浪和狂涛，浙江、上海、江苏、山东沿岸海域出现最大波高6.0 m和8.0 m的狂浪。②大浪持续时间长。波高6 m浪持续6 d，10～12 m的狂浪和狂涛持续时间也比较长。③大浪影响范围大。我国沿海省市都遭到4～8 m波高海浪的袭击，造成巨大经济损失和人员伤亡。④“麦莎”台风8月5—9日，正逢天文大潮期。这些都是引发特大海洋灾害的原因。

9.3.2　温带气旋与冷高压配合型海浪灾害分析

造成黄海重大或特大海浪灾害的温带气旋与冷高压配合型的天气形势，主要有二：一是黄海气旋与冷高压配合型；二是东海气旋与冷高压配合型。

9.3.2.1　黄海气旋与强冷空气配合型海浪灾害分析

1）070303温带气旋与冷空气过程天气简况

2007年3月3日，北方强冷空气与黄海气旋配合影响渤海、黄海北部，风力9～11级、阵风12级。4日上午在营口港锚地避风的“滨海109”船测到35 m/s的最大风速。4日17时“明珠”海洋自动观测站（38.4°N，120.1°E），在渤海中南部海面观测到33 m/s的最大风速；4日下午，影响区域逐渐扩展到黄海南部、东海北部；5日，长江口外海的17号浮标

(31.2°N，123.5°E)，测到 24 m/s 的最大风速。6 日此次强温带过程基本结束。

2）070303 黄海气旋与冷空气过程海浪简况

受 070303 黄海气旋与强冷空气的共同影响，2007 年 3 月 3 日，渤海、黄海北部出现 3～4 m 的大浪到巨浪；4 日，上述海域出现 6～8 m 的狂浪，黄海南部出现 3～5 m 的大浪到巨浪；5 日渤海仍维持 5～6 m 的巨浪到狂浪，黄海出现 6～8 m 的狂浪，东海北部出现 3～5 m 的大浪到巨浪；6 日渤海减弱为 1.5～2 m 的中浪，黄海仍维持 2.5～4 m 的大浪到巨浪，东海北部仍维持 4～5 m 的巨浪（图 9.2a、b）。

黄海 15 号浮标（38.0°N，123.5°E），在黄海中部测得有效波高 7.5 m，最大波高 10.9 m。见图 9.2c。烟台国际会展中心遭严重破坏（图 9.2d）。

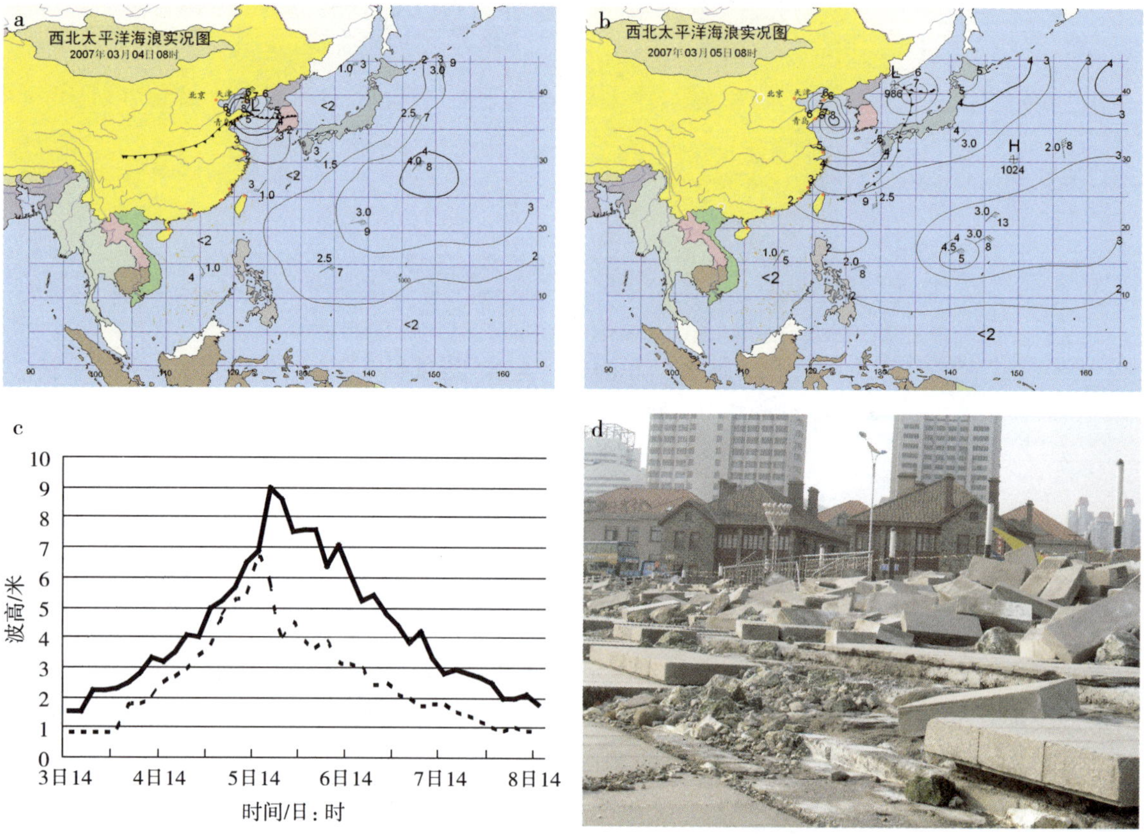

图 9.2　2007 年 3 月 4—5 日，黄海的海浪实况

a. 3 月 4 日 8 时海浪分布；b. 3 月 5 日 8 时海浪分布；

c. 黄海 15 号浮标波高过程曲线；d. 烟台市国际会展中心受灾情况

3）070303 温带气旋与冷空气过程海浪灾害简况

此次灾害性海浪，造成辽宁、山东、天津、河北、江苏、上海 4 省 2 市沿海地区直接经济损失 40.65 亿元，多人死亡，9 人失踪。其中：辽宁省大连市损毁渔船 3 128 艘，损毁渔港长 3.7 km，毁坏养殖浮筏 87 276 台，涉及育苗单位 253 家、加工企业 190 家。造成山东省死亡 7 人，2 000 hm^2 以上虾池、鱼塘冲毁，10 千米防浪堤坍塌，5 艘渔船沉没，损毁船只 1 900 艘。造成江苏省南通市 2 人失踪，1 人受伤。

4）070303 温带气旋与冷空气共同造成海浪灾害天气形势特点及海浪特征

（1）070303 海浪灾害的天气形势特点。

该天气形势为北高南低型（图4.2）。

在070303 海浪灾害期间：渤海、黄海北部，风力达到9～11 级、阵风12 级；“滨海109”船测到35 m/s 的最大风速；“明珠”海洋自动观测站测到33 m/s 的最大风速。

（2）070303 海浪灾害的海浪特征。

该型天气形势影响黄海期间，渤海、黄海先后出现波高6～8 m 的狂浪，辽宁、河北、天津、山东等省（市）沿海先后出现波高4～6 m 的巨浪和狂浪。黄海中部15 号浮标测到波高10.9 m 的狂涛。

9.3.2.2 东海气旋与冷高压配合型海浪灾害分析

1）100309 东海气旋与冷高压过程天气概况

2010 年3 月8 日，北方强冷空气与东海气旋配合影响渤海、黄海，风力达8～10 级、阵风11 级。黄海 Qf101 浮标（38.0°N，123.0°E）实测风速为18 m/s；9 日下午，影响区域逐渐扩展到东海、台湾海峡，东海 Qf202 浮标（31.0°N，121.0°E）实测风速为19 m/s；10 日影响区域扩展到南海北部，8～10 级的大风持续15～30 h（图9.3）。

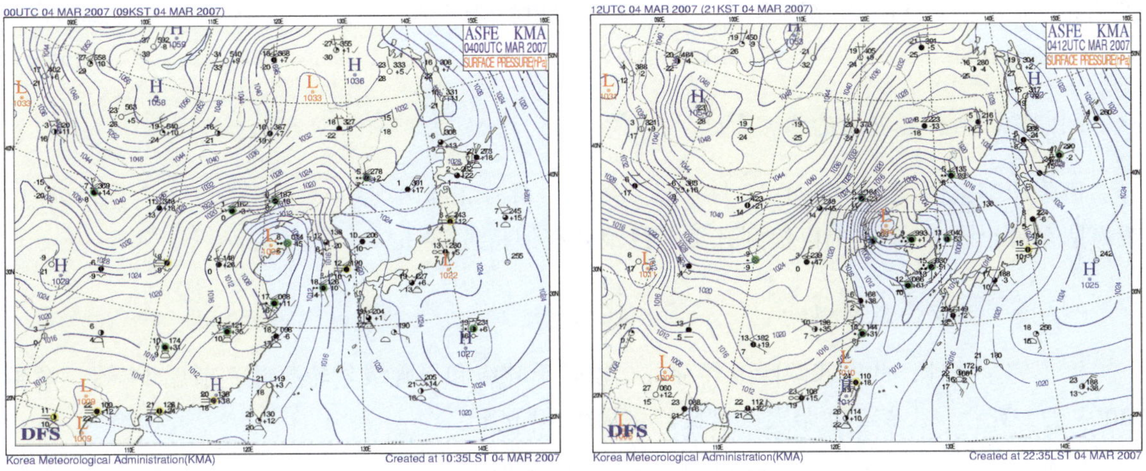

图9.3 东海气旋与冷高压配合型海浪灾害天气形势实况图

2）100309 东海气旋与冷高压过程海浪简况

受100309 东海气旋与冷高压过程的共同影响，2010 年3 月8 日，渤海、黄海北部出现4～5 m 的巨浪；9 日，渤海、黄海、东海北部出现4～6 m 的巨浪到狂浪，9 日夜间渤海仍维持有3～4 m 的巨浪，黄海、东海仍维持4～6 m 巨浪到狂浪；10 日，4～5 m 的巨浪区扩展到台湾海峡和南海北部。东海 Qf202 浮标在长江口外海，实测最大有效波高4.5 m，最大波高6.5 m（图9.4）。

3）东海气旋与冷高压配合型海浪灾害天气形势特点

此种天气形势，基本上仍为南低北高型（参见图4.2）。

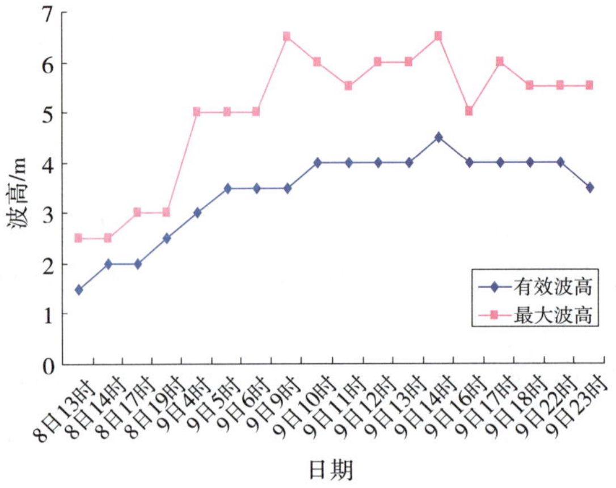

图9.4 东海 Qf202 号浮标（31.0°N，121.0°E）实测波高过程曲线

该型天气形势影响黄海、东海期间，渤海、黄海、东海、台湾海峡和南海北部先后出现波高 4～6 m 的巨浪到狂浪，沿海各省、市先后出现波高 3～4 m 的大浪和巨浪。

9.3.3 951107 强冷空气（寒潮型）海浪灾害分析

1）寒潮型海浪灾害过程的天气简况

1995 年 11 月 6—7 日，北方强冷空气迅速南下。6 日，渤海、黄海、东海先后出现8～10 级偏北大风，阵风 11～12 级。7 日，石岛海洋站和黄海南部一船舶观测，实测风速为 20 m/s，有效波高 5.0 m。

2）寒潮型海浪灾害的海浪简况

遭强冷空气侵袭，1995 年 11 月 6 日，渤海、黄海北部出现 4～5 m 的巨浪；7 日，渤海、黄海、东海出现 4～7 m 的巨浪到狂浪。巨浪和狂浪持续 24 h。

3）寒潮型海浪灾害简况

据不完全统计，此次寒潮巨浪共翻沉、损毁千吨级和万吨级货轮 3 艘，驳船 14 艘，渔船 270 多艘，死亡、失踪 220 余人，直接经济损失 10 亿元。

4）寒潮型海浪灾害的天气形势特点

寒潮型海浪主要发生在隆冬季节。该天气形势下的高空，一般存在华北冷涡或很深的东亚大槽。地面天气形势为贝加尔湖以南、我国西北、蒙古至我国华北、东北地区，由冷高压所控制。强冷空气南下时，冷空气南方，江淮和黄淮地区、长江中下游地区，没有明显的气旋型低压。冷锋和等压线的走向呈 NE—SW 向（图 9.5）。北方强冷空气来势迅猛，南下速度极快，很容易发生重大和特大海浪灾害。当冷锋东移，强冷空气（寒潮型）海浪灾害天气形势影响黄海、东海期间，渤海、黄海、东海、台湾海峡先后都会出现波高 4～8 m 的巨浪和狂浪。

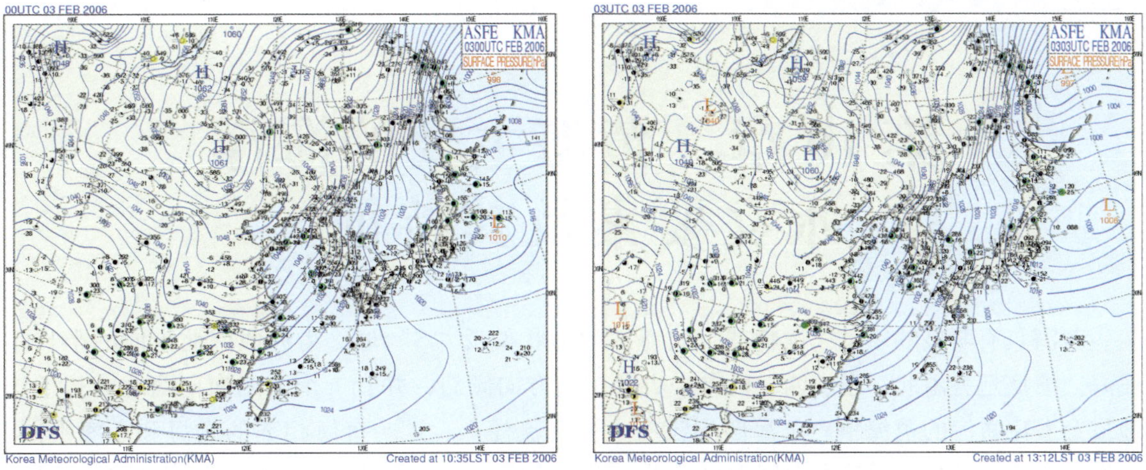

图 9.5　强冷空气（寒潮型）海浪灾害天气形势实况图

第 10 章　黄海主要的海洋水文要素及其特征*

黄海具有明显的季风气候特征。该海区的形状似反“S”形，为近似南北走向的半封闭浅海。海底地势由北、东、西三面向中央及东南方向倾斜，并有 1 个由东南向西北的长条洼地贯穿着南黄海的黄海槽。黄海四周没有大的河流注入，这与黄海相邻的渤海和东海不同。黄海的海流流系是：暖流在海区中央北上，沿岸流沿东、西两岸南下。这样的海区自然环境，致使黄海的温度、盐度、密度的分布与变化，既不完全相同于渤海的特征，也不相同于东海的特征，而是有它独有的分布与变化规律。

10.1　海水温度

10.1.1　海水温度的分布

图 10.1 和图 10.2 分别为黄海水温的断面分布和垂直分布，与图 5.1 和图 5.2 组合起来，基本上反映了黄海水温分布的立体结构。

冬季（2 月）　从表层到底层，皆有 1 支高温水舌，自济州岛西南海域向西北伸展，沿途再转向北上，进入北黄海，在那里再折西进入渤海海峡。这就是传统观念的黄海暖流及其余脉的路径。反映在水温、盐度的平面分布图上，表现为高温水舌和高盐水舌的伸展。或者说，高温水舌和高盐水舌的伸展，近似地看作为黄海暖流及其余脉的象征或标志。高温水舌中央水温明显高于两侧，温度由暖水舌舌尖向两侧和由南向北逐渐递减。黄海西侧山东半岛北岸的低温水，绕过成山角南下进入南黄海，并在乳山、海阳近海形成低温区。低温水沿 40 ~50 m 等深线南下与苏北沿岸水汇合，在 32° ~33°N 附近转向东南流入东海，前锋可达 30°N 附近。在它的右侧，受黄海暖流西伸的作用，因而在长江口以北海域，等温线分布出现 S 状的扭曲现象。黄海东侧的低温沿岸水，顺东岸南下至济州海峡附近。这就是冬季黄海水温平面分布的基本格局。黄海表层水温在 0 ~13 ℃之间。其中：北岸海域为 0 ~2 ℃，岸边出现负温，有结冰现象。西岸的为 2 ~5 ℃，东岸的为 3 ~7 ℃，东岸水温高于同纬度的西岸水温。黄海中央暖水舌区，水温在 3 ~12 ℃之间。在垂直方向上，因海面冷却、对流混合强，出现海面到海底为均匀一致状态（图 10.1 和图 10.2）。在 2 月的水温断面图上（图 10.1a），尽管水温呈现均匀状态，但仍有明显的地区差异：断面中央（123°30′E 附近）为暖水（ >7 ℃），这就是黄海暖流流经之处的高温暖水舌；断面东侧水温次高，为 5 ~6 ℃；断面西侧水温最低，为 3.5 ~4 ℃。

春季（5 月）　因沿岸水温升温比远岸和海区中央的要快，致使冬季以高温暖水舌伸展为主体的现象消失，代之而起的为水温随纬度增加而递减的分布形式，并有冷水区和冷中心出现（图 5.1b）。此时表层水温在 11 ~18 ℃之间，水平分布比较均匀。与冬季相比，北黄海

* 本章编写人：孙湘平。

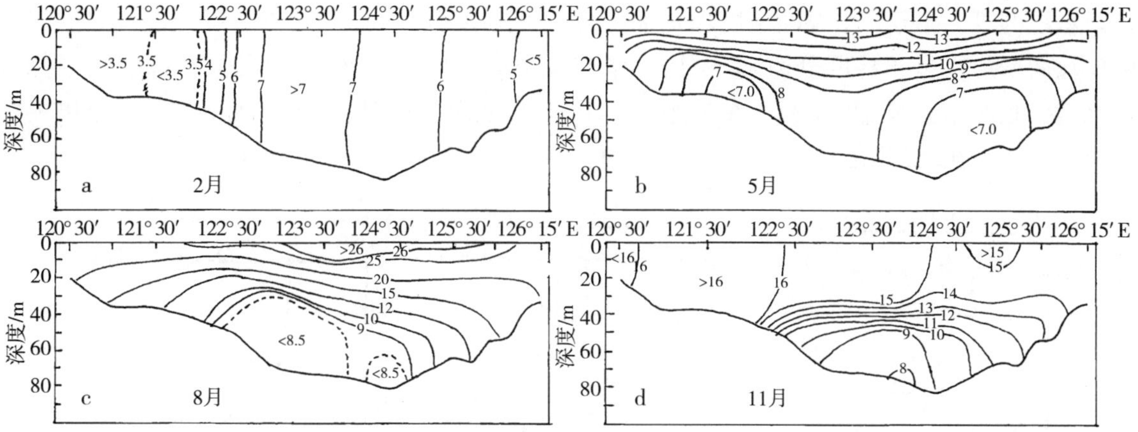

图 10.1　黄海 36°N 断面的水温分布（Yong，et al，1998）

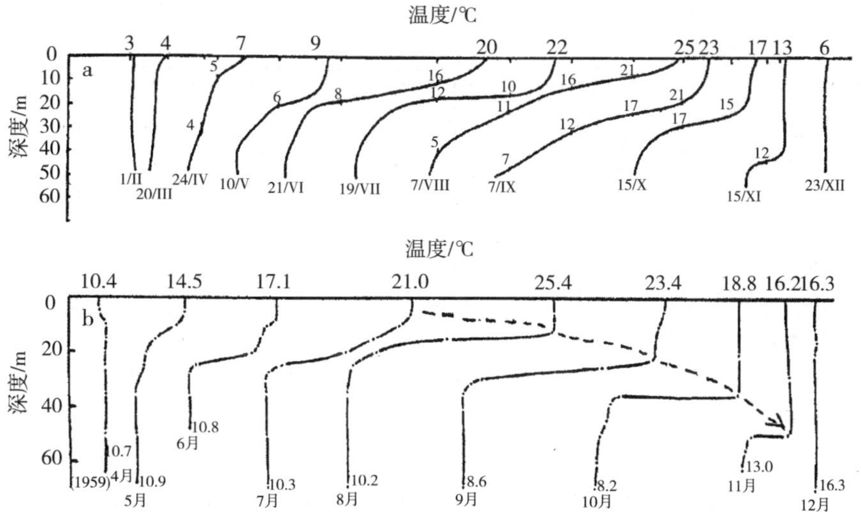

图 10.2　黄海水温垂直分布的逐月变化①②

a. 北黄海；b. 南黄海

升温 4 ~ 12 ℃，南黄海升温 6 ~ 8 ℃。江华湾、大黑山岛和成山角附近出现的小冷区，可能与强潮混合、深层水涌升有关。在垂直方向上，因表层增温快，深层增温慢，出现明显的分层现象：表层水温在 13 ℃左右；深层水温为 7 ℃；在 5 ~ 20 m 之间，出现弱的温跃层。在断面图上，温度分布呈现为马鞍形状，两端上跷，中间下沉。上跷处，上均匀层变薄；下沉处，上均层变厚。由于近岸下层增温和黄海暖流的北伸，在断面图的温跃层以下的东、西两侧，出现两个闭合的冷水块。冷水块像两个铁锅似的倒扣在海底斜坡上（图 10.1b）。因分层显著，底层水温分布与表层的不同：前者呈一闭合的冷水块，盘踞在整个黄海的深处（图 5.2）。该冷水块有两个冷中心：一个在北黄海西侧，另一个在南黄海西北侧，中心温度分别为 5 ℃和 7 ℃，比周围温度低 3 ℃和 5 ℃。这就是黄海冷水团。

通常，水温的垂直分布是由表到底呈递减的趋势。但在南黄海西部，34°00′ ~ 37°30′N，124°E 以西海域，水温的垂直分布有时出现“中层冷水”现象（中国科学院，1979；邹娥梅等，2001；于洪华等，1995）。中层冷水指该水层水温较其上、下层水温为低的那部分水体。

① 沈鸿书，毛汉礼。渤海及北黄海西部的基本水文特征。海洋科学集刊，1965，01 号，1 - 22。

② 杨殿荣主编。海洋学。北京：高等教育出版社，1986。

在该水层的以上部分，水温随深度增加而降低（负梯度分布）；而其以下部分，水温则随深度增加而增加（呈正梯度分布）。中层冷水与鱼类洄游以及声波的传播等密切相关，因此，很早就引起海洋工作者的重视。在黄海，于4—6月期间，在20～30 m水层内，水温出现如图10.3所示的中层低温水。中层冷水现象在“908”专项调查中也得到证实。

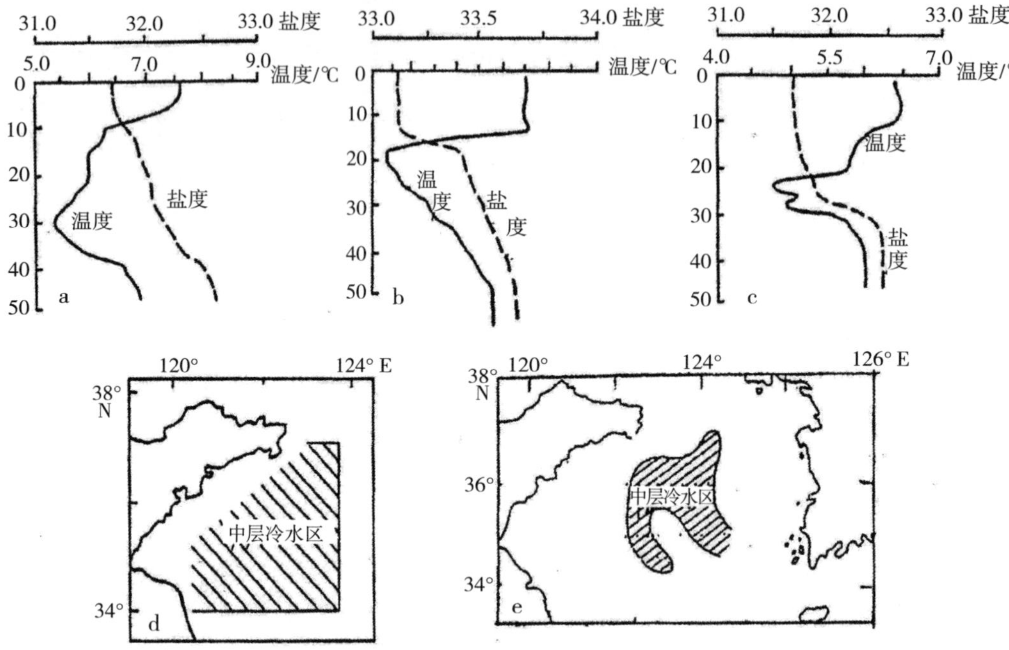

图10.3　南黄海的中层冷水现象（丁宗信，1994；苏纪兰，2005）

a、b、c. 温度、盐度垂直分布；d. 为春季出现中层冷水的海域范围；e. 夏季中层冷水出现的海域

夏季（8月）　黄海表层水温在23～26 ℃之间，地区差异仅3 ℃左右。但水温的平面分布，出现表、中、底三层结构（图5.1和图5.2）。表层，高温水舌伸展不太显著，除苏北一带浅水区外，总的形势是，沿岸低且出现冷水块、海区中央高，北黄海比南黄海低。有几处局部的小冷水块，分别出现在成山角、江华湾、大黑山岛附近，低温中心在23 ℃以下。Lü等（2010）对黄海表层冷水块的形成机制进行了探讨，潮致混合形成温度锋面，所诱生的压强梯度力驱动的次级环流产生了温度锋面区的上升流。上升流和垂向混合本身均能够将中下层冷水带到表面，二者的共同作用形成了黄海夏季表层的冷水块结构。中层，如20 m层，在北黄海和南黄海西北侧，出现一个范围较大、等温线密集的闭合冷水块；并存在多个冷中心，中心值在10 ℃、9 ℃和12 ℃以下，比冷水块的外围温度低8～10 ℃。底层，整个黄海几乎被深层冷水盘踞，四周温度高、中央温度低，等温线密集，水平梯度大，形成很强的海洋锋。冷中心值在7 ℃或8 ℃以下，比冷水团外围温度低10～15 ℃。这就是夏季底层的黄海冷水团。如果取12 ℃等温线为代表，则它所盘踞的范围，约为5个纬距和4.5个经距。在垂直分布上（图10.1c和图10.2），表现出很强的分层现象。海水呈三层结构：上层温度高，为25～26 ℃，因湍流混合而呈均匀一致状态，称上均匀层；下层为深层冷水（黄海冷水团），等温线分布也比较均匀；中间（5～20 m）层，为垂直梯度较强的温跃层。因跃层的屏障作用，太阳辐射无法向下传递，使下层海水在较大程度上保留了冬季的特性，上、下层温差达17～18 ℃之多。由此看出，黄海冷水团的特点是温差大，无论水平方向和垂直方向都如此。在南黄海，中层冷水不仅在春季出现，在夏季，同样有中层冷水出现（图10.3e）。丁宗信（1994）认为，南黄海出现中层冷水的原因，是黄海暖流水向北扩展和冷暖水沿 σ_t 面相互侵

入的结果。比较图 10.3 d 和 e 后可知，南黄海中层冷水，春季在西侧，夏季平移到海区的中央。t. Nakao 指出，在 1968 年冬季，南黄海东侧的韩国西岸近海，也有中层冷水存在。说明南黄海的中层冷水，是随季节而由西向东移动的。黄海夏季的温度垂直结构，上层受波浪混合控制，下层受潮流混合控制（乔方利等，2004）。

秋季（11 月） 尤其沿岸地区，降温速度比海区中央的要快。此时表层水温基本上随纬度增高而递减，等温线分布比较均匀。北黄海水温为 12 ~ 13 ℃，南黄海为 14 ~ 19 ℃。底层水温分布仍维持夏季底层的面貌，但冷水团的范围已大减，冷中心已由夏季的北黄海移至南黄海的中央，冷中心值仍在 8 ℃左右。因沿岸降温迅速，黄海冷水团等温线分布比夏季的要稀疏一些，水平梯度也减小。黄海底层水温在 8 ~ 16 ℃之间，冷中心与周围温差为 6 ~ 8 ℃。在垂直分布上（图 10.1 和图 10.2），海水的三层结构形式已进入衰减阶段。上均匀暖水层已下沉至 30 m 左右处；温跃层梯度减弱；深层冷水范围收缩，仅盘踞在黄海洼地附近；冷中心值仍在 8 ℃左右。黄海的这种海水垂直向的三层结构，在 5—6 月形成，7—8 月最盛，9 月开始衰减，一直可持续到 11 月（图 10.2）。上均匀层距海面深度，以 6—7 月最浅，随着时间的推移而增厚，至 11 月下沉到 50 m 处。到了冬季，因强烈的对流混合使海水呈均匀一致状态，水温垂直分布的三层结构消失。图 10.2 清晰地表明水温垂直梯度的发生、发展和衰消过程。

由此可见，黄海水温的分布特征，也可归纳为冬季型、夏季型和过渡型 3 种。

冬季型出现在 12 月至翌年 3—4 月，持续时间为 4—5 个月。特点是：水温为全年最低，等温线密集，高温水舌的伸展扮演了主要角色，由济州岛西南海域沿黄海中央北上，进入北黄海后折西进入渤海；水温垂直分布为上下一致的均匀状态。

夏季型出现在 6—8 月，以 7—8 月最为典型。特点是：水温为全年最高，表层水温地理分布较为均匀；深、底层均被黄海冷水团所盘踞，水温垂直分布出现较强的层化现象，呈现为三层结构形式。

过渡型发生在 4—5 月和 9—10 月的季节交替时期：春季为增温期，秋季为降温期。特点是：温度状况多变不稳定。

10.1.2 海水温度的变化

黄海中央水温日变化较小，岸边的日变化较大。北黄海比南黄海的要大，冬季水温日变化较小，而夏季的较大。黄海的水温日变化也可归纳为 3 种类型①：

（1）由太阳辐射为主导致的表层水温日变化。太阳辐射的日变化，必然要影响气温、表层水温的日变化。表层水温的最高值和最低值出现的时间，基本上与气温同步或略有迟后。据文献（汤明义，1987）的记载，北黄海表面水温最高值出现在 14 时 12 分 ~ 16 时 15 分之间，最低值发生在 05 时 21 分 ~ 06 时 07 分之间；南黄海表面水温最高值出现在 14 时 45 分 ~ 15 时 53 分之间，最低值发生在 05 时 26 分 ~ 06 时 48 分之间。

（2）由内波引起的中层水温日变化。在夏季海水层化的温跃层区，因内波的振动，会造成温度剧烈的日变化。水温日变化大的层次，发生在中层，如 10 m 或 20 m 层且不规则（图 10.4a）。该海区中层水温的日变化，基本上随着温跃层的形成、强盛和消失的消长过程而演变（邱道立，1992）。以黄海冷水团区域最为典型，那里曾出现过最大水温日变值达14.5 ℃。

① 国家科委海洋组海洋综合调查办公室编。全国海洋综合调查报告，第二册，1964。

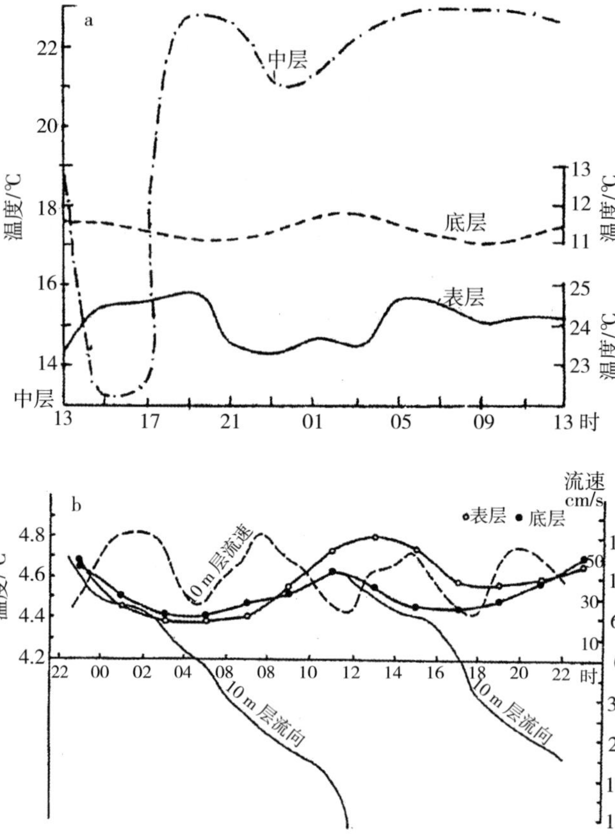

图 10.4　黄海南部水温日变化

在图 10.4a 中，由内波引起的水温日变化幅度达 10 ℃之多（李繁华等，1989）。

（3）由潮流引起的水温日变化。图 10.4b 是冬季的一次调查结果，表明温度日变化和潮流的流向变化是对应的。涨潮时，海水向西北流动，外海水流入，使温度升高；落潮时，海水向东南流动，海水向外海流去，温度降低。海水的最高温度和最低温度，发生在潮流流速为最小的时刻①。

据邱道立（1992）统计，黄海北部：表层水温日变化幅度在 0.50～2.06 ℃之间；10 m 层水温日变化幅度在 0.39～3.60 ℃之间；底层水温日变化幅度在 0.36～1.55 ℃之间。黄海中南部：表层水温日变化幅度在 0.46～1.23 ℃之间；10 m 层水温日变化幅度在 0.39～1.57 ℃之间；底层水温日变化幅度在 0.31～0.62 ℃之间。也就是说，黄海北部的水温日变化，要大于黄海中、南部的水温日变化。

图 10.5 列出黄海 4 个测站水温年变化的实例。由图 10.5 可获得以下几点：①各站的表层水温年变化基本相同，非常规则，表明表层水温受太阳辐射的影响很大。深层、底层水温的年变化曲线，规律性差。②每个站各层最低水温出现的时间基本相同。如 35 站，各层最低水温出现在 2 月；54 站各层最低水温出现在 2—3 月；98 站各层最低水温发生在 3 月；到了 313－09 站，各层最低水温发生在 3—4 月。这是由于冬季对流混合最强，有时可达海底，所以最低水温出现的时间几乎是同时发生。③各站表层最高水温出现的时间，都在 8 月。但表层以下各层出现最高水温的时间，却随深度的增加而向后推迟，表、底层最高水温出现的时

① 国家科委海洋组海洋综合调查办公室编。全国海洋综合调查报告，第二册，1964。

间可相差1～3个月。这是由于夏季，水层稳定，对流作用较弱，热量由表层向深层传递要有一个过程。深度越深，热传导时间也越长，从而深、底层最高水温的到来时间，就随深度增加而推迟，发生迟后现象。Dai等（2006）利用简化的一维数值模式，基于实际的温度时间演化反演出垂向混合强度，表明0～15 m的上层混合比下层强一个量级以上，浪潮流耦合数值模式能够模拟出黄海底层水温达到最高温度的时间比表层滞后3～4个月这一现象。④4个站最低水温出现的时间，似乎是由北向南推迟的。⑤表层水温的年变幅值为，35站为25 ℃左右，54站为24 ℃，98站为18 ℃，313－09站为14 ℃。也就是说，黄海表层水温的年变化值，是由北往南逐渐递减的。水温年变幅等值线的走向，大体与等深线的走向一致（李凤岐等，2000）。⑥各站水温的年变化幅度，以表层为最大，年变幅是随着深度的增加而减小。

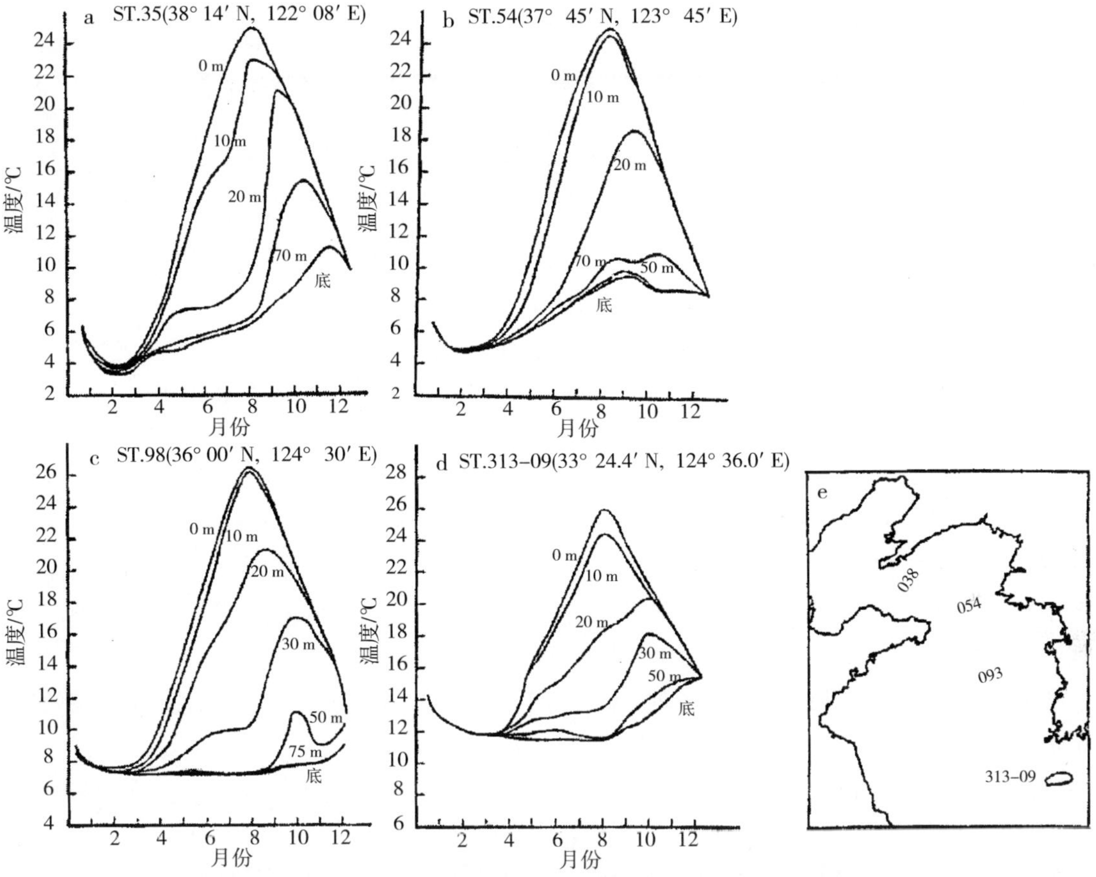

图10.5 黄海几个测站的水温年变化（Yong, et al, 1998）

a、b、c、d. 分别为4个测站的水温年变化曲线；e. 4个测站的地理位置示意图[①]

因各年的气候条件不同，导致水温也存在明显的年际差异。图10.6为黄海表面水温旬平均距平的多年变化曲线。由图10.6可见，北黄海，10年期间有两次偏暖期和一次偏冷期。偏暖期分别在1978—1979年和1983—1984年，偏冷期约在1976—1977年间。如按两个偏暖期之间的时段来估计，那么北黄海的海面水温有6年左右周期的趋势变化（汤明义等，1987）。南黄海，也有像北黄海那样的趋势变化周期。此外，南海、北黄海在这种长趋势的变化上，还叠加了一系列长短不等的小波动。如，2～3个月、3～4个月、5个月、6～8个月的周期变化。

① 以下记述盐度、密度年变化的4个站例，均为相同站，可以进行比较。

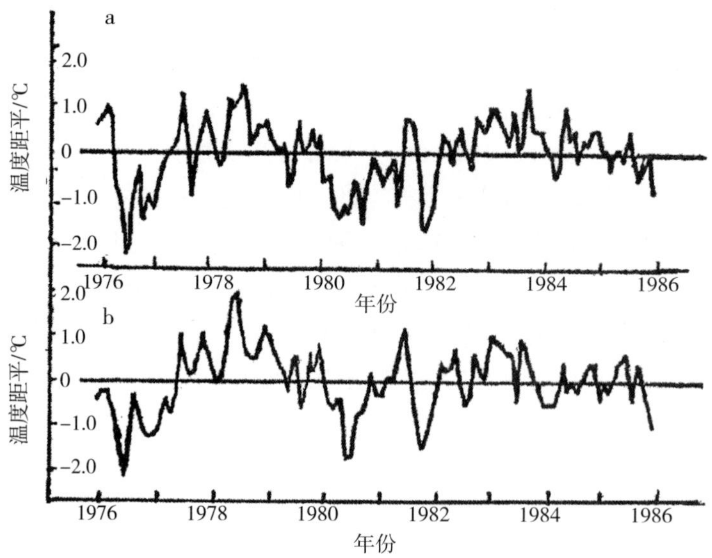

图 10.6　黄海表面水温旬平均距平的多年变化（汤明义等，1987）

a. 北黄海；b. 南黄海

10.2　海水盐度

就最近的 160 年来讲，黄海没有大的河流流注入海，从而在黄海境内没有大的河口三角洲；反映在盐度分布上，没有显著的江河入海的冲淡水现象。这是黄海的盐度分布与渤海、东海、南海的不同之处。

10.2.1　海水盐度的分布

黄海，除东北角和西南角盐度较低外，盐度分布比较均匀，其平面分布十分有规律，几乎终年都有一支由南向北的高盐水舌存在。盐度值由南向北逐渐递减。这种分布形势，从表层到底层大体相似，只不过盐度值随深度增加而增加。

冬季（2 月）　强劲的偏北风，使沿岸流南下势力有所增强。与此同时，作为补偿流，黄海暖流的高盐水体，北上势力也相应增强。一支高盐水舌贯穿黄海的中央，从表层到底层，自济州岛以西海域，先向西北方向伸展，然后转为北向进入北黄海，再折西达渤海海峡口附近（图 5.6a）。这支高盐水舌的轴线，大体反映了黄海暖流的位置。高盐水舌的西侧是低盐水。冬季南黄海表层盐度在 31.0 ~ 34.0 之间，且东岸盐度比西岸同纬度的略高一些。北黄海表层盐度在 31.0 ~ 32.0 之间。山东半岛沿岸、辽南沿岸和西朝鲜湾的盐度在 31.0 以下。盐度的垂直分布（图 10.7a 和图 10.8a），都呈现为上、下一致的均匀状态。但在 36°N 断面图上有两点值得记述：①断面中部 123° ~ 125°30′E 之间，盐度在 32.5 以上，高于断面的东、西两侧。这种中部的高盐水，便是黄海暖流水。②断面东侧的海水盐度比西侧的高 1.0 左右。

春季（5 月）　表层盐度平面分布形势大体与冬季的相似，但相同的等盐线位置有所外移，向外海退缩。如北黄海，32.0 等盐线的高盐水舌，原在渤海海峡口附近（2 月），现在已退缩到北黄海中央。在南黄海济州岛以西海域，冬季存在 34.0 等盐线高盐水舌，现在已不复存在，取而代之的为 33.0 等盐线高盐水舌，34.0 等盐线已退缩到济州岛以南海域（图 5.6b）。春季，北黄海的表层盐度在 29.0 ~ 32.0 之间，其中，辽南沿岸的为 29.0 ~ 31.0，比冬季的下降了 2.0 ~ 3.0。南黄海表层盐度在 30.0 ~ 33.0 之间，下降了 1.0 ~ 2.0。尤其是长江口以北海域，降盐较多。在垂直分布方面，冬季时的上、下均匀一致状态遭到破坏，代之

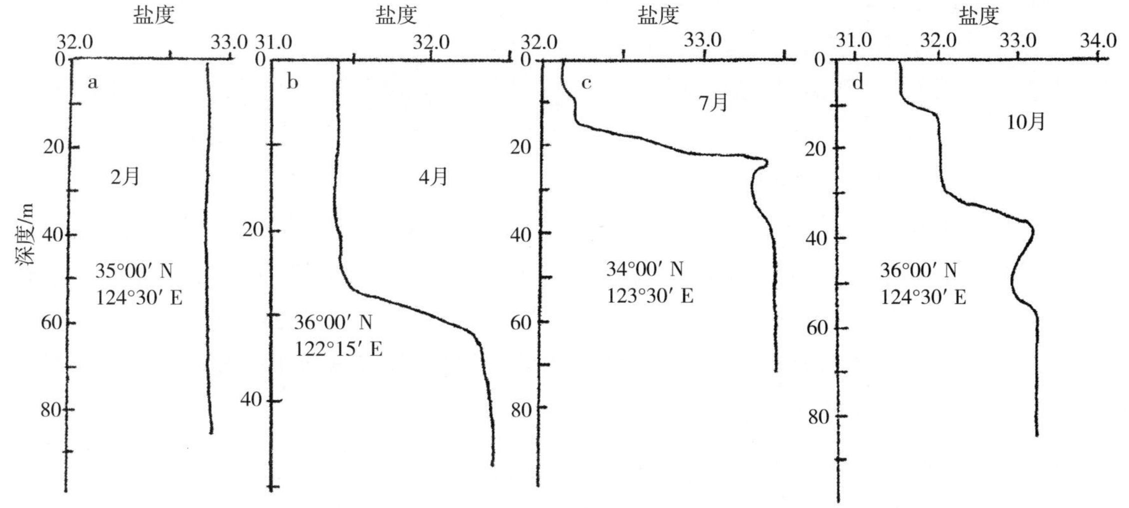

图 10.7 盐度的垂直分布举例（郭炳火等，2004；李繁华等，1989）

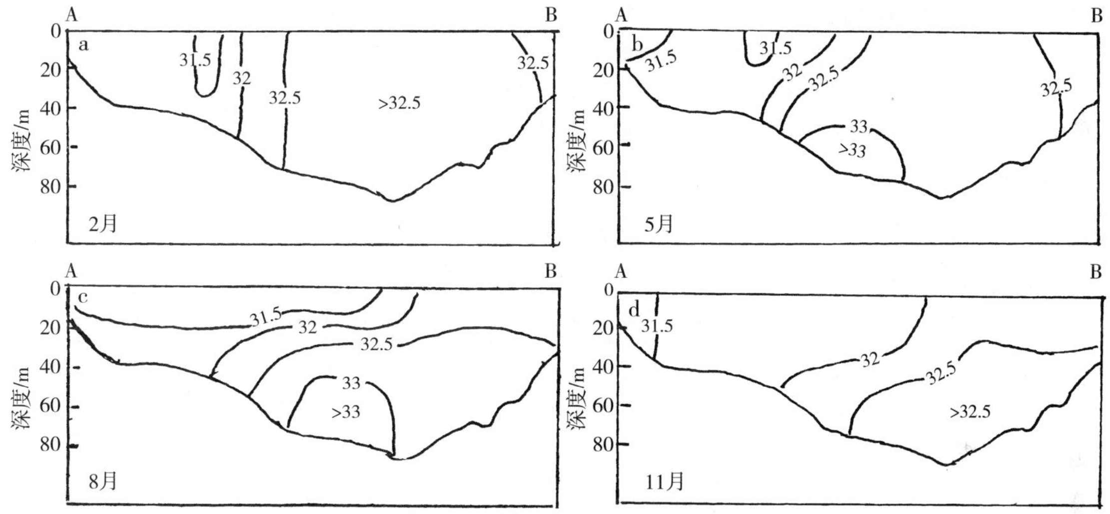

图 10.8 黄海 36°N 断面盐度分布（Yong，et al，1998）

而起的是出现盐度较弱的层化现象（图 10.7b）。由于受风的搅拌作用，使表层将形成一个均匀的上均匀层，在图 10.7b 中，上均匀层的深度达 20 m 左右。在 36°N 断面图（图 10.8b）上，出现 3 种不同的盐区：中部为高盐区，盐度大于 32.5，尤其是在 122°30′～123°30′E 之间的 50 m 以深水层，出现盐度为 33.0 的闭合区，这就是黄海冷水团的核心部分。断面东段为次高盐区，盐度为 32.5 左右；断面西段为低盐区，盐度为 31.0～32.0 之间。

夏季（8 月） 表层盐度降至全年最低（图 5.6c）。北黄海表层盐度在 28.0～31.0 之间，比春季下降了 1.0 左右。此时 32.0 等盐线已消失，其位置被 31.0 等盐线所取代。南黄海表层盐度在 29.0～32.0 之间，下降了 2.0 左右。尤其是苏北沿岸至长江口一带，降盐更为明显，并出现长江冲淡水的扩散水舌，指向济州岛方向。盐度在 28.0～30.0 之间。但在底层，黄海中部仍保持较高的盐度，大部分海域的盐度在 32.5～33.5 之间，显然，这是冬季残留下来的海水。在垂直分布方面（图 10.7c、图 10.8c），与春季相比有较大的差异：①夏季因水层稳定，风的搅拌作用减弱，使上均匀层变薄，在图 10.7c 例子中，上均匀层仅为 10 m 左右。②盐度的垂直梯度比春季的要强，海水分层现象明显，出现三层结构形式，上均匀层、盐跃层和下均匀层。③在 36°N 纬向盐度断面图上，位于黄海的低洼深处，出现半圆形向上凸起的高盐核，盐度大于33.0。它像个锅倒扣在黄海低洼深处的海底上。把图10.7c与图5.3c联系起来可知，这时的黄海冷水团，正发展为鼎盛时期。

秋季（11月） 黄海表层盐度普遍上升，尤其是黄海的东侧，升盐显著。此时黄海表层盐度介于31.0~33.0之间（图5.6 d）。其中：北黄海在31.0~31.5之间，南黄海在31.0~33.0之间。与夏季的相比，表层盐度上升了0.5~3.0，尤以长江口东北海域和辽南沿岸海域，盐度上升最多，上升了3.0左右。秋季黄海表层盐度平面分布的最大特点是，地区差异小，盐度地理分布均匀，是四季盐度平面分布最均匀的季节。在垂直方向上（图10.7d和图10.8d），盐度的垂直梯度减小，上均匀层加深，逐渐趋于上下均匀一致状态。11月，黄海盐度的垂直分布基本与冬季的相似。36°N盐度断面图表明，黄海高盐水的高盐核向东侧移动，黄海东侧盐度，高于西侧盐度为1.0左右。

总的来讲，黄海的盐度分布类型与温度的相似，也存在冬季型、夏季型和过渡型（春、秋季）3种。

10.2.2 海水盐度的变化

海水盐度也存在着显著的日变化、季节变化和多年变化。

据李繁华等（1989）的分析，黄海盐度的日变化幅度，在0.09~0.45之间。其中：表层为0.11~0.45范围内，底层在0.09~0.30范围内。

从资料分析可知，黄海的盐度日变化也可分为不规则类型、内波效应类型和潮效应类型3种。

不规则类型（图10.9a）的盐度日变化特点是：各层的盐度日变化都比较小，变化没有规律可循，杂乱无章。一般都出现在盐度垂直分布呈均匀状态的季节，如冬季、初春和秋季。

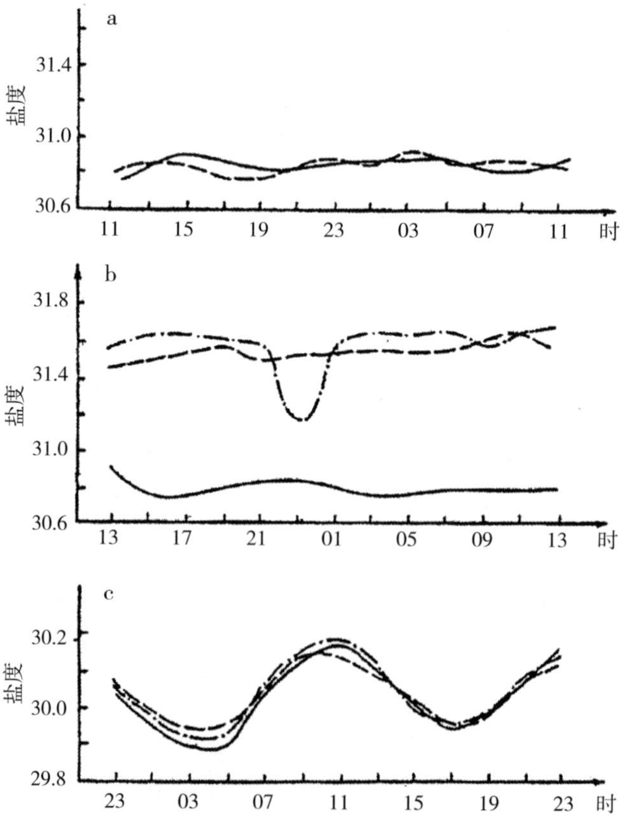

——表层，一·一· 中层，- - -底层。

图10.9 黄海盐度的日变化举例（李繁华等，1989）

内波效应类型（图 10.9b）的日变化特点是：表、中、底各层盐度的日变化不同步，表层和深层的盐度日变化比较平缓，日变化小；而日变化剧烈的发生在次表层或中层。这种现象多出现在春末和夏季，此时盐跃层已形成或处于盐跃层强盛期，在跃层的上、下界，昼夜垂直振动明显－内波作用，造成剧烈的盐度日变化。这种类型的日变化多发生在远岸或海区中央。

潮效应类型（图 10.9c）的日变化特点：盐度日变化比较剧烈，表、中、底三层的日变化非常规则，大体具有潮汐周期的特点。一昼夜内盐度出现两次最大值和最小值，尤其表层，日变化最大。在该例中，最大值出现在 11 时和 23 时，最小值发生在 4 时和 16 时，周期为 12 h 左右。与半日潮流周期相接近。

这里也取黄海中央 4 个测站的例子（图 10.10），来记述海水盐度的年变化。由图 10.10 可看出以下特征：①各站的表层盐度年变化比较规则，基本上是具有年周期的特点，即一年之内有一个最大值和一个最小值。最大值都发生在冬季的 1 月、2 月；最小值出现的时间随地点而异。北黄海盐度最小值出现在 6—7 月，南黄海的发生在 8 月或 8—9 月，也就是说，黄海表层盐度最小值出现的时间，是由北往南逐渐落后的趋势。②各站和各层次，盐度的最大值出现的时间都是同步的，均发生在冬季 1—2 月。但盐度最小值出现的时间十分复杂。如 313－09 站，最小值出现的时间是随深度的增加而推迟的，但其他各站无规律可循。③各站盐度年变幅最大发生在表层，随着深度的增加，盐度年变幅也逐渐变小。④4 个站比较，盐度年变化值以 313－09 站最大，表层年较差达 4.0；54 站的最小，表层盐度年较差为 1.25。

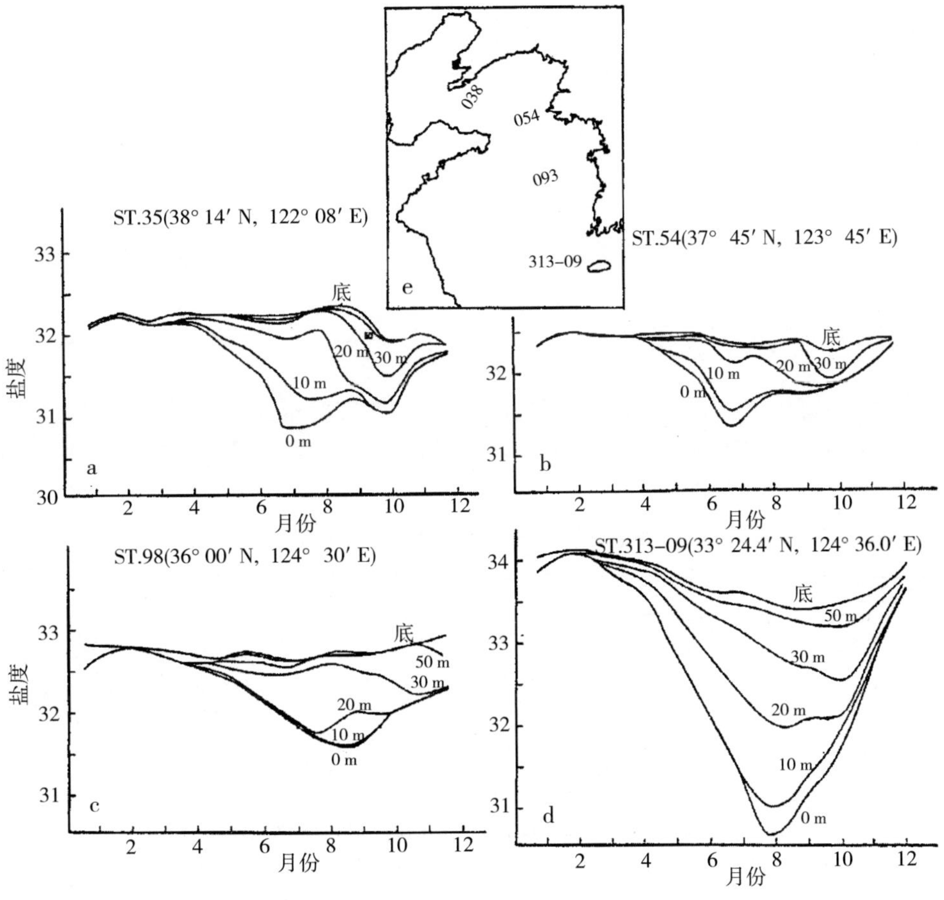

图 10.10 黄海几个测站的盐度年变化举例（Yong，et al，1998）

陈冠贤（1991）指出，黄海表层盐度的年变幅在0.45～4.5之间。其中：黄海北部、山东半岛南岸近海的最小，在0.5～1.0之间；黄海中部及南部的暖流区，盐度年变幅在1.0～3.0之间；黄海西南部，受长江冲淡水影响，盐度年变幅在2.0～4.5之间。

10.3 海水密度

10.3.1 海水密度的分布

冬季（2月） 是海水密度最高的季节。此时，黄海的表层密度在24.5～25.5之间，密度的地区差异小，分布很均匀，是全年密度平面分布最为均匀的季节（图5.12a）。其中：北黄海表层密度在25.0～25.5之间；南黄海的在24.5～25.5之间，除苏北沿岸密度较低，其值小于24.5～25.5外，其余的都在25.0～25.5范围内。表层密度的分布形势大体与同期盐度分布的比较接近，有一高密度水舌由南黄海南部向西北偏北方向伸展，进入北黄海后折西，其前锋可达渤海海峡口附近。冬季密度的垂直分布比较简单，无论是单站垂直分布（图10.11）或断面分布（图10.12a），都表现为垂直均匀一致的状态，上、下水层几乎呈一条直线。但在36°N断面图上清晰表明，断面东侧的密度，略高于断面西侧的密度。

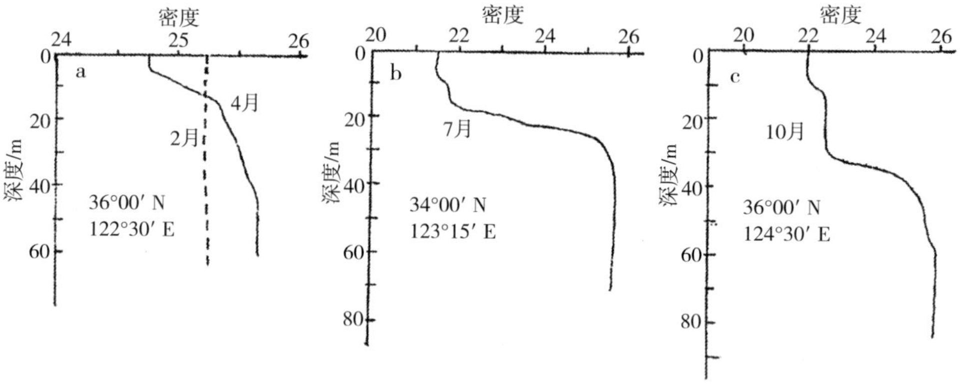

图10.11 黄海海水密度垂直分布举例（郭炳火等，2004）

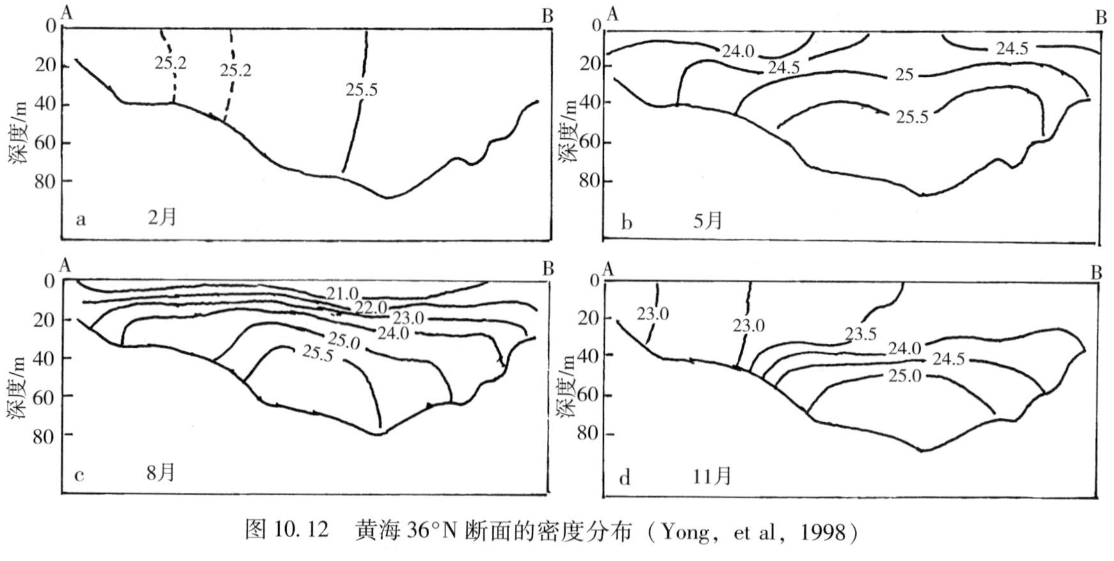

图10.12 黄海36°N断面的密度分布（Yong, et al, 1998）

春季（5月） 是降密季节。与冬季相比，黄海表层密度普遍下降了1.0～3.0。其中：

辽南沿岸下降了 2.0～3.0；黄海西岸的山东半岛沿岸和苏北沿岸，下降了 2.0；长江口东北海域下降了 2.5；黄海中部和东部，下降了 1.0～1.5。此时，黄海表层密度在 22.0～24.5 之间（图 5.12b）。其中：辽南沿岸为 22.0～23.5 之间，山东半岛沿岸为 23.0～23.5 之间，苏北沿岸在 23.0 左右，长江口东北在 22.0～23.0 之间，黄海中部和东部在 24.0～24.5 之间。春季密度分布的特点是，24.0 的高密水域控制了黄海的中部和东部，并有几个闭合的高密中心，中心值在 24.5 以上。黄海西侧沿岸和辽南沿岸为低密区，尤其以辽南沿岸和长江口东北海域，密度均在 22.0 以下。底层密度的分布形势与表层的稍有不同，前者以高密水舌清晰为主要特色，水舌自济州岛西北向北伸展，其前锋可达渤海海峡口附近，水舌中央密度值在 25.5 以上。另外，苏北沿岸和辽南沿岸为低密区，密度值分别在 23.0 以下和 24.0 以下。在垂直分布方面，4 月在黄海已有微弱的密跃层迹象，强度很弱，还达不到密跃层的标准。到了 5 月，36°N 断面图上出现分层现象，上层为相对低密的上均匀层，深底层为相对高密的海水，其等密度线像“马鞍形”或锅状倒扣在海底的洼地上，两边靠岸的地方，还出现向上跷起（上拱）的趋势（图 10.12b）。

夏季（8 月） 是全年表层密度最低的季节。此时，黄海表层密度在 18.0～20.5 之间。其中：辽南沿岸在 18.0～20.0 之间。苏北沿岸在 19.0 左右。长江口东北海域在 18.0～18.5 之间。黄海中央在 20.5 左右。黄海东岸的江华湾至大黑山群岛一带，密度最高，达 21.5～22.0（图 5.12c）。与春季相比，夏季黄海表层密度下降了 3.0～4.0。其中：辽南沿岸下降了 4.0；苏北沿岸下降了 3.0；长江口东北海域的下降了 4.0；黄海中央及东部海域，下降了 2.0～4.0。中层（以 20 m 层为例）的密度分布（图略），与同期同层的水温分布相似。在北黄海和南黄海西北侧，出现一个范围较大、等密度线密集的闭合高密水块，高密水块中心位于成山角外海，中心密度值为 24.5。在这高密水块的东南侧，有一个闭合的低密水块，低密中心值为 22.0。另外，在苏北启东嘴外，为另一个低密区，密度值为 21.0～22.0 之间。8 月底层的密度分布（图 5.13b），与 8 月底层的水温分布极为相似。整个黄海底层，被一闭合的椭圆状的高密水块所盘踞，四周密度低、中央密度高，等密度线密集，水平梯度大。高密中心值在 25.5 以上，比外围的等密度线高 5～6 kg/m^3。在垂直分布上，表现出很强的分层现象，海水密度分布呈三层结构形式：上层密度低，为 20.5～21.5，因湍流混合呈现均匀一致状态，称上均匀层。下层为高密度水块（黄海冷水团），密度大，中心值为 25.5 左右。中间（10～20 m）层为密度跃层，强度在 0.2～0.4 g/m^4 之间（陈达熙，1992）。

秋季（11 月） 是增密季节。与夏季相比，黄海表层密度升高了 3.0～5.0。其中：辽南沿岸升密 4.0～5.0；苏北沿岸升密 3.0；长江口东北海域升密 4.0～4.5；黄海中央和东部升密 3.0～3.5。此时，黄海表层密度在 22.0～23.5 之间（图 5.12d），等密度线分布比较均匀，但舌状伸展不明显。底层密度分布与表层的稍有不同，主要表现在高密水舌的伸展成为其主要特征（图 5.13c）。密度值在 22.5～25.0 之间，24.0 等密度线的水舌前锋可达渤海海峡口附近，而南黄海西侧密度较低，为 22.5～23.0 之间。在垂直分布方面，与夏季相比，有 3 点变化：①上均匀层明显下沉，由原来的 5～10 m 下沉到现在的 25～30 m；②密跃层强度减弱，由夏季的 0.2～0.4 kg/m^4减为现在的 0.1 kg/m^4之间（陈达熙，1992）；③深层高密水块的范围明显收缩，仅盘踞在黄海的洼地附近。

由此可见，黄海密度的分布特征，也可归纳为冬季型、夏季型和过渡型 3 种类型。冬季型出现在 12 月至翌年 4 月，持续时间为 4—5 个月。夏季型出现在 6—8 月，持续时间为 3 个月。过渡型发生在 4—5 月和 9—11 月的季节交替时期。

10.3.2　海水密度的变化

黄海海水密度的日变化，也具有3种类型：

（1）不规则类型的密度日变化。特点是没有规律，密度日变化十分复杂，各层次出现的最大值和最小值无任何联系，密度日变化也比较显著（图10.13a）。

（2）由内波引起的中层密度的日变化。特点是密度日变化大的水层，并不发生在表层和底层，而是出现在中层，且不规则（图10.13b）。这是由于密跃层形成后，在跃层附近出现内波，内波引起跃层垂直位移的缘故。在黄海，密跃层于4—5月形成，7月、8月最强，9月以后逐渐消失。因此，该海区中层密度的这种日变化，基本上是随着密跃层的形成、强盛和消失而演变。

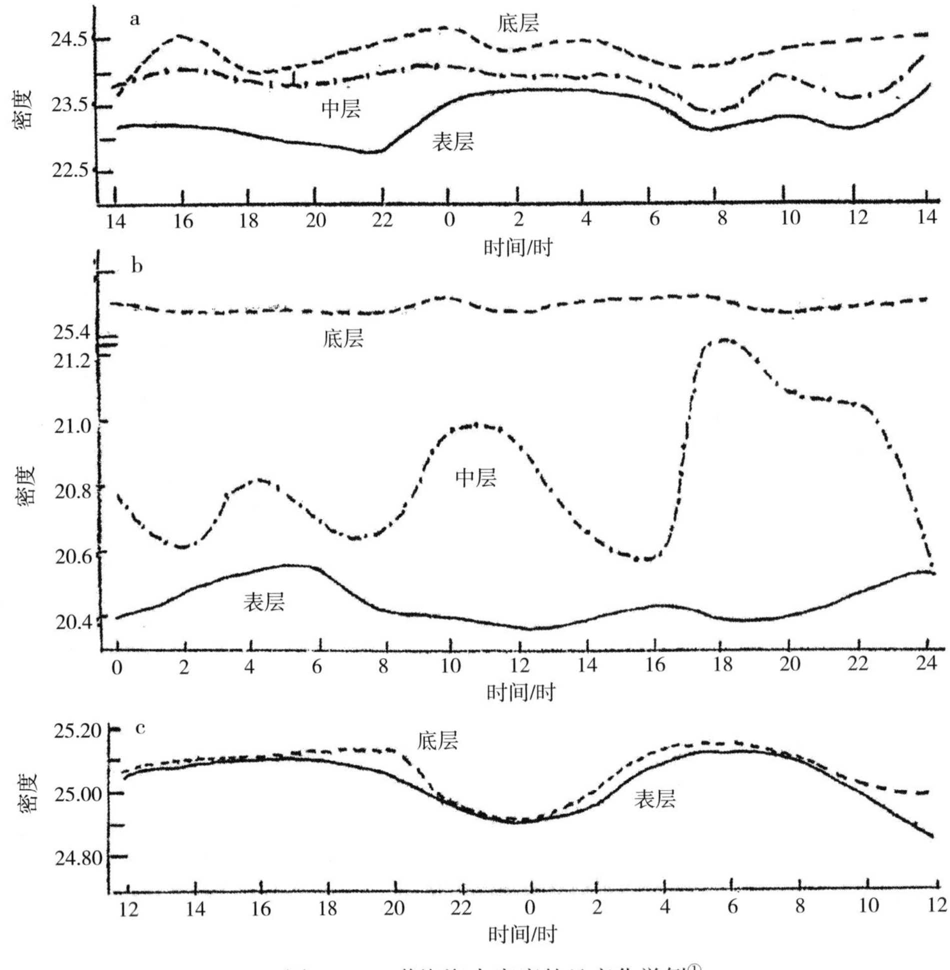

图10.13　黄海海水密度的日变化举例①

（3）由潮流引起的密度日变化。特点是，表、中、底各层的日变化非常规则，大体具有潮周期的特点（图10.13c）。

由于密度是温度、盐度的综合效应，则密度的年变化可能比单纯的温、盐度的年变化要复杂。这里也取4个测站的实例（图10.14）来分析，可获得以下认识：①各站表层密度的年变化都比较规则，具有年周期的特点。最大值出现在2月，最小值发生在8月。年较差都

① 国家科委海洋组海洋综合调查办公室编。全国海洋综合调查资料。1964。

比较大，如35站的密度年较差为6.0左右；54站的为5.0左右，98站和313.09站的分别为5.5和6.0左右。②除黄海最南端的313－09站外，3个站各层次的密度最大值都是同步出现的；但最小值发生的时间，却随深度的增加向后推迟，表、底层最小值出现时间可相差2～3个月。③各站的密度年变化幅度，都是由表层向下而逐渐递减的，表层的年变幅大、深层的小。④把图10.14与图10.5和图10.10相比较，便可看出：313－09站的密年变化曲线，与该站的盐度年变化曲线比较相似，而与该站的温度年变化曲线相差甚远。而其余3站（35站、54站和98站）的密度年变化曲线，与盐度年变化曲线无明显的共同点，而与温度的年变化曲线正好相反。表明这3站的密度年变化主要取决于温度的年变化。

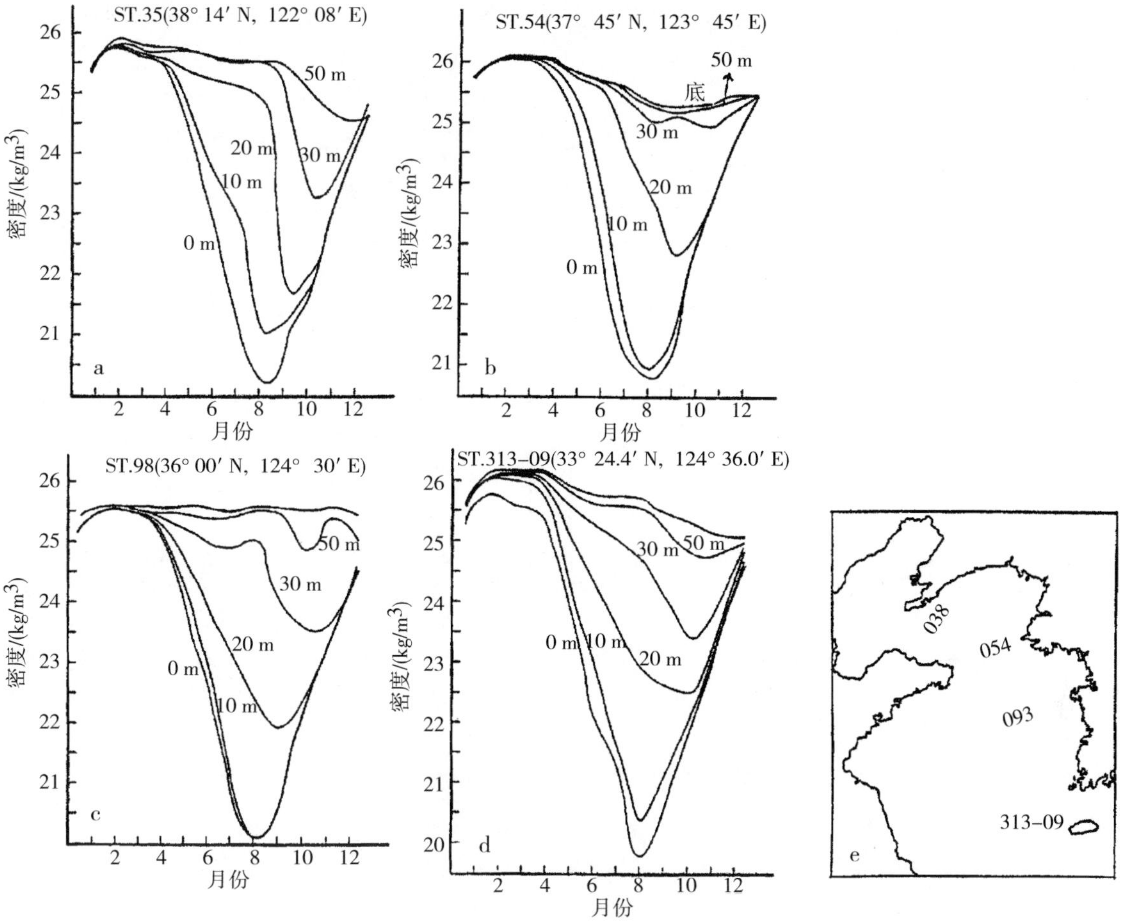

图10.14 黄海几个测站的密度年变化（Yong, et al, 1998）

10.4 水团

在黄海，只存在沿岸水系和混合水系，而无外海（黑潮）水系。沿岸水系是由江河入海的淡水与海水混合而成，主要分布在河口附近海域，占有一定的空间。黄海的沿岸水系由辽南－西朝鲜湾沿岸水、鲁北沿岸水、苏北沿岸水、江华湾沿岸水和长江冲淡水组成。

混合水系是对马暖流水进入陆架后与当地海水混合后，在当地的水文气象条件下形成的混合水团。在黄海，属于混合水系的水团有：黄海水团、黄海冷水团和黄海暖流水团。冬、夏两季黄海的水团平面分布如图10.15所示。

辽南－西朝鲜湾沿岸水 是由鸭绿江、大洋河、大同江等入海河流的径流与海水混合而成的水体。分布在辽南沿岸、西朝鲜湾一带，20～30 m等深线以浅海域（中国科学院《中国

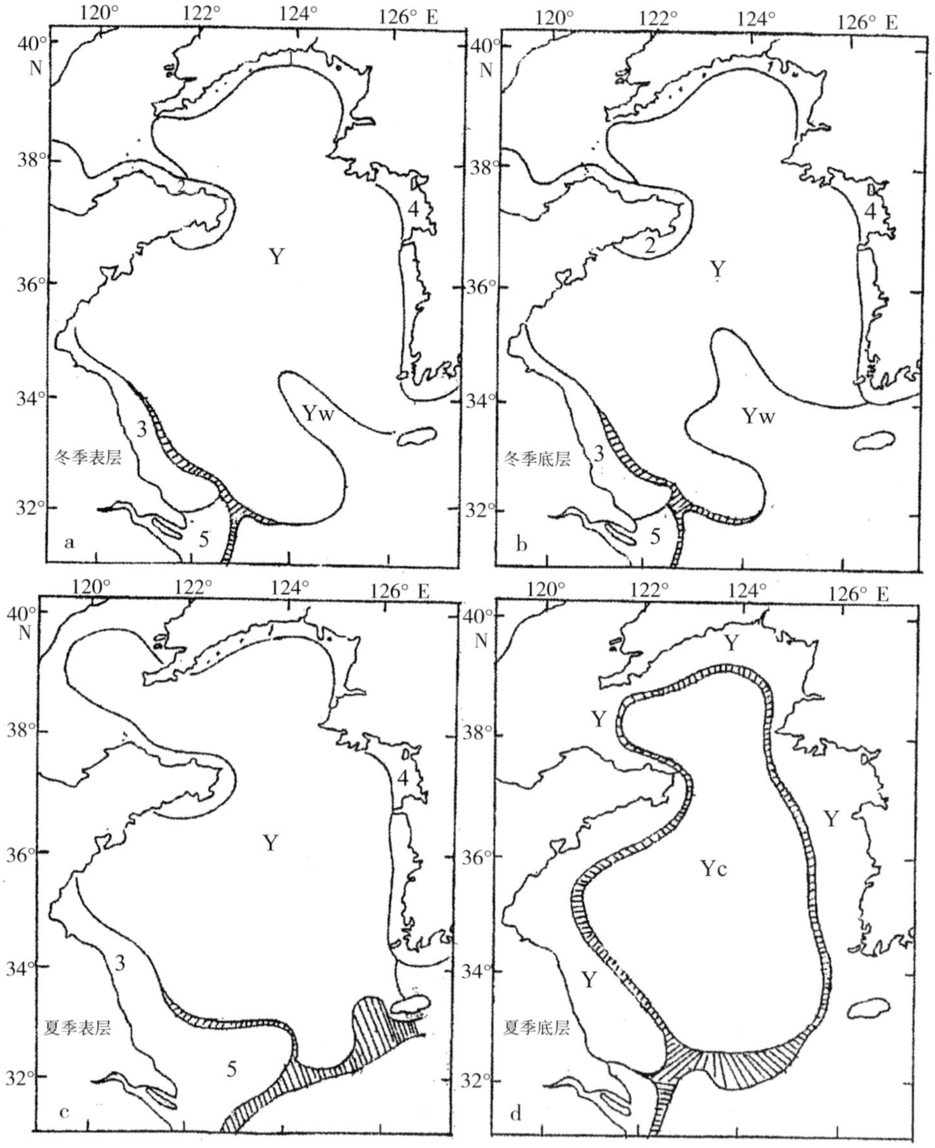

1. 辽南－西朝鲜湾沿岸水；2. 鲁北沿岸水；3. 苏北沿岸水；4. 江华湾沿岸水；
5. 长江冲淡水；Y. 黄海水团；Yc. 黄海冷水团；Yw. 黄海暖流水团，影线区－混合带

图 10.15　冬、夏季黄海的水团分布示意图［根据陈冠贤（1991）、李凤岐等（2000）、苏纪兰（2005）、中国科学院“中国自然地理编委会”（1979）、孙湘平（2006）等综合］

自然地理》编委会，1979；李凤岐等，2000）。其外侧与黄海水团毗邻，但温、盐度比黄海水团的要低。该沿岸水势力的强弱与江河入海径流、季风等有关。冬季，黄海盛行偏北风，使沿岸水向东伸展，在西朝鲜湾占据较大的空间；水温在 －1～3 ℃之间，盐度为 31.0 左右。夏季，黄海多吹偏南风，又正值江河径流丰沛季节，使沿岸水向西伸展，有时可达大连湾附近。此时温、盐度分别为 24～25 ℃和 25.5～29.0（李凤岐等，2000；中国科学院《中国自然地理》编委会，1979）。

鲁北沿岸水　主要指渤、莱（渤南）沿岸水的冬季型而言。秋季 10 月至翌年 4 月，渤、莱沿岸水受强劲的偏北风影响，顺山东半岛北岸自西向东伸展，尤其以 12 月至翌年 3 月东伸最强，可绕过成山角而南下至石岛、乳山湾一带，且表、底层的分布范围大体相同。该沿岸水以低盐为主要特征（李繁华等，1989），表层盐度在 27.63～31.84 之间，底层盐度在

28.66～31.93之间。表、底层水温分别为－0.45～2.20 ℃和－0.44～2.25 ℃之间。该沿岸水的另一个特点是，溶解氧含量特别高，平均为8.24～8.30 mL/L（李繁华等，1989）。

苏北沿岸水 是由江苏北部沿岸的灌河、灌溉总渠、淮河入海口、射阳河等江河入海径流与海水混合而成的水体，分布在海州湾到长江口以北的苏北沿岸20～30 m等深线以浅海域。其东侧与南侧分别与黄海水团、长江冲淡水为邻。由于苏北沿岸海底平坦，水浅、多沙洲、暗滩，故苏北沿岸水的水平范围较大。该沿岸水的特点（毛汉礼等，1996；中国科学院“中国自然地理编委会”，1979；李凤岐，2000）：①温、盐度的变化范围较小，水质比较均匀，无跃层出现。②沿岸水的地理位置比较稳定，冬、夏季季节差异不显著。③冬季，该沿岸水具有低温特征，苏北沿岸水的水温比黄海水团的约低5 ℃，为3～6 ℃；盐度在31.25左右。夏季，苏北沿岸水具有高温特征，表面水温达28 ℃，比黄海水团的水温高1～2 ℃；盐度为30.5左右。④苏北沿岸水受潮流和风混合显著，沿岸水的厚度自表层可达海底。

江华湾沿岸水 主要由汉江等江河入海的径流与海水混合而成的水体。分布在朝鲜半岛西岸江华湾至鞍马群岛一带。由于朝鲜半岛西岸江河入海的径流不大，且沿岸岛屿众多，地形复杂，该沿岸水范围限于30 m等深线以内海域。其温、盐度变化范围在4～25 ℃和29.0～31.0之间（李凤岐等，2000）。冬季，在偏北风的影响下，该沿岸水沿海岸南下可达罗州群岛附近；夏季，由于黄海水团的扩展和偏南风的缘故，该沿岸水聚留在江华湾及外烟列岛一带（孙湘平，2006）。

黄海暖流水团 系对马暖流进入陆架海域后部分高盐水与黄海水团混合而成的变性水团，具有次高盐和温度季节变化显著的特点（陈冠贤，1991）。秋季，该水团在黄海水团南部的前沿处开始形成，温度为17.5～23.0 ℃，盐度为32.5～33.5。到了冬季，因海面冷却，盛行偏北风，对流、涡动混合都强，使该水团在东海西北部占据范围较大，表、底层的范围大体相当。其温、盐度分别为8.5～15.0 ℃和32.5～34.0（陈冠贤，1991）。春季，因表层海水增温降盐，海水出现分层现象，温、盐度的垂直结构产生变化，使该水团的上层范围开始缩小；而深底层，由于黄海冷水团向东海北部扩展，因此，黄海暖流水团被迫而南退。春季该水团的温、盐度分别为12.5～17.0 ℃和32.5～33.7。到了夏季，海水增温－降盐最强，更重要的是受长江冲淡水的排挤，黄海暖流水团大部分被并入黄海水团中，少部分被演变成混合带（陈冠贤，1991）。

黄海水团 是进入大陆架的外海混合水与当地海水混合而形成的水体，盘踞在黄海以及渤海和东海北部的部分海域。其主体部分位于南黄海和北黄海的中央（中国科学院“中国自然地理编委会”，1979）（图10.15）。该水团的最大特点是（陈冠贤，1991）：水团的体积存在明显的季节变化，冬季最大，夏季最小，春、秋季居中。黄海水团的上层，终年都占据广阔的海域，其水平分布范围各季略有不同。而深底层的分布范围存在明显的季节差异，冬季，与上层一样，几乎遍及整个海域。到了夏季，黄海水团的深底层潜伏着黄海冷水团。从而在断面图上出现两个水团：上层为黄海水团盘踞，深底层为黄海冷水团盘踞。这样一来，黄海水团的体积在夏季为最小。春季为黄海冷水团的生成期，秋季为黄海冷水团的衰消期，故春、秋季的黄海水团的体积介于冬、夏季之间。黄海水团的均一性和保守性都比较差，具有明显的混合水团的特征。从地区差异来看，温差大、盐差小。由于黄海水团盘踞的跨度较大，南北地区温差为3～27 ℃，而盐度差为1.0～2.0。从温、盐要素的年变幅来看，也是温差大，盐差小。表层温度变化在1.5～27 ℃之间，温差在25 ℃以上；盐度为30.3～32.9，盐差为2.0～3.0。黄海水团的温、盐垂直结构随季节而异：冬季，整个水团呈垂直均匀一致的状态；

夏季，因增温主要在表层，出现上、中、下三层的分层现象。黄海水团的温、盐特征：水温，冬、夏季分别为2～9 ℃和22～27 ℃；盐度，冬、夏季分别为31.5～33.0和30.0～31.5（李凤岐等，2000）。

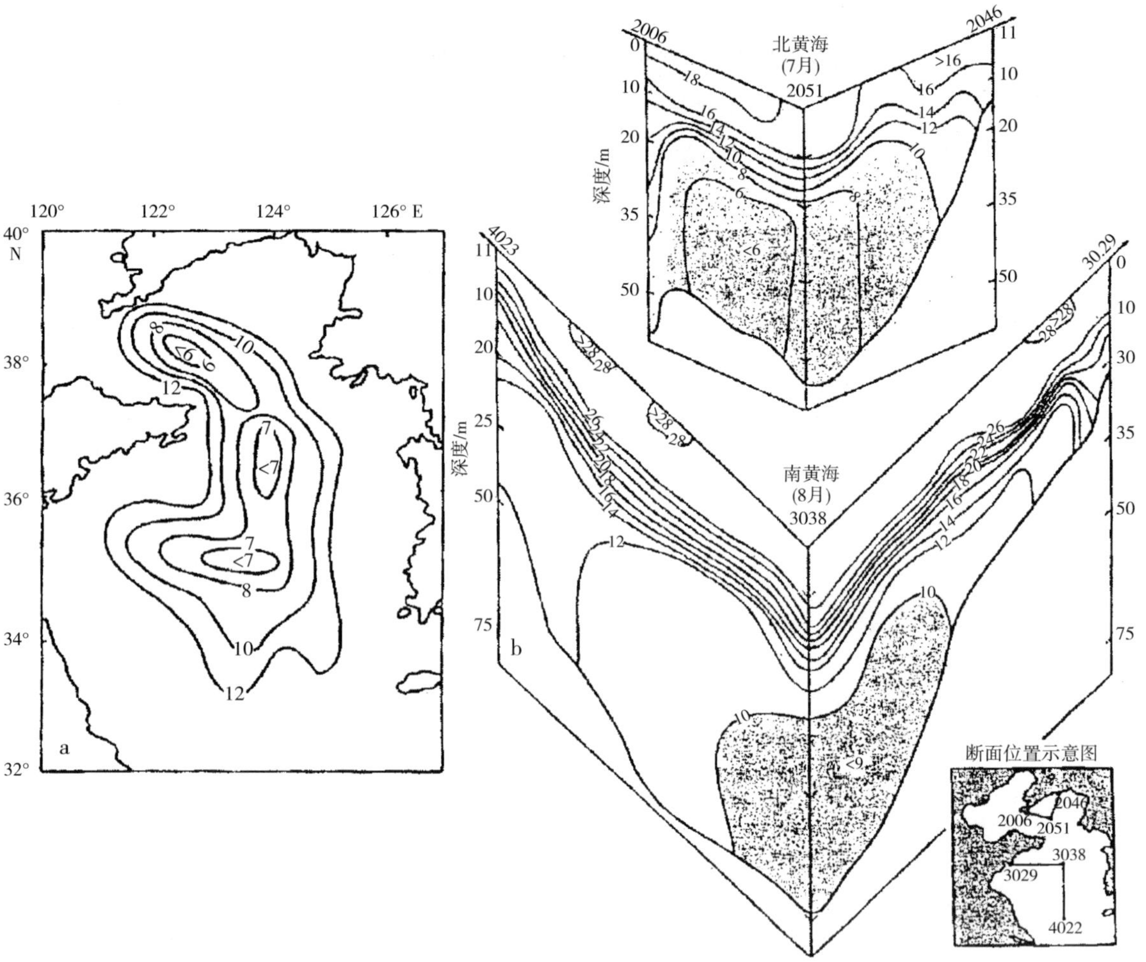

图10.16　黄海冷水团的平面分布（a）与垂直结构（b）[①]（赫崇本等，1959）

a. 黄海底层水温（℃）平面分布（多年平均）；b. 黄海几条断面上的水温（℃）分布

黄海冷水团　特别是北黄海冷水团，是中国近海浅海水文中最突出的现象之一。暖半年黄海冷水团位于黄海水团之下，潜踞（伏）在黄海20 m以下的深底层。黄海冷水团的范围，通常是在底层或深层水温平面分布图上，取10 ℃或12 ℃等温线所包络的面积为例（图10.16a）。如取10 ℃等温线为其边界，则它大致盘踞在50 m等深线以深的黄海低洼地区（赫崇本等，1959；Kondo，1985），东、西约跨4个经度，南、北约占5个纬度（翁学传等，1988）。除山东半岛附近海域冷水团的边界较为稳定外，其他海域冷水团的边界都有较大的年际差异。这种差异，南黄海的比北黄海的要大，中层（如30 m层）又比底层的要大（翁学传等，1988）。黄海冷水团呈圆顶状分布，其水平范围随深度的增加而增大（李繁华，1989），它的厚度呈四周薄、中央厚。从而在侧面方向看，像个锅倒扣在海底洼地处（图10.16b），并具有多个冷中心。有些年份为2个冷中心，有些年份为3个冷中心。还有些年份，黄海冷水团分裂为两个部分，分别单独存在于南黄海和北黄海（翁学传等，1988）。

---

① 《中国大百科全书》（大气　海洋　水文卷），1987：502。

从黄海冷水团的温、盐度指标（表10.1）看出，黄海冷水团的特点是，温差大（5～17 ℃）（毛汉礼等，1996），盐差小（1.0左右），以低温为主要标识的水体（管秉贤，1963）。毛汉礼等（1996）还指出，黄海冷水团和上层水的交界处（温跃层下界）附近，溶解氧饱和度特别高。

表10.1 黄海冷水团的温、盐度指标①

代表月	北黄海		南黄海	
	温度/℃	盐度	温度/℃	盐度
5	5.5～6.7	32.00～32.50	8.7～9.0	32.50～33.60
8	6.0～9.5	32.50～32.70	6.8～10.0	32.60～33.50
11	7.5～10.8	31.80～32.70	7.5～10.1	32.70～33.10

黄海冷水团只有在增温季节，相对于变性剧烈的上层水体和周围的沿岸水团才能显示出来。冬季（12月至翌年3月），外来的高盐水伸入黄海后，上层首先急剧降温，强烈的对流混合可达海底，使上下水层呈均匀一致状态（图10.1a）。入春以后，表层增温显著，海水垂直分布出现分层现象，存在上均匀层、下均匀层和中间温跃层（图10.2b）。此时，黄海冷水团首先在黄海中部底层开始出现，随着时间的推移，黄海冷水团的势力逐渐增强，并从黄海中部向四周发展。到了夏季，表层海水升温达最高，海水三层结构最强，温跃层之上为高温、低盐上均匀层，温跃层附近稳定度大，抑制了海水的上、下对流，起着屏障作用，使温跃层以下的海水基本上保持冬季遗留下来的低温、高盐性质，成为低温的下均匀层。这部分海水停留在黄海的深、底层，其密度比周围的大，比较稳定，这就是"黄海冷水团"或叫"夏季黄海深层冷水"。7月、8两月，黄海表层水温达25～26 ℃，而深层水温仅5～7 ℃，垂直向温差达20 ℃之多（图10.1c和图10.16）。在水平方向上，冷中心与岸边温差达12～15 ℃，使其边界形成较强的温度锋。夏季，整个黄海和东海北部的部分深、底层海域，均被这一低温冷水所控制。分布形势：以低温为中心，向四周递增的同心闭合椭圆状的密集等温线所笼罩着，最低值出现在北黄海的西侧。这就是黄海冷水团的鼎盛时期。到了秋季，偏北风兴起，表层海水降温增密，对流混合增强，使温跃层强度减弱，跃层深度增大、下沉，温跃层衰减并逐渐消失，又逐渐恢复到冬季时的状态（图10.1d）。因此，黄海冷水团是一个季节性水团，具有明显的月际差异。它存在于暖半年，即5—11月。在一年之中，4—6月为黄海冷水团的生成期，7—8月为其强盛期，9—11月为其衰消期。12月至翌年3月，黄海冷水团并不存在，成为海水的更新期，使黄海冷水团和黄海水团合并为一个水体（李凤岐等，2000）。黄海冷水团就是这样年复一年，周而复始的重复这样的过程。这就是黄海冷水团的演变过程。

由于各年冬季的寒冷程度不同，因而翌年夏季黄海冷水团的范围、强度也不相同。根据资料分析表明，黄海冷水团的范围大小和势力强弱程度，主要取决于黄海周围前冬的气候冷暖程度。若前冬严寒，则伴随而来的翌年夏季的黄海冷水团的势力就强，相反，前冬若为暖冬，那么第二年夏季黄海冷水团的势力就弱（管秉贤，1963；翁学传等，1988；孙湘平，1980；孙湘平等，1981）。

10.5 温跃层

10.5.1 概述

跃层是指海洋水文环境参数，在垂直方向上的梯度达某一规定的临界值，该水层呈现飞

① 林金祥，宋万先。黄海冷水团的基本特征。海洋研究，1981，(4)：1-16。

跃突变的现象，简称跃层。表现在海水温度上就叫温跃层，同样有盐跃层、密跃层等。跃层是浅海中突出的一种水文现象，也是海洋水文特征的重要内容之一。

关于中国近海温、盐、密度跃层的分析研究，首推毛汉礼、邱道立等（1964）的《中国近海温、盐、密度的跃层现象》专著，他们首先提出用跃层的3项示性特征来描述跃层现象及其演变规律。3项示性特征是：跃层强度、深度和厚度，也叫“跃层三要素”。跃层强度，系指单位水深中海洋水文环境参数的变化量—垂直梯度值。对于水深小于或等于200 m的大陆架海域来讲，温跃层强度取$\frac{\Delta T}{\Delta Z}=0.2$ ℃/m为临界值。跃层深度指跃层的上界或顶界深度。下界深度与上界深度之差值即为跃层的厚度。至今，上述跃层3项示性特征仍被广泛引用，并作为描述跃层现象的基本要素，列入海洋调查观测规范中。

在中国近海温、盐、密度跃层专著中①，由于当时的历史条件所限，对黄海只给出124°E以西海域的跃层分布、变化及演变过程。124°E以东海域的情况并未涉及。而后，国家海洋局第一海洋研究所②、蓝淑芳等（1985）、赵保仁（1989）、陈达熙等（1992）以及郭炳火等（2004），把黄海温跃层研究海域扩大到整个黄海。这样，对黄海的温跃层现象就有一个比较全面的了解。

夏季黄海深底层因有冷水团存在，从而黄海的温跃层特别发达，居绝对主导地位（毛汉礼，1996）。黄海温跃层，是中国近海最典型的温跃层结构。数值模拟结果显示，上混合层主要有波浪混合控制，而下层混合主要有潮混合控制（Qiao，et al，2010）。

10.5.2 温跃层的分布与变化

图10.17和图10.18分别表示是黄海单站水温垂直分布和36°N断面的水温分布，它正好横切黄海冷水团。图10.17和图10.18均表示春、夏、秋三季的水温垂直结构状况。把这两幅图相互搭配起来，便可看出黄海温跃层的演变过程。

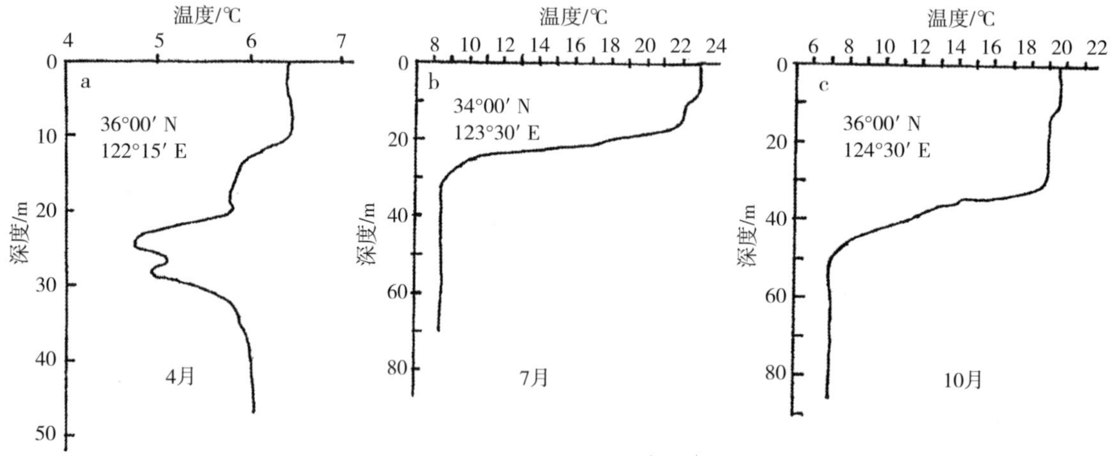

图10.17 黄海温跃层期间的水温垂直分布（郭炳火等，2004；李繁华等，1989）

春季海面因得到热量而增温，在近表层附近产生温度垂直梯度。由于受风的搅拌作用，表层以下形成一个均匀的上均匀层。上均匀层以下的海水升温缓慢，从而在上均匀层的底部

① 国家科委海洋组海洋综合调查办公室编。全国海洋综合调查报告，第三册。1964。

② 国家海洋局第一海洋研究所黄海温跃层课题组。黄海温跃层概况。海洋研究（增刊），1979，（3）：63－89。

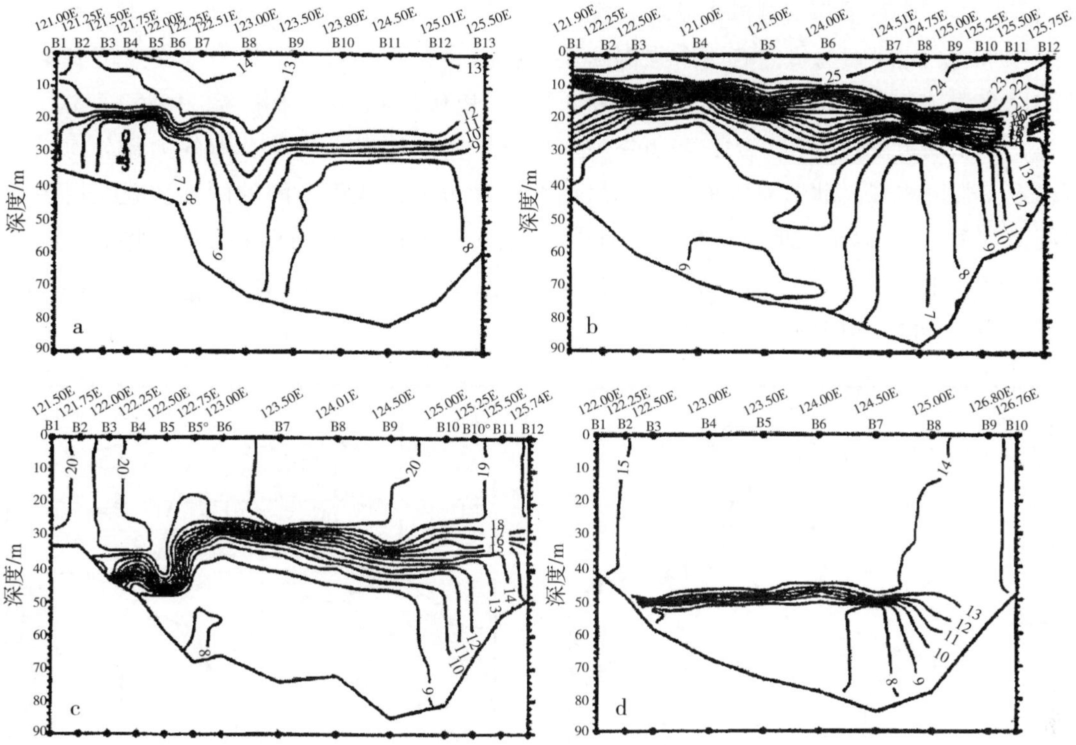

图 10.18 黄海 36°N 断面的水温（℃）分布（郭炳火等，2004）

a. 1998 年 5 月；b. 1997 年 7 月；c. 1996 年 10 月；d. 1997 年 11 月

出现温跃层的顶（上）界；而深层海水温度仍比较低，这种顶（上）界与底（下）界的温度垂直梯度达 0.2 ℃/m 时就称作为温跃层。4 月，黄海有相当部分的海域出现温跃层，强度在 0.2～0.4 ℃/m 之间。图 10.17a 为一个双温跃层例子，其强度超过 0.2 ℃/m，并出现中层冷水现象。图中的上均匀层为 10 m 左右。5 月，温跃层的范围扩大，强度增强，温跃层逐步趋于稳定，无间隙现象发生。以 36°N 断面为例（图 10.18a），断面西侧青岛近海，温跃层强度达 0.4～0.8 ℃/m，上界深度为 20 m 左右；而该断面东侧的朝鲜半岛近海，温跃层强度比西侧的要弱，为 0.2～0.4 ℃/m，上均匀深度比西侧的要深，为 25～30 m。

夏季，太阳辐射最强，温度达年内最高，海水垂直分层最发达，温跃层最强。以图 10.17b 和图 10.18b 为例，表层水温达 25 ℃，而深底层水温仅 9 ℃和 7 ℃，表、底层温差达 16～18 ℃之多，从而在 5～25 m 之间的水层内形成强温跃层。此时，黄海 36°N 断面上的温跃层强度达 1.0～1.5 ℃/m。夏季因水层稳定，风搅拌作用也弱，使上均匀层变薄，与 5 月份相比较，温跃层的深度变浅了，但温跃层的厚度却加大了。

进入秋季，太阳辐射减弱，风力增强，海面降温，蒸发加剧，海水密度增大，垂直稳定度减小，对流混合增强，使上均匀层加深，水温垂直梯度减小，温跃层减弱以致消失。从图 10.17c 和图 10.18c、d 看出，10 月和 11 月的上均匀层比 7 月的明显加深，温跃层强度已降为 0.2～0.45 ℃/m，尤以 36°N 断面插图 10.18d 最为明显。

从上面的讨论中看出，黄海温跃层的消长过程存在着 3 个阶段：成长期（4—5 月），强盛期（6—8 月）和衰消期（9—11 月）。

1）成长期

阳春 3 月或 4 月初，黄海就有局部的、零星的温跃层出现。但非常不稳定，时而出现，时而消失。到了4月下旬，黄海温跃层稳定出现，强度大于0.2 ℃/m的海域范围，约占黄海面积的40%①。此时黄海境内有两个强温跃层区：一个在青岛近海，另一个在南黄海南部的大沙滩以北海域。中心强度最大值分别为0.8 ℃/m和0.5 ℃/m（蓝淑芳，1985）。5月（图10.19），温跃层范围进一步扩大，除近岸浅水区外，温跃层已布满了黄海的大部分海域，并趋于稳定。强度增强。北黄海中央及南黄海西北青岛近海，成为黄海的两大强温跃层区，中心强度平均为0.5 ℃/m。此外，在长江口以北及南黄海南部中央海域，为两个次强温跃层区，中心强度平均为0.4 ℃/m。鉴于上述情况，有的文献把黄海温跃层的成长期定在3—5月（蓝淑芳，1985；中国海洋志，2003）。

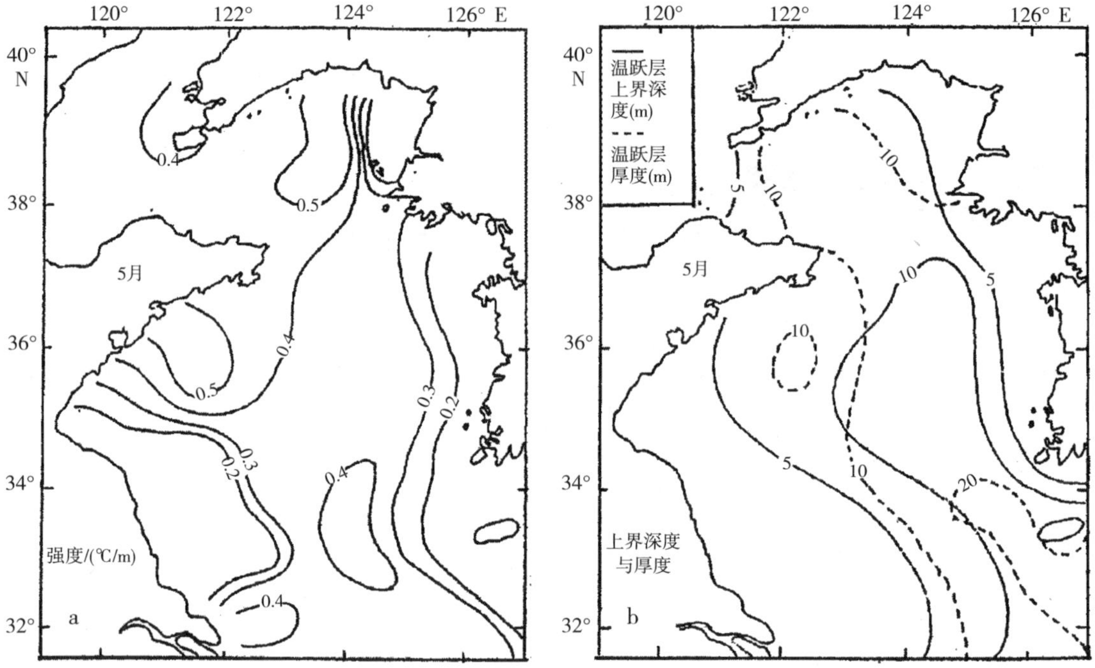

图10.19　黄海温跃层成长期时的“三要素”分布（陈达熙，1992）

成长期期间温跃层的深度分布，黄海中央比较深，在10～20 m之间；而黄海周边的温跃层深度较浅，在5～10 m之间。成长期温跃层的厚度分布也有规律，北黄海比较浅，在5～10 m之间；南黄海较深，为10 m左右。

2）强盛期

6—8月是黄海温跃层的强盛期，此时温跃层的范围达最大，温跃层强度达最强。跃层范围的大小和强度的强弱，是判别跃层强弱的重要标志。6—7月是温跃层不断强化的时期，而7—8月是温跃层进入稳定的时期（蓝淑芳，1985）。6月，除苏北五条沙、西朝鲜湾、江华湾、外烟列岛至罗州群岛一带外，温跃层已布满了整个黄海。强度一般都在0.4 ℃/m以上，并有两个强温跃层区：一个在北黄海中央，另一个在青岛近海。两者的中心强度分别为1.0 ℃/m和0.8 ℃/m以上。6月，黄海温跃层的深度比较浅：北黄海为5 m；南黄海中央为10 m；边缘为5 m。温跃层厚度：北黄海为10 m；南黄海中央为20 m；而边缘的为10 m。7月，黄海温跃层的范围与6月的大体相同，分布形势也大体相似，也就是说，范围已达最大。

① 国家海洋局第一海洋研究所黄海温跃层课题组。黄海温跃层概况。海洋研究（增刊），1979，（3）：63－89。

但在温跃层的强度方面又进一步得到发展，两个强温跃层区中心均在1.1 ℃/m以上。强度分别上升了0.1 ℃/m和0.3 ℃/m。至于温跃层的深度与厚度方面，7月与6月基本无变化。8月是黄海温跃层的鼎盛时期（图10.20）。虽然在跃层分布格局上与7月、6月的基本相似，但在强度方面进一步得到发展。表现在三个方面：①黄海两大强温跃层区中心强度，分别上升到1.2 ℃/m和1.5 ℃/m以上，比7月又提高了0.1 ℃/m和0.4 ℃/m。据文献（赵保仁，1989；蓝淑芳，1985）报道，黄海温跃层强度的极大值为2.5 ℃/m和5~8 ℃/m。②温跃层强度大于0.5 ℃/m的等值线所包络的范围，约占黄海海域的66%[①]。③北黄海中央的那个强温跃层区，其中心已向南移，移至南、北黄海交界处附近。在温跃层的深度和厚度方面，8月比7月增深和变厚了5~10 m。温跃层之所以在7月、8月最强，是因为7月、8月表层水温达全年最高，海水层化现象最强，黄海表、底层温差达最大（16~18 ℃）的缘故。

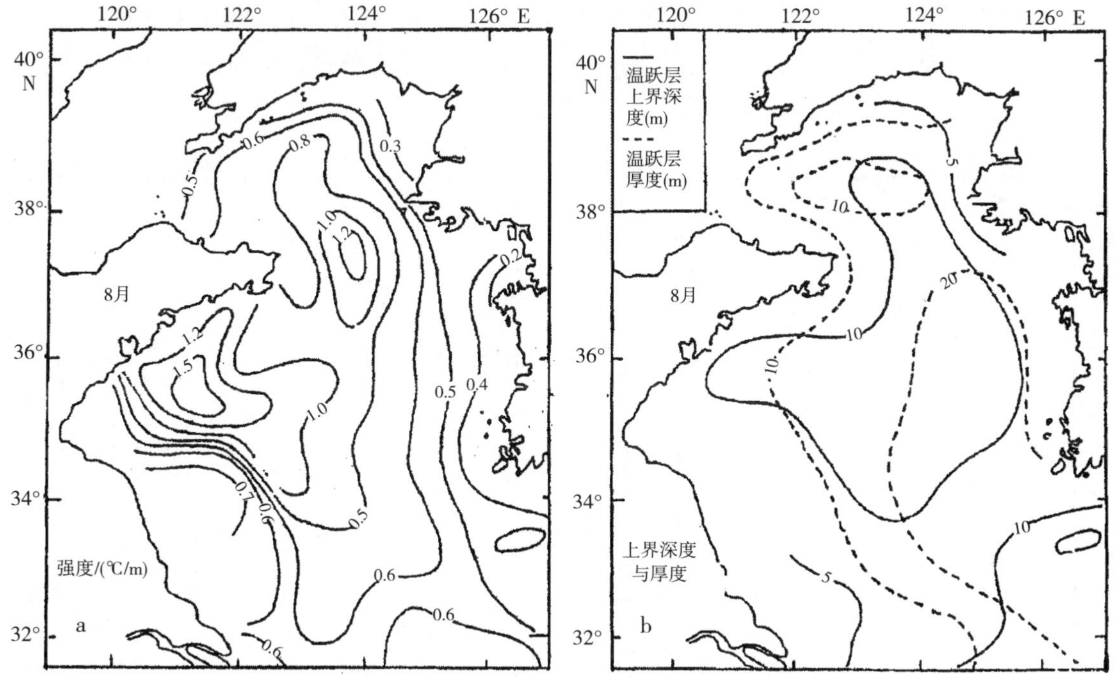

图10.20 黄海温跃层强盛期时的“三要素”分布（陈达熙，1992）

3）衰消期

跃层衰消的标志有：①强度减弱；②范围缩小。9—11月是黄海温跃层的衰消期。9月，黄海温跃层开始减弱，主要表现在三个方面：①强度衰减很快。黄海两个强温跃层区，此时中心强度均为1.1 ℃/m。与8月的相比，分别下降了0.1 ℃/m和0.4 ℃/m。②范围明显减小。水温垂直梯度为0.5 ℃/m等值线的区域（即该等值线所包络的范围），由8月的66%减为42%[①]。同时，苏北近海一大片海域首先成为无跃层区。③跃层深度变深。周边由8月的5 m变成10 m，海区中央的由8月的10 m增至20 m。至于跃层厚度方面，与8月相比，也有变化，但不是太明显。另外，在温跃层强度平面分布图上，9月与前几个月的不同。前者在南黄海南部中央深水区，又出现1个强温跃层区，中心值在1.1 ℃/m以上，与原来2个强温跃层区形成三足鼎立的局面。10月（图10.21），温跃层继续衰减，而且衰消的力度比9月的要大：①深度较浅海域的温跃层迅速消失，保留下来的温跃层位于黄海中央的深水区。黄海

① 国家海洋局第一海洋研究所黄海温跃层课题组。黄海温跃层概况。海洋研究（增刊），1979，(3)：63-89。

3 个强温跃层区的中心值，此时已减为 0.7 ℃/m，比 9 月的又下降了 0.4 ℃/m。②温跃层范围进一步缩小，强度为 0.5 ℃/m 的等值线范围，只占黄海海域面积的 25% 左右[①]，相反，无跃层区面积大大扩展，占据了黄海的大部分海域。③温跃层深度已下沉到 30 m 左右，其厚度为 20 m。11 月，黄海温跃层已进入尾声，只在黄海中央的深水区——黄海槽还保存有温跃层。此时强度很弱，中心值为 0.4 ℃/m。顶界深度增大。到了 12 月，黄海温跃层基本上消失了。但在局部海域，仍有零散的温跃层。所以有的学者把黄海温跃层的消失期定在 9—12 月（蓝淑芳，1985；中国海洋志，2003）。黄海温跃层是季节性温跃层，一年完成一个生消过程（周期）。

总的来讲，在衰消期期间，温跃层强度逐月减弱，跃层深度逐渐增大，跃层厚度大部分是逐渐变薄的，但也有逐渐变厚的现象。

造成温跃层消失的主要原因是：随着冬季的来临，太阳辐射减弱，偏北风盛行，海面失热，导致水温下降，密度增加，对流混合增强，垂直混合可达海底。水温垂直分布呈上下一致的均匀状态，无垂直梯度可言，也就谈不上温跃层问题。

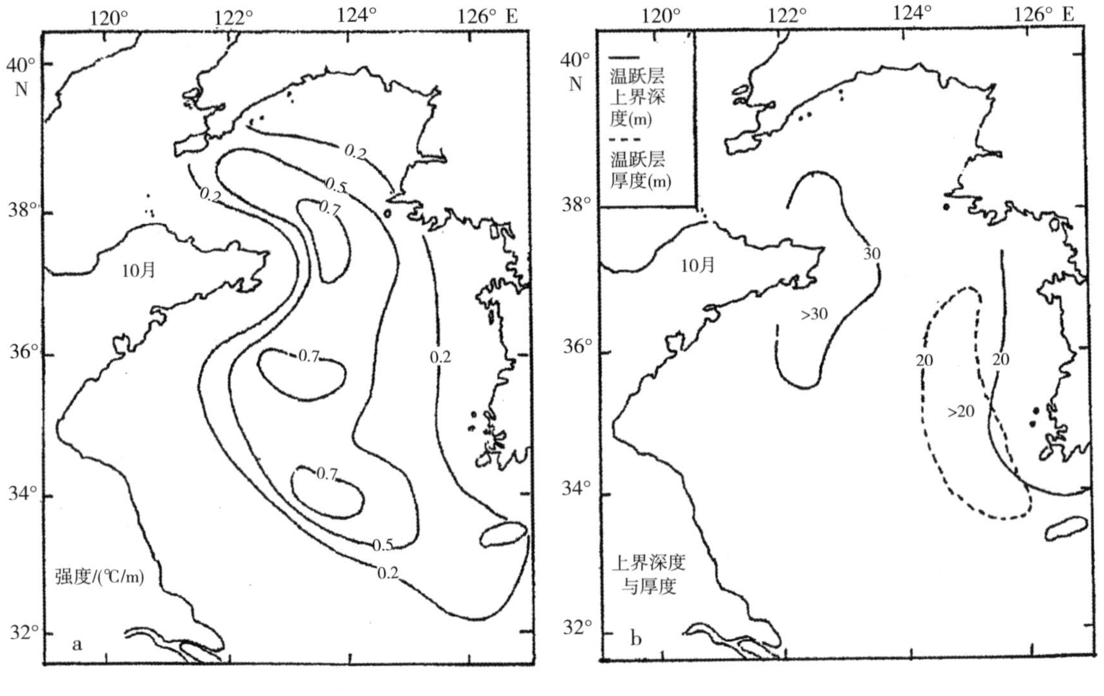

图 10.21　黄海温跃层衰消期时的“三要素”分布（陈达熙，1992）

第3篇　东　海

第11章 东海海区的气候*

本章使用的资料与第1章、第6章相同，在《中国地面资料1971—2000年气候标准值数据集》资料中选择嵊泗、大陈岛、台山、平潭、厦门、东山6个站，作为东海海区的代表站。汕头、汕尾均在南海区，这里在分析东海南部时作为参考站。

11.1 风

11.1.1 季节变化

东海是西太平洋的边缘海，为东亚季风区域内的一个比较开阔的海区，属亚热带海洋性季风气候，温和湿润，四季明显。冬、夏季的主风向有几乎180°的变化。在季风背景下，冬、夏季东海的气压场配置大体相反。等压线的走向基本呈SW—NE向，气压梯度相反。风矢穿越等压线偏向低压一侧，整个风向大势是一致的。冬季北部为NNW—NE风，夏季为S—SE风。

冬季（1月） 黄海受大陆冷高压的控制，不断有冷空气或寒潮入侵，空气干燥，北部以NNW风为主，南部以NE风盛行（图1.1）。平均风速为8～9 m/s。风速自北向南增加，南部东风分量加强，尤其台湾海峡，从陆地进入海面后风向右偏，风速增强。冬季（1月）是东海全区平均风速最大的季节（图1.2）。

春季（4月） 为冬季风向夏季风过渡季节。等压线近于经向分布，风向多变，但仍以NE为主，风速8 m/s左右。5月，夏季风开始在南海建立，东海，尤其南部偏南风开始占优势。

夏季（7月） 夏季风稳定建立，盛行南到东南风，北部以S风为主，南部以SE风占优势。平均风速为6～7 m/s，比冬季风速要小。夏季，常受到来自西北太平洋的台风侵袭，产生台风大风。虽然夏季不断有热带气旋袭击东海，但夏季（7月）是东海全区平均风速仍是最小的季节（图1.2）。

秋季（10月） 冬季风逐渐建立，等压线的分布近于SW—NE向，北部多NW风，南部多NE风。平均风速为7～8 m/s，与冬季的相似。

东海6级（10.8～13.8 m/s）以上的大风，四季都有出现。冬季出现频率在25%～40%，南部多于北部，尤其台湾海峡和台湾以东海面，出现频率偏大；春季大风出现率明显减小，南部只有25%；夏季更小，约15%；秋季接近于冬季（李宝泰，1992）的频率。相比而言，东海冬季的风速，南部大于北部，尤其在水温较高的海域。这与冷空气进入暖海面，低层大气受热层结不稳定，上下交换加强，动量下传有关。沿海各站因地形影响，风速各季略有差异，但夏季各站平均风速在一年中是最小的（表11.1）。

冬季，东海北部嵊泗主风向为NNW，平均风速为7 m/s；夏季，嵊泗的主风向为S风，

* 本章编写人：周发琇、于群。

平均风速为 6.5 m/s；春季，该站的主风向为 S—SE 风；秋季，该站主风向为 NNE 风。该站一年中风速变化不大，在 6 ~ 7 m/s 之间（表 11.1，图 11.1）。

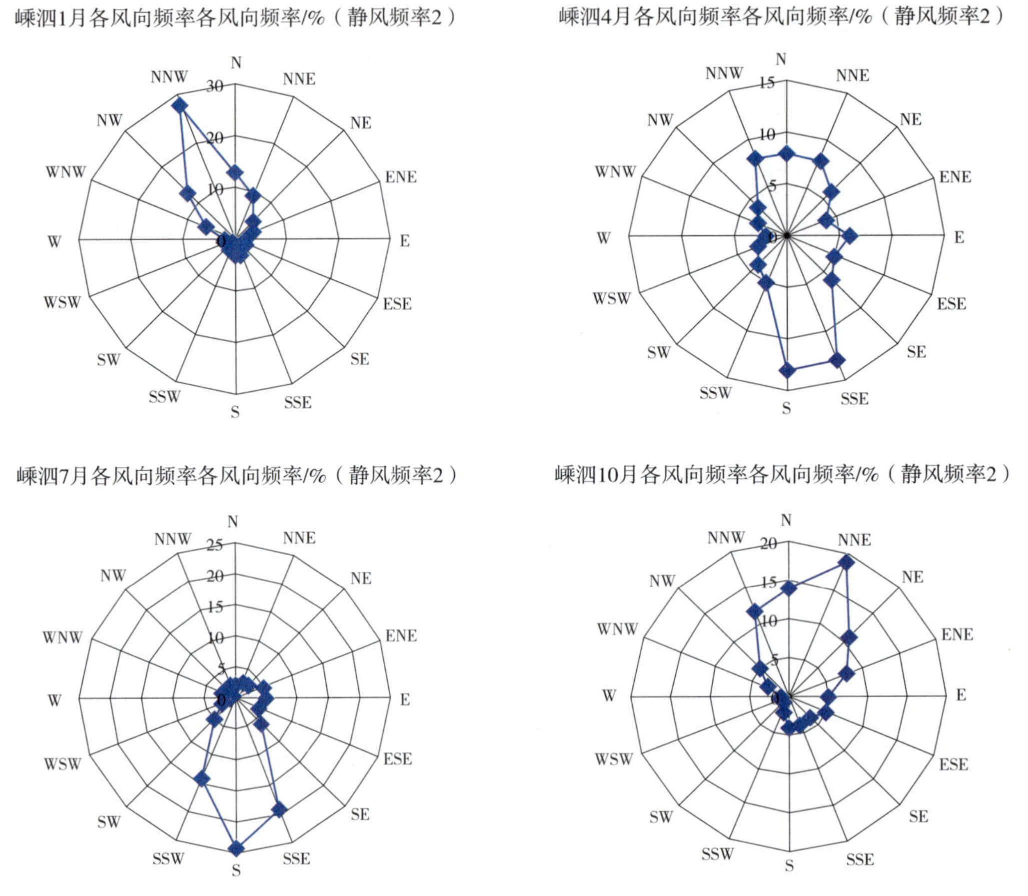

图 11.1　嵊泗 1 月、4 月、7 月、10 月风玫瑰图（1971—2000 年）

平潭，冬季盛行 NNE 风，春季和秋季也以 NNE 风为主，夏季以 SSW 风居多，受海峡影响比较大，风速为 5 ~ 6 m/s（表 11.1，图 11.2）。

台湾海峡南端的东山，除夏季为 SSW 风外，其他季节均为 NE 风，仍受台湾海峡影响（表 11.1，图 11.3）。

表 11.1　东海沿岸、岛屿代表站累年平均风速统计（1971—2000 年）　　单位：m/s

站 名	1 月	2 月	3 月	4 月	5 月	6 月	7 月	8 月	9 月	10 月	11 月	12 月
嵊 泗	7.0	7.1	7.0	6.9	6.4	6.1	6.6	6.7	6.8	6.9	6.9	6.7
大陈岛	8.1	7.9	7.2	6.1	5.7	6.6	7.4	6.6	7.1	7.7	8.1	8.0
台 山	9.2	9.0	8.0	6.9	6.9	7.8	8.2	7.1	7.9	9.3	9.6	9.0
平 潭	5.8	5.7	5.1	4.5	4.4	5.0	5.0	4.7	5.2	6.6	6.7	6.1
厦 门	3.4	3.4	3.2	2.9	2.8	3.3	3.0	3.0	3.3	3.8	3.6	3.5
东 山	7.6	7.6	6.8	5.7	5.2	4.7	4.0	4.1	5.5	7.7	7.9	7.6
汕 头	2.6	2.8	2.6	2.4	2.4	2.6	2.6	2.4	2.4	2.7	2.7	2.6
汕 尾	3.0	3.0	3.0	2.9	3.0	3.3	3.3	3.1	3.0	3.3	3.0	2.9

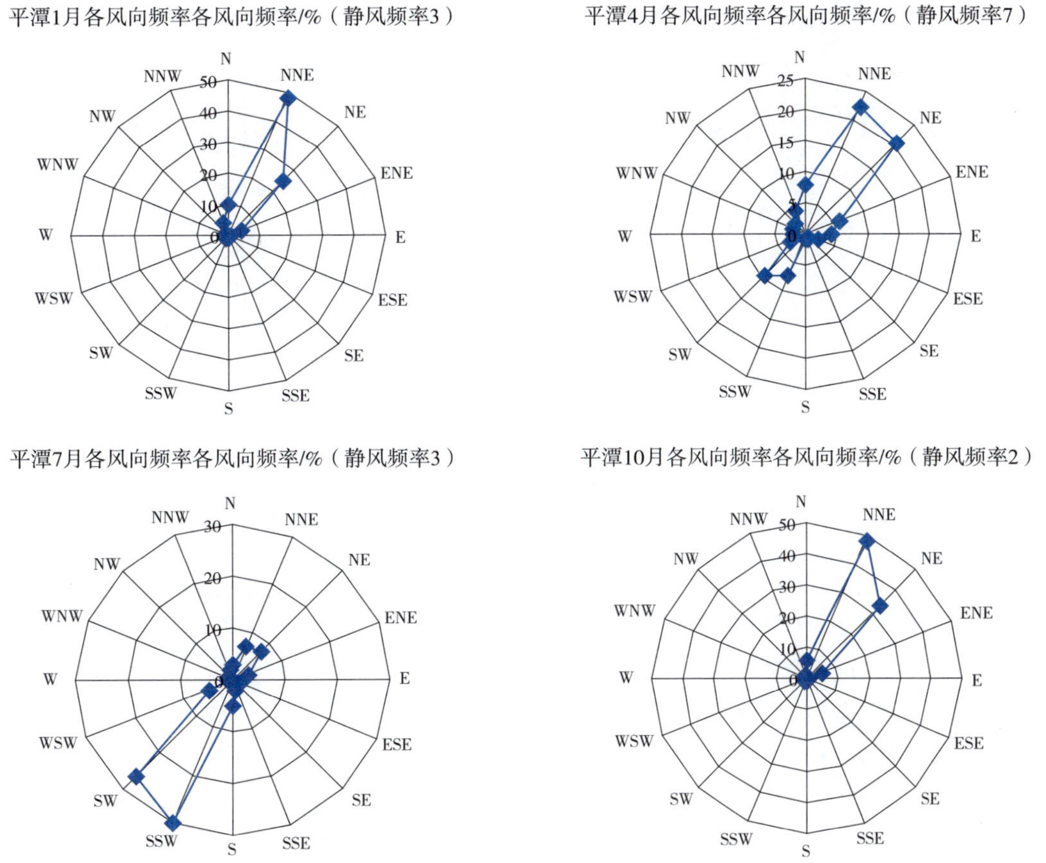

图 11.2　平潭 1 月、4 月、7 月、10 月风玫瑰图（1971—2000 年）

11.1.2　8 级以上大风

过去把风速为 6 级（≥10.8 m/s）或 6 级以上的风称大风。这里的大风指风速等于 8 级或大于 8 级（≥17.2 m/s）的风。东海 8 级及以上大风频率为 5% ~10%，出现在南部海域，尤其台湾以东海面及海峡地区，大风频率较高。冬季，台湾海峡大风频率可达 15% ~20%（李宝泰，1992）。冬季主要是寒潮大风，夏季以台风大风为主。此外，东海气旋也会引起大风。11 月、12 月是一年中大风频率最高的月份，主要是由冷空气暴发产生。大风是在一定的天气系统影响下产生的，此外还与地形、海岸线走向有关。海峡、海岛的风速通常较大。嵊泗年大风日数为 125.9 d，台山为 166.5 d，东山为 108 d（表 11.2），主要发生在秋、冬季。

最大风速是指时段内最大 10 min 平均风速值，是过程大风的标志。最大风速并不出现在隆冬季节，而是出现在夏季和初秋，这与台风及气旋活动有关。嵊泗最大风速为 44.7 m/s，东山出现的 48.0 m/s，都是台风大风（表 11.3，11.4）。

极端风速是指时段内出现的最大瞬时风速值，是过程风速的瞬时极大。极大风速出现的季节与最大风速出现季节大致相同，这与夏季台风影响关系更为密切（表 11.4）。

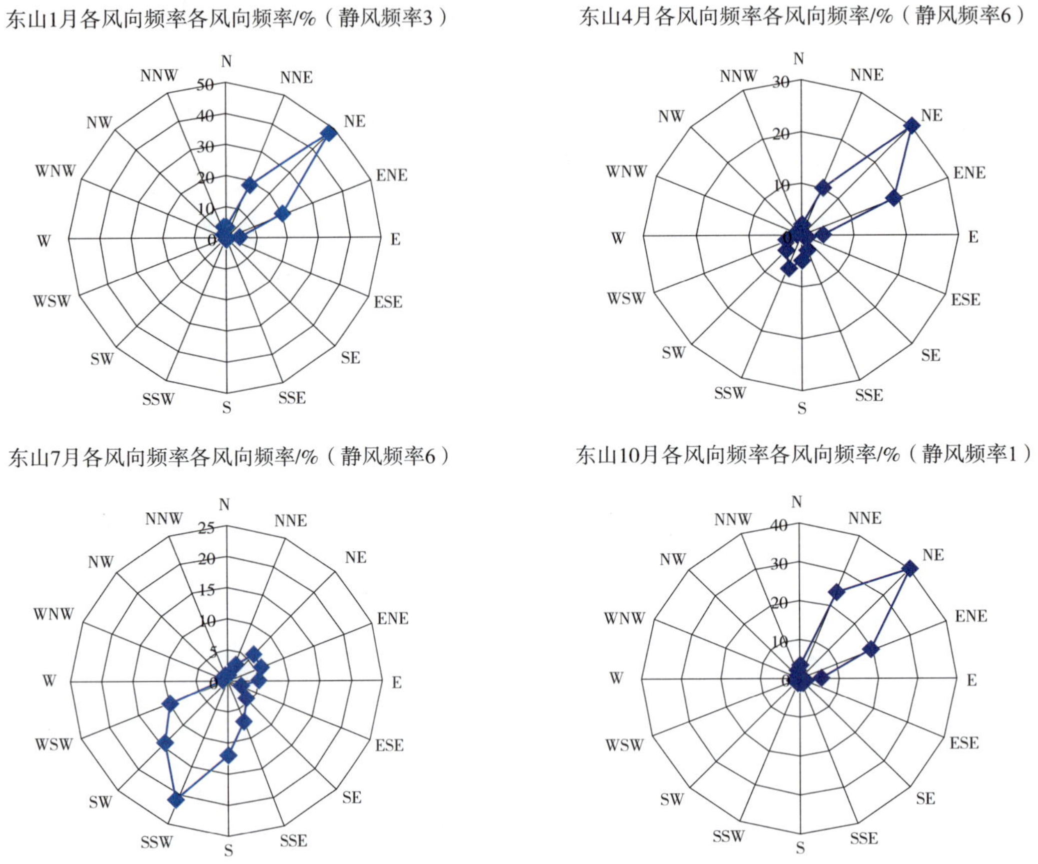

图 11.3　东山 1 月、4 月、7 月、10 月风玫瑰图（1971—2000 年）

表 11.2　东海沿岸、岛屿代表站各季大风日数统计（1971—2000 年）　　单位：d

站　名	春季	夏季	秋季	冬季	年
嵊　泗	36.5	31.4	24.8	33.2	125.9
大陈岛	29.3	25.2	34.1	43.0	131.6
台　山	32.8	35.5	46.8	51.4	166.5
平　潭	7.0	9.7	19.6	14.9	51.2
厦　门	6.0	8.9	8.3	5.0	28.2
东　山	25.7	9.1	32.9	41.1	108.8
汕　头	2.0	3.4	1.4	0.9	7.7
汕　尾	1.1	4.6	2.5	0.8	9.0

表 11.3　东海沿岸、岛屿代表站最大风速及出现时间（1971—2000 年）

站　名	最大风速/（m/s）	风向	年	月	日
嵊　泗	44.7	N	1986	8	27
大陈岛	41.7	N	1975	8	12
台　山	38.7	NNE	1972	8	17
平　潭	29.0	N	1971	9	22
厦　门	27.0	NNE	1981	7	30
东　山	48.0	NNE	1980	9	19
汕　头	30.0	N	1991	7	19
汕　尾	45.0	N	1979	8	2

表 11.4 东海沿岸、岛屿代表站极大风速及出现时间（1971—2000 年）

站 名	极大风速/（m/s）	风向	年	月	日
嵊 泗	46.1	NNE	1986	8	28
大陈岛	45.9	N	1983	9	26
厦 门	47.1	N	1999	10	9
汕 头	34.5	N	1980	7	27
汕 尾	46.9	N	1995	8	31

11.2 气温

11.2.1 季节变化

东海气温四季变化明显，气温时空变化的大形势反映了典型的季风特征。冬季（1 月），气温在 8～20 ℃之间。等温线的走向基本呈西南—东北向，台湾海峡尤甚。温度梯度很大。海上的气温高于陆上的，显示出近岸处气温受陆地影响的特征；但 125°E 以东海面，等温线的走向近于东西向（图 1.7），这里气温受陆地影响已很小，显示出太阳辐射对气温分布的决定性影响。

春季（4 月） 东海气温升高在 13～24 ℃之间，等温线的走向与冬季相似，只是梯度减小。华东沿海处于温度槽的底部东侧，海上气温略高于陆上。

夏季（7 月） 全区气温在 26～28 ℃之间，等温线稀疏，温度梯度很小，除海峡外，海上等温线基本呈纬向分布。

秋季（10 月） 气温在 19～26 ℃之间，海上的高于陆上的。其分布形式已与冬季相似，显示出从秋季到冬季，海洋对大气的加热作用日益显著。东海四季气温的变化，除太阳辐射的影响外，最重要的是海洋的影响，但在海陆交界的沿海一带，陆地影响是显著的。

从沿岸测站的记录来看（表 11.5），嵊泗、大陈岛、台山的月最高平均气温都出现在 8 月，比陆地气温晚 1 个月（图 11.4），显示出海洋的影响。但平潭、厦门、东山等站出现在 7 月，显示出陆地的影响更显著。而位于台湾海峡地区的这几个站，月最低平均温度出现在 2 月，虽然受强劲的冬季风影响，但仍显示出海洋对气温的作用。其实，在远离海岸的岛屿站，如台山的最低气温也出现在 2 月，海洋给予更大的影响。

11.2.2 东海沿岸代表站的极端温度

极端温度是反映天气过程中气温的极端情况，12 个月的统计结果如表 11.6、表 11.7 所示。一年中极端最高温度基本都出现在 8 月：嵊泗的出现在 1998 年 8 月 15 日，为 36.4 ℃；台山的出现在 1972 年 8 月 22 日，为 33.9 ℃；东山的出现在 1996 年 7 月 31 日，为 35.5 ℃。极端最低温度出现在 12 月、1 月：嵊泗的出现在 1991 年 12 月 28 日，为 −5.7 ℃；台山的出现在 1976 年 12 月 27 日，为 −1.9 ℃；东山的出现在 1977 年 1 月 31 日，为 4. 6 ℃。极端最低温度的发生，一般由强寒潮引起；极端最高气温发生在 8 月，更多地显示出海洋的影响。

无论平均气温还是极端气温，其空间分布都显示出随纬度的差异，即纬度偏高，气温偏低；纬度偏低，气温偏高，气温随纬度递增而递减。说明太阳辐射对气温的决定性影响。

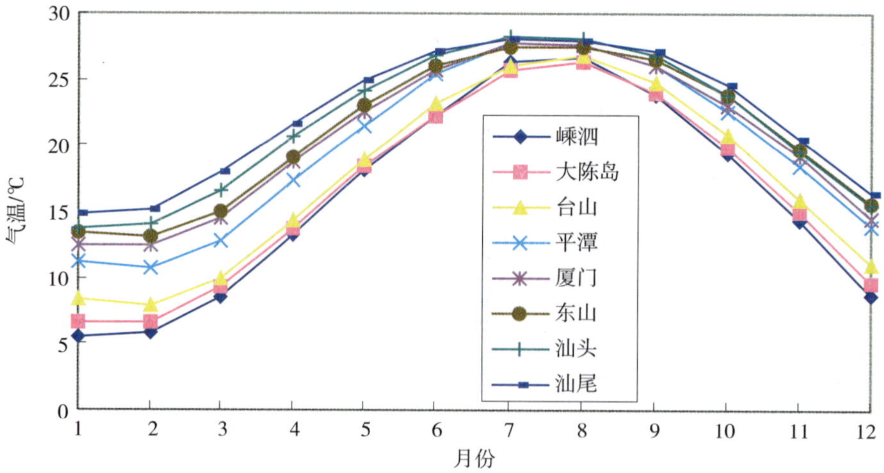

图 11.4　东海沿岸、岛屿代表站平均气温的年变化（1971—2000 年）

表 11.5　东海沿岸、岛屿代表站月、年际平均气温（1971—2000 年）　单位：℃

站　名	1 月	2 月	3 月	4 月	5 月	6 月	7 月	8 月	9 月	10 月	11 月	12 月	年
嵊　泗	5.6	5.9	8.6	13.3	18.1	22.2	26.3	26.7	23.8	19.5	14.4	8.7	16.1
大陈岛	6.7	6.7	9.3	13.7	18.4	22.3	25.8	26.4	24	19.9	15	9.6	16.5
台　山	8.3	7.9	10	14.4	18.9	23.2	26.1	26.8	24.8	20.8	16	11.1	17.4
平　潭	11.2	10.8	12.8	17.3	21.5	25.5	27.8	27.7	26.1	22.6	18.4	13.9	19.6
厦　门	12.5	12.4	14.6	18.8	22.6	25.8	27.8	27.6	26	23.1	19.2	14.6	20.4
东　山	13.4	13.1	15	19.1	23.1	26.1	27.5	27.4	26.6	23.8	19.8	15.7	20.9
汕　头	13.8	14.1	16.6	20.7	24.2	26.9	28.3	28.1	26.8	23.8	19.6	15.5	21.5
汕　尾	14.8	15.2	18	21.7	24.9	27.2	28.1	28	27.1	24.6	20.5	16.5	22.2

表 11.6　东海沿岸、岛屿代表站极端最高气温（1971—2000 年）　单位：℃

站　名	1 月	2 月	3 月	4 月	5 月	6 月	7 月	8 月	9 月	10 月	11 月	12 月
嵊　泗	19.3	25.9	26.4	28.7	30.3	34.3	36.3	36.4	35.1	32.4	26.2	21.9
大陈岛	20.4	22.7	24.4	26.4	28.7	29.9	33.1	33.5	30.8	29.9	26.2	22.3
台　山	20.2	20.6	21.8	25.5	28.0	30.5	32.9	33.9	32.8	31.4	26.4	22.7
平　潭	26.4	25.5	28.6	30.2	31.7	34.0	34.6	35.3	34.4	32.7	29.3	26.7
厦　门	27.2	26.8	29.5	32.6	35.4	35.7	37.0	37.1	35.3	36.0	31.0	27.4
东　山	24.8	27.5	28.4	30.0	32.5	34.1	35.6	35.5	34.4	35.0	31.6	28.0
汕　头	29.0	28.3	31.0	32.9	35.5	36.9	38.6	36.0	35.3	33.5	31.9	27.8
汕　尾	27.4	28.4	30.0	31.2	32.6	36.3	38.5	36.8	35.5	34.7	31.6	28.7

表 11.7　东海沿岸、岛屿代表站极端最低气温（1971—2000 年）　单位：℃

站　名	1 月	2 月	3 月	4 月	5 月	6 月	7 月	8 月	9 月	10 月	11 月	12 月
嵊　泗	-5.5	-4.8	-1.4	2.7	8.1	12.7	17.5	18.9	15.0	7.4	0.8	-5.7
大陈岛	-5.8	-4.1	-0.4	1.5	8.4	13.2	17.5	19.8	15.0	6.5	1.0	-4.8
台　山	-1.8	-1.1	0.8	3.5	8.9	14.4	19.0	20.4	16.1	9.7	3.6	-1.9
平　潭	0.9	2.2	3.2	5.4	11.2	16.1	20.5	21.7	16.8	13.5	8.5	3.5

续表 11.7

站 名	1月	2月	3月	4月	5月	6月	7月	8月	9月	10月	11月	12月
厦 门	2.0	2.6	2.5	6.4	12.2	16.3	20.7	21.4	16.7	13.0	7.5	1.5
东 山	4.6	5.0	5.0	7.1	14.5	17.7	21.4	21.1	17.9	14.1	9.0	4.7
汕 头	1.9	2.1	3.0	8.8	15.1	18.0	20.8	21.6	18.1	8.2	4.6	0.3
汕 尾	4.1	2.4	4.0	9.6	14.5	18.9	21.5	18.4	18.2	8.9	5.8	2.1

有研究表明（曲维政等，2006），东海气温具有年代际变化并有突变现象发生。东海7月海面及对流层大气温度，在过去半个多世纪中发生过一次急剧变化，突变点是1978年7月。从1978年7月由历时30多年的温度偏低时期，跃变为持续高温时期，高温期持续至20世纪末，升温幅度超过0.4 ℃。东海对流层中部具有显著的11年周期性年代际变化，与太阳黑子相对数11年周期相吻合，二者均为太阳活动在大气气候中的反映。

11.3 降水

整个中国海的降水属季风雨。东海的年降水量在1 000 mm以上，集中在3—9月。逐月降水量都在100 mm以上，大体可分为春季雨（3—5月）、梅雨（6—7月）和台风雨（8—9月）3个阶段。3—9月的降水量占全年的7成以上。

东海北部的嵊泗年降水量为1 088.7 mm，台山年降水量为1 155.1 mm，东山年降水量为1 255.9 mm，主要集中在4—9月。台北年降水量为2 161.3 mm，是东海西岸降水最多的测站。东海东界以南的菲律宾沿海年降水量也在2 000 mm以上。降水集中在3—10月（表11.8，图11.5）。

冬季降水最少，占全年的一至二成（表11.9、图11.5）。降水的年变率很大，月最多、最少降水量差异悬殊（表11.10、表11.11）。最大降水量主要出现在梅雨和台风季节，即6月或8—9月；最少降水量主要出现在秋、冬季，尤其是10—12月，多数站都有零降水的记录，这与夏季风向冬季风过渡阶段环流的多变性有关。但春雨变率相对较小，这与春季冷空气活动仍很频繁，低纬暖湿空气活跃相对稳定有关。

年降水日数全区都在100 d以上（表11.12），降水日数多的有159 d（大陈岛），少的为110 d（东山）。春季降水日数最多，一般在50 d左右，即每3天就有2天以上降水。秋、冬季降水日数较少，为20～30 d，平均每3天不到1次降水。

表11.8 东海沿岸、岛屿代表站月、年平均降水量（1971—2000年） 单位：mm

站 名	1月	2月	3月	4月	5月	6月	7月	8月	9月	10月	11月	12月	年
嵊 泗	54.5	63.2	103.2	104.7	107.1	158.4	102.4	115.8	107.8	74.9	53.1	43.6	1 088.7
大陈岛	64.8	76.3	132.7	125.0	156.3	186.5	106.1	146.4	142.0	80.4	82.9	50.7	1 350.1
台 山	45.4	73.6	131.3	141.0	164.0	177.0	47.9	103.3	130.1	54.0	57.2	30.3	1 155.1
平 潭	43.5	82.7	132.3	135.9	163.8	231.3	92.5	126.9	110.8	32.0	40.4	32.0	1 224.1
台 北	88.3	154.1	188.7	123.3	209.3	276.8	231.6	236.9	388.9	113.7	79.4	70.3	2 161.3
厦 门	34.2	99.4	125.2	157.0	161.8	187.2	138.4	209.0	141.4	36.2	31.1	28.2	1 349.1
东 山	31.4	65.1	89.8	135.7	152.7	210.0	139.5	217.4	102.0	49.5	33.2	29.6	1 255.9
汕 头	33.6	66.8	99.5	172.9	213.5	286.9	227.2	258.5	140.8	52.3	41.3	38.1	1 631.4
汕 尾	29.0	55.1	87.9	171.8	280.9	350.1	335.2	331.6	172.6	72.0	30.8	30.3	1 947.3

表 11.9 东海沿岸、岛屿代表站季、年平均降水日数（≥0.1 mm/d）（1971—2000 年） 单位：d

站 名	春季	夏季	秋季	冬季	年
嵊 泗	42.9	34.6	27.7	29.0	134.2
大陈岛	54.4	39.5	30.5	34.6	159.0
台 山	53.5	30.6	27.2	32.1	143.4
平 潭	46.5	27.2	23.9	27.3	124.9
厦 门	45.2	35.6	16.2	24.0	121.0
东 山	38.9	34.3	15.8	21.0	110.0
汕 头	41.3	44.2	19.9	23.2	128.6
汕 尾	38.6	50.3	20.6	19.5	129.0

表 11.10 东海沿岸、岛屿代表站月最多降水量（mm）（1971—2000 年） 单位：mm

站 名	1 月	2 月	3 月	4 月	5 月	6 月	7 月	8 月	9 月	10 月	11 月	12 月
嵊 泗	191.6	158.7	237.3	228.0	215.6	527.6	396.9	453.8	240.1	216.3	161.9	137.1
大陈岛	132.3	161.7	311.4	242.8	321.1	483.5	562.4	432.1	439.5	250.6	271.7	174.8
台 山	169.3	155.7	294.3	327.6	413.6	391.5	249.3	301.9	336.2	192.5	156.0	70.3
平 潭	119.2	265.4	319.0	283.2	263.0	625.3	465.8	556.9	339.3	168.3	152.7	107.4
厦 门	105.6	268.8	440.3	349.2	346.9	524.1	272.9	552.6	362.9	345.6	166.8	81.8
东 山	85.2	343.6	339.3	352.5	346.0	591.5	344.0	676.2	277.5	224.3	154.7	84.0
汕 头	89.8	319.5	412.6	601.7	449.0	664.6	473.6	650.3	352.0	237.0	178.0	131.4
汕 尾	121.9	266.4	420.2	536.7	752.5	932.4	689.2	1070.6	554.9	696.0	151.7	123.7

表 11.11 东海沿岸、岛屿代表站月最少降水量（1971—2000 年） 单位：mm

站 名	1 月	2 月	3 月	4 月	5 月	6 月	7 月	8 月	9 月	10 月	11 月	12 月
嵊 泗	12.5	12.7	28.2	38.4	38.2	60.5	0.0	6.1	22.2	0.1	0.0	0.0
大陈岛	4.3	20.4	38.4	42.6	50.3	37.8	2.4	16.6	23.8	1.6	1.6	0.6
台 山	2.2	14.0	19.1	61.8	29.4	34.7	5.1	23.5	6.6	0.0	0.0	0.5
平 潭	1.4	3.6	12.6	27.9	5.9	4.5	0.4	4.4	4.4	0.0	0.0	0.1
厦 门	0.2	0.2	27.7	42.2	10.6	38.9	21.2	3.2	14.7	0.0	0.0	0.8
东 山	1.1	0.7	5.0	4.8	17.1	21.8	14.2	8.1	14.3	0.0	0.0	0.0
汕 头	0.0	2.0	4.9	9.1	22.3	35.6	43.4	92.3	16.1	0.0	0.0	0.2
汕 尾	0.0	0.0	1.0	16.6	72.1	42.9	106.6	59.0	12.8	0.0	0.0	0.0

表 11.12 东海沿岸、岛屿代表站月最大日降水量及出现日期（1971—2000 年）

站 名	降水量/mm	年	月	日
嵊 泗	198.6	1997	8	19
大陈岛	271.7	1977	9	26
台 山	154.8	1991	6	25
平 潭	297.0	1974	6	22
厦 门	315.7	2000	6	18
东 山	310.5	1990	6	30
汕 头	279.1	1974	6	25
汕 尾	475.7	1983	6	18

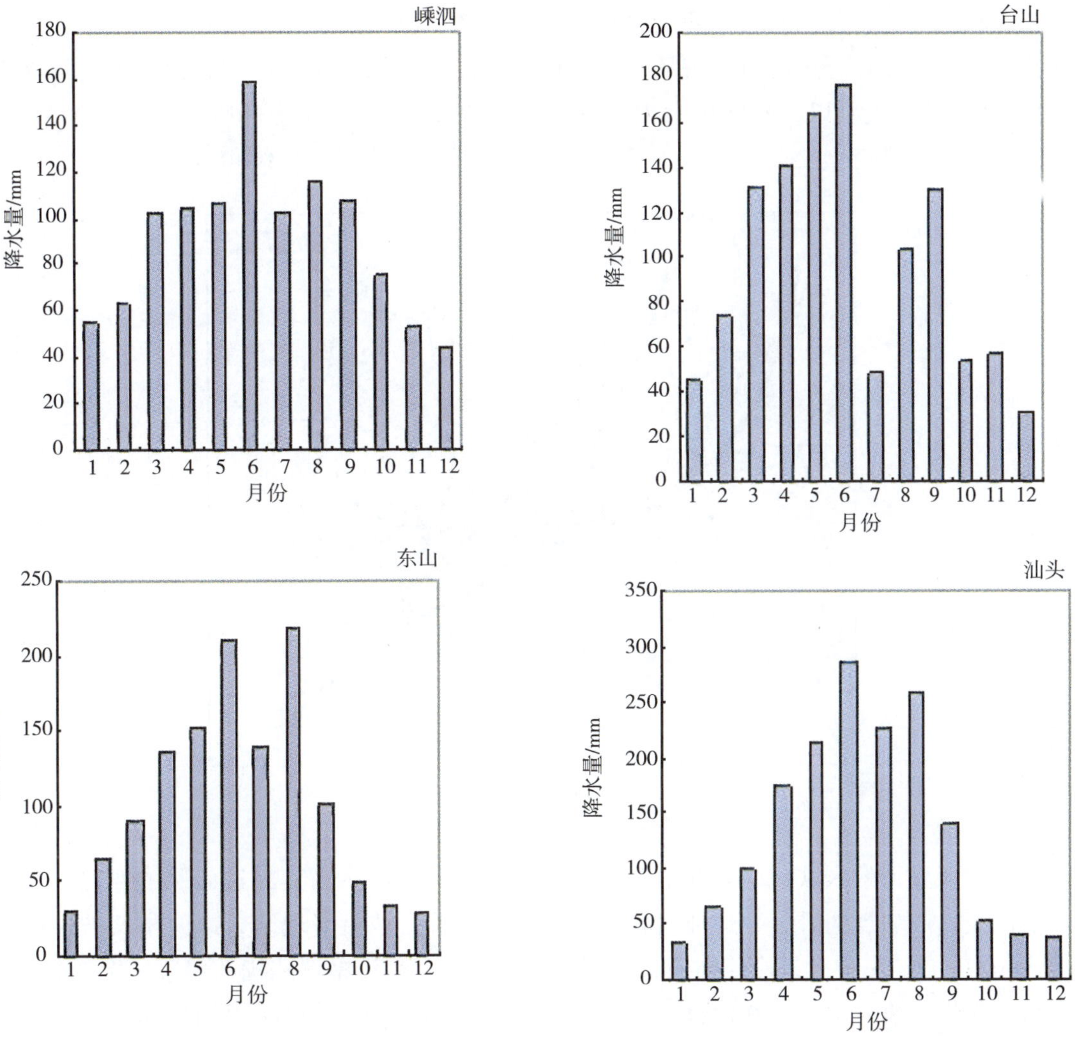

图 11.5 嵊泗、台山、东山和汕头月平均降水量的月际变化（1971—2000 年）

11.4 主要灾害性天气系统

11.4.1 寒潮与强冷空气

当北半球西风带环流调整成三槽、三脊，即中高纬建立起三波结构，东亚大槽和西伯利亚高脊相应建立，阿留申低压和西伯利亚高压成为稳定的大气活动个中心，这就意味着冬季环流的完全建立。冷空气活动频繁，不断侵袭东亚地区域，进入中国海。当冷空气强度达到一定强度，通常规定 24 h 局地降温 10 ℃，最低温度在 5 ℃以下就称为寒潮。寒潮或冷空气，一般都伴有冷锋。

影响东海的冷锋（冷空气）大体可分为 3 条路径：

一是北路冷锋，从贝加尔湖以东南下，经蒙古、我国东北平原。一路向南，再经河套、华北平原直冲长江流域。此路径行程较短，气团变性增温不明显，所以势力较强，降温剧烈。有时可越过南岭侵入南海北部，使南海北部出现 6 级以上大风。这条路径主要出现在冬季，到达时气温可下降 20 ℃或以上，有严重霜冻。由此路径而来的寒潮，有时到了淮河流域后转而向东出海，造成东海、黄海 6 ~ 8 级的偏北大风。

二是西北路径冷锋，经中蒙边境进入华北平原，然后转向东南入海。

三是西路冷锋，经新疆、河西走廊动移入海（图 11.6）。

大风降温是冷锋天气的重要特征，入海后风力加大。第一条、第二条路径在东海多引起 NE 向大风，第三类则以 NW 向风为主（李宝泰，1992）。风力通常可达 6 ~ 7 级，8 ~ 9 级也不少见。大风可维持十几小时到 24 h 不等，特别强的寒潮大风会持续 48 h 以上。

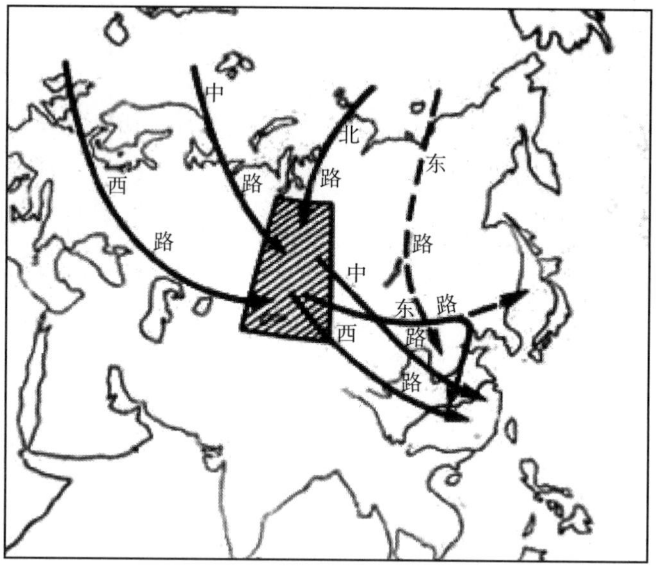

图 11.6　侵入中国的寒潮路径示意图

在冬季风盛行的区域，冷空气常伴随冷锋自北向南运动，当其经过山脉的西侧，常会发生突然改变，影响当地天气。这种扰动被视为是一种重力波沿岸塌陷，或开尔文波性质的扰动。1996 年 1 月 7—8 日，冷锋向南移动到台湾岛时，发生沿岸塌陷扰动现象（图 11.7）。锋面在台湾东岸迅速移动，而在西部则塌陷（Wang，2006）。这种沿岸塌陷扰动，必然给当地天气造成特有的影响，如持续大风、降水等。

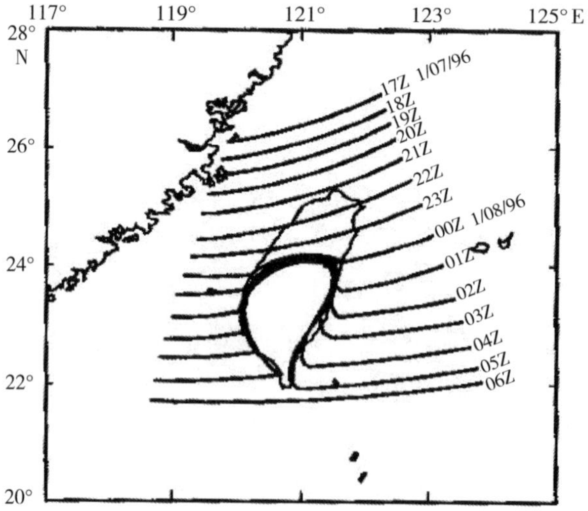

图中 Z 表示世界时

图 11.7　冷锋的逐时位置（1996 年 1 月 7—8 日）（Wang，2003）

冬季，当强冷空气进入东海、黄海时，因水温高于气温，海气相互作用使低层大气很快变性，层结不稳定。不稳定层可高达 900 hPa，其上通常存在逆温，层结稳定。水汽自海面向上输送，冷空气越进入海洋纵深，大气获得水汽越多，水汽通量越大。由于近海面风的扰动和切变，湍流加强，与不稳定层结相互作用，在边界层上部形成以层积云为主的冷流低云（图11.8）。冷流低云可以发生在整个黄海、东海以至于南海。这是在冬季风气候背景下，海－气相互作用的结果，是黄海、东海发生特殊的气候效应，是一种局地气候现象。这一现象在北黄海最为明显。整个冬季，特别是12月最具冷流降雪的条件（于群等，2009）。图11.8是2008年12月6日1时的红外卫星云图，这是一次强寒潮过程，此时冷锋已越穿过东海，到达菲律宾一带。东海、黄海处于冷锋后，冷平流很强，可以清楚地看到冷流低云广泛地分布在黄海、东海及日本海。冷流低云的存在，直接影响相关海域的热交换，影响海－气相互作用，并对所到之处的天气产生很大影响。这是冬季风期间，海洋上特有的海气相互作用的现象。

图11.8　冷流低云红外云图（2008年12月6日）

冷空气入海后经2～3 h的变性后，才产生云。故冷流低云在离岸50～100 km的海面上生成，从而在近海岸带是一条无云带。冷流低云在暖水面上易于生成，低云的分布显示出暖水面的影响。在黑潮及其支流的暖水区，冷流低云的相对分布比其他海域大得多（图11.9）（王丕诰等，2004）。

11.4.2　热带气旋

热带气旋是夏、秋季影响东海及沿海地区的重要灾害性天气系统之一，常引起大风、暴雨、风暴潮等灾害。影响东海的热带气旋，多数发生在热带西北太平洋、菲律宾以东洋面上。热带气旋生成后进一步发展，中心气压降低，风力加大，达到一定标准则称为台风。台风按近中心最大风速分类，共分6级（表1.15）。台风北上或加强为强台风或减弱成热带气旋，情况多变。当然，也有并非直接进入东海，但仍对东海产生严重影响的热带气旋。

台风中心气压值（即风暴强度）一般在960 hPa以下，水平气压梯度能达（5～10）hPa/10 km。台风过境时，测站气压自记曲线出现明显的漏斗状气压深谷，图11.10是1956年8月1日18时至2日7时，台风经浙江石浦气象站时记录的气压变化曲线（场面气压），台风中心过境时呈典型的漏斗状。

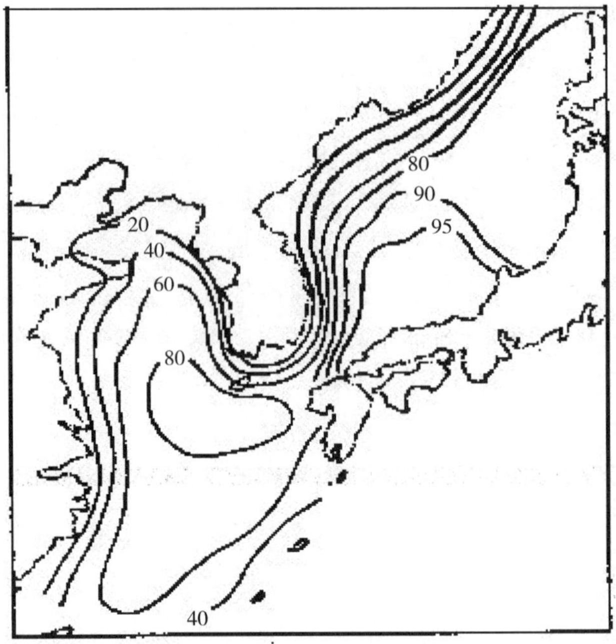

图 11.9　东海、黄海及邻近海域，冷流低云的相对分布（%）（王丕诰等，2004）

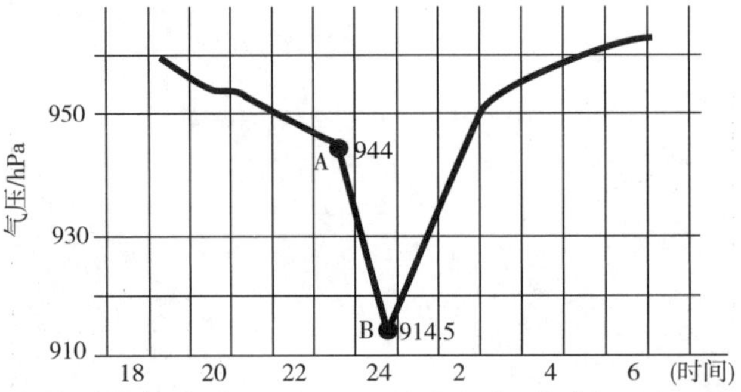

图 11.10　1956 年 8 月 1—2 日浙江石浦气压变化曲线（场面气压）

台风形成后，向哪里移动是台风预报中最关键的问题。西太平洋台风和南海台风生成后，主要移动路径有西行、西北行、转向型等几种情况（图 11.11）。西路径台风主要影响东海南部，西北路径的正面袭击东海，对台湾、福建、浙江造成严重影响。呈抛物线形转向路径的也多数会影响东海，除非台风在 135°E 以东洋面转向。除此以外，也出现异常路径，如打转、突然转向、蛇行路径等。

台风移动除受自身旋转因素外，最重要的是受环境流场的影响。副热带高压是影响台风移动最直接、最主要的大型天气系统。这不仅是因为副热带高压离台风近，而且其时间持久、空间尺度大。当副热带高压呈东西向带状且较强时，位于其南侧的台风将稳定西行；当台风东侧有副热带高压脊南伸，台风移向具有明显的北分量；当台风位于副热带高压西南侧时，将转向北上；当台风进入西风带，处于副高北侧时，将在副高和西风带系统共同作用下，向东东北方向移动。此外，台风的移动还受西风带天气系统和热带天气系统等的影响。

就穿过东海登陆我国的热带气旋而言，具有明显的年际和年代际变化。平均而言，每年有 8 ~ 9 个台风登陆，最多的年份为 15 个（1952 年，1961 年），最少的只有 4 个。在过去 50 年间，20 世纪 50 年代、60 年代和 80 年代偏多，70 年代和 90 年代偏少（叶英等，2002）。

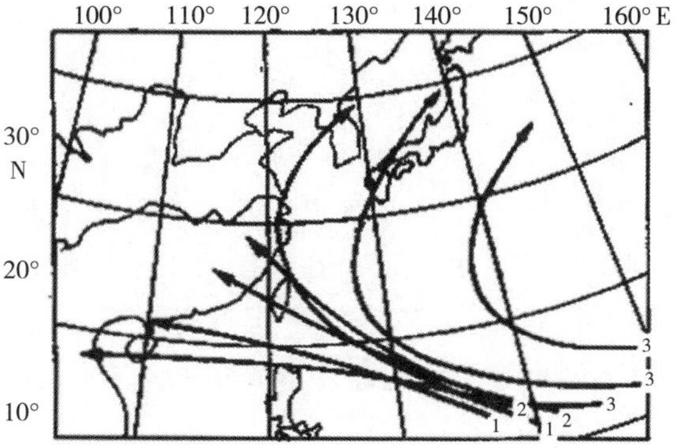

图 11.11 进入和影响东海的热带气旋路径（喻世华，1986）

11.4.3 温带气旋

温带气旋有黄河气旋、江淮气旋和东海气旋等，对东海影响最直接的是东海气旋。东海气旋发生在东海南部和台湾东北部，约占影响全区气旋总数的30.7%。温带气旋多发生在冬季、春季和初夏（1—6月），约占全年的68.7%。以3月最多，盛夏较少发生。东海气旋发生后多向东北移动，其次向东移动。向东北方向移动的速度比向东的要快。中国近海气旋的平均移速约40 km/h，冬季最快，夏季最慢。气旋入海发展，移速减慢，在海上逗留的时间为1 d左右（秦曾灏等，2002）。东海气旋的发生有明显的年际变化。对东海造成影响的还有黄淮气旋，尤其在梅雨锋系上产生的波动发展成温带气旋，对东海北部的影响很大。

我国内陆和125°E以西的近海生成的气旋，占东亚－西北太平洋生成气旋总数的近七成；而125°E以东海域所生成的气旋只占总数的3成（秦曾灏等，2002），且多发生在3月、4月。沿岸附近比远离海岸的西北太平洋更易发生气旋，尤其在春季，这与沿岸下垫面的热力、动力条件比远海更优越有关。比如低层加热不均匀，风切变较强，斜压扰动容易发展等。有研究表明，在全球变暖的背景下，近50年来，东亚气旋活动有向高纬度增加，低纬减少的趋势，且低纬度气旋强度减弱（王新敏，2007）。这就意味着，北半球风暴路径北移，东海一带温带气旋发生的机会可能减少。

在中纬度海洋上，常发生一种急速发展的气旋。其中心气压在24 h内下降达24 hPa以上，引起海上强风，风速可达20～30 m/s，成为海上严重的灾害性天气。当24 h内气旋加深率至少1 hPa/h时，称为气旋的爆发性发展，这种气旋称爆发性气旋。因爆发性气旋发展迅猛，其强度像一个强台风。这种爆发性气旋显然对海上航行是一大威胁。1978年，大西洋爆发性气旋造成两艘大型轮船倾覆。1980年12月27日至1981年1月3日，8天中在西北太平洋连续发生7次海难事故，都是由爆发性气旋造成的。

爆发性气旋主要发生在大陆东岸，太平洋和大西洋的西部，尤其在黑潮流域和湾流流域。在太平洋上，最多发生在30°～45°N之间的冬季风活动区。其发生数有明显的季节变化，多发生在冬半年，以1月份为最频。当冷空气移到暖洋面上，会产生很强的水汽和热量交换，使得气旋获得能量而爆发性发展。

西北太平洋冷季，平均每年发生爆发性气旋为18～19个，而在中国近海仅1个。表明西北太平洋是爆发性气旋易发海域，我国近海较少，且存在年际变化。在黄海南部、东海东部的黑潮流域，因海洋向大气输送大量热量和水汽，气旋得以迅速发展。其中以3月居多，其次是12月和1月（秦曾灏等，2002）。爆发性气旋有“连续爆发”的特征，即在前12 h爆发性发展后，紧接着有其后的12 h继续爆发性发展。

11.4.4 海雾

11.4.4.1 季节变化

东海是中国近海多雾的海域，一年四季皆可出现，尤其是沿海一带。但持续稳定的雾季为3—6月（徐燕峰等，2002），以4月最盛，在长江中下游梅雨锋系建立起来后，雾季基本结束。东海雾季比黄海雾季早一个月，反映了中国近海海雾自南而北的季节变化特征。图11.12给出东海沿岸及岛屿测站多年平均的雾日季节变化，基本反映了东海海雾的季节变化。

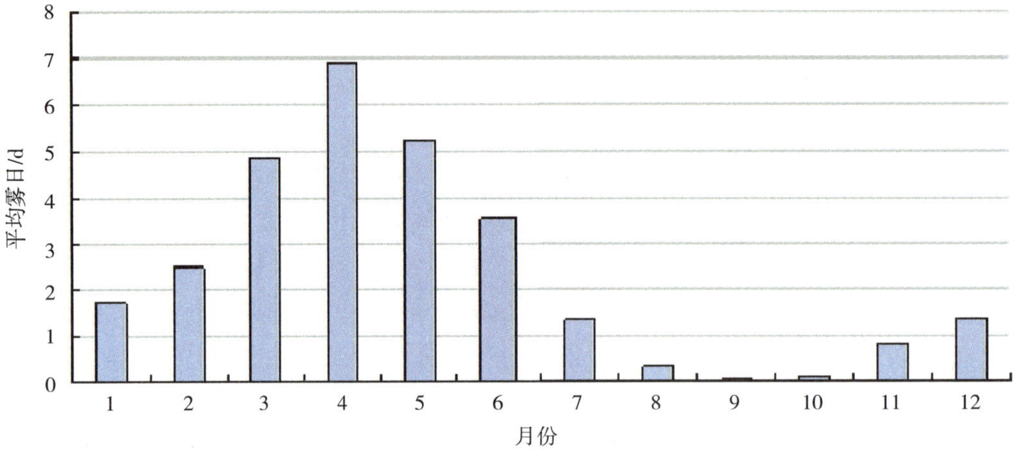

图11.12 东海沿岸及岛屿测站各月多年平均雾日年变化

就各测站而言，大陈岛年雾日为106 d，3—6月为61.9 d，占全年近六成。这里辐射雾占的比数较大。台山年雾日为81 d，东山为27 d，约七成发生在3—6月。台湾海峡地区的平潭、厦门、汕头的年雾日较东海北部的要少（表11.13、表11.14）。舟山附近海气温差在 -0.6～-2.6 ℃之间，容易形成海雾。尤其是偏南风，风速在2～11 m/s的条件下，利于形成海雾（徐燕峰等，2002）。但当水温高于20 ℃以上时，出雾的机会大大减少。

海上的平流雾，在一天中任何时候都可以发生或消散，几乎没有明显的日变化。即使在岛屿站，如长江口外的佘山观测到的结果就是如此。但因陆地气象观测站观测环境的差异，所有雾显示出的雾日变化是不同的。例如嵊泗的日变化不显著，一天内任何时间均可生成或消散。而舟山的定海，则日变化明显（徐燕峰等，2002），雾于午后消散居多。

表11.13 东海沿岸、岛屿代表站累年逐月雾日数（1971—2000年） 单位：d

站名	1月	2月	3月	4月	5月	6月	7月	8月	9月	10月	11月	12月
嵊泗	3.3	4.4	8.2	9.6	9.4	8.3	4.5	1.0	0.4	0.6	1.3	2.3
大陈岛	5.5	7.4	11.7	15.6	16.5	18.1	12.1	5.7	2.6	3.2	3.2	4.0
台山	3.5	6.7	10.9	14.6	16.8	13.0	6.5	2.1	0.8	2.5	1.5	2.2
平潭	1.3	2.4	4.5	6.2	4.0	1.5	0.5	0.5	0.5	0.6	0.5	0.8
厦门	3.9	6.0	11.1	9.7	7.7	3.4	0.9	1.1	1.2	0.9	1.1	1.4
东山	1.5	3.2	6.5	7.0	3.6	1.7	1.5	1.3	0.1	0.0	0.2	0.6
汕头	2.0	2.2	3.7	2.6	0.9	1.1	0.6	0.1	0.6	0.9	0.8	1.7
汕尾	0.6	1.5	2.4	2.4	0.5	0.0	0.0	0.0	0.0	0.0	0.0	0.2

表 11.14 东海沿岸、岛屿代表站累年各季、年平均雾日数（1971—2000 年） 单位：d

站 名	春季	夏季	秋季	冬季	年
嵊 泗	27.2	13.8	2.3	10.0	53.3
大陈岛	43.8	35.9	9.0	16.9	105.6
台 山	42.3	21.6	4.8	12.4	81.1
平 潭	14.7	2.5	1.6	4.5	23.3
厦 门	28.5	5.4	3.2	11.3	48.4
东 山	17.1	4.5	0.3	5.3	27.2
汕 头	7.2	1.8	2.3	5.9	17.2
汕 尾	5.3	0.0	0.0	2.3	7.6

11.4.4.2 海雾的分布与年际变化

东海的海雾，在沿岸附近生成的机会较多于远海，岛屿附近的又多于广阔的无岛屿海域，北部多于南部，台湾海峡地区比北部海域要少，台湾以东海面海雾极少发生。

海上雾的生成、维持及消散，既受天气系统的影响，也受局地的影响，是边界层内很复杂的一种天气现象。系统性的雾，在空间的分布往往成片，范围也比较大，其维持与天气系统有着密切关系。而局地的雾，往往是零散的，范围比较小，维持时间也较短。在雾季（3—6 月），持续性的大范围的海雾较其他季节的要多。

东海海雾存在显著的年际变化，年际间雾日数差异很大。比如：嵊泗、大陈岛、台山的最多年雾日，分别为 73 d、183 d、106 d（表 11.15）；而最少年雾日分别只有 33 d、52 d、64 d（表 11.16），差异显著。大陈岛 6 月、7 月雾日最多，可达 29 ~ 30 d，几乎天天有雾。而有的年份整月为零雾日，即使在盛雾期，也不超过 10 d。

当然，海雾是大气边界层的一种多相态的凝结现象，具有海 - 气相互作用的典型特征。海洋的影响是重要的，但是在这个过程中，大气条件更不可忽视，甚至是主要的，决定性的。雾季之所以雾多，不仅在于具有良好的海洋条件，更重要的是天气条件优越。其实，海雾所显示出的年际变化，虽然不能忽视海洋条件的变化，但更重要的是天气条件的年际变化，其表现出更大的随机性。从 20 世纪 90 年代初开始的 10 年间，海雾发生的几率有下降趋势。

表 11.15 东海沿岸、岛屿代表站累年逐月、年雾最多日数统计（1971—2000 年） 单位：d

站 名	1月	2月	3月	4月	5月	6月	7月	8月	9月	10月	11月	12月	年
嵊 泗	9	9	12	16	16	21	10	4	2	2	8	7	73
大陈岛	15	15	19	23	25	29	30	27	9	12	9	13	183
台 山	9	15	18	22	21	20	14	6	5	7	6	7	106
平 潭	6	6	10	14	8	5	3	2	4	4	2	3	39
厦 门	10	15	16	17	13	11	4	7	6	4	3	4	75
东 山	5	11	13	14	7	6	7	7	1	1	2	4	41
汕 头	6	6	8	8	3	5	3	1	4	6	4	6	31
汕 尾	3	5	7	7	2	0	0	0	0	1	0	1	15

表 11.16　东海沿岸、岛屿代表站累年逐月、年雾最少日数统计（1971—2000 年）　单位：d

站名	1月	2月	3月	4月	5月	6月	7月	8月	9月	10月	11月	12月	年
嵊泗	0	0	4	2	4	3	0	0	0	0	0	0	33
大陈岛	1	1	3	8	6	7	0	0	0	0	0	0	52
台山	0	1	4	8	7	7	3	0	0	0	0	0	64
平潭	0	0	0	1	0	0	0	0	0	0	0	0	4
厦门	0	0	5	3	0	0	0	0	0	0	0	0	24
东山	0	0	1	2	0	0	0	0	0	0	0	0	12
汕头	0	0	0	0	0	0	0	0	0	0	0	0	4
汕尾	0	0	0	0	0	0	0	0	0	0	0	0	1

第 12 章 东海海区的环流*

东海的环流由沿岸流系和外海流系组成。它主要受下列因素的影响：①盛行于海上的风场。季风对表面流影响甚大，尤其是近岸浅海海域，流向带有随季风而变的特点，具有风海流的性质（近海 Ekman 型漂流）。②海区西岸有大量的河川径流入海，尤以长江最为突出，在当地形成以低盐为主要特征的沿岸流。③来自大洋的黑潮。黑潮及其入侵体（分支），是东海、黄海南部、南海北部和日本海海区环流的主干。黑潮流经东海后返回太平洋，给东海输送了大量的动量、热量、水量和盐量，影响或制约东海的密度场和流场。④潮流的非线性效应。东海是潮汐、潮流十分显著的海区，潮致余流对局部环流也非常重要。⑤海区的岸线和地形等，也会影响局部环流的格局。

12.1 东海沿岸流①

图 12.1 为东海余流平均的环流模式。图 12.1 表明，东海的海流，大致以台湾岛北岸与济州岛南岸的连线为界，划分为东、西两部分（管秉贤，1986）：东部为外海流系——黑潮及其分支或入侵延续体，即图 12.1 中的编号 1、2、3 三支海流；西部为（台湾）海峡暖流、台湾暖流和东海沿岸流，即图 12.1 中的 4、5、6 三支海流。由图 12.1 看出东海环流的特点：①东海是一个开阔的边缘海，其流系分布尽管仍由外海流系和沿岸流系组成，但其封闭性差，环流是一个非封闭性流型，环流结构和成分十分复杂。②东海的暖流基本上由南向北流动，由低纬流向高纬，流向比较稳定；而东海沿岸流则不同，流向随季风而变。③黑潮是东海流系的主干。黑潮及其分支不仅控制着东海及其邻近海域的流场和水文特征，同时还对我国东南沿海的气候、降水等产生重要影响。

12.1.1 范围与路径

东海沿岸流系指东海西岸的沪浙闽沿岸流而言。它源于长江口、杭州湾一带，主要由长江、钱塘江的入海径流与海水混合而成的冲溢水流，沿途还有瓯江、闽江、晋江、九龙江等河流的淡水加入。主要分布在长江口及其以南的浙闽沿岸的狭长地带，即图 12.1 中的编号 6。它的西界紧贴沪、浙、闽海岸，东面紧靠台湾暖流。在与台湾暖流的接壤之处，水文要素的水平梯度较大，形成海洋锋。

把 10 m 层的实测余流与盐度分布绘制在同一幅图上（图 12.2），则可看出：冬季，余流与盐度分布之间有良好的对应关系。32.0 等盐线为东海沿岸流和台湾暖流的大致界线（管秉贤，2002），该线以西（左侧）余流流向大多指向 S、SW，为东海沿岸流区；32.0 等盐线以东（右侧）海域，余流指向多为 NE 或 N 向，这就是台湾暖流区。以 1959 年 2 月为例，该冬的东海沿岸流范围，局限在 123°E 以西的狭长海域，紧贴沪、浙、闽的海岸流动。

---

* 本章编写人：孙湘平（东海沿岸流、黑潮、台湾暖流——第二作者），袁耀初（流球以东海流、黑潮——第一作者），郭炳火（对马暖流），许建平（台湾暖流）。

① 国家科委海洋组海洋综合调查办公室编。全国海洋综合调查报告，第五册，中国近海的海流系统。1964。

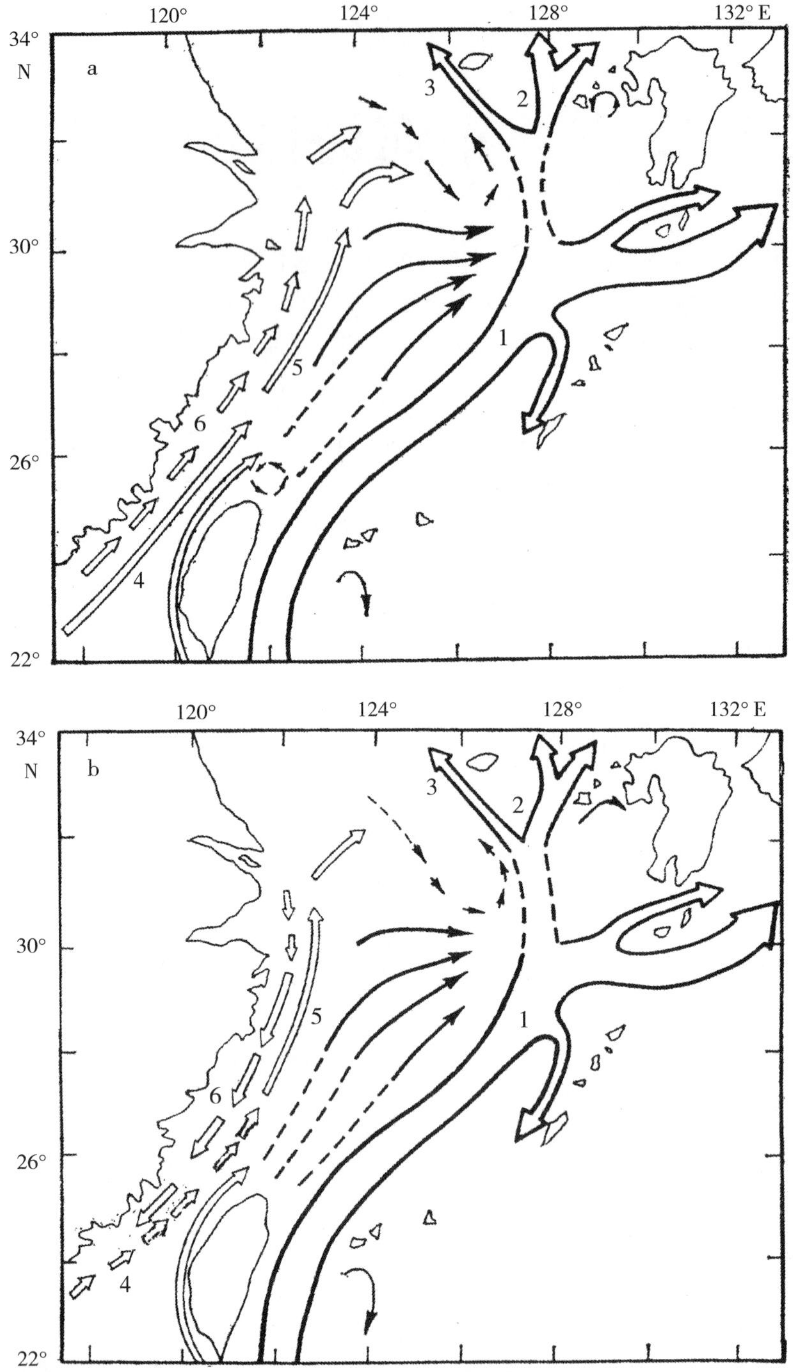

1. 黑潮；2. 对马暖流；3. 黄海暖流；4.（台湾）海峡暖流；5. 台湾暖流；6. 东海沿岸流

图 12.1　东海夏半年、冬半年各层平均余流的流系分布模式（管秉贤，1986）

a. 夏半年（4—9 月）；b. 冬半年（10 月至翌年 3 月）；

图 12.1 和图 12.3 清楚地表明，东海沿岸流的路径，冬、夏两季是截然不同的。夏季（6—8 月），在偏南季风作用下，闽、浙沿岸流大体顺岸由 SW 向 NE 流动。沿岸流的流向与台湾暖流的流向相同（同向）。此时，正值东南沿海江河入海径流量最大（洪水期），尤以长江入海径流最为突出，形成一个巨大的长江冲淡水 - 低盐水舌，水舌指向 NE 向。简化的理论模式分析表明（张庆华等，1993），苏北沿岸流诱导和长江口外地形的共同作用使得夏季低盐水舌指向 NE 向。在长江径流量大的年份，低盐水舌可伸展到济州岛附近，并与黄海暖

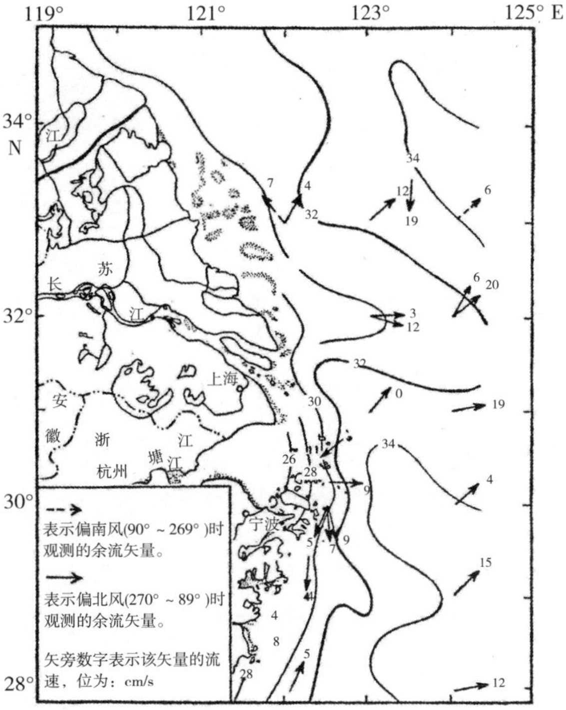

图 12.2　东海西侧 10 m 层的余流与盐度分布（1959 年 2 月）（管秉贤，2002）

流的“根部”相接（陈冠贤，1991），几乎遍及东海的西北部，甚至还影响到黄海南部。夏季的闽浙沿岸流，就汇入长江冲淡水中。此时，东海沿岸流的流幅较宽，约 2.5 个纬距（陈冠贤，1991），伸展范围也远；厚度较薄，一般在 5 ~ 15 m 之间，近岸可达海底。

冬季（12 月至翌年 3 月），长江、钱塘江等河川径流量大减（枯水期），形不成如夏季那样巨大的冲淡水舌。在偏北季风作用下，东海沿岸流自长江口、杭州湾一带，经舟山群岛、沿浙闽海岸南下，紧贴海岸由 NE 流向 SW。此时，沿岸流流向与台湾暖流、（台湾）海峡暖流流向相反（反向）。因冬季季风比夏季季风强劲而持久，故冬季的沿岸流流向比较稳定，但流幅较窄，约 60n mile（陈冠贤，1991）。

传统观念认为，冬季的东海沿岸流，有些月份，可越过台湾海峡而进入粤东沿岸，与粤东沿岸流相接。但近期的调查研究表明，冬季的东海沿岸流，一般南下抵至闽南东山岛附近（约 23°40′N），便与南来的南海暖流相遇（管秉贤，2002）；有时甚至在海坛岛附近就转向东南进入台湾海峡中线，在那里形成气旋式小环流。

4—5 月和 9—10 月，冷、暖气团交替频繁，风向多变而不稳定，从而使表层流流向显得杂乱。以春季为例。4 月，东海沿岸流仍为 SW 向流（冬季路径）。到了 5 月（图 12.3b），沿岸流流向大有变化：约 28°N 以北海域，仍为一派 SW 向沿岸流；28°N 以南海域，沿岸流已转换成 NE 向路径了。6 月，东海沿岸流才全部转换成夏季型。由此看出，春季东海沿岸流的流向转换，是由南向北逐步推进的，转换时间比较长，需 2 个月左右。秋季则不同。8 月，东海沿岸流为夏季型 NE 向。9 月，浙江岸段的沿岸流已转换成冬季型（SW 向），而福建岸段的沿岸流，流向比较零乱。到了 10 月，福建岸段的沿岸流才全部转换成冬季型。可见，秋季东海沿岸流的流向转换，是由北往南带有“爆发性”的，只需 1 个月左右时间，就可完成季节交替。

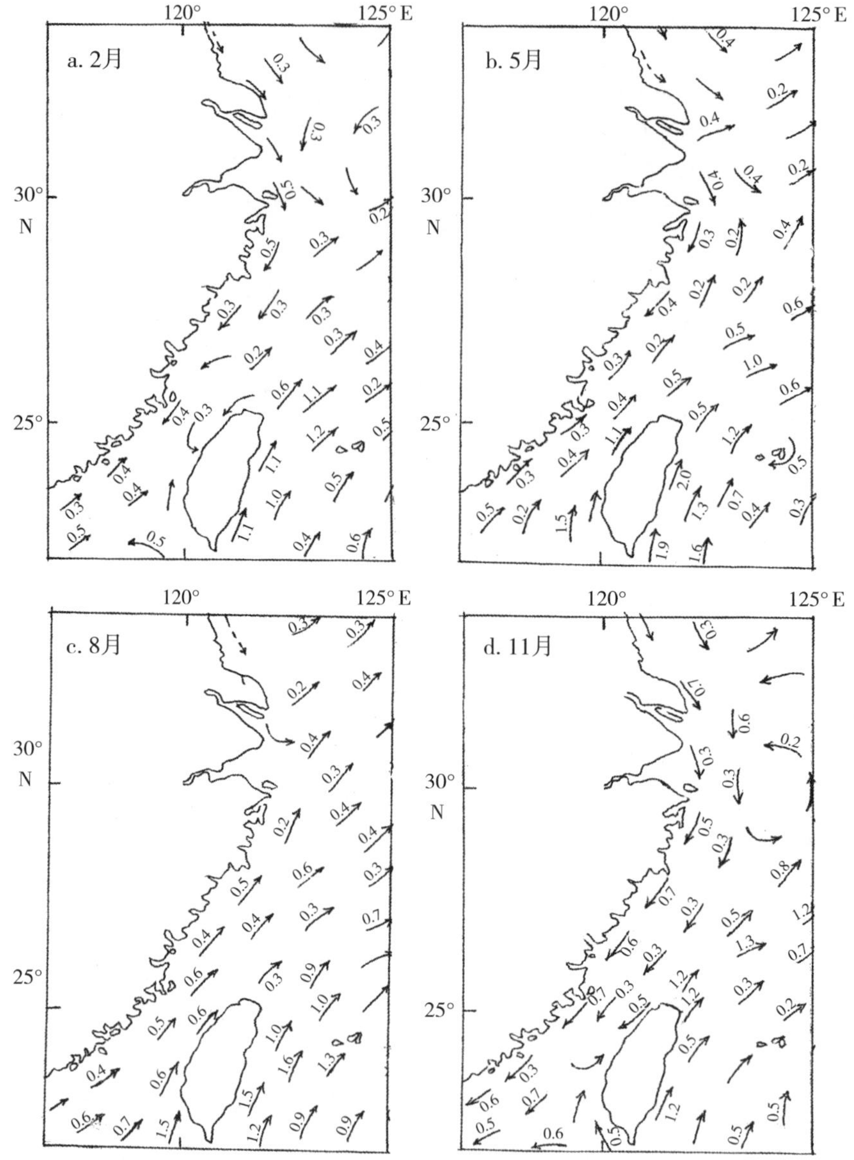

箭头指流向，单位为 kn

图 12.3 东海西侧四季代表月的表层流分布（廖克，1999）

12.1.2 流速、流向

东海沿岸流，除长江口、杭州湾受非风海流影响外，大部分海域的沿岸流与风关系密切。管秉贤曾指出（管秉贤，1957），中国沿岸的表面海流，在性质上是一个以风海流为主的流系。这种显示风海流的性质，以长江口、杭州湾以东海域、舟山群岛、浙江中部、南部近海和台湾海峡为最明显。

上述海域冬季（1 月）和夏季（7 月）的偏角分别为 +16°，+37°，表明东海沿岸流在冬季和夏季季风盛行时期，盛行流向大都偏于盛行风向之右 45°以内。近期，福建海洋研究所和厦门大学对台湾海峡作过个例计算（福建海洋研究所，1998；洪华生等，1991），流向位于风向之右 41°和 45°。符合风海流的一般规律。“海洋普查”报告中还指出：浙闽近岸海域，流速、风速出现率曲线的趋势十分一致，流速与风速的依存关系比较明显。赵保仁（1982）利用长江口附近的浮标测流资料（水深 50 m），进行局地风对海流影响的研究。结果表明，余流矢量随风矢量而变化，风速加大时，流速也加大；风向改变时，流向也随之改变。流对风的反应很快，表层需6~12 h便可建立风相适应的风生流动。风对表层流影响很大。从表层到底层，于同一时刻，余流先向右偏转；约到10 m以下，流向变为向左偏转；到了底层，多数流矢已偏到风矢的左侧。表明，上层余流具有风海的性质，下层具有底层梯度流性质（赵保仁，1982）。

东海沿岸流与长江冲淡水联系密切①。夏季，长江口及其以东近海，表层余流E向居多，流速较大，一般在30~50 cm/s之间。底层流速为10 cm/s左右。122°E以东海域，表层流流向指向NE，流速为10~40 cm/s。杭州湾的余流比较强，表层为30 cm/s，底层为10 cm/s左右；但余流方向很不规则。杭州湾外余流主要是NE向，流速为10~30 cm/s。舟山群岛一带，余流流向多为NE向，流速为10~26 cm/s。浙中、浙南和福建沿岸，夏季的沿岸流流向比较规则，基本上为一派东北向流（图12.3c）。表层余流流速为10~30 cm/s。其中：福建沿岸流速为20~30 cm/s；浙江中、南岸段的在10~25 cm/s之间。

冬季，在长江口附近，表层余流仍为东向，流速较强，一般为25 cm/s左右，最大达50 cm/s。舟山群岛一带，表层余流为SE向，流速为20~25 cm/s。浙江岸段，流向比较稳定，多为SW向，流速为15~25 cm/s。到了福建岸段，沿岸流为SW向，流速在20~30 cm/s之间，最大达40 cm/s。

冬季，沿岸流浙江段的余流垂直分布与夏季的不同，尤其在沿岸流与台湾暖流交汇的地方，表层余流与深层余流呈反向分布，0~10 m层的余流皆为SW向；20 m层的变为NW向，到了35 m层和底层，余流流向为NE向。这种余流的垂直结构表明：0~10 m层为沿岸流，而35 m层和底层的海流可能是台湾暖流所盘踞。

东海沿岸流有如下特征。

第一，东海沿岸流的盐度比较低，尤其是长江口附近、杭州湾一带，盐度更低，一般在4.0~30.0之间；水色混浊，透明度小；水文要素的年变幅也大。第二，东海沿岸流的流向随季风而变，一年有两次流向变换：夏季偏南风期间，它贴岸北流；冬季，偏北风期间，它贴岸南流。第三，东海沿岸流的组成成分有江河径流、风海流、潮余流等，尤其是长江径流，是该沿岸流的重要组成部分。第四，东海沿岸流浙江段的余流垂直结构很特殊：夏季，无论表层、中层、深底层的流向，基本上与夏季风向、台湾暖流、（台湾）海峡暖流的流向同向；冬季，表层流向为SW向，而深、底层的为NE向，表、底层的流向为反向。第五，东海沿岸流表层与风关系密切，是一支带有风海流性质的海流，表层风海流的成分较大。

12.2 东海黑潮

黑潮为北太平洋的西边界流。它以流速强、流向稳定、流量大、流幅狭窄、流路远长、深度大而著称，具有高温、高盐、透明大和水色深蓝等特点。黑潮的源地，一般在台湾东南、吕宋岛以东海域。黑潮有狭义和广义之分。狭义黑潮又叫黑潮主体（干），指我国台湾近海至日本铫子附近海域，紧沿大陆坡大体朝NE向连续流动的强流带而言。它又可分两段：由苏澳－与那国岛至吐噶喇海峡这一段流经东海的称东海黑潮；从吐噶喇海峡开始，黑潮返回太平洋以后，沿日本海岸至铫子近海的这段强流带，称日本以南的黑潮。本节仅记述东海黑

① 乐肯堂。长江冲淡水洪水期盐度分布和海流结构初步分析。渤海黄海东海调查研究报告。中国科学院海洋研究所，1984：151－163。

潮的基本状况。

12.2.1 路径与流幅

图 12.4 为东海黑潮表层流轴的多年平均和四季平均的路径。图 12.4 是根据 1953—1977 年（25 年）GEK 观测的海流资料统计绘制的。所谓流轴，系指垂直于流向的各条断面上的最大流速值的连线。图 12.5 系分别利用 172 个（Lie，et al，1998）和 323 个（Hu，et al，2008）卫星跟踪漂流浮标测得的轨迹与流速矢量分布。图 12.6 为东海黑潮表层流幅的地理分布。从这些图看出，源自台湾东南、吕宋岛以东的黑潮，沿台湾岛东岸北上，经苏澳－与那国岛之间的水道（此处水下有一海脊）进入东海；然后大致沿 200～1 000 m 等深线陡峻的大陆坡，朝 NE 向流动。流轴常位于海底斜坡最陡之处，温度场水平梯度最大的地方，便是流轴所在地。由于东海黑潮流轴与海面位势高度或 200 m 层温度水平梯度最大的地带位置与坡度走向大体一致，所以黑潮具有地转流或准地转流性质（管秉贤，1964，1981）。

200 m 层温度场上 18 ℃等温线，可近似地看作东海黑潮上层流轴位置的指标。当东海黑潮流至 29°～30°N、128°～129°E 附近，流路几乎呈 90°的拐弯，转向为东流，其中绝大部分通过吐噶喇海峡，小部分流经大隅海峡而返回太平洋，然后再沿日本南岸（太平洋沿岸）继续向东流。

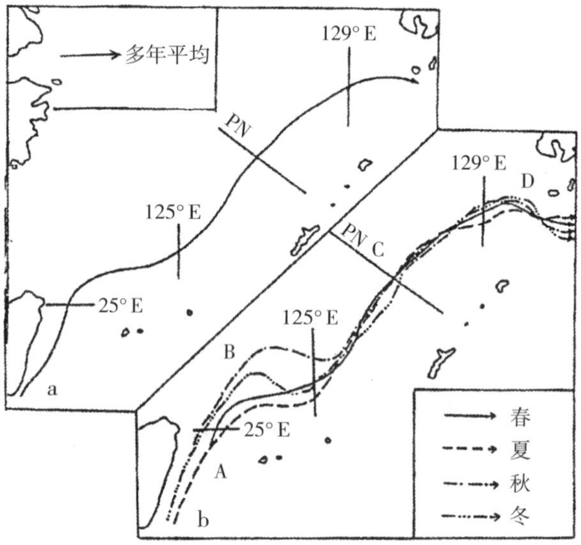

图 12.4　东海黑潮表层流轴的地理分布（孙湘平，1987）

为了检验上述流路的真实性，可用图 12.5 来说明。粗看该图像乱麻似的一片，杂乱无章、无规律可循。但仔细观察并把注意力集中在东海和台湾以东海域，则可看出，轨迹密集的部分，正沿着台湾东岸北上，进入东海后沿着东海大陆坡向东北方向流动；约在 29°～30°N，128°～129°E 附近转向往东，分成两股返回太平洋。主要的一股穿过吐噶喇海峡，次要的小股通过大隅海峡。在台湾东北海域，密集的轨迹在那里呈现为一“反气旋式”的小弯曲。在台湾以东、奄美大岛以西、九州以西以及琉球群岛以东海域，均有不少涡旋存在。此外，九州以西涡旋区的西侧，也有少量的浮标北上，在那里作近半圆的反气旋式偏转，经济州岛东侧再转向东北，在对马岛西南分两支进入日本海。上述浮标轨迹的密集之处，即为东海黑潮的流轴路径，它与水文资料所得结果（图 12.4a）基本相符。若将图 12.5a 的轨迹，用20′×20′网格进行分解计算，便得图 12.5b 所示的表层矢量图。图 12.5b 中的强流部分即为

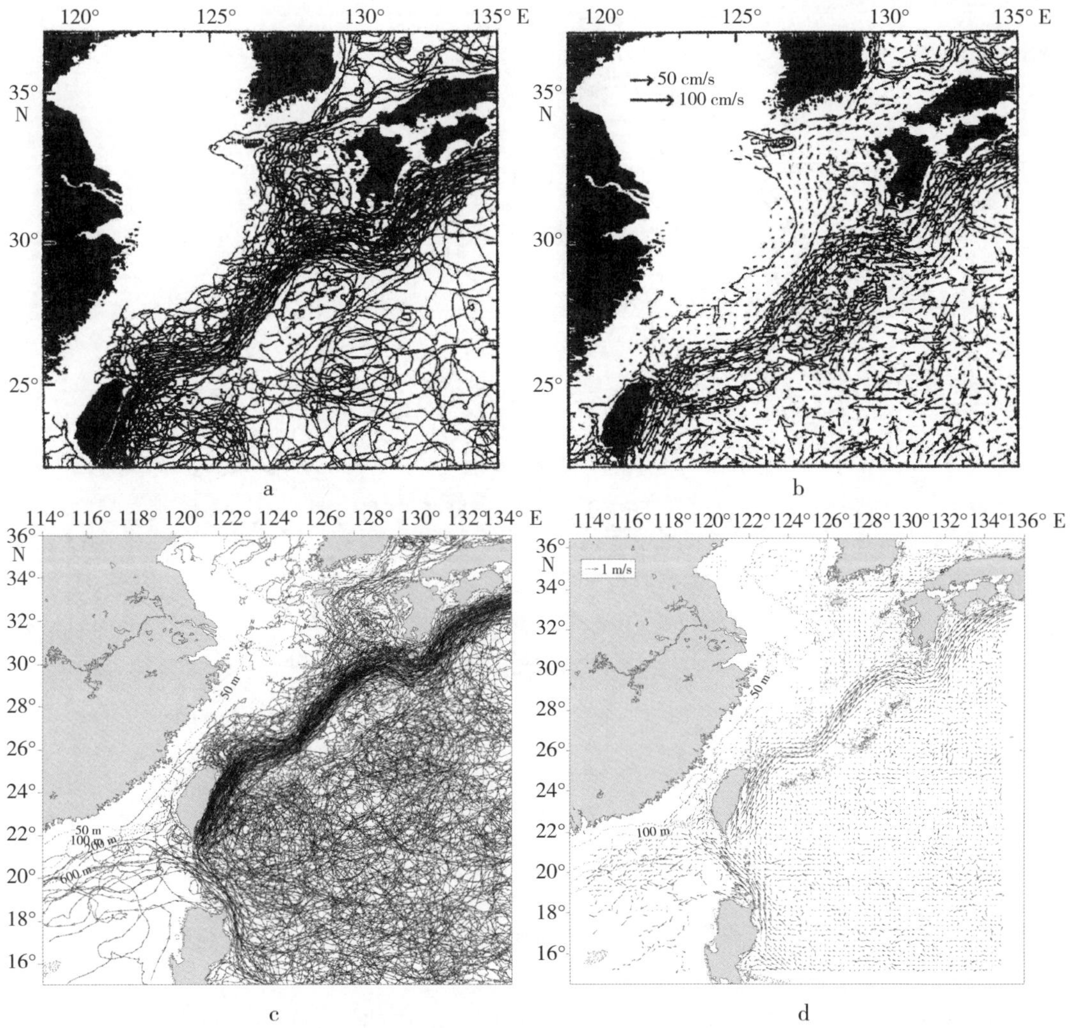

图 12.5　东海及邻近海域，卫星跟踪漂流浮标（Argos）的轨迹

a、b. 分别为浮标轨迹和计算出的表层流矢量分布（Lie, et al, 1998, 172 个漂流浮标）

c、d. 分别为浮标轨迹和计算出的表层流矢量分布（Hu, et al, 2008, 323 个漂流浮标）

东海黑潮，而在黑潮的左侧，200 ~ 100 m 等深线附近，有一支流速较弱的海流存在，它几乎与东海黑潮平行而北上。这支较弱的海流，南、北两段都比较明显，只是中段很弱，显得不连续，尤其是北段，在济州岛以东作 90°顺时针弯曲而流入日本海。

为了便于记述和比较，现将图 12.4 和图 12.6 的流轴路径和流幅分布划分为 4 段来讨论。A 段指 25°N 以南我国台湾东岸近海；B 段指 25°N 以北、125°30′E 以西海域；C 段指 125°30′E 至 129°E 这一海域；D 段指 129°E 以东至吐噶喇海峡这一海域。这样分段后可看出，东海黑潮表层流轴路径在 A、B、D 3 段具有明显的季节性摆动和小的弯曲，尤其以 B 段季节变化最大；而 C 段流轴最为稳定，季节变化最小。各断面上的流幅宽度如表 12.1 所示。

A 段是东海黑潮的入口地段。该段的黑潮流向十分稳定，呈 NNE 方向，大致与台湾东岸岸线平行。但冬、夏两季的黑潮路径却有明显的东、西摆动现象：冬季，黑潮路径偏西，距台湾东岸较近，距岸为 31 ~ 56 km；夏季，黑潮路径偏东、距台湾东岸较远，距岸 56 ~ 130 km。A 段在 25°N 断面上的路径流幅，平均为 31.5 n mile（表 12.1），夏季宽（45 n mile），冬季窄（22 n mile）。

B 段是东海黑潮表层流轴路径季节变化最复杂的地段。无论是冬、春、夏、秋还是多年

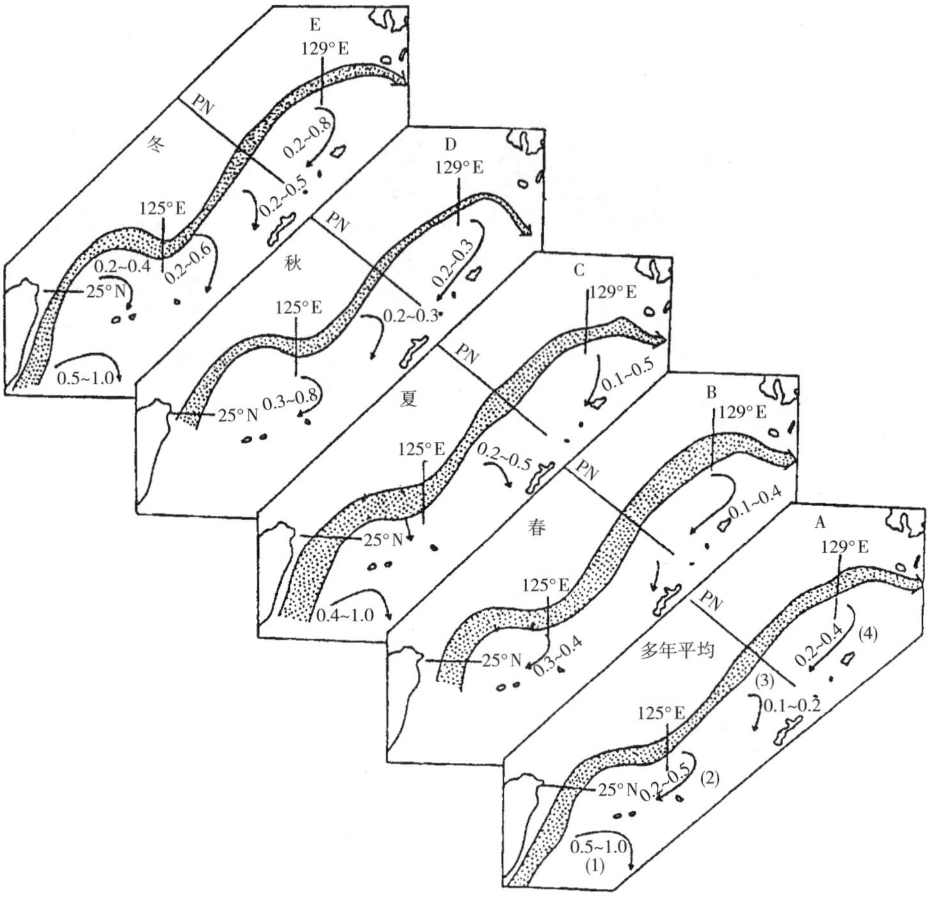

图 12.6　东海黑潮表层流幅的地理分布（孙湘平等，1987）

平均路径，都存在一个先向北伸，再折东南或东的“小弯曲”，这种“反气旋式”的“小弯曲”，各季程度不一。以秋季弯曲最大，向北延伸最甚，可达陆架区的百米深处；其次是冬季；春季居第三；夏季弯曲最小，位置也偏南。相对而言，春、夏季的流轴路径比较平直，秋、冬季的向北伸展的较大。B 段在 125°E 断面上的路径流幅，平均为 30 n mile。夏季较宽，为 40 n mile；秋、冬季的较窄，为 23 n mile（表 12.1）。

表 12.1　东海黑潮表层路径的流幅宽度（孙湘平等，1987）　　单位：n mile

断面	冬季	春季	夏季	秋季	四季平均
25°N	22	30	45	29	31.5
125°	23	33	40	23	30
PN	25	32	38	17	28
129°E	30	43	27	19	30
四断面平均	25	34.5	37.5	22	29.9

注：这里的流幅指流速大于等于 1 kn 的强流部分。

C 段是东海黑潮表层流轴最为稳定的地段，流轴的四季差异也最小。这里的海底地势陡峻，等深线密集，流轴路径与等深线走向一致。C 段在 PN 断面上，黑潮流轴的流幅平均为 28 n mile。夏季流幅最宽，为 38 n mile；秋季最窄，仅 17 n mile（表 12.1）。

D 段是东海黑潮出口地段。它主要从吐噶喇海峡的中部流出东海而返回太平洋。在这一段内，东海黑潮路径仍有季节性差异，但差异程度比 B 段的小多了。总的趋势是，秋季路径偏北，春季的最南，夏、冬季的居中（胡筱敏等，2008）。D 段在 129°E 断面上，路径流幅平均宽约 30 n mile。春季的最宽，为 43 n mile；秋季的最窄，仅 19 n mile（表 12.1）。

总的来讲，东海黑潮流轴宽度（指流速大于等于 1 kn 的部分）平均为 30 n mile（56 km），最宽 45 n mile（83 km），最窄仅 17 n mile（31.5 km）。

由于吐噶喇海峡西侧散布着许多岛屿（吐噶喇列岛），把海峡分割为若干水道。因此，东海黑潮流经吐噶喇海峡时，流路（路径）十分复杂，并非稳定在一个水道，而是在海峡的北部、中部、南部皆有黑潮通过的可能，即黑潮有分流为多支（股）的现象，有时为一支（股）进入该海峡，有时为二支（股）或三支（股）（孙湘平等，1993）。据林葵等（1995）对 23 个航次的统计，有 6 次为单股流动，8 次为双股流动，7 次为三股流动，2 次为四股流动，两股或两股以上流动的占 73.9%。

以上系指东海黑潮表层路径的多年平均状况。事实上，黑潮的路径是各年、各月都不相同的，很难找到完全相同的路径，摆动现象十分明显。在 PN、129°E 两断面上，表层流轴的摆动幅度，在 20 ~ 60 n mile 之间。在吐噶喇海峡，黑潮流轴路径的摆动幅度为 54 km。

12.2.2 流速

黑潮以流速强和流向稳定为其主要的特征。东海黑潮流速一般在 40 ~ 80 cm/s 之间，最大达 180 cm/s，历史上的极大值达 300 cm/s 左右。现以 G－PN 断面①（地转流计算结果）为例。从图 12.7a，b，c 看出，就多年平均而言，东海黑潮的表层最大流速，出现在 G_3 ~ G_5 站之间，这就是东海黑潮的流轴所在之处。多年平均的最大流速为 97 cm/s，流向为 NE，流速大于 45 cm/s 的流幅为 45 km。无论是冬、春、夏、秋四季还是多年平均流速断面上，都表现出 3 种不同的情况：①东海黑潮主干段，即流轴段，也就是图 12.17a、b 中的流速最大值和次大值，多年平均为 1.9 kn 和 1.4 kn、1.5 kn，流向 48° ~ 49°和 50°。冬季为 1.9 kn，春季为 2.1 kn，夏季为 2.0 kn，秋季为 1.6 kn。②东海黑潮流轴左侧的陆架段，此段流速小，流向比较零乱，规律性差。③东海黑潮流轴右侧约 50 km 附近，出现逆流。在黑潮逆流区，流向为 S、SE、N 向，逆流流速最大达 30 cm/s，逆流流幅宽度约 100 km（管秉贤，1964）。

PN 断面上的流速结构如图 12.7d ~ g 所示。由图 12.7 可见，东海黑潮的流速分布，一般都有两个向北或向东北的流核（断面上流速最强的地方），中间夹着反向的逆流，而较强的那个流核，总是位于靠岸的一侧，表现了大洋环流向西岸强化的特征。流速的分布相对于流轴来讲是不对称的。流轴随着深度的增加而有些向右倾斜，流速随深度而减小，但流向十分稳定，几乎无大的变化。10 cm/s 等流速线分布可达 600 m 左右深处，表明黑潮是一支流层深厚的海流。从四季来看，夏季和春季的流速较强，流核附近的速度为 100 cm/s 左右；秋季流速最小，核心速度为 85 cm/s 左右；冬季流速居第三，核心速度为 90 cm/s。此外，1978 年 PN 断面的流轴还发生异常的偏离和摆动现象。从多年平均来讲，黑潮流轴在 PN 断面上位于 P_3 ~ P_5 站之间。但 1978 年有些特殊（图 12.7d ~ g）：2 月 12—14 日的黑潮流轴（指 50 cm/s

---

① G－PN 断面位于冲永良部岛西北，横切东海黑潮主干，跨越冲绳海槽、大陆坡和部分大陆架，与纬度成 37°交角。1955 年开始，日本长崎海洋气象台就做定期观测，一直持续到今天，已积累了 50 多年的记录。起初叫 G 断面，设置 12 个测站，站距为 10 ~ 20 n mile。于 1955 年 6 月至 1972 年 2 月，每年进行冬、夏两季观测，少数年份也进行春、秋季观测。从 1972 年 5 月起，取名 PN 断面。PN 断面与 G 断面平行，只是位置较 G 断面向西南方向略有移动，测站也增多，每年实施春、夏、秋、冬四季观测直到现在。1976 年起，在黑潮流轴所在的陆架、陆坡附近，又增设加密站，站距缩小到 2.5 ~ 5 n mile。这就为研究东海黑潮流轴处的结构、黑潮变异等提供了宝贵的基础资料。

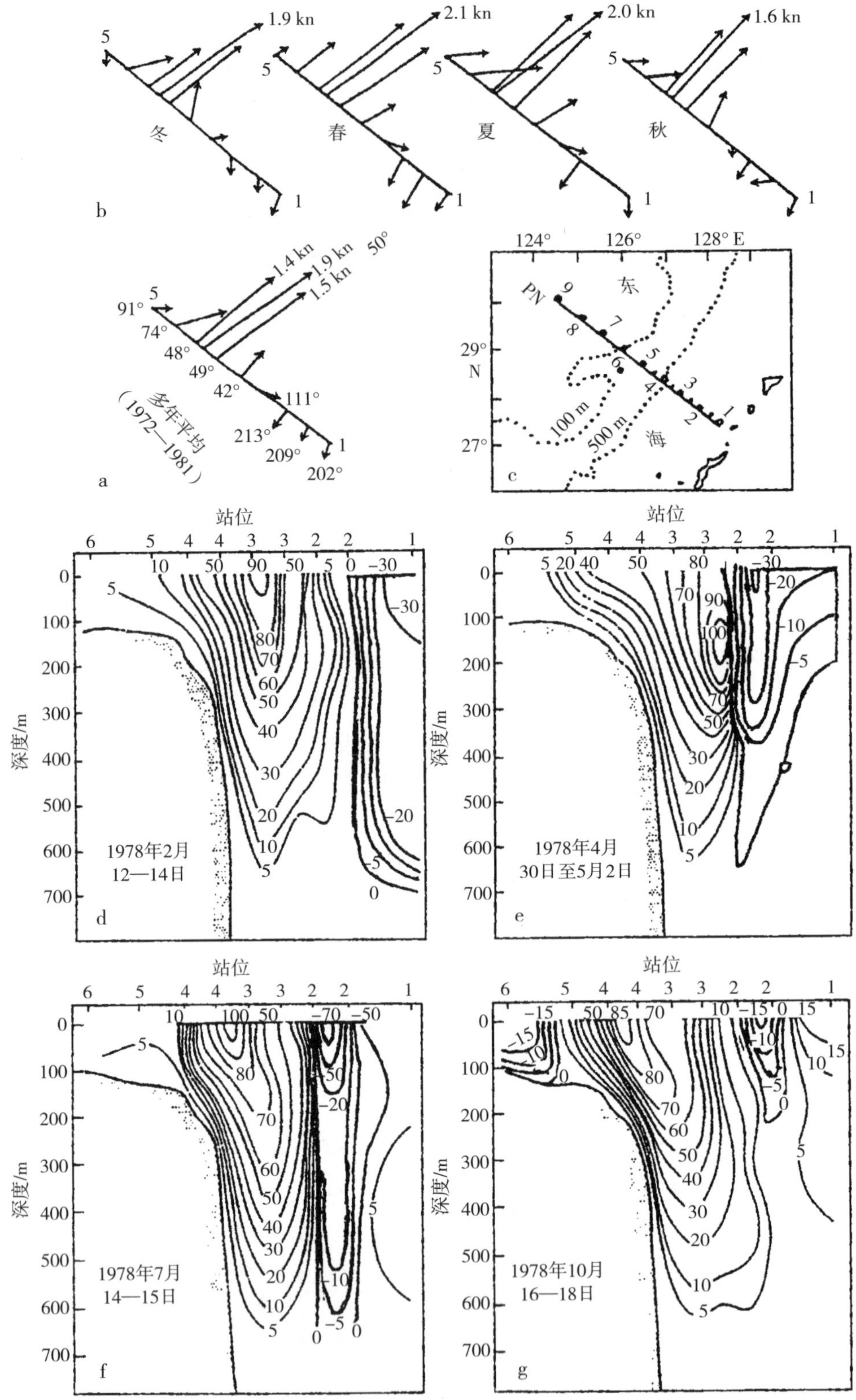

（井上尚文，1981；藤原伊佐美等，1982）

地转流计算零面为 700 m

图 12.7　G－PN 断面上表层流速分布（a，b）及断面上的流速结构（d～g）

等流速线所包络的水体)，位于 P_2-P_4站之间，流核在 P_3站附近。4 月 30 日至5 月 2 日，黑潮流轴明显地向东偏移了，流核在 $P_2-P_{3'}$站之间，此时流核并不发生在表层，而是出现在

100 ~ 200 m 之间。到了 7 月 14—15 日，黑潮流轴又向西摆动，流轴出现在 P_3 ~ P_4站之间，流轴深度（50 cm/s 等流速线的垂直距离）为 350 m，比 2 月 12—14 日的流轴深度下降了 80 m左右。10 月 16—18 日，黑潮流轴继续西移，位于 P_3 ~ P_5站之间，流轴随深度增加而向右倾斜最大，流轴深度又上浮到 300 m 左右。

通常，PN 断面上的流速结构多为单核、单束带状分布。1992 年 1 月和 4 月，PN 断面上东海黑潮分别出现 1 个流核和 2 个流核，而 1998 年 10—11 月，该断面上存在 3 个流核（图 12. 8）。1995 年秋季，PN 断面上也出现了 3 个流核（袁耀初等，2000）。PN 断面上出现了 3 个流核是极少见的，这是我国首次获得 PN 断面上流速结构上的一个重要现象——多核结构（袁耀初等）。多核结构表明，东海黑潮的强流带不再是 1 个（支），而是可细分为 2 个（支）或 3 个（支），也就是说，黑潮流轴不仅由 1 个、而是由 2 ~ 3 个分支的强流带组成。东海黑潮的多核结构现象，最先由赤松英雄作了报道（赤松英雄，1979）。指出 1978 年 1 月、4 月、7 月、9 月（实际上应为 1978 年 2 月 12—14 日、4 月 30 日至 5 月 2 日、7 月 14—15 日、10 月 16—18 日，即图 12. 7d ~ g），PN 断面出现多核。但赤松的结果值得进一步考证。因为赤松的流速断面图与井上尚文（1981）的截然不同（图 12. 7d ~ g），后者全系单核结构。两人用的是同一种资料（长崎海洋气象台海洋速报 No. 88 ~ 91）（長崎海洋気象台，1999），同一种方法（动力计算地转流），只是无流面不同（赤松用 800 m，井上未说明），但结果差异如此之大，不得不令人怀疑。无论是单核、双核和三核，它们的主核均位于大陆坡坡折处，流轴比较稳定。而且单核时，流速比较强，多核时流速比较弱。对于东海黑潮的多核结构，Chen 等（2009）利用 1955—2001 年资料分析了黑潮单核、双核和多核结构的出现频率分别为 53. 1% 、31. 4% 和 15. 4% ，并提出双核和多核结构的出现与黑潮的不稳定性理论分析吻合。

此外，在东海黑潮流层深度的下面，还存在着与黑潮流向相反的逆流。这种深处的逆流，由于不稳定和流速较小，一般为 2 ~ 5 cm/s，最大不超过 10 cm/s，尚未证实是一支连续而单独存在的海流，因此，还不能称“黑潮潜流”。

12. 2. 3 流量

流量是体现海流强弱的另一个重要指标。在东海，不同地段，不同时间，黑潮的流量是不同的。人们常以 G – PN 断面来作为研究东海黑潮流量的例子，其原因就是该断面的水文观测资料时间系列最长、最系统，流轴较为稳定的缘故。

若取 700 m 深度作为计算零面，用动力计算方法计算 G – PN 断面上的黑潮流量，其多年平均值为 25.5×10^6 m^3/s（1973—2000 年）（图 12. 9）。这是根据日本长崎海洋气象台每年公布的流量值而统计的结果。长崎海洋气象台公布的流量是比较有代表性的：一是资料的时间系列较长；二是几十年来用同一种方法进行处理。

作为多年平均来讲，G – PN 断面上东海黑潮流量的季节变化不大，冬季为 26.0×10^6 m^3/s，春季为 25.8×10^6 m^3/s，夏季为 26.8×10^6 m^3/s，秋季为 23.5×10^6 m^3/s。相对而言，秋季的流量较小，其余三季的流量差异不明显。但对于某些单独年份来讲，差异还是显著的，即东海黑潮的流量存在着明显的年际变化。图 12. 9 反映了两个时段东海黑潮流量的年际差异。其中：图 12. 9a 表示 1955—1972 年 G 断面的情形，图 12. 9b 表示 1973—2000 年 PN 断面的情形。前者于 1959 年 1—2 月，流量最大达 33.2×10^6 m^3/s；1968 年 7—8 月出现流量最小值，为 11.9×10^6 m^3/s，最大和最小值相差近 3 倍。后者于 1986 年 1—2 月，流量最大为 35.0×10^6 m^3/s；而 1974 年 1—2 月，流量最小，仅为 6.7×10^6 m^3/s，最大和最小值相差 5 倍

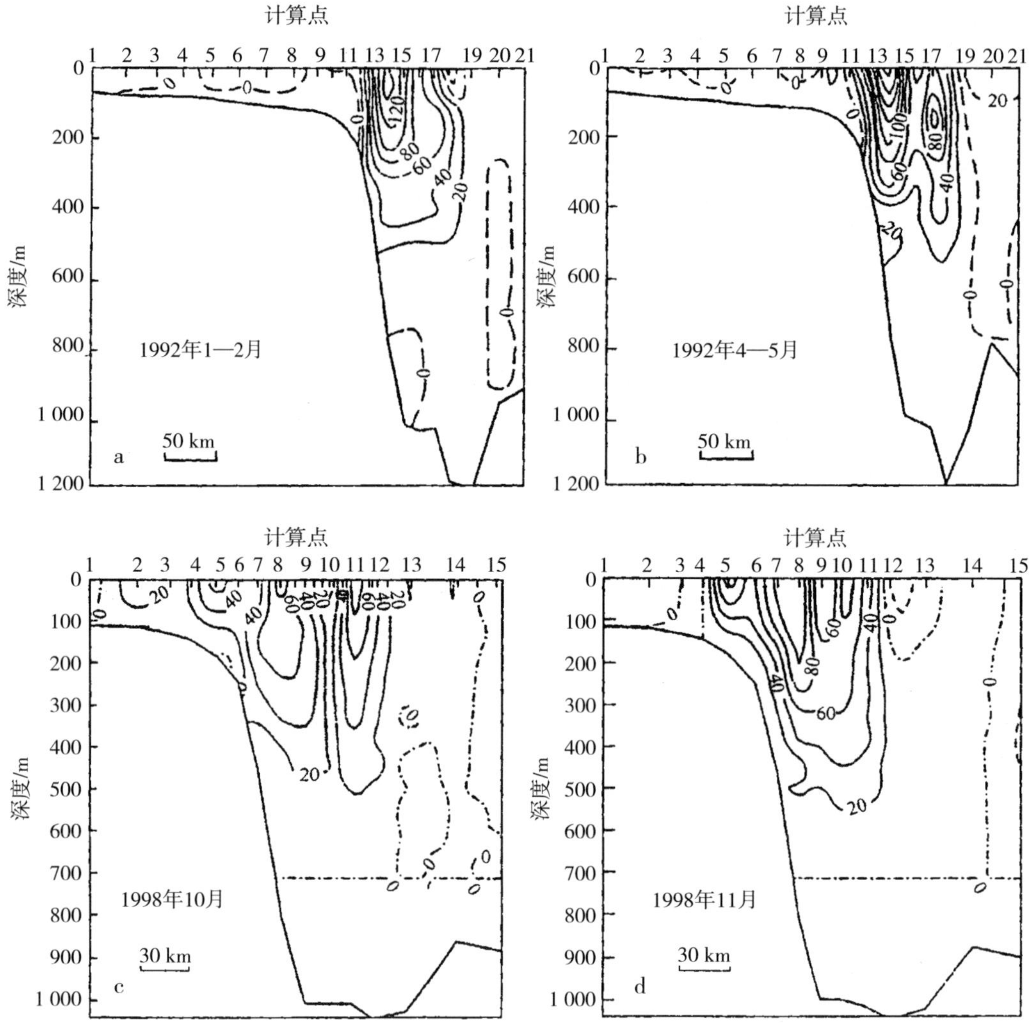

图 12.8　1992 年和 1998 年 PN 断面的流速（cm/s）分布（多核结构）（刘勇刚等，1998；袁耀初等，2001）

之多。另外，在 G－PN 断面上，东海黑潮流量还显示出长期的变化趋势。二谷颖男（Nitani，1972）指出，该断面上黑潮流量具有 7～9 年的显著周期，其变化趋势与屋久岛东南断面上黑潮流量的变动位相是反相的。佐伯理郎（Saiki，et al，1982）的结果是 8 年和 5.5 年显著周期（图 12.9c）。

袁耀初等用逆方法和改进逆方法计算了东海黑潮的流量。以 PN 断面为例：多年平均（1987—1998 年）为 $26.8\times10^6\ m^3/s$。1 月（冬季）为 $27.0\times10^6\ m^3/s$，4 月（春季）为 $26.6\times10^6\ m^3/s$，6—7 月（夏季）为 $27.7\times10^6\ m^3/s$，10 月（秋季）为 $25.8\times10^6\ m^3/s$。上述各种方法计算的东海黑潮流量虽有出入，但其季节变化的趋势仍是一致的。

东海黑潮受地形和水深的影响，有两处出现入侵陆架的现象：一处在台湾东北海域的彭佳屿、钓鱼岛、赤尾屿一带，成为台湾暖流的来源之一；另一处在九州西南海域，黑潮主体（干）在 29°～30°N、128°～129°E 附近转向东流进入吐噶喇海峡的同时，仍有一小部分黑潮水继续北上进入对马暖流源区，成为对马暖流的一个组成部分。

12.3　琉球群岛以东的海流

1972 年，二谷颖男（Nitani，1972）在他的东海及其邻近海域的流系示意图中，标出琉

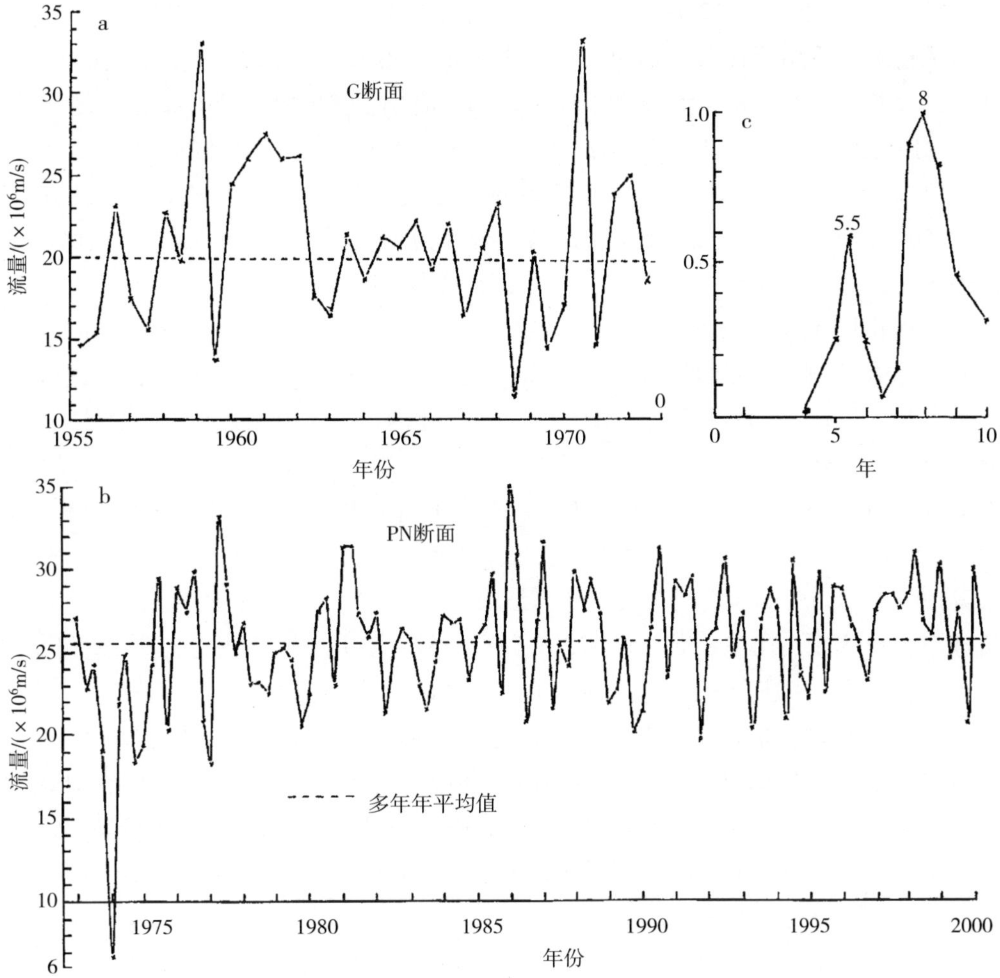

[长崎海洋气象台，1999—2000 年绘制，显著周期取自 Saiki 等（1982）]

图 12.9　G－PN 断面东海黑潮流量的年际差异（a，b）及显著周期（c）

球群岛东南海域存在一支 N 向海流，并给出这支海流流量的多年变化曲线。在“中日黑潮合作调查研究”期间，王元培、孙湘平把这支海流称“琉球海流”（王元培等，1990），认为琉球群岛东侧，于冬、夏季有一狭长的弱暖涡，构成这个弱暖涡的一对海流是黑潮逆流和琉球海流。这支北向的海流，在日本九州以南海域与通过吐噶喇海峡的黑潮汇合，形成日本以南强大的黑潮，试图解释为什么日本以南的黑潮流量，远大于东海黑潮流量这样一个事实。但琉球海流如何与东海黑潮返回太平洋汇合；琉球海流是否连续终年存在及其流量变异等问题，还需进一步深入调查研究。

12.3.1　观测和结果分析

有关琉球群岛以东的海流观测，1991 年、1992 年，国家海洋局第二海洋研究所与日本筑波大学、九州大学和鹿儿岛大学联合实施了两个航次调查，并在冲绳岛东南 OA，OB，OC 站，分别施放 3 套中、深层锚系测流系统（图 12.10）。

结果（Yuan，et al，1994；Yuan，et al，1995）表明，琉球海流通过 OA 站，其核心位于 150～800 m 之间，1991 年 11 月 4—11 日的低通时间平均流速在 570 m 处，其值为21. 7 cm/s，方向（与正北向顺时针方向的夹角 θ）为 66. 8°，为 NE 向流（图 12. 11a 与表 12. 2）。而 870 m处平均速度为 5 cm/s，θ 为 59. 9°，也是 NE 向流（图 12. 11b 与表 12. 2）。在 OC 站

700 m处，1991 年 11 月 14 至 12 月 1 日的低通平均流速为 10 cm/s，θ 为 334.4°，NW 向流。

深层流的情况，可用流速矢量前进图 12.11 表示。图 12.11c、e、f 表明：在 OA 站（水深 1 000 m），570 m 处的平均流速为 21.7 cm/s，流向为 66.8°；870 m 处，平均流速为 5.0 cm/s，流向为 50.9°。在 OB 站（水深 2 020 m），1 890 m 处平均流速为 4.4 cm/s，流向为 253°，S 向流。OC 站（水深 4 630 m），700 m 处平均流速为 10.1 cm/s，流向为 330°；在 2 000 m和 4 500 m 处，存在反向的 SW 流，流速分别为 4.2 cm/s 和 2.6 cm/s。由此可见，在北向的西边界流下面，均存在一支较稳定的、S 向的深层流。

在同一个航次的 P_{CM1-2E} 断面分布图上（图 12.12 和表 12.2），大部分是 N 向流。它有两个核心：一个位于地形陡峻的 150 ~ 800 m 水层，在 500 m 与 600 m 处，其流速分别为 16.3 cm/s 与 16.1 cm/s；另一个位于计算点 4 附近的 200 m 以浅水层，最大流速约为 15.2 cm/s（在 50 m 处）。

在 OA 站，570 m 与 870 m 处平均流速，在垂直于断面 PCM_1-2E 方向上的分量，分别为 19.8 cm/s 与 5 cm/s。在 570 m 处，海流计位于流速大于 15 cm/s 的核心内。而 870 m 处海流计则位于等速线 10 与 0 cm/s 之间，表明计算结果与 OA 站实测流的值较为一致。

在琉球海流的下面，存在一支 N 向流，它的位置在计算点 1 与 2 附近，分别位于 1 000 m 与 1 400 m 以下水层，流速分别约 4.2 cm/s 与 4.1 cm/s。最大流速为 5.2 cm/s。

在 P_{CM1-2E} 断面东侧，也存在一支 N 向流，流速在 150 m 以浅水层，其值均大于 20 cm/s。

1992 年 9 月航次，琉球群岛以东海域的海流状况，与 1991 年 11 月航次流况基本类似。这也证实了琉球海流的存在（Yuan, et al, 1994, 1995），同时也揭示了琉球群岛西边界流的结构。它表明在任何季节，琉球海流的下面，位于 4 000 m 左右深处，存在一支稳定的、S 向的深层边界流。

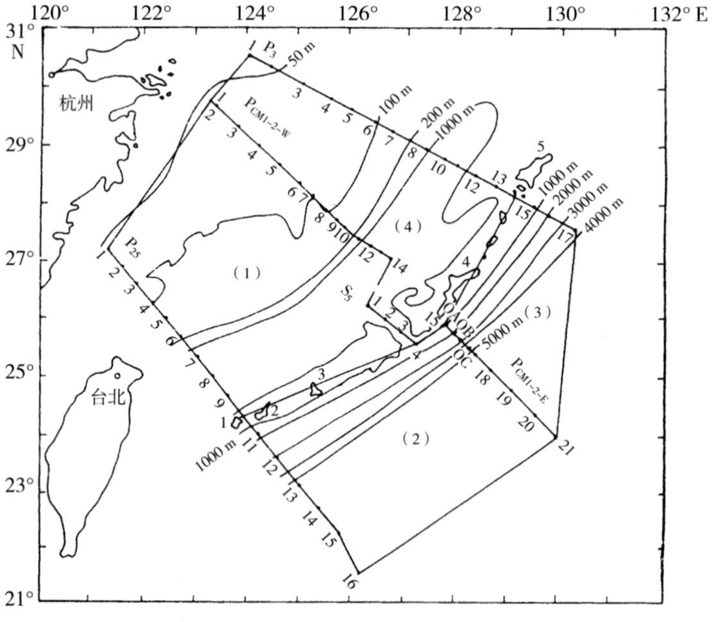

1. 西表岛；2. 石垣岛；3. 宫古岛；4. 冲绳岛；5. 奄美大岛

图 12.10　1991 年秋季航次调查测站分布（锚系测流站为 OA, OB 与 OC）（Yuan, et al, 1994）

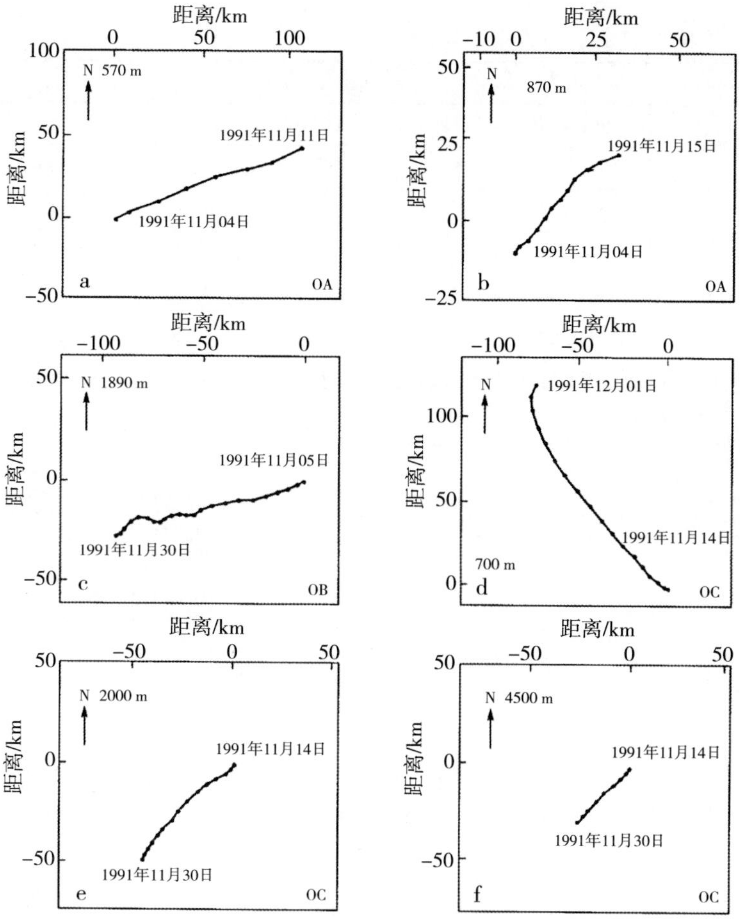

（曲线两个相邻点的时间时隔为 1 d）

图 12.11 冲绳岛附近，OA，OB 与 OC 锚定测流站上，次表层和深层流前进矢量图（Yuan，et al，1995）

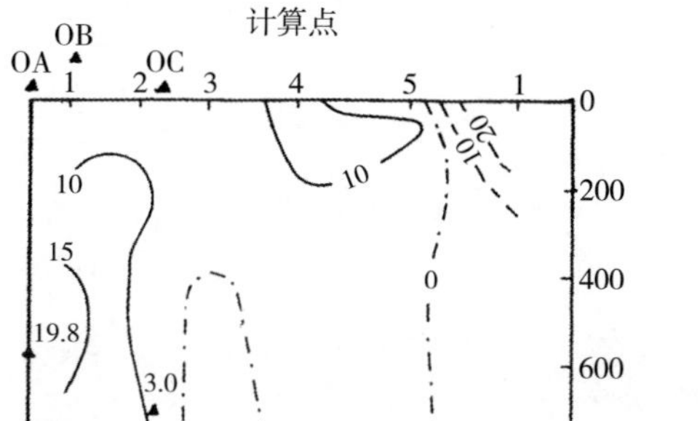

图 12.12 1991 年 11 月，P_{M1-2E}断面上的流速（单位：cm/s）分布（Yuan，et al，1994，1995）

表 12.2 1991 年 11 月，海流观测低通的时间平均流速（Yuan，et al，1994，1995）

锚碇站	水深/m	求平均的资料时段	测深/m	V/（cm/s）	θ/°	V′/（cm/s）
OA	1 000	1991－11－04－11	570	21.70	66.8	19.80
		1991－11－04－15	870	5.00	50.9	4.95
OB	2 020	1991－11－04－30	1 890	4.36	253.0	－3.73
OB	4 630	1991－11－14－30	700	10.07	330.4	3.01
		1991－11－13－30	2 000	4.24	225.0	－4.24
		1991－11－13－30	4 500	2.58	220.0	－2.58

注：V 为平均流速的绝对值；θ 为流速方向，与正北向顺时针方向的夹角；V'为平均的观测流速在垂直于断面 P_{CM12E} 方向上的分量，正值：北向，负值：南向。

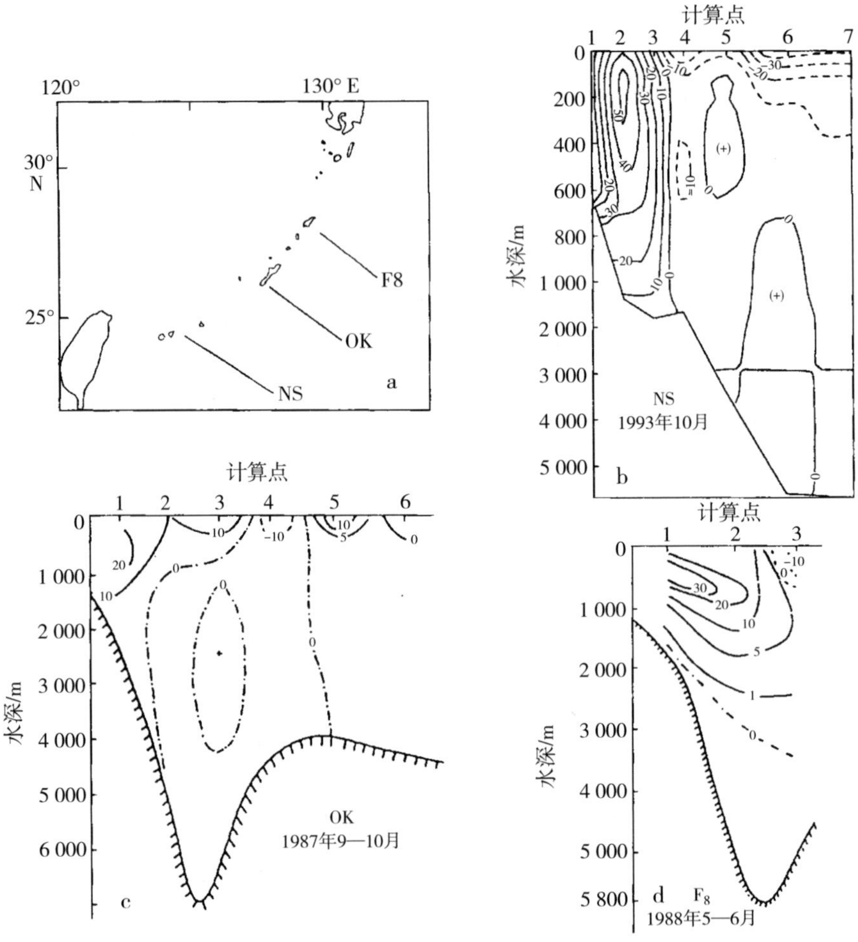

图 12.13 琉球群岛东侧 3 条断面 NS，OK 与 F_8的流速分布

（刘勇刚等，2000；袁耀初等，1991；Yuan，et al，1991）

12.3.2 海流特征

根据上面的记述并结合图 12.13 的图示，可看出琉球群岛东侧海域的海流，在 3 条断面上的共同特点是：①在紧靠石垣岛、宫古岛、冲绳岛、奄美大岛附近，存在一支 N 向海流，流速各地大小不一，强流并不出现在表层，而是分别出现在 100～300 m 层（NS 断面）、125～700 m 层（OK 断面）和 400～800 m 层（F_8断面），最大流速分别为 52 cm/s、25 cm/s 和 38 cm/s。也就是说，强流带位于次表层或中层，是一支潜伏在海面以下较深的、具有次表层流核结构的海流。②在强流带的东侧，皆存在着南向的逆流，逆流流速较弱，一般在10 cm/s

左右。③有些断面，出现双核或三核结构的特点，但与主核相比，流速较弱。④流速的垂直分布是随着深度的增加而向右倾斜，反映了西边界流强化的特征。

琉球群岛以东的海流甚为复杂：有 NE 向的西边界流（琉球海流）及其以下 SW 向的深层流，还有它的东侧为 SW 向流，并伴随着各种尺度的涡旋。一般说来，琉球海流的流速为 15 ~ 80 cm/s 之间，年际差异较大，也存在季节变化。平均而言，该海流夏、秋季较强，春季较弱。琉球海流具有较稳定的次表层流核结构的特点，位于 110 ~ 600 m 深度。

关于琉球海流的来源，主要有：一是来自冲绳岛东南海域反气旋式的再生环流；二是来自 130°E 断面中纬度处的 SW 向流；三是来自台湾以东的黑潮“东分支”。但是，黑潮的“东分支”并不稳定，有些年份出现黑潮“东分支”，有些年份并不存在黑潮“东分支”。

琉球群岛以东西边界流的流量，在 $12.4\times10^6 \sim 24.8\times10^6\ m^3/s$ 之间，流量变化较大。平均而言，琉球海流的流量以秋季最强，夏季最弱。

12.4 对马暖流

对马暖流首先由修林克（Л. И. Шренк）于 1874 年发现并命名的。该暖流从东海东北部开始，向北流动，然后通过对马海峡（也称朝鲜海峡）进入日本海，最后大部分海水通过津轻海峡流入北太平洋，小部分继续沿北海道西海岸北上，通过宗谷海峡进入北太平洋。这里介绍对马暖流在东海东北部源地以及通过朝鲜/对马海峡的状况。

12.4.1 路径和流速

宇田道隆（1934）的海流模式（图 7.1）中表明：黑潮流经东海，在 29° ~ 30°N，128° ~ 129°E 海域开始转向，主流往东进入吐噶喇海峡返回太平洋。从主体中分出一小支北上，到了五岛列岛以西和济州岛东南海域，对马暖流转向东北，至对马岛西南分成两支，分别从朝鲜海峡的东、西水道进入日本海。韩国海洋研究所于 1994 年 8—9 月在东海东北部海域投放了一批卫星跟踪漂流浮标（Argos），它们的漂移轨迹（图 12.14）所示的对马暖流路径（Guo，et al，1998），大体上与宇田道隆给出的海流模式图一致。在 30° ~ 33°N，126° ~ 130°E 的东海东北部海域（通常可看作对马暖流源区），对马暖流大体在 100 ~ 200 m 等深线范围内向北流动。其中有一小分支绕过济州岛后，返回到主流中；在朝鲜海峡，对马暖流的主流仍然位于 100 ~ 200 m 等深线范围内，并在对马岛西南分成两支。

对马暖流从源区流至朝鲜海峡北口的过程中，流速逐渐增大。源区对马暖流较弱，约为 10 ~ 20 cm/s；流向变化较大，漂流浮标移动常出现几天至十几天的回转轨迹（图 12.14）。随着这支海流进入朝鲜海峡，流向趋于稳定，流速也逐步增大。从图 12.15 给出的一组流速断面分布，可以看出夏季对马暖流在朝鲜海峡的流速结构特点（三井田恒博，1976）：①流速从入口处的 30 cm/s，逐步增至对马岛南的 55 ~ 60 cm/s；最强流速出现在朝鲜海峡西水道出口处，达 85 cm/s。②流层较深，基本上从海面至海底，主流基本位于海峡的深水区。流速断面复杂，各断面之间差异较大。③流核出现在表层至 50 m 水层内，其结构随地点而异。在江福岛 - 济州岛断面上为单核、单束的带状分布；从中通岛 - 生白岛断面开始，出现双核、双束的带状分布。双核、双束表明对马暖流出现两支。也就是说，对马暖流分两支流入日本海的分叉点，大致在五岛列岛西北 50 ~ 60 n mile 附近。④对马暖流主流的左、右两侧，均存在着逆流。逆流流速为 5 ~ 20 cm/s，尤其是在对马岛东北，存在流速为 20 ~ 25 cm/s 的 SW 向逆流。

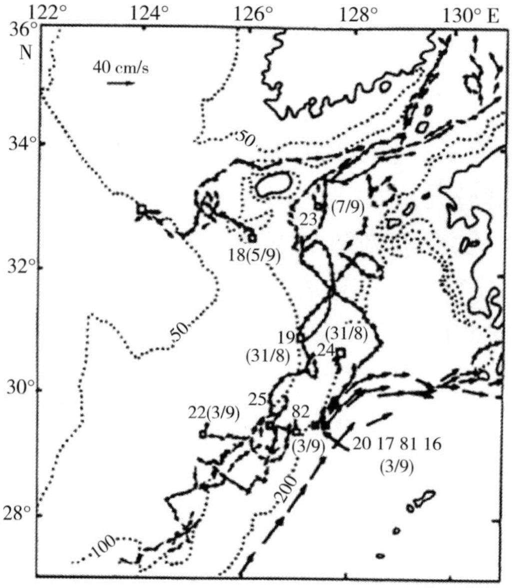

括号内数字表示时间（日/月），括号外数字为浮标编号

图 12. 14　韩国海洋研究所 1994 年 8—9 月投放的 Argos 漂移轨迹（Guo，et al，1998）

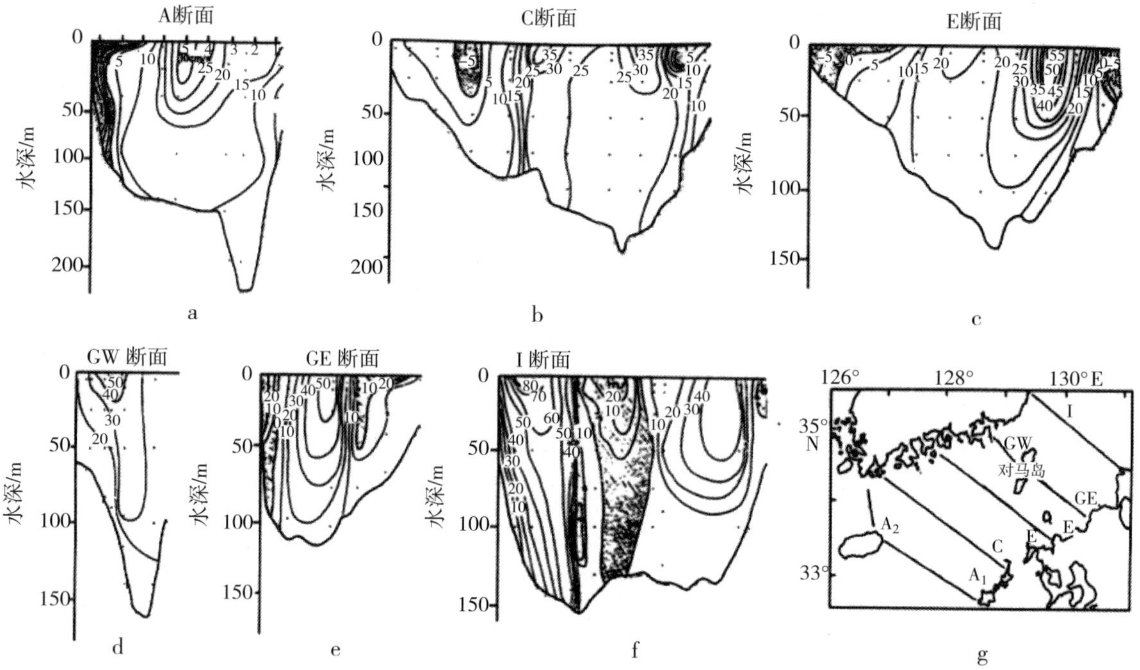

断面指日本福江岛大濑琦 - 韩国济州岛防头串；C 断面指日本中通岛奈摩 - 韩国生白岛；

E 断面指日本向岛 - 韩国丽水湾口；GW 断面指日本对马岛三根御前琦 - 韩国巨济鼠耳未；

GE 断面指日本相岛 - 对马岛黑岛；I 断面指日本川尻岬 - 韩国蔚山

图 12. 15　夏季对马暖流通过朝鲜海峡各断面的流速（cm/s）分布（三井田恒博，1976）

对马暖流的流速存在着明显的季节变化，从朝鲜海峡东、西水道的两个固定测流站的结果表明（图 12. 16）：对马暖流的流速以夏季最强，表层流速达 92 cm/s（A 站）、55 cm/s（B 站）；秋季其次，表层流速达 67 cm/s（A 站）、51 cm/s（B 站）；春季居第三，表层流速达 47 cm/s（A 站）、36 cm/s（B 站）；冬季最弱，表层流速达 32 cm/s（A 站）、34 cm/s（B 站）。由于东北季风作用，表层流速略小于 20 m 层。显然，春、夏、秋三季，西水道流速明

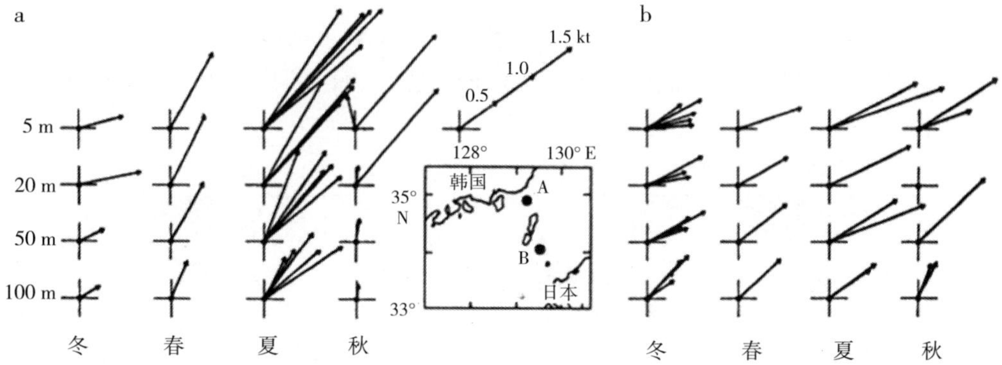

图 12.16 朝鲜海峡东（B）和西（A）水道四季各层的余流矢量（日本海洋学会沿岸研究部，1985）

a. A 站；b. B 站

显强于东水道流速；但冬季，东水道流速比西水道的略强一些。

12.4.2 流量

对马暖流的流量一般指它通过朝鲜海峡时的流量。表 12.3 列出的流量，是根据釜山 - 博多和蔚山 - 川尻岬之间断面的定点测流资料计算的结果。从中看出，对马暖流的年平均流量大致为 $2.7\times10^6\ m^3/s$；季节变化在 $1.8\times10^6\sim3.4\times10^6\ m^3/s$ 之间。其中夏季最大，春季和秋季次之，冬季最小。从东、西水道来看，西水道流量略大于东水道流量。表 12.3 中的最后一列和最后一行，分别是 Isobe（2002）利用釜山 - 川尻岬断面（9 个测站）22 次观测得到的 ADCP/CTD 资料，和 Takihawa（2005）利用 5.5 年（1997 年 2 月至 2002 年 2 月）釜山 - 福冈渡轮航线上船载 ADCP 资料所计算的结果。3 种方法观测所得的结果基本一致。后者还给出通过朝鲜海峡淡水输运量：冬季为 1.8×10^6 kg/s，春季为 5.4×10^6 kg/s，夏季为 70.1×10^6 kg/s，秋季为 56.2×10^6 kg/s。年平均 33×10^6 kg/s。与江河淡水注入黄海、东海的年平均速率一致。

表 12.3 朝鲜海峡处对马暖流的流量（Takihawa, et al, 2005） 单位：$\times10^6\ m^3/s$

季节 \ 项目	西水道	东水道	总流量	
冬	0.92	0.90	1.82	1.9
春	1.57	1.12	2.69	2.4
夏	1.80	1.63	3.43	2.7
秋	1.67	1.45	3.12	2.5
平均	1.49	1.28	2.77	2.4
	1.54	1.10	2.64	

12.4.3 对马暖流的起源

传统观点认为，对马暖流是从黑潮分离出来的一个分支。1971 年，林斗柄（Lim, 1971）首先对此提出异议，认为对马暖流不是黑潮的直接分支，而是起源于台湾东北海域，沿东海陆架边缘北上过程中不断变性而成的，为黑潮表层水和中国大陆沿岸水的混合体。20 世纪 80 年代起，不少学者认为，对马暖流起源于东海北部混合水，即黑潮水、台湾暖流水、长江冲淡水和黄海沿岸水等混合体。或者说，这几个水系汇集于东海北部海域，经过混合后流入朝鲜海峡。因此，对马暖流的来源是多源的，不同季节，它们对对马暖流的贡献也是不同的。中日黑潮合作调查研究（1986—1992）成果给出了东海东北部海流模式（图 12.17），并阐明了对马暖流的来源的季节差异（Guo，et al，1992）。

冬季，在偏北季风作用下，东海北部混合水西退至 100 m 等深线附近；在 100 m 等深线以东海域和朝鲜海峡，基本上为黑潮表层变性水所占据。海区的盐度大于 34.6。可以认为对马暖流是黑潮的一个分支。

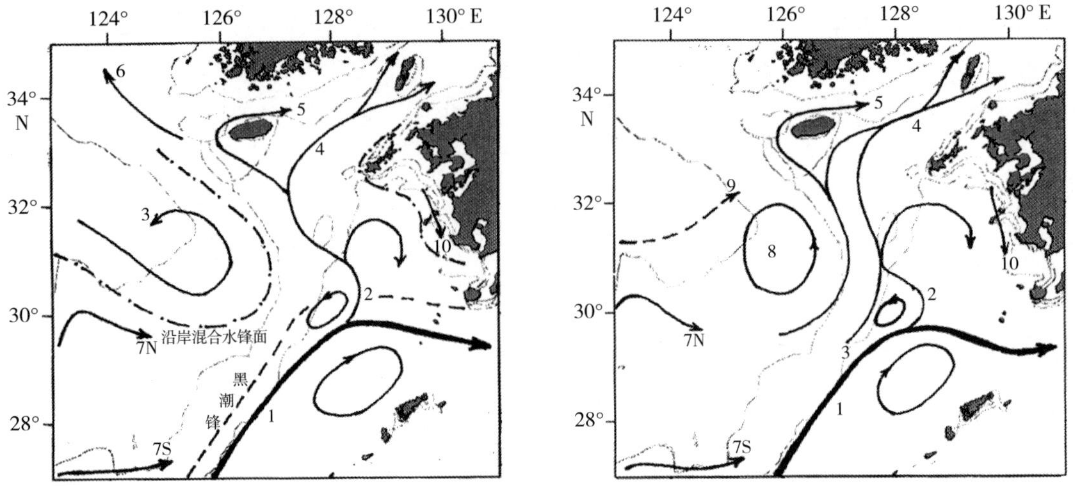

1. 黑潮；2. 黑潮分支；3. 陆架边缘流；4. 对马暖流；5. 济州暖流；6. 黄海暖流；
7N. 台湾暖流北分支；7S. 台湾暖流南分支；8. 济州岛西南气旋式涡旋；9. 长江冲淡水；10. 九州沿岸流

图 12.17 东海北部海域环流示意图（Guo，et al，1992；国家海洋局科技司，1995）

春季，九州西侧海域黑潮锋面涡旋和暖丝十分活跃，它有时直接向北成为对马暖流的基本来源；有时在九州西侧海域形成暖水涡旋块，它们的堆积造成海面升高，间接地驱动其西侧的海水北上。另外，春季东海北部陆架混合水也逐月向北推进，增加对对马暖流的贡献。

夏季，长江冲淡水汇同南下的黄海沿岸水，指向济州岛方向流动，最终从表层进入朝鲜海峡。导致朝鲜海峡 20 m 以浅的水层盐度，降至 32.0 以下。台湾暖流的北分支，在舟山近海转向东，于 126°30′～128°E 之间，绕过济州岛西南冷涡转向北，汇入对马暖流之中。两者是对马暖流在夏季的主要来源。此外，黑潮和陆架边缘流，仍然对对马流有一定的贡献。

秋季，大陆沿岸水和陆架混合水西退，黑潮变性水增加对对马流的贡献。对马暖流源区迅速增盐，至 12 月，黑潮变性水已基本占据了对马暖流源区。

数值模式结果显示（Qiao，et al，1998），对马暖流是多源的，黑潮分支、来自台湾海峡的水体以及东海北部局地水体混合可能是对马暖流的源区。

前面谈及通过朝鲜海峡淡水输运量也表明：夏季的淡水输运量为冬季的 39 倍，沿岸水和陆架混合水占据了朝鲜海峡中、上层，是对马暖流水的主要成分；黑潮变性水仅出现在深层，但因流速小，流量也小。

12.5 台湾暖流

1958—1960 年间，中国开展了全国海洋综合调查（简称“海洋普查”）。管秉贤、陈上及在分析研究“海洋普查”资料的基础上，首次提出我国粤、浙两省沿岸流的外侧，皆存在 1 支冬季逆风的海流，并分别命名为“南海暖流”和“台湾暖流”①。“南海暖流”和“台湾暖

① 国家科委海洋组海洋综合调查办公室编。全国海洋综合调查报告，第五册，中国近海的海流系统。1964。

流”的发现，对中国东南近海的环流有了新的认识。

12.5.1 范围和流路（路径）

一般讲的台湾暖流，系指长江口外侧以南，浙闽沿岸流外侧，终年存在1支由西南流向东北，具有高温、高盐特征的海流叫台湾暖流，即图12.1中的编号5。台湾暖流的范围和边界并不明确。西界为东海沿岸流。冬、春、秋三季，大体可用32.0等盐线来区分它与东海沿岸流的定性指标（图12.2）。夏季，东海沿岸流和台湾暖流方向相同（同向），流向无界线。北界，大致在长江口以东，以32°N纬线为界。南界为台湾海峡北界。东界无明显标志。因台湾暖流与黑潮－对马暖流之间，为一片流向偏东的“弱流区”或“过渡带”。弱流区北面，黄海西岸沿岸流向东南伸展，与北上的黄海暖流构成一个气旋式的小环流，出现在济州岛西南，该小环流对台湾暖流往东的去向有影响。在台湾以北海域，台湾暖流的东西向范围，在50～150 m等深线之间（潘玉球等，1987）。

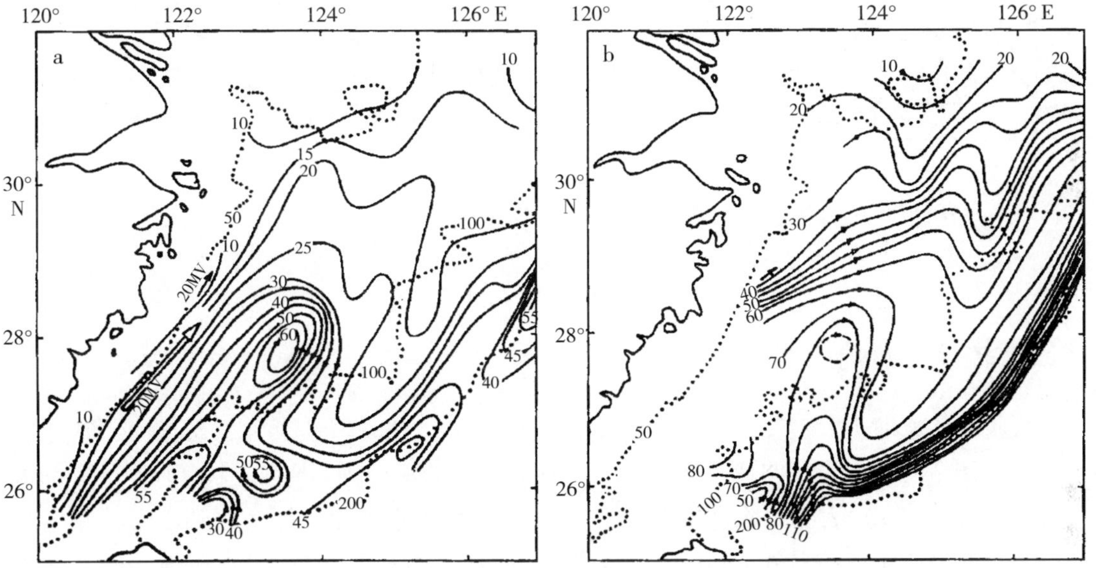

图12.18 东海中部、南部夏季热比容偏差面的深度（m）分布（1984年6—7月）（潘玉球等，1987）

a. $\triangle st = 500 \times 10^{-5}$ cm^3/g，相当于上层地转流的流态；

b. $\triangle st = 350 \times 10^{-5}$ cm^3/g，相当于下层地转流的流态

台湾暖流的路径有两种说法：第一，传统认识。台湾海峡以北海域，沿闽浙海岸走向，顺着60～80 m等深线，由西南流向东北；当它抵达长江口外侧附近时，因受到长江堆浅滩的阻挡而右偏，绕过长江浅滩而东流（管秉贤，1986，2002），最后汇入东海东北部对马暖流源区，成为对马暖流的来源之一。第二，分支说法。潘玉球等（1987）通过分析热比容偏差面上的深度分布（图12.18）得出，夏季，台湾暖流呈现为上层和下层两层结构，并由近岸侧分支和外海侧分支组成。上层环流（图12.18a）的特征，台湾暖流来自台湾海峡，在29°N以南、123°E以西海域，是1支与50 m和100 m等深线走向大体一致的流动，等值线密集。在28°30′N附近，该海流分成两部分，近岸侧部分，沿50～60 m等深线向舟山群岛方向流去，然后在长江口外再作顺时针转向，这就是通常所说的台湾暖流路径；外海侧分支是在29°N，123°E附近，从台湾暖流主体分离出后，向东先作顺时针转向，紧接又作逆时针转向，然后紧贴黑潮主干左侧流向东北。下层环流（图12.18b）的特征与上层的基本相同，只是台湾东北的黑潮次表层水，是从台湾东北冷涡以东向东海陆架入侵的，然后沿冷涡边缘向西北

方向推进，在28°N、123°30′E附近返回黑潮主干的左侧。因此，台湾暖流的水体主要由来自台湾海峡和部分来自台湾东北的黑潮水所组成。

冬季，东海陆架区温、盐垂直分布呈均匀状态，使用等熵分析方法失效，改用水团边界及浮标测流资料（图12.19）来说明。从水团边界看，陆架混合水位于闽浙沿岸水与黑潮水之间，属于过渡水；但从延伸趋势看，它是台湾海峡向东海陆架伸展，与夏季的情况相似。从实测流场看，陆架混合水的余流，绝大多数为NE向流，流速在10～20 cm/s之间。可见冬季的台湾暖流仍由近岸侧分支和外海测分支组成。

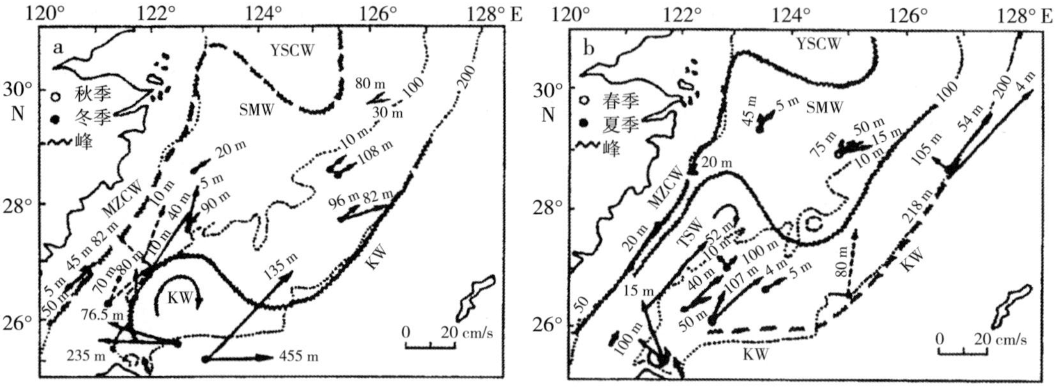

点线－等深线；粗波纹线－水团边界；箭矢－余流流向；数值表示流速值

YSCW为黄海沿岸水，MZCW为闽浙沿岸水，TSW为台湾海峡水，SMW为陆架混合水，KW为黑潮水

图12.19　东海中部、南部各季水团和余流分布（潘玉球等，1993）

a. 冬季；b. 夏季

12.5.2　流速、流向

台湾暖流的流向十分稳定，基本上由西南流向东北，而且终年如此。从图12.20可以看出，除个别测站的流向为东向或东南向外，大部分测站的流向为NE向。124°E断面上的流速垂直结构（图12.21）表明，除个别测站和层次外，大部分测站，从表层到深层，流向基本相同，为东北向或东向；另外流速随深度增加而递减也比较均匀，表示正压性比较强（管秉贤，2002）。至于有些测站的表层流向与下层的不同，这正是逆风海流的特点之一。因为当东北风强劲的时候，这支逆风海流很可能被风漂流所掩盖而在表层消失。

台湾暖流南北跨度为25°～32°N，流向颇为稳定；但流速却有明显差异。以28°～32°N为例（图12.20）：夏季（6—8月）10 m层的平均流速为17 cm/s，最大流速为40 cm/s；冬季（12月至翌年2月）10 m层的平均流速为13 cm/s，最大流速为28 cm/s（管秉贤，2002），具有夏强冬弱的特点。20 m层的流速也是如此，夏季大于冬季。从地区来看，夏季，无论是10 m层还是20 m层，28°N纬线上的流速最强，为31～40 cm/s之间；30°N纬线上的流速就比较弱，约10 cm/s。

28°N以南海域，可看锚系浮标测流结果（图12.19）。在南部50 m等深线附近，共有3个锚系浮标：M_{8402}站，20 m层余流为2.9 cm/s，流向正北；M_{8404}站，20 m层余流为26.6 cm/s，流向为东北；W_{8503}站，20 m层余流为5.0 cm/s，流向西南，后来又转为东北，流速为15 cm/s。在台湾以北的100 m等深线附近，共有4个锚系站：A_{8901}站，40 m层余流为17.6 cm/s，流向34°；M_{8602}站，42 m层余流为26.3 cm/s，流向45°；M_{8601}站，4 m和48 m层余流为14.3 cm/s和38.2 cm/s，流向分别为34°和41°；S_{9002}站，40 m层余流为22.8 cm/s，流向47°。这些观测结果表明，台湾海峡及台湾以北海域的海流，流向多为东北向，流速多

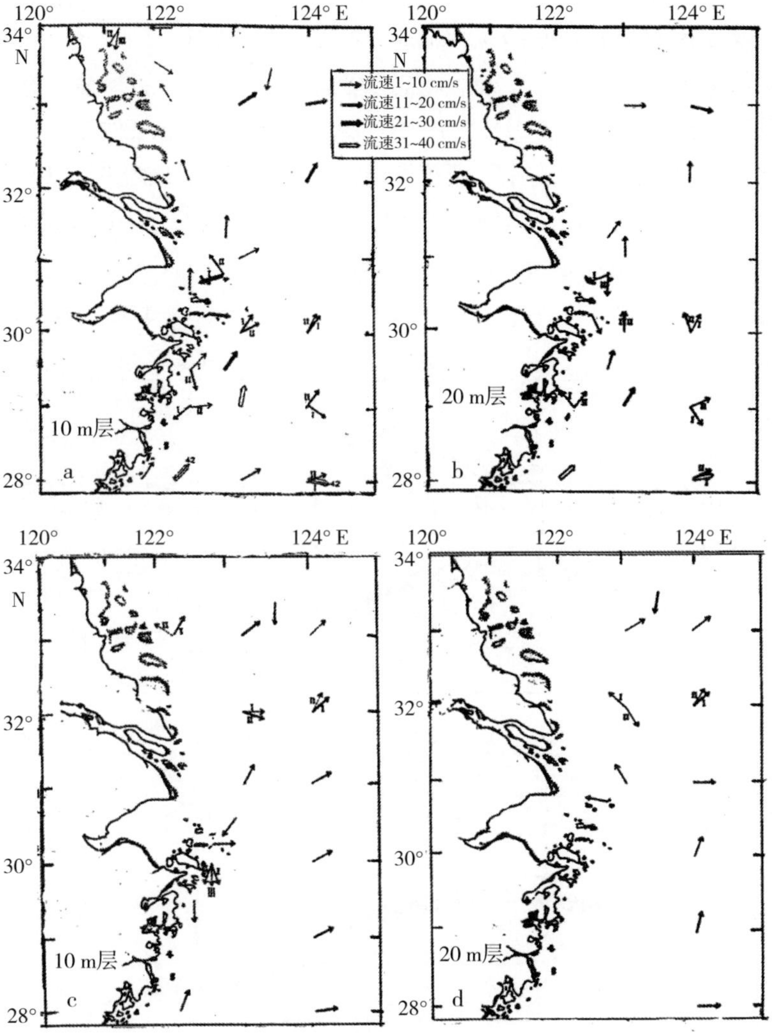

图 12.20 夏季（a，b）和冬季（c，d）台湾暖流流域的余流分布（管秉贤，2002）

在 15 ~ 30 cm/s 之间（管秉贤，2002）。

台湾暖流流速垂直分布（图 12.21）可分为 3 种情况（管秉贤，2002）：一是垂直均匀，如 28°N 纬线上的 470 站的冬季观测，除流向稳定外，流速从表层至底层，基本上无显著变化，表层的为 17 cm/s，底层的为 13 cm/s。二是流速随深度递减缓慢，如夏季 31°N、31.5°N 和 32°N 纬线上的 433 站、426 站和 412 站就是这样。表层流速很强，在 25 cm/s ~ 30 cm/s 之间，中层减为 10 cm/s 左右，底层只有 5 cm/s。三是流速随深度递减突变，如 29.5°N 纬线上的 459 站，表层和 10 m 层的流速皆为 20 cm/s，从 20 m 层开始到底层，流速减为 3 ~ 5 cm/s。

12.5.3 来源

台湾暖流的来源有：①来自台湾东北海域的黑潮入侵。如上所述，在台湾东北海域，黑潮入侵东海陆架时，因遇到陆坡的阻挡而出现分支现象。分支从黑潮主干分离出来后，大体沿 123°E 经线北上，可达杭州湾以东海域。分支的路径，也是台湾暖流的来源之一。这里的黑潮分支，是指 50 m、60 m 以下水层，而不是指表层。台湾暖流的外海侧分支，就是由黑潮台湾东北分支所提供的。②来自台湾海峡。台湾暖流是（台湾）海峡暖流的延续体。图 12.22 表明，冬季，在中国东南沿岸流的外侧，10 m 层及其以下的深层，南起海南岛以东海域，沿着等深线走向，向东北流经广东外陆架和坡折带进入台湾海峡，再沿闽浙海岸北上至长江口外附近，这支由西南向东北的顶风暖流，按地理位置分 3 段：南段——南海暖流，中段——（台湾）海峡暖流，北段——台湾暖流，3 段是一个有机的整体。管秉贤称它为“中国东南近海冬季逆风海流”，孙湘平等（1996）称“东、南海陆架暖流”。3 支海流的性质、流向等十分相似，彼此沟通相连成片。台湾海峡暖流的“源头”之一，就是南海暖流的“尾梢”，而台湾海峡暖流的“尾梢”，即为台湾暖流的“源头”之一，三者是通过台湾海峡暖流连接起来的，台湾海峡暖流起着承上启下的作用（孙湘平等，1996）。由此可见，台湾暖流实际上是台湾海峡暖流的延续体，台湾暖流的来源之一是来自台湾海峡暖流。

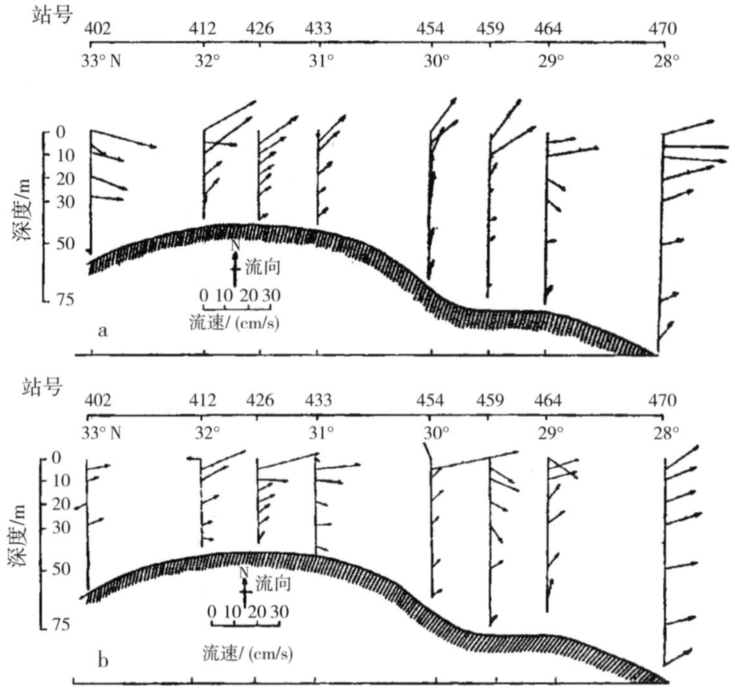

夏半年为 4－9 月，冬半年为 10 月至翌年 3 月

图 12.21　124°E 经向断面（28°～33°N），台湾暖流夏半年（a）与冬半年（b）的流速垂直结构（管秉贤，2002）。

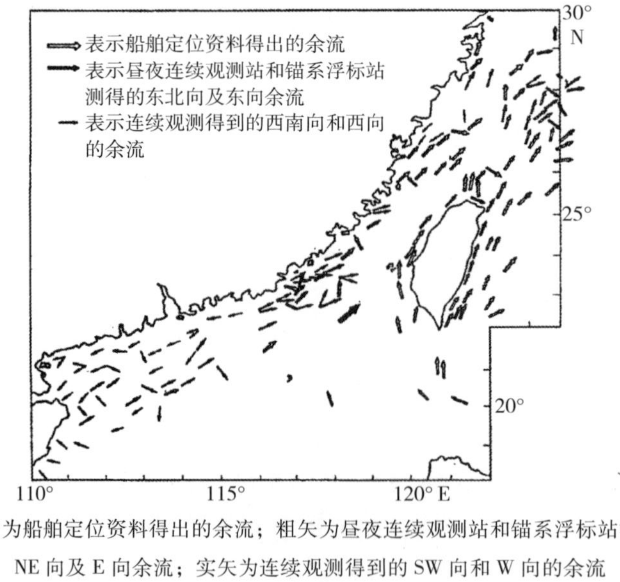

空心矢为船舶定位资料得出的余流；粗矢为昼夜连续观测站和锚系浮标站测得的 NE 向及 E 向余流；实矢为连续观测得到的 SW 向和 W 向的余流

图 12.22　中国东南近海冬季 10 m 层的海流实测结果（管秉贤，2002）

第13章 东海潮汐与风暴潮*

13.1 潮汐

13.1.1 东海的潮波系统

图3.1为渤海、黄海、东海 M_2、S_2、K_1、O_1 4个分潮的同潮时图。以半日分潮波为例，潮波由西太平洋传入东海后，在东海大部分海域保持前进波特性。它的主要部分通过东海北部进入黄海和渤海。进入东海的另一部分潮波向浙江、福建岸边传播，舟山群岛以南的三门湾是东海入射波的顶端区。舟山群岛以北潮波向黄海传播。台州湾以南潮波向南传播进入台湾海峡，与来自南海进入台湾海峡的半日潮波，在闽、粤交界的诏安外海相遇，形成上述两潮波的辐聚区。东海主要分潮的平均振幅比和迟角差为：$H_{O_1}/H_{K_1}=0.68$，$g_{O_1}-g_{K_1}=-43°$，$H_{S_2}/H_{M_2}=0.40$，$g_{S_2}-g_{M_2}=46°$（表13.1）。

表13.1 东海主要分潮的振幅比和迟角差（Fang，1986）

海 区	$g_{O_1}-g_{K_1}$	H_{O_1}/H_{K_1}	$g_{S_2}-g_{M_2}$	H_{S_2}/H_{M_2}
朝鲜海峡	-30°	0.74	35°	0.45
东海	-43°	0.68	46°	0.40
台湾海峡	-42°	0.84	46°	0.23

太平洋传入东海的 M_2 和 S_2 分潮波的能量为169 GW，K_1 和 O_1 为7 GW（周天华等，1987；苏纪兰，2005）。从东海进入黄海的 M_2、S_2 分潮波的能量为94 GW，K_1、O_1 的能量为 M_2、S_2 能量的1/36（林珲等，2000）。M_2 分潮在东海耗散的能量为42.05 GW（王凯等，1999）。

全日分潮波的能量从太平洋进入东海后，由于受到陆坡的阻挡，一部分能量又折回了太平洋，使得在岛链地区，m_1（K_1 和 O_1 的平均值）与 M_2 分潮振幅之比大约为2/5，而到达大陆沿岸后便降至1/5～1/10（赵保仁等，1994）。

13.1.2 东海潮汐的特征

1）潮汐类型

从图3.4可以看出，东海大部分海域的潮汐为规则半日潮类型，只有台湾海峡的南部及东海的东部的为不规则半日潮，这与表13.2所列17个站的潮汐类型的量值相一致。东山站的（$H_{O_1}+H_{K_1}$）/H_{M_2}=0.58，为不规则半日潮；其余16个站的（$H_{O_1}+H_{K_1}$）/H_{M_2}值均小于

* 本章编写人：黄祖珂（潮汐、潮流、长江河口潮及涌潮），邬惠明（风暴潮），左军成（海平面）。

0.5，为规则半日潮。

图13.1是厦门、三沙、坎门、金山嘴4个站，1998年3月的潮汐变化过程曲线，该4站均属规则半日潮。在1个月内，有2次朔、望大潮，2次上、下弦小潮。朔、望后两三天发生大潮。每太阴日内有2个高潮和2个低潮。3月和9月的潮汐日不等现象不明显。6月和12月太阳赤纬达到最大，潮汐的日不等现象最明显。

表13.2　东海沿岸的潮汐特征值（陈则实等，2007）

站　名	潮汐类型系数（A）	平均潮差/m	最大潮差/m	平均高潮间隙/h	平均涨潮历时/h	平均落潮历时/h
（长江口）吴淞	0.41	2.27		0.2	4.6	7.9
（杭州湾）芦潮港	0.44	3.21	5.06	10.5	5.4	7.0
（杭州湾）澉浦	0.21	5.54	8.87	1.0	5.5	6.9
象山港	0.36	3.16	5.65	9.3	7.0	5.4
（台州湾）海门	0.24	4.02	6.30	9.0	5.1	7.3
（漩门湾）坎门	0.27	4.05	7.02	8.9	6.3	6.2
（乐清湾）江厦	0.25	5.17	8.53	9.0	6.3	6.0
温州	0.28	4.50	6.06	10.1	4.8	7.7
（瓯江口）龙湾	0.26	4.52	7.21	10.0	5.4	7.0
沙埕	0.28	4.16	6.90	9.9	6.2	6.2
（三沙湾）三都	0.21	5.35	8.38	11.0	6.8	5.6
（闽江口）琯头	0.24	4.10	6.46	10.9	5.2	7.2
福清湾（平潭）	0.27	4.25	6.70	10.7	6.4	6.1
（湄州湾）秀屿	0.24	5.12	7.59	11.0	6.3	6.2
（泉州湾）崇武	0.29	4.27	6.68	11.8	6.2	6.2
厦门	0.34	3.99	6.42	0.2	6.3	6.1
（东山湾）东山	0.58	2.30	4.14	0.5	6.6	5.8

2）平均高潮间隙和平均涨、落潮历时

从图3.1M_2分潮同潮时线分布及表13.2所列的平均高潮间隙看出，浙江沿岸发生高潮的时间很接近，而福建沿岸发生高潮的时间，却自北向南延迟。

对于吴淞、葫潮港、澉浦等河口港来讲，平均涨潮历时小于平均落潮历时，其余海港，平均涨、落潮时间大体一致。对于半日潮海区，平均涨、落潮历时之和为半个太阴日的长度。

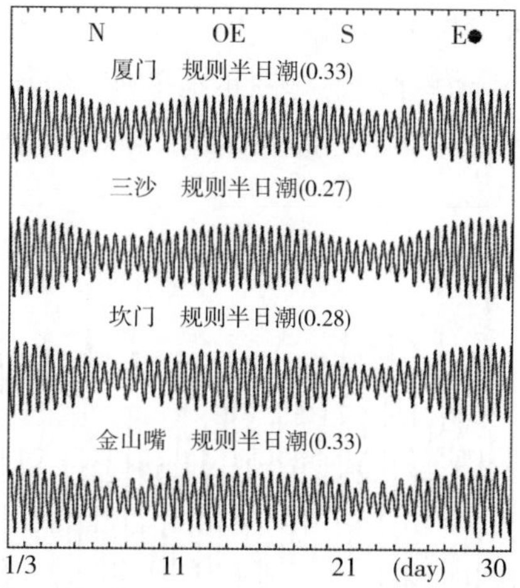

E. 月赤纬为零度；O. 望，●. 朔；N. 月北赤纬最大；S. 月南赤纬最大

图 13.1 东海 4 站的潮汐变化过程曲线（1998 年 3 月）

3）潮差

图 13.1 显示，对于规则半日潮海区，朔、望之后两三天发生朔、望大潮，潮汐日不等现象不明显。

实际工作中需要计算各站的月、年及多年平均潮差、平均大潮差、平均小潮差、最大潮差、最小潮差、和最大可能潮差。海洋工程中，特别需要掌握从实测潮汐资料中得到的多年平均潮差和曾经发生的最大潮差，表 13.2 给出东海沿岸 17 个站的平均潮差和最大潮差。杭州湾的澉浦、乐清湾的江厦、三沙湾的三都，湄州湾的秀屿，其平均潮差均超过 5 m。澉浦的实测最大潮差为 8.87 m（有的记录为 9.00 m）；浙江江厦的实测最大潮差为 8.53 m；福建三都为8.38 m；江苏弶港附近的小洋口实测最大潮差为 9.28 m，这是我国最大潮差大于 8 m 以上的 4 个地方（陈则实等，2007；林炳尧，2008）。朝鲜海峡、琉球群岛一带，最大可能潮差仅为 1 ~ 3 m。

13.1.3 海潮对固体潮的负荷效应

固体潮汐是固体地球对月、日引潮力或海潮负荷作用的响应，其表现为地面上观测到的固体地球的周期性形变现象及引力位的变化。它包括位移潮汐、地面倾斜潮汐、重力潮汐和应变潮汐。根据作用力的不同，又分为由引潮力引起的固体潮（引力潮）和由海洋潮汐的负荷作用引起的负荷潮。实际观测到的固体潮是引力潮和负荷潮共同构成。

图 13.2 是 1988 年 6 月 28 日至 7 月 18 日，厦门倾斜潮汐北分量的变化示意图。它显示出在 1 个太阴日内，有 2 个潮汐周期的变化，在半个月内具有 1 次大潮和 1 次小潮。观测规定地面倾斜北分量的北低南高为正，反之为负。东分量的东低西高为正，反之则为负。图 13.3a、b、c 分别是厦门、长沙、楚雄 1988 年 7 月 5 日倾斜潮汐矢量图。地面倾斜潮汐具有顺时针旋转和逆时针旋转两种情况。3 个站都是顺时针方向旋转的。俞慕耕[①]采用响应分析法对厦门、长沙、楚雄三地一年地面倾斜潮北、东分量资料进行分析，从倾斜潮中分离出引力潮、负荷潮。图 13.3 的 a_1、a_2 分别是 1988 年 7 月 5 日，厦门引力潮和负荷潮的矢量图。图中显示厦门的海潮高潮后 1 h 左右，负荷潮大约向南倾斜最大。厦门倾斜负荷潮与引力潮

① 俞慕耕。我国沿海潮汐的特点。第一届潮汐与海平面学术研讨会论文集。海洋科技情报研究所，1986，21 ~ 29。

（体潮）之比为0.66，说明负荷潮与引力潮具有同一量级的量值。海洋潮汐对长沙、楚雄的地面倾斜也有一定的影响。厦门离海近，受海潮负荷效应大；长沙、楚雄离海远，受海潮影响小，但也说明海潮负效应能传到内陆很远的地方。

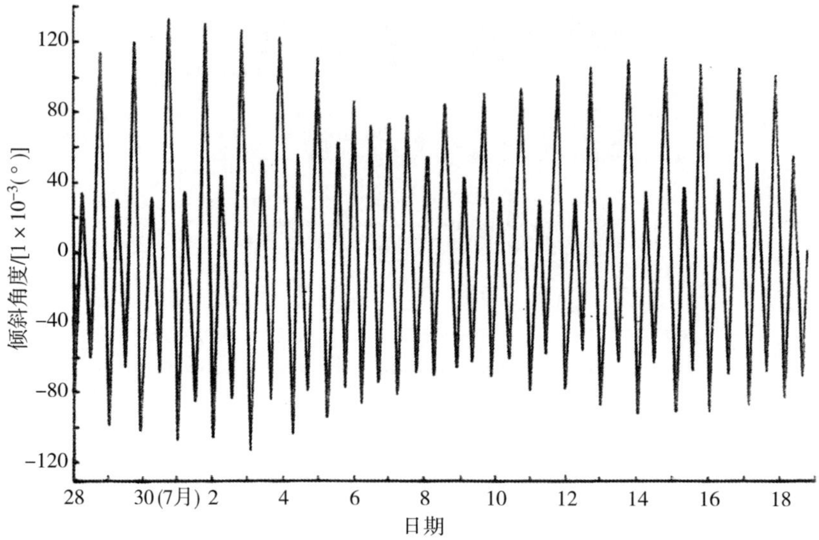

图 13.2 厦门倾斜潮汐北分量变化示意图（黄祖珂等，1992）（1998 年 6 月 28 日至 7 月 18 日）

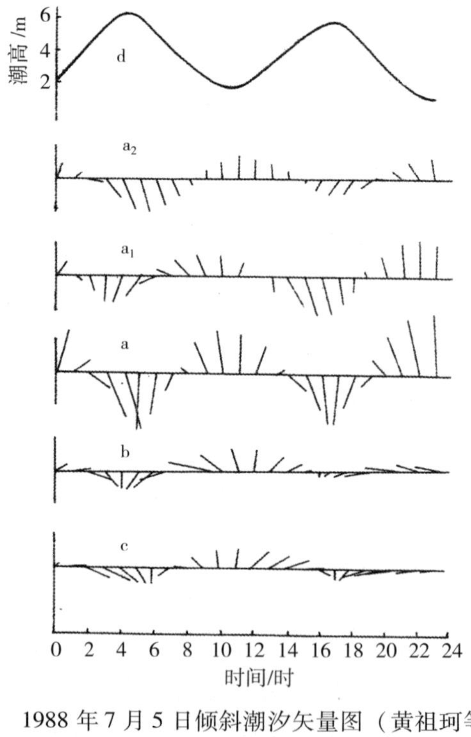

图 13.3 1988 年 7 月 5 日倾斜潮汐矢量图（黄祖珂等，1992）

a. 厦门；b. 长沙；c. 楚雄；a_1. 厦门引力潮；a_2. 厦门负荷潮；d. 厦门海潮

许厚泽等（1988）在研究中国大陆的海洋负荷潮时，利用褶积积分与球调和展开的联合方法，研究径向不均匀弹性地球对海潮作用的响应。依据 7 个分潮的 SCHWIDERSKI 全球潮波图及我国 4 个主要分潮的等潮图，计算了中国大陆 33 个站海洋潮汐负荷产生的重力负荷潮、倾斜负荷潮及应变负荷潮。表 13.3 列出了其中 9 个站倾斜负荷潮东、北分量及重力负荷潮的振幅及位相值。从表 13.3 可以看出，沿海各站受海潮的负荷影响大，内陆较小。

表 13.3 负荷潮的振幅（*L*）及位相（*α*）（许厚泽等，1988）

站名 \ 项目	倾斜北分量负荷潮				倾斜东分量负荷潮				重力负荷潮			
	M_2		K_1		M_2		K_1		M_2		K_1	
	L /ms	α /°	*L* /ms	α /°	*L* /ms	α /°	*L* /ms	α /°	*L* /μGal	α /°	*L* /μGal	α /°
上海	8.19	156	3.74	132	12.3	67	4.83	175	2.41	272	1.57	338
杭州	4.24	132	1.32	104	6.90	100	4.14	159	2.00	295	1.31	331
南京	1.84	120	1.28	125	3.15	80	1.56	178	1.10	303	0.88	336
合肥	1.36	114	0.94	113	1.76	113	1.22	173	0.91	315	0.76	334
长沙	0.58	102	1.28	67	1.14	157	0.94	149	0.71	321	0.60	311
西安	0.40	117	0.48	87	0.74	208	0.52	168	0.29	329	0.34	344
兰州	0.32	100	0.33	88	0.53	221	0.37	164	0.15	301	0.22	1
西宁	0.32	95	0.29	87	0.51	223	0.34	162	0.14	279	0.18	10
乌鲁木齐	0.26	94	0.06	47	0.26	235	0.19	153	0.25	235	0.19	88

13.2 潮流

实测海流包括周期性的潮流和非周期性的风海流、密度流等海流。东海西部中国沿岸潮流强，海流弱，是中国沿海的强潮流区，而在东海东部有很强的海流（黑潮），那里的潮流很弱。

13.2.1 潮流椭圆长、短轴分布及潮流旋转方向

图 8.2 为渤、黄、东海 M_2 分潮流椭圆长、短分布图。椭圆长（短）半轴表示 M_2 分潮流平均最大（小）流速，长半轴方向表示最大涨、落潮流的方向。东海西部 M_2 分潮流强，东部弱。杭州湾是东海 M_2 分潮流最强的海域，一般在 100～120 cm/s 之间。东海黑潮区 M_2 分潮流很弱，一般为 10 cm/s 左右。台湾海峡也是东海的强流区之一：东侧 M_2 分潮流速为 60～80 cm/s；西侧为 40～60 cm/s。台湾海峡浅滩周围，M_2 最大流速达 100 cm/s（孙湘平，2006）（图 8.2）。浙江沿岸最大涨、落潮流方向为 NW—SE 向；台湾海峡的最大涨、落潮流流向大体与海峡长轴方向一致。

东海 M_2 分潮流在闽北及台湾海峡为逆时针方向旋转，其余大部分为顺时针方向旋转。图 8.3 表明，东海 K_1 分潮流普遍较小。

13.2.2 东海潮流的圆流系统

图 3.8 是渤、黄、东海 M_2 和 K_1 分潮流最大流速同潮时线图。由图 3.8 可见，在东海，M_2 分潮流，只有在朝鲜海峡有 1 个同潮时线绕圆流点作逆时针方向旋转的圆流系统。K_1 分潮流在济州岛以南有 1 个作逆时针旋转的圆流系统。圆流点是分潮流椭圆为圆的点，该点的分潮流北分量、东分量相等。

13.2.3 东海潮流的基本特征

1）潮流类型

东海的潮流类型如图 3.9 所示，从长江口至台湾海峡，大部分海区为规则半日潮流，这

和表 13.4 所列结果相符。东海的东部海区，主要为不规则半日潮流。

表 13.4　东海部分河口和海湾的潮流基本特征值（陈则实等，2007）

站　点	潮流类型系数（B）	平均涨潮流历时	平均落潮流历时	最大涨潮流（cm/s）	最大落潮流/（cm/s）
长江口	0.23～0.42	5 h 17 min	7.09	235	277
钱塘江口	0.10	3 h 08 min	9 h 15 min	400	250
杭州湾	0.05～0.39	6 h 05 min	6 h 30 min	323.5	282.8
舟山深水港		5 h 44 min	6 h 42 min	171.7	260.7
象山港	<0.5	6 h 51 min	5 h 28 min	104.3	123.3
三门湾	0.17～0.21	6 h 26 min	6 h 12 min	102.2	118.4
浦坝港	<0.5	6 h 20 min	6 h 02 min	82.3	97.8
台州湾	0.15～0.64	5 h 35 min	6 h 49 min	101.3	94.4
乐清湾	<0.5	6 h 50 min	5 h 27 min	96.5	126.8
欧江口	<0.5	4 h 53 min	7 h 32 min	144	207
温州湾	<0.5	6 h 19 min	5 h 52 min	84.5	87.8
沙埕港	0.17	5 h 23 min	6 h 55 min	73.5	84.5
三沙湾	0.1～0.2	6 h 30 min	5 h 51 min	22.5	32.0
罗源湾	0.15	6 h 18 min	6 h 09 min	102.5	96.0
闽江口	0.07～0.44	6 h 10 min	6 h 16 min	165.4	112.8
福清湾	0.05～0.14	6 h 14 min	6 h 36 min	76.8	65.5
兴化湾	0.08～0.29	5 h 49 min	6 h 24 min	104.5	103.0
厦门港	0.19	6 h 07 min	6 h 13 min	60.0	82.6
东山湾	0.3～0.4	6 h 38 min	5 h 45 min	59.9	73.8
诏安湾	0.28～0.55	6 h 12 min	5 h 25 min	22.0	54.0

2）最大涨、落潮流

对于半日潮流海区，当测流资料充分时，计算的平均涨、落潮流历时之和应为 12.42 h。一般平均涨潮流历时与平均落潮流历时大体相等。但对于浅水区域，特别是杭州湾这样的海域，涨潮流历时小于落潮流历时，因而最大涨潮流大于最大落潮流。例如钱塘江口，平均涨潮流历时为 3 h 8 min，平均落潮流历时为 9 h 15 min。实测的最大涨潮流为 400 cm/s，最大落潮流为 250 cm/s。浙、闽一带潮差大，因而潮流也强。表 13.4 表明，许多海区最大涨、落潮流大于 100 cm/s。

13.2.4　东海沿岸潮致上升流

早在 20 世纪 60 年代，通过海洋观测和分析，发现浙江沿岸存在上升流，近来通过卫星照片，进一步证实了上述地区上升流的存在。卫星照片显示，在东海沿岸有 1 条低温水带，其范围从闽北至舟山群岛，从岸边向东约半个至 1 个经度的宽度。这条低温水带，是由上升流将深层的低温海水带到上层所致。以往人们认为，东海沿岸的上升流，是由风、台湾暖流等因素造成的。通过三维潮流数值计算表明，潮波在东海的传播过程中，由于潮波非线性效应以及海底地形的作用，在闽浙沿岸也能产生上升流（黄祖珂等，1996；Luo，et al，1998）。基于包含海浪、潮流和三维斜压环流的浪潮流耦合数值模式，吕新刚等（2007）指出该海域上升流的潮生机制同时体现在正压和斜压两个方面：单纯的正压潮余流能够通过底层辐合和沿地形坡度爬升两种过程产生上升流；在斜压海洋环境下，强烈的潮混合作用在近岸陆坡区形成显著的锋面，锋面两侧存在明显的密度差异，该密度差异造成的水平压力梯度诱生出沿锋面的次级环流，其上升流分支出现在锋区附近；进一步的数值试验结果表明，潮运动是该海域上升流的一个极为重要的诱发因子，甚至占主导地位；同时，与单纯模拟 M_2 分潮相比，对 M_2、S_2、K_1 及 O_1 4 个主要分潮耦合计算有助于改善正压潮致上升流的模拟结果。考虑完整动力过程的海洋数值模式为我们增进对海洋上升流等动力学现象的认识提供了新的科学认知工具。

图 13.4 给出了东海沿岸 10 m 和 30 m 水深处的上升流（垂直余流为正）的流速等值线分布。上升流呈南北向的带状分布，上升流带以外的海域为下降流（垂直余流为负）。显示的上升流带的位置与卫星照片所示的低温水带的位置相当一致（黄祖珂等，1996）。

由于潮汐的非线性效应，在上升流带的东、西两边，形成了潮汐陆架环流。上升流带的东边，上层的水平余流向外海流去，下层的水平余流向岸边流动以维持上升流。在垂直剖面上形成了 1 个顺时针方向旋转的涡环（面向北）。而在上升流带的西边浅水域，上层水平余流向岸边流动，下层水平余流离岸流动，在垂直剖面上形成 1 个逆时针方向旋转的涡环。

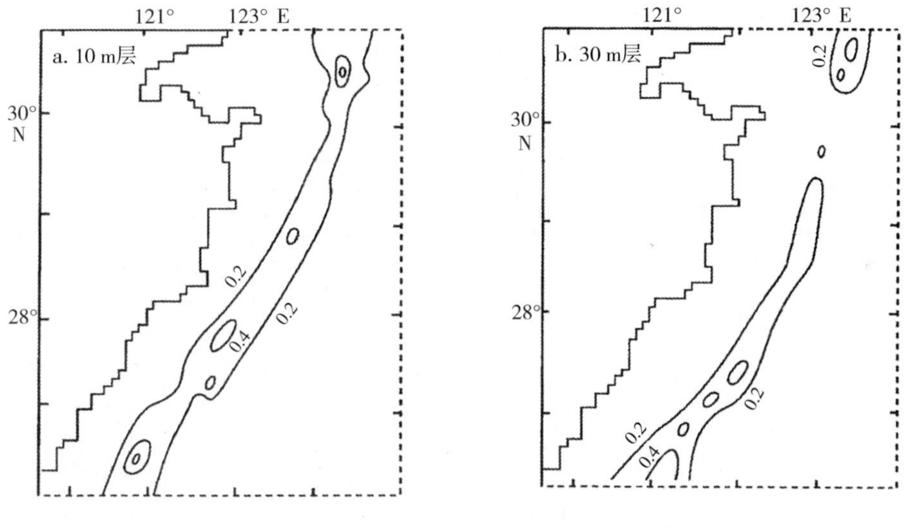

图 13.4 东海沿岸潮致上升流的分布（10^{-3} cm/s）（黄祖珂等，1996）

13.3 长江河口潮及钱塘江涌潮

13.3.1 长江河口潮

1）潮汐

潮汐类型 M_2 分潮波从东海传入长江，沿长江口南、北水道向内陆传播（图 13.5）。长江口外的潮汐为规则半日潮类型。由于长江口水深较浅，在浅水效应作用下，长江口内的浅水分潮较大，青龙港的 $H_{M_4}=24.7$ cm。从长江口拦门沙向西，H_{M_4}/H_{M_2} 大于 0.10，青龙港的潮型系数为 0.25（表 13.6）。长江口内的潮汐虽然也属于规则的半日潮类型，但是严格地说，在拦门沙以西，长江口内属于不规则的半日浅海潮类型。

长江沿程潮波特征值　潮波从东海进入长江口后，即使在洪水季节也能传到离长江口500 km远的芜湖。越往上游潮差越小，如堡镇的平均潮差为2.59 m，芜湖只有0.20 m（表13.5），而发生高潮的时间，从长江口至芜湖需半天多的时间。堡镇平均涨潮历时为4 h 48 min，平均落潮历时为7 h 38 min，两者相差为2 h 50 min。在河口段，越向上游涨潮历时越短，落潮历时越长，至镇江两者相差为5 h 48 min。

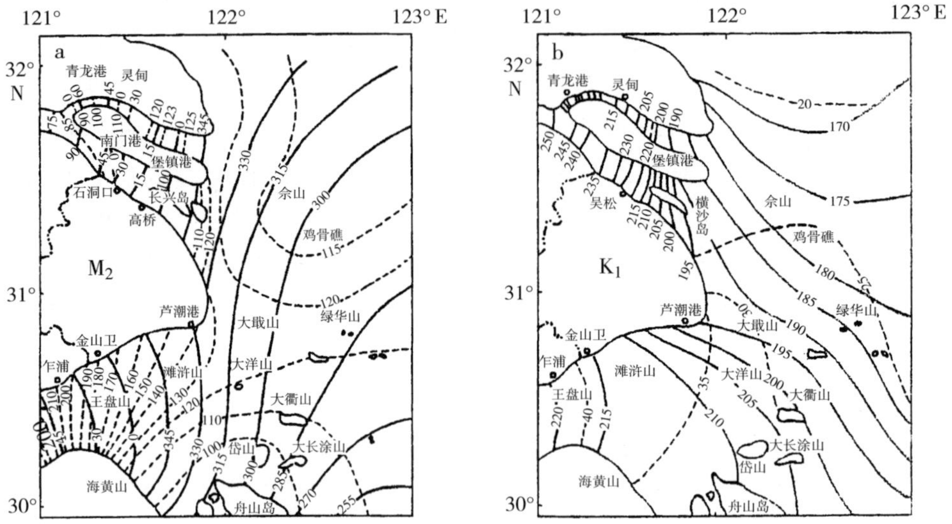

实线为同潮时线（120°E）；虚线为等振幅线（cm）

图13.5　长江口及其附近海域M_2、K_1分潮同潮时图（孙湘平，2006）

表13.5　长江沿程潮汐特征值①

站　名	平均潮差/m	最大潮差/m	平均高潮间隙		平均涨潮历时		平均落潮历时	
堡　镇	2.59	4.67	0 h	17 min	4 h	48 min	7 h	38 min
徐六泾	1.97	3.77	2 h	29 min	4 h	07 min	8 h	18 min
天生港	1.90	3.62	3 h	41 min	4 h	01 min	8 h	21 min
江　阴	1.66	3.16	4 h	26 min	3 h	25 min	9 h	00 min
镇　江	0.95	2.14	8 h	02 min	4 h	15 min	9 h	10 min
南　京	0.45	1.38			3 h	45 min	8 h	40 min
马鞍山	0.33	1.23	11 h	58 min	3 h	48 min	8 h	37 min
芜　湖	0.20	1.03	0 h	50 min	3 h	48 min	8 h	36 min

表13.6　长江口沿程各站M_2、M_4分潮的平均振幅及潮型系数（陈则实等，2007）

项　目	绿华山	大戢山	中浚	吴淞	三条港	青龙港
H_{M_2}/cm	118.7	121.5	123.1	93.8	122.6	98.5
H_{M_4}/cm	4.3	5.6	13.3	14.1	15.7	24.7
H_{M_4}/H_{M_2}	0.04	0.05	0.12	0.15	0.13	0.25
$(H_{K1}+H_{O_1})/H_{M_2}$	0.37	0.38	0.34	0.41	0.34	0.33

潮差　长江口外平均潮差在2.50 m左右（表13.7），向西逐渐增加，大戢山平均潮差达

① 俞慕耕。我国沿海潮汐的特点。第一届潮汐与海平面学术研讨会论文集。海洋科技情报研究所，1986，21－29。

到2.80 m，下浚站平均潮差为2.91 m，最大潮差超过5 m。过横沙浅滩后，能量逐渐消耗，潮差在长江南支沿程逐渐减小。长江北支河床呈喇叭形，潮能集中，使得北支潮差比南支大。在灵甸港至青龙港之间，大潮时有涌潮出现（陈则实，1998）。

表13.7 长江口各站平均潮差和最大潮差（陈则实，1998） 单位：m

潮差	绿华山	鸡骨礁	大戢山	下浚	中浚	横沙	高桥	七丫口	三条港	灵甸	青龙港
平均潮差	2.53	2.57	2.80	2.91	2.67	2.60	2.39	2.28	3.15	3.10	2.69
最大潮差	4.89	4.52	4.89	5.05	4.62	4.49	4.66	4.02	5.95	4.94	4.81

涨落潮历时　长江口一般是落潮历时大于涨潮历时，并且从口外向口内涨潮历时逐渐缩短，落潮历时拉长，至青龙港落潮历时比涨潮历时长5 h 50 min（表13.8）。

表13.8 长江口各站实测涨落潮历时（陈则实，1998）

项　目	绿华山	大戢山	中浚	横沙	高桥	石洞口	七丫口	徐六泾	佘山	堡镇	三条港	灵甸	青龙港
平均涨潮历时	6 h 03 min	5 h 50 min	5 h 20 min	5 h 10 min	4 h 50 min	4 h 22 min	4 h 14 min	4 h 17 min	5 h 45 min	4 h 37 min	4 h 55 min	3 h 51 min	3 h 17 min
平均落潮历时	6 h 24 min	6 h 35 min	7 h 22 min	7 h 15 min	7 h 35 min	7 h 57 min	8 h 12 min	8 h 08 min	6 h 39 min	7 h 47 min	7 h 28 min	8 h 33 min	9 h 07 min
涨落潮历时之差	0 h 21 min	0 h 45 min	2 h 10 min	2 h 05 min	2 h 45 min	3 h 35 min	3 h 58 min	3 h 51 min	0 h 54 min	3 h 10 min	3 h 33 min	4 h 22 min	5 h 50 min

2）潮流

潮流类型　长江口水域$\frac{W_{K_1}+W_{O_1}}{W_{M_2}}$的比值一般均小于0.5，平均为0.31（表13.9），属于规则半日潮流类型。但是由于该海域水深较浅，浅水分潮流显著，W_{M_4}/W_{M_2}的比值，自东向西逐渐增大。严格地说，长江口外东部水域，属于规则半日潮流；而长江口内，包括口门附近小于20 m等深线水域，属于不规则的浅海半日潮流类型。

表13.9 长江口潮流$\frac{W_{K_1}+W_{O_1}}{W_{M_2}}$及$\frac{W_{M_4}}{W_{M_2}}$（陈则实，1998）

项　目	长江口外			北港	北槽	南槽
	122°40′E 断面	122°30′E 断面	122°20′E 断面			
$\frac{W_{K_1}+W_{O_1}}{W_{M_2}}$	0.41	0.34	0.23	0.42	0.34	0.24
W_{M_4}/W_{M_2}	0.09	0.11	0.12	0.15	0.14	0.15

涨、落潮流速　长江口实测最大落潮流流速为277 cm/s，最大涨潮流为235 cm/s（表13.10）。在长江口内，一般是落潮流速大于涨潮流速，这是由于长江径流量巨大，加强了落潮流所致。

表 13.10　长江口垂线平均最大流速和实测最大流速（陈则实，1998）　单位：cm/s

位　置	垂线平均最大流速				实测最大流速	
	涨潮流		落潮流		涨潮	落潮
	大潮	小潮	大潮	小潮		
122°40′E 断面	108.4	69.0	109.7	59.8	152.0	169.0
122°20′E 断面	135.3	105.6	145.3	112.0	232.0	263.0
北支	169.7		196.5	98.5	235.0	229.0
北港	91.1	54.2	130.9	83.9	220.5	277.0
北槽	83.0	64.5	122.0	79.0	204.0	241.0
南槽	84.0	65.5	106.0	68.5	216.0	229.0

涨、落潮流向　长江口涨、落潮流流向，基本与 M_2 分潮流椭圆长轴方向一致（图 13.6）。长江口内潮流，主要呈往复流，其方向与长江主槽方向一致。长江口外潮流呈旋转形式变化。

潮流垂向变化　长江口潮流随深度变化明显。一般是自表层至底层，流速逐渐减小。底层的涨潮历时比表层多 10～20 min，最大流速发生的时间，通常是底层早，表层晚。

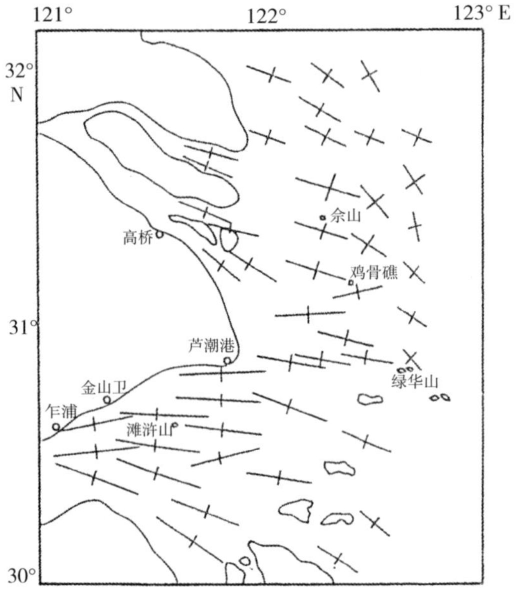

图 13.6　长江口及其附近海域 M_2 分潮流椭圆长、短轴分布（陈则实，1998）

13.3.2　钱塘江的涌潮

1）潮汐特征值

杭州湾呈一喇叭形，湾口宽约 100 km，湾顶－澉浦宽约 20 km，至海宁缩小为 3 km 左右。水深由湾口的 10 m 多，至澉浦处为 6 m 左右。澉浦以西河床迅速抬高，水深变浅，平均水深 2～3 m，有时仅 1 m 左右。潮波由东海传入杭州湾后，湾宽度的急剧向内缩窄，潮能集中，潮差向内递增。湾口平均潮差为 2～3 m，澉浦增至最大，为 5.66 m（图 13.7），最大为 9.0 m（2002 年 9 月 8 日）（林炳尧，2008）。当潮波传入澉浦以西时，由于河床迅速抬高，水深变浅，阻力增大，潮差迅速递减，至海宁为 2.38 m，闸口为 0.36 m（表 13.11）。

杭州湾海域落潮历时大于涨潮历时，越往湾内落潮历时越长，至闸口涨潮历时为 1 h 46 min，而落潮历时为 10 h 38 min（表 13.11）。

表 13.11 钱塘江口沿程潮汐特征值（陈则实，1998；林炳尧，2008）

站 名	平均潮差/m	最大潮差/m	平均高潮间隙	平均涨潮历时	平均落潮历时
芦潮港	3.19	5.10		05 h 29 min	06 h 57 min
金山咀	3.93	6.34	11 h 57 min	05 h 27 min	07 h 01 min
乍浦	4.67	7.15	00 h 44 min	05 h 24 min	07 h 02 min
澉浦	5.66	9.00	01 h 23 min	05 h 32 min	06 h 54 min
尖山	5.44	5.73	01 h 34 min	03 h 44 min	08 h 42 min
海宁	2.38		02 h 21 min	02 h 02 min	10 h 23 min
七堡	0.37		04 h 25 min	01 h 59 min	10 h 22 min
闸口	0.36		05 h 02 min	01 h 46 min	10 h 38 min

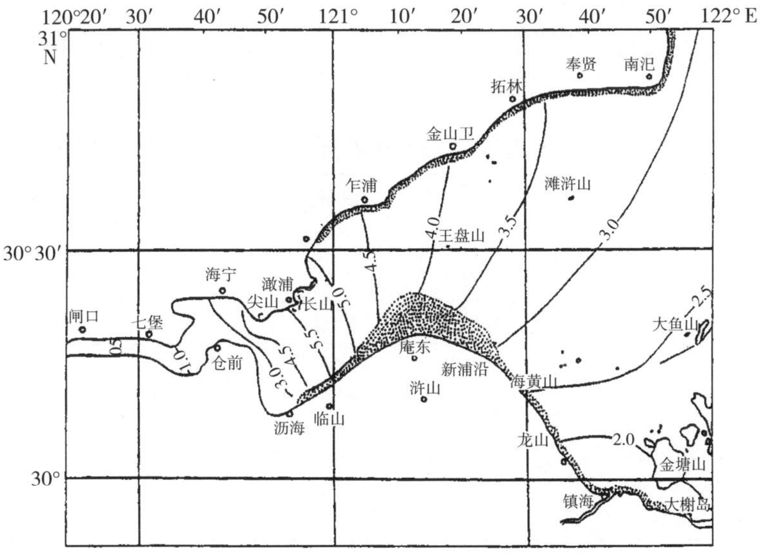

图 13.7 杭州湾地形和沿程平均潮差（m）分布（孙湘平，2006）

2）涌潮

潮波进入浅水，由于水深变浅，波峰处波速大于波谷处的波速，使潮波变形，导致前坡变陡，后坡变缓，造成涨潮历时小于落潮历时。当潮波传至尖山附近时，潮波变形剧烈，而形成涌潮。在海宁观潮。当海面缓慢地降到低潮位时，见到1条上、下翻滚的几乎是垂直的涌潮，带着吼鸣声从东方奔腾而来，水位突然升高1～2 m，之后海面再较快的升高，2 h后达到高潮。再缓慢地下降，等待10多小时后第二次涌潮到来。涌潮现象在大潮期间显著，特别是秋季八月（农历）大潮时涌潮最大。2000年9月15日（大潮）和9月10日（中潮）各站实测涌潮高度及当地的潮差见表13.12。表13.12中显示，澉浦没有涌潮现象；大潮期间，尖山的涌潮高度为1.2 m；大缺口最高，为2.9 m；而中潮期间只有0.9 m（表13.12）。

表 13.12 大、中潮期间，钱塘江沿程涌潮高度及潮差（林炳尧，2008） 单位：m

站 名		澉浦	大尖山	大缺口	盐官	仓前	七堡	闸口	闻家堰
大潮	涨潮潮差	7.18	6.54	6.01	5.00	3.29	2.33	1.95	1.51
	涌潮高度	0	1.2	2.9	2.6	1.7	1.8	1.4	0.52
中潮	涨潮潮差	5.47	4.84	4.71	4.00	1.81	1.07	0.61	0.47
	涌潮高度	0	0	0.9	1.3	0.6	0.3	0.4	0.1

两千多年前的东汉时期，钱塘江涌潮现象已有相当规模，并记入史书。钱塘江丰水时期涌潮增强。长期枯水期间，河道淤积，涌潮往往减弱，甚至没有涌潮，史称失期。自宋、元以来，钱塘江涌潮多次存在失期现象（林炳尧，2008）。

钱塘江涌潮具有很强的破坏力。20 世纪 50 年代初，涌潮曾将海宁陈汶港约 30 顿重的混凝土砌石掀起。1953 年，涌潮将清代安置在盐官塘岸上重达 1 500 kg 的镇海铁牛，冲移了超过 10 m（林炳尧，2008）。

3）钱塘江的潮流

钱塘江涌潮抵达前，沿江处于落潮流状态。当涌潮抵达时，水流急速转为涨潮流，流速迅速增大，一段时间后达到极值。从下游到上游，最大流速从小到大，在大缺口一带达到最大。再往上游逐渐减小。涌潮形成初期，最大垂线平均流速为 3 ~ 4 m/s，大缺口一带达 6 ~ 7 m/s，闻家堰在 3 m/s 以下（林炳尧，2008）。表 13. 13 给出了 1958 年 6 月，各站最大垂线平均流速。表 13. 14 为 1968 年新湾流速的测量结果，江中最大流速为 12 m/s。

表 13. 13　钱塘江口沿程各站 1958 年 6 月实测流速（林炳尧，2008）

地　　名	澉浦	尖山	盐官	仓前	杭州
当地潮差/m	5. 68	5. 87	3. 73	1. 41	0. 33
涨潮最大垂线流速/（m/s）	2. 95	3. 80	3. 86	2. 98	0. 35
落潮最大垂线流速/（m/s）	2. 86	3. 33	2. 34	0. 72	0. 16

表 13. 14　1968 年新湾实测流速（林炳尧，2008）

当地潮差/m	江中涌潮高度/m	最大流速/（m/s）		涌潮推进速度/（m/s）
		江中	岸坡	
3. 53 ~ 4. 58	1. 4 ~ 2. 5	6. 1 ~ 12. 0	1. 4 ~ 11. 0	4. 8 ~ 8. 0

13. 4　风暴潮

台风风暴潮在我国沿海地区，从南海到渤海均有发生，尤以南海沿岸最为严重；其次是东海沿岸；黄海和渤海沿岸，受台风侵袭和登陆的几率少，出现台风风暴潮的几率也比较少。

13. 4. 1　台风风暴潮及其特征

1949—2008 年的 60 年间，东海区共引发了 303 次台风风暴潮，平均每年约 5. 05 次。303 个热带气旋生成源地如表 13. 15 所示。

表 13. 15　引发东海台风风暴潮的热带气旋源地统计

源　地	菲律宾以东洋面	关岛附近	155°E 以东	东海及台湾以东洋面	日本以南海域	南海	合计
次数/次	104	115	30	16	15	23	303
百分比/%	34. 3	38. 0	9. 9	5. 3	5. 0	7. 5	100

注：定义在 125°E（含 125°E）以西转向北上的台风为西转向型台风，在 125°E 以东转向的台风为中转向型台风；在 130°E 以东转向的台风为东转向型台风。

从表 13. 16 可知，引发东海风暴潮的台风，最早出现在 4 月，最晚发生在 12 月；以 8 月和 9 月出现最多，其次为 7 月。

表 13.16 台风入侵或影响东海的月份统计

月份	4	5	6	7	8	9	10	11	12	合计
影响次数/次	1	5	20	62	92	78	32	12	1	303
百分比/%	0.3	1.7	6.6	20.5	30.4	25.7	10.6	4.0	0.3	100

分析303个台风路径，大致可归类为登陆型、西转向型、中转向型、东转向型和异常路线型等（图13.8和图13.9）。其中：登陆型为169次，占55.8%；转向型（中、西）为108次，占35.6%；另外一类为路径异常，或在海上消失，或西行往南海在越南登陆，但由于有其他天气系统配合，在福建沿海也能引发风暴潮。这类台风约有26次，占8.6%。在登陆类型中，登陆台湾或二次登陆福建的最多，达71次，占23.4%；其次为登陆广东北上的，达45次，占14.9%；直接登陆浙江的达39次，占9.6%；登陆上海的仅3次，占1.0%；登陆江苏北部沿海及以北的占3.6%。转向型台风中，以西转向型为最多，达66次，占21.8%；中转向型达42次，占13.9%；东转向型仅5次，占1.7%（表13.17）。

表 13.17 引发东海（含南海北部）台风风暴潮的台风路径统计

路径类型	登陆型							转向型			异常型
	苏北及以北	上海	浙北	浙中	浙南	台闽	广东	西	中	东	
次　　数	11	3	10	14	15	71	45	66	42	5	26
百分比/%	3.6	1.0	9.6			23.4	14.9	21.8	13.9	1.7	8.6

登陆型台风在源地生成后，在副热带高压边缘气流引导下，一路向西移动，在移动过程中强度迅速增强，范围扩大，先在台湾登陆，或直接登陆东海沿岸（图13.8）。

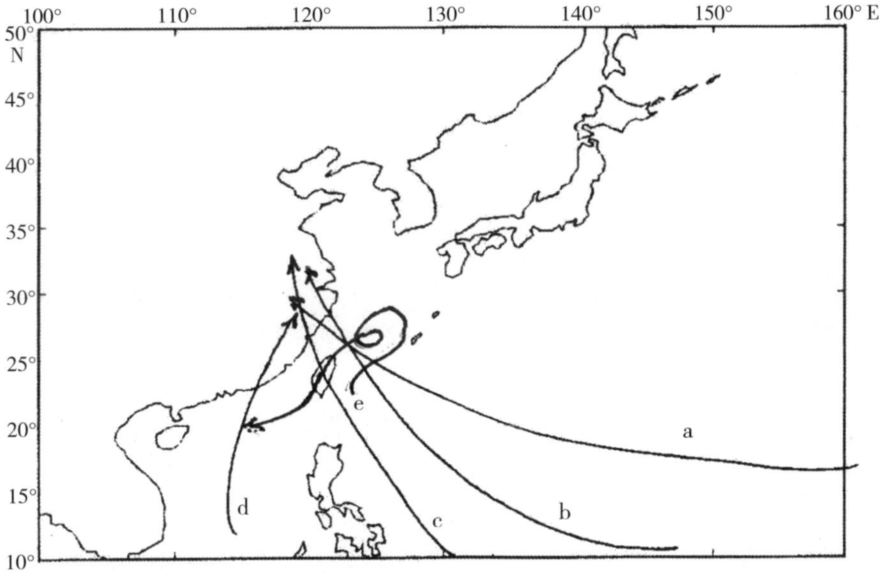

图13.8 引发东海台风风暴潮的台风登陆型（a、b、c、d）路径和异常型（e）路径示意图

登陆型台风往往受较强的副热带高压形势配合，形势较为稳定。副高的西脊点西伸到中国大陆一带。此类典型的台风如5612、9417、9711、0216（森拉克）、0608（桑美）等。现以9711台风及风暴潮灾害为例。

9711号（Winnie）台风于1997年8月8日生成于菲律宾以东洋面。8月10日达到热带风暴强度，11日达台风强度，12日台风强度最强（台风中心气压920 hPa，近中心最大风速60 m/s）。8月17日夜间，台风经琉球群岛进入东海，8月18日登陆浙江温岭。登陆时，台风中心气压960 hPa，近中心最大风力12级。登陆后向西北方向移动，20日转为偏北行，当天下午风暴中心经黄河口进入渤海。21日再次登陆辽宁营口，登陆时，台风中心气压993 hPa，近中心最大风力8级。22日消失在黑龙江省境内。这次台风所引起的风暴潮，使我国浙江以北沿海省、市遭受了1949年以来最严重的风暴潮灾害，尤以浙江省最为严重。

在9711号台风风暴潮期间，从福建北部沿海到渤海湾沿岸，几乎所有的验潮站都超过当地警戒水位。据不完全统计，沿海有18个站的高潮位超过当地警戒水位，分别是：三沙、沙埕、鳌江、瑞安、温州、坎门、海门、健跳、定海、镇海、乍浦、高桥、黄埔公园、燕尾、连云港、石臼所、青岛、塘沽。其中，健跳、海门、乍浦、镇海、定海、高桥、连云港、石臼所、青岛9个站的潮位记录，突破历史极值。健跳和海门站的高潮位超过当地警戒水位2.2 m左右，超过历史极值1.0 m。上述18个站中，风暴增水超过1.0 m的有16个站，超过2.0 m的4个站，最大增水发生在浙江省健跳，达2.61 m。

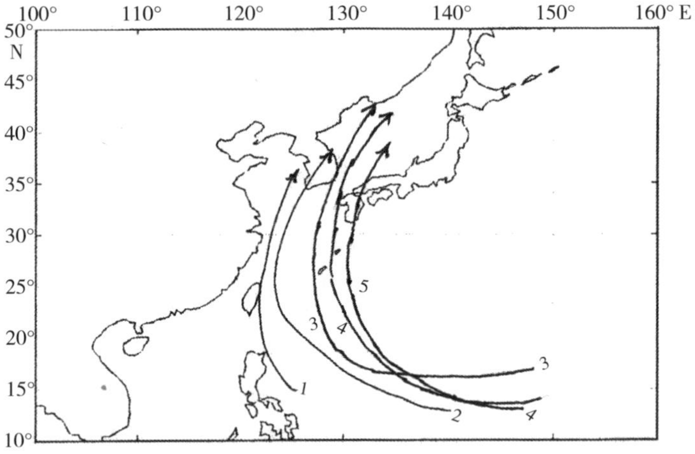

1、2. 西转向型路径；3、4. 中转向型路径；5. 东转向型路径

图13.9 引发东海台风风暴潮转向型台风路径示意图

西转向型台风，同样受较强的副热带高压形势配合，且形势较为稳定，但副高的西脊点，一般未能西伸到中国大陆一带。该类典型的台风如0012派比安、0205威马逊等。现以0012台风及其风暴潮为例。

0012号“派比安”台风于2000年8月26日在菲律宾以东洋面生成。8月29日经琉球群岛进入东海，8月27日达热带风暴强度，30日2时达台风强度，30日20时台风强度最强（台风中心气压965 hPa，近中心最大风速35 m/s），并进入转向点（29.9°N，122.9°E）。台风由转向点转为东北偏北行，9月1日经朝鲜进入日本海，消失在俄罗斯境内。

“派比安”台风于8月30日晚穿过舟山群岛，直逼长江口。受其影响，江苏、上海、浙江等地沿海有20多个验潮站的潮位均超过当地警戒水位，是一次特大风暴潮灾。30日20时前后，“派比安”登陆浙江省舟山市，影响长达12 h。定海水文站最高潮位接近历史最高纪录。宁波、定海、岱山等地均发生海水倒灌，全省直接经济损失11.56亿元。31日凌晨，受“派比安”影响，上海高桥验潮站出现历史上第二高潮位，市区黄浦公园站的高潮位超当地警戒水位1 m以上。全市直接经济损失1.22亿元，死亡1人。31日江苏省受“派比安”的影响，江苏沿海潮位明显上涨，连云港、盐城、南通等市、县受灾较重，直接经济损失约55亿元。

中转向型台风（图13.9中路径3和4），其副高形势较西转向台风要弱，副高的西脊点位置更远。典型的台风如0417“暹芭”、0603“艾云尼”等。

东转向型台风（图13.9中的路径5），副高形势较中转向台风还要弱，副高的西脊点位置往往在130°E以东甚至更远。此类典型的台风如0514“彩蝶”等。

南海北上登陆型台风（图13.8中路径d），有的是南海局地性的台风，登陆广东或福建沿海并对东海区造成影响，如0601“珍珠”；还有的是从菲律宾以东部等海域生成的热带气旋，西行穿过菲律宾或巴士海峡进入南海。由于副高形势的变化，转向偏北方向登陆粤东沿海或福建沿海。典型的如0102“飞燕”台风等。

0102“飞燕”台风于2001年6月20日在菲律宾以东洋面生成。21日转向西北方向移动，强度不断加强。22日发展为强热带风暴，当日14时加强为台风。22日穿过巴士海峡折向偏北方向移动进入台湾海峡，23日22时在福清高山登陆。登陆后台风减弱并继续沿北偏东向北上，穿越浙江、上海后入海。该台风有两个主要特点：前期路径稳定向西北方向移动，速度快；穿过巴士海峡后路径折向偏北方向，速度减慢。台风环流范围小，中心强度强，进入海峡后强度进一步加强，在台湾海峡期间，云图上台风眼始终清晰可见。0102号“飞燕”台风在福建福清登陆时，恰遇天文大潮，引发严重风暴潮灾害。此次风暴潮增水大、潮位高。平潭以北多个验潮站，最高潮位均超过当地警戒水位，最大增水达80～120 cm；闽江口的白岩潭站超过警戒水位69 cm，为50年同期最高水位。

表13.18 我国东海沿岸主要验潮站最大台风增水值统计

站 名	纬 度	经 度	增水值/cm	时间	台风编号	资料年限
吕 四	32°08′N	121°37′E	246	1977年09月11日	7708	1969—2008
吴 淞	31°24′N	121°30′E	242	1956年08月02日	5612	1914—2008
高 桥	31°23′N	121°36′E	243	1956年08月02日	5612	1950—2008
乍 浦	30°36′N	121°05′E	434	1956年08月02日	5612	1951—2008
澉 浦	30°23′N	120°53′E	502	1956年08月02日	5612	1951—2008
镇 海	29°57′N	121°43′E	272	1956年08月02日	5612	1951—2008
宁 波	29°53′N	121°33′E	255	1956年08月02日	5612	1948 2008
健 跳	29°02′N	121°38′E	261	1997年08月18日	9711	1975—2008
海 门	28°41′N	121°47′E	320	2005年09月11日	0515	1951—2008
坎 门	28°05′N	121°17′E	216	1994年08月21日	9417	1959—2008
温 州	28°02′N	120°39′E	383	1952年07月20日	5207	1950—2008
龙 湾	27°58′N	120°48′E	259	1994年08月21日	9417	1959—2008
瑞 安	27°48′N	120°38′E	294	1994年08月22日	9417	1956—2008
鳌 江	27°36′N	120°34′E	401	2006年08月10日	0608	1956—2008
沙 埕	27°17′N	120°17′E	150	2006年08月10日	0608	1956—2008
三 沙	26°55′N	120°13′E	192	1966年09月03日	6614	1959—2008
琯 头	26°08′N	119°34′E	180	1971年09月23日	7123	1958—2008
梅 花	26°01′N	119°41′E	237	2005年07月19日	0505	1956—2008
白岩潭	25°58′N	119°27′E	236	1960年08月09日	6008	1951—2008

续表 13.18

站名	纬度	经度	增水值/cm	时间	台风编号	资料年限
平潭	25°28′N	119°50′E	130	1997 年 08 月 18 日	9711	1966—2008
崇武	24°53′N	118°56′E	140	1969 年 09 月 27 日	6911	1956—2008
厦门	24°27′N	118°04′E	179	1983 年 07 月 25 日	8304	1954—2008
东山	23°44′N	117°32′E	152	1969 年 07 月 28 日	6903	1956—2008

异常路径型的台风（图 13.8 中的路径 e）虽不多见，但也不能忽略。通常海上副高不强，副高对热带气旋的引导气流不明显。移动路径诡异。如 0116 台风“百合”、0907“天鹅”等。

从表 13.18 看以下几点：①东海沿岸的台风最大增水值，在 130 ~ 502 cm 之间，地区差异很大。其中，最大值出现在杭州湾的澉浦和乍浦，分别为 502 cm 和 434 cm。这可能与杭州湾的地形有关。其次是鳌江，增水值为 401 cm。最小值发生在平潭和崇武，其值分别为 130 cm和 140 cm。②从省际差异来看，似乎浙江省沿岸的台风增水值较大，而福建省比较小。③河口地区的台风增水值较大，岛屿、岬角附近则小。④就台风本身而言，9711 号和 5612 号台风造成的风暴潮灾波及范围最广。

13.4.2 温带气旋风暴潮

引发温带气旋风暴潮的气压形势大致可分 3 类：冷锋配合低压类、冷锋类和强孤立温带气旋类。

对东海沿岸来说，与台风风暴潮相比，温带风暴潮就逊色多了，不仅增水远小于台风风暴潮，更重要的是温带风暴潮多发生在秋、冬季。此时天文高潮较夏季时的要低，且往往是偏北大风，很少拌有特大暴雨。因此温带风暴潮对东海沿岸造成的损失，要远比台风轻。

强孤立气旋类的温带风暴潮，在东海沿岸仅 1989 年 10 月 16 日（农历九月十七）受强冷空气过境影响，吴淞口出现了 5.10 m 的高潮位，创 1912 年有记录以来非汛期最高潮位的纪录。黄浦公园高潮位为 4.79 m，比同期历史最高潮位还高 0.17 m。造成上海市西沟港施工围堰溃决，有 661 户居民住宅进水。1990—2008 年，东海沿岸几乎没有出现过温带风暴潮灾害。这一方面与温带风暴潮主要影响黄、渤海一带有关，另一方面也得益于各地通过建设标准海堤，使防御能力得以提高，从而减少了温带风暴潮灾害的发生。现以洋山港区引发的温带气旋风暴潮为例。

洋山港区每年冬、春季也时常遭强冷空气袭击，但对洋山港区的影响主要表现在大风和巨浪，引发的风暴潮并不严重。

2007 年 3 月 1—5 日，暴发了寒潮过程。江淮、江南东北部地区的降温幅度达到了 10 ~ 16 ℃。

2007 年 3 月 1 日，地面锋面到达蒙古东部，我国大陆为倒槽控制，渤海、黄海和东海受日本海高压西部控制。3 日 8 时，华北地区倒槽东移。3 日 20 时江淮流域发展成气旋，气旋顶部与华北倒槽合并加强。4 日 2 时，气旋移至江苏北部，中心气压 1 004 hPa；4 日 8 时，气旋经山东半岛移至黄海，冷高压压到渤海湾，气旋东侧东南风和北部东北风形成强烈幅合。气旋中心气压达最强，为 985 hPa，渤海、黄海风力达 10 级，造成渤海、黄海巨大的风暴潮。4 日 14 时，气旋移至黄海北部。4 日 20 时，气旋中心移到朝鲜半岛。5 日 8 时气旋移入日本海。

这次强冷空气影响我国大部分地区，北方出现大范围的雨雪天气。其中辽、吉、黑、鲁等地，出现了1951年以来历史同期最强的暴风雪（雨）天气。渤海湾、莱州湾出现自1969年以来最强的一次风暴潮过程。图13.10为这次强冷空气期间，洋山港区风暴潮的增水情况。

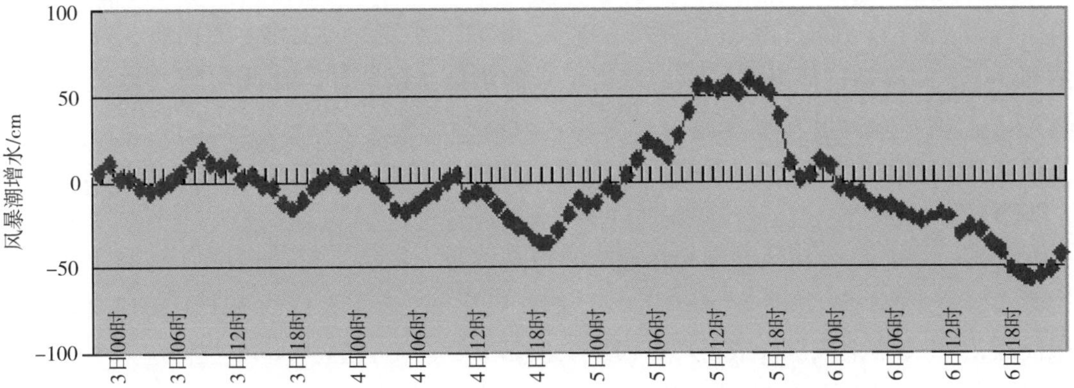

图13.10 2007年3月3—6日洋山港区的风暴潮增水曲线

由图13.10可以看出，这次强冷空气过程，对洋山港区的最大增水为59 cm，表明强冷空气过程对洋山港区的增水幅度有限。

13.4.3 风暴潮灾的危害

东海沿岸的风暴潮灾是触目惊心的，1949年以来就发生过许多次危害惨重的潮灾。

1949年7月25日，上海遭第6号台风袭击，造成严重的风暴潮灾。郊区海堤决口达200多处，淹没农田13×10^4 hm^2。上海市区街道进水，水深为1～2 m。死于这次台风灾害者达1 670人①。

1956年8月1日，第12号台风在浙江象山登陆。台风增水值超过2 m的站有：澉浦、乍浦、金山嘴、海盐、吴淞、高桥、宁波、定海等10个。南起闽江口，北至渤海湾，在长达数千千米的海岸上，都出现高于1 m的风暴潮。所幸这次风暴潮没有与天文大潮相遇，潮灾局限于上海和浙江中、北部地区。仅浙江省，有75个县遭受惨重损失，毁坏水利工程2 700处，40×10^4 hm^2以上农田受害，冲毁房屋7万多间，死亡人数4 629人（沈文周，2006）。

1969年9月27日，11号台风在福建省晋江登陆，造成福建沿岸特大风暴潮灾。闽江口白岩潭站最大增水为2.38 m，超过警戒水位1.08 m；梅花站超过警戒水位1.56 m。风暴潮使晋江地区大部分海堤决口，农田50×10^4 hm^2以上受淹，伤亡人数7 770人（沈文周，2006）。

1974年8月20日，13号台风在浙江三门县登陆。登陆时中心风力达12级以上。正值风暴潮与天文大潮相遇，浙江省一半以上的测站出现历史最高潮位。全省受淹农田323万亩，毁江堤、海塘2 163处，总长422 km，死亡136人，失踪53人（沈文周，2006）。

8923号台风是20世纪80年代损失最严重的风暴潮。该台风于9月15日在浙江温岭县登陆，海门、宁波、澉浦、吴淞、江苏新洋港、射阳、燕尾等站的增水值均在1 m以上。浙江中、东部沿海地区成为重灾区。台州、宁波等37个县、市计301.8万人受灾，死亡175人，失踪28人，伤696人，受淹农田519.67万亩，房屋倒塌4.7万间，毁江堤、海塘4 000多处，沉损船只2 094艘（沈文周，2006）。

① 国家科委全国重大自然灾害综合研究组。中国重大自然灾害及减灾对策（分论）。北京：科学出版社，1993。

9216 号热带风暴一直未达台风强度，但它的风暴尺度特别大，6 级以上大风影响范围南北跨度 2 000 km 以上。另外，风暴增水持续时间长，从 8 月 28 日至 9 月 1 日前后近 5 天时间。在海潮、巨浪、狂风、暴雨共同作用下，我国东部沿海福建、浙江、江苏、山东、天津等均遭到危害。据统计，沿海计有 76 站次的潮位超过当地警戒水位，少数站超过 1 m 以上。东山、石码、厦门、平潭、沙埕，温州、瑞安、鳌江，燕尾、连云港，石臼所、青岛、夏营，塘沽和辽宁大连等站，都出现了历史最高纪录的水位。据统计，在此期间，共死亡 193 人，失踪 87 人，直接经济损失 94 亿元（沈文周，2006）。

9711 号台风造成的特大风暴潮灾，专家们估计直接经济损失，大约为 308 亿元（沈文周，2006）。

0102 号“飞燕”台风风暴潮给福建省沿海造成重大灾害，直接经济损失 45.2 亿元。其中，海水养殖业损失约 22.8 亿元；死亡、失踪 122 人，受灾人口约 521 万；12.2×10^4 hm^2 农田被淹；6 430 艘船只沉没或损坏；海堤受损 321 处、长达 64.8 km，堤防决口 80 处。

2006 年的超强台风“桑美”（0608 号），于 8 月 10 日在浙江苍南县登陆，登陆时最大风力 17 级。沿海增水超过 1 m 的验潮站有 6 个，最大增水在鳌江，达 4.01 m。浙江台州、温州、丽水等地受灾人口达 345.6 万人，农田受淹 10.32×10^4 hm^2，堤防决口 674 处，冲毁塘坝 678 座，渔船沉毁 1 060 余艘，死亡几百人，损失惨重。

13.5 海平面

13.5.1 季节变化

东海海平面季节变化曲线可分为 3 种类型（图 13.11）：浙北的大戢山站和乍浦站为单峰形，峰值出现在 9 月，谷值发生在 1—2 月。浙南的坎门站和琵琶门站为双峰形，主峰出现在 9 月；6 月有 1 次峰存在，且 1—7 月曲线呈波动形状。浙中介于两者之间，6—7 月有 1 个“平台”存在，平均海面基本相等。1 年周期的振动，其谱能占总功率谱的 74% ~83%，平均为 80%；故海平面变化的年周期占绝对优势，月平均海面的季节变化曲线呈单峰。浙南各站 1 年周期的谱能占总功率谱的 54.0% ~59%，平均为 57%。较浙北、浙中明显偏小，而其半年周期和 4 个月周期的能谱显著高于浙北，使浙南的月均海面的季节变化曲线为双峰型（羊天柱等，1999）。

月平均海平面的年较差自北向南递减，东海的为 25 ~40 cm。浙北的变幅为 40 cm 左右，浙南则为 30 cm 左右（羊天柱等，1999）。长江口吴淞的年较差可达 80 cm 以上，这是由径流量的年变化决定的。

月均海平面最高值出现的时间，自北向南依次滞后。东海海平面最高发生在 9 月、10 月，最高值在沈家门、坎门、三沙、台湾海峡中部及厦门；东海最低海平面发生在 1 月、2 月、3 月，台湾海峡在 3 月、4 月、5 月（羊天柱等，1999）。

东海海平面的季节变化受厄尔尼诺的影响较大，其幅度与黄海的情况差别不大。东海海平面在 1998 年夏季略有下降，但是在 2002 年没有异常出现（乔新等，2008）（图 13.12）。

13.5.2 年际变化

整个东海的海平面都受厄尔尼诺的影响明显（图 13.13）。长江口海平面在厄尔尼诺年会出现大幅度下降，下降 9 ~10 cm（陈宗镛等，1991）。浙江沿海海平面存在明显的年际变化，

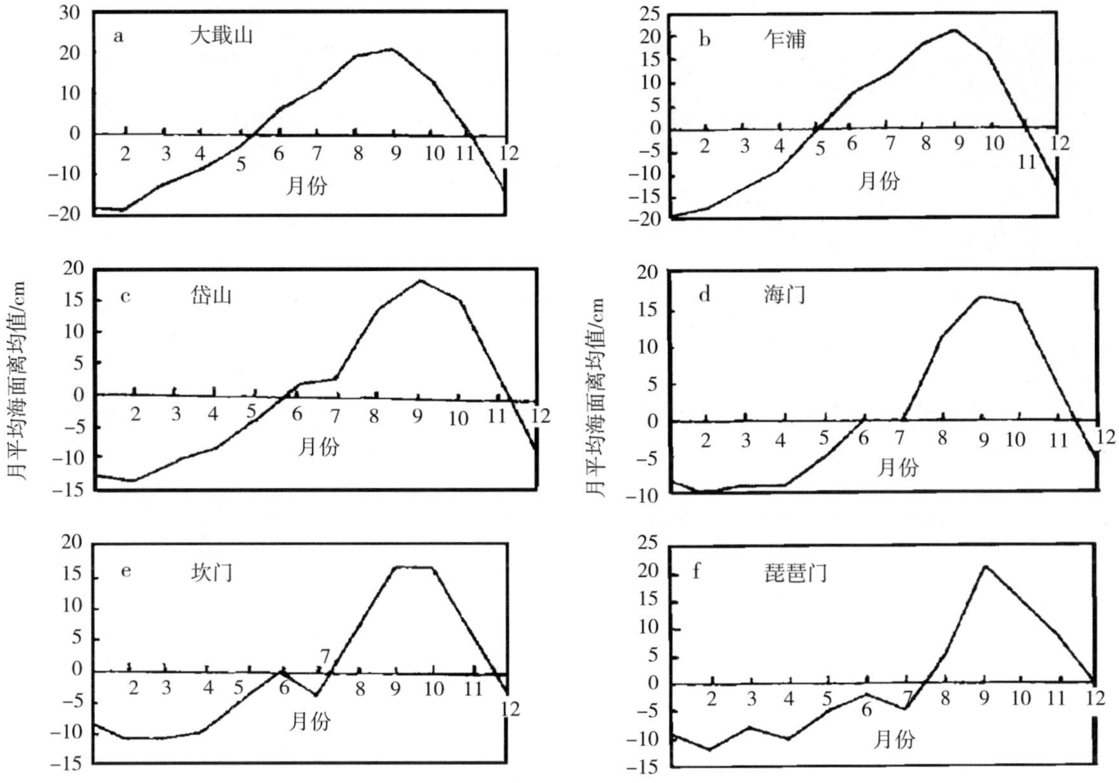

图 13.11 东海各站海平面的季节变化（羊天柱等，1999）

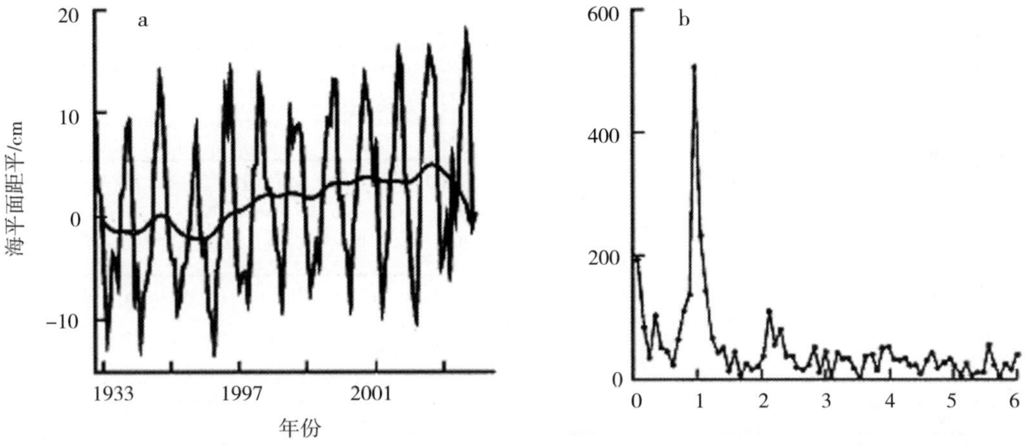

图 13.12 东海 1992 年 10 月至 2004 年 1 月的海平面距平（a）和谱分析（b）（乔新等，2008）

与厄尔尼诺有很好的对应关系。厄尔尼诺年，海平面多会出现下降，较显著的有 1963 年、1965 年、1976 年、1982 年（羊天柱等，1993）。

海平面具有准 2 年的变化周期，这主要是由黑潮的双模态路径变化以及长江径流变化引起的。

13.5.3 年代际变化和趋势变化

东海海平面还存在明显的年代际变化。从图 13.14 可以看出，20 世纪 60 年代，各站平均海面，基本在多年平均海面以下；70 年代有一个波动过程，1973—1977 年出现较高的海平面，而后有一个下降过程。进入 80 年代，各站逐年的平均海面又在多年平均海面之上，浙江

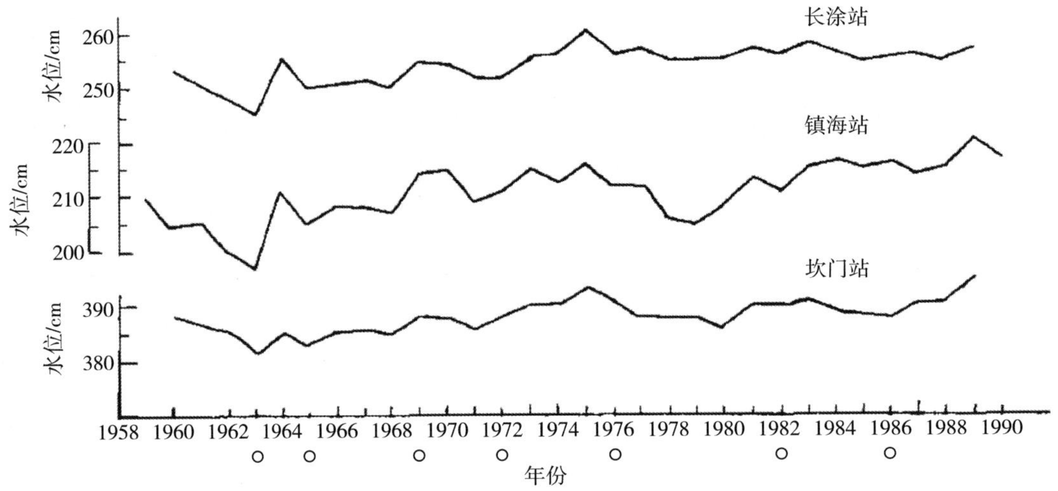

图 13.13　东海年平均海面年际变化曲线（○表示厄尔尼诺年）（羊天柱等，1993）

沿岸的海平面变化总趋势是逐渐上升的（羊天柱等，1999）。

福建沿海局部的海平面变化速率为 1 ~ 2 mm/a，各验潮站的平均变化速率为 0.9 mm/a（林继华等，1997）。

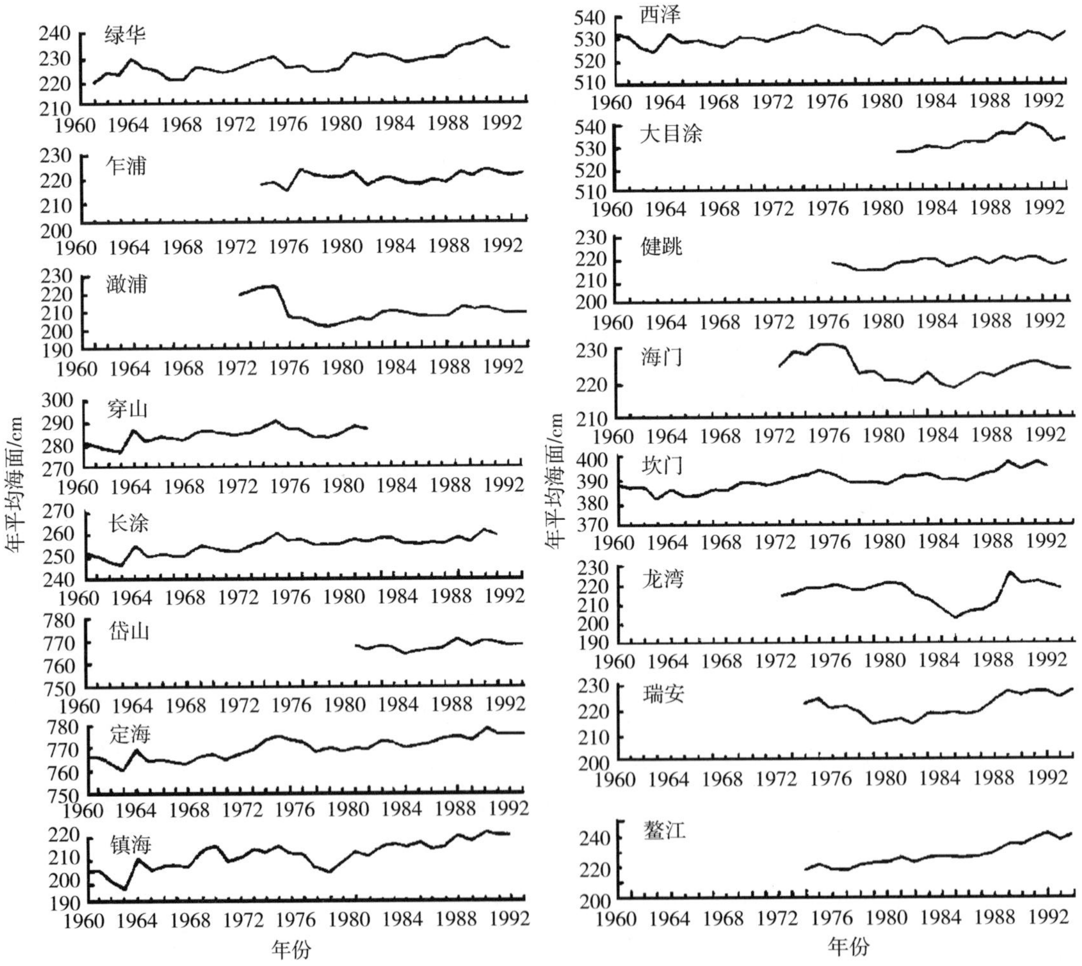

图 13.14　浙江沿岸各站海平面年际变化曲线（羊天柱等，1999）

13.5.4 海平面空间分布

就全年平均来讲，东海沿岸海平面呈南高、北低的势态，有规律地自南向北倾斜，浙江沿岸海面形状较平坦（图13.15）。但这种空间分布特征，在不同季节是不同的。

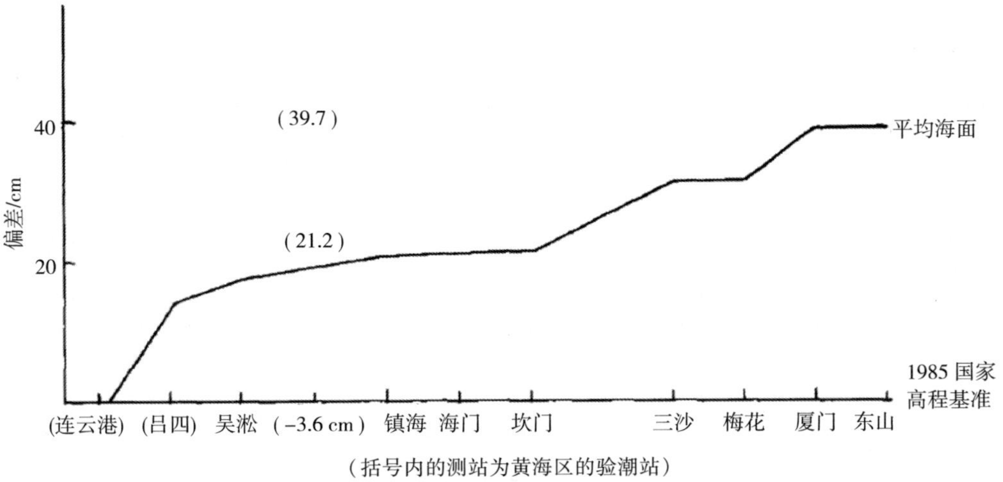

图13.15 东海沿岸各站平均海面与“1985国家高程基准”的偏差示意图（羊天柱等，1993）

冬季，整个东海海平面北低、南高，东海月平均海面比多年平均海面要低，为5～20 cm。夏季，浙南、闽、粤沿岸以至退罗湾的水位，均低于多年平均海面，即自北向南下倾，为0～25 cm。东海高出10～15 cm，台湾海峡东部高出5～14 cm，而总的分布是北高、南低，与冬季的空间分布特征正好相反（羊天柱等，1999）。

13.5.5 地面沉降

地面沉降已经成为中国东部沿海相对海平面上升速率高的重要因素，尤其在河口三角洲地区。

东海沿岸相对海平面长期上升趋势较快。上海及长三角地区的苏州、常州和无锡等地，地面沉降都在2.0 mm/a左右，与海平面绝对上升值累加后相对海平面上升速率达4.1～8.5 mm/a，比全国平均值（近50年来中国平均海平面上升速率为2.5 mm/a）高出2～3倍（施雅风等，2000；王艳红等，2004）。

表13.19 长江三角洲及毗邻地区未来海平面可能上升幅度预测（施雅风等，2000）

岸段	全球平均海面上升速率/（mm/a）	地面沉降速率（mm/a）	2030年最可能上升幅度/cm	2050年最可能上升幅度/cm
苏北滨海平原	3.0～3.5	1.6	18～20	28～31
长江三角洲北部	3.0～3.5	4.1	28～30	43～46
上海市	3.0～3.5	5.0	32～34	48～51
杭州湾北岸	3.0～3.5	1.1	16～18	25～28

注：本文中的杭州湾北岸是漕泾以西部分。

近年来，由于城市发展，建设用地面积激增，土地承重加大，上海地区地面沉降又有加速之势。上海地区的未来相对海平面上升幅度预估，地面沉降值要远高于绝对海平面上升值。同时，长江三角洲地区（江苏的苏、锡、常地区、上海市区和浙江的杭、嘉、湖地区），由于地下含水层处于长期超开采状态，采补平衡被打破，目前已形成区域水位降落漏斗，诱发了大范围的地面沉降，同时该地区的地面沉降可能会发展为区域性的地面沉降，进一步加重该地区海平面上升的压力。

21 世纪，中国沿海地区大多数城市地面仍将以 1 ~ 3 mm/a 速率继续下沉（武强等，2002），这对沿海相对海平面上升影响较大。

第14章 东海海浪*

东海波高大于等于6 m的灾害性海浪的次数年平均为9.8次（许富祥，1996），在25年中，寒潮浪94次，气旋浪46次，台风浪104次。东海南部的台湾海峡，虽然面积不大，但灾害性海浪频繁发生，波高大于等于6 m的灾害性海浪次数，年平均为6.1次（在25年中，寒潮浪74次，气旋浪11次，台风浪68次）。

冬季 由于南下强冷空气影响，东海常常出现N—EN向的巨浪和狂浪（波高为4～6 m），造成东海严重的海浪灾害。例如：1995年11月6—8日，南下强冷空气迅猛，东海先后出现8～9级，阵风10～12级的偏北大风，东海出现4～6 m的巨浪、狂浪。装载2 500 t钢材（吨位3 000 t）的“展望”号货轮，在上海外海受巨浪袭击而沉没，22名船员全部遇难。装载8 625 t煤（吨位11 000 t）的“华珠1”号货轮，也在上海外海遇险沉没，船上30名船员全部遇难。这次寒潮巨浪过程，共有3艘货轮、14艘驳船、270多艘渔船遇险沉没，死亡、失踪220人①。

春、秋季 东海受冷空气与温带气旋共同影响，也常出现波高大于等于4 m的灾害性海浪。如1999年4月13日，大连市的5艘渔船沉没在长江口外海120 n mile处，死亡、失踪34人；1999年12月21日，广州海电船务公司载重量35 000 t“新珠江”号货轮，在澎湖列岛附近沉没。

夏季 东海常遭台风引起的狂浪和狂涛的袭击，造成重大和特大海浪灾害。如9711号台风在浙江温岭登陆时，东海出现10～14 m的狂涛，浙江沿岸海浪普遍高出堤岸2～3 m。大陈海洋站观测到波高9.8 m海浪，舟山大戢山海洋站观测到波高6.6 m的海浪。台州市的一线海堤和二线海堤，几乎全部崩溃，堤防决口4 385处，冲毁护岸工程1 640处。宁波市冲开堤防决口3 379处，冲毁护岸1 072处，有25艘渔船沉没，10艘冲得粉碎。舟山市冲开堤防决口395处，冲毁护岸50处，25座水产、交通码头受损或沉没，船舶受损210艘，7艘渔船沉没，海水养殖损坏400 hm^2。9711号台风海浪和风暴潮，是1949年以来最严重的海洋灾害。据统计，福建、浙江、上海、山东、河北、天津、辽宁6省2市，总计受灾人口1 326万，死亡、失踪220人，水产养殖损失13×10^4 hm^2，损坏堤防1 792 km，损坏港口码头等工程设施3 500处，沉损渔船2 213艘，直接经济损失308亿元。

* 本章编写人：许富祥。

① 国家海洋环境预报中心。我国近海海浪历史灾害调查报告。2009。

14.1　海浪的波候特征

14.1.1　风浪向与涌浪向分布及季节变化

1）盛行风浪向季节变化（表14.1）

表14.1　东海和台湾以东海域四季代表月的盛行风浪向频率分布（苏纪兰，2005）

海区名	月　份		2月	5月	8月	11月
东海北部（31°~33°N，125°~127°E）	最　多	浪向	N	NE	NE	N
		频率/%	32	16	23	37
	次　多	浪向	NW	E	S	NW
		频率/%	26	16	20	20
东海北部（29°~31°N，122°~124°E）	最　多	浪向	N	E	S	N
		频率/%	38	23	35	24
	次　多	浪向	NW	S	SE	NE
		频率/%	21	16	17	22
东海北部（29°~31°N，126°~128°E）	最　多	浪向	N	N	E	N
		频率/%	40	26	22	46
	次　多	浪向	NW	E	S	NE
		频率/%	18	15	21	21
东海中部（27°~29°N，122~124°E）	最　多	浪向	N	NE	S	N
		频率/%	46	26	22	43
	次　多	浪向	NE	N	SE	NE
		频率/%	24	21	17	28
东海中部（27°~29°N，126~128°E）	最　多	浪向	N	N	E	N
		频率/%	47	21	18	38
	次　多	浪向	NE	E	SE	NE
		频率/%	14	16	17	32
东海南部（25°~27°N，120~122°E）	最　多	浪向	NE	NE	E	NE
		频率/%	52	36	19	67
	次　多	浪向	N	N	SW	N
		频率/%	35	17	17	25
东海南部（25°~27°N，124°~126°E）	最　多	浪向	N	N	SE	N
		频率/%	37	24	21	38
	次　多	浪向	NE	E	E	NE
		频率/%	31	20	20	37
台湾海峡（23°~25°N，119°~121°E）	最　多	浪向	NE	NE	SW	NE
		频率/%	63	47	21	70
	次　多	浪向	N	S	S	N
		频率/%	25	16	20	27
台湾以东（23°~25°N，122°~124°E）	最　多	浪向	NE	S	S	NE
		频率/%	52	24	18	49
	次　多	浪向	N	NE	N	N
		频率/%	25	19	18	35

资料年限：1968—1982年。

从表 14.1 看出，东海和台湾以东海域的风浪向分布及变化特征如下。

冬季 东海北部和中部的最多风浪向为 N 向，频率在 32% ~47% 之间；次多风浪向为 NW，频率为 18% ~26%，偏北向风浪（ME—NW，下同）的总频率为 50% ~68%。东海中部东侧最多风浪向为 N 向，频率为 47%；次多风浪向为 NE 向，频率为 14%。东海南部西侧的最多风浪向为 NE 向，频率为 52%；次多风浪向为 N 向，频率为 35%。东海南部东侧的最多风浪向为 N 向，频率为 37%；次多风浪向为 NE 向，频率为 31%。台湾海峡，最多风浪向为 NE 向，频率高达 63%；次多风浪向为 N 向，频率为 25%。台湾以东海域，最多风浪向为 NE 向，频率为 52%；次多风浪向为 N 向，频率为 25%。

春季 东海正处于东北季风转为西南季风的过渡期，东海北部东北侧，最多风浪向为 NE 向，频率为 16%；次多风浪向为 E 向，频率也为 16%。东海北部西侧，最多风浪向为 E 向，频率为 23%；次多风浪向为 S 向，频率为 16%。东海北部东侧，最多风浪向为 N 向，频率为 26%；次多风浪向为 E 向，频率为 15%。东海中部，最多风浪向为 NE 向（西侧）、N 向（东侧），频率分别为 26% 和 21%。次多风浪向为 N 向（西侧）和 E 向（东侧），频率分别为 36% 和 20%。台湾海峡，最多风浪向为 NE 向，频率为 47%；次多风浪向为 S 向，频率为 16%。台湾以东海域，最多风浪向为 S 向，频率为 24%；次多风浪向为 NE 向，频率为 19%。

夏季，主要受来自太平洋东南季风的影响，东海以 S 向风浪和 E 向风浪为主，频率在 19% ~35% 之间；偏北向、偏北向风浪总频率在 45% ~55% 之间。台湾海峡，最多风浪向为 SW 向，频率为 21%；次多风浪向为 S 向，频率为 20%。台湾以东海域，最多风浪向为 S 向，频率为 18%；次多风浪向为 N 向，频率也为 18%。

秋季 东海正处于西南季风转为东北季风的过渡期，此时已开始由 S 向、E 向的风浪转为偏北向风浪。11 月，东海的最多风浪向以 N 向和 NE 向风浪为主，N 向风浪频率在 23% ~46% 之间，NE 向风浪频率在 28% ~67% 之间。台湾海峡，最多风浪向为 NE 向，频率达 70%；次多风浪向为 N 向，频率为 27%。台湾以东海域，最多风浪向为 NE 向，频率为 49%；次多风浪向为 N 向，频率为 35%。

综上所述，东海和台湾以东海域风浪向的分布趋势可归纳为 3 种类型：冬季型、夏季型和春季型。秋季的风浪向分布形势基本与冬季的相似。冬季型的风浪向分布特点：东海和台湾以东洋面为 N 向和 NE 向风浪，台湾海峡为 NE 向风浪；夏季型正好相反，东海和台湾以东海域转为 SE 向和 S 向风浪，台湾海峡为 SW 向和 S 向风浪；春季型的风浪向比较复杂，东海和台湾以东海域为 SE 向和 E 向风浪，但仍有较多的偏北向风浪；台湾海峡为 NE 向风浪，S 向风浪比 NE 向风浪少很多。

2）盛行涌浪向季节变化（表 14.2）

表 14.2 东海和台湾以东海域四季代表月的盛行涌浪向频率分布（苏纪兰，2005）

项 目	海 区		2 月	5 月	8 月	11 月
东海北部（31° ~33°N、125° ~127°E）	最 多	浪向	N	E	SE	N
		频率/%	25	24	25	36
	次 多	浪向	NW	N	S	NW
		频率/%	25	22	24	19

续表 14.2

海区		项目	2月	5月	8月	11月
东海北部（29°~31°N、122°~124°E）	最多	浪向	N	E	S	NE
		频率/%	35	31	33	26
	次多	浪向	NE	NE	SE	E
		频率/%	24	20	21	23
东海北部（29°~31°N、126°~128°E）	最多	浪向	N	N	S	N
		频率/%	39	19	22	38
	次多	浪向	NW	NE	SW	NE
		频率/%	24	18	14	19
东海中部（27°~29°N、122°~124°E）	最多	浪向	N	NE	S	NE
		频率/%	38	22	22	38
	次多	浪向	NE	E	SE	N
		频率/%	24	19	21	30
东海中部（27°~29°N、126°~128°E）	最多	浪向	N	N	SE	N
		频率/%	52	19	19	35
	次多	浪向	NE	NE	E	NE
		频率/%	17	18	19	31
东海南部（25°~27°N、120°~122°E）	最多	浪向	NE	NE	SW	NE
		频率/%	44	33	19	55
	次多	浪向	N	N	NE	N
		频率/%	31	15	18	26
东海南部（25°–27°N、124°~126°E）	最多	浪向	N	E	E	N
		频率/%	38	22	23	37
	次多	浪向	NE	NE	S	NE
		频率/%	32	21	15	32
台湾海峡（23°~25°N、119~121°E）	最多	浪向	NE	NE	SW	NE
		频率/%	63	46	31	75
	次多	浪向	N	S	NE	N
		频率/%	23	13	21	19
	最多	浪向	NE	NE	S	NE
		频率/%	43	20	19	50
	最多	浪向	N	S	E	N
		频率/%	26	20	19	21

资料年限：1968—1982年。

表14.2表明，东海和台湾以东海域的盛行涌浪向有以下特征。

冬季，东海北部的最多涌浪向为N向，频率在25%～39%之间；次多涌浪向为NE向和NW向，频率分别为25%和24%。东海中部、南部海域，最多涌浪向为N向和NE向，频率分别为38%和52%；次多涌浪向为NE向和N向，频率为17%～32%，N向涌浪的频率为31%。台湾海峡的最多涌浪向为NE向，频率为63%；次多涌浪向为N向，频率为23%～31%。台湾以东海域，最多涌浪向为NE向，频率为43%；次多涌浪向为N向，频率为26%。

春季，东海的最多涌浪向为E向、NE向和N向。其中：北部为E向和N向，频率分别为24%～31%和19%；中部为NE向，频率为22%～19%；南部为NE向和E向，频率分别为33%和22%。次多涌浪向为NE向，局部海域为N向和E向。其中：北部为N向和NE向，频率分别为22%和18%～20%；中部为E向和NE向，频率分别为19%和18%；南部为N向和NE向，频率分别为15%和21%。台湾海峡的最多涌浪向为NE向，频率为46%；次多涌浪向为S向，频率为13%。台湾以东海域，最多涌浪向为NE向，频率为20%。次多涌浪向为S向，频率为20%。

夏季，东海的最多涌浪向为SE向、S向和SW向。其中：北部的为SE向和S向，频率分别为25%和22%～33%；中部为S向和SE向，频率分别为22%和19%；南部为SW向和E向，频率分别为19%和23%。东海的次多涌浪向以偏南向为主。其中：北部为S向、SE向和SW向，频率分别为24%、21%和14%；中部为SE向和E向，频率分别为21%和19%；南部为NE向和S向，频率分别为18%和15%。台湾海峡的最多涌浪向为SW向，频率为31%；次多涌浪向为NE向，频率为21%。台湾以东海域，最多涌浪向为S向，频率为19%。次多涌浪向为E向，频率为19%。

秋季，东海的最多涌浪向为N向和NE向。其中：北部N向涌浪频率为36%～38%，NE向涌浪频率为26%。中部N向涌浪频率为35%，NE向涌浪频率为38%。南部N向涌浪频率为37%，NE向涌浪频率为55%。东海的次多涌浪向为NW向、E向和NE向。其中：北部的NW向涌浪频率为19%，E向涌浪频率为23%，NE向涌浪频率为19%；中部的N向涌浪频率为30%，NE向涌浪频率为31%；南部的N向涌浪频率为26%，NE向涌浪频率为33%。台湾海峡的最多涌浪向为NE向，频率高达75%；次多涌浪向为N向，频率为19%。台湾以东海域，最多涌浪向为NE向，频率为50%；次多涌浪向为N向，频率为21%。

综合上述分析，东海和台湾以东海域的涌浪向分布趋势，大致也可归纳为3种类型：冬季型、夏季型和春季型，秋季的涌浪向分布形势与冬季型涌浪向分布形势基本相似。

14.1.2 风浪波高和周期的季节变化

根据孙湘平（2006）提供的统计资料，简要描述东海风浪波高和周期的分布与变化如下。

冬季（2月） 东海风浪波高的分布形势，西侧小，东侧大，南部海域（台湾海峡除外）又小于北部海域。南部的台湾海峡，因狭窄效应，风浪大，是中国近海冬季风浪波高的高值中心区之一。东海的风浪波高在1.0～1.5 m（指月平均值，下同）之间，最大浪高为5.0～8.5 m。其中：东海北部的风浪波高为1.5 m，最大浪高为5.0～7.5 m；东海中部的风浪波高为1.2～1.5 m，最大浪高为6.5～8.5 m；东海南部的风浪波高为1.0～1.5 m，最大浪高为5.0～6.5 m；台湾海峡的风浪波高为1.5～2.0 m，最大浪高为7.0 m；台湾以东海域的风浪波高为1.5～2.0 m，最大浪高为6.5～7.0 m。东海的风浪周期在3.0～4.0 s之间，最大周期为9.0～14.0 s。其中：东海北部和中部的风浪周期为3.0～4.0 s，最大周期分别为12.0～14.0 s和9.0～11.0 s；东海海域和台湾海峡的风浪周期为4.0 s，最大周期分别为10.0～14.0 s和11.0～12.0 s；台湾以东海域的风浪周期为4.0 s，最大周期10.0～13.0 s。

春季（5月） 东海大部分海域的风浪波高在1.0 m左右，地区差异小。其中：东海北部的风浪波高为0.5～1.0 m，最大浪高为5.0 m；东海中部、南部、台湾海峡的风浪波高皆为1.0 m，最大浪高分别为5.0～6.0 m，5.5～6.0 m和6.0 m；台湾以东海域的风浪波高也为1.0 m，最大浪高为5.0~6.0 m。东海的风浪周期在2.1~4.0 s之间，最大周期为9.0~14.0 s之间。其中：东海北部的风浪周期为2.1~4.0 s，最大周期为10.0~11.0 s；东海中部和南部的风浪周期皆为3.0~4.0 s，最大周期分别为9.0~14.0 s和10.0~12.0 s；台湾海峡的风浪周期为3.0 s，最大周期为10.0~11.0 s；台湾以东海域的风浪周期为3.0 s，最大周期10.0~14.0 s。

夏季（8月） 东海北部、中部和南部的风浪波高皆为1.0 m，最大浪高分别为5.0~7.5 m、5.0~10.0 m和6.0~7.0 m；台湾海峡的风浪波高为0.7~1.0 m，最大浪高为5.0 m。台湾以东海域的风浪波高也为1.0 m，最大浪高为5.0~5.5 m。东海的风浪周期在3.0~4.0 s之间，最大周期为8.0~10.0 s。其中：东海北部的风浪周期为3.0~4.0 s，最大周期为8.0~9.0 s；东海中部和南部的风浪周期皆为3.0 s，最大周期分别为9.0~10.0 s和8.0~10.0 s；台湾海峡的风浪周期为2.0~3.0 s，最大周期为8.0 s；台湾以东海域的风浪周期为3.0 s，最大周期8.0~10.0 s。

秋季（11月） 东海的风浪波高在1.0~2.0 m之间，最大浪高为5.0~10.0 m。其中：东海北部的风浪波高为1.3~1.5 m，最大浪高为5.0~10.0 m；东海中部的风浪波高为1.0~1.5 m，最大浪高为5.0~7.0 m；东海南部的风浪波高为1.5~2.0 m，最大浪高为5.0~9.0 m；台湾海峡的风浪波高为1.5~2.0 m，最大浪高为6.5~9.0 m；台湾以东海域的风浪波高为1.5~1.9 m，最大浪高为7.5~8.0 m。东海的风浪周期在3.0~4.0 s之间，最大周期为8.0~15.0 s。其中：东海北部、中部的风浪周期均为3.0~4.0 s，最大周期分别为10.0~11.0 s和8.0~12.0 s；东海南部的风浪周期为4.0 s，最大周期为10.0~11.0 s；台湾海峡的风浪周期为2.0~4.0 s，最大周期为10.0~15.0 s；台湾以东海域的风浪周期为4.0 s，最大周期11.0~13.0 s。

14.1.3 涌浪波高和周期的季节变化

根据孙湘平（2006）提供的统计资料，可看出东海涌浪波高和周期的分布与变化如后。

冬季（2月） 东海的涌浪波高分布特征是北小南大，由北向南逐渐递增。东海的涌浪波高在1.0~2.5 m（指月平均值，下同）之间，最大涌高为5.0~8.0 m。其中，东海北部的涌浪波高为1.0~1.5 m，最大涌高为5.0~7.0 m；东海中部的涌浪波高为1.0~2.0 m，最大涌高为5.0~8.0 m；东海南部的涌浪波高为1.5~2.0 m，最大涌高为5.5~8.0 m；台湾海峡的涌浪波高为1.5~2.5 m，最大涌高为7.0~7.5 m；台湾以东海域的涌浪波高为2.0~2.5 m，最大涌高为7.5~8.0 m。东海的涌浪周期在3.9~7.0 s之间，最大周期为9.0~14.0 s。其中：东海北部的涌浪周期为3.9~6.0 s，最大周期为14.0 s；东海中部的涌浪周期为5.0~6.0 s，最大周期9.0~14.0 s；东海南部的涌浪周期为6.0~7.0 s，最大周期为12.0~14.0 s；台湾海峡的涌浪周期为7.0 s，最大周期为14.0 s；台湾以东海域的涌浪周期为7.0 s，最大周期为14.0 s。

春季（5月） 东海涌浪波高在1.0~1.5 m之间，最大涌高为5.0~7.0 m。其中：东海北部的涌浪波高为1.0~1.5 m，最大涌高为5.0~7.0 m；东海中部的的涌浪波高也为1.0~1.5 m，最大涌高为5.0~6.0 m；东海南部的涌浪波高为1.5 m，最大涌高为5.5~7.0 m；台湾海峡的涌浪波高为1.2~1.5 m，最大涌高为5.5~6.5 m；台湾以东海域的涌浪波高为1.5 m，最大涌高为5.0~6.5 m。东海的涌浪周期在4.8~6.0 s之间，最大周期为11.0~14.0 s。其中：东海北部的涌浪周期为4.8~6.0 s，最大周期为11.0~14.0 s；东海中部和南部的涌浪周期为6.0 s，最大周期为14.0 s；台湾海峡的涌浪周期为5.0～5.4 s，最大周期为14.0 s；台湾以东海域的涌浪周期为6.0 s，最大周期为14.0 s。

夏季（8月） 东海涌浪波高较大，涌浪波高在0.9～2.0 m之间，最大涌高5.0～12.5 m。其中：东海北部、中部、南部的涌浪波高皆为1.5～2.0 m，最大涌高分别为5.0～10.0 m、7.0～12.5 m，5.0～12.0 m；台湾海峡的涌浪波高为0.9～1.5 m，最大涌高为5.0～5.5 m；台湾以东海域的涌浪波高为2.0 m，最大涌高为5.5～9.0 m。东海的涌浪周期在5.0～7.0 s之间，最大周期为9.0～15.0 s。其中：东海北部的涌浪周期为5.0～6.0 s，最大周期为14.0～15.0 s；东海中部的涌浪周期为6.0 s，最大周期为9.0～14.0 s；东海南部的涌浪周期为6.0～7.0 s，最大周期为14.0 s；台湾海峡的涌浪周期为6.0 s，最大周期为14.0 s；台湾以东海域的涌浪周期为7.0 s，最大周期为14.0 s。

秋季（11月） 东海涌浪波高在1.5～2.5 m之间，最大涌高为5.0～10.5 m。其中：东海北部的涌浪波高为1.5～2.0 m，最大涌高为5.0～10.5 m；东海中部的涌浪波高为2.0 m，最大涌高为5.5～9.0 m；东海南部的涌浪波高为2.0～2.5 m，最大涌高为7.0～8.0 m；台湾海峡的涌浪波高为1.7～3.0 m，最大涌高为8.0 m；台湾以东海域的涌浪波高为2.5～3.0 m，最大涌高为8.0～10.0 m。东海的涌浪周期在5.0～7.0 s之间，最大周期为9.0～14.0 s。其中：东海北部的涌浪周期为5.0～6.0 s，最大周期为9.0～14.0 s；东海中部的涌浪周期为6.0～7.0 s，最大周期9.0～14.0 s；东海南部和台湾海峡的涌浪周期皆为6.0～7.0 s，最大周期为14.0 s；台湾以东海域的涌浪周期为7.0 s，最大周期也为14.0 s。

14.1.4 平均波高和最大波高的季节变化（表14.3）

表14.3 东海代表方区波高逐月分布（孙湘平，2006） 单位：m

海区	项目	1月	2月	3月	4月	5月	6月	7月	8月	9月	10月	11月	12月
东海北部（31°～33°N、125～127°E）	平均波高	1.5	1.5	1.5	1.5	1.0	1.5	1.5	2.0	1.5	1.6	2.0	1.5
	最大波高	7.0	7.0	7.0	6.0	5.0	–	5.2	5.5	10.0	6.5	6.0	5.5
东海中部（27°～29°N、126°～128°E）	平均波高	2.0	2.0	2.0	1.5	1.5	1.5	1.5	1.5	1.5	2.0	2.0	2.0
	最大波高	7.0	7.0	6.5	6.5	6.0	6.5	7.5	7.5	9.5	8.0	9.0	6.0
东海南部（25°～27°N、124°～126°E）	平均波高	2.5	2.5	2.0	1.5	1.5	1.5	1.5	2.0	1.5	2.0	2.5	2.5
	最大波高	7.5	6.5	7.0	8.0	6.0	6.0	9.0	12.0	9.5	9.0	9.0	7.0
台湾海峡（23°～25°N、119°～121°E）	平均波高	2.5	2.5	2.0	1.5	1.5	1.0	1.5	1.5	2.0	2.7	3.0	2.5
	最大波高	7.5	7.5	6.5	7.0	6.5	7.0	7.5	6.0	8.0	9.0	9.0	10.0
台湾以东（23°～25°N、122°～124°E）	平均波高	2.0	2.5	2.0	2.0	1.5	1.5	2.0	2.0	1.5	2.5	3.0	2.5
	最大波高	7.0	8.0	6.0	6.5	6.0	6.0	7.0	5.5	10.0	10.5	8.0	7.0

资料年限：1968—1982年。

表14.3显示，东海和台湾以东海域的海浪波高的特征如下：

东海的月平均波高在1.0～2.5 m之间，海区差异明显，由北往南波高随纬度递减而增大。其中：东海北部的月平均波高为1.0～2.0 m，11月、12月和翌年1月，波高较大，其值为2.0 m；5—7月，波高较小，其值为1.0～1.6 m。东海中部的月平均波高在1.5～2.0 m之间，变化幅度较小，仅0.5 m左右。10月至翌年2月，波高较大，为2.0 m；其余月份波高较小，为1.5 m。东海南部的月平均波高在1.5~2.5 m之间，10月、11月、12月和翌1月和2月，波高较大，其值为2.0~2.5 m；3—7月，波高较小，其值为1.5 m左右。台湾海峡的月平均波高在1.0~3.0 m之间，年变幅为2.0 m。10月至翌年2月，波高较大，其值为2.5~3.0 m；6月波高最小，其值为1.0 m。

东海（历年）最大波高在5.0~12.5 m之间。其中：东海北部的最大波高为5.0~10.0 m；东海中部的最大波高为5.5~12.5 m；东海南部的最大波高为5.5~12.0 m；台湾海峡的最大波高为6.0~10.0 m。

台湾以东海域的月平均波高在1.5~3.0 m之间，波高的月际差异为1.5 m。10月至翌年2月波高较大，为2.5~3.0 m；5—6月波高较小，为1.5 m左右。台湾以东海域（历年）最大波高在5.5~10.5 m之间。

14.1.5 平均周期和最大周期的季节变化（表14.4）

表14.4 东海代表方区逐月周期分布（孙湘平，2006） 单位：s

海区	月 份	1月	2月	3月	4月	5月	6月	7月	8月	9月	10月	11月	12月
东海北部（31°~33°N、125°~127°E）	平均周期	6.0	6.0	6.0	5.5	5.0	7.0	7.0	6.0	5.0	5.4	6.0	6.0
	最大周期	14.0	14.0	14.0	14.0	14.0	14.0	14.0	14.0	14.0	14.0	9.0	14.0
东海中部（27°~29°N、126°~128°E）	平均周期	7.0	7.0	6.0	6.0	6.0	6.0	6.0	6.0	6.0	7.0	7.0	7.0
	最大周期	14.0	14.0	14.0	14.0	14.0	14.0	14.0	14.0	14.0	14.0	14.0	14.0
东海南部（25°~27°N、124~126°E）	平均周期	6.0	7.0	7.0	6.0	6.0	6.0	7.0	7.0	6.0	6.0	7.0	7.0
	最大周期	14.0	14.0	14.0	14.0	14.0	14.0	14.0	14.0	14.0	14.0	14.0	14.0
台湾海峡（23°~25°N、119°~121°E）	平均周期	6.0	7.0	6.0	6.0	5.0	6.0	5.0	6.0	6.0	7.0	7.0	6.0
	最大周期	14.0	14.0	14.0	14.0	14.0	14.0	14.0	14.0	14.0	14.0	14.0	14.0
台湾以东（23°~25°N、122°~124°E）	平均周期	7.0	7.0	7.0	7.0	6.0	6.0	6.0	7.0	7.0	7.0	7.0	7.0
	最大周期	14.0	14.0	14.0	14.0	14.0	14.0	14.0	14.0	14.0	14.0	14.0	14.0

资料年限：1968—1982年。

表14.4显示了东海和台湾以东海域海浪周期的特征是：

东海的月平均周期在4.7~7.0 s之间。平均周期有由北往南增大的趋势。其中：北部的月平均周期为4.7~7.0 s；中部的月平均周期为5.0~7.0 s；南部的月平均周期为6.0~7.0 s；台湾海峡的月平均周期为5.0~7.0 s；台湾以东海域的月平均周期在6.0~7.0 s之间。

东海（历年）最大周期在9.0~14.0 s之间。其中：东海北部的最大周期为9.0~14.0 s；东海中部的最大周期为14.0 s；东海南部的最大周期为12.0~14.0 s；台湾海峡的最大周期为14.0 s；台湾以东海域的最大周期也为14.0 s。东海中部海域、台湾海峡和台湾以东海域的最大周期，无明显月际差异。

14.2 几种天气系统影响下的海浪分布

东海是我国近海灾害性海浪出现频率最高的海区之一。强冷空气、温带气旋、台风都能造成东海波高大于4 m以上的海浪场。形成东海海浪场的主要天气系统有：台风型，冷高压型，气旋型，冷高压与气旋配合型4类（许富祥，1991）。

14.2.1 台风型海浪场

东海是我国近海台风型海浪场出现频率最高的海区之一。根据1976—1985年资料统计（许富祥，1991），由台风引起波高大于等于4 m海浪过程的频率为4.9%，相当于年平均18 d，台湾海峡为5.7%，相当于年平均21 d。

14.2.2 冷高压型海浪场

冬季，地面天气图上冷锋经过渤海、黄海到达东海，造成东海N—NE向大风。同时冷锋还常常越过南岭，直达南海中部和南部，然后再向东扩展到日本以南和以东洋面，这时中国近海都形成4 m以上的海浪场。4 m以上的巨浪中心，一般出现在冷锋附近，巨浪中心区的最大波高一般为4～8 m，最大可达9～15 m。

东海冷高压型海浪场分布的特点：冷高压型巨浪中心区最大波高一般可达9～12 m，台湾海峡的巨浪中心区最大波高可达9～11 m。根据1976—1985年资料统计（许富祥，1991），东海由冷高压引起的波高大于等于4 m海浪过程的频率为15.8%，相当于年平均57 d，台湾海峡为7.4%，相当于年平均28 d。

14.2.3 气旋型海浪场

影响东海的气旋型海浪场，主要以江淮气旋和东海气旋引起的海浪为主。东海气旋型海浪场分布特点：冷锋后的西北风区，受华东沿海地形影响转变为东北风区，引起的NE向风浪为主。气旋型海浪场中心区最大波高为4～9 m。根据1976—1985年资料统计（许富祥，1991），东海由气旋引起波高大于等于4 m海浪过程的频率为3.8%，相当于年平均14 d；台湾海峡的为3.0%，相当于年平均11 d。

14.2.4 冷高压与气旋配合型海浪场

根据1976—1985年资料统计（许富祥，1991），东海由冷高压与气旋配合引起的波高大于等于4 m海浪过程的频率为5.5%，相当于年平均20 d；台湾海峡为2.6%，相当于年平均10 d。

14.3 东海异常严重海浪灾害的个例分析

东海是中国近海台风登陆频繁的海区之一，由台风导致的异常严重海浪的几率也比较高。这里介绍0414号“云娜”台风和0608号“桑美”台风，造成异常严重海浪灾害的两个实例。

14.3.1 0414号“云娜”台风特大海浪灾害分析①

1）0414号“云娜”台风概况

2004年8月8日，0414“云娜”台风在西北太平洋上生成，生成时中心附近最大风速

① 国家海洋环境预报中心。我国近海海浪灾害现场调查报告，2009。

20 m/s。10 日加强为强热带风暴，11 日加强为台风，12 日加强为强台风。8 月 12 日在浙江省温岭登陆，登陆时中心附近最大风速为 45 m/s，气压 950 hPa。台风登陆后继续向偏西方向移动，12 日在浙江境内减弱为台风，13 日在浙江境内减弱为强热带风暴，13 日再次减弱为热带风暴。台风移动路径如图 14.1a 所示。

2）0414 号“云娜”台风浪概况

“云娜”台风影响东海期间，东海出现波高 9 ~ 10 m 和波高 10 ~ 12 m 的狂涛。“云娜”台风在温岭登陆时，浙江外海波高为 8 ~ 10 m；“云娜”在浙江境内减弱为台风，浙江外海波高 6 ~ 9 m；当“云娜”减弱为强热带风暴时，浙江外海仍维持波高为 6 ~ 8 m 的狂浪，一直到减弱为热带风暴，浙江省外海波高仍为 6 m 的狂浪（图 14.1b、c）。“云娜”强台风影响期间，东海 9 号浮标实测最大有效波高为 8.0 m，最大波高为 12.0 m（图 14.1 d）。大陈海洋站实测风速达 57.8 m/s；南麂海洋站实测最大波高 8.5 m；浙江省温岭至舟山沿岸近海出现波高 4 ~ 6 m 巨浪和狂浪。

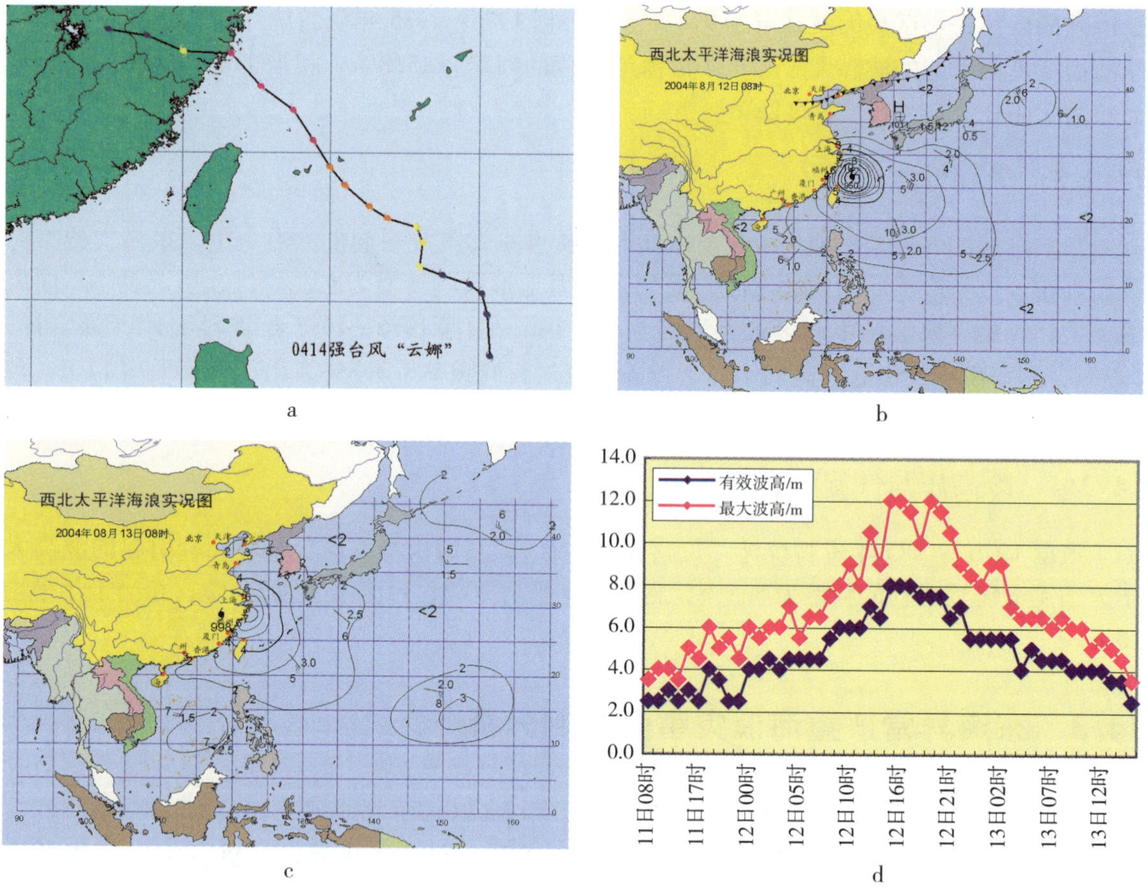

图 14.1　0414 号“云娜”台风造成的东海及临邻近海域的海浪实况

a. 台风移动路径；b. 2004 年 8 月 12 日 8 时东海波高分布；

c. 2004 年 8 月 13 日 8 时东海波高分布；d. 东海 9 号浮标（29.5°N、124°E）实测波高过程曲线

3）0414 号“云娜”台风浪灾害概况

据不完全统计，受“云娜”台风的袭击，浙江省受灾人口 1 299 万人，死亡 164 人，失踪 24 人；损坏堤防 4 059 处、计 563 km，堤防决口 1 222 处、计 88 km，损坏水产养殖面积

44 000 hm^2，损失水产品 16×10^4 t，死亡牲畜 5.5 万头；损坏水闸 206 座，损坏灌溉设施 3 148处，损坏水文观测站 99 个，全省直接经济损失 181.28 亿元。

4）0414 号“云娜”台风浪灾害天气形势特点及海浪特征

该台风特点有三：①风力特强。台风登陆时，中心气压 950 hPa。台风登陆前后的几个小时里，台州市观测到 12 级以上大风。大陈岛观测最大风速达 58.7 m/s，相当于 17 级大风。破坏力之强，是浙江历史上罕见的。②降雨强度大。2004 年 8 月 11—14 日，降雨量超过 100 mm的水文测报站点 275 个，降雨量超过 200 mm 的站点 79 个，降雨量超过 300 mm 的站点 36 个。最大降雨量为温州乐清的砩头，达 916 mm。其中，12 h 降雨量达 661.8 mm，24 h 降雨量达 874.7 mm，均突破浙江省历史最高纪录。③影响范围大。台风 10 级风圈达 180 km，降雨量大于 50 mm 的区域 8.2×10^4 km^2，占浙江省陆域面积的 82%；降水量大于 100 mm 区域面积达 4.4×10^4 km^2，占浙江省陆域面积的 44%。

“云娜”台风浪特点：①台风浪强度强。东海出现波高 10～12 m 的狂涛，东海 9 号浮标实测最大的有效波高为 8.0 m，最大波高为 12.0 m。②台风浪持续时间长，波高为 6～8 m 和 9～12 m 的狂浪和狂涛时间均比较长，其中波高 6 m 台风浪持续 5 d。③台风影响范围广，台风引起的 6～8 m 的狂浪影响范围大。从温州、台州到舟山整个浙江省沿海，都遭受巨大的经济损失和人员伤亡。④“云娜”台风发生时间为 8 月 8—13 日，为当年天文大潮期。这些都是造成浙江沿海地区发生特大海洋灾的主要原因。

14.3.2 0608 号“桑美”台风特大海浪灾害分析

1）0608 号“桑美”超强台风简况

2006 年 8 月 5 日，0608 号“桑美”超强台风在西北太平洋上生成。7 日加强为台风。9 日加强为强台风。9 日 20 时加强为超强台风，中心气压 920 hPa，中心最大风速 60 m/s。10 日 17 时在浙江省温州市苍南县登陆，登陆时台风中心气压 920 hPa，中心最大风力 17 级以上，实测最大风速达到 68 m/s。10 日 19 时在福建省境内减弱为强台风；10 日 21 时减弱为台风；10 日 23 时在福建省境内减弱为强热带风暴；11 日减弱为热带风暴。“桑美”在海上停留 6 天多。台风移动路径如图 14.2a 所示。

2）0608 号“桑美”台风浪简况

0608 号“桑美”超强台风在西北太平洋上生成时，中心附近海域为波高 4～5 m 的巨浪。7 日再度加强为台风时，中心附近海域出现波高 8～10 m 的狂浪和狂涛。9 日加强为强台风时，中心附近海域出现波高 10～12 m 的狂涛。9—10 日“桑美”为超强台风阶段，台风中心经过的海域均出现波高大于等于 14 m 的怒涛。10 日，在浙江和福建登陆时，台湾海峡、东海南部，仍维持波高 8～10 m 的狂浪和狂涛。在福建省境内再度减弱为台风时，台湾海峡、东海南部维持波高 6～9 m 的狂浪和狂涛。10 日在福建境内三度减弱为强热带风暴，台湾海峡、东海南部海区，维持波高 5～7 m 的巨浪和狂浪。11 日在福建省境内减弱为热带风暴时，台湾海峡、东海南部出现波高 4～5 m 的巨浪（图 14.2b）。0608 号“桑美”台风影响期间，东海 9 号浮标实测最大有效波高为 4.5 m，最大波高为 6.5 m；东海 18 号浮标实测最大有效波高为 6.9 m，最大波高为 8.6 m（图 14.2c）。南麂海洋站实测最大波高4.4 m，温州海洋站实测最大波高 5.3 m。

a

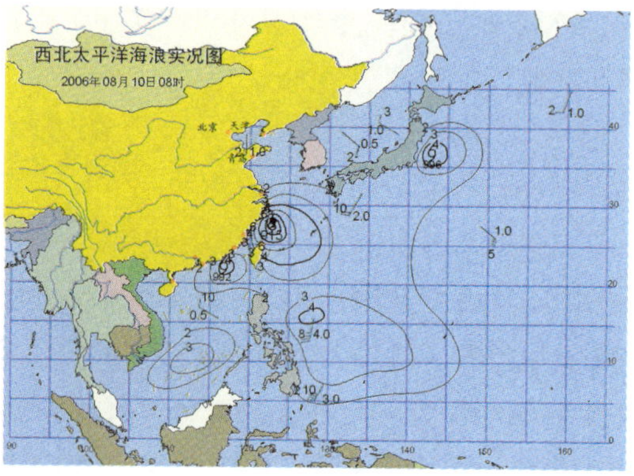

b

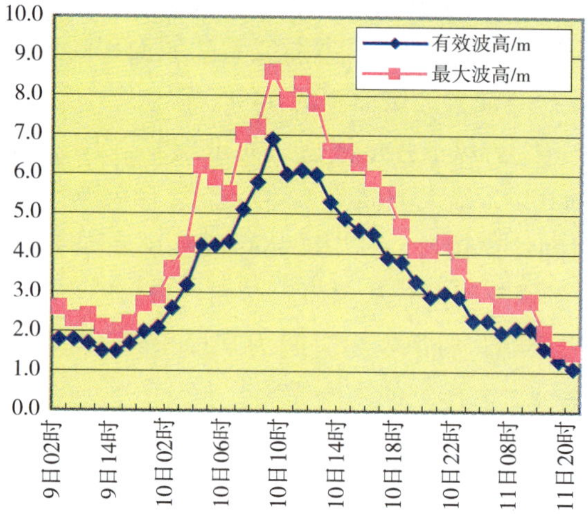

c

图 14.2　0608 号“桑美”造成的东海及邻近海域的海浪实况

a. 台风移动路径；b. 2006 年 8 月 10 日 08 时，东海及邻近海域的海浪实况；

c. 东海 18 号浮标（27.5°N，122.5°E）实测波高过程曲线

3）0608 号“桑美”台风浪灾害简况

“桑美”是近 50 年来登陆我国大陆最强的台风，破坏力巨大，造成惨重海难事故。特别是“桑美”正面袭击福建省福鼎市沙埕港，其船只损坏和人员伤亡均为历史罕见。据不完全统计，台风引起的狂风和巨浪，造成福建省死亡 215 人，失踪 157 人；浙江省死亡 193 人，失踪 11 人。超强台风“桑美”侵袭时，在沙埕港避风的福建和浙江渔船计 4 800 多艘。两省（下同）沉没渔船 1 950 艘，损毁渔船 2 723 艘，海难死亡 225 人、失踪 146 人。

4）0608 号“桑美”台风浪灾害天气形势特点

“桑美”台风有五个特点：①强度极强。“桑美”于 2006 年 8 月 9 日进入东海后就加强为超强台风，中心风力达到 17 级以上；特别是 10 日超强台风登陆时，中心最大风速达到 68 m/s；台风登陆后，近 5 h 中心风力仍然达到 13 级。②移动速度快。“桑美”台风生成后，平均每小时移动速度达到 20 ~ 30 km。③破坏力大，造成的损失惨重。台风登陆期间，沿海掀起狂涛骇浪，南麂海面台风浪高达 10 m 以上。台风“桑美”的登陆为近 50 年以来最强的一次，造成人员伤亡和经济损失惨重。④降雨强度大，雨量高度集中。台风期间，苍南县有 3 个点 1 h 实测雨量均超过 100 mm。苍南县云岩站 2 个小时内降雨量高达246.9 mm，如此大的短时间强降雨，历史罕见。

第15章 东海主要的水文要素及其特征*

15.1 海水温度

东海的海底地形，按水深和地形可把它分为两大部分：西部为大陆架浅水区，东部为大陆坡深水区。大陆坡深水区的主体是冲绳海槽，它呈一弧形的舟状盆地，最大水深在2 000 m以上。由于东海东、西两部分的水深相差如此悬殊，其底层的水文要素差异太大，东、西两部分的底层水文要素平面分布图，就无法绘制在一起。因此，本章中所描述的东海温度、盐度、密度的底层平面分布图，并非指东海的全部海域，而是指东海西部大陆架浅水区的底层图而言，并将东部大陆坡深水区的底层部分空缺。这点请读者在查阅东海底层水文要素分布图时注意。

东海以流系、水系复杂而著称，地区差异显著，水文特征多样，既有陆架浅海的特性，又有深海、大洋的特征。

15.1.1 海水温度的分布

图15.1和图15.2，分别表示东海四季代表月水温垂直分布和断面分布。断面取2条：①32°N断面，位于长江口北侧。它可剖析长江冲淡水的冲溢、黄海冷水团的南侵以及台湾暖流前锋的伸展。②29°N断面，它横切台湾暖流，又地处浙江沿岸上升流的中心区。

综合上述各图及图5.1和图5.2，可大体反映东海水温的立体结构。

冬季（2月） 表、底层水温分布形势大体相同。表层水温平面分布的主要特点：等温线密集，冷、暖水舌清晰，地区差异悬殊，反映了流系的配置。黑潮及暖流流经的海域，其温度明显高于邻近海域。东海黑潮区水温最高，达20～23 ℃，等温线由西南向东北均匀地呈舌状分布，暖水舌中央水温高于两侧水温。东海东北部水温为12～19 ℃之间。由对马暖流带来的暖水舌分为两支：一支指向朝鲜海峡，另一支指向济州岛以西进入黄海。东海西部的浙、闽沿岸，水温在5～12 ℃之间，为东海水温最低的地区。这里的水温呈带状分布，是由于东海沿岸流贴岸南流的缘故。其外侧，台湾暖流北上，水温增至12～20 ℃。在沿岸流与台湾暖流交界的海域，等温线密集，其走向为西南—东北向，形成较强的温度锋。东海的西北部，来自黄海西岸的冷水舌南下伸向东南，插入东海北部，被南面的台湾暖流暖水舌和东北面的黄海暖流暖水舌包围，形成相互交错的形势，使东海北部的等温线呈弯曲的“S”状。台湾海峡的表层水温在12～23 ℃之间，由西向东逐渐递增，等温线分布与海峡走向一致，呈西南—东北向。

垂直分布方面（图15.1和图15.2），大多数海域呈均匀一致状态。陆架区的水温垂直均

* 本章编写人：孙湘平（温、盐、密度、水团——第二作者、盐跃层、上升流——第二作者、台湾以东水团与水文特征——第二作者），许建平（水团、上升流），袁耀初（涡旋、台湾以东水团与水文特征），管秉贤（涡旋——第二作者），魏泽勋、连展、李淑江（水、热、盐交换）。

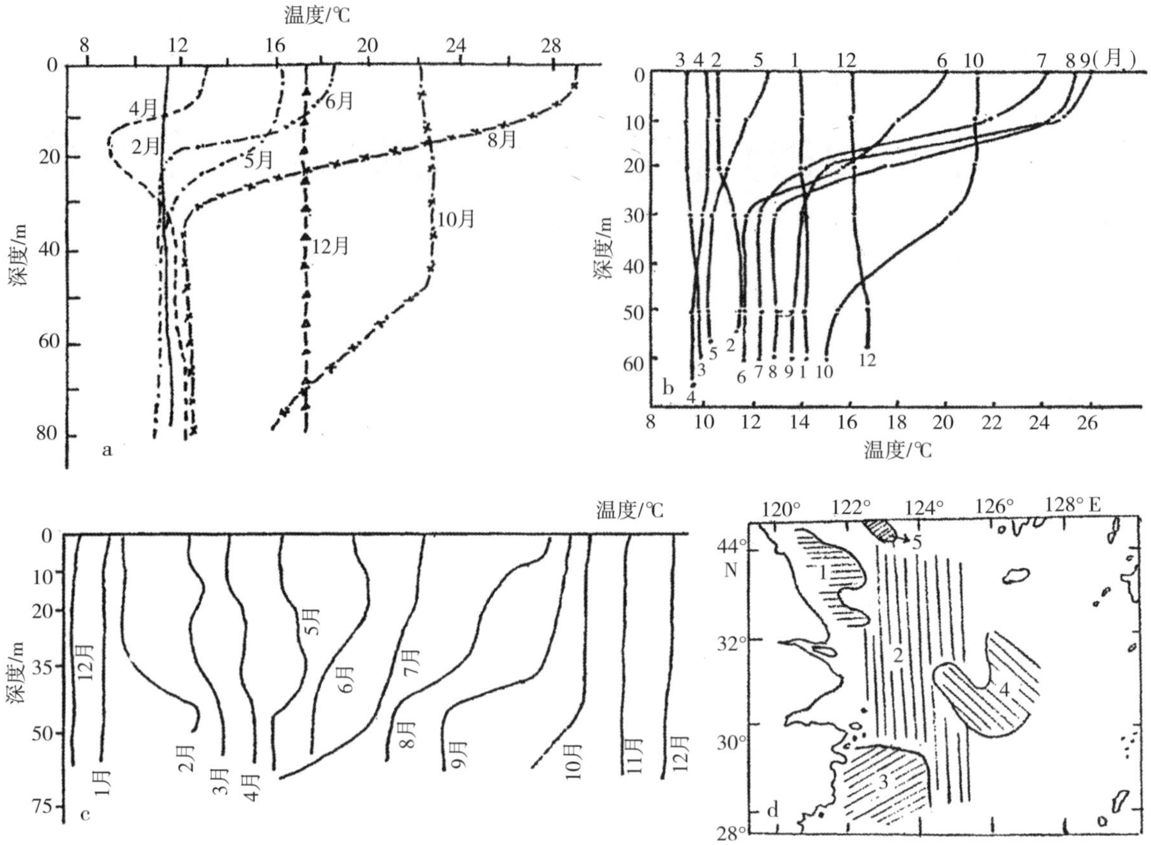

1. 垂直均匀，2. 负梯度，3. 中层暖水，4、5. 中层冷水

图 15.1　东海单站水温（℃）垂直分布的逐月变异及类型分布（蓝淑芳等，1984；苏纪兰，2005；刁焕祥等，1987）

a、b. 东海北部；c. 台湾暖流区；d. 夏季水温垂直分布类型，

匀层可达海底，温度由岸边向外海递增。但在台湾暖流区，表层至 30 m 深处，为垂直均匀层；30 m 以深，水温随深度增加而升高，呈逆温型（正梯度）分布。这种逆温型在浙江近海存在于 2—4 月（翁学传等，1984）。

春季（5 月）　表层水温平面分布形势基本与冬季的相似（图 5. 1b）。温度值比冬季的上升了 3 ~ 13 ℃。其中：黑潮区水温为 23 ~ 27 ℃，比冬季的上升了 3 ~ 4 ℃；东海东北部水温为 17 ~ 21 ℃，上升了 2 ~ 5 ℃；东海西部的浙、闽沿岸，水温为 18 ~ 23 ℃，上升了 13 ~ 11 ℃；东海西北部水温为 15 ~ 18 ℃，上升了 5 ~ 7 ℃。台湾海峡地区，水温为 20 ~ 27 ℃，上升了 3 ~ 7 ℃。

春季表层水温除量值升高外，在细节上与冬季的也有几点不同：①长江口附近及苏北沿岸一带，水浅增温快，暖水向外冲溢，使东海北部等温线分布比较均匀。②福建北菱、马祖附近出现一个低温区，水温为 18 ~ 19 ℃，比周围温度低 2 ℃左右。③台湾东北岸的苏澳一带，也出现一个水温低于 25 ℃的冷水块，该冷水块以 10 ~ 50 m 层最为明显，是深层冷水涌升的结果。

底层水温分布形势（图 5. 2a）与表层的大同小异，只是底层显示台湾暖流暖水舌北伸更为明显，其前锋可达舟山群岛、长江口附近。福建北菱、马祖附近的低温区依然存在，水温低于 17 ℃。表明，那里有上升流存在。台湾海峡南部的台湾浅滩附近，出现水温高于 24 ℃

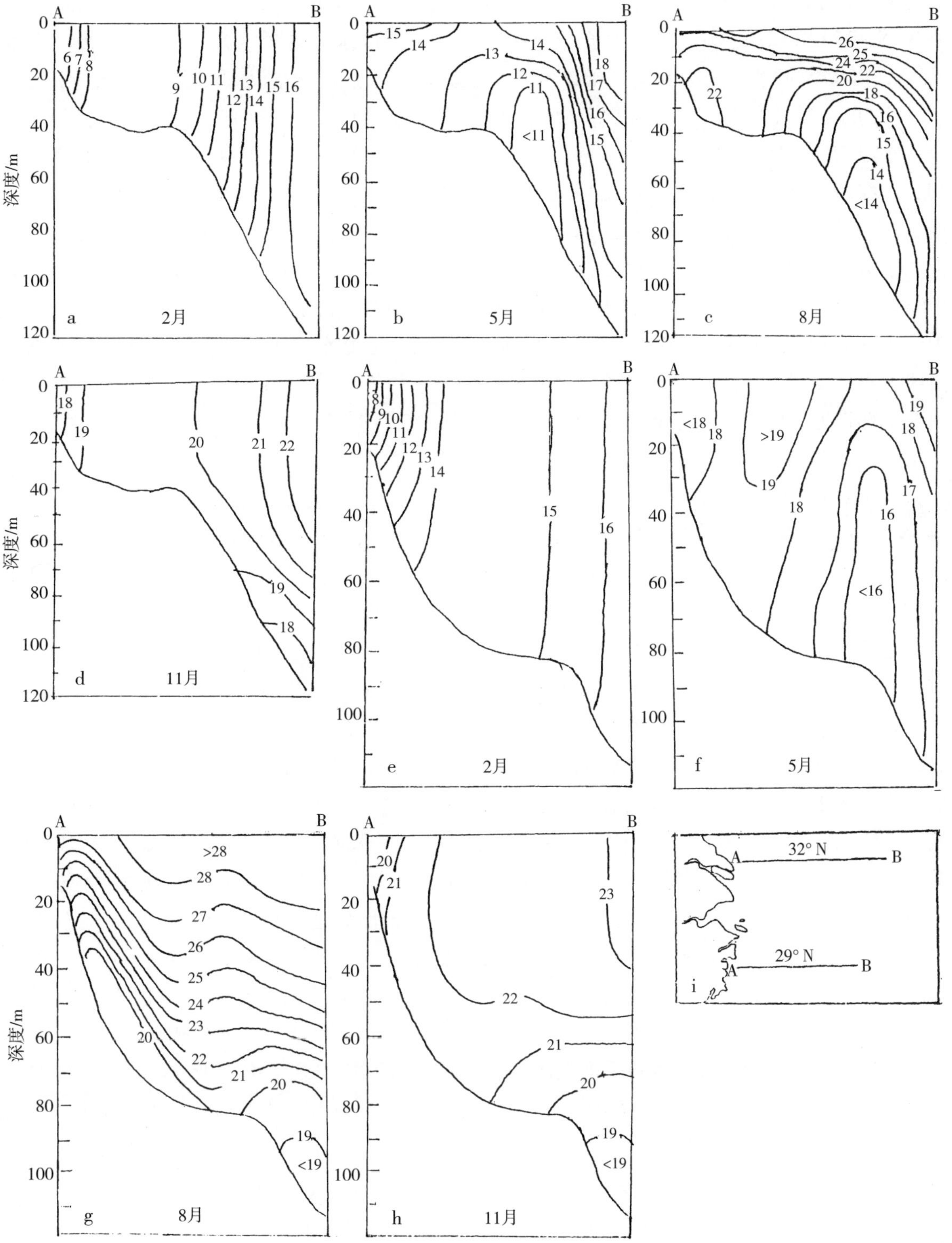

图 15.2　东海 32°N 和 29°N 断面的水温（℃）分布（陈达熙，1992）

a、b、c、d 为 32°N 断面；e、f、g、h 为 29°N 断面；i. 断面位置示意图

的闭合暖水区，可能因为那里水浅升温较快的缘故。

入春以后，因表层升温比深层的快，使冬季的水温垂直均匀结构遭到破坏，出现上暖下冷的分层现象，并有弱的温度垂直梯度（图 15.1a、b）。由于东海流系、水系复杂，因而东海的水温垂直分布呈现出多样性：①负梯度型，水温随深度的增加而降低，这是春季最常见的类型。4 月开始出现，5 月范围扩大，强度也有所增加。②中层冷水型，在浙江北部的 28°~31°N，124°E 以西海域，水温垂直分布还出现“中层冷水”现象（翁学传等，1984；徐伯昌等，2000）。所谓中层冷水，系指该层水温较其上、下层的水温为低的那部分水体，见图 15.1a 中的 4 月。在该水层的以上部分，水温随深度增加降低（负梯度分布）；而其以下部分，水温随深度增加而增加（呈正梯度分布）。中层冷水与鱼类洄游以及声波的传播等密切相关。在浙北海域，中层冷水仅出现在 3—6 月间。其中：3 月中、下旬开始出现，4 月稳定成长，5 月最盛，遍及整个浙北近海，6 月上、中旬衰消，至下旬消失绝迹，具有明显的区域性和季节性（徐伯昌等，2000）。济州岛以南海域也有小范围的中层冷水出现（蓝淑芳等，1985）。中层冷水出现的深度在 10 ~ 25 m 之间，尤以 20 m 左右最多，其厚度在 10 ~ 20 m 最为频繁（翁学传，1984）。③中层暖水型，此类型与中层冷水型正好相反，在水温垂直分布曲线上出现中层水温比上、下层的要高（图 15.1c 中的 5 月、6 月）。主要出现在浙江中部象山至玉环近海，即 28° ~ 29°30′N，124°E 以西海域。5 月开始零星出现，6 月范围扩大，7 月消失（翁学传等，1984）。

从水温断面图（图 15.2）看出，春季水温分布正向夏季型演变。在 32°N 断面和 29°N 断面上，因春季出现分层现象，在弱跃层的下面，于斜坡附近出现凸起的冷水块，冷中心水温分别低于 11 ℃和 16 ℃。32°N 断面上的冷水块，就是东海北部陆架底层冷水的反映。

夏季（8 月） 表层水温在 26 ~ 29 ℃之间，沿岸和外海水温相差无几，水平分布较均匀，看不出台湾暖流的暖水舌特征（图 5.1c）。西部沪浙闽沿岸水温分布出现若干小的冷、暖水块。冷水块有：舟山群岛附近和闽江口一带；暖水块有：长江口、象山至鱼山列岛以及厦门附近海域。台湾东北苏澳一带的冷水块，在表层分布图上并未显示，但在 10 ~ 50 m 水层，冷水块十分明显。黑潮区表层水温达 29 ℃，比春季的上升了 2 ~ 5 ℃，暖水舌仍比较明显。东海东北部水温为 27 ~ 28 ℃，上升了 8 ~ 10 ℃。东海西部浙闽沿岸，水温为 26 ~ 29 ℃，上升了 6 ~ 8 ℃。东海西北部水温为 27 ~ 28 ℃，上升了 10 ~ 12 ℃。台湾海峡地区，水温为 26 ~ 29 ℃，上升了 2 ~ 6 ℃。东海表层、10 m 层水温分布形势基本相似。但从 20 m 层至 50 m 层，水温出现北低南高的分布格局；到了底层，水温分布又呈另一种面貌，为沿岸高，外海低的形势（图 5.2b）。沿岸底层水温在 24 ~ 27 ℃；其外侧台湾暖流区，底层水温为 18 ~ 22 ℃。东海东北部底层水温较低，为 14 ~ 16 ℃，是受黄海冷水团南侵的影响。

夏季东海水温垂直分布以负梯度型居多，并有强温跃层出现。但在浙江的象山至玉环近海，济州岛西南海域，分别有中层暖水、中层冷水发生（图 15.1d）。在 32°N 断面上，水温分层现象十分明显（图 15.2c），大致以 10 ~ 20 m 为界：上层覆盖着薄薄的暖水，厚度约 10 m，温度为 26 ~ 27 ℃；下层为冷水，等温线呈弓形分布，由海底向上凸起，低温中心在 14 ℃以下。这就是东海北部陆架的底层冷水，是冬季遗留下来的。它大致位于 126°E 附近的斜坡上，于春末形成，6 月趋于稳定，7 月势力最强，8 月中旬开始减弱北缩，10 月下旬或 11 月初消失（蓝淑芳等，1984）。

在 29°N 断面上（图 15.2g）：近岸（A 侧）海底附近，盘踞着低于 20 ℃的冷水块，其等温线明显地向上拱起（上凸），这种上拱现象，暗示着深层冷水沿海底斜坡涌升，是上升流存在的重要标志之一（苏纪兰，2005；胡敦欣等，1984）。在该例中，深层冷水涌升并未达表面，而是至距海面 5 ~ 10 m 的水层。

秋季（11 月） 水温明显下降，尤其是沿岸地区，降温比海区中央的快。此时东海表层水温的平面分布形势又接近冬季的面貌（图5.1d），但水平梯度比冬季的小，温度值比冬季的高。与夏季相比，黑潮区水温为24～26 ℃，下降了3～5 ℃；东海东北部水温为17～22 ℃，下降了7～11 ℃；东海西部浙闽沿岸，水温为17～22 ℃，下降了7～9 ℃；东海西北部水温为17～20 ℃，下降了7～10 ℃；台湾海峡地区，水温为22～26 ℃，下降了3～5 ℃。另外，台湾东北的基隆附近，出现低于23 ℃的低温水块。东海底层水温的分布与表层及其以下各层的完全两样，此时前者被一暖水所控制。暖水舌由台湾海峡向东北延伸至济州岛附近，并在舟山群岛外构成一个闭合的暖水域，中心水温在21 ℃以上，比周围水温高3 ℃左右（图15.2c）。

秋季（11月） 水温的垂直分布，多数已接近垂直均匀类型（图15.1）。但在浙北近海（28°30′～31°00′N，124°E以西），于10—11月间，有中层暖水出现，时间很短促（翁学传等，1984）。从图15.2断面图d、h看出，水温分布由夏季向冬季的演变过程：在32°N断面上，于40 m以浅的水层，水温分布已接近冬季的类型；而深层80 m以深，仍有冷水块的迹象。在29°N断面上，深层的涌升现象彻底消失；50 m以浅的水层已逐渐趋于垂直均匀状态；80 m以深水层，仍与夏季的接近。

从高分辨率卫星资料，可观测到夏秋季跨陆架的穿刺锋面运动存在（Yuan，et al，2005）。

由此可见，东海的水温分布也存在冬季型、夏季型和过渡型3种类型。各类型的持续时间，随海域不同而有差异。如东海北部和中部，过渡型特征明显；而台湾海峡地区，过渡型就不如北部明显，且持续时间也短。

15.1.2 海水温度的变化

根据资料分析可知，东海的水温日变化也可分为下列3种类型（翁学传等，1993）：

（1）主要由太阳辐射引起的表层水温的日变化。图15.3a为1932年6月初的例子，表明气温日变化与0 m层、5 m层的水温日变化极为相似，最高值出现在16时，最低值出现在日出前的5时左右。体现表层水温受气温的影响显著，最高值和最低值发生的时间，基本上与气温的同步或略有一些推迟。

（2）主要由内波引起的水温日变化。夏季因内波振动会造成温度剧烈的日变化。水温日变化发生在中层，且不规则。在图15.3b中，9 m层的水温日变化可达3.1 ℃，它比表层、底层的日变化都大。由内波引起的中层水温日变化，在台湾海峡南部也曾出现过（洪华生等，1991）。

（3）主要由潮流引起的水温日变化。潮流导致水温日变化的例子，如图15.3c所示。在该例中，一昼夜内水温出现两次最大值和最小值。表层：最大值出现在14时和0时，最小值发生在6时和18时；底层：最大值出现12时和0时，最小值出现在6时和18时。与半日潮潮流周期接近。表层水温日变幅为1.7 ℃，底层的日变幅为1.5 ℃。

图15.4表示东海4个测站的水温年变化实例，由图15.4可获得以下认识：①各站的表层、10 m层水温年变化曲线，大体与余弦曲线相当；深、底层水温的年变化，无规律可循。②100 m以内的各站、各层最低水温出现的时间，大体是同步的。③多数站表层最高水温出现的时间为8月，但表层以下各层出现最高水温的时间，却随着深度的增加而向后推迟。④各站水温的年变化幅度，以表层最大，随着深度的增加，年变幅也递减。⑤表层水温的年变幅，一般在4～20 ℃之间（陈冠贤，1991）。其中：长江口—杭州湾外的最大，为19～

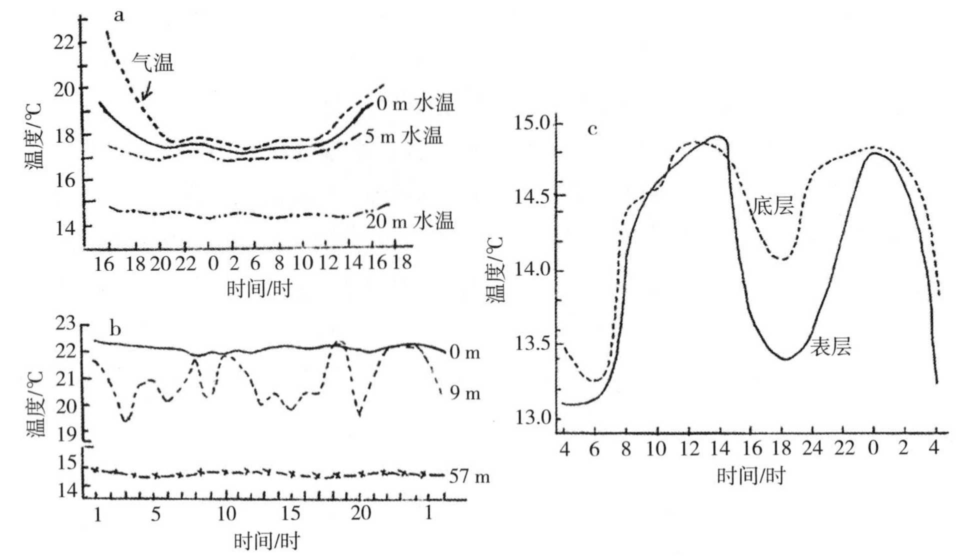

图 15.3　东海水温日变化举例[①②]（T. Nakao，1977）

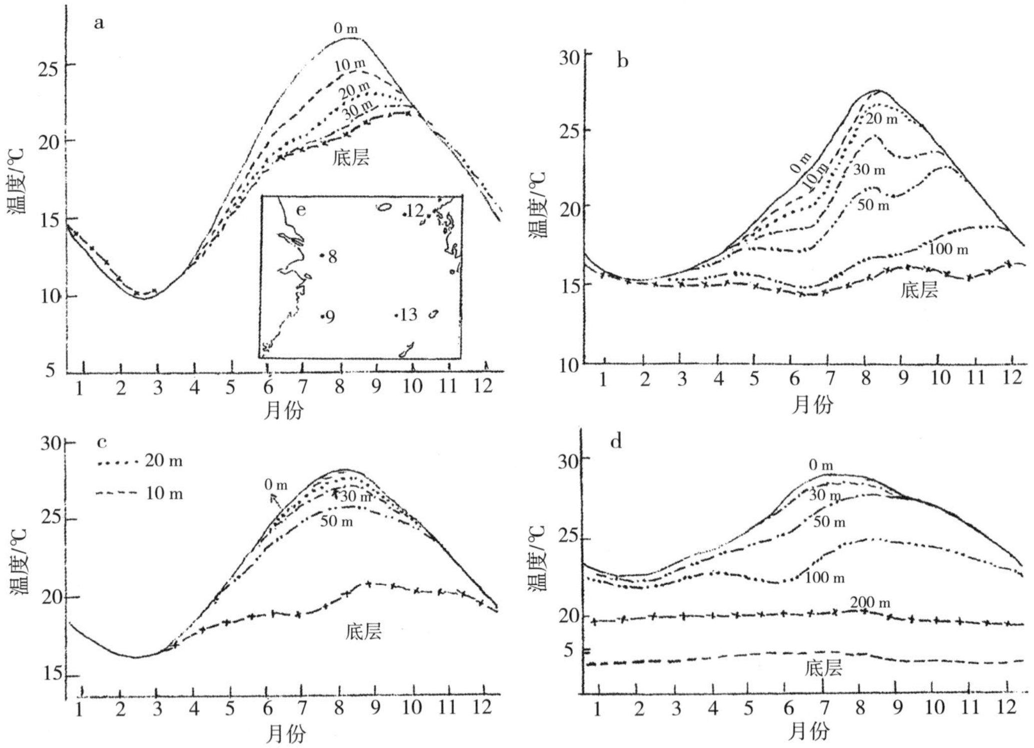

图 15.4　东海几个测站的水温年变化（陈达熙，1992）

a、b、c、d 分别代表长江口－杭州湾外、台湾暖流区、对马暖流区以及东海黑潮区的水温年变曲线；e 为 4 个测站的地理位置示意

20 ℃；浙、闽沿岸，年变幅为 13～19 ℃；东海黑潮区的最小，为 7 ℃左右；台湾暖流区和对马暖暖流区分别为 12 ℃和 13 ℃；台湾海峡区为 5～14 ℃（陈冠贤，1991）。东海黑潮区的表层水温，除存在上述的年周期外，还有 6～7 年的显著周期。

---

① 孙湘平等编。中国近海简况。北京：中国农业出版社，1963。

② 国家科委海洋组海洋综合调查办公室编。全国海洋综合调查资料。1964。

15.2 海水盐度

东海西接陆地，有长江、钱塘江、瓯江、闽江等众多河流入海；东临太平洋，并有黑潮流经东海的东南偶。因此，东海盐度平面分布的特点是：西低、东高，东、西向反差大。西岸等盐线密集，往东逐渐稀疏并分布均匀；东部深水区为高盐黑潮水控制，高盐水舌清晰可见。这种分布格局几乎全年存在，而且表层以下各层盐度的分布趋势，大体与表层的相似，故只附表层盐度分布图。

15.2.1 海水盐度的分布

图15.5和图15.6分别为东海盐度垂直分布和2条断面的盐度分布，东海盐度的平面分布见图5.6。把它们综合起来，可反映出东海盐度立体面貌。

冬季（2月） 表层盐度在19.00～34.75之间，东西向地区差异悬殊。西岸的沪、浙、闽沿岸一带，等盐线分布密集，水平梯度大，等盐线分布顺着海岸呈南北走向（图5.6a）。盐度值为20.0～30.0之间，杭州湾最低盐度为19.0。由于长江冲淡水顺岸南流，导致这一带沿岸的盐度反而比夏季的还要低。大约从123°E开始往东，盐度分布均匀，其值为33.5～34.7之间。黑潮区盐度最高，为34.75。对马暖流区，盐度为34.5～34.6。东海的西北部，因黄海西岸南下的低盐水向东南插入东海北部，与北面的黄海暖流次高盐水、南面的台湾暖流高盐水交叉相楔，使那里的等盐线分布呈S状的弯曲。在浙、闽沿岸海域，下层为高盐水盘踞，上层覆盖着沿岸水，这里冬季仍出现弱的盐跃层。台湾海峡的盐度分布仍是近岸向远岸递增，为29.7～34.5之间，但闽江口附近为24.2（福建海洋研究所，1998）。在沿岸水外缘，存在着较强的水平梯度——盐度锋（福建海洋研究所，1998）。台湾以东海域，终年受黑潮水控制，具有高盐特征，盐度在34.50～34.75之间，等盐线分布几乎与台湾东海岸线平行。

在垂直分布方面，多数海域盐度呈现上下一致的均匀状态（图15.5和图15.6）。这种分布形式，大致从10月下旬至翌年4月的冬半年，北部海域出现早，消失晚，持续时间可达半年；南部海域出现晚，消失早，持续时间为3～4个月（翁学传等，1984）。另外，在不同水系的交界处，还存在着盐跃层现象。

陆架断面分布图（图15.6a、e）表明：32°N断面的盐度垂直均匀可达海底，盐度自西向东逐渐递增。29°N断面上，盐度垂直均匀出现在断面的中部和东部，而断面西部的近岸一侧，有弱跃层现象。

春季（5月） 盐度平面分布形势与冬季的基本相似，只是盐度值比冬季的下降了。但在局部海域，盐度分布仍有较大变化。如长江口、杭州湾、舟山群岛一带，随着长江入海径流量的增大，使冬季顺岸南下的带状低盐区，此时已变成向外扩展的低盐水舌。低盐水舌转向东北，指向济州岛方向。低盐水舌的最低盐度为13.0，比冬季下降了6.0，在那里形成很强的水平梯度，即盐度锋（图5.6b）。长江冲淡水转向东北，也阻碍了苏北沿岸水南下。由于长江冲淡水向外冲溢或扩散的结果，以及整个海域表层海水降盐等原因，使济州岛附近的高盐水舌也作相应的调整，等盐线向南退缩和东移。如冬季时的34.0和34.5的等盐线，此时已被33.0和34.0等盐线取代。原黑潮区的34.75等盐线，现已退缩到琉球群岛附近。

春季东海表层盐度在13.00～34.75之间。其中：沪、浙、闽沿岸一带为13.0～31.0，比冬季下降了1.0～7.0。黑潮区为34.50～34.75，对马暖流区为34.0～34.5，分别下降了0.1

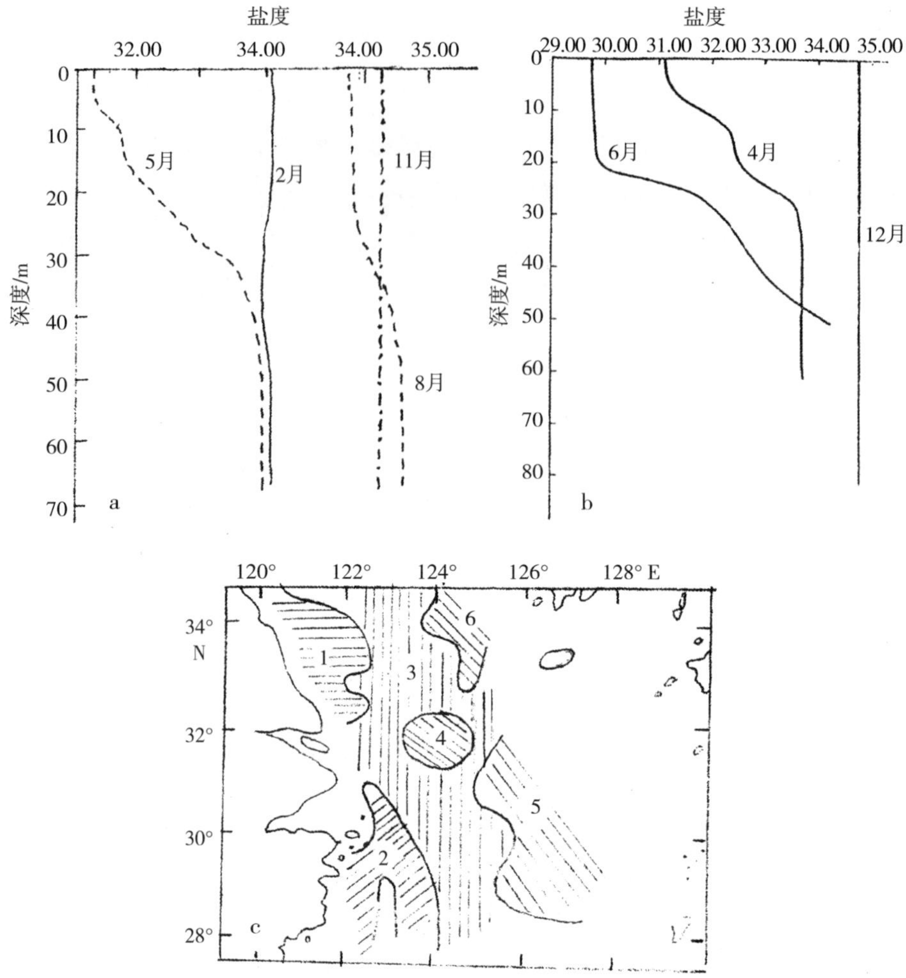

1：垂直均匀，2. 中层低盐，3. 正梯度，4. 中层高盐，5. 中层低盐，6. 中层低盐

图 15.5　东海四季代表月的盐度（psu）垂直分布及类型分布①（福建海洋研究所，1998；丁宗信等，1994）

a. 东海北部；b. 台湾海峡；c. 夏季盐度垂直分布类型

~0.5。东海西北部为 30.0 ~ 33.0，下降了 1.0。台湾海峡海域为 30.0 ~ 34.0，与冬季相差无几，但闽江口附近最低盐度为 14.29（福建海洋研究所，1998），比冬季下降了近 10.0。

入春以后，沿岸水向外扩展以及表层盐度降盐等原因，使冬季时的盐度垂直均匀状态遭到破坏，出现弱的层化现象（图 15.5）。在 32°N 断面（图 15.6b）上，西段反映了长江冲淡水的冲溢，向东达 123°E 附近；垂直扩散深度约 10 m；水平向盐度介于 29.0 ~ 31.0 之间，并有盐跃层出现。东段盐度比较高，为 33.5 ~ 34.0 之间，基本上仍处于垂直均匀状态。29°N 纬向断面（图 15.6f）又是另一种情景：①表层盐度由近岸（29.0）向远岸递增（33.5）。②表层盐度低，深层盐度高，盐跃层比较明显。③深层等盐线出现上拱（上凸）现象，它与前面的水温分布相匹配，以深层的低温、高盐水爬坡而涌升为主要特征。

夏季（8 月）　表层盐度最低，尤其是河口附近，盐度层化更为剧烈，盐跃层强度明显增大。此时，东海盐度分布最突出的要算是长江冲淡水了。从图 5.6c 看出，长江冲淡水的范围向外扩展了许多，呈一椭圆状，横挡在东海的西北部。若取 32.0 等盐线作为长江冲淡水的

① 国家科委海洋组海洋综合调查办公室编。全国海洋综合调查资料。1964。

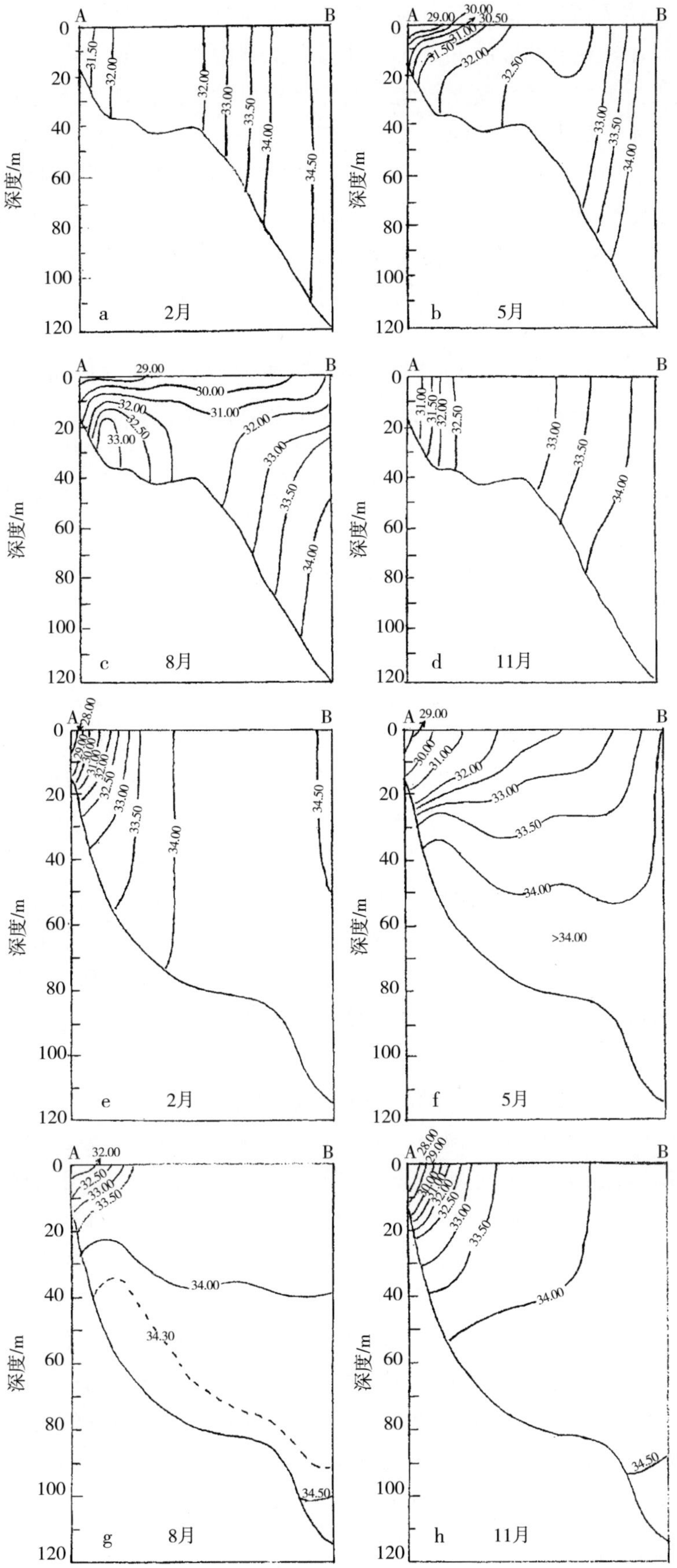

图 15.6　东海 32°N 和 29°N 断面四季代表月的盐度分布（陈达熙，1992）

a、b、c、d 为 32°N 断面；e、f、g、h 为 29°N 断面（断面位置见图 15.2）

影响范围，则冲淡水波及到黄海南部和东海北部，并影响这一海域的盐度分布格局，使高盐的对马暖流水东移。由冲淡水构成的低盐水舌冲溢和扩展的方向，也随离岸距离的不同而不同。先是顺着长江入海方向，然后紧急转向东北，途中可能受台湾暖流顶托的缘故，最后又转向东南。长江冲淡水降盐很强，使河口及沿岸表层盐度降至12.0（8月）或11.0（7月），有些年份表层盐度仅为5.0左右（毛汉礼等，1996），1959年7月为4.00（毛汉礼等，1996），形成很强的水平梯度。沿舌轴方向，最大盐差达27.0（毛汉礼等，1996），甚至1个经度的盐差竟有10.0之多。如此强劲的冲淡水仅限于薄薄的表层，厚度约6 m。从10 m层开始，长江冲淡水的影响范围虽较明显，但很醒目的冲淡水水舌已基本消失，盐度又升至26.0左右。

夏季东海表层盐度分布的另一个特点是，浙、闽沿岸的表层盐度反而比春季的升高了，这与那里夏季的上升流强劲有关。台湾海峡全被北上的海峡暖流水控制，除厦门附近外，盐度分布比较均匀。

夏季东海表层盐度介于12.0~34.5之间。其中：沪、浙、闽沿岸一带为12.0~33.0。黑潮区为34.0~34.5，比春季下降了0.25~0.50。对马暖流区为31.5~33.5，下降了1.0~3.0。东海西北部为28.0~31.0，下降了2.0~3.0。台湾海峡海域为32.0~34.0，比春季上升了1.0~2.0。

在垂直分布方面（图15.5），海水的分层现象明显，盐跃层比春季的强。陆架区盐度出现三层结构：上均匀层、下均匀层和盐跃层。32°N断面盐度分布特点有二（图15.6c）：①表层盐度很低，一般在28.0~30.0之间；深底层盐度高，达33.0~34.0。如果取30.5或31.0等盐线作为长江冲淡水的指标（唐晓晖等，2004），则可看出：长江冲淡水的垂向扩展范围很浅，一般在0~10 m或0~15 m水层内。②断面A段的深底层，出现一个高盐水舌的横截面，呈弓形分布，高盐核心大于33.0，这就是台湾暖流的前锋。也就是说，夏季台湾暖流深层水北伸势力可达31°N或以北海域（唐晓晖等，2004）。在29°N断面上（图15.6g），A段表层盐度达全年最高，为32.0左右，比春季的上升了3.0。这显然是由于上升流把深层的高盐水涌升至近表面的缘故。该断面的B段横切台湾暖流，如以34.0等盐线作为台湾暖流高盐水的边界，则可看出它是紧贴海岸并沿海底而北进的。

秋季（11月） 沿岸冲淡水势力大减，海水处于增盐季节。此时，东海表层盐度的分布趋势大体与冬季（2月）的接近，而盐度值比冬季低，与春季大体相当。秋季东海表层盐度在15.00~34.75之间，与夏季相比，盐度上升了0.75~3.00。其中：沪、浙、闽沿岸一带为15.0~32.0；长江口、杭州湾一带比夏季升高了3.0；而浙江南部和福建沿岸反而比夏季的降低了1.0~3.0。黑潮区为34.50~34.75，上升了0.25~0.50；对马暖流区为33.0~34.0，上升了1.0；东海西北部为31.0~33.0，上升2.0~3.0；台湾海峡海域为32.0~34.5，上升了1.0。

在垂直分布方面，因入海的淡水量减少和对流混合增强，使盐度的垂直梯度减小，上均匀层加深，逐渐趋于上下均匀一致的状态。11月，东海大部分海域的盐度垂直分布，基本上与冬季的相似（图15.5）。在32°N断面上，秋季的分布形势已向冬季的逼近（图15.6d）；在29°N断面上，此时上升流现象已消失，无深水涌升的足影。岸边A段附近的表层盐度为28.0，比夏季下降了3.0，甚至比春季还低1.0，而与冬季相当（图15.6h）。

15.2.2 海水盐度的变化

海水盐度也存在着日变化、季节变化和多年变化。

根据海洋调查资料分析可知，东海的海水盐度日变化也可分为3种类型：

（1）不规则类型的盐度日变化。此类型以变化无规律可循、杂乱无章为其特点（图15.7a）。在盐度垂直分布呈均匀一致的季节里，如冬季、秋季和初春的盐度日变化就属这种。夏季，东海的南部，不规则类型的盐度日变化也可能很大，像图15.7a中，表层盐度的日变化就达2.0左右。

（2）主要由内波引起的盐度日变化。夏季海水层化的盐跃层区，内波振动会造成盐度强烈的日变化。表、中、底各层盐度日变化不同步：表层和深层的盐度日变化比较平缓，日变化小；而在次表层或中层日变化剧烈。从时间上讲，此类型多出现在春末和夏季。如图15.7b中，9 m的盐度日变化达0.85，而表层和57 m层只有0.2~0.3。

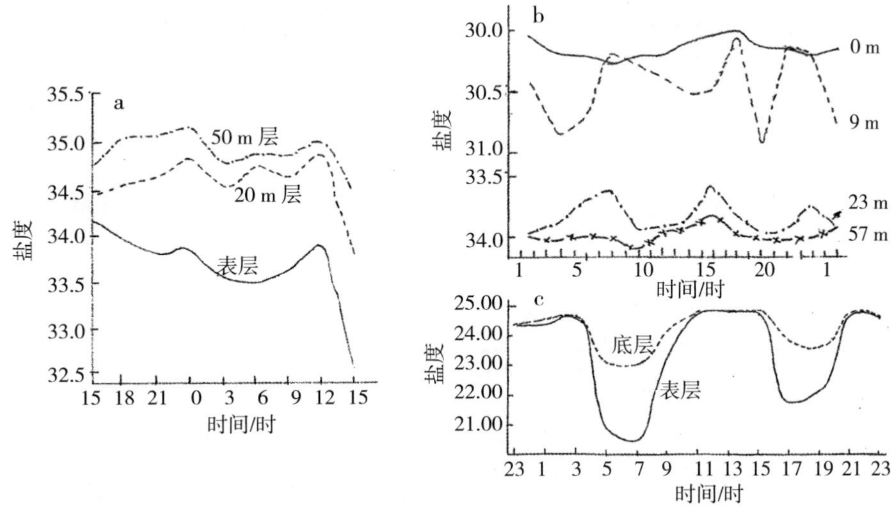

图15.7 东海海水盐度日变化举例（洪华生等，1991；Nakao，1991）①

（3）主要由潮流引起的盐度日变化。该类型盐度日变化比较剧烈，表、中、底各层日变化十分规则，大体具有潮周期的特征（图15.7c）。这种盐度的日变化，与潮流的流向有关（洪华生等，1991）。该例中，一昼夜，盐度出现两次最大值和最小值，尤其是表层，日变化最大，日变幅达4.0左右。最大值分别出现在3时、11时和21时，最小值分别发生在6时和17时左右。在台湾海峡的南部，也报导过类似例子（洪华生等，1991）。

海水盐度的年变化，不如温度年变化规则。这里列出东海4个测站的盐度年变化实例（图15.8）。

分析图15.8，可获得以下几点认识：①盐度的年变化是随地点不同而有明显的差异。就上述4站而言，长江口－杭州湾外测站的盐度年变化最大，表层的年变幅可达8.25（陈冠贤，1991）；其次是浙江岸外的台湾暖流区，表层的盐度年变化幅度为2.7左右；第三是对马暖流区，表层盐度的年变化幅度为1.1左右；黑潮区的盐度年变化最小，表层的年变幅仅0.3左右。②各站表层盐度的年变化比较规则，基本上具有年周期的特点。最大值发生在冬季，最小值发生在夏季。最大值、最小值出现的月份随地点而异。③表层以下各层盐度年变化是随深度的增加减小，底层的最小，如13号站（黑潮区），底层盐度几乎无明显的年变化。④有的站的表层和近表层（如10 m、20 m），盐度年变化具有年周期特征；有的站，表

① 国家科委海洋组海洋综合调查办公室编。全国海洋综合调查资料。1964。

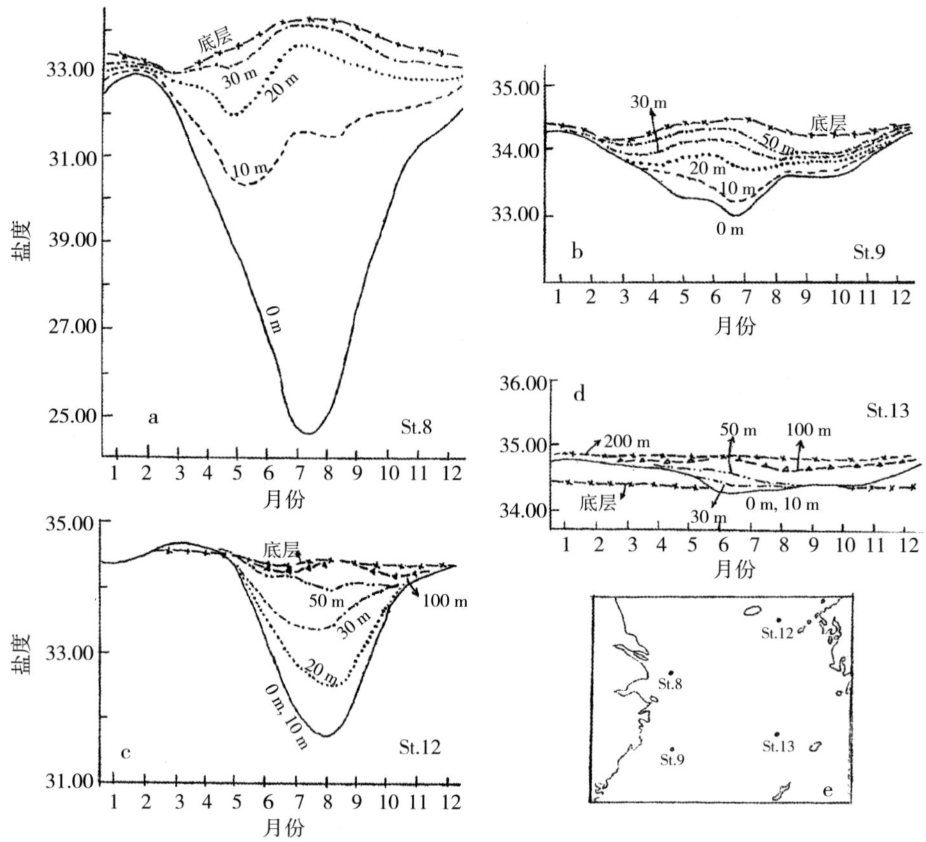

图 15.8　东海几个测站的盐度年变化（陈达熙，1992）

a、b、c、d 分别代表长江口—杭州湾外、台湾暖流区、对马暖流区以及东海黑潮区的盐度年变化曲线；e 为 4 个测站的地理位置示意

层以下的盐度年变化曲线，就有多个峰、谷出现，其最大值和最小值出现的时间，甚至与表层相反。说明中层、深层的盐度年变化十分复杂，与流系和水系的变异有关。台湾海峡的盐度年变化复杂，既有年内 - 峰 - 谷的类型，也有年内两峰一谷的现象。

15.3　海水密度

15.3.1　海水密度的分布

东海密度平面分布的特点，西低、东高，东、西向地区差异显著。西岸等密度线密集，往东逐渐稀疏并呈均匀分布；东部在黑潮高盐水控制下，高密度水舌清晰可见。这种分布格局几乎全年都如此。从大的趋势来讲，东海西部近岸一侧，密度分布形势与盐度的相接近；而东海东部，尤其是黑潮流域，密度分布形势与水温的相似。由于冬季表、底层密度分布相似，故冬季只附表层分布图，其余三季表、底层密度差异较大，则三季都附表、底层分布图（图 5. 12 和图 5. 13）。在东海，很难找到 32°N 断面、29°N 断面的密度分布图，因此，这里就不再记述东海的密度断面分布了。

冬季（2 月）　是全年密度最高的季节。东海表层密度在 15. 0 ~ 25. 5 之间，地区差异大。长江口、杭州湾附近，表层密度在 15. 0 ~ 20. 0 之间，水平梯度大，是东海表层密度最低的海域。浙、闽沿岸表层密度在 21. 5 ~ 23. 0 之间，等密度线顺海岸呈南北走向。长江口、杭州湾、浙闽沿岸为低密带，往东密度升高，为 23. 0 ~ 25. 0。图 5. 12a 表明，东海的高密水舌舌根在朝鲜海峡附近，大约有两支：一支由济州岛附近向西南伸展，前锋可达台湾海峡南部；另一支由济州海峡向西进入黄海中央，再折转北向，进入北黄海。前者控制了东海的中部，使东海的中部为一片高密度带，密度值在24.0～25.5之间。尤其在舟山群岛以东，出现一个高密水块，密度为25.5左右。其水平尺度为2°×2°方区范围，垂直尺度可达海底。潘玉球等（1987）称它为东海高密水。从《渤、黄、东海水文图集》（陈达熙，1992）看出，东海高密水只存在于2月、3月、11月和12月。在东海黑潮区和台湾以东海域，密度分布呈水舌状，但这两个舌状是相对低密水舌；比东海中部表层密度略低0.5～1.0。它们的分布趋势仍与黑潮流轴一致。其密度值为23.0～24.5之间。台湾海峡中央的表层密度为23.5～24.0之间，甚至比台湾以东海域的要高。由此可见，冬季东海表层密度的平面分布为“一带”、“两舌”的格局：一带指沪浙闽沿岸为低密度带，密度值由北往南逐渐递增；两舌指东海中部的高密水舌和东部黑潮区的次高密水舌，两者伸展方向正好相反：前者由东北伸向西南，后者由西南伸向东北。这种特点是温、盐度平面分布中未曾有过的。

冬季密度垂直分布比较单一，多数海域基本上呈均匀一致的状态（图15.9）。这种类型大致从11月开始，至翌年4月，前后持续时间为6个月左右。

春季（5月） 表层密度的分布形势基本上保持冬季时的面貌，但有3处差异较大（图5.12b）：①从对马岛西南的高密水舌走向来看，东海中部由东北向西南伸展的高密水舌来自朝鲜海峡。②长江口、杭州湾一带的低密水舌明显出现，并有一定的水平梯度。低密水舌扩展的方向有两个，一个向东北指向济州岛方向；另一个是顺着长江口，指向东南。③舟山群岛以东的高密水块已完全消失。

春季东海表层密度在9.0～24.5之间，地区差异很大。其中：长江口、杭州湾一带为9.0～18.0，比冬季下降了2.0～6.0；浙闽沿岸表层密度在19.0～21.0之间，下降了2.0～2.5；东海中部表层密度为22.5～24.5之间，下降了0.5～1.5；东海黑潮区，表层密度为22.5～24.0，下降了0.5～1.5；对马暖流区，表层密度为24.0～25.0，下降了1.0；台湾海峡，表层密度为22.0～22.5，下降了1.0～1.5。东海底层密度的分布形势与表层的大体相似，只是底层密度值有所增高。但在长江口、杭州湾附近有较大差异，表现在底层低密水舌的影响势力大减，东北向的冲溢已不明显，等密度线间有较大梯度，但仍保持与岸线平行的状态（图5.13a）。

垂直分布上，出现密度分层现象，并有弱的密跃层出现（图15.9a）。尤其是以长江口、杭州湾一带，密跃层呈舌状指向济州岛方向和向南伸展。

夏季（8月） 大致从6月开始，东海表层密度的平面分布形势，已不像春季或冬季那样的面貌，而是转变成与夏季东海表层盐度分布的格局。也就是说，冬、春两季东海东北部的高密水舌来自朝鲜海峡的形势，从6月开始调整，转变成类似盐度分布的面貌。此时，东海表层密度分布体现了长江冲淡水、台湾暖流以及黑潮流系（或水系）分布的特点。

夏季，东海表层密度的平面分布有3个特点（图5.12c）：①长江口、杭州湾附近，存在一个半圆形的低密水舌，低密水舌向外扩展的方向与趋势，与同月盐度分布对应。长江口低密水舌的冲溢和扩展，一直影响到朝鲜海峡附近。但这种现象仅局限于薄薄的表层。从10 m层开始，低密水舌就基本上不存在了。②东海北部、中部的密度场有很大改变，冬、春季出现的由东北伸向西南的高密水舌，此时已不存在。密度分布已成另一种格局，即等密度线分布比较均匀，台湾暖流区、黑潮区和对马暖流区都出现明显的水舌，除长江冲淡水波及和影响范围外，东海的密度已改变成由南向北逐渐递减的形势，与冬、春季的情况正好相反。

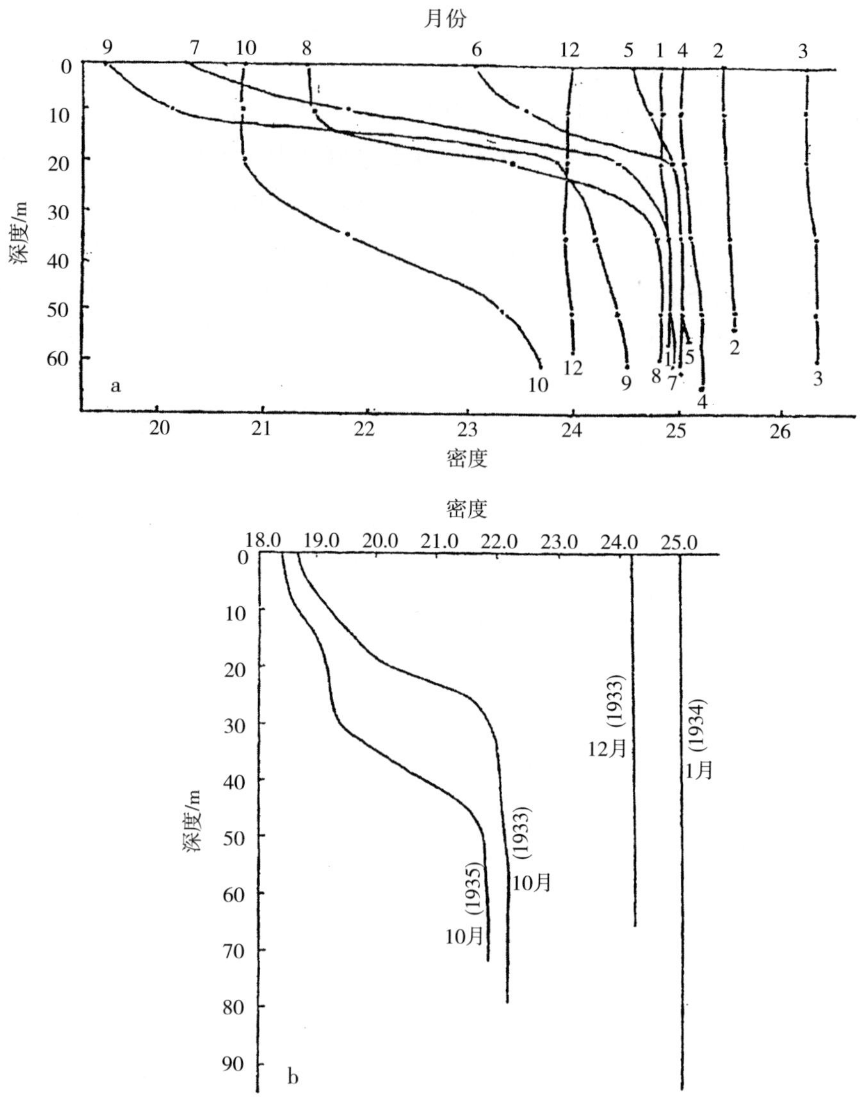

图 15.9　东海海水密度的垂直分布（刁焕祥等，1987；福建海洋研究所，1998）
a. 东海北部（1980 年 1—12 月）；b. 台湾海峡

③台湾海峡西侧，出现一个封闭的高密水块，高密中心值在 22.0 以上。

夏季东海表层密度在 7.0～22.0 之间，比春季下降了 2.0～2.5。其中：长江口、杭州湾一带为 7.0～16.0，下降了 2.0 左右。浙、闽沿岸表层密度在 18.0～21.0 之间，下降了 1.0 左右。东海中部表层密度为 19.0～22.0，下降了 2.5～3.5。黑潮区表层密度为 22.5～23.5，下降了 0.5。对马暖流区为 20.0～21.0，下降了 3.0～4.0。台湾海峡，表层密度为 21.5～22.0，下降了 0.5 和 1.0。

底层密度分布与表层的不同，前者与 8 月底层水温分布相似。比较图 5.2b 和图 5.13b 看出：黄海冷水团南侵和黄海高密水舌南侵相对应，苏北沿岸高温水南下与苏北低密水舌南下相对应，台湾东北低温水舌北上与那里的高密水舌北上相对应。也就是说，夏季东海底层密度的分布主要取决于温度场，而与盐度关系不太大。

在垂直分布方面，尤其是东海西北部和北部，表现出很强的分层现象（图 5.12a），海水密度分布呈三层结构形式：上层密度低，呈现为均匀一致状态，称上均匀层；下层密度高，也基本上呈均匀状态，称下均匀层；中间（10～30 m）层为密度跃层，跃层强度一般在

0.1～0.3 kg/m³之间，长江口附近可达0.5～0.8 kg/m³。

秋季（11月） 表层密度分布的特点有三：①长江口、杭州湾一带的低密水舌向外扩展的现象已消失，代之而起的是沪浙闽沿岸的低密带，这与冬季的表层盐度分布形势相近；②东海黑潮区及台湾以东海域的密度分布，也接近冬季时的密度分布状态；③东海北部、对马暖流区的密度分布，也与冬季的相当（图5.12a、d）。只有东海中部的密度分布有其自身的特征。

秋季东海表层密度在11.0～23.5之间，比夏季的上升了1.5～4.0。其中：长江口、杭州湾一带为11.0～19.0，上升了3.0～4.0。浙闽沿岸表层密度在19.0～21.5之间，上升了0.5～1.0。东海中部表层密度为22.5～23.5，上升了1.5～3.0。黑潮区表层密度为23.0～23.5，上升了0.5。对马暖流区为23.5～24.0，上升了3.0～3.5。台湾海峡，表层密度为22.0～23.0，上升了0.5～1.0。

秋季底层密度的平面分布（图5.13c），大体上与夏季的底层密度分布相似，尤其是台湾省以北的海域更是如此。比较同季的温、盐度分布图可知，基本上与同季底层的盐度平面分布相接近（陈达熙，1992），而与温度分布无共同之处。大致从9月下旬开始，密度层化现象减弱，密跃层下沉，厚度增大，进入密跃层衰减期。到11月，除长江口、杭州湾、闽江口、厦门附近，仍有密跃层的残迹外，其余广阔的东海陆架海域，其密度的垂直分布已接冬季类型，即呈现为垂直均匀一致的状态。

15.3.2 海水密度的变化

东海海水密度的日变化，也具有以下3种类型（图15.10）：

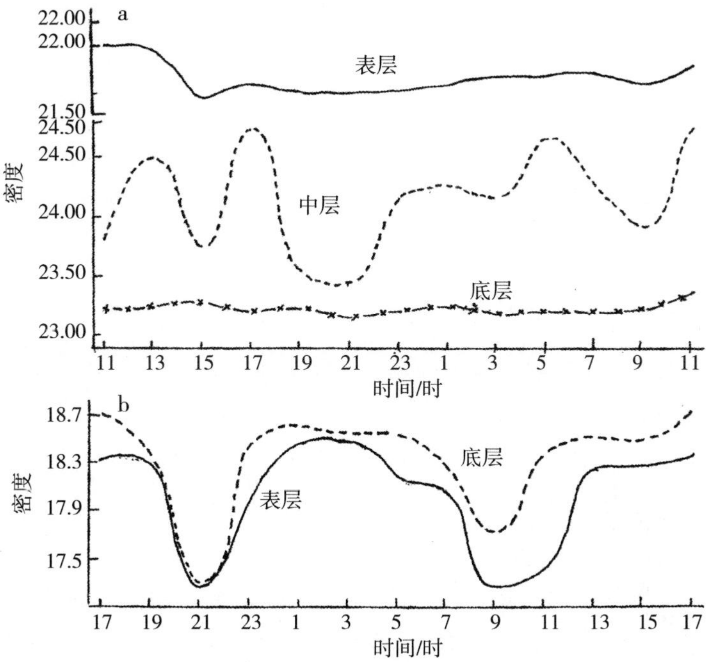

图15.10 东海海水密度日变化举例[①]

（1）不规则类型的密度日变化。密度日变化十分复杂，没有规律可循，各层次出现的最

① 国家科委海洋组海洋综合调查办公室编。1964。全国海洋综合调查资料。

大值和最小值几乎无联系，杂乱无章。

（2）主要由内波引起的密度日变化。表、中、底层皆有日变化发生，但密度日变化大的水层，并不出现在表层，而是发生在中层，且不规则，如图 15.10a 所示。该例中，中层日变化最大，日变幅达 2.4；表层的日变幅为 0.4；底层日变化最小，日变幅为 0.1 ~0.2。这种类型的密度日变化，多发生在海水层化时期（夏季）。

（3）主要由潮流引起的密度日变化。表、中、底各层日变化很规则，具有潮流周期的特征。在图 15.10b 中，表层：最大值出现在 2 时和 18 时，最小值发生在 21 时和 9 时，与半日潮流周期接近；日变幅为 1.2 左右。

在东海，还难以找到像温度、盐度那样相匹配的密度年变化图，这里列举两例作简单地说明。由图 15.11 看出，东海中部和台湾海峡北部，密度的年变化并不相同，密度的年变化，是随海域的不同而有差异。但有下列几点可记述：①年内表层密度的最大值都出现在 1 月，最小值发生在 7 月（东海中部）、9 月（台湾海峡），具有年周期的特点。②密度的年变幅以表层的为最大，随着深度的增加，年变幅逐渐递减，底层为最小。③表层以下的密度最大值和最小值出现的时间，都有随着深度的增加而往后推迟的趋势。表、底层出现的时间，有的可相差 1 ~3 个月。④东海中部的表层密度的年变幅值，要大于台湾海峡的年变幅值。⑤深、底层的密度年变化，不全是一峰、一谷的年周期特征，可能有多个峰、谷出现。说明深、底层的密度年变化十分复杂。

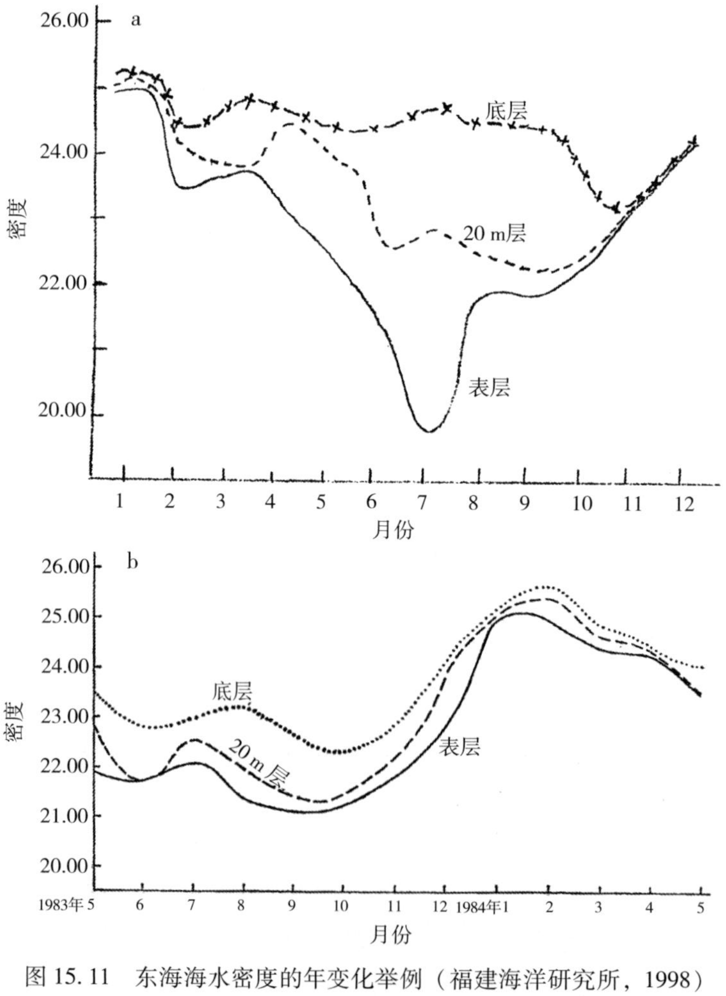

图 15.11　东海海水密度的年变化举例（福建海洋研究所，1998）

a. 东海中部；b. 台湾海峡北部

15.4 水团

15.4.1 概述

海洋中的水团都具有各自的、彼此不同的物理、化学以及生物等特征。图15.12为东海夏季大陆沿岸水系、混合水系和外海水系T-S点聚图的基本类型，它们分别代表长江冲淡水、东海混合水和东海黑潮水的基本特征。

夏季长江冲淡水，以盐差大、温差小为其主要特征。盐度变幅达20.0~25.0；温度变幅为8~9 ℃。在T-S图解上，表现为一狭长的条带状，位于T-S点聚图的左上角（图15.12b），它几乎与盐度轴平行。在图15.12a中，长江冲淡水只标出盐度为30.0附近的情况。30.0以下的低盐段部分，在图15.12b中标出，把两幅图相互搭配起来，便可看出其全貌。

黑潮水以高盐为主要特点，位于T-S图解的右端，集中在34.0~35.0盐度段内。在T-S点聚图上，映象为一个拉长的反“S”字形，这个反“S”状的特点是，温差大、盐差小。

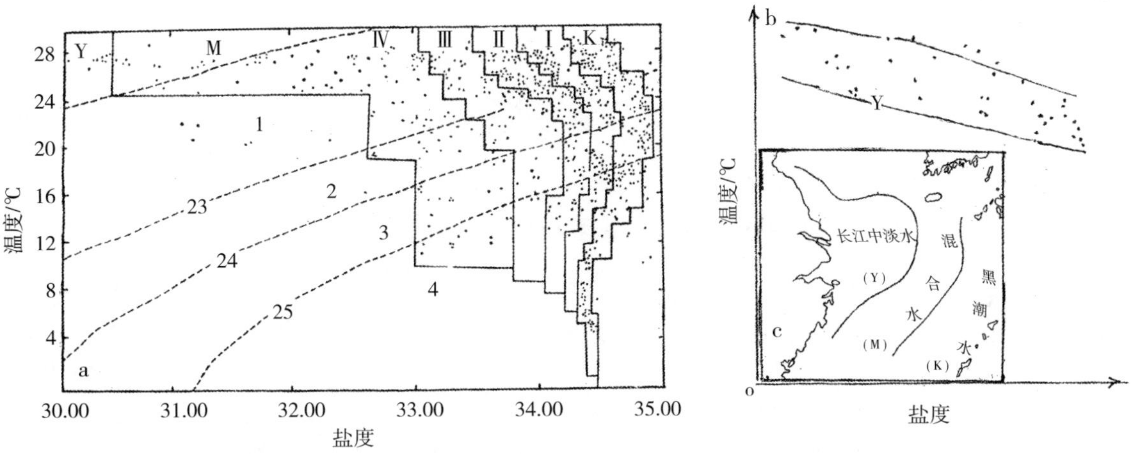

图15.12 东海夏季T-S点聚图［根据苗育田等（1987），毛汉礼等（1964，1996）综合］

a. T-S点聚图类型等级划分；b. 长江冲淡水的T-S点聚图；c. 表层3种水系分布区域示意

混合水位于上述两种水中间。特点是盐度介于黑潮水和沿岸水之间，变化幅度较大，温度的季节变化明显。在T-S图解上，映象为一个拉长的反“S”状的上半部分。上半部分的点子比较分散，并向高温、低盐方向会聚倾斜。混合区内因深度比黑潮区的要浅，故在T-S图解上没有反“S”状的下半部分。由于混合水的盐度变动范围也较大，在图15.12a中又把它分为4个等级（苗育田等，1987）：Ⅰ级的温、盐性质接近黑潮水，为黑潮水变性不大的一种混合水；Ⅱ级的温、盐性质变性比Ⅰ类的大一些；Ⅲ级为中间状态的混合水，其变性程度又比Ⅱ级的大一些；Ⅳ级的温、盐性质接近大陆沿岸水的一种混合水。

从上面的讨论看出，东海的水系齐全，既有大陆沿岸水系，又有混合水系，还有外海水系，每一个水系中又包括一个或几个不等的水团。沿岸水系是中国沿岸海域非常突出的水文现象之一。主要位于河口附近海域，由江河入海的淡水与海水混合而成。它还经常被沿岸流携带输送到别处。沿岸水系的消长，主要取决于陆地上的气象条件：雨季时，河川径流量大，沿岸水势力强，盐度降低；干季时，河川径流量小，沿岸水势力大减，盐度升高。在东海，属沿岸水系的水团有：长江冲淡水、沪浙闽沿岸水。另外，苏北沿岸水有时也汇入东海西北部。

外海水系实际上就是黑潮水系，由黑潮流经东海而带来的大洋水团的特征。东海黑潮水系主要盘踞在东海黑潮流经之处，它具有大洋水团的特征和垂直方向的分层结构的特点。为了有别于大洋水团，这里将东海黑潮各水团的名称之前，均加上“东海黑潮”这一称谓。属东海黑潮水系的水团有（苏纪兰，2001；杨天鸿等，1984）：东海黑潮表层水、东海黑潮次表层水、东海黑潮中层水和东海黑潮深层水。

混合水系位于沿岸水系和外海水系之间。其T－S点聚图上的点子密集程度低于外海水系而高于沿岸水系，它不如外海水系那样稳定和典型，季节变化明显。在东海，属混合水系的水团有：东海表层水团、黄、东海混合水团、台湾暖流水、对马暖流水、（台湾）海峡暖流水，另外，与东海水团毗邻的还有黄海水团和黄海冷水团。

15.4.2 水团的分布与变化

东海冬、夏季表层水团的平面分布，31°N断面上水团垂直结构，分别如图15.13和图15.14所示。各水团的温、盐度特征列入表15.1中。

15.4.2.1 东海沿岸水系

主要介绍长江冲淡水和沪浙闽沿岸水。苏北沿岸水是长江冲淡水毗邻的水团，属黄海沿岸水系，只是夏季才与长江冲淡水相连成片（见黄海篇10.5节的有关部分）。

表15.1 东海冬、夏季水团的温、盐度特征

水系名称	水团名称	温度/℃		盐 度	
		冬季	夏季	冬季	夏季
大陆沿岸水系	长江冲淡水	4.0~7.0	21.0~29.0	20.00~31.00	4.00~31.00
	沪浙闽沿岸水	8.3~16.8		24.20~31.61	
	苏北沿岸水	4.0~5.0	17.0~25.0	30.00~31.00	29.00~31.00
外海水系	东海黑潮表层水	18.0~24.5	28.0~29.0	34.40~34.80	34.00~34.50
	东海黑潮次表层水	12.0~21.0		34.60~35.00	
	东海黑潮中层水	5.0~12.0		34.20~34.40	
	东海黑潮深层水	4.0~6.0		34.40~34.70	
混合水系	东海表层水团	13.0~17.0	27.0~29.0	33.75~34.40	33.50~34.20
	黄、东海混合水团	8.5~15.0		32.50~34.00	
	台湾暖流水		23.0~29.0		33.30~34.20
	对马暖流源区水团	13.0~21.0	27.0~29.0	33.70~37.80	33.00~34.50
	（台湾）海峡暖流水	16.5~23.3	21.9~28.4	33.50~34.45	33.26~34.30
	黄海水团	2.0~9.0	22.0~27.0	31.50~33.00	30.00~31.50
	黄海冷水团		6.0~15.0		32.00~33.80

注：根据李凤岐等（2000），毛汉礼等（1996），任允武等（1996），孙湘平（2006），福建海洋研究所（1998），洪华生等（1991）综合。为了便于比较，这里把苏北沿岸水、黄海水团和黄海冷水团的温、盐特征也列入。

长江冲淡水 长江是我国第一大河。多年平均入海径流量为9 240×10^8 m^3，占我国河川

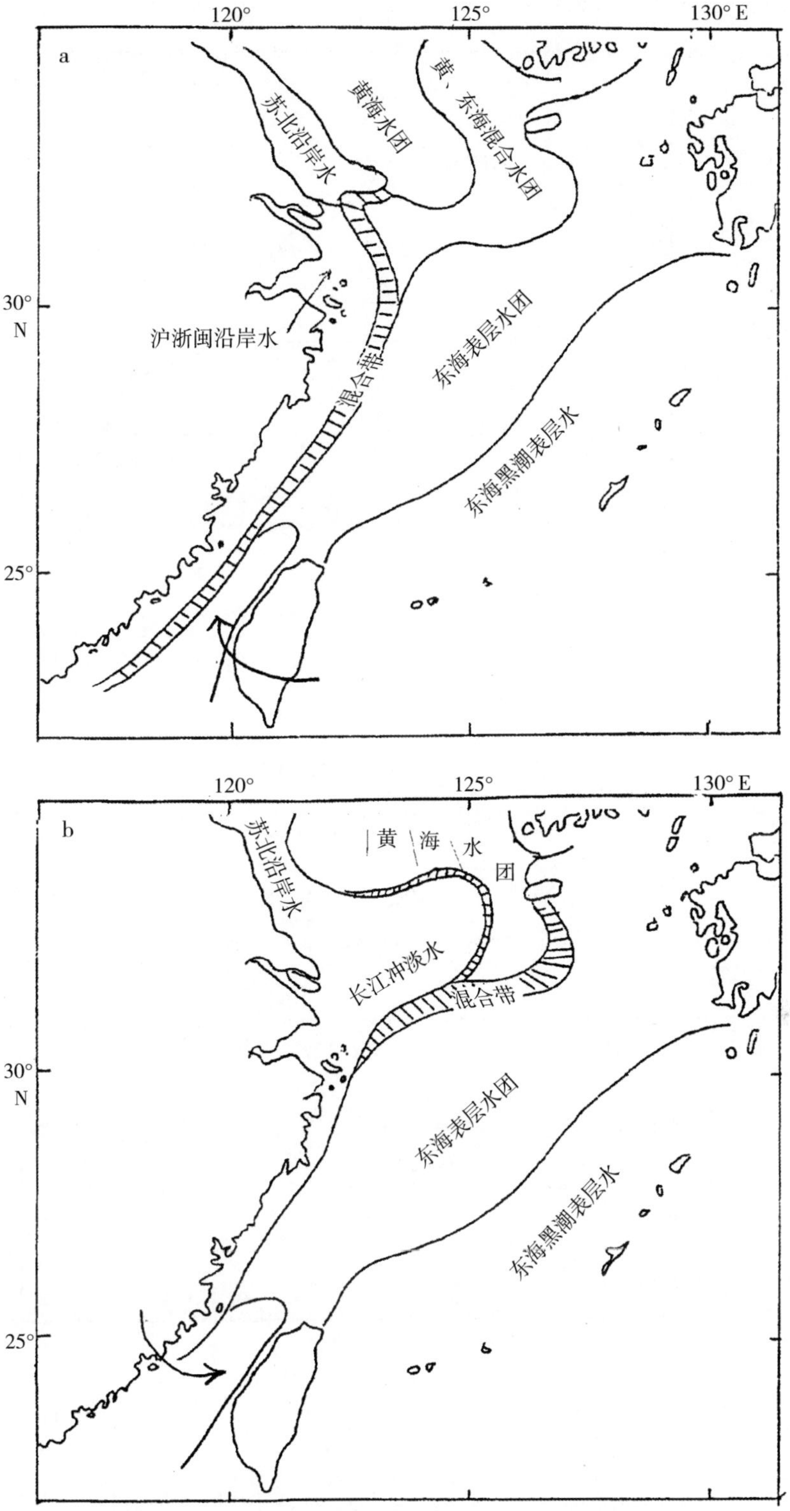

［根据陈冠贤（1991），李凤岐等（2000），刘树勋等（1993）综合］

图15.13　东海冬（a）、夏（b）季表层水团的平面分布示意图

入海径流总量的57%（苏纪兰，2005）。如此巨大的水量入海，必然对长江口附近的水文特征造成重大影响，这种影响是多方面的，而长江冲淡水又首当其冲。长江冲淡水，主要是长江、钱塘江等入海的淡水与海水混合而成的水体，分布在长江口、杭州湾及其以东海域。长江冲淡水的界线，最先由毛汉礼等（苏纪兰，2005）确定的，他们把31.0等盐线所包络的海

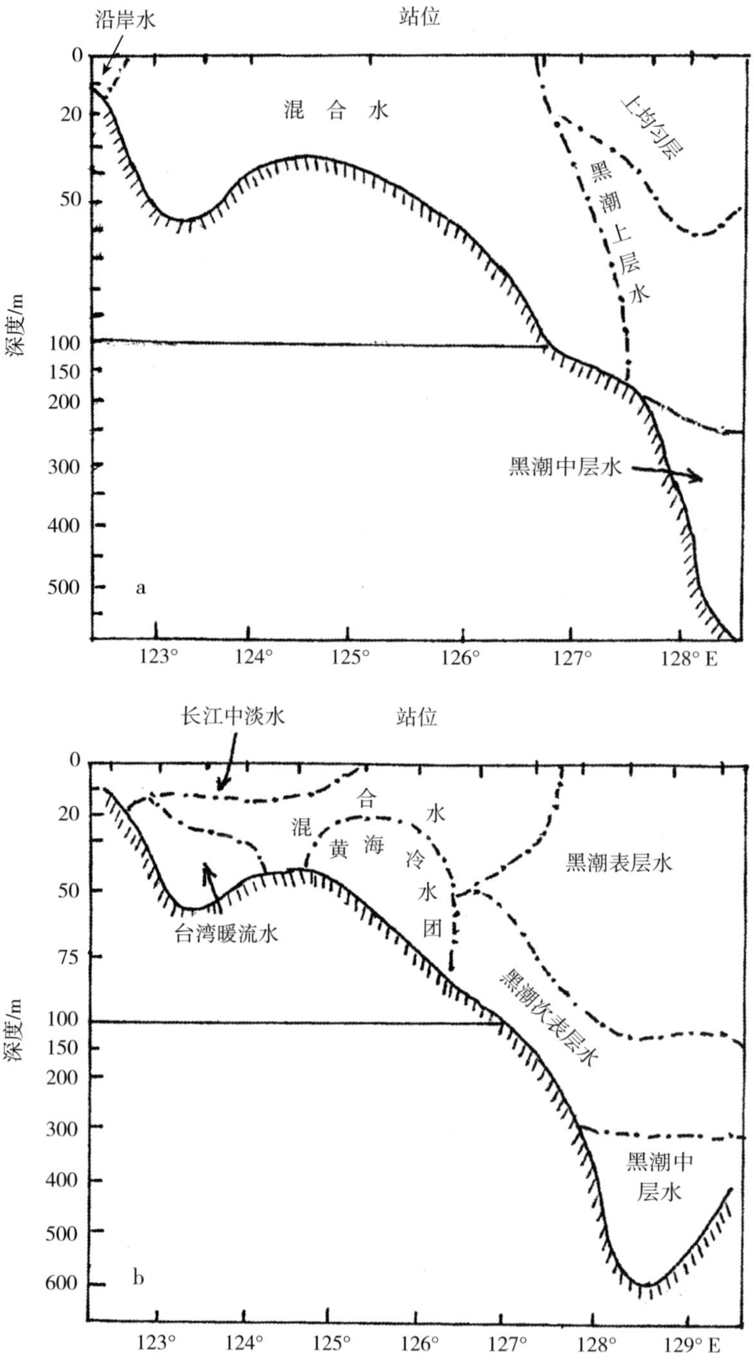

（毛汉礼等，1996；任允武等，1996）

图 15.14　东海 31°N 断面上，冬（a）、夏（b）季的水团分布示意图

域面积，视作为长江冲淡水的范围。但也有人以 32.0 等盐线来作为长江冲淡水的外围边界，并以 26.0 等盐线包络面积作为长江冲淡水的核心水体（中国海洋志，2003）。按毛汉礼等的说法，长江冲淡水的面积约为 5×10^4 n $mile^2$（毛汉礼等，1996），图 15.15 为冬、夏季长江冲淡水的典型例子。由图 15.15 可见，夏季长江径流流出口门以后，与海水混合，使水体降盐，并以舌状的形态冲向东南，这段距离 20～60 km。然后仍以水舌状开始转向东北，指向济州岛方向。这种夏季长江入海的径流，以舌状形式向东北扩展的现象，称长江冲淡水。长江冲淡水在河口及沿岸的表层盐度为 12.0（8 月）和 11.0（7 月），有些年份表层盐度仅为

5.0（1959 年 7 月为 4.0）。“908”专项调查资料表明，在长江口南支水道，表层盐度仅为 2.0 左右。

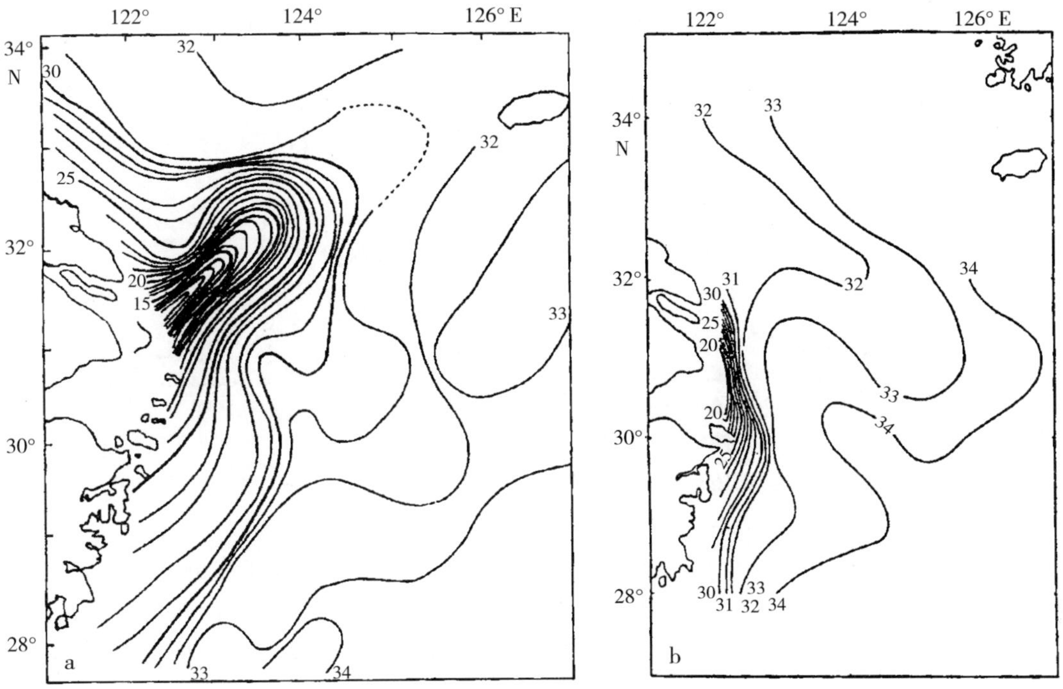

图 15.15　长江冲淡水实例（东海西北部表层盐度分布）（王康墡等，1979；中国海洋志，2003）
a. 1975 年 6 月；b. 1978 年 2 月

因长江冲淡水的盐度很低，温度较高，密度小，所以它一般浮置在表面至 10 m 以浅。长江冲淡水的水层厚度为 6 m 左右，10 m 以深为盐度较高的海水所盘踞。因此，在长江冲淡水海域内，无论在水平方向还是垂直方向，都存在着很强的盐度梯度。在水平方向上就是盐度锋，其量值最高达每经度变幅在 10.0 以上（苏纪兰，2005）。在垂直方向上便是盐跃层，其强度最强达 3.0 m^{-1}。总之，长江冲淡水是一个水平分布范围广泛、厚度很薄的水体。具有：盐度为 4.0～31.0，温度为 21.0～29.0 ℃，溶解氧饱和度为 100%～150%，磷酸盐－磷为 5～10 mg/m^3，水色为 15～5 号，透明度为 1～15 m 等特征。低盐、高温、高氧、低磷、水色黄绿，透明度低为其主要特色，尤以低盐更为突出（毛汉礼等，1996）。

到了冬季，长江冲淡水向外冲溢的现象消失（图 15.15b）。

长江冲淡水的面积（范围）存在着明显的月际变化。图 15.16 表明，在 1980 年 1 月至 1981 年 12 月之间，长江冲淡水的面积存在着很大的差异。表层以 7—9 月最大，11 月至翌年 4 月最小，最大值出现的月份也不固定。1980 年度以 9 月最大；1981 年度以 7 月面积为最大。另外，1981 年度的长江冲淡水的面积，比 1980 年度的小得多。

长江冲淡水的走向也有明显的月际变化（苏纪兰，2005）：3 月、4 月间，它自江口直下东南；5 月，水舌开始上抬，舌轴指向东和东北：6 月进入强盛期，7 月、8 月保持稳定状态，长江冲淡水水舌主要指向济州岛方向；进入 9 月，水舌舌形消失很快；10 月以后，又恢复到沿岸水南下的路径，构成沪浙闽沿岸水。

就目前掌握的资料来看，长江冲淡水冲溢的路径有 4 种：①东北向路径。也是最常见的路径，如图 15.15a 及图 15.17b 所示。②东北—东向路径。长江冲淡水流出口门后，以舌状形式冲向东南，紧接着指向东北，运移一段距离后便折向东移。在向东运移过程中，还分出

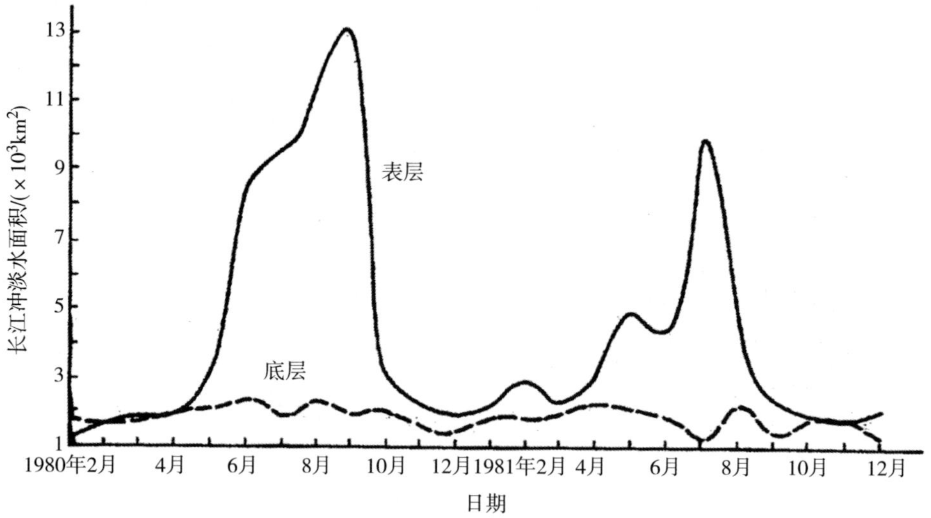

图 15.16　长江冲淡水面积的月际变化和年际差异（刘树勋等，1984；李凤岐等，2000）

向南伸展的一小支（图 15.17a、d）。③东南向路径。长江冲淡水的低盐水舌并不在长江口、杭州湾一带，而是在长江口以北的启东嘴附近，低盐水舌的冲溢方向指向东南，距济州岛甚远。图 15.17c 便是这样。④偏北向路径。长江冲淡水流出口门后不久，便转向北行，大体沿 124°E 经线北上，前锋可达南黄海中部 35°N 附近。另外，在主体向北伸长的同时，也分出一小支向南或向东南方向延伸。图 15.17e、f 便属这种情形。

长江冲淡水的范围、强度各年都不相同，主要视长江入海的径流量而定。1998 年夏季，长江流域发生大洪水，长江冲淡水的范围是有记录以来最强的一次（1954 年夏季长江中下游也发生大洪水，但无长江冲淡水的资料）。30.0 等盐线北伸至济州岛附近，南至 29°～30°N 附近，东伸至 127°E 以东海域（图 15.17d）。

关于长江冲淡水的转向问题，众多学者通过资料分析、理论研究和数值模拟等方法，探讨了转向的因子达 15 项之多（中国海洋志，2003）。认为影响因素有：长江径流量、地形效应、海面风场、非线性效应、斜压效应、台湾暖流顶托、沿岸流以及黄海冷水团的诱导等，但至今尚未取得一致的认识。

沪浙闽沿岸水　沪浙闽沿岸水为长江冲淡水和浙闽沿岸水的总称。前者指以长江入海的淡水为主体的沿岸水团，主要出现在夏半年。后者主要指瓯江、闽江、九龙江等河川径流入海与海水混合而成。势力较弱，主要分布在浙闽沿岸 30 m 等深线以内海域。冬半年，大约 10 月开始至翌年 4 月，长江入海径流量大减，即枯水季节。此时盛行偏北风，长江冲淡水不再以舌状水舌向东扩展，而是顺着海岸南下汇入浙闽沿岸水中。

浙闽沿岸水体积较小，并不终年存在，具有较强的季节性。其势力月际差异很大，并与东北季风密切相关。10 月，浙闽沿岸水的水平范围最大；12 月以后，范围开始减缩；翌年 3 月，势力减弱；到了 6 月，浙闽沿岸水消失（福建海洋研究所，1998）。夏季，浙闽沿岸水不再出现（洪华生等，1991）。浙闽沿岸水的主要特征是低盐和低温（洪华生等，1991）。秋季，盐度为 27.0～30.5，温度为 20 ℃左右；冬季，盐度在 24.20～31.61 之间，温度为 8.3～16.8 ℃；春季，盐度在 21.00～32.65 之间，最低为 14.29（福建海洋研究所，1998），温度在 19～21 ℃之间。该水团的南界，可达闽南的东山、兄弟屿附近。

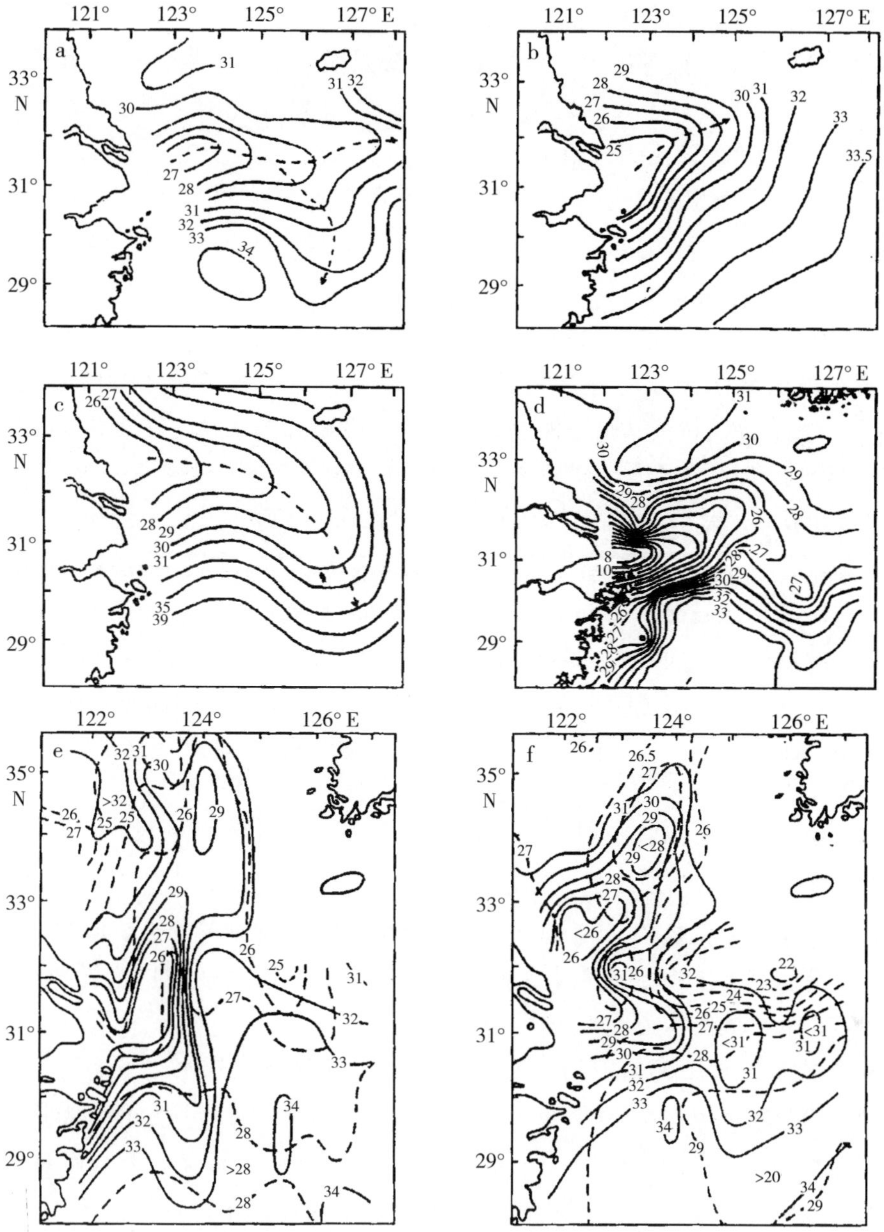

图 15.17 长江冲淡水冲溢路径举例（孙湘平，2006）

a. 1987 年夏季；b. 1989 年夏季；c. 1991 年夏季；

d. 1998 年夏季；e. 1982 年 8 月；f. 1984 年 8 月

15.4.2.2 东海黑潮水系

从图 15.18 看出，东海黑潮区的温－盐曲线呈一拉长的反“S”字形，但这个反“S”状的上、下部分并不对称，上大下小。冬季，会聚性较好；夏季，上层会聚性较差，并向高温和低盐方向伸展，温、盐点子分散，受外界影响较大。无论冬季或夏季，都有一个盐度最大值和一个盐度最小值。夏季，水团的垂直结构从海面到海底，为四层模式（杨天鸿，1984）：东海黑潮表层水、东海黑潮次表层水、东海黑潮中层水和东海黑潮深层水。冬季，水团垂直结构为三层模式（杨天鸿，1984）：东海黑潮上层水、东海黑潮中层水和东海黑潮深层水。由于东海陆架区水深在 200 m 以浅范畴，因此，东海黑潮中层水和东海黑潮深层水，一般都不侵入陆架，它们对东海陆架区水文无大的影响。

东海黑潮表层水（国家海洋局科技司，1995） 具有高温、高 pH 值、低硅酸盐、低磷酸盐、透明度大、水色呈天蓝等特点。它覆盖在东海黑潮区的最上层，其水团厚度具有明显的季节变化，春、夏季位于 0 ~ 75 m 之间，秋季位于 0 ~ 100 m 之间。到了冬季，因强烈的对流混合，使夏季的东海黑潮表层水和东海黑潮次表层水的上部混合为一体，厚度加深，位于 0 ~ 200 m 之间，故称东海黑潮上层水。夏季，东海黑潮表层水的温度、盐度分别为 28.0 ~ 29.0 ℃、34.0 ~ 34.5；冬季，温度、盐度分别为 18.0 ~ 24.5 ℃和 34.4 ~ 34.8。东海黑潮表层水的来源有二：①黑潮源地的表层水，随黑潮进入东海；②琉球群岛以东的西太平洋表层水，通过琉球群岛之间的水道进入东海。以前者为主。

东海黑潮次表层水（国家海洋局科技司，1995） 它潜于东海黑潮表层水之下，至 500 m左右深处。具有高盐特征，是东海黑潮水系中盐度最高的水团。在 200 m 附近，盐度最高，达 34.7 ~ 35.0。年平均温度、盐度分别为 14.4 ~ 20.5 ℃和 34.4 ~ 34.9。其垂直厚度：春、夏季为 75 ~ 400 m，秋季为 200 ~ 400 m，冬季为 200 ~ 500 m。从 5 月开始，随着上层海水增温降盐的加剧，位于东海陆架附近底层的东海黑潮次表层水与上层的东海黑潮表层水开始分离。由于东海黑潮次表层水在夏季具有逆坡涌升的现象，使其水平范围向北扩展，至 8 月范围为最大。此后，随着涌升的减弱和对流混合的增强，分布范围缩小。至 12 月，又与东海黑潮表层水混为一体。东海黑潮次表层水的来源也有二：①随黑潮而流入东海；②由琉球群岛之间的水道（如石垣岛 – 那国岛之间、宫古岛 – 冲绳岛之间以及奄美大岛 – 冲绳岛之间）侵入东海。以前者为主。

东海黑潮中层水（国家海洋局科技司，1995） 潜于东海黑潮次表层水之下，位于 400 ~800 m 之间。表现为低温、低盐、低氧和低 pH 值等特性，尤以低盐最为突出。是东海黑潮水系中盐度最低的水团。低盐核（34.2 ~ 34.3）出现在 600 ~ 700 m 附近。温度、盐度分别为 5 ~ 12 ℃和 34.2 ~ 34.4。该中层水的来源同样有二：①黑潮源地的中层水随黑潮流入东海；②从冲绳岛—宫古岛之间的水道侵入东海，以前者为主。

东海黑潮深层水（国家海洋局科技司，1995） 位于黑潮中层水之下。只存在于冲绳海槽的深层海域，约 800 m 以深至 2 000 m 的水层。温度、溶解氧和 pH 值都比较低，但盐度比东海黑潮中层水的要高。温度为 4 ~ 6 ℃，盐度为 34.4 ~ 34.7。盐度分布比较均匀。由于琉球群岛之间的水道最大深度不超过 1 500 m，因此，该水团同太平洋深层水之间的交换很弱，是一个十分稳定的水团。

15.4.2.3 东海混合水系

主要介绍黄、东海混合水团、东海表层水团、台湾暖流水、（台湾）海峡暖流水、对马暖流水。黄海水团和黄海冷水团是东海水团的毗邻水团。

黄、东海混合水团 系对马暖流西分支——黄海暖流水与黄海水团混合而成。也称南黄海高盐水或黄海暖流水。主要分布在长江口至济州岛之间，呈 S 状分布（图 15.13a），具有次高盐和温度季节变化显著的特点（陈冠贤，1991）。秋季，该水团在黄海水团的南部前沿处开始形成（底层则滞后一个月出现）。形成后范围逐步扩大，至 1 月范围达最大（刘树勋等，1993）。冬季，因对流、涡动混合最强，温度、盐度垂直分布均匀，水团的表、底层范围大体相当。此时温度、盐度分别为 8.5 ~ 15.0 ℃和 32.5 ~ 34.0。春季，由于表层海水增温降盐，海水出现分层现象，上层范围有所缩小；而深底层由于黄海冷水团向东海北部伸展，使黄、东海混合水团被迫而南退。到了夏季，一方面海水增温降盐最强，另一方面长江冲淡水

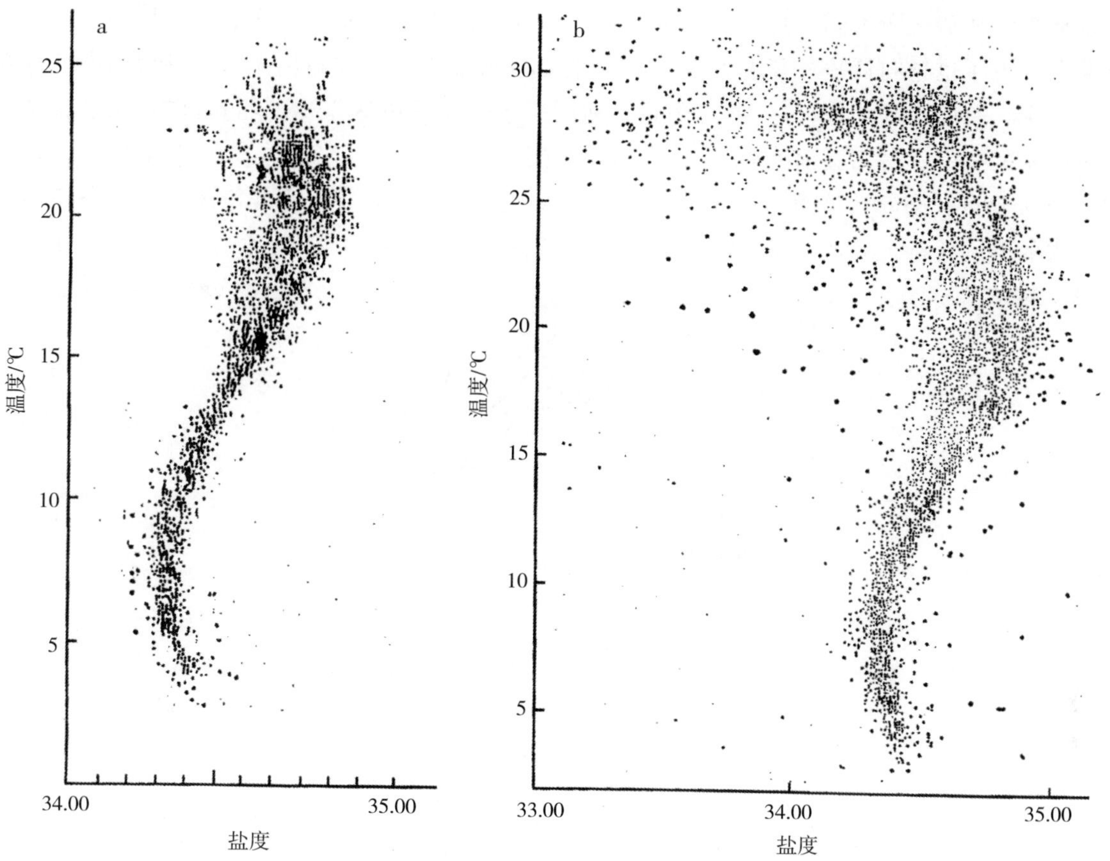

图 15.18 东海黑潮区冬（a）、夏（b）季的温—盐点聚图（杨天鸿，1984）

向东或向东北方向扩展，迫使黄、东海混合水团的大部分被并入黄海水团中，少部分演变成混合带（陈冠贤，1991；刘树勋等，1993）。黄海、东海混合水团的势力消长，表现为降温增盐的作用而发展，并随增温降盐的作用而消退，其年际差异也较大（陈冠贤，1991）。该水团的底层自形成后也逐月扩大，于3月、4月间范围达最大，5月随黄海冷水团的扩张，黄海、东海混合水团的范围迅速减小，至6月全部消失（刘树勋等，1993）。

东海表层水团（李凤岐等，2000；陈冠贤，1991）又称东海陆架混合水或东海暖水，是东海陆架区表层的主要水团之一。它是东海黑潮表层水进入东海陆架混合变性而成的高盐暖水。分布在台湾暖流至对马暖流源区的广阔海域内，随台湾暖流水、对马暖流水和黄海暖流水携带而入。该水团范围，夏季大，冬季小。其西南部主要是台湾暖流水，包括（台湾）海峡暖流水；东北部主要是对马暖流源地水，中部有长江冲淡水外缘和黄海、东海混合水。因此，东海表层水团的性质和生消过程比较复杂。温、盐示性特征有明显的季节变化。冬季，温度、盐度分别为13.0～17.0 ℃和33.75～34.40；夏季，温度、盐度分别为27.0～29.0 ℃和33.5～34.2。

台湾暖流水（翁学传，1984） 系指台湾暖流流域内的水团而言。它可分成表层水和深层水两部分：表层水具有高温、高盐性质；深层水具有低温、高盐特征。表层水和深层水上、下叠置，在分界面上有较大的温度梯度－温跃层。图15.19为123°E断面上的T－S图解。图中S_1站的水深大于847 m，位于台湾以东海域，其T－S曲线为一拉长的反“S”状。X_2'站和X_1'站水深分别为大于375 m和100 m左右，位于台湾东北海域，它们的T－S曲线为反“S”状的上半部分。由此可看出，台湾暖流水的T－S曲线，与黑潮表层水十分接近，它们的性质十分相似。所不同的是，台湾暖流水的盐度值，比黑潮表层水略低一些，而且测站越往北移，点子也越向低盐和高温方向拉长会聚。台湾暖流水大体是沿123°E，由南向北伸展的。其中，表层水的前缘可达31°N附近，而深层水的前缘可达32°N附近。深层水北伸势力比表层水的要强。台湾暖流水的水平范围：西接浙闽沿岸水，东北与黄海水团相邻，东至124°30′E附近，南起台湾海峡，北至31°－32°N附近。基本上呈南宽北窄的状态。夏季台湾暖流水的温、盐特征：表层水为23.0～29.0 ℃和33.3～34.2；深层水为17.0～23.0 ℃和34.2～34.6。

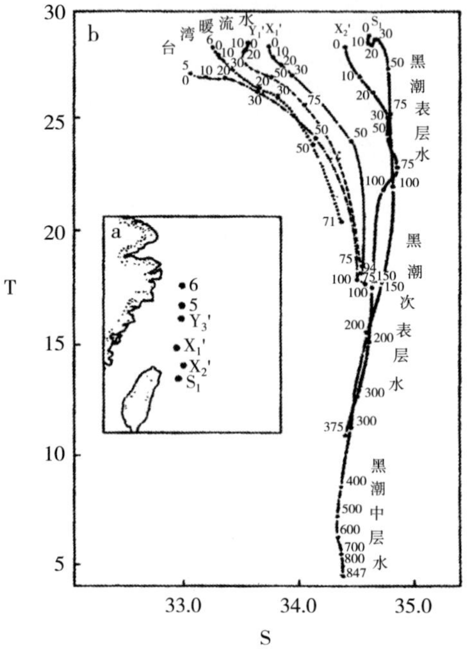

图15.19　沿123 E经线，黑潮水和台湾暖流水的T－S曲线（1966年7—8月）（翁学传，1984）

a. 123 E经线；b. T－S曲线

关于台湾暖流水的来源，大致有以下说法：一是认为它是黑潮在台湾东北海域的一个分支。二是夏季台湾暖流水是来自台湾海峡。三是夏季台湾暖流水的上层来自台湾海峡，下层来自台湾东北的黑潮次表层水。四是无论哪个季节，台湾暖流水都有两个来源，其一是来自台湾东北海域的黑潮水；其二来自台湾海峡，只是不同季节两种水占的比重不同而已。

（台湾）海峡暖流水　是台湾海峡中另一个主要的水团。所谓海峡暖流水，是指从台湾海峡南部北上的南海水、黑潮水的总称。它终年存在，以舌状形式由南向北伸展（刘树勋等，1993），并以高温、高盐为其主要特征（温、盐值略低于黑潮水，而高于东海表层水团）（福建海洋研究所，1998；洪华生等，1993；刘树勋等，1993）。分布范围较广，具有明显的季节变化，尤其是表层，季节变化更显著。冬季，海峡暖流水占据在浙闽沿岸水以外（东）海域，海水垂向分布比较均匀。温度为16.5～23.3 ℃，盐度为33.50～34.45之间。夏季，海峡暖流水势力进一步增强，其范围达全年中之最大，占据台湾海峡的大部分海域。此时，海峡暖流水分层现象明显，分上层水和深层水两部分（洪华生等，1993；刘树勋等，1993）。它们之间的分层界面深度，大体与温跃层的深度相当。上层水的温度、盐度分别为26.5～29.4 ℃和33.3～34.3；深层水的温度、盐度分别为21.9～26.5 ℃和33.5～34.5（福建海洋研究所，1998；洪华生等，1993）。

深层水是由澎湖水道北上的，然后转向海峡的中央，与沿台湾浅滩西侧北上的南海水汇合，沿海峡中线以西继续北上，而不是紧靠台湾岛西岸直接北上（管秉贤，2002）。深层水在北上过程中，受地形影响而出现爬坡涌升现象；加上西南季风的作用，使海峡北部多处出现上升流（李凤岐等，2000）。

海峡暖流深层水仅存在于夏季7—9月（刘树勋等，1993）。3—6月是海峡暖流水升温和增盐的时期，因此，该水团不同于其他水团的一个显著特点是，在增温的同时又增盐（刘树勋等，1993）。

对马暖流源区水团 对马暖流源于东海，但其源区在哪里？尚无明确而公认的界线。一般把黑潮流经东海后返回太平洋的返回处以北、济州岛与壹岐岛连线以南、九州以西、东经126°以东即（30°~34°N，126°~130°E）这块海域看成是对马暖流源区。该海域大约有（以31°N断面为例，图15.14）：黄、东海混合水团、黑潮上层水、黑潮中层水（冬季）、混合水（带）、黄海冷水团、黑潮表层水、黑潮次表层水、黑潮中层水（夏季）。

关于对马暖流源区水的来源，大约有以下几种说法：①东海黑潮的一个分支。东海黑潮约在29°~30°N，128°~129°E附近转向返回太平洋的同时，有北上的小分支，成为对马暖流的来源。②黑潮表层水和大陆沿岸水的混合体。③对马暖流是台湾暖流内、外侧分支汇合后延续流动的水体。④“多源”论。对马暖流既有东海黑潮分支水、也有东海陆架上的混合水，还有大陆沿岸水的加入，是多种海水混合交换的产物。不同月份、不同季节，其来源的途径也不相同。

15.5 东海的盐跃层[①]

15.5.1 概述

在中国近海的温、盐、密跃层现象中，由于各海区的自然条件不同，其跃层的特征也各有特色：黄海，夏季黄海冷水团特别强盛，使温跃层特别发达，温跃层在该海区居主导地位（毛汉礼等，1996）。东海的西岸近海，受江河入海的径流影响很大，尤其是长江径流入海，从而盐跃层特强，特别是东海的北部，是盐跃层占主导地位的海区（毛汉礼等，1996）。

东海的盐跃层可分为浅海盐跃层和深海盐跃层两个系统：前者指东海大陆架区的盐跃层，该盐跃层规律性较强；后者指冲绳海槽的盐跃层，深海盐跃层规律性差、强度也弱。这里讲的东海盐跃层，系指前者而言。东海盐跃层是季节性跃层，是在特定的条件下形成、发展和衰消的，一年完成一个生消过程。东海盐跃层带有很强的区域性，大体有两个相对集中区：①东海北部盐跃层（Ⅰ区）；②台湾海峡盐跃层（Ⅱ区）（图15.22）。前者以长江口、舟山群岛一带为中心，是东海也是中国近海最强的盐跃层。它与长江的径流息息相关，如盐跃层的强度和范围的季节变化，与长江径流的季节变化趋势一致。东海盐跃层的范围，可取强度大于等于0.1 m^{-1}的等值线范围来视作浅海盐跃层的区域。

15.5.2 盐跃层的分布与变化

春季东海北部盐度分布的一个重要特征，就是长江口、杭州湾外的低盐水舌，随着长江入海径流的增大而向外扩展；这种冲淡水的水体扩展，可用等盐线的移动来表示。现取长江口－济州岛断面4—11月的盐度分布，可近似地表征长江冲淡水的逐月扩展和衰减情况，也

① 国家科委海洋组海洋综合调查办公室编。全国海洋综合调查报告，第三册。1964。

可以表示该断面上的盐跃层的生消演变过程。

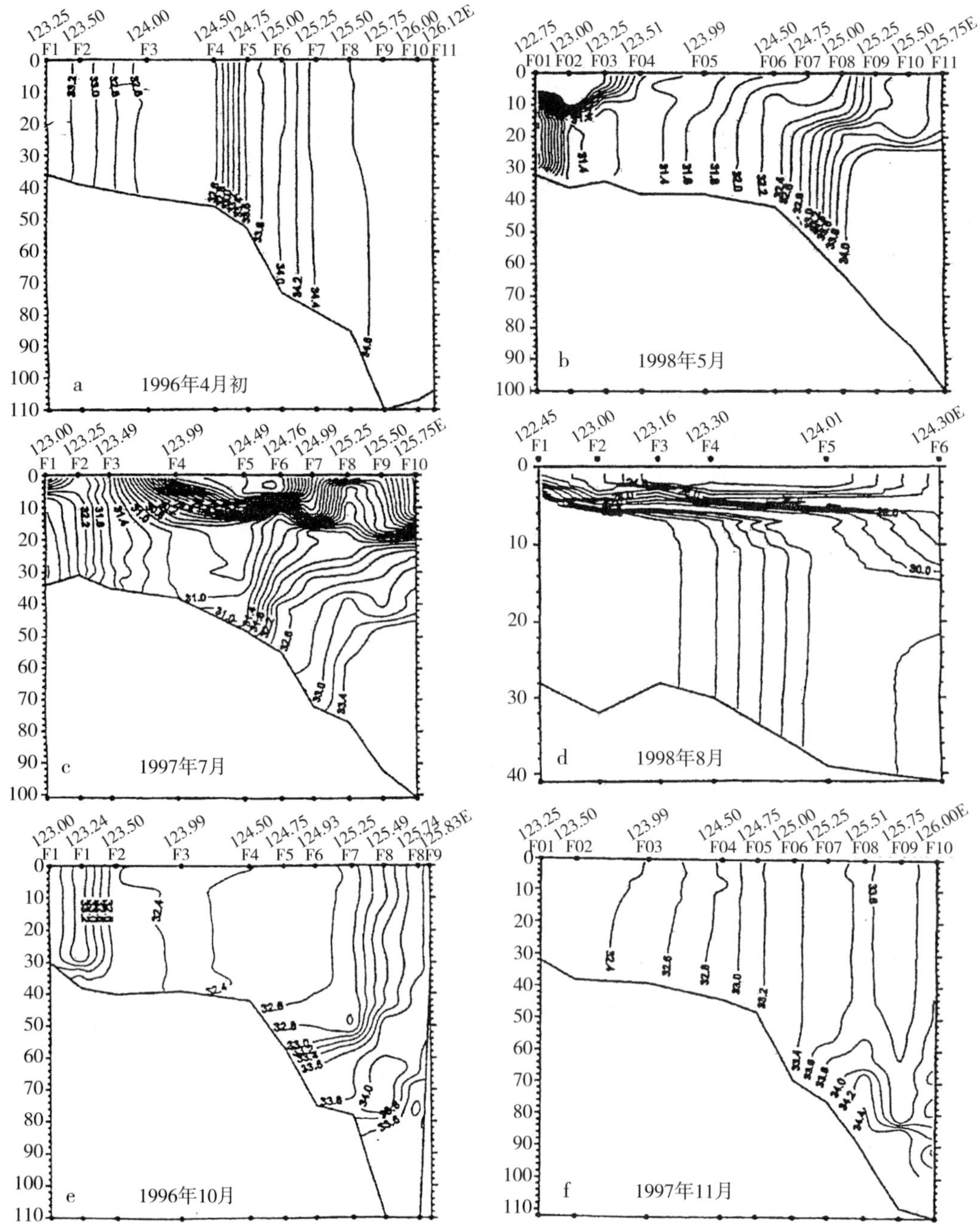

图 15.20　长江口——济州岛断面 4—11 月的盐度分布（郭炳火等，2004）

图 15.20 表明，4 月初，该断面的盐度分布基本上还是处在垂直均匀状态。5 月，断面西段出现高温、低盐的长江冲淡水，它漂浮在表面至 10 m 以内的水层中，向东伸展至 123°30′E 附近。此时，盐跃层已形成，但强度较弱，一般在 0.1～0.3 m^{-1}之间。跃层上界深度为 5～10 m，跃层厚度为 10 m 左右。7 月，断面上的盐跃层发展很迅速，向东扩展到济州岛附近；盐跃层的强度明显增强，一般在 0.3～0.5 m^{-1}之间；跃层上界深度为 7～17 m，厚度为 10 m 左右。8 月，5 m 以浅水层覆盖着高温、低盐的长江冲淡水。盐跃层进一步增强，上均匀层变薄，跃层抬升至 5～10 m 之间。也就是说，7 月、8 月两月成为盐跃层的鼎盛时期。从 9 月开始，盐跃层进入衰减阶段，而且衰减很快，除强度明显减弱外，范围也缩小很多，上均匀层

下沉。10月，盐跃层强度已衰退至临界值或临界值以下，断面的西段和中段，已无跃层的残迹；只有断面的东段（济州岛附近）深处，还有跃层的迹象，并有高盐水侵入。至11月，除断面东段的深处，仍有高盐水（盐度大于34.3）存在外，整个断面都不见盐跃层了，盐跃层消失。断面上盐度的垂直分布，又恢复到4月的面貌，呈现为垂直均匀状态。

由此可见，长江口－济州岛断面上的盐跃层生消过程，存在着三个阶段：成长期（4—5月），强盛期（6—8月）和衰消期（9—11月）。长江口附近的盐跃层，是中国近海几个位置比较稳定的强盐度跃区之一（毛汉礼等，1964），也是中国近海最典型的盐跃层之一，可作为东海盐跃层的生消典型。

1）成长期

4—5月为东海盐跃层的成长期，它以盐跃层的面积（范围）扩大为主要特征（毛汉礼等，1964）。3月，在长江口、杭州湾、舟山群岛、瓯江口外、闽江口外以及厦门至汕头一带，受长江、钱塘江、瓯江、闽江、九龙江、韩江等江河入海径流的影响，开始出现弱的盐跃层。强度为0.1～0.2 m^{-1}，范围小，孤立的零散的分布在上述沿岸海域。4月，长江口、杭州湾、舟山群岛一带的盐跃层得到发展，表现在两个方面：①范围（面积，下同）扩大，从长江口向南至瓯江口一带，盐跃层已相连成片，向东已伸展到123°30′E附近。②强度增强，尤其是长江口附近的盐跃层，强度最大达0.5 m^{-1}。长江口附近的盐跃层已出现舌状伸展。但闽江口、厦门至汕头一带的盐跃层反而减弱了，尤其是范围，4月的比3月的缩小了许多。到了5月（图15.21），北部Ⅰ区的盐跃层范围进一步扩大。北起长江口，南至台山列岛一大片海域，都布满了盐跃层，盐跃层范围向东扩展至125°E附近。但跃层强度并没有增长，仍与4月相当。在Ⅱ区，盐跃层得到迅速发展，主要有3处：①闽江口外，马祖列岛－南日群岛之间，盐跃层呈舌状向海峡中部扩展；扩展方向为东南向，强度为0.1～0.2 m^{-1}。②以厦门附近海域为中心，北自泉州湾南至东山岛一带，盐跃层呈耳状也向海峡中部伸展，强度也为0.1～0.2 m^{-1}。③韩江口外南澳岛附近，盐跃层范围呈半圆状，强度较弱，为0.1 m^{-1}。这就是说，5月，Ⅱ区的盐跃层已形成，具有一定的范围和强度。

在成长期间，盐跃层的上界深度为5～10 m；厚度为5～10 m。

2）强盛期

跃层的范围和强弱，是判别跃层强弱的重要标志。6—8月，东海盐跃层进入了强盛期。此时，盐跃层的范围达最大，强度达最强，是盐跃层的鼎盛时期。在强盛期期间，除跃层的范围继续扩大外，主要以强度增长为其重要特征（毛汉礼等，1964）。

6月，在Ⅰ区中，以长江口为中心的盐跃层继续发展和扩大：向北伸向黄海南部，向南延伸到台山列岛附近，向东前锋伸至127°E附近。长江口附近盐跃层强度最强达0.7 m^{-1}。在Ⅱ区，韩江口外南澳岛附近的盐跃层有所发展，主要表现在强度增强，中心强度为0.3 m^{-1}。而闽江口外和厦门附近的盐跃层反而减弱了，强度和范围都比5月弱而小。也就是说，台湾海峡地区的盐跃层是不稳定的，月际差异很大，强、弱程度有反复。

比较图15.22后看出，就Ⅰ区来讲，7月的盐跃层范围为最大，向东扩展到128°E附近，向南至台山列岛附近。长江口附近的盐跃层强度等值线，呈舌状向两个方向伸展：①指向济州岛方向，东北向；②南南东向，南向。两者以东北向舌状为主。长江口附近盐跃层强度最大为1.0 m^{-1}。8月，盐跃层范围比7月的有所缩小；但强度比7月的强，长江口附近的最大

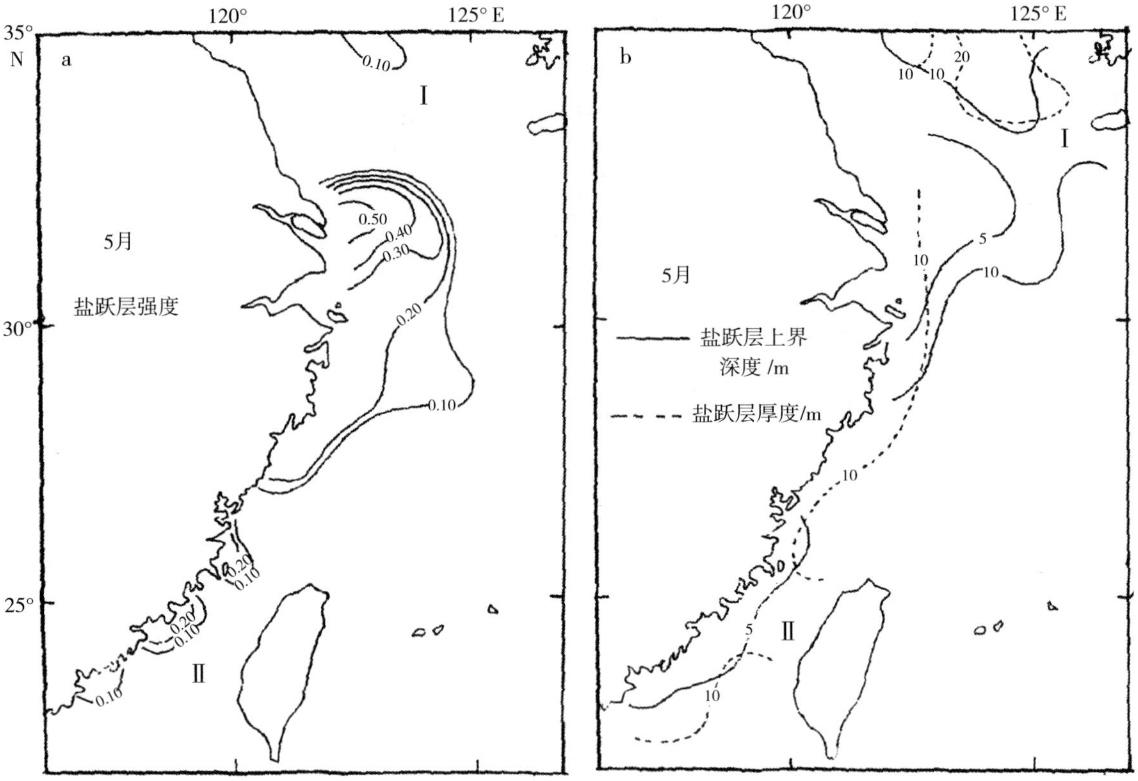

图 15.21　东海盐跃层成长期时的“跃层三要素”分布（陈达熙，1992）

达 1.1 m^{-1}。换句话讲，东海Ⅰ区的盐跃层，7 月以面积最大为其特征，而 8 月以强度最强为其特点。8 月盐跃层强度等值线分布形势与 7 月的大同小异，只是舌状指向东北向更加明显。

7 月，东海Ⅱ区的盐跃层范围，比 6 月略有增大，厦门附近和南澳岛附近两处的盐跃层趋于合一，但尚未相连成片。跃层强度与 6 月相差无几。闽江口附近的盐跃层与 6 月相似，无大的变化。到了 8 月，Ⅱ区的盐跃层进一步发展：厦门附近和南澳岛附近的两处盐跃层已相连成片，范围有所扩大；强度也增强，中心值达 0.3 m^{-1}。另外，闽江口附近的盐跃层也得到发展，范围和强度都比 7 月有所增长。

图 15.22b 表明，在强盛期期间，Ⅰ区的盐跃层上界深度多为 5 ~ 10 m，在大陆架东侧的海区中央，有的可达 20 m 左右。盐跃层厚度多为 10 m 左右，少数海区中央可达 20 m。Ⅱ区的盐跃层上界深度，近岸为 5 m，远岸为 10 m；厚度为 5 ~ 10 m。

3）衰消期

跃层衰消的标志有三：①范围缩小；②强度减弱；③深度加大。也就是说，衰消期的跃层是全面衰退的（毛汉礼等，1964）。9 月开始，东海盐跃层便进入衰减阶段。此时，东海Ⅰ区的盐跃层，强度减弱是最为突出的。如长江口附近的盐跃层中心值，已减至0.6 m^{-1}，比 8 月减小了 0.5 m^{-1}。同时，盐跃层的范围也有所退缩，尤其是南界已退缩到鱼山列岛附近。在Ⅱ区，同样以强度减弱最为明显，由 8 月的 0.2 ~ 0.3 m^{-1}减至 0.1 m^{-1}。厦门至南澳岛一带的盐跃层，由原来的相连成片又分离为两个孤立小块，强度降为 0.1 m^{-1}。但闽江口附近的盐跃层，此时范围反而有所扩大，并与瓯江口外附近的盐跃层相连成片，强度减至 0.1 m^{-1}。10 月，东海盐跃层衰消很快（图 15.23）。在Ⅰ区，仅长江口、舟山群岛、鱼山列岛一带，有耳状的盐跃层存在；其范围大致介于 3 月与 4 月之间。中心强度为0.4 m^{-1}。在Ⅱ

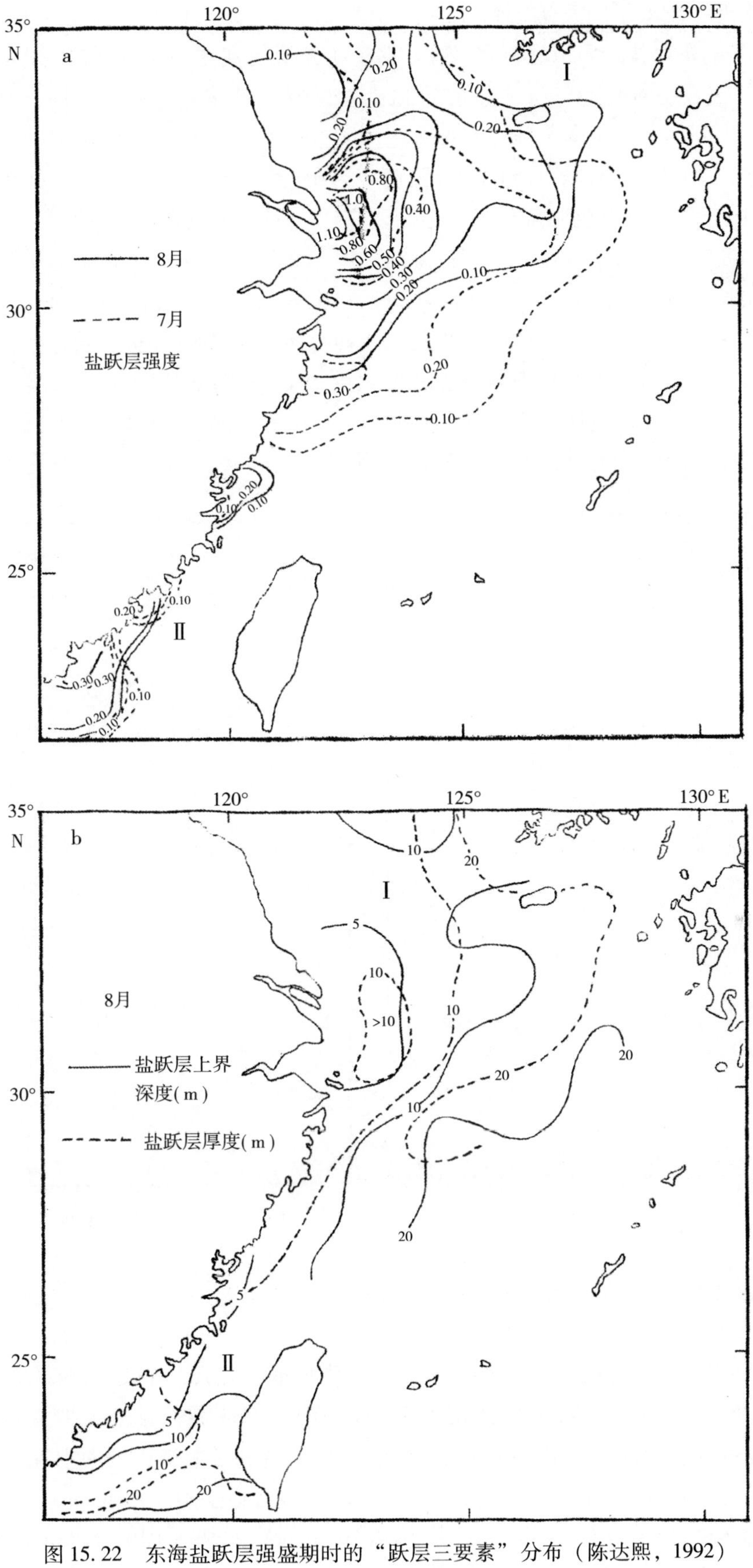

图 15.22 东海盐跃层强盛期时的“跃层三要素”分布（陈达熙，1992）

区，仅厦门附近有盐跃层的残迹，闽江口、韩江口已无盐跃层的足迹，似乎盐跃层已消失。然而到了11月，东海盐跃层依然存在：在Ⅰ区，盐跃层出现在长江口、舟山群岛一带，并以嵊泗列岛为中心，强度降为0.3 m^{-1}。在Ⅱ区，盐跃层又迅速兴起并有发展，以马祖列岛为中心，北起台山列岛，南至南日群岛一带海域，又布满了盐跃层；强度达0.2 m^{-1}。另外，在厦门附近海域，盐跃层范围也有所扩大，强度仍与10月相当，为0.1 m^{-1}。也就是说，Ⅱ区的盐跃层，11月的比10月的强度要强、范围要广。12月，上述海域的盐跃层残余仍有存在，只是范围和强度略有减弱。这种现象一直持续到翌年2月。由此可见，东海的盐跃层有其自身的特点：①长江口、舟山群岛一带，闽江口、马祖列岛附近，厦门附近海域，盐跃层的衰减期特别长，从9月持续到翌年2月。②上述几处海域，全年都有盐跃层存在，不存在盐度的"无跃期"问题。③东海台湾海峡的盐跃层很不稳定，生消过程、月际差异较大。在衰消过程中有兴旺发展现象，在强盛期中有衰消现象。与东海北部盐跃层的生消过程并不同步。

衰消期期间的盐跃层上界深度仍为5 m，但盐跃层厚度增大，为10 m左右。

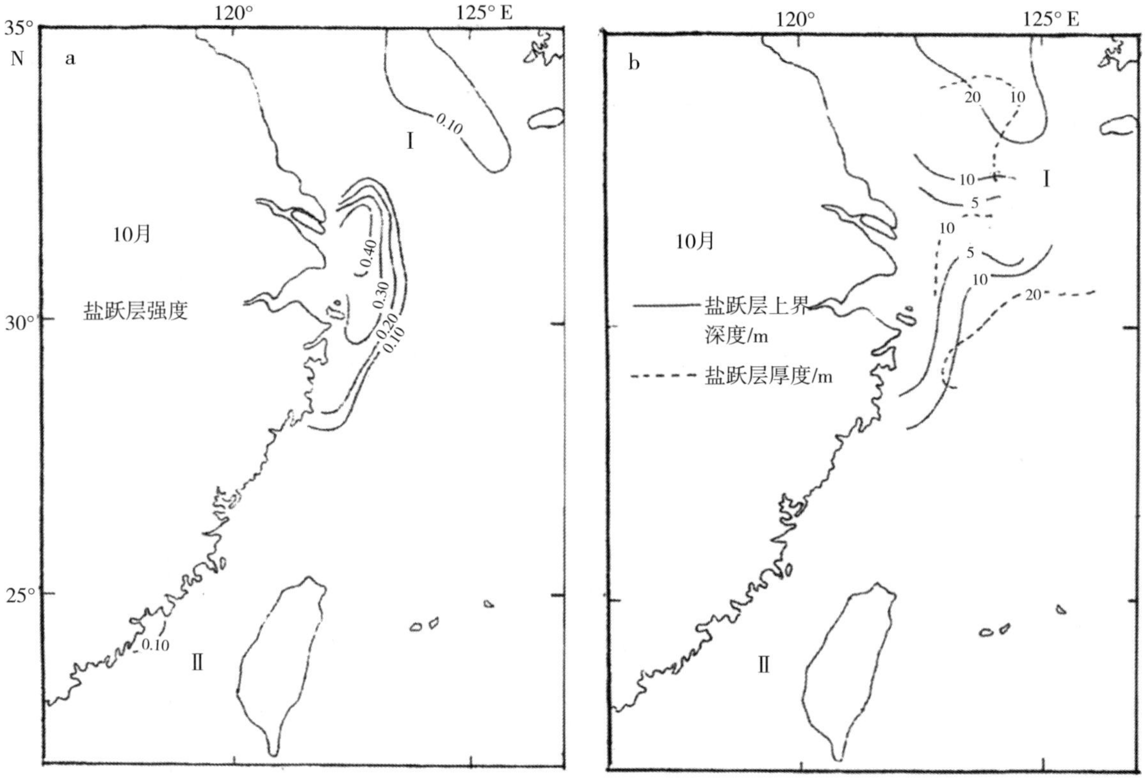

图15.23　东海盐跃层衰消期时的"跃层三要素"分布（陈达熙，1992）

15.6　浙闽台沿岸的上升流

上升流是指海水从"深处"（相对而言）涌向表层或"上层"的涌升现象，是海水在垂直方向上的缓慢运动，其运动速度一般为10^{-4} ~ 10^{-5} m/s的量级。上升流把营养丰富的"深处"的海水涌升至表层或"上层"，使表层或"上层"海水因生物觅食而消耗的营养盐得以不断补充，促进饵料生物的繁殖，有利于鱼类索饵、栖息和生殖，因此，上升流强的海域，是形成渔场的必要条件。上升流与冷水块是相伴的，在冷水块（团）的中心，往往是高盐区；但因夏季海面降水以及江河入海径流量大，在一定程度上，掩盖了上升流区表层水或"上层"水的高盐特性。通常用低温特性来判别上升流存在与否作为一个重要条件，同时用化学要素和生物特征作为辅助指标。

15.6.1 浙江沿岸的上升流

图15.24为与浙江沿岸上升流有关的调查结果。1980年7月，国家海洋局第二海洋研究所开展浙江沿岸上升流专题调查，两次调查结果的共同点是，夏季浙江近海的表层或表层以下水层中，自岸向海（东）温度递增，而盐度却递减（管秉贤，2002）。在浙江沿岸的28°30′~31°30′N，124°E以西海域（1980年7月），出现一片低温、高盐和高密区，即低温、高盐水块。低温中心出现在29°N附近——鱼山列岛一带；而1959年7月，低温中心在舟山岛附近（图15.24）。低温中心温度比周围温度低45 ℃；与此相应的盐度值和密度值，分别高1.0~1.6和1.0~1.5。在28°N、29°N断面分布图上，无论是温度、盐度、密度，还是化学要素，其等值线都是在近岸一侧由"深处"向上突出涌升，而在远岸一侧下沉（管秉贤，2002）。并以29°N断面涌升最为显著，22 ℃等温线似乎由深处涌升到10 m附近，而其他要素的涌升幅度不一，有的达20 m层，有的达10 m层。这些都是上升流存在的标志。

两次结果的不同点是：1980年7月的低温、高密区，离岸较近，呈半圆形由岸向海中扩展，范围比较小；低温、高密区仅出现在10 m层；浮游生物为近岸低盐种群不占优势，而外海种群却大量出现（许建平等，1983）。1959年7月的低温、高盐区，离岸较远，位于20 m等深线以东，范围也较大。涌升幅度较大，可影响到表层，冷水块在表层清晰可见；冷水块呈舌状分布，由西南向东北伸展，其前锋可达舟山群岛北部、长江口以外。水化学要素为低氧、高磷特征（毛汉礼等，1996）。上面两次结果同为7月，只是年份不同，出现这些差异，表明浙江沿岸上升流具有年际差异。

浙江沿岸上升流不仅具有低温、高盐特性，还有营养盐丰富和含氧量低等深层水的特征。该上升流始于5月，6月增强，7—8月达最盛，9月开始减弱（苏纪兰，2005）。胡敦欣等（1984）和Qiao等（2006）认为，冬季也有浙江沿岸上升流存在（胡敦欣等，1984；Qiao，et al，2006）。近期，吕新刚等（2007）利用卫星通过高分辨率辐射率获得的海表温度（SST）表明，1998年8月8—12日的合成SST图（天气式）与1985—1999年8月1—15日的气候式SST图，两者极为相似。在28°30′~31°N，123°E以西海域，均为低温区，低温中心位于嵊泗岛、舟山岛、南田岛东侧，温度小于26 ℃，比外围温度低2~3 ℃，低温区呈东北西南走向的带状分布，说明那里存在一条较强的上升流带。这一结果较好地反映了浙北沿岸上升流地理分布的全貌。

关于夏季浙江沿岸上升流形成的动力机制，传统观点认为，按经典的Ekman理论，在夏季盛行偏南风的吹刮下，近岸表层海水将离岸往外流，而中、下层海水便向岸涌升补偿，形成沿岸的上升流。Lü等（2006）利用新的浪潮流耦合数值模式，提出潮致混合形成的温度锋面所诱生的次级环流是该上升流形成的主要原因，正压潮与地形相互作用形成底部辐聚也是上升流形成的一个原因，台湾暖流爬坡作用也强化了上升流；夏季偏南风的综合作用对于上升流的形成不是强化作用而是弱化作用：风场有两个作用，其一，按经典的Ekman理论有利于上升流的形成；其二，风场形成的Ekman流在近底层向东，减弱台湾暖流的爬坡作用，从而对上升流的生成起反作用，综合结果后者占优。

关于冬季浙江沿岸是否存在上升流还没有统一的认识。从营养盐、温度和盐度分布特征，Qiao等（2006）推断冬季也应该存在上升流。进一步的数值模式结果分析表明，长江冲淡水南下形成的盐度锋面，可诱生次级环流从而形成上升流。有趣的是，风场对于冬季上升流的形成有促进作用，这与传统 Ekman 理论正好相反。这是因为：风场有两个作用，一是符合传统 Ekman 的理论形成下沉流；二是风场使得长江冲淡水向南输运形成盐度锋面，从而产生上升流，而后者的作用超过前者。

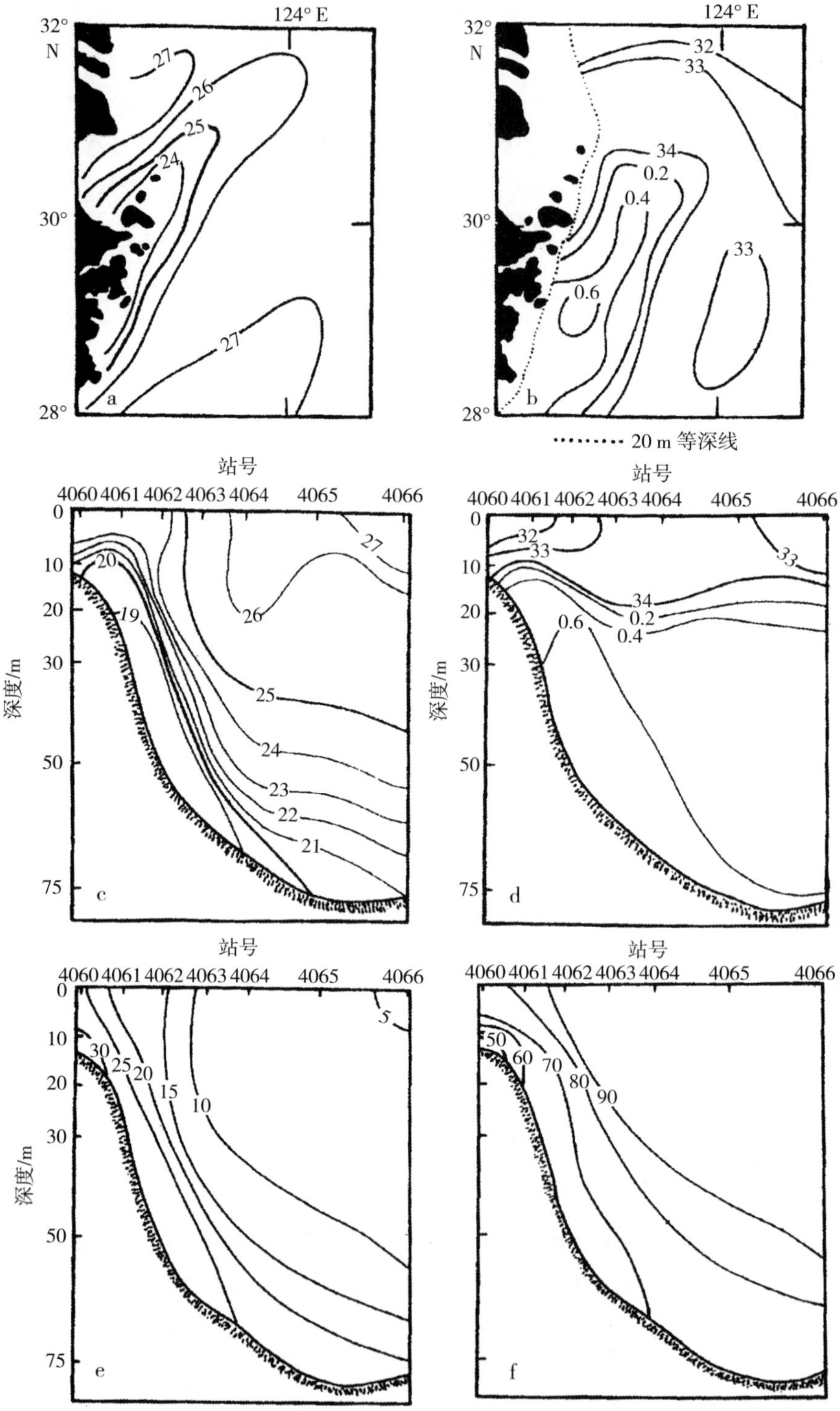

图 15.24　浙江沿岸上升流区温、盐度和化学要素分布（1959 年 7 月）（毛汉礼等，1996）

a. 表层温度（℃）分布；b. 20 m 层盐度分布；c. 29°N 断面温度（℃）分布；d. 29°N 断面盐度分布；e. 29°N 断面磷酸盐－磷含量（mg/m^3）分布；f. 29°断面溶解氧饱和度（%）分布

15.6.2 闽南—台湾浅滩渔场的上升流

福建沿岸上升流有多处：以海坛岛附近海域为中心的闽中沿岸上升流（肖晖，1988），以厦门—汕头沿岸为中心的闽南沿岸上升流（陈金泉等，1982），还有台湾浅滩附近的渔场上升流（洪华生等，1991）。

闽南—台湾浅滩渔场是我国东南海域重要的大陆架渔场，是一个四季皆有渔汛的渔场，渔业资源比较丰富。

从图15.25可以看出，夏季（7月），该渔场附近表层温、盐平面分布的特点：从兄弟屿以南，经南澎列岛、好望角、石碑山角至甲子一带近岸海域，为一片低温、高盐区，温度为24~25 ℃，比周围温度低2~4 ℃；盐度大于等于34.0，比周围盐度高0.5~1.5。在台湾浅滩东南海域，也存在一片低温、高盐区；温度为25 ℃左右，盐度大于等于34.0，分别比周围温度低2~3 ℃和盐度高1.0~2.0。

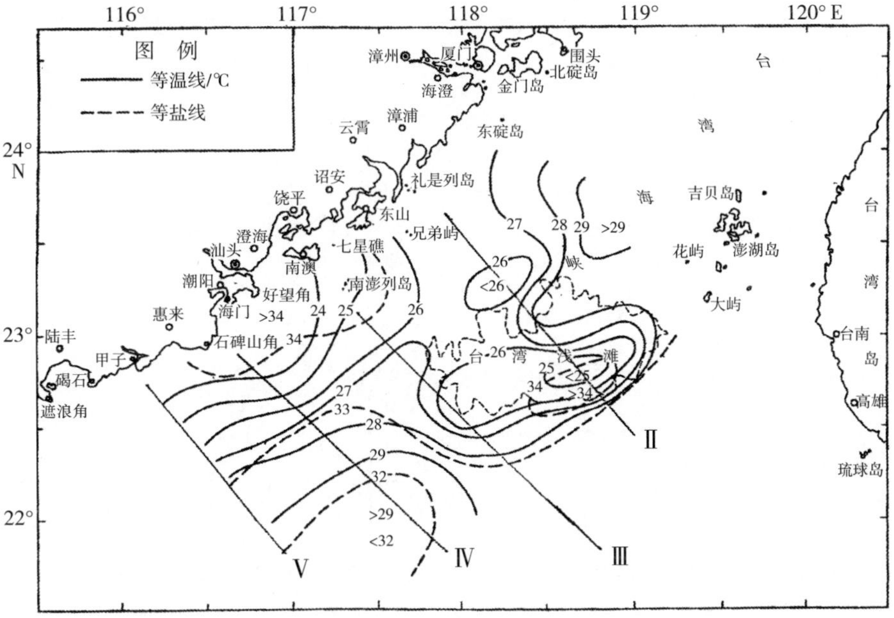

图15.25 闽南—台湾浅滩附近海域表层温、盐度分布（1988年7月）（洪华生等，1991）

再从Ⅳ~Ⅴ温、盐度断面图（图15.26）来看，在近岸和台湾浅滩南部的两个低温、高盐区，各断面的等值线分布都表现出向岸和朝陆坡急剧爬升的趋势，尤以等温线的抬升现象最为明显。表明温、盐平面图上的低温、高盐区，即为“深层”海水向表层或“上层”涌升的上升流区。这两个低温、高盐区，不可能用海、气之间的热收支，江河径流入海和海流来解释。因为夏季的浅水海域，水温应比外海的要高，而不是低；江河径流入海处是低盐、而不是高盐；闽南—台湾浅滩渔场附近的海流是来自南海，应是高温而不是低温。因此，夏季的上述低温、高盐区只能用上升流来解释。另外，从数值计算结果也表明，夏季，当盛行西南风较强、且持续较长时间时，厦门至汕头近岸以及台湾浅滩东部出现明显的上升流，量级为 10^{-3} m/s（洪华生等，1991）。

文献（洪华生等，1991）指出：闽南—台湾浅滩渔场上升流，具有低温、高盐、高密、高浮游生物生物量、高有机碳、高砷、高氟利昂和低镁、低pH值、低铜、低镍、低氧同位素与富营养盐及高初级生产力等特性。出现在甲子到礼是列岛一带的夏季近岸上升流，主要是风生上升流；而台湾浅滩南部上升流，主要是地形引起的上升流。

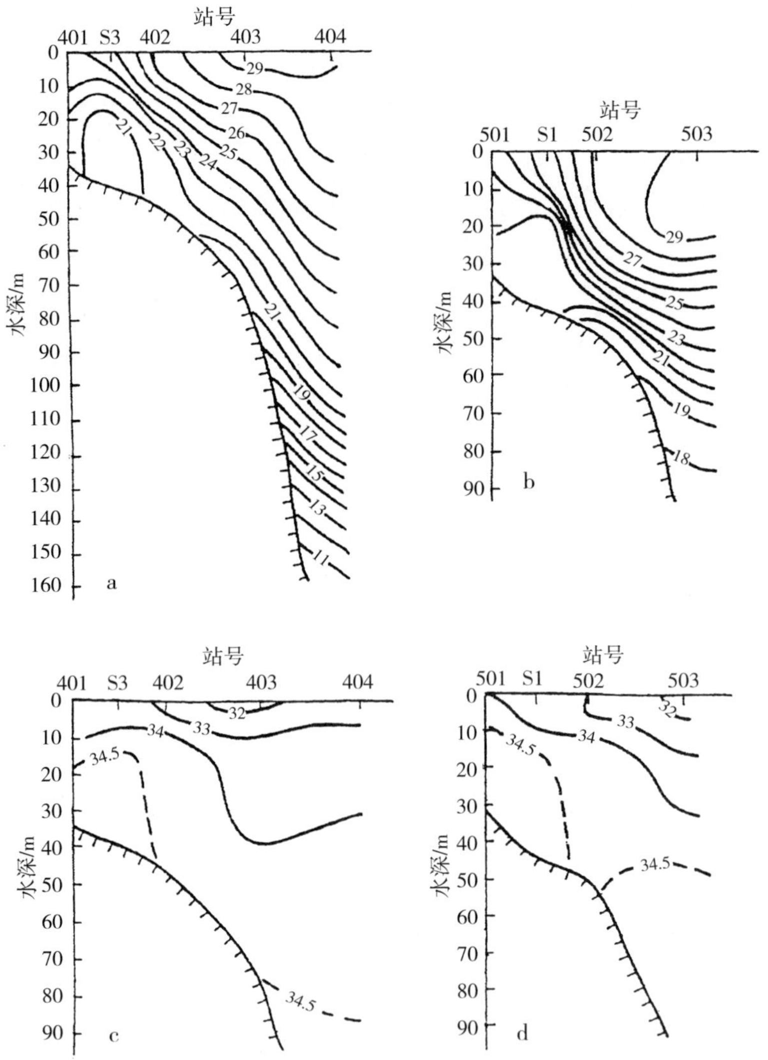

图 15.26 闽南—台湾浅滩附近海域Ⅳ、Ⅴ断面温、盐度分布（1988 年 7 月）（洪华生等，1991）

a. Ⅳ断面温度分布；b. Ⅴ断面温度分布；c. Ⅳ断面盐度分布；d. Ⅴ断面盐度分布（断面位置见图 15.25）

15.6.3 台湾东北海域的上升流

台湾省沿岸也有多处上升流，如澎湖列岛附近上升流，台湾东南沿岸海域上升流（Fan，1979），台湾东北海域上升流（孙湘平等，1997；Fan，1980；Yin，1973）。这里介绍后者。

图 15.27 为台湾东北海域春、夏两季的“上层”温度分布。该图表明，从表层到 50 m 层，甚至 75 m 层，冷水块十分明显。异常低温区，呈现为等温线闭合的同心椭圆状分布，冷中心水温比周围的低 2 ~5 ℃；尤其是 20 m 层、50 m 层，最为突出。到了 100 m 层，冷水块属性就不太明显了。可见冷水块的厚度约为 100 m。该冷水块以春、夏、秋三季最为明显；冬季，由于陆架区水温较低，有时与冷水块的温度相当；故冬季的温度场就难以反映出冷水块的存在。

值得注意的是，春季的冷水块位置偏西（图 15.27），并出现两个冷中心：一个位于彭佳屿、棉花屿、花瓶屿三角地带；另一个位于彭佳屿东北、钓鱼岛西北海域，两个冷中心的温

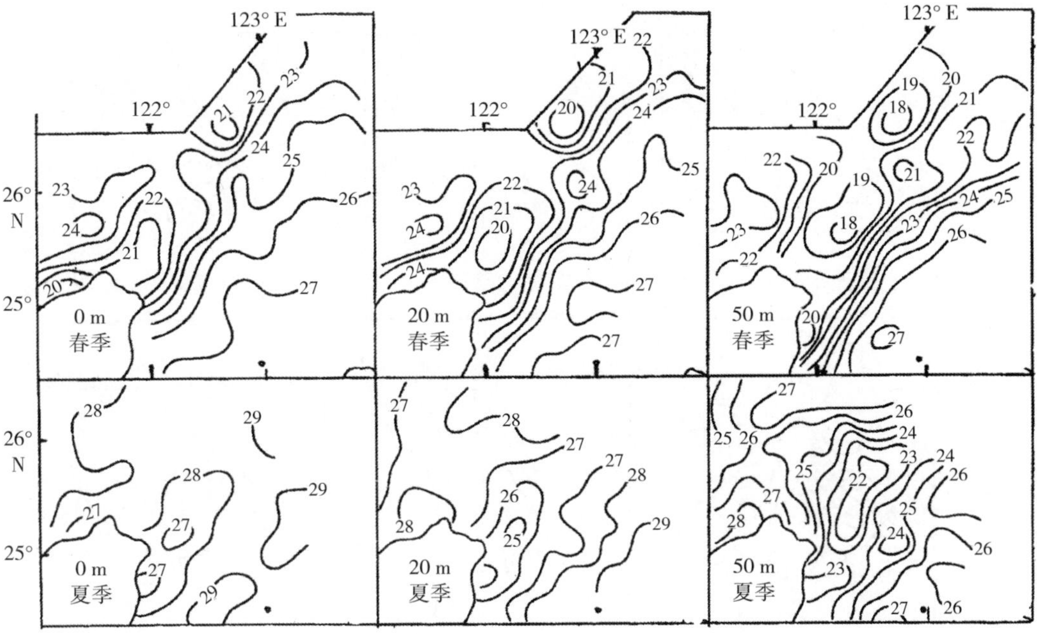

图 15.27 台湾东北海域春、夏季“上层”海水温度（℃）分布（多年平均）[①]

度值相当。0 m、20 m、50 m 层的中心温度分别为 21 ℃、20 ℃和 18 ℃。夏季，上述冷水块东移，位于乌石鼻、三貂角、棉花屿一线以东海域，3 个水层的冷中心温度分别为 27 ℃、25 ℃和 22 ℃，比周围水温分别低 1 ℃、2 ℃和 3 ℃。到了秋季，冷水块又西移回到春季时的位置（图略）。由此可见，该冷水块的位置存在明显的季节性摆动。

下面取一次海洋调查结果，来分析台湾东北海域上升流的某些特征。

图 15.28 表明，25 m 层、50 m 层的温度场及位势高度分布，趋势大体相同：在彭佳屿附近存在一个明显的低温区，这个低温区为一逆时针旋转的冷水块。低温区的北侧和东北侧均为高温区。由于彭佳屿以南无实测资料，只能绘出低温区的北半部分。低温区为一椭圆形冷水块，中心水温比周围的低 3 ~ 4 ℃。

在断面图上，水文、化学要素的断面分布一致表明，在 100 m 左右深处，冷水涌升势力较强，各要素的等值线上凸拱起，垂直位移明显。在近底层附近，于 B_5 站和 B_9 站之间，存在着低温、高盐、低氧（溶解氧含量）、高磷、高硅、高氮的上升水舌，由 100 m 附近向上拱起涌升，这种向上拱凸的趋势一直可影响到 10 m 层附近。冷水块的中心位于 B_7 站附近。很明显，这种涌升现象是由较深的海水爬坡上升而引起的。

上述深层水向上层涌升现象，在水文、化学各要素之间都表现为良好的一致性，说明台湾东北海域存在上升流，冷水块具有低温、高盐、高密、低氧、高磷、高硅和高氮等特性（孙湘平等，1997）。

15.7 东海及邻近海域的涡旋

中尺度涡旋不仅广泛存在于大洋中，我国近海，也存在着中尺度涡现象。全国海洋综合

① 唐存勇，陈进益。水文资料库报告Ⅱ。台北：国科会海研一号贵重仪器使用中心。1990。

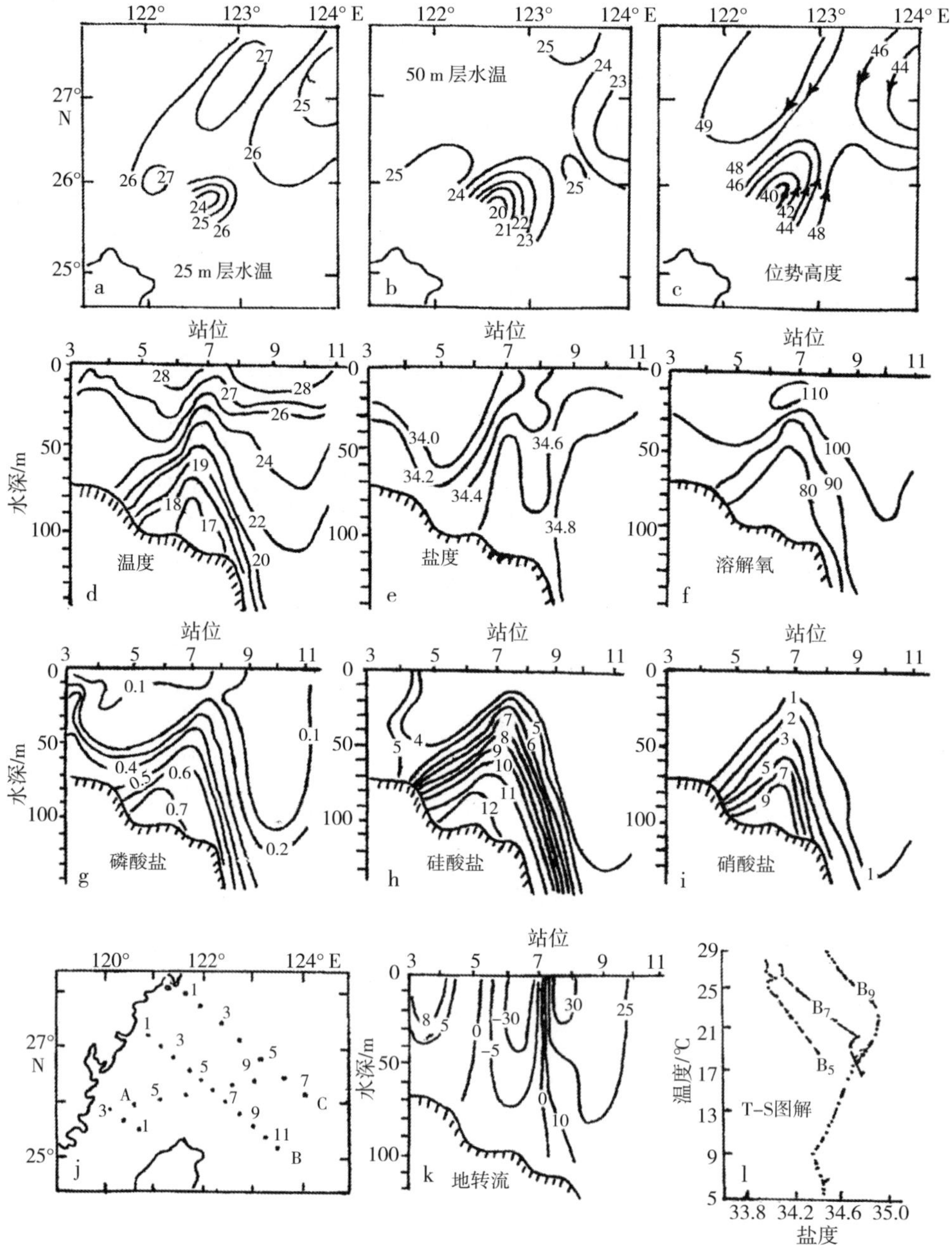

图 15.28　台湾东北海域温度、位势高度平面分布及断面水文、化学要素分布（1984 年 6 月）（孙湘平等，1997）

a、b. 25 m 层、50 m 层温度平面分布；c. 位势高度分布；d、e. B 断面温、盐度分布；f、g、h、i. B 断面溶解氧、磷酸盐、硅酸盐和硝酸盐分布

调查期间（1958—1960），就发现南海北部，存在着海南岛以东的暖涡和雷州湾以东的冷涡①。不过那时还没有“中尺度涡”这个特定的名词。

东海也存在着许多活跃的中尺度涡旋，如图 15.29 和图 15.30 所示。由图 15.29 可知，黑潮的东、西两侧，存在着若干不同类型的涡旋。在黑潮的东（右）侧，似乎以反气旋型暖

① 管秉贤，陈上及。中国近海的海流系统。全国海洋综合调查报告第五册第六章。国家科委海洋组海洋综合调查办公室编。1964，1－85。

涡为主，出现反气旋型暖涡的几率较大；在黑潮的西（左）侧，以气旋型冷涡居多，出现气旋型冷涡的几率较大。比较显目的涡旋主要有：东海西南部夏季出现的暖涡，台湾东北海域的冷涡，济州岛西南海域的冷涡，长江口东北海域的冷涡，浙北沿岸的冷涡，冲绳海槽北段、九州西南海域的黑潮锋面涡，奄美大岛西北海域的暖涡，冲绳岛以东的冷涡和暖涡，琉球群岛以南的暖涡，台湾以东海域的暖涡和冷涡，台湾东南的兰屿冷涡等。

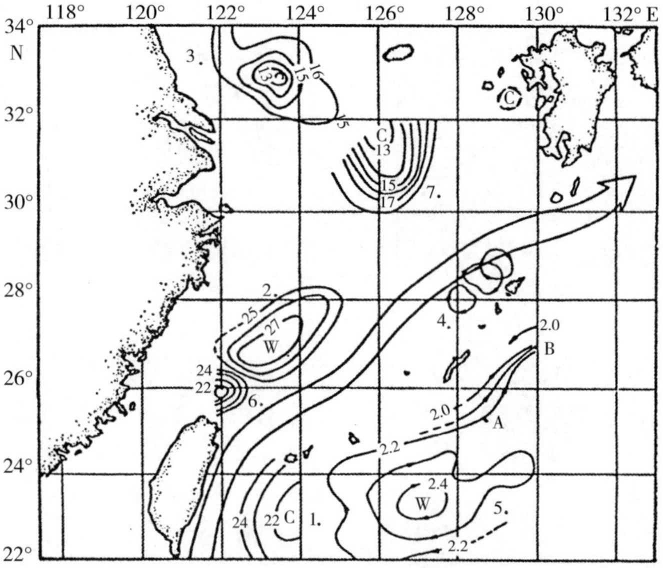

1. 台湾岛以东冷涡；2. 东海西南部反气旋暖涡；3. 长江口东北气旋式冷涡；
4. 浮标漂移途径、反气旋式暖涡；5. 琉球群岛以南反气旋式暖涡；6. 台湾岛东北气旋式冷涡；
7. 济州岛西南冷涡；A、B. 气旋式涡旋途径的中心

图 15.29 东海及其邻近海域 1966—1981 年出现过的涡旋示意图（Guan，1983）

15.7.1 黑潮西（左）侧、200 m 以浅海域的涡旋

15.7.1.1 东海西南部反气旋式暖涡

管秉贤对日本“长风丸”调查资料（1967 年 7—8 月）分析后指出（Guan，1983），在台湾以北、东海西南部，存在一个约占 3°×2°经纬度、呈 SW—NE 向椭圆形的反气旋式（高温、低盐）暖涡（图 15.29）。暖涡中心温度大于 27 ℃，盐度小于 34.1。嗣后邢成军（1983）和我国开展的东海黑潮试验性调查结果都证实了该暖涡的存在。这个暖涡的水文特征，1967 年及 1973 年夏季均显示中心为高温、低盐水，而 1984 年夏季则显示中心为高温高盐水，从而对其来源和形成机制有不同的看法。管秉贤（1983）认为，这一暖涡的水体很可能主要来自台湾海峡，而并非来自黑潮主干。潘玉球（1987）等则认为，黑潮是这个暖涡水体的一个可能来源。由于观测时间的不同，对该暖涡作出不同的解释是很自然的事。而东海西南部夏季经常出现反气旋式暖涡，则是共识的。最近的资料（图 15.30）表明，2002 年 1 月 16 日、5 月 15 日及 11 月 13 日，东海西南部也曾出现反气旋式涡旋，其中心位置大致与图 15.29 中的接近，可初步认为，东海西南部的暖涡，不仅夏季出现，冬半年也曾出现过。从而提供了当年尚未发现冬季也存在暖涡的证据（Wang，et al，1987）。

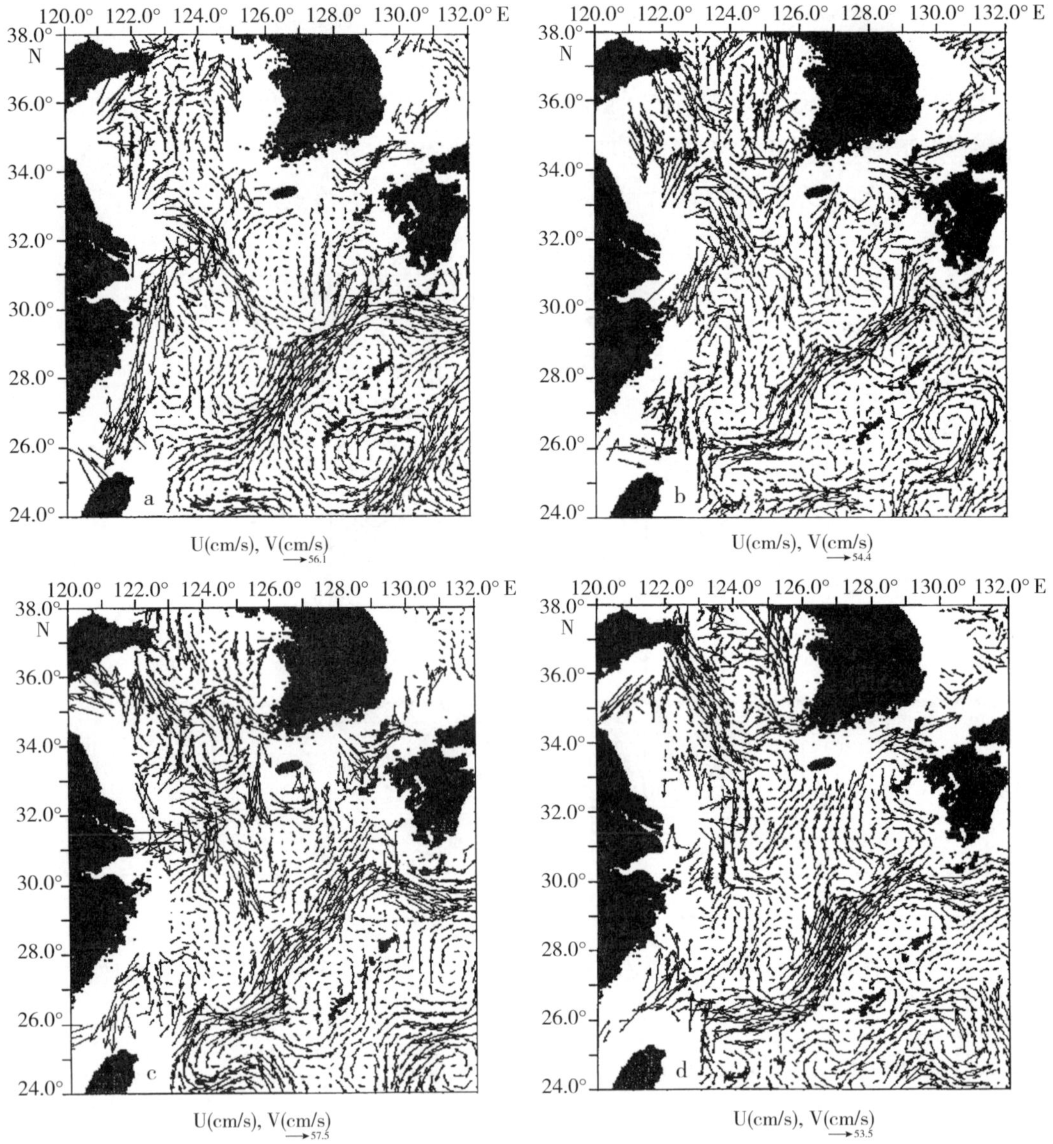

图 15.30　2002 年东海和琉球群岛以东海域，绝对地转流速在水平方向上的分布（单位：cm/s）
a. 1 月 16 日；b. 5 月 15 日；c. 8 月 14 日；d. 11 月 13 日

15.7.1.2　济州岛西南气旋式冷涡

该气旋式冷涡，是日本井上尚文，根据 1969 年 11 月在该海区投放的海底漂流器结果发现的（井上尚文，1975）。随后，胡敦欣等（胡敦欣等，1980）作了深入调查和分析，认为：夏季在大约以 31°30′N，125°30′E 为中心，尺度为 100～200 km 的范围内，存在着一个气旋型涡旋。毛汉礼等（1986）又对多次专题性调查资料，作进一步研究，指出：①这个涡旋年年而且常年存在，但并不是时时存在，很可能在某段时间并不存在，但这段时间不会超过 1 个季度，很可能小于 1 个月；②这一涡旋在夏季有明显的年变化以至月变化；③这一涡旋，一般多出现于中层而不达表面。关于这一涡旋形成的动力原因，胡敦欣等（1980）、毛汉礼等（1986）指出：黄海暖流，黄海沿岸流和黑潮北上余脉 3 支流的相互作用，是产生这个涡旋的主要动力因子，而夏季底层冷水的存在，也可能是加强这个涡旋的重要热力学因子。由此可知，胡敦欣等（1984，1986）和毛汉礼等（1986），对这个涡旋的调查研究，得了一些重要结果，将井上尚文（1975）的发现深化了一步。Yuan 和 Su（1983）采用两层模式并考虑斜压效应，模拟了东海夏季环流，也显示了济州岛西南气旋式冷涡的存在；并认为台湾暖流的地形诱导作用，是形成该冷涡的主要动力原因。另外，Yuan 等（2003）于 1999 年 6 月在南黄海及东海北部的二次调查中，均证实济州岛以南海域存在一气旋式冷涡。通常认为，上升流发生在该涡旋的中心区域。乔方利等（2008）从实测的营养盐分布，推断上升流不是存在于涡旋中心，而是在离开中心处呈环状结构，并从理论模型结果也得出类似的分布。实际上，海洋中的冷涡与大气中的台风结构类似，台风上升流并非处于台风眼区域，而是在台风眼之外呈环状结构。

15.7.1.3 长江口东北气旋式冷涡

在长江口东北、济州岛以西海域，也曾出现过气旋式冷涡（图 15.29）。这是浦泳修（1982）分析 1977 年 6 月的表层温度提出的。冷涡中心较边缘约低 4 ℃。若干年的水文调查结果表明，在春、夏季，这个低温中心曾几次出现在海表面。平均而言，该冷涡的中心位置，约在江苏北部外海 33°N 附近。夏季西移而冬季东移，即在 123°～124°E 之间摆动。

Yuan 和 Su（1983）采用二层数值模拟东海环流中，证实该涡旋的存在。郭炳火等（1987）利用 1984 年东海黑潮试验水文调查资料，证实在长江口外，舟山群岛以北海域，存在冷水块。冷水上升至近表面，推断这里存在气旋式的冷涡。在查阅水产部门观测资料过程中，发现冷水块并非每年都存在，冷水块只出现在 6 月和 7 月。

15.7.1.4 台湾东北海域气旋式冷涡

台湾以北彭佳屿附近海域，经常出现一个气旋式冷涡。中国台湾的殷富（1973）最早作了报道。日本宇田道隆和岸昭几乎同时对它作了报道，并称该涡最早由宇田根据 20 世纪 30 年代的调查资料提出的。嗣后，我国很多海洋工作者对该涡的现象、结构和形成原因等作了探讨。详见本书第 15.6.3 节。

15.7.1.5 东海黑潮锋面涡

20 世纪 80 年代初，日本学者 Shibata（1983）通过分析红外照片，获得冬、春期间，东海黑潮区存在锋面涡的结论。Sugimoto 等（1988）从海流观测得到东海黑潮锋面弯曲的周期为 11～14 d，波长为 300～350 km。在中日黑潮合作调查研究期间，郑义芳等（1992）于 1988 年、1989 年和 1992 年的 3 次春季调查，都在屋久岛西侧海域观测到黑潮锋面涡旋。其发生周期约在 10 d 以上，水平空间尺度约几百千米。由于流速切变的非线性作用，造成黑潮锋面的弯曲，然后黑潮水倒卷，陆架水被卷入黑潮中，以及伴随的深层水涌升，这是黑潮锋面涡旋的典型特征。黑潮锋面涡旋在陆架和黑潮的水量和物质交换中起着重要作用。黑潮强流速剪切所产生的不稳定性也许和黑潮锋面涡的形成有关（Qiao，et al，1994）

从图 15.31 可以看出，黑潮西侧扩展出一股暖的水舌，先是向西北，然后转为西南向，其周围为冷水核，形成一个东海黑潮锋面涡的结构。锋面涡中心水温低于 20 ℃，冷涡中心与陆架水相联系。锋面涡范围随深度增加而缩小，温度也逐渐降低。锋面涡具有以下特点：①冷涡中心的等温线不封闭，因在表层冷中心的低温、低盐水中，不断地有陆架水卷入，形成一条冷水带，其宽度约为 33 km，长度大于 100 km。这样使其等温线不封闭，表明它与一般中尺度冷涡有所不同。②冷涡中心出现上升流。当锋面涡通过时，将深层营养盐带至表层，此现象所影响深度可达 400 ~ 500 m。③锋面涡中心的浮游动物总含量低于两侧的总含量。④黑潮锋面涡的平均移动速度为 23 cm/s，锋面涡生命期为 10 ~ 11 d（郑义芳等，1992）。

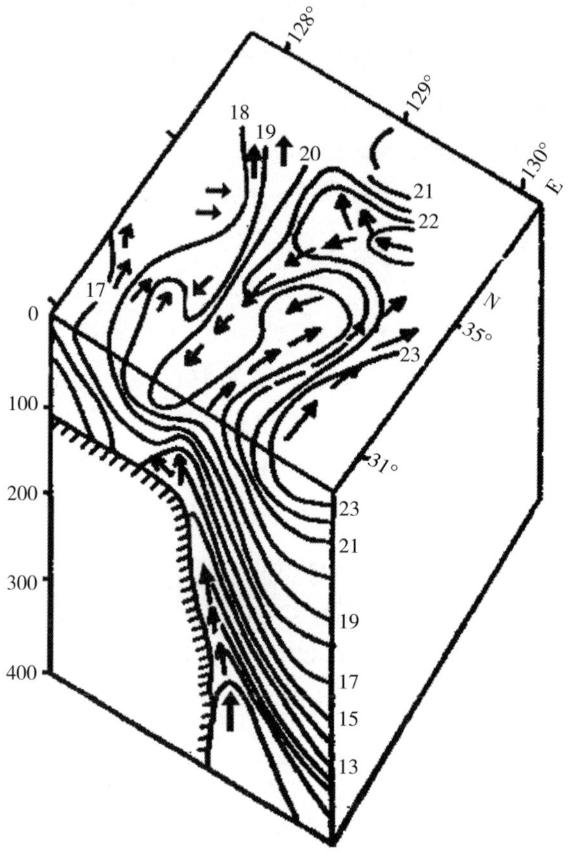

图 15.31　东海黑潮锋面涡的特征示意图（郑义芳等，1992）

15.7.2　黑潮右（东）侧海域出现的涡旋

15.7.2.1　奄美—冲绳以西海域反气旋式暖涡

1980 年 3 月，日本石井春雄等（1982），在冲绳岛西北海域先后投放了 5 个漂移浮标，采用卫星跟踪获得其漂移路径。其中 1 个浮标，在奄美大岛西北绕行了 1 圈反气旋轨迹，直径约 70 km，运转周期约 7 d。1981 年 2 月 6 日投放的另一浮标，在奄美大岛以西及西南分别绕行 2 圈反气旋轨迹，直径分别约为 70 km 及 90 km，运转周期 6 ~ 7 d。奄美大岛以西位于黑潮右侧逆流区，在这里观测到套流（looped current）。这是首次发现奄美大岛以西海域存在反气旋涡。随后，孙湘平（1987）在分析东海黑潮表层流路时指出，于某些年份的夏季，特别在 1977 年、1978 年、1979 年、1980 年连续 4 个夏季，在冲绳岛以西或奄美大岛与冲绳岛之间以西海域，分别在 50 m、100 m、200 m 甚至 400 m 水层，均有暖水块出现。无论是漂移浮标的漂移路径，或是 GEK 观测的表面流图，还是从表层以下温度分布图来看，在奄美大岛以西或冲绳岛以西海域，由黑潮逆流而产生的涡旋现象是存在的，特别是夏季，暖涡尤为明显。

在冲绳岛以西海域，也经常出现涡旋，如图 15.30 所示那样。袁耀初等（2000，2001）也指出，1997 年 1 月，在冲绳岛以西海域出现一个气旋式冷涡，该年 6—7 月，出现了反气旋式暖涡（袁耀初等，2001）。2000 年也有类似情况。

15.7.2.2　冲绳岛以东海域的涡旋

日本于1980年3月投放的1个漂流浮标，从东海通过冲永良部岛－冲绳岛之间的水道，在冲绳岛以东停留了200 d左右，一直以25°20′N，128°40′E和27°N，130°E两处为中心，沿气旋型轨迹运动，浮标绕行半径平均为70 km，转动速度约40 cm/s，涡旋中心移动速度平均为45 km/d（约1 kn）（Ishii，et al，1982）。

事实上，冲绳岛以东海域，不仅出现过气旋式冷涡，也出现过反气旋式暖涡，还可能有偶极子的形式出现。如2001年4—5月，该海域出现冷涡；6月却出现暖涡；到了7月13日，暖涡核心温度异常高，流速也较大。袁耀初等（2006）利用2000年日本“长风丸”的调查资料，分析发现该年4月，出现一对反气旋式暖涡和气旋式冷涡并存，组成一个偶极子的双涡。

15.7.2.3　冲绳岛以南海域的涡旋

日本的高桥及茶园根据CSK资料首次指出，在黑潮右侧、琉球群岛以南海域，四季常有气旋式及反气旋式的涡旋。随后，管秉贤分析日本“长风丸”调查资料，证实冲绳岛以南海域，存在一个尺度较大的暖涡。暖涡出现在150～600 m层之间，中心位置在22°～24°N，126°～128°E之间。暖涡中心和边缘温差为3～4 ℃。暖中心为高盐水，温、盐等值线分布趋于一致；600 m层的暖中心和边缘的盐差仅0.15。

15.8　东海与外海的水、热、盐交换

东海西南方通过台湾海峡与南海相通，东北通过朝鲜海峡与日本海相通，而东南方向有琉球群岛诸水道与太平洋相通。由于琉球群岛水域宽广，这里将它分为4段讨论：从南往北分别为台湾至西表岛水道，西表岛至冲绳岛水道，冲绳岛至奄美大岛水道及奄美大岛至九州的吐噶喇海峡和大隅海峡（图15.32）。下面将分别进行叙述。

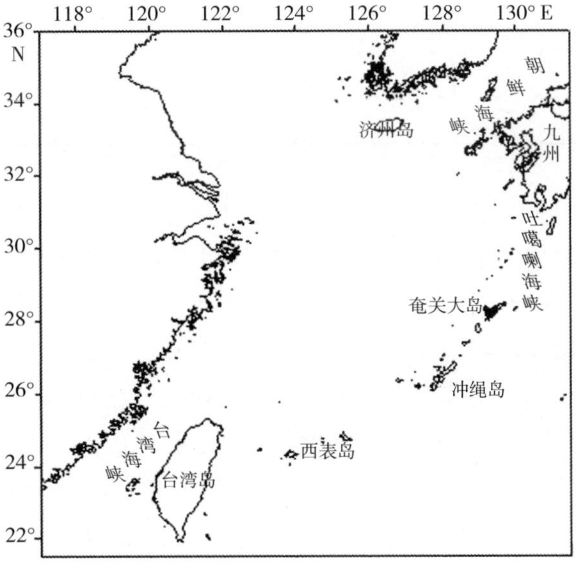

图15.32　东海与外海进行水、热、盐交换的各水道示意图

15.8.1 朝鲜海峡的水通量（流量）、热通量和盐通量

朝鲜海峡是东海连接日本海的通道，呈东北至西南走向。因对马岛横立于海峡之中，把该海峡分为东、西两水道。东水道平均深度40 m，西水道平均深度90 m（崔琰琳等，2006）。由东海穿过朝鲜海峡，流入日本海的高温、高盐暖流被称为对马暖流。对马暖流的流速具有明显的季节变化，夏季最强，冬季最弱；就东、西水道而言，西水道流速比东水道的要强。西水道平均流速为49 cm/s，东水道为26 cm/s（崔琰琳等，2006）。

朝鲜海峡流量的估计，很大程度上依赖于观测研究手段和观测时间，已有观测资料表明，朝鲜海峡流量年平均波动范围为 $0.5\times10^6 \sim 4.2\times10^6\ m^3/s$，并伴有季节性波动，为 $0.16\times10^6 \sim 5.6\times10^6\ m^3/s$（表15.2）。朝鲜海峡流量存在明显的季节变化，从春季到秋季有双峰结构，有的年份甚至出现三峰结构（春、夏、秋季），最小流量出现在冬季。Takikawa（2005）等的结果表明，朝鲜海峡西水道流量季节变化比东水道的要大。在年际变化方面，不同学者认为朝鲜海峡流量存在不同的变化周期，如Toba（1982）提出有2~3年的周期，Naganuma（1985）认为具有6年周期；而Takikawa（2005）还提出存在15年周期的见解。

表15.2 朝鲜海峡的水通量（流量，下同） 单位：$\times10^6\ m^3/s$

作　者	夏、秋季	冬、春季	平均
Yi等（1966）	2.21	0.33	1.35
Byun等（1984）	0.83	0.16	0.5
Miita等（1984）			4.2
Tawara等（1984）	4.1	2.2	
日本沿岸海洋志（1985）	3.27	2.25	2.76
Mizunoet等（1989）		0.8	
Isobeet等（1994）	5.6	1.0	2.3
Katoet等（1996）	2.3		
Takikaw等（1999）	3.4	1.6	2.6
Teague等（2002）	3.5	1.7	2.7
Takikawa等（2005）			2.5
郑沛楠等（2008）	3.4	1.9	

冬季，该海域具有较强的正压效应，对马暖流主要沿着等深线流动。夏季，由于斜压作用的影响，且朝鲜海峡附近海底地形较为陡峭，使对马暖流的表层流比冬季的要复杂得多（Seunga，et al，2007）。无论是冬季还是夏季，对马暖流均被对马岛分为西分支和东分支。郑沛楠等（2008）的数值模拟结果显示，西分支的流量要大于东分支的流量。

表15.3为济州岛与九州岛之间以及济州海峡的热通量和盐通量的计算结果，可以看作为朝鲜海峡的近似值。平均而言，济州—九州断面的热通量为0.238 PW，盐通量为93.8 Gg/s。从冬、夏季来讲，夏季代表月量值大于冬季代表月量值，即夏强冬弱。图15.33为方国洪等（2002）求得的东海主要海峡和水道的水通量、热通量和盐通量的图示，它表示年平均的情况。

表 15.3 济州－九州和济州海峡的热通量和盐通量（方国洪等，2002）

季节 \ 项目 月		热通量/PW *		盐通量/（Gg/gs）	
		济州－九州断面	济州海峡	济州－九州断面	济州海峡
冬季	1月	0.179	0.032	70.3	16.6
	2月	0.200	0.031	80.0	18.0
夏季	7月	0.254	0.045	99.9	22.7
	8月	0.264	0.045	100.3	20.8
年平均值		0.238	0.038	93.8	20.1

*：PW = 15 W。

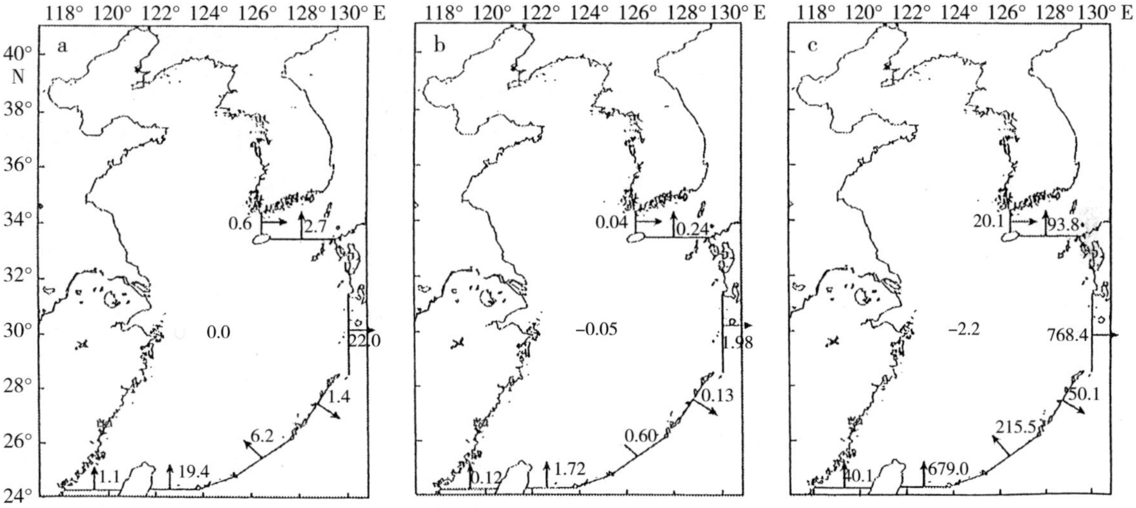

图 15.33 东海的海水体积输运：（$\times 10^6 m^3/s$）（a）、
热输运（PW）（b）和盐输运（Gg/s）（c）图示（方国洪等，2002）

15.8.2 台湾海峡的水通量、热通量和盐通量

台湾海峡位于东海的西南偶，是东海连接南海的重要通道。该海峡的流况复杂，测流资料又匮乏，人们对该海域海流的了解非常不够。目前比较一致的认识是，台湾海峡中终年存在北向流动的（台湾）海峡暖流。水文分析和一些测流资料也证实了（台湾）海峡暖流的存在。

有关台湾海峡的水通量、热通量和盐通量的估算情况，如表 15.4 和表 15.5 所示。由表可见，不同作者对台湾海峡的流量估算是不同的，而且差异较大，但基本的趋势大体还是一致的，即夏季流量大，冬季流量小。无论是冬季还是夏季，水输运皆是由南向北输运的，由南海通过台湾海峡向东海输运，冬季和夏季北向流量，分别为 $1 \times 10^6\ m^3/s$ 和 $3 \times 10^6\ m^3/s$。Wang 等（2003）和 Jan 等（2006）根据走航 ADCP 资料分析，得出台湾海峡年平均流量约为 $1.8 \times 10^6\ m^3/s$，其中最大值出现在夏季，约为 $2.7 \times 10^6\ m^3/s$。此观测结果与 Fang 等（2009）应用数值模式得到的结果非常接近，为 $1.71 \times 10^6\ m^3/s$。

表 15.4 台湾海峡的水通量 单位：$\times 10^6$ m^3/s

作者 \ 季节	冬 季	夏 季
柴扉等（2001）	0.83	2.19
赵保仁等（1991）	1.05	2.10
傅子琅等（1995）	1.74	3.32
蔡树群等（1997）	2.04	3.40
蔡树群等（2002）	0.42～0.97	1.00～1.19
Chao（1996）	−0.5	1.0
王惠群等（1997）		0.83
方国洪等（1992）	1.0	3.1
方国洪等（2002）	0.56（2月）	2.07（8月）

表 15.5 台湾海峡的热通量和盐通量

作者 \ 项目	热通量					盐通量				
	冬季		夏季		年平均	冬季		夏季		年平均
	1月	2月	7月	8月		1月	2月	7月	8月	
柴扉等（2001）	0.77	0.80	2.43	2.27		2.70	2.74	7.52	7.46	
蔡树群等（1997）	0.083	0.084	0.116	0.100	0.085	34.260	35.640	41.310	35.260	32.713
方国洪等（2002）	0.004	0.054	0.297	0.217	0.118	1.3	19.6	100.4	72.4	40.1

注：柴扉等计算：热通量单位为 $\times 10^{14}$ J/s，盐通量单位为 $\times 10^7$ kg/s；蔡树群等计算：热通量的单位为 $\times 10^{15}$ W，盐通量单位为 $\times 10^9$ g/s；方国洪等计算：热通量单位为 PW $= 10^{15}$ W，盐通量为 $\times 10^6$ kg/s。

至于台湾海峡的热通量和盐通量问题，估算的文献更少。仅就表 15.4 看出，夏季的热通量和盐通量均大于冬季的相应量。

15.8.3 琉球群岛诸水道的水通量、热通量和盐通量

琉球群岛位于日本九州岛与我国台湾岛之间，它由约 470 个大小不等的岛屿组成。从东北向西南呈弧状分布，按分布排列可分：北群、中群和南群三大岛群，因岛屿林立，使该群岛中存在众多的海峡及水道。

琉球群岛周围海域的流况非常复杂：西侧有黑潮流经东海，并常有黑潮逆流出现；在吐噶喇海峡附近，黑潮又返回太平洋。东侧的次表层存在弱流——琉球海流；琉球群岛周围还是涡旋频繁区；太平洋次表层水和中层水还从冲绳岛以南水道入侵东海。在这样的环境状况下，琉球群岛之间的水、热、盐交换必然是复杂、多变的。

表 15.6 和图 15.33 分别表示琉球群岛 4 条主要水道（或海峡）的水通量（流量）、热通量和盐通量的结果。其中，表 15.6 列出冬、夏两季代表月和年平均值，而图 15.33 表示年平均的结果。由表及图看出，黑潮沿台湾岛东岸北上进入东海的流量，约为 19.40×10^6 m^3/s；从西表岛—冲绳岛之间的水道进入东海的太平洋水的流量为 6.2×10^6 m^3/s。黑潮从东海经吐噶喇海峡（这里包括大隅海峡在内）返回太平洋的流量为 21.95×10^6 m^3/s。据赵保仁等（1991）的计算，大隅海峡（指九州岛－种子岛之间海域）的平均流量为 2.0×10^6 m^3/s，最大流量为 6.6×10^6 m^3/s，最小流量为 0.46×10^6 m^3/s。表 15.6 还表明一个现象，即黑潮沿台湾岛东岸进入东海的流量，似乎夏季比冬季的要大；在吐噶喇海峡，黑潮从东海返回太平洋

的流量，也是夏季的比冬季的要大。

在热通量方面，黑潮沿台湾岛东岸北上进入东海的年平均值为1.723 ×10^{15} W。热通量具有明显的年变化，以6 月最大，为2.012 ×10^{15} W；10 月最小，为1.371 ×10^{15} W（方国洪等，2002）。在吐噶喇海峡，热通量的年平均值为1.978 ×10^{15} W，以7 月最大，为2.210 ×10^{15} W；10 月最小，为1.687 ×10^{15} W（方国洪等，2002）。

关于盐通量，方国洪等（2002）的结果表明：黑潮沿台湾岛东岸北上进入东海的年平均值为678.0 ×10^6 kg/s，以6 月最大，为787.2 ×10^6 kg/s；10 月最小，为538.4 ×10^6 kg/s。而在吐噶喇海峡，盐通量的年平均值为768.4 ×10^6 kg/s，以7 月最大，为838.4 ×10^6 kg/s；10月最小，为658.6 ×10^6 kg/s。

表15.6 琉球群岛主要海峡或水道的水通量、热通量和盐通量（方国洪等，2002）

项目 / 海峡或水道名称	水通量/（×10^6 m^3/s）					热通量/（×10^{15} W）					盐通量/（×10^6 kg/s）				
	冬季		夏季		年平均	冬季		夏季		年平均	冬季		夏季		年平均
	1月	2月	7月	8月		1月	2月	7月	8月		1月	2月	7月	8月	
台湾岛—西表岛	18.64	19.46	21.79	19.60	19.40	1.634	1.727	1.965	1.754	1.723	652.4	681.1	762.8	686.0	679.0
西表岛—冲绳岛	7.17	6.37	4.82	5.38	6.16	0.696	0.628	0.462	0.508	0.595	223.0	223.0	168.5	188.2	215.5
冲绳岛—奄美大岛	1.32	1.62	1.97	1.36	1.43	0.114	0.144	0.195	0.122	0.132	56.7	56.7	68.8	44.2	50.1
吐噶喇海峡	21.91	21.91	23.95	22.26	21.95	1.935	1.944	2.210	2.050	1.978	766.8	766.9	838.4	779.1	768.4

东海受东南季风影响的时间较长，加之气旋活动及台风等影响，其降水量要明显大于渤海和黄海的降水量，年平均值在900～2 000 mm/a 之间（苏纪兰，2005；孙湘平，2006）。降水量的空间结构是东高西低：东岸琉球群岛一侧降水量超过2 000 mm/a，西岸长江口附近海域，降雨量小于1 000 mm/a（苏纪兰，2005；孙湘平，2006）。东海的降水主要集中在夏季和春季。由于受黑潮的影响，东海存在强烈的海气温差，同时受东海大风的影响，东海的蒸发量是中国近海最高的海域，年平均值在1 250～2 500 mm/a 之间（阎俊岳，1999）。东海的蒸发量的空间分布是东南高、西北低，蒸发量等值线呈西南—东北走向。冬季由于海气温差加大，蒸发量达到最大值，夏季蒸发量减小（阎俊岳，1999）。由于受云量的影响，东海中部多云区的太阳辐射通量，是中国近海年平均太阳短波辐射最小的海域，最小值小于145 W/m^2。整个东海的太阳短波辐射在140～160 W/m^2 之间，中部最低，并向南向北逐渐增加。东海的太阳辐射通量的最大值出现在7 月，最低值出现在12 月（阎俊岳，1999）。受黑潮的影响，东海的感热通量和潜热通量在中国近海是最高的，其中感热通量的范围在10～40 W/m^2之间，潜热通量的范围是100～200 W/m^2 之间。感热通量最大值出现在东海黑潮流经海域，最大值超过40 W/s^2；潜热通量最大值也出现在黑潮流经海域，最高值甚至超过200 W/s^2（阎俊岳，1999）。东海感热通量和潜热通量的地理分布都是由东向西逐步递减的，等值线呈西南—东北走向。潜热通量不仅空间上存在差异，还存在显著的季节变化。冬、秋季潜热通量最大，春、夏季潜热通量显著减小，等值线的梯度也减弱。感热通量也存在与潜热通量类似的季节变化规律：冬、秋季较大，春、夏季较小。

除了东海与大气之间的热量交换，东海通过各海峡和水道与外海的水体交换也是东海与外界热量交换的重要途径。方国洪等（2002）通过数值模拟，获得黑潮携带巨大的热量进入东海的结论，年平均热输运量为2.32 PW。南海亦有可观热量通过台湾海峡向东海输运（0.12 PW）。黑潮携带的热量大部分通过吐噶喇海峡和冲绳至奄美大岛水道回到太平洋，但有相当大的热量（0.28PW）由对马暖流输运至日本海（图 15.33）。由海流输入到东海内部的热量要多于输出的热量，这表明通过东海海面的净热通量，是由海洋向大气输送的，海面的热通量约为 40 W/m^2。

15.9 台湾以东－琉球东南海域的水文特征与水团

台湾省以东海域是中国近海海域，它和琉球群岛东南海域相连。从地理概念来讲，属于菲律宾海西北部范畴。但因这里的海流、水团、水文特征等海洋现象，无不与东海、南海北部息息相关，故介绍这里的海况，对了解东海和南海北部的许多现象是有帮助的。

这一海域，有黑潮的起源地，也有副热带逆流的起始地，还是西北太平洋涡旋的活跃区，而且南海水通过吕宋海峡可达台湾东南海域，因此，这里的海洋水文状况极其复杂。

15.9.1 温度、盐度的分布与变化

该海域位于北太平洋西部中纬度副热带地区，以下简称太平洋西北副热带海域。这一海域水温较高，表层冬季水温在 21 ~25 ℃之间，夏季为 28 ~28.5 ℃，春季和秋季分别为 24 ~27 ℃和 25 ~27 ℃之间（Japan Oceanographic Data Center, Marine environmental atlas, 1978）。冬、春、秋三季表层水温分布特点是，在黑潮流经之处，有一高温水舌沿台湾东岸北上伸入东海，等温线呈经向分布，温差很小，约 2 ℃。琉球群岛西侧温度高于东侧温度，西侧温度呈舌状分布，这是因黑潮流经东海的缘故。夏季因水温高，水温舌状就显示不出来。黑潮流经以外海域，等温线呈纬向分布，并随纬度增加而递减。这就是该海域表层至 100 m 以浅水温分布的基本状况。

中、下层水温分布却是另一种面貌，以 1966 年夏季 500 m 层为例（图略）。紧靠台湾东岸，等温线密集，为 8 ~10 ℃，与台湾东岸岸线平行，这便是黑潮流轴所在之处。往东便出现一个中尺度暖水块，暖中心水温为 13 ℃，比周围水温高 2 ~3 ℃。再往东又是一个范围较小的低温水块，中心温度为 10 ℃，比周围水温低 1 ℃左右。在冲绳－奄美大岛以西海域，为一较大范围的暖水块控制，暖中心温度为 14 ℃，比周围的高 2 ℃左右。在冲绳－奄美大岛以东海域，等温线呈舌状分布，由西南伸向东北，水温为 11 ~12 ℃。这就是说，琉球群岛东、西两侧的水温，西侧的比东侧的高 1 ~2 ℃。这样的分布格局，基本上从 200 m 层开始，大致可延伸到 700 m 水层。到了 1 000 m 层，水温分布均匀，为 3.5 ~4.5 ℃之间。

盐度分布形势比较简单。冬季表层盐度，在台湾以东海域为 34.6 ~34.8 之间（Japan Oceanographic Data Center, 1978），等盐线呈南北走向。琉球群岛以西海域，表层盐度为 34.7 ~34.8（Japan Oceanographic Data Center, Marine environmental atlas, 1978），等盐线分布与黑潮路径相似。琉球群岛以东海域，盐度较高，为 34.8 ~34.9 之间（Japan Oceanographic Data Center, Marine environmental atlas, 1978）。表明该群岛东侧盐度比西侧要高 0.2 左右。夏季表层盐度的分布格局与冬季相似，但盐度值比冬季低，为 34.0 ~34.4 之间（Japan Oceanographic Data Center, Marine environmental atlas, 1978），下降了 0.4 ~0.6。春、秋季的分布趋势与冬、夏相似，盐度值均为 34.4 ~34.8。

中、下层盐度与水温分布相匹配。黑潮流经之处，500 m 层（下同）盐度为 34.3 ~34.4；两个暖水块盘踞的位置，基本上为两个高盐水块相对应，中心盐度在 34.5 以上。冲绳—奄美大岛以东海域，盐度为 34.4。到了 1 000 m 层，盐度分布均匀，为 34.4 ~34.5。

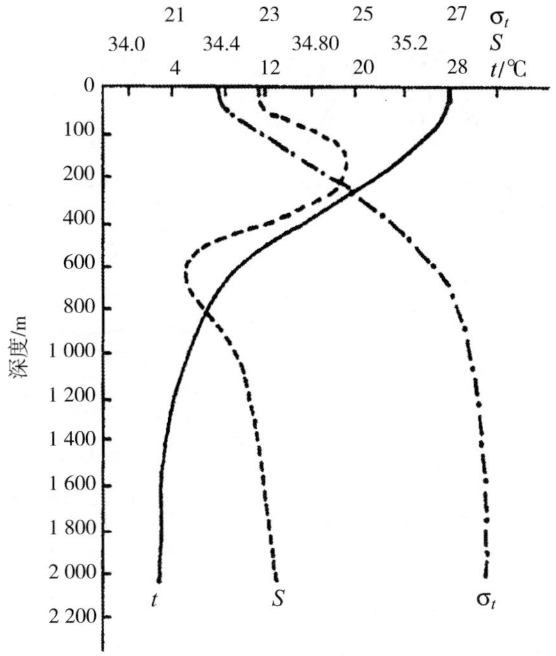

图 15.34 台湾以东海域温度、盐度和密度垂直分布（1995 年 10 月）（于洪华等，2005）

台湾以东海域的温、盐、密度垂直分布如图 15.34 所示。其中：温度垂直分布随深度增加而递减，表层为 28 ℃，2 000 m 层为 3.8 ℃。密度分布与水温的正好相反，随深度的增加而递增，表层约为 21.8，2 000 m 层约为 27.6。盐度垂直分布比较复杂：水深 1 000 m 以浅，盐度随深度基本呈一个反“S”状，存在一个最大值和一个最小值，最大值出现在200 m左右处，最小值发生在 600 m 左右深处。水深 1 000 m 以深海域，盐度随深度增加而缓慢递增。

温、盐度的年变化如图 15.35 所示。它表明，太平洋西北副热带海域在 100 m 以浅，尤其是 50 m 以内，海水温度和盐度都具有明显的季节变化。0～50 m 各个水层，温度季节变化趋势基本相同，表层最低水温出现在 2 月，为 20.4 ℃左右；最高水温发生在 8—9 月，约 27.5 ℃。年较差为 7 ℃左右。表层以下最高值出现时间，却随深度增加而推迟，水温年较差也逐渐减小。100 m 以深各水层的水温季节变化十分复杂，年内出现多次波动。至 600 m 深处，水温季节变化就不明显了。

盐度的季节变化与温度的不同。表层与 25 m 层相似，最高值出现在 1 月，表层盐度达 34.8；最低值发生在 10—11 月，表层最低盐度为 34.4。年较差为 0.4。50～400 m 层，盐度仍存在着月际差异，这种变化主要是海洋内部的因子所造成的。800～1 000 m，盐度终年稳定，几乎无月际差异。也就是说，由气象因子引起的温、盐度季节变化，主要在 100 m 以浅的层次内，尤以 0～50 m 层最为明显。中层，如 500 m 层，温、盐度季节变化就不明显了。

15.9.2 水团与水文特征

从图 15.36 可以看出，台湾以东海域的 T－S 曲线呈一个反“S”状，由表层到深层，存在着 4 种水团：表层水、次表层水、中层水和深层水。

表层水 位于 80 m 以浅的深度，易受外界影响。具有高温、次高盐特点。温度为 25～29 ℃，盐度为 34.20～34.58。

次表层水 位于表层水之下至 400 m 左右深处。特点是盐度高，高盐核心值超过 35.0。温度为 14.3～27.4 ℃，盐度为 34.7～34.9。

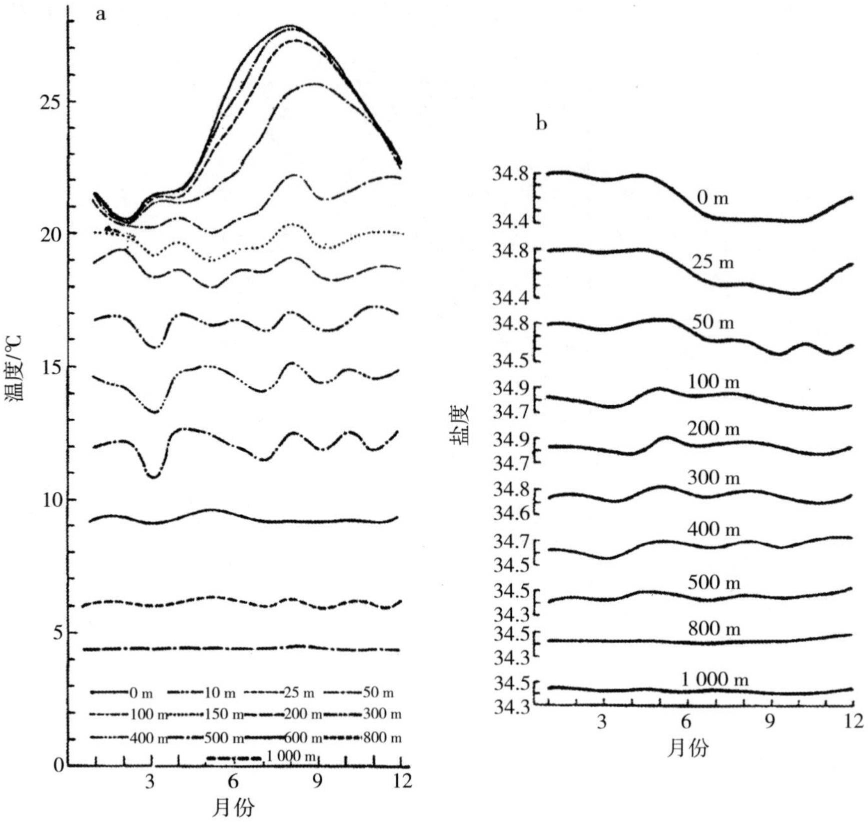

图 15.35　台湾以东 25°N、130°E 处，温度（a）和盐度（b）的年变化（日本气象研究所，1992）

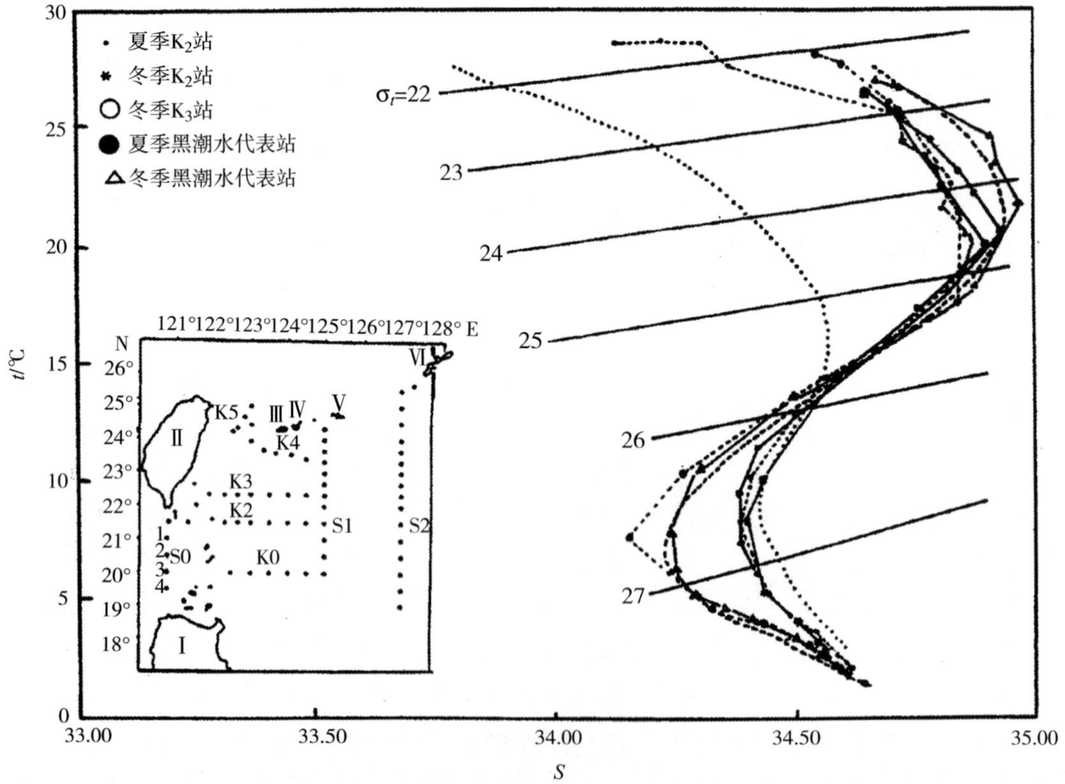

虚线为西北太平洋水；点线为南海水

图 15.36　台湾以东海域典型测站的 T－S 曲线（1997 年）（Yu，et al，1998）

中层水 位于400～1 200 m之间。特点是盐度低，具有多个低盐核，东侧盐度又低于西侧盐度，最低盐度为34.20。温度为4.3～13.5 ℃，盐度为34.25～34.40。

深层水 位于1 200 m以下的深层。特点是温度低，盐度中等，水团稳定。温度为1.5～4.0 ℃，盐度为34.45～34.65。

图15.36还表明，冬、夏两季的T－S曲线也不是完全相同的。夏季的表层水，T－S曲线却向高温、低盐方向伸展拉长，这主要是受气温和降水的影响所致。另外，K_{2-2}站的T－S曲线，无论是冬季还是夏季，于400～500 m以深，均偏离西北太平洋水，却接近南海水。该站的表层水和次表层水为黑潮水，中层低盐水和深层低温水与南海水性质相近，说明1977年夏季和冬季，南海中层水和深层水已影响到台湾东南海域。

下面，取"中日黑潮合作调查研究"的3条断面，来记述太平洋西北副热带海域的某些水文特征。其中，S_5断面可视为P_{CM}断面的辅助或补充。

先看P_{25}断面（图15.37）。其西北段位于东海，东南段位于太平洋。温度断面图上的特点是，台湾东北6号站附近，出现冷水涌升现象。冷水从陆架坡折100 m处向上凸起并向右偏，涌升的冷水影响到海面。冷中心水温为23 ℃，比左、右两侧水温低2～3 ℃。冷中心对应的盐度，也比左侧的高，其值为34.30。冷水涌升的水温分布似"锋涡"，左右两侧都存在较强的温度锋。左侧锋面自底层向上抬升到50 m处，可看作为黑潮次表层水与上层台湾暖流水之间的锋面；右侧锋面由表层向下倾斜可达150 m附近，这就是黑潮锋。在温度锋出现的位置，同样有盐度锋存在（图15.37b），但强度较弱。在盐度断面图上：100～200 m之间水层，显示出一个范围较大的高盐水舌，盐度值为34.80～34.90，它自断面东南端15号站开始，向西北方向伸展，到陆架坡折处的8号站附近，这就是次表层高盐水。在高盐水舌的前端，还分裂出一个孤立的小高盐核，盐度为34.94，位于150 m左右的深度处。

断面上的中层低盐水，位于500～700 m深处，盐度为34.30的低盐水舌，也由断面东南端的15号站，沿西北方向伸展到陆坡附近的8号站。起初水深为700 m，随后便逐渐抬升至600 m和500 m；厚度也由开始的300 m渐渐变薄为100 m左右。低盐中心为34.20，最低值为34.14，前锋抵达10号站（即西表岛、石垣岛附近）。这就是说，太平洋中层水，可通过西表岛或石垣岛附近的水道进入冲绳海槽；但低盐核（34.20等盐线）只抵达西表岛或石坦岛附近，没有进入东海。

其次是P_{CM}断面（图15.38），其水团结构与上面的相似，所不同的是，次表层水和中层水的西侵程度有差异。在温度断面图上，于8号站、10号站之间，即陆架坡折处，存在着冷水涌升现象，涌升冷水并未影响到海面，而是达50 m处附近。温度锋存在于50 m以深的位置，强度较弱。在盐度断面图上，高盐次表层水位于100～300 m之间，高盐核（34.90等盐线为代表）出现在16～20号站之间，深度处在100～200 m处。在S_5断面上，34.90高盐核仅伸展到3号站附近，即冲绳岛的西南，而P_{CM}断面的高盐水（34.80等值线）已西伸至11号站附近。表明太平洋次表层水已进入并越过冲绳海槽，达200 m等深线附近了。关于中层低盐水，低盐核34.20等盐线位于630～750 m深度处，西伸势力到17号站附近（冲绳岛东南），说明低盐核没有进入冲绳岛与宫古岛之间的水道，但低盐水（以34.30等盐线为代表）西伸至10号站附近，并在400～500 m深处分裂出一个孤立的低盐水块。由此可见，太平洋中层水的低盐核，没有越过琉球群岛；而中层低盐水却侵入冲绳海槽西侧的陆坡处，其西伸势力比P_{25}断面上的要强。

最后看P_3断面。图15.39表明，在陆架坡折附近，即7号、8号、9号站处，同样存在着

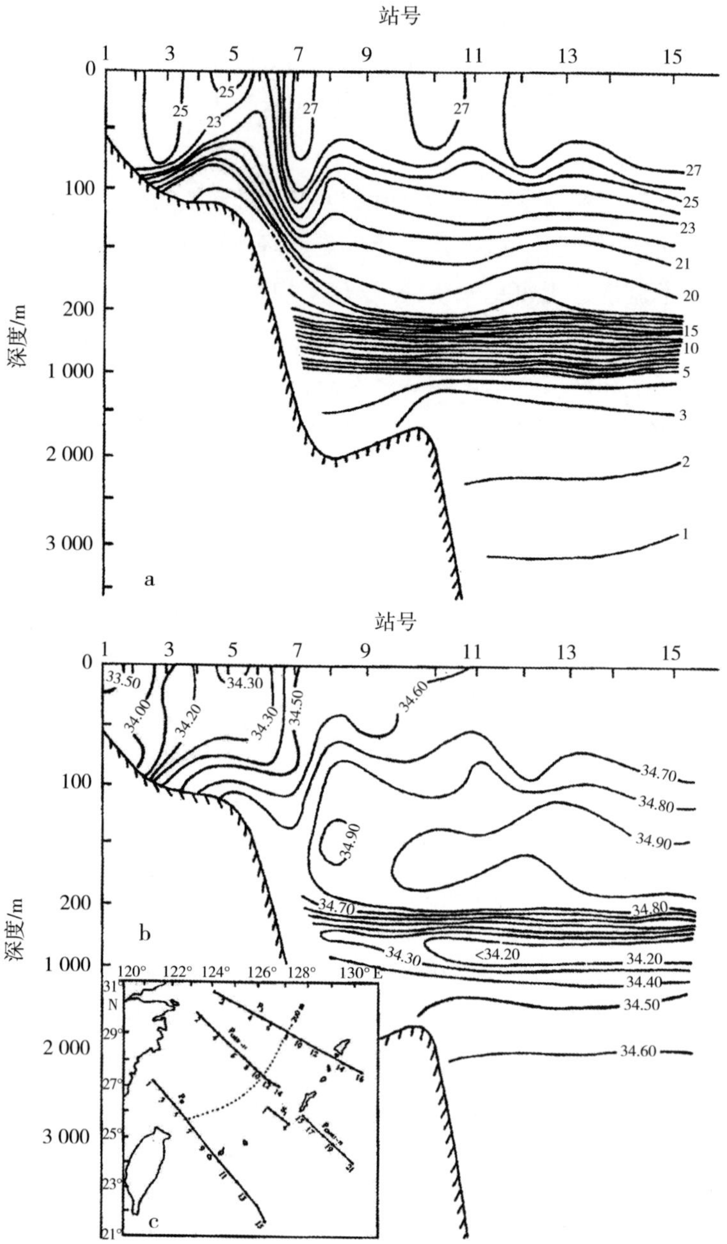

图 15.37 P_{25}断面温度（℃）（a）、盐度（b）分布（1991 年 10—11 月）（于洪华等，1995），c. 调查断面位置及站位分布

冷水涌升现象，冷中心水温为 18.25 ℃。冷水涌升并未影响到表层，而是达 50 m 左右。盐度分布表明，次表层高盐水舌（以 34.80 等盐线为代表），位于 100 ~ 200 m 之间水层，由东南端的 16 号站向西北伸展到 9 号站附近，即陆架坡折处。高盐核达 34.90，水平位置在 13 号站和 14 号站之间。同样，太平洋中层水（以 34.30 等盐线为代表）也可西进到 9 号站附近，而中层水的低盐核（34.20 等盐线）西伸势力较弱，只抵 15 号站附近。换句话讲，太平洋次表层水和中层水，通过奄美大岛与冲永良部岛之间的水道，都侵入冲绳海槽的西边界附近，而其高盐核和低盐核，西伸势力弱，分别抵达奄美大岛与冲水良部岛之间的水道附近和奄美大岛的东南。

综上所述，可概括以下认识：①次表层高盐水入侵陆架坡折处，往往出现爬坡涌升现象。

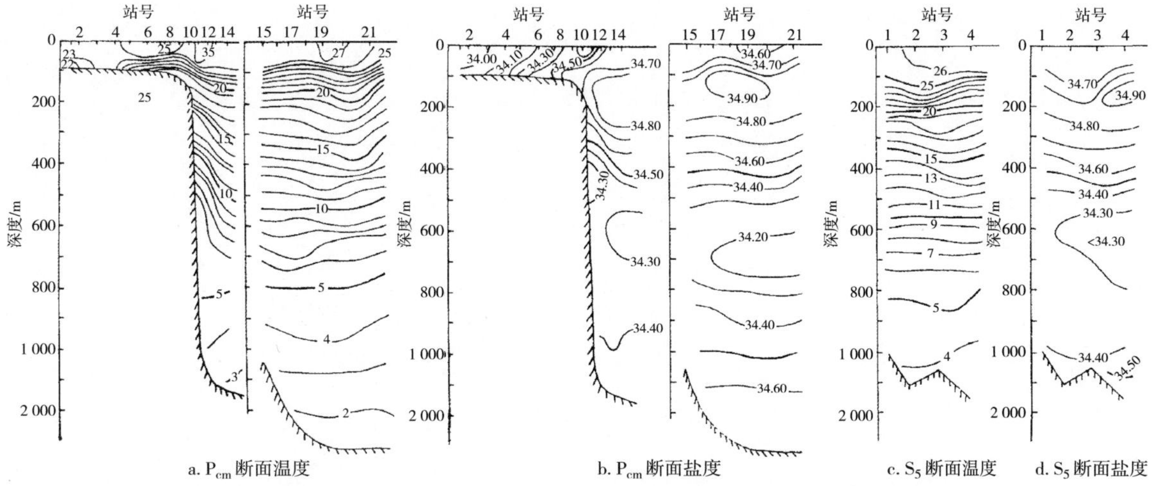

图 15.38 P_{CM}断面（a、b）及 S_5 断面（c、d）的温度（℃）、盐度分布
（1991 年 10 月—11 月）（于洪华等，1995）

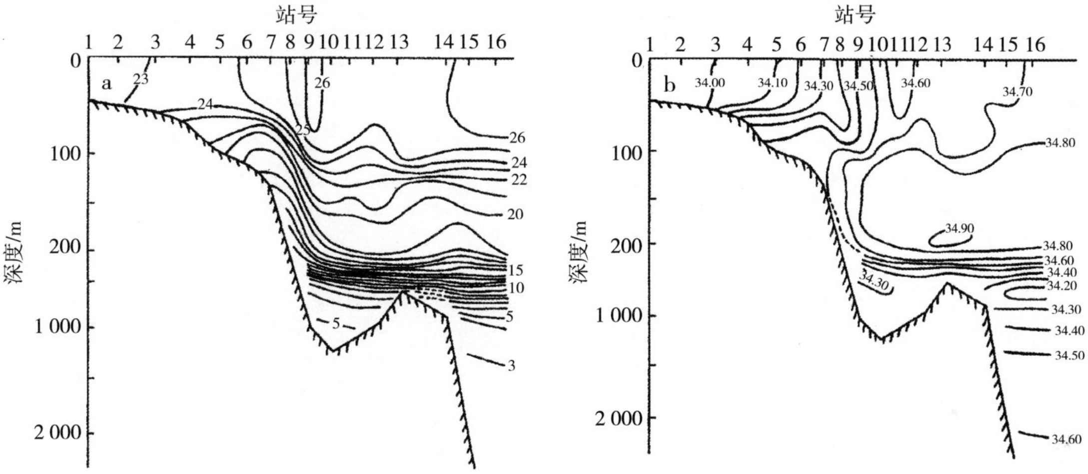

图 15.39 P_3断面温度（℃）（a）、盐度（b）分布（1991 年 10—11 月）（于洪华等，1995）

②东海黑潮次表层水和中层水的来源，除了黑潮流经东海而带入以外（这是主要的），还与琉球群岛以东的太平洋次表层水和中层水的入侵有关。如奄美大岛与冲永良部岛之间的水道，冲绳岛与宫古岛之间的水道，以及石垣岛与那国岛之间的水道，都可能是太平洋次表层水和中层水入侵东海的途径，成为东海黑潮次表层水和中层水的另一个来源。③琉球群岛西侧低盐核盐度值，将高于东侧的盐度值，而其所在深度，东侧的比西侧的要深些。

第4篇　南　海

第16章 南海海区的气候*

16.1 风

16.1.1 季节变化

南海位于热带季风带，风向有明显的季节性变化，冬季盛行NE风，夏季盛行SW风。整个海区12月平均风速最大为8.2 m/s，5月风速最小为4.6 m/s，冬季平均风速大于夏季。

从10月到翌年3月东北季风控制着整个南海海区。巴士海峡、台湾海峡及南海东北部和南沙群岛西部存在两个风速比较大的海域，其中巴士海峡、台湾海峡及南海东北部平均风速最大，12月的平均风速在10～14 m/s之间；南沙群岛西部海域，12月的平均风速在10～11 m/s之间（图16.1）。两个大风区形成了一条NE—SE走向的大风通道，盛行风频率在90%左右。由于地形和赤道无风带的影响，菲律宾以西海域、越南东北部沿岸海域、加里曼丹岛以东海域风速较小，月平均风速均小于7 m/s。

西南季风的建立具有爆发性，它通过一次次的季风潮得以加强和向北推进。5月西南季风在南海的西南部开始出现，并由西南部向东北部扩展。6—7月西南季风开始控制整个南海。8月西南季风出现频率达到最大（图16.1），南沙群岛西北部为中心的风区其平均风速大于8 m/s；整个海区8月的平均风速大于7 m/s；巴士海峡附近海域，月平均风速大于7 m/s；越南东北部海域、台湾海峡以及加里曼丹岛以东海域风速较小，月平均风速小于6 m/s。9月东北季风在南海东北部开始出现，风速逐渐增大，并由NE向SW扩展。4—9月风速比较大的海域主要位于南沙群岛西部、巴士海峡附近。加里曼丹岛附近及其以东海域常年风速较小，平均风速小于5 m/s。

两种季风交替季节，即春、秋季，NE风和SW风均减弱，风向变化大，盛行风向频率较低。春季大部海区为5～7 m/s。秋季，除南沙西海面9月平均风速仍为7～8 m/s外，其他海域一般在6 m/s，但北部海面10月可增至7～8 m/s。

16.1.2 大风频率

南海大风主要产生于南下的冷空气和夏季的热带气旋等天气系统的活动。

南海大风以冬季风时期最频繁。其大风频率以冬季月份的东北部海域最大。南海东北部12月大于等于6级大风出现频率（以下称大风频率）为40%～65%，大于等于8级大风出现频率也在5%以上（图16.2）。此外，南沙群岛西部海域，12月的大风频率在40%～55%之间。

随着东北季风的减弱，大风频率也逐渐减小，3月南海南部至泰国湾一般不足5%。4—5月南海大风频率较低，大于5%的大风频率仅局限于南海东北部的台湾海峡南部至巴士海峡

---

* 本章编写人：贺志刚，杨磊。

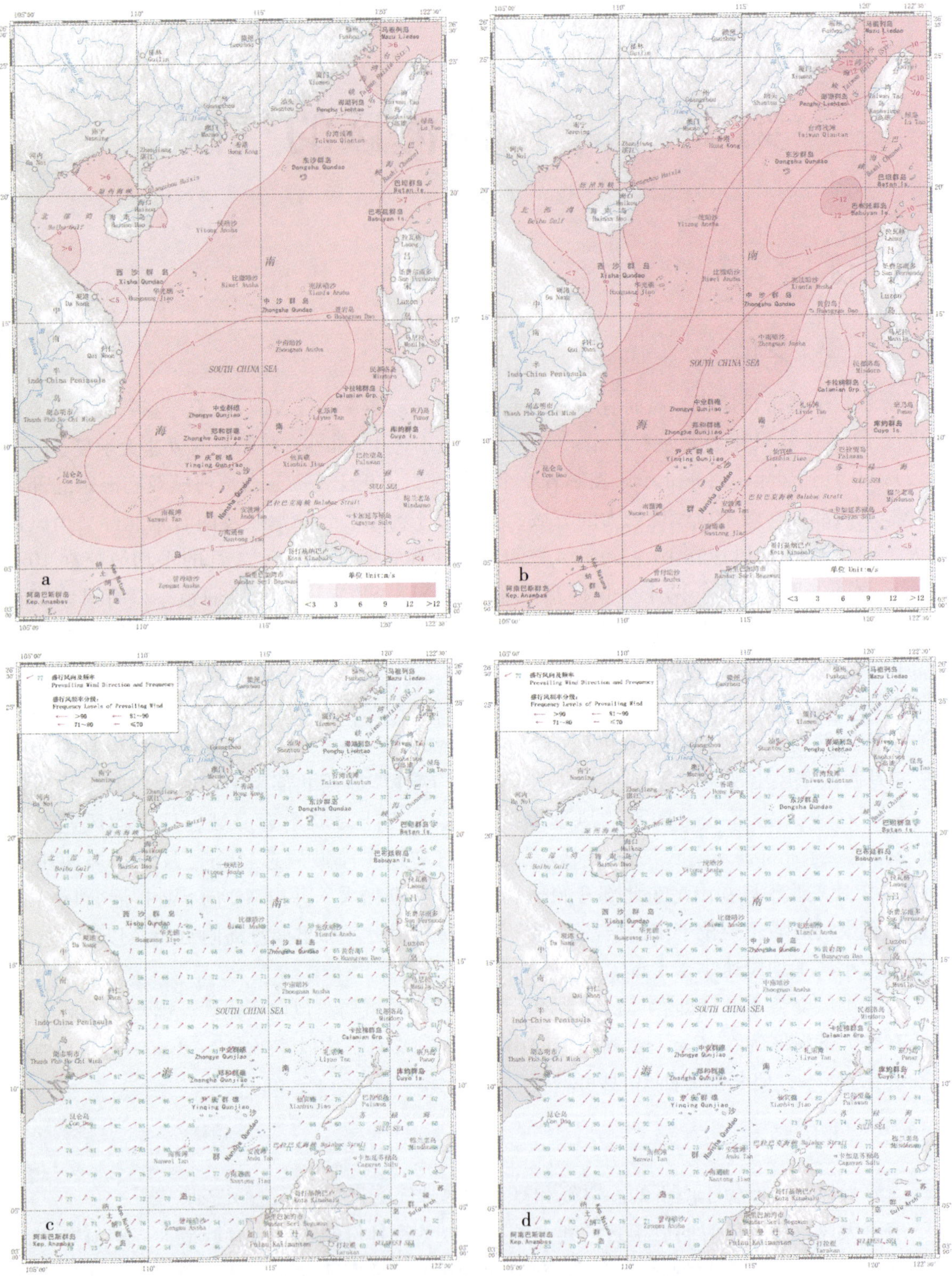

图 16.1　南海 8 月和 12 月的平均风速和盛行风（王宏，2004）

a. 8 月平均风速；b. 12 月平均风速；c. 8 月盛行风；d. 12 月盛行风

附近。中南部海域不足 5%，最南的赤道海域不足 1%，为低纬全年海上风力最小时期。

6—10 月为南海热带气旋活动季节，特别是 8—9 月热带风暴频繁出现，这时也是南海飑线经常发生期，因此，大风天气比 4—5 月有所增加，如 8 月南沙群岛海域大于 6 级大风频率可达 20%，最大中心位于南沙群岛偏西海域，超过 30%（图 16.2）。10 月以后冷空气频繁活动，南海海域大风频率增加，尤其东北部最为显著，10 月最高，频率可达 44%。在冷空气涉足非常微弱的南部和西南部水域，大风天气很少，频率不足 5%。

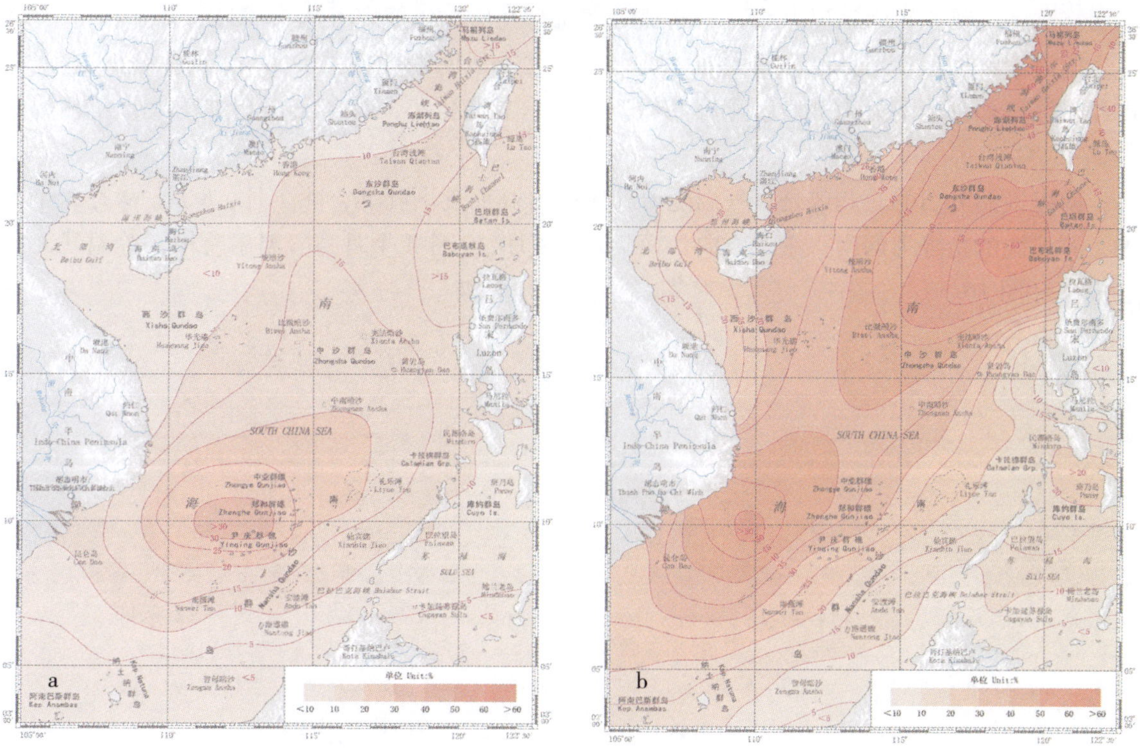

图 16.2 南海 8 月和 12 月大于 6 级大风频率分布（王宏，2004）

a. 8 月；b. 12 月

16.1.3 海陆风

以广东沿海地区海陆风为例（表 16.1），南海北部典型海陆风具有以下特征：① 广东沿海地区四季都有海陆风出现，但季节变化明显，秋季出现频率最高。深圳、珠海秋季海陆风频率分别高达 51% 和 47%。② 不同地区海陆风出现频率相差较大，珠江口两岸地区出现频率最高，粤西地区最小。③ 海、陆风开始时刻地区差异较大。粤西地区海风开始最早（约 9:00），珠江口地区陆风出现最晚（23:00— 24:00）。夏季海风持续时间超过 12 h，除台山冬季陆风持续时间仅 6 h 外，其他地区冬季陆风持续时间均超过 15 h。

表 16.1 广东沿海地区典型海陆风情况（范绍佳等，1998）

季 节	台山				珠海				深圳				汕尾				年平均
	春	夏	秋	冬	春	夏	秋	冬	春	夏	秋	冬	春	夏	秋	冬	
频率/%	13	21	21	14	17	27	47	26	27	44	51	19	14	25	39	22	27
海风开始时刻	9	8	9	9	12	11	12	13	11	9	15	14	12	10	12	12	11
海风持续时间/h	11	15	11	8	12	13	12	8	13	14	7	6	9	12	10	9	11
陆风开始时刻	21	24	20	19	24	24	24	21	24	23	21	21	22	23	22	20	22
陆风持续时间/h	13	9	13	6	12	11	12	16	11	10	17	18	15	12	14	15	13

16.2 气温

南海地处热带和亚热带，终年气温较高。总的特点是：东北季风时期南北温差大，西南季风时期南北温差减小。

南海北部海面紧接亚洲大陆，东北季风时期常受来自北方干冷空气的影响，气温季节变化明显，冬、夏季风时期温差很大，北部沿岸尤为突出，年振幅可达 10 ℃以上。

南海南部的近赤道地区，受大陆影响小。东北季风时期即使强冷空气南侵，经长途跋涉再经暖湿海面到达南海南部时已显著变性。气温季节变化小，终年气温相差不大，年振幅仅为 2 ~ 3 ℃。

南海气温分布的总趋势是，气温随着纬度的升高而逐渐降低，除 7 月、8 月、9 月 3 个月外，等温线的走势为西南—东北方向；而 7 月、8 月、9 月 3 个月，气温温差小，等温线无明显规律（图 16.3）。

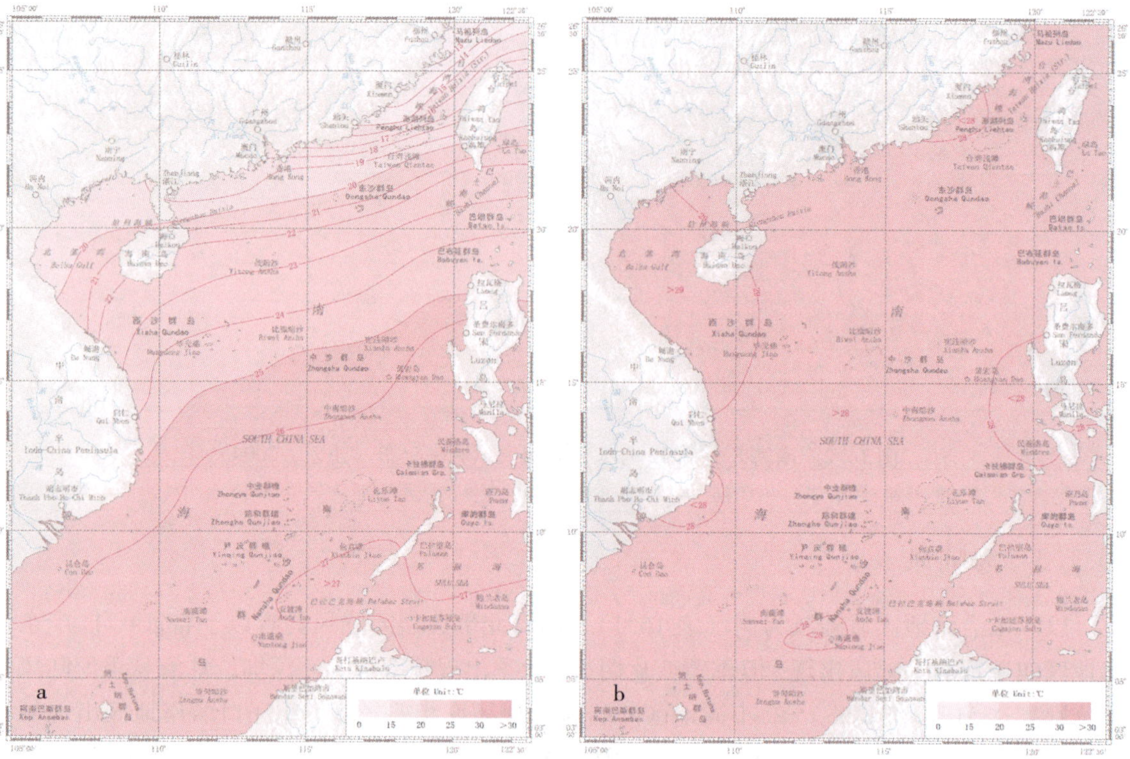

图 16.3　2 月和 8 月南海气温分布（王宏，2004）

a. 2 月；b. 8 月

西南季风时期，南北气温差异不大，尤其 6—9 月最为明显，基本处于均温状态，各月平均气温大多在 29 ℃左右。在西南季风期，迎风一侧海面及菲律宾西部沿海由于云雨多，气温略低。相反，背风一侧海面如越南中北部沿海，气流干燥，云雨少，气温偏高，可出现 29 ℃以上高温中心。

东北季风时期，南北气温差异大。其中 1 月最低，月平均气温为 24.3 ℃，等温线与纬线基本平行，北部温度低，南部温度高。2 月气温分布与 1 月基本一致，温差最大，南、北两端月平均温差达 14 ℃以上；气温最高的海域位于加利曼丹岛附近及其以东，月平均高于 27 ℃；气温最低的海域位于福建沿岸，月平均低于 14 ℃。

16.3　降水

南海温度高，湿度大，海面水汽含量丰富，云量较多，降水丰沛。但因地形影响及盛行气流与天气系统活动的差异，降水分布具有较强的地区性和季节性（图16.4）。

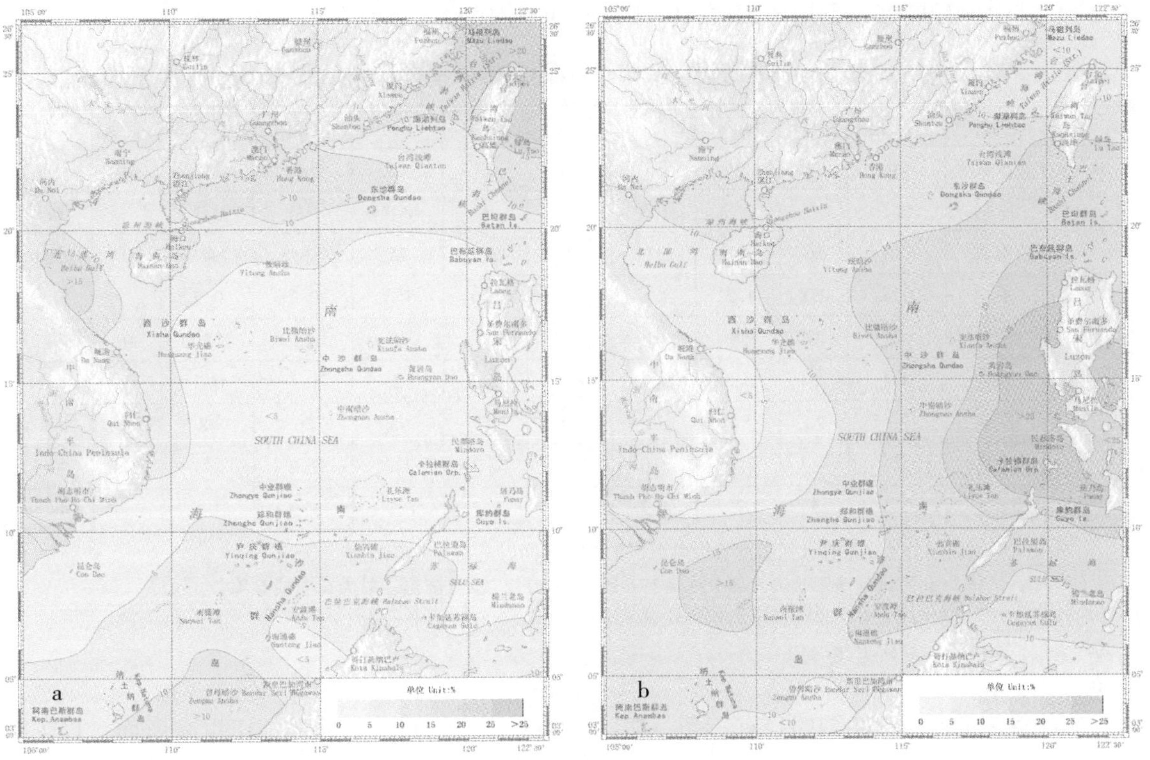

图16.4　2月和8月的南海降水频率（王宏，2004）

a.2月；b.8月

东北季风时期，南海降水较少。但按地区而言，仍可分为较多区和较少区。南海降水频率较多区主要集中在南部海域，10月至翌年1月，各月降水频率均在15%以上；其次是越南中北部沿海，11月至翌年2月，月降水频率一般在10%以上，其中2月最高，可超过15%。在该时期，南海降水频率最少是在菲律宾西部海域，月均值大多小于5%，尤以12月至翌年4月最明显。

在夏季风时期，南海降水频率分布与冬季风相反。菲律宾西部沿海频率超过20%，8月最高，超过25%。但在越南的中北部海岸降水很少，一般为5%～10%，越南南部沿岸至泰国湾在夏季风时期，降水也较多，7—8月，降水频率可达15%。与南海西南季风的建立具有暴发性相一致，南海夏季风导致的南海中部（10°～20°N）降雨具有突发性（江静等，2000；乔云亭等，2002），雨季内降水起伏较大。夏季风导致的北部降雨则是平稳增强的单峰型。

16.4　主要灾害性天气系统

16.4.1　寒潮与强冷空气

南海虽位于热带地区，但仍有不同程度的冷空气影响。少数年份6月仍有冷空气影响粤东和北部湾北部海区。据1960年9月至1980年6月的资料统计表明，最早9月上旬，最迟10月上旬开始有冷空气影响南海，大多数年份（占71%）出现在9月中、下旬。4月、5月冷空气南下势力已减弱，一般只影响到南海东北部海面。

统计表明（阎俊岳等，1993），1960—1980年共有997次不同强度的冷空气影响南海，年平均48.9次，最多65次（1973—1974年），最少36次（1975—1976年）。其中强冷空气占14%，年平均6.8次。中等强度冷空气占20%，年平均9.6次。弱冷空气占67%，年平均

32.5次。11月至翌年3月出现的冷空气次数占全年总数的71%，月平均7次左右（表16.2）。其中1月最多，平均7.7次，9月和5月平均仅2~3次。

表16.2 各月冷空气活动统计*（1960—1980年）（阎俊岳等，1993） 单位：次

类型	项目	9月	10月	11月	12月	1月	2月	3月	4月	5月	6月	年
强	次数	1	11	30	30	23	19	13	8	1	0	136
	平均	0.1	0.6	1.5	1.5	1.2	1	0.7	0.4	0.1		6.8
中	次数	5	16	26	31	39	31	25	14	4	0	191
	平均	0.3	0.8	1.3	1.6	2	1.6	1.3	0.7	0.2		9.6
强中合计	次数	6	27	56	61	62	50	38	22	5	0	327
	平均	0.4	1.4	2.8	3.1	3.2	2.6	2	1.1	0.3		16.4
弱	次数	39	73	84	72	92	83	95	56	48	8	650
	平均	2	3.7	4.2	3.6	4.6	4.2	4.8	2.8	2.4	0.4	32.5
总平均		2.3	5	7	6.7	7.7	6.7	6.7	3.9	2.7	0.4	48.9

注：* 冷空气强度的划分主要根据大风强度及影响海区的范围，同时适当参考降温。
1. 强冷空气：15°N以北海区均受影响或大部分海区有6级以上大风（24 h降温一般为6 ℃或6 ℃以上）。
2. 中等强冷空气：15°N以北有一半海区风力达到6级，个别海区风力6级以上。
3. 弱冷空气：海区风力为5~6级。

影响南海的冷空气主要路径有三条：东、中和西路。东路先影响珠江口以东海面，自东向西推移；中路同时（先后不超过6 h）影响整个海区；西路先影响北部湾，自西向东推移。影响南海的强冷空气大多数为东路，占总数的51%，其次是中路，占28%，西路最少，占22%。

16.4.2 热带气旋

根据1949—2009年热带气旋资料统计，南海出现的热带气旋总数是660个（包括南海局地生成的热带气旋和从西太平洋进入南海的热带气旋），平均每年10.8个，最多年份19个（1964），最少年份3个（1955年和1958年），其中达到台风强度352个，占南海气旋总数的53%，平均每年5.8个；达到热带风暴和强热带风暴的221个，占南海总气旋总数的33%，平均每年3.6个；热带低压87个，占南海气旋总数的13%，平均每年1.3个（表1.3）。

全年各月都有热带气旋影响南海，6—11月为盛期，占全年影响总数的87%，8—9月平均最多，占全年总数的36%。1—4月热带气旋活动稀少，不到1%。

表16.3 南海多年各类热带气旋出现个数统计表*（1949—2009年）

项目		合计/个	平均/个	百分比/%
热带气旋总个数		660	10.8	
其中	台风	352	5.8	53
	热带风暴	221	3.6	33
	热带低压	87	1.3	13
影响南海热带气旋		925	15.2	
其中	南海局地生成的气旋	247	4.0	27
	西北太平洋进入南海的气旋	413	6.8	45
	西北太平洋未进入南海的气旋	265	4.4	29

注：*南海热带气旋出现个数指源地南海和太平洋进入南海的热带气旋（不包括台湾海峡）。

统计表明，在南海出现的 660 个热带气旋中，247 个生成于南海，占南海热带气旋总数的 37%；413 个来自西北太平洋，占南海热带气旋总数的 63%。

与西太平洋热带气旋比较，南海生成的热带气旋一般水平范围小，垂直高度低，强度稍弱。但有两种特殊情况值得注意，一种是小而强的热带气旋，范围小，发展快，移动也快，破坏力较大，如 6811 号、7314 号、7310 号强热带气旋。另一种是“空心”风暴，外围风力比中心风力大，风暴发展移动较慢，如 7822 号台风。这类强气旋与冷空气作用，外围风力陡增，往往难以准确预报，不可轻视。图 16.5 所示为进入南海的热带气旋，最南位置约 8°N，最北位置达 22°N，其中，I_1 路径出现最多，约占热带气旋总数的 80%。在南海生成的热带气旋，移动路径如图 16.6 所示。其中路径II_1 和II_2 出现最多，占总数的 45%，登陆中南半岛或进入北部湾。其次是II_4 和II_5 出现较多，占总热带气旋的 22%，这两条路径对广东省沿海和海南岛影响最大。

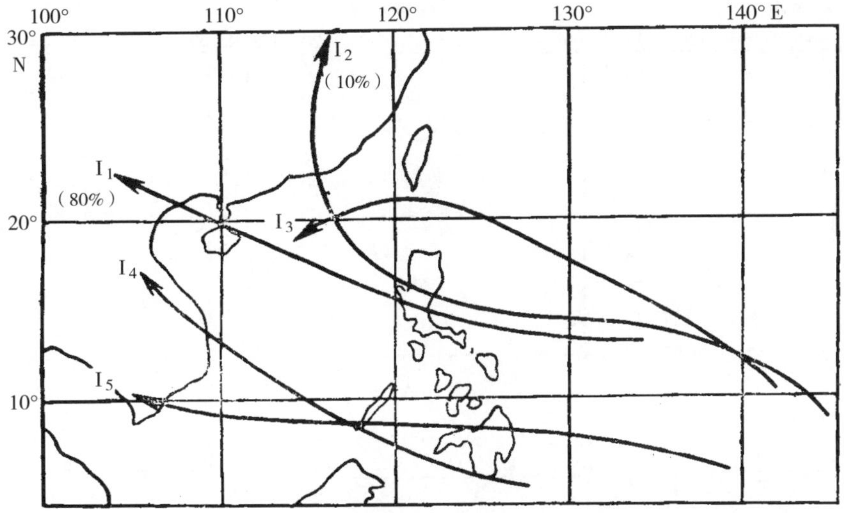

图 16.5　移入南海热带气旋主要路径示意图①

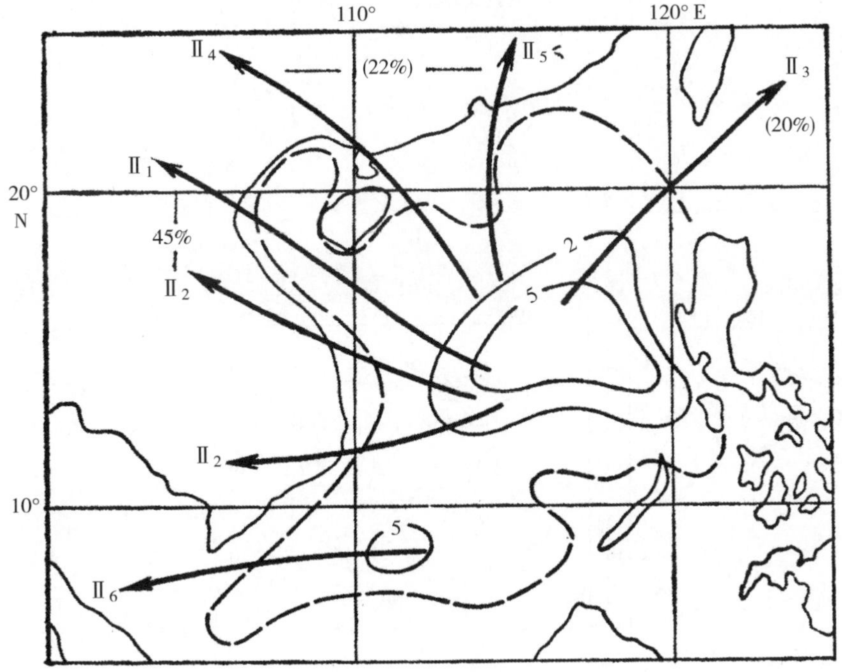

图 16.6　南海生成的热带气旋主要路径②

①② 中国人民解放军司令部气象局、中国科学院地理研究所，中国海及邻海气候，1975。

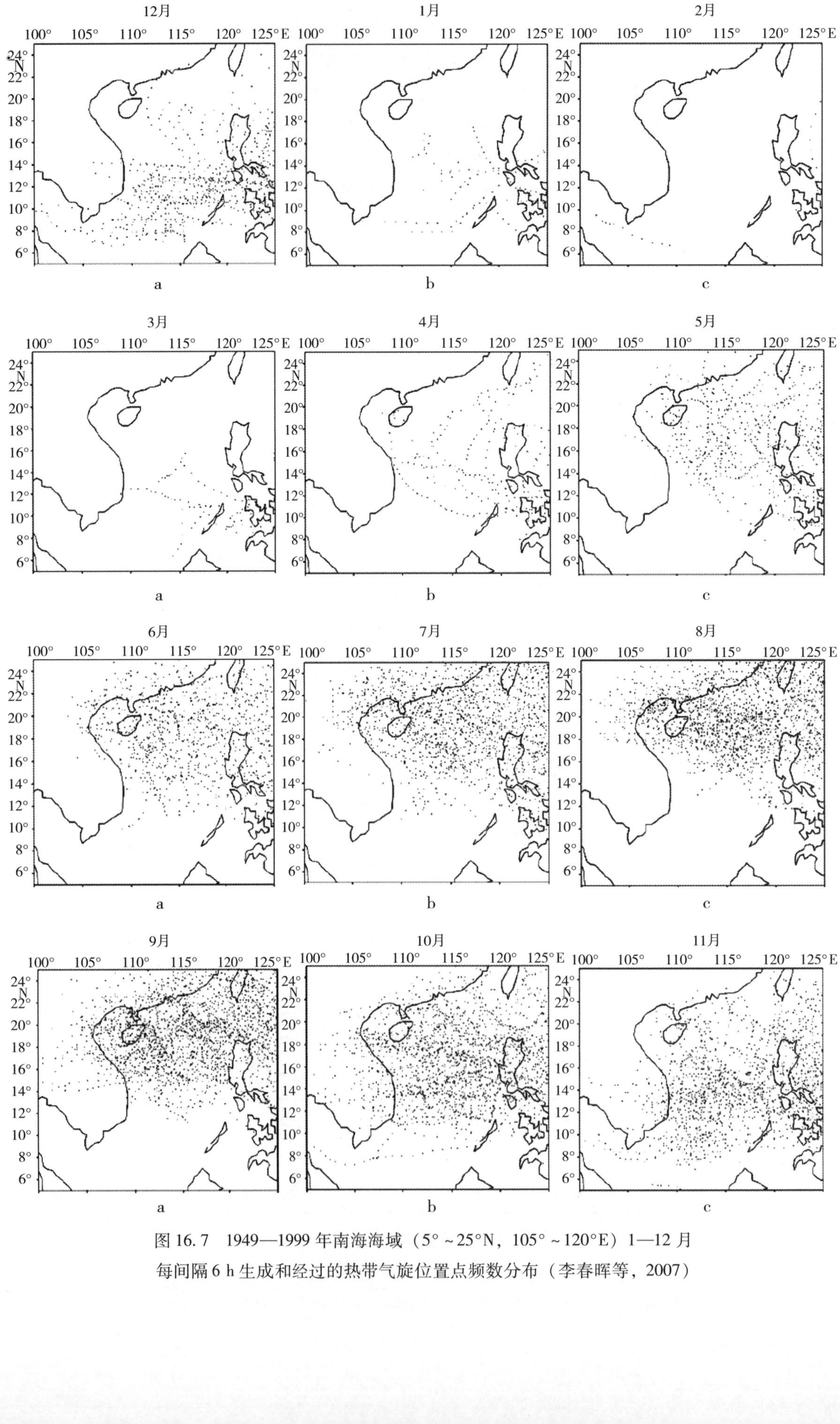

图 16.7　1949—1999 年南海海域（5°～25°N，105°～120°E）1—12 月每间隔 6 h 生成和经过的热带气旋位置点频数分布（李春晖等，2007）

图16.7给出了1949—1999年南海海域（105°—120°E，5°—25°N）1—12月每间隔6 h生成和经过的所有热带气旋位置点分布。由图16.7可知，南海海域生成和经过的热带气旋位置点频数有明显的季节变化特征。在冬季（12月至翌年2月），生成和经过的热带气旋位置点频数大值区主要集中在15°N以南区域，并在1—2月迅速减少，2月尤为显著。在春季（3—5月），南海海域生成和经过的热带气旋位置点频数逐渐增多，体现出由南向北扩展的特点。到了夏季（6—8月），生成和经过的热带气旋位置点频数基本集中在15°N以北区域，8月份位置最偏北，并且有西进的趋势。这种地理分布特点一直持续到秋季的9—10月，到了11月，南海海域生成和经过的热带气旋位置点频数的集中区迅速南撤。可见，6月是南海海域生成和经过的热带气旋位置点频数开始显著增大的月份，11月则相反（李春晖等，2007）。

16.4.3 海雾

影响南海的雾主要是平流雾和锋面雾，二者常可混合出现。南海海雾季节性和地区性强，主要出现在12月至翌年5月，其中以2—3月最多。8—11月海面基本无雾。

以地区而言，南海海雾主要分布在北部沿海。北部湾为多雾区，2—3月频率最高，可达4%～8%，其分布特点是西部沿岸多，海南岛沿岸少。雷州半岛以东沿海的雾要比北部湾少，3月最高，频率为3%～5%。4月以后粤西和北部湾的雾迅速减少，主要多雾区东移至粤东沿岸，频率为4%～6%。5月，粤西雾区消失，粤东沿岸也减弱。频率为1%～2%左右。

除北部沿海外，南海其余海面各月雾频率多不足1%。海南岛榆林港南部海面，冬季因受穿越巴士海峡的黑潮暖流的影响，水温高于气温，因而极少有雾出现。

第 17 章　南海海区的环流*

17.1　南海上层总环流

南海上层总的环流一直是人们非常关心的，几十年来，各种观测结果和模式结果都已经充分证明，南海上层环流的主要驱动机制是季风，受典型冬季风和夏季风影响，南海上层环流也呈现典型的冬季和夏季环流的特征，即冬季呈现一个大的气旋式环流结构，夏季则是一个反气旋式环流场。

Dale（1956）在分析南海海面风季节变化的基础上，结合船舶漂移资料，首次得到冬、夏两季表层环流示意图（图 17.1），清楚地认识到南海环流的季节差异。Wyrtki（1961）绘制了每双月的表层环流图（图 17.2），并从动力学角度讨论了南海环流的形成机制。他认为季风是南海环流的主要驱动力，并注意到南海环流的西向强化。从图 17.1 和图 17.2 都可以看到，无论是冬季还是夏季在南海西侧沿中南半岛海岸都有一支强流发育，但冬、夏季流向相反，冬季自北部流向爪哇海，夏季则反之。与之相比，南海东侧的环流结构显得弱而不太规则。受该强流支配南海上层环流冬季呈气旋状，夏季则呈反气旋状。季节变化和西向强化显然是南海上层总环流的两个主要特征。

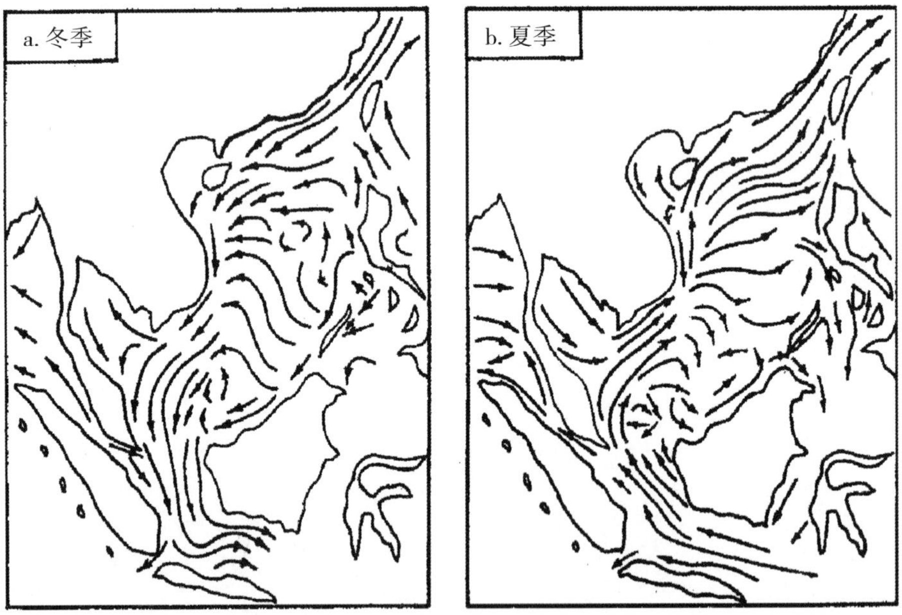

图 17.1　南海表层水平环流图（Dale，1956）

徐锡祯等（1982）利用 1921—1970 年间 6 000 个站次的南海历史调查资料，根据季节划分对南海的动力高度异常在 1°网格范围内进行统计平均，首次给出了南海上层和中层地转流

---

* 本章编写人：张志旭（上层总环流），程旭华（中、深层环流），庄伟、贺志刚（黑潮对南海的影响），经志友、赵辉（沿岸上升流），陈胜利、胡建宇（北部湾的环流），齐义泉（泰国湾的环流、北部湾的环流——第三作者）。

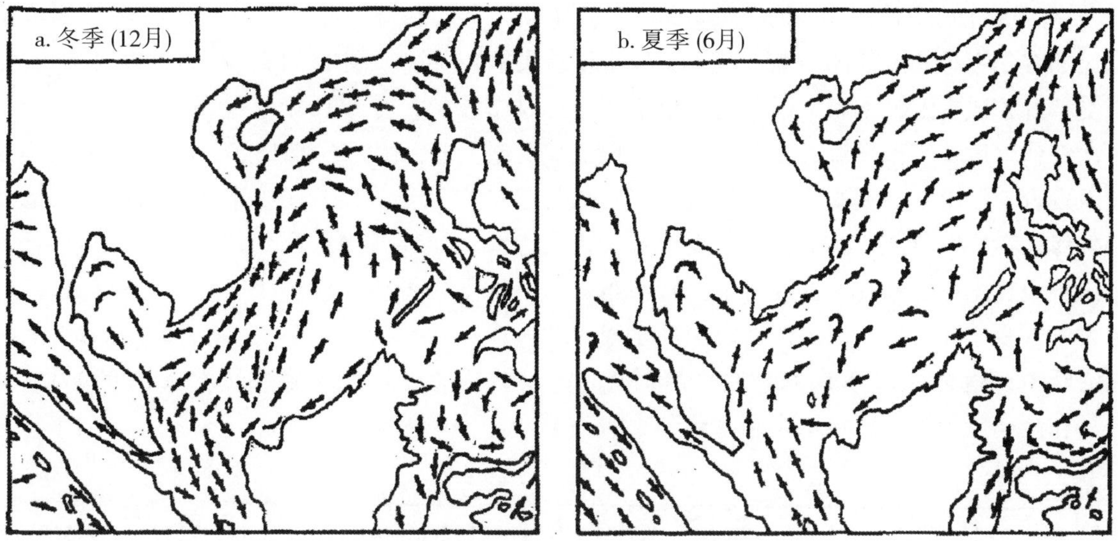

图 17.2 南海表层水平环流图（Wyrtki，1961）

的典型环流格局，南海四季的表层环流分布如下：即冬季（12 至翌年 2 月）整个南海被一个大的气旋式环流所占据，3 个中尺度涡是比较明显的特征，它们分别是位于吕宋岛附近和南部区域的气旋涡以及深水海盆中央的反气旋涡；春季（3—5 月）整体上仍然是一个大的气旋涡，但强度较之冬季已有较大差距，以 15°N 为界，较明显的中尺度气旋涡分别位于加里曼丹岛附近和吕宋岛附近；夏季（6—8 月）情形大致与冬季相反，除越南中部沿岸有一影响范围较小的气旋式涡外，南海南部和北部以反气旋式涡为主；秋季（9—11 月）上述越南中部沿岸的气旋涡得到发展，逐渐占据了南海西北部海盆，而南部的反气旋涡则被压向南海东海岸。图 17.3 显示冬季和夏季南海表层动力高度。

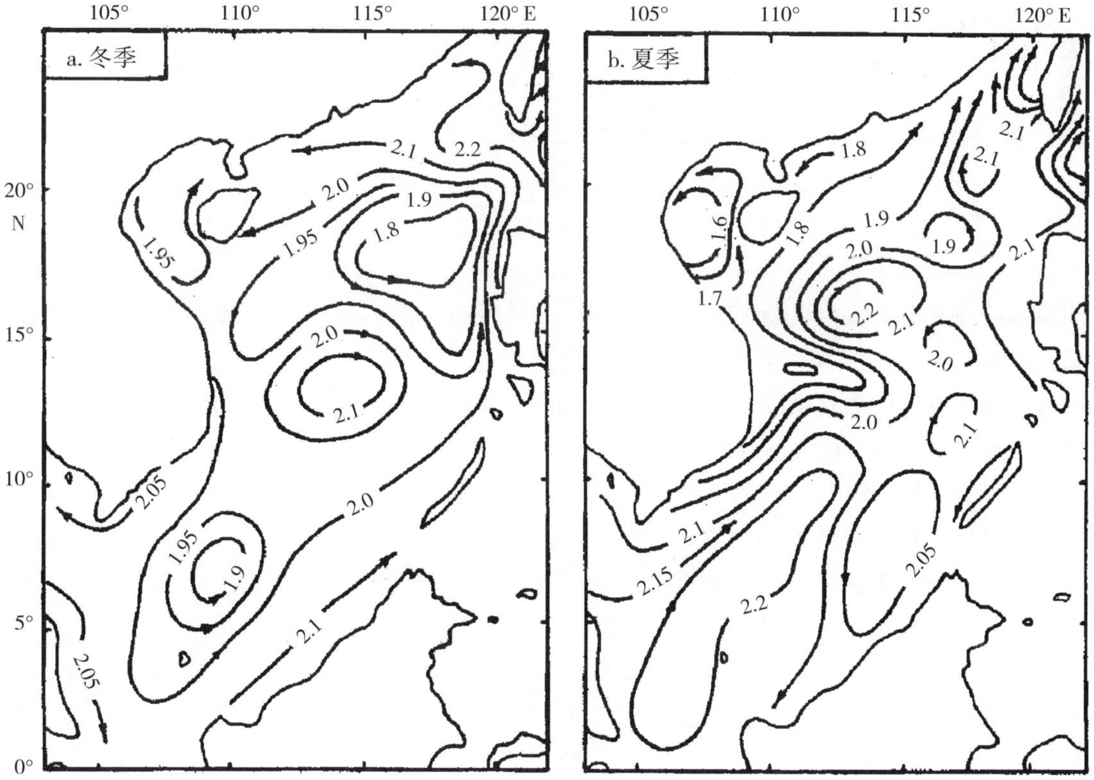

图 17.3 南海表层相对 12 MPa 的动力高度图（$\times 10\ m^2/s^2$）（徐锡祯等，1982）

李立等（2000）用 TOPEX/Poseidon 卫星高度计资料和温、盐度平均场求得冬、夏典型季风期多年平均的海面动力高度分布，导出了表层地转流场（图 17.4）。其结果表明，受冬、夏交替的季风支配，南海上层环流结果呈明显的季节变化，冬季环流呈气旋型，并发育有两个次海盆尺度气旋型环流，夏季环流大致呈反气旋型，但在南海东部 18°N 以南海域未见明显流系发育。不论冬、夏季，南海环流的西向强化趋势均十分明显，在中南半岛沿岸和巽他陆架外缘均存在着急流，其流向冬、夏季相反，是南海上层环流中最强劲的一支。冬季南下的季风急流在南海南部受巽他陆架阻挡转向东北，沿加里曼丹岛和巴拉望岛外海有较强东北向流发育。夏季北上的季风急流在海南岛东南分为两支：北支沿陆架北上，似为传统意义上的南海暖流；南支沿 18°N 向东横穿南海后折向东北；两者之间为弱流区（李立，2002a）。此外，在越南金兰湾外海显示出东向流分支的迹象。

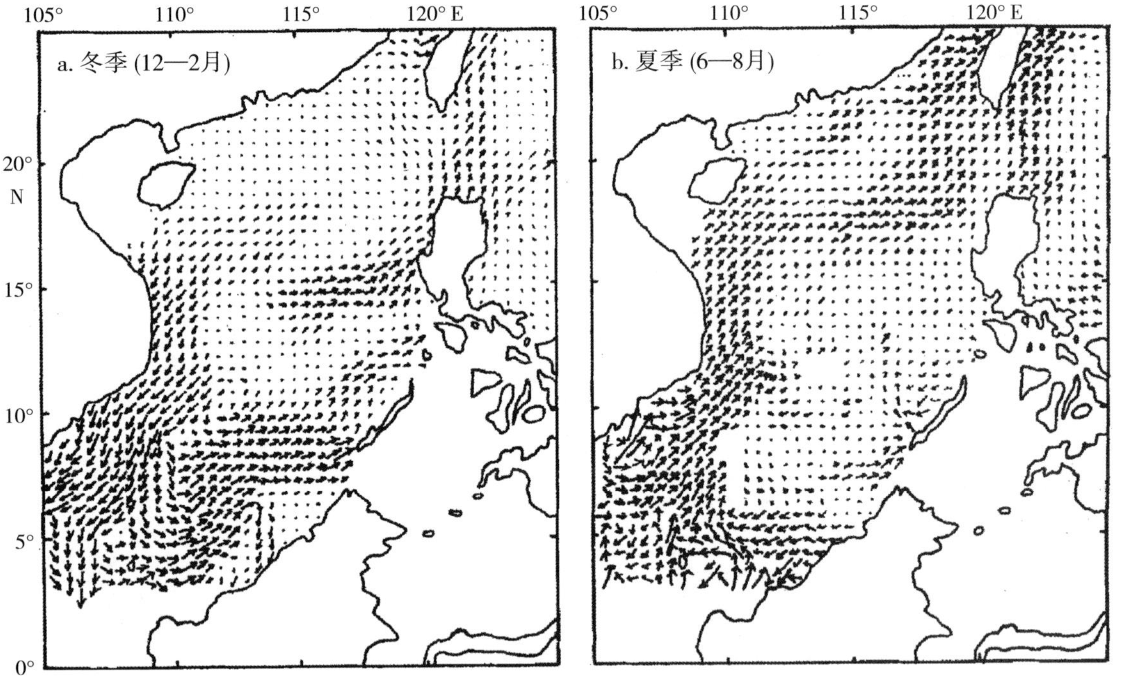

图 17.4　用卫星高度计资料导出的多年平均的海面地转流场（李立等，2000）

Qu（2000）利用可能收集到的历史温度廓线资料结合气候态的温盐关系求得南海年平均的动力高度场和动力高度的标准偏差（图 17.5），表明南海年平均的环流结构是一个大的气旋场，并在吕宋岛的西部和越南金兰湾外海分别存在一个小的气旋中心。南海海面动力高度的季节变化主要伴随着这两个气旋中心的增长和衰退而变化。吕宋岛西部的冷涡大约在 11 月出现，在翌年 1 月、2 月达到最大强度，并在 5 月、6 月份后开始消退。越南金兰湾外海的冷涡在夏季 6—8 月出现，在 10 月、11 月左右达到最大强度，而且这个气旋环流在冬季会继续存在，直到第二年季风转换期才消退。

南海南部和北部由于其所处地理位置的差异以及所受驱动力的差异，导致上层环流结构的南北差异也较大。

中国科学院南海海洋研究所的南海海区综合调查研究报告（1985）利用观测资料对南海北部的环流特征进行了描述，从图 17.6 可以看出，冬季和夏季南海北部都有一支东北向流的存在，其流速大约是 25 ~ 50 cm/s，而在这支东北向流的南面则常年存在一支西向流，其流速大约是 30 ~ 50 cm/s，在东沙岛的西南部常年存在一个气旋式的涡旋。

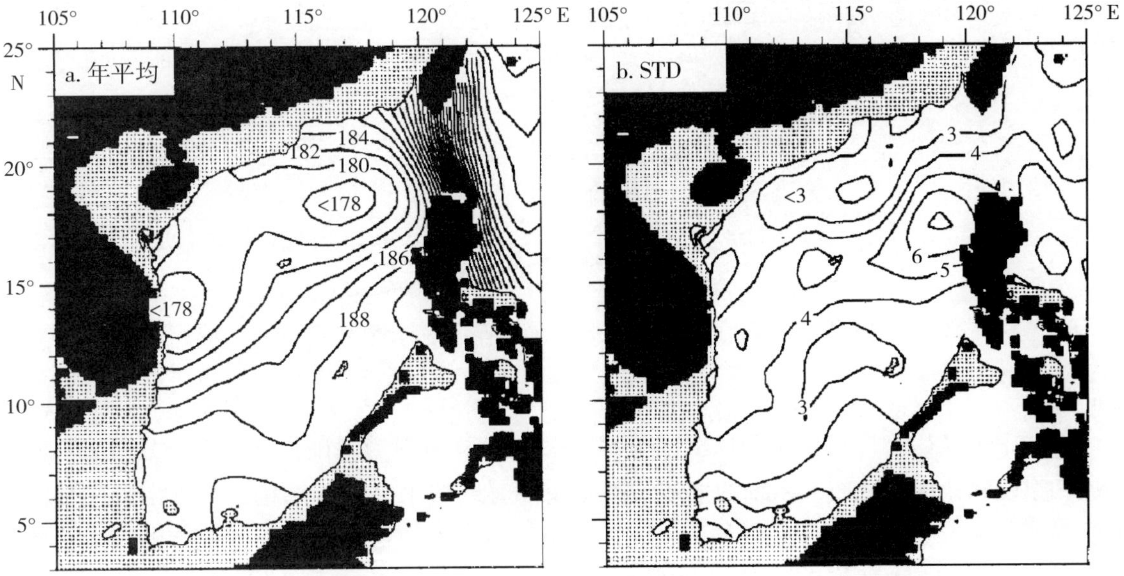

图 17.5 年平均动力高度场（a）和动力高度的标准偏差（b）（Qu，2000）

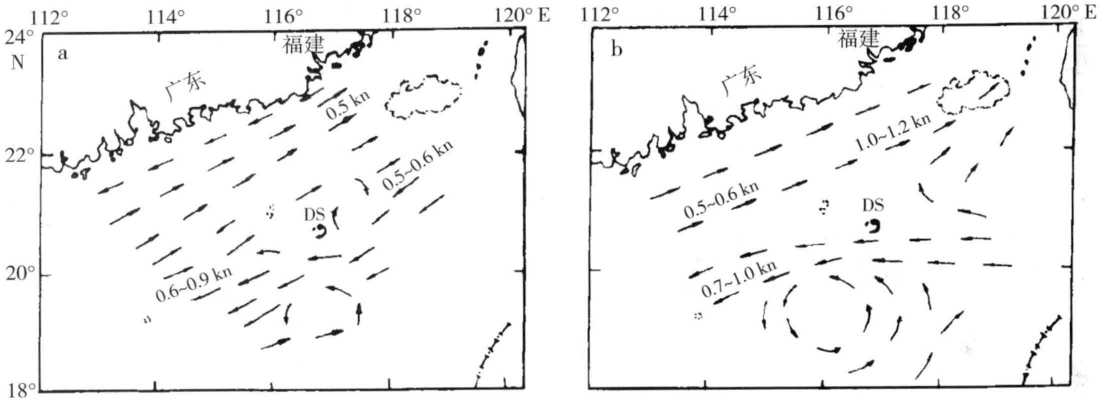

图 17.6 南海北部环流特征（中国科学院南海海洋研究所，1985）

a. 冬季；b. 夏季

袁耀初等（2002）基于在南海东北部锚定测流站上 450 m 以浅 ADCP 和长达 77 d 的测流资料进行了谱分析与计算，发现冬季上层海流强于秋季和夏季，这个结果符合冬季风强于夏季风的特征。

国家“908”专项 2006 年冬季航次在珠江口附近海域对 60 m 以浅海域进行了加密观测，高分辨率的资料揭示了诸多的沿岸水文特征。刘长建等（2010）利用该航次的 CTD 调查资料对南海北部陆架区的海流特征进行分析后发现，东北季风的 Ekman 效应引起了沿岸表层高温、高盐海水向岸输送，东北季风还驱动了西南向沿岸流，其底边界层的 Ekman 效应引起了沿岸底层低温、低盐海水离岸输送，这样就形成了陆架方向的次生环流，在沿岸海域则为下降流，并表现为沿岸海域的逆盐跃层及温跃层现象（图 17.7）。

一般认为南沙群岛的地形作用造成南部环流具有与北部环流不同的特点。以往航次观测分析认为，南部环流结构以气旋式和反气旋式环流为主，同时呈现多涡结构，尺度较大的主环流嵌套 2 个以上的小环流；冬、夏季南沙海域西部的环流方向相反。郭忠信等（2000）基于多次科学考察观测资料总结南沙群岛海域环流主要有三大特点，即：南沙上层环流具有闭合结构，自成体系；下层环流与南海中部下层环流形成闭合环流；上层环流和下层环流总是

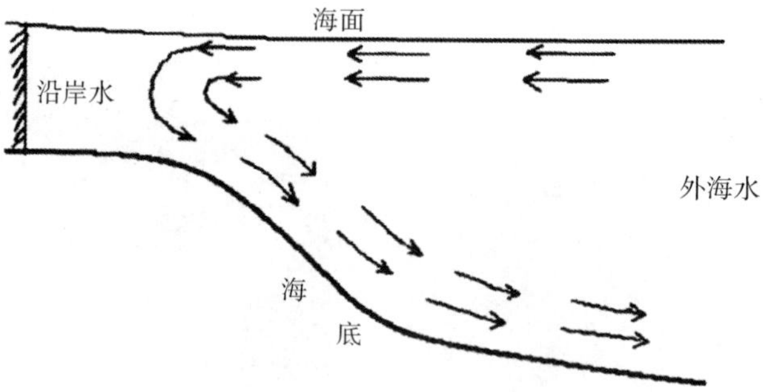

图 17.7　粤东近岸海域海水运动示意图（刘长建等，2010）

方向相反。

方文东等（1997）以不同季风期间考察航次的 CTD 资料为基础，通过综合分析海水的重力势、温度和盐度等分布，系统的描述了南海南部海区的水平环流结构，并把南海南部海区上层（0 ~ 400 m）的主要流系归结为：①西部沿岸流；②东部沿岸流；③北南沙海流；④南沙逆风流。这 4 支主要海流及其相关的涡旋构成了南海南部海区上层环流的主要格局（图 17.8）。Fang 等（2002）利用 1989 年到 1999 年间 6 个航次观测的 CTD 和 ADCP 资料分春、夏、秋、冬四个季节对南海南部上层的环流特征进行了更详细的分析，结果显示：夏季，南海南部上层环流主要由一个反气旋所控制，在该反气旋环流的北部有一支很强的东向流，这支东向流源于越南东南部海域的夏季离岸流；冬季，在南海南部的西部海域存在一个很强的气旋式环流，在东部海域则伴随一个弱的反气旋环流，而在这两个涡旋的中间则有一支很强的北向逆风流，称之为冬季纳士纳离岸流；春季，这个反气旋涡旋开始在该海区西北部形成，同时仍然可以看到纳士纳离岸流的踪迹，中尺度的涡旋在这个时期比较活跃；秋季，冬季的气旋式环流场开始形成，纳士纳离岸流融入西北部的气旋环流场中，而夏季的反气旋环流则消失，该海区东南部区域的海流大致呈东北走向，表现出反气旋的特征，所以南海南部的多涡结构非常明显。

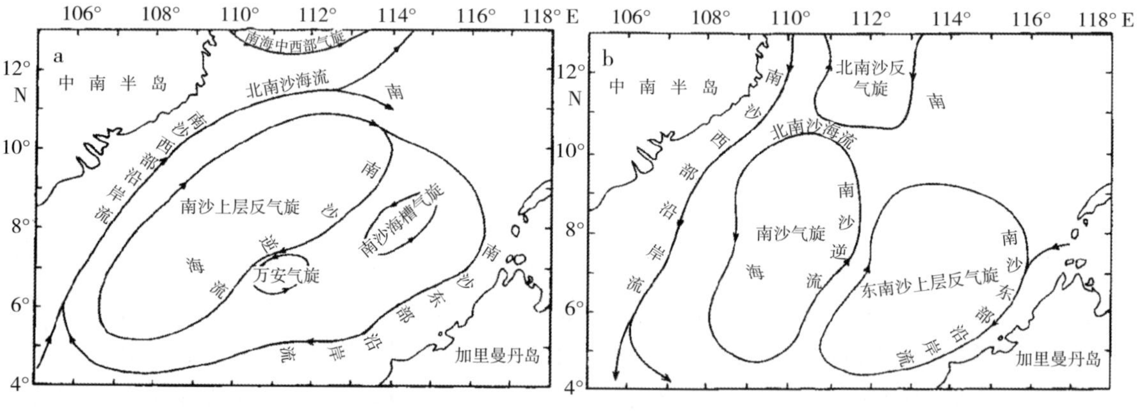

图 17.8　南海南部上层（0 ~ 400 m）海区的主要流系与环流格局示意图（方文东等，1997）

a. 西南季风期；b. 东北季风期

南海西部长年存在强的西边界流。Wyrtki（1961）曾指出在越南东部存在一支强的沿岸流，该强流随季风转换而转换。徐锡桢等（1982）给出的动力高度的分布显示，在夏季风期间，沿越南沿岸北上的急流在越南中部海区转为东向，并进入南海的内部海区。卫星观测数据也显示在夏季有一支冷的近岸水从越南中部离岸进入南海中部海区（Xie，et al，2003）。

在冬季风期间，南海西部的这支强流沿越南东部海岸向南流，实际上该强流是中国南部海域的陆坡流的延续（Liu, et al, 2008），源于东沙群岛，水团分析显示该流系有进入南海的西太平洋的水团的性质。由于接近东沙群岛，该流系又被称为“东沙海流”（Su, 1998）。

Fang 等（1998）对南海上层环流的研究进行了回顾，认为南海北部上层环流的主要驱动力是季风和黑潮入侵，主要的流系包括南海黑潮分支、吕宋东北部的气旋涡、吕宋沿岸流、南海暖流和广东沿岸流，而南海南部则主要受季风驱动，冬季，气旋式环流占据了南海南部的大部分区域；而夏季，南海南部则主要由反气旋式环流占据，该反气旋涡的北部大约11°N附近有一支很强的离岸流，并分冬季和夏季分别绘出了南海上层环流总的结构示意图（图17.9）。

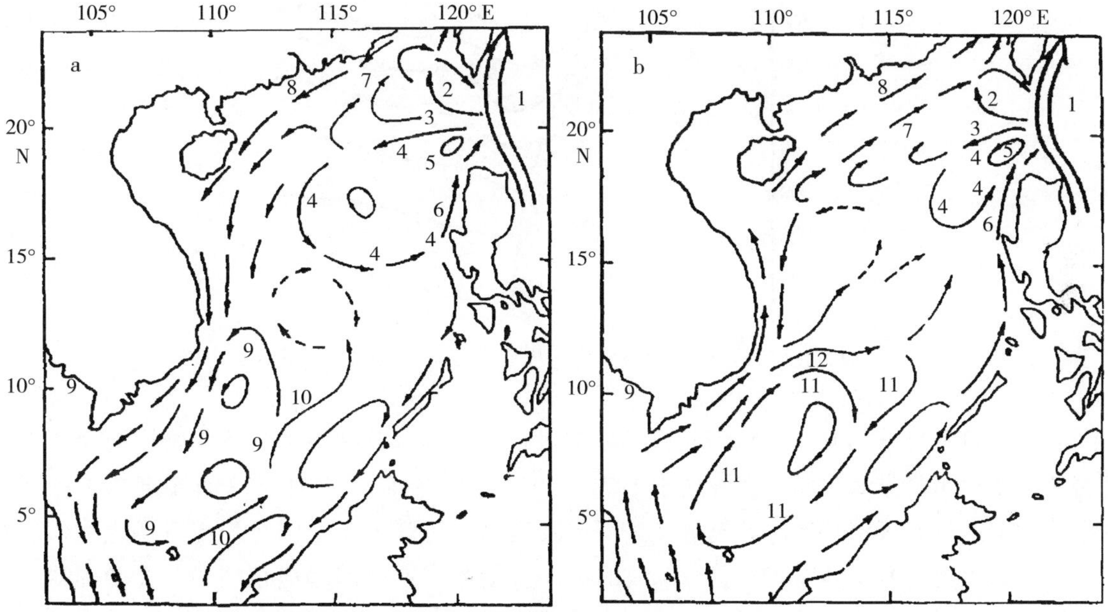

1. 黑潮；2. 涡流；3. 南海黑潮分支或东沙海流；4. 吕宋气旋环流；5. 吕宋冷涡；6. 吕宋沿岸流；7. 南海暖流；8. 广东沿岸流；9. 南海南部气旋环流；10. 纳士纳离岸流；11. 南海南部反气旋环流；12. 越南离岸流（Fang, et al, 1998）

图17.9　冬季和夏季南海上层环流示意图

a. 冬季；b. 夏季

南海暖流是一支出现在粤东沿岸海区和广东外海深水区终年流向东北的海流，在西南风盛行季节，这没有争议，但在东北风盛行时期，因其冬季逆东北风而动，故又称“冬季逆风海流”，而一时备受关注。南海暖流首先由管秉贤等根据1959—1960年全国海洋综合调查期间在粤东沿岸海域的海流定点周日观测结果提出的①。其后，管秉贤（1978）引用1966—1968年间国际黑潮联合调查（CSK）在南海18°E以北冬季的4个西北—东南向断面的水文观测资料，通过温度结构和动力高度分布的分析，发现大致沿着200～400 m等深线存在着一支窄而强的带状东北向流，其中个别观测断面的最大地转流速可达1～1.5 m/s或更大（图17.10），并称之为“南海暖流”，并认为早年发现的冬季南海暖流，仅系整个东北向流的北翼，其主流当位于外侧的深水海域。

① 管秉贤和陈上及。中国近海的海流系统。全国海洋综合调查报告，第五册，第六章。国家科委海洋组海洋综合调查办公室编，1964：1－8。

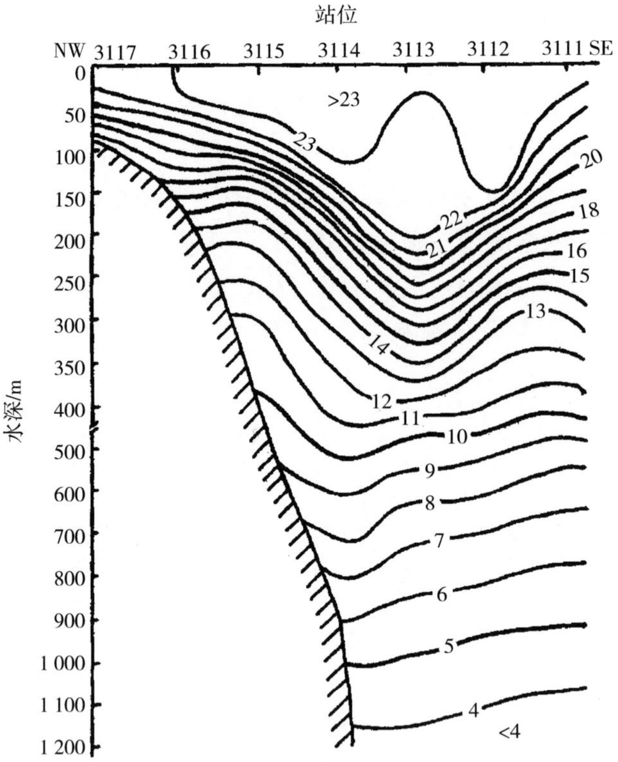

图 17.10　典型的南海暖流温度（℃）剖面（管秉贤，1978）

其后，管秉贤（1998）对南海暖流的研究进行了回顾，并列举了一些支持南海暖流存在的观测结果：①国家海洋局南海分局于 1971—1973 年的冬季（11 月、12 月至翌年 1—3 月）在南海北部的近海区域开展了海流定点昼夜连续观测，得到了与全国海洋综合调查类似的结果，即南海暖流自海南岛以东沿着等深线的走向直指粤东近海的趋势很明显。②中国科学院南海海洋研究所于 1982 年 2 月在汕头外海组织的南海暖流动力学实验，通过 7 d 的海流观测证实，在测流期内 10～800 m 水层的流向基本一致，流向东北，10～100 m 层的平均流速约 40 cm/s（郭忠信等，1983，1985）。③国家海洋局南海分局于 1975—1984 年间的南海北部陆架邻近海域开展了 10 年水文断面调查。温、盐及重力势资料的分析表明，南海暖流终年存在（钟欢良，1990）。④Amoco 石油公司资助的由 Oceanor、挪威及中国科学院联合执行的研究计划，自 1987 年 8 月至 1989 年 2 月在南海北部坡折带区域进行了广泛的观测工作，结果表明，冬季陆坡区域有时可能由南海暖流所控制，所测得的最大流速达 0.8 m/s。

有关冬季南海暖流的存在被我国多数海洋学家接受，但是对于冬季南海暖流的影响范围和重要性却存在着不同意见（李立，2000）。例如有一种意见认为南海暖流来自海南岛外海，并通过台湾海峡与台湾暖流相衔接，从而形成中国东南近海冬季的逆风流系。Shaw（1992）则认为南海暖流并没有以前想象的那么重要，它最多只是台湾浅滩西南方的局部流动。事实上，国家“908”专项在 2006 年夏冬季和 2007 年春秋季在珠江口外陆架陆坡上的长时间序列海流观测都没有观测到南海暖流①②。

造成此类不同认识的主要原因是南海暖流的强度存在着相当大的时空差异，首先，就现有水文观测结果看来，在粤东外海和台湾浅滩西南，南海暖流的特征要比粤西外海明显，所

① 国家海洋局南海工程勘察中心。ST07 区块水体环境调查与研究水文气象调查研究报告（春、秋航次）。2008。

② 国家海洋局南海工程勘察中心。ST07 区块水体环境调查与研究水文气象调查研究报告（夏、冬航次）。2008。

估算的地转流也强得多。其次，即使在粤东外海，不同航次得到的地转流速也存在着很大波动，有时甚至看不到南海暖流的迹象。最近的卫星高度计遥感分析（李立，2000）显示，在多年季节平均的意义上，冬季南海暖流只出现在汕头以东海域，夏季沿中南半岛东岸北上的季风急流在海南岛东南分为两支：北支沿陆架北上，似为传统意义上的南海暖流；南支沿18°N向东横穿南海后折向东北；二者之间为弱流区。此外，关于冬季南海暖流的成因，至今仍未有较一致的看法。事实上，冬季南海暖流与吕宋海峡和台湾海峡中的海流的衔接问题，是值得进一步调查研究的。

17.2 南海的中、深层环流

根据相关研究成果，南海中层水的典型分布深度通常在300～1 000 m，500 m是南海中层水的核心深度附近（李磊等，2002；刘曾宏等，2001；朱赖民、暨卫东，2002；田天、魏皓，2005），1 000 m则为中层水和深层水的过渡，1 500 m代表深层水上部水体。由于对中、深层的观测相对较少，对中、深层环流的了解远不如表层。

17.2.1 南海中层海盆尺度环流

我们虽然对南海中层环流知之甚少，但利用观测资料和数值模式，已经得到一些结果。

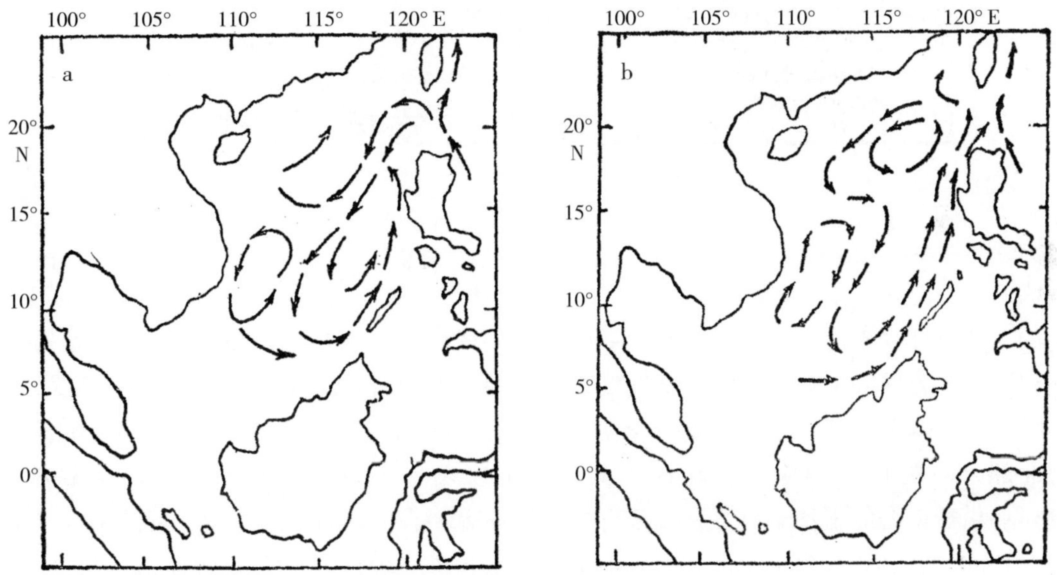

图17.11 南海冬季和夏季中层环流（陈史坚等，1985）

a. 冬季；b. 夏季

17.2.1.1 根据温度、盐度资料计算获得的南海中层环流

徐锡祯（1980）在对历史资料分析的基础上，绘出了南海500 m层各季动力高度图，并由此描绘出南海冬、夏季中层的环流图（图17.11）。其中冬季的环流图主要由3个次海盆尺度的局部环流构成，其最大的一个呈气旋式流动，它位于南海海盆中轴线以东；而另一个较小的气旋式环流则位于中南半岛南端的东侧；另外在西、中沙海域尚有一个弱的反气旋环流。在夏季时，南海海盆中轴线以东的气旋式环流依然存在；而中轴线以西的两个局部环流的旋转方向则与冬季相反，其中北部的为气旋型，而南部的则为反气旋型。Chu 等（2001）利用

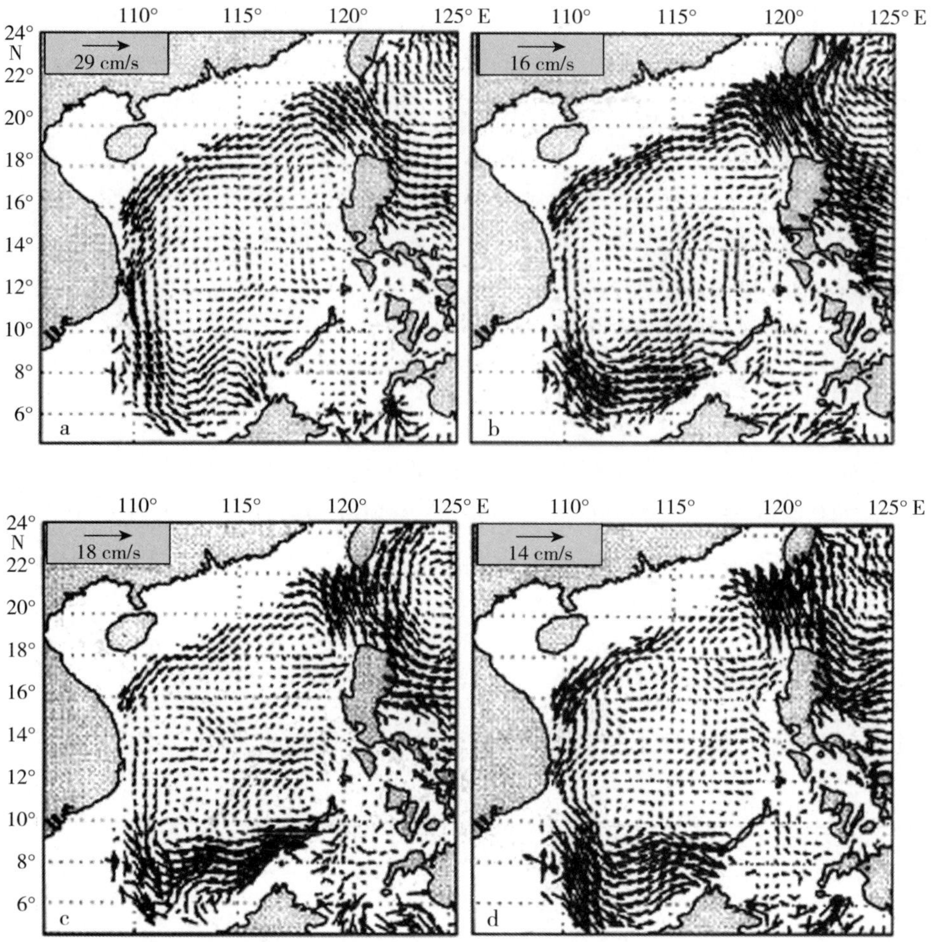

图 17.12　等密面上四季代表月的月平均流场（Chu 等，2001）

a. 1 月；b. 4 月；c. 7 月；d. 10 月

等密面 P－矢量法计算了南海典型月份 26.2 σ_θ 等密面上的环流，结果表明在该等密面上南海环流的主要特征表现为一个持久的海盆尺度的气旋式环流。西边界流没有季节性的反转，但仍呈现了冬强夏弱的变化；海盆尺度气旋式环流的内部季节性的出现了一些中小尺度的涡旋（图 17.12）。廖光洪等（2005）利用 1998 年冬季南海调查资料发现在 500 m 和 1 000 m 层，南海北部为一次海盆尺度的气旋式环流，而在越南东南海域存在两个中尺度涡旋（图 17.13）。由于南海的地形十分复杂，南海的中层环流并非呈现简单的海盆尺度的结构。例如，王胄（1990）认为，南海北部底层为一冷的气旋式环流；但近期的调查研究结果却显示在东沙群岛的东北海域存在一个垂直深度可达 1 000 m 层以下的反气旋式涡（许建平，1997）。此外，在西南季风期，南沙群岛海区的深层为一气旋式环流所控制，恰好与上层相反；而在东北季风期，该海区的深层环流与上层相同，均表现为西部呈气旋式环流，东部呈反气旋式环流（方文东，1997）。

17.2.1.2　利用数值模式模拟的南海中层环流

毛明等（1992）的三维数值模拟结果（500～800 m 层），以及章凡等（1994）用三维非线性模式对南海 200 m 以深海层的季平均海流做了诊断计算，其结果与毛明等（1992）相近，他们都与徐锡桢等（1982）的结果基本一致。Shaw 等（1994）的数值模式结果表明在 500 m 层，南海冬季（夏季）仍然存在气旋式（反气旋式）环流。Chao 等（1996）的数值模

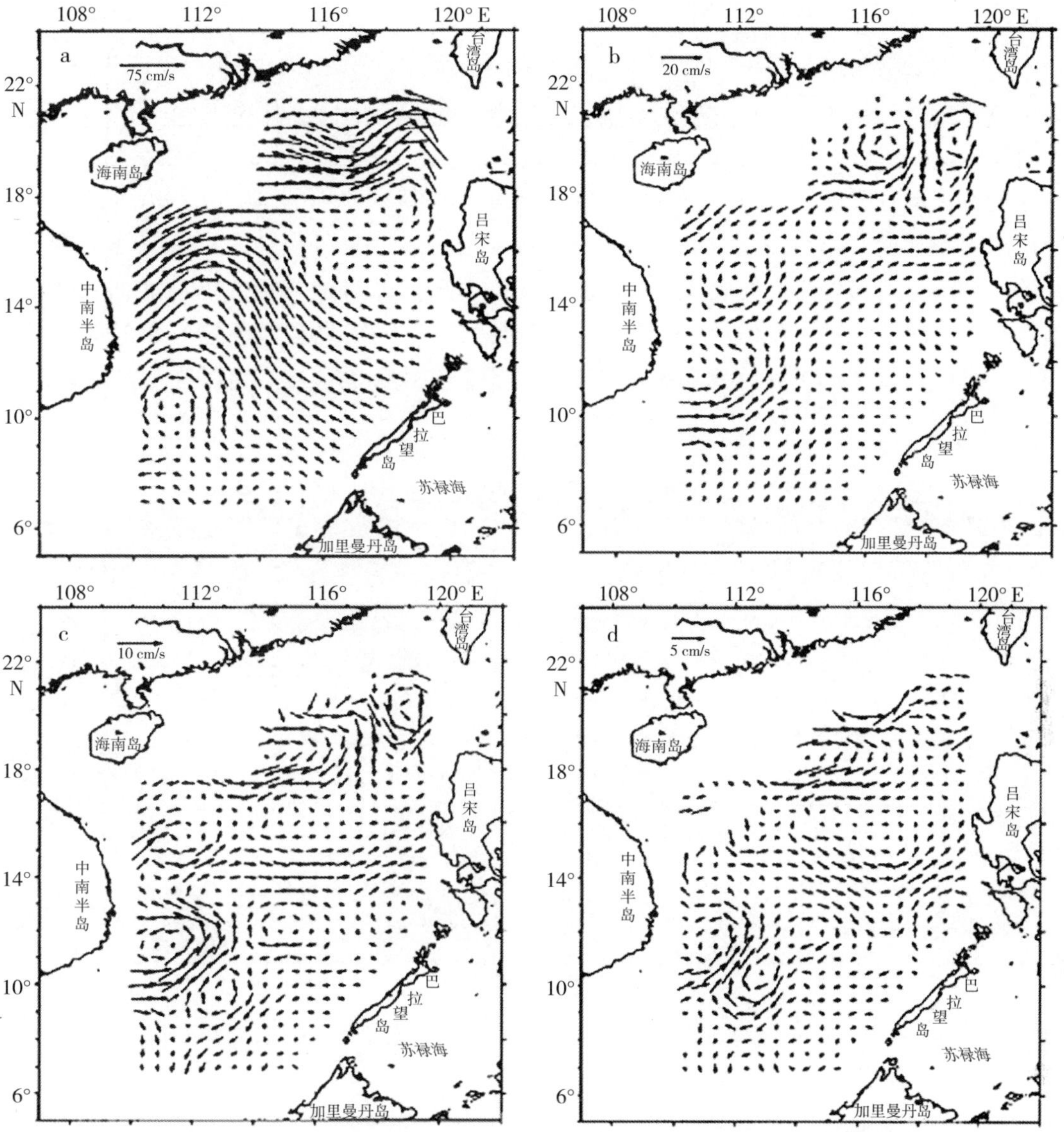

图 17.13 1998 年 12 月航次水平方向流速分布（廖光洪等；2005）（cm/s）

a. 表层；b. 200 m 层；c. 500 m 层；d. 1 000 m 层

式结果表明在 900 m 层，夏季流场较弱，但明显存在反气旋环流，其中心位于深海盆（11°N，113°E）。冬季，该反气旋式环流往东南向移动，越南附近的流场被气旋式环流代替。Takano 等（1998）的数值模式结果表明在 855 m 层，冬季和夏季的流场没有明显的差异，南海北部为一气旋式环流，而在南部存在一反气旋式环流。Qu 等（2004）数值模式结果表明，南海冬季中层环流相对于表层较弱，但黑潮南海分支仍然明显，南海北部存在一气旋式环流，在越南东南部存在一反气旋涡。夏季，在越南沿岸北向西边界流仍然存在，在越南东南海域有一较弱反气旋涡。Chao 等（1996）和 Yuan（2002）的研究都表明南海中层环流主要是一个反气旋式环流，并从吕宋海峡流出南海。Yuan（2002）的研究表明南海环流的特征为“三明治”结构，菲律宾海水从表层和底层进入南海，从中层流出南海，相应的南海环流在上层和底层为气旋式环流，在中层为反气旋式环流。在 551 m 层，南海的东北部仍然出现了黑潮流套结构，西边界流是沿越南陆架坡和中国陆架坡流向北或东北。该层的温度结构表明在该层次的南海西北部存在反气旋式环流。Qu 等（2000）发现北太平洋中层水通过吕宋海峡进入南海，而这种入侵具有显著的准半年周期。他们的研究表明：从春季到秋季，入侵南海的北太平洋中层水被限制在华南沿岸的陆架区，而在冬季其能扩展到南海南部（图 17.14）。杨阳①基于 TOM 模式并采用 Levitus 2001 温、盐资料诊断了南海中、深层环流（图 17.15），结果表明：南海中层流场有非常明显的季节变化，在南海北部，冬季以气旋式环流为主；进入春季后，原先位于南海北部的气旋式环流被反气旋式环流代替，北部的气旋式环流逐渐被压缩至南海东沙群岛附近，春季环流一个重要的特征是在越南金兰湾外海被一反气旋涡盘踞；从初夏开始，越南金兰湾外海反气旋式涡开始衰减，同时气旋式环流重新在南海北部发展，并占据南海大部分海域；进入秋季后，南海北部的气旋式环流继续增强，并在 12 月达到鼎盛。与之相对的是南海南部的反气旋式环流也有明显的季节变化，其强度和范围在 3 月最大，12 月最小。

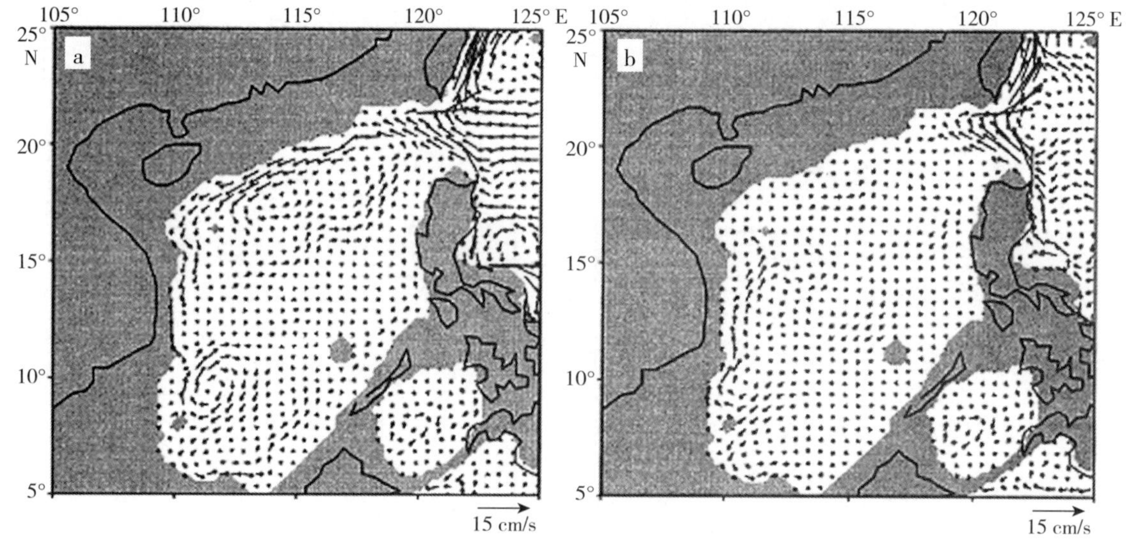

图 17.14　522 m 层的 1 月和 7 月的月平均环流（Qu，et al，2000）

a. 1 月；b. 7 月

17.2.2　南海南部中层环流

黄企洲等（1994）曾用 β 螺旋方法计算了 1988 年夏季和 1989 年冬季南沙群岛调查海区的海流。结果表明，中层（500 m）和深层（1 000 m，1 500 m）的流态相反。陈举②基于近 20 年的南沙综合科学考察资料、南海季风试验以及“973”项目南海环流强化航次等现场观测资料，并结合 WOD 原始数据，研究了南海南部中层环流特征。从图 17.16 中 500 m 层重力位势异常计算得到的地转流矢量的分布可以看出：冬季风期间，南海南部环流主要由一个反气旋趋势的环流结构组成，此流场结构与徐锡祯等（1982）的结果基本一致，但结构更为复杂：12 月，在越南东南外海还存在一个空间尺度大约 300 km 的气旋式环流趋势，其东北侧有一尺度略小的反气旋式涡旋，南海南部整个南沙海域及其东侧的南沙海槽区均为一具有反气旋趋势的环流控制，这一具有反气旋趋势的环流结构内部发育有多个尺度更小的反气旋式涡旋。到了 1 月，南海南部的次海盆尺度环流格局仍然以反气旋趋势环流为主，越南东南外海的气旋式弯曲明显减弱，巴拉巴克海峡以西出现弱的气旋趋势的弯曲，这一弯曲将南部环

① 杨阳。全球大洋诊断模型的计算及应用。中国科学院南海海洋研究所博士论文。2006。

② 陈举。南海南部水团与环流的变化。中国科学院南海海洋研究所博士论文。2006。

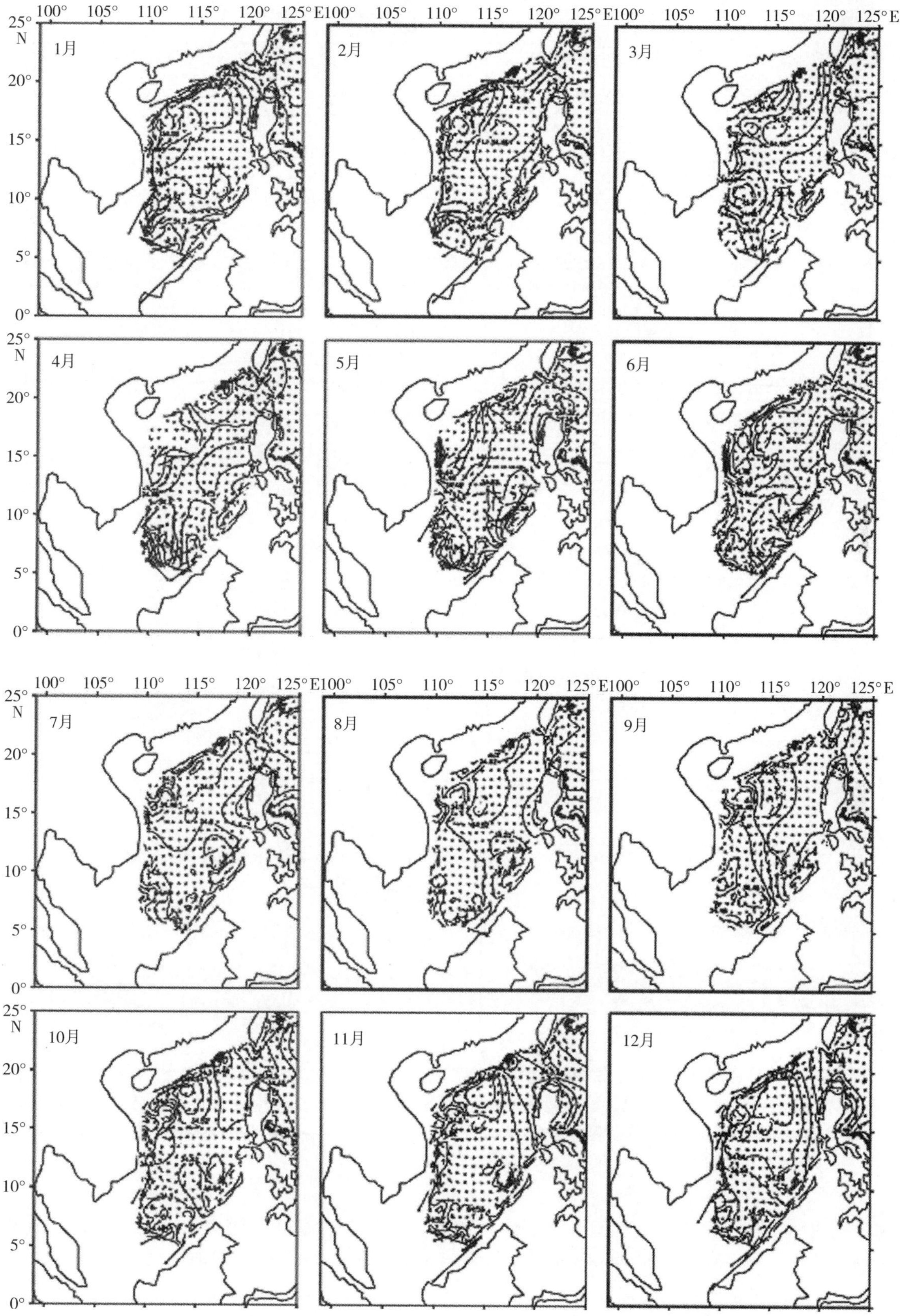

图 17. 15 由 Levitus 2001 温盐资料模拟所得南海中层各月平均流场和盐度（杨阳，2006）

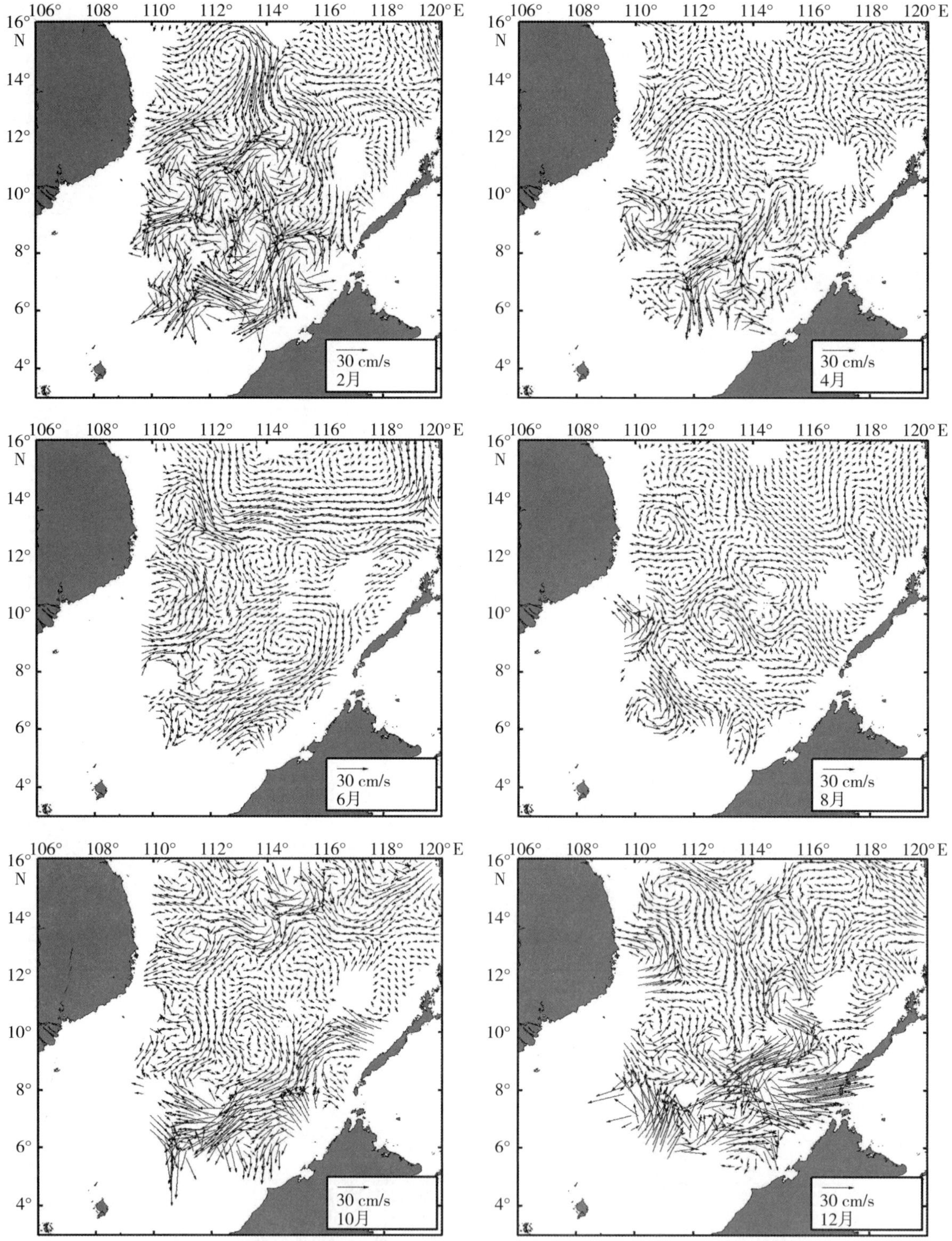

图 17.16　P－矢量方法计算的 500 m 层地转流矢量分布①（cm/s）

流分割成两个相对完整的反气旋涡旋结构。到了 2 月，南海南部次海盆尺度的反气旋都比较明显，越南中部沿岸出现反气旋涡旋，其东南部外海仍然存在气旋式弯曲的海流。

3 月，南海南部的地转流分布差异更为显著，南沙海域中东部和南沙海槽区被气旋式环

① 陈举。南海南部水团与环流的变化。中国科学院南海海洋研究所博士论文。2006。

流控制，西半部被反气旋环流控制。4 月整个海盆西部都被一个呈反气旋式弯曲的环流系统控制，巴拉望岛以西的气旋都得以维持，海盆东侧民都洛海峡以西的反气旋式结构比较弱。5 月，南海南部海盆西部受气旋式环流控制，中部和东部受弱的反气旋趋势环流控制。

夏季，海盆西部主要由一个弱的气旋环流控制，其中 6 月和 8 月，这一反气旋结构比较明显，7 月，南部海盆中部有一个结构非常完整的气旋式涡旋结构。

秋季的主要环流结构包括：南海南部的气旋，菲律宾西部的气旋和南海北部的气旋式环流结构等。其中，徐锡祯的结果中越南中部海岸东侧的反气旋式环流结构，只在 10 月才出现，而且位置比较靠北，此时南海南部的环流格局比较乱，主要由一系列的涡旋结构组成，没有明显的趋势。总体而言，500 m 层的地转格局与徐锡祯等（1982）的季节平均结果有很多相似的特征，但是变化更为复杂，某些具体的结构在不同月份的范围和强度均存在显著的差异。

17.2.3 南海下层（1 000 ~2 000 m）及底层（2 000 ~5 500 m）流场

由于南海的测流资料很少，南海环流的基本流态依旧不十分清楚，尤其对深海环流几乎没有直接的观测。对南海深层环流的研究多借助于数值模式，例如：毛明等（1992）的三维数值模拟，2 000 ~3 000 m 层，春冬季均为反气旋型环流，夏季呈气旋型。它们与对应季节的南海表中层环流状态恰为相反。秋季以吕宋岛—中沙群岛之间形成一显著的反气旋型环流为其主要特征。Takano（1998）研究结果表明上层环流有明显的季节特征，但在中下层冬、夏两季的环流场没有明显的差异。而 Chao 等（1996）和 Yuan（2002）的模式都考虑了黑潮对南海环流的影响，他们认为黑潮是南海环流，特别是深海环流的驱动力。杨阳①利用 Levitus（2001）温盐诊断了南海下层和底层的年平均环流（图 17.17）。结果表明在下层（1 000 ~2 000 m）流场中，反气旋式涡旋占据了南海的大部分海域，一个小的气旋式环流位于越南的东南面（11°N、110°E），在西沙群岛和中沙群岛的东北面也存在一个气旋式环流，而在吕宋海峡的西南侧和南海的中部有两个明显的反气旋中心。在南海的底层（ >2 000 m），该层环流已由反气旋式环流控制，由反气旋环流控制的海域的盐度值是低值区。由于补偿作用和地形的抬升，中沙群岛附近存在气旋式环流，该海域的盐度是高值区。与南海中下层环流相比较，气旋中心由越南沿岸东移至南海中部（14°N，115°E），而这种东移现象是地形的效应所致。

在实测流方面，1982 年 2 月在汕头外海 7 d 的锚定浮标测流，证实在观测期间 300 ~800 m层的流向在 N—ENE 向之间，流速为 8 ~11 cm/s，为冬季逆风海流的存在提供了新证据（郭忠信等，1985）。袁耀初等（2002）在南海北部成功放置了一个深水浮标，深层（2 000 m，2 300 m）2000 年 8 月—2001 年 3 月的多月平均流速多在 1 cm/s 左右，但流向较为分散。

17.3 黑潮对南海的影响

黑潮并不是黑色的潮水，而是日本人给一股来自赤道，颜色深邃（黑）的暖流（潮）所取的名字。它是北太平洋副热带环流系统中的西部边界流，具有流速强、流量大、流幅

① 杨阳。全球大洋诊断模型的计算及应用。中国科学院南海海洋研究所博士论文。2006。

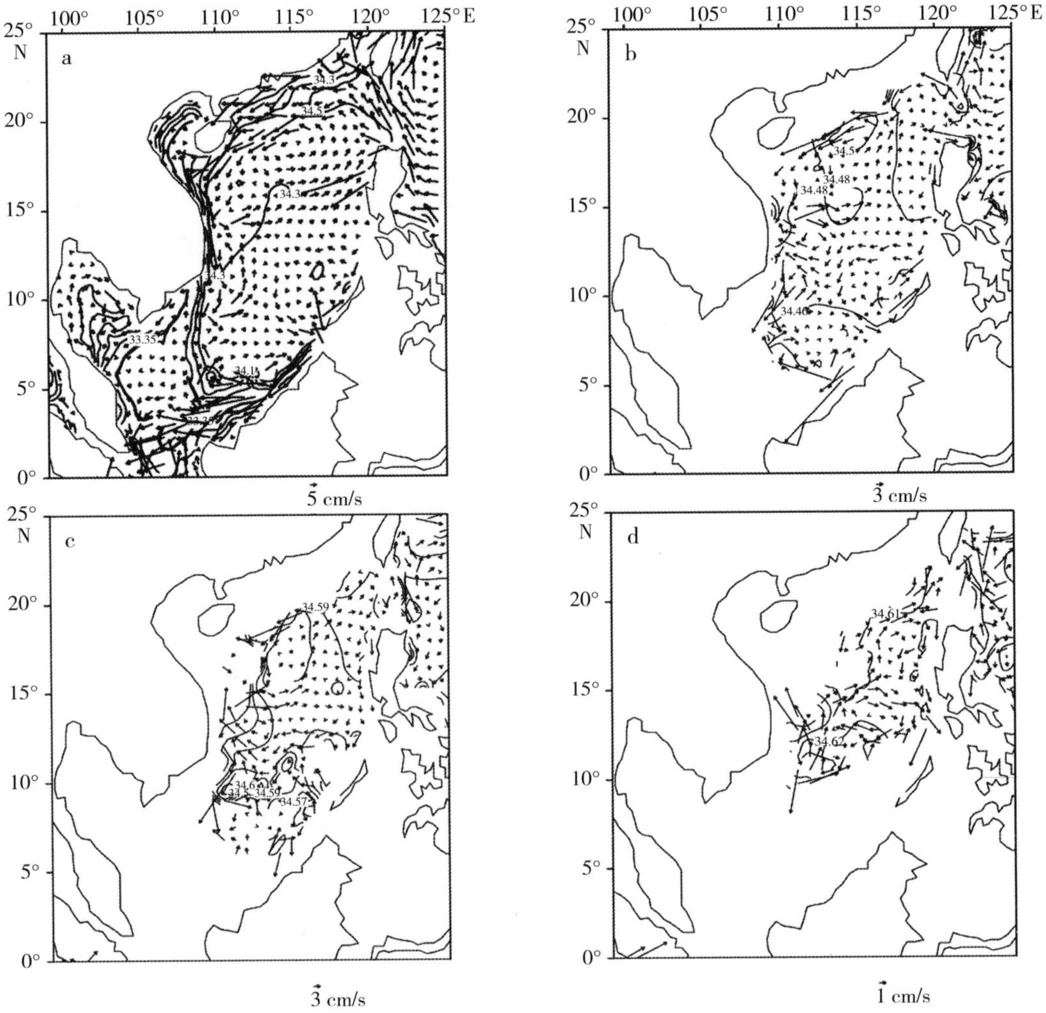

图 17.17　南海各层流场与盐度的分布（杨阳，2006）①

a. 上层（0～200 m）；b. 中层（200～1 000 m）；c. 下层（1 000～2 000 m）；d. 下层（>2 000 m）

狭窄，高温高盐等特征，是世界上最重要的海流之一。黑潮源自菲律宾以东的北赤道洋流。北赤道洋流东起墨西哥南方约 12°N 处，向西流到菲律宾的吕宋岛分为两支，向南的支流称为棉兰老海流，向北的支流即为黑潮的源头。黑潮主轴向北流经吕宋岛及台湾岛的东岸，在台湾岛东北转向沿着东海大陆架边缘向东北流去，经琉球群岛的西边及日本九州的东南方，在 35°N 附近与南下的亲潮相汇后，向东流入北太平洋，而逐渐消失于东北太平洋。

吕宋海峡（Luzon Strait）位于台湾岛和吕宋岛之间，包括巴士海峡、巴布延海峡和巴林塘海峡，最大水深超过 2 000 m，宽度约 3.5 个纬距，是黑潮影响南海最显著的通道，更是南海与外海中、深层水体交换的唯一途径。一般认为南海海盆的水团源自太平洋，但有明显变性，其温、盐特征和黑潮水并不相同（许建平等，1997）。南海东北部环流受黑潮的影响最为直接，表现出多时空尺度的特征。长期以来，关于黑潮入侵南海的方式及其动力解释一直是物理海洋学家最为关注的问题之一。

① 陈举。南海南部水团与环流的变化。中国科学院南海海洋研究所博士论文。2006。

17.3.1 黑潮入侵南海的证据及入侵方式

由于地理位置特殊、地形复杂且受多种动力过程影响，南海与太平洋在吕宋海峡处的水交换相当复杂，且呈多变性。早期的观测认识到，表层水体随季风转变而呈季节性的流入（冬季）、流出（夏季）特征（Wyrtki，1961）。而在温跃层附近的深度上，黑潮有时直接跨越吕宋海峡流动（许建平等，2001；苏纪兰，2001），有时则在19°~20°N附近向西入侵南海，呈反气旋式旋转后流回黑潮主轴或有一分支直接进入南海（Nitani，1972；仇德忠等，1984；蒲书箴等，1992；刘秦玉等，2000）。多次断面调查也都注意到吕宋海峡常有一高温水舌离开黑潮向西侵入南海，并向台湾海峡延伸，进而从稳态的观点出发将其解释为黑潮的分支（管秉贤，1978；伍伯瑜，1982；郭忠信等，1985）。为补偿表层的黑潮水入侵，南海中层水在300~1 300 m附近的深度上呈现从南海流向西太平洋的特征（Chen and Huang，1996；Qu，et al，2000）。对于更深层，由于南海水的密度小于西太平洋水体，吕宋海峡深水区东西两侧存在稳定的斜压压力梯度，驱动西太平洋的深层水在1 500 m深度到海峡底部的范围内流入南海（Wang，1986；Qu，et al，2006）。近年来在吕宋海峡断面的现场流速观测结果表明：吕宋海峡处的环流结构呈现复杂的空间结构和季节变化（Tian，et al，2006；Yang，et al，2010）。由图17.18可知，在2005年10月，上层黑潮在吕宋海峡南北两端为西向流、在海峡中部为东向流；而在2007年7月，上层流在海峡的南部和中部均为东向流，仅在海峡北端呈现西向流。两个航次观测的中层流场的结构也完全不同，秋季期间南部为西向流、北部为东向流；而夏季的结构则正好相反。整体而言，目前对于上层黑潮水与南海水的交换已经有一定的研究，但是关于深层水与中层水通过吕宋海峡的观测还很不充分，输运机制也远未解决。除了少量的短时间段的观测研究（如：袁耀初等，2002；Tian，et al，2006；Yang，et al，2010），还相当缺乏在吕宋海峡处对入侵水体结构的长时间段的现场观测。

就上层水交换而言，近20年来，人们逐步认识到黑潮在吕宋海峡的行为在很大程度上是一个中尺度问题。李立等（1989）提出了“黑潮流套”的观点，认为与墨西哥湾绕流相似，黑潮常呈流套状侵入南海。历史水文观测结果表明，具有黑潮性质的水体进入南海始于夏末，在冬季加强，终于春末；其影响深度至少有500 m（Shaw，1991）。Qu等（2000）在盐度极大值层上，以盐度大于34.6的水体表征西太平洋上层水团的影响，结果表明，入侵水团自春季至秋季主要局限于北部陆坡区，只在冬季侵入南海腹地（图17.19）。漂流浮标的观测结果表明：表层黑潮入侵强度也具有显著的季节性特征（Centurioni and Niiler，2004）。从不同月份漂流浮标轨迹的观测结果（图17.20）中也可以清楚地看到：冬半年（10至翌年3月）黑潮对南海的入侵强于夏半年（4—9月）。

尽管水团分析的结果表明，南海北部海域经常观测到接近黑潮水水体属性，而明显有别于周边水体的高温高盐水。但这种特征并非完全由水团的平均流输运所导致（王胄等，1997）。若干航次现场观测和诊断计算的结果表明，尽管黑潮分支有时在吕宋海峡附近呈反气旋式弯曲结构，但在很多情况下并未显著侵入南海内区（刘勇刚等，2000；许建平等，1997；苏纪兰等，1999；黄企洲等，1996）。卫星遥感海面高度、水色和温度资料证实，就季节平均而言，黑潮直接进入南海的趋势十分微弱。从图17.21可以看出：冬季平均的表层地转流在吕宋海峡处并未形成一支显著入侵南海的分支，主流轴呈反气旋结构直接跨过吕宋海峡。与之相对应，高温、低叶绿素的黑潮水舌呈向西北方向延伸的趋势，而不是直接向西进入南海内区。进一步的分析表明：表层黑潮存在显著的高频变化，只有在年平均不到30%的时间里

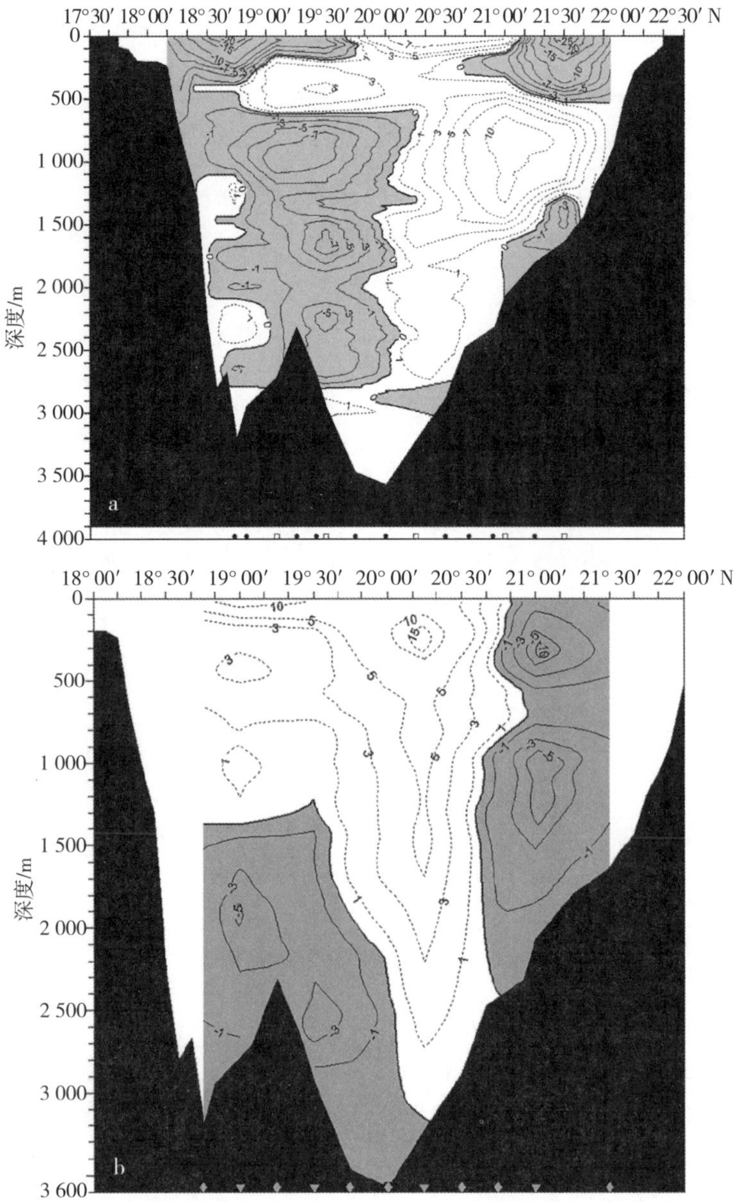

图 17.18　在吕宋海峡 120.5°E 断面上采用流速剖面仪观测的亚惯性流速

a. 2005 年 10 月 4—16 日期间（Tian，et al，2006）；

b. 2007 年 7 月 5—14 日期间（Yang，et al，2010）虚线表示东向流，阴影部分表示西向流

以反气旋弯曲的形式入侵吕宋海峡，冬季反气旋入侵的时间较年平均稍长一些，但仍以直接跨越吕宋海峡为主（Yuan，et al，2006）。黑潮变异的瞬变特征意味着黑潮水体以高频涡动的方式逸入南海内部是其影响南海的重要方式之一（王胄等，1997；苏纪兰，2005）。值得注意的是，由于受黑潮隔阻，西北太平洋的中尺度涡动信号无法通过吕宋海峡传入南海内区（Li，et al，2007）。吕宋海峡的西侧的涡旋主要是局地生成的，其生消具有明显的季节性，冬季的涡旋活动远比夏季活跃得多，且呈现显著的西南向传播特征（Wu and Chiang，2005，Zhuang，et al，2010）。1994 年夏秋季的航次观测结果表明：吕宋海峡西侧的反气旋涡中心水团呈现西太平洋和南海混合水的性质（图 17.22）（Li，et al，1998），说明此处的涡旋活动在黑潮水体进入南海的过程中起了重要的作用。

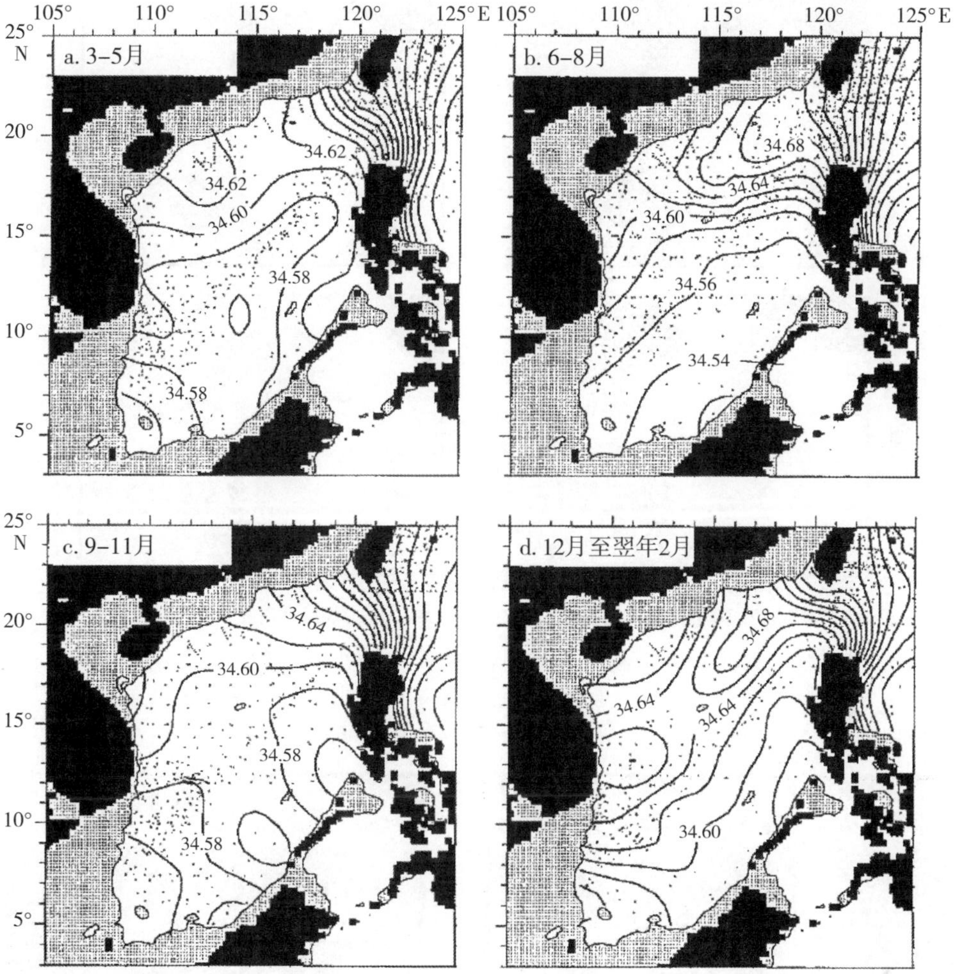

图 17.19 σ_t（=25.0）面上盐度场的季节变化（Qu，et al，2000）

17.3.2 黑潮入侵南海的动力解释

关于黑潮水进入南海的动力机制已开展了大量的研究并取得了很多成果。Wyrtki（1961）的早期研究表明，在季风影响下，黑潮通过巴士海峡南侧入侵南海，进而影响南海的中上层环流，但这种模式只对受季风控制的表层海洋而言是正确的。Farris 等（1996）发现黑潮流套的发展很大程度上依赖于风应力的条件。当局地的风应力南向分量连续 4 d 超过 0.08 N/m^2，流套就会发展起来；当风应力南向分量低于此值，黑潮就会恢复为北向流，流套消失。Chern 和 Wang（1998）通过分析模式结果认为，黑潮、南海内区的环流、季风以及局地的地形都会影响吕宋海峡内海流的运动，西南风驱动海水向北输运时会大大减弱流套的强度，且流出吕宋海峡的南海水主要分布在黑潮近台湾东部一侧。Metzger 等（1996）通过数值实验，指出吕宋海峡处的小岛屿对黑潮反气旋式入侵南海有显著的阻碍作用。Jia 和 Liu（2004）通过数值实验，表明黑潮流套在吕宋海峡表现出不稳定的特征，锋面不稳定导致的反气旋涡脱落是黑潮入侵南海的可能方式之一。苏纪兰（2005）进一步指出：黑潮水体主要是以非稳态的中尺度和亚中尺度涡的形式进入南海，所携水体主要来自黑潮锋区。Sheremet（2001）的研究表明，当西边界流的位势涡度经向输运足够强（即惯性效应足够强）时，西边界流能够越过西边界处的豁口，而当西边界流的输运低于一个临界值时（这还要依赖于海

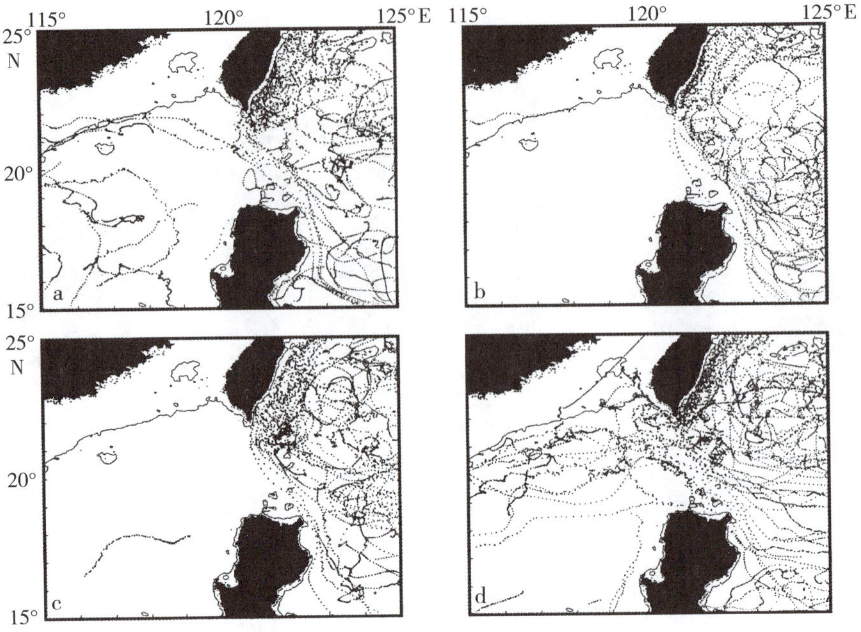

图 17.20　漂流浮标的漂移轨迹（Centurioni and Niiler，2004）

a. 1—3 月；b. 4—6 月；c. 7—9 月；d. 10—12 月

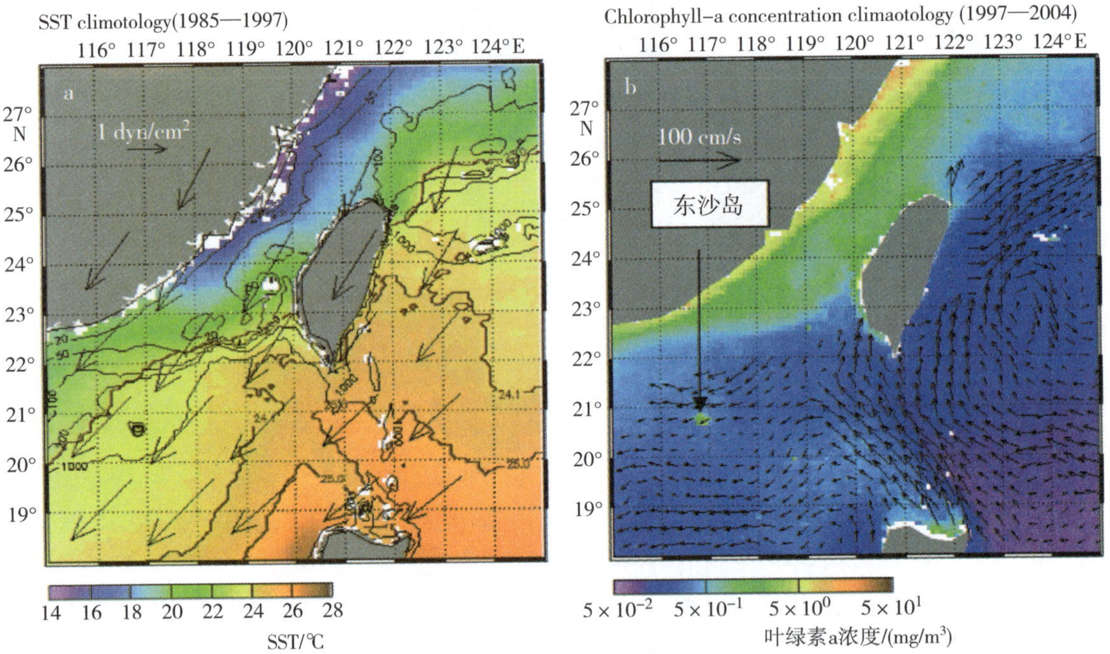

图 17.21　冬季遥感海面温度场和叶绿素 a 浓度场、海面风应力场、表层地转流场（Yuan，et al，2006）

a. 冬季平均卫星遥感海面温度场（AVHRR SST）和 Hellerman - Rosenstein 海面风应力场

b. 冬季平均 SeaWiFS 卫星遥感叶绿素 a 浓度和表层地转环流场

峡的宽度，β 效应以及西边界流的水平和垂向尺度），它会入侵这个豁口。袁东亮和李锐祥（2008）将上述原理应用于吕宋海峡，证实黑潮在吕宋海峡的路径变化受到其东部的涡旋活动的显著影响，具有显著的“迟滞效应”。

由于黑潮入侵南海受到季风、地形、中尺度涡旋、强迫罗斯贝波等多种动力因素的影响，相当复杂，目前对黑潮水如何、何时入侵南海尚存争议，这方面的研究工作有待于进一步深入。

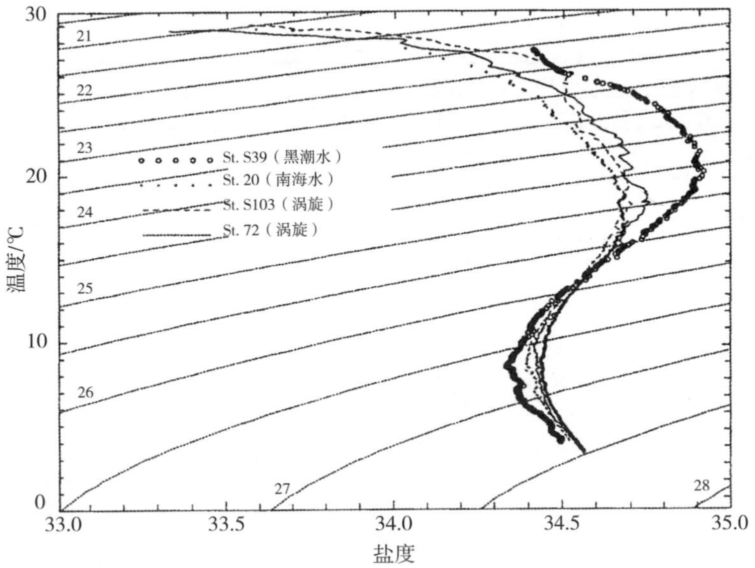

图 17.22 黑潮区、南海内区和反气旋涡旋中心附近的温盐点聚图（Li, et al, 1998）

17.3.3 黑潮入侵对南海环流、热和淡水收支的影响

黑潮对南海内区的影响通常通过数值模式敏感性试验进行研究。前人的敏感性试验结果（Cai, et al, 2002；Yang, et al, 2002；翟丽等，2004）表明黑潮入侵对南海环流的影响主要局限于南海北部。在冬季，黑潮入侵南海的流量与风应力在南海内部引起的流量对南海北部陆坡边界流和南海西边界流均有重要贡献（翟丽等，2004），但是对于黑潮入侵对南海暖流的重要性的认识还存在分歧：Yang 等（2002）通过吕宋海峡的开关实验，认为南海暖流受黑潮入侵控制，但对其具体的动力过程并未做进一步的分析；而翟丽等（2004）指出北部反气旋风应力旋度可引起南海暖流。Wang 等（2010）通过数值诊断，认为黑潮水团入侵形成的强层结梯度与南海北部陆架－陆坡地形的地形－斜压联合效应是南海暖流的重要驱动因子。

黑潮入侵还导致了南海内区垂向翻转环流的存在。由于通过台湾、民都洛、巴拉巴克、卡里马塔和马六甲海峡的总表层出流输送远大于通过吕宋海峡的表层入流输送，大部分入侵的西太平洋次表层水上升进入表层，其余次表层水或流入苏禄海，或下沉进入中层，由吕宋海峡流回太平洋（图 17.23，Fang, et al, 2009）。

由于黑潮入侵，特别是在冬季入侵水体对南海西边界流有重要贡献，导致了南海贯穿流的存在（Wang, et al, 2006）。在年平均意义下，南海贯穿流从吕宋海峡进入、从南部海峡流出（图 17.24）；其中，主要分支经南海西边界从卡里马塔海峡和民都洛海峡流出（方国洪等，2002a, b；Qu, et al, 2009；Du and Qu, 2010）。这支流系不仅对印度尼西亚贯穿流具有重要的调制作用，而且对南海内部的环流，水团以及热、盐收支也有举足轻重的影响（Fang, et al, 2005；Qu, et al, 2005；Wang, et al, 2006）。由吕宋海峡进入南海的水体温度显著低于由南部海峡流出南海的水体温度，因此这支流带走了南海太阳辐射获得的热量，使南海冷却。同时，南海区域的降水大于蒸发，周边径流也输入淡水，为了使南海水量和盐度保持相对的稳定，南海贯穿流也扮演了淡水输送者的角色（Qu, et al, 2006）。目前，相关研究对于卡里马塔海峡和民都洛海峡出流的输运量的估算存在一定差异，有些学者认为卡里马塔海峡和民都洛海峡的输运量值接近（Qu, et al, 2006；Fang, et al, 2009）；另一些观点则认为民

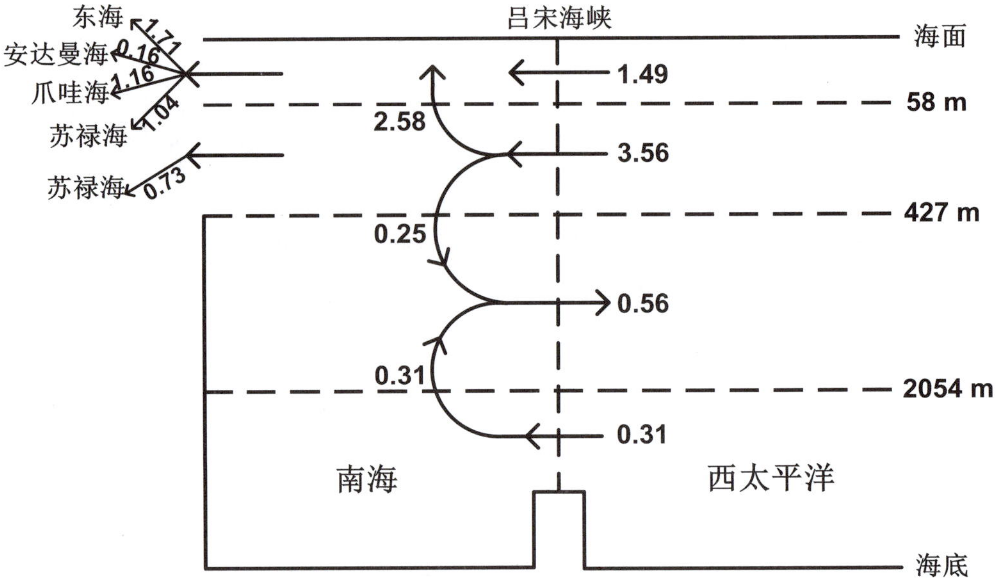

图 17.23　吕宋海峡水交换模式结果示意图（$\times 10^6$ m^3/s）（Fang，et al，2009）

都洛海峡的输运量远大于卡里马塔海峡（Yaremchuk，et al，2009），这一问题的解决还有待对几个关键海峡的同步观测研究。

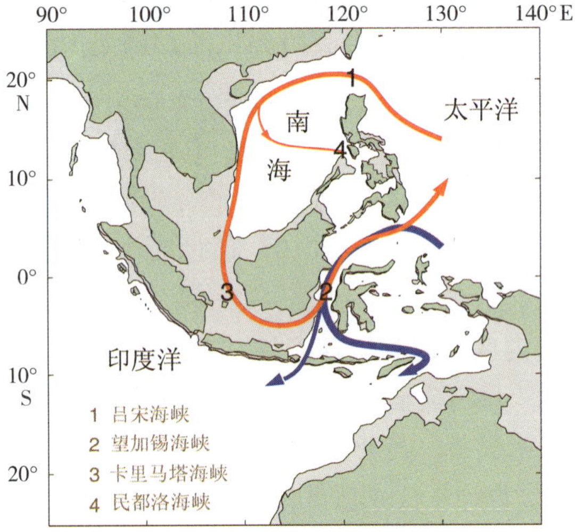

图 17.24　次表层印尼贯穿流（蓝色）和表层南海贯穿流（红色）示意图（Qu，et al，2005）

17.4　南海沿岸上升流

上升流是海洋环境动力过程中一类非常重要的现象，它通常是指水体的一种上升运动。这种上升运动将次表层水体（在某一时间段和范围内）带至表层并被水平流带出上升流区域。一般来说，上升流系表层海水辐散及下层海水的动力抬升所致，上升水体通常来自数十至数百米深处，沿岸上升流是上升流中最为常见的一类（Smith，1968），通常是由于有利于沿岸上升流的风场或海流所诱导而形成。在南海，其北部陆架、越南东部沿岸和吕宋岛西北部海域，均为主要的上升流区，其中沿岸上升流主要发生在夏季。由于上升流能将下层营养盐带入上层，为上层海洋生物提供丰富的营养物质，因此上升流与海洋生态环境也存在着非常密切的联系。根据已有的文献报道，上升流对海洋生物资源分布、生态环境保护、CO_2 循环、局地气候变化等均有着非常重要的作用，正日益得到海洋学家的高度关注。

南海沿岸主要的上升流分布如图 17.25 所示，主要是闽南沿岸上升流、台湾浅滩上升流、粤东沿岸上升流、粤西沿岸上升流、琼东沿岸上升流、越南归仁 - 芽庄 - 潘切沿岸上升流、吕宋岛西北岸外海域上升流等。最近在海南岛西侧发现夏季存在上升流（Lü，et al，2008），随后该上升流被“908”观测资料所证实（胡建宇等，2008）。

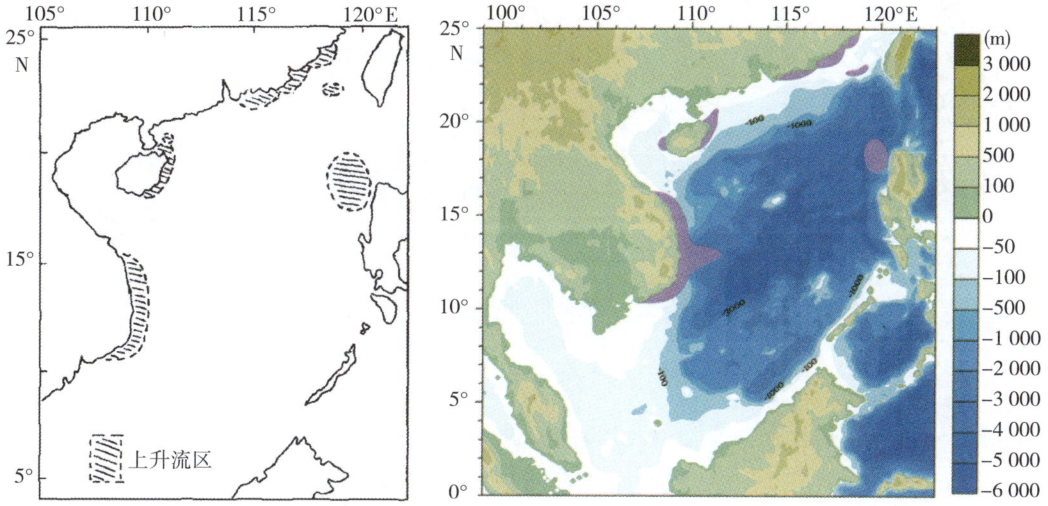

图 17.25　南海主要沿岸上升流区示意图

a. 苏纪兰（2005）；b. Qiao 和 Lü（2008）

17.4.1　南海北部沿岸上升流研究概述

作为南海环流的重要组成部分，南海北部陆架海域的上升流是我国近海主要的季节性上升流系之一，同时也是制约南海北部生态环境的主要因素之一（李立，1990；洪启明等，1991）。根据已有文献报道，南海北部陆架海域主要的上升流区位置如图 17.25 和 17.26 所示，分别为闽南沿岸上升流、台湾浅滩上升流、粤东上升流、粤西上升流和琼东沿岸上升流，另外 2008 年通过资料分析和数值模拟，在海南岛西侧发现一支新的上升流（图 17.25b）（Lü，et al，2008），该上升流随后被“908”观测资料所证实（胡建宇和杨圣云，2008）。夏季，南海北部盛行西南风，风向与海岸线大致平行；海底地形方面，南海北部陆架区的等深线分布也基本与岸线平行，海南岛外海陆架宽度约为 100 km，粤西沿岸约为 280 km，粤东沿岸约 200 km，汕头沿岸陆架宽度约为 150 km。台湾浅滩南侧陆架宽度为 70 ~ 120 km，等深线密集，并呈东北—西南走向；东侧为水深达数百米的澎湖水道，西侧则是水深不足 50 m 的浅滩。南海北部的岸线、地形以及季风风场对夏季沿岸上升流的形成提供了有利的条件。

南海北部沿岸上升流是夏季南海北部陆架区的普遍现象。从 5 月下旬到 9 月上旬，南海北部盛行西南季风。根据经典 Ekman 理论，夏季西南风盛行期间，表层海水在 Ekman 效应作用下形成离岸输送，下层海水必须涌升以补偿上层流失的水体，从而形成上升流。上升流流速一般小于 10^{-3} cm/s 的量级，迄今为止还难以直接进行观测。目前，常以上升流区域内的海水理化特性，与其周围及较深层海水的差异来判断，或根据质量守恒，从水平流速的辐散值进行估算得到。由于上升流将下层水体带入表层或次表层，因而上升流区域的海水一般呈

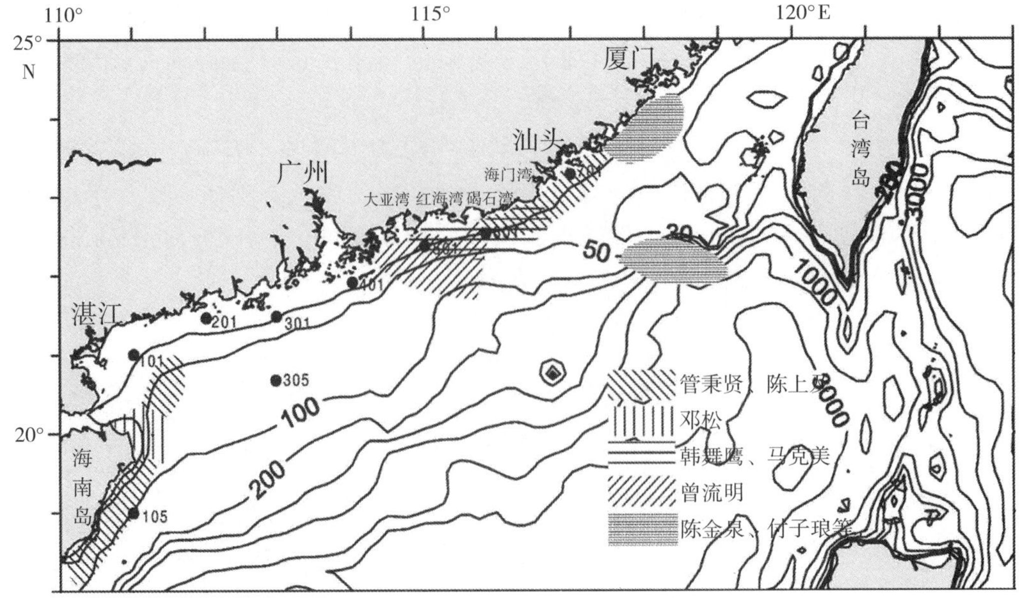

图 17.26　南海北部陆架区以往观测到的上升流区分布（Hu，et al，2001）

现出低温、高盐、低溶解氧和高营养盐的特点。

早在20世纪60年代初，Wyrtki（1961）便推测香港附近海域夏季可能存在局部暂时性上升流；Niina和Emery（1961）也指出夏季在海南岛东部海域及汕头以南局部海域也有上升流的发生。与此同时，我国科学家管秉贤和陈上及①根据1959—1960年间全国海洋普查资料，首次系统地分析了广东外海的夏季上升流现象，指出在南海北部近岸存在着3个上升流区，其位置分别在海南岛东岸、汕头沿岸一带以及湛江湾以南雷州半岛以东海域；并指出夏季西南风是沿岸上升流形成的主要驱动力。其后，曾流明（1986）、于文泉（1987）、邓松（1987）、韩舞鹰和马克美（1988）等根据不同年份的海洋调查资料分别对夏季粤东沿岸、七洲列岛附近海域、琼东沿岸等局部上升流现象进行了分析与研究。洪华生等（1991），Li（1993），Hu等（2001），Shang等（2004），通过历史水文、化学、生物调查资料以及卫星遥感资料对台湾海峡局地上升流及其季节变化特征进行了一系列的研究。李立（1990）和洪启明等（1991）根据20多年来我国科学家在南海研究中得到的历史资料，分析了南海北部陆架区域的几个典型测站的水温、盐度和溶解氧饱和度的年变化（图17.27），并对整个陆架区的温度、盐度和溶解氧饱和度及其标准偏差的分布进行了比较（图17.28），结果表明，夏季整个南海北部陆架区下层海水受上升流的影响非常显著，夏季上升流是南海北部陆架区的普遍现象，不论是近岸海域还是外陆架较深层水域均有上升流的发生，且属于同一个上升流系；南海北部陆架区上升流系在沿岸方向上具有海盆尺度特征，在离岸方向上的尺度为100～200 km。同时，Li（1993）及吴日升等（2003）总结指出，南海北部陆架区夏季上升流在时间和空间上都不是均一的，不同作者所报道的实际上是陆架区夏季上升流的若干中心。

20世纪80年代以来，随着数值模式和卫星遥感技术的不断发展，数值模式及卫星遥感资料在海洋环境研究中得到了广泛的应用。其中，郭飞等（1998）根据1959—1990年的调查资料，建立了一个琼东沿岸上升流二维模式，对琼东沿岸上升流进行了初步数值研究。Gan

① 管秉贤和陈上及。中国近海的海流系统。全国海洋综合调查报告，第五册，第六章。国家科委海洋组海洋综合调查办公室编，1964：1—8。

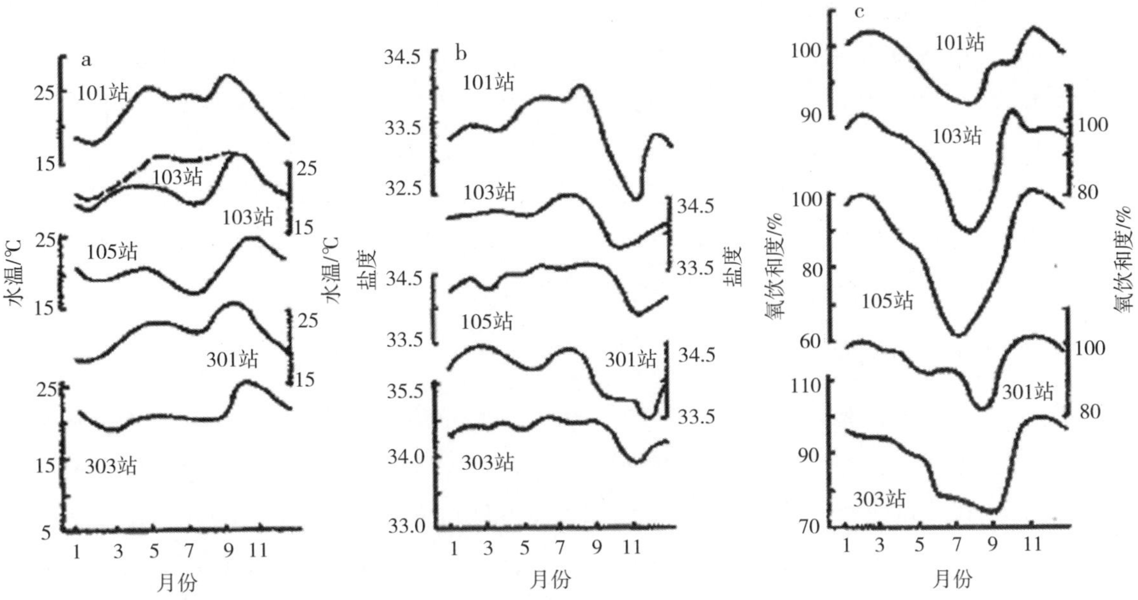

图 17.27 南海北部陆架区底层水温度、盐度和溶解氧饱和度多年平均值的年变化（李立，1990）

a. 水温；b. 盐度；c. 氧饱和度

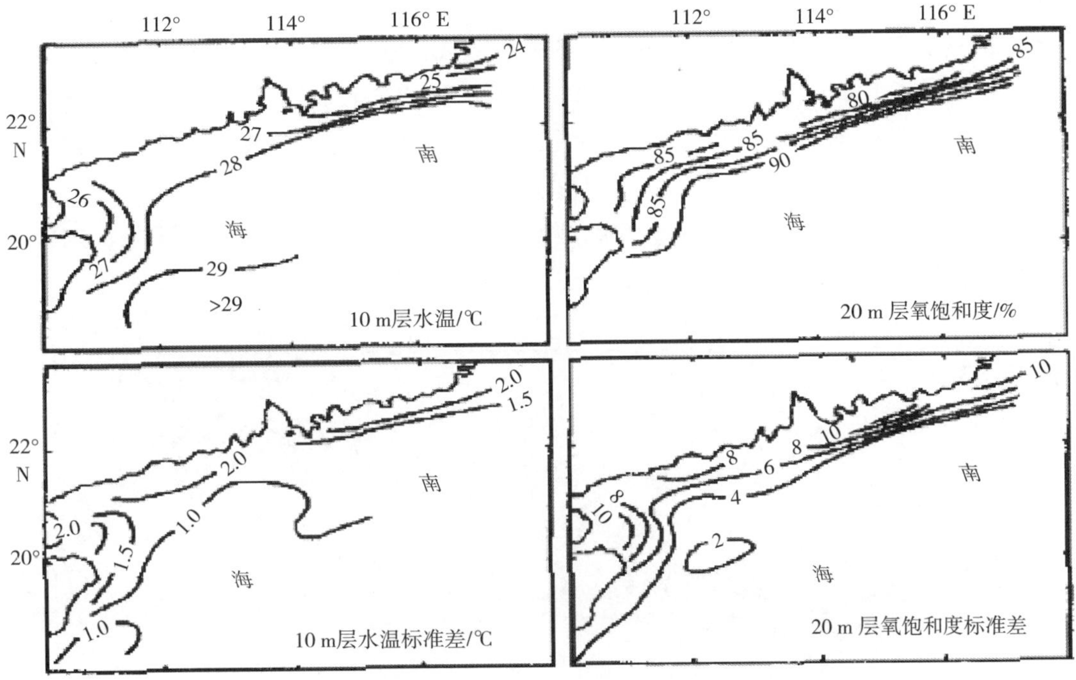

图 17.28 夏季南海北部陆架区水温和溶解氧饱和度均值及其标准差的分布（李立，1990）

等（2009）采用三维数值模式对珠江河口冲淡水对沿岸上升流的影响进行了研究。庄伟等（2005）通过对2000年夏季卫星遥感海面温度、海面风场及航次观测资料的分析，指出2000年夏季粤东沿岸有明显的上升流存在，且上升流强度与风场的变化密切相关。Tang 等（2002）、Tang 等（2004）、Shang 等（2004）、Hong 等（2009）更是充分发挥了卫星遥感信息的优势，开展了一系列关于南海北部及台湾海峡不同时间尺度上升流变化特征的研究。关于南海北部陆架区夏季上升流中心的形成机制，目前尚不完全清楚（杨海军等，1998），虽然普遍认为夏季西南季风是引起陆架区上升流的重要因素之一，但区域环流、中尺度涡旋、地形等其他因素可能对上升流的形成也有着重要的作用。

一个非常有趣的现象是海南岛西部的夏季上升流。按照经典艾克曼理论，夏季季风作用下，水体会在海南岛西侧聚集下沉，但中越联合调查的温度、盐度、溶解氧和营养盐资料，以及卫星遥感观测的SST资料所显示的表层冷水结构，这些观测证据均显示该海域存在上升流。Lü等（2008）分析了该上升流的特征，并利用浪潮流耦合模式对该上升流形成机制进行了探讨，提出潮致混合形成温度锋面，围绕该锋面的次级环流形成了该上升流，是对上升流形成机制的一种新的补充，与东海夏季（Lü，et al，2006）、冬季（Qiao，et al，2006）上升流和黄海上升流（Lü，et al，2010）的形成机理相同。

17.4.2 观测资料对南海北部沿岸上升流的揭示

图17.29为南海北部AVHRR卫星观测的海表温度（SST）夏季气候态空间分布，从图中我们可以直观地看出，南海北部陆架区夏季海表温度存在着明显的低值区，低温区主要位于海南岛东部沿岸、雷州半岛以东广州湾东南部直至珠江口南部一带海域，粤东沿岸和福建西南部沿海及台湾浅滩海域。其中，琼东沿岸强上升流区主要发生在从三亚以南至七洲列岛以西呈带状分布的沿岸海域，该上升流区海表温度普遍低于外海2～2.5 ℃，广州湾东南部上升流区主要存在于七洲列岛以北、琼州海峡以东直至珠江口外海一带海域。同时，从气候态卫星遥感海表温度的分布也可以看出，琼东沿岸上升流和粤西沿海上升流在分布形态上表现为一个整体，只是琼东沿岸上升流强度稍大；粤东沿岸从香港海域附近直至福建南日群岛附近均存在有明显的低温带，尤其是从汕头沿岸至南日岛以南的近海海域存在着大面积强上升流区，其海表温度普遍低于外海2～3 ℃，空间尺度为150～200 km。另外，在台湾岛以西澎湖列岛附近的台湾浅滩也显示出明显的“月牙形”低温带，其平均海表温度低于外海2～2.5 ℃。因此，南海北部陆架区夏季上升流是该海区普遍的规律性现象，而不是个别年份的特殊现象，且从空间分布形态来看表现为一个统一的系统。

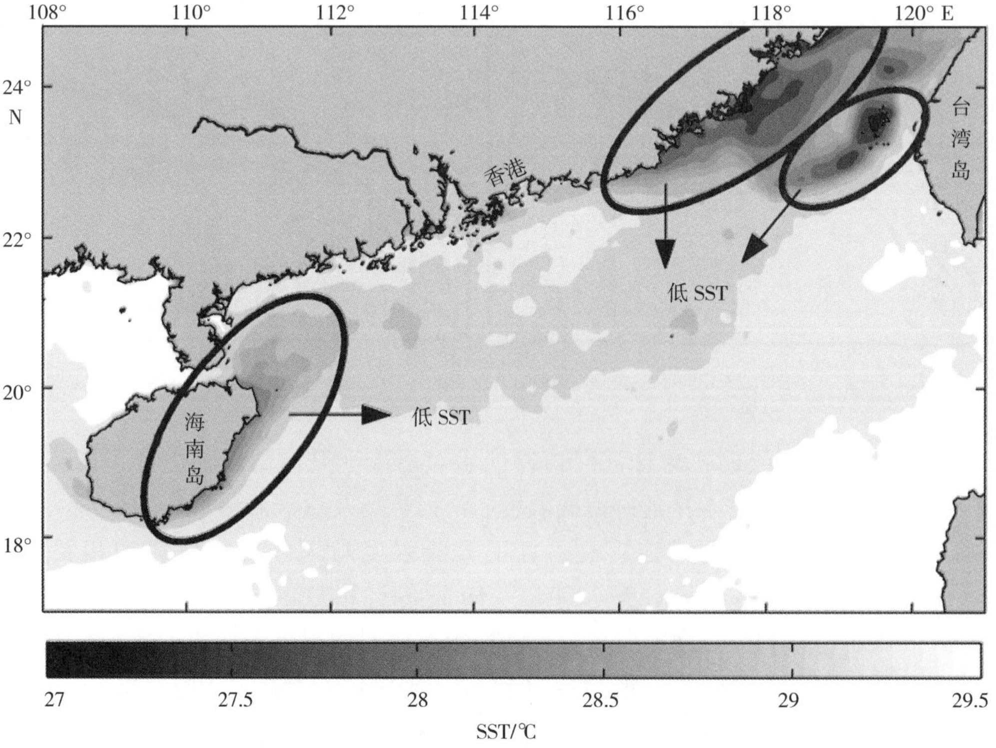

图17.29 南海北部卫星观测海表温度（AVHRR SST）夏季气候态空间分布（Jing，et al，2009）

近年来，中国科学院南海海洋研究所、厦门大学、国家海洋局第三海洋研究所以及南海分局等多家单位对南海北部上升流进行了系统的航次观测，如我国近海海洋综合调查项目（国家“908”专项）于2006年夏季对ST－07海区（珠江口外海）、ST－08海区（琼东上升流区）进行了专项调查；另外，近年来中国科学院南海海洋研究所也利用“实验3”号海洋调查船对南海北部进行了多个航次的海洋综合调查，调查海域包括了琼东和粤东上升流区。本节将根据2006年夏季国家“908”ST－07①、ST－08海区专项调查获得的航次资料，对夏季珠江口外、琼东沿岸上升流的空间分布及垂向结构进行分析。

从珠江口外10～30 m层的温盐平面分布图中可以看出，在近岸一侧存在明显的低温高盐水体，20～30 m层的温盐分布尤为明显。从20 m、30 m层的温度平面分布图（图17.30a、b）可以看出，珠江口西南的近岸一侧的水温明显低于同等水深的外海水体，比外海水体低5～6 ℃，而这一区域水体对应的盐度却显著高于同等水深的外海水体（图17.30c、d），盐度达到34.3，比外海盐度高0.2～0.4，这充分说明近岸的这部分低温、高盐水体不可能来自外海同等深度的水体，只能是来自深层涌升的水体，也就是说该区域存在显著的上升流。表层向外海扩散流失淡水由沿岸上升流引起的底层向上涌升的低温、高盐海水来补充。

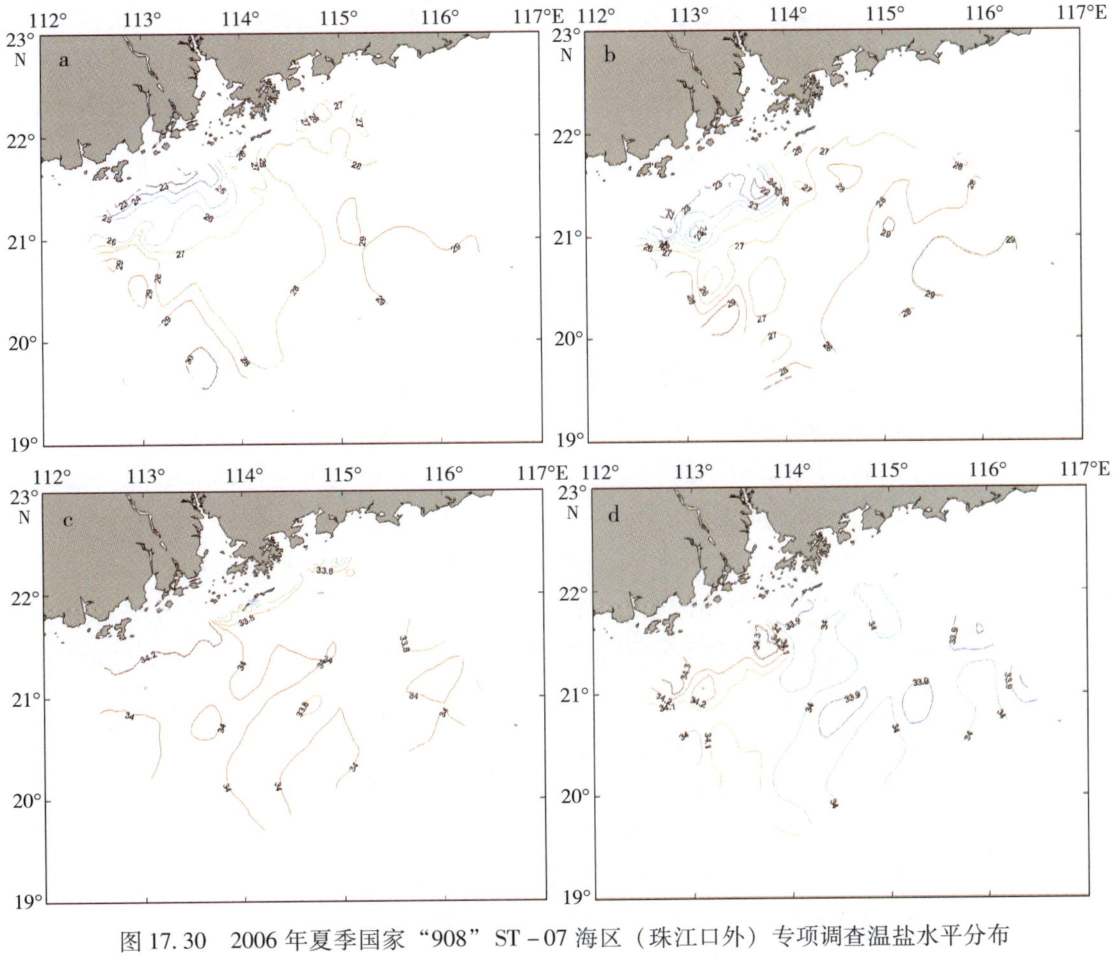

图17.30 2006年夏季国家“908”ST－07海区（珠江口外）专项调查温盐水平分布

a. 20 m层温度（℃）；b. 30 m层温度（℃）；c. 20 m层盐度；d. 30 m层盐度

珠江冲淡水引起的上升流从断面的垂向温、盐分布也可以得到证实。从L14段面的温度

① 国家海洋局南海工程勘察中心。ST07区块水体环境调查与研究水文气象调查研究报告（夏、冬航次）。

垂向分布（图17.31a）可以看出，温度等值线向岸抬升，这说明底层低温海水沿海底地形向上涌升。该段面的盐度分布（图17.31b）也呈现同样的情形，高于34的盐度等值线在近岸一侧向上抬升。

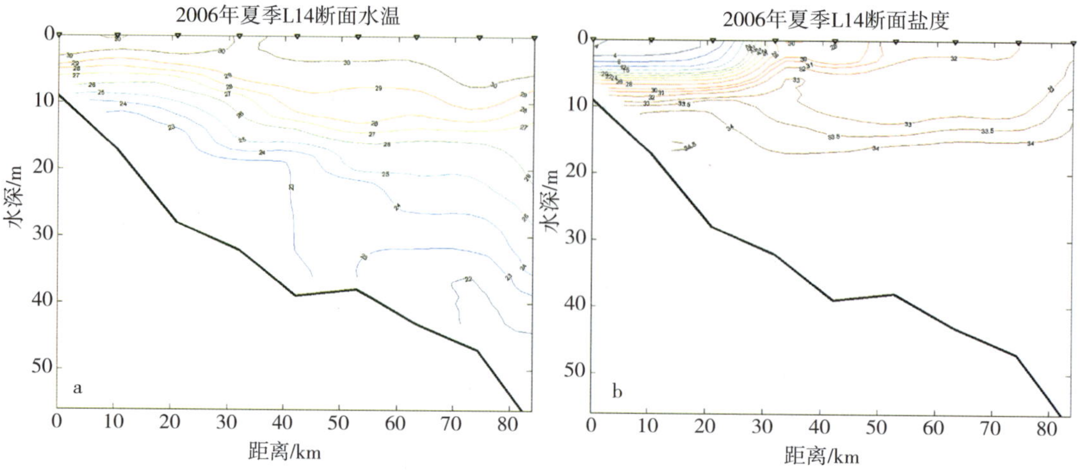

图17.31 2006年夏季国家“908”ST-07海区（珠江口外）专项调查典型断面L14温度（a）（℃）、盐度（b）分布①

至于该区域上升流产生的原因，其一，在于珠江淡水存在向南的动量通量，其冲击作用导致的浅层海水的离岸运动，此外，岸边水位较高，水位梯度也能驱动海水离岸运动，而离岸水体需要底层水体补偿，从而形成上升流。从断面L14（图17.31）的盐度分布来看，上升流的产生类似于河口内盐水楔中底层水扩散到表层淡水的情形。其二，从走航ADCP观测的流场来看，沿岸流为东北向，Ekman效应产生海水离岸输送，也能驱动上升流。

图17.32为2006年8月国家“908”ST-08海区（琼东上升流区）专项调查获得的温盐水平分布图，从图中可以看到，海南岛以东沿岸海域均有低温高盐水的存在，尤其是在陵水湾、清澜湾及七洲列岛附近海域（需要说明的是，在本次调查中由于调查期间雷州半岛以东部分海域受到降雨影响，因此图中雷州半岛以东表层局部海域出现了低温低盐的现象）。前面章节的分析表明，琼东海域附近同一水平层上不存在低温高盐水的来源，唯一的可能即是下层海水的涌升运动将低温高盐水带入上层。从次表层温盐水平分布图可以看到（图17.32），琼东沿岸低温、高盐区沿西南—东北向呈带状分布，沿岸低温带平均幅度约100 km，10 m层平均温度低于外海3~4 ℃，盐度高于外海0.2~0.4；50 m层沿岸低温区低于外海高达4~7 ℃，盐度则高于外海0.3~0.5。同时，海南岛以东海域尤其是海南岛东南部陆架坡附近海域仍然有较大范围的低温、高盐水的存在，并可延伸至海南岛东南部200 km处，可见50 m以深的次表层水在陆架坡附近海域仍然有强劲的涌升能力。另外，典型断面温盐分布图显示（如图17.33所示），在海南岛东北部粤西陆架D02和D03断面，80 m深处的低温高盐水能沿陆坡向岸爬升至40 m层，60 m层深海水能涌升至表层，同时在100 m以深200 m以浅的陆架坡附近温盐等值线仍表现出不同程度向岸抬升现象。

从以上国家“908”ST-08海区专项调查资料的分析可以看到，2006年夏季琼东沿岸100 km范围内存在着显著的呈带状分布的不同强度的下层低温、高盐水的涌升现象，低温、高盐中心主要位于清澜湾、陵水湾、七洲列岛附近海域，50 m层中心最低温度低于外海高达

① 国家海洋局南海工程勘察中心。ST07区块水体环境调查与研究水文气象调查研究报告（夏、冬航次）。2008。

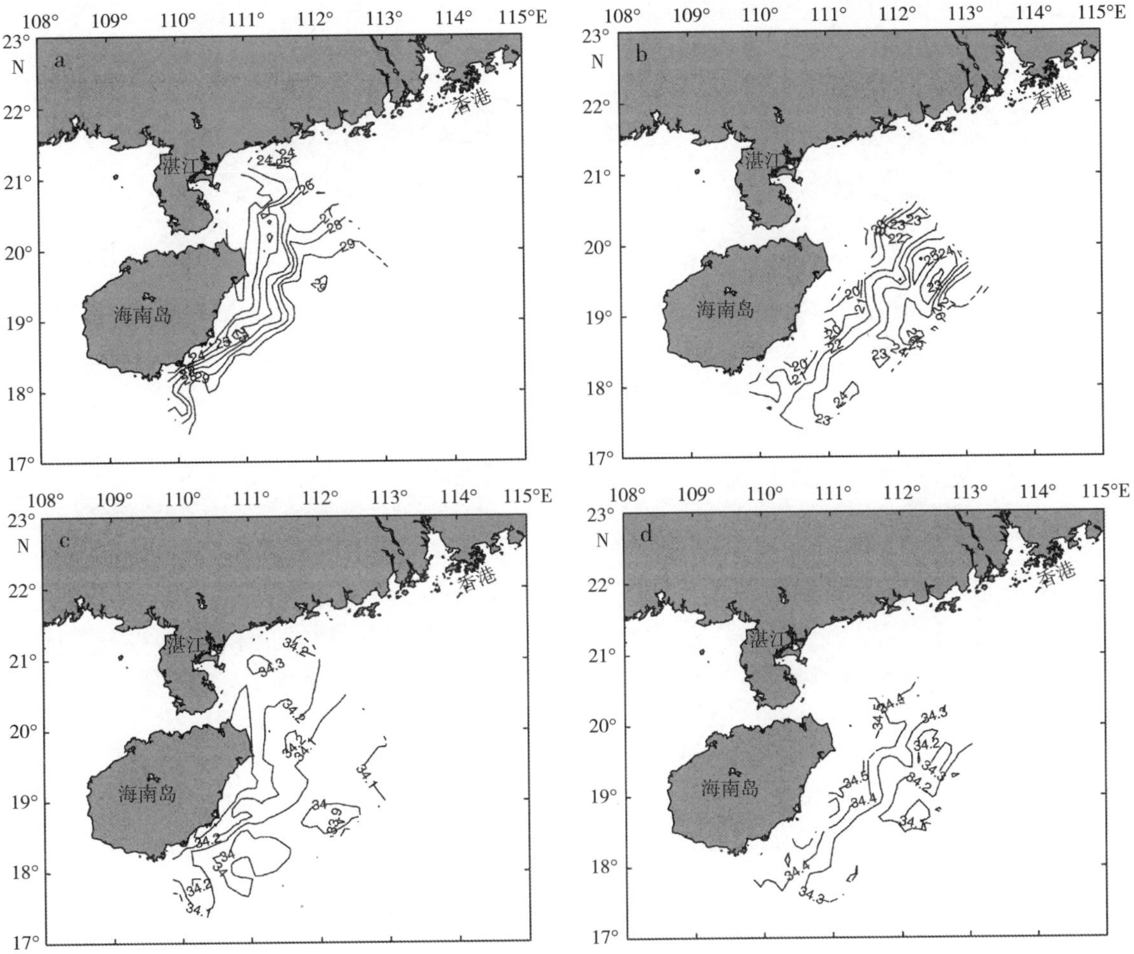

图 17.32 2006 年夏季国家“908”ST－08 海区（琼东上升流区）专项调查温盐水平分布图（Jing, et al, 2009）

a. 10 m 层温度；b. 50 m 层温度；c. 10 m 层盐度；d. 50 m 层盐度

7 ℃，盐度则高于外海 0.5，说明夏季琼东沿岸均存在着较强的上升流现象，且上升流的强度和范围有着一定的空间差异。

17.4.3 南海北部沿岸上升流形成机制

地球上主要的沿岸上升流多存在于大洋的东边界，那里盛行风常年驱动上层水离岸运动，造成秘鲁、北美和非洲西海岸等著名的大尺度近岸上升流（韩舞鹰等，1988）。与上述海区不同，南海的盛行风受东亚季风控制，冬、夏季风向几乎相反。按照经典的埃克曼理论，夏季南海北部东北向风沿岸应力会造成表层水的离岸埃克曼输送，导致下层海水必须涌升来补偿上层海水的幅散，从而形成沿岸上升流。可见沿岸风应力是南海北部夏季上升流的主要动力因子之一。从前面的分析可以看出，南海北部陆架区上升流是一种典型的季节性上升流，并且存在着显著的季节和年际变化。图 17.34 显示 2000 年 6—8 月粤东沿岸上升流区 SST 小于 27.5 ℃ 的面积与东北向平均风矢量呈显著正相关。过去的研究普遍认为，局地风场对沿岸上升流的形成、发展与消退及其年际变化有着非常重要的影响（于文泉，1987；陈金泉等，1982；洪华生等，1991；韩舞鹰等，1988）。Jing 等（2009）采用三维数值模式结合 2006 年 8 月国家“908”ST－08 海区（琼东上升流区）专项调查资料及卫星遥感资料，对南海北部夏季沿岸上升流及其形成机制进行了进一步的分析，研究结果表明除了沿岸风应力，风应力旋

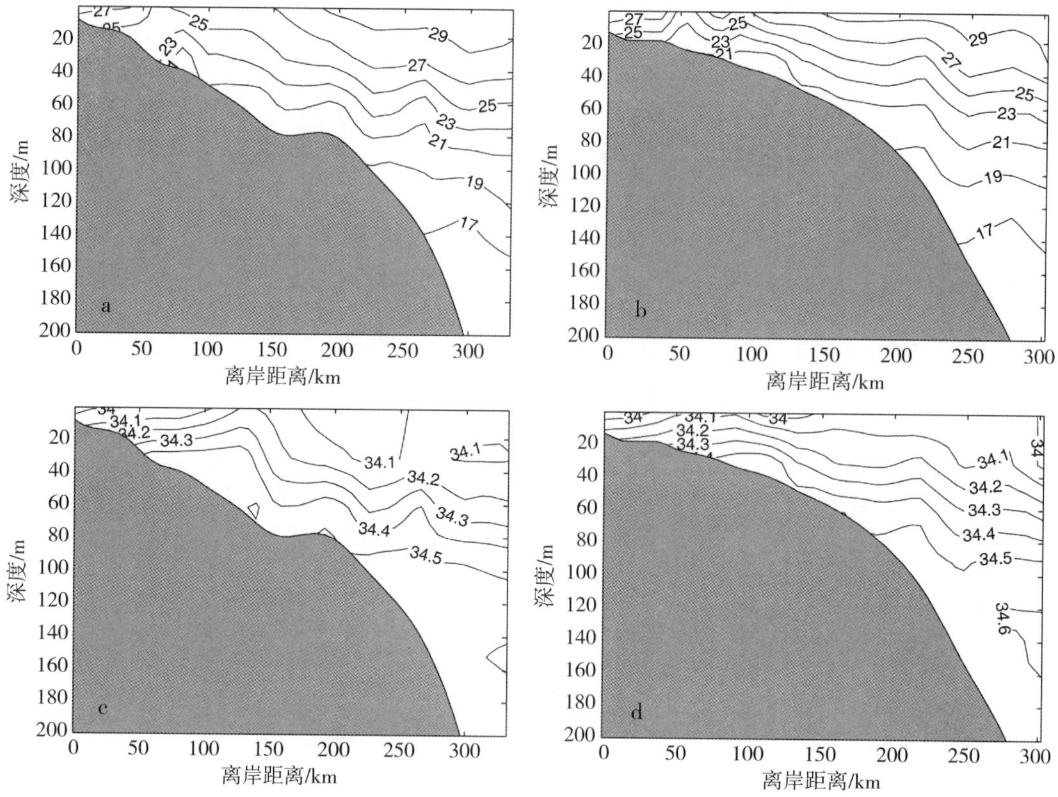

图 17.33　2006 年夏季国家“908” ST－08 海区（琼东上升流区）专项调查典型断面温度（℃）、盐度分布（Jing，et al，2009）

a. 断面 D02 温度；b. 断面 D03 温度；c. 断面 D02 盐度；d. 断面 D03 盐度

度对上升流的形成及演变也有着非常重要的贡献。Lü 等（2008）通过对海南岛以西沿岸上升流的研究发现，潮汐混合是引起该海域沿岸上升流的最主要动力因素。近年来，也有研究表明，海底地形以及岛屿、岬角等特殊地形对局地上升流的形成也有着非常重要的贡献（郭飞等，1998；柴扉等，2001b；Shaw，et al，1996）。

17.4.4　越南以东近岸上升流研究现状

当前，关于南海北部上层海洋的环流演变的研究已取得一定进展。较为普遍的观点认为：冬季东北季风驱动出海盆尺度的气旋式环流，南海上层环流冬季呈气旋式，在南海南部和北部分别存在一个气旋式的涡旋，环流呈双涡结构；夏季呈反气旋式（Dale，1956；Wyrtki，1961）。夏季南海南部受夏季西南季风驱动出现一个反气旋的环流；而北部是继续维持一个弱的气旋式环流，使环流呈双涡偶极子结构（曾庆存，1989），还是呈现东北向的漂流（Qu，2000），目前尚有一定争论。春季环流与秋季环流强度变弱，海盆尺度的环流结构退化，是冬夏两种环流结构的过渡。上述结果已经得到众多观测和模式结果的证实，但就局部而言，尽管专门研究越南沿岸上升流的成果尚不多见，但是许多学者在研究中都注意到了越南冷涡的存在。

17.4.4.1　历史水文资料揭示的越南冷涡上升流现象

Dale（1956）根据船舶漂移资料得到了对南海环流的初步认识，并指出夏季越南以东沿岸存在冷涡。Wyrtki（1961）再次证实夏季越南沿岸 SST 较低的现象，并进一步指出该海域

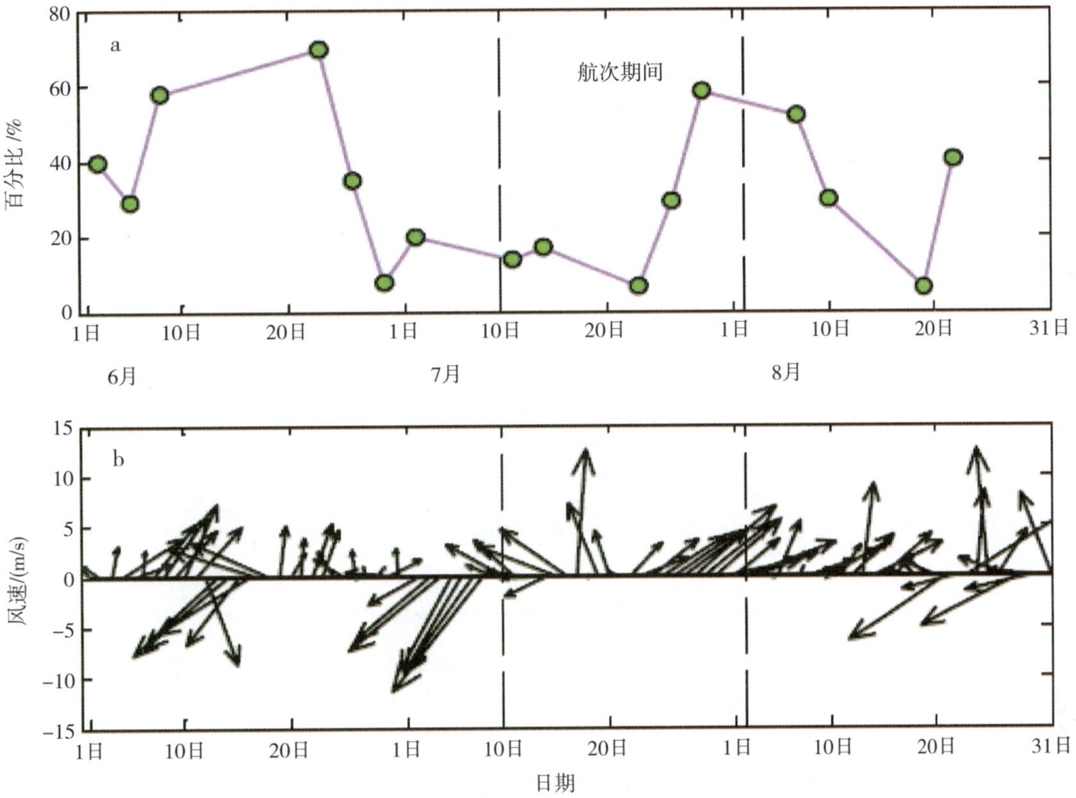

图 17.34 2000 年 6—8 月粤东沿岸上升流区 SST 低于 27.5 ℃的面积所占百分比及平均风矢量时序变化（庄伟等，2005）

a. SST 低于 27.5 ℃的面积所占百分比；b. 平均风矢量时序变化（正值表示南风）

可能存在上升流。徐锡祯等（1980）通过对历史资料计算得到海表层动力高度场，结果表明，夏季越南中部外海的海面高度明显低于周围海域，说明此处可能存在气旋涡（图 17.35）。杨海军等（1998）通过对 Levitus 2001 温盐资料的分析，证实在夏季，越南冷涡的影响深度可达到 300 m 左右，从夏季到秋季，越南冷涡强度有所减弱，中心位置向南偏移。Chu 等（1998）通过 AXBT 实测资料的分析，表明 1998 年 5 月越南以东沿岸已形成气旋式冷涡，但此时冷涡的深度范围仅从表层至 100 m 左右。Fang 等（2002）分析了 1989—1999 年期间南海南部 6 个航次的实测资料，证实了西南季风期，南海南部大部分受反气旋式环流控制，其北侧为一气旋式环流，二者的结合部形成强的东向离岸流，将沿岸冷水向东输运。

17.4.4.2 遥感观测得到的上升流现象

近年来，随着遥感技术的不断进步，各种遥感数据越来越多地被用于海洋学研究中，使研究海洋的手段日益丰富。许多学者通过对卫星高度计数据的分析，证实了夏季越南以东沿岸的气旋式冷涡具有较大的动能（Shaw，et al，1999；Ho，et al，2000；Hwang，et al，2000，Wang，et al，2003），这些结果与现场观测基本一致（图 17.36）。Hwang 等（2000）通过对 1993—1998 年的 T/P 高度计资料的分析，进一步指出，在此期间越南沿岸的气旋式冷涡在不同年份的出现时间存在一定差异。越南沿岸上升流不仅使海表水温降低，形成冷涡，而且表层冷水还有向外海扩展的趋势。Kuo 等（2000）通过 AVHRR SST 资料观测到表层冷水呈带状向东延伸，且从 5—7 月有南移的趋势，并推测上升流区冷水的变形和运动与其南部和北部的反气旋式涡旋密切相关。Xie 等（2003）通过多种遥感资料的综合分析，指出沿岸冷水向

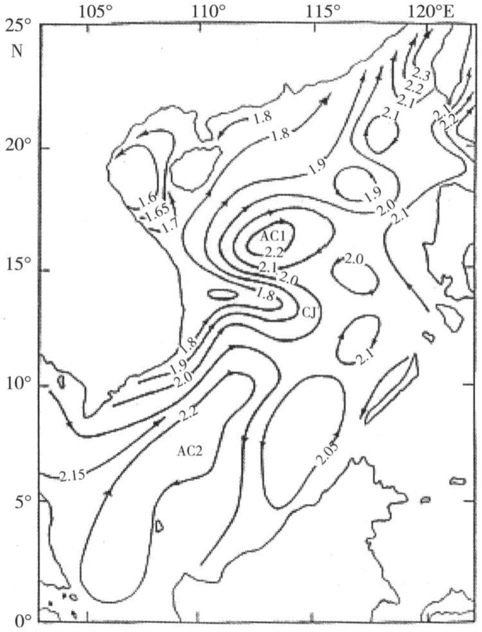

图 17.35　夏季南海表层相对于 1 200 db（1 db = 10 Pa）的动力高度（$\times 10\ m^2/s^2$）示意图（徐锡祯等，1982）

东扩展的主轴位置和离岸急流最大值的位置基本一致，表明越南离岸急流将沿岸冷水带到了外海。以往的研究认为（Qu，2001），夏季南海表层水温的普遍降低可能与西南季风导致的蒸发冷却有关，Xie 等（2003）则指出，越南沿岸表层冷水的扩展对表层水温降低的影响同样不可忽视。气候态平均的 AVHRR SST 的结果则显示，在 7—8 月，沿岸冷水迅速向东扩展，8 月份时的强度达到最大，此时，南海海盆大部分区域的水温普遍低于 6 月份。说明冷水的外移对南海局地气候变化有重要影响。

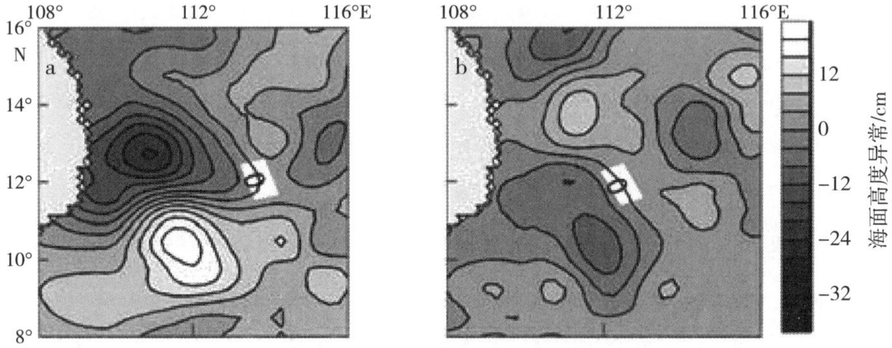

图 17.36　越南以东沿岸海面高度异常（SSHA）（cm）分布（Wang，et al，2003）
a. 1994 年 7 月中旬；b. 1996 年 5 月下旬

17.4.4.3　数值模拟对该海域流场的研究

王佳（1985）、曾庆存等（1989）、李荣凤等（1994）采用了较简化的数值模拟分别模拟了南海上层环流的季节变化，基本得到了与观测类似的结果。近年来，Shaw 等（1999）和 Wu 等（1998；1999）通过 3D 自由表面海洋模式的模拟都发现在夏季越南东南西边界流发生分离，出现一支离岸的越南急流，形成双涡偶极子结构。Takano 等（1998）用较高分辨率的数值模式模拟了越南沿岸表层冷水向东扩展的现象。

从上述结果可以看出，对于越南沿岸上升流，比较一致的观点是在夏、秋季节，越南沿岸会出现较强的上升流现象，并形成越南冷涡。

17.4.4.4 越南冷涡上升流的形成机制

目前，关于越南沿岸上升流成因的研究尚处于初步阶段，近年来，虽然已有一些学者根据资料分析或动力诊断提出各种观点，但迄今尚未形成一个被广泛接受的共识。主要的观点有以下两种。

一种观点认为，局地正的风应力旋度所产生的 Ekman 抽吸是该上升流形成的主要原因。Xie 等（2003）的研究表明，西南季风受安南山脉的阻隔，在越南东海岸形成了很强的气旋式风应力涡度，该风应力涡度的 Ekman 抽吸作用使表层海水辐散，导致下层冷水向上涌升，形成越南冷涡，并随着越南离岸流的向东扩张。这种观点得到了一些学者的认同（杨海军等，1998；Metzger，et al，1996）。

另一种观点认为，由于越南南部的海岸线大致呈东北—西南走向，和夏季风的方向大致平行，由于西南季风驱动 Ekman 漂流，使表层的海水离岸向外输运，从而形成沿岸上升流。Kuo 等（2000）通过对风应力和上升流强度的相关性的分析，认为风应力平行于岸的分量是越南沿岸上升流的主要驱动力。夏季南海暖水沿东北—西南向逐渐变深，这可能是因为西南季风使西边界表层水向东南方输运，这种输运显然有利于在西边界处形成上升流。

Chao 等（1996）通过数值计算表明，海盆尺度深层水平环流在越南以东受到地形抬升的作用，能够产生深层的上升流，该深层上升流在风场的作用下有可能影响到近岸表层。因此，他们认为越南冷涡是局地风场和海盆尺度深层水平环流共同作用的结果。

17.5 北部湾的环流

17.5.1 前言

北部湾介于越南北部和我国海南岛、雷州半岛及广西之间，是一个半封闭海湾。湾内水深最大不足 100 m，湾的中部是一个深水沟槽，南部湾口水深最大（图 17.37）。北部湾 3—8 月盛行南及西南风，7 月最强，南及西南风出现频率达 67%；10 月至翌年 2 月盛行东及东北风，其出现频率以 12 月为最大，高达 99%，东北风出现频率比东风小，但其风力却比东风强一级左右。冬季季风较夏季风稳定、持久而且强烈（李树华等，2001）。据 1960 年和 1962 年的资料统计，入注北部湾的径流量 94% 位于西岸的越南一侧，仅 6% 来自我国沿岸的河流（孙湘平，2006）。

17.5.2 历史研究状况

《中越合作北部湾海洋综合调查报告》①（刘瑞玉 1964）（以下简称《报告》）绘制了北部湾四季的环流模式图（其中夏季、冬季的环流模式见图 17.38）。夏季，全湾存在一个大的、不闭合的顺时针环流，外海水从越南沿岸西南向进入北部湾，在湾内顺时针方向流动后，由海南岛西岸南下流出，在琼州海峡西口为东向流。冬季，北部湾的环流则为逆时针方向，外海水从海南岛西南侧西北向进入北部湾，主流沿着海南岛西岸、广西沿岸、越南沿岸逆时针

① 刘瑞玉主编。中越合作北部湾海洋综合调查报告。1964。

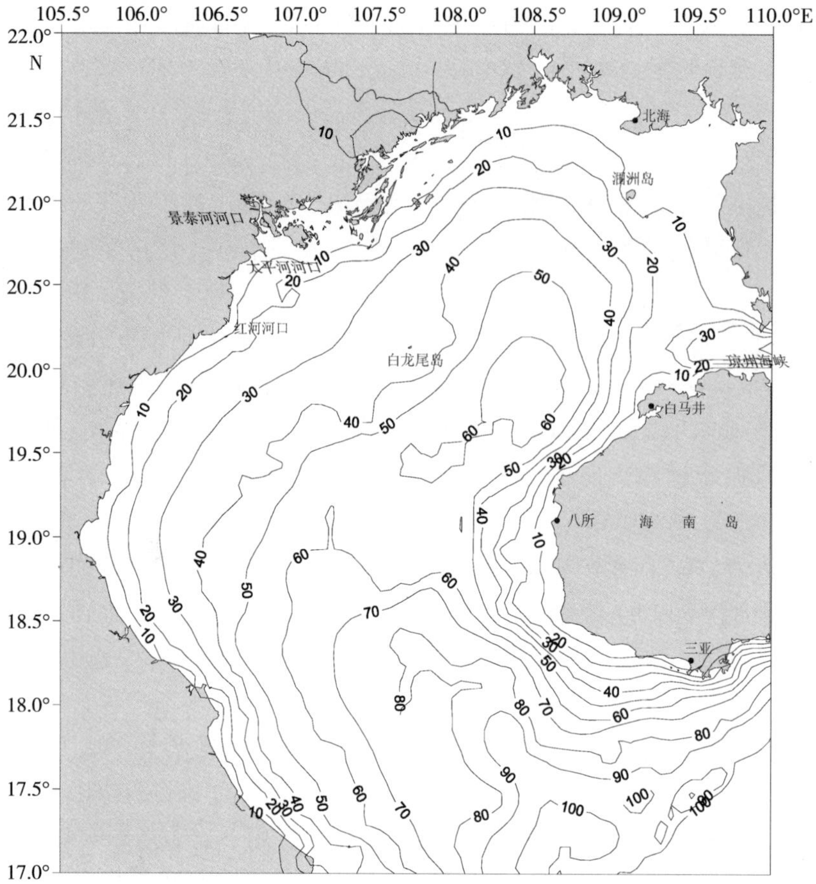

图 17.37　北部湾水深（m）地形图

方向流动，并从越南沿岸东南向流出湾外。在海南岛西侧，存在一个分支转向越南沿岸流动，而在琼州海峡西口则有一个分支转向东。显然，夏季的环流模式与冬季恰恰相反。

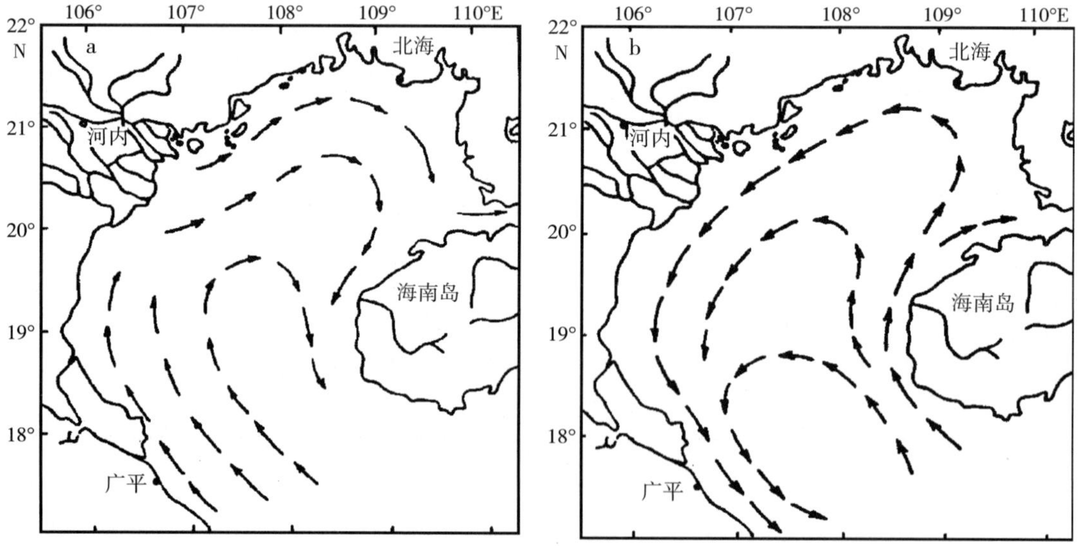

图 17.38　北部湾夏季（a）和冬季（b）的环流模式图①

a. 夏季；b. 冬季

① 刘瑞玉主编。中越合作北部湾海洋综合调查报告。1964。

谭光华（1987）采用一些余流观测资料，同时根据历史资料以及盐度分布图推算出北部湾的海流模式。其结论与《报告》几乎完全一致，唯一不同之处是：夏季的流向在越南近岸处与在远岸处截然相反，近岸处向北，而远岸处到湾中央都是向南。俞慕耕和刘金芳（1993）进一步搜集了1929—1989年间共60年的资料进行分析计算，绘制了南海的表层流、深层密度流和风海流。分析表明，冬季时，北部湾的表层流在湾口断面上，呈东侧北进，而西侧呈偏南流动；并在湾北部形成一闭合的逆时针环流，琼州海峡为西向流。而夏季则相反，即湾口西侧海水北上，而东侧海水流出，环流总体呈现顺时针方向，琼州海峡是东向流。该环流模式与《报告》较为一致。

但是，徐锡祯等（1982）计算了1921—1970年南海6 000余个站的海面动力高度（采用1°×1°网格），并绘制了南海的地转流分布图。结果表明：在北部湾海区，表层地转流四季都是逆时针方向的，环流模式的季节变化相对较小。此后，刘昭蜀和徐锡祯（1987）在述及北部湾的海水环流时，认为秋、冬、春三季均为气旋式环流，但在夏季西南季风强劲时，湾内表层海水会出现反气旋型环流。庄敏芝（1981）依据《海洋调查资料》第六册、第十八册及《全国海洋综合调查资料》第八册，作出了南海北部海区冬半年（10月至翌年2月）及夏半年（5—9月）的平均海流模式图（图17.39）。图中所呈现的北部湾环流模式均为逆时针向流动。夏半年，外海水由海南岛西南岸向北进入北部湾，一直沿岛北上，与琼州海峡西向流交汇后继续朝北偏西方向流动，广西和越南沿岸的海水呈逆时针方向流动，最终以偏南方向流出湾口；而且在19°N以北、以南局部海域各存在一个闭合的逆时针环流。冬半年期间，北部湾内总体呈现一个大的逆时针环流，海南、广西、越南沿岸的环流都与夏季基本一致，琼州海峡也是西向流，湾中部的19°N以北海区的流向大体为偏西向，在湾口南侧的海水呈偏东流，并转折向北流去，正好与北上的入流构成了闭合的逆时针环流的南翼部分。

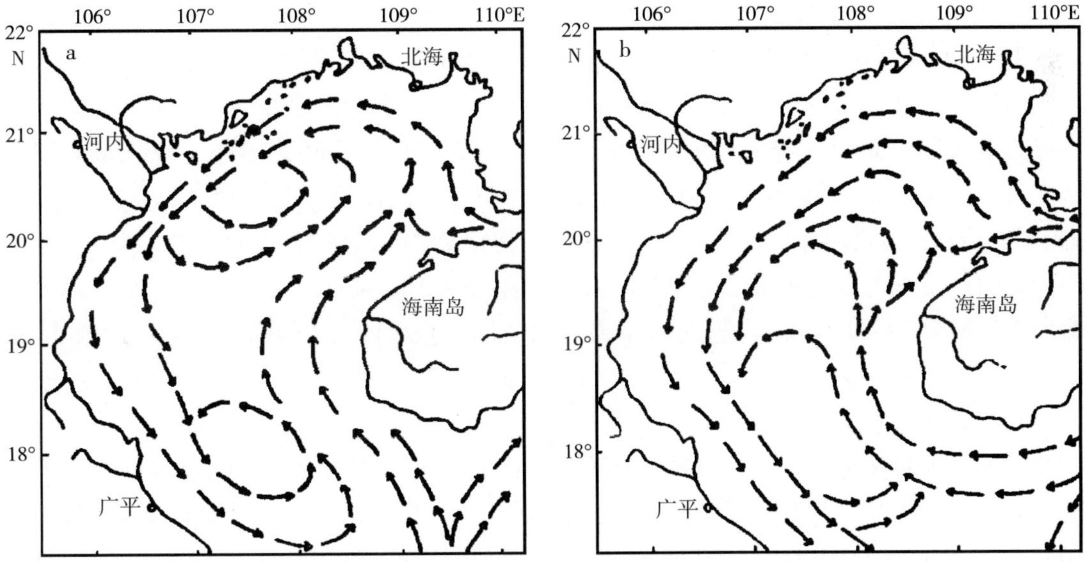

图17.39 北部湾夏季（a）和冬季（b）的环流模式（庄敏芝，1981）

a. 夏季；b. 冬季

以上的研究主要是根据实测资料进行分析，但实测资料中的海流观测数据较少，使得分析结论存在一定的差异。其中，《中越合作北部湾海洋综合调查报告》与谭光华（1987）以及俞慕耕和刘金芳（1993）的结论大体一致，认为夏季的环流是顺时针的，冬季是逆时针的。而徐锡祯等（1982）与庄敏芝（1981）则认为北部湾全年都为逆时针环流，即夏季的环流与前述三者的结论相反。

在此期间，部分学者还开展了北部湾环流数值计算的初步研究。郭忠信和王文质（1983）基于有限元网格，对北部湾冬季的风生流进行了模拟计算，指出冬季全湾被一个大的逆时针环流所占据，并且呈现出明显的西岸强化特征。李树华（1987）采用显式差分格式，计算了北部湾的潮汐余流。K_1 余流和 M_2 余流在湾北部都形成一个逆时针的环流，琼州海峡为西向流；湾顶和海南岛西南沿岸附近流速较大，琼州海峡流速最大。曹德明和方国洪（1990）采用较密的网格，模拟了北部湾的潮汐和潮流，指出该海区的潮余流以琼州海峡最大，其次为海南岛西岸，并认为这是由地形造成的；琼州海峡的潮余流为西向，沿雷州半岛向西北而后向南流去，然后东南向流出北部湾，另有一小股则沿着海南岛北上。

此外，以上大部分的研究只涉及夏、冬两季，春、秋季的结果较少。钟欢良（1995）根据水文调查断面的温度、盐度以及海流资料，并绘制了重力位势图，分析了北部湾北部的春季环流。春季，湾的北部存在气旋式环流。受热力和地形共同影响，春季沿岸受热，中部由于残留冬季冷水，形成冷中心，导致形成气旋式的密度流。此环流春生夏消，存在时间短，强度较弱。

17.5.3 北部湾环流研究的进展

《中华人民共和国国家自然地图集》（廖克，1999）绘制了中国海区的表层海水密度与海流分布。《中国近海水文》（苏纪兰，2005）以该图集为依据对北部湾的环流进行了详细的描述（四季代表月的环流模式见图 17.40）。

由图 17.40 可见：冬季，环流为逆时针方向的环流，无论流速和流向都比较稳定；在琼州海峡内，主要是西向流，流速为 15 ~ 20 cm/s；在越南沿岸（19°N 以南），流向为东南，流速为 15 ~ 30 cm/s；在湾北，流向为西南，流速为 15 ~ 20 cm/s；海南岛西岸，流向皆为北向，流速为 10 ~ 15 cm/s。春季，湾的中部和南部的环流形势基本上与冬季相似；琼州海峡的海流仍为西向流，流速为 10 ~ 20 cm/s；海南岛西岸，北向流速为 15 ~ 20 cm/s；越南沿岸的西南向流速为 10 ~ 20 cm/s。夏季，环流总趋势仍为一个逆时针的大环流，但在局部海域有较大差异，主要在湾北出现一个逆时针的小环流；琼州海峡的西向流速为 10 ~ 15 cm/s；湾北的流速为 10 ~ 20 cm/s；越南沿岸流速为 15 ~ 20 cm/s；海南岛西岸的北向流速为 15 ~ 20 cm/s。秋季，湾北的环流模式与冬季的比较接近；琼州海峡的海流仍为西向流，流速为 15 ~ 20 cm/s；西北沿岸流速为 10 ~ 25 cm/s；越南沿岸 19°N 以北流速为 15 ~ 25 cm/s，19°N 以南为 10 ~ 25 cm/s；海南岛西岸为 15 ~ 25 cm/s。总之，北部湾四季总体上是一个大的逆时针环流，它们之间的差异已如上述。

除了根据实测资料分析外，许多学者采用了数值方法模拟了北部湾的环流，还具体分析了风海流、密度流以及潮致余流的作用，从而进一步了解环流的形成机制。Manh 和 Yanagi（2000）基于温度、盐度以及风场观测数据进行数值模拟，计算了北部湾余流的季节性变化，还具体分析了风海流、密度流以及潮致余流的作用。孙洪亮等（2001）采用 POM 三维水动力模式，把潮汐、风力和热盐三个强迫力统一在一个模型中，诊断计算并获得了北部湾的三维潮致、风生和热盐余流。夏华永等（2001）将 Casulli 差分格式引入三维模型计算，模拟了北部湾风海流及密度流。组婷婷①利用 ECOM - si 模型，详细地分析了北部湾的环流及其形成机制。

① 组婷婷。北部湾环流及其机制的分析。中国海洋大学硕士学位论文。2005。

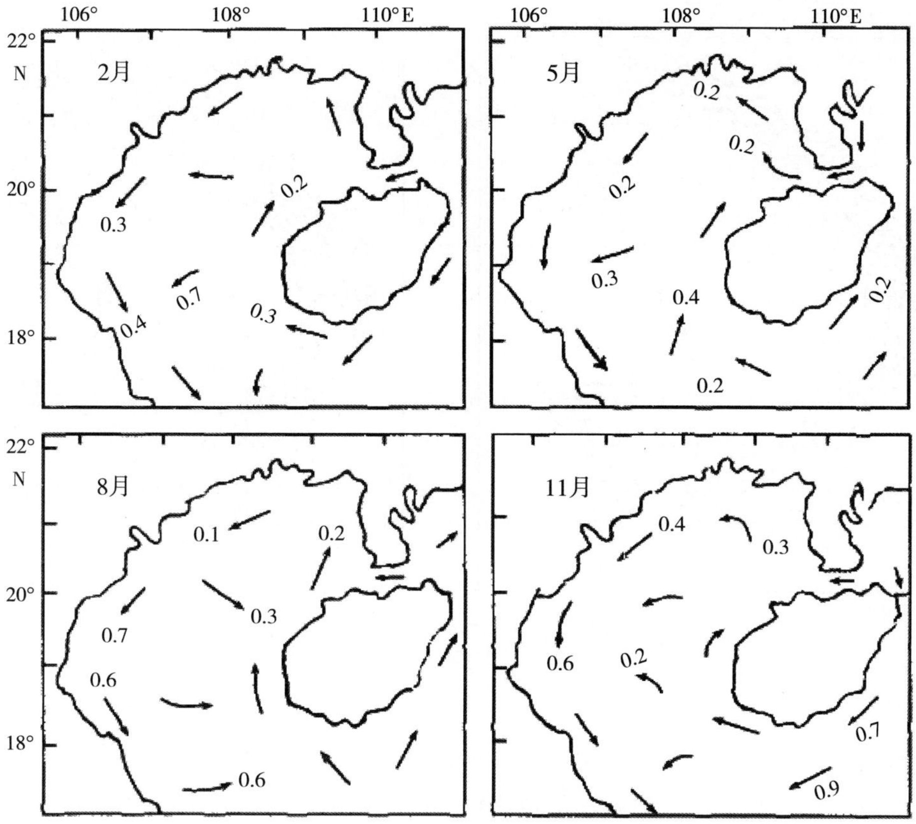

图 17.40 北部湾各季度代表月的环流示意图（kn）（苏纪兰，2005）

Manh 和 Yanagi（2000）指出北部湾环流的各成分中，风海流的作用是最主要的。尤其在上层海水，风海流的主导作用更为突出。冬季强劲的东北季风产生西向或西南向流，而夏季则正好相反，但是夏季的风海流比冬季弱很多，这是北部湾风海流的基本特点，夏华永等（2001）、孙洪亮等（2001）以及俎婷婷关于风海流的研究也都得出类似的结果。

夏华永等（2001）计算得出深度平均风海流（图 17.41）。冬季，东北季风十分强劲，全湾为一个逆时针环流：琼州海峡为西向流，湾中部的风海流较小，流向也较为紊乱。夏季，西南季风相对较弱，北部湾存在一个顺时针的环流，流速比冬季小。孙洪亮等（2001）模拟得出冬季和夏季的表层风海流分布，流向以及流速的相对大小与夏华永等（2001）的结果基本一致。

Manh 和 Yanagi（2000）认为密度流的作用主要是在中、下层。夏季，北部湾中部的冷水团造成了逆时针密度流的形成。孙洪亮等（2001）指出热盐环流在夏季的作用最大，在湾北部的表层和中层都形成较强的逆时针热盐余流环流，另外越南沿岸南侧存在较强的东南向热盐余流，最大可达 10 cm/s。夏华永等（2001）根据《报告》中的温度、盐度及密度等资料，求出了夏季的深度平均密度流（图 17.42）。夏季，北部湾总体上存在一个不闭合的逆时针环流。外海高盐水从海南岛西南侧向北进入北部湾，北上之后一支向东北流入琼州海峡，另一支向北达到湾顶。越南近岸浅海区的密度流比较紊乱，离岸稍远处（20°N 以南）存在较强的密度流，流向向南。俎婷婷①也指出：北部湾夏季的环流主要表现为逆时针密度环流的特征，湾中部以南的区域可形成一个显著的气旋型环流，湾北则出现一范围较小、强度较弱的气旋

① 俎婷婷。北部湾环流及其机制的分析。中国海洋大学硕士学位论文。2005。

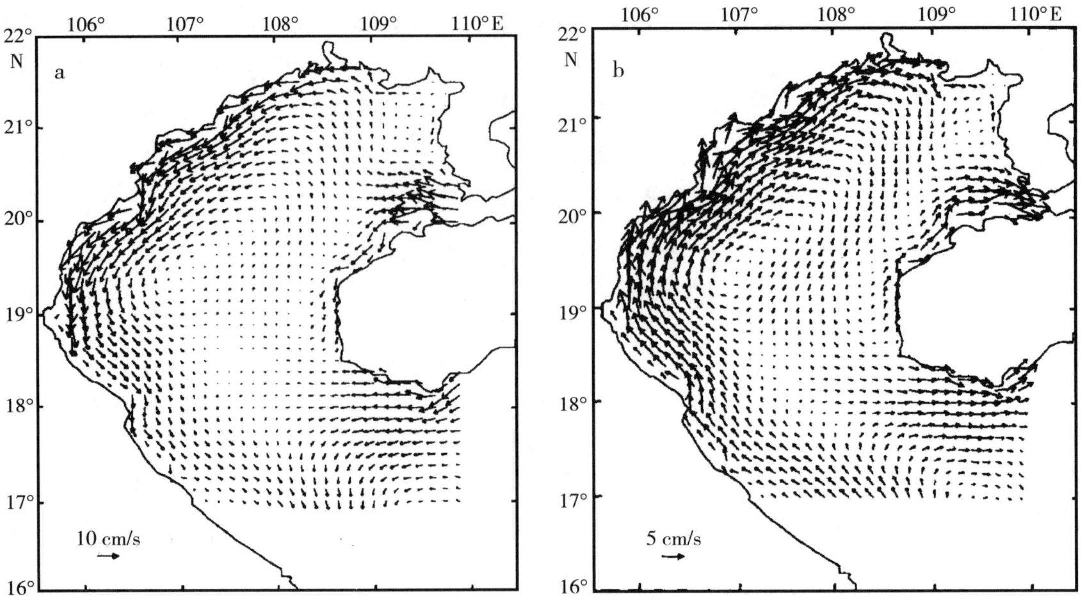

图 17.41　北部湾深度平均风海流（夏华永等，2001）

a. 冬季；b. 夏季

型环流；风海流只在沿岸和表层才达到与密度流同样的量级。可见，北部湾存在逆时针的密度流，而且密度流在夏季作用最强，这是比较一致的看法。

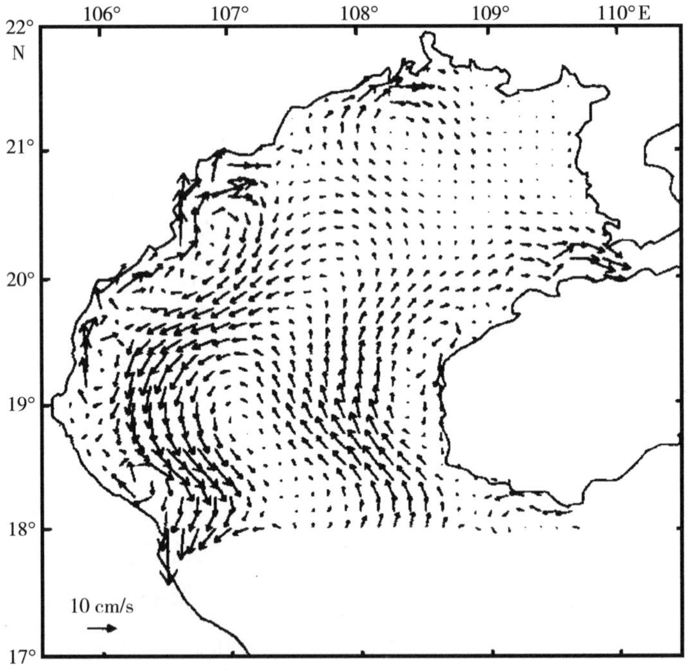

图 17.42　北部湾夏季深度平均密度流（夏华永等，2001）

而有关北部湾潮致余流的结论大体相同。孙洪亮和黄卫民（2001）指出北部湾海区的表层潮余流分布特点是：①总的趋势为琼州海峡的潮余流由东向西，进入北部湾后流向西北，然后转向西南，并绕过海南岛折向东南；②琼州海峡的潮余流最大，约为 10 cm/s；③海南岛西岸存在一支由南向北的沿岸潮余流，流速约为 8 cm/s；④中、底层的潮余流与表层大致相似，但流速较小。组婷婷的结论与他们基本一致，并认为琼州海峡的西向流是逆时针环流形成的重要因素。Cai 等（2003）采用三维斜压的陆架环流模型，计算了南海的余流。他们通过诊断试验指出：夏季，北部湾总体上是一个逆时针的环流，潮汐作用与逆时针环流的产生密切相关；冬季，风海流和密度流的合成作用在北部湾形成逆时针环流，但加上潮汐作用后，北部湾则变成顺时针环流。可见潮汐对北部湾环流起着重要的作用。北部湾的环流在夏季和冬季有着明显的差异，并且潮致余流在冬季和夏季的差异也很大。

关于由数值模拟得出的北部湾总的环流模式，夏华永等（2001）与俎婷婷的结果基本一致。他们认为：夏季，西南季风在北部湾导致一个顺时针环流，海水密度梯度导致一个逆时针方向的密度流，因密度流明显强于风生流，所以总体是逆时针环流；冬季，东北季风形成一个逆时针环流；因此，北部湾全年都存在逆时针环流。后者还认为，深度平均潮致余流、风海流和密度流的流速比值关系约为1:3.5:5。孙洪亮等（2001）的结果与前两者大体一致，只是局部海域存在微小差异，如他们的结果表明夏季琼州海峡为东向流，冬季海南岛西北岸是西南向流。

17.5.4 北部湾环流的新观测结果

国家“908”专项北部湾海区的调查主要覆盖了该湾的东半部海区，设海洋水文大面观测站大约140个，厦门大学“908”专项办公室从2006年到2007年组织了4个季节航次的近海海洋综合调查，进行了CTD、走航ADCP等的观测。锚系观测点共设有5个（图17.43中的 M_1 ~ M_5），4个季度每站均要求进行一个月的海流剖面观测。这些观测资料经质控与数据处理分析，形成了“908”－ST09区块物理海洋与海洋气象调查研究报告第一部分：温度、盐度、密度、浊度（孙振宇等，2008b）①、“908”－ST09区块物理海洋与海洋气象调查研究报告第三部分：ADCP锚碇测流（潘伟然等，2008）②，并出版《北部湾海洋科学研究论文集（第1辑）》（胡建宇、杨圣云，2008）以及《北部湾海洋科学研究论文集——物理海洋与海洋气象专辑》（李炎、胡建宇，2009）。

张国荣等（2009b）根据锚系海流观测资料，得出了春、冬季北部湾东部和北部的水体输运特征。春季：锚系点 M_1 处余流流速范围是1.4~22.0 cm/s，表层流速较大，流向随深度由西北偏北变为西南向；M_2 站的流速为1.3~4.4 cm/s，量值很小，流向主要为西北偏西向；M_3 处于琼州海峡西口，流速是2.2~4.1 cm/s，方向为西北向，春季有短暂的东向流时期；M_4 站的流速变化范围是0.3~8.0 cm/s，流速随深度的增大而减小，流向随深度增大而逆时针变化，表层偏西向，底层东南向；M_5 站的流速是1.5~5.1 cm/s，随着深度的增大，流向由西南至东南逆时针变化。冬季：锚系点 M_1 的流速值在2.9~4.2 cm/s的范围内，方向稳定，为西北偏西向；M_2 的余流为1.4~2.5 cm/s，量值很小，各层流向一致地指向东北；M_3 站的流速为5.1~6.8 cm/s，各层的流向为西北偏西；M_4 站的流速为0.6~3.9 cm/s，流向随深度的增大而逆时针变化，表层偏西向，底层东南向；M_5 站的流速值是0.9~12.5 cm/s，流向由表层的西南向到底层的东南向逆时针变化。王建丰等（2009）也进行北部湾春季潮流、余流的计算与分析，得到了类似的结果。

同样利用锚系海流观测数据，对琼州海峡西口的 M_3 锚系点作了四季海流变化的分析

---

① 孙振宇，胡建宇，李炎。“908”－ST09区块物理海洋与海洋气象调查研究报告，第一部分：温度、盐度、密度、浊度。厦门大学。2008。

② 潘伟然，张国荣，林毅辉，兰健。“908”－ST09区块物理海洋与海洋气象调查研究报告，第三部分：ADCP锚碇测流。厦门大学。2008。

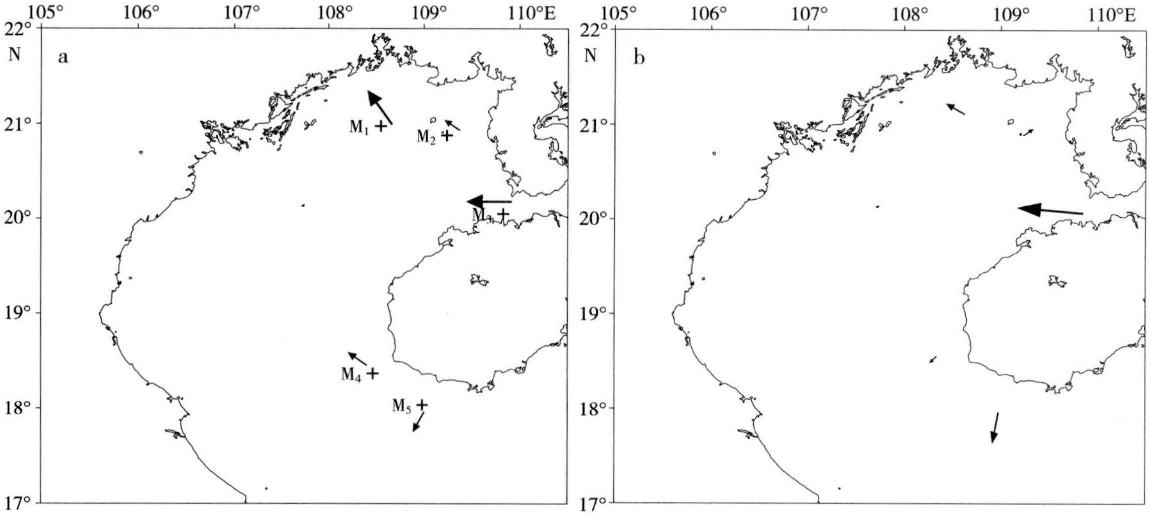

图 17.43　北部湾锚系点水体输运路径示意图（张国荣等，2009b）

a. 春季；b. 冬季

（张国荣等，2009a）。该锚系点处全年以西向流为主，只是春、夏季有短暂的东向流，低频流的流速值基本上随深度的增加而减小。春季表层最大流速达 16.1 cm/s；表层平均流速为 9.2 cm/s，基本是西向流，存在一定时段的东向流。夏季的流向变化较大；在西向流的情况下，表层最大流速约 23.5 cm/s，底层流速约 5.1 cm/s；东向流时表层最大流流速约 13.1 cm/s。秋季流动的总趋势是从表层至底层均为东向流，表层流速一般在 15.2 cm/s 左右，最大可达 37.3 cm/s，底层平均流速是 7.8 cm/s。冬季，各层流向一致地指向西北偏西，表层最大流速为 16.7 cm/s，底层平均流速约 5.6 cm/s。

从以上的锚系观测结果可知道，海南岛南侧春、冬季的海流流速随深度的增大而减小，流向随深度的增大而逆时针变化，M_4 站表层流为西向，M_5 站则是西南向，可以推测是受到东北季风影响的缘故。对于琼州海峡的流向，Shi 等（2002）指出琼州海峡全年的平均流是西向流，春、冬季的西向流比夏、秋季强，10 m 层以上的海流最强，并认为西向流主要是潮致余流的作用结果，琼州海峡的西向流向北部湾注入大量的水，这是促使北部湾形成逆时针环流的因素之一。这个结果与前述的锚系观测资料基本相符，只是张国荣等（2009a）还指出春、夏季海峡西口有短暂的东向流时期，秋季更呈现东向流的总趋势。

基于 ADCP 走航观测资料，孙双文等（2008）分析指出：夏季海南岛西侧有一支流沿岸北上，从 18°N 开始出现，实测平均流速为 60 cm/s 左右，随着纬度的增加，流动逐渐增强，在 19°N 附近达到最强，最大流速可达 150 cm/s 以上，随后开始减弱，到 20°N 附近流速降至 50 cm/s 左右；然而，冬季在海南岛西岸并没有出现像夏季一样的强劲北向流。孙振宇等（2008a）对温盐资料分析后认为，夏季南海的低温高盐水沿着海南岛西岸向北入侵北部湾，红河冲淡水往东流，可扩展至白龙尾岛东侧。

17.5.5　总结

综合以上的分析结果，沿岸流部分主要参考庄敏芝（1981）、《中国近海水文》（苏纪兰，2005）以及“908”专项锚系点处的表层余流，非沿岸海区同时结合了各影响因素进行具体分析，重新绘制了北部湾四季表层海流模式图（图 17.44）。

春季　总体上是以东北风为主。受热力和地形共同影响，春季北部湾中北部出现冷中心，

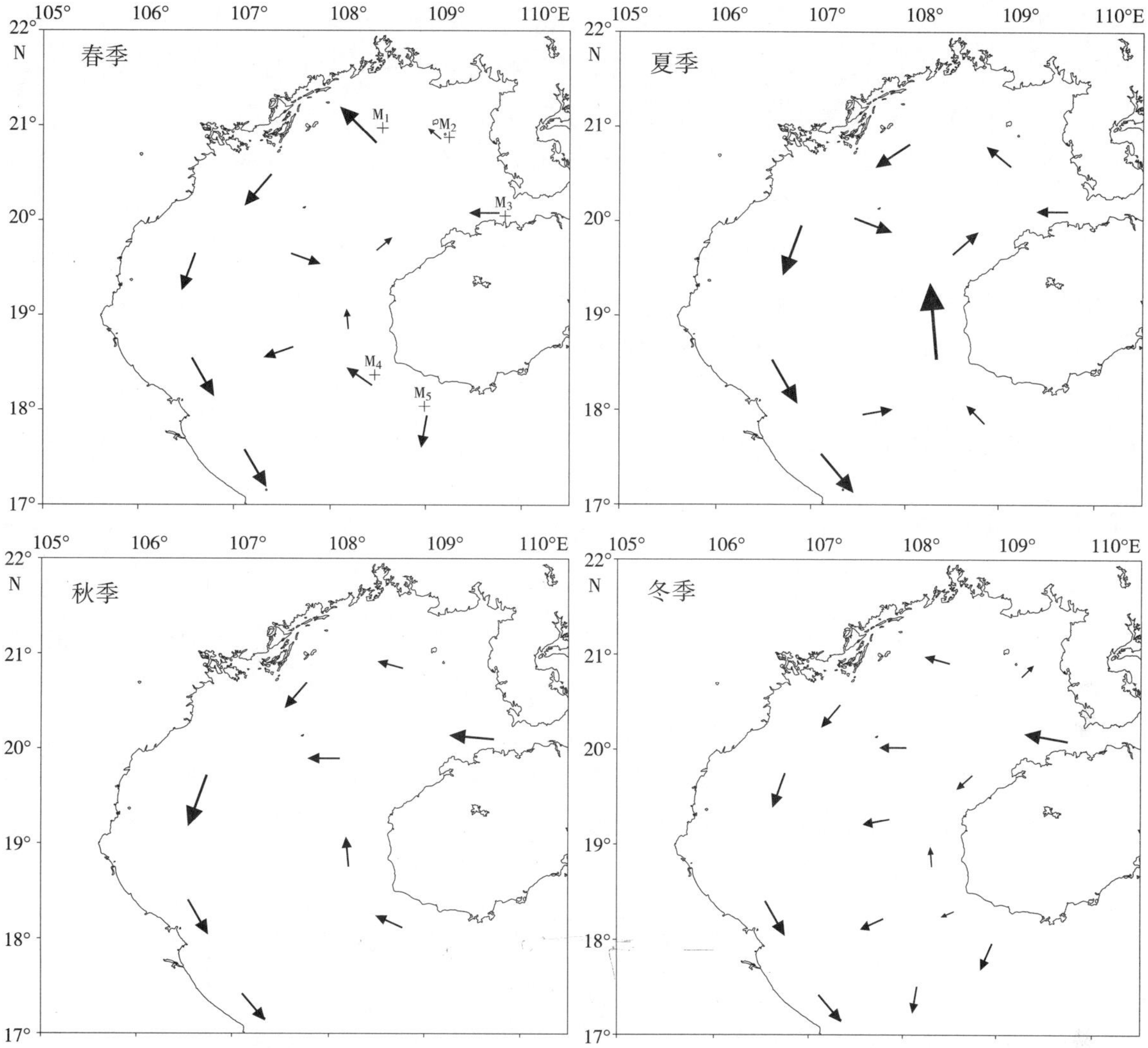

图 17.44 北部湾各季度的表层环流示意图

形成闭合的逆时针密度流。外海水从海南岛西南侧进入北部湾，在海南岛西南侧受到东北风的影响，部分转向西南，其余继续沿海南岛北上。潮致余流在海南岛西侧的作用最为显著。海南岛西北岸由于偏北向密度流和偏南向风海流的抵消作用，结果应是较弱的偏北向流。琼州海峡春季以西向流为主。受东北风影响，越南沿岸流南下，从北部湾西侧流出湾口。

夏季 主要盛行西南季风，但强度比冬季风弱。外海水由湾口的东侧开始入侵，方向为西北向。海南岛西侧北向潮致余流较大，再加上偏南季风影响，使此处海流逐渐加强，沿着海南岛西岸北上，而后在琼州海峡西口与海峡西向流交汇，并沿着广西沿岸逆时针流动。因西南季风作用，湾北有一东向流把淡水从越南沿岸推向白龙尾岛东侧，形成湾中北部的局部逆时针环流。越南沿岸因强径流量形成很强的南下密度流，从湾口西侧流入南海，在湾口处受西南季风的影响，分出一支较弱的东北向流。

秋季 季风开始转向，东北季风兴起，北部湾此时风海流的作用显著，总体呈现一个逆时针的环流。外海水依旧从湾口的东面沿海南岛北上，在 18.5°N 和 20.0°N 都有一个西向分支。琼州海峡为西向流，广西沿岸流向为偏西向转西南向，越南沿岸流顺岸南下，从湾口西侧流入南海。

冬季 北部湾盛行东北季风，风力稳定和强劲，风生流作用最显著。外海水依旧从海南岛西南侧入侵，沿海南岛西南侧北上。但这一流动比夏季小，并且由于受季风作用，部分转为西向流，在海南岛西北侧流向变为西南向流。琼州海峡冬季为稳定的西向流，越南沿岸流方向偏南，顺岸南下，从湾口的西部流出。

总体而言，北部湾四季大致上都是一个大的逆时针环流，湾口海水终年东进西出。受潮致余流、风生流和密度流三者的相互影响，各个局部海域的流在不同的季节又呈现出不同的局部特征。海南岛西侧和琼州海峡潮致余流较大，全年流向较为稳定。而越南沿岸夏季主要受密度流影响，冬季受风海流影响。湾中部海域海流主要受季风控制。广西沿岸的海流可能是受北部湾总环流的牵引，这有待进一步调查研究。

17.6 泰国湾的环流

17.6.1 前言

泰国湾位于东亚，紧邻南海西侧，其长约 800 km，宽约 400 km，面积约 32 0000 km^2，为半封闭海湾，沿岸国家有柬埔寨，马来西亚，泰国以及越南。泰国湾属巽他陆架，很浅，其中心部分的平均水深为 45 m，最大水深为 80 m，湾顶处有若干河流注入湾内（图 17.45）（E. Wolanki，2006）。泰国湾大部分海域属热带季风气候，每年 11 月至翌年 3 月盛行干燥的东北风，降水稀少，称为旱季（冬季）；4—10 月盛行湿润的西南风，降雨迅速增多，称为雨季（夏季）。泰国湾南端海域属赤道多雨气候，年降雨量多且均匀，没有明显的旱季和雨季之分。以下分三部分对泰国湾的环流进行描述：即历史研究、研究进展和总结。

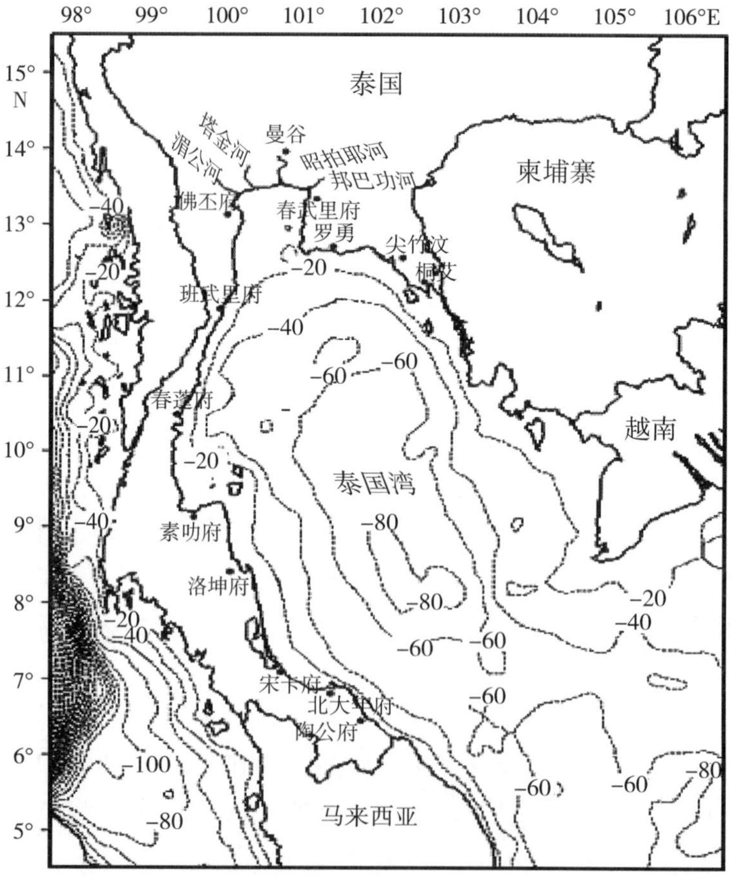

图 17.45　泰国湾水深地形（m）图（Aschariyaphotha，et al，2008）

17.6.2 历史研究状况

泰国湾环流和海水输运状况的数据大部分采自泰国、越南和美国NAGA（Government of the United States）于1959—1961年的联合考察。Faughn（1974）根据NAGA的考察报告指出泰国湾是一个双层的浅水湾。淡水径流以及降雨的稀释作用产生低盐水，而低温高盐水则来自南海并于湾口处侵入。季风、潮流以及降水引起的海流运动进而影响泰国湾海水的盐度和透明度，并且指出季风影响表层流，使其在西南季风期呈顺时针流动而在东北季风期呈逆时针流动。NAGA报告显示，泰国湾海域的海水运动总是比较弱的，5—9月（西南季风期）海水呈反气旋式流动，10月至翌年1月（东北季风期）则呈气旋式，2—4月湾内表层出流增强，该结果与Wyrtki（1961）所得的结论基本一致。

徐锡祯等（1982）利用历史温盐资料得出的南海表层地转流显示秋、冬、春三季泰国湾海流呈北进南出，而夏季则为南进北出，与Wyrtki（1961）的结论一致。

Stansfied和Garrett（1997）利用NAGA在1959—1961年对泰国湾考察所得的水文数据，对湾内热盐收支进行平衡计算后指出：东北季风期，湄公河羽流冲淡水在局地风场的作用下，随越南沿岸流进入泰国湾。

Yanaki和Takao（1998）利用NAGA在1959—1961年对泰国湾考察所得的温盐以及海表面风等观测数据模拟了泰国湾的环流。结果显示：湾内存在两个流涡，湄南河口的反气旋式流涡和控制其余海域的气旋式流涡。

Wattayakorn等（1998）利用1993—1994年泰国湾沿岸的锚定设备测得的温盐以及海流的数据推测该海域的季节性环流（图17.46），指出：泰国湾的季节性环流总是微弱且多变的，湾内的平均环流主要受南海影响而非之前所认为的受局地风场控制，且这种现象在东北季风时期尤为明显。1—2月，湾内环流微弱，湄南河口水团与湾内其他水团的混合不明显。3—8月，反气旋式环流主导泰国湾大部分海域，并侵入湄南河口。9月，在除湄南河口的其余海域，环流流向转为气旋式，并在湄南河口处生成初始的气旋式流。11月，湄南河口处的流向转为反气旋式。就整体而言，泰国湾沿岸的冲刷作用并不明显，沿岸水和近岸水的混合十分微弱，由于这种相对稳定的状态，排入湄南河口的污染物不断积聚，而流向的变化会引起污染物的回流从而使污染状况恶化。

Singhruck（2001）利用SeaWiFS（Sea-Viewing Wide-fileld-of-view Sensor）传感器获取的1999年9月至2001年2月泰国湾海域水色数据对叶绿素a的分布进行分析，进而推断该海域流场特点，指出：湄南河口及其余海域分别存在一流涡，湄南河口处的流涡在东北季风期以及西南季风期分别为气旋式和反气旋式，沿马来半岛的入流在两个季风期都存在。西南季风期，高盐南海水沿马来西亚沿岸侵入泰国湾，在湾内生成反气旋式流涡，最终沿越南沿岸流出。东北季风期，来自湄公河的低盐水沿越南沿岸流入湾内，在湾内生成气旋式流涡，后沿马来西亚沿岸流出。

Buranapratheprat等（2002）利用二维水动力模型对泰国湾湄南河口（图17.47）由季风和潮致余流共同作用引起的季节性环流进行了模拟。湄南河口在东北季风期（11月至翌年1月）、东北季风向西南季风转换期（2—4月）、西南季风期（5—8月）以及西南季风向东北季风转换期（9—10月）的环流状况如图17.48所示，各时期的平均流速分别为：0.44 cm/s、0.40 cm/s、0.70 cm/s和0.36 cm/s。东北季风期，环流基本呈逆时针沿海岸流动。东北季风向西南季风转换期，逆时针环流减弱，且在河口西北部逐渐生成一顺时针流涡，此时期以及

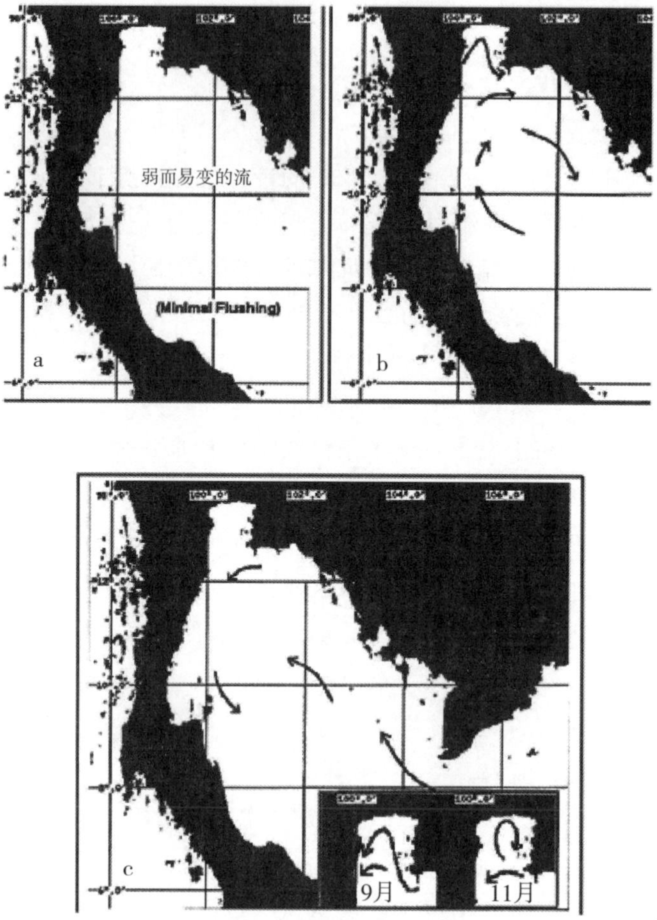

图 17.46　泰国湾环流图（Wattayakorn，et al，1998）
a. 1—2 月；b. 3—8 月；c. 9—11 月

东北季风时期，河口东海岸都存在强的北向流。西南季风期的环流形式与东北季风期有很大不同，西南季风期，逆时针环流消失，由强的顺时针流涡取代，水流由河口西南部流入，进而分成两支，一支沿西海岸向北流，另一支转向东北，继而流出该海域，此时，东海岸的北向流依然存在，但强度较前两个时期弱。西南季风向东北季风转换期，存在全年最强的入海径流，河口处环流弱且复杂，此时，顺时针流涡逐渐消失，由河口西南区域的弱顺时针海流代替。

Zhuang 等（2010）利用高度计观测和 OFES 数值模拟结果分析了泰国湾海面高度（SSH）的时空变化特征。结果表明观测的 SSH 季节内信号第一模态的方差贡献为 52%，其第一空间模态（简称 EOF－1）大致呈现湾口高、湾内低的分布趋势（图 17.49）。在湾口以外，EOF－1 逐渐趋近于 0。泰国湾西部形成一低值中心，位置与泰国湾内的无潮点的位置基本一致。在低值中心周围的泰国湾沿岸区域，EOF－1 同样接近于 0。模拟结果第一模态的方差贡献为 92%，意味着观测的 SSH 特征比模拟结果更加复杂。模拟的 EOF－1（图 17.49）也呈湾口高、湾内低的分布趋势，在湾口附近接近于 0。与观测结果不同的是，模拟的 EOF－1 在湾内并不呈现沿岸低、中部高的分布趋势，而是从东向西逐渐减小，说明它所表征的 SSH 振幅从湾口向内逐渐增大，而 92% 的方差贡献意味着这种变化特征在模拟结果中占主导地位。采用正压模型同样能模拟出类似的结果，说明模式是否考虑密度层结对泰国湾内 SSH 的季节内变化影响不大，模拟的结果主要由风场驱动的海水正压运动所导致。图 17.49 比较了观测和模拟的第一模态的主成分（简称 PC－1），由图 17.49 可知，二者的变化趋势基本一致，相关系

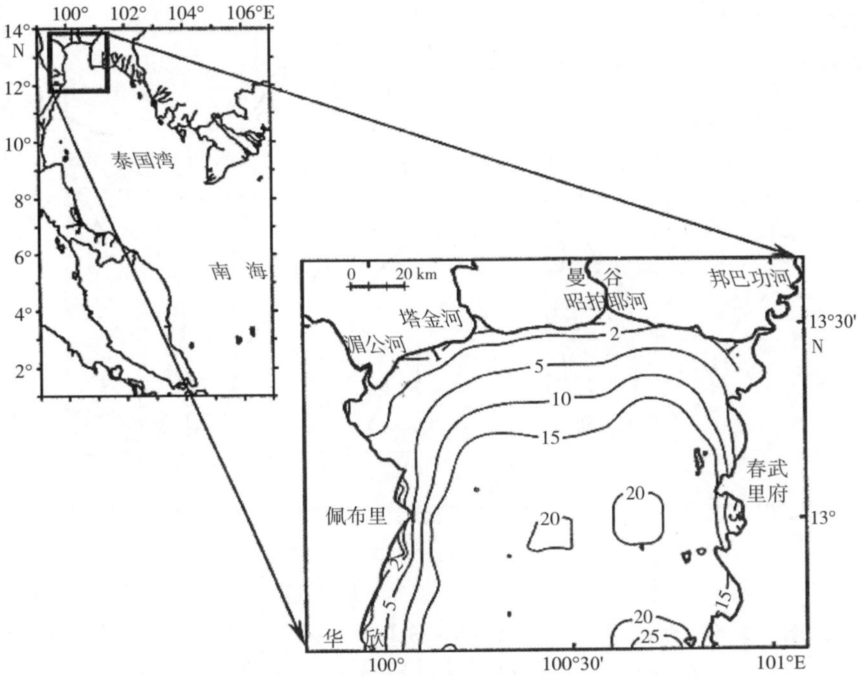

图 17.47 湄南河口的地理位置及水深（m）（Buranapratheprat, et al, 2002）

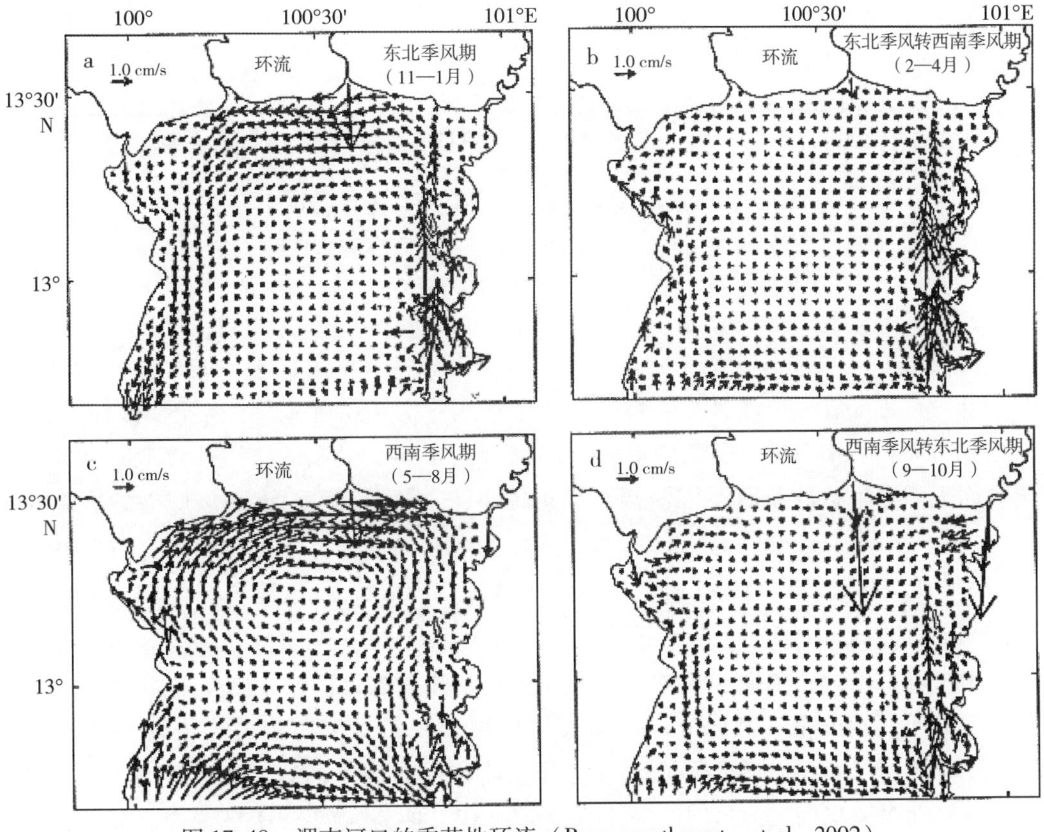

图 17.48 湄南河口的季节性环流（Buranapratheprat, et al, 2002）

a. 东北季风期（11—1 月）；b. 东北季风转西南季风期（2—4 月）；c. 西南季风期（5—8 月）；
d. 西南季风转东北季风期（9—10 月）

数高达 0. 84。说明尽管观测结果中存在潮汐混淆误差，但模拟结果还是较好地反映了观测的

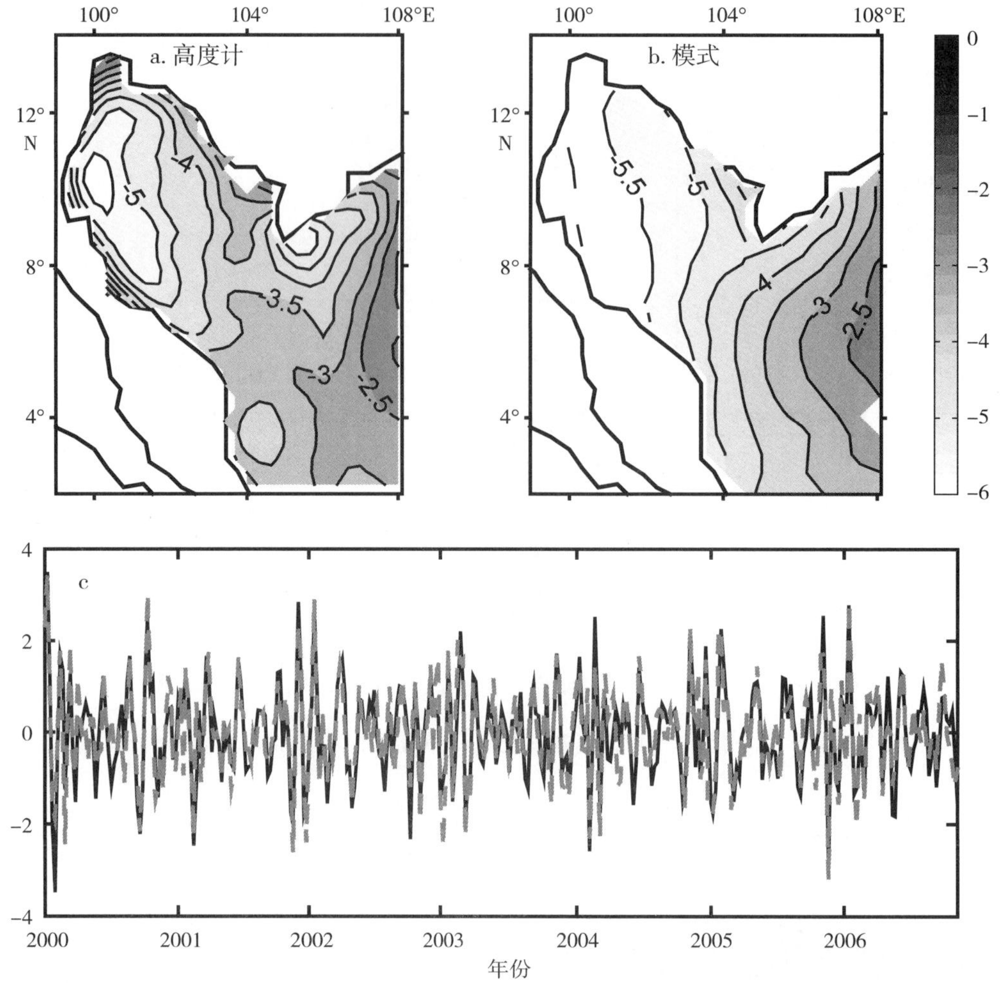

图 17.49　泰国湾海域海面高度季节内信号 EOF 分析的结果

a. 高度计观测结果的第一模态空间场；b. 全球环流模型模拟结果的第一模态空间场；

c. 高度计观测（实线）和模型模拟（虚线）结果得到的第一模态主分量（PC－1）

SSH 季节内变化对海面风应力强迫的响应。由于模式的结果不包含潮汐的信息，因而观测和模拟的 EOF－1 空间结构的差别在很大程度上是由潮汐混淆所导致的。泰国湾内的潮汐是旋转潮，振幅沿岸高、中部低。受潮汐混淆误差信号的干扰，沿岸的海面高度表现出更为复杂的变化。而无潮点附近的 SSH 受潮汐混淆影响较小，主要表现为对海面风应力的响应特征。

为了进一步了解驱动泰国湾 SSH 季节内变化的海面风场的特征，Zhuang 等（2010）以图 17.49 中高度计观测结果的 PC－1 作为回归自变量，对 Quikscat 风速矢量的经向和纬向分量分别做回归分析。图 17.50 是风场经向和纬向分量相对于 PC－1 的同期回归系数的合成矢量场。从图中可以看出，在同期回归时，两个分量的回归系数大都位于 99% 的信度区间内，说明 SSH 季节内变化与东北—西南方向的海面风应力高频信号密切相关。结合 EOF－1 可知，在海面风场为西南风时，风场的 Ekman 输运作用将海水向湾外输运，SSH 呈湾内低、湾口高的分布特征；而当风场为东北风时，海水向湾顶堆积，使整体的 SSH 呈湾内高而湾口低的分布特征。此外，风应力的 ISV 所激发的水位变化会以 Kelvin 波的形式在湾内沿着岸界呈逆时针方向传播，导致了湾内西南岸的 SSH 振幅大于东北岸（图 17.49）。由于冬季泰国湾内水体的层结最弱（图 17.50），因此，尽管风场的季节内信号在秋季最强，但 SSH 对风场的高频正压响应却是在冬季最显著。

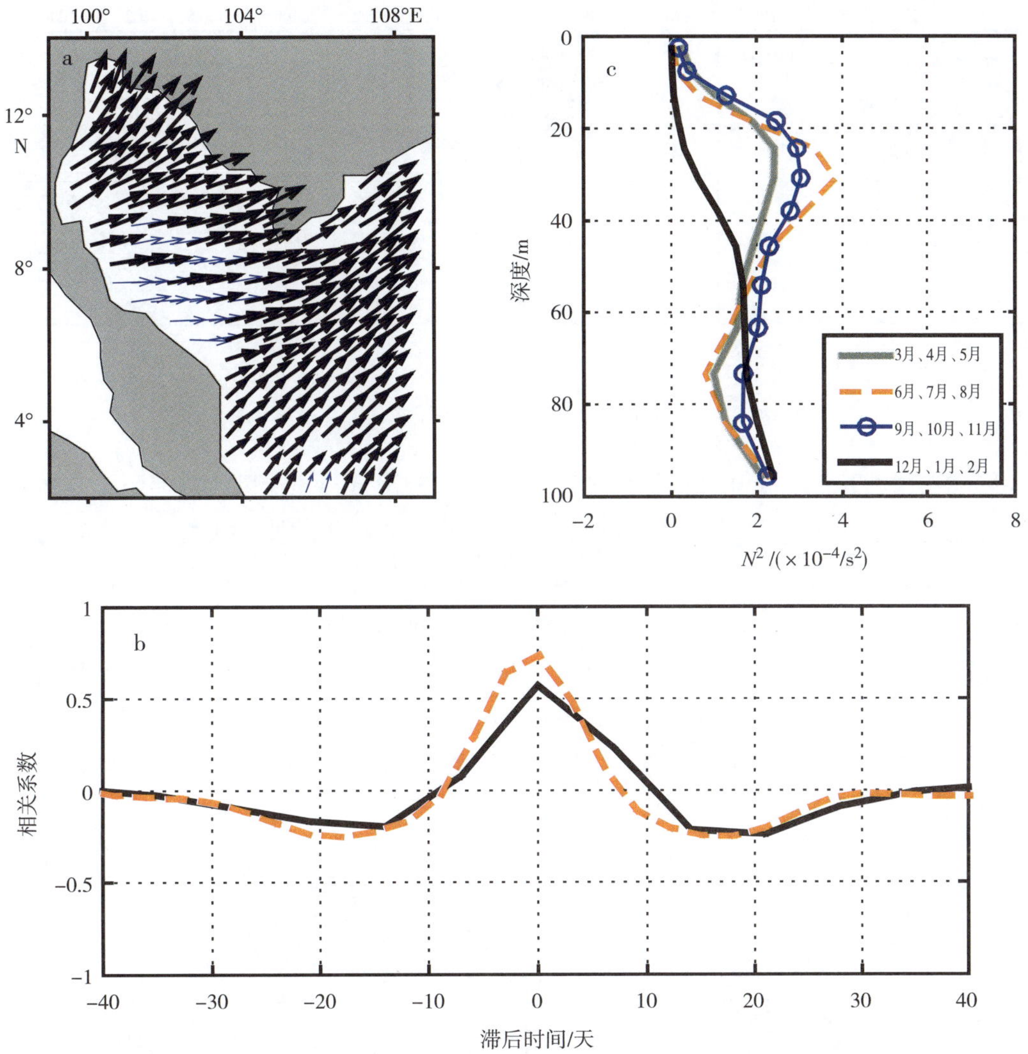

图 17.50 泰国湾 SSH 季节内变化与风场的关系及泰国湾区域平均的浮力频率

a. 以观测结果得到的 PC－1 为回归自变量，风速矢量经向和纬向分量同期回归的结果加粗的箭头表示两个分量的回归系数都位于99%的信度区间内；b. 观测结果的 PC－1 与西南风指数的超前－滞后相关系数；c. 模式模拟的泰国湾区域平均四个季节的浮力频率

17.6.3 研究进展

Aschariyaphotha 等（2008）利用 POM 模式（Princeton Ocean Model）对泰国湾的年平均环流以及各个季节的环流进行了模拟。但由于海流的实测数据有限，模拟出的结果无法与实测值进行比较。模拟出的表层、中层和底层的年平均环流见图 17.51，从南部边界流入的表层流在那拉提瓦省沿岸产生一个较强的流，其最大流速约为 0.13 m/s。同时流向中心部分的流在泰国湾的中部形成一个弱的顺时针的环流。中层和底层的环流形式与表层相似，但其流速小于表层。

Chu 等（1999）模拟了包括泰国湾在内的南中国海海域 3 月、5 月、7 月、9 月、10 月和 12 月的环流。参考 Wyrtki（1961）的观测结果并与 Chu 等（1999）的模拟结果进行比对后，我们认为 Aschariyaphotha 等（2008）对泰国湾季节性环流的模拟结果较好。

图 17.52 为 Aschariyaphotha 等（2008）用模式模拟出来的泰国湾 1 月、4 月、7 月、10 月的表层环流。东北季风期间（11 月至翌年 3 月），地面高压系统产生强的东北向风场，受

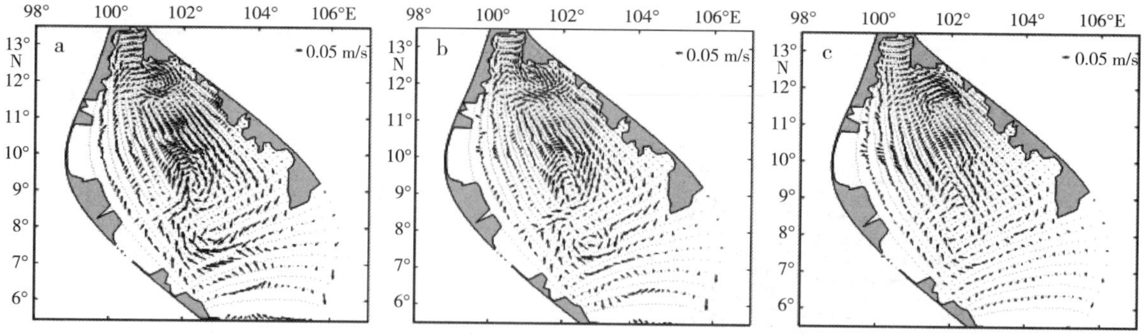

图 17.51　泰国湾不同深度的年平均环流（m/s）（Aschariyaphotha，et al，2008）

a. 表层年平均环流；b. 中层年平均环流；c. 底层年平均环流

此风场影响泰国湾环流也较强且在越南沿岸流速超过 0.25 m/s。在风的驱使下，泰国湾的东南部存在流速超过 0.3 m/s 的顺时针环流，并从湾的中部向北延伸，接着，该海流分成西向和东向两个分支，分支点约在 10°N，102°E，并且由于存在一股来自南海的水流，这种状况得到增强。1 月模拟环流结果与 Chu 等（1999）模拟的 12 月的情况相吻合（1 月与 12 月属于同一个季节），但与 Wyrtki 的观点相矛盾，Wyrtki 认为由于东北季风的作用该环流为逆时针。4 月（属雨季初），整个东北季风所控制的环流系统减弱，主要的环流模态几乎与 1 月相同，但在 7°～8°N，102°～103°E 左右，流向很快变为东向且其流速更小，约为0.2 m/s。在湾顶附近，存在一强度更弱的流，其流向为北。

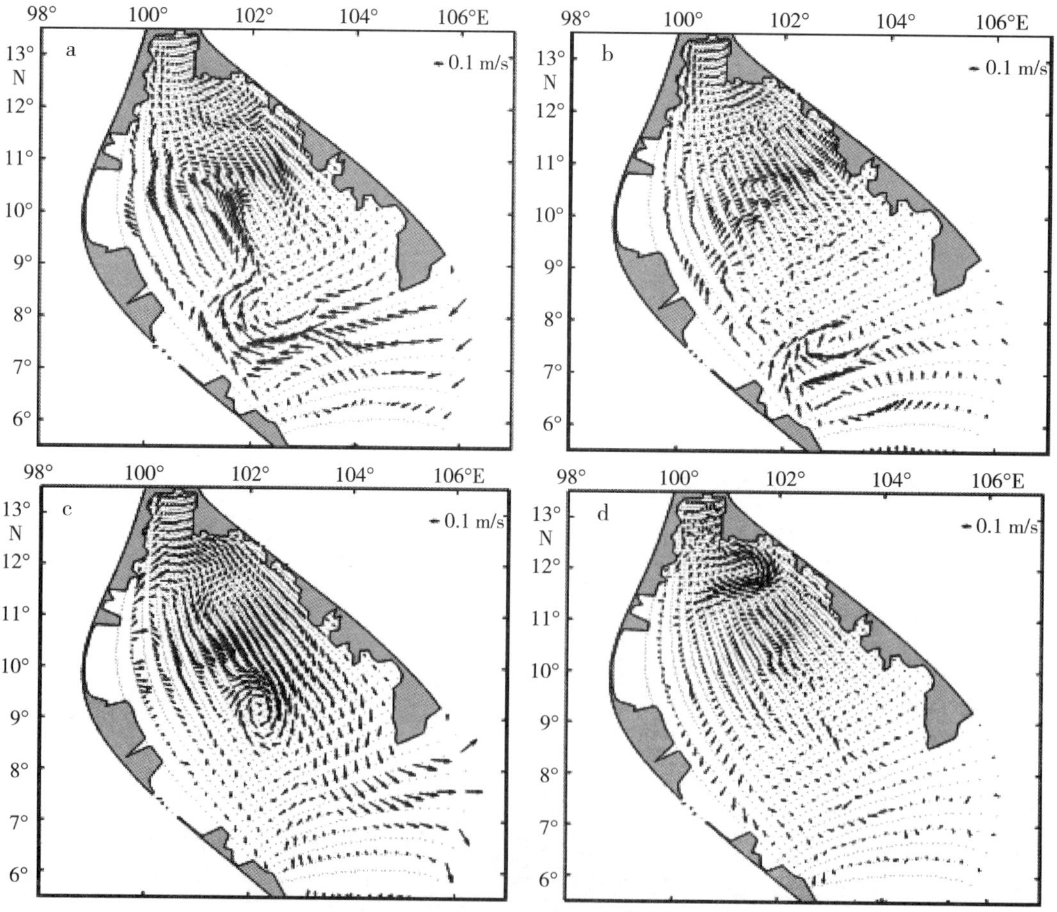

图 17.52　泰国湾表层环流（m/s）（Aschariyaphotha et al，2008）

a. 1 月；b. 4 月；c. 7 月；d. 10 月

雨季（7月），西南季风强盛。模拟的结果显示一个顺时针环流在不断发展，该顺时针环流中心位于9°N左右（泰国湾中心附近），流速达0.27 m/s，随后沿越南沿岸向南流。该月主要的环流状况与Wyrtki（1961）和Chu等（1999）所描述的相吻合，Wyrtki（1961）通过对环流的观测，认为泰国湾的环流为顺时针且其表面流速在0.12～0.25 m/s之间；Chu等（1999）指出泰国湾顺时针环流的驱动力为西南季风。10月（雨季末），泰国湾的中心和南部无强的海流，但在泰国湾的北部，由于低盐水，存在最大流速为0.13 m/s的强海流。在泰国湾的中部，存在一流速不足0.1 m/s的逆时针环流，该环流初始时流向为北，随即转向西南。此模拟结果也与Wyrtki（1961）以及Chu等（1999）提出的模式结果相吻合。在季风转换期间（4月和10月），由于风场较弱其所驱动的流场也较弱（Aschariyaphotha，et al，2008）。

泰国湾中层环流的模式结果与表层相似，中层1月、4月、7月和10月的平均流速分别约为0.053 m/s、0.034 m/s、0.046 m/s和0.019 m/s，相应月份表层流的流速分别约为0.070 m/s、0.051 m/s、0.083 m/s和0.025 m/s，由此可见，中层的环流流速弱于表层。上述4个月中，底层环流的流速分别约为0.034 m/s、0.017 m/s、0.020 m/s和0.013 m/s（Aschariyaphotha，et al，2008）。

17.6.4 总结

Aschariyaphotha等（2008）利用POM模式研究泰国湾环流的结果如下：旱季（1月），泰国湾环流基本为顺时针，且在湾的西南部（宋卡府省、北大年省沿岸）存在宽约100 km，受南海入流和表面风场影响的较强海流。雨季初（4月），北大年省和那拉提瓦省沿岸，存在一个由较弱风场驱动的弱顺时针流。POM模式成功地模拟了一个存在于7月（雨季）的最大速度为0.27 m/s的顺时针涡。弱环流存在于雨季末（10月），且其最大流速位于湾顶附近，仅为0.13 m/s。由于4月和10月为东北季风与西南季风相互转化的过渡时期，这两个月的风场都十分微弱，但能控制着泰国湾弱的表层环流。除1月外，四季中的主要环流都与Chu等（1999）、Wyrtki（1961）和徐锡祯等（1982）描述的极为吻合。在无风场的敏感性试验中，泰国湾1月和7月的表层环流情况与真实情况相反，由此可以认为季风对泰国湾环流的作用以及风应力是生成强环流的关键因素。开边界的侧向速度也是影响泰国湾7月和10月环流模拟的因素之一，也就是说侧边界状况是影响环流模式的关键所在。由于有4条较大的河流在湾顶处入海，使得这部分海域的海水在雨季末处于低盐状态，从而使附近海域的海流更强（Aschariyaphotha，et al，2008）。

第 18 章　南海潮汐与风暴潮*

虽然月、日引潮力在南海直接引起的潮汐比渤海、黄海明显，但是南海的潮汐主要是从太平洋经巴士海峡和巴林塘海峡传入的。

18.1　潮汐

18.1.1　南海的潮波系统

南海的潮波主要由太平洋经吕宋海峡进入，并沿海盆继续向西南传播（沈育疆等，1985；夏华永等，1997）。从图 18.1 中的同潮时线可以看出，M_2 潮波进入南海后，从东北向西南方向传播，有部分潮波北折转入台湾海峡。在传播过程中，又有部分潮波折向西北进入北部湾，其主要部分继续向西南传播，到达马来半岛附近海域时，部分潮波转向进入泰国湾，其余部分往南向巽他陆架海域传播。

M_2 潮波在泰国湾有两个潮波系统，一个无潮点位于泰国湾的顶端，同潮时线绕无潮点作逆时针方向旋转；一个无潮点位于泰国湾湾口，呈顺时针旋转。泰国湾和南海西南海域，潮波系统复杂。特别是在巽他陆架海域，不同文献的潮波图有很大差异，在该海区还有一个逆时针方向旋转的潮波系统（沈育疆等，1985；Fang，1986）。M_2 潮波在沙捞越西部古晋附近形成南海最大的振幅区，达 1.7 m（佟景全等，2010）。

在南海北部，M_2 潮波沿福建，广东省沿岸自东向西传播，其最大振幅出现在台湾海峡福建沿岸，可达 2 m，而广东沿岸最大振幅出现在湛江附近，可达 1 m。潮波在北部湾传播过程中，M_2 同潮时线的走向基本上与湾轴垂直，在海防与海头一线，同潮时线密集，在海防稍北的沿岸海域有一个退化了的无潮点，往北 M_2 的振幅逐渐增大，至湾顶达到 0.4 m 以上（夏华永等，1997）。

南海大部分海区 S_2 分潮的分布与 M_2 大体一致，振幅较 M_2 分潮小。在南海北部、北部湾及泰国湾，S_2 与 M_2 的平均振幅比分别为 0.39、0.34、0.44，平均迟角差分别为 40°、52°、59°（表 18.1）。在南海南部陆架海域不同文献（沈育疆等，1985；曹德明等，1997；Zu T，et al，2008；Fang，et al，1999）的潮波图也存在较大差异，尤其是对于大纳土纳岛附近是否存在一个 S_2 分潮的逆时针旋转或者顺时针旋转的无潮点的问题还有争议。毛庆文等通过对卫星高度计资料的分析指出该无潮点并不存在，而是存在一条驻波节线，节线上 S_2 分潮的振幅接近于零。

表 18.1　南海主要分潮的振幅比和迟角差（Fang，et al，1999）

海　区	$g_{O_1}-g_{K_1}$	H_{O_1}/H_{K_1}	$g_{S_2}-g_{M_2}$	H_{S_2}/H_{M_2}
南海北部	-49°	0.85	40°	0.39
北部湾	-60°	1.11	52°	0.34
泰国湾	-48°	0.65	59°	0.44

* 本章编写人：黄祖珂（潮汐、潮流），刘长建（潮汐——第二作者）俎婷婷（潮流——第二作者），厉萍（风暴潮、海平面——第二作者），左军成（海平面）。

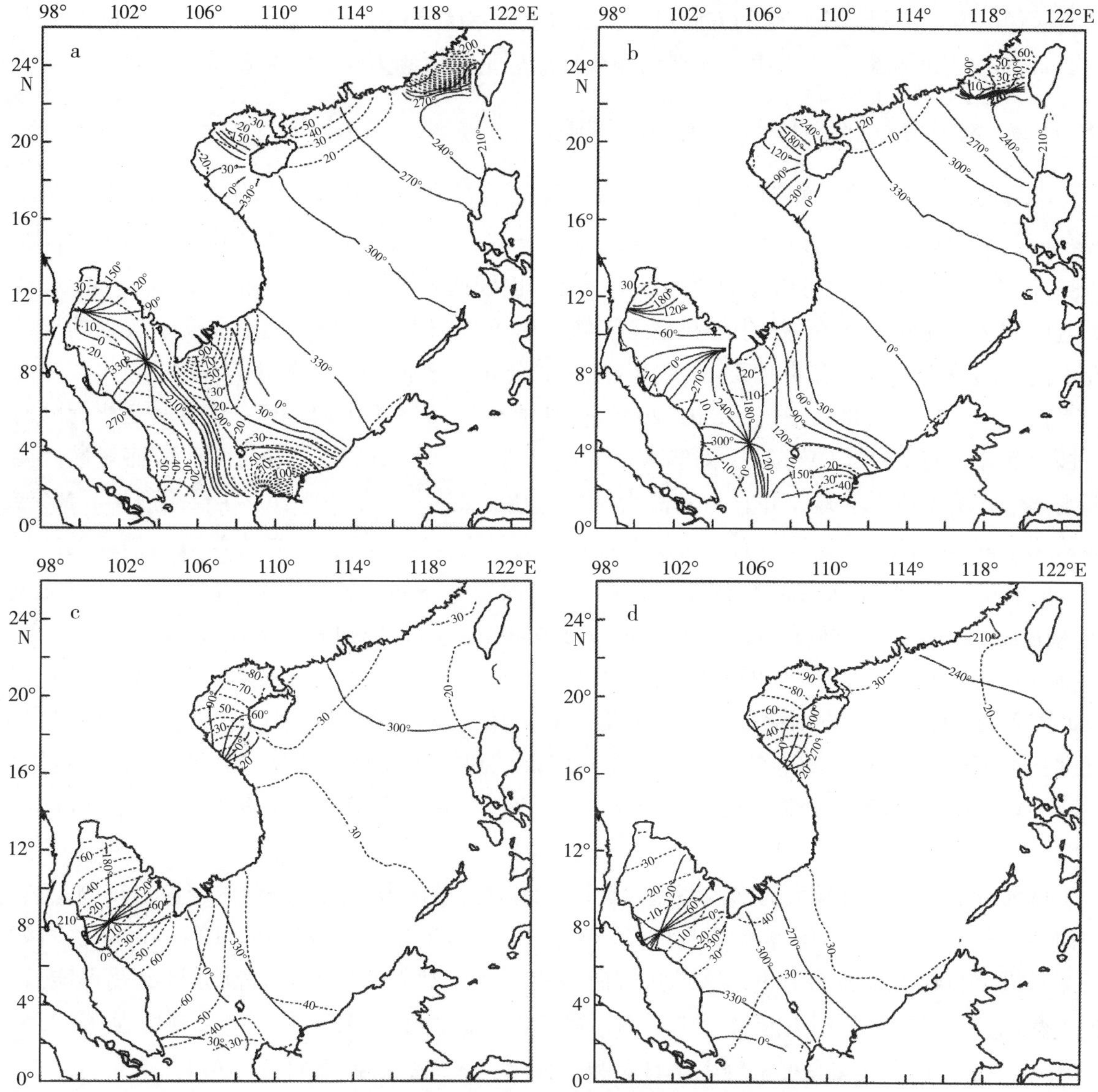

实线为同潮时线（15°N，120°E）；虚线为等振幅线（cm）

图 18.1 南海 M_2（a）、S_2（b）、K_1（c）、O_1（d）分潮的同潮时分布图（Zu T, et al, 2008）

在南海除了北部湾和泰国湾，K_1、O_1 分潮的潮波均从东北向西南传播。在泰国湾 K_1、O_1 都有一个完整的逆时针方向旋转的潮波系统。在北部湾，K_1、O_1 分潮各有一个退化了的逆时针方向旋转潮波系统，退化了的无潮点位于北部湾口越南岸边（夏华永等，1997；组婷婷，2005）。北部湾是我国近海全日分潮波最大的海区，在世界上也不多见。北部湾顶铁山港 K_1 和 O_1 分潮的振幅分别接近 1.0 m 和 1.1 m。北海港 K_1、O_1 的振幅分别为 0.89 m 和 0.96 m（苏纪兰，2005）。对于一般海区，通常 K_1 的振幅大于 O_1 的振幅，而北部湾恰好相反，平均 $H_{O_1}/H_{K_1}=1.11$。这是由于北部湾的自由振荡周期更接受于 O_1 分潮周期，使 O_1 潮波在北部湾产生共振，从而使得 O_1 分潮的振幅增强。南海北部和泰国湾的 H_{O_1}/H_{K_1} 平均振幅比分别为 0.85 和 0.65。

另外值得注意的是，4 个主要分潮的等振幅线（图 18.1）显示，半日分潮经过吕宋海峡从太平洋进入南海后振幅减小，而全日分潮经过吕宋海峡进入南海后振幅增加（Zu, et al, 2008）。分析指出该现象主要由三方面原因造成：一是由于半日潮和全日潮在吕宋东部海域的潮能通量的方向不同，全日潮的方向更利于潮能进入南海海盆；二是由于全日潮在南海海盆的 Helmholtz 共振机制；三是由于半日潮和全日潮分量的引潮力在南海海盆做功不同。

18.1.2 南海潮能的消耗及引潮力的影响

南海的半日潮和全日潮潮能大部分从太平洋通过吕宋海峡传入，有少部分 M_2 潮能从东海经过台湾海峡传入（方国洪等，1994；佟景全等，2010；Zu，et al，2008；Fang，et al，1999）。南海的潮能消耗可以分为两类：一类是表面潮向内潮转换的能量损失；另一类是底摩擦造成的潮能耗散。前者主要集中在吕宋海峡，由于吕宋海峡陡峭的地形和海水较强的层结性，使得潮波通过吕宋海峡时候，产生内潮，部分正压表面潮能转换为内潮能（Zu，et al，2008；Tian，et al，2003；Jan，et al，2007）。其中有 22.66 GW 的 M_2 潮能在通过吕宋海峡时候被耗散掉，有 23.93 GW 的 K_1 潮能被消耗掉（Zu，et al，2008）。然而由底摩擦耗散的潮能则集中在沿岸浅水区域，并且与潮流大小成正比（Zu，et al，2008）。在台湾海峡，M_2 潮能从北、南两口都进入海峡，而以北口进入的能量占绝大部分。M_2 潮能在海峡内消耗的能量为 20.26 GW，其数量可与整个南海及其附属海区的底摩擦潮耗总合相比较，只有一部分能量进入南海，但它小于从太平洋经巴士海峡和巴林塘海峡向台湾海峡传入的能量。全日潮 M_1 分潮（K_1 和 O_1 的平均值）的潮能通量从东海进入海峡，再经海峡南口进入南海，只有 0.03 GW的潮能在海峡内消耗掉。在北部湾，M_2 的潮能从北部湾口进入，从琼州海峡出去，在北部湾消耗的能量为 1.96 GW。M_1 潮能从北部湾口和琼州海峡进入，在湾内消耗能量为 5.25 GW。在泰国湾，潮能只从湾口进入，M_1 为 2.11 GW，M_2 为 0.96 GW（方国洪等，1994）。

南海拥有水平尺度较大的深水海盆，天体引潮力在局地做功产生的潮汐分量也较渤、黄、东海要大很多。通过对潮汐能量方程的计算和分析，Fang 等（1999）和 Zu 等（2008）均发现半日潮分量在南海做功为正，这意味着南海从天体引潮力做功的半日潮分量中获得能量，但是却向其全日潮分量损失能量。M_2 和 K_1 分潮在南海海盆的引潮力功率大概均为 0.005 ~ 0.015 W/m^2。这从能量角度解释了半日潮和全日潮进入南海后振幅的不同变化。

18.1.3 南海潮汐类型

在我国普遍以潮型系数 $A = (H_{K_1} + H_{O_1}) / H_{M_2}$ 的量值确定潮汐类型。以 $A \leqslant 0.5$、$0.5 < A \leqslant 2.0$、$2.0 < A \leqslant 4.0$、$A > 4.0$ 分别确定为规则半日潮、不规则半日潮、不规则全日潮和规则全日潮。图 18.2 给出了南海潮汐类型分布图。南海大部分海区为不规则全日潮。北部湾（除湾口外）、泰国湾北部以及南海的东南部为规则全日潮。广东汕头附近、巴士海峡、巴林塘海峡、珠江口到雷州半岛、越南中部近海、湄公河口、马来半岛南端等海域为不规则半日潮。南海几乎不存在规则半日潮。

图 18.3 给出了万宁、涠洲、海口、闸坡 4 站 1998 年 3 月的潮汐变化过程图。涠洲为规则全日潮，万宁为不规则全日潮，闸坡为不规则半日潮。规则和不规则半日潮在一朔望月（29.53 d）内发生两次朔望大潮、两次小潮。大潮发生在朔、望后两三天。全日潮在一回归月（27.32 d）内发生两次回归大潮两次小潮，大潮发生在月北、南最大赤纬之后两三天的时间里。

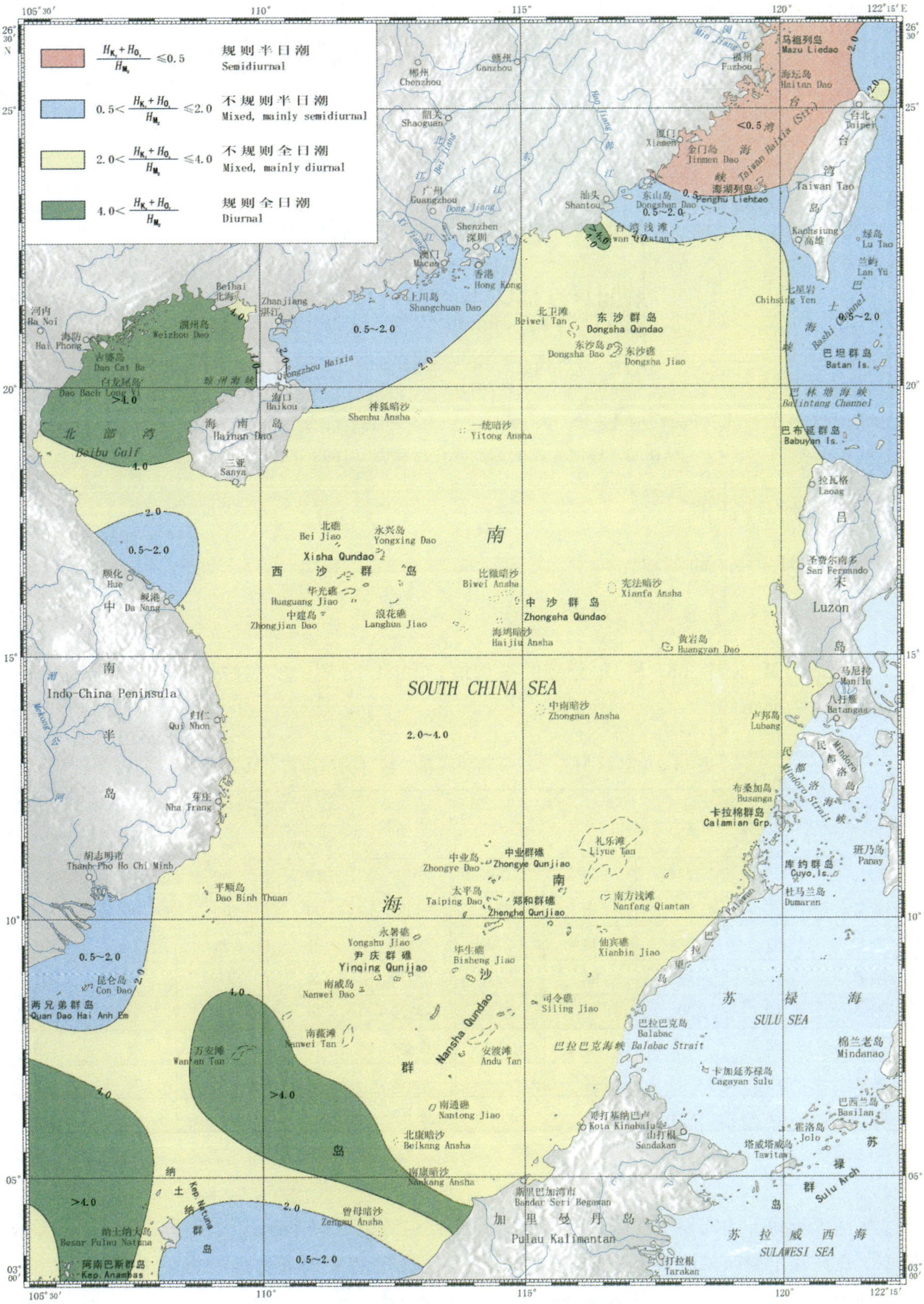

图 18.2 南海潮汐类型分布图（侯文峰，2006）

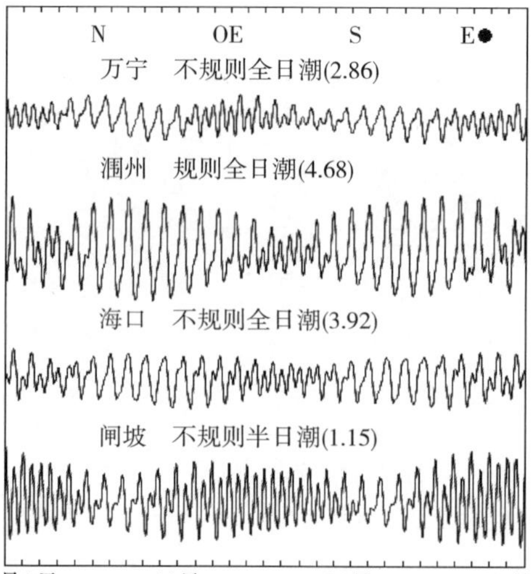

E. 月赤纬为零度；○. 望；●. 朔；N. 月北赤纬最大；S. 月南赤纬最大

图 18.3 南海 4 站的潮汐变化过程图（1998 年 3 月）

18.1.4 潮汐特征值

18.1.4.1 M_1、M_2 的潮汐

调和常数

部分站的 M_1 分潮（K_1 和 O_1 分潮的平均值）和 M_2 分潮的实潮汐调和常数列于表 18.2（方国洪等，1994）。

表 18.2 各站 M_1、M_2 分潮的调和常数（方国洪等，1994）

站名	M_1		M_2		站名	M_1		M_2	
	H/cm	g/°	H/cm	g/°		H/cm	g/°	H/cm	g/°
汕头	26	274	40	24	东方	59	40	18	60
汕尾	30	274	28	254	北海	93	66	46	180
香港	32	273	44	270	涠洲	91	58	36	171
闸坡	39	290	68	294	东沙	24	279	17	271
硇州岛	40	301	78	313	西沙	26	288	16	305
清澜	28	296	27	316	吉婆岛	73	59	5	123
榆林	30	302	22	314	岘港	17	281	17	330
莺歌咀	34	358	26	5	归仁	31	287	18	321

18.1.4.2 潮差

海洋工程设计中需要掌握海区的平均潮差和有观测记录以来的最大潮差。南海的潮差比较小。在广东沿岸西部潮差大于东部潮差。汕头、汕尾的平均潮差为 1 m 左右（表 18.3），雷州湾为 2.38 m，最大潮差为 6 m 多。北部湾从湾口往北潮差逐渐增大，至湾顶平均潮差达到 2.5 m 左右，其最大潮差有 6 m 左右。海南岛南岸平均潮差较小，榆林的最大潮差为 2.14 m。

珠江口的潮汐类型为不规则半日潮。属于弱潮河口，平均潮差小于 2 m（Mao，et al，

2004)。珠江口外的万山群岛一带的平均潮差在0.85~0.95 m之间（陈则实等，2005）。进入伶仃洋后，潮差逐渐增大，至虎门达到最大，其平均潮差为1.70 m。经过口门再往里进入河道后，受地形和径流作用，潮能迅速消耗，潮差随之变小，至老鸦岗（二）为1.06 m，石龙为0.28 m（表18.4）。

珠江口的潮差随汛期变化。大潮期间枯水期的平均潮差大于洪水期的平均潮差。而在小潮期间，枯水期的平均潮差小于洪水期的平均潮差。

表18.3 南海潮汐特征值（陈则实等，2005；陈则实，1991—1999）

站 名	潮型系数（A）	平均潮差/m	最大潮差/m	站 名	潮型系数（A）	平均潮差/m	最大潮差/m
汕 头	1.33	1.04	3.99	铁山港	3.29	2.53	6.25
海 门	2.26	0.78	2.60	北 海	4.03	2.46	5.36
汕 尾	2.14	0.94	2.58	钦州湾	4.60	2.40	5.52
大亚湾	1.95	0.83	2.34	防 城	5.20	2.25	4.93
珠江口	1.15	1.60	3.36	珍珠港	5.09	2.24	5.05
峰火角	1.33	1.15	2.25	海 口	3.92	0.82	3.31
闸 坡	1.15	1.57	3.92	清 澜	2.10	0.75	2.06
水 东	0.99	1.74	3.19	榆 林	2.85	0.85	2.14
湛 江	0.85	2.16	5.13	东 方	6.39	1.47	3.40
雷州湾	0.88	2.38	6.10	马 村	7.30	1.71	3.18

表18.4 珠江口潮汐特征值（俞慕耕，1986）

站 名	平均潮差/m	最大潮差/m	平均涨潮历时	平均落潮历时
赤湾	1.37	3.26	06 h 09 min	06 h 19 min
黄埔（三）	1.64	3.33	05 h 23 min	07 h 03 min
中大	1.64	3.11	05 h 23 min	07 h 23 min
广州浮标厂	1.3	2.73	05 h 03 min	07 h 23 min
老鸦岗（二）	1.06	2.40	05 h 08 min	07 h 18 min

在珠江口靠近外海区域，平均涨潮历时略小于平均落潮历时，越往内地，平均涨潮历时越短，平均落潮历时越长。最大落潮历时出现在大潮时期，受珠江冲淡水径流的影响，在丰水期，对应于低低潮的落潮历时显著增加（Mao，et al，2004）。

18.2 潮流

通过潮流资料分析和潮流数值计算得到各分潮的潮流调和常数，并依此计算各分潮的平均最大（小）流速、最大（小）流速的方向及出现时间和潮流旋转方向等潮流椭圆要素。再进一步绘制海区各分潮流最大潮流同潮时线图、分潮流椭圆分布图、最大流速分布图和潮流类型分布图。通过这些图表可以总体上研究并掌握海区潮流的分布变化情况。

依据实测潮流资料掌握各海区的潮流调和常数、潮流类型、平均涨落潮流和最大涨、落潮流等潮流特征值不仅可以为航海活动提供必要的参考依据，并且是海洋工程建设所必须掌握的资料。

18.2.1 南海潮流类型

潮流类型用潮流类型系数 $B=(W_{K_1}+W_{O_1})/W_{M_2}$来确定。W 为分潮的平均最大流速。以 $B\leqslant0.5$、$0.5<B\leqslant2.0$、$2.0<B\leqslant4.0$、$B>4.0$ 分别确定为规则半日潮流、不规则半日潮流、不规则全日潮流和规则全日潮流。

如图 18.4 所示，台湾海峡南口为规则半日潮流，广东沿岸为不规则半日潮流，南海中部为不规则全日潮流，北部湾南部及其以南海域为规则全日潮流，北部湾的北部为不规则全日潮流，雷州半岛两侧及琼州海峡为规则全日潮流，图 18.4 的西南部海域主要为不正规半日潮流。

18.2.2 潮流椭圆

图 18.5 和图 18.6 分别绘出了南海 M_2、K_1 分潮流的椭圆分布图。潮流椭圆长半轴的长度及方向分别是分潮平均最大潮流的量值及方向。南海 M_2 分潮流普遍较小，中部更小，只在台湾海峡南部和南海的南部海域有较大的流速。从图 18.6 可以看出，北部湾 K_1 分潮流是南海海域中最大的潮流，可达 40 cm/s 左右。而北部湾 O_1 分潮流的量值又大于 K_1 分潮流。南海大部分海区各分潮的潮流均很小。

18.2.3 南海潮流圆流系统

图 18.7 显示，所绘的南海区域 M_2 分潮流存在 9 个圆流系统（侯文峰，2006）。最大潮流同潮时线绕圆流点旋转。圆流点是分潮流椭圆为圆的点，其分潮流的北、东分量相等。位于东沙群岛海域、越南中部岸边及图 18.7 中最南端的 3 个圆流系统为顺时针方向旋转，其余 6 个圆流系统均为逆时针方向旋转。图 18.8 是 K_1 分潮流最大潮流同潮时线图。在东沙群岛西北海域和巴拉巴克海峡西部海域有 2 个顺时针旋转的圆流系统，其余 4 个为逆时针方向旋转的圆流系统。S_2 分潮流有 9 个圆流系统，其圆流点的位置及旋转方向与 M_2 类同。O_1 分潮流与 K_1 分潮流一致，也有 6 个圆流系统。

18.2.4 南海最大可能潮流

依据潮流调和常数计算最大可能潮流。图 18.9 是南海最大可能潮流分布图。北部湾口东端海域、琼州海峡、越南南部海域的潮流较强。这些最大可能潮流区往往对应着潮汐锋面的形成，为该海区带来较高的叶绿素含量（Tong, et al, 2010），对生态环境有着重要意义。

18.2.5 陆坡上潮流强化现象

国家“908”专项在秋、冬季的海流长期观测结果中，可以看到在坡折带存在潮流强化现象，特别是在冬季（图 18.10）。潮流一般在深水区域弱，在浅水区域才较强。潜标连续海流观测资料中，却揭示了陆坡区潮流极强的现象，特别是在海底还有潮流加强的现象。

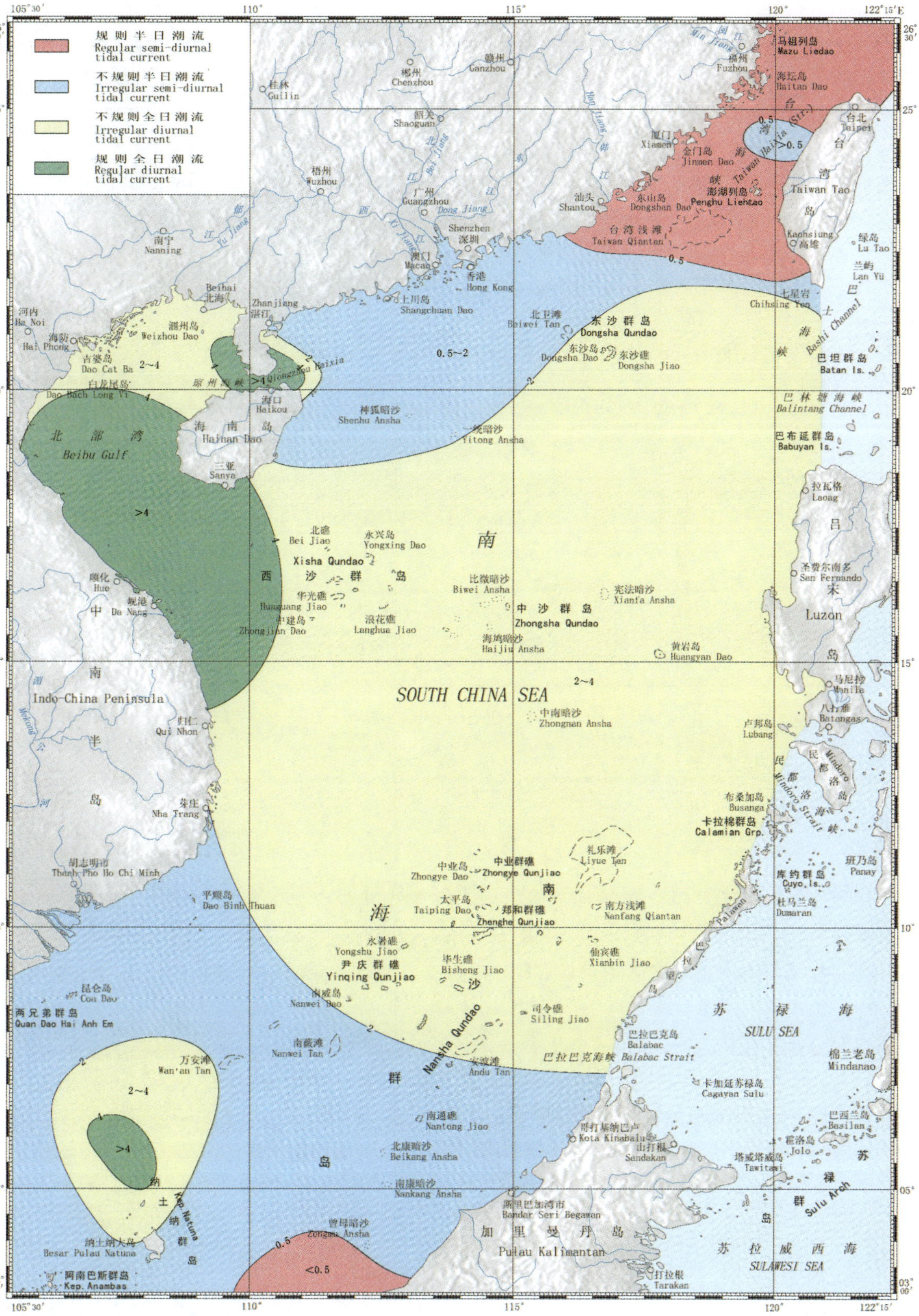

图 18.4 南海潮流类型分布（侯文峰，2006）

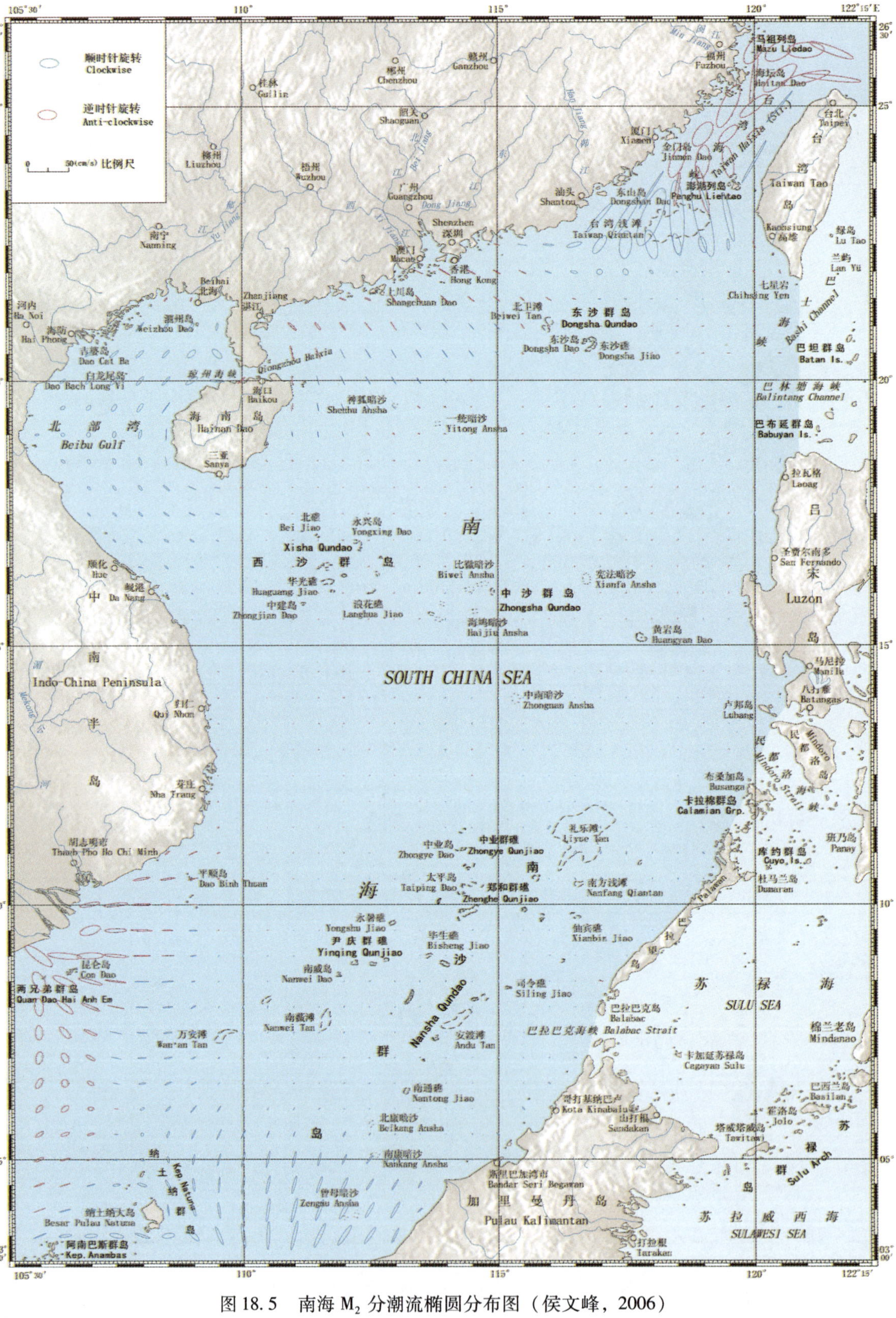

图 18.5　南海 M_2 分潮流椭圆分布图（侯文峰，2006）

图 18.6　南海 K_1 分潮流椭圆分布图（侯文峰，2006）

图 18.7 M_2 分潮流最大潮流同潮时线图（侯文峰，2006）

图 18.8 K_1 分潮流最大潮流同潮时线图（侯文峰，2006）

图 18.9　南海最大可能潮流分布图（侯文峰，2006）

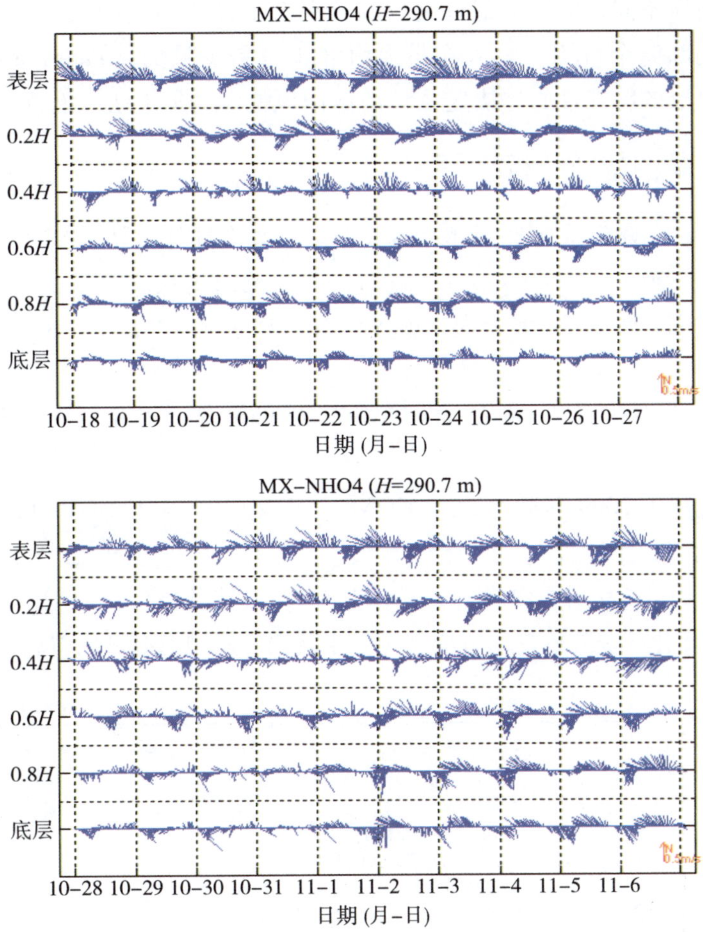

图 18.10 2007 年秋季 MX－NH04 站（20.54°N，115.04°E）流速过程①

18.3 风暴潮

18.3.1 引言

风暴潮系指由强烈的大气扰动，（如热带气旋、温带气旋）所引起的海面异常升高及异常降低的现象。它具有数小时至数天的周期，通常叠加在正常潮位之上，而风浪、涌浪（具有数秒的周期）叠加在前二者之上。由这三者的结合引起的海洋中及沿岸海水暴涨或异常减退常常酿成巨大潮灾。通常，风暴增水称风暴潮或气象海啸，风暴减水称“负风暴潮”。

按诱发风暴潮的大气扰动特征来分类，可把风暴潮划分为热带气旋（台风）风暴潮和温带气旋风暴潮两类。其中，台风风暴潮在我国沿海地区，从南海到渤海均有发生的可能，尤以南海沿岸台风风暴潮最为严重。

南海是具有海盆尺度的西北太平洋地区最大的半封闭热带边缘海，地理位置特殊，是全球热带气旋生成和加强发展的主要海区之一，平均每年登陆我国华南沿海地区的热带气旋有 4 个以上，伴随而来的风暴潮与黄渤海海区多由温带气旋引起的风暴潮特征显然有所不同，尤其是受全球气候变化影响下热带气旋强度有加强趋势的背景下。同时，南海北部海域海底地形复杂多样，既有宽广平缓的陆架区，也有狭窄陡峭的海坎海沟；另外，南海的潮汐特征

① 国家海洋局南海分局，ST07 区块水体环境调查与研究，水文气象调查研究报告（介、秋航次），2008。

也与黄渤海海区明显不同，南海大部分潮汐属于混合潮性质，其中北部湾和泰国湾全日潮起主导作用，特别北部湾全日潮差之大在世界海洋中也是少见的（Fang，1986）。因此，南海地理位置和海底地形的特殊性必然决定了该海区内风暴潮的形成机理有别于其他海域。

18.3.2 台风风暴潮特征分析

近年来，南海台风暴潮灾害似乎越来越频繁。例如在珠江口从1983—1994年的12年内，就出现过8309号、8908号和9316号相继超过当时实测历史最高潮位的风暴潮，并造成严重的灾害。2001年7月的短短20多天内，就先后有“榴莲”、“尤特”和“玉兔”3次风暴潮登陆广东。

我们以对2009年热带风暴GONI（“天鹅”）和2008年“黑格比”台风为例，讨论南海风暴潮的时空特征。

首先我们分析一下2009年热带风暴GONI（“天鹅”）。从图18.11可以看到，热带风暴GONI在南海境内活动时间较长，移速相对缓慢，从8月1日进入南海到8月9日在南海西北部海面消亡，历时近10 d，其间平均移速小于10 km/h；热带风暴GONI还具有移动路径复杂的特征，移动方向多次变化，登陆后移动方向甚至发生转向，在南海海域内打转（孙璐等，2011）。

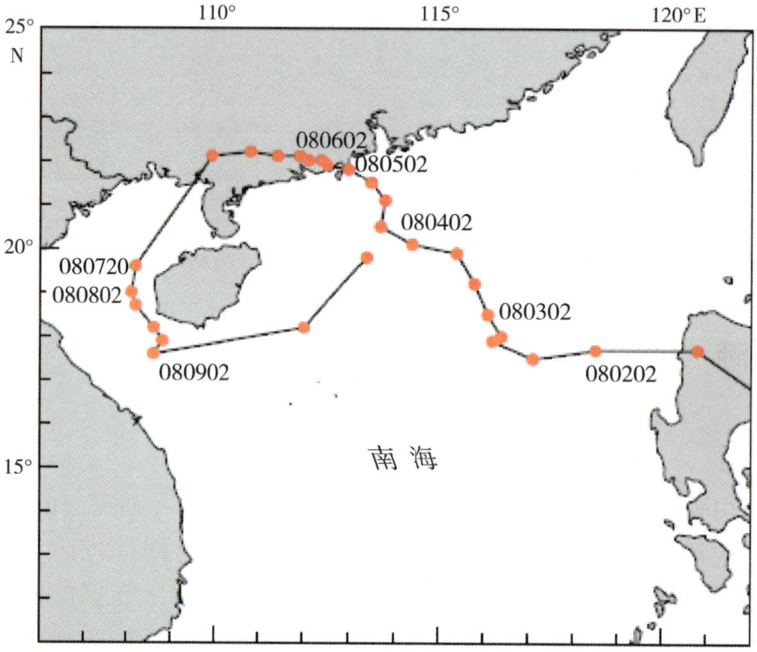

图18.11　2009年热带风暴GONI（“天鹅”）路径图（图中标注为年月日）（孙璐等，2011）

图18.12为2009年8月的潮位过程曲线，潮位基面为测量期间（2009年8月）的平均海面，从图18.13中可以看出，大致一天中有两次高潮和两次低潮，一个朔望月出现两次大潮和两次小潮，潮汐日不等现象明显。从图18.12中还可以看出，8月5日热带风暴GONI在台山沿海登陆时，适逢天文大潮，风暴增水叠加在天文大潮高潮上，再加上风浪作用，使得当地水位异常增高。为了进一步定量分析风暴增水的特征，将实测潮位与通过调和分析而得到的正常潮位预报值进行比较，得到的增水过程曲线如图18.13中蓝色实线所示，此外，根据调和分析结果所预报得到的天文潮潮位过程曲线如图18.13中红色实线所示，黑色实线代表实测潮位的变化过程曲线。根据天文潮的潮汐预报结果，热带风暴登陆当天8时左右，当

地水位将达到天文潮高潮位。8 月 5 日凌晨，当热带风暴 GONI 逐渐靠近岸边时，其移速较缓，受热带气旋风场大风影响，已经能够观测到显著的风暴增水，3 h 后增水值近 50 cm；到 6 时 20 分热带风暴登陆时，正是天文潮的涨潮期，风暴增水叠加在天文潮上，水位急剧上涨；8 时左右天文潮达到高潮位时，增水也形成明显的峰值，最大增水达 63 cm，持续了近 3 h，随后是天文潮的落潮期，增水也开始减少，14 时增水降至最低。最大风暴增水在天文潮的涨潮、停潮或平潮时比落潮时增水值大，这是由于测站位于广海湾湾内，广海湾湾口开阔，潮流通道通畅，湾内水体多为往复流，落潮流偏南，涨潮流偏北（孙璐等，2011）。天文潮落潮时，广海湾潮水向外流，而热带风暴 GONI 引起的风暴增水则向湾内流，风暴潮的潮流方向与天文潮的潮流方向相反，使得风暴增水受到阻碍，因而使得风暴增水速度减慢；而涨潮时正相反，风暴潮流和天文潮流方向相同，都向湾内，两者相互叠加，有利于风暴增水速度加快；停潮或平潮时潮水较为稳定，使得增水也较容易。当天 18 时前后又形成第二次增水极大峰值，最大增水近 50 cm，但这次峰值恰好出现在低潮时，未引起较高水位，这种情况在历史风暴潮过程中也常有出现，一般认为主要是由于潮波的长周期运动引起（石海莹和黄厚衡，2009）。8 月 6 日后，增水开始减少，风暴增水影响逐渐消失。

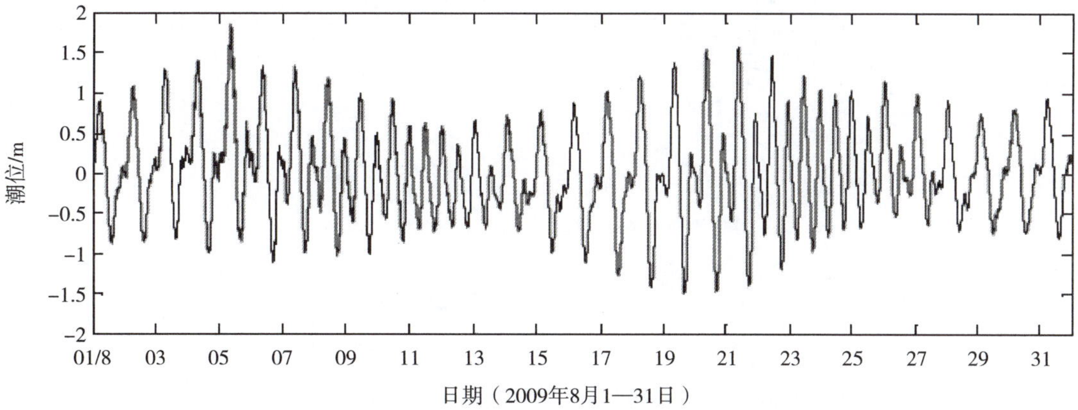

图 18.12　2009 年 8 月潮位变化过程曲线（孙璐等，2011）

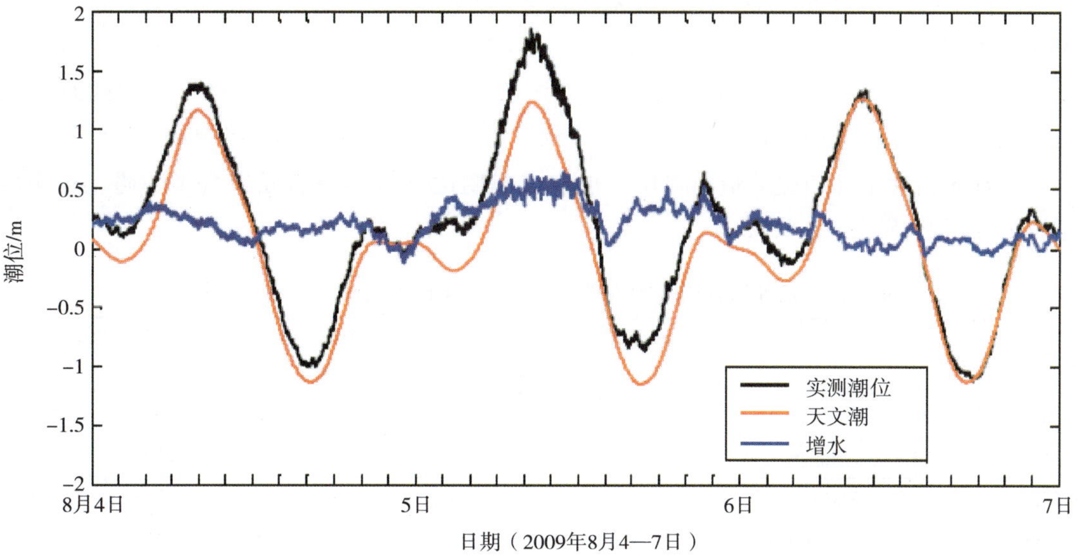

图 18.13　热带风暴 GONI 登陆前后实测潮位、天文潮、增水过程曲线（孙璐等，2011）

下面我们继续分析一下 2008 年“黑格比”台风。2008 年第 14 号强台风“黑格比”是 12 年来袭击粤西最强的台风，由于它移动速度快、登陆强度强，给粤西沿海带来了严重的风暴潮灾害，珠江口至阳江一带有多个潮位站的高潮位超过历史极值。

0814 号强台风“黑格比”于 2008 年 9 月 19 日晚在菲律宾以东的西北太平洋洋面上生成，生成时中心附近最大风力 8 级（18 m/s）。20 日下午加强为强热带风暴，在西太副高的引导下向西北方向移动，21 日下午成为台风，22 日下午增强为强台风，穿过巴林塘海峡后，由西环大陆高压接手引导，向西北偏西方向移动，于 24 日早上 6 时 45 分在广东省茂名市电白县陈村镇附近登陆，登陆时中心附近最大风力 15 级（48 m/s），气压 940 hPa，移速 25 m/s。台风登陆后继续往西北偏西方向移动并逐渐减弱，24 日傍晚在广西境内减弱为热带风暴，25 日早晨进入越南。图 18.14 为“黑格比”的路径图。它的特点是：发展加强快；移动速度快，登陆前 20 h 内移速持续达 30 km/h，而 1949—2008 年在南海活动的全部登陆台风中，登陆时段移速最快的 7908 号台风也仅为 36.1 km/h；云系范围广，达 7～8 个纬距；强度稳定，登陆前 31 h 内气压强度维持在 935 hPa，约为 5 年一遇的量值；路径笔直（梁毅，2009）。

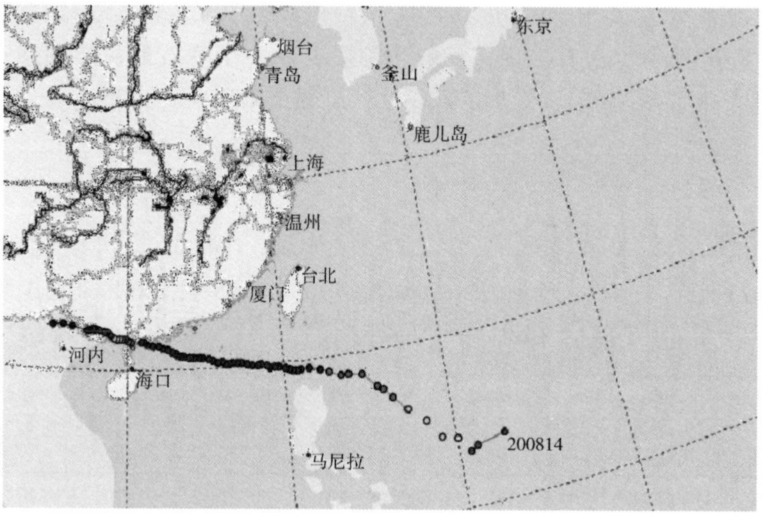

图 18.14 强台风“黑格比”移动路径示意（梁毅，2009）

台风影响期间正值天文小潮期，台风登陆当天 9 月 24 日（农历八月廿五日）沿海风暴潮站天文潮水位普遍不高（官冲站天文潮高潮水位为 0.98 m，北津港站天文潮高潮水位为 1.01 m），但由于受强台风的影响，沿海地区增水明显，而且由于最大增水出现的时间基本与天文潮高潮水位出现时间同步，导致了沿海风暴潮站及受潮汐影响的站点出现了高水位，部分站点甚至出现了超历史的最高水位，水位重现期达到百年一遇或超百年一遇。实测最高水位及最大增水情况如表 18.5。

表 18.5 沿海风暴潮站实测最高水位及最大增水统计（梁毅，2009）

站 名	站 址	实测最高水位/m	出现时间		过程最大增水/m	出现时间		历史实测最高水位/m
南 渡	湛江雷州市附城镇	1.35	24 日	4:40	1.16	24 日	13:00	5.94
湛江港	湛江市霞山区湛江港	3.63	24 日	10:00	1.49	24 日	11:00	7.10
北津港	阳江市阳东县雅韶镇北津村	3.50	24 日	5:45	2.56	24 日	5:45	3.14
官 冲	江门市新会区古井镇官冲村	2.75	24 日	5:25	1.80	24 日	5:25	2.50
三 灶	珠海市金湾区三灶镇草塘村	2.73	24 日	2:40	1.88	24 日	3:00	2.69
灯笼山	中山市坦洲镇永合村	2.73	24 日	3:00	2.06	24 日	3:00	2.69
横 门	中山市火炬开发区东利村	2.73	24 日	4:00	2.10	24 日	3:00	2.66

续表 18.5

站 名	站 址	实测最高水位/m	出现时间		过程最大增水/m	出现时间		历史实测最高水位/m
南 沙	广州市番禺区南沙镇牛头村	2.72	24 日	4:30	2.01	24 日	4:00	2.70
黄 埔	广州市黄埔港外贸仓侧	2.67	24 日	5:20	2.04	24 日	4:00	2.23
赤 湾	深圳市赤湾港	2.20	24 日	3:00	1.67	24 日	2:00	2.23
港 口	惠州市惠东县港口镇	1.42	24 日	1:00	0.97	23 日	23:00	1.69

由图 18.15 分析，北津港站最大增水出现时间基本与天文潮最高水位出现时间一致，从而导致了北津港站出现了超历史 36 cm 的最高水位。

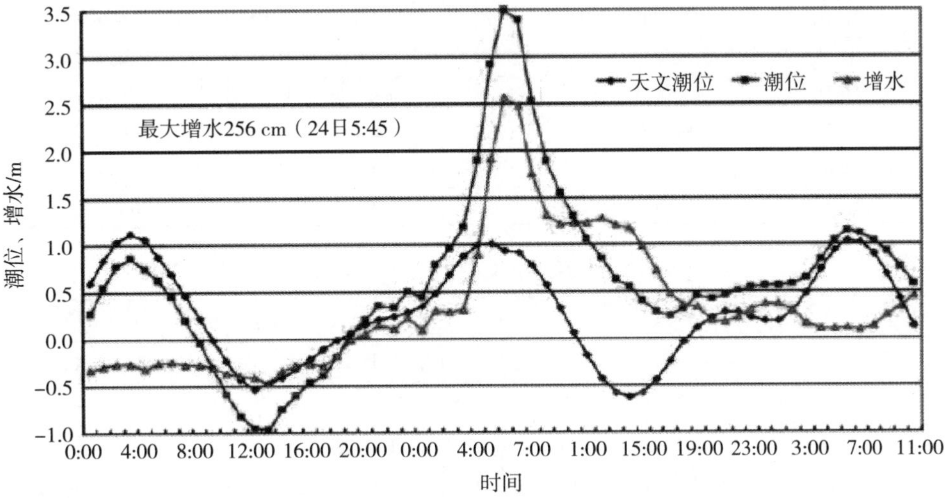

图 18.15 受强台风“黑格比”影响北津港站水位过程线示意（梁毅，2009）

强台风“黑格比”由于具有强度大、移速快、影响范围广等特点，给沿海地区造成了巨大的风暴潮增水，同时由于最大增水出现的时间基本与天文潮高潮时间同步，导致沿海地区部分风暴潮站不同程度地出现了超历史的最高水位（梁毅，2009）。

18.3.3 南海风暴潮灾害

我国南海地区，由于其特殊的地理纬度，每年受台风影响最多，遭受风暴潮灾害时间可达半年之久（5—11 月）。我国有验潮记录以来的台风最高风暴潮为 575 cm（广东南渡站监测到，由 8007 号台风引发的），为世界第三大值；我国南海区域每年由于风暴潮造成的直接经济损失少则几十亿元，多则上百亿元。1995 年以来，南海地区一次灾害直接经济损失在 10 亿元以上的特大风暴潮和风浪灾害每年都有发生。南海风暴潮成为制约南海沿海城市发展的重要因素之一。我国南海主要验潮站增水值情况见表 18.6 和表 18.7。

表 18.6 我国南部沿海主要验潮站最大台风增水值（王喜年，2001）

站 名	纬 度	经 度	增水值/cm	时 间	台风编号	资料年限
妈 屿	23°20′	116°45′	320	1969 年 07 月 28 日	6903	53—98
海 门	23°12′	116°37′	224	1969 年 07 月 28 日	6903	54—98
汕 尾	22°45′	115°21′	169	1971 年 07 月 22 日	7114	56—97
港 口	22°34′	114°54′	158	1996 年 09 月 09 日	9615	74—97

续表 18.6

站　名	纬　度	经　度	增水值	时　间	台风编号	资料年限
赤　湾	22°28′	113°53′	185	1964 年 09 月 05 日	6415	64—97
黄　冲	22°18′	113°36′	212	1975 年 10 月 06 日	7513	58—97
泗盛围	22°55′	113°31′	185	1964 年 08 月 09 日	6411	64—97
横　门	22°35′	113°28′	170	1964 年 08 月 09 日	6411	64—97
黄　埔	22°06′	113°24′	261	1964 年 09 月 05 日	6415	54—97
灯笼山	22°14′	113°24′	227	1993 年 06 月 27 日	9302	58—97
三　灶	22°02′	113°24′	242	1993 年 06 月 27 日	9302	64—97
北　津	21°48′	112°01′	267	1974 年 07 月 22 日	7411	54—97
闸　坡	21°35′	111°50′	216	1980 年 07 月 22 日	8007	57—97
黄　坡	21°21′	110°34′	309	1980 年 07 月 22 日	8007	53—86
湛　江	21°10′	111°24′	497	1980 年 07 月 22 日	8007	46—97
南　渡	20°52′	110°10′	597	1980 年 07 月 22 日	8007	55—97
石头埠	21°36′	109°35′	233	1971 年 06 月 28 日	7109	76—97
北　海	21°29′	109°05′	176	1964 年 07 月 03 日	6403	54—97
涠　洲	21°01′	109°07′	129	1964 年 07 月 03 日	6403	56—97
白龙尾	21°30′	108°13′	173	1991 年 07 月 14 日	6403	69—92

表 18.7　海南省沿海主要验潮站最大台风增水值（王喜年，2001）

站　名	纬　度	经　度	增水值/cm	时　间	台风编号	资料年限
海　口	23°20′	116°45′	244	1980 年 07 月 22 日	8007	1973—1997
秀　英	23°12′	116°37′	239	1980 年 07 月 22 日	8007	1949—1971/1976—1997
清　澜	22°45′	115°21′	259	1972 年 11 月 08 日	7220	1975—1997
港　北	22°34′	114°54′	157	1996 年 08 月 22 日	9612	1976—1997
榆　林	22°28′	113°53′	112	1971 年 10 月 08 日	7126	1954—1990
三　严	23°06′	113°24′	111	1971 年 10 月 08 日	7126	1950—1997
东　方	22°14′	113°24′	170	1964 年 07 月 02 日	6403	1955—1997

下面我们列举一下 2009 年南海风暴潮受灾情况。

2009 年南海风暴潮灾害的特点：台风风暴潮灾害发生地点集中，广东省全年共遭受 8 次台风风暴潮袭击，其中 3 次造成灾害。南海沿海各省（自治区、直辖市）风暴潮（含近岸浪）灾害损失见表 18.8。

表 18.8　2009 年风暴潮（含近岸浪）灾害过程及损失统计

灾害过程	发生时间	受灾地区	直接经济损失/亿元
0906“莫拉菲”风暴潮	7 月 18—20 日	广东省	4.65
0907“天鹅”风暴潮	8 月 3—5 日	广东省、广西壮族自治区、海南省	14.29
0915“巨爵”风暴潮	9 月 14—15 日	广东省、广西壮族自治区	24.04
0917“芭玛”风暴潮	10 月 10—12 日	广西壮族自治区、海南省	2.40

18.3.4　风暴潮灾害的规律与特点

南海风暴潮灾害大都伴随台风而产生的，可以看出，它有以下规律和特点：

（1）南海风暴潮的产生首先与台风位置或者说台风路径有直接关系。由于南海海岸线长，台风在某地段可能造成极其严重的风暴潮，而在另一地段就没有什么影响。就一个岸段来说，风暴潮的产生，首先与台风位置有关。

（2）风暴潮灾害与台风强弱有密切关系。就一个风暴潮过程来说，风暴潮大小主要决定于台风强度即台风中心附近最大风速和中心气压，当台风中心附近风速越大，中心气压越低，风暴潮就越大，灾害也就越严重。

（3）风暴潮适遇天文大潮，则风暴潮位就越高，风暴潮灾害就更严重。每逢农历初一至初三，或十五至十八这几天天文大潮期间，若碰上风暴潮袭击，天文大潮叠加风暴潮，则造成比通常更高的风暴潮位，并可能突破当地实测历史最高潮位。

（4）风暴潮与洪水的关系。对于珠江三角洲来说，如洪水从西江马口或从北江三水往下游珠江三角洲河网传播时，适遇河口风暴潮波上溯。由于洪水被顶托而不能畅泄大海，大量洪水滞留河口，使原来已被抬高的潮位更加升高。根据10多场洪水遇风暴潮的统计，一般可使风暴潮潮位比同等台风条件下的风暴潮增加0.2～0.5 m，由此可见，当风暴潮适遇洪水时，其风暴潮位定会大大增加。这是值得我们特别注意的。

（5）风暴潮与海岸地形关系。风暴潮大小与地形特点有比较明显的关系。例如粤西沿海的雷州半岛东部海岸，以及粤东沿海的汕头、澄海、饶平等市（县）一带海岸，其风暴潮特别严重，主要原因是雷州湾是大尺度弯曲海岸，汕头港和柘林湾均像口袋形状，水体易于堆积难于扩散，因此往往造成比较大的风暴潮增水。在一些海湾，其湾顶的台风增水往往比湾口的增水大得多，例如1979年的7908号风暴潮，大亚湾顶稔山水龙海堤的风暴潮位为3.04 m，最大增水为3.30 m，而湾口的港口潮位站，分别只有0.88 m和1.14 m，湾顶的风暴潮最大增水为湾口的2.89倍。

18.3.5 南海风暴潮预报

风暴潮预报，一般可分为两大类：其一为“经验统计预报”（简称“经验预报”）；其二为“动力－数值预报”（简称“数值预报”）。经验统计预报主要用回归分析和统计相关来建立指标站的风和气压与特定港口风暴潮位之间的经验预报方程或相关图表。所谓“风暴潮数值预报”，系指“数值天气预报”和“风暴潮数值计算”二者组成的统一整体。在南海地区，我们主要用数值预报来预报南海风暴潮。

风暴潮的数值预报始于1954年，Kivisid用手摇计算机对美国Okeechobee湖的风暴潮作了数值计算。Jelesnianski于1972年研制了一个适用于美国沿岸的实时风暴潮业务预报模式，简称SPLASH（Specialprogram to list amplitudes of surges from hurricanes），并在1992年发展成为新的风暴潮数值预报模式SLOSH模式。但在实际应用中SLOSH模式的误差仍达到20%。我国在20世纪80年代兴起过风暴潮数值模拟热潮，如吴培木（1983）成功预报了8007号台风引发的世界第三高度的台风增水（5.94 m）。Huang等（1987）、王文质等（1988）结合我国第一个核电站——大亚湾核电站工程建设的需要，以大亚湾两侧有较长历史风暴潮资料的测站作为控制点，采用数值模拟方法预报了107个台风增水，从中挑选年极值分布计算了核电站海滨处不同重现期的可能最大台风增水。所得结果被大亚湾核电站设计方——法国电力公司欣然接受。这对今后缺少历史台风暴潮增水的海港工程建设有启示意义。随着计算机技术的发展，提高风暴潮模拟精度的手段主要有：①提高模式分辨率或使用嵌套技术；②在近岸处使用“干－湿”动边界；③利用浪－流耦合，海－气－浪耦合等耦合模式；④使用同化方法调整初始场或模式参数。其中，随着观测技术的提高以及卫星高度计资料的大量获得，数据同化方法成为了提高风暴潮模拟精度的高效可靠方法。

台风风暴潮集合预报模式是在业务化台风风暴潮数值预报模式的基础上发展而来，模式集合多条台风预测路径，计算最大可能情况下的风暴增减水极值。同样采用球坐标下的二维全流波动方程来描述风暴潮运动（付翔等，2009）：

$$\frac{\partial \zeta}{\partial t}+\frac{1}{R\cos\phi}\left(\frac{\partial\ (Du)}{\partial \theta}+\frac{\partial\ (Dv\cos\phi)}{\partial \phi}\right)=0 \tag{18.1}$$

$$\frac{\partial u}{\partial t}+\frac{u}{R\cos\phi}\frac{\partial u}{\partial \theta}+\frac{v}{R}\frac{\partial u}{\partial \phi}-\frac{uv\tan\phi}{R}-fv=\frac{g}{R\cos\phi}\frac{\partial \zeta}{\partial \theta}-\frac{1}{\rho R\cos\phi}\frac{\partial P_a}{\partial \theta}+\frac{1}{\rho D}(F_s-F_b) \tag{18.2}$$

$$\frac{\partial v}{\partial t}+\frac{u}{R\cos\phi}\frac{\partial v}{\partial \phi}+\frac{v\partial v}{R\partial \phi}+\frac{u^2\tan\phi}{R}+fu=-\frac{g}{R}\frac{\partial \zeta}{\partial \phi}-\frac{1}{\rho R}\frac{\partial P_a}{\partial \phi}-\frac{1}{\rho R}\frac{\partial P_a}{\partial \phi}+\frac{1}{\rho D}(G_s-G_b) \tag{18.3}$$

台风模型采用高桥（Takahashi，1939）和藤田（Fujita T，1952）的台风气压场分布公式嵌套计算台风场气压和对称梯度风；用上野武夫（Veno Takeo，1981）的风场公式计算基本风场（董剑希等，2008）；采用有限差分方法求解方程，网格为 Arakawa C 型网格，分辨率为 1/30°；计算区域用第三区，覆盖南海，纬度范围 15°~26°N，经度范围 105°~123°E。

最近，彭世球等（2006）发展了三维斜压非线性的普林斯顿海洋模式（POM）的切线性和伴随模式，而且建立了相应的四维变分数据同化系统，并将其应用到对风暴潮的模拟研究中，通过对水位和海表流速进行同化模拟，优化初始场或边界场，计算结果显示有同化的模拟效果明显优于无同化的模拟效果。同时，彭世球和李毅能利用 POM 的四维变分数据同化系统对风暴潮模拟中的风应力拖曳系数进行优化调整，结果显示风应力拖曳系数的优化不但可以减少风应力拖曳系数本身带来的误差，还可以把风场的误差考虑进风应力拖曳系数中，从而减少风场误差带来的计算误差。同时，与最优初始场只能影响风暴潮预报的前五六个小时形成鲜明对比，调整风应力拖曳系数后的 24 h 预报结果仍明显优于不调整的预报结果（图 18.16，表 18.9）。

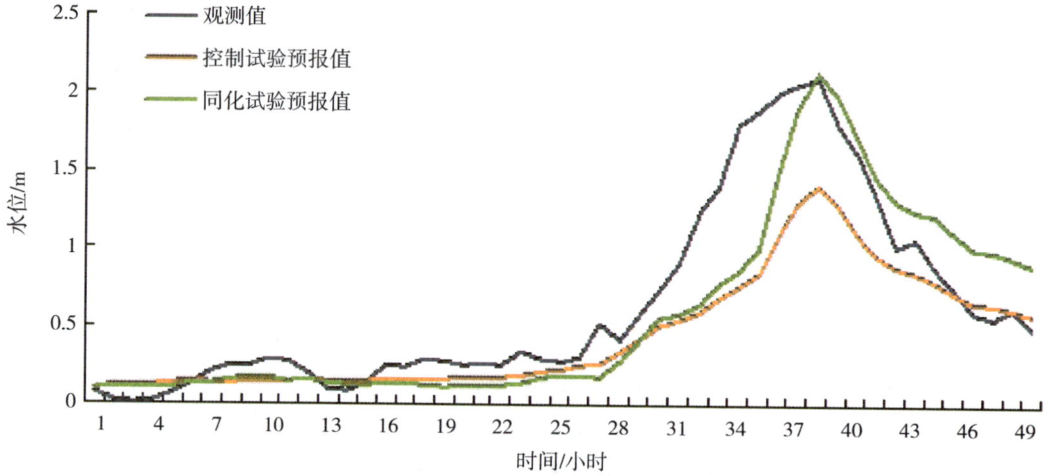

图 18.16 台风黑格比（2008）在横琴岛测站引起的风暴潮增水的实测值与数值模拟值对比
（“控制试验”指没有经过资料同化的数值模拟，“同化试验”指利用四位变分方法将实测水位高度同化进模式调整增风应力拖曳系数的数值模拟）

表 18.9 台风“黑格比”风暴潮集合预报与实况对照表

站 名	最大增水/cm	集合预报/cm					平均绝对误差/cm	平均相对误差/%
		第一次计算/cm	第二次计算/cm	第三次计算/cm	第四次计算/cm	第五次计算/cm		
海门	74	91.0	80.6	79	77	77	6.9	9.324 324
遮浪	88	90.2	77.2	78.2	80.8	80.8	7.4	8.409 091

续表 18.9

站名	最大增水/cm	集合预报/cm					平均绝对误差/cm	平均相对误差/%
		第一次计算/cm	第二次计算/cm	第三次计算/cm	第四次计算/cm	第五次计算/cm		
赤湾	165	153.48	141.81	135.96	169.935	172	15.137	9.173 939
黄埔	205	230.9	245.2	226.7	278.8	271.9	45.7	22.29 268
北津	270	226.9	243.6	231.0	260.2	245.2	28.6	10.59 259
水东	195	209.985	213.765	267.04	159.425	193.7	28.533	14.632 31
湛江	149	104.0	108.7	304.8	159.4	53.7	69.4	46.577 18
南渡	124	99.34	69.525	103.39	48.955	34	52.958	42.708 06
北海	102	67.5	75.2	34.0	56.8	77.3	39.8	39.019 61
涠洲	83	*	69.5	7.4	85.6	106.8	28.9	34.819 28

注：*为由于台风预报的路径还未影响，该测站的计算结果无参考价值。

18.4 海平面

海平面，系指某一时间段海面的平均值，可以是月均值、年均值或其他时间尺度内的海面平均值。本文所指海平面指月均海平面和平均海平面。验潮站资料取自 Service for Mean Sea Level（PMSL）；卫星观测的全球海平面高度距平（△MSL）资料和南海海面高度距平（SSHA）取自美国科罗拉多大学①，TOPEX 和 Jasou－1，Jasou－2 卫星观测结果。南海的范围为 0°—23°N，99°—120°E。依据全球海平面监测系统（GLOSS）的约定，将 1975—1993 年的平均海平面定为常年平均海平面（简称常年），此时段的月平均海平面定义为常年月平均海平面。验潮站的海平面的水尺零点起算。冰川均衡调整资料（GIA）引用汪汉胜等（2010）成果。华南沿海的 GIA 值取－0.30 mm/a。由于海面地形的存在，平均海平面与大地水准面并不完全重合，而是存在一定偏差。海平面可分为相对海平面和绝对海平面。研究海平面变化规律使用的数据资料大致可分为两种：验潮站资料和卫星高度计资料。验潮站资料是以固定在陆地上的水准点为基准测量得到的海面高度，由于这些水准点随地壳运动会有垂直升降，因此分析验潮站资料得到的是相对海平面。卫星高度计测量的是相对于理想地球椭球体而言的绝对海平面，不受地壳运动（构造运动，下沉）的影响。相对海平面变化在区域性开发建设规划中有重要的应用价值；绝对海平面变化与气候变化密切相关，是当今海洋与气候研究中的重要内容。

高程基准是地面点高程的起算面，即海拔的概念；同时也是海图深度基准面的基准面。它既是测绘本身，同时又是国家的一项基本建设。一个国家或地区必须确定一个统一的高程基准面。它是测绘、制图、防洪、防潮、海上航行、海岸带开发、地震监测、地壳升降等科学研究必要的基准。对从事生产建设和国防建设具有重大意义。

在"1985 国家高程基准"建立之前，全国共有十几个地方性高程基准，各高程基准之间互相独立，且高程关系未知，为全国生产建设、国防建设带来诸多不便。对于建设全国跨区域性的大项目，如南水北调，必须有一个全国统一的高程基准。因此，1976 年全国一等水准布测会议，提出重新确定我国高程基准的研究任务。海洋大学陈宗镛领导的课题组接受了这一任务。此项目历时 20 余年，主要经过 3 个单位、几代人的艰苦努力共同完成。

所谓高程基准面即是要确定出稳定且具代表性的海平面，这就要求我们既要精确计算出

① 见 http://sealevel.colorado.edu.

沿海平均海面的空间分布，又要将潮位资料中从 2 h 到 18.61 年的各种振动消除掉。在充分分析了由各种海平面的计算公式计算得到的各种时间尺度的平均海面中各主要分潮的影响后，最终取 10 组 19 年的平均海面的平均值为海平面。与一等水准点布设和测量结合起来，在全面考虑沿海各验潮站的海平面空间分布的基准上，确立了"1985 国家高程基准面"。

18.4.1 季节变化

中国近海海平面变化的年较差北大南小，南海最小，只有 20 ~ 40 cm。而卫星观测全球海平面平均为 90 cm。

整个中国沿海月平均海面的年最高值出现时间，自北向南依次递推，南海北部的汕尾、海口和涠洲站出现在 10 月；而年最低海平面的出现时间则是，海南岛与粤东、粤西台站 7 月份，广西与珠江口台站 2 月（图 18.17），卫星观测的全南海平均 SSHA 最高值与最低值分别出现在 10 月与 2 月，相差 8.7 cm。

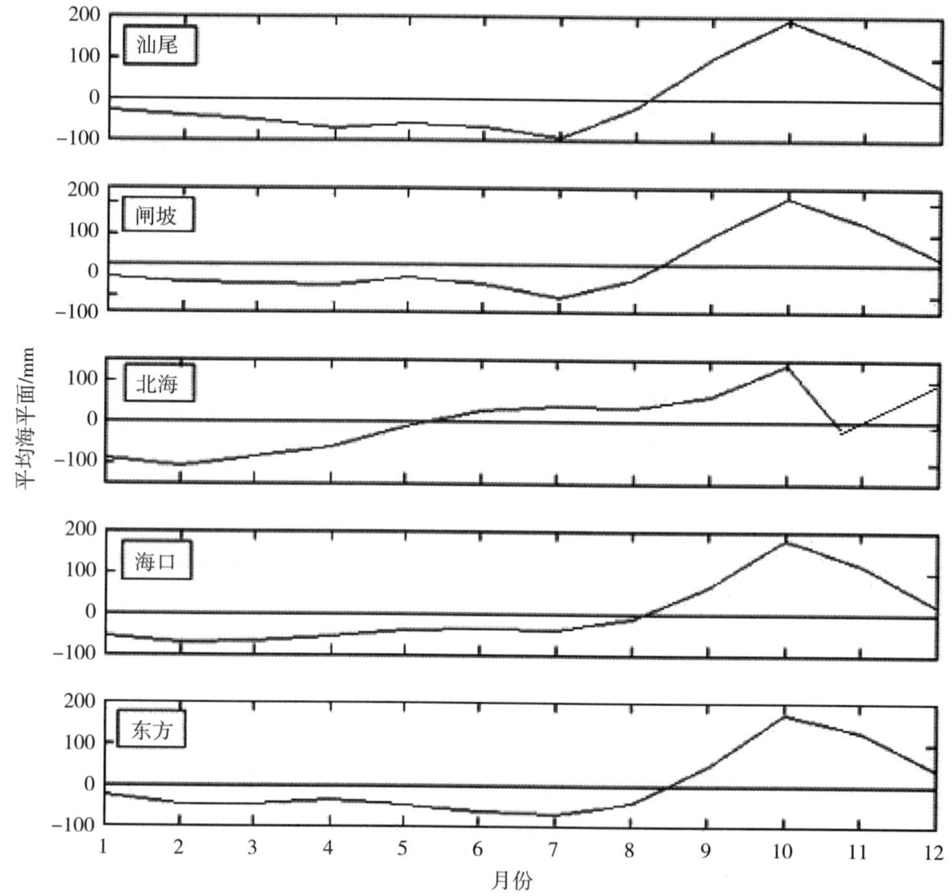

图 18.17　南海主要监测站常年平均海平面逐月变化

南海海域海面高度波动以季节变化为主，EOF1 和 EOF2 均主要表现为季节变化，占总波动能量的 66.7%。南海东北部海域海面高度变化存在两种不同的季节变化模态：EOF1 和 EOF2，两模态的相位相差约 3 个月。EOF1 的主要形态是以吕宋岛西北（19.5°N，119.5°E）为中心的海面高度的同步振荡，其峰值出现于 8—9 月，谷值出现于 1—2 月间，主要反映了南海深水海盆比容高度的季节变化和相应的环流动力调整。EOF2 的形态表现为东南至西北向的季节性交替起伏，主要反映了季风作用下南海北部近海海面高度的 Ekman 调整。他们的共同作用，使吕宋岛西北部海域成为南海东北部海面高度季节变化最显著的海区（李燕初等，2004）（图18.18）。

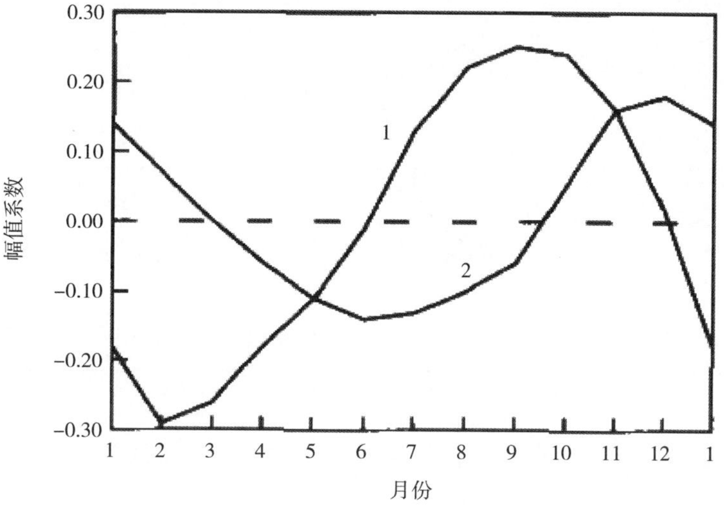

图18.18　幅值系数的平均周年变化曲线 EOF1（1）、EOF2（2）（李燕初等，2004）

南海是渤海、黄海、东海、南海四个海域中海平面季节变化受厄尔尼诺事件影响最明显的海域。1997年海平面最大值比1996年的最大值低6 cm，1999年冬季的海平面比正常年高3～4 cm，2002年春季海平面是2000年以来最低的。而且1997年、1998年的厄尔尼诺在1997年就有体现，这比黄海和东海都要早，黄海和东海的海平面在1998年才有较为明显的下降。究其原因，南海靠近热带西太平洋，受西太平洋及黑潮影响比渤海、黄海和东海都大，因而发生在热带海域的厄尔尼诺和拉尼娜事件对其影响程度要比其余3个海要强，时间上也要早。

另外，在厄尔尼诺年的海平面变化振幅都要普遍偏小，南海北部在1997年夏季海平面变化振幅只有5 cm（乔新和陈戈，2008）（图18.19）。

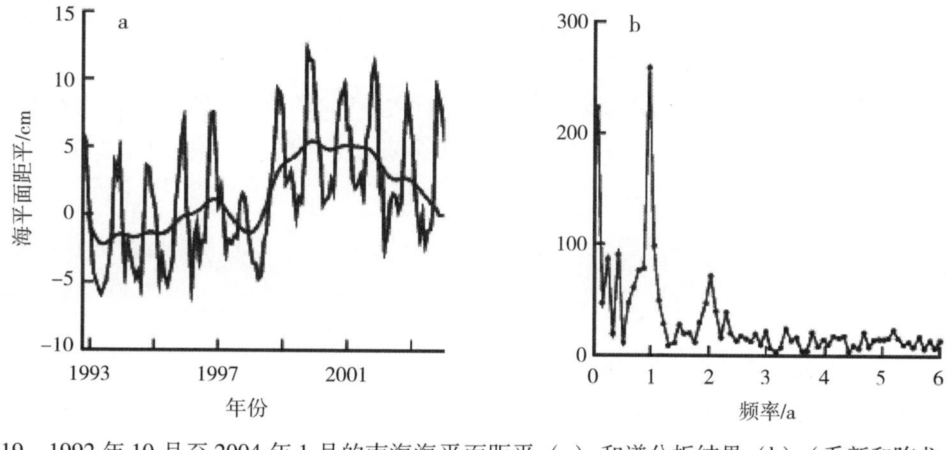

图18.19　1992年10月至2004年1月的南海海平面距平（a）和谱分析结果（b）（乔新和陈戈，2008）

ENSO事件期间，中国海海平面普遍下降，对厦门以南的沿岸海区影响最大（刘赞沛等，1989），整个南海海面下降（沈春等，2006）。

南海平均海平面异常与Nino3指数的低频波动分量之间存在负相关，位相变化几乎完全相反。最大相关系数为−0.70，前者比后者滞后3个月。在1997—1998年的厄尔尼诺事件期间，全球平均海平面呈现正异常，南海平均海平面却呈现负异常。在1999—2000年的拉尼娜事件期间，全球平均海平面呈现负异常，南海平均海平面却呈现正异常（图18.20）。

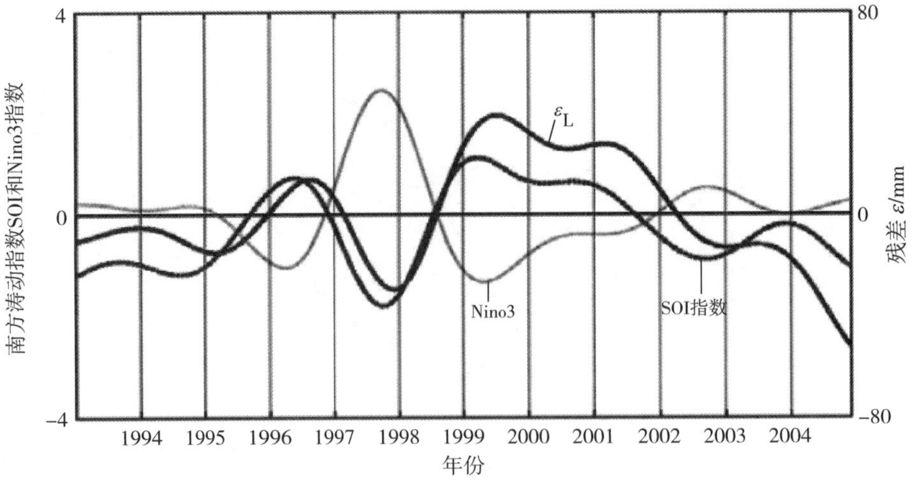

图 18.20 南海平均 SLA、南方涛动指数（SOI）和 Nino3 指数在对应的低频分量之间的比较（荣增瑞等，2008）

18.4.2 海平面趋势变化

利用 1993 年 1 月至 2004 年 12 月的高度计资料 T/P 资料得到近十几年南海海平面平均以 4.7 mm/a 的速度上升，上升最快的区域在南海的东北部（10 mm/a），西南部为下降区域，核心值 23.0 mm/a。比容海平面的上升速率为 4.2 mm/a，比容海平面的位相比 T/P 海平面大约提前 2 个月（丁荣荣等，2007）。

18.4.3 海平面空间分布

通过中国近海环流模式和海平面气压分布，获得的渤海、黄海、东海和南海平均海面高度（海面地形）分布表明，中国 1985 国家高程基准在全球平均海面之上 24.7 cm。

中国沿岸海面南高北低。冬季，南海北部和东部月平均海面均比多年平均海面低，低 5 ~20 cm；而西南部海域月平均海面却比年平均海面高 5 ~ 15 cm。夏季，南海大部分海域平均海面高于多年平均海面，北部东侧高出 5 ~ 14 cm（方国洪等，2001）（图 18.21）。需指出的是，根据徐知秋（2003）的研究，图 18.21 中广东沿海各站的平均海平面高度应增加 12.9 cm。

18.4.4 变化原因

18.4.4.1 季节

1）季风作用

风的季节变化是南海 SSH 季节变化的原因（Liu Qinyu, et al, 2001）。

南海盛行东北季风与南或西南季风，其相应的流场正好相反。冬季是中国近海季风最强盛的季节，海上一般以偏北风为主，正是这种偏北季风的减水效应使南海北部，除北部湾减少较大外，一般减水不甚明显。但东北季风在南海产生的漂流，除一部分进入爪哇海外，还使南海南部产生较大增水。夏季东南季风，影响东中国海，而西南季风则影响南海，使南海西部的暹罗湾发生减水，使其平均海面下降。

4 月、5 月和 9 月、10 月是季风的转向期。以 20°N 为例，10 月至次年 3 月东北季风盛行，而 5—8 月则南风盛行。在 0° ~18°N 海域，7 月、8 月、9 月西南风盛行。8 月南海的流场与南或西南风的风场对应。9 月、10 月随着风转向，流场也转过来，而这种转向是从北向

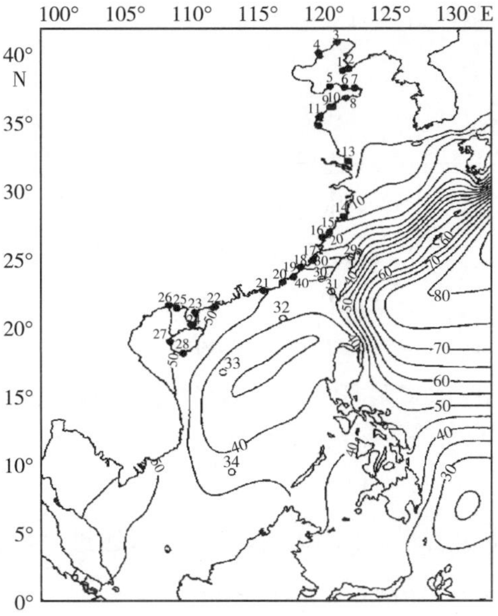

图 18.21 订正后的平均海面高度（相对于 1985 国家高程基准，单位：cm）（方国洪等，2001）

南逐次推迟的。初期，南海北部已转为西南漂流，而南海中部、南部仍有东北向流的势力。上述西南漂流在其前进右方的水量运输导致了广东东南沿岸水位 10 月出现最高值。到 12 月整个南海亚洲大陆一侧流场转为西南或向南流动时，南海北部水位则明显下降。在南或西南季风强盛的月份，则整个流场朝向东北，而漂流导致水量运输向着大陆外海，从而致使广东东部沿岸 5 月、6 月、7 月水位下降（杨建等，2004）。

南海北部海面高度距平（SSH）的变化应归因于南海局地的动力、热力强迫和黑潮的影响，黑潮对南海北部 SSH 平均态的影响要大于对 SSH 异常场的影响；冬季南海北部深水区局地风应力与浮力通量对 SSH 的作用相反且量级相同（刘秦玉等，2002）（图 18.22）。

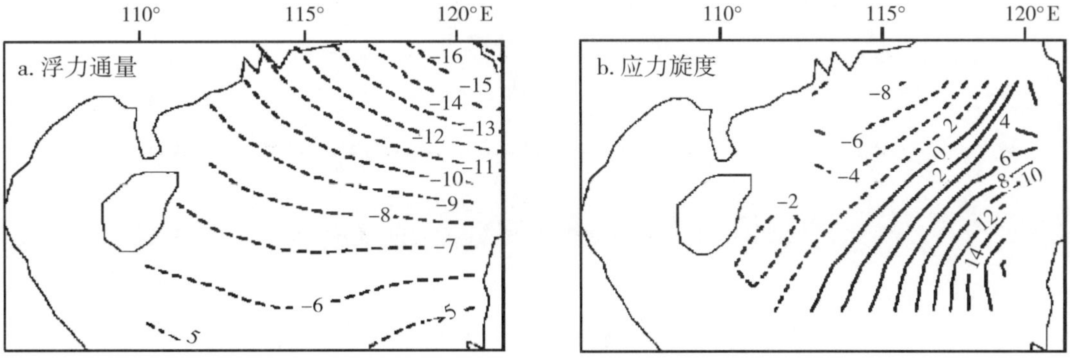

图 18.22 南海北部冬季节平均的浮力通量［$\times10^{-5}$ N/（s/m^2）］（a）
和风应力旋度（$\times10^{-8}$N/ m^2）（b）（刘秦玉等，2002）

2）气压作用（闫昊明和朱耀仲，2001）

由气压导致的水位变化的空间分布与季节性的平均风增－减水效应一样，也是北大南小。

冬季，由于高压系统的影响，中国海区气压空间分布明显地呈北高南低（1 027 ~ 1 010 MPa）。静压效应引起的海平面则呈现北低南高的分布规律，南海比黄东海要小很多，南海中部减低只有 4 ~ 5 cm，而南海南部的静压效应则不太明显。

夏季，整个海区气压分布虽然比较均匀，但仍然呈北低南高的形态（1 005 ~ 1 008 hPa），在南海中部和北部静压海平面升高只有 2 ~ 5 cm。

3）海水热比容效应

南海海水温度最低值在 1 月、2 月（24 ℃），最高值出现在 7 月、8 月（28.2 ℃）。由于海水热比容变化引起的海平面变化在中国海的南海的海平面季节变化中最为明显。冬季 2 月，南海的近海比容海平面下降 7 ~ 9 cm；而夏季 8 月，可使海面升高 4 ~ 7 cm（李坤平等，1982）。

南海北部盐度值年平均为 33.6‰，最低出现在 9 月、10 月（33.3‰ ~ 33.4‰），最高发生在 2 月、3 月（33.9‰）。降水量最低值在 1 月、2 月（17 ~ 22 mm），最高值在 7 月、8 月（244 ~ 250 mm）；蒸发量冬强夏弱，前者可达 212 mm，后者仅为 57 mm。降水量减去蒸发量，7 月、8 月高达 187 mm，12 月、1 月为 – 160 ~ – 163 mm，年平均为 189 mm。

因此，南海北部 10 月水位年最高的原因基本上可以通过热比容和盐比容的年变化得到解释（杨建等，2004），根据程瑞洪的研究（Chen, et al, 2007），1993—2007 年南海海平面的变化如图 18.23。

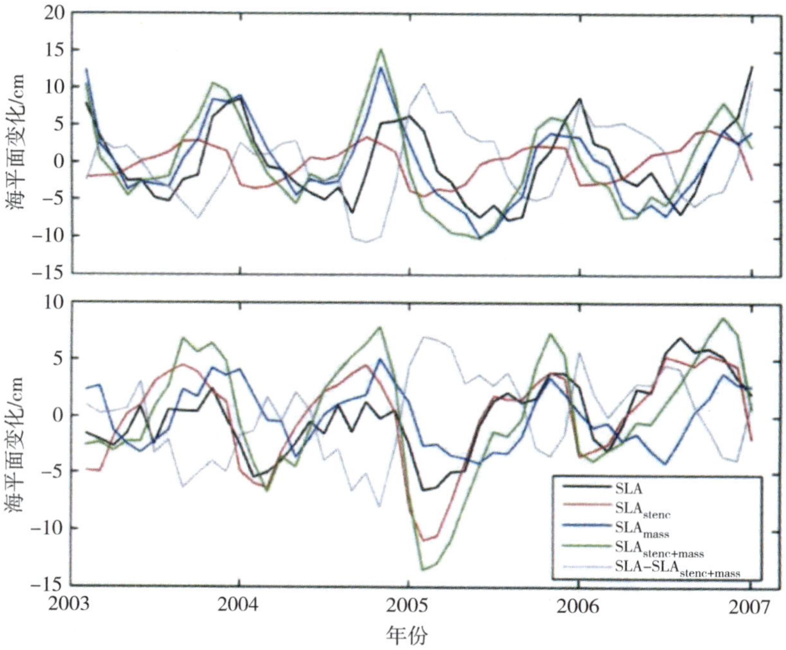

图 18.23　1993—2007 年南海海平面的变化图

4）海流的输送作用

海流是引起南海水位季节变化的重要因素。夏季从南海北部到东海中部 30°N 附近，整个海面都是东高西低。这与海流和地转效应是一致的。

冬季，中国沿岸流十分强盛，从黄海流向南海。东中国海的水体大量流失，从而使其水位降低。从 10 月起，台湾海峡的表面流已转向西南流入南海，一直到 2 月、3 月为止。中国沿岸流向南流去的大量水体，除一部分进入爪哇海，大部分在南海的西南部和暹罗湾堆积，产生高水位。在台湾海峡和南海，海流流去的方向仍呈现右高左低的现象。南海北部水位东西之差达 12 cm，台湾海峡南部为 10 cm。

季节内变化是南海东北部海域海平面波动的重要分量，它主要反映了吕宋海峡西侧海域中心度过程的频繁活动，包括黑潮的蛇形入侵，由其分离而来的中尺度暖涡环，以及南海北部次海盆尺度环流的变异等（李燕初等，2003）（图 18.24）。

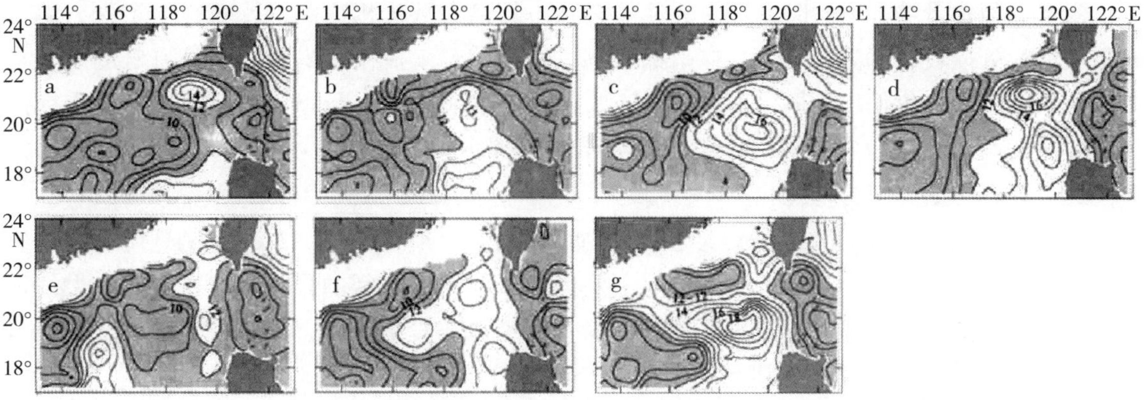

图 18.24 逐年计算的海面高度异常均方根分布（cm）（李燕初等，2003）

a. 1993 年；b. 1994 年；c. 1995 年；d. 1996 年；e. 1997 年；f. 1998 年；g. 1999 年

5）热带气旋对海平面季节变化的影响

中国东部沿海地区位于世界危险海岸带范围内（吴涛等，2006）。而中国海海平面的高值季节多与热带气旋的多发期重叠。中国沿海海平面季节变化规律与全球海平面变化规律基本一致，但是中国海平面极值差要比世界平均极值差高 80 mm（李立等，2002）。

6）厄尔尼诺的影响

厄尔尼诺事件除使中国海的年平均海面整体下降外，更重要的是在厄尔尼诺的不同阶段，中国海海平面会有不同的响应。

太平洋赤道海域的常年海平面以半年变化为主，每年 3—4 月和 10 月达到最高值，其中以 10 月为最高，而 7 月和翌年 1 月为一年的最低海平面。但在厄尔尼诺期间，海平面变化却变为年周期为主，3—4 月高值以后，水位持续下降，一直到 12 月达到年最低。即是说，10 月份的那个高值不再存在，而是较低的海平面值，负距平在 20 ~ 30 cm。中国沿岸的海平面变化与赤道太平洋的类似，水位减小的量值也较相近。在非厄尔尼诺年，中国南海沿岸 10 月的水位之所以特别高，除局地风影响之外，与整个赤道西太平洋亦在 10 月份出现水位最高值有关（刘赞沛等，1989；浦泳修，1988；前光明、陈特固，2001）。

中国南海 1993—2004 年的海平面和 1945—2004 年的比容海平面变化以及验潮资料，得出海平面的年际变化和 ENSO 高度相关（荣增瑞等，2008）。所有主要 EOF 模态都呈现年际变化特征，年际变异应是南海北部海域的重要特征（李燕初等，2004）。南海海面高度异常 EOF 第一模态为 ENSO 模态，方差贡献达到 44.7%。

18.4.4.2 年际

南海海平面的变化具有显著的 ENSO 特征。ENSO 可以通过南海海域北风异常和北太平洋环流（黑潮）的变化来影响南海海平面。首先，当厄尔尼诺事件发生的前期，南海海域出现北风异常，它导致南海海水温度降低，会引起南海海平面下降；其次，ENSO 可以通过黑潮流量的变化来影响南海海平面。

厄尔尼诺的发生引起热带太平洋暖水区域的扩大和全球性的大气温度升高，导致全球海平面的升高。而南海更多的是受局地气候系统和局地海洋环流的影响，厄尔尼诺发生前的异常北风以及黑潮水流量和温度的变化可能是南海海平面改变的主要原因（荣增瑞等，2008）。

黑潮入侵水量增加的同时，经由巽他陆架和民都洛海峡流出南海的水量也会增加，海水在吕宋海峡处以较低的温度流入，在南部海峡以较高的温度流出，南海水和外海水的交换在南海热平衡中起着负作用。厄尔尼诺年时，入侵南海的黑潮水流量增加，相应地，经由南部海峡流出的高温水亦增加，同期黑潮入侵海水温度偏低，导致南海整体热容量出现负异常，海平面下降；拉尼娜年时情况相反。

南海的广东沿岸海平面的多年变化中，1963 年较多年平均低 8 ~ 11 cm，是近半个多世纪以来最低的一年。该年异常低海面的原因主要是受大气环流异常的影响。气压效应、大气环流异常导致南海雨量和珠江的入海径流明显偏少；海水蒸发量偏多；海水密度增大从而使海平面下降。1963 年是强厄尔尼诺年，西北太平洋热带地区的海平面较常年（尤其是下半年）明显偏低，对广东沿岸的海平面变化影响非常显著（陈特固和詹小涌，1988）（图 18. 25）。

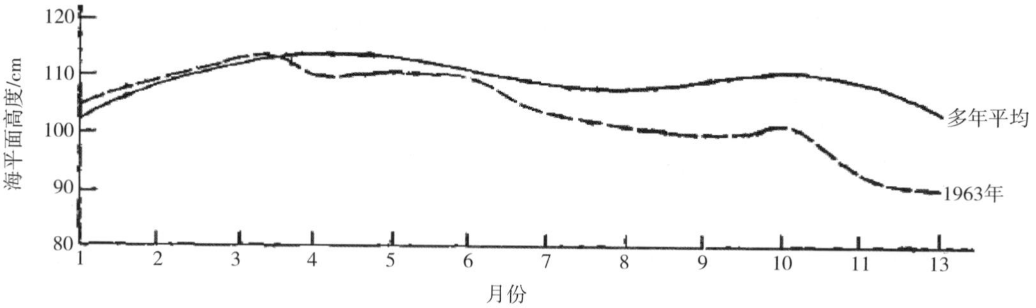

图 18. 25　1963 年 Tuck 站海平面的年变化

18. 4. 4. 3　长期趋势

海平面变化趋势的确定和观测时段的长短有很大关系。这主要是由于 ENSO 的年际变化造成的和年代际变化引起的。南海海平面存在显著的年代际变化和长期趋势变化。

广东沿海海平面受 30 ~ 40 年气候周期变化和厄尔尼诺事件的影响。珠江口门区的海平面受珠江径流量变化的影响，年径流量变化 1 000 × 10^8 m^3，各分流口门年均海平面变化 4 ~ 6 cm（陈特固，2000）（图 18. 26）。

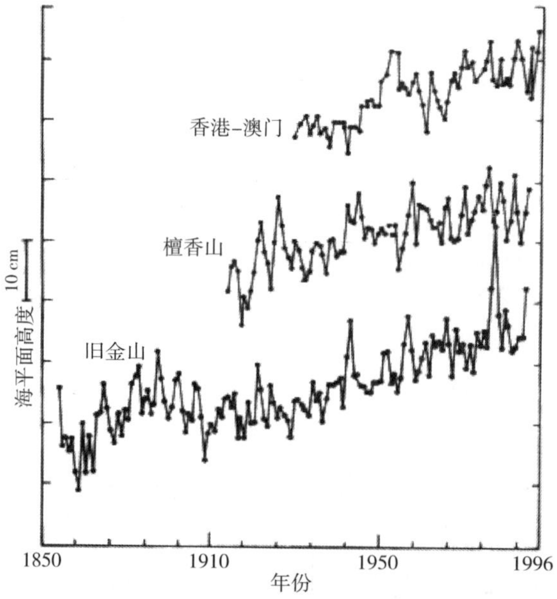

图 18. 26　海平面长期变化趋势（陈特固，2000）

据2010年的中国海平面公报，华南沿海1977—2010年的海平面上升率为2.5 mm/年（图18.27），若叠加冰川消融调整值（GIA）-0.3 mm/年，则海平面上升率为2.8 mm/年；据卫星观测资料1992年12月至2010年的海平面上升率，全南海平均为5.5 mm/年（图18.28），全球平均为3.2 mm/年（图18.29）。西太平洋暖池是南海海平面上升率高的重要原因。2007年以来的主要结果认为海平面上升速率，海水热膨胀都有所减缓，冰冻圈融化成为第一贡献者（任贾文等，2011）。

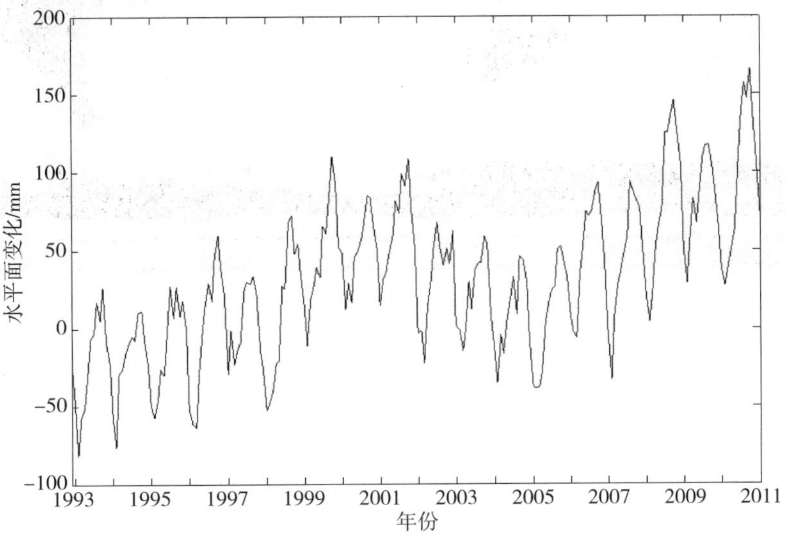

图18.27 南海1993—2010年的海平面变化

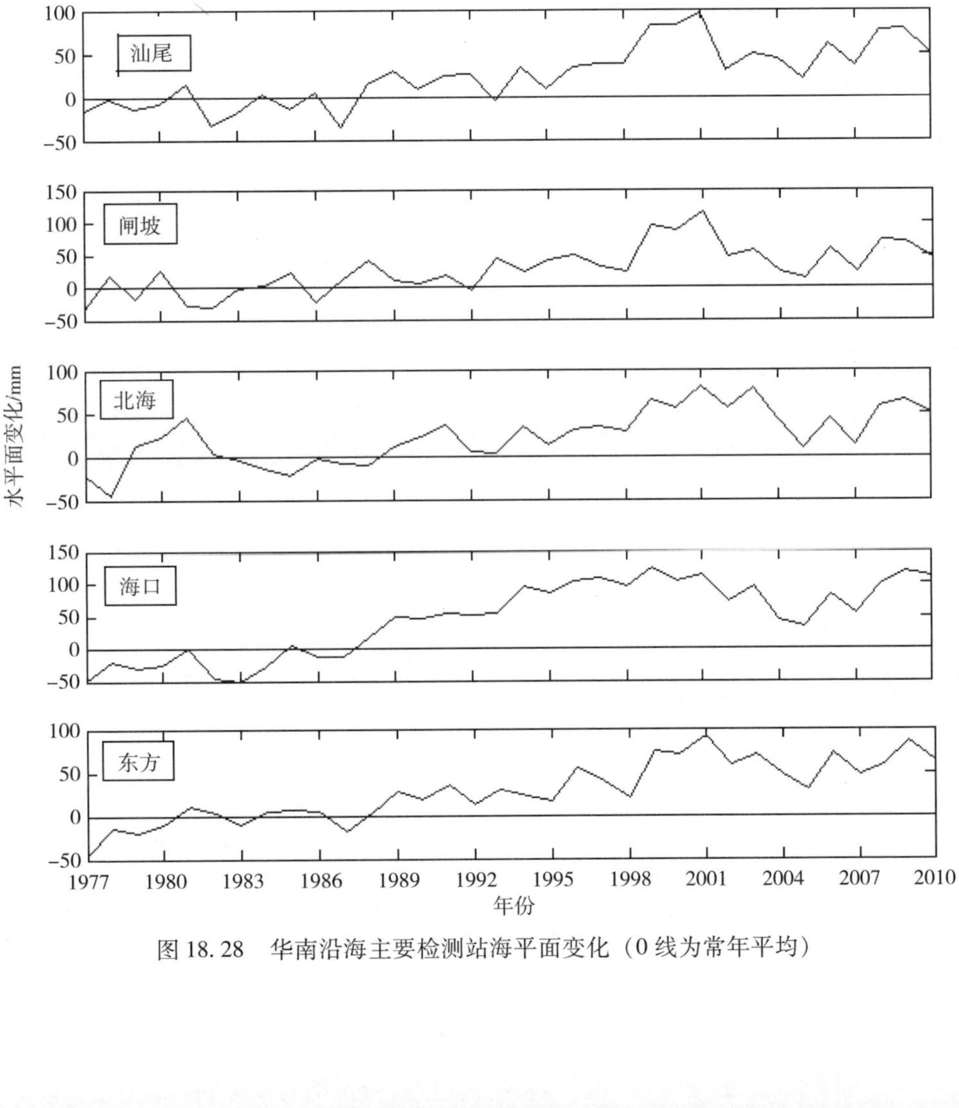

图18.28 华南沿海主要检测站海平面变化（0线为常年平均）

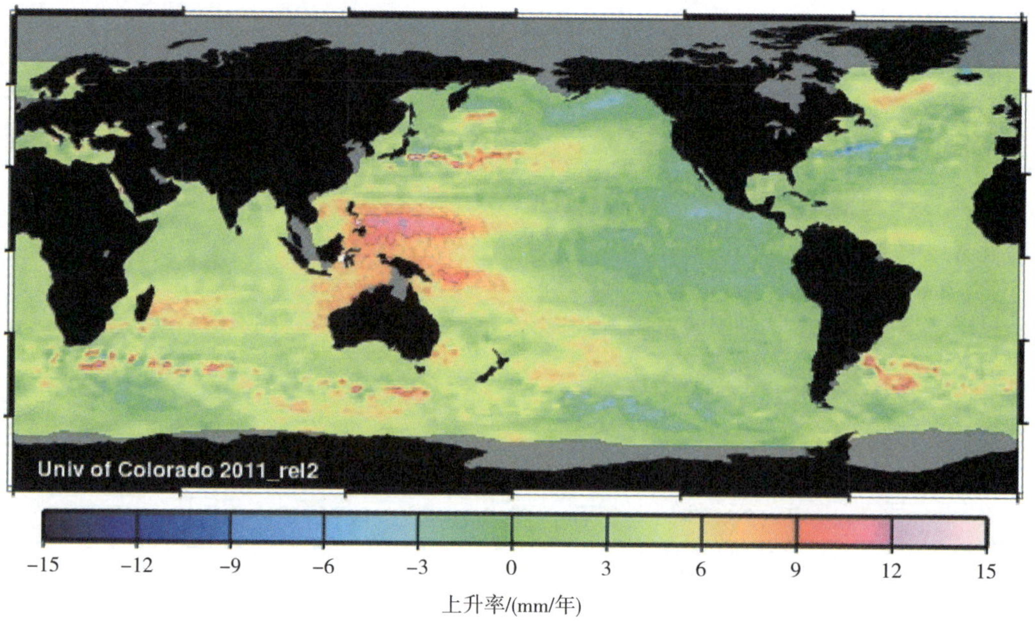

图 18.29　全球 1993—2010 年的海平面上升率

第19章 南海海浪*

海浪是发生在海洋中的一种海水波动现象。本章讨论的海浪是由风产生的海表面波动，其周期为0.5~25 s，波长为几十厘米到几百米，一般波高为几厘米到20 m，在罕见的情况下波高可达30 m以上（包澄澜，1991）。海浪的空间范围一般几百千米至几千千米，时间尺度几小时至几天。海浪影响区域随大气扰动因子的移动而移动，因而一次波高大于3 m以上的海浪过程可影响北起渤海、黄海、东海，直至台湾海峡，南海的北部、中部和南部海面，有时甚至遍及日本海，日本以南、台湾省以东洋面，吕宋海峡和菲律宾附近海域。影响时间多达数天之久（许富祥，2001）。

海浪包括风浪、涌浪和近岸浪3种。风浪是在风的直接作用下产生的水面波动。风浪中同时出现许多高低长短不等的波，波面粗糙，波峰附近有浪花和大片泡沫，波峰线短。涌浪是风停后或风速风向其他海区内留下的海浪和传出风区的海浪。其具有较规则的外形，排列整齐，波面较平滑，波峰线长。近岸浪是由外海的风浪或涌浪传到海岸附近时，受地形作用而改变波动性质的海浪。随着海水变浅，波速和波长减小，致使波峰线弯折而渐渐地和等深线平行。同时海浪遇到障碍会引起折射、绕射和反射而使波高发生变化。近岸浪的波峰前侧陡，后侧平，波面随水深变浅而变得不对称，直至倒卷破碎。波的破碎会使破碎点靠岸面的水位升高，而向海面的水位降低，形成离岸流。同时在海浪传向海岸的过程中，随着质量、动量和能量的运输，并在地形影响下形成复杂的流系，称为近岸流。近岸流大致分布于海浪破碎点与海岸之间，其明显的特点是与海浪密切相关，有别于岸外大系统的流系。离岸流和沿岸流都对近岸的泥沙搬运和地形的变化有很大的影响，因而对海岸和近海建筑物有很大的破坏作用。此外，在海洋上还经常遇到不同来源的波系（如风浪与涌浪，或另一系统的涌浪）叠加而形成的海浪，称为混合浪（许富祥，2001）。

南海位于热带，面积广阔，水深浪大，也具有大洋海浪的特征，南海也是我国近海灾害性海浪出现频率最高的海区之一，也是受台风浪最严重的海区之一。南海波高大于等于6 m的灾害性海浪的次数年平均为14.1次（许富祥，1996），其中台风浪年平均为7.6次（在25年中，台风浪189次，寒潮浪164次）。与南海相连的吕宋海峡附近海域，由于与太平洋相通，水深浪大，其灾害性海浪的频率也高，波高大于等于6 m的灾害性海浪的次数年平均为11次（许富祥，1996）（在25年中，寒潮浪100次，台风浪75次）。必须指出，吕宋海峡附近海域的灾害性海浪场常会影响和扩展到东海、南海和台湾海峡，尤其该海区的台风浪，更是预报台风西行南海或转向东海的依据，这是预报我国近海灾害性海浪的关键海区之一。

冬季，当西伯利亚或蒙古冷高压形成东移时，地面天气图上只有一条西南—东北走向的冷锋经过渤海、黄海、东海直至南海，同时冷锋还常常越过秦岭，直达南海中部和南部。受南下强冷空气影响，南海常常形成的东北向波高4 m以上的灾害性海浪，致使南海经常发生

* 本章编写人：许富祥。

严重的海浪灾害。例如，1975年12月10日受强冷空气影响，自12月10日14时南海北部形成波高6 m的狂浪区，20时扩展到南海中部和南部海域，直至12月30日14时狂浪区减弱消失，该浪区在南海共维持21 d，期间观测到最大波高为15 m（杨华庭等，1993）。严重影响海上航行的船舶、水产养殖设施、港口码头、渔业捕捞、油气开发等海上生产活动，造成巨大经济损失。1990年1月18日8时受强冷空气影响，渤海、黄海、东海和南海先后刮起8级到9级偏北大风，形成波高4～6 m的巨浪和狂浪，直至12月25日20时浪区减弱为波高3 m大浪，波高4 m以上的巨浪共维持8 d。受此次大风和巨浪影响，1月20日一艘载重5 000 t的外国货轮在22°25′N，121°E附近海域沉没，船上20多名船员全部遇难；25日又一艘载重5 000 t我国"华竹"号货轮沉没在巴士海峡，20名船员14名获救6人死亡，直接经济损失1.5亿元（国家海洋环境预报中心，2009）。

夏季，南海常常受台风引起波高6 m以上狂浪的影响，造成南海沿海地区与海上重大和特大海浪灾害。例如，1983年10月26日2时美国阿克特（ACT）石油公司租用的"爪哇海"号半潜式海洋石油钻探船在海南省莺歌海外海作业时，遇到8316号（Lex）台风引起波高8.5 m、周期11 s的狂浪袭击而沉没，船上81名中外工作人员全部失踪或遇难（杨华庭等，1993）。1991年8月15日，美国阿克特（ACT）石油公司租用的美国泰克多墨特公司的DB29大型海洋石油铺管船，在躲避9111号台风时，在珠江口外海被波高9 m的狂涛折断为两截后沉没，船上195名工作人员全部落水，虽然经12架飞机和14艘救助船32 h的抢救，从水中救起189人（其中14人已死亡），另有6人随船沉入水底失踪（杨华庭等，1993）。1986年8月16日6时8616号台风在南海中部海面生成后，在南海中部海面打转一圈，先向西北方向移动，后又转向北到珠江口外海再转向东北方向移动进入台湾海峡，1 d后，又转向东移动，并在台湾新竹登陆穿过台湾岛后进入台湾以东洋面，进入台湾以东洋面后不到2 d时间，又转向西南方向移动，穿过巴士海峡后第二次进入南海北部海面，当该台风移到南海中部海面时，先转向东方向移动，后又转向东北方向移动进入巴士海峡，在并巴士海峡打转一圈后向西南方向移动第三次进入南海中部海面，最后转向西北方向移动，登陆海南省文昌市、海口市后经过琼州海峡进入北部湾西行，直至于9月6日6时在越南北部登陆，历经21 d，在南海、台湾海峡、台湾以东洋面、巴士海峡打转3圈，历史罕见。在此期间，台风所经海面均形成波高6 m以上狂浪区，这次台风浪过程致使南海和南海沿海地区遭到巨大的经济损失和人员伤亡。据统计，仅广东省雷州半岛东部沿岸的海堤几乎毁坏殆尽，冲垮3 830处，总长209 km。冲毁虾塘90处，虾塘受灾面积1 000 hm^2，沉没损毁船舶1 000多艘，失踪124艘，死亡20人，受伤363人，据广东省三防部门统计，仅湛江市这次台风浪造成的直接经济损失4.7亿元（国家海洋环境预报中心，2009）。1996年9月9日广东省和广西壮族自治区受9615号超强台风浪与风暴潮的共同影响，广东、广西沿海形成波高4～6 m的巨浪和狂浪，出现150～200 cm的风暴增水。受这次超强台风浪与风暴潮的袭击，广东省的江门、阳江、茂名、湛江等市遭到前所没有的特大海洋灾害。据统计，广东省受灾人口930万人，水产养殖受损面积2.36×10^4 hm^2，冲毁海堤137.4 km，损坏船舶3 352艘，沉没1 285艘，死亡208人，全省直接经济损失129.03亿元；广西壮族自治区受灾人口111.48万人，水产养殖受损面积3 333 hm^2，冲毁海堤66.58 km，损坏船舶1 129艘，沉没173艘，死亡151人，全省直接经济损失26.55亿元（杨华庭等，1993；国家海洋环境预报中心，2009）。

本章从国家海洋局海洋环境预报中心"海浪历史灾害的调查和研究"课题获得的初步成果了解到，20世纪60年代以来，南海遭到8007、8316、8616、8908、9026、9111、9403、

9615、9913、0518、0601、0814、6903 等台风浪的影响（国家海洋环境预报中心，2009），都造成了南海沿海地区和沿岸近海重大和特大海浪灾害，致使广东省、海南省、广西壮族自治区沿海海上和沿岸近海渔业生产、交通运输、港口码头、盐业生产等造成多起巨大经济损失和人员伤亡事件。因此无数事实显示海浪对海上航行的船舶、水产养殖设施、港口码头、渔业捕捞、油气开发、滨海带旅游、海上作业、海上军事活动等都带来极大的危害。及时了解和掌握海浪的时空分布和变化规律，对保障海上与沿海经济发展、人民生命财产安全，做好防灾减灾工作有十分重要的意义。

19.1　海浪的波候特征

本节仅描述南海海浪的波向、波高和周期等要素的分布与变化，即是海浪的多年平均状况——波候特征（孙湘平，2006）。波向指的是波浪的来向，与风向的涵义相同，为了说明南海的波候特征，以1月、4月、7月和10月，分别表示冬季、春季、夏季和秋季的代表月，分析四季的海浪分布变化状况。

19.1.1　风浪向与涌浪向分布及季节变化

为了说明本海域风浪向和涌浪向的季节变化，根据文献（苏纪兰，2005）提供的统计资料，绘制了南海盛行风浪向（表19.1）和盛行涌浪向（表19.2）频率分布表。

19.1.1.1　盛行风浪向季节变化（表19.1）

表19.1　南海四季代表月的盛行风浪向频率（%）分布（苏纪兰，2005）

海　区	项　目		2月	5月	8月	11月
南海北部（20°～25°N、110°～115°E）	最　多	浪向	NE	E	S	NE
		频率	45	24	17	53
	次　多	浪向	E	S	SW	E
		频率	28	20	17	23
南海北部（20°～25°N、115°～120°E）	最　多	浪向	NE	NE	SW	NE
		频率	58	30	18	65
	次　多	浪向	N	E	S	N
		频率	16	15	14	19
吕宋海峡（15°～20°N、120°～125°E）	最　多	浪向	NE	E	SW	NE
		频率	37	20	25	55
	次　多	浪向	E	S	S	E
		频率	30	15	19	23
北部湾北部（20°～25°N、105°～110°E）	最　多	浪向	NE	S	S	NE
		频率	39	27	16	41
	次　多	浪向	E	NE	SW	E
		频率	9	10	13	16
北部湾南部（15°～20°N、105°～110°E）	最　多	浪向	N	SE	SW	NE
		频率	21	30	22	32
	次　多	浪向	SE	S	S	N
		频率	18	25	19	23

续表 19.1

海区	项目		2月	5月	8月	11月
南海中部（15°～20°N、110°～115°E）	最多	浪向	NE	S	SW	NE
		频率	49	32	28	64
	次多	浪向	E	E	S	E
		频率	24	15	27	16
南海中部（15°～20°N、115°～120°E）	最多	浪向	NE	NE	SW	NE
		频率	52	17	31	63
	次多	浪向	N	S	S	N
		频率	21	15	24	17
南海南部（10°～15°N、110°～115°E）	最多	浪向	NE	S	SW	NE
		频率	60	20	52	52
	次多	浪向	N	SW	S	N
		频率	17	20	15	26
南海南部（10°～15°N、115°～120°E）	最多	浪向	NE	E	SW	NE
		频率	46	17	43	41
	次多	浪向	N	S	S	N
		频率	21	14	18	19

资料年限：1968—1982 年。

从表 19.1 中南海的盛行风浪向统计结果显示了南海风浪向如下特征：

冬季 南海北部海域、吕宋海峡（中国大百科全书，1967）、北部湾北部海域、南海中部海域和南海南部海域的最多风浪向皆为 NE 向，频率在 39%～60% 之间；次多风浪向以 N 向和 E 向居多，频率在 16%～30% 之间。北部湾南部海域的最多风浪向为 N 向，频率为 21%；次多风浪向为 SE 向，频率为 18%。

春季 南海北部西侧海域和吕宋海峡，最多风浪向为 E 向，频率为 20%～24%；次多风浪向为 S 向，频率为 15%～20%。南海北部东侧海域，最多风浪向为 NE 向，频率为 30%，次多风浪向为 E 向，频率为 15%。北部湾北部海域，最多风浪向为 S 向，频率为 27%；次多风浪向为 NE 向，频率为 10%。北部湾南部海域，最多风浪向为 SE 向，频率为 30%；次多风浪向为 S 向，频率为 25%。南海中部西侧海域，最多风浪向为 S 向，频率为 32%；次多风浪向为 E 向，频率为 15%。南海中部东侧海域，最多风浪向为 NE 向，频率为 17%；次多风浪向为 S 向，频率为 15%。南海南部西侧海域，最多风浪向为 S 向，频率为 20%；次多风浪向为 SW 向，频率也为 20%。南海南部东侧海域，最多风浪向为 E 向，频率为 17%；次多风浪向为 S 向，频率为 14%。

夏季 南海盛行西南风，南海的海浪以 S 向风浪和 SW 向风浪为主。南海北部西侧海域，最多风浪向为 S 向，频率为 17%；次多风浪向为 SW 向，频率也为 17%。南海北部东侧海域，最多风浪向为 SW 向，频率为 18%；次多风浪向为 S 向，频率为 14%。吕宋海峡，最多风浪向为 SW 向，频率为 25%；次多风浪向为 S 向，频率为 19%。北部湾北部海域，最多风浪向为 S 向，频率为 16%；次多风浪向为 SW 向，频率为 13%。北部湾南部海域，最多风浪向为 SW 向，频率为 22%；次多风浪向为 S 向，频率为 19%。南海中部海域，最多风浪向为 SW 向，频率为 28%～31%；次多风浪向为 S 向，频率为 24%～27%。南海南部海域，最多风浪向为 SW 向，频率为 43%～52%；次多风浪向为 S 向，频率为 15%～18%。

秋季 从9月开始，南海东北部海域首先出现NE向风浪，频率为25%左右。10月NE向风浪的范围扩大到南海中部海域。到11月整个南海和北部湾，都盛行NE向风浪，频率最低为32%，最高达64%；次多风浪向为N向和E向，频率为16%～23%。

综上所述，就平均风浪向来说，南海的风浪向的分布形势可归纳为3种类型：冬季型、夏季型和春季型。秋季的风浪向分布形势基本与冬季的相似。冬季型的风浪向分布特点是：南海的风浪向几乎都已转为NE向。夏季型正好相反，南海的风浪向均为SW向和S向。春季型的风浪向比较复杂，南海北部海域的风浪向为SE向，南海中部海域和南部海域的风浪向为S向。

19.1.1.2 盛行涌浪向季节变化（表19.2）

表19.2 南海四季代表月的盛行涌浪向频率分布（%）（孙湘平，2006）

海区	项目		2月	5月	8月	11月
南海北部（20°～25°N、110°～115°E）	最多	浪向	NE	E	S	NE
		频率	45	28	28	48
	次多	浪向	E	NE	SW	E
		频率	35	18	17	32
南海北部（20°～25°N、115°～120°E）	最多	浪向	NE	NE	S	NE
		频率	51	30	26	56
	次多	浪向	E	E	SW	E
		频率	17	18	20	15
吕宋海峡（15°～20°N、120°～125°E）	最多	浪向	NE	NE	SW	NE
		频率	37	17	33	47
	次多	浪向	N	E	S	N
		频率	21	17	15	21
北部湾北部（20°～25°N、105°～110°E）	最多	浪向	NE	S	S	E
		频率	33	34	58	33
	次多	浪向	S	SE	SW	NE
		频率	21	28	15	13
北部湾南部（15°～20°N、105°～110°E）	最多	浪向	NE	SE	S	NE
		频率	28	37	26	36
	次多	浪向	N	E	SE	E
		频率	25	20	19	34
南海中部（15°～20°N、110°～115°E）	最多	浪向	NE	SW	SW	NE
		频率	61	21	51	53
	次多	浪向	N	NE	W	N
		频率	16	15	21	29
南海中部（15°～20°N、115°～120°E）	最多	浪向	NE	NE	SW	NE
		频率	53	26	44	59
	次多	浪向	N	SW	S	N
		频率	25	14	20	23

续表 19.2

海区	项目		2月	5月	8月	11月
南海南部（10°~15°N、110°~115°E）	最多	浪向	NE	S	S	NE
		频率	56	22	32	63
	次多	浪向	E	NE	SW	E
		频率	20	19	29	15
南海南部（10°~15°N、115°~120°E）	最多	浪向	NE	SW	SW	N
		频率	38	17	51	36
	次多	浪向	N	NE	W	NE
		频率	33	14	21	34

资料年限：1968—1982年。

表19.2中南海的盛行涌浪向统计结果显示了南海涌浪向如下分布特征：

冬季　南海最多涌浪向为NE向，除吕宋海峡和北部湾的N向涌浪频率在28%~37%之间外；其余海域的N向涌浪频率高达45%~61%。南海的次多涌浪向比较分散：吕宋海峡的次多涌浪向为N向，频率为21%；北部湾北部海域的次多涌浪向为S向，频率为21%；北部湾南部海域的次多涌浪向为N向，频率为25%；南海北部海域的次多涌浪向为E向，频率为17%~35%；南海中部海域的次多涌浪向为N向，频率为16%~25%；南海南部海域的次多涌浪向为E向和N向，频率为22%~33%。

春季　南海的最多涌浪向随海区而异：南海北部海域和吕宋海峡的最多涌浪向为E向和NE向，频率分别为28%和17%~30%。北部湾北部海域的最多涌浪向为S向，频率为34%；北部湾南部海域的最多涌浪向为SE向，频率为37%。南海中部海域的最多涌浪向为SW向和NE向，频率分别为21%和26%；南海南部海域的最多涌浪向为S向和SW向，频率分别为22%和17%。南海次多涌浪向的地理分布为：南海北部海域和吕宋海峡的次多涌浪向为NE向和E向，频率均为18%左右。北部湾北部海域的次多涌浪向为SE向，频率为28%；北部湾南部海域的次多涌浪向为E向，频率为20%。南海中部海域的次多涌浪向为NE向和SW向，频率分别为15%和14%；南海南部海域的次多涌浪向为NE向，频率为14%~19%。

夏季　南海的最多涌浪向为S向和SW向。其中：南海北部海域和北部湾为S向，频率分别为26%~28%和26%~58%；吕宋海峡的最多涌浪向为SW向，频率为33%；南海中部海域的最多涌浪向为SW向，频率44%~51%；南海南部海域的最多涌浪向为S向和SW向，频率分别为32%和51%。南海北部海域的次多涌浪向为SW向，频率17%~20%。吕宋海峡的次多涌浪向为S向，频率为15%。北部湾北部海域的次多涌浪向为SW向，频率为15%；北部湾南部海域的次多涌浪向为SE向，频率为19%。南海中部海域的次多涌浪向为W向和S向，频率分别为21%和20%。南海南部海域的次多涌浪向为SW向和S向，频率为29%和21%。

秋季　南海北部海域和中部海域的最多涌浪向为NE向，频率为48%~59%。南海北部海域的次多涌浪向为E向，频率为15%~29%。南海中部海域的次多涌浪向为N向，频率为23%~29%。吕宋海峡的最多涌浪向为NE向，频率为47%；次多涌浪向为N向，频率为21%。北部湾北部海域的最多涌浪向为E向，频率为33%；次多涌浪向为NE向，频率为13%；北部湾南部海域的最多涌浪向为NE向，频率为36%；次多涌浪向为E向，频率为34%。南海南部海域的最多涌浪向为NE向和N向，频率分别为63%和36%；次多涌浪向为

E 向和 NE 向，频率分别为 15% 和 34%。

综上所述，南海的涌浪向分布形势大致也可归纳为 3 种类型：冬季型、夏季型和春季型，秋季的涌浪向分布形势与冬季型涌浪向分布形势基本相似。除局部海域外，涌浪向的分布与风浪向的分布的形势基本相同。

19.1.2 风浪波高和周期的季节变化（孙湘平，2006）

冬季（2 月） 南海的风浪波高分布是东北高，西南低，波高值由东北向西南逐渐递减，波高最大值出现在吕宋海峡附近海域，成为我国近海冬季风浪波高的另一个高值中心区。南海的风浪波高在 0.4 ~ 1.8 m 之间，最大浪高为 1.0 ~ 6.5 m。其中：南海北部海域的风浪波高为 1.0 ~ 1.8 m，最大浪高为 2.5 ~ 6.5 m；吕宋海峡附近海域的风浪波高为 1.7 m，最大浪高为 6.0 ~ 6.5 m；北部湾的风浪波高为 0.4 ~ 1.1 m，最大浪高为 1.0 ~ 3.5 m；南海中部海域的风浪波高为 0.8 ~ 1.5 m，最大浪高为 3.5 ~ 6.5 m；南海南部海域的风浪波高为 1.1 ~ 1.6 m，最大浪高为 3.0 ~ 5.5 m。南海的风浪周期在 4.8 ~ 8.6 s 之间，最大周期在 11.0 ~ 23.0 s 之间。其中：南海北部海域的风浪周期为 5.6 ~ 7.0 s，最大周期为 13.0 ~ 19.0 s；吕宋海峡附近海域的风浪周期为 7.9 ~ 8.6 s，最大周期为 21.0 ~ 23.0 s；北部湾的风浪周期为 5.2 ~ 6.0 s，最大周期为 13.0 ~ 19.0 s；南海中部海域的风浪周期为 4.8 ~ 6.7 s，最大周期为 17.0 ~ 23.0 s；南海南部海域的风浪周期为 5.5 ~ 6.7 s，最大周期为 11.0 ~ 21.0 s。

春季（5 月） 南海的风浪波高在 0.4 ~ 1.1 m 之间，最大浪高为 1.5 ~ 4.5 m。其中：南海北部海域的风浪波高为 0.5 ~ 1.0 m，最大浪高为 2.0 ~ 4.5 m；吕宋海峡附近海域的风浪波高为 1.0 ~ 1.1 m，最大浪高为 4.0 ~ 4.5 m；北部湾的风浪波高为 0.7 ~ 0.9 m，最大浪高为 1.5 ~ 2.5 m；南海中部海域的风浪波高为 0.5 ~ 0.9 m，最大浪高为 2.5 ~ 4.5 m；南海南部海域的风浪波高为 0.4 ~ 0.8 m，最大浪高为 1.5 ~ 3.0 m。南海的风浪周期在 3.1 ~ 7.3 s 之间，最大周期为 7.0 ~ 22.0 s 之间。其中：南海北部海域的风浪周期为 4.0 ~ 6.5 s，最大周期为 11.0 ~ 21.0 s；吕宋海峡附近海域的风浪周期为 7.2 ~ 7.3 s，最大周期为 21.0 s；北部湾的风浪周期为 3.1 ~ 6.1 s，最大周期为 7.0 ~ 11.0 s；南海中部海域的风浪周期为 3.8 ~ 6.1 s，最大周期为 9.0 ~ 22.0 s；南海南部海域的风浪周期为 4.0 ~ 5.2 s，最大周期为 9.0 ~ 21.0 s。

夏季（8 月） 南海的风浪波高在 0.4 ~ 1.4 m 之间，最大浪高为 1.5 ~ 5.0 m。其中：南海北部海域的风浪波高为 0.8 ~ 1.0 m，最大浪高为 1.5 ~ 4.0 m；吕宋海峡附近海域的风浪波高为 0.9 ~ 1.2 m，最大浪高为 3.5 ~ 4.5 m；北部湾的风浪波高为 0.7 ~ 1.0 m，最大浪高为 2.0 ~ 2.5 m；南海中部海域的风浪波高为 0.4 ~ 1.2 m，最大浪高为 2.5 ~ 5.0 m；南海南部海域的风浪波高为 0.7 ~ 1.4 m，最大浪高为 2.0 ~ 4.5 m。南海的风浪周期在 3.2 ~ 7.6 s 之间，最大周期为 7.0 ~ 22.0 s 之间。其中：南海北部海域的风浪周期为 5.0 ~ 6.4 s，最大周期为 9.0 ~ 22.0 s；吕宋海峡附近海域的风浪周期为 7.2 ~ 7.6 s，最大周期为 21.0 s；北部湾的风浪周期为 4.4 ~ 5.6 s，最大周期为 7.0 ~ 9.0 s；南海中部海域的风浪周期为 3.2 ~ 6.0 s，最大周期为 9.0 ~ 22.0 s；南海南部海域的风浪周期为 4.6 ~ 6.4 s，最大周期为 9.0 ~ 22.0 s。

秋季（11 月） 南海的风浪波高在 0.7 ~ 2.3 m 之间，最大浪高为 2.0 ~ 8.5 m。其中：南海北部海域的风浪波高为 1.4 ~ 2.3 m，最大浪高为 5.5 ~ 8.0 m；吕宋海峡附近海域的风浪波高为 1.8 ~ 2.2 m，最大浪高为 8.0 ~ 8.5 m；北部湾的风浪波高为 0.7 ~ 1.0 m，最大浪高为 3.5 ~ 4.5 m；南海中部海域的风浪波高为 1.0 ~ 1.8 m，最大浪高为 3.0 ~ 7.5 m；南海南部海域的风浪波高为 0.7 ~ 1.4 m，最大浪高为 2.0 ~ 6.5 m。南海的风浪周期在 4.7 ~ 8.8 s 之间，最大周期为 7.0 ~ 23.0 s 之间。其中：南海北部海域的风浪周期为 5.6 ~ 7.6 s，最大周期为 7.0 ~ 22.0 s；吕宋海峡附近海域的风浪周期为 8.0 ~ 8.8 s，最大周期为 21.0 ~ 23.0 s；北部湾的风浪周期为 4.7 ~ 6.0 s，最大周期为 7.0 ~ 13.0 s；南海中部海域的风浪周期为 5.0 ~ 6.8 s，最大周期为 11.0 ~ 23.0 s；南海南部海域的风浪周期为 5.2 ~ 6.5 s，最大周期为 11.0 ~ 22.0 s。

19.1.3 涌浪波高和周期的季节变化（孙湘平，2006）

冬季（2 月） 南海的涌浪波高的高值中心区在南海的东北部海域，然后逐渐向南递增。南海的涌浪波高在 1.0 ~ 2.3 m（指月平均值，下同）之间，最大涌高为 3.5 ~ 8.0 m。其中：南海北部海域的涌浪波高为 1.4 ~ 2.3 m，最大涌高为 3.6 ~ 6.0 m；吕宋海峡附近海域的涌浪波高为 2.1 m，最大涌高为 5.6 ~ 8.0 m；北部湾的涌浪波高为 1.0 ~ 1.5 m，最大涌高为 3.5 m；南海中部海域的涌浪波高为 1.5 ~ 1.9 m，最大涌高为 3.5 ~ 6.5 m；南海南部海域的涌浪波高为 1.2 ~ 1.9 m，最大涌高为 4.0 ~ 5.0 m。南海的涌浪周期在 5.2 ~ 6.9 s 之间，最大周期为 12.0 ~ 23.0 s。其中：南海北部海域的涌浪周期为 5.3 ~ 6.9 s，最大周期为 12.0 ~ 20.0 s；吕宋海峡附近海域的涌浪周期为 6.6 ~ 6.7 s，最大周期为 21.0 ~ 23.0 s；北部湾的涌浪周期为 5.2 ~ 6.1 s，最大周期为 13.0 ~ 15.0 s；南海中部海域的涌浪周期为 5.8 ~ 6.8 s，最大周期为 14.0 ~ 22.0 s；南海南部海域的涌浪周期为 5.7 ~ 6.6 s，最大周期为 14.0 ~ 19.0 s。

春季（5 月） 南海春季涌浪波高在 0.5 ~ 1.3 m 之间，最大涌高为 2.0 ~ 4.0 m。其中：南海北部海域的涌浪波高为 0.8 ~ 1.3 m，最大涌高为 2.5 ~ 4.0 m；吕宋海峡附近海域的涌浪波高为 1.2 ~ 1.3 m，最大涌高为 4.0 m；北部湾的涌浪波高为 0.5 ~ 1.0 m，最大涌高为 2.0 ~ 3.0 m；南海中部海域的涌浪波高为 0.6 ~ 1.2 m，最大涌高为 2.0 ~ 3.0 m；南海南部海域的涌浪波高为 0.5 ~ 1.1 m，最大涌高为 2.0 ~ 3.0 m。南海的涌浪周期在 3.6 ~ 7.6 s 之间，最大周期为 13.0 ~ 22.0 s。其中：南海北部海域的涌浪周期为 5.1 ~ 6.6 s，最大周期为 13.0 ~ 21.0 s；吕宋海峡附近海域的涌浪周期为 6.0 ~ 6.1 s，最大周期为 21.0 s；北部湾的涌浪周期为 5.3 ~ 7.6 s，最大周期为 14.0 ~ 22.0 s；南海中部海域的涌浪周期为 3.6 ~ 6.1 s，最大周期为 17.0 ~ 22.0 s；南海南部海域的涌浪周期为 4.3 ~ 5.7 s，最大周期为 14.0 ~ 21.0 s。

夏季（8 月） 南海的涌浪波高在 0.6 ~ 2.1 m 之间，最大涌高 2.0 ~ 5.0 m。其中：南海北部海域的涌浪波高为 0.8 ~ 1.7 m，最大涌高为 3.0 ~ 5.0 m；吕宋海峡附近海域的涌浪波高为 1.8 m，最大涌高为 5.0 m；北部湾的涌浪波高为 0.6 ~ 1.8 m，最大涌高为 2.0 ~ 2.5 m；南海中部海域的涌浪波高为 0.7 ~ 1.8 m，最大涌高为 3.0 ~ 5.0 m；南海南部海域的涌浪波高为 0.9 ~ 2.1 m，最大涌高为 3.5 ~ 4.0 m。南海的涌浪周期在 5.1 ~ 7.4 s 之间，最大周期为 13.0 ~ 26.0 s。其中：南海北部海域的涌浪周期为 5.1 ~ 7.4 s，最大周期为 13.0 ~ 22.0 s；吕宋海峡附近海域的涌浪周期为 6.5 ~ 6.6 s，最大周期为 21.0 ~ 23.0 s；北部湾的涌浪周期为 5.1 ~ 6.0 s，最大周期为 13.0 ~ 21.0 s；南海中部海域的涌浪周期为 5.1 ~ 6.8 s，最大周期为 14.0 ~ 21.0 s；南海南部海域的涌浪周期为 5.1 ~ 7.2 s，最大周期为 13.0 ~ 26.0 s。

秋季（11 月） 南海涌浪波高在 0.8 ~ 3.0 m 之间，最大涌高为 2.5 ~ 7.5 m。其中，南海北部海域的涌浪波高为 1.5 ~ 2.9 m，最大涌高为 4.0 ~ 7.5 m；吕宋海峡附近海域的涌浪波高为 2.5 ~ 3.0 m，最大涌高为 7.5 m；北部湾的涌浪波高为 0.8 ~ 1.5 m，最大涌高为 2.5 ~ 4.0 m；南海中部海域的涌浪波高为 1.4 ~ 2.6 m，最大涌高为 6.5 ~ 7.5 m；南海南部海域的涌浪波高为 1.2 ~ 2.3 m，最大涌高为 4.0 ~ 5.5 m。南海的涌浪周期在 4.0 ~ 8.0 s 之间，最大周期为 13.0 ~ 24.0 s。其中：南海北部海域的涌浪周期为 6.2 ~ 8.0 s，最大周期为 14.0 ~

24.0 s；吕宋海峡附近海域的涌浪周期为7.2～7.5 s，最大周期为23.0 s；北部湾的涌浪周期为4.0～7.0 s，最大周期为13.0～21.0 s；南海中部海域的涌浪周期为6.1～7.6 s，最大周期为14.0～21.0 s；南海南部海域的涌浪周期为5.9～7.3 s，最大周期为14.0～21.0 s。

19.1.4 平均波高和最大波高的季节变化

为了描述本海域波高随季节变化状况，根据文献（孙湘平，2006）提供的统计资料，编制了南海逐月波高分布表（表19.3）。

表19.3 南海代表方区波高逐月分布（孙湘平，2006） 单位：m

海 区	项 目	1月	2月	3月	4月	5月	6月	7月	8月	9月	10月	11月	12月
南海北部（20°～25°N，115°～120°E）	平均波高	2.1	2.0	1.9	1.5	1.3	1.3	1.5	1.5	1.8	2.4	2.5	2.3
	最大波高	8.0	8.0	8.0	5.5	4.5	4.0	5.0	5.0	7.0	8.5	9.5	8.5
吕宋海峡（15°～20°N，120°～125°E）	平均波高	2.2	1.9	1.7	1.4	1.2	1.4	1.5	1.6	1.7	2.2	2.6	2.5
	最大波高	7.5	7.0	6.0	5.0	5.0	5.0	6.0	6.5	6.5	7.0	9.0	8.5
北部湾（20°～25°N，105°～110°E）	平均波高	1.6	1.1	0.8	1.0	0.7	0.8	0.9	0.8	0.6	0.9	1.2	1.0
	最大波高	4.5	3.5	4.0	3.0	2.0	4.5	3.0	3.0	4.0	4.0	4.0	3.5
南海中部（15°～20°N，110°～115°E）	平均波高	2.0	1.7	1.6	1.2	1.2	1.3	1.4	1.4	1.5	2.1	2.4	2.4
	最大波高	7.5	6.0	5.5	4.0	5.0	4.0	5.5	5.0	5.5	6.5	8.0	8.0
南海南部（10°～15°N，115°～120°E）	平均波高	1.9	1.5	1.4	1.0	1.0	1.4	1.5	1.7	1.4	1.9	2.0	2.0
	最大波高	7.5	6.5	6.0	4.0	4.5	5.0	6.0	5.5	5.0	6.5	8.0	8.0

资料年限：1968—1982。

表19.3南海波高逐月统计结果显示了南海波高如下变化特征：

南海月平均波高在0.6～2.7 m之间。其中：南海北部海域的月平均波高为1.2～2.5 m，10月、11月和12月，波高较大，其值为2.3～2.5 m；5月波高最小，其值为1.2～1.3 m。吕宋海峡附近海域的月平均波高在1.2～2.6 m之间，11月和12月的波高较大，其值分别为2.6 m和2.5 m；5月波高较小，其值为1.2 m；年变幅为1.3～1.4 m。北部湾的月平均波高在0.6～1.6 m之间，11月、12月和翌年1月的波高较大，其值为1.3～1.6 m；5月和6月波高较小，其值为0.7 m左右。南海中部海域的月平均波高在1.2～2.7 m之间，11月和12月的波高较大，其值为2.4～2.7 m；5月波高较小，其值为1.1～1.2 m。南海南部海域的月平均波高在1.0～2.6 m之间，12月波高较大，其值为2.6 m；4月和5月波高较小，其值为1.0 m；年变幅为1.6 m。

南海（历年）最大波高在2.0～9.5 m之间。其中：南海北部海域的最大波高为3.5～9.5 m；吕宋海峡附近海域的最大波高为5.0～9.0 m；北部湾的最大波高为2.0～5.0 m；南海中部海域的最大波高为4.0～9.0 m；南海南部海域的最大波高为3.5～8.0 m。

19.1.5 平均周期和最大周期的季节变化

为了描述本海域周期随季节变化状况，根据文献（孙湘平，2006）提供的统计资料，绘制了南海逐月周期分布表（表19.4）。

表 19.4　南海代表方区逐月周期分布（孙湘平，2006）　　单位：s

海　区	项　目	1月	2月	3月	4月	5月	6月	7月	8月	9月	10月	11月	12月
南海北部（20°～25°N，115°～120°E）	平均周期	6.5	6.4	6.3	5.9	5.7	5.9	6.0	6.1	6.4	6.8	6.8	6.7
	最大周期	18.0	18.0	20.0	18.0	15.0	15.0	17.0	17.0	20.0	18.0	17.0	19.0
吕宋海峡（15°～20°N，120°～125°E）	平均周期	7.1	6.6	6.6	6.2	5.9	6.2	6.3	6.4	6.5	7.0	7.4	7.2
	最大周期	19.0	15.0	17.0	17.0	15.0	17.0	17.0	15.0	20.0	20.0	20.0	18.0
北部湾（20°～25°N，105°～110°E）	平均周期	5.2	5.1	5.5	5.1	6.0	5.0	5.1	5.3	5.8	4.1	4.3	5.2
	最大周期	13.0	11.0	17.0	13.0	18.0	14.0	14.0	10.0	14.0	14.0	10.0	12.0
南海中部（15°～20°N，110°～115°E）	平均周期	6.6	6.2	6.1	5.9	5.5	6.0	5.9	5.9	6.0	6.8	7.0	7.1
	最大周期	17.0	17.0	18.0	14.0	16.0	17.0	16.0	19.0	16.0	19.0	16.0	19.0
南海南部（10°～15°N，115°～120°E）	平均周期	6.6	6.2	6.1	5.7	5.5	5.9	6.1	6.2	6.1	6.8	6.9	7.0
	最大周期	17.0	15.0	15.0	15.0	17.0	17.0	17.0	14.0	14.0	18.0	18.0	17.0

资料年限：1968—1982。

表 19.4 南海周期逐月统计结果显示了南海周期如下变化特征。

南海月平均周期在 4.1～7.5 s 之间。其中：南海北部海域的月平均周期为 5.7～6.8 s；吕宋海峡附近海域的月平均周期为 5.9～7.4 s；北部湾的月平均周期为 4.1～6.1 s；南海中部海域的月平均周期为 5.5～7.5 s；南海南部海域的月平均周期为 5.4～7.4 s。

南海（历年）最大周期在 10.0～20.0 s 之间。南海北部海域的最大周期为 15.0～20.0 s；吕宋海峡附近海域的最大周期为 15.0～20.0 s；北部湾的最大周期为 10.0～18.0 s；南海中部海域的最大周期为 14.0～19.0 s；南海南部海域的最大周期为 14.0～18.0 s。

19.2　几种天气系统影响下的海浪分布

南海位于热带，面积广阔，水深浪大，也具有大洋海浪的特征，南海也是我国近海灾害性海浪出现频率最高的海区。受季风影响，冬季强冷空气、春秋两季温带气旋、夏季台风都能引起波高大于等于 4 m 的灾害性海浪。所以形成南海波高大于等于 4 m 的海浪的主要天气系统有以下四类：一是台风型；二是冷高压型；三是气旋型；四是冷高压与气旋配合型（许富祥，1991）。

19.2.1　台风型海浪场

台风是热带海洋上一种强烈的大气涡旋（热带风暴、强热带风暴和台风），台风的风力很强，大风范围大，能形成很大的海浪。台风形成的海浪场有如下特点：①台风外围海域有广大的涌浪区，涌浪区域的宽度和涌浪的大小主要受台风强度、台风移动方向和台风移动速度等因子影响，涌浪的波高随离台风中心距离的增加而减小，涌浪周期随离台风中心距离的增加而增大。台风域内波长长的涌浪，传播速度快，沿海人们常常在台风离得很远时就能受到台风涌浪的影响，因而能提前 1～2 d 做好防台准备。②台风域内的海浪分布，按风向和台风移动方向可分三个区：一是风向与台风移动方向相同区；二是风向与台风移动方向相反区；三是风向与台风移动方向相交区。台风域内的海浪一般为风浪和涌浪并存的混合浪，由于台风域内一区的海浪始终受同一方向风的作用，这里风速大，大风持续时间长，海浪发展充分，因而是台风域内海浪最大的区域；其次是台风域内三区的海浪，台风域内二区的海浪最小，该区大风持续时间短，海浪生成后不久就移出台风域外。③台风型海浪场的强弱与台风的移向、移速和路径有密切关系：当台风移动速度快时，台风域内的海浪增长速度慢，海浪小，浪区范围小，台风域内海浪高值区明显偏于台风移动方向右后部；当台风移动速度慢时，台风域内海浪不仅得到充分成长，海浪大，浪区范围也大，台风域内海浪高值区在台风域内的分布也比较均匀；当台风转向时或台风转向后，台风域内的风浪和涌浪都会减小，因为台风域内的各个部位随台风移向改变而改变，原一区的海浪趋于减弱，新一区的海浪因风时不足尚未增强。④在台风中心，虽然风力较小，但由于台风域内海浪都向台风中心汇集，所以海浪很大，并且出现接近最大波陡的三角浪，正好与台风中心（台风眼）的天气晴好相反。

南海是我国近海灾害性海浪出现频率最多的海区，也是台风型海浪出现频率最多的海区之一。根据1976—1985年资料统计分析（包澄澜，1991），南海由台风引起波高大于等于4 m海浪过程的频率为8.8%（相当于年平均32 d），吕宋海峡及菲律宾以东洋面由台风引起波高大于等于4 m海浪过程的频率为14.3%（相当于年平均52 d）。

19.2.2 冷高压型海浪场

在冬季当西伯利亚或蒙古冷高压形成东移时，地面天气图上只有一条西南—东北走向的冷锋经过渤海、黄海、东海直至南海，同时冷锋还常常越过秦岭，直达南海中部和南部，然后再向东扩展到日本以南和日本以东洋面，这时中国近海和邻近海域都会形成4 m以上的海浪场，4 m以上的巨浪中心一般出现在冷锋附近，巨浪中心区最大波高一般4~8 m，最大时可达9~15 m。

南海冷高压型海浪分布特点：南海冷高压型巨浪中心区最大波高可达10~15.0 m。根据1976—1985年资料统计分析（许富祥，1991），南海由冷高压引起的波高大于等于4 m海浪过程的频率为20.5%（相当于年平均74 d），吕宋海峡及菲律宾以东洋面为18.0%（相当于年均65 d）。

19.2.3 气旋型海浪场

影响南海的气旋型海浪场主要以东海气旋引起的海浪为主，南海气旋型海浪场分布特点：浪区的范围和浪区中心最大波高都较小，南海气旋型海浪场出现频率也低。气旋型海浪场中心区最大波高为3~5 m。根据1976—1985年资料统计分析（包澄澜，1991），南海由气旋引起波高大于等于4 m海浪过程的频率为2.2%（相当于年平均9 d），吕宋海峡及菲律宾以东洋面为5.7%（相当于年平均21 d）。

19.2.4 冷高压与气旋配合型海浪场

这类天气系统主要出现在春初、秋末和隆冬季节，发展强烈的气旋与冷高压配合，我国近海常常形成波高4 m以上的海浪场，浪区中心最大波高可达10 m，仅次于台风形成的海浪场。根据1976—1985年资料统计分析（许富祥，1991），南海冷高压与气旋配合引起的波高大于等于4 m海浪过程的频率为2.5%（相当于年平均10 d），吕宋海峡及菲律宾以东洋面为

4.2%（相当于年平均 15 d）。

19.3 南海重大和特大海洋灾害海浪场成因分析

造成南海重大和特大海洋灾害的台风型海浪场的台风大致可分为两类：一是在菲律宾以东洋面形成的台风。这类台风在大洋生成后又分两条路径移动影响南海，第一条路径，台风在菲律宾以东洋面生成后向西北方向移动，经吕宋海峡移至广东沿海时，登陆广东或沿广东海岸线继续西行经雷州半岛进入北部湾；第二条路径，台风在菲律宾以东洋面生成后向偏西方向移动，登陆菲律宾后继续西行进入南海，进入南海后继续西行登陆海南后进入北部湾直至登陆越南，或进入南海后转向北和西北方向移动直至登陆广东、海南北部和广西沿海。二是南海形成的台风。南海台风和菲律宾以东生成的台风相比，一般强度较弱，其移动路径比较复杂，虽然规律不太明显，归纳起来大致可分为西北行、东北行和西行 3 种类型。

菲律宾以东生成的台风有如下特点：一是台风强度强，此类台风在大洋生成后，海上持续时间长；携带了巨大能量；中心气压低，一般在 940 hPa 以下；中心附近风大，中心附近最大风速 50 m/s 以上。二是台风登陆广东、海南时台风强度强，其中心气压都在 950 hPa 左右，近中心最大风速 40 m/s 以上。三是台风影响范围大。台风登陆时，台风东北半圆的偏东向大风影响范围南北跨度可达 1 000 km。四是台风移动速度慢，台风在海上持续时间长。五是几乎都能在我国近海形成波高 6 ~ 10 m 的狂浪和狂涛区，这是造成南海沿海地区发生特大海洋灾害的主要原因。

南海形成的台风有如下特点：一是与菲律宾以东生成的台风相比，强度较弱，中心气压低，一般在 970 hPa 以下，中心附近风较大，中心附近最大风速 30 m/s 以上。二是生成快，移动快，移动路径比较复杂，预测难度大。三是台风生成后距广东省和海南省沿海地区近，容易发生海洋灾害。四是大部分南海台风形成波高 6 ~ 10 m 的狂浪和狂涛区，对广东省和海南省沿海地区破坏性大。这是造成南海沿海地区发生重大海洋灾害的主要原因。

19.3.1 0518 号“达维”台风特大海浪灾害成因分析

19.3.1.1 0518 号“达维”台风概况

2005 年 9 月 21 日 8 时 0518 号“达维”台风在菲律宾东部洋面生成，生成时其中心附近最大风速为 23 m/s，22 日 12 时进入南海，其中心附近最大风速为 25 m/s，24 日 17 时加强为台风，中心最大风力为 35 m/s，25 日 3 时至 26 日 3 时，加强为强台风，中心附近最大风力从 40 m/s 增强到 55 m/s，中心气压为 930 hPa。于 26 日 4 时在万宁市山根镇一带沿海登陆，登陆时中心附近最大风力 45 m/s，中心气压 950 hPa。台风登陆后一直向偏西方向移动，强度逐渐减弱，26 日 19 时进入北部湾，移动方向西北偏西，中心风力 33 m/s，27 日 8 时减弱为强热带风暴，27 日 10 时在越南北部一带沿海登陆，继续西北偏西向移动并逐渐减弱为低气压。台风移动路径见图 19.1（国家海洋局海口海洋环境监测中心站，2009）。

19.3.1.2 0518 号“达维”台风浪概况

0518 号“达维”台风影响南海期间，“达维”台风在南海形成 6 ~ 10 m 灾害性海浪天数达 5 d 之久，历史罕见（图 19.2 ~ 图 19.4）。据万宁市海洋与渔业局调访提供的资料，9 月 25 日 11 时和 17 时，西沙海洋站实测 1/10 大波平均波高达 3.8 m，26 日 14 时，莺歌海海洋站实测最大波高 2.9 m，东方八所海洋站实测 1/10 大波平均波高达 3.5 m，洋浦实测最大波高 7.9 m，万宁沿岸观测到台风浪最大波高达 8 m。

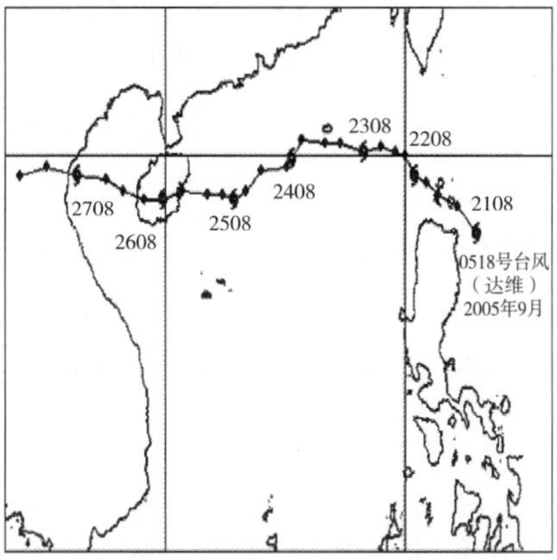

图 19.1 0518 号台风达维路径图

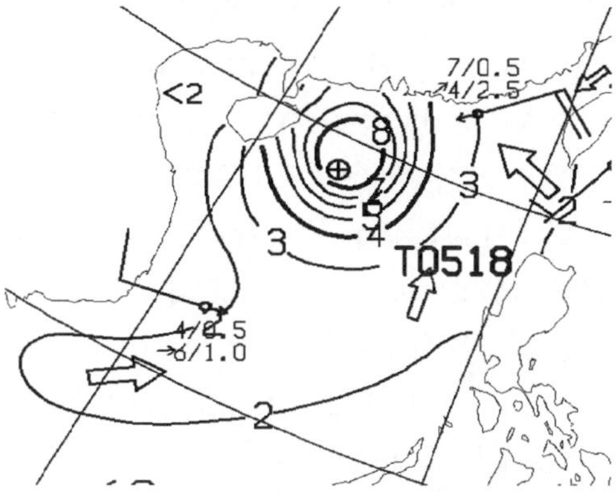

图 19.2 9 月 25 日 8 时南海海浪实况图

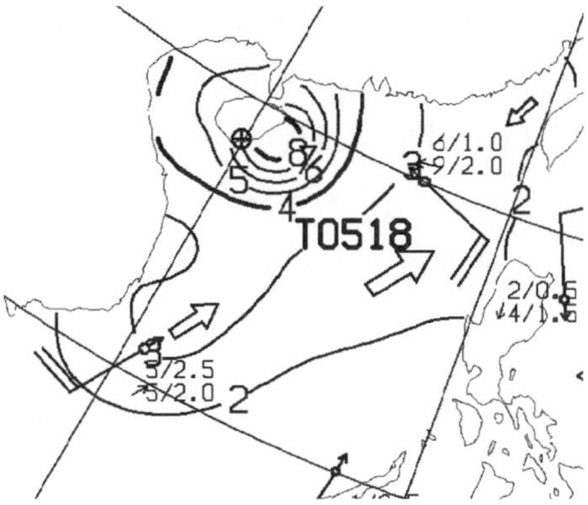

图 19.3 9 月 26 日 8 时南海海浪实况图

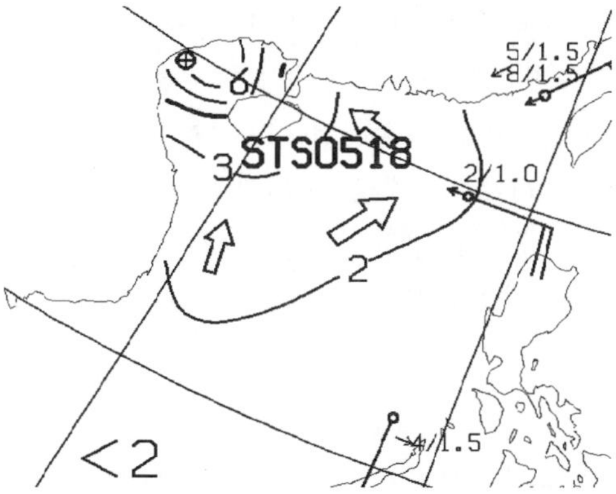

图 19.4 9 月 27 日 8 时南海海浪实况图

19.3.1.3 0518 号“达维”台风浪灾害概况

0518 号“达维”强台风是 1973 年以来登陆海南省强度最强的台风，受“达维”台风引起的海浪影响，导致海南省沿海造成特大海洋灾害。据不完全统计，海南省 18 个市县 222 个乡镇受灾，受灾人数达 630.54 万人，3.22 万间房子倒塌，死亡 25 人，直接经济损失 116.46 亿元（国家海洋局海口海洋环境监测中心站，2009）。其中水产养殖受损面积 10 000 hm^2，经济损失 10.42 亿元；沉没渔船 259 艘，渔船及网具经济损失 3 627.82 万元；渔港、防波堤破坏 40.86 km，经济损失 3 787.2 万元；航标损失 20 件，经济损失 210.1 万元；执法设施损坏 8 宗，经济损失 79.2 万元（国家海洋局海口海洋环境监测中心站，2009）。

19.3.1.4 0518 号“达维”台风浪灾害天气形势特点及海浪特征

通过对 0518 号“达维”台风特大海浪灾害的天气形势及海浪特征分析，获得了形成“达维”台风特大海浪灾害天气形势特点及海浪特征如下。

“达维”台风具有三大特点：

（1）“达维”台风在海上持续时间长：“达维”显著特点是在海上持续时间长。自 9 月 21 日生成直到 27 日 10 时登陆越南北部，在海面持续 7 d 时间。

（2）“达维”台风强度强：“达维”是 1973 年以来影响海南岛强度最强的热带气旋。历史资料显示，自1960年以来，登陆海南岛的热带气旋有101个，其中：中心附近最大风速45 m/s以上的台风有7个，50 m/s以上的有3个，分别是1960年的24号台风，中心附近最大风速50 m/s；1973年的14号台风，中心附近最大风速60 m/s；1974年23号台风，中心附近最大风速50 m/s。“达维”台风中心附近最大风速55 m/s，中心气压为930 hPa，登陆海南时，中心附近最大风速45 m/s，中心气压950 hPa。“达维”台风是自1960年以来排位第二强的台风。

（3）“达维”台风移动缓慢，降雨强度大：“达维”台风进入南海到登陆越南的5 d时间里，移动速度缓慢，始终保持在10 ~ 15 km之间。“达维”台风从9月25—27日连续3 d严重影响海南省期间，全省普降暴雨，强降雨区主要集中在海南中部及南部，25日8时至27日8时降雨量最大的五指山市达443.0 mm、三亚394.9 mm、琼中344.2 mm、陵水332.6 mm、万宁330.1 mm、乐东287.2 mm、保亭240.2 mm。

“达维”台风浪特征：

一是台风浪强度强，南海出现波高6 ~ 10 m的狂浪和狂涛区，海南省东部沿岸海域出现最大波高7.9 m和8.0 m的狂浪。

二是台风浪持续时间长，波高6 ~ 8 m和9 ~ 10 m的狂浪和狂涛时间长，波高6 m台风浪持续5 d时间。

三是台风影响范围大，台风引起的6 ~ 8 m的狂浪影响范围大，整个海南省沿海地区都遭到巨大的经济损失和人员伤亡。

四是“达维”台风发生时间为9月23—27日之间，是年天文大潮期。这些都是造成海南省沿海地区发生特大海洋灾害的主要原因。

19.3.2 0601号“珍珠”台风特大海浪灾害成因分析

19.3.2.1 0601号“珍珠”台风概况

2006年5月9日20时在西北太平洋上生成，生成时中心附近最大风速18 m/s。10日14时加强为强热带风暴，13日8时加强为台风，15日2时加强为强台风，中心气压950 hPa，近中心最大风速45 m/s，17日17时减弱为台风。于18日2时15分在广东省汕头市澄海区到潮州市饶平县交接地区沿海登陆，登陆时中心附近最大风速35 m/s，中心气压960 hPa。18日4时在福建省境内减弱为强热带风暴，18日6时在福建省境内再度减弱为热带风暴。台风移动路径见图19.5（国家海洋局南海预报中心，2009）。

19.3.2.2 0601号“珍珠”台风浪概况

0601号“珍珠”台风影响南海期间，13日8时至15日2时在南海形成6 ~ 8 m的狂浪区，15日3时至17日16时是“珍珠”台风最为强盛的阶段，台风中心经过的海域均出现了10 ~ 12 m的狂涛区；17日17时减弱为台风，中心附近海域仍维持9 ~ 10 m的狂涛区；18日2时15分在汕头市澄海区到潮州市饶平县交界地区沿海登陆，18日4时在福建省境内减弱为强热带风暴，18日6时在福建省境内再次迅速减弱为热带风暴，粤东沿海海域、台湾海峡仍维持6 ~ 8 m的狂浪区；直至19日白天“珍珠”台风浪才结束了对我国沿岸海域的影响。波高6 ~ 10 m的灾害性海浪影响南海和广东沿海地区的天数达7 d之久，历史罕见（图19.6，图19.7）。

0601号“珍珠”台风的影响期间，南海19号浮标（21.29°N，114.0°E）实测最大有效波高为4.3 m，最大波高为8.5 m（19号浮标实测波高随时间过程曲线见图19.8）；云澳海洋站实测最大有效波高为 3.3 m，最大波高 5.0 m；遮浪海洋站实测的最大有效波高为 4.7 m，最大波高 7.5 m。

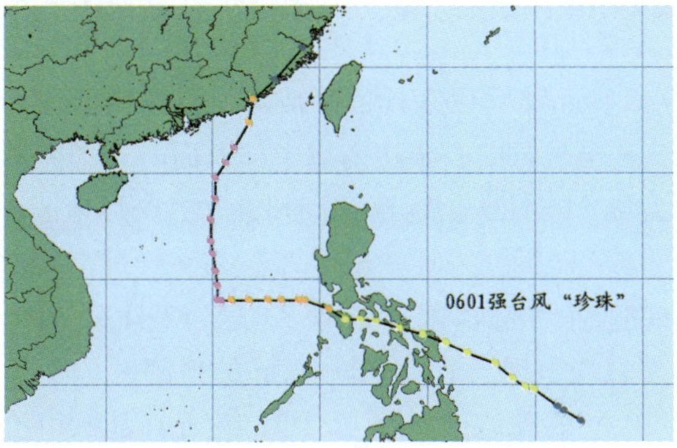

图 19.5　0601 号“珍珠”台风路径图

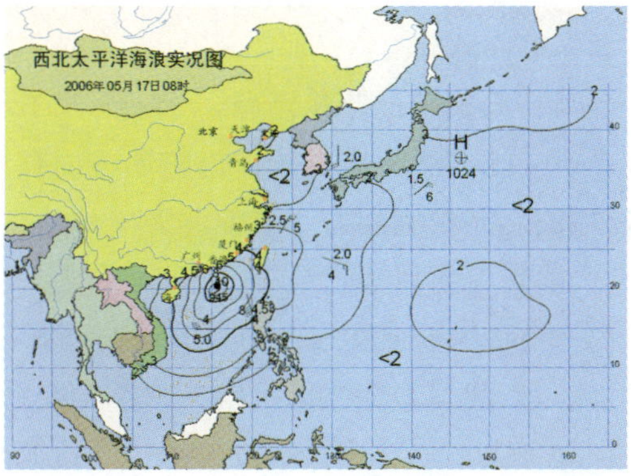

图 19.6　5 月 17 日 8 时南海海浪实况图

19.3.2.3　0601 号“珍珠”台风浪灾害概况

0601 号“珍珠”台风是近十多年来登陆广东省最早、最强的台风，破坏力巨大，造成的经济损失和人员伤亡惨重。受“珍珠”台风引起的海浪的影响，导致广东省沿海造成特大海洋灾害。据不完全统计，广东省 14 个市县 338 个乡镇受灾，受灾人数达 193.73 万人，渔船损毁 1 448 艘，水产养殖损失超过 20 000 hm^2，堤防损坏 1 426 处，合计长约 145 km；水闸损坏 154 处，直接经济损失 39.03 亿元（国家海洋局南海预报中心，2009）。其中，惠来县水利设施直接经济损失 502 万元；饶平县损毁渔船直接经济损失 6.34 亿元，汕尾市损毁渔船直接经济损失 3 200 万元；饶平县海水养殖直接经济损失 4.66 亿元，汕尾市海水养殖直接经济损失9 800万元，仅上述几项的直接经济损失就高达 12.3 亿元。

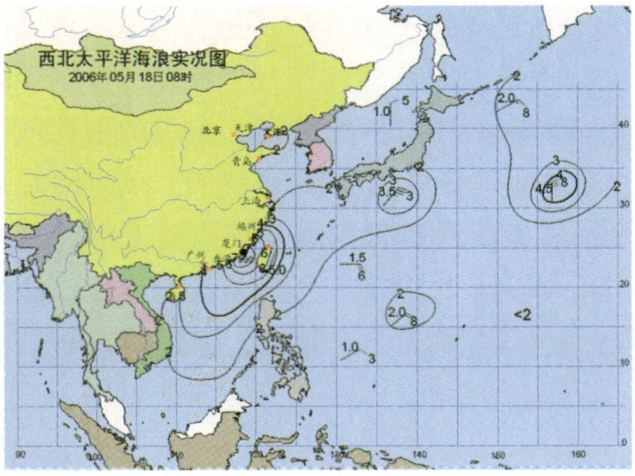

图 19.7　5 月 17 日 08 时南海海浪实况图

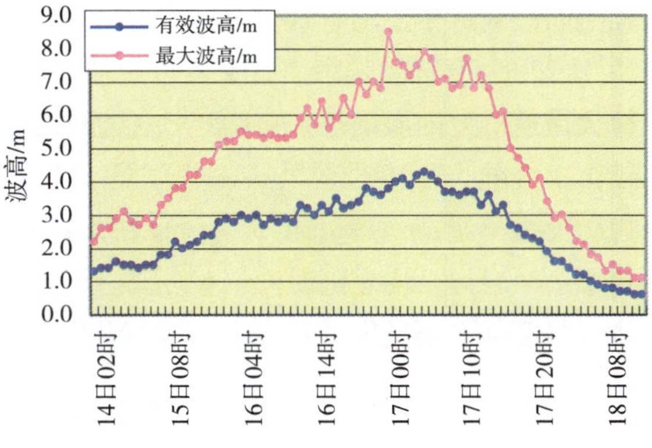

图 19.8　19 号浮标实测波高过程曲线

19.3.2.4　0601 号“珍珠”台风浪灾害天气形势特点及海浪特征

通过对 0601 号“珍珠”台风特大海浪灾害的天气形势及海浪特征分析，获得了形成“珍珠”台风特大海浪灾害天气形势特点及海浪特征如下。

“珍珠”台风具有四大特点：

（1）台风发生时间早：比多年平均初台出现时间提早了 1 个多月，历史少见。

（2）台风强度强：“珍珠”自 5 月 13 日进入南海后就不断加强，15 日 2 时加强为强台风，中心气压 950 hPa，近中心最大风速 45 m/s，15—17 日的卫星云图上台风眼清晰可见，特别是

17 日强台风中心距粤东海岸线只有几百千米时，台风眼依然清晰可见，这种情况实属罕见。

（3）台风影响范围广："珍珠"不仅强度强，且影响范围极大，台风直径基本保持在 1 000 km以上，其逆时针方向旋转的螺旋云系几乎覆盖整个南海海面，对应的狂风暴雨给南海带来了惊涛巨浪；

（4）台风移动路径怪异："珍珠"于 5 月 9 日在菲律宾以东洋面形成后，一路向西北方向移动，13 日进入南海后，沿偏西方向移动，15 日当台风中心到达南海中部海面时，却突然向右来了个 90°大拐弯，沿偏北方向移动，直至登陆广东汕头澄海区到潮州饶平县交界地区。

"珍珠"台风浪特征：

一是台风浪强度强，南海出现波高 8 ~ 12 m 的狂浪和狂涛区，15 日 3 时至 17 日 16 时是"珍珠"台风最为强盛的阶段，台风中心经过的海域均出现了波高 10 ~ 12 m 的狂涛区；17 日 17 时减弱为台风，中心附近海域仍维持波高 9 ~ 10 m 的狂涛区；18 日 2 时 15 分在汕头市澄海区到潮州市饶平县交界地区沿海登陆后，粤东沿海海域、台湾海峡仍维持波高 6 ~ 8 m 的狂浪区；直至 19 日白天"珍珠"台风浪才结束了对我国沿岸海域的影响。

二是台风浪持续时间长，波高 6 ~ 8 m 和 9 ~ 10 m 的狂浪和狂涛时间长，波高 6 ~ 10 m 的灾害性海浪影响南海和广东沿海地区的天数达 7 d 之久，历史罕见。

三是台风影响范围大，台风直径基本保持在 1 000 km 以上，其逆时针方向旋转的螺旋云系几乎覆盖整个南海海面，台风引起的波高 8 ~ 12 m 的狂浪和狂涛区影响范围大，这些都是造成广东省沿海地区发生特大海洋灾的主要原因。

19.3.3 0801 号"浣熊"台风重大海浪灾害成因分析

19.3.3.1 0801 号"浣熊"台风概况

2008 年 4 月 15 日 14 时在南海南部海域生成，生成时中心附近最大风速 18 m/s。台风最强盛阶段时，中心附近最大风速为 38 m/s，西沙永兴岛曾测到 41.6 m/s 的极大风速。台风于 18 日 22 时 30 分登陆海南省文昌市龙楼镇时，中心附近最大风速 30 m/s，并测到 33.2 m/s 的极大风速。登陆海南后，"浣熊"继续向北移动，并于 19 日 14 时 15 分在广东省阳东县东平镇再次登陆。0801 号台风"浣熊"是 1949 年以来登陆我国最早的台风。"浣熊"的登陆时间比历史最早纪录（1971 年 5 月 3 日在海南乐东登陆的 7102 号热带风暴）要提前 15 d，比多年第一个台风平均登陆时间（6 月 29 日）早 2 个月。此外，"浣熊"还具有发展迅速、移动快、强度强、雨量大的特点，台风移动路径见图 19.9（国家海洋局环境预报中心，2009）。

19.3.3.2 0801 号"浣熊"台风浪概况

0801 号"浣熊"台风影响南海期间，15 日 14 时至 16 日 8 时，中心附近出现波高 4 ~ 5 m的巨浪区，16 日 14 时至 18 日 21 时是"浣熊"台风最为强盛的阶段，台风中心经过的海域均出现波高 8 ~ 10 m 的狂浪和狂涛区；18 日 22 时减弱为强热带风暴，中心附近仍维持波高 6 ~ 8 m 的狂浪区；18 日 22 时 30 分在海南省文昌市龙楼镇登陆，海南省东部外海、粤西海面上维持波高 5 ~ 6 m 的巨浪和狂浪区；19 日时减弱为热带风暴，海南省东部外海、粤西海面上仍维持波高 4 ~ 5 m 的巨浪区；直至 19 日 14 时 15 分在广东省阳东县东平镇再次登陆，粤西海面仍维持有波高 4 ~ 5 m 的巨浪区（图 19.10，图 19.11）（国家海洋局环境预报中心，2009）。

0801 号"浣熊"台风影响南海期间，南海 19 号浮标（21.9°N，114.0°E）实测最大有效波高为3.9 m，最大波高为6.1 m（图19.12）（国家海洋局环境预报中心，2009）；西沙海洋站实测最大波高为5.5 m；硇洲海洋站实测最大波高为3.5 m；闸坡海洋站实测最大波高为2.5 m；大万山海洋站实测最大波高为3.0 m。

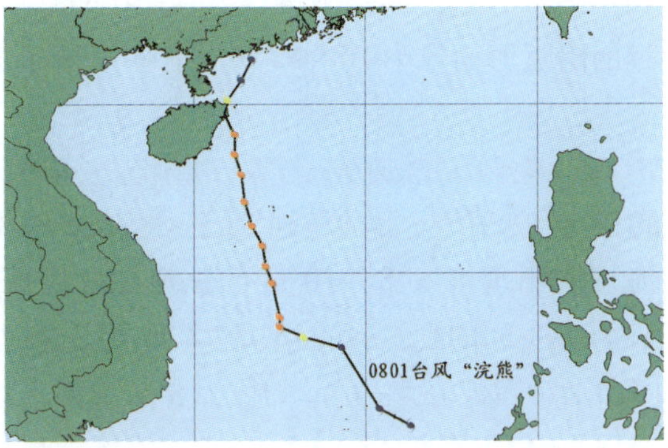

图19.9　0801号“浣熊”台风路径图

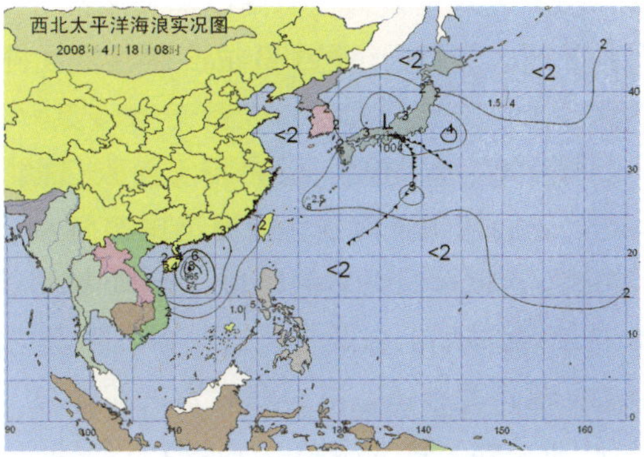

图19.10　4月18日8时南海海浪实况图

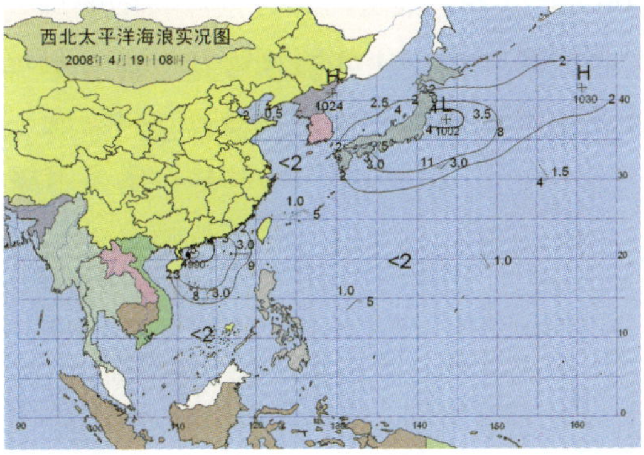

图19.11　4月19日8时南海海浪实况图

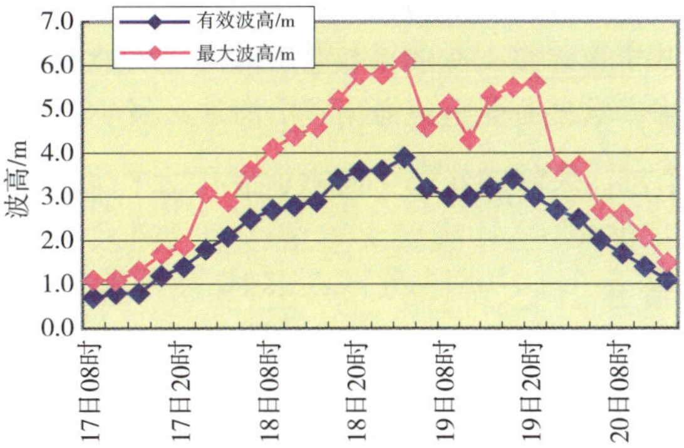

图19.12　19号浮标实测波高过程曲线

19.3.3.3　0801号“浣熊”台风浪灾害概况

0801号“浣熊”台风是新中国成立以来登陆我国大陆最早的台风，受“浣熊”台风引起的海浪的影响，导致海南省沿海造成重大海洋灾害。据不完全统计，海南省海口、三亚、文昌、琼海、万宁5个市受灾，在琼海市西沙北礁避风的3艘渔船被巨浪击沉，死亡、失踪17人，损坏船舶近100艘，搁浅渔船几十艘，其中19艘被狂风巨浪推上了陆地。虽然台风来临前，仅文昌市回港避风渔船2 124艘，人员8 182人，回港避风其他省市渔船101艘，人员472人，共撤离渔船人员8 388人；渔排网箱461个，养殖人员887人也全部撤离上岸。仅文昌市渔业、水产养殖业、种苗生产及渔业基础设施等直接经济损失5 000万元。

19.3.3.4　0801号“浣熊”台风浪灾害天气形势特点及海浪特征

通过对0601号“浣熊”台风重大海浪灾害的天气形势及海浪特征分析，获得了形成“浣熊”台风特大海浪灾害天气形势特点及海浪特征如下。

“浣熊”台风具有四大特点：

（1）登陆时间早：台风“浣熊”登陆时间比历史最早记录（1971年5月3日热带风暴在海南乐东登陆）提前半个月，成为1949年新中国成立以来登陆我国最早的台风，比多年第一个台风平均登陆时间（6月29日）早两个多月。

（2）距离海岸近、移动较快：“浣熊”于15日生成后，台风中心以15 km/h左右的速度，迅速向我国海南省南部靠近，在海上活动时间仅 3 ~ 4 d。

（3）与同期台风相比强度强：历史上，1991 年 4 月 28 日登陆的热带气旋仅为热带低压量级，1971 年 5 月 3 日登陆的热带气旋为热带风暴，强度都小于“浣熊”。

（4）台风雨量大：海南南部和东部、广东雷州半岛部分地区的降雨量达 50 ~ 150 mm，海南西部地区降雨量超过 180 mm。“浣熊”中心经过的附近海面风力 10 ~ 12 级，有些海域超过 13 级。

“浣熊”台风浪特征：

一是台风浪强度强，南海出现波高 8 ~ 10 m 的狂浪和狂涛区，16 日 14 时至 18 日 21 时是“浣熊”台风最为强盛的阶段，台风中心经过的海域均出现波高 8 ~ 10 m 的狂浪和狂涛区；18 日 22 时减弱为强热带风暴，中心附近仍维持波高 6 ~ 8 m 的狂浪区；18 日 22 时 30 分在海南省文昌市龙楼镇登陆，海南省东部外海、粤西海面上维持波高 5 ~ 6 m 的巨浪和狂浪区；19 日 00 时减弱为热带风暴，海南省东部外海、粤西海面上仍维持波高 4 ~ 5 m 的巨浪区；直至 19 日 14 时 15 分在广东省阳东县东平镇再次登陆，粤西海面仍维持有波高 4 ~ 5 m 的巨浪区。

二是台风影响范围大，台风直径基本保持在 800 km 以上，其逆时针方向旋转的螺旋云系几乎覆盖整个海南省和海南沿海邻近海域，台风引起的波高 8 ~ 10 m 的灾害性海浪影响范围大，这些都是造成海南省沿海地区发生重大海洋灾害的主要原因。

19.3.4 0814 号“黑格比”台风特大海浪灾害成因分析

19.3.4.1 0814 号“黑格比”台风概况

2008 年 9 月 19 日 18 时在菲律宾以东洋面生成，生成时中心附近最大风速 18 m/s。20 日下午加强为强热带风暴，并向西北方向移动，21 日下午成为台风，22 日下午增强为强台风，22 日 14 时至 24 日 9 时是强台风“黑格比”最为强盛的阶段，最大风速为 50 m/s，中心气压 935 hPa，22 日穿过巴林塘海峡进入南海后向西北偏西方向移动，于 24 日 6 时 45 分在广东省茂名市电白县陈村镇附近登陆，登陆时中心附近最大风速为 48 m/s，气压 940 hPa。台风登陆后继续往西北偏西方向移动并逐渐减弱，24 日傍晚在广西境内减弱为热带风暴，25 日早晨进入越南。台风移动路径见图 19.13（国家海洋局环境预报中心，2009）。

19.3.4.2 0814 号“黑格比”台风浪概况

0814 号“黑格比”台风影响南海期间，2008 年 9 月 20 日 14 时加强为强热带风暴，中心附近出现波高 4 ~ 5 m 的巨浪区，21 日 14 时加强为台风，中心附近海域出现波高 8 m 的狂浪区，22 日 14 时至 24 日 9 时是“黑格比”强台风最为强盛的阶段，台风中心经过的海域均出现波高 10 ~ 13 m 的狂涛区；24 日 6 时 45 分当“黑格比”在广东省茂名市电白县陈村镇沿海登陆时，其中心附近最大风速为 48 m/s，气压 940 hPa；中心附近海面仍维持波高 10 ~ 12 m 的狂涛区，24 日 10 时“黑格比”在广东省境内减弱为台风，海南北部和粤西附近海区仍维持波高 6 ~ 8 m 的狂浪区；24 日 14 时“黑格比”在广西壮族自治区境内减弱为强热带风暴，北部湾和粤西附近海域维持波高 6 m 的狂浪区；24 日 17 时减弱为热带风暴，北部湾和粤西附近海域维持波高 4 ~ 5 m 的巨浪区，涠洲岛海洋站测到最大风速 25.6 m/s（10 级），极大风速 33.4 m/s（12 级），4.4 m 的最大波高（广西海洋监测预报中心，2009）；直至 25 日 2 时减弱为热带低压，北部湾和粤西附近海域仍维持波高 3 ~ 4 m 的大浪和巨浪区（图 19.14，图 19.15）（国家海洋局环境预报中心，2009）。

0814 号“黑格比”强台风影响南海期间，南海 19 号浮标（21.5°N，114.0°E）实测最大的有效波高为 9.7 m，最大浪高为 13.7 m（图 19.16）（国家海洋局环境预报中心，2009）；遮浪海洋站实测最大波高 4.0 m；大万山海洋站实测最大波高 3.5 m；硇洲海洋站实测最大波高 3.5 m；涠洲岛海洋站实测最大波高 4.4 m；防城港海洋站实测最大波高 2.0 m。

19.3.4.3 0814 号“黑格比”台风浪灾害概况

0814 号强台风“黑格比”是近年来最强的台风、破坏力巨大，造成的经济损失和人员伤亡极其巨大。受“黑格比”台风浪的影响，导致广东省沿海造成特大海洋灾害。据不完全统计，广东省茂名、阳江、湛江、珠海、中山、江门 6 个市 32 个县 344 个乡镇 652 万人受灾，死亡 22 人，失踪 4 人，倒塌房屋 15 322 间，珠海市 14 个乡镇 99 个行政村（居委会）受淹，广州外江堤围 193 处出现漫顶，农作物 15.3 万亩受灾。“黑格比”造成全省 971 艘渔船沉没，3093 艘渔船损坏，粤西地区养殖渔排损毁殆尽，渔业损失惨重；全省海堤决口共 524 处，总长 52 km，损坏 744 km，直接经济损失约 77 亿元（国家海洋局环境预报中心，2009）。

据不完全统计，广西壮族自治区北海市、钦州市、防城港市损坏堤防 691 处，长 1 449.41 km，堤防决口 277 处，长 16.65 km，损坏护岸 347 处，损坏水闸 150 座，冲毁塘坝 160 座，损坏灌溉设施 300 处，损坏小型水库 8 座，损坏机电泵站 31 座，损坏机电井 1 眼，全区水利设施直接经济损失 2.344 亿元（广西海洋监测预报中心，2009）。沉没渔船 3 艘，搁浅 5 艘，损坏 143 艘，损毁渔船直接经济损失 0.212 5 亿元（广西海洋监测预报中心，2009）；水产养殖受损面积 3 800 hm^2，数量 12 253 t（广西海洋监测预报中心，2009），水产养殖直接经济损失 2.45 亿元；全区总计直接经济损失 5.01 亿元（广西海洋监测预报中心，2009）。

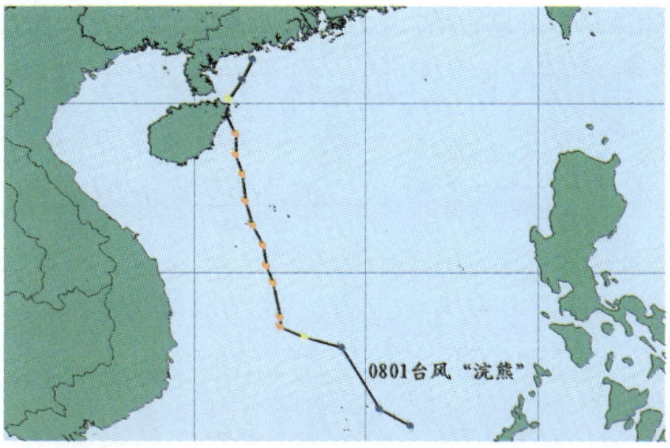

图 19.13 0814 号“黑格比”台风路径图

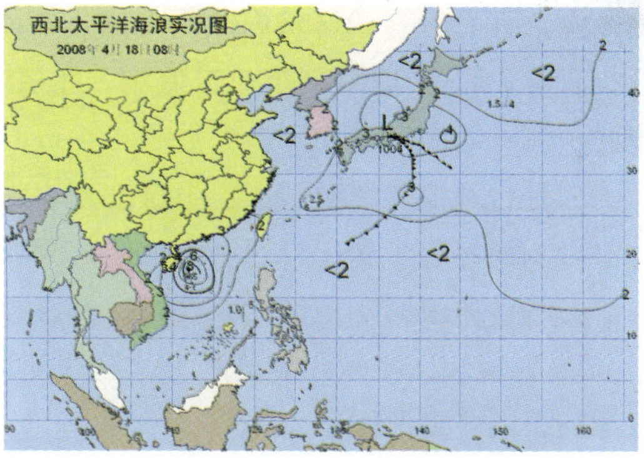

图 19.14 9 月 23 日 8 时南海海浪实况图

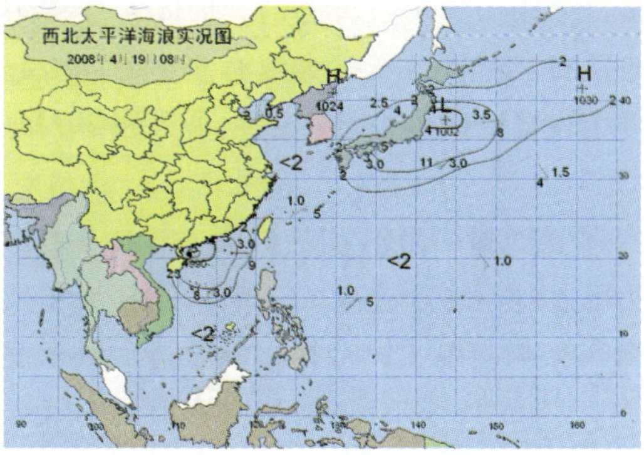

图 19.15 9 月 24 日 8 时南海海浪实况图

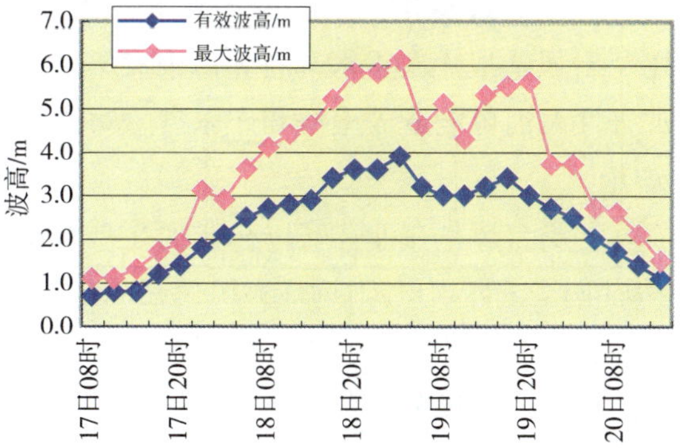

图 19.16 19 号浮标实测波高过程曲线

19.3.4.4 0814 号“黑格比”台风浪灾害天气形势特点及海浪特征

通过对 0814 号“黑格比”台风特大海浪灾害的天气形势及海浪特征分析，获得了形成“黑格比”台风特大海浪灾害天气形势特点及海浪特征如下。

“黑格比”台风具有四大特点：

（1）台风海上持续时间长：“黑格比”自 9 月 19 日在菲律宾以东洋面生成到 24 日广东省茂名市电白县陈村镇附近登陆，在海上持续 5 d 多时间。

（2）台风强度强而稳定：“黑格比”自进入南海后就不断加强，22 日 14 时至 24 日 9 时是“黑格比”强台风最为强盛的阶段，台风中心附近最大风速为 50 m/s，中心气压 935 hPa；24 日 6 时在广东省茂名市电白县陈村镇附近登陆时，其中心附近最大风速为 48 m/s，中心气压 940 hPa；24 日 14 时“黑格比”在广西壮族自治区境内减弱为强热带风暴，涠洲岛海洋站测到最大风速 25.6 m/s（10 级），极大风速 33.4 m/s（12 级）。

（3）台风影响范围广：“黑格比”不仅强度强，且影响范围极大，台风云系直径基本保持在 1 000 km 左右。

（4）台风移动路径稳定有规律：“黑格比”于 9 月 19 日在菲律宾以东洋面形成后，一直向西北方向移动，移至吕宋海峡后，就转向为西北偏西方向移动，直至登陆广东省茂名市电白县陈村镇附近地区（图 19.13）。

“黑格比”台风浪特征：

一是台风浪强度强：22 日 14 时至 24 日 9 时是“黑格比”强台风最为强盛的阶段，台风中心经过的海域均出现波高 10 ~ 13 m 的狂涛区；24 日 6 时当“黑格比”在广东省茂名市电白县陈村镇沿海登陆时，中心附近海面仍维持波高 10 ~ 12 m 的狂涛区；24 日 14 时“黑格比”在广西壮族自治区境内减弱为强热带风暴，北部湾和粤西附近海域维持波高 6 m 的狂浪区；直至 25 日 2 时减弱为热带低压，北部湾和粤西附近海域仍维持波高 3 ~ 5 m 的大浪和巨浪区，涠洲岛海洋站实测最大波高 4.4 m。

二是台风浪持续时间长：不仅波高 10 ~ 13 m 的狂涛持续时间长，波高 6 ~ 8 m 的灾害性海浪影响南海和广东、广西沿海地区的天数达 5 d 之久。

三是台风浪影响范围大：台风云系直径基本保持在 1 000 km 左右，台风引起的波高 8 ~ 13 m 的狂浪和狂涛区影响范围大，这些都是造成广东省和广西壮族自治区沿海地区发生特大海洋灾害的主要原因。

综上所述，虽然造成南海和广东省、海南省和广西壮族自治区沿海地区重大和特大海洋灾害的主要原因很多，通过对 0518“达维”、0601“珍珠”、0801“浣熊”和 0814 号“黑格比”台风造成 4 次重大和特大海浪灾害的天气形势及海浪特征分析，大致有两类台风引起的灾害性海浪可能造成南海和广东省、海南省和广西壮族自治区沿海地区发生重大和特大海洋灾害。

一类台风是在菲律宾以东洋面生成的台风，台风强度强，台风登陆时中心气压在 940 ~ 970 hPa 之间，中心附近最大风速在 40 ~ 60 m/s 之间，中心附近波高 8 ~ 14 m 的狂浪和狂涛区；台风海上持续时间长，一般在 5 ~ 8 d 之间。台风影响范围大，台风登陆时，台风东北半圆的偏东向大风影响范围南北跨度达 1 000 km 左右，波高 4 ~ 6 m 的偏 E 向巨浪到狂浪影响范围南北跨度达 500 km 左右。

这类台风移动路径为台风在菲律宾以东洋面生成后向西北方向移动，经巴士海峡移至广东沿海时，登陆广东或沿广东海岸线继续西行经雷州半岛进入北部湾的台风是发生特大海洋灾害可能性最大的台风。此类台风号一移动路径为台风在菲律宾以东洋面生成后向偏西方向移动，登陆菲律宾后继续西行进入南海，进入南海后转向北和西北方向移动直至登陆广东、海南北部和广西沿海，或进入南海后继续西行登陆海南后进入北部湾直至登陆越南的台风是发生特大海洋灾害可能性较大的台风。

二类台风是在南海生成的台风，与菲律宾以东生成的台风相比，强度较弱，台风登陆时中心气压在960～970 hPa之间，中心附近最大风速在30～40 m/s之间，台风中心附近波高6～10 m的狂浪和狂涛区；台风在海上持续时间长，一般在4～6 d之间。台风影响范围大，台风登陆时，台风东北半圆的偏东向大风影响范围南北跨度达600 km左右，波高4～6 m的偏东向巨浪到狂浪影响范围南北跨度达300 km左右。登陆广东、海南和广西沿海台风发生特大海洋灾害可能性最小，发生重大海洋灾害可能性大。

两类台风登陆时间在6—10月之间，发生重大和特大海洋灾害可能性大。

本章从国家海洋局海洋环境预报中心“海浪历史灾害的调查和研究”课题获得的初步成果了解到，20世纪60年代以来，南海遭到6619、6711、6718、6903、7015、7110、7112、7126、7128、7210、7302、7304、7318、7322、7406、7411、7421、7422、7424、7506、7510、7511、7513、7514、7515、7605、7608、7610、7614、7616、7619、7702、7703、7710、7712、7806、7809、7812、7817、7818、7820、7905、7907、7908、7913、7914、7918、8004、8005、8006、8007、8008、8009、8014、8015、8105、8106、8111、8113、8116、8120、8205、8208、8216、8217、8221、8302、8303、8309、8311、8314、8316、8402、8404、8408、8410、8411、8504、8515、8516、8517、8518、8520、8607、8616、8621、8708、8710、8805、8903、8905、8908、8926、8929、9016、9019、9025、9026、9106、9107、9108、9111、9119、9204、9205、9207、9302、9309、9315、9316、9318、9323、9403、9419、9504、9505、9509、9515、9516、9606、9612、9615、9618、9713、9803、9903、0016、0103、0104、0107、0114、0116、0212、0214、0308、0312、0313、0508、0510、0516、0518、0601、0602、0606、0707、0714、0715、0801、0809、0812、0814、0817等152个台风浪的影响，都造成了南海及广东、海南和广西沿海地区重大和特大海浪灾害（国家海洋环境预报中心，2009）。

第 20 章　南海主要的水文要素及其特征*

20.1　海水温度

南海是一个半封闭深水海盆，形状似一个东北—西南走向的菱形，属于热带、亚热带深海。南海处于印度季风与亚洲季风的中间地带，夏季盛行西南季风，冬季受强大的东北季风控制，较强的海面风场是冬、夏两季影响温度场变化的主要因素之一，而春、秋两季由于处于季风的转型期，温度分布主要由海面热收支决定。因此南海海水温度的分布特点大致可分为冬季型、夏季型和过渡型 3 种类型。

南海海水温度垂向分布由表面到海底逐渐降低，大致可分为 4 个层次：南海表层水系主要是由外海水系与南海水系混合变性组成，厚度为海面到 100 m，温度变化较大，夏季 22 ~ 31 ℃，冬季 18 ~ 28 ℃。南海的次表层水，主要来源于吕宋海峡以东的北太平洋的次表层水，厚度 100 ~ 300 m，温度 14 ~ 19 ℃。南海中层水团，主要是北太平洋的中层水经由吕宋海峡进入到南海，与南海内部的水团混合之后形成，厚度 300 ~ 1 000 m，水温为 5 ~ 11 ℃。南海深层水团位于中层水团之下，可能是由太平洋副北极中层水与南极绕极流深层水通过吕宋海峡进入南海后混合而成，在 1 000 ~ 2 700 m，水温为 2 ~ 5 ℃。由于南海深层的温度变化很小，尤其是 1 000 m 以深，因此这里主要介绍表层（0 m 层）和 150 m 层的温度分布及其在 1 000 m 以浅水域的垂直分布。本章温度、盐度及密度分布图均为自行绘制，所用原始数据主要来自海洋调查的南森采水器观测、观测站、温盐深剖面测量系统 CTD 观测、机械式温深仪 MTD 观测、投弃式温深仪 XBT 观测、数字式温深仪 DBT 观测的资料（王东晓等，2002）。

20.1.1　温度的水平分布

20.1.1.1　冬季水温分布

南海冬季盛行东北季风，等温线大致呈东北—西南走向，表层水温在 20 ~ 28 ℃之间。海区北侧温度较低，等温线密集，水平温差大；东南侧温度较高，等温线稀疏，水平温差小。以 1 月份（图 20.1）为例，在北部陆架区，水温较低，温度在 20 ~ 24 ℃之间，等温线走向大体与等深线一致，温度由岸向外递增。在北部湾，等温线基本上呈纬向分布，温度值向南递增，在 20 ~ 24 ℃之间。南海中部及南部深水海区，水温高达 25 ~ 27 ℃，等温线走向大体与东北季风风向一致。其中，湄公河口附近水温较低，只有 25 ~ 26 ℃，而民都洛岛、巴拉望岛、加里曼丹岛以西海域，水温较高，达 27 ℃。

150 m 层水的温度分布（图 20.2）与表层水最重要的不同是：冬季，在吕宋岛西侧出现一个温度低值的闭合区，其中心大约在 17.5°N，117.5°E，核心温度在 15 ℃以下，这就是所

---

* 本章编写人：谢晓辉（温、盐、密度），刘长建（中深层水团）、袁耀初、管秉贤（涡旋）、魏泽勋、李淑江（水、热、盐交换）。

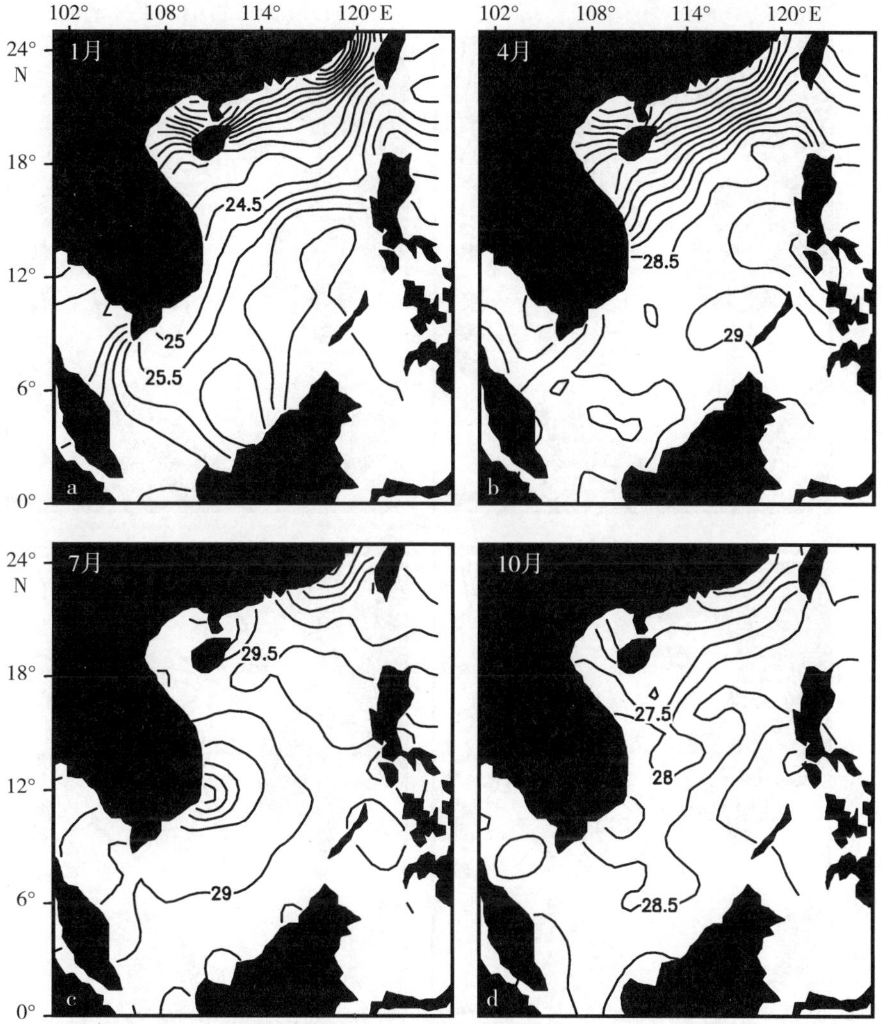

图 20.1　南海四季代表月多年平均表层水温（℃）分布

a. 1 月；b. 4 月；c. 7 月；d. 10 月

谓的“吕宋冷涡”（许建平等，1996；杨海军等，1998）；另外，在吕宋海峡处，等温线与海峡平行，可以看到海峡外部黑潮的高温水与海峡内部的南海水存在明显的温差；另外，在南海中部和南部也分布着几个闭合的冷水块。

20.1.1.2　春季水温分布

春季为季风转型的季节，海面风速较小，表层水温主要受到太阳辐射的变化影响。4 月开始，由于太阳辐射的迅速增加，南海北部陆架区水温升至 24～27 ℃之间，等温线分布大体与冬季一致。南海中南部深水海区，表层水温在 28～29 ℃之间，等温线稀疏。在巴拉望岛南端和吕宋岛西侧海域分别出现了温度大于 29 ℃的暖水区，并迅速向西扩张，成为南海暖水的突发阶段（张庆荣等，2001）。

在 150 m 水层，除吕宋海峡存在较强的温度梯度外，春季南海此层水温分布较为均匀，大致在 16～18 ℃之间。“吕宋冷涡”依然可见，4 月在 150 m 层趋减。在南海中部深水区出现一个暖水块，核心温度在 18 ℃以上。

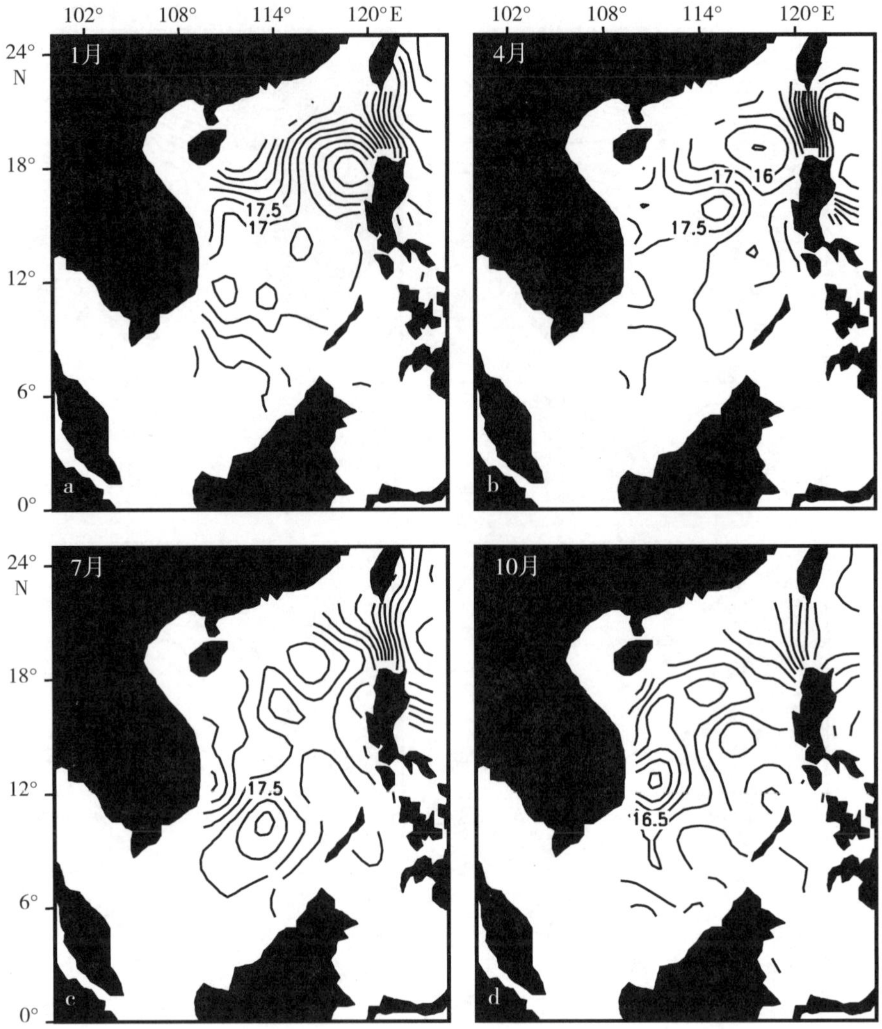

图 20.2　南海四季代表月多年平均 150 m 层水温（℃）分布

a. 1 月；b. 4 月；c. 7 月；d. 10 月

20.1.1.3　夏季水温分布

夏季南海太阳辐射继续增加，表层水温分布在 28～30 ℃之间，7 月 28 ℃以上的暖水几乎覆盖了整个南海，是南海暖水最强期。北部陆架海区等温线分布仍然与等深线走向大体一致，而中南部深水海区，等温线分布均匀但比较零乱。在越南金兰湾外，由于西南季风的影响，出现上升流区，使该海域出现“越南冷涡”（杨海军等，1998；Qu，2000），其中心大约在 11.5°N，110°E，温度低于 27 ℃，这也是这个季节南海仅存的低于 28 ℃的表层海水。

由于西南季风导致的上升流区势力比较深厚，“越南冷涡”在 150 m 水层仍然比较明显，其中心比表层略有北移，水温约为 16.5 ℃。在“越南冷涡”的东南侧，有一水温高于 18 ℃的暖水块。吕宋海峡及吕宋岛以西海域，连成一片暖水区，其水温也高于 18 ℃。

20.1.1.4　秋季水温分布

秋季也是季风的转型季节，海面风速较小，由于太阳辐射的减弱，南海表层水温降温较为明显。“越南冷涡”趋于消失，整个南海等温线趋于冬季的东北—西南走向的形态。以 10 月为例，在北部陆架区，平均海温较 7 月降低大约 2 ℃，在 26～27.5 ℃之间。南部深水海区降温较小，约为 1 ℃，水温在 28 ~ 29 ℃之间。28 ℃等温线迅速南撤，呈东北—西南走向，西南端始于越南东南沿岸的 10°N，伸向台湾岛南部，比春季 4 月 28 ℃等温线稍偏北。在这之后暖水继续衰退，直到冬季的 1 月消失。相比夏季，“越南冷涡”明显减弱。

南海 150 m 水层在越南金兰湾以东存在一个中心低于为 16.5 ℃的闭合低值区，可见“越南冷涡”的影响依然存在，水温分布由低值区向外逐渐升高。由于障碍层的存在，加里曼丹岛西北部 150 m 层水温较春季夏季偏高，可达 18 ℃（吴巍等，2001；杜岩等，2004）。冬季此海域水温继续升高，1 月甚至高达 20 ℃。在“越南冷涡”东侧，自北向南，存在一个闭合冷水块和闭合暖水块。

20.1.2 温度的垂直分布

总体而言，水温的垂直分布是水温随着深度的增加而递减，并随季节而异。一般上层水温变化较大，深层水温变化很小。这里以 15°N 纬向断面和 115°E 经向断面为例，介绍南海水温的垂直分布。这里仍以 1 月份代表冬季，7 月份代表夏季。

15°N 纬向断面从越南中部近海向东延伸至菲律宾西部近岸海域，贯穿西沙、中沙群岛以南海域，横跨南海海盆。该断面处于“越南冷涡”以及南海暖池附近。由图 20.3 看出，冬季断面西部表层水温为 25 ℃，断面东部达 26 ℃，西低东高。温跃层深度较为均匀，出现在 50 ~ 150 m 之间。在 300 ~ 800 m 之间，断面东侧等温线明显抬升，这可能是吕宋岛西侧冷涡的反映。夏季，断面西部表层水温上升至 28 ℃，由于处于“越南冷涡”的北部边缘，水温较低，而东部表层水温则较高，约为 29 ℃。断面西侧由于上升流作用，温跃层抬升，其深度出现在 20 ~ 70 m 之间。而东侧仍维持在 50 ~ 150 m 之间。温跃层深度西浅东深（苏纪兰，2005）。400 m 以深，温度随深度增大而均匀减小。

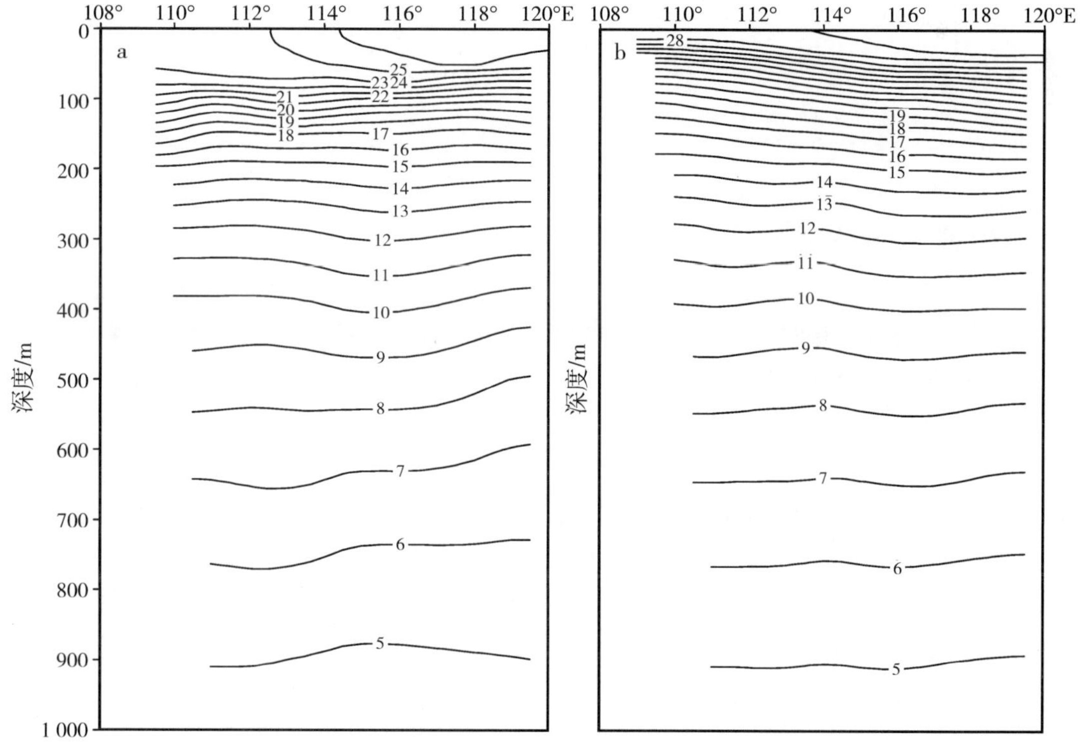

图 20.3 南海 15°N 纬向断面多年平均冬、夏季水温（℃）分布

a. 1 月；b. 7 月

115°E 经向断面，由北向南纵切“吕宋冷涡”和南海暖池的边缘。图 20.4 表明，冬季，断面南部表层水温为 26 ℃，北部表层水温为 22 ℃。断面南部上均匀层深度较浅，为 10 ~ 20 m，往下 50 ~ 100 m 之间出现较明显的温跃层。上均匀层深度向北逐渐加深，北部可达为 40 ~ 80 m。断面北部 300 m 往下，等温线出现明显抬升现象，上升 50 ~ 60 m，这是“吕宋冷涡”的反映（孙湘平，2006）。夏季，表层水温普遍上升。因为夏季西南季风比冬季东北季风弱，因此夏季上均匀层深度也较浅，南部约为 40 m，北部约为 20 m，北浅南深。温跃层在断面南部位于 40 ~ 80 m 之间，温度梯度比较大，而在北部位于 30 ~ 110 m 之间，温度梯度较小。500 m 以深，温度垂直分布趋势比较一致。

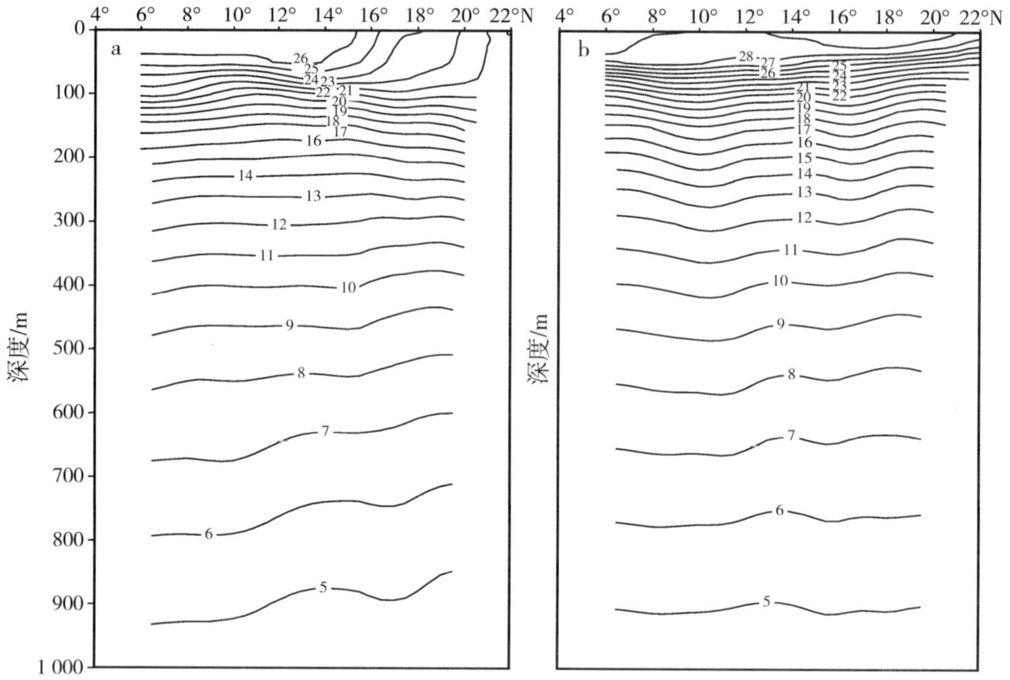

图 20.4　南海 115°E 经向断面多年平均冬、夏季水温（℃）分布

a. 1 月；b. 7 月

20.2　海水盐度分布与变化

海水的盐度与其水量收支、水团的生消以及环流有着密切关系。南海由于幅员辽阔，且与周边海域有着多种形式的水体交换，加之季风盛行，这些都影响到其盐度的分布。南海地处低纬海域，盐度较高。北部沿岸海域由于江河入海径流的汇入，表层盐度较低，等盐线分布密集。西侧海域表层盐度高于东侧。南海海盆区盐度分布较为均匀。南部表层盐度随纬度递减而降低，泰国湾湾口、加里曼丹岛西侧海域出现低盐区。

盐度按其垂直结构可分为 4 个层次（具体深度划分及海水组成参考海水温度部分）：表层相对低盐，次表层高盐，中层相对低盐，深层相对高盐。南海表层水盐度分布由东向西逐渐递减，盐度为 32 ~ 34.4。次表层水盐度为 34.5 ~ 34.9，最大值多出现在 150 ~ 200 m 深度上。南海中层水盐度变化较小，在 34.3 ~ 34.5 之间变化。在 500 m 左右的深度上出现盐度最小值，为 34.3 ~ 34.4。1 000 m 以深为南海深层水，盐度比中层水的略高，为 34.5 ~ 34.6（李凤歧等，2000）。本节介绍表层和 150 m 层的盐度水平分布以及 1 000 m 以浅的盐度垂直分布。

20.2.1 盐度的水平分布

20.2.1.1 冬季

冬季，江河入海径流量最小，在东北季风的作用下，蒸发大于降水，使得沿岸低盐水向岸收缩，高盐水向岸推进（图 20.5）。南海北部，高温高盐的黑潮水经吕宋海峡进入南海，高盐水舌向西向北扩张（刘长建等，2008），使得表层盐度达到 34.3 以上。北部湾表层盐度较低，在 32 ~ 33.8 之间，等盐线走向大体与等深线一致，盐度由岸向外递增。南海中部盐度在 33.4 ~ 34.2 之间，比南海北部略低，呈东北—西南走向，等盐线密集。南海南部表层盐度在 33.2 ~ 33.5 之间，变化较小，并且有一闭合的低盐水区，其中心位置大致在 10°N，114°E，核心盐度低于 33.1。湄公河口西侧海域盐度也较低，在 33.3 左右。

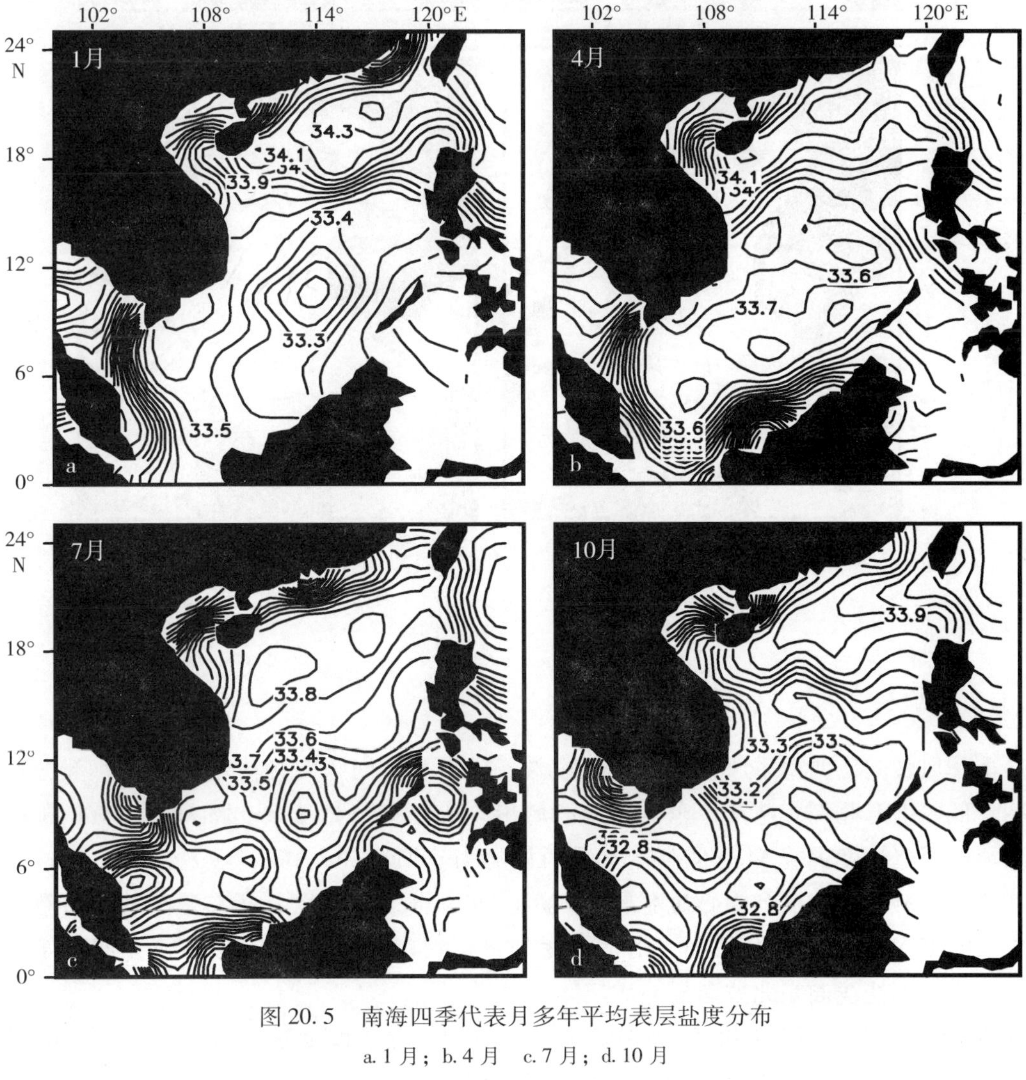

图 20.5 南海四季代表月多年平均表层盐度分布

a. 1 月；b. 4 月 c. 7 月；d. 10 月

在 150 m 层，盐度分布均匀，在 34.5 ~ 34.6 之间，等盐线呈东北—西南走向，西北高，东南低（图 20.6）。另外，吕宋海峡处，等盐线走向与黑潮流径密切相关，海峡东侧盐度逐渐增大。在 400 m 层，区域差异很小，盐度值在 34.45 ~ 34.5 之间。

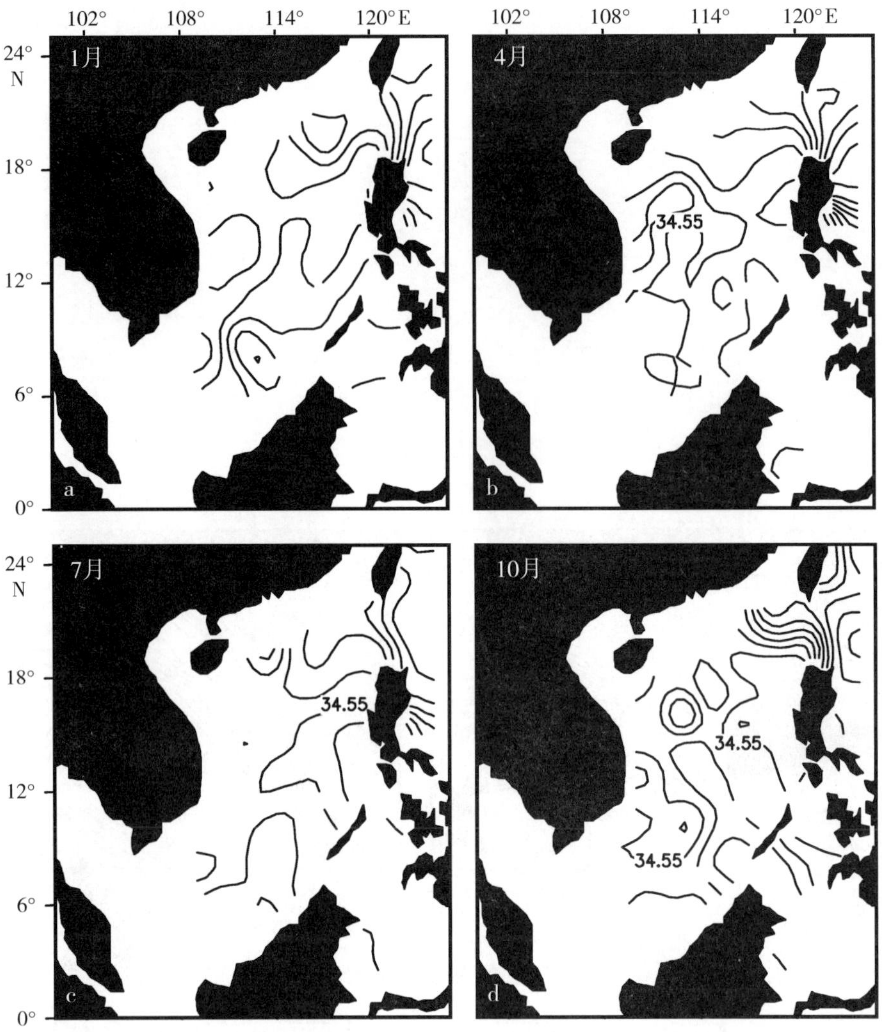

图 20.6　南海四季代表月多年平均 150 m 层盐度分布

a. 1 月；b. 4 月；c. 7 月；d. 10 月

20.2.1.2　春季

春季季风转向，西南季风兴起，蒸发减弱，降水及江河入海径流增大，南海部分海域表层盐度降低。南海北部，珠江口东侧沿岸海域出现表层盐度低于 33.8 的低盐区（图 20.5）。吕宋海峡以西，盐度大于 34.0 的高盐水舌西伸势力有所减弱，高盐区域较之冬季有所减小。在珠江口外，有一高盐区，中心盐度高于 34.2。北部湾表层盐度分布与冬季基本一致。南海中部表层盐度在 33.6 ~ 34.0 之间。南部盐度分布较均匀，多在 33.6 以下。在加里曼丹岛西北海域，低值等盐线向东北方向延伸。

南海 150 m 层，盐度在 34.5 ~ 34.65 之间（图 20.6）。北部盐度较高，其中吕宋海峡西侧出现盐度最大值，高达 34.6 ~ 34.7，等盐线密集，从南北走向转为东西走向。

20.2.1.3　夏季

夏季南海随着降水量、江河入海径流量达到全年最大，总体上盐度也降到全年最低。相比春季，表层盐度普遍下降 0.2 ~ 0.4（图 20.5）。由于西南季风的盛行，表层等盐线走向与季风方向基本一致。从吕宋海峡西伸的 34.0 高盐水舌基本消失。由于江河入海径流的汇入，北部沿岸的表层盐度比春季下降了0.2~0.6。珠江口近海盐度低于32.0。吕宋海峡西侧的一片海域，盐度较高，在33.8以上。北部湾表层盐度值也下降了1.0左右。南海中部，表层盐度在33.6~33.8之间。在南海南部，表层等盐线走向与等深线基本一致，盐度值在32.8~33.4之间，在其中部海域出现一闭合低盐水区，中心盐度只有33.0。加里曼丹岛西北部沿岸的低盐等值线已经延伸至巴拉望岛西岸。在纳土纳群岛附近，出现盐度极小值区，在32.2~32.8之间，等盐线密集。

在150 m层，等盐线分布较稀疏，水平梯度小，盐度值在34.5~34.65之间（图20.6）。吕宋海峡西口，有一高盐水舌西伸，盐度值达到34.65。在南海南部，湄公河口以东海域、南沙群岛以及菲律宾伊巴至巴拉巴克岛一带海域，盐度低于34.5。400 m以深海域，盐度差异甚微。

20.2.1.4 秋季

秋季为西南季风向东北季风转型的季节，风速较大，蒸发较强，降水量和江河入海径流都较夏季减少，故表层盐度值有所升高。南海北部表层盐度为33.8左右（图20.5）。在台湾海峡西南端，出现一淡水舌（<33.6）。吕宋海峡西口有一高盐水舌开始西伸，势力比夏季强但比冬季弱。北部湾表层盐度在32.0~33.0之间。南海中部，表层盐度为33.2~33.8，等盐线基本呈纬向分布，由北往南递减，西侧等盐线较密集。南海南部表层盐度在32.7~33.0之间，变化较小。处在“越南冷涡”位置的越南归仁沿岸，有一半圆形的闭合水区，其盐度低于33.0。湄公河口附近出现一个低盐冲淡水舌（32.7），向东南方向扩张。150 m层，盐度分布均匀，盐度值在34.55左右（图20.6）。吕宋海峡西口仍显示高盐水舌西伸的迹象。在越南金兰湾外海，仍有一半圆形闭合区。

20.2.2 盐度的垂直分布

15°N纬向断面，贯穿南海中部，盐度比较低（图20.7）。冬季，表层水盐度为33.5~34.4之间。表层盐度断面西侧高于东侧，断面西侧为33.7，东侧为33.5。约在水深10~50 m间，盐度在垂直方向上呈均匀一致状态，为上均匀层。其下在40~100 m之间有一明显的盐跃层，盐度在33.7~34.4之间，随深度递增。最大盐度值出现在150~200 m之间，达到34.6以上。往下盐度稍有减小。

夏季，表层盐度比冬季略高，也是西高东低（图20.7）。较之冬季，除了表层，其余深度上盐度都稍降低；上均匀层变薄，只有10 m左右；盐跃层也没有那么明显，而且盐跃层所在深度，西侧深东侧浅；100~250 m之间盐度较高，大于34.5，比冬季低0.1左右；在盐跃层之下到1 000 m之间，盐度保持在34.5左右；只是在断面东侧400~600 m之间，有一水块，盐度比周围海水约低0.1，它处于菲律宾的西部海域。

在115°E经向断面上，冬季，南部的表层盐度为33.4，断面北部高达34.3（图20.8）。断面南部出现明显盐跃层，深度在50~100 m之间，而北部盐度梯度较小，无明显跃层。次表层水位于100~300 m之间，150 m左右出现盐度最大值，大于34.6。夏季，上均匀层明显变薄，仅10 m左右。从南至北，都有一个较强的盐跃层，在20~100 m之间。与冬季比较，100~200 m之间，断面南部和北部各分布着一个高盐区（34.6）。而在南海中层，34.5等盐线所在深度比冬季略深。

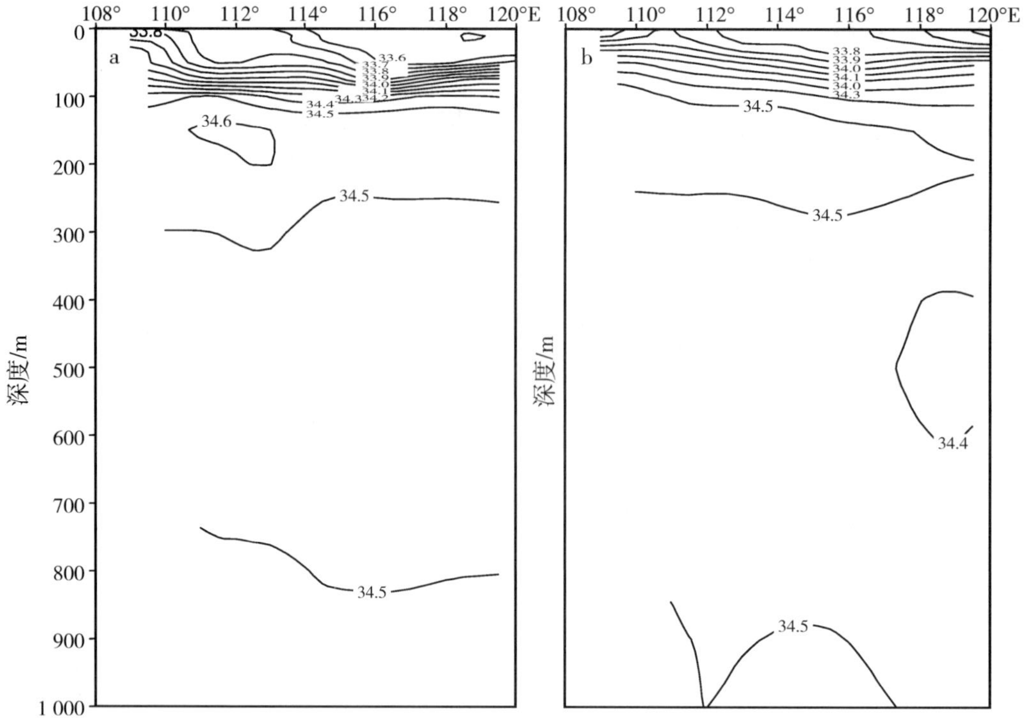

图 20.7　南海 15°N 纬向断面多年平均冬、夏季盐度分布

a. 1 月；b. 7 月

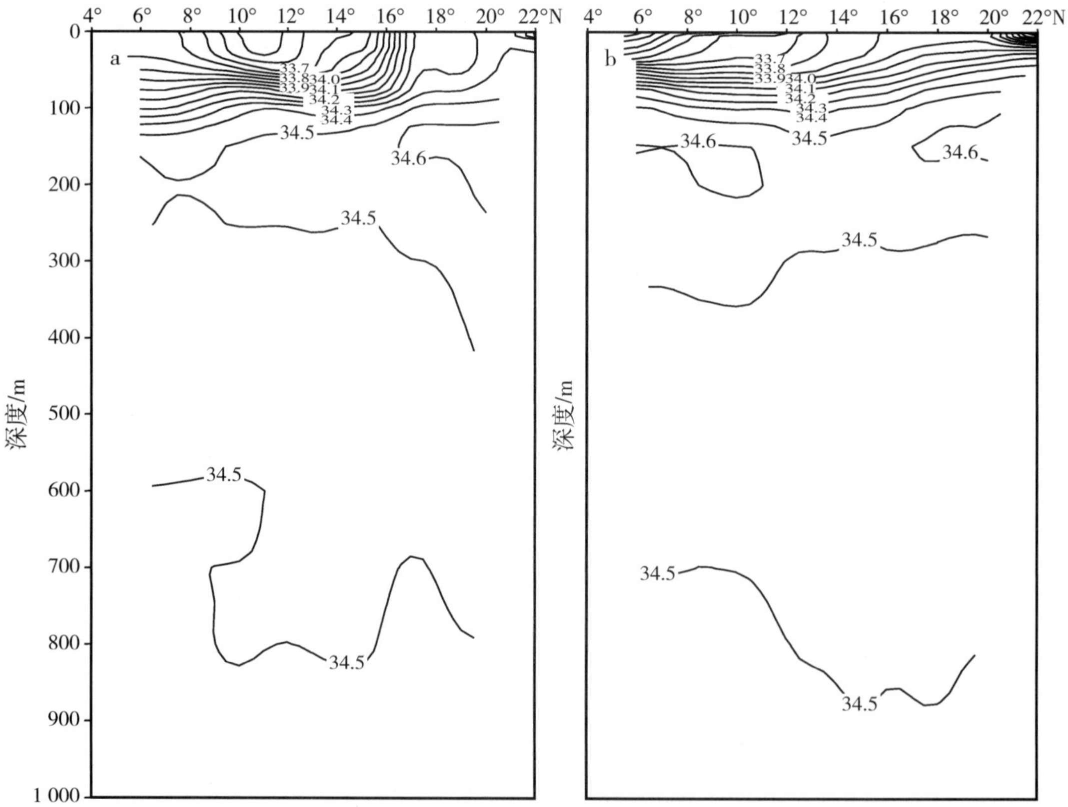

图 20.8　南海 115°E 经向断面多年平均冬、夏季盐度分布

a. 1 月；b. 7 月

20.3 海水密度

海水的密度是指单位体积所含的海水质量，主要由海水的温度和盐度决定。但夏季，在河口附近沿岸海域，由于受到江河冲淡水的影响，盐度变化大，海水的密度主要随盐度而变化。而在外海或大洋内部，密度的状况则主要取决于温度。海水的密度并不像温度和盐度那样直接测得，而是由所在深度层海水的温度和盐度计算求得。因此，海水密度的水平和垂直分布与温盐的分布有很大的相似性。

由于温度、盐度在表层变化最大，因而海水密度的变化也以海洋表层最大。总体而言，南海表层密度值由北向南逐渐减小，西部的密度大于东部的。在垂直方向上，海水密度随深度变化的趋势与盐度相一致，而与温度相反。

20.3.1 密度的水平分布

20.3.1.1 冬季

冬季，表层南海密度分布趋势大致与温度相似，表层等密线在海盆区主要呈东北—西南走向，与海盆纵轴向平行，密度值由北向南逐渐递减（图 20.9）。北部陆架区的密度（这里指条件密度，单位为 kg/m^3，下同）为 23.0～24.0，大致与等深线平行，由岸向外侧递减。南海中南部深水区密度为 21.7～23.0。在深水区南边有一低密水块（21.6）。湄公河河口为高密水，河口西侧为低密水。民都洛岛、巴拉望岛、加里曼丹岛以西海域，密度也较低。

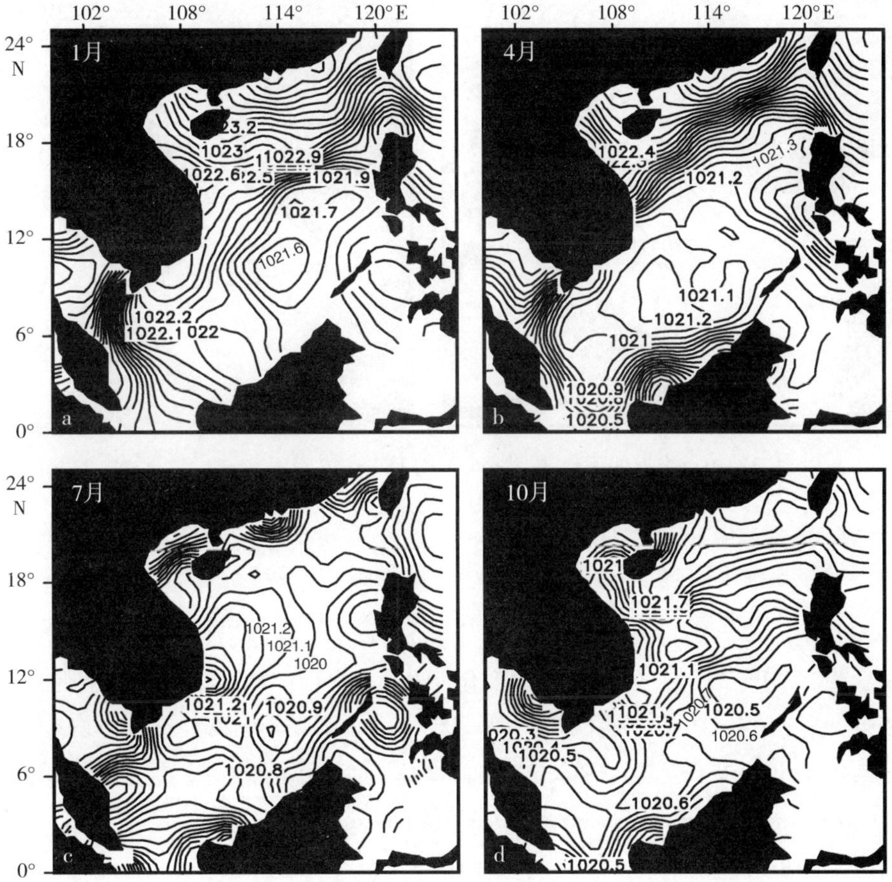

图 20.9 南海四季代表月多年平均表层（0 m）密度（kg/m^3）分布

a. 1 月；b. 4 月；c. 7 月；d. 10 月

在150 m层，密度分布趋势与该层的温度分布相似（图20.10）。在“吕宋冷涡”处存在中心密度值为25.7的高密水团。吕宋海峡外侧密度低于24.5，而在内侧为高于25的高密水。南海中南部密度分布较为均匀，为25.2左右。

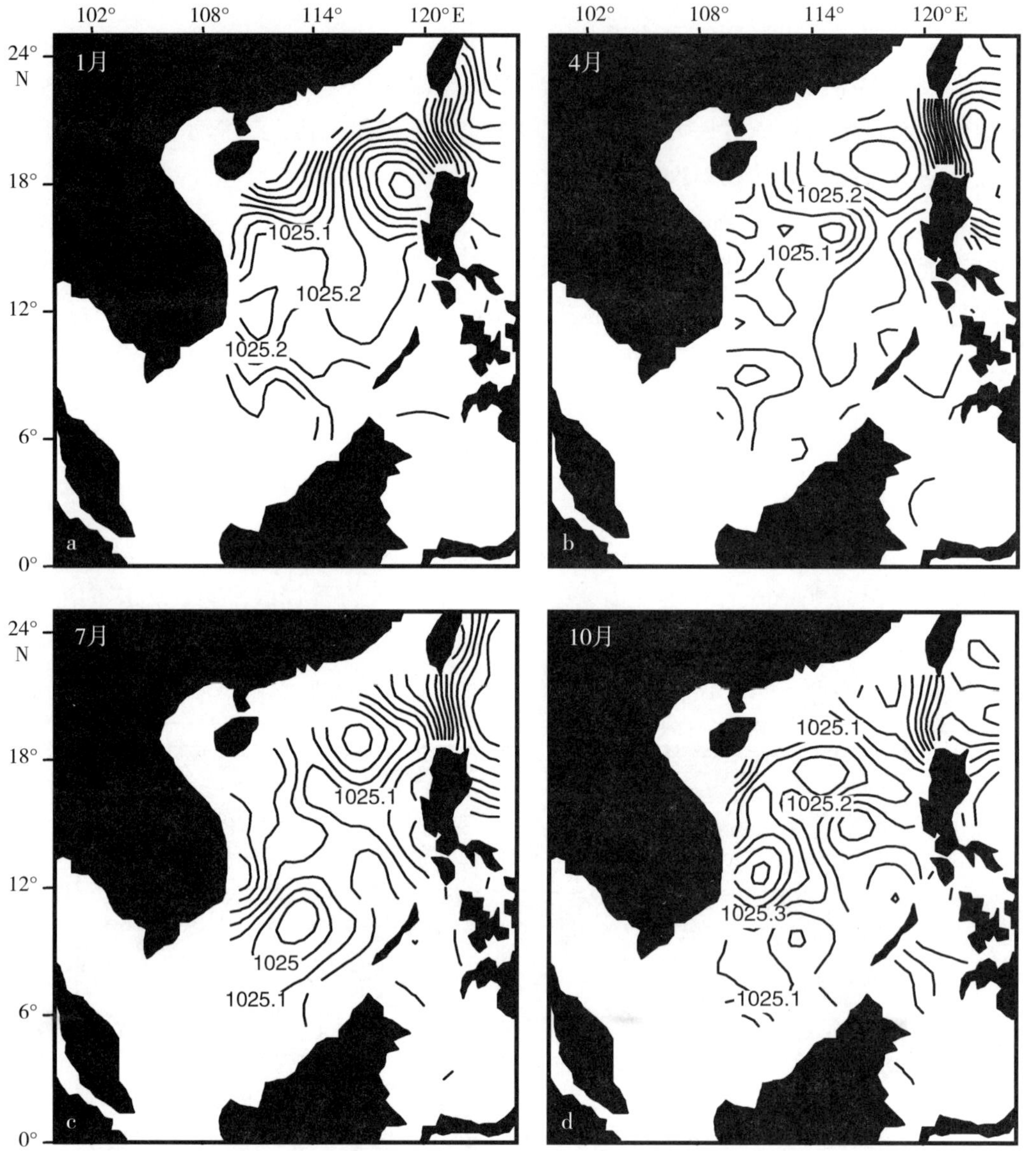

图20.10　南海四季代表月多年平均150 m层密度（kg/m^3）分布

a.1月；b.4月；c.7月；d.10月

20.3.1.2　春季

从4月份开始，南海表层水密度迅速减小，珠江口、粤西沿岸和北部湾北岸降密最多，北部陆架海区为22.4~23.6，分布与冬季变化不大，只是在珠江口西侧由于受到低盐水的作用，密度偏低，等密线向西南方向凸出（图20.9）。北部湾等盐线　呈西北—东南走向，与冬季相同。南海中部密度在21.3~22.0之间，由西北向东南递减，而南部密度分布比较均匀，在21.0~21.2之间。在加里曼丹岛沿岸出现一低密水区，由岸向外扩张。

春季南海150 m层密度趋于均匀，在4月150 m层分布图中（图20.10）可以看到密度值基本在25.0~25.2之间，“吕宋冷涡”强度大大减弱，中心密度仅为25.4左右。吕宋海峡区的密度分布与冬季相似。

20.3.1.3 夏季

夏季南海密度继续减小，7月表层密度分布在20.0～21.3之间（图20.9）。台湾海峡西南部和珠江口附近均有一低密水舌向外伸展。北部湾内密度偏低，等盐线呈现西南—东北走向，与冬、春季不同，盐度值由湾内向湾口逐渐减小。南海中部表层密度在21～21.3之间，“越南冷涡”处由于上升流的存在，温度较低，盐度较高，所以产生了密度的高值区，可达21.3以上。吕宋岛西部海域和巴拉望岛西部海域为密度低值区。在南海南部，密度值在20.4～21.3之间。而湄公河口西侧海域的低密水有向南海内部扩张的趋势。

150 m层水密度分布仍然较为简单，从7月150 m层密度分布图中可以看到，“越南冷涡”中心密度高于25.4，在“越南冷涡”的东南边有一个低密度的水块，中心密度仅为24.9左右（图20.10）。

20.3.1.4 秋季

10月，整个南海的表层等密线基本呈纬向分布，北部密度高，南部密度低（图20.9）。南海北部陆架区密度在21.5～22之间，南部深水海区则在20.4～21.5之间。北部湾等盐线跟等深线走向基本一致。“越南冷涡”引起的越南金兰湾外海的高密度区已趋消失。在湄公河口附近与加里曼丹岛西岸，都出现低密度的舌状分布，前者密度最低值在20.4以下，后者密度最低值在19.9以下。

150 m层海水等密线分布大致与同季节的等温线分布相似，越南金兰湾外海为高密区，其向外密度值逐渐减少，10月150 m层密度在24.8～25.5之间（图20.10）。

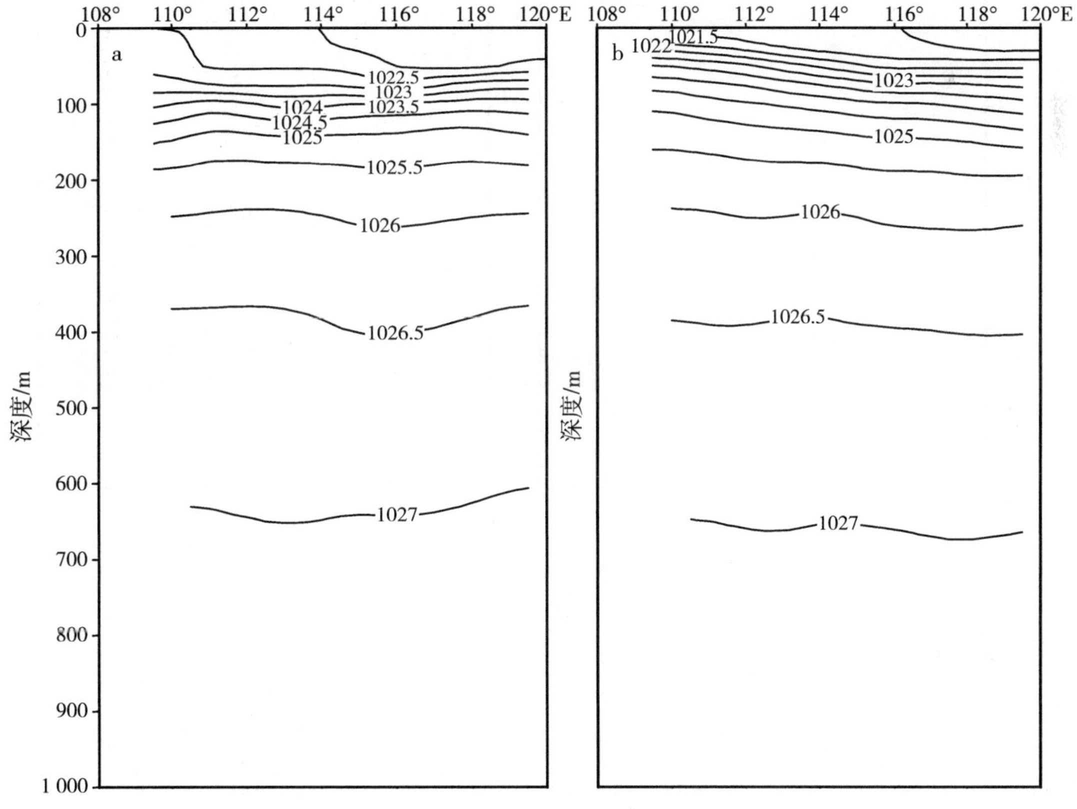

图20.11 南海15°N纬向断面多年平均冬、夏季密度（kg/m^3）分布

a.1月；b.7月

20.3.2 密度的垂直分布

冬季，与温度和盐度的分布相比，南海 15°N 纬向断面的密度垂直分布趋势更接近前者，只是温度值随深度减小，而密度值随深度增大（图 20.11）。断面密度东高西低。冬季因海面冷却，对流混合强，表层至 50 m 之间密度均匀一致。密跃层出现在 50～100 m 之间，跃层强度较弱。300 m 以深，断面西部等密线向上凸起，与温度分布相似，均由上升流引起。夏季，等密度线分布与该季等温线的分布颇为一致。相比冬季，表层密度变小，随着混合的减弱和层化现象的加强，上均匀层已趋消失，密跃层强度增强。断面西侧密跃层抬升 40 m 左右，在 0～60 m 之间。

在 115°E 经向断面上，冬季，断面南部因南海暖池的影响表层密度较小，只有 22.0，而北部较高，达到 23.5（图 20.12）。表层至 50 m 层混合较强，密度上下均一。200 m 以深，由于“吕宋冷涡”的存在，等密线明显上凸，与等温线分布趋势吻合。夏季，上均匀层变薄。在断面南部，密跃层出现在 40～80 m 之间，而断面北部偏浅。密跃层以下，等密线分布起伏不大。

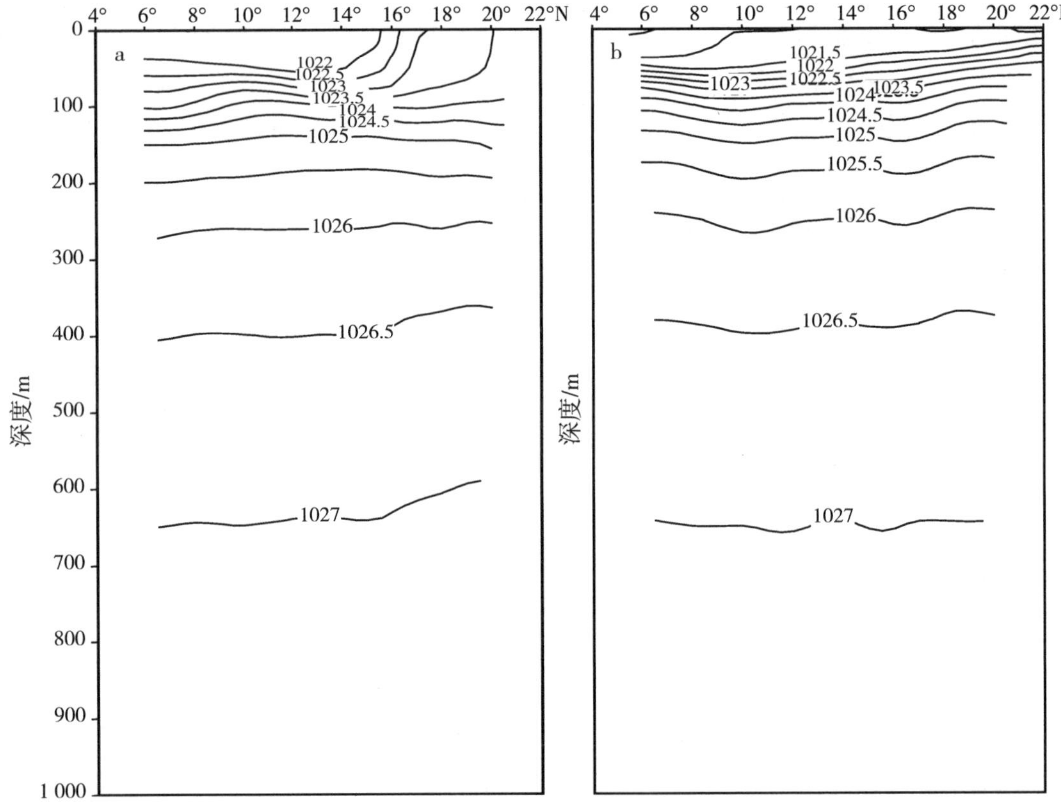

图 20.12 南海 115°E 经向断面多年平均冬、夏季密度（kg/m^3）分布

a. 1 月；b. 7 月

20.4 南海中深层水团

海水不断地通过潮汐、潮流、海流、海浪、风力作用、海洋湍流等形式进行混合。参与这种混合的海水，都带着自己原来的特征，由一个空间向另一个空间运动，使海水的性质渐渐趋向于均匀，其结果是形成一种水文要素（如温、盐度等）的特性呈均匀一致的海水。海洋中的水体，实际上就是由许多大大小小性质不同的水团所组成，每个水团都具有各自的、

彼此不同的温、盐度特征。

图20.13是将位于15°~25°N，115°~125°E区域的由中科院南海海洋研究所搜集的以及WOD01中的OSD、CTD温盐数据分成2.5°×2.5°的各个小区域画出的T-S点聚图，其中的蓝线和红线分别为典型的南海水和北太平洋水的平均温盐特征曲线，这两条曲线由WOA01年平均数据得到。从图20.13中可以看出，各区域的海水特征非常相似，皆成一个反“S”状曲线，但这个反“S”状的上半部分和下半部分并不对称，上半部分的点比较分散，向高温、低盐方向汇聚倾斜，成拉长的反“S”状，并有一个盐度最小值和一个最大值，与北太平洋的海水性质十分相似，表明南海海水特性具有大洋深海的性质。

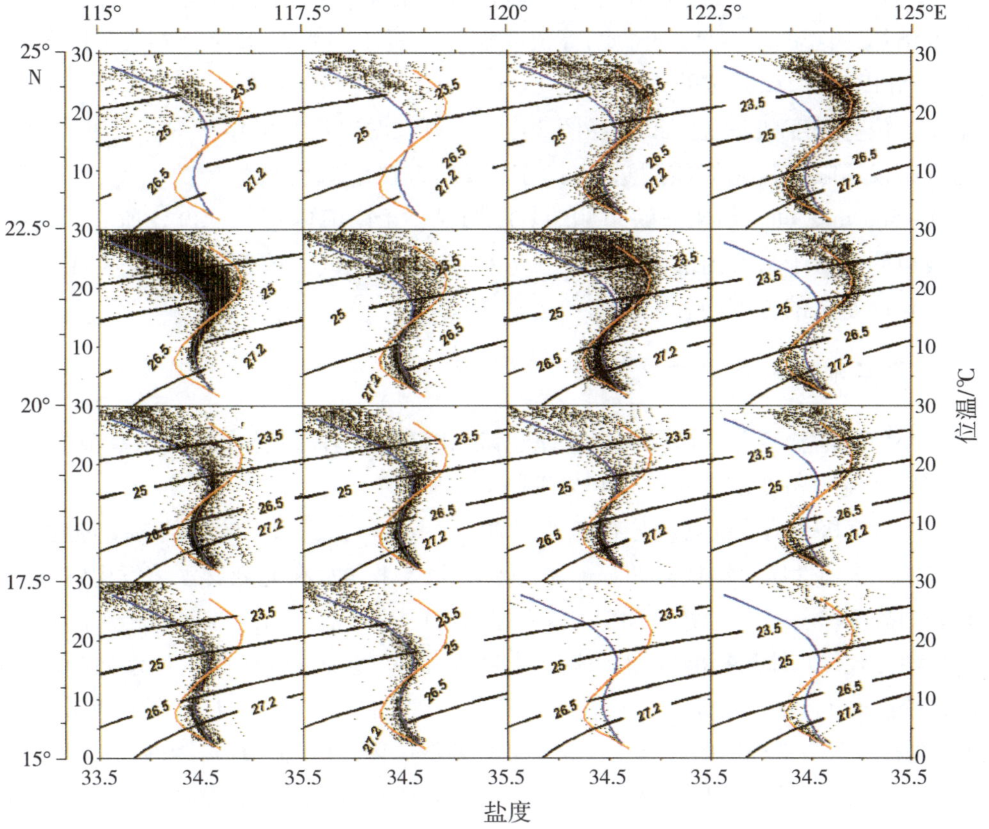

蓝线代表南海水、红线代表西北太平洋水，等值线为位势密度值

图20.13　T-S点聚图

以往研究表明，南海中层水位于南海次表层水之下，以低盐为其主要特征。在500 m左右深度上出现盐度最小值，为34.3~34.4。中层水温、盐变化小，温度为5~12 ℃，盐度在34.3~34.5之间（马应良，1990；陈冠贤，1991；Wytki，1961）。南海深层水位于南海中层水之下，处在1 000~2 700 m之间，水温为2~5 ℃；盐度比中层水略高，为34.5~34.6（陈冠贤，1991；Qu，et al，2006）。

对于南海水团的研究，尤其是中深层水团的研究，以往主要集中在不同的调查航次中对水团的分类及水团的划分方法的研究，但由于每个航次调查区域的不同，以及分析方法的不同，得到的结果也不尽相同。考虑到南海中深层水受季节的影响远小于上层水体，而且中科院南海海洋研究所有一套观测深度超过1 500 m、观测时间跨度数十年的实测数据，使得研究中深层水体的长期变化趋势成为可能（刘长建等，2008）。

下面根据这套观测数据来简要探讨一下南海中深层水团的变化特征。

20.4.1 中层水团

根据 Qu 等（1999）的定义，将位势密度介于 26.5 ~ 27.0 范围内的盐度极小值层定义为北太平洋中层水（North Pacific intermediate water）的核心层。此密度范围内的盐度极小值层所对应的各要素（温、盐、密、深度）的分布状况，可以体现气候年平均意义下 NPIW 在南海的分布特征及 NPIW 入侵南海的季节变化。

20.4.1.1 中层水团气候态分布特征

由于 NPIW 在入侵南海的过程中会与南海内部的相对高盐的水体发生混合，从而使入侵水体的盐度增加，这里取 34.42 的盐度等值线作为入侵水与南海水的分界线，以 34.42 的等盐度线表示 NPIW 在南海区域的分布情况（Qu，et al，1999）。从气候年平均盐度极小值层的盐度、温度、位势密度和深度分布图（图 20.14）可以看出：气候年平均意义下，NPIW 在南海区域的分布仅局限在吕宋海峡附近很小的区域内，在南海区域的位势密度在 26.73 左右，深度在 480 ~ 500 m 之间，吕宋海峡东侧的盐度明显小于南海内部的盐度，所处深度在 600 m 左右，温度也明显低于南海内部的温度，在 7.6 ~ 7.8 ℃之间。NPIW 在南海区域的入侵范围很小，与 500 m 左右的范围内较弱的南向运动有关。

20.4.1.2 中层水团的季节变化特征

盐度极小值层的盐度分布情况可以用来追踪 NPTW 在南海的分布及其随季节的变化特征，并从经向翻转环流的角度初步探讨其变化机制。

季节平均盐度极小值层的盐度分布图（图 20.15）显示，吕宋海峡处的盐度梯度常年较大，这表明海峡处的水团性质对比比较明显，南海水与北太平洋水在此处交汇，发生强混合，从而导致海峡处的盐度梯度较大。由于 NPIW 在入侵南海的过程中与南海内部的相对高盐的水体发生混合，从而使入侵水体的盐度增加，这里取 34.42 的盐度等值线作为入侵水与南海水的分界线。春季，盐度低于 34.42 的水体出现在西沙群岛及其西北海域，从 34.42 的盐度等值线可以看出，NPIW 在春季有一定程度的入侵；在 500 m 左右深度内经向翻转环流为南向运动，从而有利于北太平洋中层水的入侵（图 20.16），当然，可能还受到其他因素的影响。夏季，34.42 的盐度等值线基本上向东撤至吕宋海峡附近，南海内部的水体性质比较均一，盐度值均介于 34.42 ~ 34.44 之间。秋季，34.42 的盐度等值线继续东撤，同时，盐度高于 34.45 的水体在南海大面积出现，在加里曼丹岛和巴拉望岛附近还出现了 34.50 的盐度高值区。冬季，整个南海几乎被强劲的东北季风所控制，除了台湾西南部很小一块区域以外，整个南海的盐度基本上均大于 34.44，达到了四个季节中的最大值，这可能与强劲东北季风作用导致的深层水涌升使得深层盐度较大水体的上涌有较大关系。冬季，NPIW 几乎没有入侵南海以及春、夏季入侵相对较强的现象，这可能与以前研究中提到的 NPTW 和 NPIW 这两个水团的运动位相不一致有关（Qu，2002）。此外，还可以从季节平均的南海经向翻转流函数图得到部分解释。季节平均南海经向翻转流函数图（图 20.16）表明：冬季，在 300 ~ 700 m 的范围内为北向运动，遏制了北太平洋中层水（NPIW）的入侵，而春、夏季节，在此深度范围内为南向运动，有利于北太平洋中层水（NPIW）的入侵。NPIW 的入侵可能还受到其他因素的影响。

20.4.1.3 小结

利用南海所历史数据处理得到的气候平均温、盐数据，通过盐度极小值层的盐度等要素

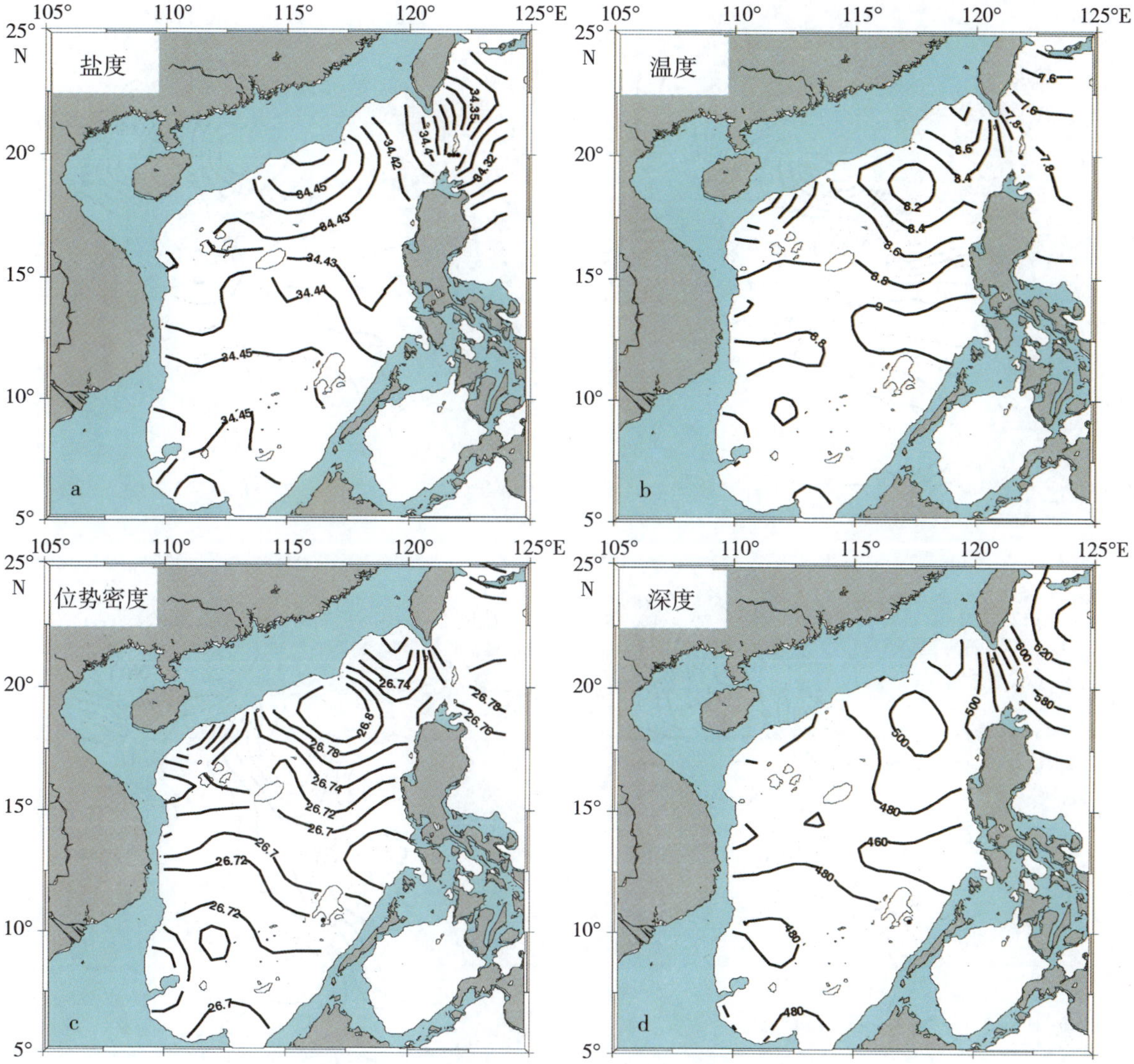

图 20.14 气候年平均盐度极小值层的水文要素特征

a. 盐度；b. 温度（℃）；c. 位势密度（kg/m^3）；d. 深度（m）分布情况。

水深小于 500 m 的地方用颜色填充

的分布情况研究了气候年平均和季节平均意义下北太平洋中层水在南海中层的入侵情况，并对北太平洋中层水（NPIW）入侵南海的机制进行了初步研究。主要结论如下。

（1）气候年平均意义下，NPIW 盐度最小值层在南海仅局限在吕宋海峡附近很小的区域内，在南海的位势密度大约在 26.73，深度在 480～500 m。

（2）NPIW 盐度最小值层在南海的入侵存在较大的季节变化，NPIW 在春季有一定程度的入侵，但随后逐渐东撤，在东北季风最强盛的冬季 NPIW 的入侵程度反而最弱，而且整个南海海域的盐度达到四季中的最大值。

（3）NPIW 冬季入侵南海比较微弱可能源于此时的南海经向翻转流在中层水深度范围内的北向运动的阻碍作用。

20.4.2 南海中深层水的长期变化

南海通过众多的海峡与周边海域发生质量和能量交换，其中吕宋海峡海槛的最大深度超过 2 500 m，南北跨度大约 3.5 个纬度，是中深层水交换的主要渠道，对南海海域的水团属性

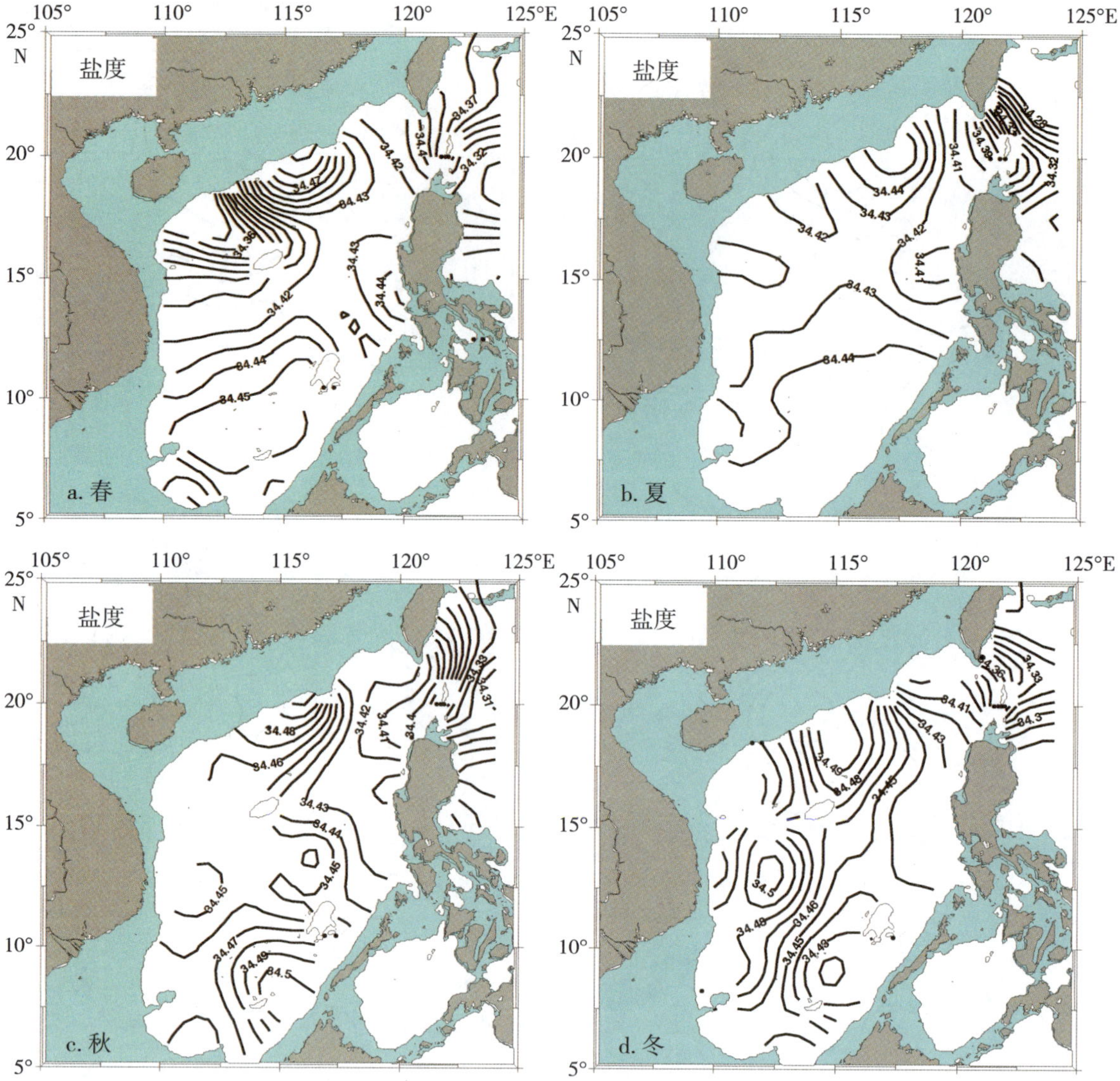

图 20.15　盐度极小值层的盐度分布的季节变化

a. 春；b. 夏；c. 秋；d. 冬

水深小于 500 m 的地方用颜色填充

有很大影响。其他海峡，除了民都洛海峡水深较深（约 400 m）以外，其他各海峡的水深都浅于 100 m，主要发生表层水的交换。

关于南海水团的研究，以往主要集中于分析各个航次观测中水团种类的划分，以及不同时间航次观测的水团的时空分布情况。但对于南海中深层水的多年变化特征以及年际时间尺度以上的变化特征的研究很少（Qu，et al，2004）。关于水团温、盐特征的长期变化趋势及年代际变化的研究在日本海的研究中较多，这可能与南海海域以前的深水观测数据较少有关。本章主要通过历史深水站观测数据研究南海中深层水的年际、年代际变化以及长期变化趋势。

20.4.2.1　数据来源

本章所用数据主要由两部分组成：南海所搜集的历史观测的深水站数据；WOD01 中的南海海域的 CTD 和 OSD 数据中的观测深度超过 1 500 m 的站点观测数据。考虑到南海北部的观测数据受吕宋海峡附近西北太平洋水的影响较大，在本章的分析中，只选取了南海 18°N 以南，118°E 以西海域的深水站观测数据，经过质量控制后，共有 850 个温盐剖面，时间跨度为1960—2000年，空间分布见图20.17。

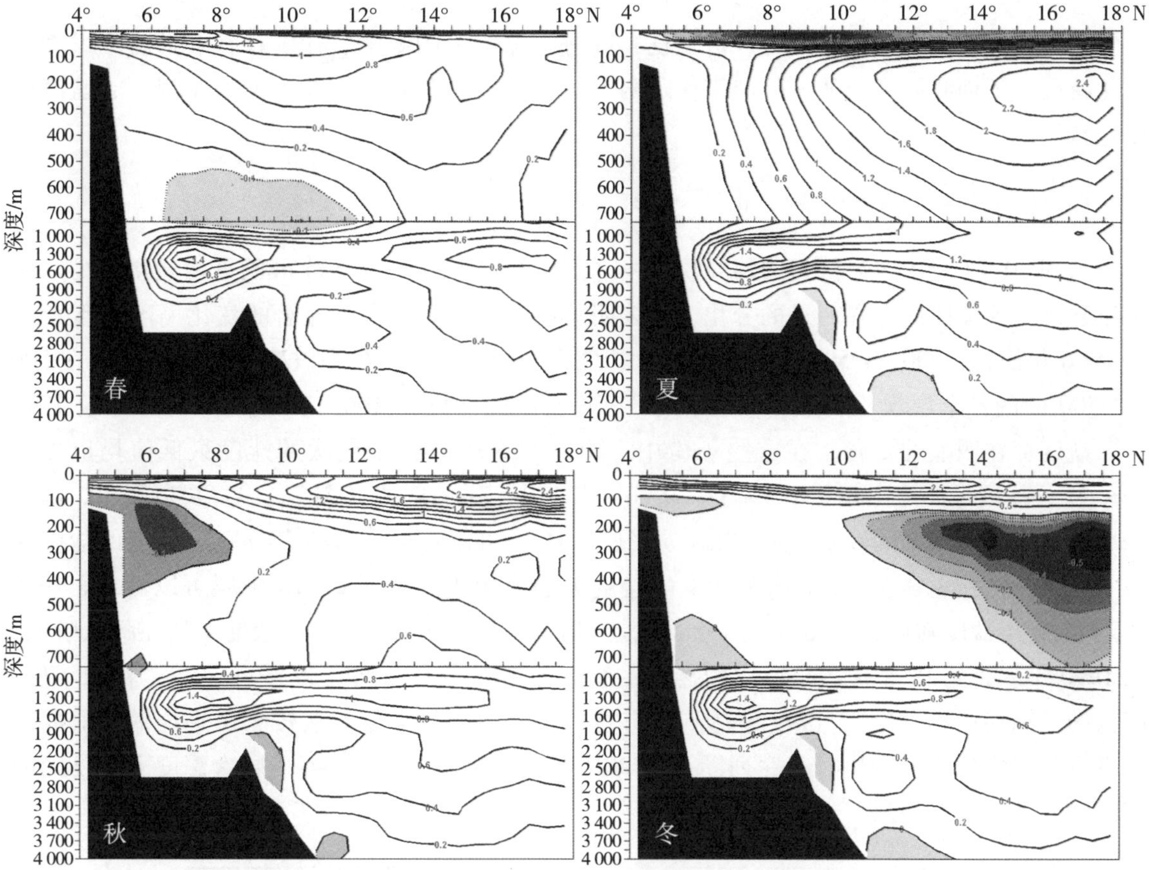

图20.16 南海气候态季节平均经向翻转流函数（$\times10^6\ m^3/s$）

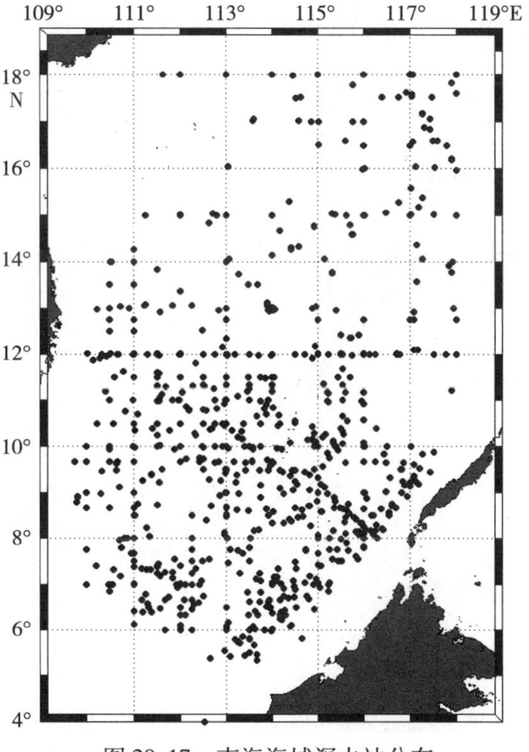

图20.17 南海海域深水站分布

20.4.2.2　南海中深层水的变化

根据以上所得到的数据进行分析发现，南海中深层水的温度、盐度存在多种时间尺度的变化特征。下面我们主要从年际和年代际两个时间尺度及其长期变化方面讨论温度、盐度的变化特征。

1）南海中深层水的年际变化

从图 20.18 中按照年份平均的温盐曲线（图中给出了 500～1 500 m 的平均温盐曲线）中可以看出，温盐曲线存在明显的分化，这表明盐度在这些年份存在显著的变化。1968 年相对于 1966 年而言，600～1 500 m 的各个层次盐度都有所增加。1979—1975 年相比，盐度在 500～1 500 m 的各个层次上都较大，但 1975 年各层次的盐度比 1966 年低。从 1985 年至 1999 年，盐度存在明显的变化，在这些年份中，500～1 500 m 各个层次的盐度最低值均出现在 1986 年，盐度最高值出现在 1999 年。从气候平均盐度垂向廓线（图 20.19）可以看出，南海中层水的核心深度大约在 500 m 左右。从图 20.18 中可以看出，1986 年 500 m 深度的盐度在 34.4～34.41 之间，与气候平均意义下的盐度极小值相当。从图 20.18 中还可以看出，1985 年到 1986 年盐度降低，1986 年到 1988 年盐度增加，1988 年到 1990 年盐度又处在降低阶段，从 1990 年一直到 1999 年各个层次的盐度持续增加（1998 年除外，1998 年是一个特殊年份，降低的原因后面再讨论），1999 年达到所有这些年份中的最大值。从按年份平均的温盐曲线图以及各层次的盐度变化时间序列图（图 20.20）中还可以看出，各个层次深度上盐度随时间的演变趋势相当一致。

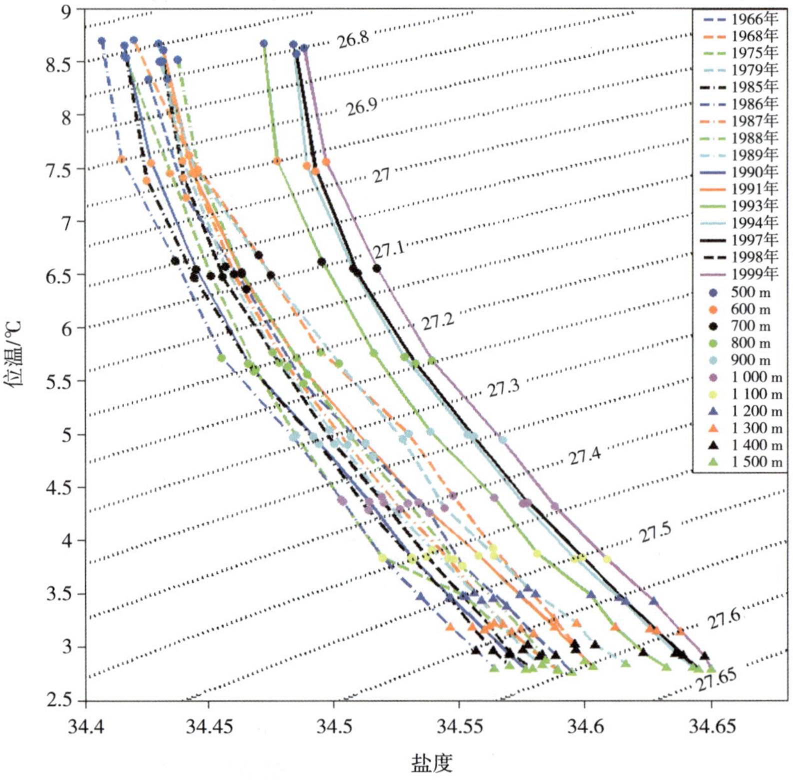

图 20.18　南海 118°E 以西，18°N 以南海域 1966—1999 年深水观测站按年份平均得到的温盐曲线，图中给出了 500～1 500 m，间隔 100 m 的温盐平均曲线

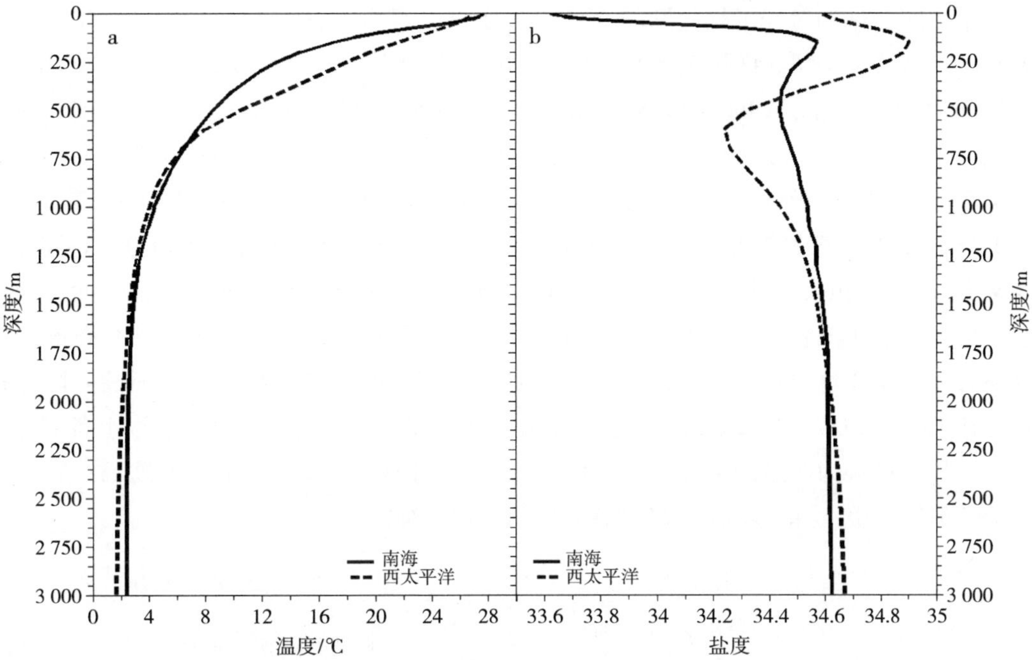

图 20.19 南海和北太平洋平均温度垂向廓线和平均盐度垂向廓线（资料来源于 WOA01 平均温盐场）

a. 温度；b. 盐度。

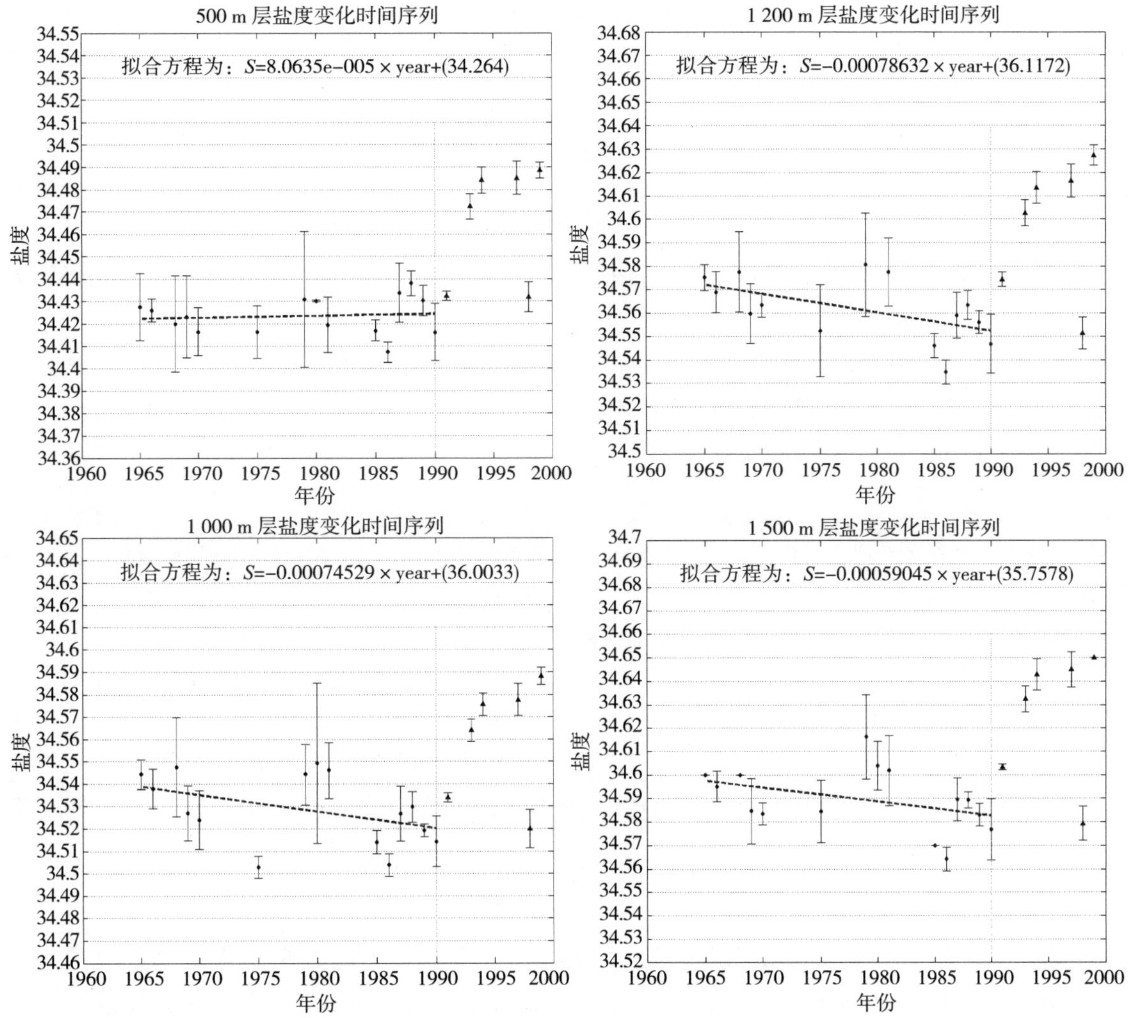

图 20.20 按年份平均的各层次深度上的盐度变化时间序列

平均温度的变化相对于平均盐度的变化而言要复杂得多，存在较大的波动，年际变化特征更为明显，这从各个层次的温度变化时间序列图（图 20. 21）中可以看得更明显。从 500 m 的温度时间序列可看出，1966—1968 年温度上升，1968—1969 年温度下降，随后 1969 至 1975 年温度又呈上升趋势，1975—1981 年温度下降并且 1981 年平均温度最低，1981—1986 年温度又呈上升趋势，1986—1987 年温度下降，1987—1989 年温度上升，1989—1991 年温度又有所下降，1991—1993 年温度上升，随后一直到 1998 年温度呈现下降趋势，1998—1999 年温度又上升。这表明，该层平均温度随时间的演变存在明显的年际变化特征，而且温度的波动幅度较大，表明该层可能与上层海洋动力过程之间存在密切关系。600 ~ 1 000 m 层的平均温度随时间的演变特征较为相似，与 500 m 层也较为相似，都存在比较明显的年际变化特征。只是在 1 000 m 层，从 20 世纪 80 年代开始温度的波动幅度明显减小，但以上各层从长期趋势来看，都存在较为明显的增暖过程。1 200 m 层自 1985 年以后的平均温度仍存在一定幅度的波动，但振幅很小并且不存在较明显的长期变化特征。

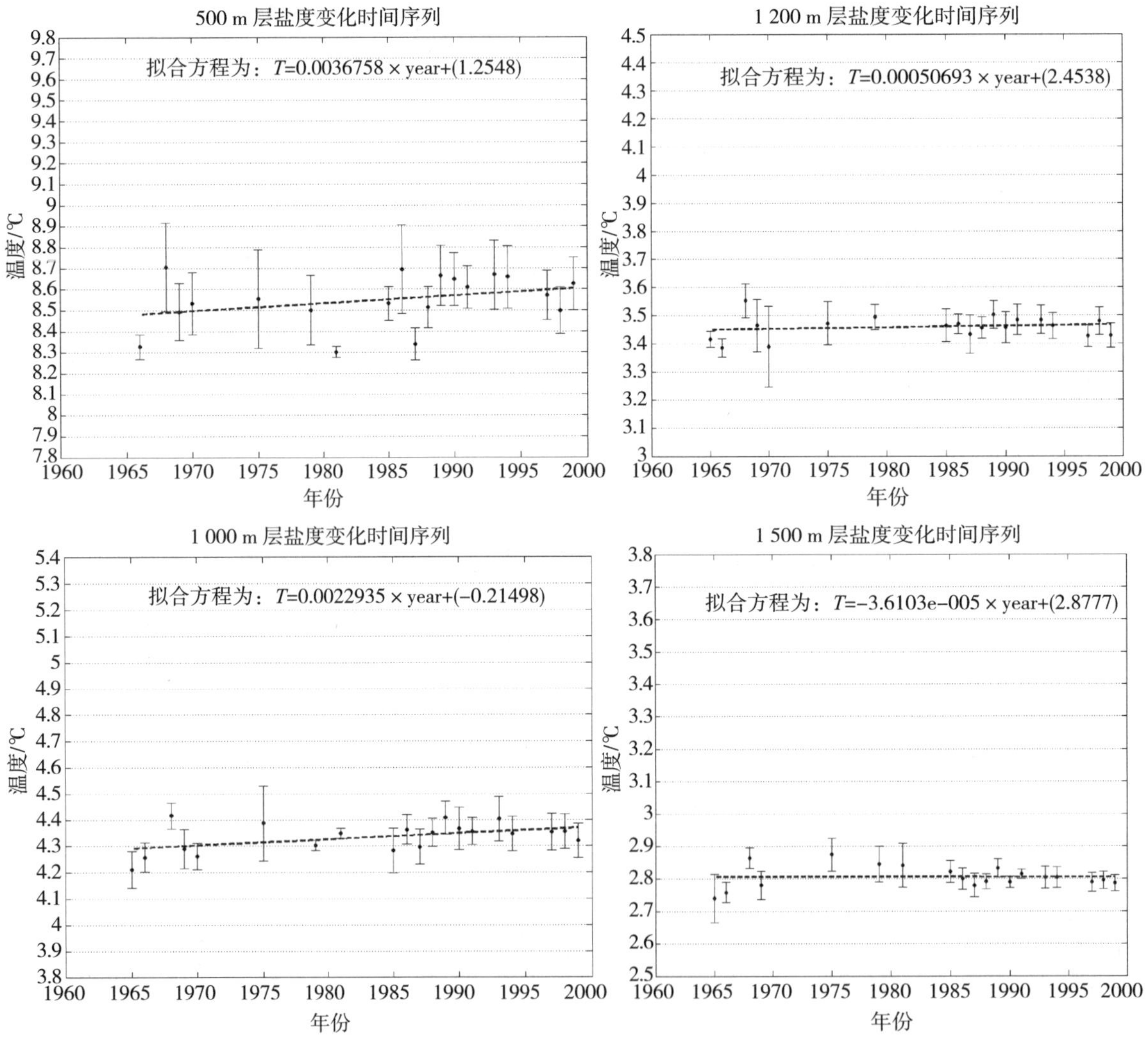

图 20. 21　按年份平均的各层次深度上的温度变化时间序列

1 500 m 层的平均温度变化与以上各层的温度变化存在较大的差别，从 1975—1987 年温度持续降低，1987—1989 年间存在一个升温过程，随后一直到 1999 年温度主要呈现下降趋势。在该层深度上，平均温度的长期变化趋势比较明显。

2）南海中深层水的年代际变化

本节主要是通过将深水站的温、盐剖面分为 1961—1970 年，1971—1980 年，1981—1990 年，1991—2000 年这 4 个阶段分别进行平均，得到 20 世纪 60 年代至 90 年代的平均盐度和平均温度特征曲线，进而来研究温、盐的年代际变化特征。

从平均盐度曲线图（图 20.22）中可以看出，20 世纪 60 年代至 90 年代 4 个年代的平均盐度曲线存在明显的分化，说明这 4 个年代的盐度存在明显的变化。500 m 深度以下各层次的平均盐度，从 60 年代至 80 年代不断下降，但 90 年代各层次的平均盐度显著高于前 3 个年代的平均盐度，且 90 年代的平均盐度比 80 年代的平均盐度增加最大超过了 0.05，90 年代的明显增盐情况从图 20.20 中也可以清楚地看出。为了能更有力地说明 90 年代的增盐情况，图 20.23 给出了 80 年代和 90 年代中不同年份相同月份（1988 年 7 月、1999 年 7 月），且在几乎相同的调查海域（图的左下角给出了站点的地理位置）观测到的盐度曲线，从图 20.23 中可以明显看出：在 500 ~ 1 500 m 的各个层次深度上，1999 年 7 月的盐度均显著高于 1988 年 7 月的盐度。

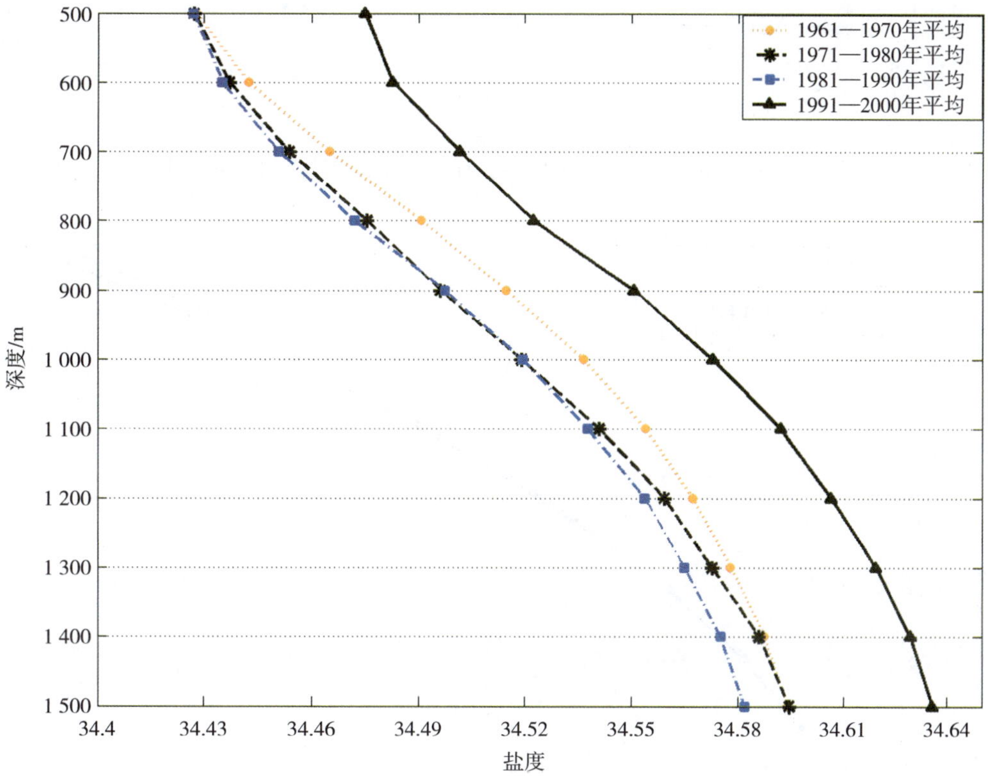

图 20.22 按年代平均的盐度曲线

从平均温度曲线图（图 20.24）中可以看出，20 世纪 60 年代至 90 年代 4 个年代的平均温度的差别相对于盐度的差别来说要小得多，特别是 80 年代和 90 年代这两个年代的平均温度差别很小。在 500 ~ 1 200 m 深度，60 年代的平均温度均较明显地低于其他 3 个年代的平均温度。在 800 m 以上深度，4 个年代的平均温度随时间的推移呈增加的趋势。

3）中深层水的长期变化趋势

我们主要从 500 m、1 000 m、1 200 m、1 500 m 这几个层次来分析南海中深层水的长期变化趋势，500 m 位于南海中层水的核心深度附近，1 500 m 可以看做是南海深层水的上部。

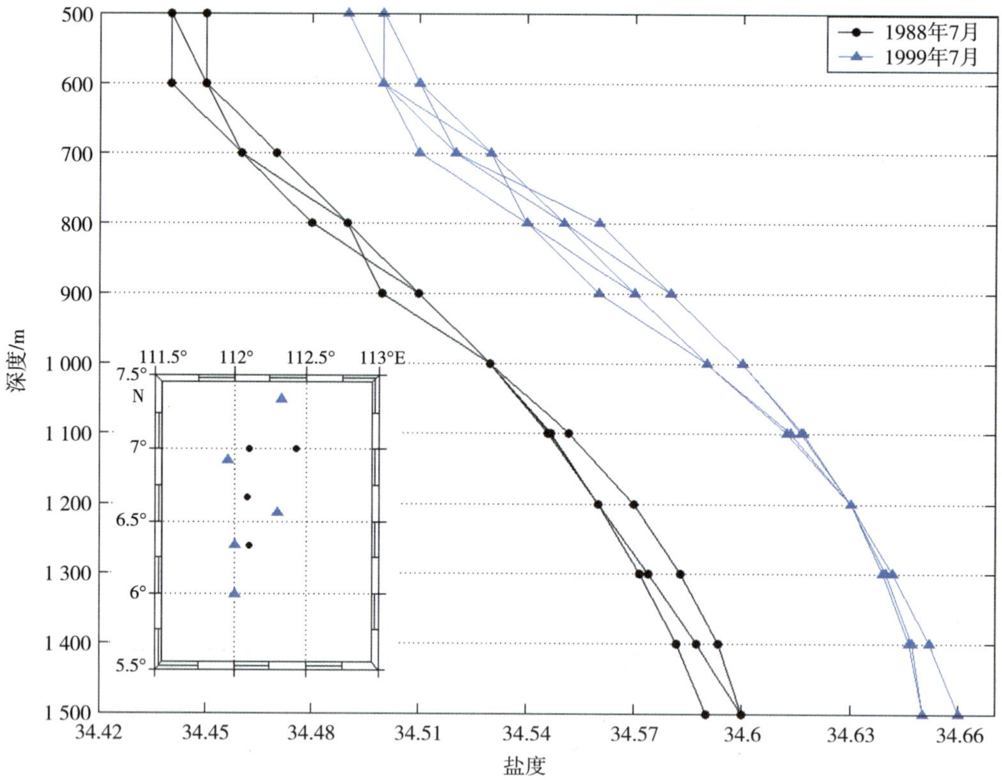

图 20. 23　1988 年 7 月和 1999 年 7 月份部分观测站点的盐度曲线

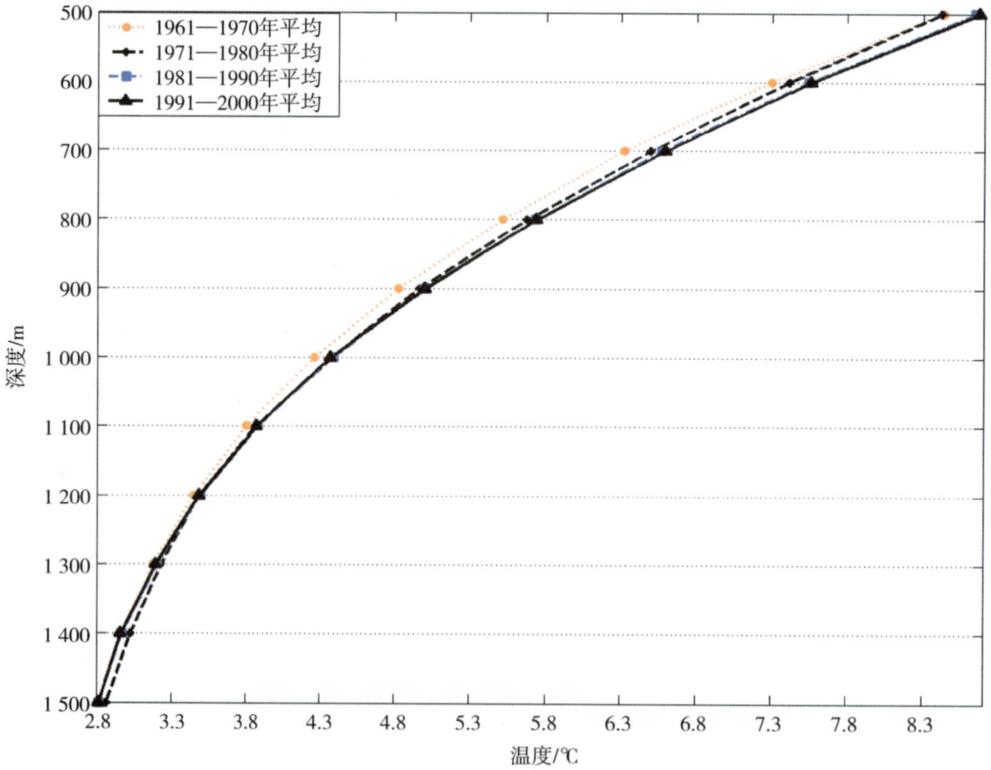

图 20. 24　按年代平均的温度曲线

从图 20. 20 中可以看出，所有这些层次上的盐度分布的时间序列都存在一个共同的显著特征：自 20 世纪 90 年代以来的年份（1998 年除外）盐度显著持续升高，明显高于其他年份，1999

年的盐度达到所有年份中的最大值，从1991—1999年各个层次的盐度增值达0.05左右，因此在对盐度利用最小二乘原理进行线性拟合时，只对60年代至80年代的盐度数据进行拟合，下面所指的盐度长期变化趋势均是指60年代至80年代的变化趋势。从图20.24中可以看出：500 m层的盐度长期变化趋势很弱，只有微弱的上升趋势，拟合方差贡献很低，可能这一层次受上层海洋动力过程的影响较大；600 m层的盐度呈现下降趋势，但总体的下降趋势较弱。800～1 500 m层的盐度均有明显的下降趋势，其中800～1 200 m层自1965—1990年的盐度下降幅度超过0.007/10年，拟合方差贡献也比较大，1 500 m层的降盐幅度也超过0.005 9/10年。从以上分析可以看出，从60年代至80年代盐度呈下降趋势，但从80年代末至90年代末盐度呈现显著的上升趋势，其增盐幅度超过60年代至80年代降盐幅度数倍，如果对1985—1999年的年平均盐度进行最小二乘线性拟合，则可以发现各层次盐度均呈现显著的上升趋势（图略），增盐幅度超过0.06/10年，拟合方差贡献均超过90%。另外还可以看出，盐度长期变化的过程中还伴随着年代际的振荡，与上一节分析的盐度的年代际变化相一致。

温度的变化在90年代没有出现类似盐度变化那样的显著变化，因此在对各层次温度变化的长期趋势利用最小二乘原理进行线性拟合时将60年代至90年代的所有温度都纳入了进去。从图20.21中可以看出，500～1 200 m层的温度变化均呈现上升趋势，其中500～800 m层的温度上升趋势较为显著，从60年代至90年代，这些层次温度的总体上升趋势基本上均超过0.035 ℃/10年，1 000 m层的增温趋势稍弱一些，但这些层次的拟合方差贡献还是比较大的，说明长期变化趋势还是比较明显的，1 200 m层的增温趋势较弱，特别是80年代以后，温度的变化很小，拟合方差贡献也很小。1 500 m层与前面几层不同，虽然该层位于南海深层水的上部，温度较为均一，但却可以看出该层的温度变化呈现下降的趋势，从图中还可以看出，自1975年以后，该层温度的下降趋势更为明显，如果进行线性拟合时，只对1975—1999年的温度时间序列进行拟合，那么所得温度的下降趋势将达到0.03 ℃/10年，拟合方差贡献达77.76%。从图中还可以看出，自1985年以后的温度变化在500～1 200 m层不明显，但相对于六七十年代基本上都是增暖的。温度的这一长期变化趋势与上一节介绍的温度的年代际变化也基本上是一致的。

4）1998年盐度下降的可能原因

首先，我们先具体了解一下南海和西北太平洋平均温盐垂向结构的差异。从图20.19可以看出，南海与西北太平洋的温盐垂向结构存在较大的差异，西北太平洋水的温度和盐度明显高于南海，西北太平洋盐度极大值层（次表层水的核心层）的盐度为34.90左右，核心深度位于175 m左右，而南海盐度极大值层的盐度介于34.56～34.59之间，核心深度位于150 m左右；西北太平洋中层水的盐度极小值层（中层水的核心层）的盐度约为34.2，核心深度位于600 m左右；而南海中层水的盐度极小值层的盐度约为34.4，核心深度位于500 m左右，浅于西北太平洋中层水的深度。在此深度以下，盐度又开始逐渐增加，但西北太平洋的盐度增加速率超过南海，在1 850 m左右深度，西北太平洋的盐度又超过南海水的盐度。从温度垂向结构图中可以看出，在600 m以浅，西北太平洋水的温度高于南海水，在600～1 600 m深度，南海水的温度略高于西北太平洋水的温度，在此深度以下，南海水与西北太平洋水的温度差异逐渐增大且南海水的温度高于西北太平洋水，2 000 m以下南海水的温度几乎保持不变，但西北太平洋水的温度却继续下降。

南海是一个相当独立的海盆，海面终年高温且降雨充沛，上层的次表层高盐水、中层的低温低盐水以及深层和底层的高密冷水不可能在南海本地生成，必然来自外洋，但由于海槛深度的限制，次表层及其下方的水交换只能通过吕宋海峡和民都洛水道进行，民都洛水道水深也只有约400 m，因此南海中深层水主要来自西北太平洋。

1998年是一个异常特殊的年份，发生了强厄尔尼诺事件，而且这一年的观测数据主要来自南海季风试验期间所观测的数据。Kim等（2004）的研究表明，厄尔尼诺年，北赤道流（NEC）分叉点北移，而NEC分叉点的北移有利于西北太平洋水通过吕宋海峡进入南海，由于1998年发生了很强的厄尔尼诺事件，这可能导致该年份较之其他年份西北太平洋有更多的水进入南海，而西北太平洋500～1 500 m层的水体盐度明显低于南海海域，盐度差异最大超过0.2，而且南海的垂向混合较强，从而使得南海在500～1 500 m层的盐度降低，这可能是导致南海在这一年的盐度值相对于20世纪90年代其他年份的盐度明显偏低的原因之一。

20.4.2.3　小结

从以上分析可知，南海中深层水体的性质随时间呈现多种时间尺度的变化特点：

盐度变化最显著的特点是：自20世纪80年代末至90年代末（1998年除外），500～1 500 m各个层次的盐度均呈现显著的上升趋势，上升幅度很大，增加幅度在0.006～0.007/a之间。从60年代至80年代盐度呈下降趋势，90年代盐度又显著增加，表现出年代际变化的特征。就盐度的年际尺度变化及长期变化趋势而言，500～1 500 m各层的盐度变化基本上比较一致。

温度的变化相对复杂一些，其变化过程不是单一的线性变化。总体上看，在1 000 m以上层次，最小二乘线性拟合结果表明温度的变化基本上呈现上升趋势。在深层水上部1 500 m层，温度呈现一定的下降趋势，特别是自1975年后温度的下降趋势更为明显。

由于受观测站点空间和时间分布的限制，只能大体上了解中深层水体的温、盐变化特征。

20.5　南海和台湾以东及其附近海域的涡旋

20.5.1　南海涡旋

关于本节所涉及的内容之一南海若干气旋型和反气旋型涡旋研究的综述，国内外已有一些评述性论文。例如Su（1998；2004），Su等（1990），Yamagata（2001a，b），Hu等（2000），Fang G等（1998），Fang W等（2002），李立（2002b），王东晓等（2004），管秉贤（2004），杜岩等（2004），管秉贤和袁耀初（2006）等。本文在上述评述性论文基础上，对南海和台湾以东海域若干涡旋研究作重点的综述，并适当和重点说明不同涡旋演变的时间特性和成因。

20.5.1.1　南海涡旋结构及其分布特征概况

在南海存在着许多活跃的中尺度涡，正如苏纪兰（2004）所述的，真的可以把这个呈多涡结构的南海环流场比喻为“涡旋动物园”。这个多涡结构的特征，在徐锡祯等（1982）早年引用水文历史数据按动力计算方法绘制的“南海水平环流图”上也初露端倪。南海多核涡结构的形成、演变与南海大尺度环流、次海盆尺度环流及中等尺度涡旋三者之间能量传输过程密切相关（杜岩等，2004）。南海环流场的多涡结构分布，具有很强季节变化特性。为了阐明其季节变化，我们引用Liu等（2008）的研究结果。图20.25为基于海面高度距平

(SSHA) 时间序列自1992年10月至2004年9月2°×2°组织特征图 (SOM) 及相应的地转流速分布。图20.25a为流态1 (4—6月): 较高SSHA位于西南—东北方向, 从越南以东 (12°~15°N) 到西沙群岛以南为海盆尺度的反气旋涡 (gyre)。而反气旋系统的两侧, 在南海北部和南部主要是低的SSHA值分布。图20.25c为流态2 (7—9月): 存在两个较高的SSHA (反气旋式涡) 分别位于南海的东北部与西南部, 而在东北部高的SSHA是较强的, 支配南海北部主要海域, 其中心位于吕宋西北 (16°~20°N), 而在西南较高处是较弱的, 并控制南海南部, 其中心位于越南东南 (8°~11°N), 在上述两高SSHA之间为低的SSHA, 分别位于越南以东 (冷涡) 和南海西北沿岸。图20.25b为流态3 (1—3月): 近似地可看为流态2的反射镜的流态, 两个较低的SSHA分别位于南海东北部和西南部, 而高的SSHA分别位于越南以东和南海西北沿岸。图20.25d为流态4 (10—12月): 有些像流态1的反射镜的流态, 较低SSHA (气旋式涡, gyre) 自西南—东北存在海盆尺度气旋式涡 (gyre), 气旋涡分离地位于吕宋以西 (17°N, 117°E), 西沙群岛以南以及越南西南 (10°N, 111°E), 这些低的SSHA系统两侧, 高的SSHA支配了南海西北部和东北部海域。Liu等 (2008) 进一步指出: ①上述4个流态有一个共同特点, 南海西边界处地转流强于其东边处; ②比较反射镜的流态, 在SOM中流态2和流态4地转流分别地强于在SOM中流态3和流态1。

基于上述的结果, 本节只讨论流态2和流态4, 即以夏、冬季南海环流流场情况为例, 作以下概述。这是因为流态1和流态3分别近似地可看为流态4和流态2的反射镜的流态。图20.26a与b分别表示夏季时南海多涡结构分布概况。图20.26a为在2000年8月中旬水位高度偏差分布, 资料来自T/P; 图20.26b为2000年8月采用广义随底坐标海洋模式南海环流在200 m层的诊断计算的结果 (Wang, et al, 2004)。图20.26c为在1998年6—7月南海环流在100 m层的诊断计算的结果 (Liao, et al, 2007)。图20.26a中C为气旋型涡, W为反气旋型涡。

比较图20.26a和图20.25可知, 图20.26a与图20.25中流态2是基本一致的, 但它们在定量上有些差别。其次, 比较图20.26a和b与图20.25c可知, 它们也是基本一致, 虽然它们分别在不同年的夏季时期。

在夏季南海中、南部海区, 在越南东南存在一个较强的反气旋型涡旋W1及其以北处的气旋型冷涡C1和C2, 同时在越南附近、W1以西处存在一支北向的西边界射流, 这是夏季南海环流一个很重要的显著特性。在后面我们将作讨论。其次, 在冷涡C1东北、吕宋岛西南存在一个反气旋型暖涡W2。此外, 在巴拉望岛西南、加里曼加岛西北, 还存在一个冷涡C7。在南海南部, W1的东南、C7的西南, 还存在一个气旋型冷涡C3。这表明在夏季南海东南部主要受气旋型环流系统所支配。在南海北部, 吕宋岛以西存在一个反气旋型暖涡W3。在东沙群岛附近、W3西北, 存在一个气旋型冷涡C5, 此涡称为东沙涡旋 (Liu, et al, 2008)。在中沙群岛附近还存在冷涡C4。在海南岛以东附近也存在冷涡C6, 在C6与C5之间还存在暖涡W4。在此必须指出, 在吕宋海峡以西海域涡旋是很活跃的, 图20.26a由于作图区域限制未能显示出来, 我们在以下将讨论。最后, 我们指出, 比较图20.26a与图20.26b, 上述2000年8月中旬自T/P水位高度偏差分布所获得夏季南海涡旋分布与同时期采用各种不同数值模式, 即广义随底坐标、非线性海洋模式得到数值计算结果 (图20.26b) (Wang, et al, 2004) 和改进逆模式与三维海流模式 (Yuan, et al, 2005) 得到数值计算结果是基本一致的。比较图20.26a与图20.26b可知, 它们存在定量上差异。这是因为图20.26a表示水位高度偏差分布, 与每层流速分布在定量上有差异。

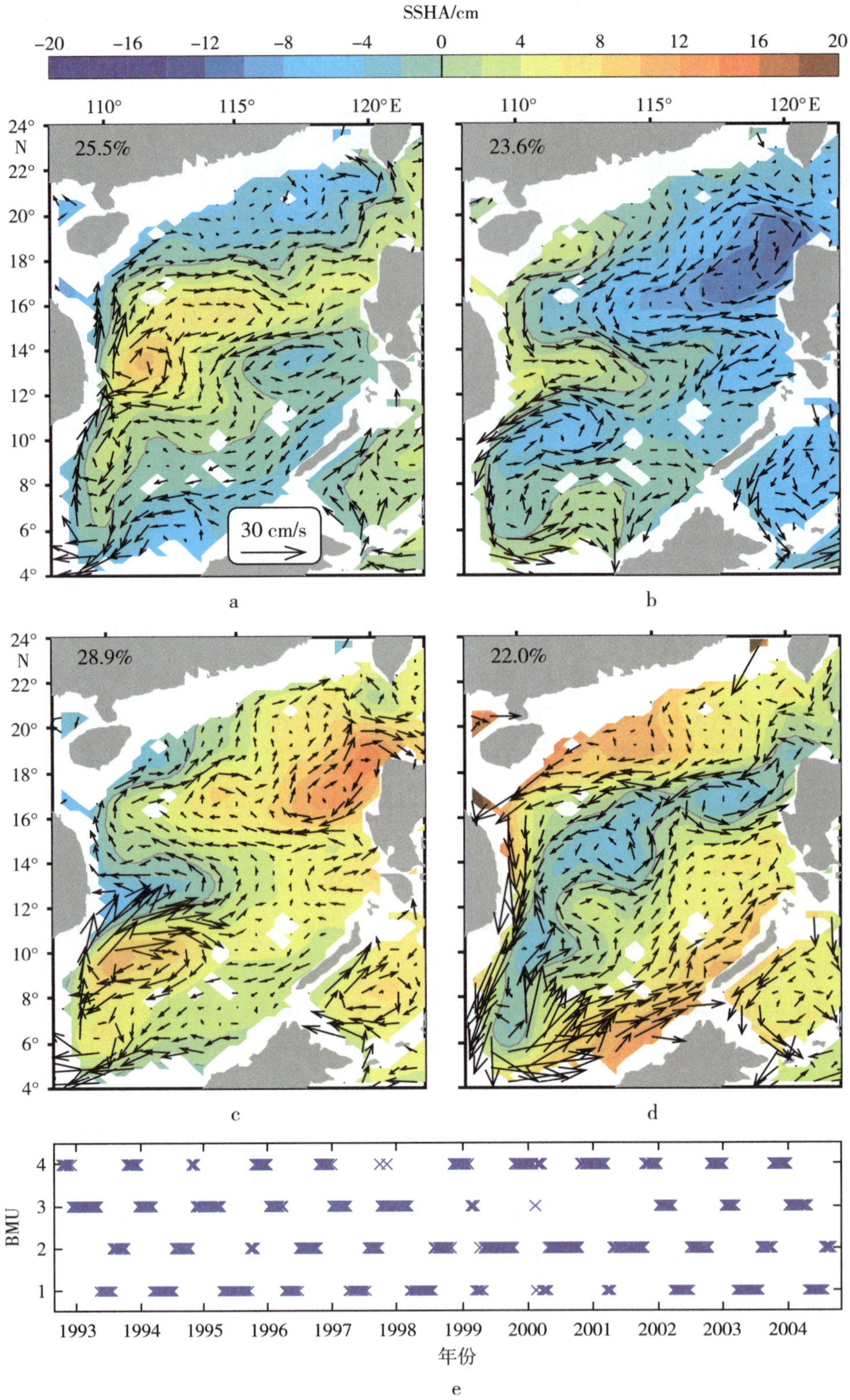

图 20.25　自 1992 年 10 月至 2004 年 9 月 SSHA 时间序列得到的 2°×2°组织特征图（SOM）（Liu，et al，2008）

a. 4—6 月；b. 1—3 月；c. 7—9 月；

d. 10—12 月 SSHA 分布以及相应地转流速分布；e. 4 种流态最匹配单元的时间序列

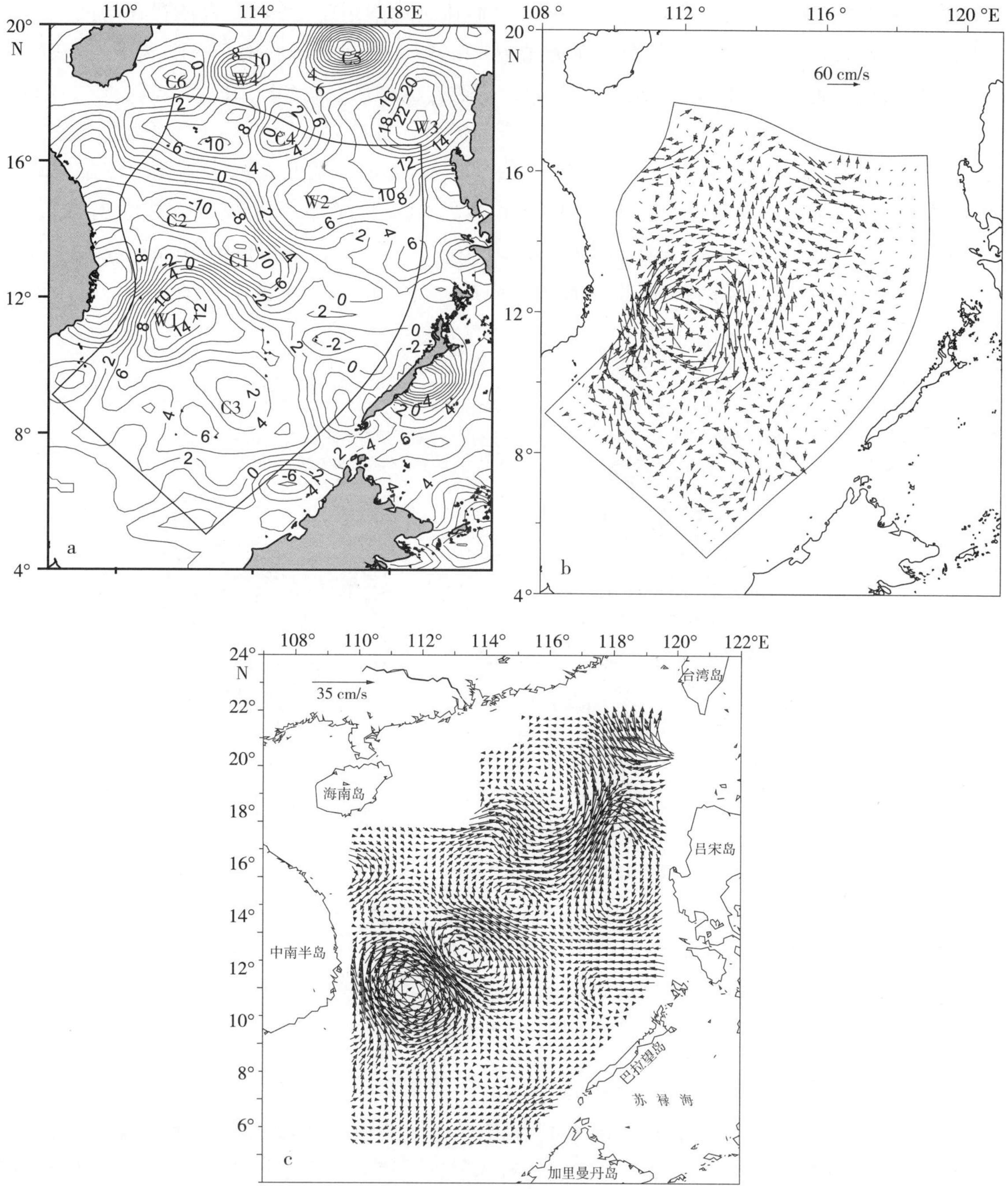

图 20.26 夏季南海中、南部海区涡旋

a. 2000 年 8 月中旬南海水位高度偏差分布（cm）（资料来自 T/P）；

b. 2000 年 8 月采用广义随底坐标海洋模式南海环流在 200 m 层的诊断计算的结果（Wang, et al, 2004）；

c. 1998 年 6—7 月南海环流在 100 m 层的诊断计算的结果（Liao, et al, 2007）

（cm/s，C 为气旋式涡，W 为反气旋式涡）

基于 1998 年 11—12 月航次水文观测资料，采用不同的数值模式得到在 100 m 与 200 m 层南海环流计算结果，它们的结果是基本一致的（廖光洪等，2005；Yuan, et al, 2004）。图 20.27a、b 为采用三维环流数值模式得到在 100 m 与 200 m 层南海环流的计算结果（廖光洪等，2005）。比较图 20.25 与图 20.27a、b 可知，图 20.27 与在图 20.25 中流态 4 是基本一致的，但它们也存在定量上差异。从图 20.27a、b 可知，在越南东部海域存在尺度较大的气旋型环流，并有两个冷的核心 C2－1 和 C2－2。在越南近岸附近与冷涡 C2 以西存在南向、西边界射流。在冷涡 C2 东南和以东分别存在暖涡 W3 和 W2。在吕宋岛西南存在暖涡 W1。在南海北部，吕宋岛西北存在冷涡 C1，在 17°N，115°E 附近也存在冷涡 C3。在冷涡 C2、C3、C1 和暖涡 W1，W2、W3 之间存在一支的东北向或东向海流。在冷涡 C2、C3、C1 西边处存在一支较强的西北向海流。从图 20.27 可知，这支东北向与西北向海流是南海中、北部气旋式环流的一部分。而在东沙群岛附近，冷涡 C3 以北和冷涡 C1 以西存在一个反气旋式暖涡 W4，而在夏季时此地附近出现为气旋式冷涡 C4（图 20.26），这表明，这里的涡旋存在较大季节变化，在紧邻吕宋海峡以西海域，由于调查区域限制，环流结构未能显示出来，我们在下面再讨论。

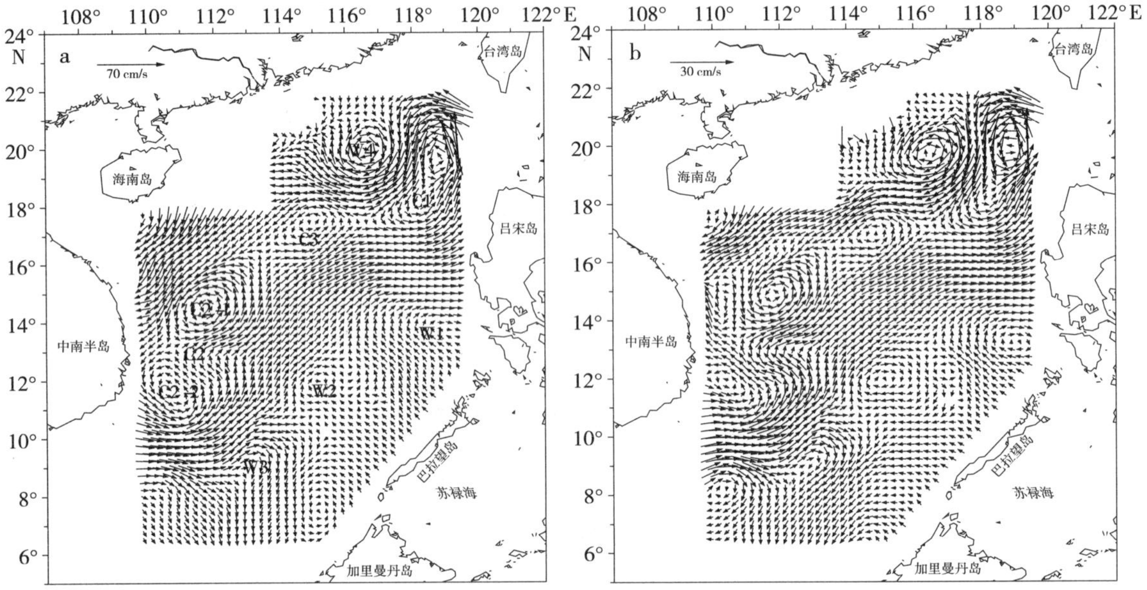

C 为气旋式涡，W 为反气旋式涡

图 20.27　1998 年 11 月 28 日至 12 月采用三维海流诊断计算得到的南海环流水平方向流速分布（cm/s）（廖光洪等，2005）

a. 100 m 层；b. 200 m

限于篇幅，上述只概述夏、冬季时南海涡旋结构及其分布特征。至于其他季节的涡旋结构及其分布特征，可采用图 20.25 指出的各流态之间关系，可以大致了解其概况。其次，G. Wang等（2003）采用 1993—2000 年期间海面高度计资料研究了南海多涡结构及其运动规律。他们把南海分为 4 个区，分别是台湾岛西南、吕宋岛西北、吕宋岛西南以及越南外海。在 1993—2000 年间南海总共有 86 个涡生成，其中反气旋涡与气旋涡的个数之比约为2:1。在台湾岛西南共有 14 个，其中反气旋涡 13 个；吕宋岛西侧沿岸共有 42 个，其中反气旋涡 27 个；越南沿岸共有 30 个，其中反气旋涡 18 个。他们进一步指出：①台湾岛西南的中尺度涡主要在冬季形成，且大多数运动不远；②吕宋西北气旋涡也主要在冬季形成，而反气旋涡则主要在夏季季风期间发生；③吕宋西南气旋涡和反气旋涡皆主要在冬季形成；④越南中部外海的中尺度涡，则如上述已指出的。最后，他们也对中尺度涡生命历程的其他统计特性作了初步分析（Wang，et al，2003），我们在以下还讨论此问题。

以上我们简单综述了南海涡旋结构及其分布特征，在下我们分海区分别作评述。

20.5.1.2 南海中、南部海域涡旋

1）南海中部中尺度涡

上节已叙述了在夏季时南海中部、越南中部外海存在较强反气旋型涡 W1 与及其东北冷涡 C1，在不同年夏季这两涡 W1 与 C1 相对位置有所变化，如 Yuan 等（2005）和刘勇刚等（2000）所指出的。如上述（图 20.26），越南近岸、暖涡 W1 西侧存在一支北向西边界流。从图 20.26 可知，在涡 W1 与 C1 之间存在一支逆风东南向海流。这是夏季南海中部环流的一个重要特征，其动力机制是什么呢？Yuan 等（2005）和 Wang 等（2004）采用不同数值模式得到相同的结论，即斜压场与地形联合作用（JEBAR）和在偏南季风作用下风应力和地形相互作用是产生上述夏季环流的最重要动力原因。倘使在这两种数值模式中都忽略了斜压场与地形联合作用（JEBAR）和在偏南季风作用下风应力和地形相互作用，则上述两种不同的模式数值计算可以得到相同结果，即如果忽略尺度不大的涡，在南海北部基本上是尺度较大的反气旋型环流；在中部基本上为尺度较大的气旋型环流；而在东南部基本上为反气旋型环流。这表明，这样流型与实际南海夏季环流结构相差甚大。只有考虑上述两个最重要的动力原因，才能产生上述实际的夏季南海环流。这也表明，夏季南海环流不满足 Sverdrup 关系，倘使采用 Sverdrup 关系计算流速，得到的流速的量级偏小，至少相差一个数量级。上述两个涡 W1 与 C1 在夏季时总是成对产生的，不少学者称它们为偶极子，但涡 W1 强度要比涡 C1 强度要强，因此 Yuan 等（2005）称它们为准偶极子。Wang 等（2003）指出，它们一般在 5—6 月产生，8—9 月最强，在 10 月消失。对于较强暖涡 W1，苏纪兰等（1999）基于日本气象厅海洋月报的 T/P 海面高度图资料，认为暖涡 W1 在 1998 年时 3 月 14 日已形成，在 8 月后消失。但我们根据 TOPEX/ERS 海面高度资料，发现其在 1998 年 10 月时消失。而 2000 年 T/P 海面高度资料表明，在 2000 年 4 月 25 日以后，在越南近岸 15°N 附近形成暖涡 W1，但此暖涡在 2000 年 9 月时消失，这与 Wang 等（2003）分析结果是基本一致的。因此暖涡 W1 在 2000 年存在的时间比 1998 年时约要短 2 个多月，这表明它们存在着年间变化。关于气旋型冷涡 C2，Qu 等（2000）称其为东越南涡（East Vietnam eddy），并指出，该冷涡在夏季（6—8 月）和秋季都存在。值得注意的，这气旋式环流在冬季继续存在。

如上述，冬季时南海中部、越南中部外海中尺度涡的特性和结构，与夏季时则相反，但其动力原因是与夏季时是相同的，如廖光洪等（2005）与 Yuan 等（2004）已经指出的，在此不再详述。

2）南海西南部涡旋

自 20 世纪 80 年代中期，中国科学院南海海洋研究所开始对 12°N 以南的南海南部的环流及涡旋进行调查研究以来，资料分析结果表明，该海域流场比较复杂，上、下层海流不尽相同，存在许多中尺度涡（侍茂崇等，2001）。近年，Fang 等（1998）及 Fang 等（2002）对南海南部上层环流均有报道，其中涉及若干出现在南海西南部的涡旋。

方文东等（1997）根据水文资料的地转流计算结果指出，南海南部环流主要受季风所驱动，有明显的季节变化。图 20.28a、b 分别为南海海洋研究所“实验 3”号调查船于 1993 年 12 月及 1994 年 9 月观测资料计算得出的表层动力高度分布图。这是表明受季风驱动环流发生明显季节变化的一个典型例子。在东北季风期，南海西南部出现一个呈南北向扁长的气旋环流，即“南沙气旋涡”，其水平尺度很大，位于 5°～10°N，108°～111°E 之间。在西南季

风期，南海西南部出现一个呈西南—东北向椭圆形的反气旋环流即“南沙反气旋”，其水平尺度也较大，位于8°~11°N，110.5°~114°E附近。所以，环流受季风转变而发生逆转。应该指出，这些空间尺度很大或较大的涡旋，只是南海南部次海盆尺度气旋环流或反气旋环流［或称流圈，流涡（gyre）］中镶嵌的一个个结构，而不是独立的涡旋。这种流圈，无论冬季和夏季，在Dale（1956）和Wyrtki（1961）的早期相应海流图中已出现过（Fang，et al，1998），在徐锡桢等（1982）绘制的南海水平环流图上也可看到，现在则得到了动力计算和数模结果（方文东等，1997；Fang，et al，1998；薛惠洁等，2001）的证实。

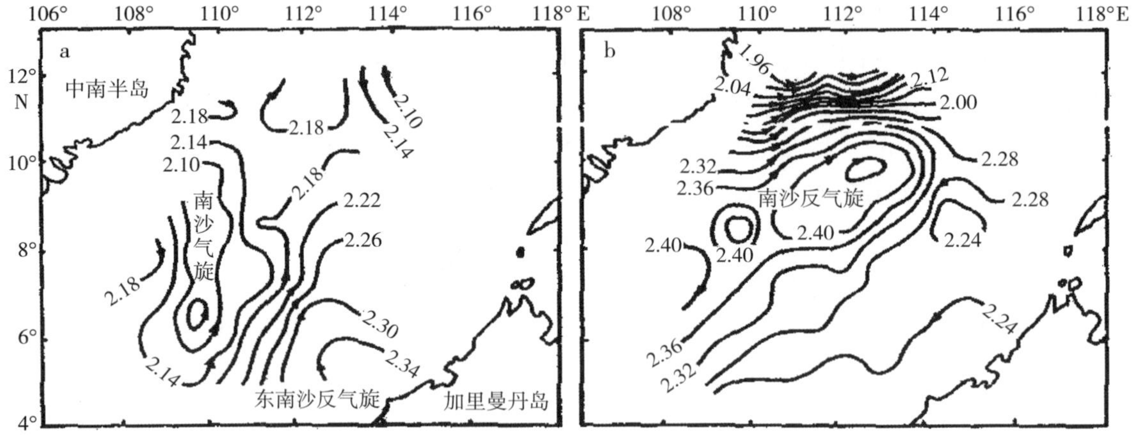

图 20.28　南海南部海区表层动力高度分布（0/1 500 db，dyn. m）

（1 db = 10 Pa，dyn · m = 10^{-5} N · m）（李立，2002b）

a. 1993 年 12 月；b. 1994 年 9 月

关于南海西南部涡旋，我们进一步具体分析了TOPEX/ERS的SSHA资料。自2004年1—6月，从TOPEX/ERS的SSHA资料看，涡旋分布变化较大，故不详述。但7月开始，明显地出现南沙反气旋涡，它位于8°~11°N，109°~113°E附近（图略）。8月继续出现，而9月最强（图20.29a），范围也最大，位于5°~11°N，108°~114°E，其核心在8°~11°N，110°~114°E附近海域。在此强的反气旋型涡的核心以南，存在一个较弱的、尺度不大的冷涡，它位于5°~8°N，111°~113°E。在2004年10月20日此南沙反气旋涡继续出现，位于8~11°N，110°~111°E附近，并且同时出现南沙气旋涡，位于5°~8°N之间，108.5°~110.5°E附近（图20.29b）。在2004年11月南沙气旋涡明显出现。在冷涡以南存在一个较弱的反气旋型涡（图略）。12月在5°~10°N附近海域很明显存在这个南沙气旋涡，范围较大（图略）。在南沙气旋涡东南，还存在一个反气旋型涡，位于8°N以南，111°E以东和加里曼丹岛以西。1998年12月在南海西南部，6°~11°N，也存在南北向扁长的气旋环流，即“南沙气旋涡”（图略）。

如上叙述，在9—12月同时出现“南沙气旋涡”和“反气旋涡”，这是我们从TOPEX/ERS的SSHA资料中发现的。上述分析表明，南海西南部涡旋季节变化也是较大的，特别在7—12月期间。

3）南海东南部涡旋

夏季时南海东南部，如上所述，2000年夏季主要受气旋型环流所支配（Wang，et al，2004；Liao，et al，2007），主要在巴拉望岛以西存在一个气旋型环流系统C7，以及暖涡W1

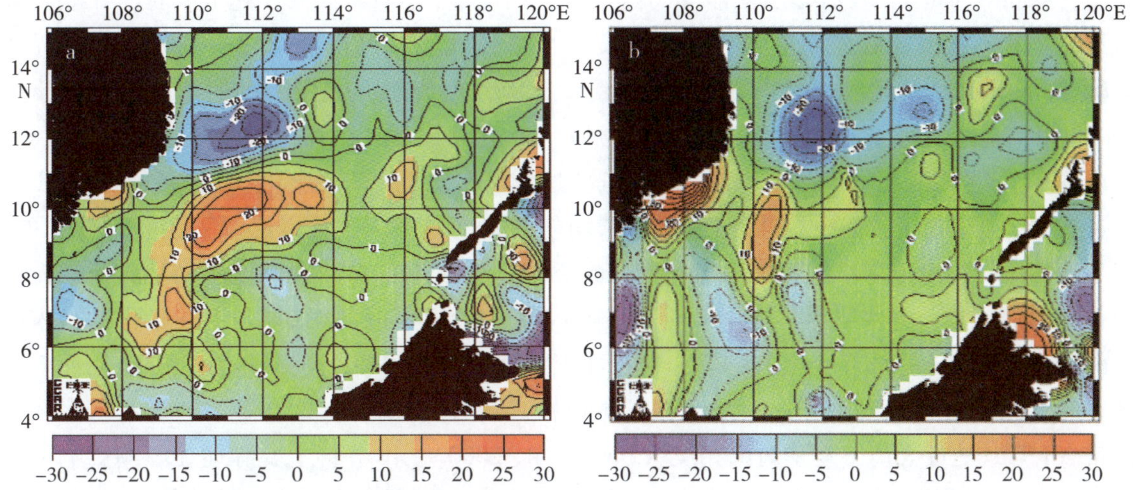

图 20.29 2004 年南海南部 TOPEX/ERS 的海面高度偏差（SSHA）分布

a. 9 月 15 日；b. 10 月 20 日

东南存在一个气旋型涡 C3。其次，在加里曼丹岛西北还存在范围不大的气旋型环流（图 20.26a）。冬季时南海东南部，在加里曼丹岛西北，存在一个尺度不大的反气旋涡（图 20.27）。通过中国和马来西亚国际合作研究，在南海南部马来西亚陆架以外的次表层至底层发现了一个新的反气旋式涡旋（Tangang，et al，2011），主要受季风控制。比较南海西南部与东南部的涡旋分布可知，在南海西南部涡旋要活跃得多，变化也较大。

20.5.1.3 南海北部海域涡旋

1）吕宋海峡西侧涡旋以及南海东北部涡旋

南海的物理海洋环境的变化，特别在南海北部，受黑潮通过吕宋海峡入侵南海的影响很大。关于在黑潮通过吕宋海峡流入南海净流量，国内外一些学者作了估算，如 Qu 等（2000）从气象数据应用“绕岛原理”（“Island Rule”）估算通过吕宋海峡年平均净流量为 $4\times10^6\ m^3/s$。但大部分工作都从数值模式进行估计的（Qu，et al，2004）。最近 Qu 等（2004）的研究工作表明，他们采用高分辨海洋总环流模式（OGCM）得到的计算结果如下，吕宋海峡的流量（LST）年平均值为 $2.4\times10^6\ m^3/s$，季节变化为冬季最高达 $6.1\times10^6\ m^3/s$（西向），夏季最小为 $0.9\times10^6\ m^3/s$（东向）；年际时间尺度的变化，在厄尔尼诺年 LST 较高，而拉尼娜年 LST 较低。关于西边界流通过海峡流态变化的机理探讨，存在不同见解。例如 Metzger 和 Hurlbert（1996）采用 NLOM 模式，认为季风是一个重要动力原因，它造成黑潮通过吕宋海峡在子午方向水位的季节变化，即冬季时加强，而夏季时减弱；Qu（2000）也认为沿岸方向压力梯度是黑潮入侵南海的主要动力原因；Stommel 和 Arons（1960）认为西边界流通过子午向峡谷入侵，主要动力原因是由于 β 效应。Sheremet（2001）采用单层深度平均近似（密度场是均匀的）讨论了 Munk 厚度 LM 的西边界流通过在海脊峡谷的理想问题，他引入两个无量纲参数：①峡谷的无量纲半宽度 $\gamma = a\ LM^{-1}$，其中峡谷宽度为 $2a$；②雷诺数 $Re = QAL^{-1}H^{-1}$，Q 为西边界流的流量，AL 为侧向涡动黏滞系数，H 为水深。Sheremet（2001）讨论了该问题的流函数的解，他很依赖于上述的两个无量纲系参数 γ 与 Re 的取值。例如 γ 取某一个值，低 Re 时边界流能够流入峡谷，并向西扩展到西部区域，形成反气旋入侵。但当惯性（Re）增加达临界值 Rep 时，边界流路径由反气旋入侵经过短暂的周期甩涡态而迅速地变为跨隙越过峡谷（跨隙态，leaping state)，没有多少流能够向西入侵。相反地，当 *Re* 数减少达 *Rep* 时，在峡谷处附近流径并不能恢复到周期甩涡态或反气旋向西入侵流态，只当继续减少到另一个临界值 *ReL*，并满足 *ReL* 小于 *Rep* 时，边界流才回到反气旋入侵流态，但不经过周期甩流态。Sheremet（2001）指出了从一个稳定流态转变为另一个稳定流态时存在迟滞（hysteresis）现象，并出现在 *Re* 范围满足 $ReL < Re < Rep$。他称这过程类似于“茶壶效应”。我们必须指出 Sheremet 的模式虽然是很简单的，特别地假定了均匀的密度场等，这一点必须引起我们注意的。但是他指出了一个重要事实，即西边界流在峡谷附近处流态存在两种完全不同稳定流态，以及存在迟滞现象，这些结论是有一定理论和实际意义的，例如，这结果与上述指出的吕宋海峡的流量（LST）的季节变化的结果，在定性上相似。吕宋以东黑潮流量存在季节变化，在冬季时达到最小值，此时太平洋水更容易通过吕宋海峡进入南海，即在冬季通过吕宋海峡的流量（LST）达最大值，夏季时则相反（Qu，et al，2000）。本节将主要综述在黑潮影响下吕宋海峡西侧的涡旋的变化，这方面的研究不少，有各种不同看法和观点，综述如下。

首先讨论较早的水文观测结果，Nitani（1972）根据 CSK 调查期间（1965，1966 年夏季）所得的 GEK 观测资料及海面动力高度分布图指出，当黑潮沿吕宋北流进入吕宋海峡后，约在 20°N 有一分支，经常向西流动进入南海，其中大部分绕暖环流流动后又回到黑潮主轴。同年 Chu（1972）也指出上述类似现象。这是他们对黑潮入侵在吕宋海峡西侧出现反气旋流套的最早描述。王胄和陈庆生（1987）根据 1985 年 4 月 13—19 日“海研 1”号调查船在南海东北部所得的 CTD 资料，指出这海域存在一个直径约 200 km 的暖心高压型环流（他们简称为“南海暖涡”），暖涡内的海水呈现黑潮域表层水的高温、高盐的特征，从而判定它是由黑潮域的表层水在东北风驱动下流入南海东北海域后形成的。

再叙述 20 世纪 80 年代有关的数值模拟研究的工作。Ma（1987）曾用非风生正压数值试验，黑潮从东边界入侵，假设流函数满足正弦分布，研究了南海北部冬季环流及其与大尺度洋流的关系，得出了流函数分布图，还引用黑潮联合调查（CSK）所得的水文资料分析了位于计算区域东部的那个反气旋环流及其中心的反气旋涡的性质。她着重指出“这个反气旋环流其中心水体具有高温、高盐特征，表明它可能源自西太平洋”；“很像墨西哥湾的套流（loop current）一样，这个反气旋环流似乎是由巴士海峡中的黑潮分支延伸或从它割离出来的一部分形成的”。从上述，在中国内地学者中，马虹首先提出了当黑潮流经吕宋海峡时，可能形成向南海入侵的流套以及在南海形成分离流环的概念（管秉贤等，2006；管秉贤，1978a）。此外，黄企洲（1984）也讨论了此海域涡旋分布。

不久，李立等（1989，1997）在回顾南海东北部环流早期研究结果的基础上，撰专文提出了“黑潮南海流套”的概念，并对其水体的温、盐度特征以及流套的水平、垂直和时间尺度等作了详细和深入的研究，更将“黑潮南海流套”和“湾流的墨西哥绕流”作了对比，指出两者的动力学形势具有很多相似处。

近十几年来，吕宋海峡西侧黑潮反气旋流套已成为我国近海环流研究中的热门课题之一。例如蔡树群和苏纪兰（1995），李薇和刘秦玉（1997）等也根据位涡度守恒原理，对流套的存在进行了初步证明。蔡树群和苏纪兰（1995）采用不考虑风场的两层模式试验表明，只有当黑潮流量或流幅相当小时流套才会出现，但模拟结果没有出现流套被掐断的情况。基于 1994 年 9 月初 CTD 和 ADCP 的观测，在南海东北部大陆坡外侧发现一个反气旋型流环，Li 等（1998）认为这个反气旋型流环来源于黑潮分离流环。但是许建平和苏纪兰（1997）以及 Yuan 等（2007）都认为这个流环并不来源于黑潮，而是从吕宋西北海域产生的。近来，Xue

等（2004）采用 Princeton 海洋模式研究黑潮入侵南海和南海环流，他们的数值计算结果表明，除 10 月（秋季）以外黑潮入侵在吕宋海峡西侧总能形成反气旋流套。但苏纪兰等（1999）着重指出，这些以流套、分支和反气旋分离流环形式自西太平洋进入南海的水体，其 T－S 特征只是接近黑潮水而已。最近，Wang 等（2008）基于 2003 年和 2004 年冬季在南海东北部调查，对 SLA 和 SST 图像并结合温度和盐度断面进行分析，发现两个反气旋式涡旋 AE1 和 AE2，他们认为涡 AE1 是在南海内部产生的，而 AE2 是从“黑潮弯曲”脱落的。

关于数值研究，特别要指出以下重要的工作。Metzger 和 Hurlburt（2001a）的数值研究表明，如果在吕宋海峡及其附近海域采用很精细网格，例如要分辨吕宋海峡内小的岛屿和浅滩，则至少需要（1/16）°或更精细的网格来描述。在这样的精细网格模式中，黑潮平均路径只是简单地从吕宋海峡附近绕过南海。只有当计算网格较粗时，即采用不能分辨小尺度地形特征的粗网格，则黑潮将以“流套”的形式入侵南海（Su，2004）。关于后一种粗网格情况，如 Xue 等（2004）工作；再如 Jia 等（2005）采用 2 1/2 层化模式，而子午向和纬方向水平网格皆取为（1/4）°粗网格，得到结果如下：当黑潮流量在 21Sv 到 28Sv 范围内，会出现反气旋涡脱落现象，这结果是与 Sheremet（2001）数值研究的结果很不相同的，此外，最近袁东亮和李锐祥（2008）指出“Jia 等认为黑潮在吕宋海峡的涡旋剥离是由于锋面不稳定性机制，但是锋面不稳定多以涡丝或锋面的拉伸扭曲为其变化特征，而且其模拟的涡旋剥离周期与观测不符。”

基于 Metzger 和 Hurlburt（2001a）的重要结果，Su（2004）认为，黑潮水入侵南海可能由黑潮锋面不稳定而引起反气旋中尺度涡。最近苏纪兰（2005）再次指出：“早期的研究曾建议黑潮可能以流套（loop）方式进入南海，或有一直接分支进入南海。但迄今为止，所有较具规模的准同步调查均仅在吕宋海峡 119°E 以东海区发现黑潮水，而未发现在南海有这两种形式中任一种的存在。事实上，利用非线性的 Beta 平面约化模式可以得出，不可能有稳定的黑潮分支流进入南海，黑潮水只能以非稳态的方式进入南海，如涡之类。Beta 效应驱使这些涡向西行，导致黑潮水向南海的净输运。”

以下我们将分别地讨论卫星资料分析以及卫星跟踪的 Argos 漂浮标资料的分析结果：

通过分析卫星水色数据，海表温度和海表高度数据，Yuan 等（2006）指出：①冬季，表层黑潮的主路径从吕宋海峡东北开始入侵南海到台湾的西南海域，然后沿着南海北部陆坡向西流动；②黑潮主要路径是以从吕宋海峡附近简单地绕过南海为主，只有在年平均不到 30% 的时间内黑潮以大弯曲反气旋形式入侵吕宋海峡。但其机理尚不清楚。值得注意的是，苏纪兰等（1999）指出在 1998 年 4 月 10 日至 5 月 5 日以及 6 月 12 日至 7 月 6 日两个南海季风试验的调查结果证实了黑潮并未直接入侵南海，而该两个调查期间正是 Yuan 等（2006）从卫星遥感资料分析得到结果为黑潮入侵并未出现大弯曲的时期，也正是 Qu 等（2004）得到的黑潮入侵最弱的时期（杜岩等，2004）。最近袁耀初等（2008）也揭示在 2002 年 3—4 月航次并没有出现流套入侵的现象。

近来，Centurioni 等（2004）自 1989—2002 年应用 Argos 浮标卫星跟踪漂流物以观测表面海流（0 ~ 15 m 水层），观测海域为菲律宾海通过吕宋海峡以东至南海，旨在研究海流从菲律宾海通过吕宋海峡进入南海的季节变化。观测结果指出漂流物通过海峡进入南海内只发生在 10 月至翌年 1 月之间，总体的平均速度为（0.7 ± 0.4）m/s，日平均西向速度最大可达到 1.65 m/s。关于动力机制，他们认为漂移物轨迹不仅与风应力作用有关，而且也与海洋斜压场变化有关。对上述现象，苏纪兰（2005）也作了解释。

综上所述，黑潮入侵对南海环流的影响，特别在吕宋海峡西侧反气旋流套（Loop Current）是否存在？目前存在着两种不同的观点，问题的根源在于缺乏长时间海流和水文观测资料的论证，也缺乏长时间卫星遥感观测资料的论证，做肯定或否定结论似乎都过早。从上述研究表明，对于不同无量纲参数的取值，可能得到完全不同的流态。特别为了解决这个问题，需要从长期观测资料的分析，在不同外界条件下（黑潮入侵流量的变化，季风的改变，在海表面上海洋与大气热交换量的变化等），了解在吕宋海峡西侧涡旋和流速分布是如何变化的情况。重要的问题是必须明确出现实际的流态的动力学原因。我们同意苏纪兰（2005）以下的结论："对于南海环流的概貌及风场和黑潮驱动环流的机制，目前已有了初步认识。比较不足的有两方面，一是关于南海与西菲律宾海通过吕宋海峡的交换过程，另一是南海中尺度涡的生成机制和消亡过程。"我们认为，这些问题很有兴趣，其中的分歧意见必须通过今后深入和细致的、长时间的海流和水文观测，以及长时间卫星遥感观测资料的论证才能逐渐认识清楚。

关于南海东北部涡旋，本文只讨论香港东南面反气旋涡。香港东南面的反气旋涡最早是由仇德忠等（1984）根据中国科学院南海海洋研究所南海东北部综合调查结果提出的，他们指出，在1979年6月22日至7月26日观测期间在东沙群岛西部水深75～150 m处，有一个水温高于27 ℃的闭合形暖水区存在。在50 m层上这个暖水区的中心约在21°N，115°E附近，它正位于东沙群岛西南的气旋式冷涡的北部，但空间尺度较小，仅100 km左右。然而，1982年6月11日至7月16日的调查结果表明，在同一层次上这个闭合形暖水区消失，在大致相同水域上却呈现为水温低于22 ℃的较大冷水区。柴扉等（2001a）的研究工作表明，香港东南面也看不出有明显的反气旋涡，而海南岛东部的反气旋涡则显现得相当明显。所以，香港东南面的反气旋涡其存在是很不稳定的。在徐锡祯等（1982）引用1921—1970年间历史资料根据动力计算方法得出的南海水平环流图上，春季（3—5月）其表层也有一类似的反气旋涡，但其中心位于22°N，117°E附近。最近，苏纪兰等（1999）根据1998年南海季风试验春季航次调查结果指出，在东沙群岛东南海域伴生一个暖涡。Yuan等（2004）根据1998年冬季航次调查的诊断计算结果也指出，在香港东南外海有一反气旋暖涡，其中心约位于20°N，116°40′E附近。这些反气旋暖涡的位置都比较接近，但因其所根据的测站网格较粗，它们的相关性难以比较。

许建平等（2001）根据他们的数值计算结果认为，香港东南面的反气旋涡是一个出现在春、夏季（4—9月），中心位于21°N，115°30′E附近，呈椭圆形结构的陆架锋面涡旋；但同时强调指出，由于受南海东北部黑潮流套的影响，该涡旋弱而混乱。所以香港东南海域的环流场是很复杂的。

2）吕宋西北气旋式涡

在Fang等（1998）绘制的南海上层环流示意图上，无论冬、夏季，吕宋西北海域都存在一个空间尺度较小，呈西南—东北向的椭圆形气旋式涡，以东则为向北流动的黑潮主干。他们认为吕宋西北气旋式涡（NWLCE）是吕宋西北气旋式流圈（NWLCG）的两个核心之一。Fang等（1995，1996）的数值模拟结果表明，吕宋西北气旋式涡是一个准永久性特征，其存在机制是动量平流，即可认为它是西边界流黑潮的惯性再生环流。Fang等（1998）认为吕宋西北气旋涡最早可能是由Nitani（1972）指出的，在他给出的1965年夏季200 m层温度分布图上，在吕宋海峡北部为向西延伸的暖流套（在边缘，温度>16 ℃），其南部则为冷涡（在中心，温度低于14 ℃）。Nitani（1972）认为，它们分别来自太平洋和南海，都与黑潮在吕宋海峡内的弯曲有关。在徐锡桢等（1982）绘制的南海水平环流图上，只有冬季（12月至翌年2月）500 m层上，吕宋西北海域才有一位置和尺度与Fang等（1998）所绘相近似的独立的气旋式冷涡。

而薛惠洁等（2001）称这个吕宋西北部气旋涡为“巴布延群岛西侧气旋涡”。他们根据数值计算结果指出，这是空间尺度约为200 km的涡旋，位于吕宋岛西北角，其中心位置在19°N，120°30′E附近，这与Fang等（1998）描述的吕宋西北部气旋涡的位置几乎相同，流速约10～20 cm/s，四季都存在。Qu等（2000）则称此吕宋西北部气旋涡为西吕宋涡（West Luzon eddy）。他指出，该涡范围约为几百千米，首先出现在11月，在翌年1—2月该冷涡达到最大的强度，而在5—6月以后衰减（钟欢良，1990）。由此可知，它并不是四季都存在。

我们从图17.27可以看出，冬季时在吕宋西北明显地存在气旋式涡，但是否四季都存在还有待于观测证实。

3）东沙群岛西南的气旋式涡旋

中国科学院南海海洋研究所（1985）在1979—1982年开展南海东北部综合调查期间发现，在东沙群岛西南海域，西向的黑潮南海分支左侧（顺流方向），几乎终年存在一个气旋式涡旋，在这涡旋中出现的低温高盐水则是气旋式环流导致下层海水向上涌升的结果。这个冷涡的大体范围在17°30′～21°N，114°～117°30′E之间，中心位置大致集中在18°30′～20°30′N，115°～116°30′E。涡旋的水平尺度约100 n mile，厚度介乎300～600 m之间。在春、秋季，冷涡发展较充分，水平尺度超过100 n mile，垂直尺度约500～600 m，中心位置较偏南；而在冬、夏季，冷涡似较弱，厚度仅300 m，中心位置亦偏北。在水平方向上冷涡的地转流速很不均匀，如北侧表层流速为20～45 cm/s，50 m层为16～36 cm/s，而南侧或西侧的流速仅为北侧的1/2～1/3，甚至更小。至300 m层流速5～7 cm/s。其他一些海水中所含要素的分布也证明东沙群岛西南海域存在气旋式涡旋（中国科学院南海研究所，1985）。但据黄企洲和郑有任（1996）报道，在1992年3月海峡两岸开展南海东北部环流“配合性”协同调查时，在东沙群岛西南海域都没有发现上述在1979年及1982年间曾几乎终年存在的气旋式冷涡。这表明，这个冷涡可能具有较明显的季节和年际变化。

4）海南岛以东外海的暖涡

图20.30a和b分别为南海北部1959年3月及6月$\sigma_t=24$等深线分布图。可以看出，在海南岛以东，西沙群岛以北南海暖流右侧海域均存在一个顺时针环流。两者位置大致相同，只是前者的范围略小一些，故可以认为后者是由前者发展而来的。在6月资料中暖涡显现完整，它大致以19°N，113°E为中心呈椭圆形，长轴半径约长60 n mile。它是一个中心为高温（大于29.5 ℃）、低盐（小于34.25）从而低密（小于21.5）的水体。其周围水体将绕暖中心作反气旋式流动，而在涡旋中心产生下降流，$\sigma_t=24$面下沉约150 m（图略）。根据动力计算，这个密度环流的地转流速相当强，表层最大可达98 cm/s，100 m层仍可达64 cm/s，其影响深度可达200 m以深①。

① 管秉贤和陈上及。1964。中国近海的海流系统。全国海洋综合调查报告第五册第六章。国家科委海洋组海洋综合调查办公室编，1—8。

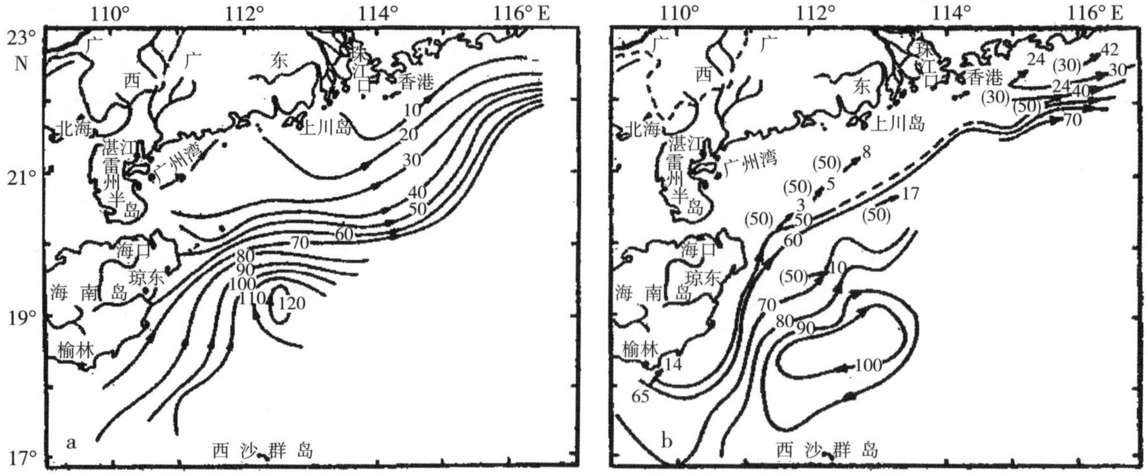

图 20.30　南海北部 $\sigma_t=24$ 面深度分布（m）

a. 1959 年 3 月；b. 1959 年 6 月

海南岛以东外海这个早在 20 世纪 50 年代底被发现的暖涡，在以后的调查研究中曾多次被观测到。例如，国家海洋局南海分局 1975—1984 年期间在南海北部陆架邻近水域开展了 10 年水文断面调查，钟欢良（1990）在“密度环流结构”研究中指出，在中沙、西沙群岛以北海域存在着许多涡旋现象，其中包括海南岛以东外海曾出现过的暖流。1992 年 3 月台湾海峡两岸学者在南海东北部进行环流协同调查，在调查海区西南部也观测到顺时针流动的暖涡。黄企洲和郑有任（1996）认为，这个暖涡与全国海洋综合调查期间 1959 年 3 月观测到的那个暖涡相一致。1998 年 6—7 月进行南海季风试验（SCSMEX）期间，海南岛以东附近的 ADCP 测流断面结果也证实在这里存在反气旋涡，并与数值模拟结果相一致（许建平等，2001）。最近，薛惠洁等（2001）引用普林斯顿海洋模式（POM）的计算结果，结合温、盐度和 ADCP 测流资料，深入研究了海南岛以东外海的暖涡（他们称其为“海南岛东部反气旋涡”）。除了确认这个反气旋涡早在全国海洋综合调查期间（1959—1960）就已被发现，后管秉贤（1997）又作进一步研究报道外，他们研究得出的这个反气旋涡的基本特征与当年（1959 年 3 月及 6 月）观测到的情况相当一致（柴扉等，2001a）。他们更根据美国海洋资料中心（NODC）的温、盐度资料所绘成的温、盐度各层分布图研究了包括海南岛以东反气旋涡在内的南海北陆架反气旋涡的年际变化特征，发现它们的空间尺度和温、盐度比差的变化可能与厄尔尼诺现象有一定的关系：在强厄尔尼诺年要比非厄尔尼诺年和弱厄尔尼诺年显著增强，与其相关的琼东沿岸上升流也相应增强。关于海南岛以东反气旋涡的形成机制，他们认为，夏季时锋面作用和地形的联合作用是其中的主要原因，此时反气旋涡得到加强；而在冬季时锋面作用消失，但地形作用依然存在，此时反气旋涡就要弱些（柴扉等，2001a）。综上所述，可以认为海南岛以东反气旋涡是“一个低盐暖水涡，也是一个永久性涡”这个结论（柴扉等，2001a）看来是正确的。

5）雷州湾以东的冷涡

1959 年在雷州湾以东海域进行了 4 个测站的海流昼夜连续观测，结果表明①，余流矢量形成一反时针涡旋，表层、5 m 及 10 m 层都有同样涡流存在；同步的温度分布构成了一个以

① 管秉贤和陈上及。1964。中国近海的海流系统。全国海洋综合调查报告第五册第六章。国家科委海洋组海洋综合调查办公室编，1—8。

20°30′N，111°30′E 为中心的冷水区（小于27 ℃），周围温度为28～29 ℃；动力高度分布也有相似趋势，冷中心等值线呈封闭形，气旋式冷涡的空间尺度约100 km（图20.31）。在通过冷中心的 σ_t 断面图上，σ_t =23 等值线自5月至6月并有所上升（图略），显示气旋式冷涡中心为辐散区，确有海水上升运动。关于这个冷涡的形成原因，当年认为与雷州湾以东海域的内凹地形有着密切关系。在盛行西南风作用下，湾外侧产生顺风的偏东北向流，湾内侧产生逆风的偏南向回流，因而构成这个气旋式小环流。同时，自海南岛东北外方流向东北的南海暖流也带动了湾外侧的海水流向东北，才加强了这一涡旋。最近，在1998年开展南海季风试验（SCSMEX）期间，许建平等（2001）也阐述了这个气旋式冷涡，他们称其为“琼州海峡东部气旋涡”。并根据观测结果指出，这个气旋涡的中心位置约在20°30′N，111°E 附近，空间尺度约为100 km。从这两点看，这个气旋涡在1959年夏季与1998年夏季相当一致。俞慕耕等（1993）根据1929—1989年的实测资料绘制的“南海海流系统图”上，无论冬、夏季，在雷州半岛以东海域均存在一个气旋式涡旋（图略）。由此可见，这涡的形成与雷州湾以东的内凹地形密不可分。

海南岛以东外海的暖涡和雷州湾以东的冷涡这两个涡旋的发现是我国区域海洋学文献中关于中尺度涡现象研究的最早记载。

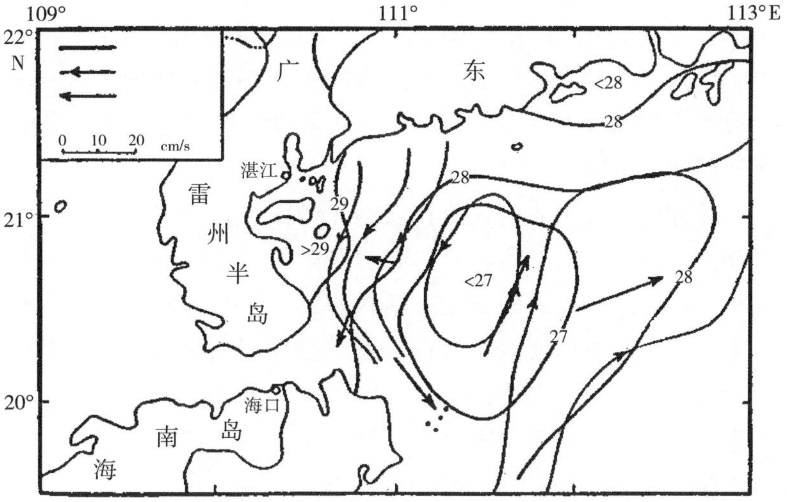

图20.31 雷州湾以东海域1959年6月表层余流矢量、动力高度和水温分布的比较

20.5.2 台湾以东及其附近海域涡旋

关于本文所涉及的内容之一——台湾以东海域若干气旋型和反气旋型涡旋研究的综述，国内外近来评述性论文不是很多，如袁耀初和苏纪兰（2000）等。此外，在黑潮源地区域，台湾以东及东海，管秉贤（1983）也进行了综述。台湾以东海域，如 Hasunuma 和 Yoshida（1978）指出的，对于了解黑潮、黑潮逆流等流系，是很重要的，这是由于很多次流涡（sub-gyres）的西部分在此地相遇。在台湾以东海域黑潮主流以东经常出现中尺度涡（Yuan，et al，1998；袁耀初等，2000a），而且中尺涡变化较大而复杂。有时（如在1996年5—6月）在黑潮主流以东明显地出现中尺度气旋式冷涡（仇德忠等，1984）；但有时（如在1997年夏季）黑潮主流以东出现反气旋式暖涡（袁耀初等，2000b），其暖涡中心位于22°20′N，123°E 附近，自表层至1 000 m 以深都存在。但在1997年12月强厄尔尼诺期间（袁耀初等，2000a），台湾以东涡旋分布十分复杂，例如在黑潮主流以东123°E 附近存在一个较弱的反气旋式涡。在石

垣岛、宫古岛以及冲绳岛以南存在范围较大的反气旋环流，其中心约在24°N，125°～126°E之间。与1985年初夏、1995年10月、1996年初夏以及1997年7月等航次的调查结果相比，它的范围要扩大，暖中心向西移动。但从历史观测记录可知，在石垣、西表岛以南海域，曾多次出现一个冷水区，如在1966年3—4月及9—10月，在此区域出现一个冷涡（管秉贤，1983）。从上述，台湾以东海域各种中尺度涡变化较大，有季节和年际变化等。必须指出，这些中尺度涡对黑潮的流态和路径有较强的影响。由于它们相互作用，在台湾以东黑潮经常分成为主流和分支。例如，在1996年初夏，从ADCP观测流结果和数值计算首次发现在台湾以东海域存在的黑潮的一个东分支流向琉球群岛以东海域（Yuan，et al，1998）。这表明，研究台湾以东海域中尺度涡和黑潮之间相互作用是很重要的。本节限于篇幅，着重叙述吕宋海峡以东及其附近涡旋以及台湾以东两个冷涡。

20.5.2.1 吕宋海峡以东及其附近涡旋

关于吕宋海峡以东涡旋，也有一些研究，例如靖春生等（2006）基于卫星高度计资料的分析，指出“西传的自由Rossby波在遭遇吕宋海峡黑潮这一动力学壁垒后将变形解体，黑潮进而以自己方式影响南海”。这表明，西太平洋中尺度涡波动对南海的影响很小。由于受黑潮阻挡中尺度涡不能进入吕宋海峡以西海域。为了对这现象进行分析，袁东亮和李锐祥（2008）基于Sheremet（2001）的想法，采用了1.5层的约化重力准地转模式，结合卫星高度计资料，初步探讨了中尺度涡旋影响黑潮在吕宋海峡附近路径变化的几种形式，他们的研究表明：①当西边界流由大弯曲反气旋入侵向跨隙流态转变的临界状态时，气旋和反气旋的中尺度涡旋都有可能使西边界流路径在峡谷附近处发生由入侵流态转变为跨隙流态。在相反情况下，只有气旋式涡旋才能影响到西边界流在峡谷处的路径。②当西边界流远离其迟滞过程的临界状态时，其路径不易受中尺度涡影响，此时跨隙的西边界流对中尺度涡旋的向西传播起到了阻挡和向北平流的作用。他们的上述结果初步解释了吕宋海峡黑潮的路径变化。例如他们初步解释了吕宋海峡东侧中尺度涡旋大都向北传播而没有进入吕宋海峡。如图20.32所示，在1993—2005年间卫星高度计观测到的吕宋海峡以东反气旋和气旋式中尺度涡旋，没有一个通过吕宋海峡进入南海，这表明这些涡旋受到了黑潮的阻挡和平流效应。上述结果也在一定程度上，解释了靖春生等（2006）分析的科学事实。

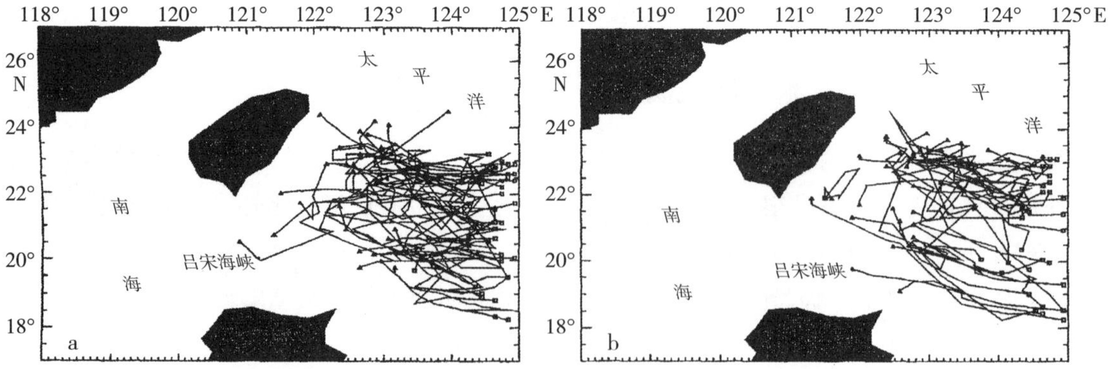

图20.32 卫星高度计观测的吕宋海峡以东涡旋的移动路径（袁东亮和李锐祥，2008）

a. 反气旋；b. 气旋

20.5.2.2 兰屿冷涡

兰屿位于台湾岛东南外海不远处，其北即为火烧岛。管秉贤（1985）在引用日本“Komahashi”号调查船1940年2—3月的深海观测资料，从温度和动力高度分布探讨台湾以东黑潮深层流途径时，发现在兰屿以东附近海域存在着一个空间尺度约为100 km×200 km，其中心位置约在22°30′N，122°E处，大致呈南北向椭圆形的气旋式冷涡。在兰屿附近温度纬向断面图上，600 m以深出现穹形（dome-like）分布，即是深层冷水上升的标志。同时，在以1 200 $\times 10^4$ Pa为零面的各层动力高度分布图上均存在一个与冷水区相应的气旋式涡，自海面直至1 000 m深处（图20.33），这就是当年发现的“兰屿冷涡”。在近表层，沿台湾东岸北上的黑潮主流在冷涡西侧流向东海，而大约从200 m层起，随着深度的增加，主流绕冷涡作气旋式弯曲，主流不再径直北上，而逐渐转向东—东南，并认为这主要是由于深层水北流时受到台湾东北方海脊的阻塞作用所致。最近，管秉贤（2002）还认为兰屿冷涡的存在还可能与黑潮在台湾东南海域会出现东分支现象有关。

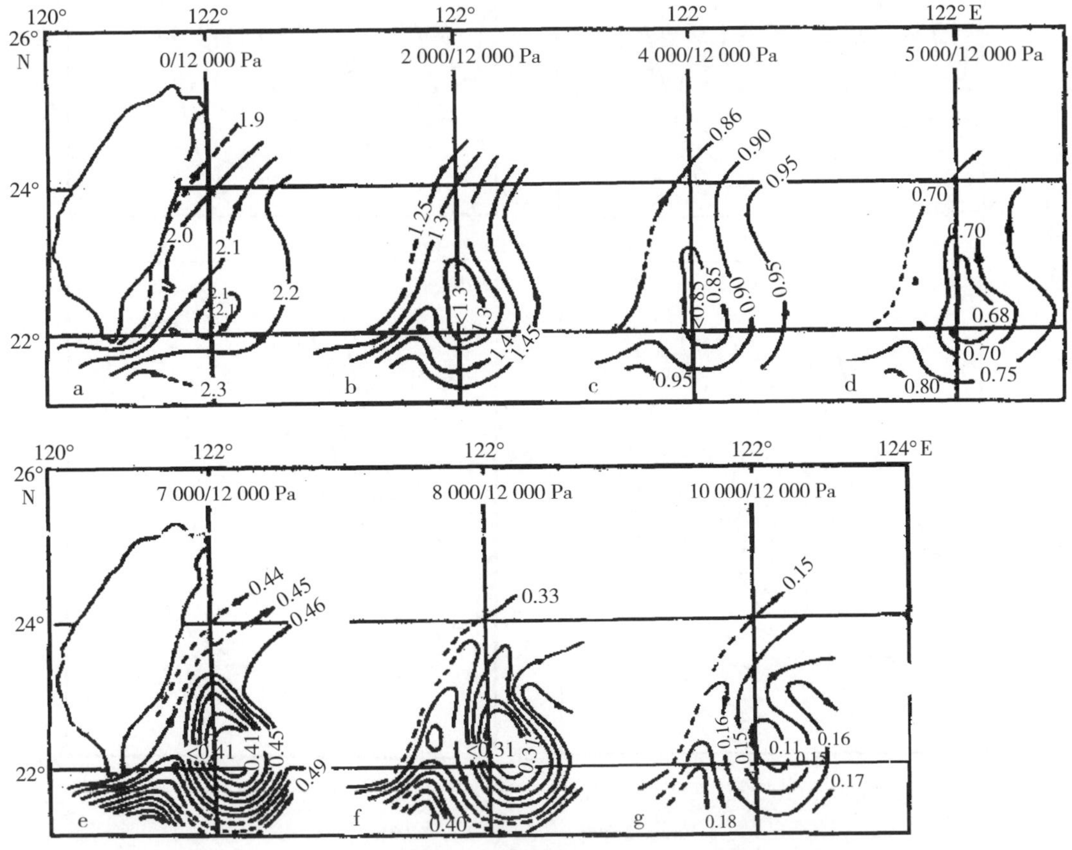

图20.33 1940年2—3月台湾以东海域各层动力高度分布（相对于1 200×10^4 Pa，dyn·m）

（管秉贤，1985）

袁耀初和郑松筠（1988）基于与上述同样的水文资料，对台湾以东黑潮进行了三维诊断计算，求得计算海区的三维海流流场如图20.34所示。他们的计算结果，不仅证实了兰屿冷涡的存在，同时其空间尺度和中心位置与管秉贤得出的几乎完全相同，并显示了黑潮围绕冷涡的弯曲途径、分支及其水平流速分布。图20.34表明，从海面至200 m层，流速最大值都出现在兰屿西侧；但随着深度增加，东侧流速逐渐加强，即深层（400 m层以深）流速最大值则出现在兰屿东侧。这些计算结果与管秉贤的动力计算结果较为一致，只是前者流速值略显偏高一些。同时，诊断计算结果显示，黑潮途径伴随着兰屿冷涡先作气旋式弯曲，绕过冷涡北上后又作反气旋式弯曲，并在中心约为22°50′N，122°32′E处出现一个反气旋式涡，虽其空间尺度和强度均比兰屿冷涡弱小，但也是整个水柱存在。此外，还显示海区西部沿岸出现南向逆流和在台湾东南岸附近海域出现上升流现象。所以，虽就总趋势而言两种计算结果相当一致，但三维海流诊断计算结果能更多地给出台湾以东黑潮的有价值信息，显示了它的优越性。

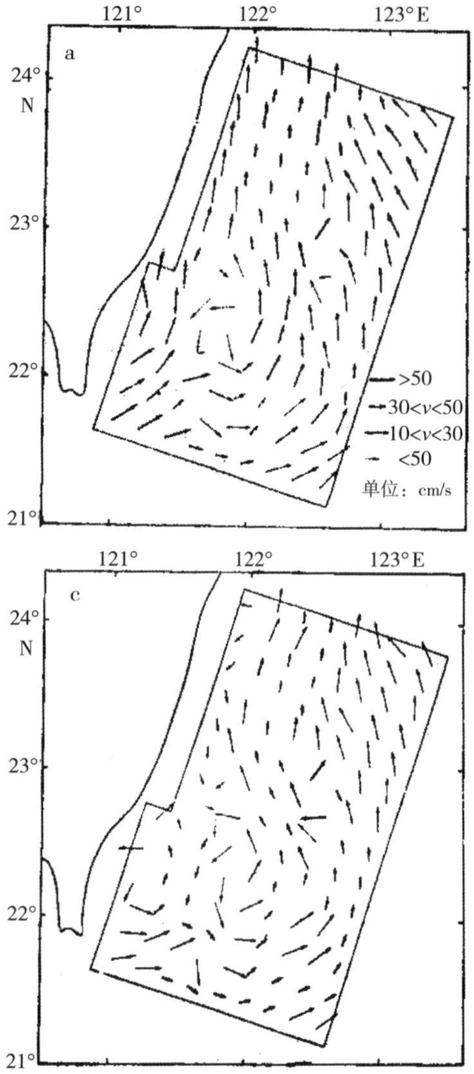

图 20.34　台湾以东海域三维诊断计算得出的水平流速（cm/s）分布（袁耀初和郑松筠，1988）
a. 10 m，b. 200 m，c. 300 m，d. 500 m

自 1940—1996 年 56 年之后，台湾东南兰屿冷涡的存在，又一次被以下的工作证实。这是靖春生和李立（2003）根据包括卫星跟踪表层漂流浮标、卫星高度计和遥感 SST 图像资料的分析结果得出的。最近，他们主要根据 1996 年 3 月 4 日在台湾东南方海域由世界海洋环流实验（WOCE）投放的 6 个 Argos 浮标的运动轨迹揭示在台湾东南、恒春半岛与兰屿之间海域存在一个准稳态的气旋式冷涡，他们也称之为"兰屿冷涡"。他们的分析表明，这是一个大型气旋式黑潮锋面冷涡，水平尺度在纬向和经向上分别可达到 70 km 和 100 km，中心水温约为 22.5 ℃，较周围低约 1.5 ℃，可见它也是一个大致呈南北向椭圆形的气旋式冷涡；但比 1940 年 2—3 月间出现的那个兰屿冷涡空间尺度略小，位置亦略偏西而靠近台湾岛东南岸。他们还指出，伴随冷涡的出现，黑潮主轴离岸弯曲向北流动。从他们的研究结果可以看出，No. 21972、No. 21977 和 No. 21978 这 3 个浮标在台湾岛东南外海沿反时针方向转了一圈以上，其中21977号浮标转了两圈（图略）。而其他3个浮标在投放后先向南逆黑潮而流动，然后在兰屿附近向北流去，因此也是作气旋式流动。他们还根据漂流浮标位置估算了漂移速度，并将此作为表层流速。结果表明，流矢在恒春半岛与兰屿之间形成一个气旋式涡，流速东侧较西侧强。这一趋势与前述根据1940年2—3月水文资料计算得出的：表层最大流速出现在兰屿西侧可达103 cm/s（用动力计算）或99 cm/s（用三维诊断计算）的结果定性上相一致。他们的研究还表明，兰屿黑潮锋面冷涡与常见的东海黑潮锋面涡不同，前者在兰屿一带呈准稳态滞留，时间可达两个月以上，且在滞留期间，黑潮可呈套状入侵南海（靖春生和李立，2003）。

20.5.2.3 台湾东北的气旋式冷涡

台湾以北彭佳屿附近海域经常存在着一个气旋式冷涡。中国学者Yin（1973）最早报道这个冷涡的存在。日本学者Uda和Kishi（1972）几乎同时对它作了报道，并谓此涡最早是由宇田根据20世纪30年代的调查结果提出的。管秉贤（1978）根据东引岛—池间岛断面上1929—1936年期间11次水温观测结果的分析指出，其中除3次因系冬季（1月、2月）观测，海水层化现象被降温及风搅拌等作用破坏致使断面分布上低温水上凸现象不明显外，其余8次，在断面中部（即基隆以北附近海域）均出现明显的冷水上凸现象。例如，在1929年6月11—13日观测的东引岛—池间岛断面水温分布（图略）即是一个早期的显著例子，在断面中部陆架上，低温水上升现象十分突出。同时，在平面分布上，这个低温中心的封闭性亦较明显，在0~50 m层内，其形略呈椭圆形，长轴指向东北，约长50 n mile，短轴约长20 n mile。后来，Fan（1980），郭炳火等（1985），夏综万等（1987），Chern和Wang（1989）及孙湘平和修树孟（1997）等，根据不同时期的调查资料，对台湾东北气旋式冷涡的存在及其成因做过分析研究，充分肯定它是由黑潮次表层水在台湾东北遇陆架导致涌升的结果。最近，孙湘平和修树孟（2002）根据台湾学者1985年1月至1991年12月的调查资料，按层次分别统计全年平均的0~75 m层温度场，其中温度梯度最大的为20 m层及50 m层温度分布（图略）。这个冷水块的空间尺度也可达1°×1°经纬度。他们更引用郭炳火等（2000）于1999年底在台湾以北彭佳屿附近海域投放的一个卫星跟踪漂流浮标漂移轨迹，它在大约10 d左右时间内基本上完成一个逆时针循环的这一事实，表明那里冬季确实也存在气旋式冷涡；所以，台湾东北的气旋式冷涡也是终年存在的。

20.6 南海与外海的水、热、盐交换

南海约位于2°30′~23°30′N，99°10′~121°50′E之间，四周几乎被大陆岛屿包围。北临我国广东、广西、台湾和海南省；西邻越南、柬埔寨、泰国、马来西亚、新加坡；东临菲律宾；南部沿岸有印度尼西亚、马来西亚和文莱。南海是我国近海最大的海区，也是东南亚最大的边缘海，其面积几乎是渤海、黄海和东海面积总和的3倍，约356×10^4 km^2。南海四周有众多海峡与太平洋及邻近海域沟通；北有台湾海峡与东海相连；东有吕宋海峡（巴士海峡、巴林塘海峡和巴布延海峡）与天平洋相通，并有民都洛海峡、巴拉巴克海峡与苏禄海相通；南有卡里马塔海峡与爪哇海相通；西南有马六甲海峡与印度洋的安达曼海相通。各海峡的位置见图20.25。南海海底地形复杂，从西北部的陆架浅水到中部的深达4 000~5 000 m的深海盆，地形梯度非常大（图20.35）。受复杂的地形、季风、外海入流出流等综合影响，

南海环流结构非常复杂，长期以来人们对它的认识还相当不充分。

南海环流首要的是受季风的影响。南海是典型的季风区。研究表明季风在南海具有独特性，并称为南海季风。南海上层环流的基本流型一般随季风的改变而改变。冬季东北季风驱动出海盆尺度的气旋式环流，在南海南部和北部分别存在一个气旋式的环流中心；夏季南海北部为一个弱的气旋式环流，而南部受夏季西南季风的驱动出现一个反气旋式的环流。

其次，南海与外海的水交换也直接地对南海环流有重要影响。现有观测表明，南海海水的物理、化学性质与西太平洋海水十分相似（Wyrtk，1961；Nitani，1972；仇德忠等，1977），因而南海海水的总体特性主要决定于它与外海的水交换。因此从开始进行南海环流和水团研究以来它一直是海洋学家们关注的重点问题之一。近期的研究显示，南海是太平洋－印度洋贯穿流的一个重要通道，并且能对此贯穿流产生重要的影响（Fang，et al，2002，2005；Qu，et al，2005，2006；Tozuka，et al，2007）。

南海主要通过台湾海峡、吕宋海峡、巴拉巴克海峡、民都洛海峡、马六甲海峡和卡里马塔海峡与外海进行水交换，各海峡水交换情况有很大不同。西太平洋的海水通过吕宋海峡进入南海；台湾海峡连接着东海与南海，年平均的结果显示南海水通过台湾海峡进入东海，最终回到太平洋。民都洛海峡和巴拉巴克海峡连通了南海与苏禄海；卡里马塔海峡和马六甲海峡分别连通了南海与爪哇海和安达曼海。通过这几个海峡，南海水分别流入了苏禄海、爪哇海和安达曼海，并且最终进入了印度洋（Fang，et al，2005；Qu，et al，2006）。

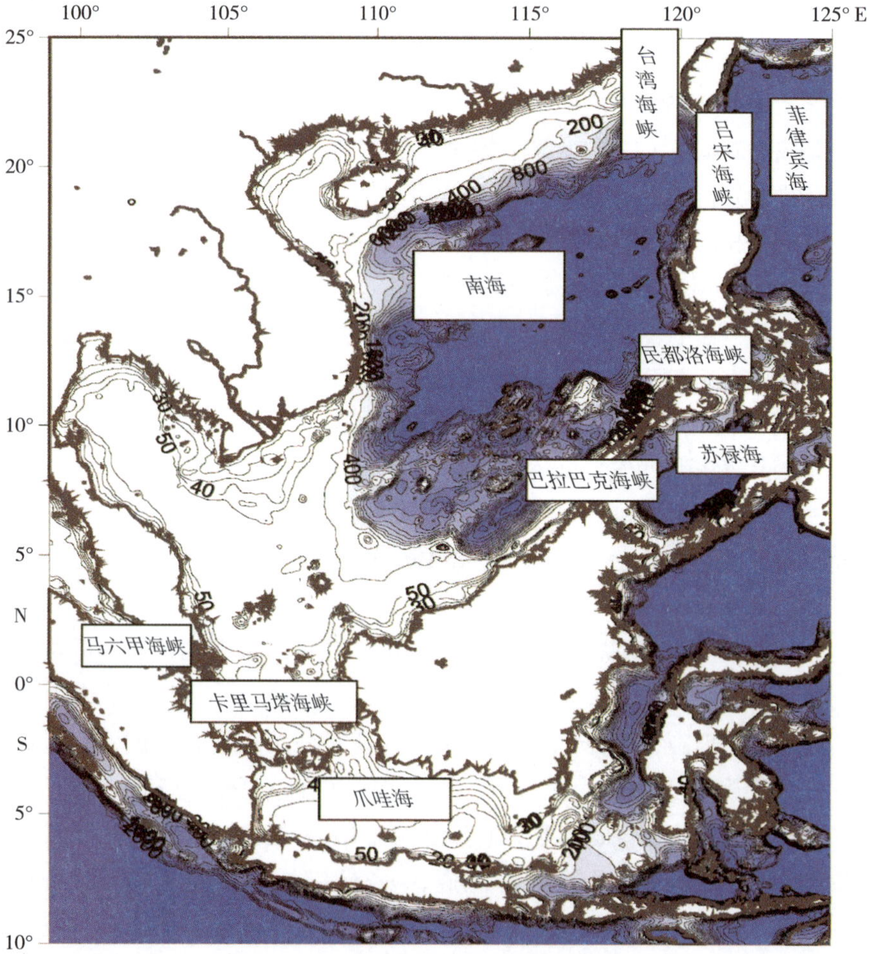

图 20.35　南海水深及其相连的水交换通道

20.6.1 南海与外海的水交换

正是由于南海与外海存在着水交换，南海海水才具有着与外洋相似的特性，如温度、盐度、溶解氧（Wyrtki，1961；Nitani，1972；仇德忠等，1977）等。南海各海峡水交换的研究现状有很大不同。北部的吕宋海峡和台湾海峡的水交换是研究较多的，而南部各海峡水交换的情况则观测和研究均较少。

20.6.1.1 北部海峡的水通量、热通量和盐通量

吕宋海峡位于台湾岛与吕宋岛之间，海峡呈东西走向，南北宽380 km，东西长200 km，平均水深约1 400 m（苏纪兰，2005），是南海与外海相连最深的通道，也是南海海峡当中体积和热输运最大的海峡。该海峡西接南海，东临西北太平洋，是直接沟通南海和西北太平洋的唯一通道（图20.35）。区位条件十分重要，在战略地位，航运交通，地质构造研究，海洋学研究，以及研究热带气旋路径等方面都具有重要意义。吕宋海峡内被若干岛屿分割成3个主要的通道，它们是：北部的巴士海峡，中部的巴林塘海峡，南部的巴布延海峡。上述3个海峡以巴士海峡最宽、最深、最为重要。

吕宋海峡的水交换研究得较早，观测和研究均有较多的成果。20世纪60年代初，Wyrtki（1961）已经指出，在吕宋海峡的上层，海流是冬季（如无特别指明，本文中季节均指北半球）指向南海，夏季指向西太平洋。他给出的吕宋海峡纬向流量冬、夏季基本平衡，年平均值接近零。20世纪70年代初，Nitani（1972），朱祖佑等（1972）均认为吕宋海峡有西向入侵海流。20世纪80年代初开始，我国学者对南海东北部海流做了大量调查研究，特别是提出了黑潮南海分支的观点，认为冬、夏季黑潮均有分支入侵南海（仇德忠等，1984；郭忠信等，1985）。后来有的研究者还把黑潮南海分支与南海暖流联系起来（管秉贤，2002）。此后国内外学者对吕宋海峡入侵做了很多调查和研究，对于其结构特征，入侵方式，动力机制进行了许多极有价值的探索，并提出了各种看法（李立等，1989，1997；刘先炳等，1992；许建平等，1997；刘秦玉等，2000；Fang，et al，2001；方国洪等，2002a，b）。Centurioni等（2004）利用1989—2002年卫星跟踪浮标（Argos）观测的海流研究了从菲律宾海通过吕宋海峡进入南海的表层海水的流量及其季节变化，指出从10月到翌年1月有明显的表层海水入侵南海，而在其他季节海水进入南海后很快又返回汇入黑潮。陈飞等（2009）利用2008年8—9月吕宋海峡西南侧锚定ADCP测流数据分析了吕宋海峡夏季输运情况，其认为夏季有少量南海水通过吕宋海峡进入西北太平洋，不过这也可能与观测期间该地区连续发生的两次台风事件有关。Yu等（2007）对比了卫星资料与数值模式结果，认为冬季黑潮进入吕宋海峡的路径与吕宋海峡以南黑潮的强度和台湾海峡、卡里马塔海峡和民都洛海峡的流量有关。之所以对吕宋海峡海水的输运情况存在争论，一方面是因为此处较缺乏长期的定点观测，另一方面是因为吕宋海峡的附近存在着强烈的中尺度涡（Gilson and Roe mmich，2002；Yuan，et al，2006）。尽管不同学者持有的观点不尽相同，但总的来看，多数学者仍认为存在入侵海流，特别冬季更明显。

不少学者还依据个别航次水文断面调查采用动力计算、海流观测以及数值模拟方法等对入侵流量进行了估算。表20.1列出迄今不同研究者对吕宋海峡西向入侵海流流量的估计，结果均显示吕宋海峡全年为西向输运。估算结果中，最小为Wyrtki（1961）的$0.1\times10^6\ m^3/s$，最大值为黄企洲（1983）给出的$8.0\times10^6\ m^3/s$，所有计算结果的平均值为$4.1\times10^6\ m^3/s$。表20.1同时表明，吕宋海峡的入侵流季节变化显著，就所有观测和数值模拟结果平均而言，

冬季入侵流最强，为 $9.3\times10^6\ m^3/s$；夏季最弱，为 $-0.7\times10^6\ m^3/s$；春季和秋季介于二者之间，平均值分别为 $4.0\times10^6\ m^3/s$ 和 $3.9\times10^6\ m^3/s$。其中方国洪等（2002b）数值模拟得出吕宋海峡入侵流量最大为冬季的 $13.3\times10^6\ m^3/s$，最小为夏季的 $1.2\times10^6\ m^3/s$，年平均为 $6.4\times10^6\ m^3/s$，与 Chu 等（2000）的结果几乎相同。Liang 等（2002）对吕宋海峡 ADCP 海流观测结果进行了统计，得出从海面到 300 m 处年平均流量亦向西，为 $3\times10^6\ m^3/s$。

还有一些研究结果显示，吕宋海峡的水输运具有显著的垂向结构。魏泽勋等（2002）分析模拟得到的南海海面高度与输运流函数的差异，指出除了夏季外，其余季节吕宋海峡整体上均有西太平洋海水进入南海，而夏季则表层没有入侵，海水从次表层和中层入侵南海。魏泽勋（2004）① 更进一步指出，吕宋海峡的纬向流有明显的垂向结构，即表层随季风流动的 Ekman 层，次表层 - 中层以西向流为主（进入南海），深层以东向流为主（流出南海）、底层则又以西向流为主（进入南海）。Yuan 等（2008）分析了 2002 年春季吕宋海峡的海流情况，发现水深 200 ~ 500 m 之间的海水水平方向平均流向向西，在 800 m 处则转向向东。Fang 等（2009）定量地给出了吕宋海峡水体交换的垂直结构（图 17.23），吕宋海峡的入侵流主要通过 0 ~ 427 m 的上层流入南海，平均流量为 $5.05\times10^6\ m^3/s$，此外 2054 m 以下的底层也存在流入南海的净流量，但流量较小，仅为 $0.31\times10^6\ m^3/s$；而在 427 ~ 2054 m 的中层和深层是吕宋海峡输出南海水体的主要通道，平均值为 $0.56\times10^6\ m^3/s$。

太平洋的海水通过吕宋海峡进入南海后，一部分转而向北，进入台湾海峡，最终回到太平洋；另一部分向南流动，除小部分通过马六甲海峡直接汇入印度洋外，其他分别通过民都洛海峡、巴拉巴克海峡和卡里马塔海峡汇入太平洋—印度洋贯穿流，最终进入印度洋（Fang, et al, 2009）。

表 20.1　吕宋海峡西向入侵海流体积输运　　单位：$\times10^6\ m^3/s$

来　源	春	夏	秋	冬	年平均	备　注
Wyrtki, 1961, Naga Rep.	0	+2.75	-0.5	-2.75	-0.1	动力计算（0 ~ 175 m）
黄企洲, 1983, 热带海洋	-11	+4	+6	-31	-8	动力计算（0 ~ 1 200 m）
郭忠信等, 1988, 热带海洋			-11.5			动力计算（0 ~ 1 200 m）
Metzger, et al, 1996, JGR					-4.4	数值模式
刘秦玉等, 2000, 海洋学报	-3.8	-2.7	-6.9	-7.4	-5.2	据 POCM（0 ~ 200 m）
Qu, 2000, JPO		-0.2		-5.3	-3.0	动力计算（0 ~ 400 m）
Qu, et al, 2000, JGR					-4.2	理论（island rule）
Chu & Li, 2000, JPO		-1.4		-13.7	-6.5	P - vector 方法计算
Lebedev, et al, 2000, JGR		-4.5		-6.3	-5.4	数值模式
Metzger, et al, 2001b, JPO					-1.8	数值模式
Liang, et al, 2002, DSR					-3.3	ADCP 观测（0 ~ 300 m）
方国洪等, 2002b, 中国科学	-4.1	-1.2	-7.7	-13.3	-6.4	数值模式
蔡树群等, 2002, 海洋科学进展	-1.34	-0.06	-0.90	-2.83	-1.17	数值模式
Cai, et al, 2005, AOS		-2.67		-1.16	-4.27	数值模式
Tian, et al, 2006, GRL			-6.0			LADCP 观测
Qu, et al, 2006, GRL					-3.8	数值模式
Tozuka, et al, 2007, GRL					-3.6	数值模式
Fang, et al, 2009, DAO					-4.80	数值模式
平均	-4.0	-0.7	-3.9	-9.3	-4.1	

注：1. 负号代表流入南海，正号为流出。

2. JGR = Journal of Geophysical Research; JPO = Journal of Physical Research; GRL = Geophysical Research Letters; DSR = Deep Sea Research; AOS = Acta Oceanologica Sinica; DAO = Dynamics of Atmosphere and Oceans。

① 魏泽勋。中国近海环流及其季节变化的数值模拟。中国科学院海洋研究所博士论文。2004。

吕宋海峡盐通量和热通量的研究相对于水体交换要少很多，表20.2为方国洪等(2002b)和蔡树群等(2002)给出的吕宋海峡的热通量和盐通量的计算结果。从季节变化来看，无论热通量还是盐通量，都是冬季大于夏季。冬季热通量和盐通量都是从西太平洋流向南海，而夏季不同模式结果不同。Fang等(2009)根据新的数值模式计算出的吕宋海峡年平均热通量为0.373 3 PW，盐通量为169.91Gg/s，方向均为流入南海，这一计算结果介于下表计算结果之间。

表20.2 吕宋海峡热盐通量计算结果

季节	月份	热通量/PW		盐通量/(Gg/s)	
		方国洪等(2002b)	蔡树群等(2002)	方国洪等(2002b)	蔡树群等(2002)
冬季	1月	-1.027	-0.280	-394.4	-98.129
	2月	-0.865	-0.264	-310.6	-97.457
夏季	7月	-0.068	0.092	-84.2	-3.222
	8月	-0.237	0.064	-107.7	14.161
年平均值		-0.606	-0.105	-224.0	-41.178

注：负号代表流入南海，正号为流出。

台湾海峡的测流资料相对并不充分，但已有相当的研究成果，比较一致的认识是台湾海峡存在终年北向流动的台湾暖流（毛汉礼等，1964；Guan，1983，1995；苏纪兰等，1989；Fang，et al，1991）。水文分析和一些测流资料也证明了台湾暖流的存在。张以恳等(1991)利用海底漂流器指出，即使在北风强劲的冬季，台湾海峡中仍然存在北向流。Guan(1995)和Chuang(1986)分别利用长期锚系浮标资料给出了台湾海峡西部和东部的海流状况，表明，夏季无论是海峡的东部还是西部，海流均为北向且较强；冬季则流态较复杂，但总体上也有北向的趋势。Wang等(2003)利用船载ADCP对台湾海峡的输运进行了研究，也证实了这一点。关于台湾海峡中的水通量的估算和研究相对较少，Fang等(1991)和Fu等(1991)等依据少量实测资料对其流量作出过估计，结果冬季和夏季均为北向，流量分别为$1\times10^6\ m^3/s$和$3\times10^6\ m^3/s$。台湾海峡的水交换情况在本书（东海）部分有详细描述，在此不再赘述。

20.6.1.2 南部海峡

南部海峡主要包括民都洛、巴拉巴克、卡里马塔和马六甲海峡。其中民都洛和巴拉巴克海峡是连接南海与苏禄海的重要通道。民都洛海峡位于民都洛岛与布桑加岛之间，宽约83 km，长220 km，水深300~2 900 m。巴拉巴克海峡位于民都洛海峡的南部，介于菲律宾的巴拉巴克岛与马来西亚的巴兰邦岸岛-邦吉岛之间，宽约75 km，长约140 km，水深50~200 m（苏纪兰，2005）。

Wyrtki(1961)首次提出民都洛海峡的流动主要受当地季风控制。夏季8—10月西南季风盛行时，表层流向南流动。冬季东北季风盛行时，海流转向向北流动。Yaremchuk等(2009)认为民都洛海峡的水体输运是底层加强的，并把这种特征归因于南海内相邻海域的内波活动。Qu等(2009)根据卫星资料计算出的结果也支持这一观点，认为从南海流入苏禄海的水体主要通过民都洛海峡的底层。同时指出民都洛海峡水体输运的季节变化明显要强于年际变化。表20.3第二列给出了民都洛海峡流量以往的计算结果，大部分计算结果均为流出南海方向，最高值为 Qu 等（2009）计算得到的 2.4×10^6 m^3/s，所有计算结果的平均值为 1.07 $\times10^6$ m^3/s，方向为流出南海。

表 20.3　南海南部主要海峡海流体积输运　　单位 $\times10^6$ m^3/s

来　源	民都洛海峡	巴拉巴克海峡	民都洛海峡 + 巴拉巴克海峡	卡里马塔海峡	备注
Wyrtki, 1961, Naga Rep.				0.5	动力计算（0~175 m）
Metzger, et al, 1996, JGR			4.1	2.7	数值模式
Lebedev et al, 2000, JGR			3.9	2.3	数值模式
方国洪等，2002a，中国科学	0.25	1.35	1.60	3.15	数值模式
蔡树群等 2002，海洋科学进展	-0.02	0.04	0.06	0.22	数值模式
Bao, et al, 2002, CGOL	2.3	-0.08	-0.15	2.26	数值模拟
Cai, et al, 2005, AOS	-0.07				数值模式
Qu, et al, 2006, GRL	1.3				数值模拟
Tozuka, et al, 2007 GRL	0.4	0.41	1.76	1.4	数值模式
Fang, et al, 2009, DAO	1.35			1.16	数值模式
Qu, et al, 2009, GRL	2.4	-0.01	1.69		根据卫星资料理论推算
Wang, et al, 2009, CGOL	1.7				数值模拟
平均	1.07	0.34	1.85	1.71	

注：1. 负号代表流入南海，正号为流出。

2. JGR = Journal of Geophysical Research; CGOL = Chinese Journal of Oceanology and Limnology; AOS = Acta Oceanologic。

对于卡里马塔海峡的流量，Wyrtki（1961）曾用来源不同的资料作综合分析，给出东南亚海域双月的上层海洋（150~200 m 以浅）输运图。海流冬季向南，夏季向北。其中 10 月翌年 4 月卡里马塔海峡的海流向南，最大 4.5×10^6 m^3/s；6—8 月向北，最大 3.5×10^6 m^3/s。他的估计主要是依据船舶漂移资料，非常粗略，多半只具有定性上的意义。近年来的若干数值模拟计算结果（Metzger, et al, 1996; Lebedev and Yaremchuk, 2000; 方国洪等，2002b）有一定的分歧。如 Metzger 等（1996）数模结果显示南海南部海峡的出流主要集中在民都洛海峡，而卡里马塔海峡则少有出流，这主要是由于他们所用的模式不能很好地模拟陆架海区，对于浅于 200 m 的海峡只能人为挖深，然后用加大底摩擦来控制流量，故大多数实验只容许民都洛海峡有出流。而 Lebedev 和 Yaremchuk（2000）和方国洪等（2002b）的结果相类似，指出通过南海的海流对于印度尼西亚贯穿流有重要作用。表 20.3 第五列给出了以往关于卡里马塔海峡年平均流量的计算结果，平均值为 1.71×10^6 m^3/s，高于民都洛海峡的 1.07 $\times10^6$ m^3/s。

关于马六甲海峡和巴拉巴克海峡水交换的研究比较少，但一般认为它们的流量都相当小。方国洪等（2002b）曾用数模结果给出马六甲海峡流量年平均为 0.5×10^6 m^3/s，流出南海。Metzger 等（1996）数模结果显示民都洛海峡有海水流出南海，而巴拉巴克海峡的流量较小。表 20.3 第三列为以往关于巴拉巴克海峡流量的统计结果，年平均流量为 0.34×10^6 m^3/s，小于民都洛海峡和卡里马塔海峡的出流。

南部海峡的热盐通量的研究相对水体流量则更少。表 20.4 为方国洪等（2002b），蔡树群等（2002）以及 Fang 等（2009）给出的南部各海峡的热盐通量结果。结果表明，南部海峡相对南海而言，基本上都是输出热量和淡水，即对南海水体降温和增盐的作用。其中 4 个海峡中，卡里马塔海峡的热通量和盐通量最大，其中淡水通量的年平均值甚至超过台湾海峡，民都洛海峡的热盐输出最少。Fang 等（2009）计算出卡里马塔海峡的热通量和淡水通量分别为 0.113 PW 与 0.052 × 10^6 m^3/s。

表 20.4 南海南部主要海峡海流热盐输运

来源	热量/PW				盐量/（Gg/s）			
	民都洛海峡	巴拉巴克海峡	卡里马塔海峡	马六甲海峡	民都洛海峡	巴拉巴克海峡	卡里马塔海峡	马六甲海峡
方国洪等，2002b	0.016	0.148	0.349	0.056	8.9	47.5	110.1	17.3
蔡树群等，2002	-0.003	0.005	0.018		-0.739	1.525	7.671	
Fang，2009	0.111	0.039	0.113	0.016	47.11	14.10	39.27	5.30

注：负号代表流入南海，正号为流出。其中 Fang 等（2009）给出的盐通量交换结果为淡水通量结果。

南部各海峡的热盐通量也存在季节变化，方国洪等（2002b）的结果表明，民都洛海峡春季的热盐通量为流入南海，秋季为流出南海；巴拉巴克海峡全年热盐通量为流出南海，但春季最小，秋季最大；卡里马塔海峡冬季热盐通量输出南海，夏季为输入南海。表 20.5 为卡里马塔海峡的热盐通量的季节变化结果。方国洪等（2002b）计算出的结果要大于蔡树群等（2002）的结果。两个结果均为冬季输出，夏季输入。马六甲海峡的热盐输出的季节变化规律与卡里马塔海峡相似也是冬季输出南海，夏季输入，并且输出量远大于输入量。

表 20.5 卡里马塔海峡热盐通量计算结果

季节	月份	热通量/PW		盐通量/（Gg/s）	
		方国洪等（2002）	蔡树群等（2002）	方国洪等（2002）	蔡树群等（2002）
冬季	1月	0.885	0.164	282.4	52.810
	2月	0.721	0.141	229.5	48.490
夏季	7月	-0.222	-0.114	-65.8	-31.810
	8月	-0.111	-0.113	-32.4	-33.050

注：负号代表流入南海，正号为流出。

20.6.2 海气通量与热盐通量的研究

南海气温高，对流发展旺盛，年降水量在 1 500 ~ 3 000 mm/a 之间。其空间分布特征是：南部高于北部，沿海区域高于海洋内部。其中南海北岸降雨量在 1 600 mm/a，南海西岸年降水量在 1 800 ~ 2 000 mm/a，东岸的降水量达到 2 000 ~ 2 500 mm/a，南岸最高，达到 2 200 ~ 3 300 mm/a。南海降水的季节变化较为复杂，不同的海区季节变化不同。南海大部分海域的蒸发量仅次于东海黑潮区域，在 1 700 ~ 2 000 mm/年之间，但是近赤道海域，由于空气湿度大，蒸发量只有 1 000 ~ 1 250 mm/a。南海蒸发量的总体分布是北部高于南部，其中吕宋海峡处受黑潮的影响，蒸发量显著升高，最高超过 2 000 mm/a。受纬度位置的影响，南海接受的太阳短波辐射是中国近海最大的，年平均值在 160 ~ 210 W/m^2 之间，并且南部高于北部。南海接受的太阳短波辐射的季节变化不同于中国近海的其他海域，基本呈现出双峰双谷的结构。南海北部太阳辐射通量在 7 月出现最高值，次高值出现在 5 月；最低值出现 2 月和 1 月。南海中部辐射通量最高值出现在 4 月，次高值出现在 8 月，最低值出现在 11 月。南海南部最高值出现在 3—4 月，次高值仍在 8 月出现，最低值出现在 11 月。由于南海海气温差较小，所以南海的感热通量相对较低，仅在 0 ~ 20 W/m^2 之间，并且北部高于南部，赤道附近海域感热通量的年平均接近于0。感热通量在冬、夏季最大，分别为19.2 W/m^2 和11.1 W/m^2；春、秋季最小，分别为5.5 W/m^2 和8.7 W/m^2。南海潜热的年平均值与东海相近，在80~150 W/m^2 的范围内，其中最大值出现在吕宋海峡处，南海中部和北部湾的值也相对较高。潜热通量的空间分布：冬秋季，南海北部的潜热通量高于南部，最大值出现在台湾西南部；而夏季正好相反，南部高于北部，最大值出现在南海中南部。南海蒸发潜热的季节变化与中国近海东亚季风过程密切相关，呈现出双峰双谷的变化特征，最大值出现在夏季和冬季，最小值出现在春季和秋季。

综合各个海峡的情况，对南海与外海通过水体交换方式进行的热盐输运方面的研究内容相对较少。方国洪等（2002）和Qu等（2004）应用数值模拟的方式对南海热量收支进行了研究。两个结果都反映了南海从大气中吸收热量。但是前一个模式垂向网格划分略粗，特别是近表层区域，这使得模式难以精确地反映水深较浅的海峡情况；后一个模式又封闭了台湾海峡和巴拉巴克海峡两个通道。最近，Fang等（2009）应用一个全球变网格模式对南海水交换情况进行的研究，结果表明来自太平洋的海水携带着0.373 PW的热量进入了南海，同时，南海的海水输入进印度洋的热量为0.279 PW，其中0.24 PW是属于太平洋输入的热量，其余0.039 PW为南海从大气中所吸收的热量。

20.6.3 南海水、热、盐平衡

由于南海海面水汽通量只有$10^{-1}\times10^6$ m^3/s量级，吕宋海峡的入流体积应当与通过其他海峡的出流体积相平衡。首先把入流和出流联系起来的是Metzger和Hurlburt（1996）。他们用多种方案对南海、苏禄海和太平洋环流作了数值实验。由于他们所用的美国海军模式不能很好模拟陆架海区，对于浅于200 m的海峡只能人为挖深，然后用加大底摩擦来控制流量，故大多数实验只容许民都洛海峡有出流。其后，Lebedev和Yaremchuk（2000）作出了针对实际地形的模拟，并指出通过南海的海流对于印度尼西亚贯穿流的重要性。不久，Fang等（2001）亦报导了类似的结果。方国洪等（2002a）综合前人和他本人研究结果，提出太平洋到印度洋的贯穿流存在一个南海分支，其体积输运量尚很不确定，估计大约占整个太平洋－印度洋贯穿流的1/4。结果认为，冬季存在一支由吕宋海峡入侵，流过南海北部陆坡，越南外海，流入卡里马塔海峡，最后进入爪哇海的强流，显示了强盛期的南海分支。夏季，卡里马塔海峡流向相反，但流速较弱。从年平均看，仍有从吕宋海峡进入南海，最后从南部各海峡（主要是卡里马塔海峡）流出的净流量。

王东晓等（1997），Yang等（1999）及刘海龙①均得出过南海海面净热通量为正（即由大气指向海洋），但没有对产生此现象提供物理解释。Fang等（2009）进一步应用数值模拟的方式给出了南海水热盐平衡过程。1982—2003年的模拟结果表明（图17.23），西太平洋的水体以4.8×10^6 m^3/s的年平均流量穿越吕宋海峡进入到南海中，其中1.71×10^6 m^3/s的水体通过台湾海峡流进东海，并最终返回西太平洋；剩余3.09×10^6 m^3/s的水体通过其他海峡最终进入印度洋，其中1.77×10^6 m^3/s的水体通过民都洛海峡和巴拉巴克海峡流入苏禄海，1.16×10^6 m^3/s的水体通过卡里马塔海峡流入爪哇海，0.16×10^6 m^3/s的水体通过马六甲海峡流入安达曼海。可见，吕宋海峡是南海唯一水体输入源，而其他海峡都是南海水体的输出源。

① 刘海龙。中国科学院研究生院硕士学位论文。2002。

Fang 等（2009）同时给出了南海热量的平衡过程。南海热量收入主要通过两个途径：①是通过吕宋海峡有 0.373PW（相对于 3.72 ℃）的热量流入南海；②是通过海气界面，有 0.059 PW 的热量从大气进入到南海中。南海热量的输出主要通过与其他外海的水交换过程实现。其中有 0.153 PW 的热量通过台湾海峡返回西太平洋，通过民都洛海峡、巴拉巴克海峡、卡里马塔海峡和马六甲海峡分别有 0.111 PW、0.039 PW、0.113 PW 和 0.016 PW 的热量流出南海，最终进入到印度洋。这表明南海上表面大气对南海起着加热作用，周边海域对南海起冷却作用。图 20.36（Fang, et al, 2009）给出了不同热量输入源的能量最终分配。通过吕宋海峡进入南海的热量，主要通过台湾海峡、民都洛海峡和卡里马塔海峡输出南海。通过海气界面进入南海的热量主要通过卡里马塔海峡和台湾海峡输出南海，其输出量分别为总收入的 39% 和 34%。

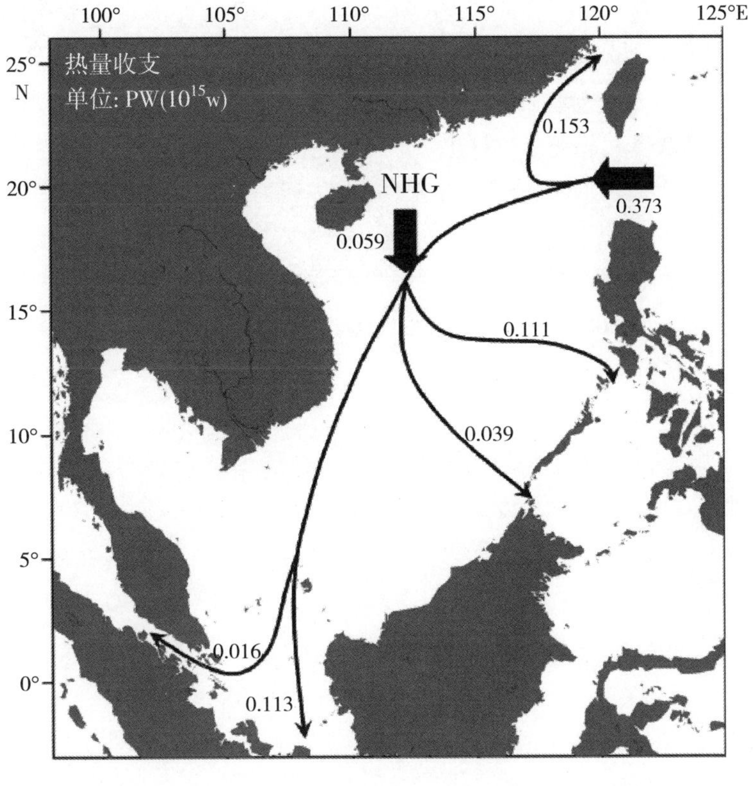

图 20.36 南海热量收支示意图（Fang, et al, 2009）

南海的淡水收入（淡水收入的计算以 34.544 为基准）主要通过海表的陆地径流和大气降水过程中获取（图 20.37），通量为 $0.112\times10^6\ m^3/s$，并通过南海与外海的水交换输出这一淡水通量，通过台湾海峡、吕宋海峡、民都洛海峡、巴拉巴克海峡、卡里马塔海峡和马六甲海峡的通量分别为 $0.014\times10^6\ m^3/s$、$0.002\times10^6\ m^3/s$、$0.022\times10^6\ m^3/s$、$0.013\times10^6\ m^3/s$、$0.052\times10^6\ m^3/s$ 和 $0.009\times10^6\ m^3/s$。可见，通过各海峡口的水交换对南海水体起到增盐的作用，其中卡里马塔海峡地位最重要。

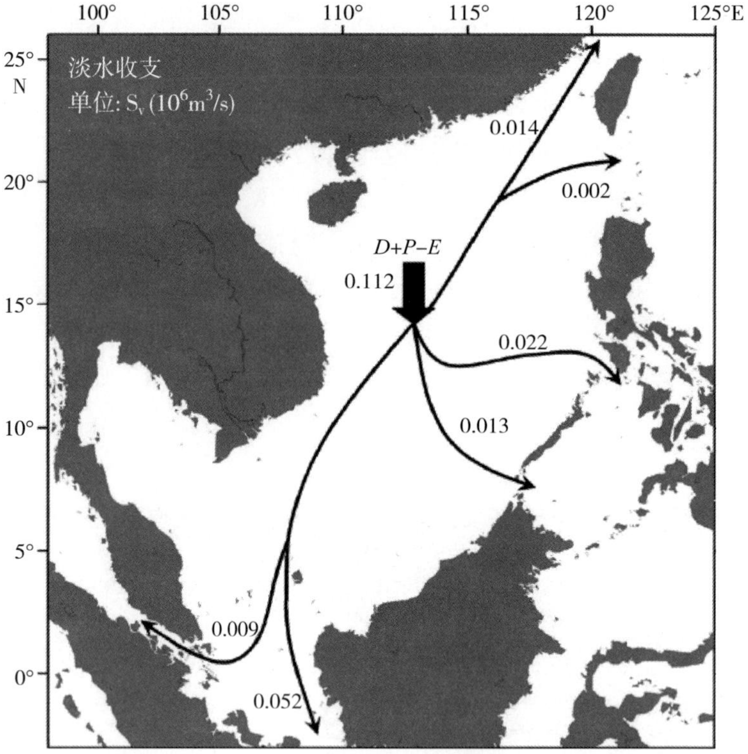

图 20.37　南海淡水收支示意图（Fang，et al，2009）

主要参考文献

包澄澜 . 1991. 海洋灾害及预报 . 北京：海洋出版社 .

鲍献文，万修全，吴德星等 . 2004. 2000 年夏末和翌年初冬渤海水文特征 . 海洋学报，26（1）：14－24.

蔡树群，刘海龙，李薇 . 2002. 南海与邻近海洋的水量交换 . 海洋科学进展，20（3）：29－34.

蔡树群，苏纪兰 . 1995. 南海环流的一个两层模式 . 海洋学报，17（2）：13－16.

蔡树群，王文质 . 1997. 南部北部及台湾海峡环流机制的数值研究 . 热带海洋，16（1）：7－15.

曹丛华等 . 2001. 渤海，黄海沿岸主要港湾大振幅假潮成因的天气学分析 . 海洋学报，23（5）：22－32.

曹德明，方国洪，黄企洲等 . 1997. 南沙及其西南海域的潮波系统 . 海洋与湖沼，28（2）：198－207.

曹德明，方国洪 . 1990. 北部湾潮汐和潮流的数值模拟 . 海洋与湖沼，21（2）：105－113.

曹钢锋，张善君，朱官忠等 . 1988. 山东天气分析与预报 . 北京：气象出版社 .

柴扉，薛惠洁，侍茂崇 . 2001a. 南海北陆架三个典型反气旋涡水文特征及演变规律 //中国海洋学文集 . 北京：海洋出版社，105－116.

柴扉，薛惠洁，侍茂崇 . 2001b. 南海升降流区域分布及形成机制分析 //中国海洋学文集 . 北京：海洋出版社，117－127.

柴扉，薛慧洁，侍茂崇 . 2001. 台湾海峡水平通量研究//中国海洋学文集（第 13 集）. 北京：海洋出版社，168－177.

陈达熙 . 1992. 渤海，黄海，东海海洋图集——水文分册 . 北京：海洋出版社 .

陈飞，杜岩，王东晓等 . 2009. 2008 年 8—9 月份吕宋海峡西南侧锚定 ADCP 的斜压海流观测 . 热带海洋学报 28（4）：66－71.

陈冠贤 . 1991. 中国海洋渔业环境 . 杭州：浙江科学技术出版社 .

陈金泉，傅子琅，李法西 . 1982. 关于闽南—台湾浅滩渔场上升流的研究 . 台湾海峡，1（2）：5－13.

陈史坚，陈特固，陈真然等 . 1985. 浩瀚的南海 . 北京：科学出版社：105－111.

陈特固，詹小涌 . 1988. 广东沿岸 1963 年海平面异常低的原因分析 . 热带海洋学报，2：45－53.

陈特固 . 2000. 广东海平面变化及其影响与对策 . 广州：广东科技出版社，3.

陈艳秋，袁子鹏，王元 . 2008. SST 对黄海，渤海登陆热带气旋路径和强度的影响 . 海洋学报，30（1）：31－41.

陈则实，王文海，吴桑云等 . 2007. 中国海湾引论 . 北京：海洋出版社 .

陈则实 . 1998. 中国海湾志（第 14 分册）. 北京：海洋出版社 .

陈宗镛，汤恩详，周天华等 . 1988. “1985 国家高程基准”与中国平均海面 . 军事测绘，6：44－49.

陈宗镛，周天华等 . 1991. 长江口平均海平面的初步研究 . 海洋与湖沼，22（4）：315－320.

陈宗镛，周天华，于宜发等 . 1988. 1985 国家高程基准的研究 . 青岛海洋大学学报，18（1）：9－13.

仇德忠，莫流文 . 1977. 南海中沙、西沙群岛附近海区的水团和表层海流 . 南海中沙、西沙群岛海区调查报告 . 中国科学院南海海洋研究所，23－38.

仇德忠，杨天鸿，郭忠信 . 1984. 夏季南海北部一支向西流动的海流 . 热带海洋，3（4）：65－73.

崔琰琳，吴德星，兰健 . 2006. 日本海环流研究综述 . 海洋科学进展，24（4）：577－592.

邓松 . 1987. 七洲列岛以南上升流分析 . 广州：国家海洋局南海分局 .

刁焕祥，姜传贤，陆家平 . 1987. 黄海冷水团与东海北部溶解氧垂直分布最大值//海洋与湖沼论文集（1986 年增刊）. 北京：科学出版社，121－132.

丁荣荣，左军成，杜凌等. 2007. 南海海平面变化规律以及比容海平面和风的影响. 中国海洋大学学报，37（S_2）：23－30.
丁宗信. 1994. 黄海，东海夏季温，盐度逆转结构分布及其成因的初步分析. 海洋科学集刊35，11－21.
董剑希，付翔等. 2008. 中国海高分辨率业务化风暴潮模式的业务化预报检验. 海洋预报，25（2）：11－17.
杜岩，王东晓，陈举等. 2004. 南海海洋动力过程观测与模拟研究进展. 热带海洋学报，23（6）：82－92.
杜岩，王东晓，施平等. 2004. 南海障碍层的季节变化及其与海面通量的关系. 大气科学，28（1）：101－110.
范绍佳，谭康初，李智勤等. 1998. 广东沿海地区风场特征. 中山大学学报（自然科学版），37（4）：94－97.
方国洪，曹德明，黄企洲. 1994. 南海潮汐潮流的数值模拟. 海洋学报，6（4）：10－12.
方国洪，王凯，郭丰义等，2002. 30年渤海水文和气象状况的长期变化及其相互关系. 海洋与湖沼，33（5）：515－524.
方国洪，魏泽勋，崔秉浩等. 2002. 国近海域际水，热，盐输运：全球变网格模式结构. 中国科学（D），32（12）：969－977.
方国洪，魏泽勋，方越等. 依据海洋环流模式和大地水准测量获取的中国近海平均海面高度分布. 科学通报，46（18）：1572－1575.
方国洪，魏泽勋，黄企洲等. 2002b. 南海南部与外海间的体积和热、盐输运及其对印尼贯穿流的贡献. 海洋与湖沼，33（3）：296－302.
方国洪，魏泽勋，王凯等. 2002a. 中国近海域际水、热、盐输运：全球变网格模式结果. 中国科学（D辑），32（12）：969－977.
方国洪，魏泽勋. 2002c. 太平洋－印度洋贯穿流南海分支及其南海海洋学意义//热带海洋环境和气候变化研讨会论文摘要集. 中国科学院南海海洋研究所，3－4［亦见：第5届台湾邻近海域海洋科学研讨会论文集，201］.
方国洪，杨景飞. 1985. 渤海潮运动的一个二维数值模型. 海洋与湖沼，16（5）：337－346.
方国洪，赵保仁，朱耀华. 1992. 台湾－对马－津轻暖流系统及其动力机制的初步探讨//海洋环流研讨会论文集. 北京：海洋出版社，13－27.
方文东，郭忠信，黄羽庭. 1997. 南海南部海区的环流观测研究. 科学通报，42（21）：2264－2271.
冯浩鉴，方爱平，于福江等. 1999. 已进入可运行状态的风暴潮灾害预估系统. 中国测绘科学研究所.
冯士筰，李凤岐，李少青. 1999. 海洋科学导论. 北京：高等教育出版社.
福建海洋研究所. 1998. 台湾海峡中，北部海洋综合调查研究报告. 北京：科学出版社.
付翔，董剑希，马经广等. 2009. 0814号强台风“黑格比”风暴潮分析与数值模拟，海洋预报，26（4）：68－75.
傅子琅，胡建宇. 1995. 台湾海峡海流结构及海水通量. 热带海洋，14（3）：75－80.
管秉贤，袁耀初. 2006. 中国近海及其附近海域若干涡旋研究综述Ⅰ. 南海和台湾以东海域. 海洋学报，28（3），1－16.
管秉贤. 1957. 中国沿岸的表面海流与风的关系的初步研究. 海洋与湖沼，1（1）：95－122.
管秉贤. 1963. 黄海冷水团的水温变化以及环流特征的初步分析. 海洋与湖沼，5（4）：255－285.
管秉贤. 1964. 黑潮流速流量的分布，变化及其与地形关系的初步分析. 海洋与湖沼，6（3）：229－251.
管秉贤. 1978a. 南海暖流－广东外海一支冬季逆风流动的海流. 海洋与湖沼，9（2）：117－127.
管秉贤. 1978b. 我国台湾及其附近海底地形对黑潮途径的影响. 海洋科学集刊（14）. 北京：科学出版社：1－21.
管秉贤. 1981. 苏澳－与那国岛断面上黑潮结构的特征及其季节变化. 海洋科学集刊，第18集，1－19.
管秉贤. 1983. 黑潮源地区域若干冷暖涡的主要特征. 第二次中国海洋湖沼科学会议论文集. 北京：科学出

版社：19－30.
管秉贤．1985. 台湾以东黑潮深层流的途径．海洋与湖沼，16（4）：253－260.
管秉贤．1986. 东海海流结构及涡旋特征概述．海洋科学集刊，第27集，1－22.
管秉贤．1997. 海南岛以东外海的暖涡［J］．海洋与湖沼，15（4）：1－7.
管秉贤．1998. 南海暖流研究回顾．海洋与湖沼，29（3）：322－320.
管秉贤．2002. 中国东南近海冬季逆风海流．青岛：中国海洋大学出版社．
广西海洋监测预报中心．2009. 广西壮族自治区海浪灾害现场调查报告．
郭炳火，黄振宗，李培英等，2004. 中国近海及邻近海域海洋环境．北京：海洋出版社．
郭炳火，林葵，宋万先．1985. 夏季东海南部海水流动的若干问题．海洋学报，7（2）：143－153.
郭炳火，林葵，左海滨等，1987. 东海环流的某些特征//黑潮调查研究论文集．北京：海洋出版社．
郭炳火，汤毓祥，葛人峰等．2000. 台湾暖流和入侵陆架黑潮水的季节变化．海洋学报，22（增刊）：24－38.
郭飞，侍茂崇，夏综万．1998. 琼东沿岸上升流二维数值模型的诊断计算．海洋学报，20（6）：109－116.
郭忠信，方文东，陈福培等．2000. 南沙群岛海域物理海洋学研究．南海海洋科学集刊（13），北京：科学出版社：1－25.
郭忠信，方文东．1988. 1985年9月的吕宋海峡黑潮及其输送．热带海洋，7（2）：13－19.
郭忠信，黄羽庭．1983. 寒潮对南海暖流的影响．热带海洋，2（2）：102－107.
郭忠信，王文质．1983. 北部湾风生环流的数值研究．热带海洋，2（3）：207－215.
郭忠信，杨天鸿，仇德忠．1985. 冬季南海暖流及其右侧的西南向流．热带海洋，4（1）：1－9.
国家海洋环境预报中心．2009. 我国近海海浪历史灾害调查报告．
国家海洋局．2011. 2010年中国海平面公报，2011年4月，http：//www. coi. gov. cn / －hygb/hpm/2010/.
国家海洋局海口海洋环境监测中心站．2009. 海南省海洋监测预报中心，海南省海浪灾害现场调查报告．
国家海洋局科技司、1995. 黑潮调查研究综合报告．北京：海洋出版社．
国家海洋局南海预报中心．2009. 广东省海浪灾害调查报告．
韩舞鹰，马克美．1988. 粤东沿岸上升流的研究．海洋学报，10（1）：52－59.
赫崇本，徐斯，汪园祥等．1959. 黄海冷水团的形成及其性质的初步探讨．海洋与湖沼，2（1）：11－15.
洪华生，丘书院，阮五崎等．1991. 闽南—台湾浅滩渔场上升流区生态系研究．北京：科学出版社．
洪启明，李立．1991. 粤东陆架区夏季的上升流．台湾海峡，10（3）：272－277.
侯国本，待茂崇，王涛．1993. 东营港．北京：海洋出版社．
侯文峰．2006. 南海海洋图集（水文册）．北京：海洋出版社．
胡敦欣，丁宗信，熊庆成．1980. 东海北部一个气旋型涡旋的初步分析．科学通报，25（1）：29－31.
胡敦欣，丁宗信，熊庆成．1984. 东海北部一个夏季气旋型涡旋．海洋科学集刊，第21集，87－100.
胡敦欣，吕良洪，熊庆成等．1984. 关于浙江沿岸上升流的成因及动力结构的研究．海洋科学集刊，第21集，101－112.
胡建宇，杨圣云．2008. 北部湾海洋科学研究论文集（第1辑）．北京：海洋出版社．
胡筱敏，熊学军，乔方利等．2008. 利用漂流浮标资料对黑潮及其邻近海域表层流场及其季节分布特征的分析研究．海洋学报，30（6）：1－16.
黄大吉，陈宗镛，苏纪兰．1996. 二维陆架海模式在渤海中的应用．海洋学报，18（5）：1－13.
黄大吉，苏纪兰，张立人．1998. 渤海冬夏季环流的数值研究．空气动力学学报，16（1）：115－121.
黄磊，2004. 在船上进行潮流数值预报的技术研究，中国航海，（2）：63－65.
黄磊，2006. 烟台外海的潮波特征．大连海事大学学报，32（3）：33－36.
黄企洲，王文质，傅孙成．1994. 南沙群岛海区冬夏季中、深层海流的计算．热带海洋，13（2）：33－40.
黄企洲，郑有任．1996. 1992年3月南海东北部和巴士海峡的海流//中国海洋学文集（6）．北京：海洋出版社：42－52.

黄企洲．1983. 巴士海峡黑潮流速和流量变化．热带海洋，2（1）：35－41.

黄企洲．1984. 巴士海峡的海洋学状况//南海海洋科学集刊（6）．北京：科学出版社：53－67.

黄祖珂，陈宗镛，陈德福．1992. 倾斜潮汐分析和海潮负荷效应．中国科学（B 辑）（10）：1071－1079.

黄祖珂，陈宗镛，司鸿业等．1997. 我国沿海若干验潮站的 19 年潮汐分析．中国科学（D 辑），27（2）：112.

黄祖珂，黄磊．2005. 潮汐原理与计算．青岛：中国海洋大学出版社．

黄祖珂，俞光耀，罗义勇等．1996. 东海沿岸潮致上升流的数值模拟．青岛海洋大学学报，26（4）：405－412.

黄祖珂．1992. 太阳辐射潮对月平均海面变化的影响．海洋学报，14（4）：1－9.

黄祖珂．1991. 渤海的潮波系统及其变迁．青岛海洋大学学报，21（2）：1－12.

黄祖珂．1992. 渤海的潮汐余流．海洋湖沼通报，（3）：1－8.

江静，钱永甫．2000. 南海地区降水的时空特征．气象学报，58（1）：60－69.

江文胜，汪景庸，赵建中等．1997. 渤海湾环流的一次观测和分析．青岛海洋大学学报，27（1）：25－27.

江文胜，吴德星，高会旺．2002. 渤海夏季底层环流的观测与模拟．青岛海洋大学学报，32（4）：511－518.

靖春生，李立，朱大勇．2006. 西太平洋－南海中尺度水位波动的耦合传播特征．科学通报，51（20）：2422－2428.

靖春生，李立．2003. 台湾岛东南准稳态兰屿冷涡的初次记录．科学通报，48（15）：1686－1692.

匡国瑞，张琦，黄煜芝．1991. 渤海中部长期流的观测与余流分析．海洋湖沼通报，（2）：1－11.

蓝淑芳，顾传成，傅秉照．1984. 东海北部陆架区底层冷水的初步分析．海洋科学集刊，第 21 集，75－85.

蓝淑芳，顾传成，傅秉照．1985. 渤海，黄海，东海水温垂直结构统计特征分析．海洋科学集刊，第 25 集，11－25.

乐肯堂，毛汉礼．1990. 冬季南黄海温，盐结构及其流系．海洋与湖沼，21（6）：505－515.

乐肯堂．1992. 冬季黄海暖流水的起源．海洋学报，14（2）：9－19.

乐肯堂．1995. 黄河口的变迁对黄河冲淡水分布的影响．海洋科学集刊，第 36 集，81－92.

李宝泰．1992. 渤海，黄海，东海海洋图集—气候分册．北京：海洋出版社．

李春晖，刘春霞，程正泉．2007. 近 50 年南海热带气旋时空分布特征及其海洋影响因子．热带气象学报，23（4）：341－347.

李繁华，刘爱菊，赵松鹤等．1989. 山东近海水文状况．济南：山东省地图出版社．

李凤岐，苏育嵩．2000. 海洋水团分析．青岛：青岛海洋大学出版社．

李凤歧，苏育嵩．2000. 海洋水团分析．青岛：青岛海洋大学出版社：374－379.

李坤平，周天华，陈宗镛．1982. 中国近海月平均海平面的变化及其原因的初步分析．海洋学报，4（5）：529－536.

李坤平，周天华，陈宗镛．1982. 中国近海月平均海平面的变化及其原因的初步分析，海洋学报，4（5）：529－536.

李坤平等．2002. 渤海、黄海沿岸主要港湾假潮的基本特征．海洋与湖沼，33（2）：128－138.

李磊，李凤岐，苏洁等．2002. 1998 年夏、冬季南海水团分析．海洋与湖沼，33（04）：393－401.

李立，苏纪兰，许建平．1997. 南海的黑潮分离流环．热带海洋，16（2）：42－57.

李立，吴日升，郭小钢．2000. 南海的季节环流——TOPEX/POSEITON 卫星测高应用研究．海洋学报，22（6）：13－26.

李立，伍伯瑜．1989. 黑潮的南海流套－南海北部环流的探讨．台湾海峡，8（1）：90－95.

李立，许金电，靖春生等．2002. 南海海面高度、动力地形和环流的周年变化——TOPEX/Poseidon 卫星测高应用研究．中国科学（D 辑），12.

李立．1990. 珠江口以西陆架夏季上升流的研究．台湾海峡，9（4）：338－346.

李立．2002a. 南海上层环流的观测研究进展．台湾海峡，21（1）：114－125.

李立．2002b. 南海中尺度海洋现象研究概述．台湾海峡，21（2）：265－274.
李培，唐晓卫等．2007. 朝鲜海峡气候特征．海洋预报，24（1）：45－49.
李培顺等．2003. 黄，渤海沿岸港湾的假潮及成因探讨．海洋预报，（4）：5－13.
李培英，杜英，刘乐军等．2007. 中国海岸带灾害地质特征及评价．北京：海洋出版社．
李荣凤，黄企洲，王文质．1994. 南海上层海流的数值模拟．海洋学报，16（4）：13－22.
李树华，夏华永，陈明剑．2001. 广西近海水文及水动力环境研究．北京：海洋出版社：120.
李树华．1987. 北部湾欧拉余流的初步研究．海洋湖沼通报，3：8－14.
李炎，胡建宇．2009. 北部湾海洋科学研究论文集（物理海洋与海洋气象专辑）．北京：海洋出版社．
李燕初，蔡文理，李立．2003. 南海东北海域海面高度的多尺度变异．热带海洋学报，22（3）：61－70.
李燕初，李立，靖春生等．2004. 南海东北部海域海面高度的时空变化特征．科学通报，49（7）：702－709.
李尧．2010. 中国东部近海夏季环流特征及其动力机制．博士学位论文．青岛：中国科学院海洋研究所：1－114.
梁军，陈联寿，吴士杰等．2007. 影响黄渤海域热带气旋灾害分析．自然灾害学报，16（2）：27－33.
梁毅．2009. "0814" 号强台风 "黑格比" 增水及暴雨洪水分析．广东水利水电，2009（5）：31－33.
廖光洪，袁耀初，徐晓华．2005. 1998 年冬季南海环流的三维结构．海洋学报，27（2）：8－17.
廖克．1999. 中华人民共和国国家自然地图集．北京：中国地图出版社．
林炳尧．2008. 钱塘江涌潮的特性．北京：海洋出版社．
林传兰，苏纪兰，徐炳荣．2000. 环渤海沿海的温度，盐度的长期变化及其对海洋生态系统的影响//99' 海岸海洋环境资源学术研讨会论文集．北京：海洋出版社：58－66.
林珲，闾国珍，宋志尧等．2000. 东中国海潮波系统与海岸演变模拟研究．北京：科学出版社．
林继华，刘序俨，郭逢英等．1997. 福建沿海的海面变化及其影响．地壳形变与地震，17（4）：26－31.
林葵，汤毓祥，郭炳火．1995. 吐噶喇海峡黑潮流速结构和流量的研究．海洋与湖沼，26（3）：247－253.
林霄沛，吴德星，鲍献文等．2002. 渤海海峡断面温度结构及流量的季节变化．青岛海洋大学学报，32（3）：355－360.
林玉英，战淑云．2000. 赤道东太平洋海温对东亚－西北太平洋温带气旋的影响．海洋预报，17（2）：16－22.
刘长建，杜岩，张庆荣等．2008. 南海次表层和中层水团年平均和季节变化特征．海洋与湖沼，39（1）：55－64.
刘长建，夏华永，王东晓．2010. 2006 年冬季粤东沿岸下降流观测分析．海洋学报，32（1）．
刘克修，马继瑞，许建平等．2002. 用 TOPEX/Poseidon 资料研究南海潮汐和海面高度季节变化．热带海洋学报，21（3）．
刘秦玉，贾英来，杨海军等．2002. 南海北部海面高度季节变化的机制．海洋学报，134～141.
刘秦玉，杨海军，李薇等．2000. 吕宋海峡纬向海流及质量输送．海洋学报，22（2）：1－8.
刘树勋，沈新强，王幼琴等．1993. 渤、黄、东海水团多年月平均分布与变化的初步分析．海洋学报，15（4）：1－11.
刘先炳，苏纪兰．1992. 南海环流的一个约化模式．海洋与湖沼，6（1）：1－22.
刘勇刚，袁耀初，苏纪兰等．1998 年夏季南海环流．科学通报，2000，45（12）：1252－1259.
刘勇刚，袁耀初，中野俊也等．2000. 1992—1996 年琉球群岛以东海流的变异．中国海洋学文集，11：108－121.
刘勇刚，袁耀初．1998. 1992 年东海黑潮的变异．海洋学报，20（6）：1－11.
刘赞沛，王一支，管瑾勋．1989. ENSO 期间中国沿岸海区月平均水位和月平均表面水温的变化特征．海洋科学，（4）：13－20.
刘增宏，李磊，许建平等．2001. 1998 年夏季南海水团分析．东海海洋，19（3）：1－10.
刘昭蜀，徐锡祯．1987. 中国大百科全书，大气科学，海洋科学，水文科学卷，北部湾：17－18.

吕新刚，乔方利，夏长水等．2007．长江口及浙江沿岸夏季上升流的潮生机制．中国科学，D辑：地球科学，37（1）：133－144.

马应良．1990．南海北部陆架邻近水域十年水文断面调查报告．北京：海洋出版社．

毛汉礼，胡郭欣，赵保仁等，1986．东海北部的一个气旋型涡旋．海洋科学集刊，27：23－31.

毛汉礼，邱道立．1964．中国近海温，盐，密度的跃层现象（节要）//毛汉礼著作选集．1996，北京：学苑出版社：141－146.

毛汉礼，任允武，孙国栋．1965．南黄海和东海北部（28°～37°N）夏季的水文特征及海水类型（水系）的初步分析．海洋科学集刊，01号，23－77．见《毛汉礼著作选集》，1996，北京：学苑出版社：147－202.

毛汉礼，任允武，万国铭．1964．应用T－S关系定量分析浅海水团的初步研究．海洋与湖沼，6（1）：1－23.

毛明，王文质，黄企洲等．1992．南海环流的三维数值模拟．热带海洋，11（4）：34－41.

毛庆文，齐义泉，施平等．2006．在南海南部大纳土纳岛附近存在 S_2 分潮的无潮点吗？科学通报，11（51）：23～26.

苗育田，苏纪兰，于洪华．1987．东海夏季水系的混合概况//黑潮调查研究论文集．北京：海洋出版社：204－217.

潘玉球，浅沼市男，甲斐源太郎等．1993．台湾以北陆架环流的季节特征//黑潮调查研究论文选（五）．北京：海洋出版社．201－214.

潘玉球，苏纪兰，徐端蓉．1987．1984年6—7月台湾暖流附近海域的水文状况//黑潮调查研究论文集．北京：海洋出版社：118－132.

潘玉球，苏纪兰，徐端蓉．1991．东海冬季高密水的形成和演化//黑潮调查研究论文选（三）．北京：海洋出版社：183－192.

蒲书箴，于惠苓，蒋松年．1992．巴士海峡和南海东北部黑潮分支．热带海洋，11（2）：1－7.

浦泳修．1988．中国大陆沿岸月平均海平面的季节性变化．海洋学报，15（3）：271－278.

前光明，陈特固．2001．近45年El Nino发生前后珠江口季风强度与海平面异常分析．热带气象学报，17（1）：77－82.

乔方利，马建，夏长水等．2004．波浪和潮混合对黄东海夏季温度垂直结构的影响研究．自然科学进展，14（12）：1434－1441.

乔方利，王关锁，吕新刚等．2011．2008与2010年黄海浒苔漂移输运特征对比．科学通报，56（18）：1470－1476.

乔方利，赵伟，吕新刚．2008．东海冷涡上升流的环状结构．自然科学进展，18（6）：674－679.

乔新，陈戈．2008．基于11年高度计数据的中国海海平面变化初步研究．海洋科学，32（1）：60－64.

乔云亭，简茂球，罗会邦．2002．南海夏季风降水的区域差异及其突变特征．热带气象学报，18（1）：38－44.

秦曾灏，李永平，黄立文．2002．中国近海和西北太平洋温带气旋的气候学研究．海洋学报，24（增刊1）：105－111.

邱道立，马绍赛，李昌明等．1986．渤海增殖环境的水文特征．海洋水产研究，（7）：121－133.

邱道立．1992．渤海及黄，东海近海区水温日变化特点分析．海洋学报，4（4）：391－403.

曲维政，黄菲，赵进平等．2006．影响东海气候的太阳活动信息分析．海洋学报，28（2）：39－45.

任贾文，叶柏生，丁永建等．2011．中国冰冻圈变化对海平上升潜在贡献的初步估计．科学通报，56（14）：1084－1087.

任允武，孙国栋，毛汉礼．1965．南黄海和东海北部（28°－37°N）冬季的水文特征以及海水类型（水系）的初步分析．海洋科学集刊，01号，78－125．见《毛汉礼著作选集》．北京：学苑出版社：203－250，1996.

荣增瑞，刘玉光，陈满春等．2008．全球和南海海平面变化及其与厄尔尼诺的关系．海洋通报，27（1）：1

-8.
沈春，左军成，杜凌等. 2006. 世界大洋潮波特征的比较分析. 中国海洋大学学报，36（4）：523-529.
沈文周. 2006. 中国近海空间地理. 北京：海洋出版社.
沈育疆，胡定明，梅丽明等. 1985. 南海潮汐数值计算. 海洋湖沼通报，（1）：1-10.
施雅风，朱季文，谢志仁. 2000. 长江三角洲及毗邻地区海平面上升影响预测与防治对策. 中国科学（D辑），30（3）：225-232.
石海莹，黄厚衡. 2009. 0715 号台风"利马奇"风暴潮分析. 海洋预报，26（1）：36-42.
侍茂崇，江明顺，许建平等. 2001. 南海西南部环流//中国海洋学文集（13）. 北京：海洋出版社：57-6.
苏纪兰，2001. 中国近海的环流动力机制研究. 海洋学报，23（4）：1-16.
苏纪兰，黄大吉. 1995. 黄海冷水团的环流结构. 海洋与湖沼，26（5，增刊）：1-7.
苏纪兰，潘玉球. 1989. 台湾以北陆架环流动力学初步研究. 海洋学报，11：1-14.
苏纪兰，许建平，蔡树群等. 1999. 南海的环流和涡旋//丁一汇，李崇银. 南海季风爆发和演变及其与海洋的相互作用. 北京：气象出版社：66-72.
苏纪兰. 2005. 南海环流动力机制研究综述. 海洋学报，27（6）：1-8.
苏纪兰. 2005. 中国近海水文. 北京：海洋出版社.
孙洪亮，黄卫民，赵俊生. 2001. 北部湾潮致、风生和热盐余流的三维数值计算. 海洋与湖沼，32（5）：561-568.
孙洪亮，黄卫民. 2001. 北部湾潮汐、潮流的三维数值模拟. 海洋学报，23（2）：1-8.
孙璐，黄楚光，蔡伟叙等. 2011. 热带风暴 GONI 活动期间南海上层热结构变化，及海浪、风暴潮特征分析. 海洋通报，30（1）：17-22.
孙双文，王毅，兰健. 2008. 2006 年夏季及冬季北部湾东部的海洋水文特征与环流. //胡建宇，杨圣云. 北部湾海洋科学研究文集. 北京：海洋出版社，2008，64-72.
孙文心，陈宗镛，冯士筰. 1981. 一种三维空间非线性潮波的数值模拟（Ⅰ）——渤海 M_4 和 MS_4 分潮波的试算. 山东海洋学院学报，11（1）：23-31.
孙湘平，2006. 中国近海区域海洋. 北京：海洋出版社.
孙湘平，金子郁雄. 1993. 1989—1991 年黑潮的变异//黑潮调查研究论文选（五）. 北京：海洋出版社：52-68.
孙湘平，苏玉芬，修树孟. 1996."东，南海陆架暖流"的初步探讨. 海洋通报，15（2）：1-10.
孙湘平，王元培，袁启科. 1991. 1986—1989 年黑潮的变异. 海洋与湖沼，22（6）：524-533.
孙湘平，修树孟. 2002. 台湾东北海域冷水块的特征. 黄渤海海洋，20（1）：1-10.
孙湘平，修树孟. 1997. 台湾东北海域冷涡的分析. 海洋通报，16（2）：1-10.
孙湘平，姚静娴，黄易畅等. 1981. 中国沿岸海洋水文气象概况. 北京：科学出版社.
孙湘平. 1980. 气候异常引起的黄海冷水团及渤海冰情变异的若干例证. 海洋湖沼通报，（1）：1-8.
孙湘平. 1987. 东海黑潮表层流路（途径）的初步分析. //黑潮调查研究论文集. 北京：海洋出版社：1-14.
孙振宇，胡建宇，陈照章等. 2008a. 北部湾东部海区 2006 年夏季航次温、盐度的平面分布特征//胡建宇，杨圣云. 北部湾海洋科学研究论文集（第 1 辑）. 北京：海洋出版社：73-78.
谭光华. 1987. 北部湾海区水文结构及其特征的初步分析. 海洋湖沼通报，4：7-15.
汤明义，李洪海. 1987. 黄海表面水温场的准周期变化分析. 海洋通报，6（3）：1-5.
汤明义. 1987. 黄，渤海表面水温周日变化的初步分析. 海洋通报，6（1）：7-10.
汤毓祥，邹娥梅，Houng-Jae Lie 等. 1999. 初春南黄海水文特征及环流状况的分析. 海洋学报，21（5）：1-11.
汤毓祥，邹娥梅，Houng-Jae Lie 等. 2000. 南黄海环流的若干特征. 海洋学报，22（1）：1-15.
汤毓祥，邹娥梅，Houng-Jae Lie 等. 2001. 冬至初春黄海暖流的路径和起源. 海洋学报，23（1）：1-16.
唐晓晖，王凡. 2004. 长江口邻近海域夏，冬季水文特征分析. 海洋科学集刊，第 46 集：42-66.

田天，魏皓．2005．南海北部及巴士海峡附近的水团分析．中国海洋大学学报（自然科学版），35（01）：9－12.
佟景全、雷方辉，毛庆文等．2010．不考虑局地引潮势的南海正压潮能通量与潮能耗散．热带海洋学报，29（3）：1～9.
汪汉胜，贾路路，WU Patrick 等．2010．冰川均衡调整对东亚重力和海平面变化的影响．地球物理学报，53（11）：2590－2602.
王东晓，杜岩，施平．2002．南海上层物理海洋学气候图集．北京：气象出版社．
王东晓，杜岩，王卫强．2004．南海物理海洋学进展与发现//冯士筰，王辉．中国物理海洋学现状与展望．青岛：中国海洋大学出版社：105－107.
王东晓，周发锈，李永平．1997．南海表层水温和海面热收支的年循环特征．海洋学报，1997，19：35－44.
王宏．2004．南海海洋图集（气候分册）．北京：海洋出版社．
王惠群，袁耀初．1997．夏季台湾海峡海流的计算．海洋学报，19（2）：10－20.
王佳．1998．南中国海定常环流的一种模型．山东海洋学院报，20（4）：24－37.
王建丰，王毅，孙双文．2009．北部湾东南春季实测潮流、余流特征．
王凯，方国洪，冯士筰．1999．渤海，黄海，东海 M_2 潮汐，潮流的三维数值模拟．海洋学报，21（4）：1－13.
王康墡，苏玉芬，蔡伟亭等．1979．长江径流及其冲淡水区的水文特征．海洋实践，（3）：8－20.
王丕诰，刘宗义，张开斗．2004．应用卫星气象学．青岛：中国海洋大学出版社．
王文质，黄企洲，陈俊昌．1988．大亚湾台风增水数值模拟//中国海洋湖沼学会．第三次海洋湖沼科学会议论文集．北京：科学出版社：34－45
王喜年．2001．风暴潮预报知识讲座．风暴潮灾害及其地理分布．海洋预报，18（2）：70－77.
王新敏，邹旭恺，翟盘茂．2007．北半球温带气旋的变化．气候研究进展，3（3）：154－157.
王鑫，黄菲，周发琇．2006．黄海沿海夏季海雾形成的气候特征．海洋学报，28（1）：26－34.
王艳红，张忍顺，谢志仁．2004．未来江苏中部沿海相对海面变化预测．地球科学进展，19（6）：992－996.
王元培，孙湘平．1990．琉球海流特征的探讨//黑潮调查研究论文选（二），海洋出版社，237－245.
王胄，陈庆生．1987．南海北部之暖心涡流（一）．对南海暖涡之初步观测．台湾大学海洋学刊，18：92－103.
王胄，陈庆生．1997．南海东北部海域次表层水与中层水之流径．热带海洋，16（2）：26－41.
王胄．1990．南海北部底层冷心环流的调查．南海研究与开发，5：15－20.
魏皓，田恬，等．2002．渤海水交换的数值研究—半交换时间概念的应用．青岛海洋大学学报，32（4）：519－525.
魏泽勋，方国洪，崔秉昊等．2002．南海海面高度和输运流函数：全球变网格模式结果．中国科学，32（12）：987－994.
魏泽勋，李春雁，方国洪等．2003．渤海夏季环流和渤海海峡水体输运的数值诊断研究．海洋科学进展，21（4）：454－464.
翁学传，王从敏．1984．东海西北部海水温，盐度结构初步探讨．海洋科学集刊，第 21 集：49－62.
翁学传，王从敏．1984．台湾暖流水（团）夏季 T－S 特征和来源的初步分析．海洋科学集刊，第 21 集：113－133.
翁学传，张启龙，张以恳等．1993．渤、黄、东海水温日变化特征．海洋科学，（6）：49－54.
翁学传，张以恳，王从敏等．1988．黄海冷水团的变化特征．海洋与湖沼，19（4）：368－379.
翁学传．1984．东海西北部海域中层冷水的初步分析．海洋科学集刊，第 21 集：63－74.
吴德星，万修全，鲍献文等．2004．渤海 1958 年和 2000 年夏季温盐场及环流结构的比较．科学通报，49（3）：287－292.
吴冠，王锡侯，刘恒魁．1991．辽东湾顶浅海区海流分布特征．海洋通报，10（5）：8－11.

吴培木．1983. 中国东南海岸台风暴潮数值预报模式．海洋学报，5（3）：273－283.
吴日升，李立．2003. 南海上升流研究概述．台湾海峡，22（2）：269－277.
吴涛，康建成，王芳等．2006. 全球海平面变化研究新进展．地球科学进展，21（7）：730－737.
吴巍，M. Tomczak，方欣华等．2001. 南海南部海区的障碍层．科学通报，46（7）：590－594.
伍伯瑜．1982. 台湾海峡环流研究中的若干问题．台湾海峡，1（1）：1－7.
武强，郑铣鑫，应玉飞等．2002. 21 世纪中国沿海地区相对海平面上升及其防治策略．中国科学，32（9）.
奚智祥．1983．渤海和北黄海沿岸海区月平均海平面变化及其主要影响因子的初步讨论．海洋通报，2（6）：7－14.
夏华永，李树华，侍茂崇．2001. 北部湾三维风生流及密度流模拟．海洋学报，23（6）：11－23.
夏华永，殷忠斌，郭芝兰等．1997. 北部湾三维潮流数值模拟．海洋学报，19（2）：21－31.
夏综万，王钟桾，郑义芳．1987. 关于台湾东北海域的一个冷涡//黑潮调查研究论文集．北京：海洋出版社，228－237.
小仓伸吉．1958. 黄海北部的潮汐．管秉贤译，海洋与湖沼，1（2）：255－268.
肖晖．1988. 台湾海峡西部沿岸上升流的研究．台湾海峡，7（2）：135－142.
辛宝恒．1991. 黄海渤海大风概论．北京：气象出版社．
邢成军．1983. 1973 年夏季一个反气旋型涡旋的初步分析．海洋与湖沼，14（3）：263－271.
徐伯昌，王宗山，邹娥梅等．2000. 东海西北部中层冷水特征的时空变化．黄渤海海洋，18（2）：1－7.
徐如彦，赵保仁，黄景洲等．2006. 渤海的平均余环流．海洋科学，30（11）：46－49.
徐锡祯，邱章，陈惠昌．1982. 南海水平环流的概述//中国海洋湖沼学会水文气象学会学术会议（1980）论文集．北京：科学出版社：137－145.
徐燕峰，陈淑琴，戴群英等．2002. 舟山海域春季海雾发生规律和成因分析．海洋预报，19（3）：59－64.
徐知秋．2003. 广东省水利系统水准网的今昔．广东水利水电，3：66－70.
许富祥．1991. 西北太平洋灾害性海浪监测与预报．海洋预报，8（1）：36－431.
许富祥．1996. 中国近海及其邻近海域灾害性海浪时空分布．海洋学报，18（2）：26－31.
许富祥．2001. 海浪预报知识讲座海浪及其危害．海洋预报，18（1）：82－84.
许富祥．2002. 天津沿海三次特大风暴潮灾成因分析及预防对策．海洋预报，19（1）：36－42.
许厚泽，毛伟建．1988. 中国大陆的海洋负荷潮汐改正模型．中国科学（B 辑），（9）：984－994.
许建平，曹欣中，潘玉球．1983. 浙江近海存在沿岸上升流的证据．海洋湖沼通报，（4）：17－25.
许建平，苏纪兰，仇德忠．1996. 黑潮水入侵南海的水文分析//中国海洋学文集，（6）．北京：海洋出版社，1－12.
许建平，苏纪兰．1997. 黑潮水入侵的水文分析Ⅱ：1994 年 8—9 月期间的观测结果．热带海洋，16（2）：1－23.
许建平，薛惠洁，侍茂崇等．2001. 1998 年夏季南海上层环流与中尺度涡旋观测研究//中国海洋学文集（13）．北京：海洋出版社，178－187.
薛惠洁，柴扉，侍茂崇．2001. 南海东北部黑潮的入侵流套及其环流//中国海洋学文集（13）．北京：海洋出版社，23－38.
薛惠洁，柴扉，徐丹亚等．2001. 南海海流数值计算//中国海洋学文集（13）．北京：海洋出版社，1－14.
闫昊明，朱耀仲．2001. 全球海平面对大气压变化的响应．中国科学院测量与地球物理研究所动力大地测量学开放研究实验室．
阎俊岳，1999. 中国邻海海－气热量，水汽通量计算和分析．应用气象学报，10（1）：9－19.
阎俊岳，陈乾金，张秀芝等．1993. 中国近海气候．北京：科学出版社．
羊天柱，应仁方，张俊彪．1999. 浙江沿岸海平面研究和变化预测．东海海洋，17（4）：1－11.
羊天柱，应仁方．1993. 浙江沿岸海平面变化的初步研究．东海海洋，11（4）：1－7.
杨桂山．2000. 中国沿海风暴潮灾害的历史变化及未来趋势．自然灾害学报，9（3）.

杨国金 . 2000. 海冰工程学 . 北京：石油工业出版社 .

杨海军，刘秦玉 . 1998. 南海上层水温分布的季节特征 . 海洋与湖沼，29（5）：501 – 507.

杨华庭，田素珍，叶琳等 . 1993. 中国海洋灾害四十年（1949—1990）资料汇编 . 北京：海洋出版社 .

杨建，沙文钰，卢军治等 . 2004. 中国近海海平面高度异常特征的初步分析 . 海洋预报，2：29 – 36.

杨天鸿 . 1984. 东海黑潮水团的初步分析 . 海洋科学集刊，第 21 集，179 – 199.

叶和松，房宪英，黄易畅 . 1989. 黄河海港海域潮流，余流分析 . 黄渤海海洋，7（2）：35 – 36.

叶英，邓波 . 2002. 登陆我国的热带气旋活动的年代际变化分析 . 海洋预报，19（2）：23 – 30.

尤芳湖 . 2000. 论海 . 北京：海洋出版社 .

于洪华，苏纪兰，袁耀初等 . 2000. 1995 年 10 月台湾以东黑潮与冲绳岛东南海域的水文特征//中国海洋学文集，11：北京：海洋出版社，16 – 23.

于洪华，袁耀初 . 1995. 1991 年秋季琉球群岛附近海域的水文特征//中国海洋学文集，5：北京：海洋出版社，38 – 46.

于克俊，1985. 中国东部近海沿岸平均海面变化的分析 . 海洋与湖沼，16（2）：129 – 137.

于群，周发琇，王启 . 2009. 海洋影响下的山东半岛冷流降雪 . 华东师范大学学报，（自然科学版），（3）：160 – 168.

于文泉 . 1987. 南海北部上升流的初步探讨 . 海洋科学，6：7 – 10.

俞慕耕，刘金芳 . 1993. 南海海流系统与环流形式 . 海洋预报，10（2）：13 – 17.

俞慕耕 . 1986. 我国沿海潮汐的特点//第一届潮汐与海平面学术讨论会论文集 . 天津：海洋局海洋科技情报研究所，21 – 29.

喻世华 . 1986. 热带天气学导论 . 北京：气象出版社 .

袁东亮，李锐祥 . 2008. 中尺度涡旋影响吕宋海峡黑潮变异的动力机制 . 热带海洋，27（4）：1 – 9.

袁耀初，刘永刚，苏纪兰等 . 2001. 1997—1998 年 El Niño 至 La Niña 期间东海黑潮的变异 . 地球物理学报，44（2）：1 – 11.

袁耀初，刘勇刚，刘倬腾等 . 2000. 1995 年 10 月台湾以东黑潮及冲绳岛东南海流//中国海洋学文集，第 11 集，北京：海洋出版社，31 – 38.

袁耀初，刘勇刚，苏纪兰等 . 2000a. 1997 年冬季台湾岛以东与东海黑潮//中国海洋文集（12）. 北京：海洋出版社，11 – 20.

袁耀初，刘勇刚，苏纪兰等 . 2000b. 1997 年夏季台湾岛以东与东海黑潮//中国海洋文集（12）. 北京：海洋出版社，1 – 10.

袁耀初，苏纪兰，郑松筠 . 1987. 东海 1984 年夏季三维海流诊断计算//黑潮调查研究论文集 . 北京：海洋出版社，45 – 53.

袁耀初，苏纪兰，潘子勤 . 1991. 日本以南黑潮流场及流量特征的研究//黑潮调查研究论文选（三）. 北京：海洋出版社，314 – 324.

袁耀初，苏纪兰，孙德桐等 . 1997. 东海黑潮与琉球群岛以东海流半诊断计算 . 海洋学报，19（1）1 – 21.

袁耀初，苏纪兰 . 2000. 1995 年以来我国对黑潮及琉球海流的研究 . 科学通报，45（22）：2353 – 2356.

袁耀初，杨成浩，王彰贵 . 2006. 2000 年东海黑潮和琉球群岛以东海流的变异 Ⅰ. 东海黑潮及其附近中尺度涡的变异 . 海洋学报，28（2）：1 – 13.

袁耀初，赵进平，王惠群等 . 2002. 南海东北部 450 米以浅与深层海流观测结果及谱分析 . 中国科学（D 辑），32（2）：163 – 176.

袁业立，李惠卿 . 1993. 黄海冷水团环流结构及生成机制研究 . 中国科学 B，23（1）：93 – 103.

曾流明 . 1986. 粤东沿岸上升流迹象的初步分析 . 热带海洋学报，5（1）：68 – 73.

曾庆存，李荣凤，季仲贞等 . 南海月平均流的计算 . 大气科学，13（2）：127 – 138.

翟丽，方国洪，王凯 . 2004. 南海风生正压环流动力机制的数值研究 . 海洋与湖沼，35（4）：289 – 298.

张方俭 . 1986. 我国的海冰 . 北京：海洋出版社 .

张国荣，马腾，潘伟然等．2009．琼州海峡西口低频流动特征及其季节风场的响应分析．

张国荣，潘伟然，兰健等．2009．北部湾东部和北部近海冬、春季水体输运特征．

张庆华，乔方利，陈水明．1993．海底地形和沿岸流对长江冲淡水分布的影响．海洋学报，15（6）：1－15.

张庆荣，杜岩，王东晓．2001．南海暖水形态特征．热带海洋学报，20（1）：69－76.

张秀芝，黄秀芬，李江龙等．1997．一百年来影响黄渤海热带气旋天气气候分析．海洋预报，14（4）：11－20.

张以垦，翁学传，张启龙等．1991．台湾海峡的底层流．海洋与湖沼，22：124－131.

张元奎，贺先明，高永福．1983．北黄海及渤海变性水团的初步分析．海洋湖沼通报，1983（2）：19－25.

章凡，黄企洲，王文质等．1994．南海深水区季平均海流的诊断计算．热带海洋，13（3）：8－16.

赵保仁，曹德明．1998．渤海冬季环流形成机制动力学分析及数值研究．海洋与湖沼，29（1）：87－95.

赵保仁，方国洪，曹德明．1994．渤、黄、东海潮汐潮流的数值模拟．海洋学报，16（5）：1－10.

赵保仁，方国洪．1991．东海主要水道的流量估算．海洋学报，13（2）：168－178.

赵保仁，庄国文，曹德明等．1995．渤海的环流，潮余流特征及其对沉积物分布的影响．海洋与湖沼，26（5）：466－473.

赵保仁．1982．局地风对黄海和东海近岸浅海海流影响的研究．海洋与湖沼，13（6）：479－489.

赵保仁．1989．渤，黄海及东海北部强温跃层的基本特征及其形成机制的研究．海洋学报，11（4）：401－410.

赵希涛．1996．中国海平面变化（中国气候与海平面变化及其趋势和影响②）．济南：山东科学技术出版社．

郑沛楠，吴德星，林霄沛．2008．对马海峡环流季节变化的模拟及分析．中国海洋大学学报，38（1）：7－16.

郑文振，陈宗镛．1999．我国海平面年速率的分布和长周期分潮的变化（中国东部沿海地区海平面与陆地垂直运动）．北京：海洋出版社，65－74.

郑义芳，郭炳火，汤毓祥等．1992．东海黑潮锋面涡旋的观测．黑潮调查研究论文选（四），北京：海洋出版社，23－32.

《中国海洋志》编委会．2003．中国海洋志．郑州：大象出版社．

中国大百科全书——大气　海洋　水文卷．1967．北京－上海：中国大百科全书出版社．

中国科学院，国家计划委员会．1990．京津地区生态环境图集．北京：科学出版社．

中国科学院《中国自然地理》编委会．1979．中国自然地理—海洋地理．北京：科学出版社．

中国科学院南海海洋研究所．1985．南海海区综合调查研究报告（二）．北京：科学出版社，1985：204－231.

中国人民解放军司令部气象局，中国科学院地理研究所．1975．中国海及邻海气候．

钟鹤翔，谢志仁，崔树红等．2005．基于T/P卫星海面测高的黄东海海面地形变化探讨．海洋通报，24（5）．

钟欢良．1990．密度环流结构．南海北部陆架邻近水域十年水文断面调查报告．北京：海洋出版社，215－239.

钟欢良．1995．北部湾北部春季环流分析．海洋通报，14（1）：81－85.

周发琇，刘龙太．1986．长江口—济州岛附近海域综合调查报告．第七节海雾．山东海洋学院学报，16（1）：114－128.

周发琇，王鑫，鲍献文．2004．黄海春季海雾形成的气候特征．海洋学报，26（3）：28－37.

周天华，陈宗镛．1987．东海南部陆架对半日分潮波的增大效应．海洋学报，14（2）：1－8.

朱伯承，李荣凤，游小宝．2001．等密度面P－矢量方法和南海北部环流．自然科学进展，5：499－506.

朱赖民，暨卫东．2002．夏季南海水团垂直分布的聚类分析研究．海洋湖沼通报，04：1－6.

朱祖佑．1972．太平洋与南中国海海水之交换．台湾大学理学院海洋研究所研究报告，11－24.

庄敏芝．1981．南海北部的风、浪、流．地质部南海地质调查指挥部综合研究大队．

庄伟，王东晓，吴日升等．2005．2000年夏季福建、广东沿海上升流的遥感与船舶观测分析．大气科学，29（3）：438－444.

邹娥梅，徐伯昌，王宗山等．2001，南黄海西部中层冷水特征的时空变化．黄渤海海洋，19（2）：10－16.

An H S. 1997. A numerical experiment of the M_2 tide in the Yellow Sea. J of the Oceanographical Society of Japan. 33：103－110.

Anukul Buranapratheprat, Tetsuo Yanagi, Pichan Sawangwong. 2002. Seasonal Variations in Circulation and Salinity Distributions in the Upper Gulf of Thailand: Modeling Approach. La mer, 40: 147 – 155.

Bao X W, Gao G P, Wu D X. 2002. Study of water-transport through some main straits in the East China Sea and South China Sea. Chin. J. Oceanol. Limnol, 20 (4): 293 – 302.

Beardsley R C, Limeburner R, Kim K, et al. 1992. Lagrangian flow observations in the East China, Yellow and Japan seas. La mer, 30: 297 – 314.

Cai S, Huang Q, Long X. 2003. Three-dimensional numerical model study of the residual current in the South China Sea. Acta Oceanologica Sinica, 26: 597 – 607.

Cai S, Su J, Gan Z, et al. 2002. The numerical study of the South China Sea upper circulation characteristics and its dynamic mechanism, in winter. Continental Shelf Research, 22: 2247 – 2264.

Cai Shuqun, Liu Hailong, Li Wei, et al. 2005. Application of LICOM model to the numerical study of the water exchange between the South China Sea and its adjacent oceans. Acta Oceanologica Sinica, 24 (4): 10 – 19.

Centurioni L R, Niiler P P, Lee D Y. 2004. Observations of inflow of Philippine Sea water into the South China Sea through the Luzon Strait. Journal of Physical Oceanography, 34: 113 – 121.

Chao Skem-Yu, Tung Shaw-ping, Sunny Y Wu. 1996. Deep Water Ventilation in the South China Sea. Deep-Sea Research, 43 (4): 445 – 466.

Chen C – T, Huang M H. 1996. A mid-depth front separating the South China Sea water and the Philippine Sea water. J. Oceanogr. , 52: 17 – 25.

Chen Hongxia, Qiao Fangli, Tal Ezer, et al. 2009. Multi-core Structure of the Kuroshio in the East China Sea from long – term transect observations. Ocean Dynamics, doi: 10. 1007/s10236 – 009 – 0182 – 9.

Chen X H, Qi Y Q. 2007. Trends of sea level variations in the South China Sea from merged altimetry data. Glob Planet Change. 57: 371 – 382.

Chern C S, Wang J. 1998. A numerical study of the su mmertime flow around the Luzon Strait. J. Oceanogr. , 54: 53 – 64.

Chern Ching Sheng, WANG Joe. 1989. On the water masses at northern offshore area of Taiwan. Acta Occanographica Taiwanica, 22: 14 – 22.

Choi B H. 1982. Note on current driven by a steady uniform wind strees on the Huanghai Sea and the East China Sea. La mer, 20: 65 – 74. .

Chu P C, Edmons N L, Fan C. 1999. Dynamics mechanisms for the South China Sea seasonal circulation and thermohaline variablilities. J. Phys. Oceanogr. , 29: 2971 – 2989.

Chu P C C. Fan Lozano C J, et al. 1998. An airborne expendable bathythermograph survey of the South China Sea, May 1995. J. Geophys. Res. , 103 (21): 637 – 652.

Chu T Y. 1972. A study on the water exchange between Pacific Ocean and the South China Sea. Acta Oceanographic Taiwanica, 2: 11 – 24.

Chu P C, Li R. 2000. South China Sea isopycnal – surface circulation. J. Phys. Oceanogr. , 30: 2419 – 2438.

Chuang W S. 1986. A note on the driving mechanism of the current in the Taiwan Strait. J. Oceanogr. Soc. Jpn. , 42: 355 – 361

Compiled by Japan Oceanographic Data Center, Marine environmental atlas, 1978. Northwestern Pacific Ocean Ⅱ. Published by Japan Hydrographic Association.

Dai D, Qiao F, Xia C, et al. 2006. A numerical study on dynamic mechanisms of seasonal temperature variability in the Yellow Sea. J. Geophys. Res. , 111, C11S05, doi: 10. 1029/2005JC003253.

Dale W L. 1956. Wind and drift currents is the South China Sea. The Malasyan Journal of Tropical Geography, 8: 1 – 31.

Du Y, Qu T. 2010. Three inflow pathways of the Indonesian throughflow as seen from the simple ocean data assimilation. Dyn. Atmos. Oceans, 50 (2): 233 – 256.

Fan Kuanglung. 1979. On upwelling along the southeastern coast of Taiwan. Acta Oceanog. Taiwanica. 10: 155 – 163.

Fan Kuanglung. 1980. On upwelling off northeastern shore of Taiwan. Acta Oceangr. Taiwanica, 11: 105 – 117.

Fang Guohong. 1986. Tide and tidal current charts for the marginal seas adjacent to China. C. J of Oceanology and Limnology. 4 (1): 1 – 16.

Fang G, Yue – Kuen Kwok, Kejun Yu, at al. , 1999. Numerical Simulation of principal tidal constituents in the South China sea, Culf of Tonkin and gulf of Thailand. Continental shelf Research. (19): 845 – 869.

Fang Wen – dong, Fang Guo – hong SHI Ping, et al. 2002. seasonal structures of upper layer circulation in the southern South China Sea from in situ observations. J Geophys Res, 107 (C11) (23): 1 – 12.

Fang Y, Fang G, Yu K. 1996. ADI barotropic ocean model for simulation of Kuroshio intrusion into China southeastern waters. Chin J. Oceanol. Limonol, 14 (4): 357 – 366.

Fang Yue, Zhang Qinghua, Fang Guohong. 1997. A numerical study on the path and origin of the Yellow Warm Current, The Yellow Sea, 2: 18 – 26.

Fang G, et al. 2009. Interocean circulation and heat and freshwater budgets of the South China Sea based on a numerical model. Dynamics of Atmosphers and Oceans. 47: 55 – 72.

Fang G, Zhao B, Zhu Y. 1991. Water volume transports through the Taiwan Strait and the continental shelf of the East China Sea measured with current meters. Oceanography of Asian Marginal Seas (Ed. K. Takano), Elsevier, Amsterdam, 345 – 358

Fang G, Wei Z, Fang Y. 2002. Vertical structure of the Zonal Currents Across the Luzon Strait. Eos. AGU, 83 (4), Fall Meet. Suppl. , OS72A – 0337.

Fang G, Wei Z, Choi B H, et al. 2001. Interbasin transports of fresh water, heat and salt through the bounderies of Pacific – Asian marginal seas from an ocean circulation model. Proceedings of 11th PAMS/JECSS: 53 – 57.

Fang G, Susanto D, Soesilo I. 2005. A note on the South China Sea shallow interocean circulation. Adv. Atmos. Sci. , 22: 945 – 954.

Fang G, Wang Y, Wei Z. 2009. Interocean circulation and heat and freshwater budgets of the South China Sea based on a numerical model. Dyn. Atmos. Oceans, 47: 55 – 72.

Fang G, Fang W, Fang Y et al. 1998. A survey of studies on the South China Sea upper ocean circulation. Acta Oceanogr. Taiwan, 37 (1): 1 – 16.

Fang Yu K, Fang Y. 1995. Numerical experiments on dynamics of circulation in Taiwan adjacent waters . Program and Abstracts of the Marine Science Conference in Taiwan Adjacent Seas. Taipei: Institute of Oceanography, National Taiwan University, 50 – 51.

Farris A, Wimbush M. 1996. Wind – induced Kuroshio intrusion into the South China Sea. J. Oceanogr. , 52: 771 – 784.

Faughn J L. 1974. Scientific results of marine investigation of the South China Sea and the Gulf of Thailand 1959 – 1961, NAGA expedition: Station index and data. NAGA report Vol. 1, The University of California, Scripps Institution of Oceanography. La Jolla, California: 177.

Feng Ming, Hu Dunxing, Li Yongxing. 1992. A theoretical soluteion for the thermohaine circulation in the southern Yellow Sea. CHIN, J, Oceanol. Limnol, 10 (4): 289 – 300.

Tangang FT, Changsui Xia, Fangli Qiao, et al. 2011. Seasonal circulations in the Malay Peninsula Eastern Continental Shelf from a wave – tide – circulation coupled model. Ocean Dynamics, DOI 10. 1007/s10236 – 011 – 0432 – 5.

Fu Z L, Hu J Y. 1991. Sea water flux through Taiwan Strait, Chin. J. Oceanol. Limnol. , 9 (3): 232 – 239.

Gan J P, Li L, Wang D X. 2009. Interaction of a river plume with coastal upwelling in the northeastern South China Sea. Continental Shelf Research, 29: 728 – 740.

Gilson J, Roe mmich D. 2002. Mean and temporal variability in Kuroshio geostrophic transport south of Taiwan (1993—2001). J. Oceanogr., 58: 183 – 195.

Guan Bing xian. 1994. Patterns and structures of the currents in Bohai, Huanghai and East China Seas. Oceanology of China Seas. Vol. 1. Nether Land, Kluwer Academic Publisher. 17 – 26.

Guan Bingxian. 1983. A sketch of the current structure and eddy characteristics in the East China Sea. In, SSCS Prcs., Beijing, China Ocean Press, 52 – 73.

Guan. B X. 1995. Current in the western Taiwan Strait. Marine Science Conference in the Taiwan Adjacent Seas – Program and Abstracts. Taipe, Taiwan, 53 – 54.

Guo B H, Lie H J, Lee J H. 1998. Interaction of the Kuroshio water and shelf water in the Tsushima Warm Current region in su mmer, Acta Oceanologica Sinia, 17 (3): 277 – 292.

Guo B H, Song W X, Yutaka M, et al. 1992. Study on the hydrographic condition and its variation in the source area of the Tsushima Warm Current, Proceedings of China – Japan joint Symposium of the Cooperative Research on the Kuroshio, China Ocean Press, 226 – 247.

Hainbucher D, Hao Wei, et al. 2004. Variability of the Bohai Sea circulation based on model calculations. Journal of Marine System. vol. 44, 153 – 174.

Hasunuma K, Yoshida K. 1978. Splitting of the subtropical gyre in the western North Pacific. Journal of the Oceanographical Society of Japan, 34: 160 – 172.

Ho C, Zheng Q, Soong Y, et al. 2000. Seasonal variability of sea surface height in the South China Sea observed with TOPEX/Poseidon altimeter data. J. Geophys. Res., 105 (C6): 13981 – 13990.

Hong H S, Zhang C Y, Shang S L, et al. 2009. Interannual variability of su mmer coastal upwelling in the Taiwan Strait. Continental Shelf Research, 29: 479 – 484.

Hsueh Y. 1988. Recent current observations in the eastern Yellow Sea. J Geophys Res, 93: 6875 – 6884.

Hu J, Kawamura H, Hong H, et al. 2000. A review on the current in the South China Sea: Seasonal circulation, South China Sea Warm Current and Kuroshio Intrusion. J Oceanogr., 56: 607 – 624.

Hu Xiaomin, Xuejun Xiong, Fangli Qiao, et al. 2008. Surface current field and seasonal variability in the Kuroshio and adjacent regions derived from satellite – tracked drifter data. Acta Oceanologica Sinica, 27 (3): 11 – 29.

Hu J Y, Kawamura H, Hong. 2001. A Review of Research on the Upwelling in the Taiwan Strait. Bulletin of Marine Science, 73 (3): 605 – 628.

Huang Qizhou, Wang Wenshi, Chen Junchang. 1987. Calculation on typhoon surge nile – up by the pouer station seashore of Daya Bay, Guangdong province. Ed. Nanjing Hyclraulic Research Institute. 1987 Proceedings of Coastal& part Engmeering in Developing Countries. Beijing, China. China Ocean Prass. Vol. 11, 2036 – 2045.

Hwang C, Chen S. 2000. Circulation and eddies over the South China Sea derived from TOPEX/Poseidon altimetry. J. Geophys. Res., 105 (C10): 23943 – 23965.

Ishii H, Sayuwatari R, Ueno Y, et al. 1982. Application of drifting bouys in Ocean Research. Report of Hydrographic Research 17: 347 – 365.

Isobe A, Ando M, Watanabe T, et al. 2002. Freshwater and temperature transports through the Tsushima – Korea Straits, Journal of Geophysical Research, 107 (c7) 3065, 10. 1029/2000 Jc000702, 2 – 01 ~ 2 – 20.

Isobe A, Tawara S, Kaneko A, et al. 1994. Seasonal variability in the Tsushima Warm Current, Tsushima – Korea Strait. Cont. Shelf Res, 14: 23 – 35.

Jan S, Sheu D, M Kuo H. 2006. Water mass and throughflow transport variability in the Taiwan Strait. J. Geophys. Res. 111, 395 C12012, doi: 10. 1029/2006 JC 003656.

Jan S, Chern C – S, Wang J. 2007, Generation of diurnal K1 internal tide in the Luzon Strait and its influence on surface tide in the South China Sea, J. Geophys. Res., 112, C06019, doi: 10. 1029/2006JC004003.

Jia Y, Liu Q, Liu W. 2005. Primary Study of the Mechanism of Eddy Shedding from the Kuroshio Bend in Luzon

Strait. J. Oceanogr. , 61: 1017 - 1027.

Jing Z Y, Qi Y Q, Hua Z L. 2009. Numerical study on the su mmer upwelling system in the northern continental shelf of the South China Sea. Continental Shelf Research, 29: 467 - 478.

Katoh O, Teshime K, Kubota K, et al. 1996. Downstream transition of the Tsushima Current west of Kyushu in su mmer. J. Oceanogr. 52: 93 - 108.

Kim Y Y, Qu T, Jensen T, et al. 2004. Seasonal and interannual variations of the North Equatorial Current bifurcation in a high - resolution OGCM. J. Geophys. Res. , 109: C03040, doi: 10. 1029/2003JC002013.

Kondo M. 1985. Oceanographic investingations of fishing ground in the East China Sea and the Yellow Sea. I. Characteristics of the mean temperature and Salinity distributeons measured at 50 m and near the bottom. Bull Seikai Reg Fish Lab, 62: 19 - 66.

Kuo N J, Zheng Q, Ho C R. 2000. Satellite observation of upwelling along the western coast of South China Sea. Remote Sensing of Environment, 74: 463 - 470.

Le K, Feng M, Wang Y. 1993. A numerical study of the wintertime circulation in the Bohai and Huanghai Seas. Chinaese J. Oceanol. Limnol, 11: 149 - 160.

Lebedev K V, Yaremchuk M I. 2000. A diagnostic study of the Indonesian Throughflow. J. Geophys. Res. , 105 (C5): 11243 - 11258.

Li Li, Nowlin W, Su Ji - lan. 1998. Anticyclonic rings from the Kuroshio in the South China Sea. Deep - Sea Research, part I, 45: 1469 - 1482.

Li L. 1993. Su mmer upwelling system over the northern continental shelf of the South China Sea - physical description. In: Su J. , Chuang W. S. , Hsurh R. Y. (eds.) . Proceedings of the Symposium on the Physical and Chemical Oceanography of the China Seas. Beijing: China Ocean Press: 58 - 68.

Li L, Jing C, Zhu D. 2007. Coupling and propagating of mesoscale sea level variability between the western Pacific and the South China Sea. Chin. Sci. Bull. , 52 (12): 1699 - 1707.

Liang W - D, Tang T Y, et al. 2002. Upper - ocean currents around Taiwan. Deep - Sea Res. II, 50: 1085 - 1105.

Liao G H, Yuan Y C. 2007. Diagnostic calculation of the circulation in the South China Sea during the su mmer 1998. Journal of Oceanography, 63 (2): 161 - 178.

Lie H J. 1985. Wintertime temperature - salinity characteristics in the Southeastern Huanghai (Yellow Sea) . J Oceanogr, Soc Japan, 41: 291 - 298.

Lie H J. 1999. On the Huanghai (Yellow) Sea circulation: a review by current measurements. Acta Oceanologica Sinica, 18 (3): 355 - 374.

Lie H J, Cheol - Ho Cho, Jae - Hak Lee, et al. 2001. Does the Yellow Sea Warm Current Really Exist as a Persistent Mean Flow? Journal of Geophysical Research. 1 - 42.

Lie H J, Cho Cheol - ho, Kaneko Arata. 1998. On the Branching of the Kuroshio and the formation of slope countercurrent in the East China Sea. Proceedings of Japan - China joint symposium on cooperative study of Subtropical circulation system. Printed in Japan, 25 - 41.

Lie H J. 1986. Su mmertime hydrographic features in the Southeastern Huanghai. Prog Oceanog, 17: 229 - 242.

Lim D B. 1971. On the origin of the Tsushima Warm Current water, J. Oceanogr. Soc. Korea, (6): 85 - 91.

Lin X, Xie S P, Chen X, et al. 2006. A well - mixed warm water column in the central Bohai Sea in su mmer: Effects of tidal and surface wave mixing. J. Geophys. Res. , 111, C11017, doi: 10. 1029/2006JC003504.

Liu Qinyu, Jia Yinglai, et al. 2001. On the Annual cycle Characteristics Of the Sea Surface Height in South China Sea. Advancein atmospheric Science, 18 (4): 613 - 622.

Liu Yonggang, Weisberg Robert H, Yuan Yaochu. 2008. Patterns of upper layer circulation variability in the South China Sea from satellite altimetry using the self organizing map. Acta Oceanologica Sinica, vol. 27, Supplement, . 129 - 144.

Liu Q, Kaneko A, Su J. 2008. Recent progress in studies of the South China Sea circulation. J. Oceanogr., 64: 753 – 762.

Luo Yiyong, Yu Guangyao, Huang Zuke. 1998. Numerical studies of upwelling in costal areas of the East China Sea. Ⅰ. The tide induced upwelling. Acta Oceanologica Sinica, 17 (1): 15 – 25.

Lü X, Qiao F, Xia C, et al. 2006. Upwelling off Yangtze River estuary in su mmer. J. Geophys. Res., 111, C11S08, doi: 10.1029/2005JC003250.

Lü X, Qiao F, Xia C, et al. 2010. Upwelling and surface cold patches in the Yellow Sea in su mmer: Effects of tidal mixing on the vertical circulation. Continental Shelf Research, 30, 620 – 632, doi: 10.1016/j.csr.2009.09.002.

Lü X, Qiao F, Wang G, et al. 2008. Upwelling off the west coast of Hainan Island in summer: Its detection and mechanisms. Geophys. Res. Lett., 35, L02604, doi: 10.1029/2007GL032440.

Ma H. 1987. On the winter circulation of the northern South China Sea and its relation to the large scale oceanic currents. Part I: Nonwind – driven circulation of the northern South China Sea and numerical experiments. Chin J Oceanol Limnol, 5 (1): 9 – 21.

Ma J, Qiao F, Xia C, et al. 2006. Effects of the Yellow Sea Warm Current on the winter temperature distribution in a numerical model, J Geophys Res, 111, C11S04.: 1 – 12.

Manh D V, Yanagi T. 2000. A study on residual flow in the Gulf of Tongking. Journal of Oceanography, 56: 59 – 68.

Mao Q, Shi P. 2004. Seasonal variation and dynamics in the Pearl River plume. Continental Shelf Research, 24: 1797 – 1808.

Metzger E J, Hurlburt H. 2001a. The importance of high horizontal resolution and accurate coastline geometry in modeling South China Sea inflow. Geophys Res Lett, 28: 1059 – 1062

Metzger E J, Hurlbert H E. 2001b. The Nondeterministic Nature of Kuroshio Penetration and Eddy Shedding in the South China Sea. Journal of Physical Oceanography, 31: 1712 – 1732.

Metzger E J, Hurlbert H E. 1996: Coupled dynamics of the South China Sea, the Sulu Sea, and the Pacific Ocean. J. Geophys. Res., 101, 12, 331 – 12, 352.

Miita T, Ogawa Y. 1984. Tsushima Currents measured with current metcrs and driftcars in Ocean Hydrodynamics of the Japan and East China Seas (T. Iehiyeed) Elscvier Amsterdam, 67 – 76.

Mizuno S, Kawatate K, Nagahama T, et al. 1989. Measurements of East Tsushima Current in winter and estimation of its Seasonal Variability J. Oceanogr. Soc. Japan, 45: 375 – 384.

Naganuma K. 1985. Symposium on the larval fishes and Oceanography in the costal waters of western part of Japan sea, Ⅰ. Characteristics of oceanography in the western part of Japan sea, Bull. Japan, Soc. Fish. Oceanogr. 47 – 48, 60 – 63.

Nakao T. 1977. Oceanic Variability in relation to fisheries in the East China Sea and Yellow Sea. Journal of the faculty of Marine Science and Technology Tokai University. Special, 11: 199 – 367.

Niino H, Emery O. 1961. Sediment of shallow portions of East China Sea and South China Sea. Geological Society of American Bulletin, 72: 731 – 761.

Nitani H. 1972. Beginning of the Kuroshio. In "Kuroshio – its physical aspects", edited by H. sto mmel and K. Yoshida, University of Toky Press: 129 – 163.

Nitani H. 1972. Beginning of the Kuroshio. In: Sto mmel, H. and K. Yoshida (eds), Kuroshio: Physical Aspects of the Japan Current. Seattle: University of Washington Press: 129 – 163.

Aschariyaphotha Nitima, Prungchan Wongwises, Somchai Wongwises. 2008. Simulation of seasonal circulations and thermohaline variabilities in the Gulf of Thailand . Advances in atmospheric sciences, 25: 489 – 506.

Singhruck Patama. 2001. Circulation Features in the Gulf of Thailand inferred from SeaWiFS Data. Asian Conference on Remote Sensing, 22: 5 – 9.

Peng S – Q, Xie L. 2006. Effect of determining initial conditions by four – dimensional variational data assimilation on storm surge forecasting. Ocean Modelling, 14: 1 – 18.

Pu Yongxiu. 1982. The upwelling and eddy phenomena in the north part of the East China Sea. Proceedings of the Japan – China Ocean Study Symposium on "Physical Oceanography and Marine Engineering in the East. China Sea" (1981, Shimizu), Special Report of Institute of Oceanic Research, Tokai University. 79 – 94.

Qiao Fangli, Masataka Watanabe, Yeli Yuan, et al. 1998. Simulation of general circulation in the East China Sea and the Yellow Sea. Journal of Hydrodynamics, Ser. B, 3: 91 – 100.

Qiao Fangli, Yeli Yuan, Yongzeng Yang, et al. 2004. Wave – induced mixing in the upper ocean: Distribution and application in a global ocean circulation model. Geophysical Research Letter, 31: L11303, doi: 10.1029/2004GL019824.

Qiao F, Lü X. 2008. Coastal Upwelling in the South China Sea. In: Satellite Remote Sensing of South China Sea, Editors: Antony K. Liu, Chung – Ru Ho and Cho – Teng Liu, 135 – 158.

Qiao F, Yuan Y, Ezer T, et al. 2010. A three – dimensional surface wave – ocean circulation coupled model and its initial testing. Ocean Dynamics. 60 (5): 1339 – 1355, doi: 10.1007/s10236 – 010 – 0326 – y.

Qiao F, Yang Y, Lü X, et al. 2006. Coastal upwelling in the East China Sea in winter, J. Geophys. Res., 111, C11S06, doi: 10.1029/2005JC003264.

Qu T. 2000. Upper layer circulation in the South China Sea. J. Phys. Oceanogr, 30: 1450 – 1460.

Qu T. 2001. Role of ocean dynamics in determining the mean seasonal cycle of the South China Sea surface temperature. J. Geophys. Res., 106: 6943 – 6955.

Qu T. 2002. Evidence for water exchange between the South China Sea and the Pacific Ocean through the Luzon Strait. Acta Oceanologica Sinica 21 (2): 175 – 185.

Qu T, James B Girton, Whitehead J A. 2006. Deepwater overflow through Luzon Strait. J. Geophys. Res., 111: C01002, doi: 10.1029/2005JC003139.

Qu T, Mitsudera H, Yamagata T. 1999. A Climatology of the Circulation and Water Mass Distribution near the Philippine Coast. J. Phys. Oceanogr., 29: 1488 – 1505.

Qu T, Song Y T, Yamagata T. 2009. An introduction to the South China Sea throughflow: Its dynamics, variability, and application for climate. Dyn. Atmos. Oceans, 47 (1 – 3): 3 – 14.

Qu T, Kim Y Y, Yaremchuk M. 2004. Can Luzon Strait Transport Play a Role in Conveying the Impact ENSO to the South China Sea? J. Clim, 17: 3644 – 3657.

Qu T, Song Y T. 2009. Mindoro Strait and Sibutu Passage transports estimated from satellite data. Geophys. Res. Lett., 36: L09601, doi: 10.1029/2009GL037314.

Qu T H. 2000. Mitsudera and T. Yamagata. Intrusion of the North Pacific waters into the South China Sea. J. Geophy. Res., 105: 6415 – 6424.

Qu T, Du Y, Sasaki H. 2006. South China Sea throughflow: A heat and freshwater conveyor, Geophys. Res. Lett., 33: L23617, doi: 10.1029/2006GL028350.

Qu T, Du Y, Meyers G. 2005. Connecting the tropical Pacific with Indian Ocean through South China Sea. Geophys. Res. Lett., 32: L24609, doi: 10.1029/2005GL024698.

Saiki M. 1982. Relation between the geostrophic flux of the Kuroshio in the East China Sea and the large meander in south of Japan. The Oceanographial Magazine, 32 (1 – 2): 11 – 18.

Seunga Y, Kimb Y J, Yoon J H. 2007. Seasonal characteristics of the Tsushima Current in the Tsushima/Korea Strait obtained by a fine – resolution numerical model. Continental Shelf Research, 27: 117 – 133.

Shang S L, Zhang C Y. 2004. Short – term Variability of Chlorophyll Associated with Upwelling Events in the Taiwan Strait during the Southwest Monsoon of 1998. Deep Sea Research II, 51: 1113 – 1127.

Shaw P T, Chao S Y, Fu L L. 1999. Sea surface height variations in the South China Sea from satellite altimetry. Oceanologica Acta, 22 (1): 1 – 17.

Shaw P – D. 1992. Shelf circulation off the southeast coast of China. Review in Aquatic Sciences, 6 (1): 1 – 28.

Shaw P D, Chao S Y, Liu K K. 1996, Winter upwelling off Luzon in the northern South China Sea. Journal of Geophysical Research, 101 (C7): 16435 – 16 448.

Shaw P T S Y Chao. 1994. Surface circulation in the South China Sea. Deep – Sea Res., Part I, 40 (11/12): 1663 – 1683.

Shaw P – T. 1991. Seasonal variation of the intrusion of the Philippine Sea water into the South China Sea. J. Geophys. Res., 96: 821 – 827.

Sheremet V. 2001. Hysteresis of a western boundary current leaping across a gap. J. Phys. Oceanogr., 31: 1247 – 1259.

Shi M C, Cheng C S, et al, 2002. The role of Qiongzhou Strait in the seasonal variation of the South China Sea circulation. Journal of Physical Oceanography, 32: 103 – 121.

Shibata A. 1983. Meander of the Kuroshio along the edge of continental shelf in the East China Sea. Umi to Sora, 58: 113 – 120 (in Japanese with English abstract and captions).

Smith R L. 1968. Upwelling, Barbes H. Oceanography Marine Biology Annual Review 6. London: George Allen and Unwin Ltd: 47 – 81.

Sok U Y. 1966. Seasonal and secular variations of the water volume trasport across the Korea Strait. J. Oceanol. Soc. Korea, 1 (1 – 2).

Stansfield K, Garrett C. 1997. Implication of the salt and heat budgets of the Gulf of Thailand. Journal of Marine Research, 55: 935 – 963.

Stommel H, Arons A B. 1960. On the abyssal circulation of the world ocean. I: Stationary planetary flow patterns on a sphere. Deep – Sea Res., 6: 140 – 154.

Su Ji – lan. 1998. Circulation dynamics of the China Seas: north of 18° N. Robinson A R, Brink K. The Sea, Vol. 11, The Global Coastal Ocean: Regional Studies and Syntheses. John Wiley, New York. 483 – 506.

Su Ji – lan. 2004. Overview of the South China Sea circulation and its influence on the coastal physical oceanography outside the Pearl River Estuary. Continental Shelf Research, 24: 1745 – 1760.

Su Ji – lan, GUAN Bing – xian, JIang Jing – zhong. 1990. The Kuroshio. Part I. Physical features. Oceanography and Marine Biology: An Annual Review, 28: 11 – 71.

Sugimoto T, Kimura S, Miyaji K. 1988. Meander of the Kuroshio front and current variability in the East China Sea. Journal of Oceanographic Society of Japan, 44: 125 – 135.

Takahashi S, Yanagi T. 1995. A numerical study on the formation of circulations in the Yellow Sea during Su mmer, La mer, 33: 135 – 147.

Takano K, Harashima A, Namba T. 1998. A numerical simulation of the circulation in the South China Sea: Preliminary results. Acta Oceanographica Taiwanica, 37 (2):: 165 – 186.

Takihawa A, Yoon J H, Cho K D. 2005. The Tsushima Warm Current through Tsushima Straits estimated from ferryboat ADCP data, Journal of Physical Oceanography, 35: 1154 – 1168.

Takikawa T, Yoon Jh. 2005. Volume transport through the Tsushima straits estimated from sea level difference. J. Oceanogr. 61: 699 – 708.

Tang D L, Kawamura, Guan L. 2004. Long – time observation of annual variation of Taiwan Strait Upwelling in Su mmer Season. Advances in Space Research, 33: 307 – 312.

Tang, D L, Kester. 2002. Upwelling in the Taiwan Strat during the su mmer monsoon detected by satellite and shipboard measurements. Remote Sensing of Environment, 83: 457 – 471.

Tian J, Zhou W. 2003. Estimates of M_2 internal tide energy fluxes along the margin of Northwestern Pacific using TOPEX/POSEIDON altimeter data. J. Geophys. Res., 30 (17), 1889, doi: 10. 1029/2003GL018008.

Tian J, Yang Q. 2006. Observation of Luzon Strait transport, Geophys. Res. Lett., 33: L19607, doi:

10. 1029/2006GL026272.

Toba Y, Tomizawa K, Kurasawa Y, et al. 1982. Seasonal and year to year variability of the Tsushima – Tsugaru Warm Current System with its posible cause, La mer, 20: 41 – 51.

Tong J, Gan. 2010. Predicted positions of tidal fronts in continental shelf of South China Sea. J. of Marine Systems, 82: 145 ~ 153.

Tozuka T, Qu. 2007. Dramatic impact of the South China Sea on the Indonesian Throughflow. Geophys. Res. Lett., 34: L12612, doi: 10. 1029/2007GL030420.

Uda M, Kishi A. 1972. Cyclonic cold eddies along the edge of the Kuuoshio current in relation to the genesis and passage of cyclones. I. Waters north of Taiwan. The Kuroshio III, Proceedings of the 3rd CSK Symposium, Bangkok, Thailand. 1974: 199 – 218.

Wang Bin. 2006, The Asian Monsoon. Springer Praxis Publishing Chickester UK, 353 – 355.

Wang D X, Xu H Z, Lin J. 2008. Anticyclonic eddies in the Northeastern South China Sea during Winter 2003/2004. Journal of Oceanography, 64: 925 – 935.

Wang D, Hong B, Gan J. 2010. Numerical investigation on propulsion of the counter – wind current in the northern South China Sea in winter. Deep Sea Research Part I, 57 (10): 1206 – 1221 .

Wang G H, Su J, Chu P C. 2003. Mesoscale eddies in the South China Sea observed with altimeter data. Geophys. Res. Letters, 30 (21): 2121, doi: 10. 1029/2003GL018532.

Wang Hui – qun, Yuan Yao – chu, Guan Wei – bing, et al. 2004. Circulation in the South China Sea during su mmer 2000 as obtained from observation and a generalized topography – fllowing ocean model. J Geophys Res., 109: 1 – 12.

Wang Wei, Su Jilan. 1987. A barotopic model of the Kuroshio system and eddy phenomena in the East China Sea. Acta Oceanologica Sinica, Vol. 6 Supp. I: 21 – 35.

Wang Y H, Jan S, Wang D. 2003. Transports and tidal current estimates in the Taiwan Strait from shipboard ADCP observation. 434 (1999 – 2001) . Estuar. Coast. Shelf Sci. 57: 193 – 199.

Wang, D, Liu Q. 2006. Interannual variability of the South China Sea throughflow inferred from wind data and an ocean data assimilation product. Geophys. Res. Lett., 33: L14605, doi: 10. 1029/ 2006GL026316.

Wang J. 1986. Observation of abyssal flows in the Northern South China Sea. Acta Oceanogr. Taiwan., 16: 36 – 45.

Wang Qingye, Cui Hong, Zhang Shuwen. 2009. Water transports through the four main straits around the South China Sea. Chinese Journal of Oceanology and Limnology, 27 (2): 229 – 236.

Wei Hao, Wu Jianping, Pohlmann Thomas. 2001. A Simulation on the Seasonal Variation of the Circulation and Transport in the Bohai Sea. Journal of Oceanography of Huanghai & Bohai, 19 (2): 1 – 9.

Wu C R, Shaw P T. 1999. Assimilating altimetric data into a South China Sea model. J. Geophys. Res., 104 (C12): 29987 – 30005.

Wu C R, Shaw P T, Chao S Y. 1998. Seasonal and interannual variations in the velocity field of the South Sea. J. Oceanogr., 54: 361 – 372.

Wyrtki K. 1961. Scientific Results of Marine Investigation of the South China Sea and the Gulf of Thailand 1959 – 1961: Physical Oceanography of the Southeast Asia Waters (NAGA Report 2) . La Jolla, Calif: Scripps Inst. of Oceanogr.: 195.

Xia C, Qiao F, Yang Y, et al. 2006. Three – dimensional structure of the su mmertime circulateon in the Yellow Sea from a wave – tide – circulation coupled model, J Geophys Res, 111, C11S03. 2 – 19.

Xie S – P, Xie Q, Wang D. 2003. Su mmer upwelling in the South China Sea and its role in regional climate variations. J. Geophys. Res, 108 (C8): 3261, doi: 10. 1029 /2003JC001867.

Xue Hui – jie, Chai Fei. Neal Pettigrew, et al. 2004. Kuroshio intrusion and the circulation in the South China Sea. J Geophys Res., 109, C02017, doi: 10. 1029/2002JC001724, 1 – 14.

Yamagata T. 2001a. The circulation and mechanism in the South China Sea（Ⅰ）. Ocean Development news（in Japanese），29（4）：2 – 8.

Yamagata T. 2001b. The circulation and mechanism in the South China Sea（Ⅱ）. Ocean Development news（in Japanese），29（5）：25 – 30.

Yanaki T，Takao T. 1998. Seasonal variation of three – dimensional circulation in the Gulf of Thailand. La mer，36：43 – 55.

Yang H，Liu Q Y，Liu Z Y，et al. 2002. A general circulation model of the dynamics of the upper ocean circulation of the South China Sea. Journal of Geophysical Research – Oceans，107（C7），22：1 – 14.

Yang Q，Tian J，Zhao W. 2010. Observation of Luzon Strait transport in su mmer 2007. Deep Sea Res. I，57（5）：670 – 676.

Yang H，Liu Q. 1999. On the upper oceanic heat budget in the South China Sea：Annual cycle. Adv. Atmosph. Sci，16（4）：619 – 629.

Yaremchuk M，McCreary J，Yu Z. 2009. The South China Sea Throughflow Retrieved from Climatological Data. J. Phys. Oceanogr，39：753 – 767.

Yin Fuh. 1973. Preliminary study of cold water mass near. N. N. E of Taiwan. Acta Oceanogr. Taiwanica，3：157 – 180.

Lee Yong Chul，Qin Yunshan，Lin Rulyu. 1998. Yellow Sea Atlas. Ho Yong Publishing Co.（Korea）.

Yu Honghua，Yuan Yaochu，Su Jilan et al. Hydrographic Characteristics of the Kuroshio east of Taiwan island and its adjacent regions in Su mmer and Winter 1997. Proceedings of Chin – Japan joint Symposium on Cooperative Study of Subtropical Circulation System，1998. Beijing，China Ocean Press，67 – 76.

Yu Z，Shen S. 2007. South China Sea throughflow as evidenced by satellite images and numerical experiments. Geophys. Res. Lett，34：L01601.

Yuan Dongliang，Qiao Fangli，Su Jie. 2005. Cross – shelf penetrating fronts off the southeast coast of China observed by MODIS. Geophysical Research Letter，Vol 32：L19603.

Yuan D L，Han W Q，Hu D X. 2007. Anti – cyclonic eddies northwest of Luzon in su mmer – fall observed by satellite altimeters. GEOPHYSICAL RESEARCH LETTERS，34：L13610.

Yuan D，Han W，Hu D. 2006. Surface Kuroshio path in the Luzon Strait area derived from satellite remote sensing data. Journal of Geophysical Research，111（C11007）：1 – 16.

Yuan D. 2002. A numerical study of the South China Sea deep circulation and its relation to the Luzon Strait transport. Acta Oceanolo Sinica，21：187 – 202.

Yuan Yao – chu，Arata Kaneko，SU Ji – lan，et al. 1998. The Kuroshio east of Taiwan and in the East China Sea and the currents east of the Ryukyu Islands during early su mmer of 1996. Journal of Oceanography，54：217 – 226.

Yuan Yao – chu，Bu Xian – wei，Liao Guang – hong，et al. 2004. Diagnostic calculation of the upper – layer circulation in the South China Sea during the winter of 1998. Acta Oceanographica Sinica，23（2）：187 – 199. 1.

Yuan Yao – chu，Liu Yong – gang，Liao Guang – hong，et al. 2005. Calculation of circulation in the South China Sea during the su mmer of 2000 by the modified inverse method. Acta Oceanographica Sinica，24（1）：14 – 30.

Yuan Yaochu，Liu Yongang，Zhou Mingyu，et al. 2003. The circulation in the southern Huanghai Sea and northern East China Sea in June 1999，Acta Oceanologica Sinica，22（3）：321 – 332.

Yuan Yaochu，Endoh M，Ishizaki H. 1991. The study of the Kuroshio in the East China Sea and the currents east of the Ryukyu Islands. Acta Oceanologica Sinica，10（3）：373 – 391.

Yuan Yaochu，Su jilan. 1983. A Two – layer circulateon model of the East China Sea，Proceedings of ISSCS，China Ocean Prss：335 – 345.

Yuan Yaochu，Su Jilan，Pan Ziqin，et al. 1995. The western boundary currents east of the Ryukyu Islands. La mer，33：1 – 11.

Yuan Yaochu, Takano Kenzo, et al. 1994. The Kuroshio in the East China Sea and the Currents east of the Ryukyu Islands during autumn 1991. La mer, 32 (4): 235 – 244.

Yuan Y, Liao. 2008. The circulation in the upper and middle layers of the Luzon Strait during spring 2002. J. Geophys. Res, 113: C06004, doi: 10.1029/2007JC004546.

Zhang Fagao, Mao Hanli, Leng Yangui. 1987. Analysis of drifter bottle and drift card experiments in Bohai Sea and Huanghai Sea (1975 – 1980). Chin J. Oceanol. Limnol, 5 (1): 67 – 75.

Zhuang W, Xie S – P. 2010, Intraseasonal variability in sea surface height over the South China Sea. J. Geophys. Res, 115: C04010, doi: 10.1029/2009JC005647.

Zu T, Gan. 2008. Numerical study of the tide and tidal dynamics in the South China Sea, Deep – Sea Research I, 55: 137 – 154.

長崎海洋気象台. 海洋气象速报，1991 ~ 2000，No. 140 – 177.

井上尚文. 1975. 东シナ海大陆棚上の海底流動，海洋科学，7 (1): 12 – 18.

井上尚文. 198. 东シナ海ずょび対马暖流域にずけゐ流况特性，长崎县生物学会文集，29 – 72.

日本海洋学会沿岸研究部会编. 1985 日本全国沿岸海洋志，第 23 章，东海大学出版社：901 – 946.

日本気象研究所. 1992. 太平洋の海洋大循環. 日本气象研究発行.

三井田恒博. 1976. 定置测流からみに流れ，水产海洋研究会报，第 28 号，33 – 58

藤原伊佐美，江口一平，中尾一见・他. 1982. 东シナ海の黑潮定線におけゐ流况，黑潮の开发利用の調査研究成果報告書（その5），61 – 70.

小仓伸吉. 1936. 黄海北部的潮汐. 管秉贤译，海洋与湖沼，1 (2): 255 – 268.

宇田道隆. 1934. 日本海及び其の邻接海区の海况，中央水产试验场报告，5: 57 – 190.

赤松英雄. 1979. 东シナ海ごの观测から，海洋科学，11 (3): 175 – 181.